To Connie, Ralph, and Rob

To Janice, David, and Jonathan

译者序

数字图像处理起源于 20 世纪 20 年代，当时通过海底电缆从英国的伦敦到美国的纽约采用数字压缩技术传输了第一幅数字照片。此后，由于遥感和医学等领域的应用，使得图像处理技术逐步受到关注并得到相应的发展。由于技术手段的限制，图像处理科学与技术的发展相当缓慢，直到第三代计算机问世后，数字图像处理才开始迅速发展并得到普遍应用。由于 CT 的发明、应用及发明人获得备受科技界瞩目的诺贝尔奖，使得图像处理技术大放异彩。当今，数字图像处理科学已成为工程学、计算机科学、信息科学、统计学、物理学、化学、生物学、医学甚至社会科学等领域各学科之间学习和研究的对象。随着大数据、人工智能、机器人、汽车自动驾驶研究热潮的到来，图像处理技术的需求与日俱增。其中，图像信息以其信息量大、传输速度快、作用距离远等一系列优点，使其成为人类获取信息的重要来源及利用信息的重要手段。因此，图像处理科学与技术逐步向其他学科领域渗透并为其他学科所利用是理所当然的。图像处理科学还是一门与国计民生紧密相联的应用科学，它已给人类带来了巨大的经济和社会效益，不久的将来它不仅在理论上会有更深入的发展，而且在应用上也是科学研究、社会生产乃至人类生活中不可缺少的强大工具。图像处理科学的发展及应用与我国的现代化建设联系之密切、影响之深远是不可估量的。在信息社会中，图像处理科学无论是在理论上还是在实践上都存在着巨大的潜力。

冈萨雷斯博士的《数字图像处理》最初版本于 1977 年问世。这本书是作者在为大学高年级学生和硕士研究生编写的讲义基础上整理而成的，全书只有 7 章。该书深入浅出、图文并茂、概念清楚、通俗易懂，是很受欢迎的教科书，非英语国家的学生和科技工作者阅读原文时，也觉得赏心悦目，朗朗上口，从而给读者留下了深刻的印象。我想这是该书被广泛用于教科书的根本所在。

本书是该书的第四版，这一版本除保留了该书的传统风格外，在内容上进行了大幅度修订与重组，新增了几百幅图像、几十个图表和上百道习题，同时融入了近年来图像处理科学领域的重要发展，使得本书更加充实与全面。

第四版共分 12 章，具体为绪论、数字图像基础、灰度变换与空间滤波、频率域滤波、图像复原与重建、小波变换和其他图像变换、彩色图像处理、图像压缩和水印、形态学图像处理、图像分割、特征提取、图像模式分类。

为了统一全书的语言风格，参加翻译的人员较少，前言、目录、致谢、关于作者、第 1 章、第 2 章、第 5 章、第 6 章、第 8 章、第 9 章、第 11 章和第 12 章等由阮秋琦同志翻译，其余章节由阮宇智同志翻译，全书由阮秋琦同志统一整理与校审。由于时间仓促，难以达到"信、达、雅"的高标准，因此退而求其次，即尽量做到译文准确、译文风格统一。

本书的翻译得到了电子工业出版社编辑谭海平同志的大力支持和协助，他对本书所有翻译版本的校对和编辑做出了重要贡献，对此译者深表感谢。由于译者水平所限，书中一定会有许多错误和不当之处，恳切地希望读者提出宝贵的建议和批评。

译者

2019 年 12 月

于北京交通大学

国外电子与通信教材系列

数字图像处理

（第四版）

Digital Image Processing, Fourth Edition

［美］Rafael C. Gonzalez   Richard E. Woods 著

阮秋琦 阮宇智 译

电子工业出版社
Publishing House of Electronics Industry
北京·BEIJING

内 容 简 介

在数字图像处理领域，本书作为主要教材已有 40 多年。第四版是作者在前三版的基础上修订而成的，是前三版的发展与延续。除保留前几版的大部分内容外，根据读者的反馈，作者对本书进行了全面修订，融入了近年来数字图像处理领域的重要进展，增加了几百幅新图像、几十个新图表和上百道新习题。全书共 12 章，即绪论、数字图像基础、灰度变换与空间滤波、频率域滤波、图像复原与重建、小波变换和其他图像变换、彩色图像处理、图像压缩和水印、形态学图像处理、图像分割、特征提取、图像模式分类。

本书的读者对象主要是从事信号与信息处理、通信工程、电子科学与技术、信息工程、自动化、计算机科学与技术、地球物理、生物工程、生物医学工程、物理、化学、医学、遥感等领域的大学教师和科技工作者、研究生、大学本科高年级学生及工程技术人员。

版权贸易合同登记号　图字：01-2018-8147

图书在版编目（CIP）数据

数字图像处理：第四版/（美）拉斐尔·C. 冈萨雷斯（Rafael C. Gonzalez），（美）理查德·E. 伍兹（Richard E. Woods）著；阮秋琦等译. —北京：电子工业出版社，2020.5
书名原文：Digital Image Processing, Fourth Edition
国外电子与通信教材系列
ISBN 978-7-121-37747-1

I. ①数… II. ①拉… ②理… ③阮… III. ①数字图象处理－高等学校－教材 IV. ①TN911.73

中国版本图书馆 CIP 数据核字（2019）第 240266 号

责任编辑：谭海平
印　　刷：北京盛通印刷股份有限公司
装　　订：北京盛通印刷股份有限公司
出版发行：电子工业出版社
　　　　　北京市海淀区万寿路 173 信箱　邮编：100036
开　　本：787×1092　1/16　印张：46.75　字数：1366 千字
版　　次：2003 年 5 月第 1 版（原著第 2 版）
　　　　　2020 年 5 月第 3 版（原著第 4 版）
印　　次：2024 年 12 月第 9 次印刷
定　　价：159.00 元（全彩）

凡所购买电子工业出版社图书有缺损问题，请向购买书店调换。若书店售缺，请与本社发行部联系，联系及邮购电话：（010）88254888，88258888。
质量投诉请发邮件至 zlts@phei.com.cn，盗版侵权举报请发邮件至 dbqq@phei.com.cn。
本书咨询联系方式：（010）88254552，tan02@phei.com.cn。

前　言

When something can be read without effort, great effort has gone into its writing.

Enrique Jardiel Poncela

第四版是在前三版的基础上修订而成的，是前三版的发展与延续。像 Gonzalez 和 Wintz 于 1977 年和 1987 年出版的版本及 Gonzalez 和 Woods 于 1992 年、2002 年和 2008 年出版的版本那样，这个第六代版本同样是为学生和教师编写的。本书的主要目的是介绍数字图像处理的基本概念和方法，为读者在数字图像处理领域进一步学习和研究奠定基础。为了实现这些目的，本书再次把重点放在应用范围不限于求解具体问题的基础知识方面。本书的数学复杂性处于大学高年级本科生和一年级硕士研究生的水平，他们应先修了数学分析、向量、矩阵、概率、统计、线性系统和计算机编程等课程。为方便读者回顾这些背景知识，本书的配套网站提供了相关的教程。

本书 40 年来一直处于世界领先地位的主要原因之一是，我们不断地关注并反映读者不断变化的教育需求。本版基于广泛的调查，调查涉及 30 个国家和地区的 150 个机构的教师、学生和自学者。调查表明，这一版中需要涵盖自上一版出版以来已经成熟的新内容，具体包括：

- 扩充关于空间滤波基本原理的内容。
- 更全面地介绍图像变换的内容。
- 更完整地介绍有限差分，重点是边缘检测。
- 讨论聚类、超像素及它们在区域分割中的应用。
- 涵盖最大稳定极值区域的内容。
- 扩展特征提取的内容，包括尺度不变特征变换（SIFT）。
- 扩展神经网络的内容，包含深度神经网络、反向传播、深度学习，尤其是深度卷积神经网络。
- 在各章末尾提供更多的习题。

在包含新内容和重组内容的这一版中，我们试图在严谨性、表述的明确性和调查结果之间保持合理的平衡。除新内容外，还更新和澄清了此前的部分文字。这一版中包含 241 幅新图像、72 个新图表和 135 道新习题。

第四版的新内容

这个版本的亮点如下。

- 第 1 章：更新了一些图形，改写了部分文本以反映后续各章的变化。
- 第 2 章：为清楚起见，重写了许多小节和例子，新增了 14 道习题。
- 第 3 章：重写了空间滤波的基本概念，包括对可分离滤波核的讨论，涵盖了低通高斯核的性质，扩充了关于高通、带阻和带通滤波器的内容，包含了许多说明它们的用途的新例子。除文字修订（包括 6 个新例子）外，本章增加了 59 幅新图像、2 幅新线条图、15 道新习题。
- 第 4 章：对本章中的几节进行了修订，以提高表述的清晰性。用 35 幅新图像和 4 幅新线条图代替了过时的图表，新增了 21 道习题。

- 第 5 章：本章只澄清和更正了一些符号。增加了 6 幅新图像、14 道新习题。

- 第 6 章：澄清了几节的内容，扩展了关于 CMY 和 CMYK 彩色模型的说明，增加了 2 幅新图像。

- 第 7 章：这是新的一章，内容包括小波、几个新变换及许多分散在全书中的图像变换。本章的重点是从统一的视角来介绍这些变换。增加了 24 幅新图像、20 幅新曲线图、25 道新习题。

- 第 8 章：做了大量的澄清和少量的展示改进。

- 第 9 章：重写了几节的内容，包括重绘了几幅线条图，增加了 16 道新习题。

- 第 10 章：为清楚起见，重写了几节的内容，新增了有限差分、k 均值聚类、超像素和图割等内容，并用 4 个新例子说明了这些新主题。增加了 29 幅新图像、3 幅新线条图和 6 道新习题。

- 第 11 章：本章更新了许多主题，首先详细介绍了特征类型的分类及其应用。除改进表达的清晰度外，增加了斜率变化编码的内容，扩展了对骨架、中轴和距离变换的说明，增加了几个新的基本描述子，如紧致度、圆度和偏心率等。新内容包括哈里斯-斯蒂芬斯角检测器及最大稳定极值区域的表述。本章的一个主要补充是关于尺度不变特征变换（SIFT）的全面讨论。增加了 65 幅新图像、15 幅新线条图和 12 道新习题。

- 第 12 章：本章进行了重大修订，重写了关于神经网络和深度学习的内容。全面介绍了全连接深度神经网络，从基本原理出发推导了反向传播方程。首先用"传统"的标量项表示了反向传播方程，然后将其推广为了非常适合于实现深度神经网络的矩阵方程。通过与贝叶斯分类器比较，验证了全连接网络的有效性。调查结果中最应纳入书中的主题之一是深度卷积神经网络，因此在介绍深度全连接网络后，新增了关于深度卷积神经网络的一节。也就是说，我们推导了卷积网络的反向传播方程，说明了它们与"传统"反向传播方程的不同之处。然后用简单的图像说明了卷积网络的应用，并将卷积网络应用到了由数字和自然场景组成的大型图像数据库。增加了 23 幅新图像、28 幅新线条图、12 道新习题。

我们还首次创建了学生和教师支持包，读者可以从本书的配套网站上下载它们。学生支持包中包含书中的许多原图像和部分习题的答案。教师支持包中包含书中所有习题的答案、教学建议及 PowerPoint 课件（可修改）。每本新书都可免费得到一个支持包。

在本书 2002 年版启动期间建立的本书配套网站一直非常成功，每月都会吸引超过 25000 名的读者。这个网站针对第四版进行了升级。有关网站特点和内容的详细信息，请参阅后面的致谢。

第四版反映了自 2008 年来读者教育需求的变化。原稿完成后，数字图像处理领域的发展并未停止。本书自 1977 年首次出版以来一直被读者广泛接受的原因之一是，它一直强调基本概念，并且这些基本概念随着时间的推移一直保持相关性。这种方法试图在迅速发展的知识体系中提供某种程度的稳定性，而我们在编写这一版时极力遵循同样的原则。

Rafael C. Gonzalez
Richard E. Woods

致　　谢

感谢学术界、工业界和政府为本书做出贡献的许多人士，尤其要感谢祁海荣及其学生张志飞和李承成，感谢他们对神经网络内容的审核，感谢他们生成了这些内容的例子。感谢 Ernesto Bribiesca Correa 提供和审阅了关于斜率链码的内容，感谢 Dirk Padfield 对书中几章内容提出的建议和评论。感谢 Michel Kocher 为改进本书提出的意见和建议。还要感谢 Steve Eddins 对 MATLAB 和相关软件问题的建议。

许多人士对本书上一版和这一版的内容做出了贡献。他们的贡献对本书很重要，因此除按字母顺序列出这些同仁外，我们很难找到感谢他们的其他方式。感谢 Mongi A. Abidi, Yongmin Kim, Bryan Morse, Andrew Oldroyd, Ali M. Reza, Edgardo Felipe Riveron, Jose Ruiz Shulcloper 和 Cameron H. G. Wright 就如何改进本书的介绍和/或涵盖范围提出了许多建议。感谢 Naomi Fernandes 在数学方面为我们提供了 MATLAB 软件和支持，这些软件和支持对于我们创建书中的许多示例和实验结果非常重要。

本版中的大部分新图像是由许多个人提供的，这里感谢他们所做的贡献。感谢 Serge Beucher, Uwe Boos, Michael E. Casey, Michael W. Davidson, Susan L. Forsburg, Thomas R. Gest, Daniel A. Hammer, Zhong He, Roger Heady, Juan A. Herrera, John M. Hudak, Michael Hurwitz, Chris J. Johannsen, Rhonda Knighton, Don P. Mitchell, A. Morris, Curtis C. Ober, David. R. Pickens, Michael Robinson, Michael Shaffer, Pete Sites, Sally Stowe, Craig Watson, David K. Wehe 和 Robert A. West。感谢许多图像说明中引用的其他个人和组织，感谢他们允许我们使用这些材料。

最后感谢 Scott Disanno, Michelle Bayman, Rose Kernan 和 Julie Bai 在本书印刷过程中给予的支持。

Rafael C. Gonzalez

Richard E. Woods

本书的配套网站

www.ImageProcessingPlace.com

本书完全自成体系，但配套网站在许多重要领域提供了额外的支持。

对于学生或自学者，网站包含：

- 关于概率、统计、向量和矩阵等内容的回顾。
- 使用说明书，包含与本书内容相关的十几个主题的使用说明书。
- 包含书中所有图像的一个图像数据库，以及许多其他的图像数据库。

对于教师，网站包含：

- 教师手册，包含书中所有习题的完整答案。
- 可修改 PowerPoint 格式的课堂演示材料。
- 从前几版中删除的内容，可方便地以 PDF 格式下载。
- 至其他教育资源的众多链接。

对于从业者，网站包含如下专题：

- 至商业网站的链接。
- 部分新参考文献。
- 至商业图像数据库的链接。

这个网站是使得本书与数字图像处理领域当前新进展保持同步的理想工具，内容包括新主题、数字图像及本书出版后出现的其他相关内容。尽管编写本书时充分考虑了各种因素，但这个网站仍是发布印刷错误的便利场所。

DIP4E 支持包

本版为学生和教师创建了支持包，以供学生和教师为组织所有课堂支撑内容提供便利的下载。学生支持包中包含书中的许多原图像和部分习题答案。教师支持包中包含所有习题的答案、教学建议及书中所有线条图的可修改 PowerPoint 幻灯片。每本新书都能免费得到一个支持包。支持包的申请可在本书的配套网站上提交（详见封三中的说明）。

关于作者

Rafael C. Gonzalez（拉斐尔·C·冈萨雷斯）

拉斐尔·C·冈萨雷斯于 1965 年获得迈阿密大学电气工程理学学士学位，于 1967 年和 1970 年分别获得佛罗里达大学盖恩斯维尔分校电机工程硕士和博士学位。1970 年加入田纳西大学诺斯维尔分校（UTK）电气和计算机科学系，1973 年晋升为副教授，1978 年晋升为教授，1984 年成为特聘教授。他于 1994 年到 1997 年担任该系的系主任，目前是 UTK 的荣誉退休教授。

冈萨雷斯是田纳西大学图像与模式分析实验室和机器人与计算机视觉实验室的创始人。他还于 1982 年创立了感知公司，并担任公司总裁至 1992 年。在这段时间的后三年，他与 1989 年收购感知公司的西屋公司签定了全职聘用合同。

在他的指导下，感知公司在图像处理、计算机视觉和激光磁盘存储技术方面取得了巨大成功。在最初的十年中，感知公司推出了一系列创新产品：世界上第一个商用计算机视觉系统，用于自动读取移动车辆的车牌；美国海军在全国 6 个不同制造地点使用的一系列大规模图像处理和存档系统，用于检查三叉戟 II 潜艇计划中的导弹的火箭发动机；市场上领先的苹果计算机成像板系列；万亿字节激光磁盘产品系列。

冈萨雷斯是行业、政府在模式识别、图像处理和机器学习领域的常任顾问。他在这些领域获得的学术荣誉包括 1977 年的 UTK 工程学院教师成就奖、1978 年的 UTK 校长研究学者奖、1980 年的马格纳沃克斯工程教授奖和 1980 年的布鲁克斯杰出教授奖。1981 年，他成为田纳西大学的 IBM 教授，1984 年他被任命为田纳西大学的特聘教授。1985 年获迈阿密大学杰出校友奖，1986 年获菲卡帕博士奖，1992 年获田纳西大学内森·W·道尔蒂杰出工程奖。

工业成就荣誉包括 1987 年的田纳西州 IEEE 杰出工程师商业发展奖、1988 年的阿尔伯特·罗斯国家商业图像处理杰出奖、1989 年的 B·奥托·韦利技术转让杰出奖、1989 年的永道年度企业家奖、1992 年的 IEEE 第 3 区杰出工程师奖、1993 年的自动成像协会国家技术发展奖。

冈萨雷斯是 100 多篇科技论文、2 本专著和 4 本模式识别、图像处理和机器人领域教材的著者或合著者。他的书籍已被全球各地 1000 多所大学和研究机构使用。他被《全美名人传记》《工程名人传记》《世界名人传记》和 10 多个其他传记收录。他是两项美国专利的共同持有者，曾担任 *IEEE Transactions on Systems, Man and Cybernetics* 和 *International Journal of Computer and Information Sciences* 的副主编。他是许多专业和荣誉协会的成员，包括 Tau Beta Pi（美国工程荣誉学会）、Phi Kappa Phi（美国荣誉学者协会）、Eta Kappa Nu（美国电气工程学荣誉学会）和 Sigma Xi（美国科研荣誉学会）。他还是 IEEE 会士。

Richard E. Woods（理查德·E·伍兹）

伍兹于 1975 年、1977 年和 1980 年分别获得田纳西大学诺斯维尔分校（UTK）电子工程学士、硕士和博士学位，1981 年成为电气工程和计算机科学系的助理教授，1986 年他被公认为杰出校友。

伍兹博士是一位经验丰富的硬件和软件开发者，他参与创建了几家高科技初创公司：感知公司，负责开发该公司的定量图像分析和自主决策产品；MedData Interactive 公司，一家专门开发医用手持式计算机系统的高科技公司；Interapptics 公司，设计桌面和手持式计算机应用的互联网公司。

伍兹博士目前服务于包括约翰逊大学在内的几个非营利性教育和媒体委员会，最近在北京理工大学担任暑期英语教师。他在美国拥有一项数字图像处理领域的专利，出版了两本教材，发表了许多与数字信号处理相关的文章。伍兹博士是多个专业协会的会员，包括 Tau Beta Pi（美国工程荣誉学会）、Phi Kappa Phi（美国荣誉学者协会）和 IEEE（美国电气和电子工程师协会）。

目　录

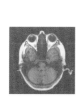 

第1章 绪 论

One picture is worth more than ten thousand words.

Anonymous

引言

人们对数字图像处理方法的兴趣来自两个主要的应用领域:为解释图像而改善图像信息;为存储、传输和提取图像信息等任务处理图像数据。本章的主要目的如下:(1)定义图像处理的范围;(2)回顾图像处理的起源;(3)通过了解图像处理技术的主要应用领域,简介图像处理技术的现状;(4)简要讨论数字图像处理所用的主要方法;(5)概述通用图像处理系统的组成;(6)给出关于图像处理技术的一些相关文献。本章的内容将在后续各章中详细说明。

学习目标

- 了解数字图像的概念。
- 大致了解数字图像处理领域的历史。
- 了解数字图像处理的定义和范围。
- 了解电磁波谱与图像产生关系的基本知识。
- 了解应用数字图像处理方法的不同领域。
- 熟悉图像处理的基本过程。
- 熟悉通用数字图像处理系统的组成。
- 熟悉图像处理领域的文献范围。

1.1 什么是数字图像处理

一幅图像可以定义为一个二维函数 $f(x, y)$,其中 x 和 y 是空间(平面)坐标,任意一对空间坐标 (x, y) 处的幅值 f 称为图像在该点的强度或灰度。当 x, y 和灰度值 f 都是有限的离散量时,我们称该图像为数字图像。数字图像处理是指借助于数字计算机来处理数字图像。注意,数字图像由有限数量的元素组成,每个元素都有一个特定的位置和数值。这些元素称为图画元素、图像元素或像素。像素是广泛用于表示数字图像的元素的术语。第 2 章中将用更正式的术语来考虑这些定义。

视觉是人类最高级的感知,因此图像在人类感知中起着最重要的作用。然而,人类的感知仅限于电磁(EM)波谱的可见光波段，而成像机器几乎覆盖从伽马射线到无线电波的整个电磁波谱范围，它们可以对人类不习惯的图像源生成的图像进行加工，如超声波、电子显微镜和计算机生成的图像。因此，数字图像处理的应用领域非常宽泛。

图像处理止于何处或其他相关领域(如图像分析和计算机视觉)始于何处，人们的看法并不一致。有时，人们将图像处理定义为其输入和输出内容都是图像的过程来界定图像处理的范围，但我们认为这种定义是人为的，是有局限性的。例如，在这种定义下，即使是计算一幅图像的平均灰度(结果为一个数字)的简单任务也不能算是图像处理。另一方面，有些领域(如计算机视觉)的终极目标是用计算机来模拟人的视觉，包括学习并根据视觉输入进行推断和采取行动等。计算机视觉本身是人工智能(AI)的一个分支，其目的是模仿人类智能。人工智能领域的发展正处于早期阶段，其进展要比预期的慢得多。图像分析(也称图像理解)领域则处在图像处理和计算机视觉之间。

在从图像处理到计算机视觉的连续体内，并不存在清晰的边界。然而，一个有用的范例是，在这个连续体中考虑三种类型的计算机处理，即低级处理、中级处理和高级处理。低级处理涉及初级操作，如降低噪声的图像预处理、对比度增强和图像锐化。低级处理由其输入和输出都是图像的事实来表征。中级处理涉及诸多任务，如分割(将一幅图像分为不同的区域或目标)，将这些目标简化为适合计算机进行处理的形式的描述，以及各个目标的分类(识别)。中级处理由其输入是图像但输出是从这些图像中提取的特征(如边缘、轮廓和各个目标的标识等)来表征。最后，像在图像分析中那样，高级处理涉及"理解"被识别对象的集合(如图像分析)，以及在连续体的末端执行通常与人类视觉相关的认知功能。

根据上述讨论，我们认为图像处理和图像分析之间的逻辑重叠部分，就是识别图像中的单个区域或物体。因此，本书将数字图像处理界定为其输入和输出都是图像的处理，它包含从图像中提取特征的处理，直至包含单个目标的识别。为说明这些概念，我们考虑文本自动分析这一领域。获取含有文本的区域的一幅图像，对这幅图像进行预处理，并提取(分割)各个字符，以适合计算机进行处理的形式描述这些字符，以及识别这些字符的过程，都在本书界定的数字图像处理的范围内。理解这一页的内容可视为图像分析领域甚至计算机视觉领域，具体取决于"理解"一词的复杂程度。后面我们很快会看到，数字图像处理通常用于社会价值和经济价值明显的广泛领域。后面各章中给出的概念是这些应用领域中所用方法的基础。

1.2　数字图像处理的起源

数字图像的最早应用之一是在报纸业，当时图片首次通过海底电缆从伦敦传送到了纽约。20世纪20年代引入的巴特兰电缆图片传输系统，把横跨大西洋传送一幅图片所需的时间从一个多星期降至不到3小时。使用电缆传输图片时，首先使用特殊的打印设备对图片编码，然后在接收端重建这些图片。图1.1就是用这种方法传送并利用装有打字机字体的电报打印机模拟中间色调还原的图像。

改进这些早期数字图片的视觉质量的一些初始问题，与打印过程的选择和灰度级的分布相关。用于获得图1.1所示图像的打印方法到1921年年底就被彻底淘汰，转而支持一种基于照相还原的技术，即在电报接收端使用穿孔纸带来还原图片。图1.2显示了使用这种方法得到的一幅图像。与图1.1相比，它在色调质量和分辨率方面的改进都很明显。

早期的巴特兰系统可以用5个不同的灰度级来编码图像。到1929年，灰度级增大到15级。图1.3所示的图像就是用15级色调设备得到的。在这一时期，使用编码图片纸带调制光束来使底片曝光的系统的引入，明显地改善了还原过程。

图 1.1　1921 年由电报打印机采用特殊字体在编码纸带上产生的数字图片（McFarlane）（参阅本书末尾以作者姓氏顺序列出的参考文献）

图 1.2　1922 年，在信号两次穿越大西洋后，由穿孔纸带得到的数字图片（McFarlane）

上面引用的几个例子都涉及数字图像，但根据我们的定义，这些数字图像并不能认为是数字图像处理的结果，因为在创建这些图像时并未使用计算机。因此，数字图像处理的历史与数字计算机的发展密切相关。事实上，数字图像要求巨大的存储和计算能力，数字图像处理领域的发展一直依赖于数字计算机及数据存储、显示和传输等支撑技术的发展。

计算机的概念可追溯到 5000 多年前亚细亚发明的算盘。最近两个世纪的发展，为我们今天所称的计算机奠定了基础。然而，现代数字计算机的基础则要追溯到 1940 年冯·诺伊曼提出的两个重要概念：（1）容纳存储程序和数据的内存，（2）条件分支。这两个概念是中心处理单元（CPU）的基础，而 CPU 是计算机的心脏。从冯·诺伊曼开始，一系列重要进展使得计算机的功能强大到足以处理数字图像。简单地说，这些进展可以归纳

图 1.3　1929 年从伦敦到纽约使用 15 级色调设备通过电缆传送的美国将军珀欣和法国元帅福煦的照片，该照片未加修饰（原图像由 McFarlane 提供）

如下：（1）1948 年美国贝尔实验室发明了晶体管；（2）20 世纪 50 年代和 60 年代开发了高级编程语言 COBOL 和 FORTRAN；（3）1958 年美国德州仪器公司发明了集成电路（IC）；（4）20 世纪 60 年代开发了早期的操作系统；（5）20 世纪 70 年代早期 Intel 公司开发了微处理器（由中央处理单元、存储器和输入/输出控制组成的单块芯片）；（6）1981 年 IBM 公司推出了个人计算机；（7）20 世纪 70 年代末出现了大规模集成电路（LI），元器件逐步小型化，20 世纪 80 年代出现了甚大规模集成电路（VLSI），今天开始采用超大规模集成电路（ULSI）和纳米技术。伴随着这些进展，数字图像处理的两个基本需求——大容量存储和显示系统领域也随之快速发展。

第一台功能强大到足以执行有意义图像处理任务的大型计算机出现于 20 世纪 60 年代初。我们今天称之为数字图像处理的诞生，可追溯到这一时期这些机器的使用和空间项目的开发。这两大发展使得人们的注意力开始聚焦到数字图像处理求解具有实际意义的问题的潜力上。利用计算机技术增强空间探测器发回的图像的工作，始于 1964 年美国加利福尼亚的喷气推进实验室。当时由“徘徊者 7 号”探测器传回的月球图像由一台计算机进行了处理，以便校正机载电视摄像机中固有的各种图像畸变。图 1.4 显示了由“徘徊者 7 号”于 1964 年 7 月 31 日上午（美国东部白天时间）9 点 09 分在撞击月球

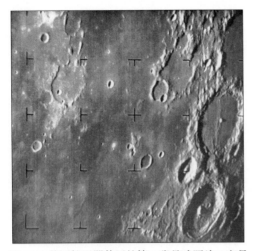

图 1.4　美国航天器传回的第一张月球照片，它是由"徘徊者 7 号"探测器在撞击月球表面前 17 分钟于美国东部时间 1964 年 7 月 31 日上午 9 点 09 分拍摄的（原图像由 NASA 提供）

表面前约 17 分钟时拍摄的第一幅月球图像（使用标记或网状标记进行了几何校正，如第 2 章所述）。这也是由美国航天器拍摄的第一幅月球图像。"徘徊者 7 号"掌握的图像处理技术是增强和复原图像所用方法的基础，如"探索者"登月飞行任务、"水手号"火星飞越任务、"阿波罗"载人登月任务和其他任务传回的图像。

与空间应用同步，数字图像处理技术在 20 世纪 60 年代末和 70 年代初开始用于医学成像、地球资源观测和天文学等领域。20 世纪 70 年代初发明的计算机轴向断层成像（CAT），简称计算机断层成像（CT），是图像处理在医学诊断领域最重要的应用之一。计算机轴向断层成像是一种处理方法，在这种处理方法中，围绕物体（或病人）的一个检测器环和一个 X 射线源，同心围绕物体旋转。X 射线穿过物体后，由对面检测器环中的相应检测器收集。X 射线源旋转时，重复这一过程。断层成像由一些算法组成，这些算法使用感测数据来构建一幅图像，这幅图像表示通过物体的一个"切片"。物体垂直于检测器环运动时，产生一组这样的"切片"，这些切片构成物体内部的三维再现。断层摄影分别由 Godfrey N. Hounsfield（戈佛雷·H·豪斯菲尔德）先生和 Allan M. Cormack（阿兰·M·科玛克）教授独立发明，他们共同获得了 1979 年的诺贝尔医学奖。有趣的是，X 射线是在 1895 年由 Wilhelm Conrad Roentgen（威廉·康拉德·伦琴）发现的，由于这一发现，他获得了 1901 年的诺贝尔物理学奖。今天，这两个时间上相差近 100 年的发明导致了图像处理的一些最重要的应用。

从 20 世纪 60 年代至今，图像处理领域一直在生机勃勃地发展。除医学和空间项目中的应用外，数字图像处理技术今天已在广泛的应用范围内使用。计算机程序被用来增强对比度或将灰度编码为彩色，以便更容易地解释工业、医学及生物科学等领域中的 X 射线图像和其他图像。地理学者使用相同或相似的技术，通过航空和卫星图像研究污染模式。图像增强和复原程序被用来处理不可修复物体的退化图像，或太昂贵以致不可复制的实验结果。在考古学领域，使用图像处理方法成功复原了模糊的图片，这些图片是已丢失或已损坏的珍贵文物的唯一记录。在物理学和相关领域，计算机技术通常用来增强如高能等离子和电子显微镜等领域的实验图像。类似地，图像处理技术也成功地应用于天文学、生物学、核医学、执法、国防和工业领域中。

这些例子说明图像处理的结果主要用于人类解译。本章开始时提到，数字图像处理技术的第二个主要应用领域是求解机器感知问题。在这种情况下，人们的兴趣在于以更适合计算机处理的形式从图像中提取信息的过程。通常，这种信息完全不同于人们用来解译图像内容的视觉特性。例如，机器感知中所用的这种信息是统计矩、傅里叶变换系数和多维距离测度。在使用图像处理技术的机器感知中，典型问题是自动字符识别、产品组装和检验的工业机器视觉、军事保障、指纹的自动处理、X 射线筛查和血样抽样、用于天气预报和环境评估的航空与卫星图像的机器处理。计算机性价比的不断上升、万维网、互联网的扩展和网络通信带宽的提高，为数字图像处理技术的持续发展提供了前所未有的机会。下一节介绍一些这样的应用领域。

1.3 数字图像处理技术应用领域实例

今天,几乎不存在与数字图像处理无关的技术领域。这里讨论的范围只能覆盖数字图像处理应用领域的一小部分。然而,由于篇幅限制,本节的内容无疑将围绕数字图像处理的广度和重要性展开。本节将介绍一些应用领域,每个应用领域通常都要使用后续各章中介绍的数字图像处理技术。本节中的许多图像会在本书后面给出的多个例子中使用。所示的大部分图像都是数字图像。

由于数字图像处理的应用领域多种多样,因此本书在组织形式上力图广泛覆盖这一领域。说明数字图像处理应用范围的一种最简单的方法是,根据数字图像源分类(如可见光或 X 射线等)。今天,所用的主要图像源是电磁波谱,其他重要的图像源包括声波、超声波和电子(形式为电子显微镜中所用的电子束)。用于建模和可视化的合成图像由计算机生成。本节简要讨论如何生成各种类别的图像及这些图像适用的领域。将图像转换为数字形式的方法将在下一章中讨论。

基于电磁波谱辐射的图像是我们最熟悉的图像,特别是 X 射线和可见光谱波段的图像。电磁波可定义为以各种波长传播的正弦波,或可视为无质量的粒子流,每个粒子以波的形式传播并以光速运动。每个无质量的粒子都包含一定的能量(或一束能量),每束能量称为一个光子。根据每个光子的能量对光谱波段进行分组,可以得到图 1.5 所示的光谱,其范围从伽马射线(最高能量)到无线电波(最低能量)。如图所示,阴影条带表明,电磁波谱的各个波段之间并不存在明显的界线,而是从一个波段平滑地过渡到另一个波段。

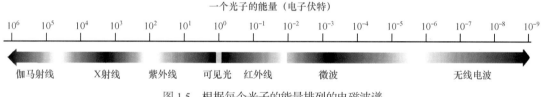

图 1.5　根据每个光子的能量排列的电磁波谱

1.3.1 伽马射线成像

伽马射线成像的主要用途包括核医学和天文观测。在核医学中,方法是将放射性同位素注入人体,同位素衰变时会发射伽马射线。图像由伽马射线检测器收集到的放射线产生。图 1.6(a)显示了一幅使用伽马射线成像得到的人体骨骼扫描图像。这类图像用于骨骼病变的定位,如感染或肿瘤。图 1.6(b)显示了另一种主要形态的核成像,称为正电子放射断层成像(PET),其原理与 1.2 节中介绍的 X 射线断层成像的原理相同。然而,与使用外部 X 射线源不同的是,这种方法给病人注入放射性同位素,同位素衰变时发射正电子,正电子遇到电子时,两者湮没并发射两束伽马射线。检测到这些射线后,就可利用断层成像的基本原理创建断层图像。图 1.6(b)所示的图像是构成病人三维再现图像序列中的一幅图像。这幅图像表明脑部和肺部各有一个肿瘤,即很容易看到的白色小团块。

大约在 15000 年前,天鹅星座中的一颗恒星发生大爆炸,产生了超热的稳定气团(称为天鹅星座环),气团的颜色壮观、绚丽。图 1.6(c)显示了在伽马射线波段成像的天鹅星座环。与图 1.6(a)和图 1.6(b)不同,这幅图像是利用被成像物体的自然辐射得到的。最后,图 1.6(d)显示了一幅来自核反应堆真空管的伽马辐射图像,在图像的左下方可以看到较强的辐射区域。

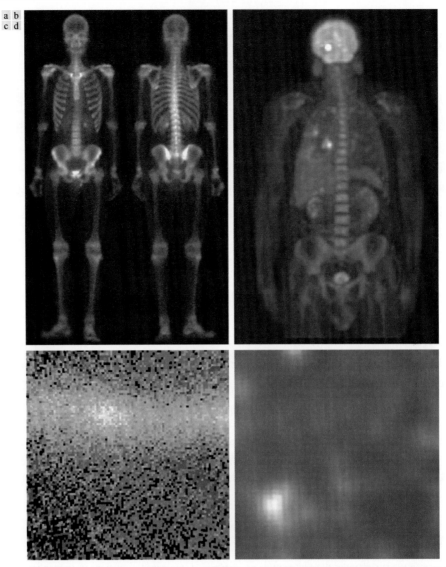

图 1.6　伽马射线成像实例：(a)骨骼扫描图像；(b)PET 图像；(c)天鹅星座环图像；(d)来自核反应堆真空管的伽马辐射（亮点）［图(a)由 G. E. Medical Systems 公司提供，图(b)由 CTI PET Systems 公司的 Michael E. Casey 博士提供，图(c)由 NASA 提供，图(d)由密歇根大学的 Zhong He 和 David K.Wehe 教授提供］

1.3.2　X 射线成像

　　X 射线是用于成像的最古老的电磁辐射源之一。我们最熟悉的 X 射线应用是医学诊断，但 X 射线还被广泛用于工业和其他领域，如天文学。用于医学和工业成像的 X 射线由 X 射线管产生，X 射线管是带有阴极和阳极的真空管。阴极加热后，释放的自由电子高速流向阳极。当电子撞击一个原子核时，会以 X 射线辐射的形式释放能量。X 射线的能量（穿透力）由阳极电压和施加到阴极中灯丝上的电流控制。图 1.7(a)显示了一幅大家熟悉的位于 X 射线源和对 X 射线能量敏感的胶片之间的病人胸部图像。X 射线的强度由射线穿过病人时的吸收调制，能量落到胶片上时会使胶片感光，这与光使得胶片感光的原理相同。在数字射线照相术中，数字图像由如下两种方法之一得到：（1）数字化 X 射线胶片；（2）让穿过人体后的 X 射线直接落到将 X 射线转换为光的设备（如荧光屏）上。然后，光信号由光敏数字系统捕获。第 2 章和第 4 章将详细讨论数字化。

血管造影是对比度增强放射线照相术的另一个主要应用。用于得到血管图像的这个过程，称为血管造影。例如，将一根导管（柔软且中空的小管）插入腹股沟的动脉或静脉，导管穿过血管并被引导到待研究部位。导管到达待研究部位时，通过导管注入 X 射线造影剂。这会增强血管的对比度，并让放射科的医生观察到病变或阻塞。图 1.7(b)显示了一个主动脉血管造影的例子。在图像的左下方，可以看到插入大血管的导管。注意，在图像中，可以看到造影剂流向肾脏时大血管的高对比效果。如第 2 章所述，血管造影是数字图像处理的主要应用领域，它采用图像相减技术来进一步增强被研究的血管。

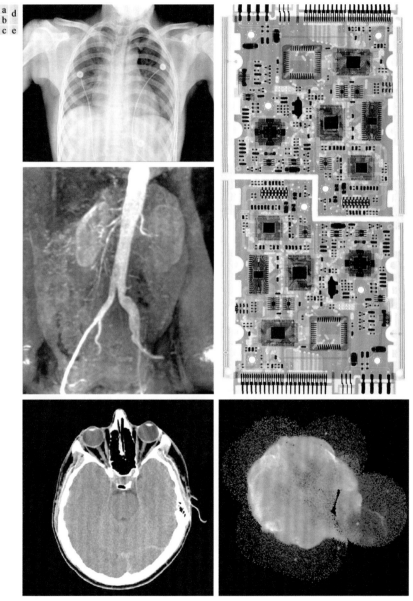

图 1.7 X 射线成像实例：(a)胸部 X 射线图像；(b)主动脉造影图像；(c)头部 CT 图像；(d)电路板图像；(e)天鹅星座环图像［图(a)和图(c)由 Vanderbilt 大学医学中心辐射学与放射学系的 David R. Pickens 博士提供，图(b)由密歇根大学医学院解剖学系的 Thomas R. Gest 博士提供，图(d)由 Lixi 公司的 Joseph E. Pascente 先生提供，图(e)由 NASA 提供］

　　X射线在医学成像领域的另一个重要应用是计算机轴向断层成像(CAT)。由于分辨率和三维性能，CAT扫描早在20世纪70年代首次付诸使用时就引发了医疗手段的革命。如1.2节所述，每幅CAT图像都是垂直穿过病人的一个"切片"，当病人纵向移动时，会产生大量的切片，这些切片图像组合在一起，就构成了人体内部的三维渲染，其纵向分辨率与所用的切片数成正比。图1.7(c)显示了人体头部的一幅典型CAT切片图像。

　　类似的技术适用于工业过程，但使用的是更高能量的X射线。图1.7(d)显示了一块电路板的X射线图像。这种图像是X射线在上百个典型工业应用中的代表性图像，用于检测电路板中的制造缺陷，如元件缺失或断线等。元件可被X射线穿透时，工业CAT扫描非常有用，譬如塑料元件，甚至更大的物体，如使用固体推进剂的火箭发动机。图1.7(e)显示了天文学中X射线成像的一个例子。这幅图像是图1.6(c)中天鹅星座环的图像，但它是在X射线波段成像的。

1.3.3　紫外波段成像

　　紫外"光"的应用多种多样，包括平板印刷术、工业检测、显微方法、激光、生物成像和天文观测等。我们仅用显微方法和天文观测作为例子来说明这一波段的成像。

　　紫外光用于荧光显微方法中，这是显微方法中发展最快的领域之一。荧光是在19世纪中叶发现的一种现象。当紫外光直接照射矿物质时，首次发现了萤石发出的荧光。紫外光本身并不可见，但当紫外线辐射的光子与荧光物质内原子中的电子碰撞时，会使电子跃迁到较高的能级。随后，受激电子回到较低的能级，并以可见光范围内的低能光子形式发光。荧光显微方法的重要任务是用激发光照射样品，然后从较强的激发光中分离出较弱的荧光，以便仅有辐射光到达人眼或其他检测器，进而以足够的对比度检测照射到暗背景上的荧光区域。非荧光物质的背景越暗，设备越有效。

　　荧光显微方法是研究可发出荧光的物质的一种优秀方法，无论物质是自然发出荧光（原发荧光），还是物质经化学处理后发出荧光（次生荧光）。图1.8(a)和图1.8(b)显示了使用荧光显微方法得到的典型结果。图1.8(a)显示了正常玉米的荧光显微图像，图1.8(b)显示了被黑穗病感染的玉米图像，黑穗病是草、洋葱、高粱等被700多种寄生真菌之一感染后出现的病害。玉米黑穗病是一种严重的病害，因为玉米是人们最主要的食品来源之一。图1.8(c)显示了在紫外波段的高能区域成像的天鹅星座环。

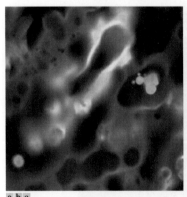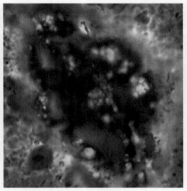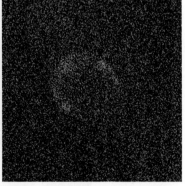

a b c

图1.8　紫外光成像实例：(a)正常玉米的图像；(b)患黑穗病的玉米图像；(c)天鹅星座环的图像［图(a)和图(b)由佛罗里达州立大学的Michael W. Davidson博士提供，图(c)由NASA提供］

1.3.4　可见光和红外波段成像

由于整个电磁波谱中的可见光波段是我们最熟悉的，因此这一波段成像的应用领域远远超过其他波段成像的应用领域。红外波段常与可见光波段结合成像，为便于说明，本节将可见光和红外光合并在一起讨论。下面的讨论将涉及光显微方法、天文学、遥感、工业和执法等方面的应用。

图 1.9 所示为使用光学显微镜得到的一些图像实例。这些例子涵盖了从制药和微检测到材料特征的范围。甚至仅在显微方法中，其应用领域就多到无法在此详细列举。当然，将这些图像从增强到测量的过程提炼出来并不困难。

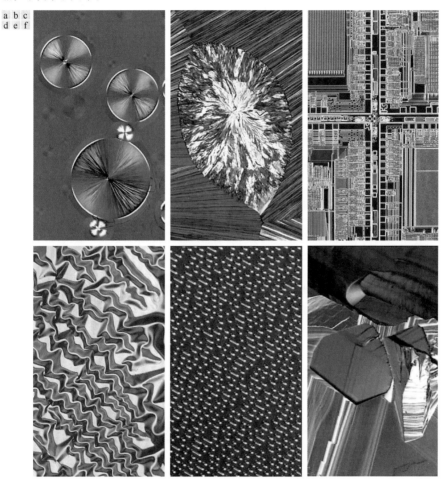

图 1.9　光显微镜图像实例：(a)放大 250 倍的紫杉酚（抗癌剂）；(b)放大 40 倍的胆固醇；(c)放大 60 倍的微处理器；(d)放大 600 倍的镍氧化物胶片；(e)放大 1750 倍的音频 CD 表面；(f)放大 450 倍的有机超导体（这些图像由佛罗里达州立大学的 Michael W. Davidson 博士提供）

可见光处理的另一个主要应用领域是遥感，遥感通常包括可见光和红外波谱范围内的一些波段。表 1.1 显示了 NASA 的 LANDSAT 卫星使用的专题波段。LANDSAT 卫星的主要功能是从空间获得并传回地球的图像，目的是监测地球的环境条件。波段用波长来表示，$1\mu m$ 等于 $10^{-6}m$（第 2 章将详细讨论电磁波谱的波长范围）。注意表 1.1 中每个波段的特性与用途。

为阐述这类多光谱成像的基本性能，考虑图 1.10，它为表 1.1 中的每个频谱波段显示了一幅图像。成像区域是美国的华盛顿特区，包括建筑物、道路、植被和穿过城市的主要河流（波托马克河）。人口中心地区的图像常被用来评估人口增长和迁移模式、污染及影响环境的其他因素。可见光图像特征和红外光图像特征的区别在这些图像中非常明显。例如，在波段 4 和波段 5 的图像中，由周围环境就可很好地界定河流。

表 1.1　NASA 的 LANDSAT 卫星的专题波段

波 段 号	名　称	波长/μm	特征和用途
1	可见蓝光	0.45～0.52	对水体有最大的穿透力
2	可见绿光	0.53～0.61	度量植物活力
3	可见红光	0.63～0.69	植被识别
4	近红外光	0.78～0.90	生物团和滨海制图（测绘）
5	中红外光	1.55～1.75	土壤和植被含水量
6	热红外光	10.4～12.5	土壤湿度，热成像
7	短波红外光	2.09～2.35	矿物填图

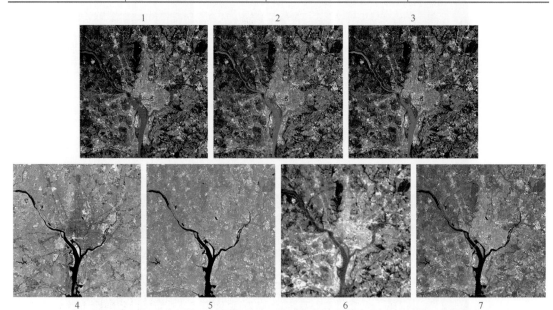

图 1.10　美国华盛顿特区的 LANDSAT 卫星图像。图中的数字是指表 1.1 中的波段号（图像由 NASA 提供）

气象观测与预报也是卫星多光谱成像的主要应用领域。例如，图 1.11 是西半球最具毁灭性的飓风"卡特丽娜"的一幅图像，它是美国国家海洋和大气管理局（NOAA）卫星在可见光及红外波段使用传感器拍摄的，图像中的风眼清晰可见。

图 1.12 和图 1.13 显示了红外成像的一个应用。这些图像是"全球夜晚灯光"数据集的一部分，这个数据集提供了全球人类居住区的汇总情况。这些图像是由安装在 NOAA/DMSP（防卫气象卫星计划）卫星上的红外成像系统生成的。红外成像系统工作于 10.0～13.4μm 波段，它具有观测地表上微弱可见光、近红外发射光的独特功能，包括城市、小镇、村庄、火炬和火光。即使未经过正式的图像处理训练，编写一个使用这些图像来估计全球不同地区所用电能百分比的计算机程序也并不困难。

图 1.11　2005 年 8 月 29 日拍摄的"卡特丽娜"飓风的卫星图像（图像由 NOAA 提供）

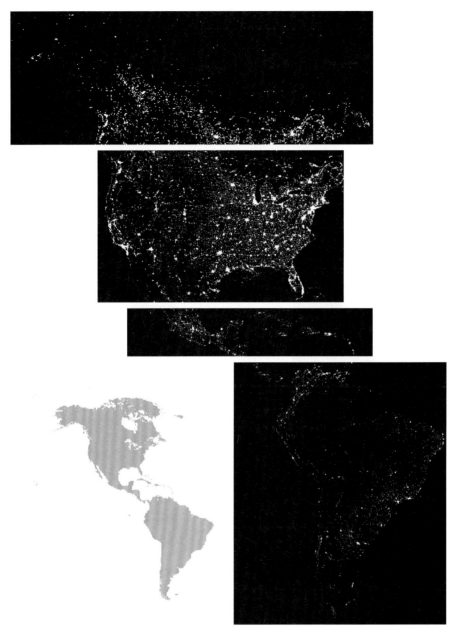

图 1.12 美洲的红外卫星图像。小灰色图仅供参考（图像由 NOAA 提供）

可见光谱成像的一个主要应用领域是制成品的自动视觉检测。图 1.14 显示了一些例子。图 1.14(a) 所示为 CD-ROM 驱动器的一个控制板的图像。对于这类产品，一种典型的图像处理任务是检测丢失的部件（图像右上角 1/4 处的黑色方块是一个丢失部件的例子）。

图 1.14(b)所示为药丸胶囊的图像。这里的目的是用机器寻找缺失的、不完整的或变形的药丸。图 1.14(c)显示了一种应用，在该应用中，图像处理技术用来查找未注满到要求液位的瓶子。图 1.14(d)显示了一个透明的塑料部件，部件内的气泡数量超过了标准要求。这种异常检测是工业检测的主题，包括其他产品如木材和布匹的检测等。图 1.14(e)显示了针对颜色和出现的异常（如变黑的小片）等进行检测的一批谷物。最后，图 1.14(f)显示了一个人工植入体的图像（代替人眼的透镜），它使用"结构光"

照明技术突出透镜中心的变形和其他瑕疵。例如，时钟 1 点和 5 点处的刻痕是由镊子造成的损伤，而多数其他的小斑点则是残片。这类检测的目标是在包装前自动找出损坏的植入体或未正确加工的植入体。

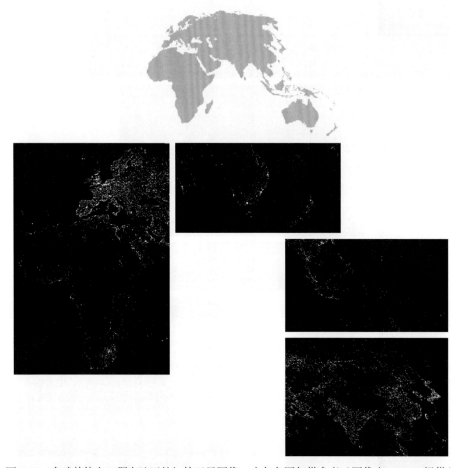

图 1.13　全球其他人口稠密地区的红外卫星图像。小灰色图仅供参考（图像由 NOAA 提供）

图 1.14　使用数字图像处理技术检查制成品的一些例子：(a)电路板控制器的图像；(b)包装的药丸胶囊图像；(c)瓶子图像；(d)透明塑料制品中的气泡图像；(e)谷物图像；(f)人工植入体的图像 [图(f)由 Perceptics 公司的 Pete Sites 先生提供]

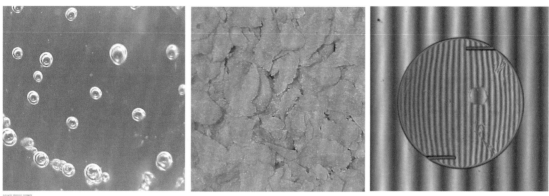

d e f

图 1.14 使用数字图像处理技术检查制成品的一些例子：(a)电路板控制器的图像；(b)包装的药丸胶囊图像；(c)瓶子图像；(d)透明塑料制品中的气泡图像；(e)谷物图像；(f)人工植入体的图像〔图(f)由 Perceptics 公司的 Pete Sites 先生提供〕(续)

图 1.15 说明了可见光谱中图像处理的另一些例子。图 1.15(a)显示了一幅拇指指纹图像。指纹图像通常由计算机处理，这一处理要么是增强指纹图像，要么是寻找特征，以便自动搜索数据库，寻找潜在的匹配

a b
c
d

图 1.15 可见光谱成像的其他几个例子：(a)拇指指纹图像；(b)纸币图像；(c)和(d)自动读取车牌的图像〔图(a)由美国国家标准与技术研究所提供，图(c)和图(d)由 Perceptics 公司的 Juan Herrera 博士提供〕

指纹。图 1.15(b)显示了一幅纸币图像。数字图像处理在该领域的应用包括自动计数和执法中为追踪和鉴别钱币读取序列号等。图 1.15(c)和图 1.15(d)是自动读取车牌的例子。明亮的矩形是成像系统检测车牌的区域。黑色矩形显示了系统自动读取车牌内容后的结果。车牌和其他字符识别广泛用于交通监控和监视中。

1.3.5　微波波段成像

微波波段成像的主要应用是雷达。成像雷达的独特之处是在任何区域和任何时间内,不管天气、周围光照条件如何都有收集数据的能力。某些雷达波可穿透云层,在一定条件下还可穿透植被、冰层和沙漠。在许多情况下,雷达是探测地表不可接近地区的唯一方法。成像雷达的工作原理就像一台闪光照相机,雷达本身提供光源(微波脉冲)照射地面上的一个区域,并获取一幅快照图像。与照相机通过镜头获取图像不同的是,雷达使用天线和数字计算机处理技术来记录图像。在雷达图像中,我们只能看到反射到雷达天线的微波能量。

图 1.16 显示了西藏东南部崎岖山区的一幅星载雷达图像,地点是拉萨市东部约 90km 处,右下角是广阔的拉萨河谷,这是农牧民的聚居地。该地区山峰的海拔高度约为 5800m,山谷的海拔高度为 4300m。注意,图像的清晰度和细节未被云层及其他大气条件遮挡,这些因素在可见光波段通常会影响图像。

图 1.16　西藏东南部山区的星载雷达图像(图像由 NASA 提供)

1.3.6　无线电波段成像

类似于波谱另一端(伽马射线)的成像情况,无线电波段成像主要应用于医学和天文学。在医学中,无线电波用于磁共振成像(MRI)。这种技术是把病人放在强磁场中,让无线电波以短脉冲形式通过病人的身体,每个脉冲都会使得病人的组织发射相应的无线电波脉冲。这些信号发生的位置和强度由计算机确定,产生病人的一幅二维剖面图像。MRI 可在任何平面产生图像。图 1.17 显示了人的膝盖和脊椎图像。

图 1.18 最右边的图像是无线电波段的蟹状星云脉冲星(Crab Pulsar)图像。为进行有意义的比较,还显示了使用前述一些波段拍摄的相同区域的图像。注意,每幅图像给出的脉冲星"外观"都不同。

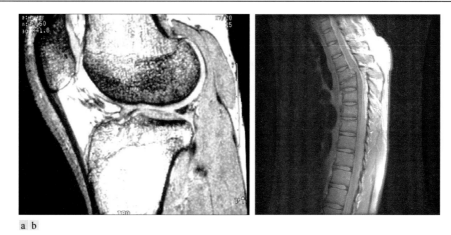

图 1.17　人的 MRI 图像：(a)膝盖图像；(b)脊椎图像［图(a)由密歇根大学医学院解剖学系的 Thomas R. Gest 博士提供，图(b)由 Vanderbilt 大学医学中心辐射学与放射学系的 David R. Pickens 博士提供］

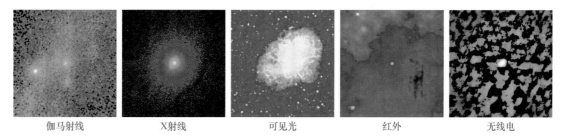

| 伽马射线 | X射线 | 可见光 | 红外 | 无线电 |

图 1.18　覆盖电磁波谱的蟹状星云脉冲星图像（位于每幅图像的中心）（图像由 NASA 提供）

1.3.7　其他成像方式

虽然到目前为止电磁波谱成像方式占主导地位，但也存在大量其他重要的成像方式。本节讨论声波成像、电子显微方法和（由计算机产生的）合成成像。

利用"声音"的成像方式在地质勘探、工业和医学中得到了应用。地质应用使用低端声谱中的声波（几百赫兹），其他应用领域的成像使用超声波（百万赫兹）。图像处理在地质领域最重要的商业应用是矿产和石油勘探。在地表之上获取图像的主要方法之一是，利用一辆大型卡车和一块大钢板，钢板由卡车压在地面上，同时卡车以 100Hz 的频率振动。返回声波的强度和速度由地表之下的成分决定。这些声波经计算机分析后，可由分析结果生成图像。

获取海洋图像时，能源通常由位于船后部的两把气枪组成。返回声波由船后部电缆中的水听器检测，电缆可以放在海底，可以使用浮标悬吊（垂直电缆）。两把气枪交替加压至约 2000 磅/平方英寸，然后快速释放压力。船的匀速运动提供横向运动，这种横向运动与返回声波一起产生一幅海底之下的三维合成图。

图 1.19 显示了一个著名三维模型的横截面图像，研究人员主要根据这个模型来测试地震成像算法的性能。箭头指向碳氢化合物（油或气）的油气阱。这一目标要比周围的地层明亮，因为目标区域内的密度变化较大。地震解释人员寻找这些亮点来发现油气。上面的各个地层也很明亮，但它们的亮度变化并不明显。许多地震重建算法由于上方各个断层的影响而很难对这一目标成像。

虽然超声波成像常用于制造业，但这一技术最为知名的应用是在医学领域，特别是在妇产科。妇产科通过对胎儿成像来了解其发育状况。这一检测的副产品是确定胎儿的性别。超声波图像是根据下面的基本步骤生成的：

1. 超声波系统（一台计算机、由超声波源和接收机组成的超声波探头，以及一台显示器）向人体发射高频（1～5MHz）声波脉冲。

2. 声波进入人体并撞击组织之间的边界（如流体和软组织之间的边界及软组织和骨骼之间的边界）。部分声波反射回探头；部分声波则继续传播，直到到达另一个边界并被反射。

3. 反射波被探头拾取并转发给计算机。

4. 计算机根据声波在组织中的传播速度（1540m/s）和每个回波的返回时间，计算从探头到组织或器官边界的距离。

5. 系统在屏幕上显示回波的距离和亮度，形成一幅二维图像。

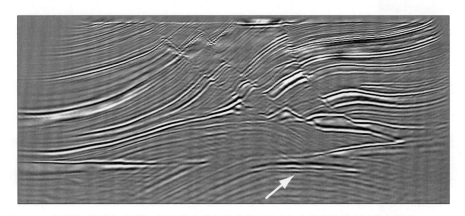

图 1.19　地震模型的剖面图像。箭头指向碳氢化合物（油或气）的油气阱（图像由美国 Sandia 国家实验室的 Curtis Ober 博士提供）

在典型的超声波成像中，每秒都会发出和接收上百万个脉冲与回波。探头沿人体表面以不同的角度运动，得到各种观测图像。图 1.20 显示了几个超声波应用的例子。

下面使用电子显微方法的某些例子来讨论成像模式。电子显微镜的功能与光学显微镜一样，只不过是用聚焦的电子束代替光束来对样本成像的。电子显微镜的操作包括下面几个基本步骤：电子源产生电子流，采用正电势使电子加速流向样本。使用金属孔和磁透镜限制电子束并将其聚焦为细单色波束。然后使用一个磁透镜将电子束聚焦到样本上。样本内部发生影响电子束的相互作用，检测这些相互作用和影响，并将其转换为一幅图像，这种方式与光被物体反射或吸收的方式相同。所有电子显微镜均执行这些基本步骤。

透射电子显微镜（TEM）的工作原理类似于幻灯片投影仪。投影仪发出一束穿过幻灯片的光；光通过幻灯片时，会被幻灯片的内容调节。射出的光束然后投射到观察屏上，形成幻灯片的放大图像。除发穿过样本（类似于幻灯片）的电子束外，TEM 的工作方式相同。穿过样品的部分电子束被投射到荧光屏上，电子与荧光物质的相互作用产生光，得到可观察的图像。另一方面，扫描电子显微镜（SEM）实际上扫描电子束并记录电子束与样品在每个位置的相互作用，在荧光屏上产生一个点。类似于电视摄像机，通过样本的电子束光栅扫描形成一幅完整的图像。电子与荧光屏相互作用并产生光。SEM 适用于"大体积"样本，而 TEM 适用于非常薄的样本。

电子显微镜的放大倍数非常高。光学显微镜的放大倍数约为 1000，电子显微镜的放大倍数可达 10000 或更大。图 1.21 显示了两幅由于过热而损坏的样本图像。

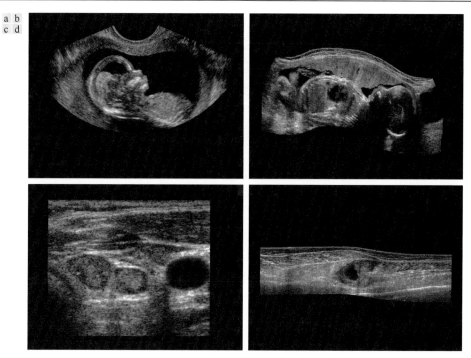

图 1.20　超声波成像实例：(a)胎儿图像；(b)胎儿的另一幅图像；(c)甲状腺图像；(d)存在病变的肌肉层图像（原图像由 Siemens Medical Systems 公司的 Ultrasound Group 提供）

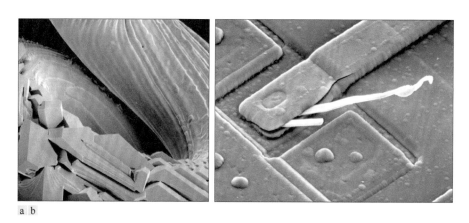

图 1.21　(a)因过热而损坏的钨丝放大 250 倍后的 SEM 图像（注意左下方的碎片）；(b)已损坏集成电路放大 2500 倍后的 SEM 图像。白色纤维是因热破坏而氧化的结果［图(a)由俄勒冈大学地质科学系的 Michael Shaffer 先生提供，图(b)由加拿大麦克马斯特大学的 J. M. Hudak 博士提供］

　　最后通过简要介绍一些不由自然物体得到而由计算机产生的图像来结束对成像模式的讨论。分形是由计算机生成图像的著名例子。从根本上说，分形不过是一种根据某些数学规则进行的基本模式的迭代复制。例如，"拼贴"是产生分形图像的最简单的方法之一。一个方块可细分为 4 个小方块，每个小方块又可进一步细分为 4 个更小的方块，等等。为了填充每个小方块，根据规则的复杂性，可用这一方法产生一些漂亮的拼贴图像。当然，几何形状可以是任意的。例如，分形图像可以从一个中心点向外辐射生长。图 1.22(a)显示了用这种方法生成的分形图像。图 1.22(b)显示了另一幅分形图像（"月面景色"），它有趣地模拟了前几节中所示的空间图像。

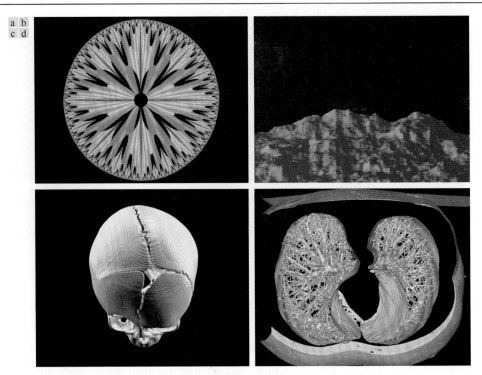

图 1.22   (a)和(b)分形图像；(c)和(d)由所示物体的三维计算机模型生成的图像［图(a)和图(b)由 Swarthmore 学院的 Melissa D. Binde 先生提供，图(c)和图(d)由 NASA 提供］

借助计算机生成图像的结构化方法依赖于三维建模。三维建模是介于图像处理和计算机图形学之间的交叉领域，是许多三维可视化系统（如飞行模拟器）的基础。图 1.22(c)和图 1.22(d)显示了计算机生成的图像实例。因为原物体是以三维方式创建的，所以可在任何视点由三维物体的平面投影来生成图像。这种图像可用于医学培训及其他应用（如刑事法医学和特效）。

1.4   数字图像处理的基本步骤

将后续各章涉及的内容划分为 1.1 节定义的两个宽泛类别，对我们而言是有帮助的：一类是其输入和输出都是图像的方法；另一类是其输入可能是图像，但输出是从这些图像中提取的属性的方法。这种组织结构如图 1.23 所示。这一组织结构图并不意味着每种处理都适用于图像。相反，我们的目的是给出所有方法的概念，这些方法可以针对不同的目的、不同的目标而运用于图像。本节的讨论也可视为本书其余部分内容的综述。

图像获取是图 1.23 中的第一步处理。1.3 节的讨论给出了关于数字图像起源的一些提示。这个主题将在第 2 章中详细研究，第 2 章还将介绍一些贯穿全书的基本的数字图像概念。图像获取与给出一幅数字形式的图像一样简单。通常，图像获取阶段包括图像预处理，譬如图像缩放。

图像增强是对图像进行某种操作，使结果在特定应用中比原图像更为合适的过程。特定一词在这里很重要，因为增强技术最初是面向问题建立的。例如，对增强 X 射线图像十分有用的方法，对增强电磁波谱中红外波段获取的卫星图像可能就不是最好的方法。

不存在增强图像的通用"理论"。为视觉解译目的处理图像时，观察者就是特定方法工作好坏的"最终裁判者"。增强技术多种多样，并且使用众多不同的图像处理方法，因此在没有广泛背景状况的情况下，在一章中组织出适合于增强技术的有意义主体是很困难的。基于这个原因，也基于图像处理领域的初学者通常发现图像增强应用在视觉上吸引人、有趣，并且理解起来相对简单的原因，在第 2 章、第 3 章和第 4 章中介绍新概念时，我们都会以图像增强作为例子。第 3 章和第 4 章的内容涉及许多用于增强图像的传统方法。因此，使用图像增强的例子来介绍这些章中的新图像处理方法，不仅可以节省书中介绍图像增强的额外章节，而且更重要的是，可以有效地向初学者详细介绍本书前面引入的处理技术。然而，如后所述，第 3 章和第 4 章中的内容所适用的问题要比图像增强宽泛得多。

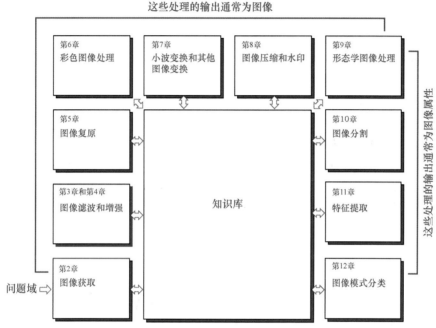

图 1.23　数字图像处理的基本步骤。方框中的章号是方框中讨论内容的位置

图像复原也是改进图像外观的一个领域。然而，图像增强是主观的，而图像复原是客观的；在某种意义上说，复原技术倾向于以图像退化的数学或概率模型为基础，而增强技术以好的增强效果这种主观偏好为基础。

彩色图像处理已成为一个重要的领域，这要归因于互联网上数字图像的使用的不断增长。第 6 章介绍彩色模型的基本概念和数字域中的基本彩色处理。彩色也是提取图像中感兴趣特征的基础。

小波是以不同分辨率来表示图像的基础。本书采用小波来描述图像数据压缩和金字塔表示，此时图像被成功地细分为多个较小的区域。第 4 章和第 5 章的内容主要基于傅里叶变换。除小波外，第 7 章中还将介绍图像处理中常用的一些其他变换。

如其名称指出的那样，压缩是指减少图像存储量或降低传输图像的带宽的处理。虽然存储技术在过去十多年里已有明显进步，但传输容量却并非如此。互联网的应用更是如此，因为互联网是由大量图片内容来表征的。大多数计算机用户都熟悉图像压缩所用的图像文件扩展名，如 JPEG（联合图片专家组）图像压缩标准所用的 jpg 文件扩展名。

形态学处理是提取图像中用于表示和描述形状的成分的处理工具。如 1.1 节所述，本章的内容将从输出图像的处理到输出图像属性的处理的过渡开始。

分割将一幅图像划分为各个组成部分或目标。通常，自动分割是数字图像处理中最困难的任务之一。成功地将目标逐一识别出来的图像问题是一个艰难的过程。另一方面，弱的或不稳定的分割算法几乎总会导致失败。通常，分割越准确，可能的自动目标分类越成功。

特征提取几乎总是在分割阶段的输出的后面出现，这一输出通常是原始的像素数据，它们不是构成一个区域的边界(分隔一个图像区域与另一个图像区域的像素集合)，就是构成该区域本身的所有点。特征提取包括特征检测和特征描述。特征检测是指寻找一幅图像中的特征、区域或边界。特征描述是指对检测到的特征规定量化属性。例如，我们可以检测一个区域的角点，并用它们的方向和位置来描述这些角点；方向和位置描述子都是量化属性。本章中讨论的特征处理方法分为三类，分类依据是，它们是适用于边界、区域还是适用于整个图像。某些特征适用于多个类别。特征描述子应尽可能对参数（如缩放、平移、旋转、光照和视点）的变化不敏感。

图像模式分类是指根据目标特征描述子对目标赋予标记（如"车辆"）的过程。本书的最后一章将讨论图像模式分类的方法，范围从"古典"方法如最小距离、相关和贝叶斯分类器，到使用深度神经网络实现的现代方法。我们还将详细讨论非常适合于图像处理的深度卷积神经网络。

到目前为止，我们还没有谈到先验知识及图 1.23 中知识库与处理模块之间的关系。关于问题域的知识已经以知识库的形式编码到图像处理系统中。这一知识可能像处理一幅图像的各个详细区域那样简单，此时图像中感兴趣信息的位置已经找到，可将限制性搜索引导到所要查找的信息位置。知识库也可能相当复杂，如材料检测问题中所有主要缺陷的相关列表，或者包含变化检测应用中某个区域的高分辨率卫星图像的图像数据库。除引导每个处理模块的操作外，知识库还要控制各个模块之间的交互。这一特性由图 1.23 中的各个处理模块和知识库之间的双箭头表示，而各个处理模块的连接则用单箭头表示。

虽然我们现在还未专门讨论图像显示，但要记住的是，图像处理结果的观察可在图 1.23 中任何阶段的输出位置进行。还要注意的是，并非所有图像处理应用都需要图 1.23 给出的复杂交互。事实上，在很多情况下并不需要所有这些模块。例如，针对人眼视觉解译的图像增强很少要求使用图 1.23 中的任何其他阶段。然而，随着图像处理任务的复杂性的增大，通常需要更多的处理才能解决问题。

1.5 图像处理系统的组成

20 世纪 80 年代中期，世界各地出售的各种图像处理系统基本上都由许多主机及与这些主机配套的外设组成。20 世纪 80 年代末 90 年代初，市场转为将图像处理硬件设计与工业标准总线兼容，并能配合工程工作站机箱和个人计算机的单板形式。20 世纪 90 年代末和 21 世纪初，针对游戏和三维图形应用推出了一种称为图形处理单元（GPU）的新型附加卡。GPU 很快就被引入涉及大规模矩阵实现的图像处理应用，如训练深度卷积网络。除降低成本外，从大量外设至附加卡的市场转型还催生了大量开发图像处理软件的新公司。

趋势继续朝小型化和通用化的小型机并带有专用图像处理硬件与软件的方向发展。图 1.24 显示了用于数字图像处理的一个典型的通用系统的基本组件。下面从图像感知开始讨论每个组件的功能。

获取数字图像需要两个子系统。第一个子系统是物理传感器，其作用是对成像目标辐射的能量产生响应。第二个子系统是数字化仪，其作用是把物理感知设备的输出转换为数字形式。例如，在数字视频摄像机中，传感器（CCD 芯片）产生一个与光强成比例的输出。数字化仪将这些输出转换为数字数据。这些主题将在第 2 章中介绍。

专用图像处理硬件通常由刚刚提及的数字化仪和执行其他原始操作的硬件如算术逻辑单元（ALU）组成，算术逻辑单元对整个图像并行执行算术与逻辑运算。如何使用 ALU 的一个例子是与数字化一样快的图像平均操作，这一操作的目的是降低噪声。这种类型的硬件有时称为前端子系统，其显著特点是速度快。换句话说，该单元执行要求快速数据吞吐的功能（如以 30 帧/秒的速率数字化和平均视频图像），而典型的主机无法胜任这一工作。在执行密集矩阵运算的图像处理系统中，一个或多个 GPU 很常见。

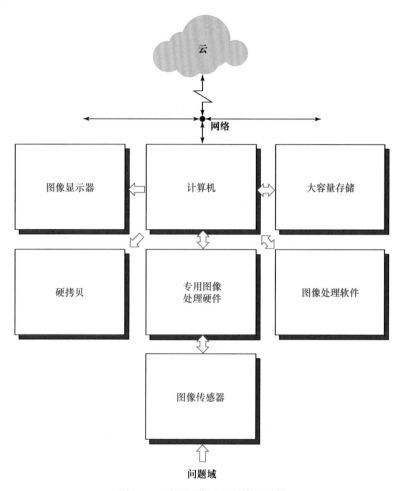

图 1.24 通用图像处理系统的组件

图像处理系统中的计算机是通用计算机，它可以是 PC，也可以是超级计算机。在专门应用中，有时采用定制计算机来实现要求的性能，但我们这里感兴趣的是通用图像处理系统。在这些系统中，几乎任何配置良好的 PC 都适合离线图像处理任务。

图像处理软件由执行特定任务的各个专用模块组成。设计优良的软件包至少还应为用户提供编写使用这些专用模块的代码的能力。更完善的软件包应能集成这些模块，并至少能用一种计算机语言编写通用软件命令。性能良好的图像处理系统通常会提供商用图像处理软件，如知名的 MATLAB®图像处理工具箱。

图像处理应用必须提供大容量存储。尺寸为 1024×1024 像素的一幅未压缩图像，在每个像素的灰度为 8 比特时，需要 1MB 的存储空间。在处理含有几千幅甚至几百万幅图像的图像数据库时，图像处理系统通常很难提供足够的存储空间。图像处理应用的数字存储主要分为三类：（1）处理期间的短期存储；（2）相对快速回调的在线存储；（3）非频繁存取的档案存储。存储容量以字节（8 比特）、千字节（10^3 字节）、兆字节（10^6 字节）、吉字节（10^9 字节）和太字节（10^{12} 字节）来度量。

　　提供短期存储的一种方法是使用计算机内存。另一种方法是使用专用存储板（称为帧缓冲存储器），帧缓存可以存储一帧或多帧图像，并能以视频速率（30帧/秒）快速存取。后一种方法实质上允许瞬时缩放、滚动（垂直移动）和摇动（水平移动）图像。帧缓冲存储器通常位于专用图像处理硬件单元中，如图1.24所示。在线存储通常采用磁盘或光介质存储器。在线存储的关键因素是对存储的数据的频繁存取。最后，档案存储需要大容量存储空间，但无须频繁存取。投币电唱机机盒内的磁带和光盘是常用的档案存储介质。

　　今天使用的图像显示器主要是彩色平面监视器。监视器由作为计算机系统一部分的图像和图形显示卡的输出驱动。商用计算机系统通常都配有显示卡和GPU，因此都能满足图像显示应用的需求。有些情况要求立体显示，立体显示是通过在用户所戴头盔中嵌入两个小显示屏来实现的。

　　用于记录图像的硬拷贝设备包括激光打印机、胶片相机、热敏设备、喷墨设备和数字单元（如CD-ROM等）。胶片的分辨率最高，但纸张是首选的书写材料。为便于展示，图像可显示在透明胶片上，或使用图像投影设备显示在数字介质上。后一方法已成为图像展示的标准。

　　在今天的计算机系统中，网络和云通信几乎都是默认的功能。由于图像处理应用中会生成大量数据，因此图像传输中的关键因素是带宽。专用网络通常不存在带宽问题，但通过互联网进行远程通信有时会存在带宽问题。所幸的是，随着光纤与其他宽带技术的发展，传输带宽正在迅速得到改善。在大量图像数据的传输中，数据压缩继续起着重要作用。

小结、参考文献和延伸读物

　　本章的主要目的是介绍数字图像处理的起源，更重要的是介绍数字图像处理当前和未来的应用领域。由于篇幅所限，本章涵盖的主题肯定不完整，但数字图像处理的知识宽度和适用范围应能给读者留下深刻的印象。后续各章将介绍图像处理的理论与应用，并给出大量实例。学完本书的最后一章后，读者将具备从事数字图像处理领域工作的基本能力。

　　本书过去的几个版本中为读者列出了关于数字图像处理的刊物和书籍清单；本书这一版更新了这些清单，读者可在网站www.ImageProcessingPlace.com的Publications标题下找到它们。

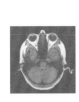

第 2 章　数字图像基础

Those who wish to succeed must ask the right preliminary questions.

Aristotle

引言

本章介绍本书所用数字图像处理的一些基本概念。2.1 节简述人类视觉系统的一些重要方面，包括人眼中图像的形成及人眼适应和辨别灰度的能力。2.2 节讨论光、电磁波谱的其他分量及它们的成像特点。2.3 节讨论成像传感器及如何使用成像传感器来生成数字图像。2.4 节介绍均匀图像取样和灰度量化的概念，该节讨论的其他主题包括数字图像表示、图像中取样数和灰度级变化的影响、空间和灰度分辨率的概念，以及图像内插的原理。2.5 节介绍像素间的各种基本关系。2.6 节介绍全书中用到的主要数学工具，并帮助读者在各种基本图像处理任务中积累使用这些工具的经验。

学习目标

- 了解人类视觉的一些重要功能和限制。
- 熟悉电磁能谱，包括光的基本性质。
- 了解如何产生和表示数字图像。
- 理解图像取样与量化的基本知识。
- 熟悉空间和灰度分辨率及它们对图像外观的影响。
- 了解图像像素间的基本几何关系。
- 熟悉数字图像处理所用的主要数学工具。
- 能够应用多种入门的数字图像处理技术。

2.1　视觉感知要素

虽然数字图像处理领域建立在数学基础之上，但人的直觉和分析在选择一种技术而不选择另一种技术时常常起重要作用，这种选择通常基于主观的视觉判断做出。因此，将了解人类视觉感知的基本特征作为开启本书之旅的第一步是恰当的。我们的兴趣主要在于图像形成并被人类感知的基本原理，并根据数字图像处理时所用的一些要素来了解人类视觉的物理限制。人类和电子成像设备的分辨率和适应光照变化的能力等因素的比较，不仅令人感兴趣，而且从实践角度来看也很重要。

2.1.1 人眼的结构

图 2.1 显示了人眼的简化剖面图。人眼的形状近似为一个球体（直径约为 20mm），它由三层膜包裹：外覆的角膜与巩膜；脉络膜；视网膜。角膜是坚硬并且透明的组织，它覆盖人眼的前表面。角膜后面的巩膜是包围眼球其余部分的不透明膜。

脉络膜位于巩膜的正下方。脉络膜中含有血管网，它是眼睛的主要营养来源。即使是脉络膜浅表面的损伤，也会导致严重的眼睛损伤，因为炎症会限制血液的流动。脉络膜的颜色很深，因此能减少进入人眼的入射光量和眼球内反向散射的光量。脉络膜在最前端分为睫状体和虹膜。虹膜的收缩和扩张控制进入人眼的光量。虹膜中间的开口（瞳孔）的直径可变，变化范围为 2～8mm。虹膜的前面含有可见的色素，后面含有黑色色素。

晶状体由同心的纤维细胞层组成，并被附在睫状体上的纤维挂住。晶状体由 60%～70%的水、6%的脂肪和比眼中任何其他组织都多的蛋白质组成。晶状体含有少量黄色色素，黄色色素随着人的年龄的增大而加深。极端情况下，晶状体过于混浊（称为白内障）时会降低人眼的彩色分辨

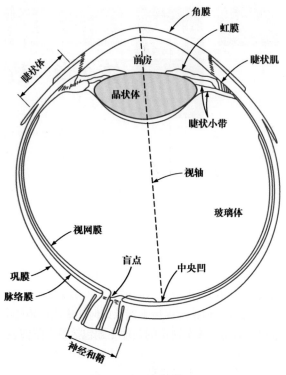

图 2.1　人眼剖面简图

能力，甚至丧失视力。晶状体吸收约 8%的可见光谱，对短波长的光有较高的吸收率。晶状体中的蛋白质吸收红外光和紫外光，吸收过量时会伤害眼睛。

眼睛最靠内部的膜是视网膜，它布满了整个后部的内壁。眼睛聚焦时，来自物体的光在视网膜上成像。模式视觉由分布在视网膜表面上的各个分离光感受器提供。光感受器分为两类：锥状体和杆状体。每只眼睛中的锥状体约有 600～700 万个，主要分布在视网膜中称为中央凹的中间部分，并且对颜色高度敏感。人们之所以能够充分地分辨图像的细节，原因在于每个锥状体都连接到了自身的神经末梢。肌肉控制眼球的转动，使感兴趣区域的图像落到中央凹上。锥状体视觉称为明视觉或亮视觉。

杆状体的数量非常多：视网膜上分布有 7500～15000 万个杆状体。由于分布面积大且几个杆状体连接到一个神经末梢，因此降低了这些感受器感知细节的能力。杆状体捕获视野内的整个图像。它们没有色觉，对低光照度敏感。例如，白天色彩鲜艳的物体在月光下却没有颜色，因为此时只有杆状体受到刺激。这种现象称为暗视觉或微光视觉。

图 2.2 显示了通过右眼视神经区的剖面的杆状体和锥状体密度。在这一区域，由于没有感受器而导致了所谓的盲点（见图 2.1）。除这一区域外，感受器的分布关于中央凹径向对称。感受器密度根据到视轴的度数来度量。注意，图 2.2 中的锥状体在视网膜的中心最密，从该中心向外到偏离视轴约 20°处，杆状体的密度逐渐增大。向外到视网膜的边缘处，它们的密度逐渐降低。

中央凹本身是视网膜中直径约为 1.5mm 的圆形凹陷，其面积约为 1.77mm²。如图 2.2 所示，在视网膜的这一区域中，锥状体的密度约为 150000 个/mm²。根据这些图形，人睛中最敏感区域中的锥状体数约为 265000 个。现代电子成像芯片中的传感器远超这一数量。尽管人类结合智力与视觉经验的能

力使得纯粹的定量比较显得有些肤浅，但未来电子成像传感器分辨图像细节的能力肯定会轻松超过人眼的能力。

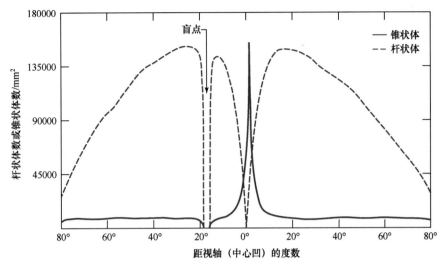

图 2.2　视网膜中杆状体和锥状体的分布

2.1.2　人眼中图像的形成

在普通照相机中，镜头的焦距是固定的。不同距离的聚焦是通过改变镜头和成像平面之间的距离来实现的，胶片（或数码相机的成像芯片）放在成像平面上。在人眼中，情况与此相反：晶状体和成像区域（视网膜）之间的距离是固定的，正确聚焦的焦距是通过改变晶状体的形状得到的。在远离或接近目标时，睫状体中的纤维通过分别压扁或加厚晶状体来实现聚焦。晶状体中心和沿视轴的视网膜之间的距离约为 17mm。焦距的范围为 14～17mm。眼睛放松并注视的距离大于 3m 时，焦距约为 17mm。图 2.3 中的几何关系说明了在视网膜上所形成的图像的尺寸。例如，假设某人正在观看 100m 外高 15m 的一棵树。令 h 表示视网膜图像中该物体的高度，由图 2.3 的几何关系可得 $15/100 = h/17$ 或 $h = 2.5$mm。如本节前面所述，视网膜图像主要聚焦在中央凹区域。然后，光感受器的相对激励作用产生感知，把辐射能量转换为最终由大脑解码的电脉冲。

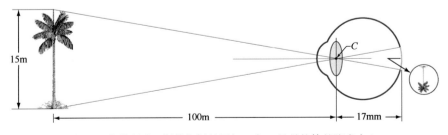

图 2.3　人眼观看一棵棕榈树的图解，点 C 是晶状体的聚光中心

2.1.3　亮度适应与辨别

数字图像是作为离散灰度集来显示的，因此眼睛对不同灰度级的辨别能力在展示图像处理结果时非常重要。人类视觉系统能够适应的光强等级的范围很宽——从暗阈值到强闪光约有 10^{10} 级。实验数据表明，主观亮度（人类视觉系统感知的亮度）是进入人眼的光强的对数函数。图 2.4 中的光强与主观

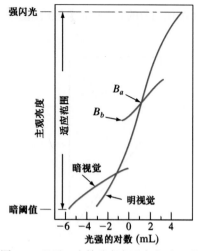

图 2.4　显示一个特殊亮度适应水平 B_a 的主观亮度感知范围

亮度的关系曲线说明了这一特性。长实线代表视觉系统能够适应的光强范围。在明视觉中，这一范围约为 10^6 级。由暗视觉渐变为明视觉的近似范围为 0.001～0.1mL（毫朗伯）（对数坐标中为 -3～-1mL），图中显示了适应曲线在这一范围内的两条分支。

图 2.4 中所示的动态范围令人印象深刻，但关键是视觉系统不能同时在这样的一个范围内工作。相反，视觉系统通过改变其整体灵敏度（称为亮度适应现象）来完成这一较大的变化。眼睛能够同时辨别不同亮度级的总范围远小于整个适应范围。对于给定的一组条件，视觉系统的当前灵敏度水平称为亮度适应水平，例如在图 2.4 中，它对应于亮度 B_a。短交线表示适应这一亮度水平时人眼所能感知的主观亮度范围。当然，这一范围严格受限，水平 B_b 或低于水平 B_b 的刺激都感知为不可辨别的黑色。曲线的上部实际上不受限，但延伸太远也会失去意义，因为亮度更高会使得适应水平高于 B_a。

在任何特定的适应水平处，人眼辨别光强变化的能力也是要考虑的因素。用于确定人类视觉系统亮度辨别能力的一个著名实验，受试者观察一个大到足以使其占据全部视野的均匀发光区域。这个区域是一个典型的漫反射体，如不透明玻璃，它由强度 I 可变的一个光源从后面照射。在视野内增加一个照射分量 ΔI，这个分量以持续时间很短的闪烁在均匀照射场的中心显示为一个圆，如图 2.5 所示。

ΔI 不够亮时，受试者给出响应"否"，表明没有可觉察的变化。ΔI 逐渐变强时，目标给出肯定的响应"是"，表明有可觉察的变化。最后，当 ΔI 足够强时，目标始终给出肯定的响应"是"。$\Delta I_c/I$ 称为韦伯比，其中 ΔI_c 是背景照射为 I 时 50%次可辨别的照射增量。较小的 $\Delta I_c/I$ 值意味着可辨别亮度小百分比变化。这表示"较好"的亮度辨别能力。相反，较大的 $\Delta I_c/I$ 值意味着人眼检测变化时要求较大百分比的亮度变化。这表示"较差"的亮度辨别能力。

作为 $\log I$ 的函数，$\log \Delta I_c/I$ 曲线具有图 2.6 所示的特征形状。这条曲线表明，在低照明级别，亮度辨别较差（韦伯比大），并且它会随着背景照明级别的增加而明显改善（韦伯比降低）。曲线中的两个分支反映了这样一个事实，即在低照明级别情况下，视觉由杆状体执行，在高照明级别情况下，视觉由锥状体执行。

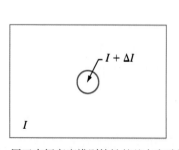

图 2.5　用于表征亮度辨别特性的基本实验设置

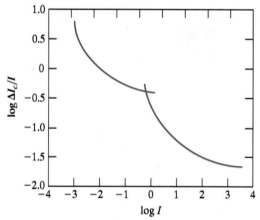

图 2.6　韦伯比与亮度关系的典型曲线

如果背景照明保持恒定，并且代替闪光的其他光源的亮度现在允许从不能被觉察逐渐变化到总能被觉察，那么典型的观察者可以分辨 12～24 级的不同亮度变化。这一结果大致与一个人观看单色图像中的任意一点或小区域时觉察到的不同亮度的数量相关。这并不意味着图像可由这样少的亮度值来表示，因为眼睛扫视图像时，平均背景会发生变化，进而允许在每个新的适应水平上检测一组不同的增量变化。最终结果是眼睛能够辨别更宽范围的总体亮度。事实上，如 2.4 节所述，人眼能够检测到由不足 24 级表示整个亮度的单色图像中的令人反感的一些效应。

两种现象表明感知亮度不是实际灰度的简单函数。第一种现象基于这样一个事实，即视觉系统往往会在不同灰度区域的边界处出现"下冲"或"上冲"现象。图 2.7(a) 显示了这种现象的一个典型例子。虽然条带

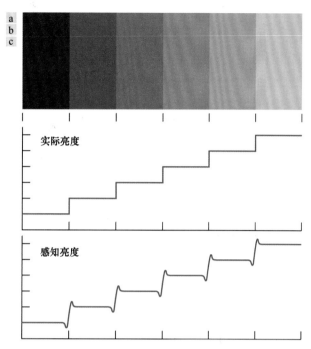

图 2.7 马赫带效应图解。感知亮度不是实际灰度的简单函数

的灰度恒定［见图 2.7(b)］，但在靠近边界的位置我们实际上感知到了带有毛边的明亮模式，如图 2.7(c) 所示。这些带有毛边的条带称为马赫带，它以 1865 年首次描述这一现象的厄恩斯特·马赫命名。

第二种现象称为同时对比，即一个区域的感知亮度并不只是取决于其灰度，如图 2.8 所示。所有的中心方块都有完全相同的灰度，但当背景变得较亮时，它们在眼睛中会变得更暗。一个更熟悉的例子是一张纸，将它放到桌子上时看上去似乎比较白，而当用它遮住眼睛来直视明亮的天空时，它看起来总是呈黑色。

图 2.8 同时对比的例子。所有中心方块的灰度都相同，但随着背景变亮，它们逐渐变暗

人类感知现象的另一些例子是光学错觉，即人眼中充斥着不存在的信息或错误地感知了物体的几何特点。图 2.9 显示了一些例子。在图 2.9(a) 中，正方形的轮廓看起来很清楚，但没有任何线条将这样的图形定义为图像的一部分。在图 2.9(b) 中可以看到相同的效应，但这次是一个圆；注意，几条直线就足以给出一个完整圆的错视。图 2.9(c) 中的两条水平线段的长度相同，但看起来一条显得比另一条短。最后，图 2.9(d) 中所有的直线都是等间距的平行线，但画有交叉线时就会使人产生这些直线不再平行的错视。

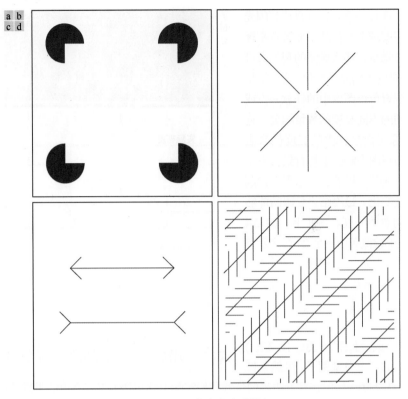

图 2.9 一些著名的光学错视

2.2 光和电磁波谱

1.3 节中介绍过电磁波谱,现在深入研究这一主题。1666 年,艾萨克·牛顿发现一束阳光通过一个玻璃棱镜后,显示的光束不再是白光,而是由一端为紫色而另一端为红色的连续色谱组成的。如图 2.10 所示,我们感知的可见光彩色范围只占电磁波的一小部分。波谱的一端是无线电波,其波长是可见光波长的几十亿倍。波谱的另一端是伽马射线,其波长比可见光的波长小几百万倍。1.3 节给出了在电磁波谱的大多数波段成像的例子。

电磁波谱可用波长、频率或能量来表示。波长(λ)和频率(v)的关系为

$$\lambda = c/v \tag{2.1}$$

式中,c 是光速(2.998×10^8m/s)。图 2.11 显示了一个波长的图形表示。

电磁波谱各分量的能量为

$$E = hv \tag{2.2}$$

式中,h 是普朗克常数。波长的单位是米(m),常用的单位是微米(表示为 μm,$1\mu m = 10^{-6}$m)和纳米(表示为 nm,$1nm = 10^{-9}$m)。频率用赫兹(Hz)来表示,1Hz 等于每秒 1 个周期的正弦波。常用的能量单位是电子伏特。

电磁波可视为以波长 λ 传播的正弦波(见图 2.11),或视为没有质量的粒子流,每个粒子像波浪一样行进并以光速运动。每个无质量的粒子都是具有一定(一束)能量的粒子,称为光子。由式(2.2)可以看出能量与频率成正比,因此更高频率(更短波长)电磁现象的每个光子携带更多的能量。于是,无线电波具有低能量光子,微波与无线电波相比具有更多的能量,红外波的能量更高,然后依次是可见光、

紫外线、X 射线，最后是具有最高能量的伽马射线。高能量的电磁辐射对活体组织的危害很大，尤其是 X 射线和伽马射线波段。

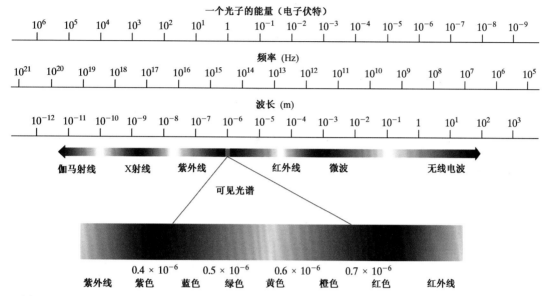

图 2.10　电磁波谱。为便于解释，可见光谱已被放大，但要注意可见光谱只是电磁波谱中很窄的一部分

　　光是一种电磁辐射，它可以被人眼感知。为便于讨论，扩展后的可见（彩色）光谱如图 2.10 所示（第 6 章将详细讨论彩色）。电磁波谱可见光波段的范围是 0.43μm（紫色）～ 0.79μm（红色）。为方便起见，彩色谱被分为 6 个较宽的区域：紫色、蓝色、绿色、黄色、橙色和红色。每种颜色（或电磁波谱的其他分量）都不是突然终止的，而是平滑地混合到另一种颜色中，如图 2.10 所示。

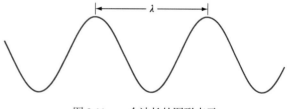

图 2.11　一个波长的图形表示

　　感知的物体颜色由物体反射的光的性质决定。相对平衡地以所有可见光波长反射光的物体，在观察者看来呈白色。然而，物体以有限范围的可见光谱反射光时，会呈现多种颜色。例如，绿色物体主要反射波长范围为 500～570nm 的光，并吸收其他波长的大部分能量。

　　没有颜色的光称为单色光或无色光。单色光的唯一属性是其亮度。因为单色光的感知亮度从黑色到灰色最后到白色变化，因此常用灰度级一词来表示单色光的亮度（后续讨论中将交替地使用术语亮度和灰度级）。单色光从黑到白的数值范围通常称为灰度级，而单色图像常称为灰度图像。

　　如前所述，彩色光的电磁波谱范围为 0.43μm（紫色）～ 0.79μm（红色）。除频率外，我们还用三个其他的量来描述彩色光源：辐射、光通量和亮度。辐射是从光源流出的总能量，通常用瓦特（W）来度量。光通量是观察者从光源感知的能量，通常用流明（lm）来度量。例如，远红外光谱范围的光源发出的光具有实际意义的能量，但观察者却很难感知它。它的光通量几乎是零。最后，如 2.1 节所述，亮度是光感知的主观描绘子，它实际上不能度量，体现的是强度的无色概念，是描述色彩感觉的关键因素之一。

　　原理上，如果能够开发传感器来检测由一个电磁波谱波段发射的能量，那么就能在该波段上对感兴趣的事件成像。但要注意，"看到"物体所需的电磁波的波长必须小于等于物体的尺寸。例如，水分子直径的量级为 10^{-10} m，要研究这些分子，就需要一个能在（高能量）远紫外或软（低能量）X 射线波段范围发射的光源。

虽然成像主要基于电磁波发射的能量，但这并不是生成图像的唯一方法。例如，1.3 节讨论的物体反射的声波也可用于形成超声波图像。其他数字图像源是电子显微镜的电子束及图形与可视化所用的合成图像。

2.3　图像感知与获取

我们感兴趣的大多数图像，都是由"照射"源和形成图像的"场景"元素对光能的反射或吸收产生的。对"照射"和"场景"加引号的目的，是强调它们要比我们熟悉的可见光源照射三维场景的情况更为普遍。例如，照射可能来自电磁能量源，如雷达、红外线或 X 射线系统。然而，如前所述，照射也可来自非传统光源（如超声波），甚至来自计算机产生的照射模式。类似地，场景元素可能是我们熟悉的物体，也可能是分子、沉积岩或人脑。取决于光源的特性，照射能量可被物体反射，也可透过物体发射。反射的例子有光从平坦表面上反向，透过物体发射的例子有 X 射线穿过人体生成一幅 X 射线照片。在某些应用中，反射的能量或透射的能量被聚焦到一个光转换器（如荧光屏）上，光转换器则把能量转换为可见光。电子显微镜和某些伽马成像应用使用的就是这种方法。

图 2.12 显示了将照射能量转换为数字图像的三种主要传感器配置。原理很简单：输入的电能与传

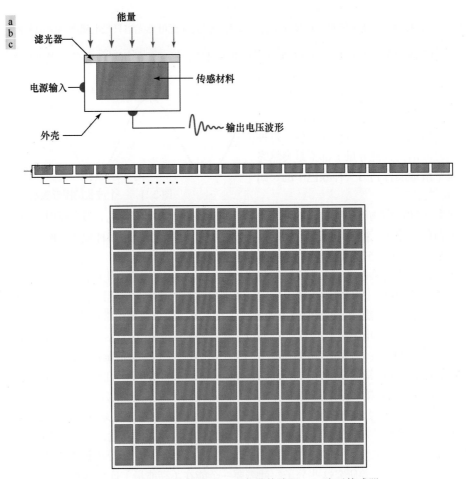

图 2.12　(a)单个成像传感器；(b)条带传感器；(c)阵列传感器

感器材料相结合,将入射的参量转化为电压,传感器材料对检测到的能量类型做出响应。输出电压波形是传感器的响应,将传感器响应数字化,得到一个数字量。本节介绍图像感知和生成的主要方式。图像数字化将在 2.4 节讨论。

2.3.1 使用单个传感器获取图像

图 2.12(a)显示了单个传感器的组成。我们最熟悉的这种传感器是光二极管,它由硅材料构成,输出是与光强成正比的电压。在传感器前面,使用一个滤光器改善其选择性。例如,绿色光透射滤光器让彩色光谱中的绿色波段的光通过。因此,传感器输出的绿色光要比可见光谱中的其他分量强。

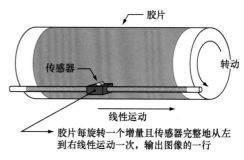

要使用单个传感器生成二维图像,传感器和成像区域之间必须有 x 方向和 y 方向的相对位移。图 2.13 显示了高精度扫描所用的配置,其中底片装在一个鼓上,鼓的机械

图 2.13 单个传感器通过运动来生成二维图像

转动在一个方向上产生位移。传感器安装在产生垂直运动的引导螺杆上。鼓内含有光源,光通过胶片时,在到达传感器之前,其强度会因胶片的密度而变化。光强的这一"调制"使得传感器电压产生相应的变化,电压的变化最终由数字化处理转换为图像灰度。

由于我们可以高精度地控制机械运动,因此这是一种获得高分辨率图像的廉价方法。这种方法的主要缺点是速度慢且不便携带。其他类似的机械配置使用一个平面成像床,它带有在两个方向上做线性运动的传感器。这类机械数字化仪有时称为透射微密度计。光被介质反射而不透过介质的系统,称为反射微密度计。在使用单个传感器成像的另一个例子中,激光源与传感器放在一起,使用镜子来控制扫描模式中的出射光束,并将反射的激光信号引导到传感器。

2.3.2 使用条带传感器获取图像

比单个传感器更常用的几何结构是内嵌式条带传感器,如图 2.12(b)所示。条带在一个方向上提供成像传感器。垂直于条带的运动在另一个方向上成像,如图 2.14(a)所示。这是大多数平板扫描仪使用的排列方式。感知设备可能内嵌有 4000 个或更多的传感器。内嵌传感器常在航空成像应用中使用,在这种应用中,成像系统安装在飞行器上,飞行器以恒定高度和速度飞过待成像地区。响应各个电磁频谱波段的一维条带传感器垂直于飞行方向安装。成像条带传感器一次给出二维图像的一行,条带传感器相对于场景的运动给出二维图像的一列。使用透镜或其他聚焦方案将待扫描区域投影到传感器上。

医学和工业成像使用环形条带传感器获取三维物体的剖面("切片")图像,如图 2.14(b)所示。旋转 X 射线源提供照射,对面的对 X 射线敏感的传感器收集穿过物体的 X 射线能量。这是 1.2 节和 1.3 节所述医学和工业计算机轴向断层成像(CAT)的原理。传感器的输出由重建算法处理,处理的目的是把感测的数据转换为有意义的剖面图像(见 5.11 节)。换句话说,图像不是只靠传感器的运动直接得到的,而需要对图像做进一步的计算机处理。由图像堆叠而成的三维数字物体,是由物体垂直于传感器环运动产生的。基于 CAT 原理的其他成像模式包括磁共振成像(MRI)和正电子发射断层成像（PET）。照射源、传感器和图像的类型是不同的，但概念上它们与图 2.14(b)所示的基本成像方法非常相似。

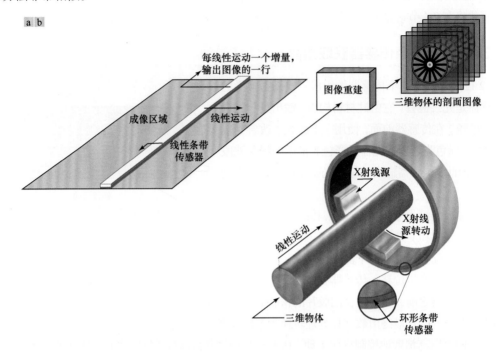

图 2.14　(a)使用线性条带传感器获取图像；(b)使用环形条带传感器获取图像

2.3.3　使用阵列传感器获取图像

图 2.12(c)显示了以二维阵列形式排列的各个感测元件。电磁波和超声波传感装置常以这种形式排列。这也是在数字摄像机中看到的主要排列方式。这些摄像机的典型传感器是 CCD（电荷耦合器件）阵列，这种阵列可制造成具有较宽范围的传感特性，并能封装成具有 4000×4000 或更多单元的稳定阵列。CCD 传感器广泛用于数字摄像机和其他光敏设备中。每个传感器的响应与投射到传感器表面的光能量的积分成正比，天文学和其他要求低噪声图像的应用中广泛使用了这一特性。让传感器在几分钟甚至几小时内累积输入光信号，就可降低噪声。图 2.12(c)所示的传感器阵列是二维的，其主要优点是将能量聚焦到阵列表面就可得到一幅完整的图像。很明显，前两节中讨论的传感器排列的运动是不需要的。

图 2.15 显示了使用阵列传感器的主要方法。该图表明来自光源的能量是场景的反射（如本节开始提到的那样，该能量也可通过场景透射）。图 2.15(c)中成像系统执行的第一个功能是收集入射能量，

> 在某些情况下，源是直接成像的，如获得太阳的图像。

并将它聚焦到一个图像平面上。如果照射的是光，那么成像系统的前端是一个光学透镜，这个透镜将观察的场景投射到透镜的聚平面上，如图 2.15(d)所示。与焦平面重合的传感器阵列，产生与每个传感器接收到的总光量成正比的输出。数字和模拟电路扫描这些输出并把它们转换成模拟信号，然后由成像系统的其他部分数字化。输出是一幅数字图像，如图 2.15(e)所示。2.4 节将介绍如何把图像转换为数字形式。

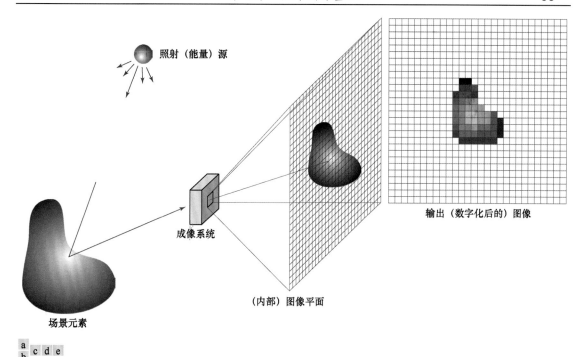

a c d e
b

图 2.15　数字图像获取示例：(a)照射（能量）源；(b)场景；(c)成像系统；(d)场景到图像平面的投影；(e)数字化后的图像

2.3.4　一个简单的成像模型

如 1.1 节所述，我们用形如 $f(x, y)$ 的二维函数来表示图像。在空间坐标 (x, y) 处 f 的值是一个标量，其物理意义由图像源决定，其值与物理源（如电磁波）辐射的能量成正比。因此，$f(x, y)$ 一定是非负的[①]和有限的，即

$$0 \le f(x, y) < \infty \tag{2.3}$$

函数 $f(x, y)$ 由两个分量表征：（1）入射到被观察场景的光源照射量；（2）被场景中物体反射的照射量。它们分别称为入射分量和反射分量，并分别用 $i(x, y)$ 和 $r(x, y)$ 表示。这两个函数的乘积形成 $f(x, y)$，即

$$f(x, y) = i(x, y)r(x, y) \tag{2.4}$$

式中，

$$0 \le i(x, y) < \infty \tag{2.5}$$

和

$$0 \le r(x, y) \le 1 \tag{2.6}$$

于是，反射分量限制在 0（全吸收）和 1（全反射）之间。$i(x, y)$ 的性质取决于照射源，而 $r(x, y)$ 的性质取决于被成像物体的特性。这些表达式也适用于透射成像的情况，如胸透 X 射线。这时，要用透射系数代替反射函数，但其限制应与式(2.6)相同，且形成的图像函数是式(2.4)中的乘积。

---

① 图像亮度在加工过程中可变为负值，或者作为解释的结果。例如，在雷达图像中，向雷达运动的物体通常被解释为具有负速度，而离雷达而去的物体被解释为具有正速度。因此，速度图像可编码为具有正负值。存储和显示图像时，我们通常会缩放亮度，使最小的负值变为 0（关于亮度缩放，请参阅 2.6 节）。

例 2.1 照射和反射的一些典型值。

对于可见光，下面的数值量说明了照射和反射的一些典型值。在晴朗的白天，太阳在地面上可产生超过 90000lm/m^2 的照度。在多云的白天，这一数值下降到 10000lm/m^2。在晴朗的夜晚，满月时的照度约为 0.1lm/m^2。商用办公室的典型照度约为 1000lm/m^2。类似地，下面是 $r(x,y)$ 的一些典型值：黑天鹅绒为 0.01，不锈钢为 0.65，白色墙为 0.80，镀银金属为 0.90，雪为 0.93。　■

令单色图像在坐标 (x,y) 处的亮度（灰度）为

$$\ell = f(x,y) \tag{2.7}$$

由式(2.4)到式(2.6)可知 ℓ 的取值范围为

$$L_{\min} \le \ell \le L_{\max} \tag{2.8}$$

理论上，仅要求 $L_{\min}$ 是非负的，而要求 $L_{\max}$ 是有限的。实际上，$L_{\min} = i_{\min}r_{\min}$ 和 $L_{\max} = i_{\max}r_{\max}$。由例 2.1，使用办公室的平均照度和反射值作为参考，我们可以期望 $L_{\min} \approx 10$ 和 $L_{\max} \approx 1000$ 作为没有额外照明的室内的典型值。这些量的单位是 lum/m^2。然而，我们对实际单位并不感兴趣，除非正在进行光度测量。

区间 $[L_{\min}, L_{\max}]$ 称为亮度级（或灰度级）。实际工作中常将这一区间表示为 $[0,1]$ 或 $[0,C]$，其中 $\ell = 0$ 表示黑色，$\ell = 1$（或 C）表示白色。所有的中间值表示从黑色变化到白色的色调。

2.4　图像取样和量化

如 2.3 节所述，获取图像的方法有多种，但所有这些方法的目的都相同，即由传感的数据生成数字图像。多数传感器的输出是连续的电压波形，这些波形的幅度和空间特性都与正被感测的物理现象相关。要产生一幅数字图像，就需要把连续传感的数据转换为数字形式。这种转换包括两种处理：取样和量化。

> 本节关于取样的讨论非常直观。第 4 章将深入讨论这一主题。

2.4.1　取样和量化的基本概念

图 2.16(a)显示了一幅连续图像 f，我们需要把它转换为数字形式。一幅图像的 x 坐标和 y 坐标是连续的，其幅度也是连续的。要将函数数字化，就要对该函数的坐标和幅度进行取样。对坐标值进行数字化称为取样（或采样），对幅度值进行数字化称为量化。

图 2.16(b)中的一维函数是图 2.16(a)中沿线段 AB 的连续图像的幅度值（灰度级）的曲线。随机变化是由图像噪声引起的。我们沿线段 AB 等间隔地对该函数取样，如图 2.16(c)所示。样本由叠加在函数上的小方框显示，每个样本的（离散）空间位置由图形底部的对应刻度标记指出。这样的一组小方框就构成了取样函数。然而，样本值仍然（垂直）跨越了一个连续的亮度值范围。为了形成数字函数，亮度值也要转换（量化）为离散量。图 2.16(c)中的垂直灰度条将亮度级从黑色到白色分成了 8 个离散的区间。垂直刻度标记给出了分配给 8 个亮度区间的特定值。根据每个样本到垂直刻度标记的距离，对其分配 8 个值中的一个，就可量化连续的亮度。取样和量化生成的数字样本如图 2.16(d)中的白色小方框所示。从连续图像的顶部开始向下逐行执行这一过程，就会产生一幅二维数字图像。图 2.16 表明，除所用的离散级数外，量化达到的精度高度依赖于取样信号中的噪声含量。

实践中，取样方法由生成图像时所用的传感器排列决定。当一幅图像由单个传感器结合机械运动产生时，如图 2.13 所示，传感器的输出可用前面讨论的方式量化。然而，空间取样是通过选择用于激活传感器收集数据的各个机械增量来完成的。原理上，机械运动可以非常精确，使用这种方法对图像

取样所能到达的精度没有限制。实践中，取样精度的限制由其他因素决定，如系统所用光学元件的质量。

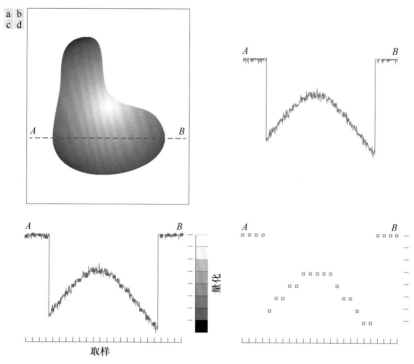

图 2.16　(a)连续图像；(b)连续图像中从 A 到 B 的一条扫描线；(c)取样和量化；(d)数字扫描线［为方便说明，(a)包含了一个黑色边框，但它不是图像的一部分］

　　使用条带传感器获取图像时，条带中的传感器数量得到图像一个方向的样本，机械转动得到另一个方向的样本。量化传感器的输出完成数字图像的生成过程。

　　使用传感器阵列获取图像时，不需要转动。阵列中的传感器数量建立两个方向上的取样限制。传感器输出的量化与上面的说明相同。图 2.17 说明了这一概念。图 2.17(a)显示了投影到一个二维传感器平面上的连续图像。图 2.17(b)显示了取样和量化后的图像。数字图像的质量很大程度上取决于取样和量化中所用的样本数和离散灰度级。然而，如本节稍后介绍的那样，这些参数的选择也由图像内容决定。

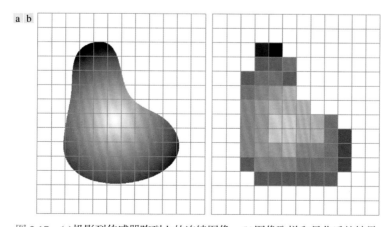

图 2.17　(a)投影到传感器阵列上的连续图像；(b)图像取样和量化后的结果

2.4.2 数字图像表示

令 $f(s,t)$ 表示一个有两个连续变量 s 和 t 的连续图像函数。如前节所述，通过取样和量化，我们可把该函数转换为数字图像。假设我们把这幅连续图像取样为一幅数字图像 $f(x,y)$，该图像包含有 M 行和 N 列，其中 (x,y) 是离散坐标。为表达清楚和方便起见，我们对这些离散坐标使用整数值：$x = 0,1,2,\cdots,M-1$ 和 $y = 0,1,2,\cdots,N-1$。这样，数字图像在原点位置的值就是 $f(0,0)$，第一行中下一个坐标位置的值是 $f(0,1)$。这里，符号 $(0,1)$ 表示第一行的第二个样本。对图像取样时，这些值并不是物理坐标值。一般来说，数字图像在任何坐标 (x,y) 处的值记为 $f(x,y)$，其中 x 和 y 都是整数。需要引用特定的坐标 (i,j) 时，我们使用符号 $f(i,j)$，其中的参数是整数。由图像的坐标张成的实平面部分称为空间域，x 和 y 称为空间变量或空间坐标。

图 2.18 显示了表示 $f(x,y)$ 的三种方法。图 2.18(a) 是一幅函数图，它用两个坐标轴决定空间位置，用第三个坐标轴决定 f 的值，f 是 x 和 y 的函数。在处理元素以 (x,y,z) 形式表达的灰度集时，这种表示是很有用的，其中 x 和 y 是空间坐标，z 是 f 在坐标 (x,y) 处的值。2.6 节将简要地介绍这种表示。

图 2.18(b) 的表示更常见，它表示的是 $f(x,y)$ 出现在计算机显示器或照片上的情况。这里，显示器上每个点的灰度与该点处的 f 值成比例。这幅图只有三个等间隔的灰度值。如果这些灰度值被归一化到区间 [0, 1]，那么图像中每个点的灰度值都是 0，0.5 或 1。显示器或打印机把这三个值分别转换为黑色、灰色或白色，如图 2.18(b) 所示。这种表示包括彩色图像，允许我们即时查看结果。

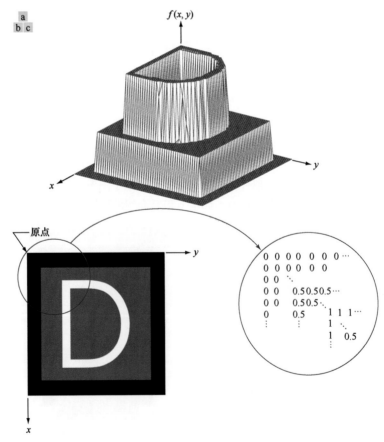

图 2.18　(a)画为表面的图像；(b)显示为可视灰度矩阵的图像；(c)显示为二维数值阵列的图像（数字 0、0.5 和 1 分别表示黑色、灰色和白色）

如图 2.18(c)所示，第三种表示是由数值 $f(x, y)$ 组成的一个阵列（矩阵）。这是用于计算机处理的表示。我们可用公式将一个 $M \times N$ 数值矩阵表示为

$$f(x, y) = \begin{bmatrix} f(0, 0) & f(0, 1) & \cdots & f(0, N-1) \\ f(1, 0) & f(1, 1) & \cdots & f(1, N-1) \\ \vdots & \vdots & \ddots & \vdots \\ f(M-1, 0) & f(M-1, 1) & \cdots & f(M-1, N-1) \end{bmatrix} \tag{2.9}$$

该式的右边是以实数矩阵表示的数字图像。矩阵中的每个元素称为图像单元、图像元素或像素。本书中交替使用图像和像素来表示数字图像及其元素。图 2.19 显示了一个图像矩阵的图形表示，其中 x 轴和 y 轴分别用于表示矩阵的行和列。特定像素是矩阵在一对固定坐标点处的值。如前所述，我们通常用 $f(i, j)$ 来指坐标 (i, j) 处的像素值。

我们还可用传统的矩阵形式表示数字图像：

$$A = \begin{bmatrix} a_{0, 0} & a_{0, 1} & \cdots & a_{0, N-1} \\ a_{1, 0} & a_{1, 1} & \cdots & a_{1, N-1} \\ \vdots & \vdots & \ddots & \vdots \\ a_{M-1, 0} & a_{M-1, 1} & \cdots & a_{M-1, N-1} \end{bmatrix} \tag{2.10}$$

显然，$a_{ij} = f(i, j)$，因此式(2.9)和式(2.10)是相同的阵列。

如图 2.19 所示，我们将图像的左上角定义为原点。这种方便的表示基于如下事实：许多图像显示器（如电视显示器）扫描图像时都从左上角开始向右移动，每次扫描一行。更重要的事实是，矩阵的第一个元素按照惯例应在矩阵的左上角。将 $f(x, y)$ 的原点选择为左上角数学上是可行的，因为数字图像实际上就是矩阵。事实上，如后所述，有时我们在公式中用矩阵的行（r）和列（c）来与 x 和 y 互换。

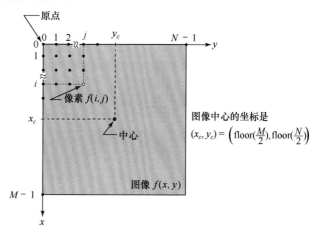

图像中心的坐标是 $(x_c, y_c) = \left(\text{floor}(\frac{M}{2}), \text{floor}(\frac{N}{2})\right)$

图 2.19　表示数字图像的坐标约定。由于坐标值是整数，因此 x 和 y 与矩阵的行（r）和列（c）是一一对应的

注意，图 2.19 中表示很重要，在这种表示中，正 x 轴向下延伸，正 y 轴向右延伸，这完全是我们熟悉的右手笛卡儿坐标系[①]，但为让原点出现在左上角旋转了 90°。

原点为 $(0, 0)$，范围在 $(M-1, N-1)$ 的 $M \times N$ 数字图像的中心，由 M 和 N 除以 2 后四舍五入为最接近的整数得到。这一运算有时由下取整运算符 $\lfloor \cdot \rfloor$ 表示，如图 2.19 所示。不管 M 和 N 是偶数还是奇数，这都成立。例如，大小为 1023×1024 的一幅图像的中心为 $(512, 512)$。有些编程语言（如 MATLAB）的起始索引为 1 而非 0。这时，图像的中心为 $(x_c, y_c) = (\text{floor}(M/2)+1, \text{floor}(N/2)+1)$。

> z 的下取整有时表示为 $\lfloor z \rfloor$，是小于等于 z 的最大整数。z 的上取整表示为 $\lceil z \rceil$，是大于等于 z 的最小整数。

[①] 回顾可知，右手坐标系满足右手定则，即食指指向正 x 轴方向，中指指向正 y 轴方向，拇指指向上方。如图 2.18 和图 2.19 所示，我们的图像坐标系满足右手定则。实际工作中，我们也会发现左手坐标系，此时其 x 轴和 y 轴与图 2.18 和图 2.19 中的互换。例如，MATLAB 使用左手坐标系进行图像处理。两种坐标系都可行，但使用时要一致。

为了用更加正式的数学术语表示取样和量化,令 Z 和 R 分别表示整数集和实数集。取样过程可视为把 xy 平面分为网格的过程,网格中每个单元的中心坐标是来自笛卡儿积 Z^2（也表示为 $Z \times Z$）的一对 | 见 2.6 节中关于笛卡儿积的正式定义式(2.41)。

元素,回顾可知 Z^2 是所有有序元素对 (z_i, z_j) 的集合,其中 z_i 和 z_j 是集合 Z 中的整数。因此,如果 (x, y) 是 Z^2 中的整数,且 f 是把灰度值（实数集 R 中的一个实数）赋给每个特定坐标对 (x, y) 的一个函数,那么 $f(x, y)$ 就是一幅数字图像。这种赋值过程就是前面描述的量化过程。如果灰度级也是整数,则 $R = Z$,并且数字图像变成一个其坐标和幅值都是整数的二维函数。这就是我们在本书使用的表示。

图像数字化要求对 M 值、N 值和离散灰度级数 L 进行判定。对于 M 和 N,除必须取正整数外,并无其他限制。然而,出于存储和量化硬件的考虑,灰度级数通常取为 2 的整数次幂,即

$$L = 2^k \tag{2.11}$$

式中,k 是整数。假设离散灰度级是等间隔的,且它们是区间 $[0, L-1]$ 内的整数。

有时,灰度跨越的值域称为动态范围,这一术语在不同场合的用法不同。这里,我们将图像系统的动态范围定义为系统中最大可度量灰度与最小可检测灰度之比。通常,上限取决于饱和度,下限取决于噪声,但噪声也会出现在较亮的灰度中。图 2.20 显示了饱和度和轻微可见噪声的例子。因为较暗区域主要由具有最小可检测灰度的像素组成,图 2.20 中的背景是图像中有着最大噪声的部分;然而,暗背景噪声通常很难看到。

图 2.20　显示了饱和度和噪声的图像。饱和度是指一个最大值,超过该值的所有灰度值将被裁剪掉（注意整个饱和区域具有恒定的高灰度级）。这种情况下的可见噪声表现为颗粒纹理模式。暗背景的噪声较大,但噪声很难看到

动态范围建立一个系统所能表示和一幅图像所具有的最低和最高灰度级。与这一概念紧密相关的是图像对比度,它定义为一幅图像中最高和最低灰度级间的灰度差。反差比是这两个量的比率。一幅图像中的可观像素数量具有高动态范围时,我们称该图像具有高对比度。相反,具有低动态范

围的图像看起来通常很灰暗。第 3 章将详细讨论
这些概念。

存储数字图像所需的比特数 b 为

$$b = MNk \tag{2.12}$$

$M = N$ 时，上式变为

$$b = N^2 k \tag{2.13}$$

图 2.21 显示了 N 和 k 取不同值时，存储方形图像
所需的兆字节数（1 字节等于 8 比特，1 兆字节等
于 10^6 字节）。

一幅图像具有 2^k 个可能的灰度级时，我们通常
称该图像是一幅"k 比特图像"（如一幅 256 级图像
称为一幅 8 比特图像）。注意，较大 8 比特图像（如
10000×10000 像素）所需的存储量是很大的。

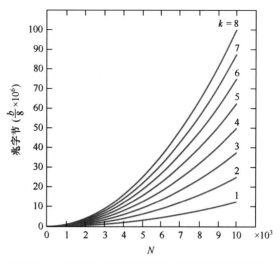

图 2.21　存储不同 N 值和 k 值的图像所需的兆字节数

2.4.3　线性索引和坐标索引

上一节讨论的一个像素的位置由其二维坐标给出的约定，称为坐标索引或下标索引。在图像处理
算法编程中广泛使用的另一种索引是线性索引，它由一个一维的非负整数串组成，这个非负整数串是
通过计算到坐标(0, 0)的偏移量得到的。线性索引主要有两种，一种基于图像的行扫描，另一种基于图
像的列扫描。

图 2.22 说明了列扫描线性索引的原理，即从原点开始，先向下反向右逐列扫描图像。线性索引基
于我们以图 2.22 所示的方式扫描一幅图像时对像素的计数。这样，扫描（最左边的）第一列产生线性
索引 0 到 $M-1$，扫描第二列产生线性索引 M 到 $2M-1$，以此类推，直到为最后一列的最后一个像素
赋线性索引值 $MN-1$。这样，由 α 表示的线性索引就是 MN 个可能值中的一个：$0, 1, 2, \cdots, MN-1$，
如图 2.22 所示。注意，这里的每个像素都被赋予了唯一可识别这个像素的线性索引值。

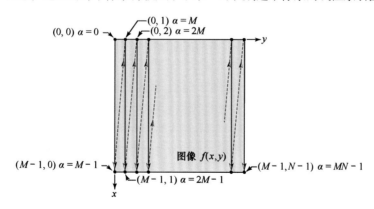

图 2.22　生成列扫描线性索引的说明。所示为几个二维坐标及对应的线性索引

生成列扫描线性索引的公式很简单，并且可以通过观察确定。对于任何坐标对(x, y)，对应的线性
索引值是

$$\alpha = My + x \tag{2.14}$$

相反，给定线性索引值 α 的坐标索引由如下公式[①]给出：

$$x = \alpha \bmod M \tag{2.15}$$

和

$$y = (\alpha - x)/M \tag{2.16}$$

回顾可知 $\alpha \bmod M$ 意味着"α 除以 M 的余数"。这是一种在每列的开始处声明行数重复自身的形式化方法。因此，当 $\alpha = 0$ 时，0 除以 M 的余数为 0，有 $x = 0$；当 $\alpha = 1$ 时，余数是 1，有 $x = 1$。可以看出，在 $\alpha = M-1$ 之前，x 连续等于 α。当 $\alpha = M$ 时（在第二列的开始处），余数是 0，再次有 $x = 0$，到达下一列时 x 增 1，此时再次重复这一模式。类似的说明适用于式(2.16)。前两个公式的推导见习题 2.11。

2.4.4 空间分辨率和灰度分辨率

空间分辨率是图像中最小可辨别细节的测度。我们可用几种方式来定量地说明空间分辨率，其中单位距离的线对数和单位距离的点数（像素数）是最常用的测度。假设我们用交替出现的黑色和白色垂线构造一幅图形，其中每条垂线的线宽为 W 单位（W 可以小于 1）。于是，线对的宽度是 $2W$，单位距离内有 $1/(2W)$ 个线对。例如，如果一条线的宽度是 0.1mm，那么单位距离（1mm）内就有 5 个线对。广泛使用的图像分辨率的定义是单位距离内可分辨的最大线对数（如每毫米 100 个线对）。点数/单位距离是印刷和出版业中常用的图像分辨率的测度。在美国，这一测度通常使用点数/英寸（dpi）表示。例如，报纸的印刷分辨率为 75dpi，杂志的印刷分辨率为 133dpi，广告页的印刷分辨率为 175dpi，本书正文的印刷分辨率为 2400dpi。

空间分辨率的测度必须针对空间单位来声明才有意义。图像大小本身并不含有空间分辨率信息。例如，如果未声明图像包含的空间尺寸，那么说一幅图像的分辨率为 1024×1024 像素是没有意义的。图像大小本身只在比较成像性能时才有帮助。例如，假设两部摄像机配备了相同的镜头，并在相同的距离拍摄同一幅图像，那么我们才能说具有 20 兆像素 CCD 成像芯片的数字摄像机与 8 兆像素的摄像机相比，有分辨细节的更高能力。

类似地，灰度分辨率是指在灰度级中可分辨的最小变化。关于用来生成数字图像所使用的空间样本（像素）数，我们具有相当大的自由裁定权，但它不适用于灰度级数。基于硬件考虑，如我们讨论式(2.11)时提到的那样，灰度级数通常是 2 的整数次幂。最常用的数是 8 比特，在需要增强特定灰度范围的某些应用中，也使用 16 比特。使用 32 比特的灰度量化很少见。有时，我们会发现使用 10 比特或 12 比特来数字化图像灰度级的系统，但这些系统并不常见。

与必须基于单位距离才有意义的空间分辨率不同，灰度分辨率通常是指量化灰度时所用的比特数。例如，我们常说一幅灰度被量化为 256 级的图像，其灰度分辨率为 8 比特。但要记住的是，灰度的可分辨变化不仅受噪声和饱和度值的影响，而且受人类分析和解释整个场景内容的感知能力的影响（见 2.1 节）。下面的两个例子分别说明了图像大小和灰度分辨率对分辨细节的影响。本节稍后将讨论这两个参数是如何影响感知的图像的质量的。

> **例 2.2　降低数字图像空间分辨率的影响。**
>
> 图 2.23 显示了降低一幅图像的空间分辨率的影响。图 2.23(a)到图 2.23(d)的分辨率分别为 930dpi，300dpi，150dpi 和 72dpi。显然，低分辨率图像要比图 2.23(a)中的原图像小。例如，原图像的大小为 2136×2140 像素，但 72dpi 图像只是一个大小为 165×166 像素的阵列。为便于比较，所有的小图像都放大到了原图像大小（放

---

① 使用模数系统时，更准确的写法是 $x \equiv \alpha \bmod M$，其中的符号 ≡ 表示同余。然而，我们这里的目的只是将线性索引转换为坐标索引，因此使用我们更熟悉的符号 = 。

大方法将在本节稍后讨论）。在某种程度上，这等同于"逼近"小图像，以便能够对可视细节进行比较。

图 2.23　降低空间分辨率的效果。图像的显示分辨率：(a)930dpi；(b)300dpi；(c)150dpi；(d)72dpi

图 2.23(a)和图 2.23(b)之间存在一些小视觉差别，最明显的差别是天文钟右侧指向 60 秒的秒针存在轻微失真。然而，图 2.23(b)的大部分还是可以接受的。事实上，300dpi 是书籍印刷所用的最小空间分辨率。因此，这里我们不指望能看到两幅图像间的太多不同。图 2.23(c)出现了可见的退化（例如，将天文钟的外部边缘和秒针与前两幅图像进行比较）。数字也出现了可见的退化。图 2.23(d)中的多数特征出现了可见的退化。如 4.5 节所述，当以这样的低分辨率印刷时，印刷和出版业将使用多种技术（如局部改变像素大小）来得到比图 2.23(d)更好的结果。此外，如本节稍后所述，使用内插方法也可改善图 2.23 的质量。■

例 2.3　改变数字图像灰度级数的影响。

图 2.24(a)是化疗药瓶和点滴瓶的 256 灰度级图像。本例的目的是把这幅图像的灰度级数以 2 的整数次幂从 256 减少到 2，同时将图像的分辨率固定为 783dpi（图像的大小是 2022×1800 像素）。图 2.24(b)到(d)是通过将灰度级数分别减小到 128，64 和 32 得到的（第 3 章将讨论如何减小灰度级数）。

128 级和 64 级灰度图像对所有实用目的来说看起来是相同的，但在图 2.24(d)所示的 32 灰度级图像中，恒定灰度区域内有一组不易察觉的精细脊状结构。这些结构在图 2.24(e)所示的 16 级灰度图像中清晰可见。这种效果是由数字图像的平滑区域中的灰度级数不足引起的，通常称为伪轮廓，这样称呼的原因是这些脊状结构类似于地图中的地形等高线。在以 16 级灰度或更少级灰度显示的图像中，伪轮廓通常十分明显，如图 2.24(e)至图 2.24(h)所示。

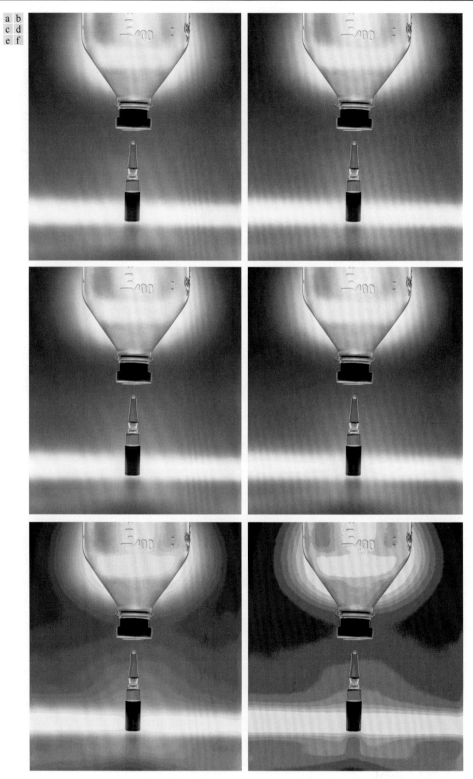

图 2.24   (a)大小为 2022×1800、灰度级为 256 的图像；(b)~(d)大小不变、灰度级分别为 128, 64 和 32 的图像；(e)~(h)灰度级分别为 16, 8, 4 和 2 的图像（原图像由美国国家癌症研究所提供）

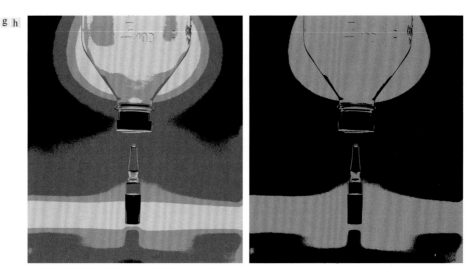

图 2.24　(a)大小为 2022×1800、灰度级为 256 的图像；(b)～(d)大小不变、灰度级分别为 128, 64 和 32 的图像；(e)～(h)灰度级分别为 16, 8, 4 和 2 的图像（原图像由美国国家癌症研究所提供）（续）

为方便起见，一般假设灰度级为 2 的整数次幂，大小为 256×256 像素、灰度级为 64 的图像印刷在 5cm×5cm 大小的纸张上时，是没有令人讨厌的取样失真和伪轮廓的具有最低空间与灰度分辨率的图像。　　　　　　　　　　　　　　　　　　　　　　　　　　　　　　　　　　　■

　　例 2.2 和例 2.3 中的结果说明了分别改变空间和灰度分辨率对图像质量产生的影响。然而，这些结果都未考虑这两个参数之间可能存在的关系。Huang[1965]的早期研究试图通过实验来量化这两个变量的相互作用对图像质量产生的影响。实验由一组主观测试组成，采用了类似于图 2.25 所示的图像。妇女脸庞图像中包含的细节相对较少，摄像师图像中包含的细节中等，人群图像中包含了大量细节。

图 2.25　(a)细节最少的图像；(b)细节中等的图像；(c)细节最丰富的的图像［图像(b)由麻省理工学院提供］

　　改变 N 和 k［见式(2.13)］，生成了大小和灰度分辨率不同的这三类图像。然后，实验要求观察者根据他们的主观质量对图像进行排序。结果以等偏爱曲线汇总于 Nk 平面中（图 2.26 显示了图 2.25 中各类图像的平均等偏爱曲线）。Nk 平面中的每个点表示 N 值和 k 值等于该点的坐标的一幅图像。等偏爱曲线上的点对应于等主观质量的图像。实验发现等偏爱曲线倾向于向右上方移动，但这三类图像的等偏爱曲线形状与图2.26中的那些曲线类似。这些结果并不令人意外，因为曲线向右上方移动意味着较大的 N 值和 k 值，而这又意味着更好的图像质量。

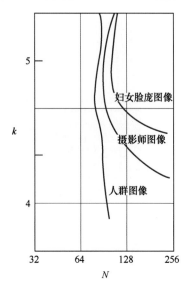

　　观察发现，图像中的细节增多时，等偏爱曲线趋向于会变得更加竖直。这一结果表明，细节丰富的图像可能只需要较少的灰度级。例如，图 2.26 中对应于人群图像的等偏爱曲线近乎竖直，表明对于固定的 N 值，这类图像的感觉质量与所用灰度级数（对于图 2.26 所示的灰度级范围）基本无关。其他两类图像的感觉质量在增加样本数的某些区间内保持不变，但灰度级数实际上降低了。造成这一结果的最可能的原因是，k 的减小倾向于增大表观对比度，即感知到图像质量改善的一种视觉效果。

图 2.26　图 2.25 中三类图像的典型等偏爱曲线

2.4.5　图像内插

　　内插通常在图像放大、缩小、旋转和几何校正等任务中使用。本节的主要目标是介绍内插并用它来调整图像的大小（缩小和放大），缩小和放大基本上采用图像重取样方法。2.6 节将讨论在旋转和几何校正等应用中，如何进行内插。

　　内插是用已知数据来估计未知位置的值的过程。下面用一个简单的例子开始这一主题的探讨。假设大小为 500×500 像素的一幅图像要放大 1.5 倍，即放大到 750×750 像素。一种简单的放大方法是，创建一个大小为 750×750 像素的假想网格，网格的像素间隔完全与原图像的像素间隔相同，然后收缩网格，使它完全与原图像重叠。显然，收缩后的 750×750 网格的像素间隔要小于原图像的像素间隔。为了对上覆图像中的每个点赋灰度值，我们在下伏原图像中找到最接近的像素，并把该像素的灰度赋给 750×750 网格中的新像素。为上覆网格中的所有点赋灰度值后，可将图像展开到指定的大小，得到放大后的图像。

　　刚刚讨论的方法称为最近邻内插，因为这种方法将原图像中最近邻的灰度赋给了每个新位置（关于近邻像素见 2.5 节）。这种方法简单，但会产生我们不想要的人为失真，如严重的直边失真。更合适的方法是双线性内插，它使用 4 个最近邻的灰度来计算给定位置的灰度。令 (x, y) 表示待赋灰度值的位置（可将它想象为前面描述的网格点）的坐标，令 $v(x, y)$ 表示灰度值。对于双线性内插而言，所赋的值由如下公式得到：

> 与其名称相反，双线性内插并不是线性运算，因为它涉及坐标的相乘（不是线性运算），见式(2.17)。

$$v(x, y) = ax + by + cxy + d \tag{2.17}$$

式中，4 个系数可用由点 (x, y) 的 4 个最近邻点写出的 4 个未知方程求出。双线性内插的结果要比最近邻内插的结果好得多，但计算量会随之增大。

　　另一种复杂度较高的方法是双三次内插，它包括 16 个最近邻点。赋给点 (x, y) 的灰度值由如下公式得到：

$$v(x, y) = \sum_{i=0}^{3} \sum_{j=0}^{3} a_{ij} x^i y^j \tag{2.18}$$

式中，16 个系数可用由点 (x, y) 的 16 个最近邻点写出的 16 个未知方程求出。观察式(2.18)发现，如果求和的上下限分别为 1 和 0，则其简化为式(2.17)。通常，双三次内插在保留细节方面确实要强于双线性内插。双三次内插是商用图像编辑程序如 Adobe Photoshop 和 Corel Photopaint 中使用的标准内插方法。

虽然图像是用整数坐标来显示的，但在处理期间采用内插法填充原图像中像素之间的间隙来增大图像的尺寸，可以得到亚像素精度。

例 2.4　图像缩小和放大的内插方法的比较。

图 2.27(a)与图 2.23(d)相同，它是由图 2.23(a)中的 930dpi 图像降低到 72dpi（大小由原来的 2136×2140 像素缩小到 165×166 像素），然后将分辨率降低的图像再次放大到原尺寸得到的。为了生成图 2.23(d)，采用最近邻内插法进行了缩小与放大。如前所述，图 2.27(a)中的结果很差。图 2.27(b)和图 2.27(c)是分别采用双线性内插和双三次内插缩小和放大得到的。使用双线性内插得到的结果明显好于使用最近邻内插得到的结果，但结果图像稍微有点模糊。使用双三次内插得到的结果要清晰得多，如图 2.27(c)所示。

a b c

图 2.27　(a)分辨率降低到 72dpi 后，使用最近邻内插放大到原分辨率 930dpi 的图像。该图像与图 2.23(d)相同；
　　　　　(b)分辨率降低到 72dpi 后，使用双线性内插放大的图像；(c)与图像(b)相同但使用双三次内插的图像 ∎

内插时可以使用更多的邻点，并且存在使用样条和小波的复杂技术，采用这些技术可以得到更好的结果。对于三维图形而言，在生成图像的过程中保留细节非常重要（见 Hughes and Andries[2013]）；通用数字图像处理需要额外的计算开销也是合理的，因此常使用双线性内插和双三次内插。

2.5　像素间的一些基本关系

本节讨论数字图像中像素间的几个重要关系。下面的讨论在提到特定像素时将使用小写字母，如 p 和 q。

2.5.1　像素的相邻像素

坐标 (x, y) 处的像素 p 有 2 个水平的相邻像素和 2 个垂直的相邻像素，它们的坐标是

$$(x+1, y), (x-1, y), (x, y+1), (x, y-1)$$

这组像素称为 p 的 4 邻域，用 $N_4(p)$ 表示。

p 的 4 个对角相邻像素的坐标是

$$(x+1, y+1), (x+1, y-1), (x-1, y+1), (x-1, y-1)$$

用 $N_D(p)$ 表示。这些相邻像素和 4 邻域合称为 p 的 8 邻域，用 $N_8(p)$ 表示。点 p 的相邻像素的图像位置集称为 p 的邻域。如果一个邻域包含 p，那么称该邻域为闭邻域，否则称该邻域为开邻域。

2.5.2　邻接、连通、区域和边界

令 V 是用于定义邻接的灰度值集合。在二值图像中，表示值为 1 的像素的邻接时，$V=\{1\}$。在灰度图像中，这一概念相同，但集合 V 通常包含更多的元素。例如，如果正在处理其值域为 0 到 255 的像素的邻接，那么集合 V 可能是这 256 个值的任何一个子集。考虑三种类型的邻接：

1. 4 邻接。q 在集合 $N_4(p)$ 中时，值在 V 中的两个像素 p 和 q 是 4 邻接的。
2. 8 邻接。q 在集合 $N_8(p)$ 中时，值在 V 中的两个像素 p 和 q 是 8 邻接的。
3. m 邻接（也称混合邻接）。如果
   (a) q 在 $N_4(p)$ 中，或
   (b) q 在 $N_D(p)$ 中，且集合 $N_4(p)\cap N_4(q)$ 中没有值在 V 中的像素，那么值在 V 中的两个像素 p 和 q 是 m 邻接的。

混合邻接是 8 邻接的改进，目的是消除采用 8 邻接时可能导致的歧义性。例如，考虑图 2.28(a)中的像素排列，并令 $V=\{1\}$。图 2.28(b) 顶部的 3 个像素显示了多个（歧义性）8 邻接，如虚线所示。这种歧义性可用 m 邻接消除，如图 2.28(c)所示。换句话说，中心和右上对角像素不是 m 邻接的，因为它们不满足条件(b)。

> 我们分别用符号 $\cap$ 和 $\cup$ 来表示集合的交和并。给定集合 A 和 B，回顾可知它们的交集是 A 和 B 两者的成员的集合。这两个集合的并集是 A 的成员、B 的成员或两者的成员的元素集合。2.6 节将详细讨论集合。

从坐标为 (x_0, y_0) 的像素 p 到坐标 (x_n, y_n) 的像素 q 的数字通路（或曲线）由一组不同的像素序列构成，这些像素的坐标为

$$(x_0, y_0), (x_1, y_1), \cdots, (x_n, y_n)$$

式中，点 (x_i, y_i) 和 (x_{i-1}, y_{i-1}) 在 $1 \le i \le n$ 时是邻接的。这时，n 是通路的长度。$(x_0, y_0) = (x_n, y_n)$ 时，通路是闭合通路。我们可以根据指定的邻接类型定义 4 邻接、8 邻接或 m 邻接。例如，图 2.28(b)中右上点和右下点之间的通路是 8 通路，而图 2.28(c)中的通路是 m 通路。

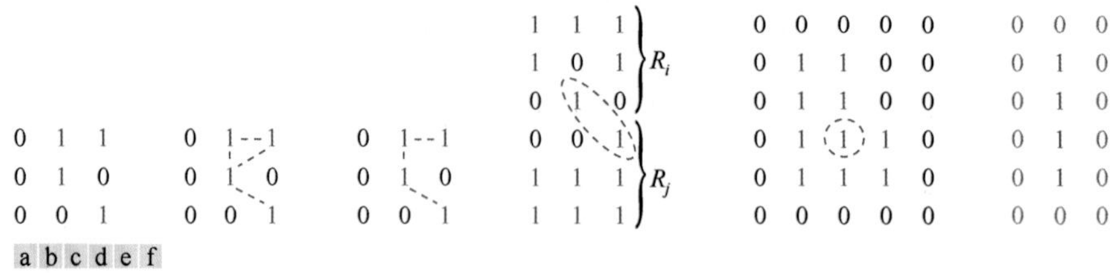

abcdef

图 2.28　(a)像素的排列；(b)8 邻接像素（邻接由虚线显示）；(c)m 邻接；(d)（值为 1 的）两个区域是 8 邻接的；(e)仅当区域和背景之间采用 8 邻接时，加圈的点才位于像素值为 1 的边界上；(f)1 值区域的内边界不形成闭合通路，但其外边界形成闭合通路

令 S 表示图像中像素的一个子集。如果完全由 S 中所有像素组成的两个像素 p 和 q 之间存在一个通路，那么称 p 和 q 在 S 中是连通的。对于 S 中的任何像素 p，在 S 中连通到该像素的像素集称为 S 的连通分量。若 S 仅有一个连通分量，则集合 S 称为连通集。

令 R 表示图像中像素的一个子集。若 R 是一个连通集，则称 R 为图像的一个区域。两个区域 R_i 和 R_j 的并集形成一个连通集时，称 R_i 和 R_j 为邻接区域。不邻接的区域称为不相交区域。谈到区域时，

我们考虑的是 4 邻接和 8 邻接。为使我们的定义有意义，必须指定所用邻接的类型。例如，仅在使用 8 邻接时，图 2.28(d) 中的两个 1 值区域才是邻接的（根据前一段的定义，两个区域之间不存在 4 通路，因此它们的并集不是连通集）。

假设一幅图像含有 K 个不相交的区域 R_k，$k = 1, 2, \cdots, K$，并且它们都不与图像边界相接[①]。令 R_u 表示所有 K 个区域的并集，并且令 $(R_u)^c$ 表示其补集（回顾可知，集合 A 的补集是不在 A 中的点的集合）。我们称 R_u 中的所有点为图像的前景，而称 $(R_u)^c$ 中的所有点为图像的背景。

区域 R 的边界（也称边框或轮廓）是 R 中与 R 的补集中的像素相邻的一组像素。换句话说，一个区域的边界是该区域中至少有一个背景邻点的像素集。这里，我们必须再次指定用于定义邻接的连通。例如，如果在区域及其背景之间使用 4 连通，那么图 2.28(e) 中加圈的点就不是 1 值区域边界的成员，因为这个点和背景之间唯一可能的连接是对角线。为处理这种情况，一个区域及其背景中的点之间的邻接通常用 8 连通来定义。

前面的定义有时称为区域的内边界，以便与其外边界区分，外边界是背景中的对应边界。在开发跟踪边界的算法时，这一区别很重要。这种算法为了保证结果形成一个闭合通路，通常是沿外边界表达的。例如，在图 2.28(f) 中，1 值区域的内边界是该区域本身。这一边界并不满足闭合通路的定义。另一方面，该区域的外边界确实形成了一个围绕该区域的闭合通路。

如果 R 恰好是整幅图像，那么其边界（或边框）定义为图像第一行、第一列和最后一行、最后一列的像素集。这个额外的定义是需要的，因为一幅图像的边界之外没有邻点。正常情况下，当我们谈到一个区域时，指的是图像的一个子集，并且该区域边界中任何与图像边框吻合的像素，都隐式地包含为该区域边界的一部分。

在关于区域和边界的讨论中，会频繁地出现边缘的概念。然而，边界和边缘是两个不同的概念。一个有限区域的边界形成一个闭合通路，它是一个"整体的"概念。如第 10 章中将要详细讨论的那样，边缘是由其导数超过某个预设阈值的像素形成的，因此边缘是一个"局部的"概念，它以一点处灰度级不连续的测度为基础。将边缘点连接成边缘线段是可能的，有时会采用对应边界的方式来连接这些线段，但情况并非总是如此。边缘和边界吻合的一个例外是在二值图像中。根据所用的连通类型和边缘算子（将在第 10 章讨论），从一个二值区域提取的边缘与该区域的边界相同，这很直观。从概念上讲，在第 10 章之前将边缘视为灰度不连续而把边界视为闭合通路是有帮助的。

2.5.3　距离测度

对于坐标分别为 (x, y)，(u, v) 和 (w, z) 的像素 p，q 和 s，如果

(a) $D(p, q) \geq 0$ [$D(p, q) = 0$，当且仅当 $p = q$]，

(b) $D(p, q) = D(q, p)$ 且

(c) $D(p, s) \leq D(p, q) + D(q, s)$，

则 D 是一个距离函数或距离测度。p 和 q 之间的欧几里得（欧氏）距离定义为

$$D_e(p, q) = \left[(x - u)^2 + (y - v)^2 \right]^{\frac{1}{2}} \tag{2.19}$$

对于这个距离测度，到点 (x, y) 的距离小于等于 r 的像素，是中心在 (x, y)、半径为 r 的圆盘。

p 和 q 之间的距离 D_4（称为城市街区距离）定义为

---

① 我们做这一假设的目的是避免必须处理特殊情况。这样做不失一般性，因为如果一个或多个区域与图像的边界相接时，我们可简单地使用 1 像素宽背景值边框填充图像。

$$D_4(p,q) = |x-u| + |y-v| \tag{2.20}$$

此时，到(x,y)的距离D_4小于等于d的像素形成一个中心为(x,y)的菱形。例如，到(x,y)（中心点）的距离D_4小于等于2的像素形成如下恒定距离的轮廓：

$$\begin{matrix} & & 2 & & \\ & 2 & 1 & 2 & \\ 2 & 1 & 0 & 1 & 2 \\ & 2 & 1 & 2 & \\ & & 2 & & \end{matrix}$$

其中$D_4 = 1$的像素是(x,y)的4邻域。

p和q之间的距离D_8（称为棋盘距离）定义为

$$D_8(p,q) = \max\left(|x-u|, |y-v|\right) \tag{2.21}$$

此时，到(x,y)的距离D_8小于等于d的像素形成一个中心为(x,y)的方形。例如，到中心点(x,y)的距离D_8小于等于2的像素形成如下恒定距离的轮廓：

$$\begin{matrix} 2 & 2 & 2 & 2 & 2 \\ 2 & 1 & 1 & 1 & 2 \\ 2 & 1 & 0 & 1 & 2 \\ 2 & 1 & 1 & 1 & 2 \\ 2 & 2 & 2 & 2 & 2 \end{matrix}$$

其中$D_8 = 1$的像素是位于点(x,y)处的像素的8邻域。

注意，p和q之间的D_4距离和D_8距离与可能存在于这些点之间的任何通路无关，因为这些距离仅涉及这些点的坐标。然而，在m邻接的情况下，两点之间的D_m距离定义为这两点之间的最短通路。这时，两个像素之间的距离将取决于沿该通路分布的像素的值及相邻像素的值。例如，考虑如下排列的像素并假设p，p_2和p_4的值为1，p_1和p_3的值为0或1：

$$\begin{matrix} & p_3 & p_4 \\ p_1 & p_2 & \\ p & & \end{matrix}$$

假设我们考虑1值像素的邻接[即$V = \{1\}$]。若p_1和p_3是0，则p和p_4之间的最短m通路的长度（D_m距离）是2。若p_1是1，则p_2和p将不再是m邻接的（见前面给出的m邻接的定义），并且最短m通路的长度变为3（通路经过点p, p_1, p_2, p_4）。类似的说明适用于p_3是1（和p_1是0）的情况，此时最短m通路的长度也为3。最后，若p_1和p_3都是1，则p和p_4间的最短m通路的长度为4，此时通路经过点p, p_1, p_2, p_3, p_4。

> 建议下载并学习关于概率论、向量、线性代数和线性系统的复习资料，见本书网站上的 Tutorials 一节。

2.6 数字图像处理所用的基本数学工具介绍

本节有两个主要目的：（1）介绍书中所用的各种数学工具；（2）通过把它们用于各种基本图像处理任务中，帮助读者找到使用这些工具的"感觉"。后续讨论中会多次使用其中的一些工具。

2.6.1 对应元素运算和矩阵运算

涉及一幅或多幅图像的对应元素运算是逐个像素执行的。本章前面提到，图像可等效地视为矩阵。事实上，如本节将要介绍的那样，很多情况下图像之间的运算是用矩阵理论执行的。因此，必须了解对应元素运算与矩阵运算的不同。例如，考虑下面的 2×2 图像（矩阵）：

$$\begin{bmatrix} a_{11} & a_{12} \\ a_{21} & a_{22} \end{bmatrix} \text{ 和 } \begin{bmatrix} b_{11} & b_{12} \\ b_{21} & b_{22} \end{bmatrix}$$

这两幅图像的对应元素的积（常用符号 ⊙ 或 ⊗ 表示）是

> 两个矩阵的对应元素的积也称矩阵的哈达玛积。

$$\begin{bmatrix} a_{11} & a_{12} \\ a_{21} & a_{22} \end{bmatrix} \odot \begin{bmatrix} b_{11} & b_{12} \\ b_{21} & b_{22} \end{bmatrix} = \begin{bmatrix} a_{11}b_{11} & a_{12}b_{12} \\ a_{21}b_{21} & a_{22}b_{22} \end{bmatrix}$$

也就是说，对应元素的积是由一对对应像素相乘得到的。另一方面，图像的矩阵乘积是用如下矩阵乘法规则得到的：

$$\begin{bmatrix} a_{11} & a_{12} \\ a_{21} & a_{22} \end{bmatrix}\begin{bmatrix} b_{11} & b_{12} \\ b_{21} & b_{22} \end{bmatrix} = \begin{bmatrix} a_{11}b_{11} + a_{12}b_{21} & a_{11}b_{12} + a_{12}b_{22} \\ a_{21}b_{11} + a_{22}b_{21} & a_{21}b_{12} + a_{22}b_{22} \end{bmatrix}$$

除非另有声明，否则本书采用对应元素运算。例如，当我们谈到一幅图像的求幂运算时，意味着每个像素都进行求幂运算；当我们谈到一幅图像除以另一幅图像时，意味着在对应像素对之间进行相除；等等。两幅图像的对应元素相加和相

> 符号 ○ 通常表示对应元素相除。

减这种称呼事实上是多余的，因为按照定义它们都是对应元素运算。然而，有时使用这种称呼能够澄清符号的歧义性。

2.6.2 线性运算与非线性运算

图像处理方法最重要的分类之一是，它是线性的还是非线性的。考虑一般算子 $\mathcal{H}$，该算子对给定的一幅输入图像 $f(x,y)$ 产生一幅输出图像 $g(x,y)$：

$$\mathcal{H}[f(x,y)] = g(x,y) \tag{2.22}$$

给定两个任意常数 a 和 b，以及两幅任意图像 $f_1(x,y)$ 和 $f_2(x,y)$，若

$$\mathcal{H}[af_1(x,y) + bf_2(x,y)] = a\mathcal{H}[f_1(x,y)] + b\mathcal{H}[f_2(x,y)] = ag_1(x,y) + bg_2(x,y) \tag{2.23}$$

则称 $\mathcal{H}$ 是一个线性算子。这个公式表明，两个输入求和的线性运算的输出，与分别对输入进行运算并求和得到的结果相同。另外，输入乘以常数的线性运算的输出，与原始输入乘以该常数的运算的输出相同。第一个性质称为加性，第二个性质称为同质性。按照定义，不满足式(2.23)的运算就称为非线性运算。

例如，假设 $\mathcal{H}$ 是求和算子 Σ。这个算子的功能是对输入求和。为检验这个算子的线性性质，我们从式(2.23)的左侧开始，并证明它与右侧相等：

$$\sum[af_1(x,y) + bf_2(x,y)] = \sum af_1(x,y) + \sum bf_2(x,y)$$
$$= a\sum f_1(x,y) + b\sum f_2(x,y)$$
$$= ag_1(x,y) + bg_2(x,y)$$

式中，第一步满足加法分配律。左边展开后等于式(2.23)的右边，因此可知求和算子是线性的。

> 它们是图像求和，而不是图像中所有元素的求和。

另一方面，假如我们正在进行最大值运算，其作用是在图像中查找具有最大值的像素。针对这一目的，证明这个算子非线性的最简方法是，找到一个不满足式(2.23)的例子。考虑如下两幅图像：

$$f_1 = \begin{bmatrix} 0 & 2 \\ 2 & 3 \end{bmatrix} \text{ 和 } f_2 = \begin{bmatrix} 6 & 5 \\ 4 & 7 \end{bmatrix}$$

并假设 $a = 1$ 和 $b = -1$。为检验这个算子的线性性质，我们再次从式(2.23)的左边开始：

$$\max\left\{(1)\begin{bmatrix}0 & 2\\2 & 3\end{bmatrix}+(-1)\begin{bmatrix}6 & 5\\4 & 7\end{bmatrix}\right\}=\max\left\{\begin{bmatrix}-6 & -3\\-2 & -4\end{bmatrix}\right\}=-2$$

接着处理右边,得到

$$(1)\max\left\{\begin{bmatrix}0 & 2\\2 & 3\end{bmatrix}\right\}+(-1)\max\left\{\begin{bmatrix}6 & 5\\4 & 7\end{bmatrix}\right\}=3+(-1)\times 7=-4$$

此时,式(2.23)的左边和右边不相等,证得最大值算子是非线性的。

如接下来的三章所述,线性运算非常重要,因为它们包含了大量适用于图像处理的理论与实践成果。非线性运算的范围非常有限,但在后续几章中会出现一些非线性图像处理运算,它们的性能远优于线性运算。

2.6.3 算术运算

两幅图像 $f(x,y)$ 和 $g(x,y)$ 之间的算术运算表示为

$$\begin{aligned}s(x,y)&=f(x,y)+g(x,y)\\d(x,y)&=f(x,y)-g(x,y)\\p(x,y)&=f(x,y)\times g(x,y)\\v(x,y)&=f(x,y)\div g(x,y)\end{aligned} \tag{2.24}$$

如本章前面所述,这些运算都是对应像素运算,即这些运算是在 f 和 g 中的对应像素对之间执行的,其中 $x=0,1,2,\cdots,M-1$,$y=0,1,2,\cdots,N-1$。通常,M 和 N 分别是图像的行数和列数。很明显,s,d,p 和 v 是大小为 $M\times N$ 的图像。注意,按照刚才定义的方式,图像算术运算涉及相同大小的图像。下面的几个例子说明了算术运算在数字图像处理中的重要作用。

例 2.5 使用图像相加(平均)降低噪声。

假设 $g(x,y)$ 是无噪声图像 $f(x,y)$ 被加性噪声 $\eta(x,y)$ 污染后的图像,即

$$g(x,y)=f(x,y)+\eta(x,y) \tag{2.25}$$

其中假设在每对坐标 (x,y) 处,噪声是不相关的[①],并且其均值为零。还假设噪声和图像值也是不相关的(对于加性噪声,这是典型的假设)。以下步骤的目的是将一组带噪输入图像 $\{g_i(x,y)\}$ 相加来降低输出图像的噪声含量。这是图像增强频繁使用的技术。

如果噪声满足刚才声明的约束条件,那么可以证明(见习题 2.26),若图像 $\overline{g}(x,y)$ 是通过对 K 幅不同的噪声图像取平均得到的:

$$\overline{g}(x,y)=\frac{1}{K}\sum_{i=1}^{K}g_i(x,y) \tag{2.26}$$

则其满足

$$E\{\overline{g}(x,y)\}=f(x,y) \tag{2.27}$$

和

$$\sigma^2_{\overline{g}(x,y)}=\frac{1}{K}\sigma^2_{\eta(x,y)} \tag{2.28}$$

式中,$E\{\overline{g}(x,y)\}$ 是 $\overline{g}(x,y)$ 的期望值,$\sigma^2_{\overline{g}(x,y)}$ 和 $\sigma^2_{\eta(x,y)}$ 分别是 $\overline{g}(x,y)$ 和 $\eta(x,y)$ 在坐标 (x,y) 处的方差。这些

---

① 如本章后面的讨论那样,均值为 $\overline{z}$ 的随机变量 z 的方差定义为 $E\{(z-\overline{z})^2\}$,其中 $E\{\}$ 是参数的期望值。两个随机变量 z_i 和 z_j 的协方差定义为 $E\{(z_i-\overline{z}_i)(z_j-\overline{z}_j)\}$。若两个变量不相关,则它们的协方差为 0,反之亦然(不要混淆相关和统计独立。若两个随机变量统计独立,则它们的相关为零,但反之并不亦然。本章后面将讨论这个问题)。

方差是与输入图像大小相同的阵列，并且每个像素位置有一个标量方差。

平均图像中任意一点 (x, y) 处的标准差（方差的均方根）是

$$\sigma_{g(x, y)} = \frac{1}{\sqrt{K}} \sigma_{\eta(x, y)} \tag{2.29}$$

K 增大时，式(2.28)和式(2.29)表明每个位置 (x, y) 的像素值的变化性（由方差或标准差度量）将减小。因为 $E\{\bar{g}(x, y)\} = f(x, y)$，这意味着平均处理中所用的噪声图像的数量增加时，$\bar{g}(x, y)$ 将逼近 $f(x, y)$。为避免输出（平均）图像出现模糊和其他人为失真，需要对图像 $g_i(x, y)$ 进行配准（空间上对齐）。

图像平均的一种重要应用是在天文学领域。在天文学领域，在非常低的照度下成像通常会导致传感器噪声，使得各幅图像毫无分析用途（降低传感器的温度有助于降低噪声）。图 2.29(a)显示了草帽星系的一幅 8 比特图像，其中加入了均值为 0、标准差为 64 个灰度级的高斯噪声来模拟噪声的影响。这幅在低照度条件下获取的典型图像对所有实用目的来说都是无用的，因为许多重要的细节都被噪声掩盖。图 2.29(b)~(f)分别显示了对 10 幅、50 幅、100 幅、500 幅和 1000 幅图像取平均的结果。由图 2.29(b)可知，仅取 10 幅图像的平均就得到了明显的视觉改进。根据式(2.29)，图 2.29(b)中噪声的标准差约为图 2.29(a)中噪声标准差的三分之一（$1/\sqrt{10} \approx 0.32$），或 $0.32 \times 64 \approx 20$ 个灰度级。类似地，图 2.29(c)~(f)中噪声的标准差分别是原图像中噪声的标准差的 0.14、0.10、0.04 和 0.03 倍，分别近似换算为 9、6、3 和 2 个灰度级。随着噪声标准差的减小，我们看到这些图像中的细节逐渐增多。最后两幅图像对所有实用目的来说视觉上相同。这并不令人意外，因为它们的噪声水平的标准差的差只有约 1 个灰度级。根据对图 2.5 的讨论，这个差值远低于人类通常能够检测的水平。

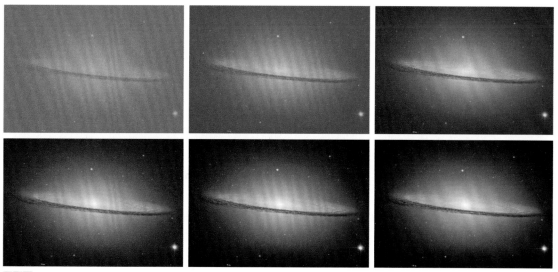

a b c
d e f

图 2.29 (a)草帽星系的样本噪声图像；(b)~(f)分别对 10 幅、50 幅、100 幅、500 幅和 1000 幅噪声图像取平均的结果，所有图像的大小都是 1548×2238 像素，并且所有灰度都被标定到区间[0, 255]（发现于 1767 年的草帽星系距离地球 2800 万光年，原图像由 NASA 提供）　■

例 2.6　使用图像相减比较图像。

图像相减常用于增强图像之间的差。例如，图 2.30(b)中的图像是通过把图 2.30(a)中的每个像素的最低有效位设置为 0 得到的。这两幅图像视觉上很难区分。然而，如图 2.30(c)所示，从一幅图像中减去另一幅图像，可清楚地显示了它们的差。在差值图像中，黑(0)值指出了图 2.30(a)和图 2.30(b)之间没有差别的位置。

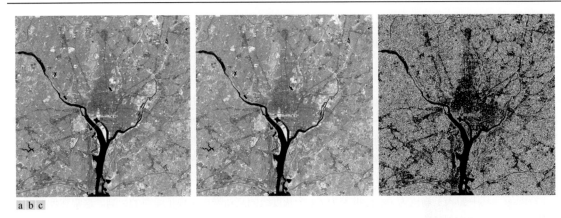

a b c

图 2.30　(a)华盛顿特区的红外图像；(b)将图像(a)中每个像素的最低有效位设置为 0 得到的图像；(c)两幅图像的差，为清楚起见，图像已标定到区间[0, 255]（原图像由 NASA 提供）

在图 2.23 中我们看到，图 2.23(a)所示单色图像由于分辨率的降低而丧失了细节。通过显示原图像与各幅低分辨率图像之间的差，可得到图像变化与分辨率的生动关系。图 2.31(a)显示了 930dpi 和 72dpi 图像之间的差。如看到的那样，差值十分明显。差值图像中任意一点的灰度，正比于两幅图像中该点的数值差的大小。因此，我们可以分析降低分辨率，原图像中的哪些区域受到的影响最大。图 2.31 中的后两幅图像显示了整体灰度的比例减小，不出所料，这表明 930dpi 图像和 150dpi 图像及 300dpi 图像之间的差较小。

a b c

图 2.31　(a)图 2.23 中 930dpi 图像和 72dpi 图像的差；(b)930dpi 图像和 150dpi 图像的差；(c)930dpi 图像和 300dpi 图像的差

下面简要讨论一种医学成像——模板式射线成像，这是图像相减在商业领域的成功应用。考虑如下形式的图像差：

$$g(x, y) = f(x, y) - h(x, y) \tag{2.30}$$

在这种情况下，模板 $h(x, y)$ 是病人身体一个区域的 X 射线图像，该图像由放在 X 射线源对面的电视摄像机（代替传统的 X 射线胶片）获取。具体过程如下：将一种 X 射线造影剂注入病人的血液，摄取一系列与 $h(x, y)$ 解剖区域相同的活体图像［样本表示为 $f(x, y)$］，从一系列注射过造影剂的活体图像中减去模板 $h(x, y)$。每幅活体图像减去模板后，输出图像 $g(x, y)$ 中出现的是 $f(x, y)$ 和 $h(x, y)$ 之间的不同区域，即增强了细节的区域。图像按电视帧率获取，因此这一过程输出的是一段视频，这段视频显示了造影剂在观察区域的动脉中的流动方式。

图 2.32(a)显示了碘造影剂注入血液之前, 病人头部上方的一幅作为模板的 X 射线图像, 图 2.32(b)是在注入碘造影剂后得到的一幅活体图像样本。图 2.32(c)是图 2.32(a)与图 2.32(b)的差。在这幅图像中, 可以清晰地看到一些较细的血管结构。图 2.32(d)中的差非常清楚, 它是锐化图像并增强图像对比度后得到的 (下一章中将讨论这些技术)。图 2.32(d)是造影剂流经大脑血管时的一幅 "快照"。

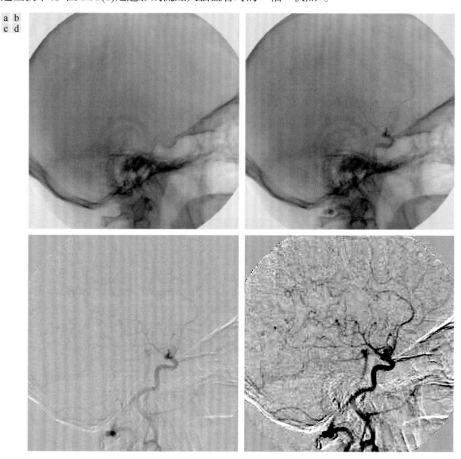

图 2.32 数字减影成像: (a)模板图像; (b)活体图像; (c)(a)和(b)的差; (d)增强的差值图像 [图(a)和(b)由荷兰乌得勒支大学医学中心图像科学研究所提供] ■

例 2.7 使用图像相乘/相除校正阴影和模板。

图像相乘 (和相除)的一种重要应用是阴影校正。假设成像传感器产生的图像可建模为由 $f(x, y)$ 表示的 "完美图像" 与阴影函数 $h(x, y)$ 的乘积, 即 $g(x, y) = f(x, y)h(x, y)$。若 $h(x, y)$ 已知或可以估计, 则我们可用 $h(x, y)$ 的反函数 [即采用对应像素除法的 g 除以 h]乘以感测图像的方法得到 $f(x, y)$ (或它的一个估计)。若能访问成像系统, 则可通过对恒定灰度目标成像, 得到阴影函数的一个良好近似。传感器不可用时, 通常采用 3.5 节和 9.8 节讨论的方法, 直接由阴影图像估计阴影模式。图 2.33 显示了用阴影模式的一个估计来校正阴影的例子。由于阴影模式中通常存在误差, 因此校正后的图像并不完美, 但与图 2.33(a)中的阴影图像相比, 无疑已有一定的改进。关于如何估计图 2.33(b)的讨论, 见 3.5 节。图像相乘的另一种应用是模板运算, 也称感兴趣区域 (ROI)运算。如图 2.34 所示, 处理过程是将一幅给定的图像与 ROI 值为 1、其他区域值为 0 的模板图像相乘。模板图像中的 ROI 可以有多个, ROI 的形状可以是任意的。

a b c

图 2.33 阴影校正：(a)阴影检测模板；(b)计算的阴影模板；(c)图(b)的倒数与图(a)相乘的结果［估计图(b)的讨论见 3.5 节］

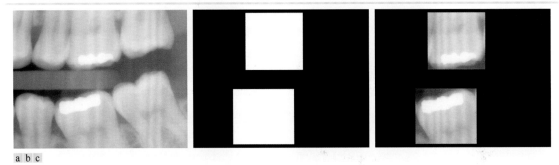

a b c

图 2.34 (a)牙齿的 X 射线数字图像；(b)使用填充物隔离牙齿的 ROI 模板（白色对应于 1，黑色对应于 0）；(c)图(a)和图(b)相乘的结果

下面简要说明如何实现图像的算术运算。实践中，大多数图像是使用 8 比特显示的（24 比特彩色图像由三个不同的 8 比特通道组成）。因此，我们期望图像的灰度值范围为 0～255。当图像以标准格式如 TIFF 或 JPEG 存储时，图像的灰度值会自动转换到这一范围。当图像的灰度值超过这一允许范围时，就需要进行剪切或缩放。例如，两幅 8 比特图像的差值范围可从最小的−255 到最大的+255，这两幅图像的和值范围可从 0 到 510。许多软件包在把图像转换为 8 比特时，只是简单地把所有负值转换为 0，而把超过这一限值的值转换为 255。已知由一个或多个算术（或其他）运算产生的数字图像 g 时，保证将一个值的全部范围"捕获"到某个固定比特数的方法如下。首先，执行运算

$$g_m = g - \min(g) \tag{2.31}$$

它生成最小值为 0 的一幅图像。然后，执行运算

它们是对应像素相减和相除。

$$g_s = K[g_m / \max(g_m)] \tag{2.32}$$

它生成一幅缩放的图像 g_s，该图像的值域为[0, K]。处理 8 比特图像时，令 $K = 255$ 将得到一幅灰度范围从 0 到 255 的 8 比特满标度图像。类似的说明适用于 16 比特图像或更高比特的图像。这种方法也可用于所有算术运算。执行除法运算时有一个额外的要求，即除数图像的像素要加上一个较小的数，以避免出现除以 0 的情况。

2.6.4 集合运算和逻辑运算

本节介绍一些重要的集合运算和逻辑运算，以及模糊集合的概念。

1. 基本的集合运算

集合是不同对象的汇总。若 a 是集合 A 的一个元素，则将其写为

$$a \in A \tag{2.33}$$

类似地，若 a 不是集合 A 的一个元素，则将其写成

$$a \notin A \tag{2.34}$$

没有元素的集合称为空集，用符号 $\varnothing$ 表示。

集合由两个花括号中的内容表示，即 $\{\bullet\}$。例如，表达式

$$C = \{c \mid c = -d, d \in D\}$$

的含义是，C 是元素 c 的集合，而 c 是由 -1 与集合 D 中的每个元素 d 相乘得到的。

若集合 A 中的每个元素也是集合 B 中的一个元素，则称 A 为 B 的子集，表示为

$$A \subseteq B \tag{2.35}$$

两个集合 A 和 B 的并集表示为

$$C = A \cup B \tag{2.36}$$

即集合 C 由属于 A 的元素组成，或由属于 B 的元素组成，或由属于这两个集合的元素组成。类似地，两个集合 A 和 B 的交集表示为

$$D = A \cap B \tag{2.37}$$

即集合 D 由同时属于 A 和属于 B 的元素组成。若集合 A 和集合 B 没有共同的元素，则称这两个集合是不相交集合或互斥集合，此时有

$$A \cap B = \varnothing \tag{2.38}$$

样本空间 Ω（也称全集）是给定应用中所有可能集合元素的集合。根据这一定义，这些集合元素是该应用的样本空间的成员。例如，如果正在处理实数集合，那么样本空间是包含所有实数的实数线。在图像处理中，我们通常将 Ω 定义为包含图像中所有像素的矩形。

集合 A 的补集是不包含于集合 A 的元素组成的集合，它表示为

$$A^c = \{w \mid w \notin A\} \tag{2.39}$$

集合 A 和 B 的差集表示为 $A - B$，定义为

$$A - B = \{w \mid w \in A, w \notin B\} = A \cap B^c \tag{2.40}$$

这个集合中的元素属于 A 但不属于 B。我们可以根据 Ω 集合差值运算来定义 A^c，即 $A^c = \Omega - A$。表 2.1 显示了一些重要的集合性质与关系。

表 2.1　一些重要的集合运算与关系

描 述	表 达 式
样本空间和空集间的运算	$\Omega^c = \varnothing$; $\varnothing^c = \Omega$; $\Omega \cup \varnothing = \Omega$; $\Omega \cap \varnothing = \varnothing$
空集和样本空间的并与交	$A \cup \varnothing = A$; $A \cap \varnothing = \varnothing$; $A \cup \Omega = \Omega$; $A \cap \Omega = A$
集合与其自身的并与交	$A \cup A = A$; $A \cap A = A$
集合与其补集的并与交	$A \cup A^c = \Omega$; $A \cap A^c = \varnothing$
交换律	$A \cup B = B \cup A$; $A \cap B = B \cap A$
结合律	$(A \cup B) \cup C = A \cup (B \cup C)$ $(A \cap B) \cap C = A \cap (B \cap C)$
分配律	$(A \cup B) \cap C = (A \cap C) \cup (B \cap C)$ $(A \cap B) \cup C = (A \cup C) \cap (B \cup C)$
德摩根律	$(A \cup B)^c = A^c \cap B^c$ $(A \cap B)^c = A^c \cup B^c$

图 2.35 以概略图的方式（也称维恩图）说明了表 2.1 中某些集合的关系。各图中的阴影区域对应于图中上方或下方的集合运算。图 2.35(a)显示了样本空间 Ω。与前面不同，这是给定应用中所有可能元素的集合。图 2.35(b)表明集合 A 的补集是 Ω 中所有不在 A 中的元素的集合，这与前面的定义一致。观察发现图 2.35(e)和(g)完全相同，它们采用维恩图证明了式(2.40)的正确性。这是维恩图的一个有用示例，它证明了集合关系之间的等价性。

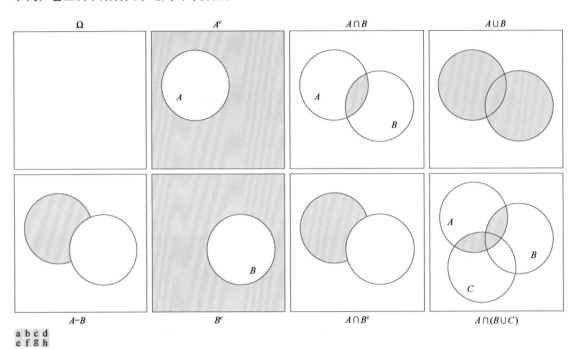

a b c d
e f g h

图 2.35 对应表 2.1 中的某些集合运算的维恩图。运算结果如 A^c 显示为阴影。图(e)和图(g)相同，因为维恩图证明
$A - B = A \cap B^c$ ［见式(2.40)］

将刚才讨论的概念用于图像处理时，我们令集合表示二值图像中的目标（区域），并且集合的元素是这些目标的坐标(x, y)。例如，若要知道一幅二值图像中的两个目标 A 和 B 是否重叠，则要做的只是计算 $A \cap B$。如果结果不是空集，那么就可确定两个目标的某些元素是重叠的。记住，使得图 2.35所示的运算在图像处理的上下文中具有意义的唯一方法是，如果包含两个集合的图像是二值的，假设集合的所有成员具有相同的灰度值（通常表示为 1），那么可以根据坐标来谈论集合成员。下一节和第 9 章将详细讨论涉及二值图像的集合运算。

处理灰度图像时，前述概念不再适用，因为我们还未定义某种机制来为集合运算的结果像素赋灰度值。3.8 节和 9.6 节把灰度值的交集与并集运算分别定义为最大和最小的对应像素对，把灰度图像的补集运算定义为一个常数与图像中每个像素的灰度的两两之差。处理对应像素对的事实告诉我们，灰度集合运算是前面定义的对应元素运算。下例简单说明了涉及灰度图像的集合运算。

例2.8 涉及灰度图像的集合运算说明。

令灰度图像的元素由集合 A 表示，集合 A 的元素形式是三元组(x, y, z)，其中 x 和 y 是空间坐标，z 是灰度值。我们将集合 A 的补集定义为

$$A^c = \{(x, y, K-z) \mid (x, y, z) \in A\}$$

它是集合 A 中灰度已减去常数 K 的像素集合。这个常数等于图像中的最大灰度值 2^k-1，其中 k 是用于表示 z 的比特数。令 A 表示图 2.36(a)中的 8 比特灰度图像，并假设我们想要用灰度集合运算形成一个负 A。负 A 是一个补集，也是一幅 8 比特图像，因此我们要做的是在上面定义的集合中令 $K=255$：

$$A^c = \{(x,y,255-z)\,|\,(x,y,z)\in A\}$$

图 2.36(b)显示了这一结果。显示这一结果的目的只是为了方便说明。如本节稍后所述，负图像通常使用灰度变换函数来计算。

　　元素数量相同的两个灰度集合 A 和 B 的并集定义为

$$A\cup B = \{\max_z(a,b)\,|\,a\in A, b\in B\}$$

它可理解为对应元素对的最大化运算。若 A 和 B 是相同大小的灰度图像，则它们的并集是由空间上对应元素对之间的最大灰度形成的一个矩阵。为便于说明，假设 A 仍然表示图 2.36(a)中的图像，B 表示与 A 大小相同的矩阵，但其中的所有 z 值等于 A 中元素的平均灰度 $\bar{z}$ 的 3 倍。图 2.36(c)显示了执行这一并集运算的结果，其中超过 $3\bar{z}$ 的所有值看起来是来自 A 中的值，所有其他像素的值为 $3\bar{z}$，它是一个中间灰度值。

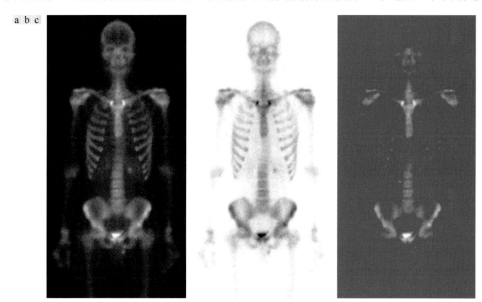

图 2.36　涉及灰度图像的集合运算：(a)原图像；(b)使用灰度补集得到的负图像；(c)图像(a)与一个常数图像的并集
　　（原图像由 G . E. Medical Systems 公司提供）　　　　　　　　　　　　　　　　　　　　　　　　■

　　在结束集合的讨论之前，下面介绍本书后续内容中所用的其他一些概念。两个集合 X 和 Y 的笛卡儿积表示为 $X\times Y$，它是所有可能的序对的集合，集合中的第一个分量是 X 的成员，第二个分量是 Y 的成员。换句话说，

$$X\times Y = \{(x,y)\,|\,x\in X,\ y\in Y\} \tag{2.41}$$

例如，如果 X 是 x 轴上 M 个等间距的值的集合，Y 是 y 轴上 N 个等间距的值的集合，那么这两个集合的笛卡儿积定义为 $M\times N$ 矩阵的坐标（图像的坐标）。又如，如果 X 和 Y 表示二值图像中一组 8 连通 1 值像素的 x 和 y 坐标，那么集合 $X\times Y$ 就表示由这些像素组成的区域（目标）。

> 我们遵循用符号×来表示笛卡儿积的约定，它与书中用来表示图像大小的 $M\times N$ 中的符号并不冲突。

　　集合 A 上的关系（或者更准确地说是二值关系）是 A 中元素的序对的集合。也就是说，二值关系是笛卡儿积 $A\times A$ 的一个子集。两个集合 A 和 B 间的二值关系是 $A\times B$ 的一个子集。

集合 S 上的偏序是 S 上的 $\mathcal{R}$ 关系， $\mathcal{R}$ 满足：

(a) 自反性：对于任何 $a \in S$ ，有 $a\mathcal{R}a$ ；

(b) 传递性：对于任何 $a,b,c \in S$ ， $a\mathcal{R}b$ 和 $b\mathcal{R}c$ 表明 $a\mathcal{R}c$ ；

(c) 反对称性：对于任何 $a,b \in S$ ， $a\mathcal{R}b$ 和 $b\mathcal{R}a$ 表明 $a = b$ 。

例如， $a\mathcal{R}b$ 读为 "a 与 b 有关"。这意味着 a 和 b 在集合 $\mathcal{R}$ 中，根据前面关于关系的定义， $\mathcal{R}$ 本身是 $S \times S$ 的一个子集。具有偏序的集合称为偏序集合。

令符号 $\preceq$ 表示一个有序关系。形如

$$a_1 \preceq a_2 \preceq a_3 \preceq \cdots \preceq a_n$$

的表达式读为： a_1 先于 a_2 ，或与 a_2 相同， a_2 先于 a_3 ，或与 a_3 相同，等等。处理数字时，符号 $\preceq$ 通常被更传统的符号代替。例如，根据关系 "小于等于"（表示为 $\leq$）排序的集合是一个偏序集合（见习题 2.33）。类似地，与关系 "除以"（表示为 $\div$）配对的自然数集合是一个偏序集合。

本书后面最感兴趣的是严格排序。对集合 S 的严格排序是 S 上的一个关系 $\mathcal{R}$ ， $\mathcal{R}$ 满足：

(a) 自反性：对于任何 $a \in S$ ，有 $\neg a\mathcal{R}a$ ；

(b) 传递性：对于任何 $a,b,c \in S$ ， $a\mathcal{R}b$ 和 $b\mathcal{R}c$ 表明 $a\mathcal{R}c$ 。

其中， $\neg a\mathcal{R}a$ 意味着 a 与 a 无关。令符号 $\prec$ 表示严格排序关系。形如

$$a_1 \prec a_2 \prec a_3 \prec \cdots \prec a_n$$

的表达式读为： a_1 先于 a_2 ， a_2 先于 a_3 ，等等。具有严格排序的集合称为严格排序集合。

例如，考虑由小写英文字母组成的集合 $S = \{a, b, c, \cdots, z\}$ 。根据前面的定义，排序

$$a \prec b \prec c \prec \cdots \prec z$$

是严格排序，因为集合中没有成员能够位于其自身前面（自反性），并且对于 S 中的任何 3 个字符，如果第一个字符在第二个字符的前面，第二个字符在第三个字符的前面，那么第一个字符在第三个字符的前面（传递性）。类似地，具有关系 "小于"（<）的整数对集合是严格排序集合。

2. 逻辑运算

逻辑运算处理 TRUE（通常用 1 表示）和 FALSE（通常用 0 表示）变量与表达式。对于我们的目的而言，这意味着由前景（1 值）像素和（0 值）背景像素组成的二值图像。

我们采用两种基本方法之一对二值图像进行集合和逻辑运算：（1）将单幅图像中各个区域的前景像素的坐标作为集合；（2）处理一幅或多幅大小相同的图像，并在这些阵列的对应像素之间执行逻辑运算。

在第一种方法中，可将二值图像视为维恩图，其中各个区域的 1 值像素的坐标作为集合来处理。这些集合与 0 值像素集合的并集构成全集 Ω 。在这种表示中，我们使用前一节定义的所有集合运算来处理单幅图像。例如，如果给定一幅二值图像，它有两个 1 值区域 R_1 和 R_2 ，那么执行交集运算 $R_1 \cap R_2$ （见图 2.35）可以确定这两个区域是否重叠（确定它们是否至少有一对坐标相同）。在第二种方法中，我们对一幅二值图像的像素执行逻辑运算，或对两幅或多幅大小相同的图像的对应像素执行逻辑运算。

逻辑运算符可根据真值表来定义，表 2.2 是两个逻辑变量 a 和 b 的真值表。逻辑 "与"（AND）运算（用符号 $\wedge$ 表示）的结果仅在 a 和 b 都是 1 时才为 1，否则为 0（FALSE）。类似地，逻辑 "或"（OR）运算（用符号 $\vee$ 表示）的结果仅在 a 或 b 或两者都是 1 时才为 1，否则为 0。"非"（NOT）运算（用符号 ~ 表示）不言自明。用于两幅二值图像时，AND 和 OR 对两幅图像之间的对应像素对进行运算。也就是说，此时它们是对应像素运算符（见本节前面关于对应像素运算符的定义）。AND、OR 和 NOT 运算是功能完备的，即它们是构建任何其他逻辑运算符的基础。

表 2.2　定义逻辑运算符 AND（∧）、OR（∨）和 NOT（～）的真值表

a	b	a AND b	a OR b	NOT a
0	0	0	0	1
0	1	0	1	1
1	0	0	1	0
1	1	1	1	0

图 2.37 用上面讨论的第二种方法说明了表 2.2 中定义的逻辑运算。二值图像 B_1 的 NOT 是通过把所有 1 值像素变为 0 值像素、把所有 0 值像素变为 1 值像素得到的阵列。在所有空间位置 B_1 和 B_2 的对应像素都是 1 时，B_1 和 B_2 的 AND 是 1；在其他位置，这一运算的结果是 0。类似地，两幅图像的 OR 是一个阵列，在 B_1 或 B_2 或两者的对应元素为 1 的位置，其值为 1；在其他位置其值为 0。图 2.37 的第 4 行的结果，对应于 B_1 而非 B_2 中的 1 值像素集。图中的最后一行是 XOR（异或）运算，它在 B_1 或 B_2（非二者）的对应元素位置的值为 1。注意，图 2.37 的最后两行的逻辑表达式是由表 2.2 中的运算符构成的；它们是这些运算符功能完备性的例子。

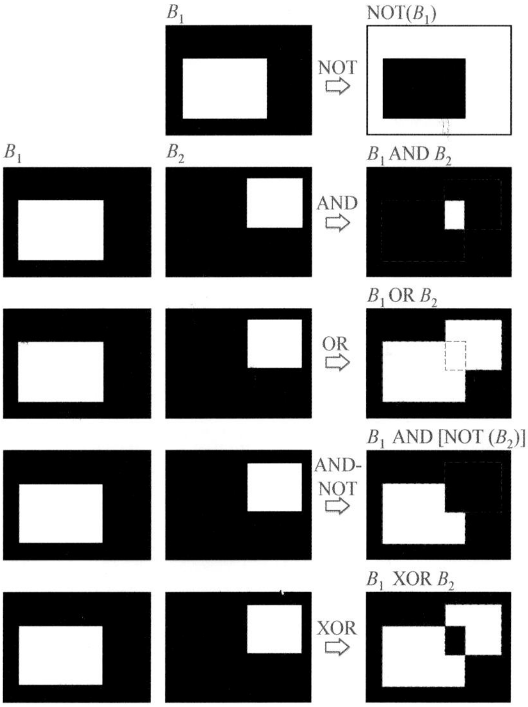

使用上面讨论的第一种方法，可得到与图 2.37 中相同的结果。要这样做，首先要在两幅图像中标记各个 1 值区域（此时每幅图像中只有一个这样的区域）。令 A 和 B 分别代表图像 B_1 和 B_2 中所有 1 值像素的坐标集合，然后对两幅图像进行 OR 运算形成一个阵列，同时保留标记 A 和 B。结果看起来与图 2.37 中的 B_1 OR B_2 阵列相似，但有标记为 A 和 B 的两个白色区域。换句话说，结果阵列看起来像是维恩图。根据前一节定义的维恩图和逻辑运算，我们使用如下逻辑运算得到图 2.37 中最右边的结果：$A^c = \text{NOT}(B_1)$，$A \cap B = B_1 \text{ AND } B_2$，$A \cup B = B_1 \text{ OR } B_2$；图 2.37 中的其他结果是采用类似运算得到的。第 9 章中将广泛使用本节给出的概念。

图 2.37　涉及前景（白色）像素的逻辑运算的说明。黑色表示 0，白色表示 1。虚线仅作为参照，不是结果的一部分

2.6.5　空间运算

空间运算直接对图像的像素执行。我们把空间运算分为三类：（1）单像素运算；（2）邻域运算；（3）几何空间变换。

1. 单像素运算

我们对数字图像执行的最简单的运算，是用一个变换函数 T 改变图像中各个像素的灰度：

$$s = T(z) \tag{2.42}$$

式中，z 是原图像中像素的灰度，s 是处理后图像中对应像素的（映射）灰度。例如，图 2.38(b) 显示了用于得到一幅 8 比特负图像（有时称为补图像）的变换，图 2.38(c) 显示了利用该变换得到的图 2.38(a) 的负图像。第 3 章中将讨论规定灰度变换功能的一些技术。

> 正文中使用"负图像"来表示等同于负片的数字图像，而不表示图像中像素的负值。

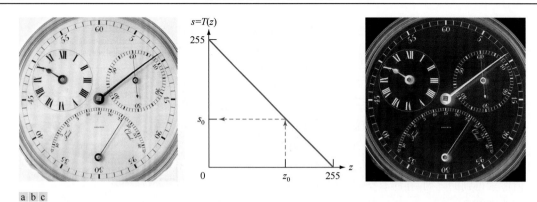

a b c

图 2.38 (a)一幅 8 比特图像；(b)用于得到 8 比特图像的负图像的灰度变换函数。箭头显示了任意输入灰度值 z_0 至对应输出值 s_0 的变换；(c)用(b)中的变换函数得到的(a)的负图像

2. 邻域运算

令 S_{xy} 代表图像 f 中以任意一点(x, y)为中心的一个邻域的坐标集（见 2.5 节关于邻域的介绍）。邻域处理在输出图像 g 中的相同坐标处生成一个对应的像素，这个像素的值由输入图像中邻域像素的规定运算和集合 S_{xy} 中的坐标确定。例如，假设规定的运算是计算大小为 $m\times n$、中心为(x, y)的矩形邻域中的像素的平均值。这个区域中的像素坐标是集合 S_{xy} 的元素。图 2.39(a)和(b)说明了这一过程。我们用公式将这一平均运算表示为

$$g(x, y) = \frac{1}{mn} \sum_{(r,c)\in S_{xy}} f(r,c) \tag{2.43}$$

式中，r 和 c 是像素的行坐标和列坐标，这些坐标属于集合 S_{xy}。图像 g 是通过改变坐标(x, y)，使得邻域的中心逐个移过图像 f 中的像素，然后在每个新位置重复这一邻域运算得到的。例如，图 2.39(d)中的图像就是用大小为 41×41 的邻域按这种方式创建的。最终结果是在原图像中执行局部模糊。例如，使用这种处理消除小细节，以便渲染对应于图像中最大几个区域的"斑块"。本书第 3 章、第 5 章和其他几处位置将讨论邻域处理。

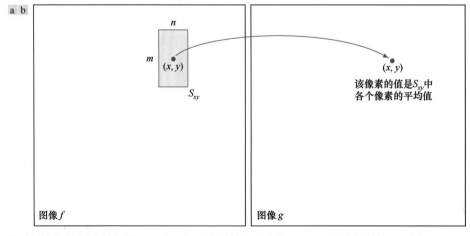

a b

图 2.39 使用邻域处理进行局部平均：(a)和(b)矩形邻域的处理过程；(c)主动脉造影（见 1.3 节）；(d) $m = n = 41$ 时由式(2.43)得到的结果。图像大小为 790 × 686 像素（原图像由密歇根大学医学院解剖科学系的 Thomas R. Gest 博士提供）

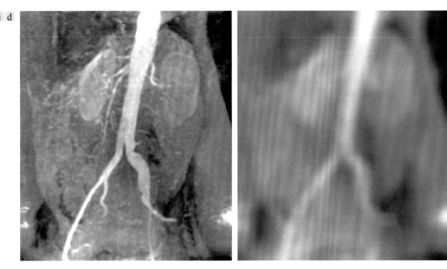

图 2.39　使用邻域处理进行局部平均：(a)和(b)矩形邻域的处理过程；(c)主动脉造影（见 1.3 节）；(d) $m = n = 41$ 时由式(2.43)得到的结果。图像大小为 790×686 像素（原图像由密歇根大学医学院解剖科学系的 Thomas R. Gest 博士提供）（续）

3. 几何变换

几何变换改变图像中像素的空间排列。这些变换通常称为橡皮膜变换，因为它们类似于在一块橡皮膜上"打印"图像，然后根据预定义的一组规则来拉伸或收缩橡皮膜。数字图像的几何变换由两种基本运算组成：

（1）坐标的空间变换；

（2）灰度内插，即为空间变换后的像素赋灰度值。

坐标变换可表示为

$$\begin{bmatrix} x' \\ y' \end{bmatrix} = \boldsymbol{T} \begin{bmatrix} x \\ y \end{bmatrix} = \begin{bmatrix} t_{11} & t_{12} \\ t_{21} & t_{22} \end{bmatrix} \begin{bmatrix} x \\ y \end{bmatrix} \tag{2.44}$$

式中，(x, y) 是原图像中像素的坐标，(x', y') 是变换后图像中像素的坐标。例如，变换 $(x', y') = (x/2, y/2)$ 在两个空间方向上将原图像缩小一半。

我们的兴趣是所谓的仿射变换，它包括缩放变换、平移变换、旋转变换和剪切变换。二维仿射变换的关键性质是，它保持点、直线和平面不变。式(2.44)可以用来表示刚才提到的变换，但平移除外，平移要求在公式的右侧添加一个常数二维向量。然而，采用如下形式的一个 3×3 矩阵，用齐次坐标来表示所有 4 个仿射变换是可能的：

$$\begin{bmatrix} x' \\ y' \\ 1 \end{bmatrix} = \boldsymbol{A} \begin{bmatrix} x \\ y \\ 1 \end{bmatrix} = \begin{bmatrix} a_{11} & a_{12} & a_{13} \\ a_{21} & a_{22} & a_{23} \\ 0 & 0 & 1 \end{bmatrix} \begin{bmatrix} x \\ y \\ 1 \end{bmatrix} \tag{2.45}$$

这个变换可根据为矩阵 $\boldsymbol{A}$ 选择的元素值，对图像进行缩放、旋转、平移或剪切变换。表 2.3 显示了用于实现这些变换的矩阵值。能够用式(2.45)中的统一表示来执行所有变换的优点是，它提供把系列运算连接在一起的框架。例如，如果我们想要调整图像的大小，旋转图像，并将处理结果移动到某一位置，那么可以简单地构建一个 3×3 矩阵，这个矩阵等于表 2.3 中缩放、旋转和平移变换矩阵的积（见习题 2.36 和习题 2.37）。

前面的变换把一幅图像中的像素的坐标移动到一个新位置。为了完成这一处理，我们还必须对这些新位置赋灰度值。这个任务可用灰度内插的方法完成。灰度内插已在 2.4 节讨论过，那时我们讨论了放大一幅图像的例子，并讨论了对新像素位置赋灰度值的问题。如表 2.3 中的第二行所示，放大就是缩放，我们对放大的分析，同样适用于对表 2.3 中其他变换得到的重定位像素赋灰度值的问题。如 2.4 节所述，在进行这些变换时，我们可考虑最近邻、双线性和双三次内插技术。

表 2.3　基于式(2.45)的仿射变换

变换名称	仿射矩阵 A	坐标公式	示　例
恒等	$\begin{bmatrix} 1 & 0 & 0 \\ 0 & 1 & 0 \\ 0 & 0 & 1 \end{bmatrix}$	$x' = x$ $y' = y$	
缩入/反射（对于反射，将一个比例因子设为-1，而将另一个比例因子设为 0）	$\begin{bmatrix} c_x & 0 & 0 \\ 0 & c_y & 0 \\ 0 & 0 & 1 \end{bmatrix}$	$x' = c_x x$ $y' = c_x y$	
（关于原点）旋转	$\begin{bmatrix} \cos\theta & -\sin\theta & 0 \\ \sin\theta & \cos\theta & 0 \\ 0 & 0 & 1 \end{bmatrix}$	$x' = x\cos\theta - y\sin\theta$ $y' = x\sin\theta + y\cos\theta$	
平移	$\begin{bmatrix} 1 & 0 & t_x \\ 0 & 1 & t_y \\ 0 & 0 & 1 \end{bmatrix}$	$x' = x + t_x$ $y' = y + t_y$	
（垂直）剪切	$\begin{bmatrix} 1 & s_v & 0 \\ 0 & 1 & 0 \\ 0 & 0 & 1 \end{bmatrix}$	$x' = x + s_v y$ $y' = y$	
（水平）剪切	$\begin{bmatrix} 1 & 0 & 0 \\ s_h & 1 & 0 \\ 0 & 0 & 1 \end{bmatrix}$	$x' = x$ $y' = s_h x + y$	

我们可以按两种基本方法来使用式(2.45)。第一种方法称为正向映射，它包括扫描输入图像的像素，并在每个位置(x, y)用式(2.45)直接计算输出图像中相应像素的空间位置(x', y')。正向映射方法的一个问题是，输入图像中的两个或多个像素可变换到输出图像中的同一位置，这就产生了如何把多个输出值合并为单个输出像素值的问题。另外，某些输出位置可能根本没有要赋值的像素。第二种方法称为反向映射，它扫描输出像素的位置，并在每个位置(x', y')使用 $(x, y) = A^{-1}(x', y')$ 计算输入图像中的相应位置，然后在最近的输入像素之间进行内插（使用 2.4 节讨论的技术之一），求出输出像素的灰度值。就实现而言，反向映射要比正向映射更有效，因而被许多空间变换商业软件采用（例如，MATLAB 采用了这一方法）。

例 2.9　图像旋转和灰度内插。

本例的目的是说明如何用仿射变换来旋转图像。图 2.40(a)显示了一幅简单的图像，图 2.40(b)至(d)是（使用反向映射）将原图像旋转-21° 后的结果（在表 2.3 中，顺时针转角是负的）。灰度赋值分别是用最近邻、双线性和双三次内插计算得到的。图像旋转的一个关键问题是保持直线特性。如图 2.40(f)到(h)中放大的边缘部分所示，最近邻内插产生了锯齿最大的边缘，并且如 2.4 节所示，双线性内插产生了明显改进的结果。同样，使用双三次内插产生了更好的结果。事实上，比较图 2.40(f)至(h)中一系列放大后的细节，会发现在最后一幅图像中，从白色（255）到黑色（0）的过渡是平滑的，因为边缘区域有更多的值，并且这些值的分布更为平衡。虽然双线性内插和双三次内插导致的小灰度差在人的视觉分析中不是很明显，但它们在图像数据处理中非常重要，如旋转后的图像中的自动边缘跟踪。

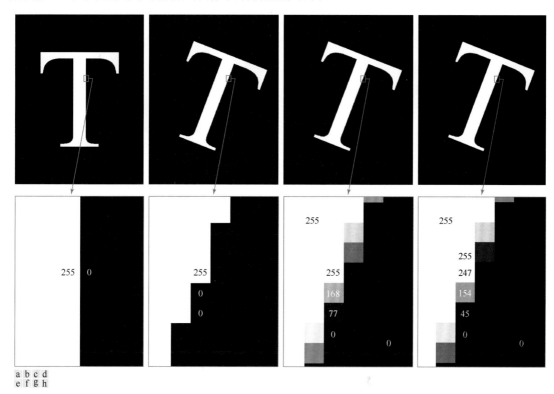

图 2.40　(a)字母 T 的 541×421图像；(b)旋转−21°并用最近邻内插赋灰度值后的图像；(c)旋转−21°并用双线性内插赋灰度值后的图像；(d)旋转−21°并用双三次内插赋灰度值后的图像；(e)~(h)放大部分（每个方格是一个像素，显示的数字是灰度值）

　　包含旋转图像的空间矩形要大于包含原图像的矩形，如图 2.41(a)和(b)所示。处理这一问题时我们有两种选择：（1）修剪旋转图像，使其大小与原图像的大小相同，如图 2.41(c)所示；（2）保留包含整个旋转图像的较大图像，如图 2.41(d)所示。在图 2.40 中，我们使用了第一种选择，因为旋转并未使得感兴趣的目标落到原矩形的边界之外。旋转图像中不包含图像数据的几个区域必须填充某个值，通常填充 0 值（黑色）。注意，逆时针方向旋转为正旋转，这是图像坐标系的建立方式（见图 2.19）和表 2.3 中定义的旋转方式的结果。

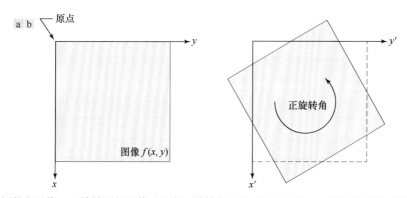

图 2.41　(a)一幅数字图像；(b)旋转后的图像（注意正旋转角的逆时针方向）；(c)裁剪后匹配原图像区域的旋转图像；(d)放大后容纳整个旋转图像的图像

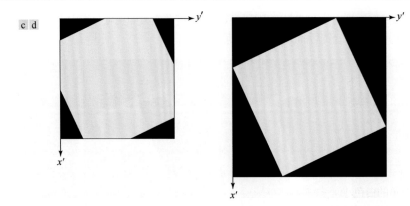

图 2.41　(a)一幅数字图像；(b)旋转后的图像（注意正旋转角的逆时针方向）；(c)裁剪后匹配原图像区域的旋转图像；(d)放大后容纳整个旋转图像的图像（续）　■

4.图像配准

图像配准是一种重要的数字图像处理应用，它用于对齐同一场景的两幅或多幅图像。在图像配准中，我们有一幅输入图像和一幅参考图像，目的是对输入图像做几何变换，使输出图像与参考图像对齐（配准）。上节讨论的变换函数是已知的，几何变换需要产生输出，而配准的图像通常不是已知的，而需要进行估计。

图像配准的例子包括对齐两幅或多幅几乎在同一时间但用不同成像系统如 MRI（磁共振成像）扫描仪和 PET（正电子放射断层成像）扫描仪拍摄的图像。图像也可以是使用相同的设备在不同的时间拍摄的，如在某个位置间隔几天、几个月甚至几年拍摄的卫星图像。无论属于哪种情况，组合这些图像或对这些图像进行定量分析并比较，都要求对几何失真进行补偿，其中几何失真由视角、距离、方向、传感器分辨率、物体位置的移动和其他因素导致。

解决上述问题的主要方法之一是使用约束点（也称控制点）。这些点是其精确位置在输入图像和参照图像中已知的对应点。选取约束点的方法有多种，既可以交互地选择，也可以用自动检测算法进行选择。某些成像系统的成像传感器中嵌入了物理赝像（如小金属物），它们会在系统获取的所有图像上直接产生一组已知点（称为网状标记或基准点）。这些已知点可用于指导建立约束点。

估计变换函数的问题是建模。例如，假设在输入图像和参考图像中都有 4 个约束点。基于双线性近似的一个简单模型由如下两式给出：

$$x = c_1 v + c_2 w + c_3 vw + c_4 \qquad (2.46)$$

和

$$y = c_5 v + c_6 w + c_7 vw + c_8 \qquad (2.47)$$

在估计阶段，(v, w) 和 (x, y) 分别是输入图像和参照图像中的约束点的坐标。如果在两幅图像中有 4 对对应的约束点，那么可用式(2.46)和式(2.47)写出 8 个方程，然后用它们解出 8 个未知参数 $c_1, \cdots, c_8$。

求出系数后，式(2.46)和式(2.47)就成为我们变换输入图像中的所有像素的工具。结果就是我们期望的配准图像。算出这些系数后，我们令 (v, w) 表示输入图像中每个像素的坐标，令 (x, y) 代表输出图像中对应像素的坐标。计算所有坐标 (x, y) 时，使用相同的一组系数 $c_1, \cdots, c_8$；我们遍历输入图像中的所有 (v, w) 来产生输出图像（配准图像）中的对应 (x, y)。如果约束点选择得正确，那么新图像就能在双线性近似模型的精度范围内与参考图像配准。

在 4 个约束点不足以得到令人满意的配准的情况下，常用的一种方法是选择大量的约束点，然后将一系列 4 约束点形成的四边形当作子图像进行处理。子图像采用上述方法处理，四边形内部的所有像素则使用由该四边形的约束点求出的系数进行变换。然后，移到另一组 4 约束点并重复上述过程，直到所有四边形区域均被处理为止。还可使用比四边形更复杂的区域，并采用更复杂的模型（如由最小二乘方算法拟合的多项式）。通常，控制点的数量和求解问题所需模型的复杂度，取决于几何畸变的严重程度。最后，要记住式(2.46)和式(2.47)定义的变换或针对该问题的其他任何模型，都只映射输入图像中像素的空间坐标。我们仍然需要使用前述方法来进行灰度内插，以便为这些变换后的像素赋灰度值。

例 2.10　图像配准。

图 2.42(a)显示了一幅参考图像，图 2.42(b)显示了同一幅图像，但这幅图像因垂直和水平剪切产生了几何畸变。我们的目标是用参考图像得到约束点，然后用约束点配准这两幅图像。我们（手工）选择的约束点是靠近图像四角的白色小正方形（因为畸变是两个方向上的线性剪切，因此只需要 4 个约束点）。图 2.42(c)显示了根据前述过程使用这些约束点得到的配准结果。观察发现配准并不完美，因为图 2.42(c)中存在明显的黑边。图 2.42(d)所示的差值图像清晰地显示了参考图像和已校正图像之间配准的细小不足。导致这种不一致的原因是手工选择约束点时存在误差。畸变严重时，使用约束点很难实现完美匹配。

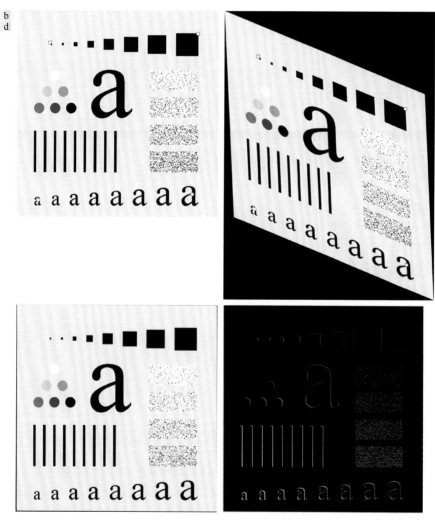

图 2.42　图像配准：(a)参考图像；(b)输入图像（存在几何畸变的图像）。对应的约束点是靠近四角的白色小正方形；(c)已配准（输出）图像（注意边界上的误差）；(d)图(a)和图(c)的差，显示了更多的配准误差　　■

2.6.6 向量与矩阵运算

多光谱图像处理是常用向量和矩阵运算的典型领域。例如，第 6 章中将介绍使用红色、绿色、蓝色分量图像在 RGB 彩色空间中形成的彩色图像，如图 2.43 所示。这里，我们看到 RGB 图像中的每个像素都有三个分量，它们可组织成一个列向量：

$$z = \begin{bmatrix} z_1 \\ z_2 \\ z_3 \end{bmatrix} \qquad (2.48)$$

式中，z_1 是红色图像中的像素的灰度，z_2 和 z_3 分别是绿色图像和蓝色图像中对应像素的灰度。于是，大小为 $M \times N$ 的一幅 RGB 彩色图像就可用同样大小的三个分量图像来表示，或用大小为 3×1 的 MN 个向量来表示。包含 n 幅分量图像的普通多光谱情况（见图 1.10）将形成 n 维向量：

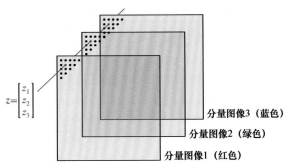

图 2.43　三幅 RGB 分量图像中的对应像素值形成一个向量

$$z = \begin{bmatrix} z_1 \\ z_2 \\ \vdots \\ z_n \end{bmatrix} \qquad (2.49)$$

我们将在整本书中使用这种类型的向量表示。

两个 n 维列向量 $\boldsymbol{a}$ 和 $\boldsymbol{b}$ 的内积（也称点积）定义为

$$\begin{aligned} \boldsymbol{a} \cdot \boldsymbol{b} &\triangleq \boldsymbol{a}^{\mathrm{T}} \boldsymbol{b} \\ &= a_1 b_1 + a_2 b_2 + a_3 b_3 + \cdots + a_n b_n \\ &= \sum_{i=1}^{n} a_i b_i \end{aligned} \qquad (2.50)$$

> 回顾可知 n 维向量可视为 n 维欧氏空间中的一个点。

> 积 $\boldsymbol{a}\boldsymbol{b}^{\mathrm{T}}$ 称为 $\boldsymbol{a}$ 和 $\boldsymbol{b}$ 的外积，它是一个大小为 $n \times n$ 的矩阵。

式中，T 表示转置。由 $\|z\|$ 表示的欧几里得向量范数，定义为内积的平方根：

$$\|z\| = \left(z^{\mathrm{T}} z \right)^{\frac{1}{2}} \qquad (2.51)$$

我们将这个表达式视为向量 z 的长度。

我们可用向量符号来表示前述的几个概念。例如，在 n 维空间中，点（向量）z 和 $\boldsymbol{a}$ 之间的欧几里得距离 $D(z, a)$ 定义为欧几里得向量范数：

$$D(z, a) = \|z - a\| = \left[(z - a)^{\mathrm{T}} (z - a) \right]^{\frac{1}{2}} = \left[(z_1 - a_1)^2 + (z_2 - a_2)^2 + \cdots + (z_n - a_n)^2 \right]^{\frac{1}{2}} \qquad (2.52)$$

这是式(2.19)定义的二维欧几里得距离的通式。

像素向量的另一个优点是在线性变换中，可表示为

$$w = A(z - a) \qquad (2.53)$$

式中，A 是大小为 $m \times n$ 的矩阵，z 和 $\boldsymbol{a}$ 是大小为 $n \times 1$ 的列向量。

如式(2.10)所示，所有图像都可当作矩阵（或向量）来处理，这在求解大量数字图像处理问题时具有重要意义。例如，我们可以将一幅大小为 $M \times N$ 的图像表示为一个 $MN \times 1$ 维列向量，方法是令该向量的前 M 个元素等于图像的第一列，令接着的 M 个元素等于图像的第二列，以此类推。使用这种方法形成的图像，我们可以表达适用于图像的更为广泛的线性处理：

$$g = Hf + n \tag{2.54}$$

式中，f 是表示输入图像的 $MN \times 1$ 向量，n 是表示 $M \times N$ 噪声模式的 $MN \times 1$ 向量，g 是表示处理后图像的 $MN \times 1$ 向量，H 是表示用于对输入图像进行线性处理的 $MN \times MN$ 矩阵（见本章前面关于线性处理的讨论）。例如，如 5.9 节所述，我们可从式(2.54)开始为图像复原开发一整套通用技术。后面几节中将再次提及矩阵的用途，书中其他各章中也会给出矩阵在图像处理中的其他用途。

2.6.7 图像变换

迄今为止讨论的所有图像处理方法，都是直接对输入图像的像素上进行操作的，即直接工作在空间域。有些情况下，图像处理任务最好按如下步骤完成：变换输入图像，在变换域执行规定的任务，执行反变换，返回空间域。继续阅读本书时，读者会遇到许多不同的变换。表示为 $T(u,v)$ 的二维线性变换是一种特别重要的变换，其通式为

$$T(u,v) = \sum_{x=0}^{M-1} \sum_{y=0}^{N-1} f(x,y)r(x,y,u,v) \tag{2.55}$$

式中，$f(x,y)$ 是输入图像，$r(x,y,u,v)$ 称为正变换核，且式 (2.55) 对 $u = 0,1,2,\cdots,M-1$ 和 $v = 0,1,2,\cdots,N-1$ 求值。如前所述，x 和 y 是空间变量，M 和 N 是 f 的行数和列数，u 和 v 称为变换变量。$T(u,v)$ 称为 $f(x,y)$ 的正变换。已知 $T(u,v)$，我们可用 $T(u,v)$ 的反变换还原 $f(x,y)$：

$$f(x,y) = \sum_{u=0}^{M-1} \sum_{v=0}^{N-1} T(u,v)s(x,y,u,v) \tag{2.56}$$

式中，$x = 0,1,2,\cdots,M-1$，$y = 0,1,2,\cdots,N-1$，$s(x,y,u,v)$ 称为反变换核。式(2.55)和式(2.56)一起称为变换对。

图 2.44 显示了在线性变换域执行图像处理的基本步骤。首先，对输入图像做变换，然后用预定义的运算修改这一变换，最后计算修改后的变换的反变换得到输出图像。于是，我们可以看出，该过程先从空间域到变换域，然后返回空间域。

图 2.44　在线性变换域中操作的一般方法

如果

$$r(x,y,u,v) = r_1(x,u)r_2(y,v) \tag{2.57}$$

那么可以说正变换核是可分离的。此外，如果 $r_1(x,u)$ 的作用等同于 $r_2(y,v)$，那么称变换核是对称的，于是有

$$r(x,y,u,v) = r_1(x,u)r_1(y,v) \tag{2.58}$$

同样的说明适用于反变换核。

变换的性质取决于变换核。在数字图像处理中特别重要的一种变换是傅里叶变换，它具有如下正变换核和反变换核：

$$r(x,y,u,v) = e^{-j2\pi(ux/M+vy/N)} \tag{2.59}$$

和

$$s(x,y,u,v) = \frac{1}{MN} e^{j2\pi(ux/M+vy/N)} \tag{2.60}$$

式中，$j = \sqrt{-1}$，因此这些变换核是复函数。将这些变换核代入式(2.55)和式(2.56)给出的通用变换公式，可得离散傅里叶变换对：

$$T(u,v) = \sum_{x=0}^{M-1}\sum_{y=0}^{N-1} f(x,y)e^{-j2\pi(ux/M+vy/N)} \tag{2.61}$$

和

$$f(x,y) = \frac{1}{MN}\sum_{u=0}^{M-1}\sum_{v=0}^{N-1} T(u,v)e^{j2\pi(ux/M+vy/N)} \tag{2.62}$$

可以证明，傅里叶变换核是可分离的和对称的（见习题 2.39），并且变换核的可分离性和对称性允许用一维变换来计算二维变换（见习题 2.40）。如第 4 章和第 5 章所述，这两个公式在数字图像处理中非常重要。

> 傅里叶变换核的指数项可展开为不同频率的正弦和余弦。因此，傅里叶变换域也称频率域。

例 2.11　变换域中的图像处理。

图 2.45(a)显示了一幅被周期性（正弦）干扰污染后的图像。这种干扰可由成像系统的故障导致；第 5 章中将讨论这个问题。在空间域，干扰以灰度波动的形式出现。在频率域，干扰以明亮的灰度脉冲群出现，出现的位置由正弦干扰的频率决定（第 4 章和第 5 章将详细讨论这些概念）。通常，在傅里叶变换的幅度$|T(u,v)|$图像中很容易观察到这些脉冲群。参考图 2.44 中的说明，污染后的图像是 $f(x,y)$，最左边方框中的变换是傅里叶变换，图 2.45(b)是以图像方式显示的$|T(u,v)|$。显示的亮点是前面提及的灰度脉冲群。图 2.45(c)显示了一幅模板图像（称为滤波器），白色和黑色分别代表 1 和 0。对于这个例子，图 2.44 中第二个方框内的运算是变换与模板相乘，目的是消除与干扰相关的脉冲群。图 2.45(d)显示了最终结果，它是通过计算修改后的变换的反变换得到的。干扰已消失，此前看不到的图像细节现在变得十分清楚，例如用于图像配准的基准标记（暗淡的十字）。

图 2.45　(a)被正弦干扰污染的图像；(b)傅里叶变换的幅度图像，显示了干扰导致的能量脉冲群（为便于显示，脉冲群已被放大）；(c)用于消除能量脉冲群的模板；(d)计算修改后的傅里叶变换的反变换的结果（原图像由 NASA 提供）

当正、反变换核可分、对称，且 $f(x,y)$ 是大小为 $M \times M$ 的方形图像时，式(2.55)和式(2.56)可表示为矩阵形式：

$$T = AFA \qquad (2.63)$$

式中，F 是包含 $f(x,y)$ 的元素的 $M \times M$ 矩阵［见式(2.9)］；A 是元素为 $a_{ij} = r_1(i,j)$ 的 $M \times M$ 矩阵，T 是元素为 $T(u,v)$，$u,v = 0,1,2,\cdots,M-1$ 的 $M \times M$ 变换矩阵。

为得到反变换，我们用反变换矩阵 B 前乘和后乘式(2.63)：

$$BTB = BAFAB \qquad (2.64)$$

若 $B = A^{-1}$，则

$$F = BTB \qquad (2.65)$$

该式表明 F 或等效的 $f(x,y)$ 可由其正变换完全恢复。若 $B \neq A^{-1}$，则式(2.65)得到一个近似：

$$\hat{F} = BAFAB \qquad (2.66)$$

除傅里叶变换外，许多重要的变换如沃尔什变换、哈达玛变换、离散余弦变换、哈尔变换和斜变换等，都可用式(2.55)和式(2.56)表示，或等效地用式(2.63)和式(2.65)表示。后续几章将讨论这些图像变换和其他类型的图像变换。

查阅本书配套网站中关于概率论的简要回顾是有帮助的。

2.6.8　图像灰度和随机变量

本书的许多地方将图像灰度处理为随机量。例如，令 $z_i, i = 0,1,2,\cdots,L-1$ 表示一幅 $M \times N$ 数字图像中的所有可能的灰度值。灰度级 z_k 在这幅图像中出现的概率 $p(z_k)$ 计算为

$$p(z_k) = \frac{n_k}{MN} \qquad (2.67)$$

式中，n_k 是灰度级 z_k 在图像中出现的次数，MN 是像素总数。很明显有

$$\sum_{k=0}^{L-1} p(z_k) = 1 \qquad (2.68)$$

已知 $p(z_k)$ 后，就可求出许多重要的图像特性。例如，均值（平均）灰度为

$$m = \sum_{k=0}^{L-1} z_k p(z_k) \qquad (2.69)$$

同理，灰度的方差为

$$\sigma^2 = \sum_{k=0}^{L-1} (z_k - m)^2 p(z_k) \qquad (2.70)$$

方差是 z 的值相对于均值的分布的测度，因此是图像对比度的一个有用测度。一般来说，随机变量 z 相对于均值的第 n 阶中心矩定义为

$$\mu_n(z) = \sum_{k=0}^{L-1} (z_k - m)^n p(z_k) \qquad (2.71)$$

我们发现 $\mu_0(z) = 1, \mu_1(z) = 0, \mu_2(z) = \sigma^2$。然而，均值和方差与图像的视觉性质明显直接相关，高阶矩则更为微妙。例如，与均值相比，正 3 阶矩表明灰度偏向更高的值，负 3 阶矩表明灰度偏向更低的值，零 3 阶矩表明灰度在均值的两侧等同分布。对于计算目的而言，这些特征是有用的，但它们通常不能告诉我们太多关于图像外观的信息。

如后续各章所述，概率论中的一些概念在图像处理应用中的作用巨大。例如，式(2.67)是第 3 章中直方图图像增强技术的基础，第 5 章将使用概率开发图像复原算法，第 10 章中将使用概率分割图像，第 11 章中将使用概率描述纹理，第 12 章中将使用概率推导最优模式识别算法。

小结、参考文献和延伸读物

本章的内容是本书其余部分的基础。关于视觉感知的其他读物,见 Snowden et al.[2012]经典著作 Cornsweet[1970]。Born and Wolf[1999]从电磁理论角度讨论了光。关于图像传感的基本延伸读物是 Trussell and vrhel[2008]。2.3 节讨论的成像模型来自 Oppenheim et al.[1968],所用的照明和反射值来自 IES Lighting Handbook[2011]。第 4 章将详细介绍 2.4 节中的图像取样概念。关于图像质量和取样之间关系的实验的讨论摘自 Huang[1965]。2.5 节中讨论的主题的延伸读物有 Rosenfeld and Kak[1982]和 Klette and Rosenfeld[2004]。

关于图像处理线性系统的延伸读物有 Castleman[1996]。首次采用图像平均来降噪的方法来自 Kohler and Howell[1963]。随机变量之和的均值和方差的期望值见 Ross[2014]。逻辑运算与集合的延伸读物见 Schröder[2010]。关于几何空间变换的延伸读物见 Wolberg[1990]和 Hughes and Andries[2013]。关于图像配准的延伸读物见 Goshtasby[2012]。关于向量和矩阵的较好延伸读物有 Bronson and Costa[2009]。傅里叶变换的详细介绍见第 4 章,其他图像变换的介绍见第 7 章、第 8 章和第 11 章。本章中许多示例和项目的软件用法,详见 Gonzalez, Woods and Eddins[2009]。

习题

标有星号的习题的答案在 DIP4E Student Support Package 中(查阅网站 www.ImageProcessingPlace.com)。

2.1 用一张白纸遮住眼睛并直接看向太阳时,纸张靠近脸的一侧看起来是黑色的。2.1 节中讨论的哪个视觉过程可解释这一现象?

2.2* 利用 2.1 节提供的背景信息,纯粹从几何角度思考,如果页面上的打印点到眼睛的距离为 0.2m,那么眼睛能够分辨的最小打印点的直径是多少?为简单起见,假设中央凹上的点的图像小于该区域视网膜中一个感受器(锥状体)的直径时,视觉系统将停止检测该点。还假设中央凹可被建模为边长是 1.5mm 的方阵,锥状体及锥状体之间的间隔在这个方阵中是均匀分布的。

2.3 尽管在图 2.10 中未显示,但交流电是电磁波谱的一部分。在美国,商用交流电的频率是 60Hz。这个分量光谱的波长是多少千米?

2.4 假设某家公司雇佣你来设计一个成像系统的前端,这个成像系统的作用是研究细胞、细菌、病毒和蛋白质。这个系统的前端由光源和相应的成像摄像机组成。用于完全包围细胞、细菌、病毒和蛋白质标本所需要的圆圈的直径分别为 50μm、1μm、0.1μm 和 0.01μm。为自动化分析过程,样本上可识别的最小细节必须为 0.001μm。

　　(a)* 能用单个传感器和摄像机解决这一成像问题吗?如果能,请给出照射波段和所需的摄像机类型。这里的"类型"是指摄像机最敏感的电磁波谱波段(如红外波段)。

　　(b) 如果你对(a)问的回答是不能,那么你建议采用哪种类型的光源和相应的成像传感器?给出(a)问中要求的光源和摄像机。使用最少数量的光源和摄像机来求解这个问题。(提示:根据 2.2 节的讨论,"看到"物体所需的照明必须有小于等于物体尺寸的波长。)

2.5 假设你正在准备一份报告,并且必须将一幅大小为 2048×2048 像素的图像插入报告。

　　(a)* 假设打印机没有限制,要使图像打印在 5cm×5cm 的空间上,分辨率必须是多少线对每毫米?

　　(b) 要使图像打印在 2 英寸×2 英寸的空间上,分辨率必须是多少 dpi?

2.6 大小为 7mm×7mm、具有 1024×1024 个传感元件的 CCD 摄像机芯片,聚焦到相距 0.5m 远的一个方形平坦区域。这台摄像机配备了一个 35mm 镜头。这台摄像机的分辨率是多少线对每毫米?(提示:成像模型如图 2.3 所示，但要用摄像机镜头的焦距代替人眼的焦距。）

2.7 某汽车制造商计划在一条限量版跑车生产线上将一些零部件自动安放到跑车的保险杠上。零部件已配色，要选择合适的保险杠零部件，装配机器人需要知道每辆车的颜色。模型只有 4 种颜色：蓝色、绿色、红色和白色。假设这家制造商雇佣你来设计成像解决方案。你怎样解决这个确定每辆跑车颜色的问题？记住，选择零部件时，成本是最重要的考虑因素。

2.8* 假设某个自动成像应用需要使用 5 线对每毫米的最小分辨率来检测摄像机看到的物体中的特征。摄像机镜头的焦点与被摄区域之间的距离为 1m。成像面积为 0.5m×0.5m。假设配备了一个 200mm 的镜头，你的工作是挑选一款适当的 CCD 成像芯片。满足这一应用要求的 CCD 芯片的最小感测元素的数量和面积（$d \times d$）是多少？（提示：成像模型如图 2.3 所示，为简单起见，假设成像区域是方形的。）

2.9 数字数据的传输常用波特率度量，它定义为符号数每秒（数据传输情况下是比特数每秒）。最低要求是，传输是以数据包形式实现的，数据包中包括一个开始位、一字节（8 比特）信息和一个结束位。利用这些事实回答下列问题：

(a)*使用 3M 波特（10^6 比特／秒）的调制解调器传输 500 幅大小为 1024×1024 像素的 256 灰度级图像，需要多少秒？〔这是 DSL（数字用户线）的典型媒介速度。〕

(b) 使用 30G 波特（10^9 比特/秒）的调制解调器时，传输这些图像需要多少秒？（对于商用线路，这是典型的媒介速度。）

2.10* 高清电视（HDTV）使用 1125 条水平电视线隔行扫描来产生图像（每隔一行在显像管表面画一条线，两场形成一帧，每场用时 1/60s）。图像的宽高比是 16：9。在水平行数不变的情况下，确定图像的垂直分辨率。一家公司设计了一种从 HDTV 视频中提取数字图像的系统。系统中每条水平线的分辨率与 HDTV 的垂直分辨率成正比，比例是图像的宽高比。彩色图像中的每个像素都有 24 比特的灰度，红色、绿色、蓝色分量图像各 8 比特。这三幅原色图像形成彩色图像。存储从两小时 HDTV 电影中提取的这些图像需要多少比特？

2.11 2.4 节中讨论线性索引时，通过检查得到了式(2.14)中的线性索引。这里使用相同参数可将它推广到具有坐标(x, y, z)和对应维数(M, N, P)的三维阵列。任何(x, y, z)的线性索引是

$$s = x + M(y + Nz)$$

从这个表达式开始，(a)* 推导式(2.15)；(b) 推导式(2.16)。

2.12* 假定用一个光源照射中心为(x_0, y_0)的平坦区域，灰度分布为

$$i(x, y) = K \mathrm{e}^{-\left[(x-x_0)^2 + (y-y_0)^2\right]}$$

为简单起见，假设该区域的反射比为常数 1.0，并令 K = 255。如果结果图像的灰度用 k 比特量化，且人眼能够检测相邻像素间的 8 个灰度级的突然变化，导致明显可见的伪轮廓的最大 k 值是多少？

2.13 画出习题 2.12 中的图像，其中 k = 2。

2.14 考虑右图中的两个图像子集 S_1 和 S_2。参考 2.5 节，假设 $V = \{1\}$，确定这两个子集是否是：(a)* 4 邻接的；(b) 8 邻接的；(c) m 邻接的。

					S_1			S_2	
0	0	0	0	0	0	0	1	1	0
1	0	0	1	0	0	1	0	0	1
1	0	0	1	0	1	1	0	0	0
0	0	1	1	1	0	0	0	0	0
0	0	1	1	1	0	0	1	1	1

2.15* 开发一种将单像素宽度的 8 通路转换为 4 通路的算法。

2.16 开发一种将单像素宽度的 m 通路转换为 4 通路的算法。

2.17 参阅 2.5 节末尾的讨论，在这一讨论中，我们将图像的背景定义为$(R_u)^c$，即图像中所有区域的并集的补集。在某些应用中，将背景定义为非孔洞像素的子集$(R_u)^c$ 是有利的（将孔洞视为被区域像素包围的背景像素集合）。如何修改这一定义，以便从$(R_u)^c$ 中排除孔洞像素？类似于"背景是非孔洞像素的像素子集$(R_u)^c$"的答案是不能接受的。（提示：利用连通概念。）

2.18 考虑右图所示的图像分割。

(a)*如 2.5 节所示，令 $V = \{0, 1\}$ 是定义邻接的灰度值集合。计算右图中 p 和 q 之间的最短 4 通路、8 通路和 m 通路的长度。如果在这两点之间不存在一个特殊的通路，试说明原因。

(b) 令 $V = \{1, 2\}$，重做(a)问。

$$
\begin{array}{cccc}
3 & 1 & 2 & 1\,(q) \\
2 & 2 & 0 & 2 \\
1 & 2 & 1 & 1 \\
(p)\,1 & 0 & 1 & 2
\end{array}
$$

2.19 考虑两个点 p 和 q。

(a)*给出 p 和 q 之间的 D_4 距离等于这两点之间的最短 4 通路的条件。

(b) 这个通路唯一吗？

2.20 对于 D_8 距离，重做习题 2.19。

2.21 考虑两幅大小相同的一维图像 f 和 g。为使得 2.6 节讨论的对应像素运算和矩阵乘法运算有意义，对这些图像的方向有哪些要求？进行矩阵乘法运算时，两幅图像中的任何一幅在前面或后面对结果有影响吗？

2.22* 下一章中将讨论一些算子，它们的功能是在一个很小的子图像区域 S_{xy} 中计算像素值的和，如式(2.43)所示。证明这些算子都是线性算子。

2.23 参考式(2.24)，回答下列问题：(a)*证明图像相加是线性运算；(b) 证明图像相减是线性运算；(c)*证明图像相乘是非线性运算；(d) 证明图像相除是非线性运算。

2.24 一个数集的中值 ζ 是指这样一个值，数集中一半的数值小于 ζ，另一半的数值大于大 ζ。例如，数集 $\{2, 3, 8, 20, 21, 25, 31\}$ 的中值是 20。证明计算子图像区域 S 的中值的算子是非线性的。（提示：只需用一个简单的数值例子来证明 ζ 不是非线性的。）

2.25* 证明图像平均可以递归地进行，即证明：如果 $a(k)$ 是 k 幅图像的平均值，那么 $k+1$ 图像的平均值可由已计算出的平均值 $a(k)$ 和新图像 f_{k+1} 得到。

2.26 参照例 2.5，(a)* 证明式(2.27)成立；(b) 证明式(2.28)成立。对于(b)问，你需要来自概率论的如下事实：（1）一个常数乘以一个随机变量的方差，等于该常数的平方乘以这个随机变量的方差；（2）不相关随机变量的和的方差，等于各个随机变量的方差之和。

2.27 考虑两幅 8 比特图像，它们的灰度级跨越从 0 到 255 的整个范围。

(a)*讨论从图像(1)中重复减去图像(2)的极限效应。假设结果仍然用 8 比特表示。

(b) 颠倒图像的顺序会产生不同的结果吗？

2.28* 工业应用中常用图像相减来检测缺失的零部件。方法是存储正确组装产品的一幅"黄金"图像，然后从相同产品的传入图像中减去该图像。理想情况下，如果新产品组装正确，那么两幅图像的差为零。而在缺失零部件的产品的图像与"黄金"图像的差值图像中，差值不为零。这一方法要在实际工作中发挥作用，你认为必须要满足的条件是什么？

2.29 参考式(2.32)，

(a)*给出一幅图像中 K 值与比特数 k 的关系的一般公式，使得 K 产生灰度跨越整个 k 比特范围的一幅缩放图像。

(b) 求 16 比特和 32 比特图像的 K 值。

2.30 已知 $A \cup C = \varnothing$，给出如下表达式的维恩图：

(a)* $(A \cap C) - (A \cap B \cap C)$；(b) $(A \cap C) \cup (B \cap C)$；(c) $B - [(A \cap B) - (A \cap B \cap C)]$；(d) $B - B \cap (A \cup C)$

2.31 用维恩图证明如下表达式成立：

(a)* $(A \cap B) \cup [(A \cup C) - A \cap B \cap C] = A \cap (B \cap C)$；

(b) $(A \cup B \cup C)^c = A^c \cap B^c \cap C^c$；

(c) $(A \cup C)^c \cap B = (B - A) - C$；

(d) $(A \cap B \cap C)^c = A^c \cup B^c \cup C^c$。

2.32 （根据集合 A、B 和 C）给出如下各图中阴影所示集合的表达式。每个图中的阴影区域构成一个集合，对每个图形只需给出一个表达式。

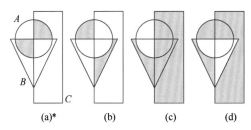

(a)*　　　　(b)　　　　(c)　　　　(d)

2.33　参考 2.6 节中关于集合的讨论，回答如下问题：

(a)*设 S 是按 "小于等于"（$\leq$）关系排序的一组实数。证明 S 是一个偏序集，即证明自反性、传递性和反对称性成立。

(b)*证明将关系 "小于等于" 改为 "小于"（$<$）将产生一个严格有序集。

(c)　设 S 是按英文字母顺序排列的小写字母集合。证明按 "小于"（$<$）关系排序时，S 是一个严格有序集。

2.34　对于任何非零的整数 m 和 n，如果存在一个满足 $kn = m$ 的整数 k，那么我们说 m 能被 n 整除，写为 m/n。例如，42（m）能被 7（n）整除，因为存在一个满足 $kn = m$ 的整数 $k = 6$。证明在 "除以" 关系下，正整数集是一个偏序集。换句话说，回答如下问题：

(a)*证明在这一关系下自反性成立；

(b)　证明传递性成立；

(c)　说明反对称性成立。

2.35　如果把式(2.43)修改为

$$g(x, y) = \frac{1}{mn} \sum_{(r,c) \in S_{xy}} T[f(r, c)]$$

式中，T 是灰度变换函数。此时，图 2.38(b)中的结果图像 $g(x, y)$ 看起来如何？

2.36　参考表 2.3，给出执行如下运算的单个变换函数和复合变换函数：

(a)*缩放和平移；

(b)*缩放、平移和旋转；

(c)　垂直剪切、缩放、平移和旋转；

(d)　各个矩阵相乘的顺序会使得变换存在不同吗？以缩放/平移变换为例加以说明。

2.37　由式(2.45)可知，坐标的仿射变换由下式给出：

$$\begin{bmatrix} x' \\ y' \\ 1 \end{bmatrix} = \boldsymbol{A} \begin{bmatrix} x \\ y \\ 1 \end{bmatrix} = \begin{bmatrix} a_{11} & a_{12} & a_{13} \\ a_{21} & a_{22} & a_{23} \\ 0 & 0 & 1 \end{bmatrix} \begin{bmatrix} x \\ y \\ 1 \end{bmatrix}$$

式中，(x', y') 是变换后的坐标，(x, y) 是原始坐标，表 2.3 中为各类变换给出了 $\boldsymbol{A}$ 的元素。变换回原始坐标的反变换 $\boldsymbol{A}^{-1}$ 对于执行逆映射同样重要。

(a)*求反缩放变换；

(b)　求反平移变换；

(c)　求反垂直剪切变换和逆水平剪切变换；

(d)*求反旋转变换；

(e)*给出一个反平移/旋转复合变换。

2.38　在式(2.46)和式(2.47)中用三角形区域代替四边形区域，得到的公式是什么？

2.39　回答如下问题：

(a)* 证明式(2.59)中的傅里叶核是可分的、对称的；

(b) 对式(2.60)中的核重做(a)问。

2.40* 说明具有可分和对称核的二维变换可按如下步骤计算：（1）首先沿输入图像的各行（列）计算一维变换；（2）然后沿步骤（1）的结果的各列（行）计算一维变换。

2.41 一家工厂生产小型聚合物方块，这些方块全部要进行视觉检查。检查是半自动的。在每个检查站，机器人将每个聚合物方块放到一个光学系统上，形成方块的放大图像。图像完全充满一个 80mm×80mm 大小的观察屏。缺陷在观察屏上显示为黑斑，检查员的工作是观看屏幕并挑出那些在屏幕上有一个或多个直径大于等于 0.8mm 的黑斑的产品。产品经理认为，如果她能找到完全自动化的处理过程，那么产品的利润将会增加 50%，同时会得到升迁。经过调研后，产品经理认为解决这个问题的方法是，用 CCD 电视摄像机查看每个检查屏，并将摄像机的输出馈送到图像处理系统中，图像处理系统检测气泡并测量气泡的直径，激活先前由检查员操作的接受/拒绝按钮。只要最小缺陷在数字图像中占据至少 2×2 像素的面积，产品经理就能找到合适的系统。假设这位产品经理雇佣你来帮助她详细设计能够使用现有元器件并且满足需求的摄像机和镜头系统。现有镜头的焦距为 25mm 或 35mm 的整数倍，最大可达 200mm。现有摄像机的图像大小分别为 512×512 像素、1024×1024 像素或 2048×2048 像素。这些摄像机中的各个成像元素是大小为 8×8μm 的方形，成像元素之间的距离为 2μm。对于这个应用，摄像机的成本远远高于镜头，因此你应使用与合适镜头匹配的分辨率最低的摄像机。作为一名顾问，你必须提供一份书面报告，报告中要详细分析你这样选择的原因。建议使用习题 2.6 中的成像几何。

第 3 章　灰度变换与空间滤波

It makes all the difference whether one sees darkness through the light or brightness through the shadows.

David Lindsay

引言

空间域指的是图像平面本身，空间域中的图像处理方法直接对图像中的像素进行处理。第 4 章和第 6 章中将要介绍的变换域中的图像处理，首先要将图像变换到变换域，在变换域中进行处理，然后对结果进行反变换，把结果带回空间域。空间域图像处理的两个主要类别是灰度变换和空间滤波。灰度变换在诸如对比度处理和图像阈值处理等任务中，对图像的各个像素进行操作。空间滤波对图像中的每个像素的邻域进行操作。空间滤波的例子有图像平滑和锐化。接下来的几节将讨论灰度变换和空间滤波的许多"经典"技术。我们还将讨论模糊技术，这种技术可在表述图像处理算法时，组合使用不精确的、基于知识的信息。

学习目标

- 了解空间域图像处理的意义，以及它与变换域图像处理的区别。
- 熟悉灰度变换所用的主要技术。
- 了解图像直方图的物理意义，以及如何操作直方图来增强图像。
- 了解空间滤波的原理，以及如何形成空间滤波器。
- 了解空间卷积和相关的原理。
- 熟悉空间滤波器的主要类型，以及如何应用它们。
- 了解空间滤波器之间的关系，以及低通滤波器的基本作用。
- 了解如何在单种增强方法无效的情况下组合使用多种增强方法。

3.1　背景

本章中讨论的所有图像处理技术都是在空间域中实现的。根据 2.4 节的讨论，我们知道空间域是包含图像中的像素的平面。空间域技术直接操作图像中的像素，而频率域（见第 4 章）技术操作的是图像的傅里叶变换而非图像本身。后面我们会了解到，有些图像处理任务在空间域中更容易实现或更有意义，而有些图像处理任务则需要使用其他的方法。

3.1.1 灰度变换和空间滤波基础

本章中讨论的空间域处理基于表达式

$$g(x, y) = T[f(x, y)] \tag{3.1}$$

式中，$f(x, y)$ 是输入图像，$g(x, y)$ 是输出图像，T 是在点 (x, y) 的一个邻域上定义的针对 f 的算子。这个算子可应用于单幅图像的像素（本章的重点）或一组图像的像素，如 2.6 节中介绍图像降噪时针对一系列图像执行的对应像素求和运算。图 3.1 是式(3.1)在单幅图像上的基本实现。所示的点 (x_0, y_0) 位于图像中的任意位置，如 2.6 节所述，所示的小区域是 (x_0, y_0) 的一个邻域。通常，邻域是中心为 (x_0, y_0) 的矩形，其尺寸要比图像小得多。

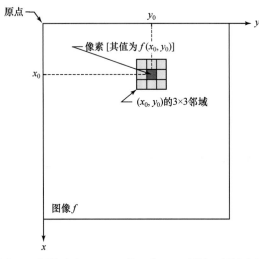

图 3.1 中所示的过程包括：将邻域的中心从一个像素移到另一个像素，并将算子 T 应用到邻域中的像素，以便在该位置产生一个输出值。因此，对于任何指定的位置 (x_0, y_0)，输出图像 g 在这些坐标处的值等于将 T 应用到 f 中原点为 (x_0, y_0) 的邻域的结果。例如，假设邻域为一个大小为 3×3 的方形，且算子 T 被定义为"计算邻域内像素的平均灰度"。考虑图像中的一个任意位置，例如 $(100, 150)$。在输出图像中，该位置的结果 $g(100, 150)$ 是 $f(100, 150)$ 与其 8 个邻点的和除以 9。然后将这个邻域的中心移到下一个相邻的位置，并重复上面的过程以生成输出图像 g 的下一个值。通常，这个过程始于输入图像的左上角，并且水平（垂直）扫描、一次一行（列）地逐个像素进行处理。3.4 节中将讨论这种类型的邻域处理。

图 3.1　图像中点 (x_0, y_0) 的一个 3×3 邻域。邻域在图像中从一个像素移到另一个像素，以便生成输出图像。回忆第 2 章可知，位置 (x_0, y_0) 的像素的值为 $f(x_0, y_0)$，即图像在这个位置的值

最小邻域的大小为1×1。此时，g 只依赖于点 (x, y) 处的 f 值，而式(3.1)中的 T 则称为灰度（也称灰度级或映射）变换函数：

$$s = T(r) \tag{3.2}$$

式中，为简单起见，用 s 和 r 分别表示 g 和 f 在任意点 (x, y) 处的灰度。例如，如果 $T(r)$ 具有图 3.2(a)中的形式，那么将变换应用到 f 中的每个像素以生成 g 中的对应像素的结果是，通过将 k 以下的灰度级变暗，并将高于 k 的灰度级变亮，产生比原图像对比度更高的一幅图像。这种技术有时称为对比度拉伸（见 3.2 节），小于 k 值的 r 值，减小（变暗）s 的值，倾向于黑色；大于 k 值的 r 值，增大（变亮）s 的值，倾向于白色。注意观察灰度值 r_0 是如何映射以便得到对应的 s_0 值的。在图 3.2(b)所示的极限情况下，$T(r)$ 产生一幅二级（二值）图像。这种形式的映射称为阈值处理函数。有些相当简单但功能强大的处理方法可用灰度变换函数来描述。本章主要使用灰度变换来增强图像。第 10 章将用灰度变换来分割图像。结果仅取决于点的灰度的方法有时称为点处理技术，这种技术是相对于前一段中介绍的邻域处理技术而言的。

> 取决于邻域的大小和位置，邻域的一部分可能位于图像外部。此时的解决方案有两种：（1）忽略图像外部的值；（2）填充图像，如 3.4 节所述。第二种方法更为可取。

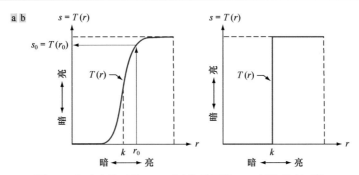

图 3.2　灰度变换函数：(a)对比拉伸函数；(b)阈值处理函数

3.1.2　关于本章中例子的说明

尽管灰度变换和空间滤波的应用范围广泛，但本章中的大多数例子是关于图像增强的。增强是对图像进行加工，使其结果对某些特定应用而言比原图像更合适的一种处理。"特定"一词在这里很重要，因为它一开始就表明增强技术是面向问题的。例如，适合于增强 X 射线图像的方法可能不是增强红外图像的最优方法。目前并不存在关于图像增强的通用"理论"。为目视解译目的处理图像时，观察者是确定某种特定方法最终是否有效的"判官"。为机器感知目的处理图像时，增强更容易量化。例如，在自动字符识别系统中，最合适的增强方法是得到最优识别率的增强方法，此时可以忽略其他因素的影响，如一种方法相对于另一种方法的计算开销。抛开应用或所用的方法来说，图像增强都是图像处理领域中最具视觉吸引力的领域之一。图像处理初学者通常会寻找感兴趣的和相对容易理解的增强应用。因此，采用图像增强领域的例子来说明本章中介绍的空间处理方法，不仅可以节省书中关于图像增强内容的篇幅，而且是向初学者介绍空间域图像处理技术的一种有效方法。阅读本书的后续内容后，读者会发现本章的内容范围要比图像增强宽泛得多。

3.2　一些基本的灰度变换函数

灰度变换是所有图像处理技术中最简单的一种技术。上节指出，r 和 s 分别代表图像处理前后的像素值。如式(3.2)所示，这些值与变换 T 有关，T 把像素值 r 映射为像素值 s。由于正在处理的是数字量，因此灰度变换函数的值通常存储在一个表中，并且从 r 到 s 的映射是通过查表实现的。对于 8 比特图像，包含 T 值的查找表有 256 条记录。

为了介绍灰度变换，我们考虑图 3.3，图中显示了在图像处理中频繁使用的 3 类基本函数：线性（反转和恒等变换）函数、对数（对数和反对数变换）函数和幂律（n 次幂和 n 次根变换）函数。恒等函数是输入灰度和输出灰度相同的一般情况。

3.2.1　图像反转

使用图 3.3 所示的反转变换函数，得到的灰度级在区间 $[0, L-1]$ 内的反转图像的形式为

$$s = L - 1 - r \tag{3.3}$$

采用这种方式反转图像的灰度级，会得到类似于照片底片的结果。例如，这种类型的处理可用于增强图像暗色区域中的白色或灰色细节，暗色区域的尺寸很大时这种增强效果更好。图 3.4 显示了一个例子。原图像是乳房的 X 射线数字照片，其中显示了一块小病变。尽管两幅图像的内容看起来无差别，但有些观察者发现使用负片图像更容易分析乳腺组织的细节。

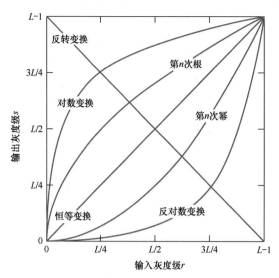

图 3.3   一些基本的灰度变换函数。每条曲线都已单独缩放，以便所有的曲线都能画在同一幅图中。这里的兴趣的
是曲线的形状，而不是它们的相对值

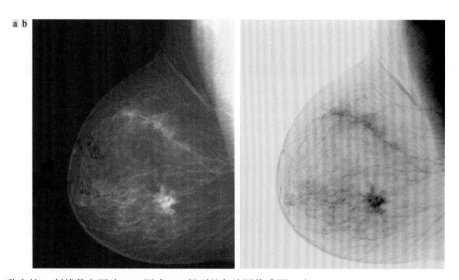

图 3.4   (a)乳房的 X 射线数字照片；(b)用式(3.3)得到的负片图像［图(a)由 General Electric Medical Systems 提供］

3.2.2 对数变换

图 3.3 中的对数变换的通式为

$$s = c\log(1+r) \tag{3.4}$$

式中，c 是一个常数，并假设 $r \geq 0$。图 3.3 中对数曲线的形状表明，这个变换将输入中范围较窄的
低灰度值映射为输出中范围较宽的灰度级。例如，注意区间[0, $L/4$]中的输入灰度级是如何映射到区
间[0, $3L/4$]中的输出灰度级的。相反，输入中的高灰度值则被映射为输出中范围较窄的灰度级。我们使
用这类变换来扩展图像中的暗像素值，同时压缩高灰度级值。反对数（指数）变换的功能正好相反。

具有图 3.3 所示对数函数的一般形状的任何曲线，都能扩展/压缩图像中的灰度级，但下一节讨论的
幂律变换更为通用。对数函数具有压缩像素值的动态范围的重要性质。像素值具有大动态范围的一个例

子是傅里叶频谱，详见第 4 章。范围从 0 到 10^6 或更高的频谱值很常见。计算机能够处理这么大的数字，但图像显示无法忠实地再现范围如此宽的数值。最终结果是在显示典型的傅里叶谱时会损失灰度细节。

图 3.5(a)显示了值域为 $0 \sim 1.5 \times 10^6$ 的傅里叶频谱。为在 8 比特系统上显示，线性地缩放这些值后，最亮的像素支配了这一显示，代价是损失了频谱中（恰好很重要）的低值。图 3.5(a)中未感知为黑色的较小图像区域生动地体现了这种支配性的效果。如果不以这种方式显示数值，而是首先对频谱值应用式(3.4)（此时 $c = 1$），那么结果的值域为 $0 \sim 6.2$。以这种方式变换数值时，可在显示器上显示更大范围的灰度。图 3.5(b)是将灰度范围线性缩放至区间[0, 255]，并在同一台 8 比特显示器上显示的频谱。与未修改的频谱显示相比，这幅图像中的细节层次在两幅图像中清晰可见。在包括本书在内的图像处理出版物中，大多数傅里叶频谱已按这种方式进行了缩放。

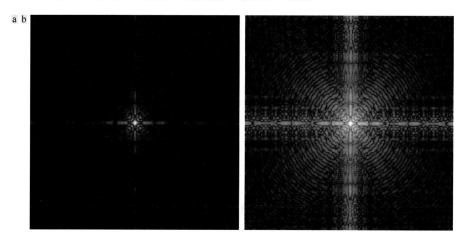

图 3.5　(a)显示为灰度级图像的傅里叶频谱；(b)应用式(3.4)所示对数变换（$c = 1$）后的结果。两幅图像的灰度值都已被缩放到区间[0, 255]内

3.2.3　幂律（伽马）变换

幂律变换的形式为

$$s = cr^\gamma \tag{3.5}$$

式中，c 和 γ 是正常数。考虑到偏移（输入为 0 时的一个可度量输出），有时也将式(3.5)写为 $s = c(r + \varepsilon)^\gamma$。然而，偏移通常是显示校准问题，因此在式(3.5)中可以忽略不计。图 3.6 是 γ 为不同值时 r 和 s 的关系曲线。像对数变换那样，幂律曲线用分数值 γ 将较窄范围的暗输入值映射为较宽范围的输出值，将高输入值映射为较窄范围的输出值。由图 3.6 还可观察到，改变 γ 值就能得到一族变换曲线。$\gamma > 1$ 时生成的曲线与 $\gamma < 1$ 时生成的曲线效果正好相反。$c = \gamma = 1$ 时，式(3.5)简化为恒等变换。

用于获取、打印和显示图像的许多设备的响应遵守幂律。按照约定，幂律公式中的指数称为伽马［因此在式(3.5)中使用了这个符号］。用于校正这些幂律响应现象的处理称为伽马校正或伽马编码。例如，阴极射线管（CRT）具有灰度-电压响应，它是一个幂函数，指数的变化范围为 $1.8 \sim 2.5$。$\gamma = 2.5$ 时的曲线如图 3.6 所示，表明这种显示系统往往会产生比预期更暗的图像。图 3.7 中说明了这一效果。图 3.7(a)是在伽马值为 2.5 的显示器中显示的人的视网膜图像。不出所料，这台显示器的输出看起来要比输入暗，如图 3.7(b)所示。

有时，由于对比度增大，对观察者而言，较大的伽马值会使得显示的图像好于原图像。然而，伽马校正的目的是产生输入图像的忠实显示。

在这种情况下，伽马校正过程是，在将图像输入显示器之前，使用变换 $s = r^{1/2.5} = r^{0.4}$ 预处理图像。

图 3.7(c)显示了结果。输入同一台显视器时，伽马校正后的图像将产生外观上接近原图像的输出，如图 3.7(d)所示。类似的分析适用于其他成像设备，如扫描仪和打印机，不同之处是伽马值是设备相关的（Poynton[1996]）。

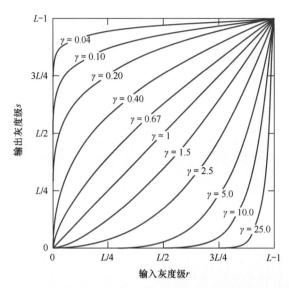

图 3.6　γ 值不同时（所有情况下均有 $c = 1$）伽马公式 $s = cr^{\gamma}$ 的图形。每条曲线都已单独缩放，以便在同一幅图中画出所有这些曲线。我们感兴趣的是曲线的形状，而不是它们的相对值

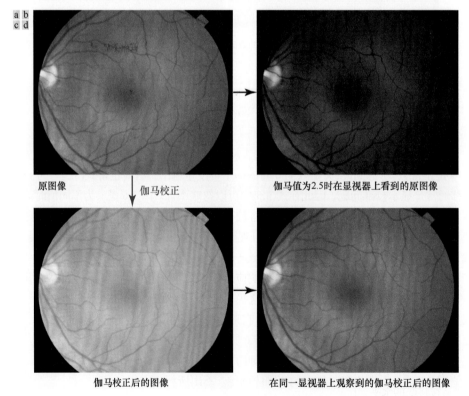

图 3.7　(a)人的视网膜的图像；(b)在伽马值为 2.5 的显示器上显示的图像（注意图像较暗）；(c)伽马校正后的图像；(d)显示在同一台显示器上的校正后的图像（请与原图像比较）［图(a)由 National Eye Institute, NIH 提供］

例3.1 使用幂律灰度变换增强图像的对比度。

除伽马校正外，幂律变换对于普通目的的对比度处理也是有用的。图 3.8(a)显示了人的上胸椎骨折脱位的磁共振图像（MRI）。在用圆圈突出的区域中，我们可以看到裂缝。由于图像明显偏暗，因此需要扩展灰度级，实现方法是使用带有分数指数的幂律变换。这幅图中的其他图像是用式(3.5)给出的幂律变换函数处理图 3.8(a)后得到的。对应于图像(b)至(d)的伽马值分别是 0.6, 0.4 和 0.3（所有情况下都有 $c = 1$）。

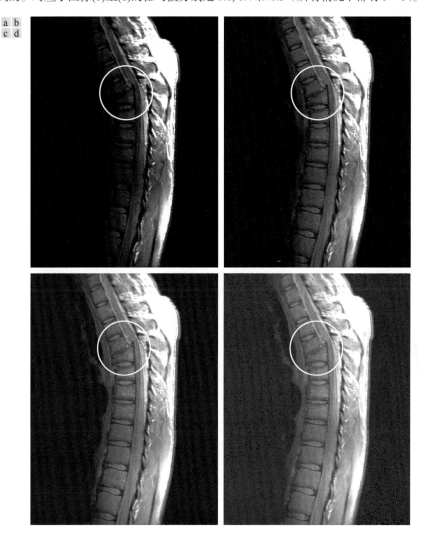

图 3.8 (a)上胸椎骨折脱位的磁共振图像（MRI）（骨折区域由圆圈包围）；(b) ~ (d)令 $c = 1$、γ 分别为 0.6、0.4 和 0.3 时，应用式(3.5)中的变换得到的结果（原图像由范德比尔特大学医学中心放射学系的 David R. Pickens 博士提供）

观察发现，当伽马值从 0.6 降至 0.4 时，会出现更多的细节。将伽马值进一步减小到 0.3，会增强背景中的更多细节，但与开始具有轻微"苍白"外观（尤其是在背景中）的图像相比，对比度开始下降。$\gamma = 0.4$ 时，对比度和可分辨细节的增强效果最好。$\gamma = 0.3$ 是一个近似的极限值，低于这个值时，这幅图像的对比度会降低到不可接受的水平。 ∎

例 3.2 幂率变换的另一个说明。

图 3.9(a)显示了与图 3.8(a)相反的问题。待处理图像现在的外观显得有些苍白，这表明需要压缩灰度级。采用 γ 值大于 1 的式(3.5)可实现灰度级压缩。图 3.9(b)至(d)分别显示了用 $\gamma = 3.0$、4.0 和 5.0 处理图 3.9(a)后的结果。使用伽马值 3.0 和 4.0 得到了合适的结果。后一结果的外观更吸引人，因为它的对比度更高。$\gamma = 5.0$ 时的结果同样如此。例如，在图 3.9(d)中，靠近图像中间的机场跑道看起来要比其他三幅图像更清晰。

图 3.9 (a)航拍图像；(b)~(d)令 $c = 1$、γ 分别为 3.0、4.0 和 5.0 时应用式(3.5)给出的变换的结果（原图像由 NASA 提供）∎

3.2.4 分段线性变换函数

与前三节中讨论的方法互补的一种方法是，使用分段线性变换函数。与到目前为止讨论的函数相比，分段线性变换函数的优点是，其形式可以任意复杂。事实上，后面很快会讲到，有些重要变换的实际实现只能描述为分段线性函数。这些函数的主要缺点是，它们要求用户输入很多参数。

1. 对比度拉伸

光照不足、成像传感器的动态范围偏小、图像获取过程中镜头孔径的设置错误等，都可能产生低对比度图像。对比度拉伸可以扩展图像中的灰度级范围，使其覆盖记录介质或显示设备的整个理想灰度范围。

图 3.10(a)是用于对比度拉伸的一个典型变换。点 (r_1, s_1) 和点 (r_2, s_2) 的位置控制变换函数的形状。如果 $r_1 = s_1, r_2 = s_2$，那么变换是一个不改变灰度的线性函数。如果 $r_1 = r_2, s_1 = 0, s_2 = L-1$，那么变换成为创建一幅二值图像的阈值处理函数［见图 3.2(b)］。(r_1, s_1) 和 (r_2, s_2) 的中间值在输出图像中产生不同程度的灰度级展开，进而影响输出图像的对比度。一般假设 $r_1 \le r_2$ 和 $s_1 \le s_2$，以便函数是单值的，并且是单调递增的。这会保留了灰度级的顺序，防止产生灰度伪影。图 3.10(b)显示了一幅低对比度的 8 比特图像。图 3.10(c)显示了令 $(r_1, s_1) = (r_{min}, 0)$ 和 $(r_2, s_2) = (r_{max}, L-1)$ 时得到的对比度拉伸结果，其中 r_{min} 和 r_{max} 分别表示输入图像中的最小灰度级和最大灰度级。变换将灰度级线性地拉伸到了整个灰度区间 $[0, L-1]$。最后，图 3.10(d)是使用阈值处理函数后的结果，其中 $(r_1, s_1) = (m, 0), (r_2, s_2) = (m, L-1)$，$m$ 是图像中的平均灰度级。

图 3.10　对比度拉伸：(a)分段线性变换函数；(b)花粉的低对比度电子显微镜图像，已放大 700 倍；(c)对比度拉伸后的结果；(d)阈值处理后的结果（原图像由澳大利亚国立大学生物科学研究所的 Roger Heady 博士提供）

2. 灰度级分层

有些应用的目的是突出图像中的特定灰度区间，这样的应用包括增强卫星图像中的特征（如水体）、增强 X 射线图像中的缺陷等。这种称为灰度级分层的方法可用几种方法实现，但多数方法都是两个基本方法的变体。一种方法是将感兴趣范围内的所有灰度值显示为一个值（如白色），而将所有其他灰度值显示为另一个值（如黑色）。这种变换［见图 3.11(a)］产生一幅二值图像。另一种方法基于图 3.11(b)中的变换，使期望的灰度范围变亮（或变暗），但保持图像中的其他灰度级不变。

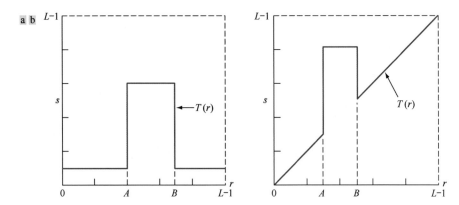

图 3.11　(a)这个变换函数突出了区间$[A,B]$内的灰度,而将其他灰度降低了一级;(b)这个变换函数突出了区间$[A,B]$内的灰度,而保持其他灰度级不变

例 3.3　灰度级分层。

图 3.12(a)是肾部区域附近的主动脉血管造影图像(图像的细节见 1.3 节)。本例的目的是采用灰度级分层技术来增强比背景更亮的主要血管,这是注入造影剂后的结果。图 3.12(b)是用图 3.11(a)中的变换后得到的结果。所选范围靠近灰度标度的顶端,因为感兴趣的范围要比背景亮。这一变换的最终结果是血管和部分肾脏显示为白色,而其他灰度显示为黑色。这类增强产生一幅二值图像,有助于人们研究造影剂流动的形状特征(如检测阻塞)。

如果兴趣是感兴趣区域的实际灰度值,那么可以使用图 3.11(b)所示形式的变换。图 3.12(c)是用这样一个变换后的结果,在这个变换中,平均灰度附近中等灰色区域中的一个灰度带被设为黑色,其他灰度则保持不变。这里,我们看到主要血管和部分肾脏的灰度级色调保持不变。如果兴趣是在一系列图像中测量造影剂的实际流动与时间的关系,那么这种结果可能是有帮助的。

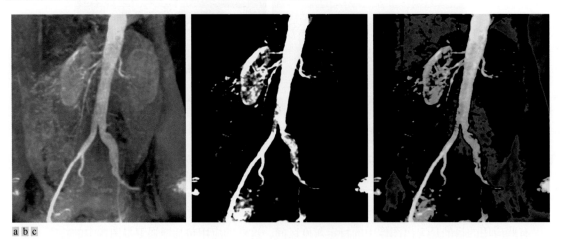

图 3.12　(a)主动脉造影图像;(b)使用图 3.11(a)中的分层变换得到的结果,感兴趣的灰度范围选在灰度标度的上端;(c)使用图 3.11(b)中的变换得到的结果,所选的灰度范围接近黑色,以便保留血管和肾脏区域中的灰度(原图像由密歇根大学医学院的 Thomas R. Gest 博士提供)　　■

3. 比特平面分层

像素值是由比特组成的整数。例如,在一幅 256 级灰度图像中,图像值是由 8 比特(1 字节)组

成的。与 3.3 节突出灰度级范围不同的是，我们可以突出特定比特对整个图像外观的贡献。如图 3.13 所示，8 比特图像可视为由 8 个 1 比特平面组成，其中平面 1 包含图像中所有像素的最低有效比特，而平面 8 包含所有像素的最高有效比特。

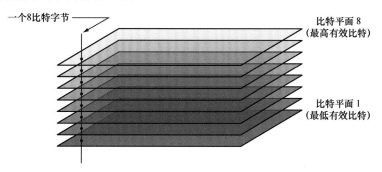

图 3.13　一幅 8 比特图像的比特平面

图 3.14(a)显示了一幅 8 比特灰度级图像，图 3.14(b)到(i)是这幅图像的 8 个 1 比特平面，其中图 3.14(b) 对应于最高（有效）比特平面。注意最高有效的 4 个平面（尤其是其中较高的两个平面）中包含大量 具有视觉意义的数据。

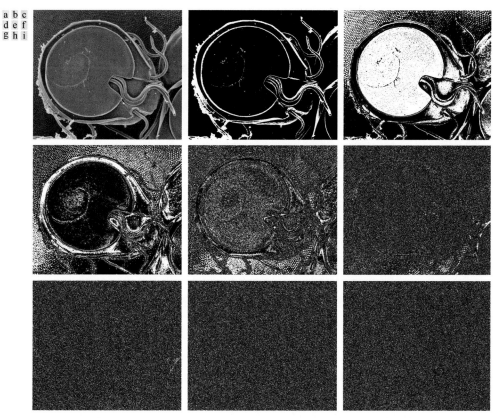

图 3.14　(a)大小为 837×988 像素的一幅 8 比特灰度级图像；(b)~(i)比特平面 8 至比特平面 1，其中平面 1 中包含 最低有效位。每个比特平面都是一幅二值图像。图(a)是会导致贾第虫病的一个滋养体的扫描电镜图像（原 图像由美国疾病控制和预防中心的 Stan Erlandsen 博士提供）

8 比特图像的第 8 个比特平面的二值图像，可用一个变换函数阈值处理输入图像得到，这个变换函数将 0 和 127 之间的灰度值映射为 0，将 128 到 255 之间的灰度值映射为 1。图 3.14(b)中的二值图像就是以这种方式得到的。得到产生其他比特平面的变换函数的方法，将作为练习留给读者（见习题 3.3）。

将图像分解成各个比特平面对我们分析图像中每个比特的相对重要性是有用的，这个过程有助于确定量化图像所用比特数的充分性。此外，这种分解对图像压缩（第 8 章的主题）而言也是有用的，此时所用的平面数量要少于重建图像时所用的平面数量。例如，图 3.15(a)是用前面分解的比特平面 8 和 7 重建的图像。重建是通过将第 n 个平面的像素乘以常数 2^{n-1} 来实现的。这会将第 n 个有效二进制比特转换为十进制数。每个比特平面乘以对应的常数后，将得到的所有平面相加，即可得到灰度级图像。这样，为得到图 3.15(a)，我们可以首先将比特平面 8 乘以 128，将比特平面 7 乘以 64，然后将得到的两个平面相加。原图像的主要特征得到恢复，但重建后的图像非常粗糙，色调上缺乏"深度"（参见图像中心的盘状结构的平坦外观和背景纹理区域）。这并不令人奇怪，因为两个平面只能产生 4 个不同的灰度级。在重建过程中增加比特平面 6 有助于改进这种情况，如图 3.15(b)所示。注意，中心圆盘的色调和图像的背景更加接近于图 3.14(a)中的原图像。然而，几个区域中仍然存在一些颗粒（见图像的右上象限）。在重建过程中添加第 5 个比特平面，颗粒数量稍有减少，如图 3.15(c)所示。这幅图像在外观上更加接近原图像。因此，我们在这个例子中得出结论：存储 4 个最高有效比特平面，就能以可接受的细节和色调重建原图像。存储这 4 个平面而非原图像只需 50%的存储容量。

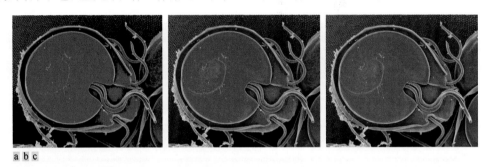

a b c

图 3.15 由比特平面重建的图像：(a)比特平面 8 和 7；(b)比特平面 8, 7 和 6；(c)比特平面 8, 7, 6 和 5

3.3 直方图处理

令 $r_k, k = 0,1,2,\cdots,L-1$ 表示一幅 L 级灰度数字图像 $f(x,y)$ 的灰度。f 的非归一化直方图定义为

$$h(r_k) = n_k, \quad k = 0,1,2,\cdots,L-1 \tag{3.6}$$

式中，n_k 是 f 中灰度为 r_k 的像素的数量，并且细分的灰度级称为直方图容器。类似地，f 的归一化直方图定义为

$$p(r_k) = \frac{h(r_k)}{MN} = \frac{n_k}{MN} \tag{3.7}$$

式中，M 和 N 分别是图像的行数和列数。多数情况下我们处理的是归一化直方图，我们将这种直方图简单地称为直方图或图像直方图。对 k 的所有值，$p(r_k)$ 的和总是 1。事实上，$p(r_k)$ 的分量是对图像中出现的灰度级的概率的估计。本节后面会介绍，直方图操作是图像处理中的一个基本工具。直方图计算简单，并且也适合于快速硬件实现，因此基于直方图的技术就成了实时图像处理的一个流行工具。

直方图形状与图像的外观有关。例如，图 3.16 中显示了具有 4 个基本灰度特性的几幅图像：暗图像、亮图像、低对比度图像和高对比度图像；还显示了图像直方图。我们注意到，在暗图像的直方图中，大多数直方图容器集中在灰度级的低（暗）端。类似地，在亮图像的直方图中，大多数直方图容器集中在灰度级的高端。在低对比度图像的直方图中，直方图容器基本上位于灰度级的中间，如图 3.16(c)所示。对于单色图像而言，这意味着暗淡的灰色外观。最后，在高对比度图像的直方图中，我们发现直方图容器覆盖了较宽范围的灰度级，并且像素的分布也基本上是均匀的，直方图容器的高度也基本相同。直觉上，我们可以得出这样的结论，即像素占据整个灰度级范围并且均匀分布的图像，将具有高对比度的外观和多种灰色调。最终结果将是显示了大量灰度细节并具有高动态范围的一幅图像。我们马上就会了解，只使用输入图像的直方图来开发能够自动实现这一效果的变换函数是可能的。

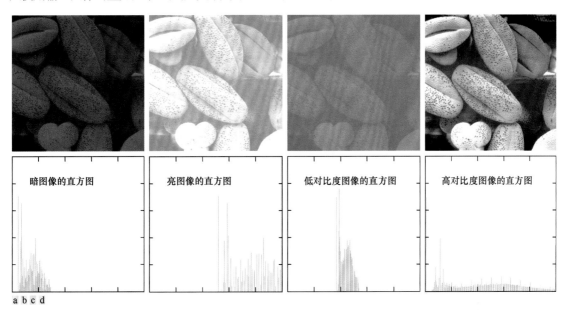

图 3.16　4 类图像及其对应的直方图：(a)暗图像；(b)亮图像；(c)低对比度图像；(d)高对比度图像。直方图的水平轴是 r_k 的值，垂直轴是 $p(r_k)$ 的值

3.3.1　直方图均衡化

假设灰度值最初是连续的，令变量 r 表示待处理图像的灰度。通常，我们照例假设 r 的值域是 $[0, L-1]$，$r = 0$ 表示黑色，$r = L-1$ 表示白色。对于满足这些条件的 r，我们重点关注形如下式的变换（灰度映射）：

$$s = T(r), \qquad 0 \le r \le L-1 \tag{3.8}$$

对输入图像中的给定灰度值 r，它将产生一个输出灰度值 s。我们假设：

(a) $T(r)$ 在区间 $0 \le r \le L-1$ 上是一个单调[①]递增函数。

(b) 对于 $0 \le r \le L-1$，有 $0 \le T(r) \le L-1$。

在将要讨论的一些公式中，我们使用逆变换

$$r = T^{-1}(s), \qquad 0 \le s \le L-1 \tag{3.9}$$

在这种情况下，我们将条件(a)改为：

(a′) $T(r)$ 在区间 $0 \le r \le L-1$ 上是一个严格单调递增函数。

[①] 若对于 $r_2 > r_1$ 有 $T(r_2) \ge T(r_1)$，则称函数 $T(r)$ 是单调递增函数。若对于 $r_2 > r_1$ 有 $T(r_2) > T(r_1)$，则称 $T(r)$ 是严格单调递增函数。单调递减函数的定义与此类似。

(a)中 $T(r)$ 单调递增的条件保证输出灰度值从不小于对应的输入值,从而防止因灰度反转而产生伪像。条件(b)保证输出灰度的范围与输入的范围相同。最后,条件(a′)保证从 s 返回到 r 的映射是一对一的,从而防止出现歧义。

图 3.17(a)显示了满足条件(a)和(b)的一个函数。这里,我们看到多个输入值映射到单个输出值并且仍然满足这两个条件是可能的。也就是说,单调变换函数执行一对一或多对一映射。从 r 映射到 s 时,这是非常好的。然而,如果想从映射的多个值唯一地恢复 r 的多个值(可以通过反转箭头的方向来可视化逆映射),那么图 3.17(a)就会出现一个问题。对图 3.17(a)中 s_k 的逆映射来说,这是可能的,但 s_q 的逆映射是一系列值,这就使得我们无法恢复得到 s_q 的原始 r 值。如图 3.17(b)所示,要求 $T(r)$ 严格单调可以保证逆映射是单值的(映射在两个方向上是一对一的)。这是一个理论上的要求,它允许我们在本章后面推导一些重要的直方图处理技术。由于图像是用整数灰度值存储的,因此我们必须将所有结果四舍五入为最接近它们的整数值。通常,这会使得严格单调的条件无法满足,即反变换可能是不唯一的。所幸的是,这个问题在离散情况下很容易解决,详见例 3.7 中的说明。

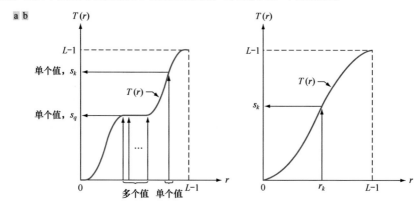

图 3.17 (a)单调递增函数,显示了多个值如何映射到单个值;(b)严格单调递增函数,这是一个双向的一对一映射

图像的灰度可视为区间 $[0, L-1]$ 内的一个随机变量。令 $p_r(r)$ 和 $p_s(s)$ 表示两幅不同图像中灰度值 r 和 s 的 PDF(概率密度函数)。p 的下标表明 p_r 和 p_s 是不同的函数。概率论的一个基本结论是,若已知 $p_r(r)$ 和 $T(r)$,且 $T(r)$ 是连续的且在感兴趣的值域上是可微的,则变换(映射)后的变量 s 的 PDF 是

$$p_s(s) = p_r(r) \left| \frac{\mathrm{d}r}{\mathrm{d}s} \right| \tag{3.10}$$

因此,我们看到输出灰度变量 s 的 PDF 是由输入灰度的 PDF 和所用的变换函数确定的[回顾可知 r 和 s 是由 $T(r)$ 关联在一起的]。

图像处理中的一个特别重要的变换函数是

$$s = T(r) = (L-1) \int_0^r p_r(w) \mathrm{d}w \tag{3.11}$$

式中,w 是一个假积分变量。右侧的积分是随机变量 r 的累积分布函数(CDF)。由于 PDF 总为正,且函数的积分是函数下方的面积,因此可以证明式(3.11)所示的变换函数满足条件(a)。这是因为函数下方的面积在 r 增大时并不减小。当这个公式中的上限是 $r = L-1$ 时,积分结果为 1,因为对于 PDF 这是必需的。因此,s 的最大值为 $L-1$,并且也满足条件(b)。

我们用式(3.10)来求对应于刚才讨论的变换的 $p_s(s)$。根据莱布尼茨积分法则可知,定积分关于其上限的导数是在这一上限处计算的积分,即

$$\frac{\mathrm{d}s}{\mathrm{d}r} = \frac{\mathrm{d}T(r)}{\mathrm{d}r} = (L-1)\frac{\mathrm{d}}{\mathrm{d}r}\left[\int_0^r p_r(w)\,\mathrm{d}w\right] = (L-1)p_r(r) \tag{3.12}$$

用这个结果代替式(3.10)中的 $\mathrm{d}r/\mathrm{d}s$，并注意到所有的概率值都是正的，有

$$p_s(s) = p_r(r)\left|\frac{\mathrm{d}r}{\mathrm{d}s}\right| = p_r(r)\left|\frac{1}{(L-1)p_r(r)}\right| = \frac{1}{L-1}, \quad 0 \le s \le L-1 \tag{3.13}$$

我们发现在上式的最后一行中，$p_s(s)$ 的形式是一个均匀概率密度函数。因此，执行式(3.11)中的灰度变换将产生一个随机变量 s，它由一个均匀的 PDF 表征。重要的是，式(3.13)中的 $p_s(s)$ 始终是均匀的，而与 $p_r(r)$ 的形式无关。图 3.18 和下面的例子说明了这些概念。

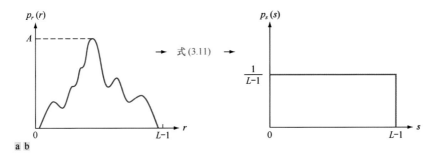

图 3.18　(a)一个任意的 PDF；(b)对输入 PDF 应用式(3.11)后的结果。得到的 PDF 总是均匀的，与输入的形状无关

例 3.4　式(3.11)和式(3.13)的说明。

假设图像中（连续）灰度值的 PDF 为

$$p_r(r) = \begin{cases} \dfrac{2r}{(L-1)^2}, & 0 \le r \le L-1 \\ 0, & \text{其他} \end{cases}$$

由式(3.11)有

$$s = T(r) = (L-1)\int_0^r p_r(w)\,\mathrm{d}w = \frac{2}{L-1}\int_0^r w\,\mathrm{d}w = \frac{r^2}{L-1}$$

假设我们形成一幅灰度值为 s 的新图像，其中 s 是用这个变换得到的，即 s 值是首先取输入图像的对应灰度值的平方，然后除以 $L-1$ 形成的。我们可以将 $p_r(r)$ 代入式(3.13)并使用 $s=r^2/L-1$，来验证新图像 $p_s(s)$ 中灰度的 PDF 是均匀的；也就是说，

$$p_s(s) = p_r(r)\left|\frac{\mathrm{d}r}{\mathrm{d}s}\right| = \frac{2r}{(L-1)^2}\left|\left[\frac{\mathrm{d}s}{\mathrm{d}r}\right]^{-1}\right| = \frac{2r}{(L-1)^2}\left|\left[\frac{\mathrm{d}}{\mathrm{d}r}\frac{r^2}{L-1}\right]^{-1}\right| = \frac{2r}{(L-1)^2}\left|\frac{(L-1)}{2r}\right| = \frac{1}{L-1}$$

最后一步成立是因为 r 是非负的，并且 $L>1$。不出所料，结果是一个均匀的 PDF。　　■

对于离散值，我们用概率与求和来代替概率密度函数与积分(但前面声明的单调性要求仍然适用)。回顾可知，在数字图像中出现灰度级 r_k 的概率近似为

$$p_r(r_k) = \frac{n_k}{MN} \tag{3.14}$$

式中，MN 是图像中的像素总数，n_k 表示灰度值为 r_k 的像素数。本节开头讲到，$p_r(r_k), r_k \in [0, L-1]$ 通常称为归一化图像直方图。

式(3.11)中变换的离散形式为

$$s_k = T(r_k) = (L-1)\sum_{j=0}^{k} p_r(r_j), \quad k = 0,1,2,\cdots,L-1 \tag{3.15}$$

式中，L 照例是图像中可能的灰度级数（8 比特图像为 256 级）。因此，使用式(3.15)将输入图像中灰度级为 r_k 的每个像素映射为输出图像中灰度级为 s_k 的对应像素，就得到了处理后的（输出）图像。这称为直方图均衡化或直方图线性化变换。不难证明（见习题 3.9），这种变换符合本节前面声明的条件(a)和(b)。

例3.5 直方图均衡化原理的说明。

通过一个简单的例子来说明直方图均衡化是有帮助的。假设一幅大小为 64×64 像素（$MN = 4096$）的 3 比特图像（$L = 8$）具有表 3.1 中的灰度分布，其中灰度级是区间 $[0, L-1] = [0, 7]$ 内的整数。这幅图像的直方图如图 3.19(a)所示。利用式(3.15)求直方图均衡化变换函数的值。例如，

$$s_0 = T(r_0) = 7\sum_{j=0}^{0} p_r(r_j) = 7 p_r(r_0) = 1.33$$

类似地，$s_1 = T(r_1) = 3.08$，$s_2 = 4.55$，$s_3 = 5.67$，$s_4 = 6.23$，$s_5 = 6.65$，$s_6 = 6.86$，$s_7 = 7.00$。这个变换函数具有图 3.19(b)所示的台阶形状。

此时，s 值是分数，因为它们是通过求概率值的和生成的，因此需要将它们四舍五入到区间 $[0, 7]$ 内最接近的整数值：

$$
\begin{array}{ll}
s_0 = 1.33 \rightarrow 1 & s_4 = 6.23 \rightarrow 6 \\
s_1 = 3.08 \rightarrow 3 & s_5 = 6.65 \rightarrow 7 \\
s_2 = 4.55 \rightarrow 5 & s_6 = 6.86 \rightarrow 7 \\
s_3 = 5.67 \rightarrow 6 & s_7 = 7.00 \rightarrow 7
\end{array}
$$

它们是均衡化后的直方图的值。观察到这个变换只产生了 5 个不同的灰度级。因为 $r_0 = 0$ 被映射为 $s_0 = 1$，所以在均衡化后的图像中，具有该值的像素有 790 个（见表 3.1）。此外，在图像中有 1023 个像素的值为 $s_1 = 3$，有 850 个像素的值为 $s_2 = 5$。然而，r_3 和 r_4 都被映射为同一个值 6，因此在均衡化后的图像中，值为 6 的像素有 656 + 329 = 985 个。类似地，在均衡化后的图像，值为 7 的像素有 245 + 122 + 81 = 448 个。用 $MN = 4096$ 除这些数，就得到了图 3.19(c)所示的均衡化后的直方图。

表 3.1　3 比特 64×64 数字图像的灰度分布和直方图值

r_k	n_k	$p_r(r_k) = n_k / MN$	r_k	n_k	$p_r(r_k) = n_k / MN$
$r_0 = 0$	790	0.19	$r_4 = 4$	329	0.08
$r_1 = 1$	1023	0.25	$r_5 = 5$	245	0.06
$r_2 = 2$	850	0.21	$r_6 = 6$	122	0.03
$r_3 = 3$	656	0.16	$r_7 = 7$	81	0.02

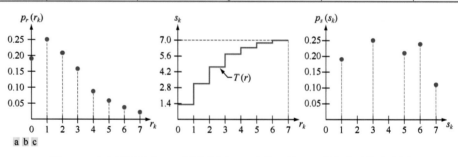

图 3.19　直方图均衡化：(a)原直方图；(b)变换函数；(c)均衡化后的直方图

直方图是 PDF 的近似，在这个过程中不允许产生新的灰度级，因此在用上述方法的直方图均衡化应用中，很少出现完全平坦的直方图。与连续均衡化不同，通常无法证明使用式(3.15)的离散直方图均衡化会得到均匀的直方图（本节稍后将介绍一种消除这一限制的方法）。然而，后面很快就会讲到，使用式(3.15)往往会扩展输入图像的直方图，使得均衡化后的图像的灰度级覆盖更宽的灰度范围，进而增强图像的对比度。　■

　　前面讨论了灰度值覆盖整个灰度级的优点。刚才推导的方法会产生具有这种分布趋势的灰度，并且具有全自动的优点。换句话说，直方图均衡化的过程包括式(3.15)的整个实现，其实现依据是能够直接从给定的图像中提取信息，而不需要规定任何参数。这种"无须干预的"自动特性很重要。

　　从 s 回到 r 的反变换表示为

$$r_k = T^{-1}(s_k) \tag{3.16}$$

可以证明（见习题 3.9），仅当输入图像中出现所有灰度级时，这个反变换才满足此前定义的条件(a′)和(b)。这意味着图像直方图容器中没有一个是空的。尽管在直方图均衡化中未使用反变换，但在下例后面开发的直方图匹配方案中起着重要作用。

例 3.6　直方图均衡化。

　　图 3.20 的左列显示了来自图 3.16 的 4 幅图像，中间列是对每幅图像执行直方图均衡化后的结果。从顶部到底部的前三个结果出现了明显的改进。不出所料，直方图均衡化对第 4 幅图像的影响不大，因为其灰度已经覆盖了整个灰度级。图 3.21 显示了用于生成图 3.20 中均衡化后的图像的变换函数。这些函数是用式(3.15)生成的。注意到变换（4）几乎是线性的，表明输入被映射为几乎相等的输出。所示的是输入值 r_k 到对应输出值 s_k 的映射。在这种情况下，映射是针对图像 1（图 3.21 的左上角）的，并表明暗值被映射到一个更亮的值，从而提升输出图像的亮度。

图 3.20　左列：来自图 3.16 的图像。中间列：对应的直方图均衡化后的图像。右列：中间列图像的直方图（请与图 3.16 中的直方图比较）

图 3.20   左列：来自图 3.16 的图像。中间列：对应的直方图均衡化后的图像。右列：中间列图像的
直方图（请与图 3.16 中的直方图比较）（续）

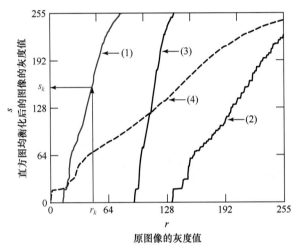

图 3.21   直方图均衡化的变换函数。使用式(3.15)和图 3.20 左列图像的直方图得到的变换(1)到变换(4)。显示了图
像 1 中灰度值 r_k 到其对应灰度值 s_k 的一个映射

    图 3.20 中的第三列显示了均衡化后的图像的直方图。尽管所有的直方图都不同，但直方图均衡化后的
图像本身看起来非常相似。这并不令我们意外，因为左列图像之间的基本区别是对比度而非内容。由于这
些图像具有相同的内容，因此直方图均衡化导致的对比度增加足以使得均衡化后的图像之间的任何灰度差
看起来难以区分。由于原图像中对比度差异很大，本例说明了直方图均衡化作为自适应、自动对比度增强
工具的强大能力。   ■

3.3.2   直方图匹配（规定化）

    如上节所述，直方图均衡化产生一个变换函数，它试图生成一幅具有均匀直方图的输出图像。希
望自动增强图像时，这是一个值得考虑的较好方法，因为这种技术的结果是可以预测的，并且这一方法
容易实现。然而，在有些应用中使用直方图均衡化是不合适的。特别地，有时能够规定待处理图像的直
方图形状是有用的。用于生成具有规定直方图的图像的方法，称为直方图匹配或直方图规定化。

    下面暂时考虑连续灰度 r 和 z，我们照例将它们当成 PDF 分别为 $p_r(r)$ 和 $p_z(z)$ 的随机变量来处理。
其中，r 和 z 分别表示输入图像和输出（处理后的）图像的灰度级。我们可以由已知的输入图像计算
$p_r(r)$；$p_z(z)$ 是规定的 PDF，它是我们希望输出图像具有的。

    令 s 是一个具有如下性质的随机变量：

$$s = T(r) = (L-1)\int_0^r p_r(w)\,\mathrm{d}w \tag{3.17}$$

式中，w 是虚拟积分变量。该式与式(3.11)相同，只是为了方便而重写在此处。

定义关于变量 z 的一个函数 G，它具有如下性质：

$$G(z) = (L-1)\int_0^z p_z(v)\,\mathrm{d}v = s \tag{3.18}$$

式中，v 是虚似积分变量。由前面两个公式可以证明 $G(z) = s = T(r)$，因此 z 必定满足条件

$$z = G^{-1}(s) = G^{-1}[T(r)] \tag{3.19}$$

使用输入图像算出 $p_r(r)$ 后，就可使用式(3.17)得到变换函数 $T(r)$。类似地，函数 $G(z)$ 可由式(3.18)得到，因为 $p_z(z)$ 已经给出。

式(3.17)到式(3.19)表明，使用如下步骤可以得到一幅灰度级具有规定 PDF 的图像：

1. 由输入图像得到将在式(3.17)中使用的 $p_r(r)$。
2. 在式(3.18)中使用规定的 PDF 即 $p_z(z)$ 得到函数 $G(z)$。
3. 计算反变换 $z = G^{-1}(s)$；这是从 s 到 z 的映射，后者是具有规定 PDF 的值。
4. 首先用式(3.17)均衡化输入图像来得到输出图像；输出图像中的像素值是 s。对于均衡化后的图像中值为 s 的每个像素执行逆映射 $z = G^{-1}(s)$，得到输出图像中的对应像素。使用这个变换处理完所有像素后，输出图像的 PDF 即 $p_z(z)$ 将等于规定的 PDF。

因为 s 与 r 是通过 $T(r)$ 相联系的，所以由 s 得到 z 的映射可以直接用 r 表示。然而，一般来说，求 G^{-1} 的解析表达式并不容易。所幸的是，使用离散量时这并不是问题，后面马上会讲到这一点。

我们照例必须将刚才推导的连续结果转换为离散形式。这意味着要用直方图替代 PDF。与直方图均衡化相似，我们在转换过程中会失去保证结果具有规定直方图的能力。尽管如此，即使是近似，也可以得到一些非常有用的结果。

式(3.17)的离散形式是式(3.15)中的直方图均衡化变换，为方便起见，我们重写如下：

$$s_k = T(r_k) = (L-1)\sum_{j=0}^k p_r(r_j), \quad k = 0,1,2,\cdots,L-1 \tag{3.20}$$

式中，各个分量的含义如前所述。类似地，给定一个规定值 s_k，式(3.18)的离散形式包括对一个 q 值计算变换函数

$$G(z_q) = (L-1)\sum_{i=0}^q p_z(z_i) \tag{3.21}$$

以便有

$$G(z_q) = s_k \tag{3.22}$$

式中，$p_z(z_i)$ 是规定直方图的第 i 个值。最后，由反变换得到希望的值 z_q：

$$z_q = G^{-1}(s_k) \tag{3.23}$$

对所有像素执行上述运算时，这是从直方图均衡化后的图像中的 s 值到输出图像中对应 z 值的一个映射。

实际上并不需要计算 G 的逆。因为处理的灰度级是整数，所以用式(3.21)对 $q = 0, 1, 2,\cdots, L-1$ 计算 G 的所有可能值很简单。这些值被四舍五入到区间 $[0, L-1]$ 内最接近它们的整数值，并存储在一个查找表中。然后，给定 s_k 的某个特定值，我们在表中查找最接近的匹配值。例如，如果表中的第 27 项是最接近 s_k 的值，那么 $q = 26$（回顾可知我们是从 0 开始计数灰度的），且 z_{26} 是式(3.23)的最优解。因此，给定值 s_k 将映射为 z_{26}。z 是区间 $[0, L-1]$ 内的整数，可以证明 $z_0 = 0$，$z_{L-1} = L-1$，并且

通常有 $z_q = q$。因此，z_{26} 将等于灰度值26。重复这个过程，找到从每个值 s_k 到表中最接近匹配的值 z_q 的映射。这些映射就是直方图规定化问题的解。

给定输入图像和一个规定的直方图 $p_z(z_i)$，$i = 0,1,2,\cdots,L-1$，回顾可知 s_k 是由式(3.20)得到的值，因此可将离散直方图规定化的过程小结如下：

1. 计算输入图像的直方图 $p_r(r)$，并在式(3.20)中用它将输入图像中的灰度映射到直方图均衡化后的图像中的灰度。将得到的值 s_k 四舍五入到整数区间 $[0, L-1]$。

2. 用式(3.21)对 $q = 0,1,2,\cdots,L-1$ 计算函数 $G(z_q)$ 的所有值，其中 $p_z(z_i)$ 是规定直方图的值。将 G 的值四舍五入到区间 $[0, L-1]$ 内的整数。将四舍五入后的 G 值存储到一个查找表中。

3. 对 s_k，$k = 0,1,2,\cdots,L-1$ 的每个值，用步骤 2 中存储的 G 值找到 z_q 的对应值，使得 $G(z_q)$ 最接近 s_k。存储从 s 到 z 的这些映射。当多个 z_q 值给出相同的匹配（映射不唯一）时，按照约定选择最小的值。

4. 使用步骤 3 中找到的映射，将每个均衡化后的像素 s_k 值映射到直方图规定化图像中值为 z_q 的对应像素，形成直方图规定化后的图像。

类似于连续情况，均衡化输入图像的中间步骤是概念性的。组合两个变换函数 T 和 G^{-1} 可跳过中间步骤，如例 3.7 所示。

我们在开始讨论直方图均衡化时提到，除条件(b)之外，反函数（当前讨论中的 G^{-1}）必须是严格单调的，以便满足条件(a')。就式(3.21)而言，这意味着规定直方图中的 $p_z(z_i)$ 值不能为零（见习题 3.9）。不满足这个条件时，我们使用步骤 3 中的"变通"过程。下例以数值方式对此进行了说明。

例 3.7 直方图规定化的原理说明。

考虑例 3.5 中的 64×64 图像，其直方图重复显示在图 3.22(a)中。我们希望变换该直方图，使得它具有表 3.2 第二列中的规定值。图 3.22(b)显示了该直方图。

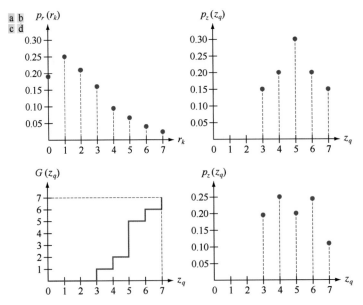

图 3.22 (a)3 比特图像的直方图；(b)规定的直方图；(c)由规定直方图得到的变换函数；(d)直方图规定化的结果。比较图(b)和图(d)中的直方图

表 3.2　规定直方图和实际直方图（第三列中的值是在例 3.7 中计算的）

z_q	规定的 $p_z(z_q)$	实际的 $p_z(z_q)$	z_q	规定的 $p_z(z_q)$	实际的 $p_z(z_q)$
$z_0 = 0$	0.00	0.00	$z_4 = 4$	0.20	0.25
$z_1 = 1$	0.00	0.00	$z_5 = 5$	0.30	0.21
$z_2 = 2$	0.00	0.00	$z_6 = 6$	0.20	0.24
$z_3 = 3$	0.15	0.19	$z_7 = 7$	0.15	0.11

第一步是得到直方图均衡化后的值，我们已在例 3.5 中得到这些值：

$$s_0 = 1 ， s_1 = 3 ， s_2 = 5 ， s_3 = 6 ， s_4 = 6 ， s_5 = 7 ， s_6 = 7 ， s_7 = 1$$

第二步是在式(3.21)中使用来自表 3.2 的 $p_z(z_q)$ 值计算 $G(z_q)$ 的值：

$$G(z_0) = 0.00 ， G(z_2) = 0.00 ， G(z_4) = 2.45 ， G(z_6) = 5.95$$
$$G(z_1) = 0.00 ， G(z_3) = 1.05 ， G(z_5) = 4.55 ， G(z_7) = 7.00$$

如例 3.5 中那样，这些分数值被四舍五入到区间[0, 7]内的整数：

$$G(z_0) = 0.00 \to 0 \qquad G(z_4) = 2.45 \to 2$$
$$G(z_1) = 0.00 \to 0 \qquad G(z_5) = 4.55 \to 5$$
$$G(z_2) = 0.00 \to 0 \qquad G(z_6) = 5.95 \to 6$$
$$G(z_3) = 1.05 \to 1 \qquad G(z_7) = 7.00 \to 7$$

表 3.3 中小结了这些结果。图 3.22(c)中画出了变换函数 $G(z_q)$。由于前三个值相等，因此 G 不是严格单调的，所以不满足条件(a')。因此，我们用算法的步骤 3 中给出的方法来处理这种情况。根据这一步骤，找到 z_q 的最小值，使得值 $G(z_q)$ 最接近 s_k。对 s_k 的每个值都这样做，创建从 s 到 z 的映射。例如，$s_0 = 1$ 时，我们看到 $G(z_3) = 1$，这时它是一个完美的匹配，所以有对应性 $s_0 \to z_3$。直方图均衡化后的图像中，值为 1 的每个像素将映射到直方图规定化后的图像中值为 3 的像素。继续按照这种方式处理，我们得到表 3.4 中的映射。

表 3.3　变换函数 $G(z_q)$ 的四舍五入值

z_q	$G(z_q)$	z_q	$G(z_q)$	z_q	$G(z_q)$
$z_0 = 0$	0	$z_3 = 3$	1	$z_6 = 6$	6
$z_1 = 1$	0	$z_4 = 4$	2	$z_7 = 7$	7
$z_2 = 2$	0	$z_5 = 5$	5		

在这个过程的最后一步，我们使用表 3.4 中的映射将直方图均衡化后的图像中的每个像素映射到新创建的直方图规定化图像中的对应像素。所得直方图的值在表 3.2 的第三列中列出，并且直方图显示在图 3.22(d)中。使用与例 3.5 相同的过程得到了 $p_z(z_q)$ 的值。例如，我们在表 3.4 中看到 $s_k = 1$ 映射到 $z_q = 3$，在直方图均衡化后的图像中值为 1 的像素有 790 个。因此，$p_z(z_3) = 790 / 4096 = 0.19$。

表 3.4　s_k 值到对应 z_q 值的映射

s_k	$\to$	z_q
1	$\to$	3
3	$\to$	4
5	$\to$	5
6	$\to$	6
7	$\to$	7

尽管图 3.22(d)中的最终结果与规定直方图并不完全匹配，但实现了将灰度向灰度级的亮端移动的一般趋势。如前所述，采用中间步骤得到直方图均衡化的图像对于解释这一过程是有用的，但这不是必要的。相反，我们可以在一个 3 列表格中列出从 r 到 s 和从 s 到 z 的映射。然后，使用这些映射将原像素直接映射到直方图规定化图像的像素。　　■

例 3.8　直方图均衡化与直方图规定化的比较。

图 3.23 显示了一幅灰度级图像及其直方图。图像中有几个大的暗色区域，使得直方图中大量像素集中

在灰度级的暗端。背景中有一个目标，但很难分辨出它是什么。使用直方图均衡化扩展直方图后，我们应能看到暗色区域中的细节。如图3.23(b)所示，事实的确如此，背景中的目标现在清晰可见。

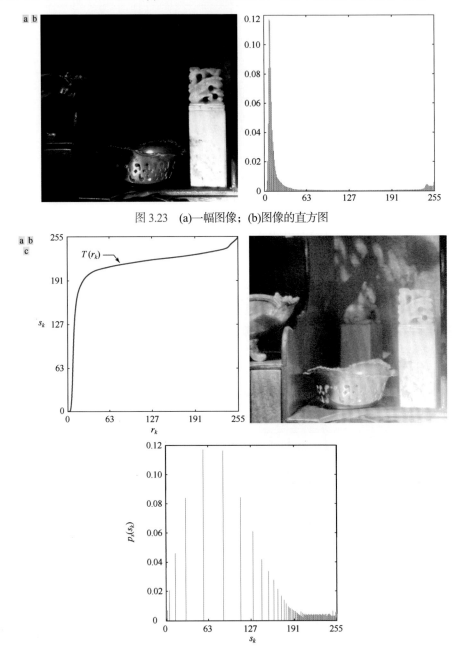

图 3.23　(a)一幅图像；(b)图像的直方图

图 3.24　(a)利用图3.24(b)中的直方图得到的直方图均衡化变换；(b)直方图均衡化后的图像；
　　　　　(c)均衡化后的图像的直方图

　　如果目的只是简单地揭示隐藏在图像暗色区域中的内容，那么我们应能实现这一目标。然而，假设这幅图像将用于光面杂志的出版，我们刚刚得到的图像中具有太多的噪声，原因是灰度级中一个非常窄的最暗端，在输出图像中已扩展为更宽范围的灰度值。例如，图3.24(c)中的直方图值已被压缩到灰度级的高端。一般来说，由于成像传感器在低亮度级的限制，图像中最暗区域的噪声是最大的。因此，直方图均衡化在这种情况下扩展了灰度级的最大噪声端。我们需要一个能够扩展灰度级低端的变换，但不是那么迫切。这是说明直方图规定化非常有用的一个典型实例。

直方图均衡化变换函数如此陡峭的原因是，图像直方图中有一个接近黑色的大峰值。因此，合理的方法是修改直方图，使其不具有这样的性质。图 3.25(a)显示了一个人为规定的函数，保留了原直方图的一般形状，但在灰度级的暗色区域中，灰度级的过渡更平滑。将该函数取样为 256 个等间隔的离散值，产生期望的规定直方图。使用式(3.21)由这个直方图得到的变换函数 $G(z)$ ，在图 3.25(b)中标为变换（1）。类似地，由式(3.23)得到的反变换（使用前面讨论的逐步过程得到）在图中标为变换（2）。图 3.25(c)中增强后的图像，是通过对图 3.24(b)中直方图均衡化图像的像素应用变换（2）得到的。比较这两幅图像就会发现，直方图规定化对直方图均衡化的改进非常明显。例如，图 3.25(c)中图像的色调更均匀，并且噪声水平大幅降低。背景中的目标不像直方图均衡化图像中那样亮，但在图 3.25(c)中是可见的，并且它的灰色调正好位于整个图像的内容中。右边的银碗和目标，在直方图均衡化图像中看起来是饱和的，但在图 3.25(c)中的色调更自然，并出现了图 3.25(b)中不可见的细节。重要的是，明显改进图像的外观要求适度改变原直方图。

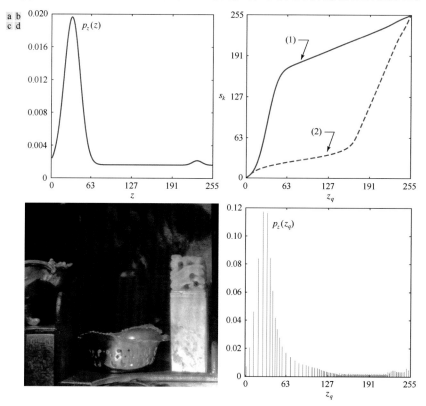

图 3.25　直方图规定化：(a)规定的直方图；(b)标为（1）的变换 $G(z_q)$ 和标为（2）的变换 $G^{-1}(s_k)$ ；(c)直方图规定化的结果；(d)图像(c)的直方图

3.3.3　局部直方图处理

迄今为止讨论的直方图处理方法都是全局性的，因为像素是由基于整个图像的灰度分布的变换函数修改的。这种全局性方法适合于整体增强，但当目的是增强图像中几个小区域的细节时，通常就会失败。这是因为在这些小区域中，像素的数量对计算全局变换的影响可以忽略。解决方法是设计基于像素邻域的灰度分布的变换函数。

　　前面描述的直方图处理技术同样适用于局部增强。这个过程是定义一个邻域，并将其中心在水平方向或垂直方向上从一个像素移动到另一个像素。在每个位置，计算邻域中的各点的直方图，得到直方图均衡化或直方图规定化变换函数。这个函数用于映射邻域中心像素的灰度。然后将邻域的中心移到一个相邻像素位置，并重复这个过程。由于邻域中只有一行或一列在这个邻域的 1 像素平移中发生变化，因此可用每个移动步骤中引入的新数据来更新在前一位置得到的直方图（见习题 3.14）。这种方法在每次移动 1 像素位置时，都要重复计算邻域中所有像素的直方图。有时，降低计算量所用的另一种方法是利用非重叠区域，但这种方法通常会产生我们不希望出现的"块状"效应。

例 3.9　局部直方图均衡化。

　　图 3.26(a)是一幅大小为 512×512 像素的 8 比特图像，它由 5 个黑色方格组成，背景为浅灰色。这幅图像中存在察觉不到的轻微噪声。黑色方格中嵌入了几个物体，这些物体对于所有实用目的都是不可见的。图3.26(b)是全局直方图均衡化的结果。类似于平滑噪声区域的直方图均衡化，这幅图像表明噪声已明显增强。然而，除了噪声，图 3.26(b)并未揭示原图像中任何有意义的新细节。图 3.26(c)是用图 3.26(a)中的局部直方图均衡化得到的，邻域的大小为 3×3。在这幅图像中，我们能看到所有黑色方格内的重要细节。由于这些物体的灰度值太接近黑色方格的灰度，加之尺寸太小，因此使得全局直方图均衡化无法显示这种灰度的细节。

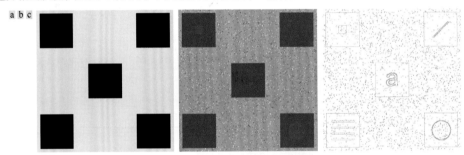

a b c

图 3.26　(a)原图像；(b)全局直方图均衡化的结果；(c)局部直方图均衡化的结果　■

3.3.4　使用直方图统计量增强图像

　　直接从图像直方图得到的统计量信息可用于增强图像。令 r 是一个离散随机变量，它表示区间 $[0, L-1]$ 内的灰度值；令 $p(r_i)$ 是对应于灰度值 r_i 的归一化直方图分量。如前所述，我们可将 $p(r_i)$ 视为图像中出现灰度 r_i 的概率的一个估计，由 $p(r_i)$ 可以得到图像的直方图。

　　对于灰度级在区间$[0, L-1]$内的图像，灰度值 r 相对于其均值 m 的第 n 阶矩定义为

$$\mu_n = \sum_{i=0}^{L-1}(r_i - m)^n p(r_i) \tag{3.24}$$

式中，m 为

$$m = \sum_{i=0}^{L-1} r_i p(r_i) \tag{3.25}$$

均值是平均灰度的测度，而方差

$$\sigma^2 = \mu_2 = \sum_{i=0}^{L-1}(r_i - m)^2 p(r_i) \tag{3.26}$$

（或标准差 σ ）是图像对比度的测度。

　　为了增强图像，我们考虑均值和方差的两种用途。全局均值和方差［见式(3.25)和式(3.26)］是在整个图像上计算的，并且对总体灰度和对

> 按照约定，我们用 m 表示均值。不要把它与 $m \times n$ 邻域中表示行数的 m 混淆。

比度的大致调整非常有用。这些参数的一个更为强大的应用是在局部增强中，其中局部均值和方差是根据图像内每个像素的邻域中的图像特征做出改变的基础。

令 (x, y) 是给定图像中任意一个像素的坐标，令 S_{xy} 是以 (x, y) 为中心的一个规定大小的邻域。这个邻域中像素的均值为

$$m_{S_{xy}} = \sum_{i=0}^{L-1} r_i p_{S_{xy}}(r_i) \tag{3.27}$$

式中，$p_{S_{xy}}$ 是区域 S_{xy} 中像素的直方图。这个直方图有 L 个容器，它们对应于输入图像中的 L 个可能的灰度值。然而，许多容器的数量是 0，具体取决于 S_{xy} 的大小。例如，如果邻域的大小为 3×3 且 $L = 256$，那么该邻域的直方图的 256 个容器中，只有 1 到 9 个容器之间是非零值（3×3 区域中不同灰度的最大数量是 9，最小数量是 1）。这些非零值将对应于 S_{xy} 中不同灰度的数量。

类似地，邻域内像素的方差为

$$\sigma_{S_{xy}}^2 = \sum_{i=0}^{L-1} \left(r_i - m_{S_{xy}}\right)^2 p_{S_{xy}}(r_i) \tag{3.28}$$

式中，局部均值照例是邻域 S_{xy} 中的平均灰度的测度，局部方差（或标准偏差）是邻域中的灰度对比度的测度。

如下例所示，使用局部均值和方差处理图像的一个重要优点是，根据这些与图像外观紧密相关的统计测度可以开发出简单且强大的增强规则。

图 3.27(a)是与图 3.26(a)相同的图像，下面使用局部直方图均衡化来增强它。如前所述，黑色方格中嵌入了几个几乎看不见的符号。我们照例希望通过增强图像来显示这些隐藏的特征。

我们可以使用本节给出的概念来制订一种方法，以便增强类似灰度背景中的低对比度细节。现在的问题是在图像的几个暗色区域中增强低对比度细节，同时保持亮背景不变。

确定某个区域在点 (x, y) 处是相对较亮还是较暗的方法是，将平均局部灰度 $m_{S_{xy}}$ 与平均图像灰度（全局均值）m_G 进行比较。m_G 是用式(3.25)和整个图像的直方图得到

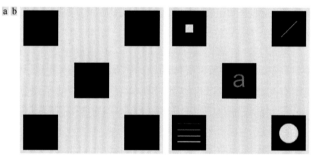

图 3.27　(a)原图像；(b)基于局部直方图统计量的局部增强结果。请将图(b)和图 3.26(c)进行比较

的。因此，增强方案的第一个要素是：若 $k_0 m_G \le m_{S_{xy}} \le k_1 m_G$，其中 k_0 和 k_1 是非负常数，且 $k_0 < k_1$，则将 (x, y) 处的像素作为待处理的一个候选像素。例如，如果我们的关注点是比平均灰度的 1/4 更暗的区域，那么选择 $k_0 = 0$ 和 $k_1 = 0.25$。

因为我们的兴趣是增强那些对比度较低的区域，所以还要有一个测度来确定区域的对比度是否使得它是一个增强的候选区域。若 $k_2 \sigma_G \le \sigma_{S_{xy}} \le k_3 \sigma_G$，其中 σ_G 是用式(3.26)和整幅图像的直方图得到的全局标准差，并且 k_2 和 k_3 是非负常数，$k_2 < k_3$，则考虑将 (x, y) 处的像素作为候选像素。例如，要增强对比度较低的一个暗色区域，可以选择 $k_2 = 0$ 和 $k_3 = 0.1$。满足上述所有局部增强条件的像素按如下方式处理：乘以一个规定常数 C，增大（或减小）其相对于图像剩下部分的灰度值。不满足增强条件的像素则保持不变。

上述方法小结如下。令 $f(x, y)$ 是图像在任何图像坐标 (x, y) 处的值，令 $g(x, y)$ 是增强后的图像在这些坐标处的对应值。于是，

$$g(x,y) = \begin{cases} Cf(x,y), & k_0 m_G \le m_{S_{xy}} \le k_1 m_G \text{ AND } k_2 \sigma_G \le \sigma_{S_{xy}} \le k_3 \sigma_G \\ f(x,y), & \text{其他} \end{cases} \tag{3.29}$$

式中，$x = 0,1,2,\cdots,M-1$，$y = 0,1,2,\cdots,N-1$，C,k_0,k_1,k_2 和 k_3 是规定的常数，m_G 是输入图像的全局均值，σ_G 是输入图像的标准差。参数 $m_{S_{xy}}$ 和 $\sigma_{S_{xy}}$ 分别是局部均值和标准差，它们在每个位置 (x,y) 都会变化。M 和 N 照例是输入图像中的行数和列数。

相对于待增强区域中的值，全局均值和方差等因子在选择式(3.29)中的参数时起关键作用，待增强区域的灰度和它们的背景之间的差值范围同样如此。在图 3.27(a)中，$m_G = 161$，$\sigma_G = 103$，图像和待增强区域的最大灰度值分别是 228 和 10，最小值都是 0。

我们希望增强后的特征的最大值与图像的最大值相同，因此选择 $C = 22.8$。待增强区域相对于图像的其他部分相当暗，它们的面积不到图像面积的 1/3；因此，我们预计暗色区域中的平均灰度将远小于全局均值。因此，我们令 $k_0 = 0$ 和 $k_1 = 0.1$。因为待增强区域的对比度很低，所以令 $k_2 = 0$。对于标准差的可接受值的上限，我们令 $k_3 = 0.1$，它为全局标准差的 1/10。图 3.27(b)是用式(3.29)和这些参数得到的结果。比较这幅图像和图 3.26(c)，我们发现基于局部统计量的方法检测到的隐藏特征与局部直方图均衡化检测到的相同，但提取出来的细节更多。例如，我们看到的所有目标都是实心的，但局部直方图均衡化只检测到了它们的边界。另外，注意到目标的灰度也不相同，左上方和右下方的目标要比其他目标亮。还有，左下方格中的水平矩形明显具有不同的灰度。最后，注意到图 3.27(b)中的图像和黑色方格中的背景与原图像中的背景几乎相同；相比之下，图 3.26(c)中的相同区域出现了更多明显的噪声，并且失去了它们的灰度级内容。因此，使用局部统计量所需的额外复杂性在这种情况下产生的结果，要优于局部直方图均衡化的结果。■

3.4　空间滤波基础

本节讨论如何使用空间滤波器进行图像处理。空间滤波在图像处理领域的应用广泛，因此充分了解滤波的原理非常重要。如本章开头提到的那样，本节中的滤波例子主要涉及的是图像增强。空间滤波的其他应用将在后续各章中讨论。

滤波器一词借自频率域处理（第 4 章的主题），其中"滤波"是指通过、修改或抑制图像的规定频率分量。例如，通过低频的滤波器称为低通滤波器。低通滤波器的作用是通过模糊图像来平滑图像。使用空间滤波器可以直接对图像本身进行类似的平滑处理。

空间滤波通过把每个像素的值替换为该像素及其邻域的函数值来修改图像。如果对图像像素执行的运算是线性的，那么称该滤波器为线性空间滤波器。否则，称该滤波器为非线性空间滤波器。我们首先介绍线性滤波器，然后介绍一些基本的非线性滤波器。5.3 节将介绍更多的非线性滤波器及其应用。

关于线性性质，见 2.6 节。

3.4.1　线性空间滤波的原理

线性空间滤波器在图像 f 和滤波器核 w 之间执行乘积之和运算。核是一个阵列，其大小定义了运算的邻域，其系数决定了该滤波器的性质。用于称呼空间滤波器核的其他术语有模板和窗口。我们使用术语滤波器核或核。

图 3.28 说明了使用 3×3 核进行线性空间滤波的原理。在图像中的任何一点 (x,y) 处，滤波器的响应 $g(x,y)$ 是核系数和核所覆盖图像像素的乘积之和：

$$g(x,y) = w(-1,-1)f(x-1,y-1) + w(-1,0)f(x-1,y) + \cdots + w(0,0)f(x,y) + \cdots + w(1,1)f(x+1,y+1) \tag{3.30}$$

坐标 x 和 y 变化时，核的中心逐个像素地移动，并在移动过程中生成滤波后的图像 g[①]。

---

① 滤波后的像素值通常赋给新建图像中的对应位置，以保存滤波后的结果。很少出现用滤波后的像素替换原图像中对应位置的值的情况，因为这样做会在执行滤波运算时改变原图像的内容。

观察发现，核的中心系数 $w(0,0)$ 对齐于 (x,y) 处的像素。对于大小为 $m×n$ 的核，假设 $m = 2a+1$ 和 $n = 2b+1$，其中 a 和 b 是非负整数。这意味着我们关注的是在两个坐标方向上奇数大小的核。一般来说，大小为 $m×n$ 的核对大小为 $M×N$ 的图像的线性空间滤波可以表示为

> 也可使用偶数大小或混合偶数大小和奇数大小的核。但用奇数大小的核可以简化索引，并且更直观，因为核的中心落在整数值上，并且它们在空间上是对称的。

$$g(x,y) = \sum_{s=-a}^{a} \sum_{t=-b}^{b} w(s,t) f(x+s, y+t) \tag{3.31}$$

式中，x 和 y 发生变化，使得核的中心（原点）能够访问 f 中的每个像素。(x,y) 的值不变时，式(3.31)实现形如式(3.30)的乘积之和，但只适用于任意奇数大小的核。下一节中会讲到，这个公式是线性滤波中的一个核心工具。

3.4.2　空间相关与卷积

图 3.28 以图形方式说明了空间相关，式(3.31)给出了其数学描述。相关的运算过程如下：在图像上移动核的中心，并且在每个位置计算乘积之和。空间卷积的原理相同，只是把相关运算的核旋转了 $180°$。因此，当核的值关于其中心对称时，相关和卷积得到的结果相同。旋转核的原因见下面的讨论。要了解相关和卷积的不同之处，最好通过例子来说明。

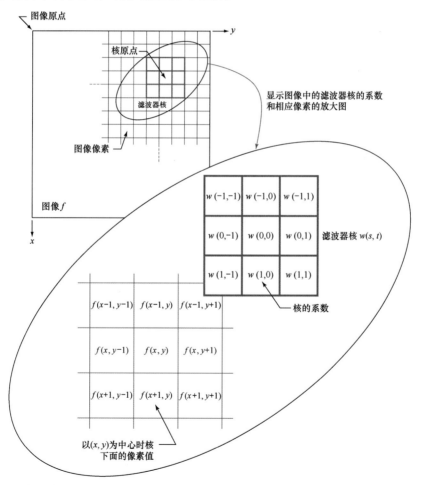

图 3.28　使用 3×3 核的线性空间滤波原理。为简化图形，像素显示为方格。注意，图像的原点位于左上角，但核的原点位于核的中心。将原点放在空间上对称的核的中心，可以简化线性滤波公式

我们从一维例子开始，此时式(3.31)变为

$$g(x) = \sum_{s=-a}^{a} w(s)f(x+s) \tag{3.32}$$

图 3.29(a)显示了一个一维函数 f 和一个核 w。核大小为 1×5，因此这时有 $a = 2$ 和 $b = 0$。图 3.29(b)显示了用于执行相关运算的起始位置，其中 w 的中心系数要与 f 的原点重合。

我们首先发现，w 的一部分在 f 之外，所以求和在这个区域未定义。这个问题的解决方案是在函数 f 的两侧补足够多的 0。一般来说，如果核的大小为 1×m，那么为了处理 w 相对于 f 的起始结构和结束结构，f 的两侧都需要补 $(m-1)/2$ 个 0。图 3.29(c)显示了一个已正确填充零的函数。在这个起始结构中，核的所有系数都与有效值重叠。

> 零填充并不是填充的唯一选择，详见本章后面的讨论。

第一个相关值是这个起始位置的乘积之和，它是用式(3.32)计算的，其中 $x = 0$：

$$g(0) = \sum_{s=-2}^{2} w(s)f(s+0) = 0$$

这个值位于图 3.29(g)所示的相关结果的最左侧位置。

为了得到相关的第二个值，我们将 w 和 f 的相对位置右移 1 个像素［即在式(3.32)中令 $x = 1$］，并且再次计算乘积之和。结果是 $g(1) = 8$，如图 3.29(g)中最左侧的非零位置所示。$x = 2$ 时，得到 $g(2) = 2$。$x = 3$ 时，得到 $g(3) = 4$［见图 3.29(e)］。采用这种方式一次将 x 移动 1 个像素，就"构建"了图 3.29(g)中的相关结果。注意，它取了 x 的 8 个值（$x = 0, 1, 2, \cdots, 7$），以便 w 完全移过 f，使得 w 的中心系数访问 f 中的每个像素。有时，让 w 的每个元素访问 f 的每个像素是有用的。为此，我们必须从 w 的最右侧元素与 f 的原点重合开始，以 w 的最左侧元素与 f 的最后一个元素重合（需要填充零）结束。图 3.29(h)显示了这种展开或完全相关的结果。如图 3.29(g)所示，我们可以裁剪图 3.29(h)中的完全相关来得到"标准"相关。

在前面的讨论中，有两点需要注意。首先，相关是滤波器核相对于图像的位移的函数。换句话说，相关的第一个值对应于核的零位移，第二个值对应于核的 1 单位位移，以此类推[1]。其次，核 w 与一个（1 个元素是 1、其他元素是 0）函数相关时，将得到 w 的一个副本，但这个副本旋转了 180°。一个元素是 1、其余元素是 0 的函数，称为离散单位冲激函数。核与离散单位冲激函数相关时，会在这个冲激的位置产生核的旋转版本。

> 一维核旋转 180°相当于这个核绕其轴进行翻转。

图 3.29 的右侧显示了卷积运算的一系列步骤（后面很快将给出卷积公式）。这里唯一的不同是，在执行移位/乘积之和前，核预先旋转了 180°。如图 3.29(o)中的卷积所示，预先旋转核的作用是，现在在单位冲激的位置我们已有核的一个准确副本。事实上，线性系统理论的基础是将一个函数与一个冲激进行卷积，在冲激所在的位置产生这个函数的一个副本。第 4 章中将广泛使用这一性质。

刚刚讨论的一维概念很容易推广到图像，如图 3.30 所示。对于大小为 $m×n$ 的核，我们在图像的顶部和底部分别至少补 $(m-1)/2$ 行 0，在图像的左侧和右侧分别至少补 $(n-1)/2$ 列 0。在当前情况下，m 和 n 都等于 3，所以我们在顶部和底部各补 1 行 0，在左侧和右侧分别补 1 列 0，如图 3.30(b)所示。图 3.30(c)显示了执行相关运算时核的初始位置，图 3.30(d)显示了 w 的中心访问 f 中的每个像素后，在每个位置计算乘积之和的结果。结果照例是核旋转 180°后的一个副本。后面很快就会讨论扩展相关的结果。

---

[1] 实际上，每增大一次式(3.32)中的 x，就把 f 移到 w 的左侧一次。但更直观的想象是较小的核正在较大的阵列 f 上移动，二者的运动是相对的，因此观察运动的任何方式都是可接受的。我们增大 f 而不增大 w 的原因是，这种方式能够更容易、更清楚地对相关和卷积公式进行索引，对二维阵列尤其如此。

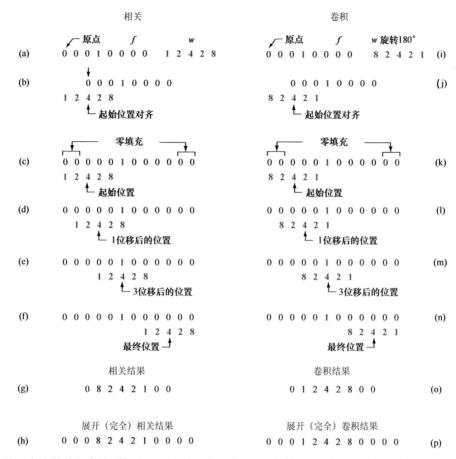

图 3.29 核 w 与离散单位冲激函数 f 的一维相关和卷积的说明。注意,相关和卷积是变量 x 的函数,其作用是使一个函数相对于另一个函数移位。对于展开相关和卷积结果,起始结构中核的最右侧元素要与 f 的原点重合。注意必须进行零填充

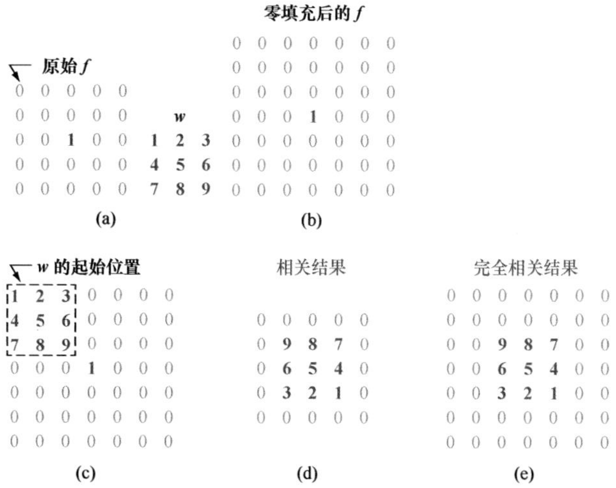

图 3.30 二维核与一幅(由离散冲激组成的)图像的相关(中间一行)和卷积(最后一行)。为简化视觉分析,0 显示为灰色。注意,相关和卷积是 x 与 y 的函数。这些变量变化时,一个函数将相对于另一个函数移动。关于完全相关和卷积,见针对式(3.36)和式(3.37)的讨论

图 3.30　二维核与一幅（由离散冲激组成的）图像的相关（中间一行）和卷积（最后一行）。为简化视觉分析，0 显示为灰色。注意，相关和卷积是 x 与 y 的函数。这些变量变化时，一个函数将相对于另一个函数移动。关于完全相关和卷积，见针对式(3.36)和式(3.37)的讨论（续）

对于卷积，我们照例预先旋转核，并像刚才解释的那样滑动并求乘积之和。图 3.30(f)至(h)显示了结果。我们再次看到，函数与冲激的卷积把函数复制到了冲激所在的位置。如前所述，若核的值关于核的中心对称，则相关和卷积的结果相同。

> 在二维情况下，旋转 180°等效于核关于其一个轴翻转，然后关于另一个轴翻转。

冲激这一概念是线性系统理论的基础，本书中的许多地方会用到它。坐标 (x_0, y_0) 处的离散冲激强度（振幅）A 定义为

$$\delta(x - x_0, y - y_0) = \begin{cases} A, & x_0 = x\text{和}y_0 = y \\ 0, & \text{其他} \end{cases} \tag{3.33}$$

例如，图 3.29(a)中的单位冲激由上述公式的一维版本中的 $\delta(x-3)$ 给出。类似地，图 3.30(a)中的冲激由 $\delta(x-2, y-2)$ 给出［记住，原点为(0,0)］。

> 回顾可知，对于单位冲激有 $A = 1$。

下面以公式形式来小结前面的讨论。大小为 $m \times n$ 的核 w 与图像 $f(x, y)$ 的相关 $(w \star f)(x, y)$ 由式(3.31)给出，为方便起见，将其重写如下：

$$(w \star f)(x, y) = \sum_{s=-a}^{a} \sum_{t=-b}^{b} w(s, t) f(x+s, y+t) \tag{3.34}$$

由于核不依赖于 (x, y)，因此有时将上式的左侧写成 $w \star f(x, y)$，以便使得这一事实更为明确。式(3.34)是针对位移变量 x 和 y 的所有值计算的，以便 w 的中心点能够访问 f 中的每个像素[1]，其中假设 f 已被适当地填充零。如前所述，$a = (m-1)/2$，$b = (n-1)/2$，并且假设 m 和 n 是奇整数。

类似地，大小为 $m \times n$ 的核 w 与图像 $f(x, y)$ 的卷积 $(w \bigstar f)(x, y)$ 定义为

$$(w \bigstar f)(x, y) = \sum_{s=-a}^{a} \sum_{t=-b}^{b} w(s, t) f(x-s, y-t) \tag{3.35}$$

式中，当其中的一个函数旋转 180°后，减号对齐 f 和 w 的坐标（见习题 3.17）。这个公式实现了我们在书中提到的乘积之和处理，即线性空间滤波。也就是说，线性空间滤波和空间卷积是同义的。

卷积满足交换律（见表 3.5），因此是旋转 w 还是旋转 f 就显得无关紧要，但按照约定通常旋转核。核不依赖于 (x, y)，有时将式(3.35)的左侧写为 $w \bigstar f(x, y)$ 会使得这一事实更为明显。含义明确时，我们令前两个公式对 x 和 y 的依赖性是隐含的，并使用简化符号 $w \star f$ 和 $w \bigstar f$。对于相关，式(3.35)是针对位移变量 x 和 y 的所有值计算的，以便 w 的中心能够访问 f 中的每个像素，其中假设图像 f 已被正确地填充零。得到完全卷积所需的 x 值和 y 值分别为 $x = 0, 1, 2, \cdots, M-1$ 和 $y = 0, 1, 2, \cdots, N-1$。结果的大小为 $M \times N$。

---

[1] 前面讲过，二维相关所需填充元素的最少数量如下：在 f 的上部和下部各补 $(m-1)/2$ 行，在 f 的左侧和右侧各补 $(n-1)/2$ 列。如果采用这种填充方式，并假设 f 的大小为 $M \times N$，那么得到完全相关需要的 x 值和 y 值分别为 $x = 0, 1, 2, \cdots, M-1$ 和 $y = 0, 1, 2, \cdots, N-1$。此时假设起始结构中，核的中心与图像的原点重合，其中原点定义为图像的左上角（见图 2.19）。

表 3.5　卷积和相关的一些基本性质。破折号表示性质不成立

性　　质	卷　　积	相　　关
交换律	$f \star g = g \star f$	—
结合律	$f \star (g \star h) = (f \star g) \star h$	—
分配律	$f \star (g + h) = (f \star g) + (f \star h)$	$f \star (g + h) = (f \star g) + (f \star h)$

我们可以这样定义相关和卷积，即使得 w 的每个元素（而非其中心元素）能够访问 f 中的每个像素。此时要求起始结构中核的右下角与图像的原点重合。类似地，要求结束结构中核的左上角与图像的右下角重合。若核和图像的大小分别为 $m \times n$ 和 $M \times N$，则要在图像的顶部和底部分别补 $(m-1)$ 行 0，在图像的左侧和右侧分别补 $(n-1)$ 列 0。在这些条件下，得到的完全相关或卷积阵列的大小为 $S_v \times S_h$，其中［见图 3.30(e)和(h)，以及习题 3.19］，

$$S_v = m + M - 1 \tag{3.36}$$

$$S_h = n + N - 1 \tag{3.37}$$

通常情况下，空间滤波算法是基于相关的，因此可用式(3.34)代替。要使用相关算法，就要输入 w；对于卷积，输入是旋转 180°后的 w。对于实现式(3.35)的算法来说，情况正好相反。因此，式(3.34)或式(3.35)都能通过旋转滤波器核来执行彼此的功能。但要记住的是，输入到相关算法中的函数的顺序确实会导致不同，因为相关既不满足交换律，又不满足结合律（见表 3.5）。

图 3.31 显示了用于平滑图像灰度的两个核。为了使用其中的一个核对图像滤波，我们按照刚才描述的方式执行核与图像的卷积。谈到滤

> 这些核的值是关于中心对称的，所以在卷积运算前不需要翻转。

波和核时，我们可能会遇到使用术语卷积滤波器、卷积模板或卷积核来表示我们正在讨论的各类滤波器核的情况。文献中通常使用这些术语来表示空间滤波器核，而不一定意味着用于卷积。类似地，"核与图像卷积"通常表示我们刚才讨论的滑动并求乘积之和的过程，而不一定会区分相关和卷积。相反，它通常用于表示这两种运算之一。这种

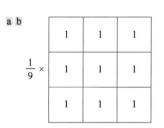
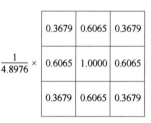

图 3.31　平滑核的例子：(a)盒式核；(b)高斯核

不精确的术语经常引发混淆。在本书中，当我们使用线性空间滤波这个术语时，指的是核与图像进行卷积运算。

有时，图像是被顺序地、分阶段地滤波（卷积）的，每个阶段会使用不同的核。例如，对于 Q 个阶段的滤波，图像 f 首先用核 w_1 滤波，结果然后用核 w_2 滤波，结果再后用第三个核滤波，以此类推。由于卷积满足交换律，因此这种多阶段滤波可在单次滤波运算 $w \star f$ 中完成，其中

> 我们无法写出相关的类似公式，因为它不满足交换律。

$$w = w_1 \star w_2 \star w_3 \star \cdots \star w_Q \tag{3.38}$$

w 的大小是通过连续应用式(3.36)和式(3.37)，由不同大小的核得到的。若这些核的大小都是 $m \times n$，则根据这些公式可以证明 w 的大小为 $W_v \times W_h$，其中，

$$W_v = Q \times (m-1) + m \tag{3.39}$$

$$W_h = Q \times (n-1) + n \tag{3.40}$$

这些公式假设核的每个值都访问上一步中卷积产生的阵列的每个值，即起始结构和结束结构与式(3.36)和式(3.37)有关。

3.4.3 可分离滤波器核

如 2.6 节所述,若二维函数 $G(x,y)$ 可写为一维函数 $G_1(x)$ 和 $G_2(x)$ 的乘积,即 $G(x,y)=G_1(x)G_2(y)$,则它是可分离的。空间滤波器核是一个矩阵,而可分离核是一个能够表示为两个向量的外积的矩阵。例如,2×3 核

$$w=\begin{bmatrix}1&1&1\\1&1&1\end{bmatrix}$$

是可分离的,因为它可以表示为如下两个向量的外积:

$$c=\begin{bmatrix}1\\1\end{bmatrix}\qquad 和\qquad r=\begin{bmatrix}1\\1\\1\end{bmatrix}$$

即

> 为了使表示方式严格一致,当我们将核称为矩阵时,应用大写的粗体符号表示它们。然而,核在本书中主要当做二维函数处理,因此用斜体表示。为避免混淆,我们在本节中继续用斜体来表示核,这种情况下两种表示法是等价的。

$$cr^{\mathrm{T}}=\begin{bmatrix}1\\1\end{bmatrix}\begin{bmatrix}1&1&1\end{bmatrix}=\begin{bmatrix}1&1&1\\1&1&1\end{bmatrix}=w$$

大小为 $m\times n$ 的可分离核可表示为两个向量 v 和 w 的外积:

$$w=vw^{\mathrm{T}}\tag{3.41}$$

式中,v 和 w 分别是大小为 $m\times1$ 和 $n\times1$ 的向量。对于大小为 $m\times m$ 的方形核,可以写出

$$w=vv^{\mathrm{T}}\tag{3.42}$$

业已证明,一个列向量和一个行向量的乘积,等于这两个向量的二维卷积(见习题 3.24)。

可分离核的重要性是卷积的结合律性质导致的计算优势。如果有一个核 w,它可分解为两个更简单的核并且满足 $w=w_1\bigstar w_2$,那么根据表 3.5 中的交换律和结合律可以证明

$$w\bigstar f=(w_1\bigstar w_2)\bigstar f=(w_2\bigstar w_1)\bigstar f=w_2\bigstar(w_1\bigstar f)=(w_1\bigstar f)\bigstar w_2\tag{3.43}$$

这个公式说,一个可分离核与一幅图像的卷积,等于先用 f 与 w_1 卷积,然后用 w_2 对结果进行卷积。

> 假设 M 和 N 的值在进行卷积运算之前包含了 f 的任何零填充。

对于大小为 $M\times N$ 的图像和大小为 $m\times n$ 的核,实现式(3.35)需要 $MNmn$ 次乘法和加法运算。这时根据这个公式直接可以证明,输出(滤波后的)图像中的每个像素依赖于滤波器核中的所有系数。但是,如果核是可分离的,并且使用式(3.43),那么第一次卷积 $w_1\bigstar f$ 需要 MNm 次乘法和加法运算,因为 w_1 的大小为 $m\times1$。结果的大小为 $M\times N$,因此 w_2 与这个结果的卷积需要 MNn 次乘法和加法运算,共需要 $MN(m+n)$ 次乘法和加法运算。因此,使用可分离核执行卷积运算相对于使用不可分离核执行卷积运算的计算优势定义为

$$C=\frac{MNmn}{MN(m+n)}=\frac{mn}{m+n}\tag{3.44}$$

对于大小适中(比如 11×11)的核,计算优势(和执行时间优势)是可观的 5.5。对于有着数百个元素的核,执行时间可减少 100 倍或更多,这是非常有意义的。例 3.16 中将说明这种大核的用途。

根据矩阵理论,我们知道,一个列向量和一个行向量相乘得到的矩阵,其秩总是 1。根据定义,可分离核就是由这样的一个乘积构成的。因此,要确定一个核是否可分离,只需确定其秩是否为 1。我们通常用计算机语言中的预编程函数来求矩阵的秩。例如,使用 MATLAB 中的函数 rank 就可求矩阵的秩。

确定某个核矩阵的秩为 1 后,就很容易求出两个向量 v 和 w,因为它们的外积 vw^{T} 等于这个核。这种方法只包括 3 个步骤:

1. 在核中找到任何一个非零元素,并将其值表示为 E。
2. 形成向量 c 和 r,它们分别等于核中包含步骤 1 中找到的元素的那一行和那一列。

3. 参考式(3.41)，令 $v = c$ 和 $w^T = r/E$。

能够使用这个简单的三步方法的原因是，秩为 1 的矩阵的行和列是线性相关的。也就是说，各行只差一个常数倍，各列也只差一个常数倍。使用一个小核（见习题 3.20 和习题 3.22）来了解这个过程的原理是有指导意义的。

正前所述，我们的目的是找到两个一维核 w_1 和 w_2，以便实现一维卷积。根据前面的表示方法，有 $w_1 = c = v$，$w_2 = r/E = w^T$。对于圆对称的核，通过核的中心的列描述整个核，即 $w = vv^T/c$，其中 c 是中心系数的值。于是，一维分量是 $w_1 = v$ 和 $w_2 = v^T/c$。

> 本章后面会讲到，唯一可分离且其值圆对称的核是高斯核，其中心系数非零（这些核有 $c > 0$）。

3.4.4　空间域滤波和频率域滤波的一些重要比较

虽然频率域滤波是第 4 章的主题，但此时引入频率域中的一些重要概念可帮助我们掌握接下来介绍的内容。

空间域处理和频率域处理之间的联系纽带是傅里叶变换。我们用傅里叶变换从空间域进入频率域，用傅里叶反变换返回空间域。这将在第 4 章中详细讨论。这里的重点是与空间域和频率域有关的两个基本性质：

1. 卷积是空间域滤波的基础，它等效于频率域中的乘法，反之亦然。
2. 空间域中振幅为 A 的冲激，是频率域中值为 A 的一个常数，反之亦然。

如第 4 章中解释的那样，满足一些温和条件的函数（如图像）可以表示为不同频率和振幅的正弦波之和。因此，图像的外观依赖于其

> 见式(3.33)中关于冲激的解释。

正弦分量的频率——改变这些分量的频率将改变图像的外观。这个强大概念成立的原因是，我们可以将某些频带与图像特征关联起来。例如，图像中灰度变化缓慢的区域（如图像中房间的墙壁）由低频正弦波表征。类似地，边缘和其他急剧的灰度过渡由高频正弦波表征。因此，减少图像中的高频分量就会使图像变得模糊。

线性滤波就是找到合适的方法来修改图像的频率内容。在空间域中，我们是通过卷积滤波来实现这一要求的。在频率域中，我们则用乘法滤波器来实现这一要求的。后者是一种更直观的方法，它是在不具备关于频率域的一些基本知识的情况下，不可能真正理解空间滤波的原因之一。

> 如前面介绍空间滤波器那样，只要含义明确，我们就在频率域中交替使用术语滤波器和滤波器传递函数。

下面用一个例子来澄清这些概念。为简单起见，我们考虑一个一维函数（如通过图像的一条灰度扫描线），并且假设我们希望消除高于截止值 u_0 的所有频率，同时"通过"低于该截止值的所有频率。图 3.32(a)显示了一个能实现这一目的的频率域滤波器函数（术语滤波器传递函数表示频率域中的滤波器函数，这与空间域中的术语"滤波器核"类似）。图 3.32(a)中的函数的合适称呼是低通滤波器传递函数。事实上，这是一个理想的低通滤波器函数，因为它会消除 u_0 以上的所有频率，同时通过低于该值的所有频率[①]。也就是说，这个滤波器在低频和高频之间的过渡是瞬时的。这样的滤波器函数无法用物理元器件实现，且在采用数字方式实现时会出现"振铃"效应。然而，理想滤波器对于说明许多滤波现象是非常有用的，详见第 4 章。

为了在频率域中对空间信号进行低通滤波，我们首先计算其傅里叶变换，将它转换到频率域中，

[①] 我们感兴趣的所有频率域滤波器都是关于其原点对称的，并且包含正频率和负频率，详见 4.3 节中的说明（见图 4.8）。这里，为简单起见，我们在这个简单的说明中只显示一维滤波器的右侧（正频率）。

然后将结果乘以图 3.32(a)中的滤波器传递函数，消除值大于 u_0 的频率分量。为了返回空间域，我们取滤波后的信号的傅里叶反变换。结果是一个变得模糊的空间域函数。

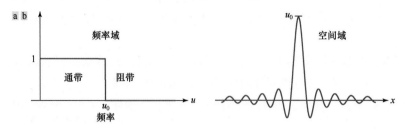

图 3.32   (a)频率域中的理想一维低通滤波器传递函数；(b)空间域中的对应滤波器核

　　由于空间域和频率域的对偶性，因此等效空间滤波器核与输入空间函数的卷积结果，就是空间域中的结果。等效空间滤波器核是频率域滤波器传递函数的傅里叶反变换。图 3.32(b)显示了对应于图 3.32(a)中频率域滤波器传递函数的空间滤波器核。图中核的振铃特性很明显。数字滤波器设计理论的核心主题之一是，在降低理想频率域滤波器的振铃特性的同时，得到锐利截止理想频率域滤波器的的可靠（且实际）的近似。

3.4.5　如何构建空间滤波器核

　　本章后面的几节介绍构建空间滤波器的三种基本方法。第一种构建滤波器的方法是根据其数学性质。例如，计算邻域像素平均值的滤波器会模糊图像。计算平均值类似于积分。相反，计算图像局部导数的滤波器会锐化图像。以下几节中将给出采用这种方法的许多例子。

　　第二种构建滤波器的方法是对形状具有所需性质的二维空间函数进行取样。例如，下一节中将说明使用来自高斯函数的样本可以构建加权平均（低通）滤波器。这些二维空间函数有时是作为频率域中规定的二维滤波器的傅里叶反变换生成的。本章和下一章中将给出这种方法的几个例子。

　　第三种构建滤波器的方法是设计具有规定频率响应的空间滤波器。这种方法基于前一节讨论的概念，属于数字滤波器设计范畴。具有期望响应的一维空间滤波器通常是用滤波器设计软件得到的。一维滤波器值可以表示为向量 v，而二维可分离核可用式(3.42)得到。或者，一维滤波器围绕其中心旋转，可以生成一个近似于圆对称函数的二维核。3.7 节中将说明这些技术。

3.5　平滑（低通）空间滤波器

　　平滑（也称平均）空间滤波器用于降低灰度的急剧过渡。由于随机噪声通常由灰度的急剧过渡组成，因此平滑的一个明显应用就是降噪。如 4.5 节中介绍的那样，在图像重取样之前平滑图像以减少混淆，也是其常见的应用之一。平滑用于减少图像中的无关细节，其中"无关"是指小于滤波器核的像素区域。如 2.4 节所述，另一个应用是平滑因灰度级数量不足导致的图像中的伪轮廓。平滑滤波器可与其他图像增强技术结合使用，详见 3.3 节中关于精确直方图规定化的讨论，以及本章后面关于钝化掩蔽的讨论。本节从线性平滑滤波器入手，详细讨论平滑滤波器。本节后面将介绍非线性平滑滤波器。

　　如 3.4 节所述，线性空间滤波是指图像与滤波器核进行卷积。一个平滑核与一幅图像的卷积会模糊图像，模糊程度取决于核的大小及其系数的值。除应用于图像处理外，低通滤波器也是其他重要滤波器如锐化（高通）滤波器、带通滤波器和带阻滤波器的基础，详见 3.7 节中的说明。

　　本节讨论基于可分离盒式核和高斯核的低通滤波器。重点讨论高斯核，因为它们有许多有用的特性和广泛的适用性。第 4 章和第 5 章中将介绍其他平滑滤波器。

3.5.1　盒式滤波器核

最简单的可分离低通滤波器核是盒式核，其系数的值相同（通常为 1）。名称"盒式核"来自一个常量核，以三维方式查看它时，它类似于一个盒子。图 3.31(a)中显示了一个大小为 3×3 盒式滤波器。一个大小为 $m×n$ 的盒式滤波器是元素值为 1 的一个 $m×n$ 阵列，其前面有一个归一化的常数，它的值是 1 除以系数值之和（当所有系数都为 1 时，这个常数为 $1/mn$）。适用于所有低通核的这个归一化有两个目的。第一，一个恒定灰度区域的灰度平均值将等于滤波后的图像中的灰度值，事实上也应该如此。第二，采用这种方式对核归一化时，可以防止在滤波过程中引入偏差；也就是说，在原图像和滤波后的图像中，像素之和是相同的（见习题 3.31）。因为盒式核中的所有行和列都相同，所以这些核的秩都是 1，如前面讨论的那样，这意味着它们是可分离的。

例 3.11　使用盒式核对图像进行低通滤波。

图 3.33(a)显示了一幅大小为 1024×1024 像素的测试模式。图 3.33(b) ~ (d)是使用 $m×m$ 盒式滤波器（m = 3, 11 和 21）得到的结果。m = 3 时，我们注意到图像的总体模糊程度较小，大小与核相当的图像特征受到的影响较大，如图像中较细的线条和图像右侧包含在核中的噪声像素。滤波后的图像也有较细的灰色边框，这是在滤波之前对图像填充零的结果。如前所述，填充零会扩展图像的边界，以避免在滤波期间核的一部分位于图像边界之外时执行未定义的运算。填充零（黑色）后，平滑边界或边界附近的结果是一个暗灰色边框，它是在平均过程中包含黑色像素导致的。使用 11×11 核得到了整体上更模糊的图像，包括一个更加突出的黑色边框。使用 21×21 核的结果中，图像的所有分量更为模糊，有些分量的特征形状已丢失，如左上方的小方格和左下方的小字母。填充零导致的暗色边框显得更粗。这里用到了零填充，后面还会多次用到零填充，因此我们会逐步熟悉它的效果。例 3.14 中将讨论消除因填充零导致的暗色边框伪影的其他两种填充方法。

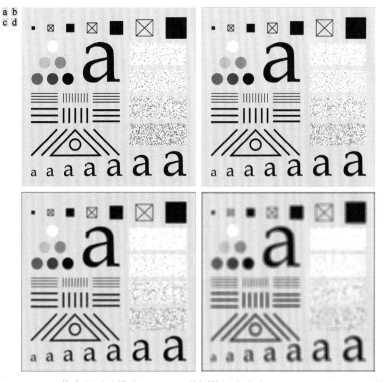

图 3.33　(a)大小为 1024×1024 像素的测试模式；(b) ~ (d)分别使用大小为 3×3、11×11 和 21×21 的盒式核对图像低通滤波后的结果 ■

3.5.2　低通高斯滤波器核

盒式滤波器由于简单，因此适合于快速试验，并且它们通常会产生视觉上能够接受的平滑结果。希望减少边缘平滑的效应时，它们也是很有用的（见例3.13）。然而，盒式滤波器的一些局限性使得它们很难用于许多应用中。例如，散焦透镜通常被建模为低通滤波器，但盒式滤波器对透镜模糊特性的近似能力较差（见习题3.33）。另一个限制是，盒式滤波器往往会沿垂直方向模糊图像。在涉及精细细节或具有强几何元素的图像的应用中，盒式滤波器的方向性往往会产生我们不希望的结果（例3.13说明了这个问题）。这只是不适合使用盒式滤波器的两个应用。

应用中所选的核通常是圆对称的（也称各向同性，这意味着它们的响应与方向无关）。业已证明，高斯核

> 这里，我们感兴趣的是高斯函数的钟形外观；因此，我们不用传统的高斯 PDF 乘数，而用一个普通常数 K。回顾可知，σ 控制高斯函数关于其均值的"展开度"。

$$w(s,t) = G(s,t) = K\,e^{-\frac{s^2+t^2}{2\sigma^2}} \tag{3.45}$$

是唯一可分离的圆对称核（Sahoo[1990]）。由于这种形式的高斯核是可分离的，因此高斯滤波器的计算优势不仅可以与盒式滤波器媲美，而且具有许多非常适合于图像处理的其他有用性质，详见下面的讨论。式(3.45)中的变量 s 和 t 是实数（通常是离散的）。

令 $r = [s^2+t^2]^{1/2}$，可将式(3.45)写为

$$G(r) = K\,e^{-\frac{r^2}{2\sigma^2}} \tag{3.46}$$

这个等效形式简化了本节后面公式的推导。这种形式还提醒我们，这个函数是圆对称的。变量 r 是从中心到函数 G 上任意一点的距离。图 3.34 使用 s 和 t 的整数值显示了几个不同大小的核的 r 值。由于我们通常处理的是奇数大小的核，这类核的中心位于整数值上，因此可以证明 r^2 的所有值也都是整数。

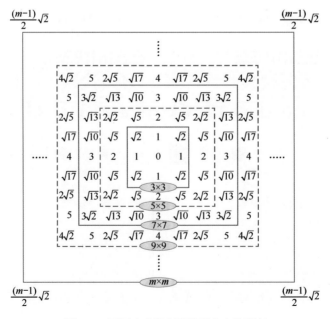

图 3.34　不同大小的方形核到中心的距离

取图 3.34 中的值的平方，就可知道它们都是整数（正式证明见 Padfield[2011]）。要特别注意的是，对于大小为 $m \times m$ 的核，到角的距离的平方是

$$r_{max}^2 = \left[\frac{m-1}{2} \sqrt{2} \right]^2 = \frac{(m-1)^2}{2} \tag{3.47}$$

图 3.31(b) 中的核是对式 (3.45) 取样得到的（$K = 1, \sigma = 1$）。图 3.35(a) 是一个高斯函数的透视图，它表明用来生成这个核的样本是按如下方式得到的：首先规定 s 和 t 的值，然后"读取"函数在这些坐标处的值。这些值是核的系数。通过将核的系数除以各个系数之和，实现了核的归一化。归一化核的原因见关于盒式核的讨论。由于高斯核是可分离的，因此可以沿过中心的截面取样，并使用得到的样本形成式 (3.42) 中的向量 v，进而得到二维核。

> 小高斯核不能捕获高斯函数的钟形特征，因此更像盒式核。如下面讨论的那样，高斯核的实际大小为 $6\sigma \times 6\sigma$。

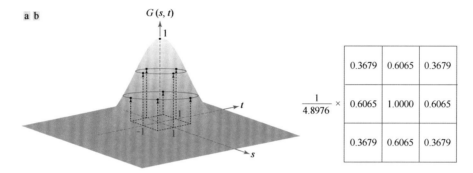

图 3.35　(a)对一个高斯函数取样，得到一个离散的高斯核。所示的数值是 $K = 1$ 和 $\sigma = 1$ 时的值；(b)得到的一个 3×3 核［它与图 3.31(b) 相同］

可分离性是圆对称高斯核的许多基本性质之一。例如，在到均值的距离大于 3σ 的位置，高斯函数的值会小到可以忽略。这意味着，如果选择高斯核的大小为 $\lceil 6\sigma \rceil \times \lceil 6\sigma \rceil$（符号 $\lceil c \rceil$ 表示 c 的上取整，即不小于 c 的最小整数），那么得到的结果就与使用任意大的高斯核得到的结果相同。从另一个角度看，这个性质告诉我们，使用大于 $\lceil 6\sigma \rceil \times \lceil 6\sigma \rceil$ 的高斯核处理图像没什么好处。由于我们通常处理的是奇数大小的核，因此使用满足这个条件的最小奇整数（例如，若 $\sigma = 7$，则使用大小为 43×43 的核）。

> 符号 $\lceil \cdot \rceil$ 和 $\lfloor \cdot \rfloor$ 分别表示上取整函数和下取整函数。也就是说，上取整函数和下取整函数分别将实数映射为下一个最小的整数或前一个最大的整数。

高斯函数的其他两个基本性质是，两个高斯函数的乘积和卷积也是高斯函数。表 3.6 中给出了两个一维高斯函数 f 和 g 的乘积和卷积的均值与标准差（记住，由于可分离性，我们只需使用一维高斯函数就能形成一个圆对称的二维函数）。由于均值和标准差完全定义了一个高斯函数，因此表 3.6 中的参数能够告

> 表 3.6 中结果的证明很简单，只需用到傅里叶变换和频率域，二者都是第 4 章的主题。

诉我们高斯函数的乘积和卷积所能产生的所有函数。如式 (3.45) 和式 (3.46) 所示，高斯核的均值为零，所以我们这里感兴趣的是标准差。

卷积结果在滤波中特别重要。例如，在讨论式 (3.43) 时曾提到，滤波有时要分多个阶段完成，而使用由单个滤波核卷积而成的复合核进行单阶段滤波也可以得到相同的结果。如果这些核都是高斯核，那么可以使用表 3.6 中的结果（如前所述，这可以直接推广到两个以上的函数）来计算复合核的标准差（从而完全定义它），而不必执行单个核的卷积运算。

表 3.6　两个一维高斯函数 f 和 g 的乘积（×）和卷积（★）的均值与标准差，这些结果可以直接推广到两个以上的一维高斯函数的乘积和卷积（见习题 3.25）

	f	g	$f \times g$	$f \star g$
均值	m_f	m_g	$m_{f \times g} = \dfrac{m_f \sigma_g^2 + m_g \sigma_f^2}{\sigma_f^2 + \sigma_g^2}$	$m_{f \star g} = m_f + m_g$
标准差	σ_f	σ_g	$\sigma_{f \times g} = \sqrt{\dfrac{\sigma_f^2 \sigma_g^2}{\sigma_f^2 + \sigma_g^2}}$	$\sigma_{f \star g} = \sqrt{\sigma_f^2 + \sigma_g^2}$

例 3.12　使用一个高斯核对图像低通滤波。

为了比较高斯核滤波和盒式核滤波，我们使用一个高斯核来重做例 3.11。高斯核必须大于盒式滤波器才能实现同样程度的模糊。这是因为，当一个盒式核为所有像素赋相同的权重时，高斯核系数的值（及它们的影响）就会随着到核中心的距离的增大而减小。如前所述，我们使用的大小等于最接近 $\lceil 6\sigma \rceil \times \lceil 6\sigma \rceil$ 的奇数。因此，对于大小为 21×21 的高斯核，即用来生成图 3.33(d)的核的大小，就需要 $\sigma = 3.5$。图 3.36(b)显示了用这个核对测试模式低通滤波后的结果。将这个结果与图 3.33(d)进行比较，我们发现高斯核导致的模糊明显降低。少量试验表明，我们需要 $\sigma = 7$ 才能得到相当的结果。这意味着需要一个大小为 43×43 的高斯核。图 3.36(c)显示了用这个核对测试模式滤波的结果。与图 3.33(d)比较，我们发现结果确实非常接近。

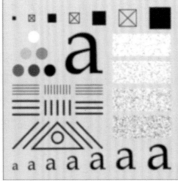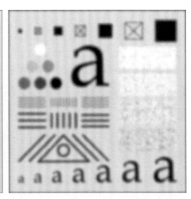

a b c

图 3.36　(a)大小为 1024×1024 像素的测试模式；(b)使用大小为 21×21、标准差为 $\sigma = 3.5$ 的高斯核低通滤波测试模式后的结果；(c)使用大小为 43×43、标准差为 $\sigma = 7$ 的高斯核低通滤波测试模式后的结果。这个结果相当于图 3.33(d)。所有情况下都有 $K = 1$

前面提到，使用大于 $\lceil 6\sigma \rceil \times \lceil 6\sigma \rceil$ 的高斯核时并无益处。为了证明这一点，我们再次使用 $\sigma = 7$ 的高斯核来对图 3.36(a)中的测试模式进行滤波，但核的大小改为 85×85。图 3.37(a)与图 3.36(c)相同，它是由符合条件 $\lceil 6 \rceil \times \lceil 6 \rceil$（$\sigma = 7$ 时为 43×43）的最小奇整数核产生的。图 3.37(b)是用大小为 85×85 的核得到的结果，这个核的大小是另一个核的 2 倍。如看到的那样，并未出现额外的模糊。事实上，图 3.37(c)中的差值图像表明这两幅图像几乎相同，它们的最大差值为 0.75，不及（8 比特图像的）256 级灰度中的 1 级。

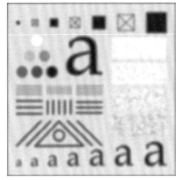

a b c

图 3.37　(a)使用大小为 43×43、标准差为 $\sigma = 7$ 的高斯核滤波图 3.36(a)后的结果；(b)使用大小为 85×85、标准差为 $\sigma = 7$ 的高斯核滤波后的结果；(c)差值图像　　■

例 3.13　高斯核和盒式核平滑特性的比较。

　　例 3.11 和例 3.12 中的结果在模糊程度方面看起来没有明显的差异。尽管如此，仍然存在初看起来并不明显的细微差别。例如，比较图 3.33(d)和图 3.36(c)中的大字母 "a"，发现后者的边缘附近更平滑。图 3.38 中更清楚地显示了盒式核和高斯核之间的这种不同特性。矩形图像是用一个盒式滤波器和一个高斯核平滑的，图中列出了它们的大小和参数。选择这些参数的目的是给出大致相同宽度和高度的模糊矩形，以便可以公平地比较这些滤波器的滤波效果。如灰度剖面图所示，盒式核产生了线性平滑，使得（边缘处）从黑色到白色的过渡呈斜坡状。这里的重要特征是斜坡开始和结束时的硬过渡。希望边缘的平滑较低时，我们会使用这类滤波器。相反，高斯核会在边缘过渡周围产生更平滑的结果。希望产生均匀的平滑结果时，通常使用这类滤波器。

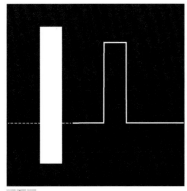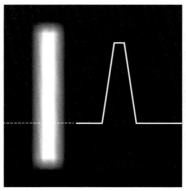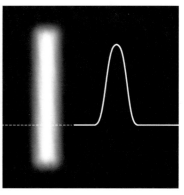

a b c

图 3.38　(a)黑色背景和一个白色矩形的图像，以及沿虚线所示扫描线的水平灰度剖面；(b)使用大小为 71×71 的盒式核平滑图像的结果，以及对应的灰度剖面；(c)使用大小为 151×151、标准差为 $\sigma = 25$ 的高斯核平滑图像的结果，其中 $K = 1$。注意比较图(c)和图(b)中剖面的平滑程度。图像和矩形的大小分别为 1024×1024 像素和 768×128 像素　　■

　　如例 3.11、例 3.12 和例 3.13 中的结果所示，对图像填充零会在滤波结果中引入黑色的边框，边框的宽度取决于所用滤波器核的大小和类型。前面讨论相关和卷积时，曾提到另外两种图像填充方法：镜像（也称对称）填充，它通过跨越边界镜像反射图像来得到边界之外的值；复制填充，它将边界之外的值设为最接近的图像边界值。当图像边界附近的区域为常数时，复制填充更适用；而当边界附近的区域包含图像细节时，镜像填充更适用。换句话说，这两类填充都试图将图像的特性"扩展"到边界之外。

　　图 3.39 说明了这些填充方法，还显示了更为积极的平滑结果。图 3.39(a)到图 3.39(c)是用大小为 187×187 的高斯核（$K=1, \sigma=31$）对图 3.36(a)滤波后的结果，所用的填充方法分别是零填充、镜像填充和复制填充。在这些结果中，零填充图像和其他两种填充图像的边界差别明显，并且镜像填充和复制填充产生了看起来更好的结果，因为它们消除了零填充导致的黑色边框。

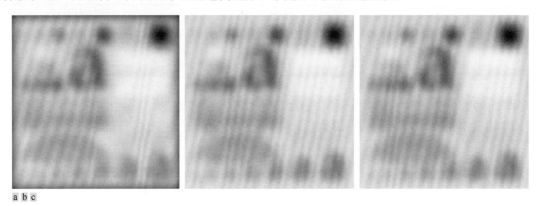

a b c

图 3.39　使用(a)零填充、(b)镜像填充和(c)复制填充对图 3.36(a)中的测试模式滤波后的结果。三种情况下均采用大小为 187×187 的高斯核，其中 $K=1, \sigma=31$

例 3.14　核和图像大小对平滑性能的影响。

　　给定大小的平滑核产生的相对模糊量直接取决于图像大小。为方便说明，图 3.40(a)显示了此前使用的相同测试模式，但其大小现在为 4096×4096 像素，即每个方向都比以前大了 4 倍。图 3.40(b)是用图 3.39(b)中的相同高斯核和填充对这幅图像滤波后的结果。比较而言，前一幅图像对相同大小的滤波器来说，显示的模糊度要小得多。事实上，图 3.40(b)看起来更像图 3.36(d)中的图像，图 3.36(d)是用大小为 43×43 的高斯核滤波得到的。要得到与图 3.39(b)相似的结果，必须将高斯核的大小和标准差增大 4 倍，这与图像尺寸的增大倍数相同。得到的是大小为 745×745 的（奇数）核（$K=1, \sigma=124$）。图 3.40(c)是用这个核滤波镜像填充图像后的结果。这一结果与图 3.39(b)非常相似。虽然这一观察看起来微不足道，但是，若不了解核大小与图像中目标大小之间的关系，则会使得空间滤波算法的性能低下。

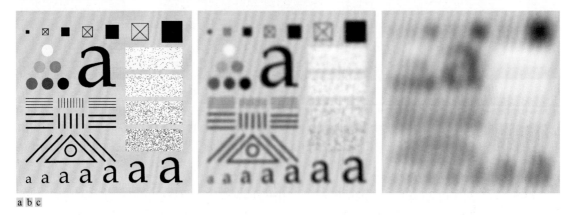

a b c

图 3.40　(a)大小为 4096×4096 像素的测试模式；(b)用图 3.39 中相同的高斯核对测试模式滤波后的结果；(c)用大小为 745×745 像素的高斯核对测试模式滤波后的结果，其中 $K=1, \sigma=124$。图像一直使用镜像填充　■

例 3.15　使用低通滤波和阈值处理提取区域。

图 3.41(a)是希克森致密星系群（见图题）的 2566×2758 哈勃望远镜图像，图像的灰度已被缩放到区间 [0, 1]。我们的目的是说明如何结合使用低通滤波和灰度阈值处理来消除图像中的无关细节。在当前的上下文中，"无关"是指小于核的像素区域。

图 3.41(b)是用大小为 151×151 （约为图像宽度的 6%）、标准差为 $\sigma = 25$ 的高斯核对原图像滤波后的结果。我们选择这些参数值是为了产生一个更清晰的、更具选择性的高斯核形状（与此前示例中所用的高斯核形状相比）。滤波后的图像中出现了 4 个主要的明亮区域。我们只想从图像中提取这些区域。图 3.41(c)是用阈值 $T = 0.4$ 对滤波后的图像阈值处理后的结果（第 10 章中将讨论阈值的选取）。如图所示，这种方法有效地提取了 4 个感兴趣的区域，并且消除了这个应用中的无关细节。

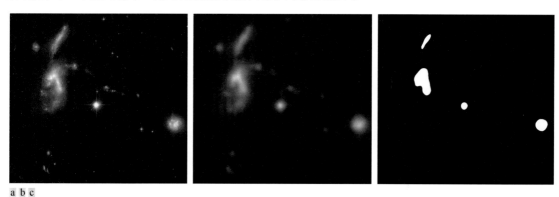

a b c

图 3.41　(a)大小为 2566×2758 像素的希克森致密星系群哈勃望远镜图像；(b)使用一个高斯核对图像低通滤波后的结果；(c)阈值处理滤波图像的结果（灰度已缩放到区间[0, 1]）。希克森致密星系群中包含许多聚集在一起的矮星系，形成了数千个新的星团（原图像由 NASA 提供）　■

例 3.16　使用低通滤波校正阴影。

导致图像阴影的主要原因之一是光照不均匀。阴影校正（也称为平坦场校正）很重要，因为阴影是造成错误测量、自动图像分析算法性能下降和难以目视解译图像的常见原因。例 2.7 中介绍了阴影校正，当时是通过将阴影图像除以阴影模式来校正阴影图像的。例 2.7 中给出了阴影模式。实际情况往往并非如此，我们必须直接由阴影图像的样本来估计模式。低通滤波是估计阴影模式的一种粗糙的、简单的方法。

考虑图 3.42(a)中的 2048×2048 棋盘图像，其内部方格的大小为 128×128 像素。图 3.42(b)是用 512×512 高斯核（方格大小的 4 倍）对图像低通滤波后的结果，其中 $K = 1$，$\sigma = 128$（等于方格的大小）。这个核大到足以模糊方格（3 倍于方格大小的核会小到不足以模糊方格）。这个结果是对图 3.42(a)中可见阴影模式的一个良好近似。最后，图 3.42(c)是图 3.42(a)除以图 3.42(b)的结果。尽管结果不是完全平坦的，但它肯定是一幅得到了改进的阴影图像。

3.4 节讨论可分离核时指出，可分离核的计算优势对大核而言意义重大。根据式(3.44)可以证明，本例中所用的可分离核的计算优势是 262:1。考虑计算时间，如果用这个高斯核的两个一维可分离分量处理一组类似于图 3.42(b)的图像需要 30 秒，那么用不可分离的低通核，或直接用二维高斯核而不将其分解为可分离的分量，得到同样的结果需要 2.2 小时。

a b c

图 3.42　(a)被−45°方向的阴影模式遮蔽的图像；(b)使用低通滤波估计得到的阴影模式；(c)图(a)除以图(b)的结果(关于阴影校正的形态学方法，见 9.8 节)　　　　　　　　■

3.5.3　统计排序（非线性）滤波器

　　统计排序滤波器是非线性空间滤波器，其响应基于滤波器所包含区域内的像素的排序（排序）。平滑是将中心像素的值替代为由排序结果确定的值来实现的。这类滤波器中最知名的滤波器是中值滤波器，中值滤波器用中心像素的邻域内的灰度值的中值替代中心像素的值（计算中值时包括中心像素的值）。中值滤波器对某些类型的随机噪声提供了优秀的降噪能力，与类似大小的线性平滑滤波器相比，中值滤波器对图像的模糊程度要小得多。存在冲激噪声（有时我们把以白点和黑点形式叠加到图像上的冲激噪声称为椒盐噪声）时，中值滤波器尤其有效。

　　一组值的中值 ξ 是满足如下条件的值：这组值中的一半小于等于 ξ，一半大于等于 ξ。要在图像中的某点执行中值滤波，就要对邻域内的像素值排序，确定它们的中值，并将这个中值赋给滤波后的图像中对应于邻域中心的那个像素。例如，在一个 3×3 邻域中，中值是第 5 大的值，在一个 5×5 邻域中，中值是第 13 大的值，以此类推。当一个邻域中有几个值相同时，相同的值会组合在一起。例如，假设一个 3×3 邻域中的值为（10, 20, 20, 20, 15, 20, 20, 25, 100）。这些值被排序后变成（10, 15, 20, 20, 20, 20, 20, 25, 100），于是中值为 20。因此，中值滤波器的主要功能是迫使各个点更像它们的邻点。$m×m$ 中值滤波器迫使亮于或暗于相邻像素的孤立像素群（面积小于滤波面积的一半，$m^2/2$）的值是邻域中这些像素灰度的中值（见习题 3.36）。

　　中值滤波器是目前为止图像处理中最有用的统计排序滤波器，但不是唯一的统计排序滤波器。中值代表一组排序数字中的 50 百分位，但排序本身还有许多其他的可能性。例如，使用 100 百分位会得到所谓的最大值滤波器，它对于寻找图像中最亮的点或腐蚀与亮区相邻的暗域很有用。3×3 最大值滤波器的响应是 $R = \max\{z_k|, k = 1, 2, 3, \cdots, 9\}$。0 百分位滤波器是最小值滤波器，其作用与最大值滤波器的相反。5.3 节中将详细介绍中值滤波器、最大值滤波器、最小值滤波器和其他几个非线性滤波器。

> **例 3.17　中值滤波。**

　　图 3.43(a)是被椒盐噪声严重污染的电路板的 X 射线图像。为了说明中值滤波在这种情况下的优越性，我们在图 3.43(b)中显示了用高斯低通滤波器对噪声图像滤波后的结果，并在图 3.43(c)中显示了用中值滤波器对噪声图像滤波后的结果。低通滤波器模糊了图像，降噪性能较差。在这种情况下，中值滤波明显远远优于低通滤波。

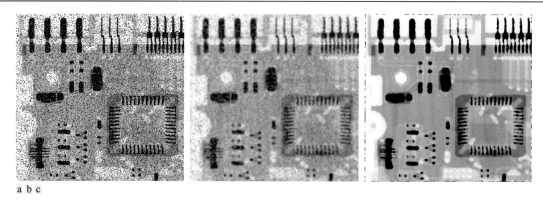

a b c

图 3.43　(a)被椒盐噪声污染的电路板的 X 射线图像；(b)使用一个大小为 19×19 、标准差为 $\sigma = 3$ 的高斯低通滤波器核降噪后的结果；(c)使用一个 7×7 中值滤波器降噪后的结果（原图像由 Lixi 公司的 Joseph E. Pascente 先生提供）　　　　■

3.6　锐化（高通）空间滤波器

锐化的作用是突出灰度中的过渡。图像锐化技术的应用范围从电子印刷和医学成像到工业检测和军事系统中的自主制导。3.5 节讲过，图像模糊在空间域中可以通过平均（平滑）一个邻域中的像素来实现。由于平均运算类似于积分运算，因此我们可以合理地认为锐化能够通过空间微分来实现。事实的确如此，因此下面讨论通过数字微分来定义和实现算子的各种方式。导数算子的响应强度与应用该算子的点处的灰度不连续幅度成正比。因此，图像微分将增强边缘和其他不连续（如噪声），并且不强调灰度缓慢变化的区域。3.5 节曾指出，平滑通常称为低通滤波，这是借自频率域处理的一个术语。类似地，锐化通常称为高通滤波。此时，通过（负责细节的）高频，而衰减或抑制低频。

3.6.1　基础

下面两节分别详细讨论基于一阶导数和二阶导数的锐化滤波器。但在开始讨论之前，我们先来回顾一下导数在数字环境下的一些基本性质。为便于说明，我们将重点放在一阶导数上，尤其是这些导数在恒定灰度区域、不连续的开始处和结束处（台阶和斜坡不连续）以及灰度斜坡上的特性。第 10 章将说明这些不连续可用来对图像中的噪声点、直线和边缘建模。

数字函数的导数是用差分来定义的。定义这些差分的方法有多种，但一阶导数的任何定义都要满足如下要求：

1. 恒定灰度区域的一阶导数必须为零。
2. 灰度台阶或斜坡开始处的一阶导数必须非零。
3. 灰度斜坡上的一阶导数必须非零。

类似地，二阶导数的任何定义都要满足如下要求：

1. 恒定灰度区域的二阶导数必须为零。
2. 灰度台阶或斜坡的开始处和结束处的二阶导数必须非零。
3. 灰度斜坡上的二阶导数必须为零。

由于我们正在处理的数字量的值是有限的，因此最大可能的灰度变化也是有限的，变化发生的最短距离是相邻像素间的距离。

一维函数 $f(x)$ 的一阶导数的一个基本定义是差分

$$\frac{\partial f}{\partial x} = f(x+1) - f(x) \tag{3.48}$$

10.2 节将回到式(3.48)，并说明如何用泰勒级数展开得到它。现在我们只需作为一个定义来接受它。

为保持符号的一致性，这里使用了偏导数，考虑两个变量的图像函数 $f(x,y)$ 时，我们将处理沿两个空间轴的偏导数。显然，当函数中只有一个变量时，有 $\partial f/\partial x = \mathrm{d}f/\mathrm{d}x$；二阶导数同样如此。

我们将 $f(x)$ 的二阶导数定义为差分

$$\frac{\partial^2 f}{\partial x^2} = f(x+1) + f(x-1) - 2f(x) \tag{3.49}$$

这两个定义满足上面声明的条件，如图 3.44 所示。图 3.44 中还研究了数字函数的一阶导数和二阶导数的异同。

图 3.44(a)中小方格表示的值是沿水平灰度剖面的灰度值（为便于查看，包含了连接方格的虚线）。扫描线的实际数值显示在图 3.44(b)中的小盒内。如图 3.44(a)所示，扫描线包含三部分恒定灰度、一个灰度斜坡和一个灰度台阶。圆圈表示灰度过渡的开始或结束。使用上述两个定义计算的一阶导数和二阶导数如图 3.44(b)所示，图 3.44(c)中绘出了它们的图形。计算 x 处的一阶导数时，我们从下一点的函数值中减去这个位置的函数值，如式(3.48)所示，因此这是一个"前瞻性"运算。类似地，计算 x 处的二阶导数时，我们会在计算中使用前一点和下一点，如式(3.49)所示。为了避免前一点或下一点位于扫描线范围之外的情况，图 3.44 中的导数计算从序列中的第二个点到倒数第二个点。

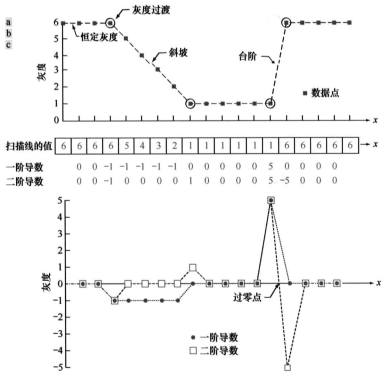

图 3.44   (a)图像中水平扫描线的剖面，显示了斜坡、台阶边缘和恒定段；(b)扫描线及其导数的值；(c)显示了过零点的导数图形。在图(a)和图(c)中，为便于查看，已用虚线连接了各个点

从左到右遍历剖面时，我们首先会遇到一个恒定灰度的区域，如图 3.44(b)和(c)所示，两个导数都

是零，所以都满足条件（1）。接着遇到的是一个灰度斜坡，随后遇到的是一个台阶，我们注意到，在斜坡和台阶的开始处，一阶微分都非零；类似地，在斜坡和台阶的开始处和结束处，二阶导数也非零；因此，两个导数都满足性质（2）。最后，我们看到两个导数都满足性质（3），因为一阶导数在斜坡上非零，二阶导数在斜坡上是零。注意，二阶导数的符号在台阶或斜坡的开始处和结束处会发生变化。事实上，如图 3.44(c)所示，在台阶过渡中，连接这两个值的直线穿过了两个极值中间的水平轴。这个过零点性质对于定位边缘非常有用，详见第 10 章中的介绍。

数字图像中的边缘在灰度上通常类似于斜坡过渡，这时图像的一阶导数会产生较宽的边缘，因为斜坡上的导数非零。另一方面，二阶导数会产生宽度为 1 像素并由零分隔的双边缘。由此我们得出的结论是，与一阶导数相比，二阶导数可增强更精细的细节，因此是适合于锐化图像的一个理想特性。另外，与实现一阶导数相比，实现二阶导数所需的运算量更少，因此下面主要介绍二阶导数。

3.6.2　使用二阶导数锐化图像——拉普拉斯

本节讨论二阶导数的实现及其在图像锐化中的应用。这种方法包括首先定义二阶导数的离散公式，然后在这个公式的基础上构造一个滤波器核。类似于 3.5 节介绍的高斯低通核，这里我们的兴趣是各向同性核，这种核的响应与图像中灰度不连续的方向无关。

第 10 章中将广泛使用二阶导数分割图像。

可以证明（Rosenfeld and Kak[1982]），最简单的各向同性导数算子（核）是拉普拉斯，对于两个变量的函数（图像）$f(x, y)$，它定义为

$$\nabla^2 f = \frac{\partial^2 f}{\partial x^2} + \frac{\partial^2 f}{\partial y^2} \tag{3.50}$$

由于任意阶的导数都是线性算子，所以拉普拉斯是线性算子。为了以离散形式表达这个公式，我们使用式(3.49)中的定义，记住现在有第二个变量。在 x 方向有

$$\frac{\partial^2 f}{\partial x^2} = f(x+1, y) + f(x-1, y) - 2f(x, y) \tag{3.51}$$

类似地，在 y 方向有

$$\frac{\partial^2 f}{\partial y^2} = f(x, y+1) + f(x, y-1) - 2f(x, y) \tag{3.52}$$

由前面的三个公式可以证明，两个变量的离散拉普拉斯是

$$\nabla^2 f(x, y) = f(x+1, y) + f(x-1, y) + f(x, y+1) + f(x, y-1) - 4f(x, y) \tag{3.53}$$

这个公式可以用图 3.45(a)中的核进行卷积运算来实现；因此，图像锐化的滤波原理类似于 3.5 节中描述的低通滤波；这里只是使用不同的系数。

0	1	0
1	-4	1
0	1	0

1	1	1
1	-8	1
1	1	1

0	-1	0
-1	4	-1
0	-1	0

-1	-1	-1
-1	8	-1
-1	-1	-1

a b c d

图 3.45　(a)用于实现式(3.53)的拉普拉斯核；(b)用于实现其中包含对角项的扩展公式的核；(c)~(d)两个其他的拉普拉斯核

图 3.45(a)中的核关于 x 轴和 y 轴以 90°为增量旋转时，是各向同性的。在式(3.53)中增加 4 项，可将对角方向整合到到数字拉普拉斯核的定义中。因为每个对角项都包含 $-2f(x,y)$ 项，所以从差项中减去的总数是 $-8f(x,y)$。图 3.45(b)显示了用于实现这个新定义的核。这个核以 45°的增量产生各向同性的结果。图 3.45(c)和(d)中的核也用于计算拉普拉斯图像。它们是由二阶导数的定义得到的，但这里所用的二阶导数是负的。它们产生等效的结果，但在组合拉普拉斯滤波后的图像与另一幅图像时，必须记住符号的差异。

拉普拉斯是导数算子，因此会突出图像中的急剧灰度过渡，并且不强调缓慢变化的灰度区域。这往往会产生具有灰色边缘线和其他不连续性的图像，它们都叠加在暗色无特征背景上。将拉普拉斯图像与原图像相加，就可"恢复"背景特征，同时保留拉普拉斯的锐化效果。上段说过，记住使用拉普拉斯的哪个定义很重要。如果所用的定义有一个负中心系数，那么从原图像中减去拉普拉斯图像可以得到锐化后的结果。因此，我们使用拉普拉斯锐化图像的基本方法是

$$g(x,y) = f(x,y) + c\left[\nabla^2 f(x,y)\right] \tag{3.54}$$

式中，$f(x,y)$ 和 $g(x,y)$ 分别是输入图像和锐化后的图像。若使用图 3.45(a)或(b)中的拉普拉斯核，则 $c = -1$；若使用其他两个核，则 $c = 1$。

图 3.46(a)显示了月球北极稍显模糊的一幅图像，图 3.46(b)是直接用图 3.45(a)中的拉普拉斯核对这幅图像滤波的结果。这幅图像的大部分是黑色的，因为拉普拉斯图像包含正值和负值，并且所有的负值都被显示器夹断为 0。

图 3.46(c)是用式(3.54)得到的结果（其中 $c = -1$），因为我们是用图 3.45(a)中的核来计算拉普拉斯图像的。这幅图像中的细节无疑要比原图像中的更加清晰。原图像与拉普拉斯图像相加后，恢复了图像中的整体灰度变化。在灰度不连续的位置，添加拉斯拉斯图像增强了对比度。最终结果是增强了小细节并且合理地保留了背景色调的一幅图像。最后，图 3.46(d)是重复相同过程但使用图 3.45(b)中的核的结果。与图 3.46(c)相比，我们发现图 3.46(d)中的锐度明显提升。这并不令人意外，因为使用图 3.45(b)中的核在对角方向提供了额外的微分（锐化）。类似于图 3.46(c)和(d)中的结果使得拉普拉斯成为锐化数字图像的首选工具。

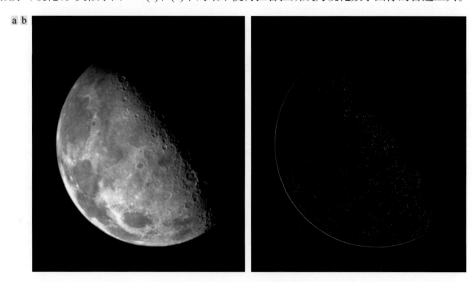

图 3.46　(a)模糊后的月球北极图像；(b)使用图 3.45(a)中的核得到的拉普拉斯图像；(c)使用式(3.54)和 $c = -1$ 得到的锐化后的图像；(d)重复相同过程但用图 3.45(b)中的核得到的结果（原图像由 NASA 提供）

图 3.46　(a)模糊后的月球北极图像；(b)使用图 3.45(a)中的核得到的拉普拉斯图像；(c)使用式(3.54)和 $c = -1$ 得到的锐化后的图像；(d)重复相同过程但用图 3.45(b)中的核得到的结果（原图像由 NASA 提供）（续）

　　拉普拉斯图像往往是黑色的和无特征的，为便于显示，灰度缩放图像的一种典型方法是用式(2.31)和式(2.32)。这会使得最小的负值为 0，并显示整个范围内的灰度。图 3.47 是以这种方式处理图 3.46(b)后的结果。图像的主要特征是边缘和急剧的灰度过渡。缩放的结果是使得此前为黑色的背景现在变成了灰色。这种浅灰色外观是正确缩放后的典型拉普拉斯图像。

图 3.47　来自图 3.46(b)中的拉普拉斯图像，其灰度值已缩放到区间[0, 255]。黑色像素对应于未缩放拉普拉斯图像中最小的负值，灰色像素对应于中间值，白色像素对应于最大的正值　　　　　　　■

　　观察图 3.45 发现，每个核的系数之和为零。基于卷积的滤波实现乘积之和，因此当导数核通过图像中的一个恒定区域时，这个位置的卷积结果必为零。使用系数之和为零的核可以实现这一目的。

　　3.5 节中归一化了平滑核，以便使得它们的系数之和为 1。用这些核对图像中的恒定区域滤波时，滤波后的图像中这些区域也是恒定的。我们还发现，在原图像和滤波后的图像中，像素之和是相同的，因此防止了滤波过程中引入的偏差（见习题 3.31）。可以证明，一幅图像与一个系数之和为零的核的卷积结果中，像素之和也为零（见习题3.32）。这意味着用这些核滤波后的图像具有负值，有时需要进行额外处理才能得到合适的视觉结果。与在式(3.54)中我们所做的那样，滤波后的图像与原图像相加就是这种额外处理的一个例子。

3.6.3　钝化掩蔽和高提升滤波

从原图像中减去一幅钝化（平滑后的）图像，是20世纪30年代以来印刷和出版业一直用来锐化图像的过程。这个过程称为钝化掩蔽，它由如下步骤组成：

1. 模糊原图像。
2. 从原图像减去模糊后的图像（产生的差称为模板）。
3. 将模板与原图像相加。

> 钝化掩蔽的照相过程是，创建一个模糊的正片，并用它和原负片创建一幅更清晰的图像。我们的兴趣是这个过程的数字化过程。

令 $\overline{f}(x,y)$ 表示模糊后的图像，公式形式的模板为

$$g_{\text{mask}}(x,y) = f(x,y) - \overline{f}(x,y) \tag{3.55}$$

然后，将加权后的模板与原图像相加：

$$g(x,y) = f(x,y) + kg_{\text{mask}}(x,y) \tag{3.56}$$

为不失一般性，式中包含了一个权值 k（$k \geq 0$）。$k = 1$ 时，它是钝化掩蔽，如上面定义的那样。$k > 1$ 时，这个过程称为高提升滤波。选择 $k < 1$ 可以减少钝化模板的贡献。

图3.48说明了钝化掩蔽的原理。图3.48(a)是横跨垂直斜坡边缘的水平灰度剖面，它从暗色逐步过渡到亮色。图3.48(b)显示了叠加到原信号上的模糊后的扫描线（显示为虚线）。图3.48(c)是从原信号中减去模糊后的信号后得到的一个模板。将这一结果与图3.44(c)内对应于图3.44(a)中斜坡的部分比较，我们发现图3.48(c)中的钝化模板类似于我们用二阶导数得到的结果。图3.48(d)是原信号与模板相加后得到的最终锐化结果。结果中强调（锐化）了信号中斜率出现变化的点。注意，负值加到了原图像中。因此，只要原图像中有零值，或选择的 k 值大到足以使模板的峰值大于原信号中的最小值，最终结果中就有可能存在负灰度值。负值会使得边缘周围出现暗晕，k 值太大时，会令人不快。

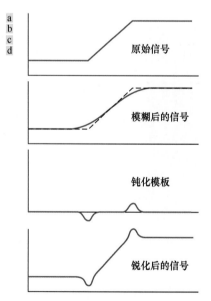

图3.48　钝化掩蔽机理的一维说明：(a)原始信号；(b)以原来显示的斜线作参考的模糊信号；(c)钝化的模板；(d)将(c)加入(a)而获得的锐化信号

例3.19　钝化掩蔽和高提升滤波。

图3.49(a)是一幅未经修改的数字图像，是典型的"柔和色调"照片，其特征是稍有模糊。我们的目的是用钝化掩蔽和高提升滤波来锐化这幅图像。图3.49(b)显示了得到原图像的模糊版本的中间步骤。我们使用了一个标准差为 $\sigma = 5$、大小为31×31的高斯低通滤波器来生成模糊图像。通常，只要原图像的主要特征未被模糊到无法识别的程度，钝化掩蔽的最终结果对低通滤波器的参数就不是特别敏感。图3.49(c)是由(a)减去(b)得到的一个模板。使用式(2.31)和式(2.32)缩放了模板图像，以避免显示时夹断负值。观察发现这幅图像中的主要特征是边缘。图3.49(d)是用式(3.56)和 $k = 1$ 钝化掩蔽图像

后的结果。这幅图像要比原图像清晰得多，但我们还能做得更好。图 3.49(e)是用式(3.56)和 $k = 2$ 高提升滤波原图像的结果。与图 3.49(d)相比，这幅图像中的特征对比度和清晰度更高（如毛发和面部雀斑特征）。最后，图 3.49(f)是用式(3.56)和 $k = 3$ 得到的结果。与前面两幅图像相比，这幅图像更清晰，但它明显变得"不自然"，例如雀斑变得太突出，嘴唇的内部区域出现了暗晕。较大的 k 值会产生令人无法接受的图像。图 3.49(e)和(f)中的结果使用传统的胶片照相技术时很难得到，并且它们说明了数字摄影背景下图像处理的能力和多样性。

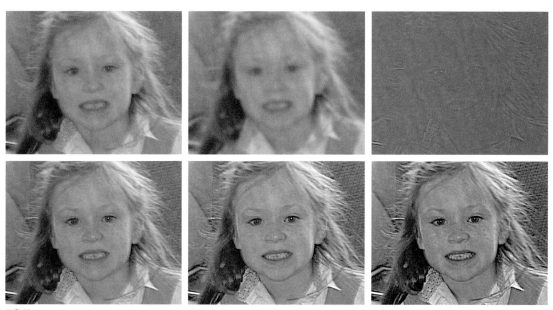

a b c
d e f

图 3.49　(a)大小为 469×600 像素、未经修改的"柔和色调"数字图像；(b)使用大小为 31×31、标准差为 $\sigma = 5$ 的高斯低通滤波器得到的模糊图像；(c)模板；(d)使用式(3.56)和 $k = 1$ 钝化掩蔽原图像后的结果；(e) ~ (f) $k = 2$ 和 $k = 3$ 时的高提升滤波结果　　■

3.6.4　使用一阶导数锐化图像——梯度

10.2 节将详细讨论梯度。这里主要介绍如何用梯度锐化图像。

在图像处理中，一阶导数是用梯度幅度实现的。图像 f 在坐标 (x, y) 处的梯度定义为二维列向量

$$\nabla f \equiv \mathrm{grad}(f) = \begin{bmatrix} g_x \\ g_y \end{bmatrix} = \begin{bmatrix} \partial f / \partial x \\ \partial f / \partial y \end{bmatrix} \tag{3.57}$$

这个向量在位置 (x, y) 处的重要几何性质是它指向 f 的最大变化率方向。

向量 ∇f 的幅度（长度）表示为 $M(x, y)$（也频繁使用向量范数 $\|\nabla f\|$），其中

$$M(x, y) = \|f\| = \mathrm{mag}(\nabla f) = \sqrt{g_x^2 + g_y^2} \tag{3.58}$$

是梯度向量方向的变化率在 (x, y) 处的值。注意，$M(x, y)$ 是与原图像大小相同的图像，它是 x 和 y 在 f 的所有像素位置上变化时创建的。实践中通常称这幅图像为梯度图像（含义明确时简单地称为梯度）。

梯度向量的分量是导数，所以它们是线性算子。然而，由于平方运算和平方根运算，这个向量的幅度不是线性的。另一方面，式(3.57)中的偏导数不是旋转不变的，而梯度向量的幅度是旋转不变的。

在某些实现中，使用绝对值来近似平方运算和平方根运算更合适：

$$M(x, y) \approx |g_x| + |g_y| \tag{3.59}$$

这个表达式仍然保留了灰度的相对变化，但通常会损失各向同性。然而，与拉普拉斯一样，下段中定义的离散梯度的各向同性仅为有限数量的旋转增量保留，这些旋转增量取决于用来近似导数的核。业已证明，用来近似梯度的最流行的核在 90°的倍数下是各向同性的。这些结果与是否使用式(3.58)或式(3.59)无关，因此，如果我们选择这样做，那么使用后一个公式不会存在问题。

与拉普拉斯的情况一样，我们现在定义前面几个公式的离散近似，并根据这些公式来构建合适的核。为了简化接下来的讨论，我们将使用图 3.50(a)中的符号来表示一个 3×3 区域中的像素的灰度。例如，中心点 z_5 的值表示在任意位置 (x, y) 上 $f(x, y)$ 的值，z_1 表示 $f(x-1, y-1)$ 的值，以此类推。如式(3.48)所示，满足本节开头声明的条件的一阶导数的最简近似是 $g_x = (z_8 - z_5)$ 和 $g_y = (z_6 - z_5)$。Roberts[1965]在数字图像处理早期的开发中，使用交叉差值提出了其他两个定义：

$$g_x = (z_9 - z_5) \quad 和 \quad g_y = (z_8 - z_6) \tag{3.60}$$

如果使用式(3.58)和式(3.60)，那么梯度图像计算为

$$M(x, y) = \left[(z_9 - z_5)^2 + (z_8 - z_6)^2 \right]^{1/2} \tag{3.61}$$

如果使用式(3.59)和式(3.60)，那么有

$$M(x, y) \approx |z_9 - z_5| + |z_8 - z_6| \tag{3.62}$$

式中，如前所述，x 和 y 在图像的各个方向上变化。式(3.60)中所需的差值项可用图 3.50(b)和(c)中的两个核来实现。这些核称为罗伯特交叉梯度算子。

如前所述，我们更喜欢使用奇数大小的核，因为它们关于唯一的（整数）中心空间对称。我们感兴趣的最小核是大小为 3×3 的核。使用中心为 z_5 的 3×3 邻域时，g_x 和 g_y 近似如下：

$$g_x = \partial f / \partial x = (z_7 + 2z_8 + z_9) - (z_1 + 2z_2 + z_3) \tag{3.63}$$

$$g_y = \partial f / \partial y = (z_3 + 2z_6 + z_9) - (z_1 + 2z_4 + z_7) \tag{3.64}$$

这些公式可用图 3.50(d)和(e)中的核来实现。这个 3×3 图像区域的第三行和第一行的差近似 x 方向的偏导数，它是用图 3.50(d)中的核实现的。第三列和第一列的差近似 y 方向上的偏导数，它是用图 3.50(e)中的核实现的。图像中的所有点处的偏导数都是由图像与这些核进行卷积运算得到的。然后，我们照例得到梯度的幅度。例如，将 g_x 和 g_y 代入式(3.59)得

$$M(x, y) = \left[g_x^2 + g_y^2 \right]^{1/2} = \left[\left[(z_7 + 2z_8 + z_9) - (z_1 + 2z_2 + z_3) \right]^2 + \left[(z_3 + 2z_6 + z_9) - (z_1 + 2z_4 + z_7) \right]^2 \right]^{1/2} \tag{3.65}$$

上式表明，M 在图像中任意坐标 (x, y) 处的值，等于两个核与 f 在这些坐标处的卷积的平方，结果相加后再取平方根。

图 3.50(d)和(e)中的核称为 Sobel 算子。在中心系数中使用权值 2 的原因是，强调中心的重要程度来实现某种平滑（详见第 10 章中的讨论）。图 3.50 中所有核的系数之和都为零，因此它们对恒定灰度区域给出零响应，就像期望的导数算子那样。如前所述，当图像与系数之和为零的核卷积时，滤波后的图像的元素之和也为零，因此与图 3.50 中的核进行卷积运算的图像中一般有负值。

如上所述，g_x 和 g_y 的计算是线性运算，并且是用卷积实现的。使用梯度锐化的非线性方面是，$M(x, y)$ 的计算涉及平方和平方根，或涉及绝对值的使用，而所有这些运算都是非线性运算。这些运算是在得到 g_x 和 g_y 的线性过程（卷积）之后执行的。

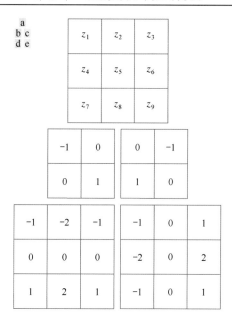

图 3.50 (a)图像中的一个 3×3 区域，其中 z 是灰度值；(b) ~ (c)罗伯特交叉梯度算子；(d) ~ (e)Sobel 算子。如期望的导数算子那样，这个核的所有系数之和为零

例 3.20 使用梯度增强边缘。

梯度频繁用于工业检测——要么帮助人们检测产品缺陷，要么作为自动检测中的预处理步骤。第 10 章中将详细介绍梯度在工业检测中的应用。下面通过一个简单的例子来说明如何使用梯度来增强缺陷和消除缓慢变化的背景特征。

图 3.51(a)是隐形镜片的光学图像，光照突出了 4 点钟和 5 点钟方向镜片边界上的两个边缘缺陷。图 3.51(b)是用式(3.65)和图 3.50(d)和(e)中的两个 Sobel 核得到的梯度。边缘缺陷在这幅图像中也很明显，但消除了恒定或缓慢变化的灰色阴影，因此能够简化自动检测所需的计算任务。梯度还可用来突出灰度级图像中很难看到的小尺度图像（如异物、保护液中的气泡或镜片中的微小缺陷）。在平坦的灰度场中增强小的不连续的能力是梯度的另一个重要特征。

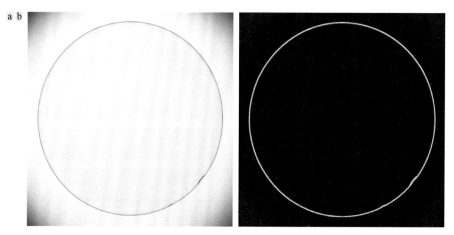

图 3.51 (a)隐形镜片的图像（注意 4 点钟和 5 点钟方向边界上的缺陷）；(b)Sobel 梯度（原图像由 Perceptics Corporation 提供）   ∎

3.7 低通、高通、带阻和带通滤波器

空间域和频率域线性滤波器可分为 4 大类：低通滤波器（已在 3.5 节讨论）、高通滤波器（已在 3.6 节讨论）、带通滤波器和带阻滤波器。3.5 节的开头提到，后三类滤波器都可由低通滤波器构建。本节介绍由低通滤波器构建后三类滤波器的方法。此外，3.4 节末尾讨论了得到空间滤波器核的第三种方法，即用滤波器设计软件包来生成一维滤波器函数。然后，要么通过式(3.42)使用这些一维函数生成二维可分离的滤波器函数，要么旋转这些一维函数来生成二维核。旋转后的一维函数是圆对称（各向同性）函数的近似。

图 3.52(a)显示了一维理想低通滤波器在频率域中的传递函数［它与图 3.32(a)相同］。根据本章前面的讨论我们知道，低通滤波器衰减或去除高频而通过低频。高通滤波器的作用正好相反。如图 3.52(b)所示，高通滤波器去除或衰减低于截止值 u_0 的所有频率，而通过高于截止值的所有频率。比较图 3.52(a)和图 3.52(b)，我们发现高通滤波器是由 1 减去一个低通函数得到的。这一运算是在频率域中进行的。根据 3.4 节可知，频率域中的一个常数是空间域中的一个冲激。这样，由于单位冲激的中心与核的中心重合，从单位冲激中减去一个低通滤波器核，就得到了空间域中的一个高通滤波器。用这个核滤波图像的结果，与从原图像中减去低通滤波后的图像得到的结果相同。由式(3.55)定义的钝化模板执行的正是这一运算。因此，式(3.54)和式(3.56)实现的是等效运算（见习题 3.42）。

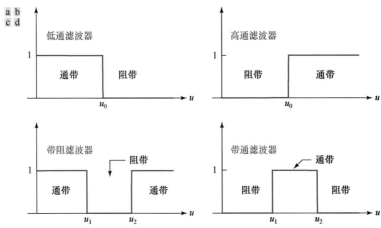

图 3.52 理想一维滤波器在频率域中的传递函数（u 表示频率）：(a)低通滤波器；(b)高通滤波器；(c)带阻滤波器；(d)带通滤波器（为简单起见，这里照例显示正频率）

图 3.52(c)显示了一个带阻滤波器的传递函数。这个传递函数可由具有不同截止频率的一个低通函数和一个高通函数之和构建（高通函数可由一个不同的低通函数构建）。图 3.52(d)中的带通滤波器传递函数可通过让 1（空间域中的单位冲激）减去这个带阻函数得到。带阻滤波器也被称为陷波滤波器，但后者往往面向局部，详见第 4 章中的介绍。表 3.7 中小结了前面的讨论。

> 回忆针对式(3.33)的讨论可知，单位冲激是一个矩阵，其所有元素中只有一个为 1，其他元素为 0。

表 3.7 用低通滤波器表示的 4 类主要空间滤波器。单位冲激的中心与滤波器核的中心重合

滤波器类型	用低通核 lp 表示的空间核
低通	$lp(x,y)$
高通	$hp(x,y) = \delta(x,y) - lp(x,y)$
带阻	$br(x,y) = lp_1(x,y) + hp_2(x,y) = lp_1(x,y) + [\delta(x,y) - hp_2(x,y)]$
带通	$bp(x,y) = \delta(x,y) - br(x,y) = \delta(x,y) - [lp_1(x,y) + [\delta(x,y) - lp_2(x,y)]]$

图 3.52 和表 3.7 中的关键是，所示的所有传递函数都可由一个低通滤波器传递函数开始得到，这很重要。还要认识到的是，我们是通过频率域中的简单图形说明得出这一结论的。根据空间域中的卷积得出同样的结论非常困难。

例 3.21 低通、高通，带阻和带通滤波。
本例说明如何使用软件包生成一维低通滤波器传递函数，并根据本节介绍的概念使用这个传递函数生成空间滤波器核。最后研究这些核的空间滤波性质。

图 3.53 显示了一幅同心圆反射板，我们常用它来测试滤波方法的特性。同心圆反射板有许多不同的版本，图 3.53 所示的同心圆反射板是用下式生成的：

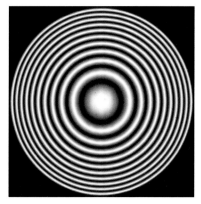

$$z(x, y) = \frac{1}{2}\left[1 + \cos(x^2 + y^2)\right] \tag{3.66}$$

式中，x 和 y 在区间[-8.2, 8.2]内变化，变化增量为 0.0275。这会得到一幅大小为 597×597 像素的图像。边缘的黑色区域是通过将到中心的距离大于 8.2 的所有像素设置为 0 得到的。同心圆反射板的主要特征是，其空间频率随着到中心的距离的增大而增加，到中心的距离越远，圆环越窄。这个性质使得同心圆反射板成为说明 4 种滤波器特性的理想图像。

图 3.53 大小为 597×597 像素的同心圆反射板

图 3.54(a)是用 MATLAB 设计的一个一维空间低通滤波器函数，其中有 128 个元素［请与图 3.32(b)比较］。如前所述，我们能够根据式(3.42)使用这个一维函数构建一个可分离的二维低通滤波器核，或者能够旋转这个一维函数来生成一个各向同性的二维核。图 3.54(b)中的核是使用后一种方法得到的。图 3.55(a)和(b)分别是用可分离核和各向同性核滤波图 3.53 得到的结果。两个滤波器核都通过同心圆反射板的低频，同时明显地衰减高频。然而，观察发现可分离滤波器核在通过的频率中产生了一个"略呈方形"（非径向对称）的结果。这是用非各向同性的可分离核在垂直方向上对图像滤波造成的。使用各向同性核得到的结果在所有径向方向上都是均匀的。这并不出我们所料，因为滤波器和图像都是各向同性的。

a b
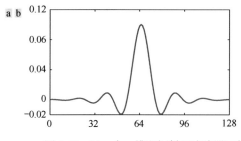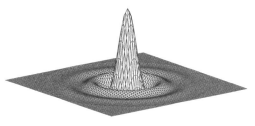

图 3.54 (a)一个一维空间低通滤波器函数；(b)一维剖面绕其中心旋转得到的二维核

图 3.56 是用表 3.7 中的 4 个滤波器对同心圆反射板滤波后的结果。我们采用图 3.54(b)中的二维低通核作为高通滤波器的基础，并采用类似的低通核作为带阻滤波器的基础。图 3.56(a)与图 3.55(b)相同，为方便起见，这里重复显示如下。图 3.56(b)是高通滤波后的结果。注意低频已被有效地滤除。高通滤波后的图像同样如此，黑色区域是由显示器将负值夹断为 0 导致的。图 3.56(c)是用式(2.31)和式(2.32)缩放后的同一幅图像，我们清楚地看到这个滤波器只通过了高频。由于高通核是用生成图 3.56(a)的低通核构建的，通过比较这两个结果可以清楚地看出高通滤波器通过了被低通滤波器衰减的频率。

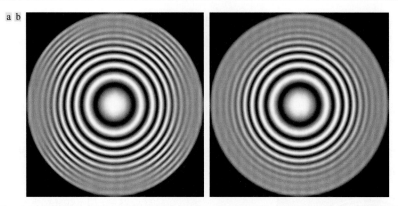

图 3.55   (a)使用一个可分离低通核滤波后的同心圆反射板；(b)使用图 3.54(b)中的各向同性低通核滤波后的图像

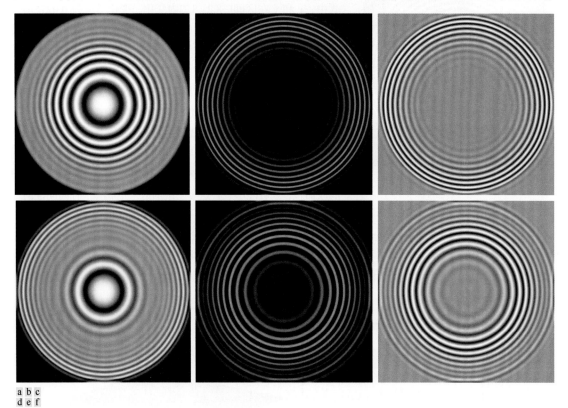

图 3.56   同心圆反射板的空间滤波：(a)低通滤波后的结果，它与图 3.55(b)相同；(b)高通滤波后的结果；(c)灰度缩放后的图(b)；(d)带阻滤波后的结果；(e)带通滤波后的结果；(f)灰度缩放后的图(e)

    图 3.56(d)显示了带阻滤波后的图像，其中中频带的衰减非常明显。最后，图 3.56(e)显示了带通滤波后的结果。这幅图像也有负值，因此图 3.56(f)中显示了其缩放图像。由于带通核是用单位冲激减去带阻核构建的，所以带通滤波器通过了被带阻滤波器衰减的频率。第 4 章中将给出带通和带阻滤波的其他例子。 ∎

3.8   组合使用空间增强方法

    到目前为止，我们一直将注意力集中在各种空间域处理方法上，只是有些情况下组合使用了模糊和阈值处理（见图 3.41）。通常，给定的任务需要用到几种互补技术才能得到可以令人接受的结果。本节说明如何组合前面介绍的几种方法来解决困难的图像增强任务。

　　图 3.57(a)是整个人体骨骼的核扫描图像，用于检测诸如骨感染和肿瘤等疾病。我们的目的增强这幅图像，即锐化它并显示更多的骨骼细节。灰度级的狭窄动态范围和噪声含量，使得这幅图像难以增强。我们采用的策略是，使用拉普拉斯来突出细节，使用梯度来增强突出的边缘。出于下面很快就会说明的原因，我们将使用平滑后的梯度图像来掩蔽拉普拉斯图像。最后，我们将尝试使用一个灰度变换来增大灰度级的动态范围。

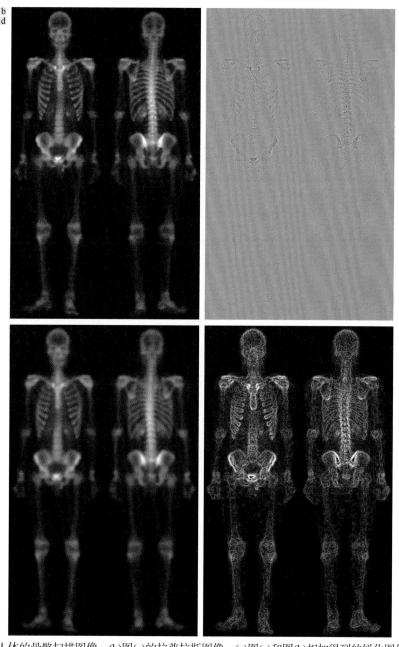

图 3.57　(a)整个人体的骨骼扫描图像；(b)图(a)的拉普拉斯图像；(c)图(a)和图(b)相加得到的锐化图像；(d)图(a)的 Sobel 梯度（原图像由 G . E . Medical Systems 提供）

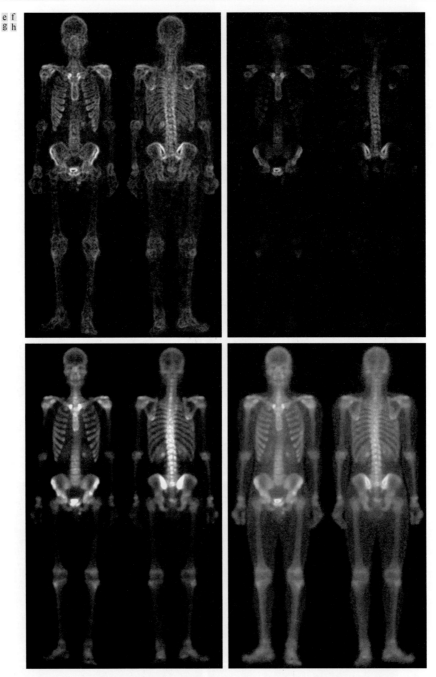

图 3.57 (e)使用一个 5×5 盒式滤波器平滑 Sobel 图像后的结果；(f)图(b)和图(e)相乘形成的模板图像；(g)图(a)和图(f)相加得到的锐化图像；(h)对图(g)应用一个幂律变换得到的最终结果。请将图(g)和图(h)与图(a)比较（原图像由 G . E . Medical Systems 提供）（续）

图 3.57(b)显示了原图像的拉普拉斯图像，它是用图 3.45(d)中的核得到的。这幅图像已用图 3.47 所用的相同技术缩放（仅用于显示）。这时，根据式(3.54)，我们可以简单地将图 3.57(a)和(b)相加来得到锐化后的图像。只看图 3.57(b)中的噪声水平，我们就可预料图 3.57(a)和(b)相加后得到的锐化图像中的噪声很

这时的掩蔽是指两幅图像相乘，如图 2.34 中那样。不要将它与钝化掩蔽中使用的模板混淆。

大。图 3.57(c)的结果证实了这一点。这时，我们立即想到降噪的一种方式是使用中值滤波器，但中值滤波是会删除图像特征的非线性处理，这在医学图像处理中是不可接受的。

另一种方法是使用由原图像的平滑后的梯度形成的模板。这种方法依据的是我们在解释图 3.44 时讨论的一阶导数和二阶导数的性质。拉普拉斯是一个二阶导数算子，因此具有增强细节的优势。然而，它产生的噪声要比梯度产生的噪声大。这种噪声在平滑区域中最令人讨厌，因为在平滑区域中更容易看到噪声。梯度对明显的灰度过渡区域（斜坡和台阶）的响应，要强于拉普拉斯对这些区域的响应。梯度对噪声和精细细节的响应要比拉普拉斯对这些内容的响应低，而使用一个低通滤波器平滑梯度可以进一步降低噪声。因此，思路是平滑梯度并将它与拉普拉斯图像相乘。这里，我们可将平滑后的梯度视为一幅模板图像。乘积会保留较强区域中的细节，同时降低相对平坦区域中的噪声。这个过程可以大致解释为结合了拉普拉斯和梯度的最优特性。结果与原图像相加，将得到锐化后的图像。

图 3.57(d)是用式(3.59)计算的原图像的 Sobel 梯度。分量 g_x 和 g_y 是用图 3.50(d)和(e)中的核分别得到的。不出所料，这幅图像中的边缘要比拉普拉斯图像中的边缘好得多。图 3.57(e)中平滑后的梯度图像是用大小为 5×5 的盒式滤波器得到的。事实上，图 3.57(d)和(e)要比图 3.57(b)亮得多，这进一步证实了具有重要边缘内容的图像的梯度值要高于拉普拉斯图像中的梯度值。

图 3.57(f)显示了拉普拉斯图像和平滑后的梯度图像的乘积。图中突出了强边缘，并且相对降低了噪声，原因是用平滑后的梯度图像掩蔽了拉普拉斯图像。乘积图像与原图像相加，就得到了图 3.57(g)中的锐化图像。与原图像相比，这幅图像中的大部分细节变得更清晰，如肋骨、脊髓、骨盆和颅骨的细节。单独使用拉普拉斯或梯度算子无法实现这种改进。

刚刚讨论的锐化过程并未明显影响图像中灰度级的动态范围。因此，增强任务的最后一步是增大锐化图像的动态范围。如 3.2 节和 3.3 节中详细讨论的那样，有几个灰度变换函数能够实现这一目的。直方图处理并不是一种好的图像处理方法，因为在这种情况下，直方图是由暗分量和亮分量表征的。我们正在处理的图像的暗色特征使得它们更适合用幂律变换来处理。我们希望扩展灰度级，因此式(3.5)中的 γ 值必须小于 1。使用这个公式试验几次后，我们使用 $\gamma = 0.5$ 和 $c = 1$ 得到了图 3.57(h)中的结果。比较这幅图像和图 3.57(g)，我们发现图 3.57(h)中出现了一些重要的新细节，如手腕、手、踝和脚周围区域中的细节。包括手臂和腿骨在内的骨骼结构也更加明显。注意身体轮廓和身体组织的模糊定义。尽管扩展灰度级的动态范围也增强了噪声，但图 3.57(h)与原图像相比，视觉改进非常明显。

小结、参考文献和延伸读物

本章中的内容是当前用于灰度变换和空间滤波的代表性技术。选定这些主题的原因是，它们是一个不断发展的领域的基础。虽然本章中的大多数例子都是关于图像增强的，但介绍的技术是非常普遍的，在本书后面介绍图像增强时，我们还会遇到其中的许多技术。

3.1 节的内容来自 Gonzalez[1986]。关于 3.2 节中内容的其他阅读材料，见 Schowengerdt[2006]和 Poyton[1996]。关于直方图处理的早期参考文献（3.3 节）是 Gonzalez and Fittes[1977]和 Woods and Gonzalez[1981]的论著。Stark[2000]给出了直方图均衡化在自适应增强方面的一些有趣推广。

关于线性空间滤波（3.4～3.7 节）的补充读物，见 Jain[1989]、Rosenfeld and Kak[1982]、Schowengerdt[2006]、Castleman[1996]和 Umbaugh[2010]。关于生成整数系数的高斯核的有趣方法，见 Padfield[2011]。关于中值和其他非线性空间滤波器的其他读物，见 Pitas and Venetsanopoulos[1990]。

关于本章中许多例子和项目的软件信息，见 Gonzalez, Woods and Eddins[2009]。

习题

标有星号的习题的答案在 DIP4E Student Support Package 中（查阅网站 www.ImageProcessingPlace.com）。

3.1 给出一个灰度变换函数，扩展图像的灰度，使得最低灰度为 0，最高灰度为 $L-1$。

3.2 完成如下工作。

(a)* 给出一个连续函数，实现图 3.2(a)中的对比拉伸变换。除 m 外，你的函数还必须包含一个参数 E，以便控制函数从低灰度值到高灰度值过渡时的斜率。你的函数应归一化，使最小值和最大值分别为 0 和 1。

(b) 对固定值 $m = L/2$，其中 L 是图像中的灰度级数，画出变换族与参数 E 的关系曲线。

3.3 完成如下工作。

(a)* 给出一组能够产生 8 比特单色图像的各个比特平面的灰度切片变换函数。例如，若 r 为 0 或偶数，则对图像应用具有性质 $T(r) = 0$ 的变换函数；若 r 为奇数，则应用具有性质 $T(r) = 1$ 的变换函数，产生最低有效比特平面的图像（见图 3.13）。（提示：使用一个 8 比特真值表确定每个变换函数的形式。）

(b) 16 比特图像有多少个灰度变换函数？

(c) (a)问中的基本方法只限于灰度级数是 2 的整数次幂的图像吗？它是对任意数量的整数灰度级通用的方法吗？

(d) 如果这种方法是通用的，那么它与(a)问的解有何不同？

3.4 完成如下工作。

(a) 给出一种方法来提取图像的比特平面，这种方法基于将图像像素的值转换为二值。

(b) 求如下 4 比特图像的所有比特平面：

$$\begin{array}{cccc} 0 & 1 & 8 & 6 \\ 2 & 2 & 1 & 1 \\ 1 & 15 & 14 & 12 \\ 3 & 6 & 9 & 10 \end{array}$$

3.5 (a)* 将低有效比特平面设为零对图像的直方图有什么影响？(b)将高有效比特平面设为零对图像的直方图有什么影响？

3.6 说明离散直方图均衡化技术通常不产生平坦直方图的原因。

3.7 假设一幅数字图像已进行了直方图均衡化。证明（对直方图均衡化后的图像）第二次直方图均衡化的结果与第一次的结果相同。

3.8 假设是连续值情况，给出一个例子，说明式(3.11)给出的变换函数有可能满足 3.3 节讨论的条件(a)和(b)，但不满足反条件(a′)。

3.9 完成如下工作。

(a) 证明式(3.15)中给出的直方图均衡化离散变换函数满足 3.3 节开头声明的条件(a)和(b)。

(b)* 证明仅当原图像中不缺少灰度级 r_k，$k = 0, 1, 2, \cdots, L-1$ 时，式(3.16)中的离散反变换才满足 3.3 节中的条件(a′)和(b)。

3.10 图像 $f(x, y)$ 和 $g(x, y)$ 的非归一化直方图分别为 h_f 和 h_g。给出能确定如下图像的直方图的条件（针对 f 和 g 中的像素值）：(a)* $f(x, y) + g(x, y)$；(b) $f(x, y) - g(x, y)$；(c) $f(x, y) \times g(x, y)$；(d) $f(x, y) \div g(x, y)$。证明每种情况下这些直方图是如何形成的。算术运算是对应像素运算，详见 2.6 节中的说明。

3.11 假设图像的灰度值连续，且图像的灰度值 PDF 如下：对于 $0 \le r \le L-1$，$p_r(r) = 2r / (L-1)^2$；对于 r 的其他值，$p_r(r) = 0$。

(a)* 求将输入灰度值 r 映射为直方图均衡化后的图像值 s 的变换函数。

(b)*求（应用到直方图均衡化后的灰度 s 的）变换函数，产生一幅图像，图像的灰度 PDF 如下：对于 $0 \le z \le L-1$，$p_z(z) = 3z^2 / (L-1)^3$；对于 z 的其他值，$p_z(z) = 0$。

(c) 将(b)问中的变换函数表示为输入图像的灰度 r 的函数。

3.12 灰度在区间[0,1]内的图像具有如右图所示的概率密度函数 $p_r(r)$。我们希望变换这幅图像的灰度级，以便它们在所示的图形中具有规定的 $p_z(z)$。假设各个量是连续的，求实现这一目的的变换（用 r 和 z 表示）。

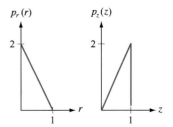

3.13* 在图 3.25(b)中，标为（2）的变换函数［来自式(3.23)中的 $G^{-1}(s_k)$］的是标为（1）的变换函数［来自式(3.21)中的 $G(z_q)$］关于两个端点的连线的镜像。对于这两个变换函数，这个性质总成立吗？说明原因。

3.14* 3.3 节讨论的局部直方图处理方法要求在每个邻域位置计算一个直方图，请提出从一个邻域到下一个邻域更新直方图的方法。

3.15 当 $a = b = 0$ 时，式(3.35)的特性是什么？说明原因。

3.16 你有一个能够执行实时线性滤波的计算机芯片，但你不知道芯片执行的是相关运算还是卷积运算。给出确定执行的具体运算的测试细节。

3.17* 3.4 节中提到，要进行卷积运算，需要将核旋转180°。旋转运算已经"内置"到式(3.35)中。图 3.28 对应于相关运算。画出 w 旋转 180°后被大椭圆包围的图形部分。对于一个普通的 3×3 核展开式(3.35)，并证明你的展开结果对应于你的图形。这以图形方式给出了旋转核时卷积和相关的不同。

3.18 有如下核和图像：

$$w = \begin{bmatrix} 1 & 2 & 1 \\ 2 & 4 & 2 \\ 1 & 2 & 1 \end{bmatrix} \qquad f = \begin{bmatrix} 0 & 0 & 0 & 0 & 0 \\ 0 & 0 & 1 & 0 & 0 \\ 0 & 0 & 1 & 0 & 0 \\ 0 & 0 & 1 & 0 & 0 \\ 0 & 0 & 0 & 0 & 0 \end{bmatrix}$$

(a)* 当核的中心是上面所示图像的点(2, 3)（第 2 行、第 3 列）时，画出被图 3.28 中大椭圆包围的区域。给出具体的 w 值和 f 值。

(b)* 使用所需的最小零填充计算卷积 $w \star f$。核的中心位于 f 的点(2, 3)时，给出你的计算细节，并给出最终的完全卷积结果。

(c) 对相关运算 $w \dstar f$，重做(b)问。

3.19* 证明式(3.36)和式(3.37)成立。

3.20 习题 3.18 中的核 w 是可分离的。

(a)* 通过检验，求满足 $w = w_1 \star w_2$ 的两个核 w_1 和 w_2。

(b) 根据习题 3.18 中的图像，使用所需的最小零填充计算卷积 $w_1 \star f$。当核的中心位于 f 的点(2, 3)（第 2 行、第 3 列）时，给出计算的细节，然后给出这个完全卷积。

(c) 计算 w_2 和(b)问中结果的卷积。当核的中心位于(b)问结果的点(3, 3)时，给出计算的细节，然后给出这个完全卷积。请与习题 3.18(b)的结果比较。

3.21 有如下核和图像：

$$w = \begin{bmatrix} 1 & 2 & 1 \\ 2 & 4 & 2 \\ 1 & 2 & 1 \end{bmatrix}, \qquad f = \begin{bmatrix} 1 & 1 & 1 & 1 & 1 \\ 1 & 1 & 1 & 1 & 1 \\ 1 & 1 & 1 & 1 & 1 \\ 1 & 1 & 1 & 1 & 1 \\ 1 & 1 & 1 & 1 & 1 \end{bmatrix}$$

(a) 给出两者的卷积。(b) 你的结果有偏差吗?

3.22 回答下列问题:

(a)*如果 $v = [1\ \ 2\ \ 1]^T$ 和 $w^T = [2\ \ 1\ \ 1\ \ 3]$，由 vw^T 形成的核是可分离的吗?

(b)*下面的核是可分离的。求满足 $w = w_1 \star w_2$ 的 w_1 和 w_2：

$$w = \begin{bmatrix} 1 & 3 & 1 \\ 2 & 6 & 2 \end{bmatrix}$$

(c) 下面的核是可分离的。求满足 $w = w_1 \star w_2$ 的 w_1 和 w_2：

$$w = \begin{bmatrix} 2 & 1 & 1 & 3 \\ 4 & 2 & 2 & 6 \\ 2 & 1 & 1 & 3 \end{bmatrix}$$

3.23 完成如下任务。

(a)*证明式(3.45)中的高斯核 $G(s,t)$ 是可分离的。(提示:阅读 3.4 节中关于可分离滤波器核的讨论的第一段。)

(b) 由于 G 是可分离的、圆对称的,因此可表示为 $G = vv^T$。假设使用式(3.46)中的核,对函数取样后得到一个 $m \times m$ 核。此时 v 是多少?

3.24* 证明一个行向量和一个列向量的积等于这两个向量的二维卷积。向量长度不必相同。你可采用图形方法(如图 3.30 所示)来支持你的证明。

3.25 已知 K 个具有任意均值和标准差的一维高斯核 $g_1, g_2, \cdots, g_K$：

(a)*表 3.6 第三列中的哪些项对应于叉积 $g_1 \times g_2 \times \cdots \times g_K$？

(b) 第四列中的哪些项对应于卷积 $g_1 \star g_2 \star \cdots \star g_K$？

(提示:使用方差更容易;标准差只是你的结果的平方根。)

3.26 右侧两幅图像差别很大,但它们的直方图相同。假设每幅图像都使用一个 3×3 的盒式核来模糊。

(a)*模糊后的图像的直方图仍然相同吗? 说明原因。

(b) 如果你的答案是"否",那么请画出这两个直方图,或给出详细列明直方图分量的两个表。

3.27 使用一个大小为 3×3、标准差为 1.0 的高斯核对一幅图像进行了 4 次滤波。由于卷积运算满足结合律,我们知道使用由各个核的卷积形成的单个高斯核能够得到同样的结果。

(a)*单个高斯核的大小是多少?

(b) 标准差是多少?

3.28 用大小分别为 3×3、5×5、7×7,标准差分别为 1.5、2、4 的三个高斯低通核对一幅图像滤波。这三个滤波器的卷积形成了一个复合滤波器 w。

(a)*得到的滤波器是高斯滤波器吗? 说明原因。

(b) 其标准差是多少?

(c) 其大小是多少?

3.29 讨论用一个 3×3 低通滤波器核反复滤波一幅图像的极限效果。可以忽略边界效应。

3.30 在图 3.42(b)中,估计的阴影模式的角看起来要暗或亮于周围区域。请说明原因。

3.31* 使用系数之和为 1 的一个核对图像进行滤波。证明原图像中的像素值之和,与滤波后的图像中的像素值之和相等。

3.32 使用系数之和为 0 的一个核对图像进行滤波。证明滤波后的图像中的像素值之和也是 0。

3.33 一个光点可用其值在光点位置为 1、在其他位置为 0 的一幅数字图像来模拟。通过散焦透镜观看单个光点时，它显示为一个模糊的斑点，斑点的大小取决于镜头的散焦量。3.5 节中指出，使用一个盒式核来滤波图像是散焦透镜的一个糟糕模型，而用高斯核则能得到更好的近似。使用单个光点的比喻说明出现这种情况的原因。

3.34　在用于生成如下三幅模糊图像的原图像中，竖条的宽度为 5 像素，高度为 100 像素，竖条的间距为 20 像素。图像被旁边大小分别为 23 个元素、25 个元素和 45 个元素的方形盒式核模糊。图(a)和图(c)中左下方的竖条被模糊，但它们之间仍然存在清晰的间隔。

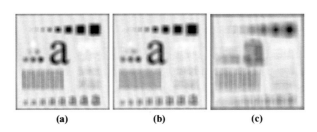

(a)　　　　　**(b)**　　　　　**(c)**

然而，尽管生成这幅图像的核远小于用于生成图像(c)的核，图(b)中的竖条却合并到了一起。说明原因。

3.35　考虑类似于图 3.41 的一个应用，这个应用的目的是消除一些目标，这些目标小于 $q \times q$ 像素方形所包围的目标。假设我们想把这些目标的平均灰度降至原平均值的 1/10。采用这种方法，它们的灰度将更接近背景的灰度，并且可用阈值处理法消除它们。给出一个奇数大小的最小核，只需要对图像应用这个核一次，就可得到期望的平均灰度降低。

3.36　参考统计排序滤波器（见 3.5 节）：

(a)* 我们提到，（相对于背景的）孤立暗像素族或亮像素族，在面积不到中值滤波器面积的一半时，滤波器会将邻域的中值赋给它们。假设滤波器的大小为 $n \times n$（n 为奇数），说明出现这种情况的原因。

(b) 考虑具有许多像素族集合的一幅图像。假设某族像素中的所有点都亮于或暗于背景，并且每族像素的面积小于等于 $n^2/2$。就 n 而言，在什么条件下，一个或多个这样的像素族不再像(a)问中那样孤立？

3.37　完成如下工作。

(a)* 开发一个程序，计算一个 $n \times n$ 邻域的中值。

(b) 提出一种技术，更新邻域中心逐个像素移动时的中值。

3.38　某个应用为了降噪，首先对输入图像应用一个平滑核，然后用一个拉普拉斯核来增强细节。如果交换这些运算的顺序，那么得到的结果是否相同？

3.39*　证明式(3.50)中定义的拉普拉斯是各向同性的（旋转不变的）。假设量是连续的。根据表 2.3，角度旋转 θ 后的坐标由下式给出：

$$x' = x\cos\theta - y\sin\theta \quad \text{和} \quad y' = x\sin\theta + y\cos\theta$$

式中，(x, y) 和 (x', y') 分别是旋转前和旋转后的坐标。

3.40*　图 3.46 表明，与中心是–4 的拉普拉斯相比，中心是–8 的拉普拉斯的结果要清晰一些，说明原因。

3.41*　给出一个 3×3 的核，对图像应用一次该核就能执行钝化掩蔽。假设平均图像是用大小为 3×3 的盒式滤波器得到的。

3.42　证明从图像中减去拉普拉斯图像得到的结果，与式(3.55)中的钝化掩蔽成正比。对拉普拉斯图像使用式(3.53)给出的定义。

3.43　完成如下工作。

(a)* 证明式(3.58)给出的梯度幅度是各向同性运算（见习题 3.39）。

(b) 证明如果使用式(3.59)来计算梯度，那么通常失去各向同性性质。

3.44　下面的高通（锐化）核都是可分离的吗？对于那些可分离的核，求使得 vw^{T} 等于该核的向量 v 和 w。

(a) 图 3.45(a)和(b)中的拉普拉斯核。

(b) 图 3.50(b)和(c)中的罗伯特交叉梯度核。

(c)* 图 3.50(d)和(e)中的 Sobel 核。

3.45 在字符识别应用中,使用图 3.2(b)中的阈值变换函数将文本页简化成了二值图像。然后细化字符,直到它们成为 0 值背景上的 1 值字符串。由于噪声的影响,阈值处理和细化运算会使得字符串断裂,裂隙的宽度从 1 像素到 3 像素不等。"修复"裂隙的方法是对二值图像应用一个平滑核使其模糊,用非零像素连上这些裂隙。

(a)* 给出能够执行这一任务的最小盒式核(奇数)大小。

(b) 连上裂隙后,对图像进行阈值处理,将其转换为二值形式。对于你在(a)问中的答案,实现这一目的所需的最小阈值是多少时,才不会使得连线再次断裂?

3.46 一家制造公司购买了一个成像系统,成像系统的功能是平滑或锐化图像。对生产现场使用这个系统的结果一直很糟糕,经理怀疑系统未以应有的方式平滑和锐化图像。工厂聘用你来确定系统是否正确地执行了这些功能。如何确定系统是否正常工作?(提示:研究习题 3.31 和习题 3.32 的说明。)

3.47 使用一台 CCD 电视摄像机持续 30 天全天候地观察同一个区域。观察期间,摄像机每隔 5 分钟拍摄一幅数字图像并将其传送到某个中心位置。场景的照明由日光变为人工照明。场景的照明不中断,因此总有可能得到一幅可接受的图像。由于照度范围总是在摄像机的线性工作范围内,因此不对摄像机本身采取任何补偿措施,而采用图像处理技术对图像进行后处理,进而把图像归一化为恒定光照下的等效图像。请提出实现这一目的的一种方法。你可自由地使用任何方法,但在设计中要清楚地说明所做的假设。

第4章 频率域滤波

Filter: A device or material for suppressing or minimizing waves or oscillations of certain frequencies.

Frequency: The number of times that a periodic function repeats the same sequence of values during a unit variation of the independent variable.

Webster's New Collegiate Dictionary

引言

简述傅里叶变换的历史及其在图像处理中的重要性后，我们从函数取样的基本原理出发，逐步推导了一维和二维离散傅里叶变换。傅里叶变换与卷积是频率域处理的主要内容。在介绍过程中，我们还涉及取样的几个重要方面，如混叠，混叠处理要求我们了解频率域，因此在本章中介绍频率域是合适的，后续内容是频率域滤波，频率域滤波是与第3章中讨论的空间技术并列的内容。本章最后推导快速傅里叶变换（FFT）的基本公式，并讨论其计算优点，这些优点使得频率域滤波具有实用价值，并且在许多情况下优于空间域滤波。

学习目标

- 了解频率域滤波的含义及其与空间域滤波的区别。
- 熟悉取样、函数重建和混叠等概念。
- 了解频率域卷积及其与滤波的关系。
- 知道如何由空间核获得频率域滤波器函数，反之亦然。
- 能够在频率域中直接构造滤波器传递函数。
- 理解图像填充重要的原因。
- 知道在频率域中执行滤波所需的步骤。
- 了解何时频率域滤波优于空间域滤波。
- 熟悉频率域中的其他滤波技术，如钝化掩蔽和同态滤波。
- 了解快速傅里叶变换的起源和原理，以及如何在图像处理中有效地利用它。

4.1 背景

首先简要概述傅里叶变换的起源，以及傅里叶变换对数学、科学和工程的无数分支学科的影响。

4.1.1　傅里叶级数和变换简史

法国数学家傅里叶（Jean Baptiste Joseph Fourier）于1768 年在巴黎与第戎之间的奥克塞里镇出生。他被世人铭记的最大贡献是他于 1807 年发表的传记和 1822 年出版的 *La Théorie Analitique de la Chaleur*（*The Analytic Theory of Heat*）一书。55 年后，该书由 Freeman（见Freeman [1878]）翻译为英文。基本上，傅里叶在该领域的贡献是，任何周期函数都可表示为不同频率的正弦函数和/或余弦函数之和，其中每个正弦函数和/或余弦函数都乘以不同的系数（我们现在称该和为傅里叶级数）。无论函数多么复杂，只要它是周期的，并且满足某些合适的数学条件，那么就都能用这样的和来表示。我们现在认为这是理所当然的，但在首次提出这一思想的时代，复杂函数能够表示为简单正弦函数和余弦函数之和的概念很不直观（见图 4.1），因此傅里叶思想遭到人们的质疑不足为奇。

（曲线下方面积有限的）非周期函数甚至也能用正弦函数和/或余弦函数乘以加权函数的积分来表示。这种情况下的公式就是傅里叶变换，其作用在许多理论和应用学科中甚至大于傅里叶级数。这两种表示有一个重要的共同特性，即用傅里叶级数或变换表示的函数可由逆过程完全重建（复原），而不丢失信息。这是这些表示的最重要特征之一，因为它允许我们工作在傅里叶域，

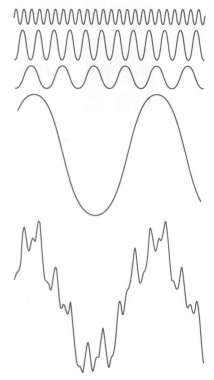

图 4.1　底部的函数是上面 4 个函数的和。1807 年傅里叶关于周期函数可表示为正弦函数和余弦函数的加权和的思想遭到质疑

然后返回到函数的原始域中，而不会丢失任何信息。最终，傅里叶级数和变换在实际问题求解中的作用，使得它们成为人们广泛研究和使用的基本工具。

傅里叶思想的最初应用是在热扩散领域。在热扩散领域，人们首次使用一种能够得到解的形式表示了热流的微分方程。在过去的一个世纪，尤其是后 60 年，傅里叶思想使得整个工业界和学术界空前繁荣。早在 20 世纪 60 年代初，数字计算机的出现和快速傅里叶变换算法（FFT）的"发现"，引发了信号处理领域的变革。这两种核心技术使得人们首次对一些重要的信号进行了实用处理，范围涉及医学监视器和扫描仪信号、现代电子通信信号等。

如 3.4 节所述，傅里叶变换用大小为 $m \times n$ 元素的核对大小为 $M \times N$ 的图像进行滤波时，需要的运算次数为 $MNmn$（乘法和加法）。如果核是可分离的，那么运算次数可减少为 $MN(m + n)$。在 4.11 节中，我们会发现在频率域中执行等效滤波所需的运算次数仅为 $2MN \log_2 MN$，前面的系数 2 表示我们要计算一次正 FFT 和一次反 FFT。

为说明频率域滤波相对于空间域滤波的计算优势，我们分别考虑大小为 $M \times M$ 和 $m \times m$ 的方形图像与核。与采用不可分离的核相比，采用 FFT 对这种图像滤波的计算优势（它是核大小的函数）定义为

$$C_n(m) = \frac{M^2 m^2}{2M^2 \log_2 M^2} = \frac{m^2}{4 \log_2 M} \tag{4.1}$$

如果核是可分离的，那么这一优势变为

$$C_s(m) = \frac{2M^2 m}{2M^2 \log_2 M^2} = \frac{m}{2 \log_2 M} \tag{4.2}$$

两种情况下，当 $C(m) > 1$ 时，FFT 方法的计算优势更大（根据计算次数）；而当 $C(m) \leqslant 1$ 时，空间滤波的优势更大。

图 4.2(a)中显示了中等大小图像（$M = 2048$）的 $C_n(m)$ 与 m 的关系曲线。内嵌表显示了小核的细节。如看到的那样，对于 7×7 或更大的核，FFT 具有计算优势。这一优势随着 m 的增大

> 式(4.1)和式(4.2)给出的计算优势并未考虑 FFT 在本章后面讨论的复数和其他二次计算之间的运算。因此，这些比较只作为参考。

而迅速增大，例如 $m = 101$ 时计算优势超过 200，而 $m = 201$ 时计算优势接近 1000。下面说明这一优势的含义。如果用 FFT 对大小为 2048×2048 的一组图像进行滤波需要 1 分钟，那么用大小为 201×201 元素的不可分离核对同一组图像滤波需要 17 小时。这一差异非常明显，因此清楚地表明了使用 FFT 进行频率域处理的重要性。

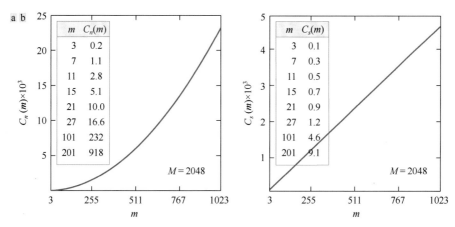

图 4.2　(a)不可分离空间核上 FFT 的计算优势；(b)可分离核上 FFT 的计算优势。内嵌表中 $C(m)$ 的数字并未像所示曲线那样乘以因子 10

使用可分离核时，虽然计算优势不明显，但也是有意义的。"交叉"点现在为 $m = 27$，当 $m = 101$ 时，频率域和空间域滤波的计算优势差别不大。但在 $m = 201$ 时，使用 FFT 的优势近似为空间域滤波的 10 倍，这一差别很大。注意，在两幅图中，FFT 相对于较大的空间核具有压倒性的优势。

下面几节重点介绍傅里叶变换及其性质。随着介绍的深入，我们会发现傅里叶技术具有广泛的图像处理应用。本章最后探讨 FFT。

4.1.2　关于本章中的例子

如第 3 章那样，本章中的多数图像滤波例子处理的是图像增强问题。例如，就像对比度处理技术那样，平滑和锐化传统上是与图像增强相关的。数字图像处理的初学者通常认为图像增强技术是有趣的，并且很容易理解。因此，在本章中以图像增强为例不仅可以节省本书的篇幅，而且能为初学者介绍频率域滤波技术提供有效的工具。第 5 章、第 7 章、第 8 章、第 10 章和第 11 章将介绍其他频率域处理方法。

4.2　基本概念

下面简单介绍后几节中要用到的几个基本概念。

4.2.1　复数

复数 C 的定义为

$$C = R + jI \tag{4.3}$$

式中，R 和 I 是实数，$j = \sqrt{-1}$。其中，R 表示复数的实部，I 表示复数的虚部。实数是 $I = 0$ 的复数的子集。复数 C 的共轭表示为 C^*，其定义是

$$C^* = R - jI \tag{4.4}$$

从几何角度来看，复数可视为平面（称为复平面）上的一个点，其横坐标是实轴（R 的值），纵坐标是虚轴（I 的值）。也就是说，复数 $R + jI$ 是复平面直角坐标系中的点 (R, I)。

有时，采用极坐标来表示复数很有用，

$$C = |C|(\cos\theta + j\sin\theta) \tag{4.5}$$

式中，$|C| = \sqrt{R^2 + I^2}$ 是从复平面的原点延伸到点 (R, I) 的向量的长度，θ 是该向量与实轴的夹角。在第一象限中画出向量的实轴和虚轴图，会发现 $\tan\theta = (I/R)$ 或 $\theta = \arctan(I/R)$。$\arctan$ 函数返回区间 $[-\pi/2, \pi/2]$ 内的一个角度。然而，由于 I 和 R 可分别为正和为负，因此我们需要得到整个区间 $[-\pi, \pi]$ 内的角度。计算 θ 时，需要跟踪 I 和 R 的符号。许多编程语言会通过调用所谓的四象限反正切函数来自动地计算角度。例如，MATLAB 提供函数 atan2(Imag,Real) 来计算角度。

使用欧拉公式

$$e^{j\theta} = \cos\theta + j\sin\theta \tag{4.6}$$

式中 $e = 2.71828\cdots$，可以给出极坐标下我们熟悉的复数表示：

$$C = |C|e^{j\theta} \tag{4.7}$$

式中，$|C|$ 和 θ 的定义如上。例如，复数 $1 + j2$ 的极坐标表示是 $\sqrt{5}\,e^{j\theta}$，其中 $\theta = 63.4°$ 或 1.1 弧度（rad）。前面的公式也适用于复函数。例如，实变量 u 的复函数 $F(u)$ 可表示为 $F(u) = R(u) + jI(u)$，其中 $R(u)$ 和 $I(u)$ 分别是 $F(u)$ 的实分量函数和虚分量函数。如前所述，复共轭函数是 $F^*(u) = R(u) - jI(u)$，幅值是 $|F(u)| = \left[R(u)^2 + I(u)^2 \right]^{1/2}$，角度是 $\theta(u) = \arctan\left[I(u) / R(u) \right]$。在本章后面和下一章中还会多次讨论复函数。

4.2.2　傅里叶级数

如前节所述，周期为 T 的连续变量 t 的周期函数 $f(t)$，可表示为乘以适当系数的正弦函数和余弦函数之和。这个和就是傅里叶级数，其形式为

$$f(t) = \sum_{n=-\infty}^{\infty} c_n e^{j\frac{2\pi n}{T}t} \tag{4.8}$$

式中，

$$c_n = \frac{1}{T} \int_{-T/2}^{T/2} f(t) e^{-j\frac{2\pi n}{T}t} dt, \quad n = 0, \pm 1, \pm 2, \cdots \tag{4.9}$$

是系数。式(4.8)可展开为正弦函数与余弦函数之和这一事实来自欧拉公式(4.6)。

4.2.3　冲激函数及其取样（筛选）性质

线性系统和傅里叶变换研究的核心是冲激函数及其取样（筛选）性质。连续变量 t 在 $t = 0$ 处的单

位冲激表示为 $\delta(t)$，其定义是

$$\delta(t) = \begin{cases} \infty, & t = 0 \\ 0, & t \neq 0 \end{cases} \tag{4.10}$$

它被限制为满足恒等式

$$\int_{-\infty}^{\infty} \delta(t)\mathrm{d}t = 1 \tag{4.11}$$

　　自然地，将 t 解释为时间时，冲激就可视为幅度无限、持续时间为 0、具有单位面积的尖峰信号。冲激具有关于积分的所谓取样性质：

$$\int_{-\infty}^{\infty} f(t)\delta(t)\mathrm{d}t = f(0) \tag{4.12}$$

> 冲激并不是通常意义上的函数，更准确的名称是分布或广义函数。但是，我们在文献中通常会看到冲激函数、δ 函数和狄拉克 δ 函数这样的名称，尽管它们都名不副实。

假设 $f(t)$ 在 $t = 0$ 处是连续的，这是实际中通常满足的一个条件。取样性质只是得到函数 $f(t)$ 在冲激位置（前一公式中的 $t = 0$）的值。关于取样性质的更为一般的说法是，任意一点 t_0 的冲激表示为 $\delta(t - t_0)$。此时，

$$\int_{-\infty}^{\infty} f(t)\delta(t - t_0)\mathrm{d}t = f(t_0) \tag{4.13}$$

它只是给出函数在冲激位置 t_0 的值。例如，若 $f(t) = \cos(t)$，则在式(4.13)中使用冲激 $\delta(t - \pi)$ 得到结果 $f(\pi) = \cos(\pi) = -1$。取样概念的作用很快就会变得明显。

　　在本节的后面，我们的兴趣是冲激串 $s_{\Delta t}(t)$，它定义为无穷多个冲激 ΔT 单位的和：

$$s_{\Delta T}(t) = \sum_{k=-\infty}^{\infty} \delta(t - k\Delta T) \tag{4.14}$$

图 4.3(a)显示了 $t = t_0$ 处的一个冲激，图 4.3(b)显示了一个冲激串。连续变量的冲激用上箭头表示，以模拟无限的高度和零宽度。对于离散变量，这一高度是有限的，下面将说明这一点。

　　令 x 表示一个离散变量。如第 3 章所述，单位离散冲激 $\delta(x)$ 在离散系统中的作用与处理连续变量时冲激 $\delta(t)$ 的作用相同。它定义为

$$\delta(x) = \begin{cases} 1, & x = 0 \\ 0, & x \neq 0 \end{cases} \tag{4.15}$$

很明显，该定义满足式(4.11)的离散等效形式：

$$\sum_{x=-\infty}^{\infty} \delta(x) = 1 \tag{4.16}$$

离散变量的取样性质的形式为

$$\sum_{x=-\infty}^{\infty} f(x)\delta(x) = f(0) \tag{4.17}$$

或者更一般地使用 $x = x_0$ 处的离散冲激 [见式(3.33)]，

$$\sum_{x=-\infty}^{\infty} f(x)\delta(x - x_0) = f(x_0) \tag{4.18}$$

同样，取样性质只是产生冲激位置处的函数值。图 4.3(c)以图表方式显示了单位离散冲激，图 4.3(d)显示了一个离散单位冲激串，与其连续形式不同的是，离散冲激是一个普通函数。

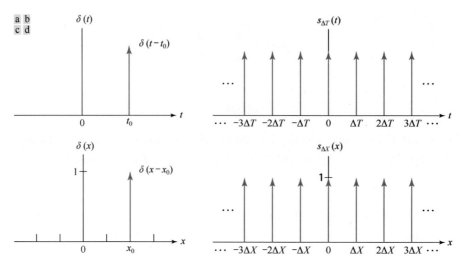

图 4.3　(a) $t = t_0$ 处的连续冲激；(b) 由连续冲激组成的冲激串；(c) $x = x_0$ 处的单位离散冲激；(d) 由离散单位冲激组成的冲激串

4.2.4　连续单变量函数的傅里叶变换

连续变量 t 的连续函数 $f(t)$ 的傅里叶变换由 $\Im\{f(t)\}$ 表示，它定义为

$$\Im\{f(t)\} = \int_{-\infty}^{\infty} f(t)\mathrm{e}^{-\mathrm{j}2\pi\mu t}\mathrm{d}t \tag{4.19}$$

式中，μ 也是一个连续变量[①]。因为积分变量是 t，所以 $\Im\{f(t)\}$ 只是 μ 的函数，即 $\Im\{f(t)\} = F(\mu)$；因此，我们把 $f(t)$ 的傅里叶变换写为

$$F(\mu) = \int_{-\infty}^{\infty} f(t)\mathrm{e}^{-\mathrm{j}2\pi\mu t}\mathrm{d}t \tag{4.20}$$

相反，已知 $F(\mu)$ 时，可通过傅里叶反变换可以得到 $f(t)$，它写为

$$f(t) = \int_{-\infty}^{\infty} F(\mu)\mathrm{e}^{\mathrm{j}2\pi\mu t}\mathrm{d}\mu \tag{4.21}$$

其中用到了反变换中积分变量是 μ 的事实，因此将反变换简单地写为 $f(t)$，而不写为烦琐的形式 $f(t) = \Im^{-1}\{F(\mu)\}$。式(4.20)和式(4.21)共同构成傅里叶变换对，通常表示为 $f(t) \Leftrightarrow F(\mu)$。双箭头表明由傅里叶正变换得到右侧的表达式，而左侧的表达式是取右侧表达式的傅里叶反变换得到的。

> 式(4.21)表明了 4.1 节中提及的一个重要事实，即函数可由其变换复原。

使用欧拉公式，可将式(4.20)写为

$$F(\mu) = \int_{-\infty}^{\infty} f(t)\left[\cos(2\pi\mu t) - \mathrm{j}\sin(2\pi\mu t)\right]\mathrm{d}t \tag{4.22}$$

我们看到，如果 $f(t)$ 是实数，那么其变换通常是复数。注意，傅里叶变换是 $f(t)$ 乘以正弦函数的展开式，其中正弦函数的频率由 μ 值决定。因此，积分后留下的唯一变量是频率，因此我们说傅里叶变换域是频率

> 因为该方程中的积分变量是 t，因此剩下的唯一变量是 μ，它是正弦函数和余弦函数的频率。

[①]　傅里叶变换存在的条件表述起来通常很复杂（Champeney[1987]），但其存在的充分条件是 $f(t)$ 的绝对值的积分或 $f(t)$ 的平方的积分是有限的。实践中傅里叶变换的存在性通常不是问题，但理想信号除外，因为这种正弦信号会无限扩展。这些信号是使用通用冲激来处理的。我们的主要兴趣是稍后要介绍的离散傅里叶变换对，它是所有有限函数存在傅里叶变换的保证。

域。本章稍后将详细讨论频率域及其性质。在我们的讨论中，t 可以表示任何连续变量，并且频率变量 μ 的单位取决于 t 的单位。例如，如果 t 表示的是以秒为单位的时间，那么 μ 的单位是周期数/秒或赫兹（Hz）；如果 t 表示的是以米为单位的距离，那么 μ 的单位是周期数/米；等等。换句话说，频率域的单位是输入函数自变量每秒的周期数。

图 4.4(a)中的函数的傅里叶变换可由式(4.20)得出：

$$F(\mu) = \int_{-\infty}^{\infty} f(t) e^{-j2\pi\mu t} dt = \int_{-W/2}^{W/2} A e^{-j2\pi\mu t} dt$$

$$= \frac{-A}{j2\pi\mu} \Big[e^{-j2\pi\mu t} \Big]_{-W/2}^{W/2} = \frac{-A}{j2\pi\mu} \Big[e^{-j\pi\mu W} - e^{j\pi\mu W} \Big]$$

$$= \frac{A}{j2\pi\mu} \Big[e^{j\pi\mu W} - e^{-j\pi\mu W} \Big]$$

$$= AW \frac{\sin(\pi\mu W)}{(\pi\mu W)}$$

式中使用了三角恒等式 $\sin\theta = (e^{j\theta} - e^{-j\theta})/2j$。此时，傅里叶变换的复数项合并为一个实正弦函数。上式中最后一步的结果是我们熟悉的 sinc 函数，即

$$\text{sinc}(m) = \frac{\sin(\pi m)}{(\pi m)} \tag{4.23}$$

式中，$\text{sinc}(0) = 1$，对于 m 的所有其他整数值，$\text{sinc}(m) = 0$。图 4.4(b)显示了 $F(\mu)$ 的曲线。

通常，傅里叶变换中包含复数项，这是为显示变换的幅值（一个实量）的一种约定。这个幅值称为傅里叶频谱或频谱：

$$|F(\mu)| = AW \left| \frac{\sin(\pi\mu W)}{(\pi\mu W)} \right|$$

图 4.4(c)显示了 $|F(\mu)|$ 与频率的关系曲线。曲线的关键性质是：（1）$F(\mu)$ 和 $|F(\mu)|$ 的零值位置都与"盒式"函数的宽度 W 成反比；（2）到原点的距离越大，旁瓣的高度随到原点距离的增加而减小；（3）函数向 μ 值的正方向和负方向无限扩展。如稍后所述，这些性质对于解释图像的二维傅里叶变换谱非常有用。

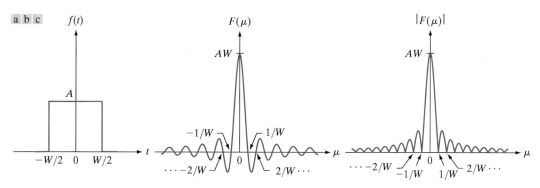

图 4.4　(a)一个"盒式"函数；(b)该函数的傅里叶变换；(c)该函数的频谱。所有函数都在两个方向上无限扩展。注意函数宽度 W 与变换零点之间的相反关系　　　　　　　　■

位于原点的单位冲激的傅里叶变换由式(4.20)给出：

$$\Im\{\delta(t)\} = F(\mu) = \int_{-\infty}^{\infty} \delta(t) e^{-j2\pi\mu t} dt = \int_{-\infty}^{\infty} e^{-j2\pi\mu t} \delta(t) dt = e^{-j2\pi\mu 0} = e^0 = 1$$

式中用到了式(4.12)给出的取样性质。于是，我们看到空间域原点位置的一个冲激的傅里叶变换，在频率域中是一个常数（3.4节已简要讨论它与图3.30的关系）。

类似地，$t = t_0$ 处一个冲激的傅里叶变换是

$$\Im\{\delta(t - t_0)\} = F(\mu) = \int_{-\infty}^{\infty} \delta(t - t_0) \mathrm{e}^{-\mathrm{j}2\pi\mu t} \mathrm{d}t = \int_{-\infty}^{\infty} \mathrm{e}^{-\mathrm{j}2\pi\mu t} \delta(t - t_0) \mathrm{d}t = \mathrm{e}^{-\mathrm{j}2\pi\mu t_0}$$

式中用到了式(4.13)给出的取样性质。$\mathrm{e}^{-\mathrm{j}2\pi\mu t_0}$ 项表示中心在复平面原点的一个单位圆。使用欧拉公式将指数展开为正弦分量和余弦分量很容易看出这一点。

4.3节将使用周期冲激串的傅里叶变换。得到这个变换并不像得到各个冲激的变换那样简单。然而，了解如何推导一个冲激串的变换十分重要，下面花一些时间来进行推导。我们发现，式(4.20)和式(4.21)的差别只是指数符号的不同。因此，如果函数 $f(t)$ 有傅里叶变换 $F(\mu)$，那么求该函数在点 t 的值 $F(t)$ 时，一定有变换 $f(-\mu)$。使用这种对称性质和上面给出的冲激 $\delta(t - t_0)$ 的傅里叶变换 $\mathrm{e}^{-\mathrm{j}2\pi\mu t_0}$，可得函数 $\mathrm{e}^{-\mathrm{j}2\pi\mu t_0}$ 的变换为 $\delta(-\mu - t_0)$。令 $-t_0 = a$，可得 $\mathrm{e}^{\mathrm{j}2\pi a t}$ 的变换是 $\delta(-\mu + a) = \delta(\mu - a)$，其中最后一步是正确的，因为除 $\mu = a$ 外，δ 为零，对 $\delta(-\mu + a)$ 或 $\delta(\mu - a)$ 而言，这是相同的条件。

式(4.14)中的冲激串 $s_{\Delta T}(t)$ 是周期为 ΔT 的周期函数，因此它可表示为一个傅里叶级数：

$$s_{\Delta T}(t) = \sum_{n=-\infty}^{\infty} c_n \mathrm{e}^{\mathrm{j}\frac{2\pi n}{\Delta T}t}$$

式中，

$$c_n = \frac{1}{\Delta T} \int_{-\Delta T/2}^{\Delta T/2} s_{\Delta T}(t) \mathrm{e}^{-\mathrm{j}\frac{2\pi n}{\Delta T}t} \mathrm{d}t$$

参考图4.3(b)，我们发现区间 $[-\Delta T/2, \Delta T/2]$ 上的积分仅包含位于原点的冲激。因此，上式变为

$$c_n = \frac{1}{\Delta T} \int_{-\Delta T/2}^{\Delta T/2} \delta(t) \mathrm{e}^{-\mathrm{j}\frac{2\pi n}{\Delta T}t} \mathrm{d}t = \frac{1}{\Delta T} \mathrm{e}^0 = \frac{1}{\Delta T}$$

式中用到了 $\delta(t)$ 的取样性质。于是，傅里叶级数变为

$$s_{\Delta T}(t) = \frac{1}{\Delta T} \sum_{n=-\infty}^{\infty} \mathrm{e}^{\mathrm{j}\frac{2\pi n}{\Delta T}t}$$

我们的目的是得到该表达式的傅里叶变换。因为求和是线性过程，和的傅里叶变换等于各个分量的傅里叶变换之和。这些分量是指数形式的，本例中前面已得到

$$\Im\left\{\mathrm{e}^{\mathrm{j}\frac{2\pi n}{\Delta T}t}\right\} = \delta\left(\mu - \frac{n}{\Delta T}\right)$$

因此周期冲激串的傅里叶变换 $S(\mu)$ 是

$$S(\mu) = \Im\{s_{\Delta T}(t)\} = \Im\left\{\frac{1}{\Delta T} \sum_{n=-\infty}^{\infty} \mathrm{e}^{\mathrm{j}\frac{2\pi n}{\Delta T}t}\right\} = \frac{1}{\Delta T} \Im\left\{\sum_{n=-\infty}^{\infty} \mathrm{e}^{\mathrm{j}\frac{2\pi n}{\Delta T}t}\right\} = \frac{1}{\Delta T} \sum_{n=-\infty}^{\infty} \delta\left(\mu - \frac{n}{\Delta T}\right)$$

这个基本结果告诉我们，周期为 ΔT 的冲激串的傅里叶变换仍然是冲激串，其周期为 $1/\Delta T$。$s_{\Delta T}(t)$ 和 $S(\mu)$ 的周期之间的这一反比关系，与图4.4中"盒式"函数及其变换之间的关系类似。这种反比关系在本章剩余部分中的作用非常重要。 ■

4.2.5 卷积

3.4节中表明，两个函数的卷积是指将一个函数关于其原点翻转（旋转180°），并将其滑过另一个函数。在滑动过程中的每个位置，我们对离散变量执行乘积求和运算［见式(3.35)］。在当前的讨论中，我们的兴趣是连续变量 t 的两个连续函数 $f(t)$ 和 $h(t)$ 的卷积，因此我们要用积分代替求和。如前所述，这样的两个函数的卷积由算子 ★ 表示，它定义为

如3.4节所述，函数与冲激的卷积会将函数的原点移至冲激的位置，这对连续卷积也成立（见图3.29和图3.30）。

$$(f \star h)(t) = \int_{-\infty}^{\infty} f(\tau) h(t-\tau) \mathrm{d}\tau \tag{4.24}$$

式中，负号表示刚才提及的翻转，t 是一个函数滑过另一个函数的位移，τ 是积分虚拟变量。现在我们假设函数从 $-\infty$ 扩展到 ∞。

3.4 节说明了卷积的基本原理，本章稍后和第 5 章会再次介绍卷积。现在，我们的兴趣是求(4.24)的傅里叶变换。我们从式(4.19)开始：

> 记住，卷积满足交换律，因此卷积表达式中函数的顺序无关紧要。

$$\Im\{(f \star h)(t)\} = \int_{-\infty}^{\infty} \left[\int_{-\infty}^{\infty} f(\tau) h(t-\tau) \mathrm{d}\tau \right] \mathrm{e}^{-\mathrm{j}2\pi\mu t} \mathrm{d}t = \int_{-\infty}^{\infty} f(\tau) \left[\int_{-\infty}^{\infty} h(t-\tau) \mathrm{e}^{-\mathrm{j}2\pi\mu t} \mathrm{d}t \right] \mathrm{d}\tau$$

方括号中的项是 $h(t-\tau)$ 的傅里叶变换。本章稍后将证明 $\Im\{h(t-\tau)\} = H(\mu)\mathrm{e}^{-\mathrm{j}2\pi\mu\tau}$，其中 $H(\mu)$ 是 $h(t)$ 的傅里叶变换。在上式中使用 $\Im\{h(t-\tau)\} = H(\mu)\mathrm{e}^{-\mathrm{j}2\pi\mu\tau}$ 可得

$$\Im\{(f \star h)(t)\} = \int_{-\infty}^{\infty} f(\tau) \left[H(\mu)\mathrm{e}^{-\mathrm{j}2\pi\mu\tau} \right] \mathrm{d}\tau = H(\mu) \int_{-\infty}^{\infty} f(\tau) \mathrm{e}^{-\mathrm{j}2\pi\mu\tau} \mathrm{d}\tau = H(\mu)F(\mu) = (H \cdot F)(\mu)$$

式中，符号 • 表示相乘。如前所述，如果将 t 的域称为空间域，将 μ 的域称为频率域，那么上式告诉我们，空间域中两个函数的卷积的傅里叶变换，等于频率域中两个函数的傅里叶变换的乘积。反过来，如果有两个变换的乘积，那么可以通过计算傅里叶反变换得到空间域的卷积。换句话说，$f \star h$ 和 $F \cdot H$ 是一个傅里叶变换对。这一结果是卷积定理的一半，它写为

$$(f \star h)(t) \Leftrightarrow (H \cdot F)(\mu) \tag{4.25}$$

如前所述，双箭头表明右侧的表达式是通过取左侧表达式的傅里叶正变换得到的，而左侧的表达式是通过取右侧表达式的傅里叶反变换得到的。

类似地，可以推出另外一半卷积定理：

$$(f \cdot h)(t) \Leftrightarrow (H \star F)(\mu) \tag{4.26}$$

它说频率域的卷积类似于空间域的乘积，两者分别由傅里叶正变换和反变换关联。如本章稍后所述，卷积定理是频率域滤波的基础。

> 这两个表达式对离散变量同样成立，只是式(4.26)的右侧要乘以系数(1/M)，其中 M 是离散样本的数量（见习题 4.18）。

4.3 取样和取样函数的傅里叶变换

本节用 4.2 节中的概念建立取样的数学基础。我们从基本原理出发，推导取样函数的傅里叶变换，即离散傅里叶变换。

4.3.1 取样

在能用计算机进行处理之前，连续函数必须转换为一系列离散值，这就要求取样和量化，如 2.4 节所述。下面详细介绍取样。

考虑一个连续函数 $f(t)$，我们希望以自变量 t 的均匀间隔 ΔT 对函数取样（见图 4.5）。首先假设该函数关于 t 从 $-\infty$ 扩展到 ∞。对取样建模的一种方法是将 $f(t)$ 乘以一个取样函数，这个取样函数等于单位间隔 ΔT 的一个冲激串。也就是说，

$$\tilde{f}(t) = f(t)s_{\Delta T}(t) = \sum_{n=-\infty}^{\infty} f(t)\delta(t-n\Delta T) \tag{4.27}$$

式中，$\tilde{f}(t)$ 表示取样后的函数。这个和式的每个分量都是冲激位置 $f(t)$ 的一个加权冲激，如图 4.5(c)所示。每个取样值由加权冲激的"强度"给出，我们可通过积分得到它。也就是说，取样序列中任意一个取样的值 f_k 由下式给出：

> 以间隔 ΔT 进行取样意味着取样率等于 1/ΔT。如果 ΔT 的单位是秒，那么取样率的单位是样本数/秒。如果 ΔT 的单位是米，那么取样率的单位是样本数/米，以此类推。

$$f_k = \int_{-\infty}^{\infty} f(t)\delta(t - k\Delta T)\mathrm{d}t = f(k\Delta T) \tag{4.28}$$

式中用到了式(4.13)中 δ 的取样性质。式(4.28)对任何整数 $k = \cdots, -2, -1, 0, 1, 2, \cdots$ 都成立。图 4.5(d)显示了结果，它由原函数的等间隔样本组成。

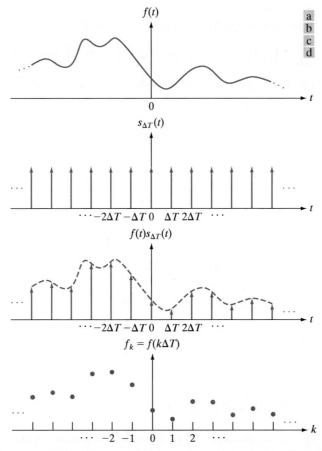

图 4.5　(a)一个连续函数；(b)用于取样建模过程的冲激串；(c)图(a)和图(b)相乘得到的取样后的函数；(d)积分并使用冲激的取样性质得到的样本值［图(c)中的虚线仅供参考，它不是数据的一部分］

4.3.2　取样后的函数的傅里叶变换

令 $F(\mu)$ 表示连续函数 $f(t)$ 的傅里叶变换。如前节所述，取样后的函数 $\tilde{f}(t)$ 是 $f(t)$ 与一个冲激串的乘积。由卷积定理可知，空间域中两个函数的乘积的傅里叶变换，是两个函数的变换在频率域中的卷积。于是，取样后的函数 $\tilde{f}(t)$ 的傅里叶变换 $\tilde{F}(\mu)$ 是

$$\tilde{F}(\mu) = \Im\{\tilde{f}(t)\} = \Im\{f(t)s_{\Delta T}(t)\} = (F \star S)(\mu) \tag{4.29}$$

式中，由例 4.2 可知

$$S(\mu) = \frac{1}{\Delta T} \sum_{n=-\infty}^{\infty} \delta\left(\mu - \frac{n}{\Delta T}\right) \tag{4.30}$$

是冲激串 $s_{\Delta T}(t)$ 的傅里叶变换。由式(4.24)中一维卷积的定义，可直接得到 $F(\mu)$ 和 $S(\mu)$ 的卷积：

$$\tilde{F}(\mu) = (F \star S)(\mu) = \int_{-\infty}^{\infty} F(\tau) S(\mu - \tau) \, d\tau$$

$$= \frac{1}{\Delta T} \int_{-\infty}^{\infty} F(\tau) \sum_{n=-\infty}^{\infty} \delta\left(\mu - \tau - \frac{n}{\Delta T}\right) d\tau$$

$$= \frac{1}{\Delta T} \sum_{n=-\infty}^{\infty} \int_{-\infty}^{\infty} F(\tau) \delta\left(\mu - \tau - \frac{n}{\Delta T}\right) d\tau \qquad (4.31)$$

$$= \frac{1}{\Delta T} \sum_{n=-\infty}^{\infty} F\left(\mu - \frac{n}{\Delta T}\right)$$

式中，最后一步由式(4.13)给出的冲激的取样性质得到。

式(4.31)中最后一行的求和表明，取样后的函数 $\tilde{f}(t)$ 的傅里叶变换 $\tilde{F}(\mu)$，是原连续函数的傅里叶变换的一个无限的、周期的副本序列。副本之间的间隔由 $1/\Delta T$ 的值决定。虽然 $\tilde{f}(t)$ 是取样后的函数，但其变换 $\tilde{F}(\mu)$ 是连续的，因为它由 $F(\mu)$ 的多个副本组成，所以 $F(\mu)$ 是一个连续函数。

图 4.6 是前述结果的图示小结[①]。图 4.6(a)是函数 $f(t)$ 的傅里叶变换 $F(\mu)$ 的简图，图 4.6(b)显示了取样后的函数 $\tilde{f}(t)$ 的变换 $\tilde{F}(\mu)$。如前节所述，$1/\Delta T$ 是用于生成取样后的函数的取样率。因此，

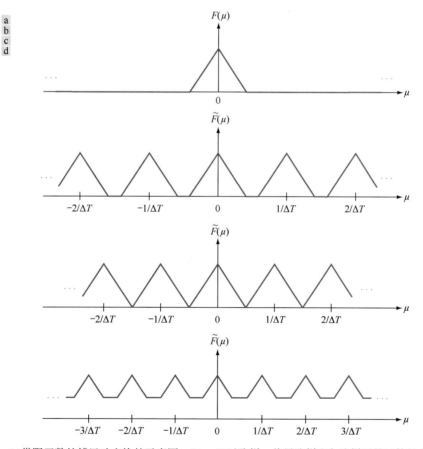

图 4.6　(a)带限函数的傅里叶变换的示意图；(b)~(d)过取样、临界取样和欠取样后的函数的变换

---

① 为使图 4.6 中傅里叶变换的示意图及本章中的其他图形清晰可见，我们忽略了傅里叶变换通常是复函数的事实，这里我们的兴趣只是一些概念。

在图 4.6(b)中，取样率要高到足以在各个周期之间提供有效的间隔，以便保持 $F(\mu)$ 的完整性（完美的副本）。在图 4.6(c)中，取样率刚好足以保持 $F(\mu)$，但在图 4.6(d)中，取样率低于保持不同 $F(\mu)$ 副本所需的最小值，因此不能保持原始变换。图 4.6(b)是对信号过取样后的结果，图 4.6(c)和(d)分别是对信号临界取样和欠取样后的结果。这些概念是帮助我们掌握取样定理基本原理的基础，下面讨论取样定理。

4.3.3　取样定理

2.4 节中直观地引入了取样的概念。现在正式介绍取样，并建立连续函数可由其样本集合唯一复原的条件。

对于以原点为中心的有限区间（带宽）$[-\mu_{\max}, \mu_{\max}]$ 外的频率值，傅里叶变换为零的函数 $f(t)$ 称为带限函数。图 4.6(a)的放大部分即图 4.7(a)就是这样一个函数。类似地，图 4.7(b)是图 4.6(c)所示临界取样后的函数的傅里叶变换的详细视图[见图 4.6(c)]。较大的 ΔT 值会使得 $\tilde{F}(\mu)$ 中的周期混叠，较小的 ΔT 值会在周期之间提供更清晰的间隔。

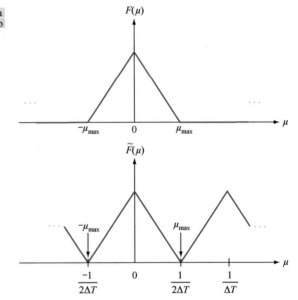

a
b

图 4.7　(a)带限函数的傅里叶变换示意图；(b)临界取样带限函数的变换

如果能从 $\tilde{F}(\mu)$ 中包含的这个函数的副本的周期序列中分离出 $F(\mu)$ 的一个副本，那么就能由样本复原 $f(t)$，其中 $\tilde{F}(\mu)$ 是取样后的函数 $\tilde{f}(t)$ 的傅里叶变换。回顾前节的讨论可知，$\tilde{F}(\mu)$ 是周期为 $1/\Delta T$ 的连续周期函数。因此，我们需要一个完整的周期来表征整个变换。换句话说，可以取傅里叶反变换，由单个周期复原 $f(t)$。

如果副本间的间隔足够大（见图 4.6），那么就能从 $\tilde{F}(\mu)$ 中提取一个等于 $F(\mu)$ 的周期。根据图 4.7(b)，如果 $1/2\Delta T > \mu_{\max}$ 或

$$\frac{1}{\Delta T} > 2\mu_{\max} \tag{4.32}$$

就可保证足够的间隔。该式表明，如果以超过函数最高频率 2 倍的取样率来得到样本，那么连续带限函数就能够完全由其样本集合复原。这个非常重要的结论称为取样定理[①]。根据这一结论，我们可以说如果一个连续带限函数用取样率大于函数最高频率 2 倍得到的样本来表示，那么不会丢失信息。反之，我们说以 $1/\Delta T$ 的取样率对信号取样得到的最大频率是 $\mu_{\max} = 1/2\Delta T$。完全等于最高频率 2 倍的取样率称为奈奎斯特率。有时，完全以奈奎斯特率进行取样足以复原函数，但有时会存在问题，如稍后的例 4.3 所示。这就是取样定理规定取样率必须超过奈奎斯特率的原因。

> 记住，取样率是对单位自变量所取的样本数。

[①] 取样定理是数字信号处理理论的基石。该定理由美国贝尔实验室的科学家和工程师 Harry Nyquist（哈里·奈奎斯特）于 1928 年最先提出。贝尔实验室的 Claude E. Shannon（克劳德·E·山农）于 1949 年正式证明了该定理。早期数字计算系统和现代通信的出现，使得人们开始研究处理数字（取样后的）数据的方法，从而导致了人们于 20 世纪 40 年代后期重新开始关注取样定理。

图 4.8 说明了函数以高于奈奎斯特率的取样率取样时，由 $\tilde{F}(\mu)$ 复原 $F(\mu)$ 的过程。图 4.8(b)中的函数由下式定义：

$$H(\mu) = \begin{cases} \Delta T, & -\mu_{\max} \le \mu \le \mu_{\max} \\ 0, & \text{其他} \end{cases} \tag{4.33}$$

乘以图 4.8(a)中的周期序列时，该函数就分隔了以原点为中心的周期。于是，如图 4.8(c)所示，$H(\mu)$ 和 $\tilde{F}(\mu)$ 相乘得到 $F(\mu)$：

$$F(\mu) = H(\mu)\tilde{F}(\mu) \tag{4.34}$$

求出 $F(\mu)$ 后，就可用傅里叶反变换复原 $f(t)$：

$$f(t) = \int_{-\infty}^{\infty} F(\mu)e^{j2\pi\mu t}d\mu \tag{4.35}$$

式(4.33)到式(4.35)从理论上证明，以超过函数最高频率 2 倍的取样率得到的样本来复原带限函数是可能的。如下一节所述，$f(t)$ 必须是带限的这一要求通常意味着 $f(t)$ 一定是从 $-\infty$ 扩展到 ∞，实际中这是不能满足带限条件的。如稍后所述，限制一个函数的持续时间会妨碍由样本来完美复原函数，除非在某些特殊情况下。

> 式(4.33)中的 ΔT 抵消了式(4.31)中的 $1/\Delta T$。

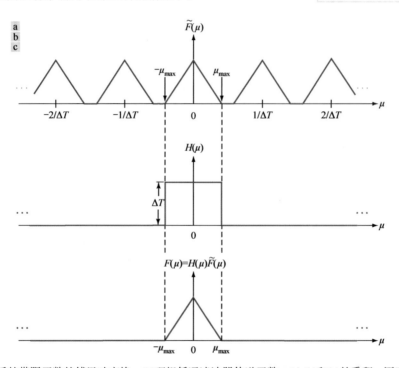

图 4.8　(a)取样后的带限函数的傅里叶变换；(b)理想低通滤波器传递函数；(c)(b)和(a)的乘积，用于提取(a)中无限周期序列的一个周期

函数 $H(\mu)$ 称为低通滤波器，因为它通过低端频率范围的频率，消除（滤除）所有较高的频率。由于（在 0 和 ΔT 之间的 $-\mu_{\max}$ 和 $\mu_{\max}$ 位置）幅度的瞬时过渡，它又称理想低通滤波器，这是一种物理上采用硬件无法实现的特性。我们可以用软件来模拟理想滤波器，但即使这样做也有限制（见 4.8 节）。由于它们有助于由样本复原（重建）原函数，因此用于上述目的的滤波器也称重建滤波器。

> 为简单起见，在图 3.32 中我们只用正频率画出了滤波器传递函数的径向剖面。现在我们看到频率域滤波器函数包括正频率和负频率。

4.3.4　混叠

混叠一词的字面意思是"假身份"。在信号处理领域，混叠是指取样后不同信号变得彼此无法区分的取样现象，或者一个信号"伪装"成另一个信号的现象。

从概念上讲，掌握取样和混叠之间的关系并不困难。与取样有关的混叠的基础是，我们只能用函数的样本值来描述数字化函数。这意味着两个（或多个）完全不同的连续函数有可能在各自样本的值上重合，但我们却没有办法知道这些样本之间的函数特征。为便于说明，图 4.9 示出了以相同取样率取样后的两个完全不同的正弦函数。如图 4.9(a)和(c)所示，由于两个函数在许多位置的取样值相同，因此产生了相同的取样后的函数，如图 4.9(b)和(d)所示。

> 尽管为简单起见，我们显示了正弦函数，但在取样点处其值相同的任意信号之间都会发生混叠。

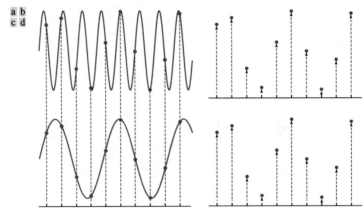

图 4.9　(a)和(c)中的函数完全不同，但它们数字化后的函数在(b)与(d)中相同。当两个或多个函数的样本一致时出现混叠，但这些函数在其他位置是不同的

具有刚才描述的特征的两个连续函数称为混叠对，这种混叠对在取样后是无法区分的。注意，这些函数混叠的原因是我们所用的取样率太粗。也就是说，这些函数是欠取样的。很明显，取样越细，取样后的信号会越多地反映两个连续函数之间的差异。以下讨论的主要目的是回答问题：避免（或减少）混叠所需的最小取样率是多少？这个问题既有理论上的答案，又有实际的答案，在得出答案的过程中，我们将确定产生混叠的条件。

我们可以使用本节前面开发的工具来正式回答刚才提出的问题。我们要做的只是以一种不同的形式提问：带限函数的取样率小于奈奎斯特率（不到其最高频率的 2 倍）时会发生什么？这正是本节前面讨论并在上一段中提到的欠取样情况。

> 如果不能隔离一个周期的变换，就不能复原没有混叠的信号。

图4.10(a)与图4.6(d)相同，它显示了带限函数欠取样的傅里叶变换。该图说明取样率小于奈奎斯特率的后果是，傅里叶变换的周期现在是重叠的，不管使用何种滤波器，都不可能分离出变换的一个周期。例如，使用图 4.10(b)中的理想低通滤波器，会得到如图 4.10(c)所示的一个变换，但这个变换已被来自邻近周期的频率破坏。于是，反变换将产生一个与原函数不同的 $f_a(t)$。也就是说，$f_a(t)$ 是一个混叠函数，因为它包含了原函数中不存在的频率分量。按照前面的说法，$f_a(t)$ 伪装成了一个不同的函数。混叠函数甚至可能与原函数毫无相似之处。

遗憾的是，除下面提到的某些特殊情况外，混叠总是出现在取样后的信号中。这是因为即使原取样函数是带限的，在不得不限制该函数的持续时间时，也会引入无限个频率分量。为便于说明，假设我们想要将带限函数 $f(t)$ 的持续时间限制到一个有限的区间，譬如区间[0, T]。我们可以将 $f(t)$ 乘以如下函数来实现这一目的：

$$h(t) = \begin{cases} 1, & 0 \le t \le T \\ 0, & 其他 \end{cases} \tag{4.36}$$

这个函数的基本形状与图 4.4(a)相同，但其傅里叶变换 $H(\mu)$ 具有向两个方向无限扩展的频率分量，如图 4.4(b)所示。由卷积定理可知，乘积 $h(t)f(t)$ 的变换是频率域中变换 $F(\mu)$ 和 $H(\mu)$ 的卷积。即使 $F(\mu)$ 是带限的，并且它与 $H(\mu)$ 的卷积运算涉及将一个函数滑过另一个函数，也会产生频率分量在两个方向上无限扩展的结果（见习题 4.12）。由此得出结论，有限持续时间函数不可能是带限的。反之，带限函数一定会从 $-\infty$ 扩展到 ∞ [①]。

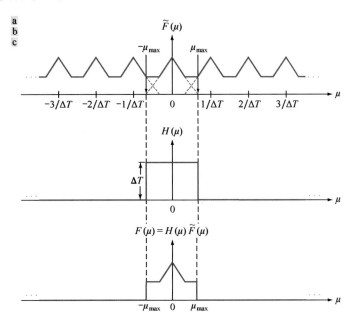

图 4.10　(a)一个欠取样带限函数的傅里叶变换（相邻周期之间的干扰显示为虚线）；(b)图 4.8
　　　　中所用的相同理想低通滤波器；(c)图(a)和图(b)的乘积。来自相邻周期的干扰导致了
　　　　混叠，进而妨碍了 $F(\mu)$ 和 $f(t)$ 的完美复原

　　尽管处理有限长度的取样记录时不可避免地会出现混叠，但通过平滑（低通滤波）输入函数来衰减其高频，可以降低混叠的影响。这个称为反混叠的过程须在对函数取样之前完成，因为混叠是不能用计算技术"事后撤销"的取样问题。

例 4.3　混叠。

　　图 4.11 显示了混叠的一个典型示例。在两个方向上无限扩展的一个纯正弦波只有一个频率，因此它明显是带限的。假设图中的正弦波（现在忽略图中的大点）用 $f(t) = \sin(\pi t)$ 来表示，且横轴对应于时间 t（单位为秒）。该函数在 $t = 0, \pm 1, \pm 2, \cdots$ 时与时间轴相交。

　　回顾可知，对所有 t 值有 $f(t + P) = f(t)$ 时，函数 $f(t)$ 是周期为 P 的函数。这个周期是该函数完成一个循环所需的自变量的单位数（包括分数）。周期函数的频率是该函数在一个单位的自变量内完成的周期（循环）数。因此，周期函数的频率是周期的倒数。取样率照例是在每个单位的自变量上所取的样本数。

[①] 一个重要的特例是从 $-\infty$ 扩展到 ∞ 的函数是带限的和周期性的时候。在这种情况下，函数被截断后仍然是带限的，只要截断精确地包含完整的整数周期。单个截断周期（和函数）可用一组在截断区间上满足取样定理的离散样本来表示。

在这个例子中，自变量是时间，其单位是秒。$\sin(\pi t)$ 的周期 P 是 2 秒，其频率是 $1/P$ 或 1/2 周期/秒。根据取样定理，如果取样率超过该信号最高频率的 2 倍，那么可由取样后的一组样本来复原该信号。这意味着取样率大于 1 个样本/秒（$2 \times 1/2 = 1$）时才能复原该信号。从另一个角度看，样本之间的间隔 ΔT 必须小于 1 秒。显然，完全以 2 倍频率（1 个样本/秒）的取样率对信号取样时，在 $t = 0, \pm 1, \pm 2, \cdots$ 处得到的样本 $\cdots \sin(-\pi), \sin(0), \sin(\pi), \cdots$ 都为零。如前所述，这说明了取样定理要求取样超过信号最高频率 2 倍的原因。

图 4.11 中的大点是以低于所需的 1 个样本/秒的取样率均匀采集的样本（样本之间的间隔大于 1 秒；事实上，样本之间的间隔超过 2 秒）。取样后的信号看起来像一个正弦波，但其频率约为原信号的 1/10。这个频率低于原连续函数中任何频率的取样后的信号，是混叠的一个例子。如果信号以略大于奈奎斯特率的取样率取样，那么样本看起来就像正弦波（见习题 4.6）。

图 4.11 还说明了在原声音中引入不存在的频率时，混叠是如何在音乐录音中产生极大问题的。为降低混叠的影响，必须过滤频率超过一半取样率的信号。这就是数字录音设备中包含专用低通滤波器来消除设备所用取样率一半以上的频率分量的原因。

如果只有图 4.11 中的样本，那么说明混叠严重性的另一个问题是，我们无法知道这些样本不是原函数的真实表示。如本章后面所述，图像中的混叠可能会产生类似的误导结果。

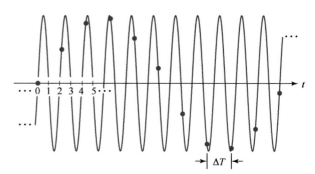

图 4.11　混叠的说明。欠取样函数（点）看起来像是一个正弦波，其频率远低于连续信号的频率。正弦波的周期为 2 秒，因此每隔 1 秒与横轴相交一次。ΔT 是两个样本间的间隔　■

4.3.5　由取样后的数据重建（复原）函数

本节介绍如何在实践中减少样本间的内插，由一组样本来重建函数。即使是显示图像的简单动作，也要通过显示介质由其样本重建图像。因此，理解取样后的数据重建的基础非常重要。卷积是我们进行这一理解的核心，这再次表明了卷积概念的重要性。

关于图 4.8 和式(4.34)的讨论，给出了使用频率域方法由样本完美复原一个带限函数的过程。使用卷积定理，我们可在空间域中得到相同的结果。由式(4.34)即 $F(\mu) = H(\mu)\tilde{F}(\mu)$ 可知

$$f(t) = \Im^{-1}\{F(\mu)\} = \Im^{-1}\{H(\mu)\tilde{F}(\mu)\} = h(t) \star \tilde{f}(t) \tag{4.37}$$

式中，$\tilde{f}(t)$ 照例表示取样后的函数，且最后一步来自式(4.25)，即卷积定理。可以证明（见习题 4.13），将式(4.27)给出的 $\tilde{f}(t)$ 代入式(4.37)，然后使用式(4.24)，可得到 $f(t)$ 的如下空间域表达式：

$$f(t) = \sum_{n=-\infty}^{\infty} f(n\Delta T)\,\mathrm{sinc}\big[(t - n\Delta T)/\Delta T\big] \tag{4.38}$$

式中，sinc 函数由式(4.23)定义。这个结果并不令人意外，因为理想（盒式）滤波器 $H(\mu)$ 的傅里叶反变换是一个 sinc 函数（见例 4.1）。式(4.38)表明，完美重建的函数 $f(t)$ 是用样本值加权的 sinc 函数的无限和。它有一个重要的性质，即重建的函数恒等于整数倍增量 ΔT 处的样本值。也就是说，对于任何 $t = k\Delta T$，$f(t)$ 等于第 k 个样本 $f(k\Delta T)$，其中 k 是整数。这一结论是由式(4.38)得到的，因为 $\mathrm{sinc}(0) = 1$，且对于任何其他整数 m，$\mathrm{sinc}(m) = 0$。样本点之间的 $f(t)$ 值是由 sinc 函数之和形成的内插值。

式(4.38)需要无限数量的项来进行样本之间的内插。在实际处理中，这

关于内插，请参阅 2.4 节。

要求我们必须找到一种在样本间进行有限项内插的近似。如 2.6 节所述，在图像处理中使用的主要内插方法是最近邻内插、双线性内插和双三次内插。4.5 节将讨论对图像进行内插的效果。

4.4　单变量的离散傅里叶变换

本节的主要目的之一是从基本原理开始推导离散傅里叶变换（DFT）。到目前为止的内容都可视为这些基本原理的基础，因此我们现在有了推导 DFT 的必要工具。

4.4.1　由取样后的函数的连续变换得到 DFT

如 4.3 节所述，从 $-\infty$ 扩展到 ∞ 的带限函数取样的傅里叶变换，也是从 $-\infty$ 扩展到 ∞ 的连续周期函数。实践中，我们处理的是有限数量的样本，本节的目的是推导这种有限样本集合的 DFT。

式(4.31)给出了对原函数的变换取样后的数据的变换 $\tilde{F}(\mu)$，但未给出取样后的函数 $\tilde{f}(t)$ 的变换 $\tilde{F}(\mu)$ 的表达式。我们直接由式(4.19)给出的傅里叶变换的定义来求这一表达式：

$$\tilde{F}(\mu) = \int_{-\infty}^{\infty} \tilde{f}(t) \mathrm{e}^{-\mathrm{j}2\pi\mu t} \mathrm{d}t \tag{4.39}$$

用式(4.27)代替 $\tilde{f}(t)$，得到

$$\begin{aligned}
\tilde{F}(\mu) &= \int_{-\infty}^{\infty} \tilde{f}(t)\mathrm{e}^{-\mathrm{j}2\pi\mu t}\mathrm{d}t = \int_{-\infty}^{\infty} \sum_{n=-\infty}^{\infty} f(t)\delta(t-n\Delta T)\mathrm{e}^{-\mathrm{j}2\pi\mu t}\mathrm{d}t \\
&= \sum_{n=-\infty}^{\infty} \int_{-\infty}^{\infty} f(t)\delta(t-n\Delta T)\mathrm{e}^{-\mathrm{j}2\pi\mu t}\mathrm{d}t \\
&= \sum_{n=-\infty}^{\infty} f_n \mathrm{e}^{-\mathrm{j}2\pi\mu n\Delta T}
\end{aligned} \tag{4.40}$$

最后一步是由式(4.28)和冲激的取样性质得到的。尽管 f_n 是离散函数，但由式(4.31)可知其傅里叶变换 $\tilde{F}(\mu)$ 是周期为 $1/\Delta T$ 的无限周期连续函数。因此，表征 $\tilde{F}(\mu)$ 所需的只是一个周期，对该函数的一个周期进行取样是 DFT 的基础。

假设我们要在从 $\mu=0$ 到 $\mu=1/\Delta T$ 的一个周期内等间隔地取 $\tilde{F}(\mu)$ 的 M 个样本（见图 4.8）。在如下频率处取样可实现这一目的：

$$\mu = \frac{m}{M\Delta T}, \quad m = 0, 1, 2, \cdots, M-1 \tag{4.41}$$

把 μ 的这一结果代入式(4.40)，并令 F_m 表示得到的结果，有

$$F_m = \sum_{n=0}^{M-1} f_n \mathrm{e}^{-\mathrm{j}2\pi mn/M}, \quad m = 0, 1, 2, \cdots, M-1 \tag{4.42}$$

这个表达式就是我们所求的离散傅里叶变换[①]。已知一个由 $f(t)$ 的 M 个样本组成的集合 $\{f_m\}$ 时，式(4.42)给出一个与输入样本集合的离散傅里叶变换相对应的 M 个复值集合 $\{F_m\}$。反之，已知 $\{F_m\}$ 时，可由傅里叶反变换（IDFT）复原样本集 $\{f_m\}$：

---

① 参考图 4.6(b)，注意到 $\tilde{F}(\mu)$ 的一个周期的取样区间 $[0,1/\Delta T]$ 由变换的两个相邻的半个周期组成（但周期的下半部出现在较高频率处）。这意味着需要重新排序 F_m 中的数据才能得到该周期中从最低频率到最高频率的样本。这是为了便于在 $m=0, 1, 2, \cdots, M-1$ 处取样而付出的代价，因为使用原点两侧的样本时要用到负号。对变换数据排序的过程将在 4.6 节中讨论。

$$f_n = \frac{1}{M} \sum_{m=0}^{M-1} F_m e^{j2\pi mn/M}, \quad n = 0, 1, 2, \cdots, M-1 \tag{4.43}$$

不难证明(见习题 4.15),将式(4.43)中的 f_n 代入式(4.42)可得 $F_m \equiv F_m$。类似地,把式(4.42)中的 F_m 代入式(4.43)可得 $f_n \equiv f_n$。这表明式(4.42)和式(4.43)构成了一个离散傅里叶变换对。此外,这些恒等式指出,对于任何其值有限的样本集合,正、傅里叶反变换都是存在的。注意,这两个表达式既不显式地取决于取样间隔 ΔT,又不取决于式(4.41)中的频率间隔。因此,离散傅里叶变换对适用于任何均匀取样的离散样本集合。

在前面的阐述中,我们使用 m 和 n 来表示离散变量,因为这是推导中的典型做法。然而,尤其是在二维情况下,使用 x 和 y 表示图像坐标变量并使用 u 和 v 表示频率变量更为直观,这里的这些变量都理解为整数[①]。于是,式(4.42)和式(4.43)变为

$$F(u) = \sum_{x=0}^{M-1} f(x) e^{-j2\pi ux/M}, \quad u = 0, 1, 2, \cdots, M-1 \tag{4.44}$$

和

$$f(x) = \frac{1}{M} \sum_{u=0}^{M-1} F(u) e^{j2\pi ux/M}, \quad x = 0, 1, 2, \cdots, M-1 \tag{4.45}$$

为简单起见,我们使用函数符号代替了下标。比较式(4.42)到式(4.45),会发现 $F(u) \equiv F_m$ 且 $f(x) \equiv f_n$。从现在开始,我们用式(4.44)和式(4.45)表示一维 DFT 对。类似于连续情况,我们常称式(4.44)为 $f(x)$ 的傅里叶正变换(DFT),而称式(4.45)为 $F(u)$ 的傅里叶反变换。我们照例用 $f(x) \Leftrightarrow F(u)$ 表示傅里叶变换对。有时,我们在文献中会发现式(4.44)前面有 $1/M$ 项,这不会影响两个公式形成一个傅里叶变换对的证明(见习题 4.15)。

$f(x)$ 和 $F(u)$ 是傅里叶变换对的知识,对于证明函数及其变换之间的关系很有用。例如,习题 4.17 要求证明 $f(x-x_0) \Leftrightarrow F(u)e^{-j2\pi ux_0/M}$ 是一个傅里叶变换对。也就是说,要证明 $f(x-x_0)$ 的 DFT 是 $F(u)e^{-j2\pi ux_0/M}$,并证明 $F(u)e^{-j2\pi ux_0/M}$ 的反 DFT 是 $f(x-x_0)$。因为直接代入式(4.44)和式(4.45)可以证明它,同时证明这两个公式构成傅里叶变换对(见习题 4.15),如果证明"$\Leftrightarrow$"的一侧是另一侧的 DFT(IDFT),那么另一侧必定是刚刚证明的一侧的 IDFT(DFT)。事实表明,选择性地证明一侧或另一侧通常会简化证明。对一维和二维连续与离散傅里叶变换对来说,同样如此。

可以证明(见习题 4.16),正离散变换和反离散变换都是无限周期的,周期为 M,即

$$F(u) = F(u+kM) \tag{4.46}$$

和

$$f(x) = f(x+kM) \tag{4.47}$$

式中,k 是整数。

式(4.24)中一维卷积的离散卷积是

$$f(x) \star h(x) = \sum_{m=0}^{M-1} f(m)h(x-m), \quad x = 0, 1, 2, \cdots, M-1 \tag{4.48}$$

因为在上述公式中,函数是周期的,所以它们的卷积也是周期的。式(4.48)给出了周期卷积的一个周期。因此,这个公式通常称为循环卷积。这是 DFT 及其反变换的周期性直接导致的结论。它与 3.4 节

[①] 用 t 表示连续空间变量并用 μ 表示对应的连续频率变量时,我们一直很谨慎。从现在开始,我们将使用 x 和 u 分别表示一维离散空间变量和一维离散频率变量。对于二维情况,我们将分别用 (t, z) 和 (μ, ν) 表示连续空间域变量和连续频率域变量。类似地,我们将使用 (x, y) 和 (u, v) 来分别表示它们对应的离散空间域变量和离散频率域变量。

中介绍的卷积形成了对比，在 3.4 节的卷积中，位移值 x 由一个函数完全滑过另一个函数的要求决定，并且不像循环卷积那样固定到区间 $[0, M-1]$。4.6 节和图 4.27 将讨论它们的区别与意义。

最后要指出的是，式(4.25)和式(4.26)中给出的卷积定理也适用于离散变量（见习题 4.18），只是式(4.26)的右侧要乘以 $1/M$。

4.4.2　取样和频率间隔的关系

如果以 ΔT 个单位间隔对函数 $f(t)$ 取样后的 $f(x)$ 由 M 个样本组成，那么包含集合 $\{f(x)\}, x = 0, 1,$ $2, \cdots, M-1$ 的记录的长度是

$$T = M\Delta T \tag{4.49}$$

由式(4.41)得到的频率域中的对应间隔 Δu 为

$$\Delta u = \frac{1}{M\Delta T} = \frac{1}{T} \tag{4.50}$$

DFT 的 M 个分量跨越的整个频率范围是

$$R = M\Delta u = \frac{1}{\Delta T} \tag{4.51}$$

于是，由式(4.50)和式(4.51)可以看出，DFT 的频率分辨率 Δu 与记录的长度 T（t 是时间时，为持续时间）成反比；DFT 跨越的频率范围则取决于取样间隔 ΔT。记住 Δu 和 ΔT 的这些互逆关系。

例 4.4　计算 DFT 的原理。

图 4.12(a)显示了连续函数 $f(t)$ 以 ΔT 个单位间隔取样后的 4 个样本。图 4.12(b)显示了 x 域中的样本。x 的值是 0，1，2 和 3，这些数字指的是序列中从 0 开始计算的样本数。例如，$f(t)$ 的第 3 个样本为 $f(2) = f(t_0 + 2\Delta T)$。

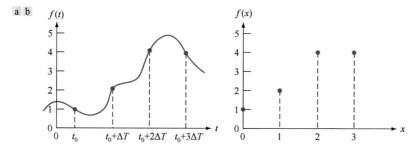

图 4.12　(a)用 ΔT 个单位间隔取样的连续函数；(b)x 域中的样本。变量 t 是连续的，x 是离散的

由式(4.44)得 $F(u)$ 的第一个值〔即 $F(0)$〕是

$$F(0) = \sum_{x=0}^{3} f(x) = \left[f(0) + f(1) + f(2) + f(3) \right] = 1 + 2 + 4 + 4 = 11$$

$F(u)$ 的下一个值是

$$F(1) = \sum_{x=0}^{3} f(x)e^{-j2\pi(1)x/4} = 1e^0 + 2e^{-j\pi/2} + 4e^{-j\pi} + 4e^{-j3\pi/2} = -3 + 2j$$

类似地，有 $F(2) = -(1 + 0j)$ 和 $F(3) = -(3 + 2j)$。观察到计算 $F(u)$ 的每个值时都用到了 $f(x)$ 的所有值。

若已知的是 $F(u)$，并要求计算反变换，则可用相同的方法进行处理，但要使用傅里叶反变换。例如，

$$f(0) = \frac{1}{4} \sum_{u=0}^{3} F(u)e^{j2\pi u(0)} = \frac{1}{4} \sum_{u=0}^{3} F(u) = \frac{1}{4}[11 - 3 + 2j - 1 - 3 - 2j] = \frac{1}{4}[4] = 1$$

这与图 4.12(b)一致。$f(x)$ 的其他值可用类似的方式得到。　　　　　　　　　　　　　　　■

4.5　二变量函数的傅里叶变换

本节把本章前几节介绍的概念扩展到两个变量的情况。

4.5.1　二维冲激及其取样性质

两个连续变量 t 和 z 的冲激函数 $\delta(t,z)$ 照例定义为

$$\delta(t,z)=\begin{cases}1, & t=z=0\\0, & \text{其他}\end{cases} \tag{4.52}$$

和

$$\int_{-\infty}^{\infty}\int_{-\infty}^{\infty}\delta(t,z)\mathrm{d}t\,\mathrm{d}z=1 \tag{4.53}$$

如一维情况中那样，二维冲激在积分下展现了取样性质：

$$\int_{-\infty}^{\infty}\int_{-\infty}^{\infty}f(t,z)\delta(t,z)\mathrm{d}t\,\mathrm{d}z=f(0,0) \tag{4.54}$$

或者，更一般地对 (t_0,z_0) 处的冲激，有

$$\int_{-\infty}^{\infty}\int_{-\infty}^{\infty}f(t,z)\delta(t-t_0,z-z_0)\mathrm{d}t\,\mathrm{d}z=f(t_0,z_0) \tag{4.55}$$

我们看到，取样性质在冲激所在的位置照例产生函数的值。

对于离散变量 x 和 y，二维离散单位冲激定义为

$$\delta(x,y)=\begin{cases}1, & x=y=0\\0, & \text{其他}\end{cases} \tag{4.56}$$

其取样性质为

$$\sum_{x=-\infty}^{\infty}\sum_{y=-\infty}^{\infty}f(x,y)\delta(x,y)=f(0,0) \tag{4.57}$$

式中，$f(x,y)$ 是离散变量 x 和 y 的函数。对于坐标 (x_0,y_0) 处的一个冲激（见图 4.13），取样性质为

$$\sum_{x=-\infty}^{\infty}\sum_{y=-\infty}^{\infty}f(x,y)\delta(x-x_0,y-y_0)=f(x_0,y_0) \tag{4.58}$$

处理有限维图像时，上面两个公式中的极限由图像的维数代替。

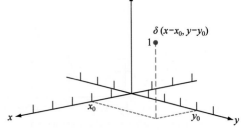

图 4.13　二维单位离散冲激。变量 x 和 y 是离散的，δ 在坐标 (x_0,y_0) 处的值为 1，在其他任何位置的值为 0

4.5.2　二维连续傅里叶变换对

令 $f(t,z)$ 是两个连续变量 t 和 z 的连续函数，则其二维连续傅里叶变换对为

$$F(\mu,\nu)=\int_{-\infty}^{\infty}\int_{-\infty}^{\infty}f(t,z)\mathrm{e}^{-\mathrm{j}2\pi(\mu t+\nu z)}\mathrm{d}t\,\mathrm{d}z \tag{4.59}$$

和

$$f(t,z)=\int_{-\infty}^{\infty}\int_{-\infty}^{\infty}F(\mu,\nu)\mathrm{e}^{\mathrm{j}2\pi(\mu t+\nu z)}\mathrm{d}\mu\,\mathrm{d}\nu \tag{4.60}$$

式中，μ 和 ν 是频率变量。涉及图像时，t 和 z 解释为连续空间变量。类似于一维情况，变量 μ 和 ν 的域定义了连续频率域。

例 4.5　求二维盒式函数的傅里叶变换。

图 4.14(a)显示了一个二维盒式函数，它对应于例 4.1 中的一维盒式函数。按照例 4.1 中给出的类似步骤，可得

$$F(\mu,\nu) = \int_{-\infty}^{\infty}\int_{-\infty}^{\infty} f(t,z)\mathrm{e}^{-\mathrm{j}2\pi(\mu t+\nu z)}\mathrm{d}t\,\mathrm{d}z = \int_{-T/2}^{T/2}\int_{-Z/2}^{Z/2} A\mathrm{e}^{-\mathrm{j}2\pi(\mu t+\nu z)}\mathrm{d}t\,\mathrm{d}z = ATZ\left[\frac{\sin(\pi\mu T)}{(\pi\mu T)}\right]\left[\frac{\sin(\pi\nu Z)}{(\pi\nu Z)}\right]$$

图 4.14(b)显示了关于原点的频谱的一部分。如一维情况中那样，谱中零点的位置与 T 和 Z 的值成反比。在这个例子中，T 大于 Z，所以谱沿 μ 轴更"收缩"。

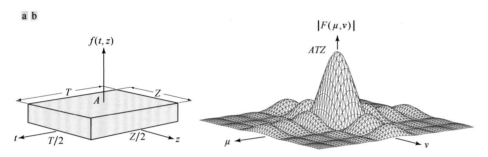

图 4.14　(a)二维函数；(b)二维函数的频谱的一部分。盒式函数沿 t 轴更长，因此其谱沿 μ 轴更"收缩"　■

4.5.3　二维取样和二维取样定理

类似于一维取样，二维取样可用一个取样函数（一个二维冲激串）建模：

$$s_{\Delta T\Delta Z}(t,z) = \sum_{m=-\infty}^{\infty}\sum_{n=-\infty}^{\infty} \delta(t-m\Delta T, z-n\Delta Z) \tag{4.61}$$

式中，ΔT 和 ΔZ 是连续函数 $f(t,z)$ 沿 t 轴和 z 轴的样本间的间隔。式(4.61)描述了沿两个轴无限扩展的一组周期冲激（见图 4.15）。如图 4.5 中说明的一维情况那样，用 $s_{\Delta T\Delta Z}(t,z)$ 乘以 $f(t,z)$ 可以得到取样后的函数。

在区间 $[-\mu_{\max},\mu_{\max}]$ 和 $[-\nu_{\max},\nu_{\max}]$ 建立的频率域矩形之外，函数 $f(t,z)$ 的傅里叶变换为零，即

$$F(\mu,\nu) = 0, \quad |\mu| \geq \mu_{\max} \text{ 且 } |\nu| \geq \nu_{\max} \tag{4.62}$$

时，称该函数为带限函数。二维取样定理称，若取样间隔满足

$$\Delta T < \frac{1}{2\mu_{\max}} \tag{4.63}$$

和

$$\Delta Z < \frac{1}{2\nu_{\max}} \tag{4.64}$$

或以取样率表示时，满足

$$\frac{1}{\Delta T} > 2\mu_{\max} \tag{4.65}$$

和

$$\frac{1}{\Delta Z} > 2\nu_{\max} \tag{4.66}$$

则连续带限函数 $f(t,z)$ 可由其一组样本无误地复原。另一种表述方法是：如果一个带限连续二维函数在 μ 和 ν 两个方向上可由大于该函数最高频率 2 倍的取样率得到的样本表示，那么我们说无信息丢失。

　　图 4.16 显示了对应于图 4.6(b)和(d)中一维傅里叶变换的二维傅里叶变换。理想二维滤波器传递函数（在频率域中）具有图 4.14(a)所示的形式。如图 4.8 中所示的那样，为了从样本重建带限函数而隔离出一个周期的变换，图 4.16(a)的虚线部分显示了这个滤波器函数的位置。由图 4.10 可知，如果这个函数是欠取样的，此时各个周期重叠，并且如图 4.16(b)所示，那么不可能分离出单个周期。在这样的条件下，将出现混叠。

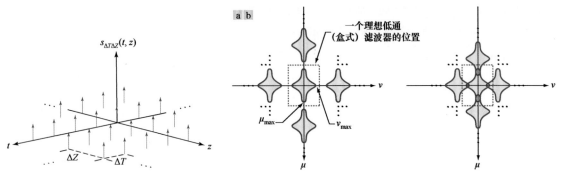

图 4.15　二维冲激串　　　　　图 4.16　(a)过取样和(b)欠取样带限函数的二维傅里叶变换

4.5.4　图像中的混叠

本节把混叠的概念扩展到图像，并详细讨论与图像取样和重取样相关的混叠的几个概念。

1. 从一维混叠展开

　　如一维情况中那样，仅当两个连续变量 t 和 z 的连续函数 $f(t,z)$ 在两个坐标方向无限扩展时，连续函数 $f(t,z)$ 一般才可能是带限的。如 4.3 节中解释的那样，限制该函数的空间持续时间的行为本身（将它乘以一个盒式函数），就会在频率域中引入无限延伸的干扰性频率分量（见习题 4.12）。因为无法对一个函数无限地取样，因此在数字图像中总是会出现混叠，就如取样后的一维函数中那样。图像中的混叠主要表现为两种形式：空间混叠和时间混叠。如 4.3 节中讨论的那样，空间混叠是由欠取样造成的，且在模式重复的图像中更为明显（和讨厌）。时间混叠与动态图像序列中图像间的时间间隔相关。时间混叠最常见的例子之一是"车轮"效应，即车轮图像序列（如电影）中辐条出现的倒转现象，它是帧速率远低于车轮的转速时造成的。车轮效应类似于图 4.11 中描述的现象，在图 4.11 描述的现象中，欠取样产生的信号的频率似乎远低于原信号的频率。

　　本章关注的重点是空间混叠。图像中空间混叠的关键问题是会引入伪影，如原图像中未出现的线条锯齿、虚假高光和频率模式。就像我们用图 4.9 解释一维函数中的混叠那样，我们可用一些简单的图形来直观地了解图像中的混叠的本质。图 4.17 的中心部分的取样网格是图 4.15 中的冲激串的二维表示。在网格中，白色小方框对应于冲激的位置（图像被取样的位置），黑色表示样本之间的间隔。将取样网格叠加到图像上类似于将图像乘以一个冲激串，因此对图 4.15 中冲激串的讨论在这里也适用。现在的重点是以图形方式分析取样率（网格中取样点之间的间隔）与被取样二维信号的频率之间的相互作用。

　　图 4.17 显示了低、中、高空间频率（相对于网格中取样单元之间的间隔）的 3 个二维信号（图像中的各个区域）部分重叠的取样网格。注意，各个区域中的空间"细节"的级别与频率成正比（信号的频率越高，包含的条形就越多）。取样网格内的各个区域大致呈现了取样后的外观。不出所料，3 个数字化区域都不同程度上出现了混叠，细节（频率）和取样率之间的差异增大时，情况明显不同。

低频区域表现得较好，边缘只存在一些轻微的锯齿。由于取样率相同，当该区域的频率增大到中频时，锯齿度增大。这种边缘失真（恰如其分地称为锯齿）在具有强线条和/或边缘内容的图像中很常见。

图 4.17 右上角的数字化高频区域显示了完全不同甚至有些令人惊讶的特性。数字化区域出现了额外的（低频）条带，这些条带相对于连续区域中的条带方向有明显的旋转。这些条带是一个完全不同的信号的混叠。如下例所示，这种特性可能会导致看起来"正常"但与原图像无关的图像。

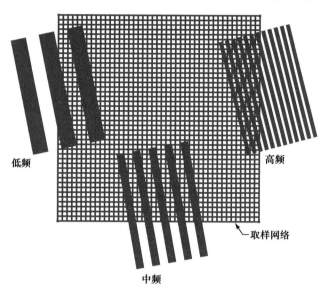

图 4.17　二维信号的频率与用于数字化该信号的取样率之间的相互作用导致的各种混叠效应。取样网格外的区域是连续的，没有混叠

例 4.6　图像中的混叠。

考虑一个完美的成像系统，它是无噪的，并能产生与所见内容完全相同的数字图像，但它可以采集的样本数固定为 96×96 像素。为简单起见，假定所有像素都是单位长度和宽度的小方块。我们要用该系统数字化黑白方格相间的棋盘图像。棋盘图像可视为在两个方向上无限延伸的周期图像，其中的一个周期等于相邻的黑白对。如果我们将"有效的"数字化图像规定为从无限序列中提取的图像，且这些提取的图像中包含整数倍个周期，那么根据前面的讨论可知，适当取样的周期图像将不会出现混叠。在当前的示例中，这意味着方格的大小必须满足除以 96 后是一个偶数的条件。这将给出整数个周期（黑白方格对）。在规定的条件下，方格的最小尺寸为 1 像素。

本例的主要目的是测试方格的大小小于 1 像素时，系统中的棋盘图像会发生什么。这对应于前面导致混叠的欠取样情况。棋盘图像的水平或垂直扫描线产生一维方波，因此我们重点分析一维信号。

为了理解成像系统在取样方面的能力，回顾关于一维取样定理的讨论可知，已知取样率时，取样信号中出现混叠之前允许的最大频率必须小于取样率的一半。我们的取样率是固定的，即 1 个样本/单位自变量（单位是像素）。因此，为避免混叠，我们的信号的最大频率是 1/2 周期/像素。

我们可以得出相同的结论：系统所能处理的最苛刻的图像是方格的宽度为 1 单位（像素）时，这时周期（循环）是 2 个像素。如上段中提及的那样，频率是周期的倒数，或 1/2 周期/像素。

图 4.18(a)和(b)显示了方格大小分别为 16×16 像素和 6×6 像素的棋盘图像的取样结果。这两幅图像的两个方向的扫描线频率分别为 1/32 周期/像素和 1/6 周期/像素，它们远低于系统允许的 1/2 周期/像素。如前所述，由于图像在系统的视野中被完美地配准，所以结果中并未如预期的那样出现混叠。

当方格的大小缩小到稍小于 1 像素时，图像中出现了严重的混叠，如图 4.18(c)所示（所用方格的大小约为 0.95×0.95 像素）。最后，将方格的大小缩小到稍小于 0.5 像素时，得到了图 4.18(d)中的图像。在这种情况下，混叠的结果看起来像是正常的棋盘模式。事实上，这幅图像是对方格边长为 12 像素的棋盘图像取样得到的。最后一幅图像表明混叠会产生视觉上存在严重误导的结果。

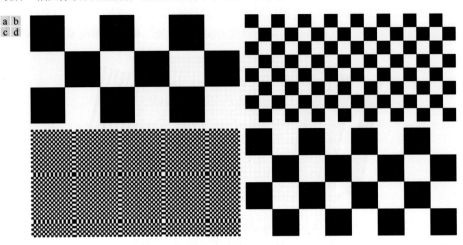

图 4.18 混叠。在图(a)和图(b)中，方格的边长分别是 16 像素和 6 像素。在图(c)和图(d)中，方格的边长分别是 0.95 像素和 0.48 像素。图(c)中每个方格的边长是 1 像素。图(c)和图(d)中都出现了混叠。注意图(d)伪装为"正常"图像的方式 ∎

稍微散焦待数字化的图像来衰减高频分量，可以降低混叠效应。如 4.3 节解释的那样，在图像被取样之前，必须在"前端"进行抗混叠滤波。对于违反取样定理导致的混叠效应，事实上不存在事后能降低它的抗混叠滤波软件。多数商业数字图像处理程序包确实提供"抗混叠"功能，但如下面的例 4.8 所示，这一功能主要是模糊数字图像，进而降低由重取样导致的其他混叠伪影，而不能降低原取样图像中的混叠。大量商用数码相机都内置了真正的抗混叠滤波，不论是在镜头中还是在传感器本身的表面上。如下面的例子所示，大自然甚至也用这种方法来降低人眼中的混叠效应。

例 4.7 自然界服从取样定理的极限。

在讨论图 2.1 和图 2.2 时，曾提及锥状体是敏感的视觉传感器。锥状体集中在中央凹处，与晶状体的视轴在一条线上，度量的是偏离视轴的度数。对视力（分辨细节的能力）的标准测试是在某个视野范围内放置黑白条带交替出现的模式。条带的总数超过 120（频率为 60 周期/度）时，实验表明观察者会将图像感知为一个灰色团块。也就是说，人眼中的晶状体会自动过滤高于 60 周期/度的空间频率。人眼中的取样由锥状体完成，因此根据取样定理，为避免混叠效应，我们希望人眼有 120 个锥状体/度，事实证明人眼确实如此。 ∎

2. 图像重取样和内插

如一维情况中那样，由函数的一组样本完美重建带限图像函数时，要求在空间域中与 sinc 函数进行二维卷积运算。如 4.3 节中解释的那样，这种理论上的完美重建要求使用无限求和来进行内插，而实际工作中我们不得不寻求某种程度的近似。图像处理中最常见的二维内插应用是调整图像的大小（放大和缩小）。放大可视为过取样，而缩小可视为欠取样。这两种运算与前几节中讨论的取样概念之间的主要区别是，我们是对数字图像进行放大和缩小。

2.4 节中介绍了内插。这里的目的是说明最近邻、双线性和双三次内插的性能。本节的重点是取样和抗混叠问题。对图像进行缩放时，无论是放大还是缩小通常都会引入混叠。例如，最近邻内插的一种特殊情况是通过像素复制来放大图像,我们可采用这种方法将图像的大小放大某个整数倍。要将一幅图像放大 1 倍,我们可以先复制图像的每列,将图像在水平方向上放大 1 倍;然后复制放大后的图像的每行,将图像在垂直方向上放大 1 倍。采用相同的步骤,可将图像放大任意整数倍。赋给每个像素的灰度值由新位置是旧位置的精确复制这一事实预先确定。在这种粗略的放大方法中,一种主要的混叠是在非水平或垂直方向的直线上引入锯齿。如 2.4 节所述,采用更复杂的内插方法,通常可以明显降低图像放大中的混叠。下面的例子表明,混叠也是图像缩小中的一个严重问题。

例 4.8 重取样后的自然图像中的混叠说明。

数字图像缩小后,混叠通常会变得更严重。图 4.19(a)是一幅特意包含了几个区域的图像,这些区域用来说明混叠对图像的影响(注意所穿服装上都有细密的平行线条)。图 4.19(a)中不存在令人讨厌的混叠伪影,这表明最初使用的取样率足以减轻可见的混叠。

图 4.19(b)中的图像已用行-列删除法缩小为原大小的 33%。在该图像中,混叠十分明显(如头巾和膝盖周围的区域)。图像 4.19(a)和图 4.19(b)以相同的大小显示,因为缩小后的图像采用像素复制法复原到了原始大小(像素复制并未明显改变刚才讨论的混叠)。

为降低混叠,前面提及的连续图像经散焦后的数字图像,在重取样之前要使用低通滤波器来平滑,以衰减数字图像的高频分量。图 4.19(c)是按与图 4.19(b)同样的方式处理的,但原图像在缩小前使用一个 5×5 空间平均滤波器(见 3.5 节)进行了平滑。与图 4.19(a)和图 4.19(b)相比,图 4.19(c)要模糊一些,但混叠不再令人讨厌。

a b c

图 4.19 重取样后的自然图像上的混叠说明:(a)大小为 772×548 像素的数字图像,混叠视觉上可以忽略不计;(b)首先采用像素删除法将图像调整到原大小的 33%,然后采用像素复制法将其复原到原大小的结果,混叠清晰可见;(c)在调整大小前采用平均滤波器模糊图(a)中的图像的结果。该图像要比图(b)稍微模糊一些,但混叠不再令人反感(原图像由加州大学圣巴巴拉分校信号压缩实验室提供) ■

3. 混叠和莫尔模式

在光学中,莫尔模式是由近似等间隔的两个光栅叠加所产生的一种视觉现象。这些模式很常见,每天都会出现。例如,在重叠的防虫纱窗上、电视光栅线之间的干涉上、背景中的条纹或纹理材料上、人们穿戴的衣服上都可看到它们。在数字图像处理中,对印刷物如报刊杂志取样时,或在周期分量间隔相当于样本间隔的图像中,通常会出现类莫尔模

> Moiré(莫尔)是一个法语单词(不是人名),它似乎起源于织布工,他们首先注意到了一些织物上的干涉模式。这个单词的词根来自单词 mohair(马海毛),即一种由安哥拉山羊毛制成的布料。

式。注意，莫尔模式要比取样伪影更常见。例如，图4.20使用尚未数字化的向量图显示了莫尔效应。分开时，这些模式都很整洁且互不干涉。然而，将一个模式叠加到另一个模式上的简单行为就创建了一个模式，该模式的频率在任何一幅原模式中都不存在。注意，由两个点模式产生的莫尔效应是如下讨论的重点。

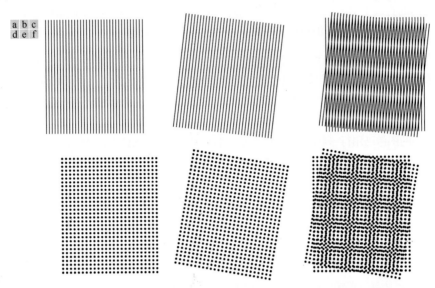

图 4.20　莫尔效应的例子。它们是向量图而非数字化后的模式。将一个模式叠加到另一个模式，数学上等同于两个模式相乘

例4.9　印刷材料取样。

　　报纸和其他印刷材料使用所谓的半色调点，它们是黑色的圆点或椭圆点，通过调整这些点的大小和不同的组合方案来模拟灰色调。一般来说，如下数字是典型的：报纸采用 75 个半色调点/英寸（dpi）印刷，杂志采用 133dpi 印刷，高质量宣传册采用 175dpi 印刷。图 4.21 显示了报纸图像以 75dpi（欠）取样时产生

图 4.21　以 75dpi 数字化的报纸图像，注意半色调点在±45°方向与用于数字化图像的取样元素在南北方向相互作用产生的类莫尔模式

的现象。取样点阵（垂直方向和水平方向）和报纸图像上的点模式（±45°方向）相互作用，产生使得图像看起来布满斑点的均匀莫尔模式（4.10 节将讨论一种在欠取样印刷材料上降低莫尔模式效应的技术）。 ■

4.5.5　二维离散傅里叶变换及其反变换

采用类似于 4.3 节和 4.4 节中的推导过程，我们可得到如下的二维离散傅里叶变换（DFT）：

$$F(u, v) = \sum_{x=0}^{M-1} \sum_{y=0}^{N-1} f(x, y) e^{-j2\pi(ux/M + vy/N)} \tag{4.67}$$

式中，$f(x,y)$ 是大小为 $M \times N$ 的数字图像。类似于一维情况，式(4.67)须对离散变量 u 和 v 在 $u = 0, 1, 2, \cdots,$ $M-1$ 和 $v = 0, 1, 2, \cdots, N-1$ 的范围内求值[①]。

已知变换 $F(u,v)$ 时，可用傅里叶反变换（IDFT）得到 $f(x,y)$：

$$f(x, y) = \frac{1}{MN} \sum_{u=0}^{M-1} \sum_{v=0}^{N-1} F(u, v) e^{j2\pi(ux/M + vy/N)} \tag{4.68}$$

式中，$x = 0, 1, 2, \cdots, M-1$，$y = 0, 1, 2, \cdots, N-1$。类似于一维情况［见式(4.44)和式(4.45)］，式(4.67)和式(4.68)构成一个二维离散傅里叶变换对 $f(x,y) \Leftrightarrow F(u,v)$（这一证明是习题 4.15 中一维情况的简单扩展）。本章的其余部分以这两个公式的性质及它们在频率域图像滤波中的应用为基础。与式(4.44)和式(4.45)有关的说明也适用于式(4.67)和式(4.68)；也就是说，知道 $f(x,y)$ 和 $F(u,v)$ 是傅里叶变换对，对于证明函数及其变换之间的关系是非常有用的。

> 在有些文献中，常数 $1/MN$ 通常出现在 DFT 而非 IDFT 的前面。这时，这个常数的平方根应包含在正变换和反变换前面，以便形成一个更为对称的变换对。只要使用一致，这种形式的任何表述就都是正确的。

4.6　二维 DFT 和 IDFT 的一些性质

本节介绍二维离散傅里叶变换及其反变换的一些性质。

4.6.1　空间间隔和频率间隔的关系

空间取样和对应频率域间隔的关系与 4.4 节中的解释相同。假设对连续函数 $f(t,z)$ 取样生成了一幅数字图像 $f(x,y)$，它由分别在 t 方向和 z 方向所取的 $M \times N$ 个样本组成。令 ΔT 和 ΔZ 表示样本间的间隔（见图 4.15）。于是，频率域对应的离散变量间的间隔分别为

$$\Delta u = \frac{1}{M\Delta T} \tag{4.69}$$

和

$$\Delta v = \frac{1}{N\Delta Z} \tag{4.70}$$

注意，频率域中样本之间的间隔，与空间样本之间的间隔及样本数量成反比，这是一个重要的性质。

4.6.2　平移和旋转

直接代入式(4.67)和式(4.68)可以证明如下傅里叶变换对的正确性（见习题 4.27）：

$$f(x, y) e^{j2\pi(u_0 x/M + v_0 y/N)} \Leftrightarrow F(u - u_0, v - v_0) \tag{4.71}$$

[①]　如 4.4 节中提及的那样，本章中分别使用 (t,z) 和 (μ,v) 来表示二维连续空间变量和频率域变量。在二维离散情况下，使用 (x,y) 表示空间离散变量，而使用 (u,v) 表示频率域离散变量。

和

$$f(x - x_0, y - y_0) \Leftrightarrow F(u, v) e^{-j2\pi(x_0 u / M + y_0 v / N)} \tag{4.72}$$

也就是说，用所示的指数项乘以 $f(x, y)$ 将使 DFT 的原点移到点 (u_0, v_0) 处；反之，用负指数项以 $F(u, v)$ 将使 $f(x, y)$ 的原点移到点 (x_0, y_0) 处。如例 4.13 中说明的那样，平移不影响 $F(u, v)$ 的幅度（谱）。

> 回顾可知我们使用符号 $\Leftrightarrow$ 来表示傅里叶变换对。也就是说，右侧项是左侧项的傅里叶变换，左侧项是右侧项的傅里叶反变换。

使用极坐标

$$x = r\cos\theta, \quad y = r\sin\theta, \quad u = \omega\cos\varphi, \quad v = \omega\sin\varphi$$

可得到如下变换对：

$$f(r, \theta + \theta_0) \Leftrightarrow F(\omega, \varphi + \theta_0) \tag{4.73}$$

它指出，若 $f(x, y)$ 旋转 θ_0 角度，则 $F(u, v)$ 也旋转相同的角度。反之，若 $F(u, v)$ 旋转某个角度，$f(x, y)$ 也旋转相同的角度。

4.6.3 周期性

如一维情况中那样，二维傅里叶变换及其反变换在 u 方向和 v 方向是无限周期的，即

$$F(u, v) = F(u + k_1 M, v) = F(u, v + k_2 N) = F(u + k_1 M, v + k_2 N) \tag{4.74}$$

和

$$f(x, y) = f(x + k_1 M, y) = f(x, y + k_2 N) = f(x + k_1 M, y + k_2 N) \tag{4.75}$$

式中，k_1 和 k_2 是整数。

变换及其反变换的周期性在实现基于 DFT 的算法中很重要。考虑图 4.22(a)中的一维谱。如 4.4 节解释的那样［见关于式(4.42)的脚注］，区间 0 到 $M - 1$ 上的变换数据由在点 $M/2$ 处相遇的两个半周期组成，但该周期的较低部分（周期的左半部分）出现在较高的频率处。针对显示和滤波目的，如图 4.22(b)所示，在该区间内有一个数据连续并且正确排序的完整变换周期更为方便。由式(4.71)得

$$f(x) e^{j2\pi(u_0 x / M)} \Leftrightarrow F(u - u_0)$$

换句话说，用所示的指数项乘以 $f(x)$ 将把变换数据的原点 $F(0)$ 移到位置 u_0。若令 $u_0 = M/2$，则指数项变为 $e^{j\pi x}$，因为 x 是整数，故它等于 $(-1)^x$。此时有

$$f(x)(-1)^x \Leftrightarrow F(u - M/2)$$

也就是说，用 $(-1)^x$ 乘以 $f(x)$ 将移动数据，使 $F(u)$ 在区间$[0, M-1]$上居中，如期望的那样，这对应于图 4.22(b)。

二维情况下的图形很难画出，但原理是相同的，如图 4.22(c)所示。替代两个半周期，现在有 4 个四分之一周期在点$(M/2, N/2)$处相遇。如一维情况中那样，我们想要移动数据，使得 $F(0, 0)$ 位于点 $(M/2, N/2)$ 处。在式(4.71)中令 $(u_0, v_0) = (M/2, N/2)$，可得

$$f(x, y)(-1)^{x+y} \Leftrightarrow F(u - M/2, v - N/2) \tag{4.76}$$

利用该式移动数据，使得 $F(0, 0)$ 移到频率矩形［即由区间$[0, M-1]$和$[0, N-1]$在频率域中定义的矩形］的中心。图 4.22(d)显示了这一结果。

记住，在我们的所有讨论中，空间域和频率域中的坐标值都是整数。如 2.4 节（见图 2.19）中解释的那样，如果一幅大小为 $M \times N$ 的图像或变换的原点为(0, 0)，那么这幅图像或变换的中心为 $(\text{floor}(M/2), \text{floor}(N/2))$。这个表达式对 M、N 的奇数值和偶数值都适用。例如，大小为 20×15 的阵列的中心是点(10, 7)。因为我们从 0 开始计数，所以它们分别是阵列的第一坐标轴和第二坐标轴上的第 11 点和第 8 点。

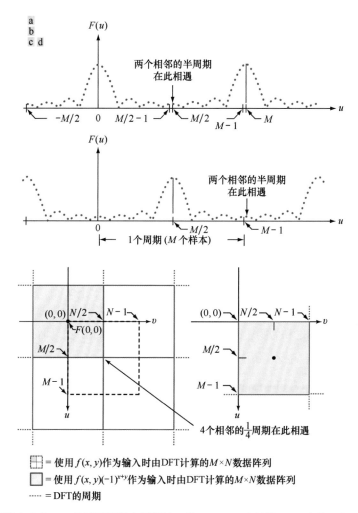

图 4.22　使傅里叶变换中心化：(a)显示了无限个周期的一维 DFT；(b)在计算 $F(u)$ 之前，由 $(-1)^x$ 乘以 $f(x)$ 得到的移位后的 DFT；(c)显示了无限个周期的二维 DFT。虚线矩形内的区域是由式(4.67)以图像 $f(x,y)$ 作为输入得到的阵列 $F(u,v)$。这个阵列由 4 个四分之一周期组成；(d)在计算 $F(u,v)$ 之前，由 $(-1)^{x+y}$ 乘以 $f(x,y)$ 得到的移位后的 DFT。数据现在包含一个中心化的完整周期，如图(b)中那样

4.6.4　对称性

　　函数分析得到的一个重要结论是，任意实函数或复函数 $w(x,y)$ 均可表示为奇数部和偶数部之和，其中奇数部和偶数部既可以是实数，又可以是复数：

$$w(x,y) = w_e(x,y) + w_o(x,y) \tag{4.77}$$

式中，对于 x 和 y 的所有有效值，偶数部和奇数部定义如下：

$$w_e(x,y) \triangleq \frac{w(x,y) + w(-x,-y)}{2} \tag{4.78}$$

和

$$w_o(x,y) \triangleq \frac{w(x,y) - w(-x,-y)}{2} \tag{4.79}$$

把式(4.78)和式(4.79)代入式(4.77)得到恒等式 $w(x,y) \equiv w(x,y)$，这就证明了后一公式的正确性。根据上面的定义有

$$w_e(x,y) = w_e(-x,-y) \tag{4.80}$$

和

$$w_o(x,y) = -w_o(-x,-y) \tag{4.81}$$

也就是说，偶函数是对称的，奇函数是反对称的。因为 DFT 和 IDFT 中的所有指数都是非负的整数，所以当我们谈论对称性（反对称性）时，指的是关于序列中心点的对称性（反对称性），此时奇数部和偶数部的定义变为

$$w_e(x,y) = w_e(M-x,N-y) \tag{4.82}$$

和

$$w_o(x,y) = -w_o(M-x,N-y) \tag{4.83}$$

式中，$x = 0,1,2,\cdots,M-1$ 和 $y = 0,1,2,\cdots,N-1$；M 和 N 照例分别是二维阵列的行数和列数。

> 在这一讨论中，元素在序列中的位置由整数表示。因此，对后面关于偶数大小和奇数大小阵列的中心的说明，同样适用于序列，但不要混淆偶数/奇数和偶函数/奇函数的概念。

由初等数学分析可知，两个偶函数的积或两个奇函数的积是偶函数，而一个偶函数和一个奇函数的积是奇函数。另外，离散函数是奇函数的唯一条件是其所有样本之和为零。这些性质导致了一个重要的结论，即对于任意两个离散的偶函数 w_e 和奇函数 w_o，有

$$\sum_{x=0}^{M-1}\sum_{y=0}^{N-1} w_e(x,y)w_o(x,y) = 0 \tag{4.84}$$

> 要了解奇函数的样本之和为零，建议画出一维正弦函数关于原点的一个周期的图形，或画出跨越一个周期的其他区间的正弦函数的图形。

换句话说，由于式(4.84)的自变量是奇数，因此求和的结果是 0。函数可以是实函数，也可以是复函数。

例 4.10　偶函数和奇函数。

虽然很容易看出连续函数的奇偶性，但在处理离散序列时，这些概念并不那么直观。下面的说明可帮助我们澄清前面的概念。考虑一维序列

$$f = \{f(0),f(1),f(2),f(3)\} = \{2,1,1,1\}$$

此时 $M=4$。为检验偶数性，对于 $x = 0,1,2,3$，必须满足条件 $f(x) = f(4-x)$。也就是说，要求

$$f(0) = f(4),\quad f(1) = f(3),\quad f(2) = f(2),\quad f(3) = f(1)$$

因为 $f(4)$ 在被考察的范围之外，且它可以是任何值，所以 $f(0)$ 的值对于偶数性测试无关紧要。我们看到，阵列中的值满足接下来的三个条件，因此该序列是偶序列。事实上，我们得出结论，任何 4 点偶序列必须具有下列形式：

$$\{a,b,c,b\}$$

也就是说，在 4 点偶序列中，只需第二点和最后一点相等。一般来说，当 M 为偶数时，一维偶序列具有这样一个性质，即位置 0 和 $M/2$ 处的点可以为任意值。当 M 为奇数时，偶序列的第一点仍然是任意的，但其他点要形成等值对。

奇序列有这样一个有趣的性质，即其第一项 $w_o(0,0)$ 永远是 0，这是直接由式(4.79)得到的。考虑一维序列

$$g = \{g(0),g(1),g(2),g(3)\} = \{0,-1,0,1\}$$

由于序列中的各项在 $x = 1, 2, 3$ 时满足条件 $g(x) = -g(4-x)$，因此可以确认这是一个奇序列。对于 $x = 0$，我们要做的只是检查 $g(0) = 0$。我们根据定义来检查其他各项。例如，$g(1) = -g(3)$。任何 4 点奇序列都有形式

$$\{0,-b,0,b\}$$

一般来说，当 M 是偶数时，一维奇序列在位置 0 和 $M/2$ 处的值总为零。当 M 是奇数时，序列的第一项仍然必须是 0，其余各项形成符号相反的等值对。

前面的讨论指出，序列是偶序列还是奇序列还取决于序列的长度。例如，我们已经证明序列 $\{0,-1,0,1\}$ 是奇序列。然而，序列 $\{0,-1,0,1,0\}$ 既不是奇序列，又不是偶序列，但它的"基本"结构表现为奇序列。在解释 DFT 的结果时，这是一个重要的问题。本章稍后将说明偶函数和奇函数的 DFT 具有一些非常重要的性质。因此，了解函数的奇偶性，对于根据 DFT 来解释图像结果非常重要。

同样的基本考虑在二维情况下也成立。例如，在下图中以粗体显示中心位置(3, 3)的一个 6×6 二维阵列[记住，从(0,0)开始计数]是奇阵列，因为我们可用式(4.83)来证明它：

$$
\begin{matrix}
0 & 0 & 0 & 0 & 0 & 0 \\
0 & 0 & 0 & 0 & 0 & 0 \\
0 & 0 & -1 & 0 & 1 & 0 \\
0 & 0 & -2 & \mathbf{0} & 2 & 0 \\
0 & 0 & -1 & 0 & 1 & 0 \\
0 & 0 & 0 & 0 & 0 & 0
\end{matrix}
$$

然而，添加一行 0 和一列 0 后得到的结果既不是奇阵列又不是偶阵列。一般来说，将偶数维的二维阵列插入一个较大的零阵列时，只要中心重合，那么得到的阵列也是偶数维的，这个阵列保留了较小阵列的对称性。类似地，奇数维的二维阵列可以插入奇数维的更大零阵列，而不影响其对称性。注意，前一阵列的内部结构是一个 Sobel 核（见图 3.50）。我们将在例 4.15 中回顾这个核，那时我们将为滤波目的将其嵌入一个较大的零阵列。■

利用前面的概念，我们可以建立 DFT 及其反变换的许多重要的对称性质。频繁用到的一个性质是，实函数 $f(x,y)$ 的傅里叶变换是共轭对称的，即

> 共轭对称也称埃尔米特对称。有时用"反埃尔米特"一词来指共轭反对称。

$$F^*(u,v) = F(-u,-v) \tag{4.85}$$

下面证明上式的正确性：

$$
\begin{aligned}
F^*(u,v) &= \left[\sum_{x=0}^{M-1}\sum_{y=0}^{N-1} f(x,y)e^{-j2\pi(ux/M+vy/N)}\right]^* \\
&= \sum_{x=0}^{M-1}\sum_{y=0}^{N-1} f^*(x,y)e^{j2\pi(ux/M+vy/N)} \\
&= \sum_{x=0}^{M-1}\sum_{y=0}^{N-1} f(x,y)e^{-j2\pi([-u]x/M+[-v]y/N)} \\
&= F(-u,-v)
\end{aligned}
$$

式中，第三步是由 $f(x,y)$ 是实函数这一事实得到的。使用类似的方法可以证明，如果 $f(x,y)$ 是虚函数，那么其傅里叶变换是共轭对称的，即 $F^*(-u,-v) = -F(u,v)$。

表 4.1 中列出了 DFT 的对称性和相关的其他性质，这些性质在数字图像处理中很有用。回顾可知，双箭头表示傅里叶变换对；也就是说，对于表中的任意一行，右侧的性质可由具有左侧所列性质的函数的傅里叶变换来满足，反之亦然。例如，第 5 条性质可读为：实函数 $f(x,y)$[其中用$(-x,-y)$代替(x,y)]的 DFT 是 $F^*(u,v)$，即 $f(x,y)$ 的 DFT 的复共轭。反之，$F^*(u,v)$ 的 IDFT 是 $f(-x,-y)$。

表 4.1   二维 DFT 及其反变换的一些对称性质。表中 $R(u,v)$ 和 $I(u,v)$ 分别是 $F(u,v)$ 的实部和虚部，"复函数"是指具有非零实部和虚部的函数

	空间域*		频率域*
1）	$f(x,y)$ 实函数	$\Leftrightarrow$	$F^*(u,v) = F(-u,-v)$
2）	$f(x,y)$ 虚函数	$\Leftrightarrow$	$F^*(-u,-v) = -F(u,v)$
3）	$f(x,y)$ 实函数	$\Leftrightarrow$	$R(u,v)$ 偶函数；$I(u,v)$ 奇函数
4）	$f(x,y)$ 虚函数	$\Leftrightarrow$	$R(u,v)$ 奇函数；$I(u,v)$ 偶函数
5）	$f(-x,-y)$ 实函数	$\Leftrightarrow$	$F^*(u,v)$ 复函数
6）	$f(-x,-y)$ 复函数	$\Leftrightarrow$	$F(-u,-v)$ 复函数
7）	$f^*(x,y)$ 复函数	$\Leftrightarrow$	$F^*(-u,-v)$ 复函数
8）	$f(x,y)$ 实函数和偶函数	$\Leftrightarrow$	$F(u,v)$ 实函数和偶函数
9）	$f(x,y)$ 实函数和奇函数	$\Leftrightarrow$	$F(u,v)$ 虚函数和奇函数
10）	$f(x,y)$ 虚函数和偶函数	$\Leftrightarrow$	$F(u,v)$ 虚函数和偶函数
11）	$f(x,y)$ 虚函数和奇函数	$\Leftrightarrow$	$F(u,v)$ 实函数和奇函数
12）	$f(x,y)$ 复函数和偶函数	$\Leftrightarrow$	$F(u,v)$ 复函数和偶函数
13）	$f(x,y)$ 复函数和奇函数	$\Leftrightarrow$	$F(u,v)$ 复函数和奇函数

*回顾可知，x,y,u 和 v 是离散（整数）变量，x 和 u 在区间 $[0,M-1]$ 内，y 和 v 在区间 $[0,N-1]$ 内。称一个复函数是偶函数意味着其实部和虚部都是偶函数，称一个复函数为奇函数同样意味着其实部和虚部都是奇函数。

例 4.11   表 4.1 中性质的一维说明。

表 4.2 中的一维序列（函数）及其变换是表 4.1 中所列性质的几个简单例子。例如，在性质 3 中，我们看到元素为 $\{1,2,3,4\}$ 的实函数有一个傅里叶变换，其实部 $\{10,-2,-2,-2\}$ 为偶函数，虚部 $\{0,2,0,-2\}$ 为奇函数。性质 8 表明，实偶函数的变换也是实偶函数。性质 12 表明，偶复函数的变换也是偶复函数。表中的其他各项也可采用类似的方法分析。

表 4.2   表 4.1 中某些性质的一维例子

性质	$f(x)$		$F(u)$
3	$\{1,2,3,4\}$	$\Leftrightarrow$	$\{(10+0j),(-2+2j),(-2+0j),(-2-2j)\}$
4	$\{1j,2j,3j,4j\}$	$\Leftrightarrow$	$\{(0+2.5j),(0.5-0.5j),(0-0.5j),(-0.5-0.5j)\}$
8	$\{2,1,1,1\}$	$\Leftrightarrow$	$\{5,1,1,1\}$
9	$\{0,-1,0,1\}$	$\Leftrightarrow$	$\{(0+0j),(0+2j),(0+0j),(0-2j)\}$
10	$\{2j,1j,1j,1j\}$	$\Leftrightarrow$	$\{5j,j,j,j\}$
11	$\{0j,-1j,0j,1j\}$	$\Leftrightarrow$	$\{0,-2,0,2\}$
12	$\{(4+4j),(3+2j),(0+2j),(3+2j)\}$	$\Leftrightarrow$	$\{(10+10j),(4+2j),(-2+2j),(4+2j)\}$
13	$\{(0+0j),(1+1j),(0+0j),(-1-1j)\}$	$\Leftrightarrow$	$\{(0+0j),(2-2j),(0+0j),(-2+2j)\}$

∎

例 4.12   表 4.1 中一些 DFT 对称性质的证明。

本例证明表 4.1 中的几个性质，以便深入了解如何使用这些重要性质，并为求解本章末尾的一些习题奠定基础。我们仅由左侧给出的性质来证明右侧的性质。由右侧来证明左侧的方式类似于下面给出的方式。

考虑性质 3，它读为：若 $f(x,y)$ 是实函数，则其 DFT 的实部是偶函数，虚部是奇函数。证明如下：$F(u,v)$ 通常是复函数，因此可写为实部和虚部之和，即 $F(u,v) = R(u,v) + jI(u,v)$；于是有 $F^*(u,v) = R(u,v) - jI(u,v)$，并有 $F(-u,-v) = R(-u,-v) + jI(-u,-v)$。然而，如前面证明式(4.85)那样，若 $f(x,y)$ 是实函数，且 $F^*(u,v) = F(-u,-v)$，则根据前面两式可知 $R(u,v) = R(-u,-v)$ 和 $I(u,v) = -I(-u,-v)$。根据式(4.80)和式(4.81)

中的定义，这就证明了 R 是一个偶函数，而 I 是一个奇函数。

下面证明性质 8。若 $f(x,y)$ 是一个实函数，则由性质 3 可知 $F(u,v)$ 的实部是偶函数，要证明性质 8，只需要证明：若 $f(x,y)$ 是实偶函数，则 $F(u,v)$ 的虚部是 0（F 是实函数）。步骤如下：

$$\Im\{f(x,y)\} = F(u,v) = \sum_{x=0}^{M-1}\sum_{y=0}^{N-1} f(x,y)\mathrm{e}^{-\mathrm{j}2\pi(ux/M+vy/N)}$$

$$= \sum_{x=0}^{M-1}\sum_{y=0}^{N-1}[f_r(x,y)]\mathrm{e}^{-\mathrm{j}2\pi(ux/M+vy/N)}$$

$$= \sum_{x=0}^{M-1}\sum_{y=0}^{N-1}[f_r(x,y)]\mathrm{e}^{-\mathrm{j}2\pi(ux/M)}\mathrm{e}^{-\mathrm{j}2\pi(vy/N)}$$

用偶数部和奇数部展开最后一个表达式得

$$F(u,v) = \sum_{x=0}^{M-1}\sum_{y=0}^{N-1}[\text{偶函数}][\text{偶函数}-\mathrm{j}\text{奇函数}][\text{偶函数}-\mathrm{j}\text{奇函数}]$$

$$= \sum_{x=0}^{M-1}\sum_{y=0}^{N-1}[\text{偶函数}][\text{偶函数}\cdot\text{偶函数}-2\mathrm{j}\text{偶函数}\cdot\text{奇函数}-\text{奇函数}\cdot\text{奇函数}]$$

$$= \sum_{x=0}^{M-1}\sum_{y=0}^{N-1}[\text{偶函数}\cdot\text{偶函数}]-2\mathrm{j}\sum_{x=0}^{M-1}\sum_{y=0}^{N-1}[\text{偶函数}\cdot\text{奇函数}]-\sum_{x=0}^{M-1}\sum_{y=0}^{N-1}[\text{偶函数}\cdot\text{偶函数}]$$

$$= \text{实函数}$$

第一步由欧拉公式及 cos 和 sin 分别是偶函数和奇函数这一事实得到。由性质 8 得知，$f(x,y)$ 除是实函数外，还是偶函数。在倒数第二行中，含有虚分量的唯一一项是第二项，根据式(4.84)可知它为 0。因此，若 $f(x,y)$ 是实偶函数，则 $F(u,v)$ 是实函数，因为 $f(x,y)$ 是偶函数。证毕。

最后证明性质 6。DFT 的定义为

$$\Im\{f(-x,-y)\} = \sum_{x=0}^{M-1}\sum_{y=0}^{N-1} f(-x,-y)\mathrm{e}^{-\mathrm{j}2\pi(ux/M+vy/N)}$$

这里并未改变变量。由于正在计算 $f(-x,-y)$ 的 DFT，因此我们简单地将这个函数插入上式，就像处理任何其他函数一样。根据周期性有 $f(-x,-y)=f(M-x,N-y)$。若定义 $m=M-x$ 和 $n=N-y$，则有

$$\Im\{f(-x,-y)\} = \sum_{m=0}^{M-1}\sum_{n=0}^{N-1} f(m,n)\mathrm{e}^{-\mathrm{j}2\pi(u[M-m]/M+v[N-n]/N)}$$

为确保求和本身是正确的，我们可以尝试进行一维变换并手动展开一些项。因为 $\exp[-\mathrm{j}2\pi(\text{整数})]=1$，有

$$\Im\{f(-x,-y)\} = \sum_{m=0}^{M-1}\sum_{n=0}^{N-1} f(m,n)\mathrm{e}^{-\mathrm{j}2\pi(um/M+vn/N)} = F(-u,-v)$$

证毕。　■

4.6.5　傅里叶频谱和相角

因为二维 DFT 通常是复函数，因此可用极坐标形式来表示：

$$F(u,v) = R(u,v) + \mathrm{j}I(u,v) = |F(u,v)|\mathrm{e}^{\mathrm{j}\phi(u,v)} \tag{4.86}$$

式中，幅度

$$|F(u,v)| = \left[R^2(u,v)+I^2(u,v)\right]^{1/2} \tag{4.87}$$

称为傅里叶频谱（或频谱），而

$$\phi(u,v) = \arctan\left[\frac{I(u,v)}{R(u,v)}\right] \tag{4.88}$$

称为相角或相位谱。回顾4.2节的讨论可知,arctan必须使用一个四象限反正切函数来计算,如MATLAB中的atan2(Imag,Real)函数。

最后,功率谱定义为

$$P(u,v) = \left| F(u,v) \right|^2 = R^2(u,v) + I^2(u,v) \tag{4.89}$$

式中,R和I照例分别是$F(u,v)$的实部和虚部,且所有计算是针对离散变量$u = 0, 1, 2, \cdots, M-1$和$v = 0,$ $1, 2, \cdots, N-1$执行的。因此,$|F(u,v)|$,$\phi(u,v)$和$P(u,v)$是大小为$M \times N$的阵列。

实函数的傅里叶变换是共轭对称的[见式(4.85)],这表明谱是关于原点偶对称的:

$$\left| F(u,v) \right| = \left| F(-u,-v) \right| \tag{4.90}$$

相角是关于原点奇对称的:

$$\phi(u,v) = -\phi(-u,-v) \tag{4.91}$$

它由式(4.67)得出:

$$F(0,0) = \sum_{x=0}^{M-1} \sum_{y=0}^{N-1} f(x,y)$$

上式表明DFT的零频率项与$f(x,y)$的平均值成正比,即

$$F(0,0) = MN \frac{1}{MN} \sum_{x=0}^{M-1} \sum_{y=0}^{N-1} f(x,y) = MN\overline{f} \tag{4.92}$$

式中,$\overline{f}$(标量)表示$f(x,y)$的平均值。于是有

$$\left| F(0,0) \right| = MN \left| \overline{f} \right| \tag{4.93}$$

因为比例常数MN通常很大,因此$|F(0,0)|$通常是频谱的最大分量,与其他项相比它要大几个数量级。因为原点处的频率分量u和v是0,所以$F(0,0)$有时称为变换的直流(dc)分量。这一术语源自电气工程领域,在该领域中"dc"表示直流(频率为零的电流)。

例4.13　矩形函数的频谱。

图4.23(a)显示了一个矩形的图像,图4.23(b)显示了该图像的频谱,其值已被标定到区间[0, 255],并以图像形式显示。空间域和频率域的原点都在左上角。这是我们在图2.19中定义的右手坐标系。在图4.23(b)中,两件事情非常明显。不出所料,变换的原点的周围区域包含了最大值(在图像中最亮)。但要注意的是,谱的四角也包含了类似的大值。原因是在前一节中讨论的周期性。为了使谱中心化,如式(4.76)所示,在计算DFT之前,我们用$(-1)^{x+y}$乘以图4.23(a)中的图像。图4.23(c)显示了结果,很明显它更容易观察(注意关于中心点的对称性)。由于直流项支配着谱值,因此所示图像中其他灰度的动态范围被压缩。为给出这些细节,我们使用式(3.4)定义的对数变换,并令$c = 1$。图4.23(d)显示了$\log(1 + |F(u,v)|)$的曲线,此时增加的细节很明显。本章和后续各章中的频谱均按这种方式标定。

由式(4.72)和式(4.73)可知,谱对图像平移不敏感(指数项的绝对值是1),但它的旋转角度与图像的旋转角度相同。图4.24说明了这些性质。图4.24(b)中的频谱与图4.23(d)中的频谱相同。很明显,图4.23(a)中的图像和图4.24(a)中的图像是不同的。因此,如果它们的傅里叶频谱相同,那么由式(4.86)可知它们的相角肯定不同。图4.25确认了这一点。图4.25(a)和图4.25(b)是图4.23(a)和图4.24(a)的DFT的相角矩阵(显示为图像)。注意,尽管两幅图像的差别仅在于简单的平移,但相角图像之间缺少相似性。一般来说,视觉分析相角图像得不到直观的信息。例如,在45°方向,我们会直观地认为图4.25(a)中的相角应对应于图4.24(c)中的旋转后的图像,而不对应于图4.23(a)中的图像。事实上,如图4.25(c)所示,旋转后的图像的相角有一个很强的方向,但它要远小于45°。

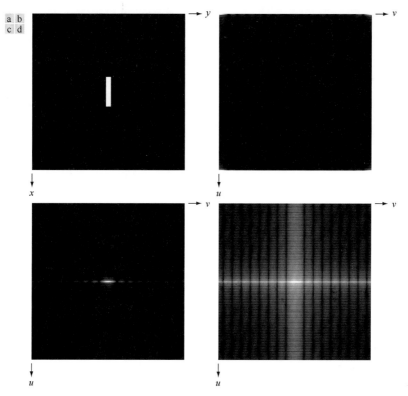

图 4.23　(a)图像；(b)四角显示小亮区域的频谱（仔细观看才能看到）；(c)中心化后的频谱；(d)对数变换后的结果。由于图(a)中的矩形在垂直方向较长，因此在垂直方向上频谱的过零点更接近。本书中使用右手坐标系，将空间域和频率域的原点放在左上角（见图 2.19）

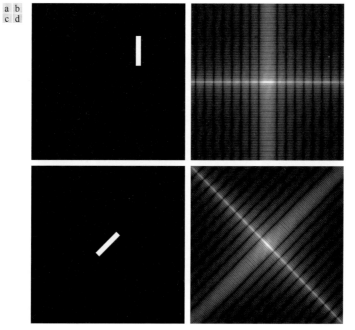

图 4.24　(a)平移后的图 4.23(a)中的矩形；(b)对应的频谱；(c)旋转后的矩形；(d)对应的频谱。平移后的矩阵的频谱与图 4.23(a)中原图像的频谱相同

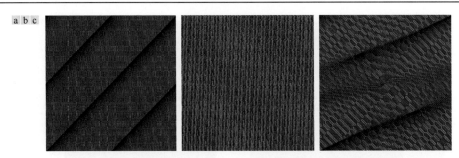

图 4.25　(a)中心化矩形的相角图像；(b)矩形平移后的相角图像；(c)矩形旋转后的相角图像　　■

　　DFT 谱的分量决定了组合为一幅图像的正弦波的幅度。在图像 DFT 的任何已知频率处，大幅度意味着在图像中这一频率的正弦波较为突出。反之，小幅度意味着图像中该频率的正弦波不突出。如图 4.25 所示，虽然相位分量的贡献很不直观，但它很重要。相位是各个正弦分量关于原点的位移的测度。因此，二维 DFT 的幅度是一个阵列的同时，其分量决定了图像中的灰度，对应的相位是一个角度阵列，它携带了大量关于图像中可识别目标的位置信息。下例将详细说明这些概念。

　例 4.14　谱和相角对图像信息的贡献。

　　图 4.26(b)以图像方式显示了图 4.26(a)的 DFT 的相角阵列 $\phi(u,v)$，其中图 4.26(a)的 DFT 是使用式(4.88)得到的。虽然这个阵列中不存在引导我们通过视觉分析将其与对应图像的结构关联起来的细节，但阵列中

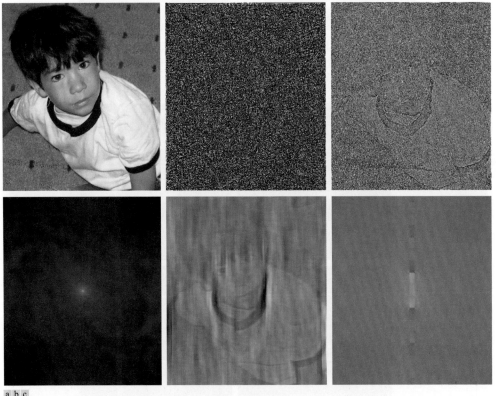

图 4.26　(a)男孩图像；(b)相角；(c)只用相角重建的男孩图像（具有所有形状特征，但缺少灰度信息，因为重建时未使用谱）；(d)只使用谱重建的男孩图像；(e)用相角和图 4.23(a)中矩形的频谱重建的男孩图像；(f)用相角和男孩图像的频谱重建的矩形图像

的信息对于确定图像的形状特征至关重要。为了说明这一点，我们只用相角重建了男孩的图像。重建过程包括用式(4.86)计算 $\phi(u,v)$ 的反 DFT，并令 $|F(u,v)|=1$。图 4.26(c)显示了结果［原结果的对比度远小于所示结果的对比度；为给出在这一讨论中的重要细节，我们先用式(2.31)和式(2.32)对结果进行了标定，然后用直方图均衡化对其进行了增强］。然而，即使结果得到了增强，仍然丢失了大部分灰度信息（记住，信息由谱携带，但在重建过程中我们并未使用谱）。然而，图 4.26(c)中的形状特征明显来自图 4.26(a)。这生动地说明了相角在确定图像形状特征时的重要性。

图 4.26(d)是通过计算式(4.86)的反 DFT 得到的，但只使用了谱。这意味着令指数项为 1，而令指数项为 1 又意味着令相角为 0。不出所料，结果中只包含灰度信息，其中 dc 项是最主要的。图像中没有形状信息，因为已令相位为 0。

最后，图 4.26(e)和图 4.26(f)再次显示了相位在确定图像空间特征内容方面的优势。图 4.26(e)是通过计算式(4.86)的反 DFT 得到的，计算过程中使用了图 4.23(a)中矩形的频谱和男孩图像中的相角。男孩的特征明显支配了结果。相反，矩形支配了图 4.26(f)，后者是用男孩图像的频谱和矩形的相角计算得到的。　■

4.6.6　二维离散卷积定理

将式(4.48)扩展至两个变量，可得到如下的二维循环卷积表达式：

$$(f \star h)(x,y) = \sum_{m=0}^{M-1}\sum_{n=0}^{N-1} f(m,n)h(x-m,y-n) \qquad (4.94)$$

> 回顾式(4.48)及那里关于循环卷积的讨论而非 3.4 节介绍的卷积是有帮助的。

式中，$x = 0, 1, 2, \cdots, M-1$，$y = 0, 1, 2, \cdots, N-1$。如式(4.48)那样，式(4.94)给出了一个周期的二维周期序列。二维卷积定理为

$$(f \star h)(x,y) \Leftrightarrow (F \cdot H)(u,v) \qquad (4.95)$$

或反写为

$$(f \cdot h)(x,y) \Leftrightarrow \frac{1}{MN}(F \star H)(u,v) \qquad (4.96)$$

式中，F 和 H 分别是用式(4.67)得到的 f 和 h 的傅里叶变换。双箭头照例用来表示表达式的左侧和右侧组成一个傅里叶变换对。在本章剩

> 函数相乘是指对应元素相乘，见 2.6 节的定义。

下的内容中，我们的兴趣是式(4.95)，该式表明 f 和 h 的空间卷积的傅里叶变换，是它们的变换的乘积。类似地，乘积 $(F \cdot H)(u,v)$ 的 IDFT 是 $(f \star h)(x,y)$。

式(4.95)是频率域中线性滤波的基础，且如 4.7 节中解释的那样，是本章讨论的所有滤波技术的基础。回顾第 3 章可知，空间卷积是空间域滤波的基础，因此，如前面多次提及的那样，式(4.95)是在空间域和频率域滤波之间建立等价关系的纽带。

我们的兴趣是在分析图像的空间域中执行卷积运算的结果。然而，卷积定理告诉我们，计算两个函数的空间卷积的方法有两种：（1）用 3.4 节给出的式(3.35)直接在空间域中计算；（2）首先根据式(4.95)计算每个函数的傅里叶变换，然后让两个变换相乘，并计算傅里叶反变换。由于处理的是离散量，因此傅里叶变换的计算是用 DFT 算法执行的。这自然意味着周期性，进而意味着当我们取这两个变换的乘积的傅里叶反变换时，会得到一个循环（周期）卷积，其中一个周期由式(4.94)给出。问题是：直接空间方法和傅里叶反变换方法在什么条件下会得到相同的结果呢？下面首先看一个一维的例子，然后把结果扩展到两个变量。

图 4.27 的左列使用式(3.35)的一维等效公式实现了 f 和 h 的卷积，因为这两个函数大小相同，卷积写为

$$(f \bigstar h)(x) = \sum_{m=0}^{399} f(m)h(x-m)$$

回顾对图 3.29 和图 3.30 的解释可知，卷积过程由如下处理组成：（1）将 h 旋转（翻转）180°［见图 4.27(c)］；（2）将翻转后的函数平移 x［见图 4.27(d)］；（3）对每个平移的 x 值，计算公式右侧的全部乘积之和。根据图 4.27，这意味着对每个 x 值，用图 4.27(d)中的函数乘以图 4.27(a)中的函数。位移 x 的范围是，要求 h 完全滑过 f 的所有值。图 4.27(e)显示了这两个函数的卷积。我们知道，卷积是位移变量 x 的函数，本例中 h 完全滑过 f 所要求的 x 的范围是从 0 到 799。

　　如果用 DFT 和卷积定理试图得到如图 4.27 左列相同的结果，那么就要考虑 DFT 表达式中固有的周期性。这等同于图 4.27(f)和图 4.27(g)中的两个周期函数的卷积［即如式(4.46)和式(4.47)所示，这两个函数的变换隐含有周期性］。卷积过程和我们刚才讨论的相同，但这两个函数现在是周期函数。如上段所述，处理这两个函数将产生图 4.27(j)中的结果，这显然是不正确的。由于我们正在对两个周期函数进行卷积运算，因此卷积本身是周期的。图 4.27 中的各个周期靠得太近，它们互相干扰，导致了交叠错误。根据卷积定理，如果计算 400 点函数 f 和 h 的 DFT，然后让两个变换相乘，再计算傅里叶反

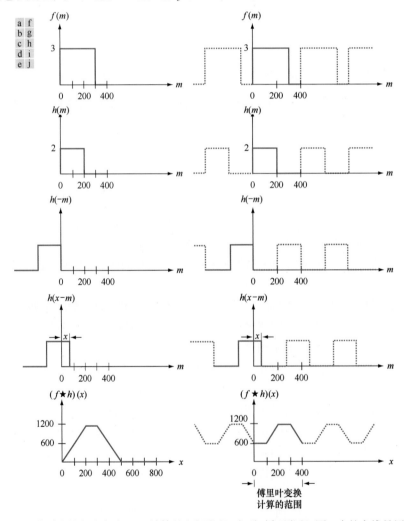

图 4.27　左列：用 3.4 节讨论的方法由式(3.35)计算的空间卷积。右列：循环卷积。图(j)中的实线是用 DFT 或式(4.48)得到的结果。这种错误的结果可通过填充零来纠正

变换,那么将得到图 4.27(j)中实线所示的一段 400 点的周期卷积,这段卷积是错误的(记住,一维 DFT 的限制为 $u = 0, 1, 2, \cdots, M - 1$)。这也是用式(4.48)〔式(4.94)的一维等效公式〕计算一个周期的循环卷积的结果。

　　所幸的是,交叠错误很容易解决。考虑两个函数 $f(x)$ 和 $h(x)$,它们分别由 A 个样本和 B 个样本组成。可以证明(Brigham[1988]),若在这两个函数中填充零,使它们的长度 P 相同,则选择

$$P \geq A + B - 1 \tag{4.97}$$

可避免交叠错误问题。

　　在我们的例子中,每个函数都有 400 个点,因此可用的最小值是 $P = 799$,这意味着我们要在每个函数的后面添加 399 个 0。如 3.4 节所述,这一过程称为零填充。作为练习,读者可以证明:若图 4.27(f)和图 4.27(g)中的函数的周期已通过至少填充 399 个 0 的方法加长,则结果是一个周期卷积,其中的每个周期都与图 4.27(e)中的正确结果相同。通过卷积定理使用 DFT,会得到与图 4.27(e)相同的 799 个点的空间函数。因此,要使第 3 章介绍的"直接"卷积公式法与 DFT 方法得到的卷积结果相同,后者中的函数在计算变换前必须填充零。

> 也可在函数的开头填充零,或在函数的开头和末尾分别填充零。但在函数的末尾填充零更简单。

　　以图形方式表示二维情况下的例子要困难得多,但在关于交叠错误及对函数填充零方面,会得出相同的结论。令 $f(x, y)$ 和 $h(x, y)$ 分别是大小为 $A \times B$ 像素和 $C \times D$ 像素的图像阵列。它们的循环卷积中的交叠错误可通过对这两个函数填充零来避免,方法如下:

> 为简单起见,这里零填充。回顾关于图 3.39 的讨论可知,复制和镜像填充通常会产生更好的结果。

$$f_p(x, y) = \begin{cases} f(x, y), & 0 \leq x \leq A - 1 \text{ 和 } 0 \leq y \leq B - 1 \\ 0, & A \leq x \leq P \text{ 或 } B \leq y \leq Q \end{cases} \tag{4.98}$$

和

$$h_p(x, y) = \begin{cases} h(x, y), & 0 \leq x \leq C - 1 \text{ 和 } 0 \leq y \leq D - 1 \\ 0, & C \leq x \leq P \text{ 或 } D \leq y \leq Q \end{cases} \tag{4.99}$$

其中,

$$P \geq A + C - 1 \tag{4.100}$$

和

$$Q \geq B + D - 1 \tag{4.101}$$

填充零后的图像大小为 $P \times Q$。若两个阵列大小相同,都为 $M \times N$,则要求 $P \geq 2M - 1$ 和 $Q \geq 2N - 1$。DFT 算法执行偶数大小的阵列时速度通常更快,因此好的做法是选择 P 和 Q 作为满足上述公式的最小偶整数。若两个阵列大小相同,则意味着 P 和 Q 要做如下选择:

$$P = 2M \tag{4.102}$$

和

$$Q = 2N \tag{4.103}$$

　　图 4.27(a)和图 4.27(b)中的两个函数的值在取样区间的末尾通常变为 0。在这两个函数中,如果有一个或两个函数的值在取样区间的末尾不是 0,那么在把 0 添加到函数中来消除交叠错误时,会导致函数不连续。这类似于用一个盒式函数来乘以一个函数,在频率域中这一相乘意味着原变换与一个 sinc 函数的卷积(见例 4.1),进而导致由 sinc 函数的高频分量产生所谓的频率泄漏。频率泄漏会使得图像出现块效应。虽然频率泄漏无法完全消除,但让取样后的函数乘以另一个两端平滑地过渡到 0 的函数,可明显降低频率泄漏。这个想法是为了抑

> 一个简单的切趾函数是一个三角形,它以数据记录为中心,在记录的两端逐渐变为 0。这称为巴特利特窗。其他常见的窗口有高斯窗、汉明窗和汉宁窗。

制"盒式函数"的急剧过渡（因此也是高频分量）。希望重建图像的保真度较高（高清晰度图形）时，可重点考虑这种称为开窗或切趾的方法。

4.6.7　二维离散傅里叶变换性质的小结

表 4.3 小结了本章中介绍的主要的 DFT 定义。4.11 节中将讨论可分离性，并介绍如何用正变换算法求反 DFT。第 12 章中将详细讨论相关。

表 4.4 小结了一些重要的 DFT 对。虽然我们的关注点是离散函数，但表中的最后两项是仅针对连续变量推导的傅里叶变换对（注意连续变量符号的使用）。在这里包含这两项的原因是，经过正确的内插处理后，它们在数字图像处理中非常有用。微分对可用于推导式(3.50)中定义的拉普拉斯变换的频率域公式（见习题 4.52）。高斯对将在 4.7 节中讨论。表 4.1、表 4.3 和表 4.4 小结了使用 DFT 时的有用性质。许多这样的性质是介绍本章后续内容的关键要素，有些性质会在后续各章中用到。

表 4.3　DFT 的定义及对应表达式的小结

名　称	表　达　式
1）$f(x,y)$ 的离散傅里叶变换（DFT）	$F(u,v) = \sum_{x=0}^{M-1}\sum_{y=0}^{N-1} f(x,y)\mathrm{e}^{-j2\pi(ux/M+vy/N)}$
2）$F(u,v)$ 的离散傅里叶反变换（IDFT）	$f(x,y) = \dfrac{1}{MN}\sum_{u=0}^{M-1}\sum_{v=0}^{N-1} F(u,v)\mathrm{e}^{j2\pi(ux/M+vy/N)}$
3）谱	$\|F(u,v)\| = \left[R^2(u,v)+I^2(u,v)\right]^{1/2}$，$R=\mathrm{Real}(F)$，$I=\mathrm{Imag}(F)$
4）相角	$\phi(u,v) = \arctan\left[\dfrac{I(u,v)}{R(u,v)}\right]$
5）极坐标表示	$F(u,v) = \|F(u,v)\|\mathrm{e}^{j\phi(u,v)}$
6）功率谱	$P(u,v) = \|F(u,v)\|^2$
7）平均值	$\bar{f}(x,y) = \dfrac{1}{MN}\sum_{x=0}^{M-1}\sum_{y=0}^{N-1} f(x,y) = \dfrac{1}{MN}F(0,0)$
8）周期性（k_1 和 k_2 为整数）	$F(u,v) = F(u+k_1M,v) = F(u,v+k_2N) = F(u+k_1M,v+k_2N)$ $f(x,y) = f(x+k_1M,y) = f(x,y+k_2N) = f(x+k_1M,y+k_2N)$
9）卷积	$(f \bigstar h)(x,y) = \sum_{m=0}^{M-1}\sum_{n=0}^{N-1} f(m,n)h(x-m,y-n)$
10）相关	$(f \stackrel{\star}{\scriptscriptstyle\vee} h)(x,y) = \sum_{m=0}^{M-1}\sum_{n=0}^{N-1} f^*(m,n)h(x+m,y+n)$
11）可分离性	二维 DFT 可通过首先沿图像的行（列）计算一维 DFT 变换，然后沿结果的列（行）计算一维变换得到，见 4.11 节
12）使用 DFT 算法求 IDFT	$MNf^*(x,y) = \sum_{u=0}^{M-1}\sum_{v=0}^{N-1} F^*(u,v)\mathrm{e}^{-j2\pi(ux/M+vy/N)}$ 该式指出，将 $F^*(u,v)$ 输入计算正变换的算法（上式的右侧），将得到 $MNf^*(x,y)$。取复共轭并除以 MN 就可得到反变换，见 4.11 节

表 4.4　DFT 对的小结。第 12 项和第 13 项中的闭合表达式仅对连续变量成立。对连续表达式取样后，这些表达式也可用于离散变量

名　称	DFT 对
1）对称性	见表 4.1
2）线性	$af_1(x,y) + bf_2(x,y) \Leftrightarrow aF_1(u,v) + bF_2(u,v)$

（续表）

名　　称	DFT 对
3）平移性（通用）	$f(x,y)e^{j2\pi(u_0x/M+v_0y/N)} \Leftrightarrow F(u-u_0,v-v_0)$ $f(x-x_0,y-y_0) \Leftrightarrow F(u,v)e^{-j2\pi(ux_0/M+vy_0/N)}$
4）平移到频率矩形的中心$(M/2,N/2)$	$f(x,y)(-1)^{x+y} \Leftrightarrow F(u-M/2,u-N/2)$ $f(x-M/2,y-N/2) \Leftrightarrow F(u,v)(-1)^{u+v}$
5）旋转	$f(r,\theta+\theta_0) \Leftrightarrow F(\omega,\varphi+\theta_0)$ $r=\sqrt{x^2+y^2},\ \theta=\arctan(y/x),\ \omega=\sqrt{u^2+v^2},\ \varphi=\arctan(v/u)$
6）卷积定理*	$(f\star h)(x,y) \Leftrightarrow (F\cdot H)(u,v)$ $(f\cdot h)(x,y) \Leftrightarrow (1/MN)\big[(F\star H)(u,v)\big]$
7）相关定理*	$f(x,y)\star h(x,y) \Leftrightarrow F^*(u,v)\cdot H(u,v)$ $f^*(x,y)\cdot h(x,y) \Leftrightarrow (1/MN)\big[F(u,v)\star H(u,v)\big]$
8）离散单位冲激	$\delta(x,y) \Leftrightarrow 1,\ 1 \Leftrightarrow MN\delta(u,v)$
9）矩形函数	$\text{rect}[a,b] \Leftrightarrow ab\dfrac{\sin(\pi ua)}{(\pi ua)}\dfrac{\sin(\pi vb)}{(\pi vb)}e^{-j\pi(ua+vb)}$
10）正弦函数	$\sin(2\pi u_0x/M+2\pi v_0y/N) \Leftrightarrow \dfrac{jMN}{2}\big[\delta(u+u_0,v+v_0)-\delta(u-u_0,v-v_0)\big]$
11）余弦函数	$\cos(2\pi u_0x/M+2\pi v_0y/N) \Leftrightarrow \dfrac{1}{2}\big[\delta(u+u_0,v+v_0)+\delta(u-u_0,v-v_0)\big]$
下面的傅里叶变换对仅对连续变量可推导，照例用 t 和 z 表示空间变量，用 μ 和 ν 表示频率变量。对连续函数取样后，这些结果可用于 DFT 处理	
12）微分 $\big[$右侧的表达式假设 $f(\pm\infty,\pm\infty)=0\big]$	$\left(\dfrac{\partial}{\partial t}\right)^m\left(\dfrac{\partial}{\partial z}\right)^n f(t,z) \Leftrightarrow (j2\pi\mu)^m(j2\pi\nu)^n F(\mu,\nu)$ $\dfrac{\partial^m f(t,z)}{\partial t^m} \Leftrightarrow (j2\pi\mu)^m F(\mu,\nu);\quad \dfrac{\partial^n f(t,z)}{\partial z^n} \Leftrightarrow (j2\pi\nu)^n F(\mu,\nu)$
13）高斯	$A2\pi\sigma^2 e^{-2\pi^2\sigma^2(t^2+z^2)} \Leftrightarrow Ae^{-(\mu^2+v^2)/2\sigma^2}$ （A 是常数）

* 假设 $f(x,y)$ 和 $h(x,y)$ 正确地填充了零。卷积满足结合律、交换律和分配律，相关满足分配率（见表 3.5），相乘是指对应像素相乘（见 2.6 节）。

4.7　频率域滤波基础

本节是本章后续内容中讨论的所有滤波技术的基础。

4.7.1　频率域的其他特性

我们从观察式(4.67)开始，式中 $F(u,v)$ 的每一项都包含用指数项修改过的 $f(x,y)$ 的所有值。于是，除一些不太重要的情况外，将一幅图像的某些规定分量与其变换直接联系起来通常是不可能的。然而，对于傅里叶变换的频率分量与图像的空间特征之间的关系，我们可以做一些一般性的说明。例如，由于频率与空间变化率直接相关，因此直观地将傅里叶变换中的频率与图像中的灰度变化模式关联起来并不困难。如 4.6 节所述，变化最慢的频率分量（$u=v=0$）与图像的平均灰度成正比。远离变换的原点时，低频对应于图像中变化缓慢的灰度分量。例如，在一幅房间图像中，低频可能对应于墙壁和地板的平滑灰度变化。更加远离原点时，较高的频率开始对应于图像中越来越快的灰度变化。它们是图像中由灰度急剧变化表征的物体边缘或其他分量。

如 2.6 节所述，频率域中的滤波过程如下：首先修改傅里叶变换以达到特定目的，然后计算 IDFT 返回到空间域。由式(4.87)可知，我们存取的两个变换分量是变换幅度（谱）和相角。由 4.6 节可知，相位分量的视觉分析通常并不是很有用。然而，我们可以通过谱来大致了解图像的灰度特征。例如，考虑图 4.28(a)，它是集成电路的一幅扫描电子显微图像，并放大了近 2500 倍。

除设备本身的有趣结构外，我们注意到图像中有两个主要特征：近似在 ±45°方向延伸的强边缘，以及两个因热感应故障导致的白色氧化物突起。图 4.28(b)中的傅里叶频谱显示了沿 ±45°方向延伸的突出分量，这些分量对应于刚刚提到的边缘。在图 4.28(b)中沿纵轴仔细观察，会发现一个从纵轴稍向左偏的垂直变换分量，它由氧化物突起的边缘导致。注意这一频率分量与纵轴的夹角是如何与白色长物体（关于横轴的）的斜度对应的；还要注意垂直频率分量中的零点，它对应于氧化物突起的窄垂直跨度。

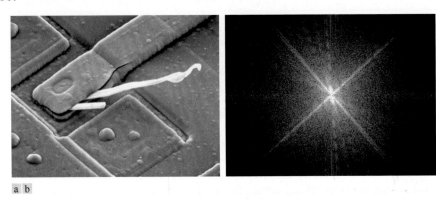

a b

图 4.28　(a)已损坏集成电路的 SEM 图像；(b)图(a)的傅里叶频谱（原图像由加拿大安大略省哈密尔顿市麦克马斯特大学材料研究所的 J. M. Hudak 提供）

这些是我们可在频率域和空间域之间建立的典型联系。如本章稍后所述，即便只由这些类型的大致联系及前面提到的图像中的频率内容和灰度变化率之间的关系，也可得出一些非常有用的结果。4.8 节中将给出修改图 4.28(a)的变换中的各个频率范围的效果。

4.7.2　频率域滤波基础知识

频率域滤波的步骤是，首先修改一幅图像的傅里叶变换，然后计算其反变换，得到处理后的结果的空间域表示。因此，若已知大小为 $P \times Q$ 像素的一幅（经过填充的）数字图像 $f(x, y)$，则我们感兴趣的基本滤波公式为

$$g(x, y) = \text{Real}\left\{ \mathfrak{J}^{-1}\left[H(u, v)F(u, v) \right] \right\} \tag{4.104}$$

式中，$\mathfrak{J}^{-1}$ 是 IDFT，$F(u, v)$ 是输入图像 $f(x, y)$ 的 DFT，$H(u, v)$ 是滤波器传递函数（更常称为滤波器或滤波器函数），$g(x, y)$ 是滤波后的（输出）图像。函数 F，H 和 g 是大小为 $P \times Q$ 的阵列，即经过填充的输入图像的大小。如 2.6 节中定义的那样，乘积 $H(u, v)F(u, v)$ 是由对应元素相乘得到的。滤波器传递函数修改输入图像的变换，得到处理后的输出 $g(x, y)$。使用中心对称的函数，可大大简化规定 $H(u, v)$ 的任务，这一任务要求 $F(u, v)$ 也中心化。如 4.6 节中解释的那样，这是在计算变换之前，用 $(-1)^{x+y}$ 乘以输入图像来完成的①。

> 若 H 是实对称函数，f 是实函数（通常如此），则式(4.104)中的 IDFT 理论上应生成实数量。实际上，这个反变换通常包含有由舍入误差和其他不精确计算导致的寄生复数项。因此，我们通常取 IDFT 的实部来形成函数 g。

---

① 实现二维 DFT 的有些软件（如 MATLAB）并未对变换中心化。这意味着必须排列滤波器函数，使其与未中心化的变换（即原点位于左上角）对应相同的数据格式。这样做的后果是生成和显示滤波器传递函数更加困难。我们的讨论将使用中心化来帮助可视化，这对于准确理解滤波的概念至关重要。只要保持一致，这两种方法在实际工作中就都可使用。

现在，我们已能详细考虑滤波。我们能够构建的最简滤波器传递函数之一是函数 $H(u, v)$，该函数的值在变换的中心位置为 0，在其他位置为 1。建立乘积 $H(u, v)F(u, v)$ 时，该滤波器将抑制 $F(u, v)$ 的直流项，"通过"（保持不变）所有其他项。由表 4.3 中的性质 7 可知，直流项决定图像的平均灰度，因此将它设置为零时，会将输出图像的平均灰度降为零。图 4.29 显示了使用式(4.104)进行这一运算的结果。不出所料，图像变得更暗。平均灰度为零表明存在负灰度。因此，尽管图 4.29 说明了原理，但不是原图像的真实描述，因为所有负灰度被显示要求剪切掉了（设置为 0）。

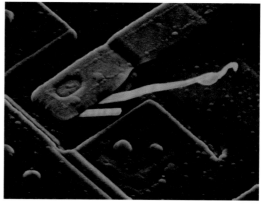

图 4.29　用直流项为零的滤波器传递函数对图 4.28(a) 中的图像滤波后的结果，傅里叶变换的中心位置为 $F(P/2, Q/2)$，其他变换项不变

如前所述，变换中的低频与图像中缓慢变化的灰度分量有关，如房间的墙壁和室外少云的天空等。另一方面，高频由灰度的急剧过渡造成，如边缘和噪声等。因此，我们认为衰减高频而通过低频的函数 $H(u, v)$（称为低通滤波器）将模糊图像；具有相反性质的滤波器（称为高通滤波器）将使图像的细节更清晰，但会降低图像的对比度。图 4.30 说明了这些效果。例如，该图的第一列显示了一个低通滤波函数及相应的滤波后的图像，第二列显示了高通滤波器的类似结果。注意图 4.30(e)和图 4.29 之间的相似性。原因是所示的高通滤波函数消除了直流项，导致了与图 4.29 相同的基本效果。如第三列说明的那样，对滤波器加一个小常数并不会明显地影响清晰度，但会阻止消除直流项，因此会保留色调。

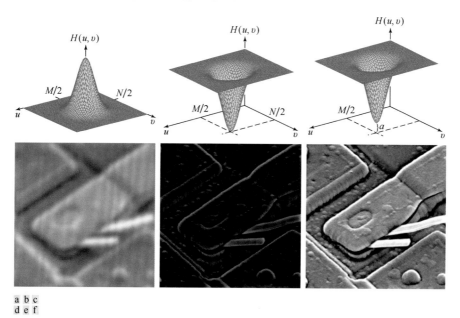

a b c
d e f

图 4.30　上一行：频率域滤波器传递函数：(a)低通滤波器；(b)高通滤波器；(c)偏移高通滤波器。下一行：用式(4.104) 得到的对应的滤波后的图像。图(c)中的偏移为 $a = 0.85$，$H(u, v)$的高度是 1。请比较图(f)与图 4.28(a)

式(4.104)涉及频率域中两个函数的乘积，根据卷积定理，这意味着空间域的卷积。由 4.6 节的讨论可知，如果讨论的函数未填充，那么会产生交叠错误。图 4.31 显示了未填充而用式(4.104)时发生的情况。

图 4.31(a)显示了一幅简单的图像, 图 4.31(b)是用图 4.30(a)所示的高斯低通滤波器对图像低通滤波后的结果。不出所料, 图像被模糊, 但模糊并不均匀; 顶部的白边被模糊, 而两侧的白边未被模糊。在应用式(4.104)之前, 根据式(4.98)和式(4.99)对输入图像填充, 将产生图 4.31(c)所示的滤波后的图像。这正是我们期望的结果, 填充零导致了均匀的暗色边框 (关于这一影响的说明, 见图 3.33)。

图 4.31   (a)一幅简单的图像; (b)未填充零时使用高斯低通滤波器得到的模糊结果; (c)填充零后低通滤波的结果。请比较图(b)和图(c)中的垂直边缘

      图 4.32 说明了图 4.31(b)和(c)之间不一致的原因。图 4.32(a)中的虚线区域对应于图 4.31(a)中的图像。如 4.6 节中解释的那样, 图像的其他副本是我们使用 DFT 时隐含了图像的周期性 (及其变换) 造成的。我们可以想象一下这个模糊滤波器的空间表示 (对应的空间核) 与该图像的卷积。当空间核以虚线图像区域的顶部为中心时, 它会包含该图像的一部分, 以及该图像上方的周期图像的底部的一部分。当一个暗区和一个亮区驻留在该滤波器下方时, 结果是一个中等灰度的模糊输出。然而, 当核以图像右上侧为中心时, 它将只包含图像中的亮区域及其右侧的区域。因为一个常数值的平均仍然是这个常数值, 因此滤波对这个区域无影响, 结果如图 4.31(b)所示。如图 4.32(b)所示, 对图像填充零后, 会在周期序列的每幅图像周围创建均匀的边框。将这个模糊核与图 4.32(b)所示的填充零后的"马赛克"图像进行卷积, 得到图 4.31(c)所示的正确结果。由这个例子可以看到, 在滤波之前错误地对图像填充零会导致不希望的结果。

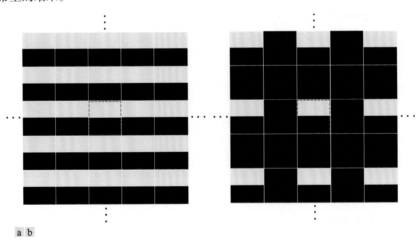

图 4.32   (a)未填充零图像的周期性; (b)填充零后的 (黑色) 图像的周期性。中心的虚线区域对应于图 4.31(a)中的图像。使用 DFT 时, 周期性是固有的 (为清晰起见, 两幅图像中的细白线重叠在一起, 它们不是数据的一部分)

迄今为止，我们的讨论集中在输入图像的填充上。然而，式(4.104)还涉及一个滤波器传递函数，这个函数既可在空间域中规定，又可在频率域中规定。但是，填充需要在空间域中完成，这就提出了一个重要的问题，即空间填充和直接在频率域中规定滤波函数之间的关系问题。

一个合理的结论是：处理频率域传递函数填充的方法是，构建一个与未填充图像大小相同的函数，计算该函数的 IDFT 得到相应的空间表示，在空间域中对这一表示填充，然后计算其 DFT 返回到频率域。图 4.33 中的一维例子说明了这种方法的缺陷。

图 4.33(a)显示了频率域中的一个一维理想低通滤波器传递函数。这个函数是实函数，并且是偶对称函数，因此由表 4.1 中的性质 8 可知，其 IDFT 也是实函数和偶对称函数。图 4.33(b)显示了用 $(-1)^u$ 乘以这个传递函数的元素，并计算其 IDFT 以得到对应空间滤波器核的结果。结果显示在图 4.33(b)中。在该图中，空间函数的两端明显不是 0。因此，如图 4.33(c)所示，对该函数填充零会导致两个不连续的函数。为返回频率域，我们计算填充零后的空间函数的正 DFT。如图 4.33(d)所示，填充零后的函数的不连续性，在频率域中导致了振铃效应。

只要零的总数相同，对函数的两端零填充与对函数的一端零填充的效果就相同。

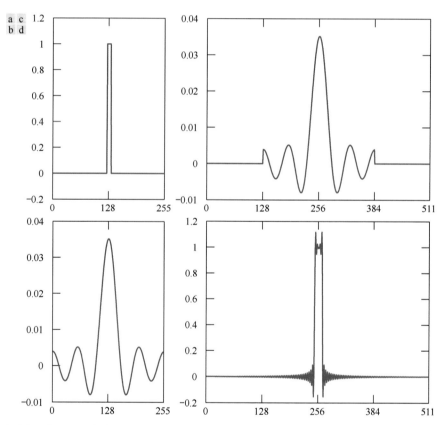

图 4.33　(a)在（中心化的）频率域中规定的滤波器传递函数；(b)计算图(a)的 IDFT 得到的空间表示（滤波核）；(c)将图(b)零填充至其 2 倍长度后的结果（注意不连续点）；(d)计算图(c)的 DFT 得到的对应频率域滤波器。注意，图(c)中的不连续导致了振铃效应。图中，图(b)在图(a)下方，图(d)在图(c)下方

前面的结果表明，为避免交叠错误，我们不能对频率域传递函数的空间表示填充零。我们的目标是在频率域中处理规定的滤波器形状，而不必考虑截断问题。一种替代方法是先对图像填充零，再直接在频率域中创建期望的滤波器传递函数，该函数的大小与填充零后的图像的大小相同（记住，使用

DFT 时，图像和滤波器传递函数的大小必须相同）。当然，这会导致交叠错误，因为未对滤波器传递函数填充零，但对图像填充零提供的分离，可明显降低这一交叠错误，只是会出现振铃效应。平滑传递函数（如图 4.30 中的那些函数）后，结果中的问题更少。具体而言，我们在本章中采用的方法是将图像零填充到 $P×Q$ 大小，并在频率域中直接构建相同维数的滤波器传递函数。如前所述，P 和 Q 分别由式(4.100)和式(4.101)给出。

最后分析滤波后的图像的相角。DFT 可表示为实部和虚部，即 $F(u,v) = R(u,v) + jI(u,v)$。于是，式(4.104)变为

$$g(x,y) = \mathfrak{I}^{-1}\left[H(u,v)R(u,v) + jH(u,v)I(u,v)\right] \qquad (4.105)$$

相角计算为复数的实部与虚部之比的反正切［见式(4.88)］。因为 $H(u, v)$ 同时乘以 R 和 I，所以当这个比率形成后，它会被抵消。对实部和虚部的影响相同且对相角无影响的滤波器，被恰当地称为零相移滤波器。本章中仅考虑这类滤波器。

图 4.26 生动地说明了相角在确定图像空间结构时的重要性。即使相角的变化很小，也会对滤波后的输出产生不受欢迎的戏剧性影响。图 4.34(b)和(c)说明了改变图 4.34(a)的 DFT 的相角阵列对结果的影响（$|F(u,v)|$项在两种情况下都不变）。图 4.34(b)是将式(4.86)中的相角 $\phi(u,v)$ 乘以−1，再计算 IDFT 得到的。最终结果是图像中每个像素关于两个坐标轴的反射。图 4.34(c)是将相位项乘以 0.25，再计算 IDFT 得到的。即使是一个尺度的变化，也会使得图像几乎无法识别。这两个结果说明了使用不改变相角的频率域滤波器的优点。

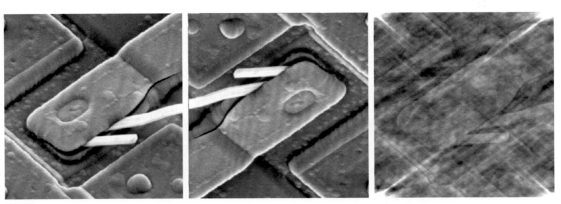

a b c

图 4.34　(a)原图像；(b)式(4.86)中的相角阵列 $\phi(u,v)$ 乘以−1 并计算 IDFT 得到的图像；(c)相角乘以 0.25 后计算 IDFT 得到的图像。图(b)和图(c)所用的变换幅度$|F(u,v)|$相同

4.7.3　频率域滤波步骤小结

频率域中的滤波过程小结如下：

1. 已知一幅大小为 $M×N$ 的输入图像 $f(x, y)$，由式(4.102)和式(4.103)分别得到填充零后的尺寸 P 和 Q，即 $P = 2M$ 和 $Q = 2N$。
2. 使用零填充、镜像填充或复制填充，形成大小为 $P×Q$ 的填充后的图像 $f_p(x,y)$（填充方法的比较见图 3.39）[1]。

---

① 有时，当我们通过"快速"实验了解滤波器的性能时，或试图确定空间特征之间的量化关系及它们对频率域分量的影响时，尤其是在进行带通滤波和陷波滤波时，通常会省略填充，详见 4.10 节和第 5 章中的说明。

3. 将 $f_p(x, y)$ 乘以 $(-1)^{x+y}$，使傅里叶变换位于 $P \times Q$ 大小的频率矩形的中心。

4. 计算步骤 3 得到的图像的 DFT，即 $F(u, v)$。

5. 构建一个实对称滤波器传递函数 $H(u, v)$，其大小为 $P \times Q$，中心在 $(P/2, Q/2)$ 处。

6. 采用对应像素相乘得到 $G(u, v) = H(u, v)F(u, v)$，即 $G(i, k) = H(i, k)F(i, k)$，$i = 0, 1, 2, \cdots, M-1$ 和 $k = 0, 1, 2, \cdots, N-1$。

7. 计算 $G(u, v)$ 的 IDFT 得到滤波后的图像（大小为 $P \times Q$）：

$$g_p(x, y) = \left\{ \text{real}\left[\mathfrak{I}^{-1}\left[G(u, v)\right] \right] \right\}(-1)^{x+y}$$

　　　　　　　　　　　　　　　　　　　　　　对应像素运算的定义见 2.6 节。

8. 最后，从 $g_p(x, y)$ 的左上象限提取一个大小为 $M \times N$ 的区域，得到与输入图像大小相同的滤波后的结果 $g(x, y)$。

后面几节将讨论滤波器传递函数的构建（步骤 5）。理论上，步骤 7 中的 IDFT 应是实函数，因为 $f(x, y)$ 是实函数，且 $H(u, v)$ 是实对称的。然而，计算精度不足通常会使得 IDFT 中出现寄生复数项。取结果的实部可以解决这一问题。乘以 $(-1)^{x+y}$ 可抵消在步骤 3 中与这一因子的相乘。

图 4.35 说明了前面填充零的步骤。图中的图例解释了每幅图像的来源。如果放大图 4.35(c)，那么会显示图像中交错的黑点，因为 f_p 乘以 $(-1)^{x+y}$ 产生的负灰度由于显示原因被裁剪为 0。注意图 4.35(h) 中的深色边框，这幅图像是填充零后再低通滤波得到的。

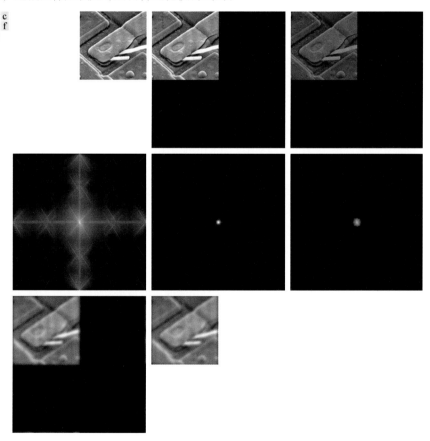

图 4.35　(a)大小为 $M \times N$ 的图像 f；(b)填充零后的大小为 $P \times Q$ 的图像 f_p；(c) f_p 乘以 $(-1)^{x+y}$ 后的结果；(d) F 的频谱；(e)大小为 $P \times Q$ 的中心化高斯低通滤波器传递函数 H；(f)乘积 HF 的频谱；(g)图像 g_p，即 HF 的 IDFT 的实部乘以 $(-1)^{x+y}$；(h)提取 g_p 的前 M 行和前 N 列得到的最终结果 g

4.7.4　空间域和频率域滤波之间的对应关系

前面多次提及，空间域滤波和频率域滤波之间的纽带是卷积定理。本节前面将频率域滤波定义为滤波器传递函数 $H(u, v)$ 与输入图像的傅里叶变换 $F(u, v)$ 的对应像素相乘。已知 $H(u, v)$ 时，假设我们想要求其空间域中的等效核。若令 $f(x, y) = \delta(x, y)$，则由表 4.4 有 $F(u, v) = 1$。于是，根据式(4.104)可知滤波后的输出是 $\mathfrak{F}^{-1}\{H(u, v)\}$。这个表达式是频率域滤波器传递函数的反变换，它是空间域中的对应核。相反，由类似的分析和卷积定理可知，若已知一个空间滤波器核，则可用这个核的傅里叶正变换得到其频率域中的表达式。因此，两个滤波器形成了一个傅里叶变换对：

$$h(x, y) \Leftrightarrow H(u, v) \tag{4.106}$$

式中，$h(x, y)$ 是空间核。因为这个核可由一个频率域滤波器对一个冲激的响应得到，因此有时我们称 $h(x, y)$ 是 $H(u, v)$ 的冲激响应。此外，由于式(4.106)的离散实现中的所有数值都是有限的，因此这样的滤波器称为有限冲激响应（FIR）滤波器。这些滤波器是本书中唯一考 ┌─────────────────────┐
虑的线性空间滤波器。│对应像素相乘运算的定义见 2.6 节。│
　　　　　　　　　　　　　　　　　　　　　　　　　└─────────────────────┘

> 对应像素相乘运算的定义见 2.6 节。

　　3.4 节中讨论了空间卷积及其在式(3.44)中的实现，它涉及不同大小函数的卷积运算。当我们用 DFT 计算卷积定理中所用的变换时，如图 4.27 中解释的那样，这意味着我们对相同大小的周期函数执行卷积运算。因此，如前所述，式(4.94)称为循环卷积。

　　如 4.1 节中解释的那样，当计算速度、开销和大小是重要的参数时，使用式(3.35)的空间卷积运算非常适合于采用硬件和/或固件的小型核。但在使用普通计算机时，使用快速傅里叶变换（FFT）算法计算 DFT 的频率域方法，要比空间卷积运算的速度快几百倍，具体取决于所用核的大小，如图 4.2 所示。4.11 节将讨论 FFT 及其计算优势。

　　频率域中的滤波概念更加直观，且频率域中的滤波器设计也更容易。充分利用频率域和空间域的性质的一种方法是，在频率域中规定一个滤波器，计算其 IDFT，然后利用生成的全尺寸空间核的性质，指导构建较小的核。下面进行具体说明［记住，傅里叶变换及其反变换是线性处理（见习题 4.24），因此这一讨论仅限于线性滤波］。在例 4.15 中，我们说明了相反的情况，其中已知空间核，并得到了它的全尺寸频率域表达式。这种方法适合于在频率域中分析小空间核的特性。

　　频率域滤波器可指导我们规定第 3 章中讨论的一些小核的系数。我们对基于高斯函数的滤波器非常感兴趣，因为如表 4.4 说明的那样，高斯函数的傅里叶正、反变换都是实高斯函数。为便于说明基本原理，我们将讨论限制在一维情况。二维高斯传递函数将在本章后面讨论。

　　令 $H(u)$ 表示一维频率域高斯传递函数，

$$H(u) = Ae^{-u^2/2\sigma^2} \tag{4.107}$$

式中，σ 是高斯曲线的标准差。空间域中的核由 $H(u)$ 的傅里叶反变换得到（见习题 4.48）：

$$h(x) = \sqrt{2\pi}\sigma Ae^{-2\pi^2\sigma^2x^2} \tag{4.108}$$

这两个公式很重要，原因有二：（1）它们是一个傅里叶变换对，两者都是高斯函数和实函数。由于不涉及复数，因此方便了分析。另外，高斯曲线非常直观，并且易于操作。（2）两个函数的表现相反。例如，$H(u)$ 的外形较宽（σ 值较大）时，$h(x)$ 的外形较窄，反之亦然。┌──────────────────┐
事实上，当 σ 趋近于无限时，$H(u)$ 趋近于一个常数函数，而 $h(x)$ 趋近于 │如表 4.4 所示，高斯函数的傅里叶│
一个冲激，这意味着在频率域和空间域都不进行滤波运算。　　　　　　　　　│正、反变换仅对连续变量成立。要使│

> 如表 4.4 所示，高斯函数的傅里叶正、反变换仅对连续变量成立。要使用离散形式的表达式，就要对连续变量取样。

　　图 4.36(a)和图 4.36(b)分别显示了频率域高斯低通滤波器传递函数和对应空间域函数的曲线。假设我们要根据图 4.36(b)中 $h(x)$ 的形状来规定空间域中的一个小核的系数。图 4.36(b)中函数的关键特性是其所有值都是正的。于是，我们得出结论：使用系数全部为正的一个核就

可在空间域中实现低通滤波（如 3.5 节中所做的那样）。作为参考，图 4.36(b)中还显示了 3.5 节中讨论的两个核。注意上段中讨论的两个高斯函数的宽度之间的相反关系。频率域函数越窄，其衰减的高频越多，导致的模糊越大。在空间域中，这意味着必须使用较大的核来增大模糊，如例 3.13 中说明的那样。

　　如 3.7 节中说明的那样，用一个常量减去低通函数，可由一个低通滤波器构建一个高通滤波器。由于我们正在使用高斯函数，因此使用所谓的高斯差（涉及两个低通函数），就可更好地控制滤波函数的形状。在频率域中，这变为

$$H(u) = A\mathrm{e}^{-u^2/2\sigma_1^2} - B\mathrm{e}^{-u^2/2\sigma_2^2} \tag{4.109}$$

式中，$A \geq B$ 和 $\sigma_1 > \sigma_2$。空间域中的对应函数是

$$h(x) = \sqrt{2\pi}\sigma_1 A\mathrm{e}^{-2\pi^2\sigma_1^2 x^2} - \sqrt{2\pi}\sigma_2 B\mathrm{e}^{-2\pi^2\sigma_2^2 x^2} \tag{4.110}$$

图 4.36(c)和图 4.36(d)显示了这两个公式的曲线。我们再次注意到宽度的相反关系，但这里最重要的特性是，$h(x)$的中心是一个正项，中心两侧有许多负项。图 4.36(d)所示的小核（第 3 章中曾用它来进行锐化处理）"捕捉"了这一特性，并说明了如何利用频率域滤波的知识来选择空间核的系数。

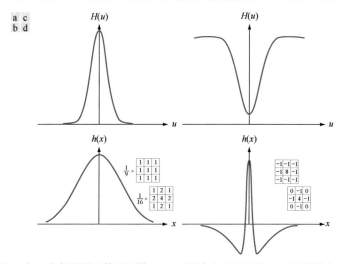

图 4.36　(a)频率域中的一个一维高斯低通传递函数；(b)空间域中对应的核；(c)频率域中的高斯高通传递函数；(d)对应的核。所示的小二维核曾在第 3 章中用过

　　介绍这些内容已让我们付出了巨大的努力。然而，如果没有我们打下的这些基础，就不可能真正理解频率域滤波。实际工作中，我们将频率域视为一个利用频率内容和图像外观之间的对应性的"实验室"。如本章后面多次展示的那样，有些在空间域中非常难以处理的任务，在频率域中会变得很容易处理。在频率域中通过实验选取一个规定的滤波器传递函数后，就可在频率域中使用 FFT 直接实现这个滤波器，也可取这个传递函数的 IDFT 得到等价的空间域函数。如图 4.36 所示，一种方法是规定一个空间核来捕获空间域中全滤波器函数的"本质"。一种更正式的方法是，如 3.7 节中讨论的那样，以数学或统计标准为基础，采用近似的方法设计一个二维数字滤波器。

例 4.15　由空间核得到频率域传递函数。
　　本例从一个空间核开始，说明如何生成对应的频率域滤波器传递函数。然后，比较使用频率域技术和空间技术得到的滤波结果。当我们希望比较一个已知空间核与一个或多个候选频率全滤波器的性能时，或需要深入理解空间域中的一个核的性能时，这类分析是很有用的。为简单起见，我们使用图 3.50(e)中的 3×3 垂直 Sobel 核。图 4.37(a)显示了一幅 600×600 像素的图像 $f(x, y)$，我们要对它进行滤波，图 4.37(b)显示了该图像的频谱。

图 4.37　(a)建筑物的图像；(b)该图像的傅里叶频谱

图 4.38(a)显示了这个 Sobel 核 $h(x, y)$（透视图在下面解释）。因为输入图像的大小是 600×600 像素，而核的大小为 3×3 像素，为避免频率域中出现交叠错误，我们根据式(4.100)和式(4.101)将 f 和 h 零填充为 602×602 像素。初看之下，Sobel 核是奇对称的。然而，如式(4.81)要求的那样，它的第一个元素不是 0。要将核变为满足式(4.83)的最小尺寸，我们必须为它添加元素为 0 的一个前导行和一个前导列，使之变成大小为 4×4 像素的阵列。我们可将这个阵列嵌入一个元素为 0 的较大阵列，并保持其奇对称性，但像例 4.10 中

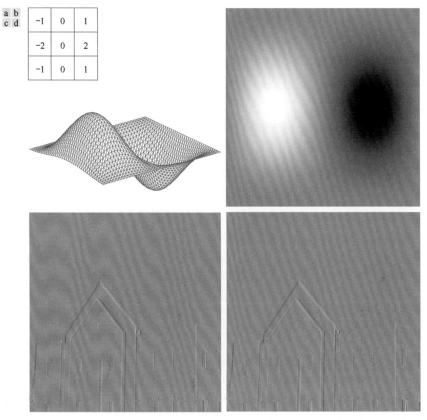

图 4.38　(a)空间核及其对应的频率域滤波器传递函数的透视图；(b)以图像方式显示的传递函数；(c)在频率域中使用图(b)中的传递函数对图 4.37(a)滤波后的结果；(d)在空间域中用图(a)中的核对同一图像滤波后的结果。结果是相同的

解释的那样，要求这个较大的阵列是偶数维的（因为核的大小为 4×4 像素），且两个阵列的中心重合。前面的说明对于滤波器生成而言很重要。如果我们在形成 $h_p(x, y)$ 的过程中，保持填充零后的阵列的奇对称性，那么由表 4.1 中的性质 9 可知，$H(u,v)$ 将完全是虚函数。如本例的末尾所示，这样得到的结果与用原核 $h(x, y)$ 对图像进行空间滤波得到的结果相同。如果不保持这种对称性，那么结果将不再相同。

产生 $H(u,v)$ 的过程如下：（1）用 $(-1)^{x+y}$ 乘以 $h_p(x, y)$，使频率域滤波器"中心化"；（2）计算（1）中结果的正 DFT，得到 $H(u,v)$；（3）将 $H(u,v)$ 的实部设置为 0，解决寄生的实部［$H(u, v)$ 必定完全是虚函数，因为 $h_p(x, y)$ 是实函数和奇函数］；（4）用 $(-1)^{u+v}$ 乘以该结果。最后一步是用 $(-1)^{u+v}$ 乘以 $H(u, v)$，它隐含着 $h(x,y)$ 被人为地移到了 $h_p(x, y)$ 的中心。图 4.38(a)显示了 $H(u,v)$ 的透视图，图 4.38(b)以图像方式显示了 $H(u,v)$。注意，这幅图像是关于中心反对称的，因为 $H(u,v)$ 是奇函数。函数 $H(u,v)$ 可用做任何其他频率域滤波器传递函数。图 4.38(c)是在频率域中使用刚才得到的滤波器传递函数对图 4.37(a)中的图像滤波得到的。如我们对一个微分滤波器期望的那样，边缘得到了增强，所有的恒定灰度区域被减小为 0（浅灰色调是为显示目的而标定的结果）。图 4.38(d)显示了根据 3.6 节讨论的步骤，在空间域中使用 Sobel 核 $h(x,y)$ 对同一图像滤波后的结果。结果是相同的。　　　　　■

4.8　使用低通频率域滤波器平滑图像

本章的剩余内容介绍频率域中的各种滤波技术，首先介绍低通滤波器。图像中的边缘和其他急剧的灰度变化（如噪声）主要影响其傅里叶变换的高频内容。因此，在频率域中是通过衰减高频（低通滤波）来实现平滑（模糊）的。本节介绍三类低通滤波器：理想低通滤波器、巴特沃斯低通滤波器和高斯低通滤波器。这三类滤波器涵盖了从非常尖锐（理想）滤波到非常平滑（高斯）滤波的范围。巴特沃斯滤波器的形状由称为滤波器阶数的参数控制。这个参数的值较大时，巴特沃斯滤波器接近于理想滤波器；这个参数的值较小时，巴特沃斯滤波器更像高斯滤波器。于是，巴特沃斯滤波器就成了两个"极端"滤波器之间的过渡滤波器。本节中所有的滤波过程都采用前一节中给出的步骤，因此可以认为所有滤波器传递函数 $H(u, v)$ 的大小都是 $P \times Q$，即离散频率变量的范围是 $u = 0, 1, 2, \cdots, P-1$ 和 $v = 0, 1, 2, \cdots, Q-1$，其中 P 和 Q 分别是由式(4.100)和式(4.101)给出的填充尺寸。

4.8.1　理想低通滤波器

在以原点为中心的一个圆内无衰减地通过所有频率，而在这个圆外"截止"所有频率的二维低通滤波器，称为理想低通滤波器（ILPF）；它由下面的传递函数规定：

$$H(u,v) = \begin{cases} 1, & D(u,v) \le D_0 \\ 0, & D(u,v) > D_0 \end{cases} \tag{4.111}$$

式中，D_0 是一个正常数，$D(u, v)$ 是频率域中的点(u, v)到 $P \times Q$ 频率矩形中心的距离，即

$$D(u,v) = \left[(u - P/2)^2 + (v - Q/2)^2 \right]^{1/2} \tag{4.112}$$

式中，P 和 Q 照例是用式(4.102)和式(4.103)填充零后的大小。图 4.39(a)显示了传递函数 $H(u, v)$ 的透视图，图 4.39(b)以图像方式显示了该函数。如 4.3 节中提及的那样，理想一词表示在半径为 D_0 的圆内，所有频率都会无衰减地通过，而在该圆之外的所有频率则完全被衰减（滤除）。理想低通滤波器的传递函数关于原点径向对称，这意味着这个滤波器完全由一个径向剖面定义，如图 4.39(c)所示。这个滤波器的二维表示是将剖面旋转 360° 后得到的。

对于一个 ILPF 剖面，在 $H(u, v) = 1$ 和 $H(u, v) = 0$ 之间的过渡点称为截止频率。例如，在图 4.39

中，截止频率为 D_0。ILPF 的这种陡峭的截止频率不能使用电子元件来实现，但它们可在计算机上模拟（最快的过渡受像素间距的限制）。

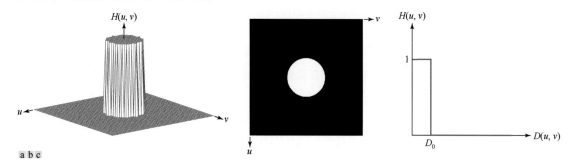

图 4.39　(a)一个理想低通滤波器传递函数的透视图；(b)以图像形式显示的函数；(c)径向剖面

本章通过研究一些低通滤波器与截止频率的关系，来比较这些滤波器的性能。建立标准截止频率位置的一种方法是，使用包含规定数量的总图像功率 P_T 的圆，总图像功率 P_T 是对填充零后图像的功率谱的各个分量在点(u, v)处求和得到的，其中 $u = 0, 1, 2, \cdots, P-1$，$v = 0, 1, 2, \cdots, Q-1$，即

$$P_T = \sum_{u=0}^{P-1}\sum_{v=0}^{Q-1} P(u, v) \tag{4.113}$$

式中，$P(u, v)$由式(4.89)给出。如果 DFT 已被中心化，那么原点位于频率矩形中心、半径为 D_0 的圆将包含 $\alpha\%$的功率，其中，

$$\alpha = 100 \left[\sum_u \sum_v P(u, v) / P_T \right] \tag{4.114}$$

且这个和是(u, v)在圆内或圆边界上的值。

图 4.40(a)和图 4.40(b)显示了一幅测试模式及其谱。谱上叠加的圆的半径分别为 10, 30, 60, 160 和 460 像素。包围的总功率百分比列在图题中。谱衰落得很快，总功率的 87%包含在半径为 10 的小圆内。这一点的重要性见下例。

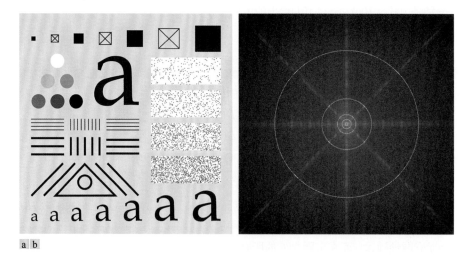

图 4.40　(a)大小为 688×688 像素的测试模式；(b)测试模式的频谱。填充后，谱图像大小是图像大小的 2 倍，但显示的大小只有图像的一半。对于全尺寸图像谱，这些圆的半径为 10, 30, 60, 160 和 460 像素，分别包含填充后图像功率的 86.9%, 92.8%, 95.1%, 97.6%和 99.4%

例 4.16　使用低通滤波器在频率域中平滑图像。

图 4.41 显示了以图 4.40(b)中所示半径处的截止频率应用 ILPF 的结果。图 4.41(b)对所有的实际目的而言是没有用的，除非模糊处理的目的是消除图像中的所有细节，但表示最大物体的"斑块"除外。图像中的严重模糊清楚地表明，图像中大部分清晰的细节信息包含在被滤波器去除的 13%的功率中。随着滤波器半径的增大，滤除的功率越来越少，导致的模糊也越来越弱。注意，图 4.41(c)到图 4.41(e)中的图像都出现了振铃效应，随着被滤除高频内容数量的减少，纹理中的振铃效应变得越来越弱。即使是在只滤除了总功率 2%的图像 [见图 4.41(e)] 中，振铃效应也很明显。前面多次提到，这种振铃效应是理想滤波器的一种性质。最后，图 4.41(f)中 $\alpha = 99.4\%$ 的结果显示了非常轻微的模糊和几乎无法察觉的振铃效应，但图像总体上接近原图像。这表明较少的边缘信息包含在被 ILPF 去除的频谱功率上 0.6%中。

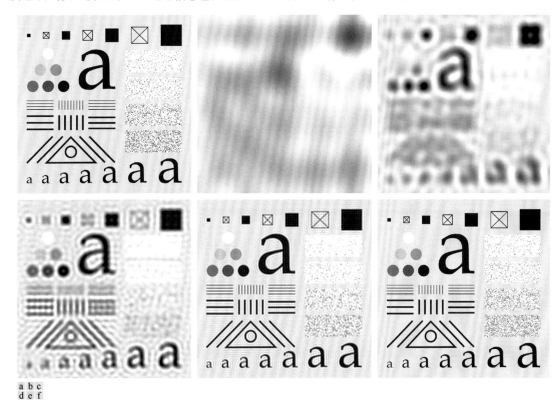

a b c
d e f

图 4.41　(a)大小为 688×688 像素的原图像；(b)～(f)使用 ILPF 滤波后的结果，截止频率分别设在半径 10, 30, 60, 160和 460 处，如图 4.40(b)所示。被这些滤波器删除的功率分别占总功率的 13.1%, 7.2%, 4.9%, 2.4%和 0.6%。为避免零填充出现的黑色边框，我们使用了镜像填充，如图 4.31(c)所示

这个例子清楚地表明，理想低通滤波器并不实用。然而，作为介绍滤波概念的一部分，研究 ILPF 的性质是有用的。另外，如下面的讨论所示，在空间域中解释 ILPF 的振铃效应，可以得到一些有趣的结论。■

ILPF 的模糊和振铃性质可用卷积定理来解释。图 4.42(a)显示了半径为 15、大小为 1000×1000像素的一个频率域 ILPF 传递函数的图像。图 4.42(b)是 ILPF 的空间表示 $h(x, y)$，它是取图 4.42(a)的IDFT 得到的（注意振铃效应）。图 4.42(c)显示了过图 4.42(b)的中心的一个灰度剖面，其形状类似于sinc 函数[①]。空间域滤波由图 4.42(b)中的函数与一幅图像进行卷积运算实现。将图像中的每个像素想

---

① 虽然这个剖面类似于 sinc 函数，但 ILPF 的变换实际上是一个贝塞尔函数，其推导超出了本书的范围。记住，频率域中滤波器函数的"宽度"与空间函数中各个旁瓣宽度的"分布"之间的反比关系仍然成立。

象为一个离散冲激，这个离散冲激的强度与该位置的灰度成正比。这个类 sinc 函数与一个冲激进行卷积，将该函数复制（移动函数的原点）到冲激所在的位置。也就是说，卷积是以图像中的每个像素点为中心，复制图 4.42(b)中的函数。这个空间函数的中心波瓣是导致模糊的主因，而外侧较小的各个波瓣是造成振铃效应的主因。因为空间函数的"分布"与 $H(u,v)$ 的半径成反比，因此 D_0 越大（通过的频率越多），空间函数越接近一个冲激，在这个限制下，与图像进行卷积运算时，就不会导致任何模糊。当 D_0 变小时，情况正好与此相反。现在，我们应熟悉了这种相反关系。在接下来的两节中，我们将说明振铃效应很小或没有是可能实现的，这是低通滤波的重要目标。

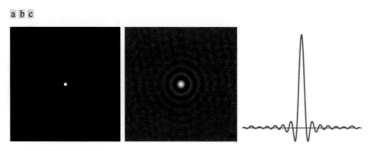

图 4.42　(a)频率域 ILPF 传递函数；(b)对应的空间核函数；(c)过图像中心的水平灰度剖面

4.8.2　高斯低通滤波器

高斯低通滤波器（GLPF）传递函数有如下形式：

$$H(u,v) = e^{-D^2(u,v)/2\sigma^2} \tag{4.115}$$

式中，如式(4.112)中那样，$D(u,v)$ 是 $P \times Q$ 频率矩形中心到矩形中包含的任意一点(u,v)的距离。不同于前面关于高斯函数的表达式，这里并不使用乘以一个常数的方法来使传递函数与（本节和后面几节中讨论的）滤波器一致，它的最大值是 1。σ 照例是关于中心分离度的测度。令 $\sigma = D_0$，我们可以采用本节中表示其他函数的同样方法来表示高斯传递函数：

$$H(u,v) = e^{-D^2(u,v)/2D_0^2} \tag{4.116}$$

式中，D_0 是截止频率。当 $D(u,v) = D_0$ 时，GLPF 传递函数下降到其最大值 1.0 的 0.607。

由表 4.4 可知，频率域高斯函数的傅里叶反变换也是高斯函数。这意味着计算式(4.115)或式(4.116)的 IDFT 得到的空间高斯滤波器核将没有振铃效应。如表 4.4 中性质 13 所示，前面针对 ILPF 说明的相反关系对 GLPF 也成立。频率域中的窄高斯传递函数意味着空间域中较宽的核函数，反之亦然。图 4.43 显示了一个 GLPF 传递函数的透视图、图像和径向剖面。

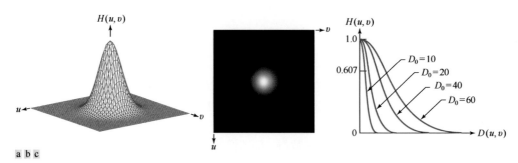

图 4.43　(a)一个 GLPF 传递函数的透视图；(b)以图像形式显示的函数；(c)不同 D_0 值的径向剖面

例 4.17 在频率域中使用高斯低通滤波器平滑图像。

图 4.44 显示了将式(4.116)中的 GLPF 应用到图 4.44(a)后的结果，其中 D_0 等于图 4.40(b)中的 5 个半径值。比较使用 ILPF 得到的结果（见图 4.41），发现模糊中的平滑过渡随着截止频率的增大而增加。与 ILPF 相比，GLPF 实现的平滑要稍少一些。关键区别是使用 GLPF 时不会出现振铃效应。在实践中，这是一个重要的考虑因素，特别是在不希望有任何伪影的情况下，如在医学图像中。在需要用截止频率来控制低频和高频的过渡的情况下，接下来讨论的巴特沃斯低通滤波器就是一种更合适的选择。对这个滤波器剖面进行额外控制的代价是，有可能会出现振铃效应，我们很快就会看到这一点。

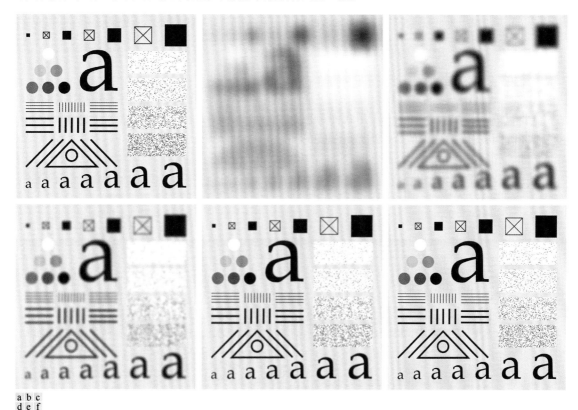

a b c
d e f

图 4.44   (a)大小为 688×688 像素的原图像；(b)～(f)使用截止频率在图 4.40 所示半径处的 GLPF 对原图像滤波后的结果。请与图 4.41 进行比较。这里使用了镜像填充来避免零填充导致的黑色边框   ■

4.8.3 巴特沃斯低通滤波器

截止频率位于距频率矩形中心 D_0 处的 n 阶巴特沃斯低通滤波器（BLPF）的传递函数定义为

$$H(u,v) = \frac{1}{1 + \left[D(u,v)/D_0 \right]^{2n}} \tag{4.117}$$

式中，$D(u,v)$ 由式(4.112)给出。图 4.45 显示了这个 BLPF 函数的透视图、图像和径向剖面。比较图 4.39、图 4.43 和图 4.45 中的剖面，我们发现使用较高的 n 值来控制这个 BLPF 函数可逼近 ILPF 的特性，而使用较低的 n 值来控制这个 BLPF 函数可逼近 GLPF 函数的特性，同时提供从低频到高频的平滑过渡。因此，我们可用 BLPF 以小得多的振铃效应来逼近 ILPF 函数的清晰度。

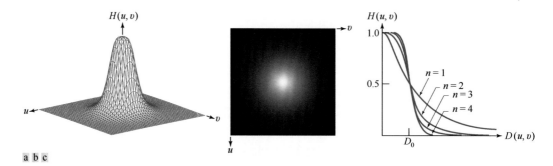

a b c

图 4.45　(a)一个巴特沃斯低通滤波器传递函数的透视图；(b)以图像形式显示的函数；(c)阶数为 1～4 的 BLPF 的
　　　　径向剖面

例 4.18　使用巴特沃斯低通滤波器平滑图像。

图 4.46(b)到(f)显示了将式(4.117)中的 BLPF 应用到图 4.46(a)的结果，其中截止频率等于图 4.40(b)中的 5 个半径值，$n = 2.25$。模糊效果介于用 ILPF 和用 GLPF 得到的结果之间。例如，将图 4.46(b)与图 4.41(b)和图 4.44(b)进行比较。BLPF 的模糊程度小于 ILPF，但大于 GLPF。

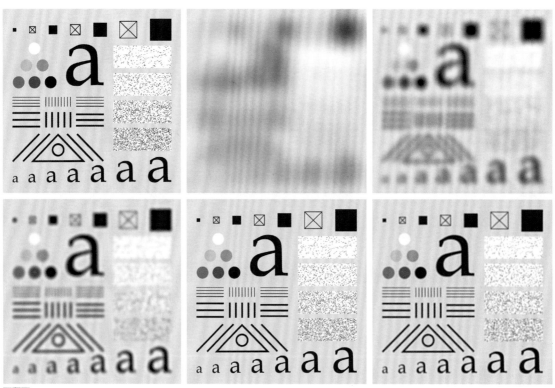

a b c
d e f

图 4.46　(a)大小为 688×688 像素的原图像；(b)～(f)截止频率在图 4.40 所示的半径处且 $n = 2.25$ 时，使用 BLPF 对
　　　　原图像滤波后的结果。请比较图 4.41 和图 4.44。这里使用了镜像填充来避免零填充导致的黑色边框　■

空间域一阶巴特沃斯滤波器没有振铃效应。在 2 阶和 3 阶滤波器中，振铃效应通常难以察觉，但更高阶滤波器中的振铃效应很明显。图 4.47 比较了不同阶数（所有情况下均使用截止频率 5）的 BLPF 的空间表示（空间核），还显示了沿过每个空间核的水平扫描线的灰度分布。1 阶 BLPF 的核

〔见图 4.47(a)〕既没有振铃效应又没有负值。2 阶 BLPF 的核有轻微的
振铃效应和较小的负值，但远不如 ILPF 的核中那样明显。剩下的图像
表明，高阶滤波器中的振铃效应变得非常明显。20 阶 BLPF 的空间核中出现了与 ILPF 的核中类似的
振铃效应（极限情况下两个滤波器相同）。因此，2 阶和 3 阶 BLPF 可较好地在有效的低通滤波和可接
受的空间域振铃效应之间进行折中。表 4.5 小结了本节讨论的低通滤波器传递函数。

> 图 4.47(a)到(d)中的核是使用解释
> 图 4.42 时给出的步骤得到的。

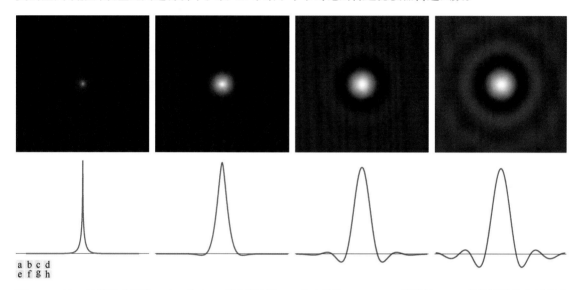

图 4.47　(a)～(d)阶数分别为 1, 2, 5 和 20，截止频率为 5，大小均为 1000×1000 像素的 BLPF 传递函数的空间表示
（空间核）；(e)～(h)过滤波器函数中心的相应灰度剖面

表 4.5　低通滤波器传递函数。D_0 是截止频率，n 是巴特沃斯滤波器的阶数

理想低通滤波器	高斯低通滤波器	巴特沃斯低通滤波器
$H(u,v) = \begin{cases} 1, & D(u,v) \leq D_0 \\ 0, & D(u,v) > D_0 \end{cases}$	$H(u,v) = e^{-D^2(u,v)/2D_0^2}$	$H(u,v) = \dfrac{1}{1 + \left[D(u,v)/D_0 \right]^{2n}}$

4.8.4　低通滤波的其他例子

下面给出频率域低通滤波的几个实际应用。第一个例子来自字符识别应用的机器感知领域；第二
个例子来自印刷和出版业；第三个例子与卫星和航空图像处理有关。使用 3.5 节讨论的低通空间滤波
技术，可得到类似的结果。为保持一致，我们在所有例子中使用 GLPF，但使用 BLPF 可以得到类似
的结果。记住，为进行滤波，图像已被填充到两倍大小，如式(4.102)和式(4.103)所示，并且滤波器传
递函数必须与填充后的图像大小匹配。下面的例子中使用的 D_0 值，反映了加倍后的滤波器尺寸。

图 4.48 显示了一幅低分辨率文本图像的样本。例如，我们会在传真、复印材料和历史记录中遇到
这样的文本。这个样本不存在污迹、折痕和撕裂。图 4.48(a)中的放大部分显示了文件中的字符因分辨
率不足而产生的失真，并且许多字符是断开的。尽管人为填充这些空隙并不困难，但机器识别系统在
阅读这些断开的字符时却有实际困难。解决这个问题的一种方法是，通过模糊输入图像来桥接这些小
缝隙。图 4.48(b)显示了使用 $D_0 = 120$ 的高斯低通滤波器简单处理图像后，字符的"修复"效果。进行这
种"修复"后，要得到清晰的字符，通常还要进行其他处理，如阈值处理和细化处理。第 9 章中将讨论
细化处理，第 10 章中将讨论阈值处理。

a b

Historically, certain computer
programs were written using
only two digits rather than
four to define the applicable
year. Accordingly, the
company's software may
recognize a date using "00"
as 1900 rather than the year
2000.

Historically, certain computer
programs were written using
only two digits rather than
four to define the applicable
year. Accordingly, the
company's software may
recognize a date using "00"
as 1900 rather than the year
2000.

图 4.48　(a)低分辨率文本样本（注意放大图中断开的字符）；(b)使用 GLPF 对图像滤波后的
　　　　结果（断开的字符已连上）

低通滤波技术主要用于印刷和出版业，如 3.6 节中所述，该领域使用低通滤波技术来进行预处理，如 3.6 节中所述的钝化掩蔽处理。"美容"处理是出版物印刷前低通滤波的另一个应用。图 4.49 显示了低通滤波的一个应用，与清晰的原图像相比，低通滤波后的图像看上去更平滑、更柔和。图 4.49(b)和(c)中的放大部分清楚地显示了人眼周围的皱纹明显减少。事实上，平滑后的图像看上去更柔和、更美观。

a b c

图 4.49　(a)大小为 785×732 像素的原图像；(b)使用 $D_0 = 150$ 的 GLPF 对图像滤波后的结果；(c)使用 $D_0 = 130$ 的
　　　　GLPF 对图像滤波后的结果。注意，图(b)和图(c)中放大部分的皮肤皱纹已减少

图 4.50 显示了对同一幅图像进行低通滤波的两个应用，但它们的目的不同。图 4.50(a)是一幅显示了部分墨西哥湾（暗色）和佛罗里达（亮色）的、大小为 808×754 像素的超高分辨率辐射计（VHRR）图像（注意水平传感器扫描线）。水体间的边界是由环流引起的。这幅图像是直观的遥感图像，其中传感器具有沿场景扫描方向产生突出扫描线的倾向（见例 4.24 中导致此类退化的成像条件的说明）。低通滤波是降低这些扫描线的影响的简单方法，如图 4.50(b)所示（4.10 节和 5.4 节中将考虑更为有效的方法）。这幅图像是使用 $D_0 = 50$ 的 GLPF 得到的。平滑图像中扫描线影响的降低，可简化宏观特征的检测，如不同洋流之间的边界。

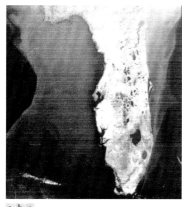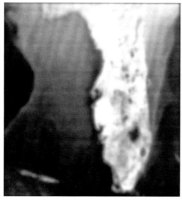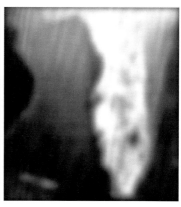

a b c

图 4.50 (a)显示了突出水平扫描线的 808×754 像素卫星图像；(b)使用 $D_0 = 50$ 的 GLPF 对图像滤波后的结果；(c)使用 $D_0 = 20$ 的 GLPF 对图像滤波后的结果（原图像由 NOAA 提供）

图 4.50(c)显示了使用 $D_0 = 20$ 的高斯低通滤波器对图像滤波后的结果。这里对图像滤波的目的是尽可能模糊更多的细节，而保留可识别的大特征。例如，这种类型的滤波可以作为（搜索图像库中的特征的）图像分析系统的预处理阶段的一部分。这种特征的一个例子可能是给定大小的湖泊，如佛罗里达东南部的奥基乔比湖——图 4.50(c)中由亮区包围的一个环形暗区。低通滤波通过平均小于感兴趣特征的那些特征来简化分析。

4.9 使用高通滤波器锐化图像

上一节表明，衰减图像的傅里叶变换中的高频分量可以平滑图像。因为边缘和其他灰度的急剧变化与高频分量有关，因此可在频率域中通过高通滤波来实现图像锐化，高通滤波衰减傅里叶变换中的低频分量而不干扰高频信息。如 4.8 节中那样，我们只考虑径向对称的零相移滤波器。本节中的所有滤波都基于 4.7 节中给出的步骤，因此所有图像都假设被填充为 $P×Q$ 大小［见式(4.102)和式(4.103)］，并且可将滤波器传递函数 $H(u,v)$ 视为大小是 $P×Q$ 的中心化离散函数。

> 在某些高通滤波应用中，增强傅里叶变换的高频分量是有利的。

4.9.1 由低通滤波器得到理想、高斯和巴特沃斯高通滤波器

像在空间域中使用核那样（见 3.7 节），在频率域中用 1 减去低通滤波器传递函数，会得到对应的高通滤波器传递函数：

$$H_{HP}(u,v) = 1 - H_{LP}(u,v) \tag{4.118}$$

式中，$H_{LP}(u,v)$是低通滤波器的传递函数。也就是说，由式(4.111)可得理想高通滤波器（IHPF）的传递函数为

$$H(u,v) = \begin{cases} 0, & D(u,v) \le D_0 \\ 1, & D(u,v) > D_0 \end{cases} \tag{4.119}$$

式中，$D(u,v)$照例是到 $P × Q$ 频率矩形中心的距离，如式(4.112)给出的那样。类似地，由式(4.116)可得高斯高通滤波器（GHPF）的传递函数为

$$H(u,v) = 1 - e^{-D^2(u,v)/2D_0^2} \tag{4.120}$$

并且由式(4.117)可得巴特沃斯高通滤波器（BHPF）的传递函数为

$$H(u,v) = \frac{1}{1+\left[D_0 / D(u,v)\right]^{2n}} \tag{4.121}$$

图 4.51 显示了上述传递函数的三维图、图像和径向剖面。像前面一样，我们发现图中第三行的 BHPF 传递函数表示 IHPF 的锐利度和 GHPF 传递函数的宽阔平滑性之间的过渡。

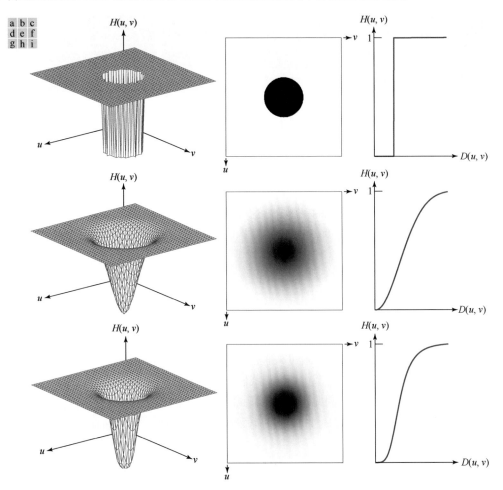

图 4.51　上一行：IHPF 传递函数的透视图、图像和径向剖面；中间和底部行：GHPF 和 BHPF 传递函数的相同序列（为清晰起见，图像中添加了细边框，它不是数据的一部分）

由式(4.118)可得对应于频率域高通滤波器传递函数的空间核为

$$h_{\text{HP}}(x,y) = \mathfrak{J}^{-1}\left[H_{\text{HP}}(u,v)\right] = \mathfrak{J}^{-1}\left[1 - H_{\text{LP}}(u,v)\right] = \delta(x,y) - h_{\text{LP}}(x,y) \tag{4.122}$$

式中，用到了在频率域中为 1 的 IDFT 在空间域中是一个单位冲激的事实（见表 4.4）。这个公式完全是 3.7 节中的讨论的基础，3.7 节说明了如何从一个单位冲激中减去一个低通核来构建一个高通核。

图 4.52 中显示了用式(4.122)与 ILPF、GLPF 和 BLPF 传递函数构建的高通空间域核（图中所用的 M、N 和 D_0 值与图 4.42 中所用的值相同，且 BLPF 的阶数为 2）。图 4.52(a)显示了用式(4.122)得到的理想高通核，图 4.52(b)是过核中心的水平灰度剖面。剖面的中心元素是一个单位冲激，即图 4.52(a)中心的亮

> 回顾可知，空间域中的一个单位冲激是中心位置的值为 1、其他位置的值为 0 的一个阵列。

点。注意，这个高通核的振铃效应与图 4.42(b)中低通核的振铃效应相同。我们很快就会看到，振铃效应仍然令人讨厌，但这次振铃效应出现在用理想高通滤波器锐化后的图像中。图 4.52 中的其他图像和剖面线是高斯和巴特沃斯核的。由图 4.51 可知，频率域中 GHPF 传递函数与大小和截止频率相当的巴特沃斯传递函数相比，有一个更宽的"裙摆"。于是，我们认为巴特沃斯空间核要比高斯核宽，这个事实可由图 4.52 中的图像和剖面确认。表 4.6 小结了前几段中讨论的三种高通滤波器传递函数。

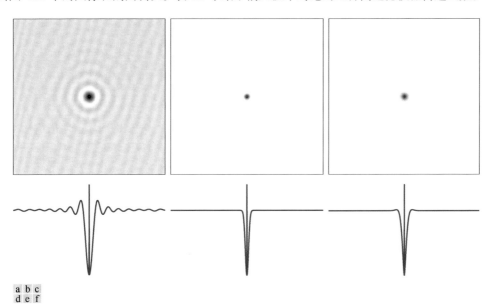

a b c
d e f

图 4.52　(a)~(c)由 IHPF、GHPF 和 BHPF 频率域传递函数得到的理想、高斯和巴特沃斯高通空间滤波器空间核（图像中的细边框不是数据的一部分）；(d)~(f)过核中心的水平灰度剖面

表 4.6　高通滤波器传递函数。D_0 是截止频率，n 是巴特沃斯传递函数的阶数

理想高通滤波器	高斯高通滤波器	巴特沃斯高通滤波器
$H(u,v) = \begin{cases} 0, & D(u,v) \leq D_0 \\ 1, & D(u,v) > D_0 \end{cases}$	$H(u,v) = 1 - e^{-D^2(u,v)/2D_0^2}$	$H(u,v) = \dfrac{1}{1 + \left[D_0 / D(u,v) \right]^{2n}}$

例 4.19　字符测试模式的高通滤波。

图 4.53 的第一行显示了使用 IHPF、GHPF 和 BHPF 传递函数［巴特沃斯滤波器的 $D_0 = 60$，见图 4.37(b)，$n = 2$］对图 4.37(a)中的测试模式滤波后的结果。由第 3 章可知，高斯滤波产生具有负值的图像，图 4.53 中的图像未被标定，所以负值被裁剪并显示为 0（黑色）。高通滤波的主要目的是锐化图像。另外，由于这里所用的高通滤波器将直流项设置为 0，因此图像基本上没有色调，具体见前面对图 4.30 的解释。

本例的一个主要目的是比较 3 种高通滤波器的性能。如图 4.53(a)所示，理想高通滤波器产生了严重的失真，这些失真是由振铃效应导致的。例如，大字母"a"的笔画中的斑点是振铃伪影。相比之下，图 4.53(b)或图 4.53(c)都没有这样的失真。参考图 4.37(b)，滤波器去除或衰减了约 95%的图像功率。我们知道，移除图像的低频分量会明显降低图像的灰度，留下的大部分是边缘和其他急剧过渡，如图 4.53 所示。注意，图中第一行的细节只包含图像功率的上 5%。

使用 $D_0 = 160$ 得到的第二行更有趣。这些图像的剩余功率约为第一行图像功率的 2.5%或一半。然而，细节上的差别是惊人的。例如，大字母"a"的边界现在非常干净，在高斯和巴特沃斯滤波后的结果中尤其如此。所有的其他细节同样如此，包括最小的目标。边缘和边界的检测非常重要时，这种结果被认为是可以接受的。

a b c
d e f

图 4.53　上一行：图 4.40(a)中的图像使用 IHPF、GHPF 和 BHPF 传递函数滤波后的图像，所有情况下都有 $D_0 = 60$
（对于 BHPF，$n = 2$）。第二行：相同的序列，但 $D_0 = 160$

图 4.54 显示了图 4.53 的第二行中的图像，这些图像已使用式(2.31)和式(2.32)标定，以便显示正灰度和负灰度的整个灰度范围。图 4.54(a)中出现了振铃效应，这表明理想高通滤波器存在不足之处。注意另外两幅图像的背景平滑度及它们的边缘的清晰度。

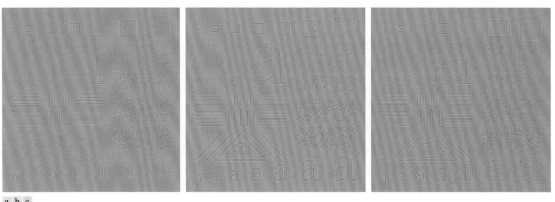

a b c

图 4.54　图 4.53 中第二行的图像使用式(2.31)和式(2.32)标定后的结果，同时显示了正值和负值

例 4.20 使用高通滤波和阈值处理增强图像。

图 4.55(a)是大小为 962×1026 像素的指纹图像，图像中的污点（一种典型问题）很明显。在自动指纹识别中，关键的一步是增强指纹的脊线并减少污染。本例使用高通滤波增强脊线并降低污染对图像的影响。增强脊线的原理是，脊线的边界由高频表征，而高通滤波后它们是不变的。另一方面，高通滤波减少了低频分量，而低频分量对应于图像中变化缓慢的灰度，如背景和污染。于是，我们就可通过降低除高频外的所有特征来实现增强，不降低高频的原因是，这时高频是我们感兴趣的特征。

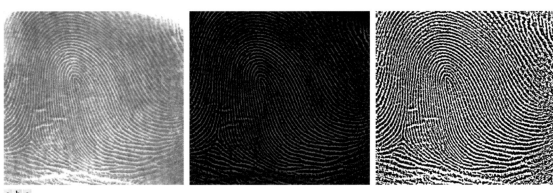

a b c

图 4.55 (a)被污染的指纹图像；(b)对图(a)高通滤波后的结果；(c)对图(b)阈值处理后的结果（原图由美国国家标准与技术研究所提供）

图 4.55(b)是使用截止频率为 50 的 4 阶巴特沃斯高通滤波器滤波后的结果。一个 4 阶滤波器提供了从低频到高频的尖锐（但平滑的）过渡，这种滤波特性介于理想滤波器和高斯滤波器之间。所选的截止频率约为图像长边的 5%。想法是让 D_0 接近原点，衰减但不完全消除低频分量，但要将直流项设置为 0，以便脊线和背景之间的色调差异不会完全消除。较好的做法是将 D_0 的值选为图像长边的 5%～10%。选择较大的 D_0 值会使得细节突出，以至于影响脊线的清晰度。不出所料，高通滤波后的图像中有负值，这些负值显示为黑色。

突出高通滤波后的图像中的尖锐特征的一种简单方法是对图像进行阈值处理，即将所有负值设置为黑色（0），将其他值设置为白色（1）。图 4.55(c)显示了这一操作的结果。注意脊线此时变得非常清楚，同时污染的影响已大大降低。事实上，在图 4.55(a)所示图像的右上方几乎看不到的脊线，在图 4.55(c)中明显得到了增强。与对原图像中的脊线进行跟踪相比，自动化算法对这幅图像中的脊线进行跟踪要容易得多。 ■

4.9.2 频率域中的拉普拉斯

3.6 节中已用拉普拉斯对空间域图像进行了锐化。本节重温拉普拉斯，结果表明，使用频率域技术可以得到等效的结果。可以证明（见习题 4.52），拉普拉斯可用如下滤波器传递函数在频率域中实现：

$$H(u,v) = -4\pi^2(u^2 + v^2) \tag{4.123}$$

或者关于频率矩形的中心，可用如下传递函数实现：

$$H(u,v) = -4\pi^2\left[(u - P/2)^2 + (v - Q/2)^2\right] = -4\pi^2 D^2(u,v) \tag{4.124}$$

式中，$D(u,v)$是式(4.112)定义的距离函数。使用这个传递函数，可以我们熟悉的方式得到图像 $f(x,y)$的拉普拉斯：

$$\nabla^2 f(x,y) = \mathfrak{I}^{-1}[H(u,v)F(u,v)] \tag{4.125}$$

式中，$F(u, v)$是$f(x, y)$的DFT。如式(3.63)中那样，增强是使用下式实现的：

$$g(x, y) = f(x, y) + c\nabla^2 f(x, y) \tag{4.126}$$

其中，$c = -1$，因为$H(u, v)$是负的。在第3章中，$f(x, y)$和$\nabla^2 f(x, y)$具有可比的值。然而，用式(4.125)计算$\nabla^2 f(x, y)$会引入DFT标定因子，这些因子的幅度要比f的最大值大几个量级。因此，我们必须将f与其拉普拉斯之间的差限定在可比的范围内。处理这一问题的简单方法是，[在计算$f(x, y)$的DFT之前]将$f(x, y)$的值归一化到区间[0, 1]，并将$\nabla^2 f(x, y)$除以它的最大值，进而将它限定到近似区间[-1, 1]（记住，拉普拉斯有负值）。这时，就可以使用式(4.126)。

在频率域中，式(4.126)可直接写为

$$\begin{aligned}
g(x, y) &= \mathfrak{I}^{-1}\left\{F(u, v) - H(u, v)F(u, v)\right\} \\
&= \mathfrak{I}^{-1}\left\{[1 - H(u, v)]F(u, v)\right\} = \mathfrak{I}^{-1}\left\{[1 + 4\pi^2 D^2(u, v)]F(u, v)\right\}
\end{aligned} \tag{4.127}$$

这个结果很美观，但它也具有刚才提到的标定问题，并且归一化因子并不容易计算。因此，式(4.126)是在频率域中优先选择的实现方法，即使用式(4.125)计算$\nabla^2 f(x, y)$，并用前段提到的方法来标定。

例4.21 使用拉普拉斯在频率域中锐化图像。

图4.56(a)是与图3.46(a)相同的图像，图4.56(b)显示了使用式(4.126)后的结果，其中拉普拉斯在频率域中用式(4.125)计算。按照对式(4.126)的描述进行标定。比较图4.56(b)和图3.46(d)会发现，频率域的结果较好。图4.56(b)中的图像要清晰得多，它显示了在图3.46(d)中几乎看不见的细节，图3.46(d)是使用图3.45(b)中的拉普拉斯核得到的，核的中心元素是-8。在频率域中实现的明显改进不令人意外。空间域拉普拉斯核包含一个非常小的邻域，而式(4.125)和式(4.126)中的表达式则包含整个图像。

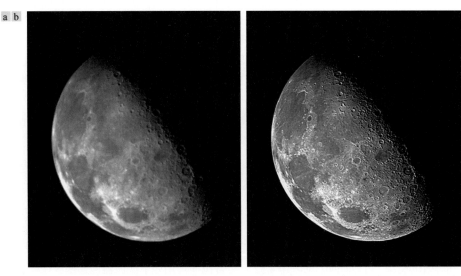

a b

图4.56 (a)模糊的原图像；(b)在频率域中使用拉普拉斯增强后的图像。请与图3.46(d)比较（原图像由NASA提供）

4.9.3 钝化掩蔽、高提升滤波和高频强调滤波

本节讨论3.6节中介绍过的钝化蔽、高提升滤波图像锐化技术的频率域表达式。使用频率域方法，式(3.55)中定义的模板为

$$g_{\text{mask}}(x, y) = f(x, y) - f_{\text{LP}}(x, y) \tag{4.128}$$

其中，

$$f_{\mathrm{LP}}(x, y) = \mathfrak{J}^{-1}\left[H_{\mathrm{LP}}(u, v)F(u, v)\right] \tag{4.129}$$

式中，$H_{\mathrm{LP}}(u, v)$ 是一个低通滤波器传递函数，$F(u, v)$ 是 $f(x, y)$ 的 DFT。这里，$f_{\mathrm{LP}}(x, y)$ 是平滑后的图像，它类似于式(3.55)中的 $\bar{f}(x, y)$ 。于是，如式(3.56)那样，有

$$g(x, y) = f(x, y) + kg_{\mathrm{mask}}(x, y) \tag{4.130}$$

这个表达式定义了 $k = 1$ 时的钝化掩蔽和 $k > 1$ 时的高提升滤波。利用前面的结果，我们完全可以用涉及低通滤波器的频率域计算来表示式(4.130)：

$$g(x, y) = \mathfrak{J}^{-1}\left\{[1 + k[1 - H_{\mathrm{LP}}(u, v)]]F(u, v)\right\} \tag{4.131}$$

用式(4.118)，我们可以根据高通滤波器来表示这一结果：

$$g(x, y) = \mathfrak{J}^{-1}\left\{[1 + kH_{\mathrm{HP}}(u, v)]F(u, v)\right\} \tag{4.132}$$

方括号中的表达式称为高频强调滤波器传递函数。如前面说明的那样，高通滤波器将直流项设置为 0，因此在滤波后的图像中，平均灰度减小为 0。高频强调滤波器不存在这一问题，因为在高通滤波器传递函数中加了 1。常数 k 控制影响最终结果的高频的比例。高频强调滤波的通用公式是

$$g(x, y) = \mathfrak{J}^{-1}\left\{[k_1 + k_2 H_{\mathrm{HP}}(u, v)]F(u, v)\right\} \tag{4.133}$$

式中，$k_1 \geq 0$ 偏移传递函数的值，以便使直流项不为零 ［ 见图 4.30(c) ］，而 $k_2 > 0$ 控制高频的贡献。

例 4.22　使用高频强调滤波增强图像。

图 4.57(a)显示了一幅大小为 503×720 像素的胸部 X 射线图像，其灰度范围很窄。本例的目的是使用高频强调滤波来增强这幅图像。由于 X 射线无法使用光学镜头聚焦，因此得到的图像通常都会稍微有些模糊。因为这幅特殊图像中的灰度偏向灰度级的暗端，所以我们还将利用这个机会给出一个如何用空间域处理来补充频率域滤波的例子。

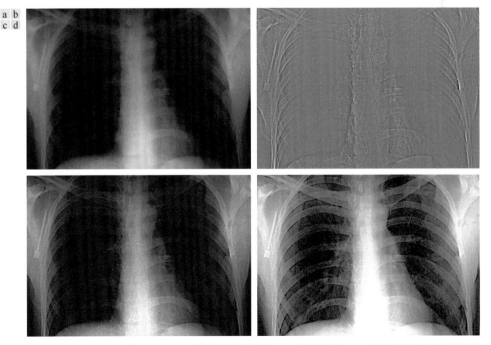

a b
c d

图 4.57　(a)胸部 X 射线图像；(b)使用 GHPF 函数滤波后的结果；(c)使用相同 GHPF 高频增强滤波后的结果；(d)对图(c)执行直方图均衡化后的结果（原图像由密歇根大学医学院解剖科学系的 Thomas R. Gest 博士提供）

医学图像处理中通常不能接受像振铃效应那样的伪影，因此我们使用高斯高通滤波器传递函数。因为 GHPF 函数的空间表示也是高斯函数，因此振铃效应将不再是问题。所选 D_0 值提供的过滤应足以锐化边界，同时不过度锐化小细节（如噪声）。我们选择 $D_0 = 70$，它约为图像长边的 10%，也可以选择其他类似的值。图 4.57(b)是对原图像高通滤波后的结果（像图 4.54 中那样标定的图像）。不出所料，图像中的特征很少，但清楚地界定了重要的边界（如肋骨的边缘）。图 4.57(c)显示了高频强调滤波的优点，其中用到了式(4.133)，$k_1 = 0.5$，$k_2 = 0.75$。尽管图像仍然较暗，但复原了灰度级色调，增加了清晰的特征。

如 3.3 节所述，由窄范围灰度中的灰度级表征的图像，是直方图均衡化的理想候选图像。如图 4.57(d)所示，这的确是进一步增强图像的合适方法。注意骨骼结构的清晰度和其他三幅图像中都看不到的细节。增强后的最终图像中有一些噪声，但这是扩展灰度级后的典型 X 射线图像。组合使用高频强调和直方图均衡化得到的结果，明显要优于单独使用其中一种方法得到的结果。∎

4.9.4 同态滤波

使用 2.3 节中介绍的照射-反射模型可以开发一个频率域程序，这个程序通过灰度范围压缩和对比度增强来同时改善图像的外观。由 2.3 节的讨论可知，图像 $f(x,y)$ 可以表示为其照射分量 $i(x,y)$ 和反射分量 $r(x,y)$ 的乘积，即

$$f(x,y) = i(x,y)r(x,y) \tag{4.134}$$

上式不能直接对照射和反射频率分量进行运算，因为乘积的傅里叶变换不是变换的乘积：

$$\Im[f(x,y)] \neq \Im[i(x,y)]\Im[r(x,y)] \tag{4.135}$$

然而，假设我们定义

$$z(x,y) = \ln f(x,y) = \ln i(x,y) + \ln r(x,y) \tag{4.136}$$

则有

$$\Im[z(x,y)] = \Im[\ln f(x,y)] = \Im[\ln i(x,y)] + \Im[\ln r(x,y)] \tag{4.137}$$

或

$$Z(u,v) = F_i(u,v) + F_r(u,v) \tag{4.138}$$

式中，$F_i(u,v)$ 和 $F_r(u,v)$ 分别是 $\ln i(x,y)$ 和 $\ln r(x,y)$ 的傅里叶变换。

> 若 $f(x,y)$ 有任何零值，则必须将图像加 1，以避免处理 $\ln(0)$。然后从最终结果中减去 1。

我们可以用滤波器传递函数 $H(u,v)$ 对 $Z(u,v)$ 滤波，有

$$S(u,v) = H(u,v)Z(u,v) = H(u,v)F_i(u,v) + H(u,v)F_r(u,v) \tag{4.139}$$

空间域中滤波后的图像是

$$s(x,y) = \Im^{-1}[S(u,v)] = \Im^{-1}[H(u,v)F_i(u,v)] + \Im^{-1}[H(u,v)F_r(u,v)] \tag{4.140}$$

由定义

$$i'(x,y) = \Im^{-1}[H(u,v)F_i(u,v)] \tag{4.141}$$

和

$$r'(x,y) = \Im^{-1}[H(u,v)F_r(u,v)] \tag{4.142}$$

可将式(4.140)写为

$$s(x,y) = i'(x,y) + r'(x,y) \tag{4.143}$$

最后，由于 $z(x,y)$ 是通过取输入图像的自然对数形成的，所以可通过取滤波后的结果的指数这一反处理来形成输出图像：

$$g(x,y) = e^{s(x,y)} = e^{i'(x,y)}e^{r'(x,y)} = i_0(x,y)r_0(x,y) \tag{4.144}$$

式中，

$$i_0(x, y) = e^{i'(x, y)} \tag{4.145}$$

和

$$r_0(x, y) = e^{r'(x, y)} \tag{4.146}$$

是输出（处理后）图像的照射和反射分量。

图 4.58 中小结了刚刚推导的滤波方法。这种方法是同态系统的一种特殊情况。在这种特殊应用中，方法的关键是在如式(4.138)所示的形式中分离照射分量和反射分量。然后，如式(4.139)指出的那样，可用同态滤波器传递函数 $H(u, v)$ 分别对这些分量进行操作。

图像的照射分量通常由慢空间变化来表征，而反射分量往往倾向于突变，特别是在不同目标的连接处。根据这些特征，我们就可将图像取对数后的傅里叶变换的低频与照射联系起来，而将高频与反射联系起来。尽管这些联系只是粗略的近似，但它们可用于图像滤波，如例 4.23 中说明的那样。

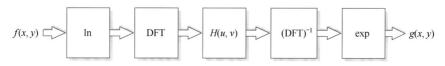

$f(x, y)$ → ln → DFT → $H(u, v)$ → $(DFT)^{-1}$ → exp → $g(x, y)$

图 4.58　同态滤波的步骤小结

使用同态滤波器可更好地控制照射分量和反射分量。这种控制要求规定滤波器传递函数 $H(u, v)$，以便以不同的控制方法来影响傅里叶变换的低频和高频分量。图 4.59 显示了这样一个函数的剖面。若选择的 γ_L 和 γ_H 满足 $\gamma_L < 1$ 且 $\gamma_H \geq 1$，则图 4.59 中的滤波器函数将衰减低频（照射）的贡献，而放大高频（反射）的贡献。最终结果是同时进行动态范围的压缩和对比度的增强。

> 更多地控制 γ_L 和 γ_H 之间过渡的偏斜度时，BHPF 函数也能起作用。缺点是大 n 值可能会导致振铃效应。

图 4.59 所示函数的形状可用高通滤波器传递函数来近似。例如，采用形式上稍有变化的 GHPF 函数可得到同态函数

$$H(u, v) = (\gamma_H - \gamma_L)\left[1 - e^{-cD^2(u,v)/D_0^2}\right] + \gamma_L \tag{4.147}$$

式中，$D(u, v)$ 由式(4.112)定义，在 γ_L 和 γ_H 之间过渡的常数 c 控制函数的偏斜度。这个滤波器传递函数类似于前一节中讨论的高频强调函数。

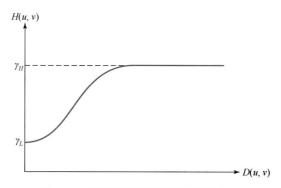

图 4.59　同态滤波器传递函数的径向剖面

例 4.23　同态滤波。

图 4.60(a)显示了一幅大小为 1162×746 像素的人体 PET（正电子放射断层成像）扫描图像。该图像稍微有点模糊，且许多低灰度特征被支配显示动态范围的"热点"的高灰度掩盖（这些"热点"由脑部和肺部

的肿瘤导致）。图 4.60(b)是对图 4.60(a)同态滤波后得到的，所用的滤波器传递函数是式(4.147)，其中 $\gamma_L = 0.4$, $\gamma_H = 3.0$, $c = 5$, $D_0 = 20$。该函数的径向剖面看上去就像图 4.59，只是偏斜度更大。低频和高频之间的过渡更接近原点。

注意图 4.60(b)所示处理后的图像中的"热点"、大脑和骨骼现在很清晰，可以看到更多的细节，如器官、肩膀和骨盆区域中。通过降低主照明分量（热点）的影响，可在显示器的动态范围内清晰地显示低灰度区域。类似地，因为高频分量被同态滤波增强，因此图像的反射分量（边缘信息）被明显锐化。图 4.60(b)中增强后的图像与原图像相比改进非常明显。

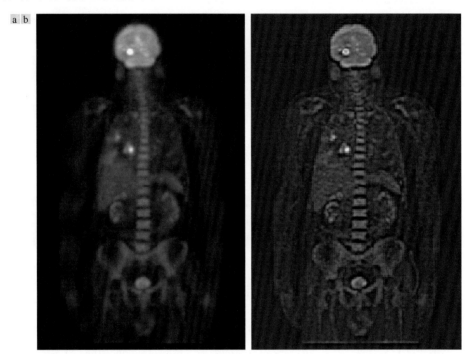

图 4.60　(a)人体 PET 扫描图像；(b)同态滤波增强后的图像（原图像由 CTI Pet Systems 公司的 Michael E. Casey 博士提供）

4.10　选择性滤波

前两节讨论的滤波器在整个频率矩形上操作。很多应用的兴趣是处理特定的频带或小频率矩形区域。特定频带处理中的滤波器称为频带滤波器。若频带中的频率被滤除，则称该频带滤波器为带阻滤波器；类似地，若频带中的频率被通过，则称该频带滤波器为带通滤波器。小频率矩形区域处理中的滤波器称为陷波滤波器。根据陷波区域中的频率是被拒绝还是通过，可将这些滤波器进一步分为陷波带阻滤波器和陷波带通滤波器。

4.10.1　带阻滤波器和带通滤波器

如 3.7 节中介绍的那样，频率域中的带通和带阻滤波器传递函数，可通过组合低通和高通滤波器传递函数来构建，其中高通滤波器也是由低通滤波器推导而来的（见图 3.52）。换句话说，低通滤波器传递函数是形成高通、带阻和带通滤波器传递函数的基础。此外，采用由低通传递函数获得高通传递函数的同样方式，可由带阻滤波器传递函数获得带通滤波器传递函数：

$$H_{\text{BP}}(u,v) = 1 - H_{\text{BR}}(u,v) \tag{4.148}$$

图 4.61(a)显示了构建一个理想带阻滤波器（IBRF）传递函数的方式，它由具有不同截止频率的一个 ILPF 函数和一个 IHPF 函数组成。处理带阻函数时，重要参数是带宽 W 和频带中心 C_0。观察图 4.61(a)，很容易就可得到 IBRF 函数的公式，如表 4.7 中最左侧的那项所示。带阻传递函数的关键需求是：（1）函数的值域必须是[0, 1]；（2）函数的值在到函数原点（中心）的距离 C_0 处必须为零；（3）必须能够规定 W 的值。显然，刚刚形成的 IBRF 函数满足这些需求。

将低通传递函数和高通传递函数相加，来得到高斯和巴特沃斯带阻函数有些难度。例如，图 4.61(b)显示了一个带阻函数，它是由具有不同截止频率的低通和高通高斯函数相加得到的。明显存在两个问题：我们不能直接控制 W，并且 C_0 处的 $H(u,v)$ 值不是 0。我们可以偏移这个函数并将函数的值标定到区间[0, 1]内，但无法求低通高斯函数与高通高斯函数交点处的解析解，而我们要用这个交点来根据 C_0 求截止点。唯一的解决方法是试错法或数值方法。

所幸的是，替代将低通和高通传递函数相加，另一种方法是修改高斯和巴特沃斯高通传递函数的表达式，使它们满足前面给出的三个需求。我们将为高斯函数说明这一过程。此时，我们首先在式(4.120)中将 $H(u,v)=0$ 的点从 $D(u,v)=0$ 改为 $D(u,v)=C_0$：

$$H(u,v) = 1 - e^{-\left[\frac{(D(u,v)-C_0)^2}{W^2}\right]} \tag{4.149}$$

这个函数的图形［见图 4.61(c)］表明：低于 C_0 时，该函数表现为一个低通高斯函数；等于 C_0 时，该函数始终为 0；高于 C_0 时，该函数表现为一个高通高斯函数。参数 W 与标准差成正比，因此控制着这个频带的"宽度"。剩下的唯一一个问题是，该函数在原点并不总是 1。简单修改式(4.149)就可克服这一缺点：

$$H(u,v) = 1 - e^{-\left[\frac{D^2(u,v)-C_0^2}{D(u,v)W}\right]^2} \tag{4.150}$$

现在，不出所料，当 $D(u,v)=0$ 时，指数是无限的，这使得指数项在原点处变为 0，$H(u,v)=1$。在式(4.149)的这个修正公式中，基本高斯形状得到保留，并且满足前面给出的三个要求。图 4.61(d)显示了式(4.150)的曲线图。表 4.7 中给出的巴特沃斯带阻滤波器传递函数可由类似的分析导出。

图 4.62 显示了刚才讨论的滤波器传递函数的透视图。乍看之下，高斯函数和巴特沃斯函数看起来大致相同，但巴特沃斯函数的性能照例介于理想函数和高斯函数之间。如图 4.63 所示，以图像形式观察这三个滤波器函数，可更容易地了解这一点。增加巴特沃斯函数的阶数，可使得它更加接近于理想带阻传递函数。

> 公式中的总比值是平方的，因此随着距离的增大，式(4.149)和式(4.150)的特性大致相同。

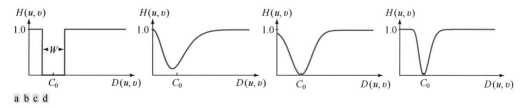

a b c d

图 4.61　径向剖面：(a)理想带阻滤波器传递函数；(b)由高斯低通和高通滤波函数相加形成的带阻传递函数（最小值不是 0，并且与 C_0 不重合）；(c)式(4.149)的径向图（最小值为 0，并且与 C_0 正确重合，但原点处的值不是 1）；(d)式(4.150)的径向图，这条高斯形状的曲线满足带阻滤波器传递函数的所有要求

表 4.7　带阻滤波器传递函数。C_0 是频带的中心，W 是带宽，$D(u, v)$ 是传递函数的中心到频率矩形中点 (u,v) 的距离

理想带阻滤波器（IBRF）	高斯带阻滤波器（GBRF）	巴特沃斯带阻滤波器（BBRF）
$H(u,v) = \begin{cases} 0, & C_0 - \dfrac{W}{2} \le D(u,v) \le C_0 + \dfrac{W}{2} \\ 1, & \text{其他} \end{cases}$	$H(u,v) = 1 - e^{-\left[\dfrac{D^2(u,v) - C_0^2}{D(u,v)W}\right]^2}$	$H(u,v) = \dfrac{1}{1 + \left[\dfrac{D(u,v)W}{D^2(u,v) - C_0^2}\right]^{2n}}$

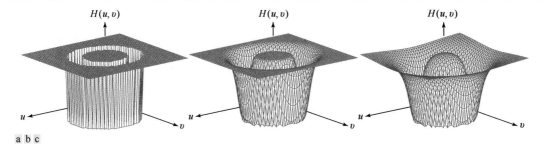

a b c

图 4.62　表 4.7 中(a)理想，(b)修正高斯，(c)修正巴特沃斯（1 阶）带阻滤波器传递函数的透视图。所有传递函数的大小都为 512×512 像素，$C_0 = 128$，$W = 60$

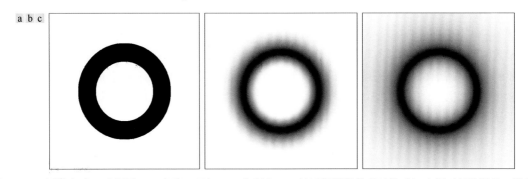

a b c

图 4.63　以图像方式显示的图 4.62 中的(a)理想、(b)高斯和(c)巴特沃斯带阻传递函数（细边框不是数据的一部分）

4.10.2　陷波滤波器

陷波滤波器是最有用的选择性滤波器。陷波滤波器阻止（或通过）事先定义的频率矩形邻域中的频率。零相移滤波器必须关于原点（频率矩形中心）对称，因此，中心为 (u_0, v_0) 的陷波滤波器传递函数在 $(-u_0, -v_0)$ 位置必须有一个对应的陷波。陷波带阻滤波器传递函数可用中心被平移到陷波滤波中心的高通滤波器函数的乘积来产生。一般形式为

$$H_{NR}(u,v) = \prod_{k=1}^{Q} H_k(u,v) H_{-k}(u,v) \tag{4.151}$$

式中，$H_k(u, v)$ 和 $H_{-k}(u, v)$ 是高通滤波器传递函数，它们的中心分别是 (u_k, v_k) 和 $(-u_k, -v_k)$。这些中心是根据频率矩形的中心 $(M/2, N/2)$ 规定的，M 和 N 照例是输入图像的行数和列数。于是，对于每个滤波器传递函数，距离计算公式为

$$D_k(u,v) = \left[(u - M/2 - u_k)^2 + (v - N/2 - v_k)^2 \right]^{1/2} \tag{4.152}$$

和

$$D_{-k}(u,v) = \left[(u - M/2 + u_k)^2 + (v - N/2 + v_k)^2 \right]^{1/2} \tag{4.153}$$

例如，下面是一个 n 阶巴特沃斯陷波带阻滤波器，它包含三个陷波对：

$$H_{NR}(u,v) = \prod_{k=1}^{3}\left[\frac{1}{1+\left[D_{0k}/D_k(u,v)\right]^{2n}}\right]\left[\frac{1}{1+\left[D_{0k}/D_{-k}(u,v)\right]^{2n}}\right] \tag{4.154}$$

式中，$D_k(u,v)$ 和 $D_{-k}(u,v)$ 分别由式(4.152)和式(4.153)给出。常数 D_{0k} 对每对陷波是相同的，但对不同的陷波对它可以不同。其他陷波带阻滤波器函数可用相同的方式构建，具体取决于所选的高通滤波器函数。如前面对滤波器的讨论那样，陷波带通滤波器传递函数可用下式由陷波带阻滤波器得到：

$$H_{NP}(u,v) = 1 - H_{NR}(u,v) \tag{4.155}$$

如接下来的两个例子所示，陷波滤波的主要应用之一是，选择性地修改 DFT 的局部区域。通常，这种类型的处理是交互完成的，它直接对得到的 DFT 处理，而不需要进行填充。交互处理实际 DFT（相对于必须从填充后的频率值"平移"到实际频率值来说）的优势通常大于在滤波处理过程中因未使用填充而导致的任何交叠误差。需要时，可在得到一个可接受的解决方案后，调整所有滤波器参数来补偿填充后的 DFT 大小，最终生成填充后的结果。下面的两个例子是在未进行填充的情况下完成的。要了解 DFT 值是如何随填充变化的，可参阅习题 4.42。

例 4.24 使用陷波滤波删除数字化印刷物图像中的莫尔模式。

图 4.64(a)是在图 4.21 中用过的扫描报纸图像，图像中的莫尔模式非常明显，图 4.64(b)是这幅图像的频谱。纯正弦周期函数的傅里叶变换是一对共轭对称的冲激（见表 4.4）。在图 4.64(b)中，对称的"类冲激"耀斑分量是由莫尔模式的近似周期性导致的。我们可用陷波滤波来衰减这些耀斑分量。

图 4.64(c)显示了用一个巴特沃斯陷波带阻传递函数乘以图 4.64(a)的 DFT 的结果，其中对所有陷波对有 $D_0 = 9$ 和 $n = 4$（陷波的中心与图中黑色圆形区域的中心重合）。（通过视觉检查频谱）将半径值选择为能够包围耀斑分量的全部能量，将 n 值选择为能够产生具有尖锐过渡的陷波。陷波的中心位置由其频谱交互确定。图 4.64(d)显示了使用该滤波器传递函数并按照 4.7 节给出的步骤得到的结果。考虑到原图像的低分辨率和退化程度，这一改进无疑是明显的。

a b

图 4.64　(a)取样后出现了莫尔模式的报纸图像；(b)该图像的频谱；(c)巴特沃斯陷波带阻滤波器传递函数乘以傅里叶变换后的结果；(d)滤波后的图像

图 4.64　(a)取样后出现了莫尔模式的报纸图像；(b)该图像的频谱；(c)巴特沃斯陷波带阻滤波器传递函数乘以傅里叶变换后的结果；(d)滤波后的图像（续）　　　　　　　　　　　　　　　■

例 4.25　使用陷波滤波去除周期干扰。

图 4.65(a)中的图像是土星环的一部分，它是由首个进入行星轨道的"卡西尼"航天器拍摄的。图像中可见的近似正弦模式是在数字化图像之前，叠加到摄像机视频信号上的交流信号造成的。这个问题完全未被人们意料到，因此毁坏了这次任务中的一些图像。所幸的是，这类干扰很容易通过后处理来校正。一种方法就是使用陷波滤波。

图 4.65(b)显示了 DFT 谱。仔细分析纵轴后，发现原点附近存在一系列突发的小能量，它几乎对应于正弦干扰。一种简单的方法是，从最低频率的突发到纵轴的剩余部分，使用一个窄陷波矩形滤波器。图 4.65(c)显示了这样一个滤波器的传递函数（白色代表 1，黑色代表 0）。图 4.65(d)显示了使用该滤波器对污染图像滤波后的结果，与原图像相比，这个结果的改进很明显。

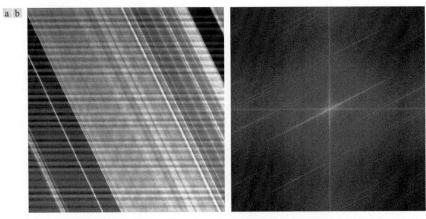

图 4.65　(a)显示有近似周期性干扰的土星环图像；(b)图像的频谱(靠近原点的纵轴上的突发能量对应于干扰模式)；(c)一个垂直陷波带阻滤波器传递函数；(d)滤波后的结果［图(c)中的细黑边框是为清楚起见而添加的，它不是数据的一部分］（原图像由 NASA/JPL 的 Robert A. West 博士提供）

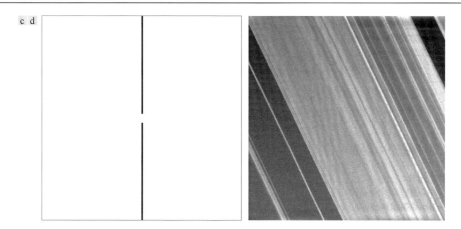

图 4.65　(a)显示有近似周期性干扰的土星环图像;(b)图像的频谱(靠近原点的纵轴上的突发能量对应于干扰模式);
　　　　　(c)一个垂直陷波带阻滤波器传递函数;(d)滤波后的结果［图(c)中的细黑边框是为清楚起见而添加的, 它
　　　　　不是数据的一部分］(原图像由 NASA/JPL 的 Robert A. West 博士提供)(续)

　　为获得干扰模式的图像, 我们使用一个陷波传递函数隔离了纵轴上的频率, 这个传递函数是用 1 减去
陷波带阻函数得到的［见图 4.66(a)］。于是, 如图 4.66(b)所示, 滤波后的图像的 IDFT 就是空间干扰模式。

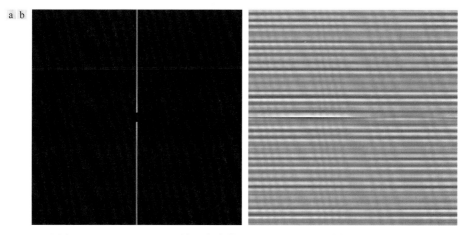

图 4.66　(a)用于隔离图 4.65(a)的 DFT 的纵轴的陷波带通滤波器函数;(b)计算图(a)的 IDFT 得到的空间模式

4.11　快速傅里叶变换

　　迄今为止, 我们的注意力都集中在频率域滤波的理论概念和实例上。现在, 我们要了解的是, 图像
处理领域的计算开销很大, 因此了解如何简化和加速傅里叶变换的计算就很重要。本节介绍这些问题。

4.11.1　二维 DFT 的可分离性

　　如表 4.3 中提及的那样, 二维 DFT 可分成多个一维变换。我们可把式(4.67)写为

$$F(u,v) = \sum_{x=0}^{M-1} e^{-j2\pi ux/M} \sum_{y=0}^{N-1} f(x,y) e^{-j2\pi vy/N} = \sum_{x=0}^{M-1} F(x,v) e^{-j2\pi ux/M} \tag{4.156}$$

式中,

$$F(x, v) = \sum_{y=0}^{N-1} f(x, y) e^{-j2\pi vy/N} \qquad (4.157)$$

对于 x 的一个值及 $v = 0, 1, 2, \cdots, N-1$，我们看到，$F(x, v)$ 是
$f(x, y)$ 的一行的一维 DFT。在式(4.157)中通过让 x 从 0 到 $M-1$
变化，对 $f(x, y)$ 的所有行计算一组一维 DFT。类似地，式(4.156)

> 可用前面的两个公式证明，计算输入图像的每一列的一维 DFT 后，接着计算结果的各行的一维 DFT，可得到输入图像的二维 DFT。

中的计算是 $F(x, v)$ 的各列的一维变换。于是得出结论：$f(x, y)$ 的二维 DFT 可通过计算 $f(x, y)$ 的每一行的一维变换，然后沿计算结果的每一列计算一维变换来得到。这是一个重要的简化，因为我们必须一次处理一个变量。由类似的推导可知，我们可用一维 IDFT 来计算二维 IDFT。然而，如下一节中说明的那样，我们可用计算 DFT 的算法来计算 IDFT。因此，所有二维傅里叶变换的计算就可简化为多次执行计算一维 DFT 的一维算法。

4.11.2　使用 DFT 算法计算 IDFT

式(4.68)的两边取复共轭，并将得到的结果乘以 MN 得

$$MNf^*(x, y) = \sum_{u=0}^{M-1} \sum_{v=0}^{N-1} F^*(u, v) e^{-j2\pi(ux/M + vy/N)} \qquad (4.158)$$

然而，我们发现上式的右侧是 $F^*(u, v)$ 的 DFT。因此，式(4.158)表明，若把 $F^*(u, v)$ 代入计算二维傅里叶正变换的算法中，则结果将是 $MNf^*(x, y)$。取复共轭并将结果乘以 $1/MN$ 将得到 $f(x, y)$，它是 $F(u, v)$ 的反变换。

上一节曾提及，二维正 DFT 算法是基于一维变换的连续传递，在计算二维反变换时，经常出现共轭和乘以常数的混淆，而一维算法中并不存在这两种情况。记住，关键是只需简单地将 $F^*(u, v)$ 输入已有的正变换算法。结果是 $MNf^*(x, y)$，而要根据 $MNf^*(x, y)$ 求 $f(x, y)$，只需取 $MNf^*(x, y)$ 的复共轭并乘以常数 $1/MN$。当然，当 $f(x, y)$ 是实数（通常如此）时，有 $f^*(x, y) = f(x, y)$。

4.11.3　快速傅里叶变换（FFT）

若我们不得不直接实现式(4.67)和式(4.68)，则在频率域进行处理并不实际。蛮力实现这些公式时，需要约 $(MN)^2$ 次乘法和加法运算。对于中等大小的图像（如 2048×2048 像素），这意味着仅进行一次二维 DFT 运算就需要约 17 万亿次乘法和加法，还不包括计算一次并存储到查找表中的指数运算。如果人们未发现将计算量降到 $MN \log_2 MN$ 次乘法和加法的快速傅里叶变换（FFT），那么可以肯定地说本章介绍的内容几乎没有任何实用价值。FFT 缩减的计算量的确非常可观。例如，计算一幅 2048×2048 像素的图像的二维快速傅里叶变换时，只需要 9200 万次量级的乘法和加法，与上面提到的万亿次计算相比，计算量明显大大降低。

尽管关于信号处理的文献中广泛涉及 FFT，但由于 FFT 的重要性，使得我们如果不介绍 FFT 的原理，那么本章的内容将不完整。我们选择用于实现这一目标的算法是逐次加倍法，这个算法是导致整个产业诞生的最初算法。这个特殊的算法假设取样数是 2 的整数次幂，但它不是其他方法的通用要求（Brigham[1988]）。由前一节可知，二维 DFT 可通过逐次调用一维变换来实现，因此我们只需关注一个变量的 FFT。

在推导 FFT 时，通常将式(4.44)写为

$$F(u) = \sum_{x=0}^{M-1} f(x) W_M^{ux} \qquad (4.159)$$

式中，$u = 0, 1, 2, \cdots, M-1$，其中，

$$W_M = e^{-j2\pi/M} \tag{4.160}$$

并且假设 M 具有形式

$$M = 2^p \tag{4.161}$$

其中 p 是一个正整数。于是，可将 M 写为

$$M = 2K \tag{4.162}$$

其中 K 也是一个正整数。将式(4.162)代入式(4.159)得

$$F(u) = \sum_{x=0}^{2K-1} f(x)W_{2K}^{ux} = \sum_{x=0}^{K-1} f(2x)W_{2K}^{u(2x)} + \sum_{x=0}^{K-1} f(2x+1)W_{2K}^{u(2x+1)} \tag{4.163}$$

然而，使用式(4.160)可以证明 $W_{2K}^{2ux} = W_K^{ux}$，因此式(4.163)可写为

$$F(u) = \sum_{x=0}^{K-1} f(2x)W_K^{ux} + \sum_{x=0}^{K-1} f(2x+1)W_K^{ux}W_{2K}^{u} \tag{4.164}$$

对于 $u = 0, 1, 2, \cdots, K-1$，规定

$$F_{\text{even}}(u) = \sum_{x=0}^{K-1} f(2x)W_K^{ux} \tag{4.165}$$

并且对于 $u = 0, 1, 2, \cdots, K-1$，规定

$$F_{\text{odd}}(u) = \sum_{x=0}^{K-1} f(2x+1)W_K^{ux} \tag{4.166}$$

于是，式(4.164)简化为

$$F(u) = F_{\text{even}}(u) + F_{\text{odd}}(u)W_{2K}^{u} \tag{4.167}$$

另外，因为 $W_K^{u+K} = W_K^u$ 和 $W_{2K}^{u+K} = -W_{2K}^u$，于是有

$$F(u+K) = F_{\text{even}}(u) - F_{\text{odd}}(u)W_{2K}^{u} \tag{4.168}$$

分析式(4.165)到式(4.168)可以发现这些表达式的一些重要（和令人惊奇的）性质。如式(4.167)和式(4.168)所示，一个 M 点 DFT 可通过把原表达式分为两部分来计算。计算 $F(u)$ 的前一半要求计算式(4.165)和式(4.166)中给出的两个 $(M/2)$ 点变换。然后，将 $F_{\text{even}}(u)$ 和 $F_{\text{odd}}(u)$ 的值代入式(4.167)得到 $F(u)$，$u = 0, 1, 2, \cdots, (M/2-1)$。$F(u)$ 的后一半可由式(4.168)直接计算，不需要额外的变换计算。

　　检验前述步骤的计算量很有趣。令 $m(p)$ 和 $a(p)$ 分别是实现算法所需的复数乘法次数和加法次数。样本数照例为 2^p，其中 p 为正整数。先假设 $p = 1$，此时样本数是 2。两点变换要求计算 $F(0)$，然后由式(4.168)得到 $F(1)$。为得到 $F(0)$，要求计算 $F_{\text{even}}(0)$ 和 $F_{\text{odd}}(0)$。此时，$K = 1$，并且式(4.165)和式(4.166)是一点变换。然而，由于一个样本点的 DFT 是该样本自身，因此得到 $F_{\text{even}}(0)$ 和 $F_{\text{odd}}(0)$ 不需要任何乘法和加法运算。$F_{\text{odd}}(0)$ 与 W_2^0 的一次相乘和一次相加，即可由式(4.167)得到 $F(0)$。然后，再用一次加法就可由式(4.168)得到 $F(1)$（减法可认为是加法）。因为已计算过 $F_{\text{odd}}(0)W_2^0$，所以两点变换所需的总运算次数为 $m(1) = 1$ 次乘法和 $a(1) = 2$ 次加法。

　　p 的下一个值是 2。根据前面的推导，一个 4 点变换可分成两部分。$F(u)$ 的前一半要求计算两个两点变换，如 $K = 2$ 时式(4.165)和式(4.166)给出的那样。一个两点变换要求 $m(1)$ 次乘法和 $a(1)$ 次加法，因此计算这两个公式共需 $2m(1)$ 次乘法和 $2a(1)$ 次加法。由式(4.167)得到 $F(0)$ 和 $F(1)$，还需要两次乘法和加法。因为 $F_{\text{odd}}(u)W_{2K}^u$ 已对 $u = \{0, 1\}$ 计算过，因此计算 $F(2)$ 和 $F(3)$ 还需要两次加法。于是，总运算次数为 $m(2) = 2m(1) + 2$ 次乘法和 $a(2) = 2a(1) + 4$ 次加法。

　　当 $p = 3$ 时，需要两个 4 点变换来计算 $F_{\text{even}}(u)$ 和 $F_{\text{odd}}(u)$。它们需要 $2m(2)$ 次乘法和 $2a(2)$ 次加法。完成整个变换还需要 4 次乘法和 8 次加法。总运算次数为 $m(3) = 2m(2) + 4$ 次乘法和 $a(3) = 2a(2) + 8$ 次加法。

对任意正整数 p，可推出完成 FFT 所需的乘法次数和加法次数的递归表达式为

$$m(p) = 2m(p-1) + 2^{p-1}, \quad p \geq 1 \tag{4.169}$$

和

$$a(p) = 2a(p-1) + 2^p, \quad p \geq 1 \tag{4.170}$$

式中，$m(0) = 0$ 且 $a(0) = 0$，因为一点变换无须任何加法和乘法运算。

刚才推导的方法称为逐次加倍 FFT 算法，因为对于等于 2 的整数次幂的任意 M，这个算法由两个单点变换来计算一个两点变换，由两个两点变换来计算一个四点变换，以此类推。作为练习（见习题 4.63），请读者证明

$$m(p) = \tfrac{1}{2} M \log_2 M \tag{4.171}$$

和

$$a(n) = M \log_2 M \tag{4.172}$$

式中，$M = 2^p$。

与直接计算一维 DFT 相比，FFT 的计算优势定义为

$$C(M) = \frac{M^2}{M \log_2 M} = \frac{M}{\log_2 M} \tag{4.173}$$

式中，M^2 是"蛮力"实现一维 DFT 所需的运算次数。由于假设有 $M = 2^p$，因此可将式(4.173)写为关于 p 的形式：

$$C(p) = 2^p / p \tag{4.174}$$

该函数的曲线（见图 4.67）表明计算优势以 p 为函数迅速增大。例如，当 $p = 15$（32768 点）时，与 DFT 的"蛮力"实现相比，FFT 有近 2200:1 的优势。因此，我们预计在同一台机器上 FFT 的计算速度要比 DFT 的计算速度快近 2200 倍。如 4.1 节所述，对于较小的核，在两种方法之间切换时，FFT 在空间滤波方面也具有明显的计算优势。

详细介绍 FFT 的优秀文献很多，因此这里不再深入讨论这一主题（例如，可参阅 Brigham[1988]）。大多数信号和图像处理软件包中都含有不需要点数为整数次幂的 FFT 的通用算法（代价是计算效率稍低），从网上也可免费得到 FFT 程序。

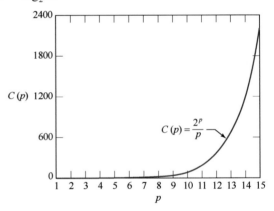

图 4.67 FFT 相对于直接实现一维 DFT 的计算优势。取样数是 $M = 2^p$。计算优势随着 p 的增大而快速增长

小结、参考文献和延伸读物

本章介绍了取样、傅里叶变换和频率域滤波。有些概念（如取样定理和混叠）如果不在频率域的上下文中解释，那么就没有意义。因此，本章前几节中介绍的内容是理解二维数字信号处理的坚实基础。由于我们特别注重基本原理的介绍，因此数学知识一般的读者也可掌握并应用这些内容。

关于一维和二维连续傅里叶变换的补充读物，见 Bracewell[1995, 2003]，它与 Castleman[1996]、Petrou and Petrou[2010]、Brigham[1988]和 Smith[2003]共同为 4.2 节至 4.6 节中的内容提供了额外的背景资料。取样现象如混叠和莫尔模式是计算机图形学书籍中的主题，详见 Hughes and Andries[2013]。关于 4.7 节至 4.11 节的其他背景知识，见 Hall[1979]、Jain[1989]、Castleman[1996]和 Pratt[2014]。关于本章中许多示例和项目的软件信息，见 Gonzalez, Woods and Eddins[2009]。

习题

标有星号的习题的答案在 DIP4E Student Support Package 中（查阅网站 www.ImageProcessingPlace.com）。

4.1 回答如下问题：

(a) 假设有一个类似于式(4.10)的公式，但针对的是位于 $t = t_0$ 的一个冲激。

(b) 针对式(4.15)，重复上问。

(c)* 泛泛地说 $\delta(t-a) = \delta(a-t)$ 正确吗？解释原因。

4.2 重做例 4.1，但使用的函数如下：$0 \le t < T$ 时，$f(t) = A$；t 为其他值时，$f(t) = 0$。说明你的结果与例 4.1 中结果不同的原因。

4.3 如下两个一维冲激的卷积是什么：

(a)* $\delta(t)$ 和 $\delta(t - t_0)$？

(b) $\delta(t - t_0)$ 和 $\delta(t + t_0)$？

4.4* 利用冲激的取样性质，证明一维连续函数 $f(t)$ 与 t_0 处的一个冲激的卷积，会将该函数从原点移到冲激的位置（若冲激位于原点，则函数不移位）。

4.5* 参考图 4.9，画出说明非周期函数的一对混叠的图形。

4.6 参考图 4.11：

(a)* 重新画图，显示采样率略高于奈奎斯特率时取样点的外观。

(b) 图 4.11 中的大点代表的近似取样率是多少？

(c) 所用的最低取样率是多少时，才能：（1）满足奈奎斯特率？（2）使样本看起来像正弦波？

4.7 函数 $f(t)$ 由三个函数的和组成：$f_1(t) = A\sin(\pi t)$，$f_2(t) = B\sin(4\pi t)$，$f_3(t) = C\cos(8\pi t)$。

(a) 假设这些函数在两个方向上无限扩展，$f(t)$ 的最高频率是多少？（提示：从找到这三个函数之和的周期开始。）

(b)* 与(a)中结果对应的奈奎斯特率是多少？（给出一个数值答案。）

(c) 要由样本完全复原函数，你会以什么取样率对 $f(t)$ 取样？

4.8* 证明 $\Im\{e^{j2\pi t_0 t}\} = \delta(\mu - t_0)$，其中 t_0 是常数。（提示：研究例 4.2。）

4.9 证明下列表达式为真（提示：利用习题 4.8 的答案）：

(a)* $\Im\{\cos(2\pi\mu_0 t)\} = \frac{1}{2}\left[\delta(\mu - \mu_0) + \delta(\mu + \mu_0)\right]$

(b) $\Im\{\sin(2\pi\mu_0 t)\} = \frac{1}{2j}\left[\delta(\mu - \mu_0) - \delta(\mu + \mu_0)\right]$

4.10 考虑函数 $f(t) = \sin(2\pi n t)$，其中 n 是整数，它的傅里叶变换 $F(\mu)$ 是纯虚数（见习题 4.9）。由于取样数据的变换 $\tilde{F}(\mu)$ 由 $F(\mu)$ 的周期副本组成，因此 $\tilde{F}(\mu)$ 也是纯虚数。画出一个类似于图 4.6 的图表，并根据所画的图表回答以下问题（假设取样从 $t = 0$ 开始）。

(a)* $f(t)$ 的周期是什么？

(b)* $f(t)$ 的频率是什么？

(c)* 若 $f(t)$ 的取样率高于奈奎斯特率，则取样后的函数及其傅里叶变换一般会是什么样子？

(d) 若 $f(t)$ 的取样率低于奈奎斯特率，则取样后的函数一般会是什么样子？

(e) 若以奈奎斯特率在 $t = 0, \pm\Delta T, \pm 2\Delta T, \cdots$ 处对 $f(t)$ 取样，则取样后的函数会是什么样子？

4.11* 证明式(4.25)和式(4.26)给出的连续变量的卷积定理的正确性。

4.12 我们在式(4.36)之后的段落中解释说，将一个带限函数乘以一个盒式函数来限制它的持续时间后，这个带限函数将不再是带限的。通过限制函数 $f(t) = \cos(2\pi\mu_0 t)$ 的持续时间，以图形方式证明为什么会这样［习题 4.9(a)中给出了这个函数的傅里叶变换］。（提示：例 4.1 中给出了"盒式"函数的变换。将这一结果用到你的求解过程中，还要注意函数与冲激的卷积会将函数移到冲激所在的位置，其详细探讨见习题 4.4 的答案。）

4.13* 完成由式(4.37)推导式(4.38)的步骤。

4.14 证明式(4.40)中的 $\tilde{F}(\mu)$ 在两个方向上是无限周期的，周期为 $1/\Delta T$。

4.15 完成如下工作:

(a) 证明式(4.42)和式(4.43)是一个傅里叶变换对: $f_n \Leftrightarrow F_m$。

(b)* 证明式(4.44)和式(4.45)也是一个傅里叶变换对: $f(x) \Leftrightarrow F(u)$。

回答上述两个问题时,需要用到如下的正交性质:

$$\sum_{x=0}^{M-1} e^{j2\pi rx/M} e^{-j2\pi ux/M} = \begin{cases} M, & r = u \\ 0, & \text{其他} \end{cases}$$

4.16 证明式(4.44)和式(4.45)中的 $F(u)$ 和 $f(x)$ 是无限周期的,周期为 M;也就是说,$F(u) = F(u+kM)$,$f(x) = f(x+M)$,其中 k 是整数[见式(4.46)和式(4.47)]。

4.17 证明如下一维离散傅里叶变换对的平移性质。[提示:在(b)问中,使用 IDFT 更容易。]

(a)* $f(x)e^{\frac{j2\pi u_0 x}{M}} \Leftrightarrow F(u-u_0)$; (b) $f(x-x_0) \Leftrightarrow F(u)e^{\frac{-j2\pi ux_0}{M}}$

4.18 证明式(4.25)和式(4.26)中给出的一维卷积定理对离散变量也成立,但式(4.26)的右侧要乘以 $1/M$。也就是说,证明:

(a)* $(f \star h)(x) \Leftrightarrow (F \cdot H)(u)$; (b) $(f \cdot h)(x) \Leftrightarrow \frac{1}{M}(F \star H)(u)$

4.19* 将一维卷积的表达式[见式(4.24)]推广到两个连续变量的情况。用 t 和 z 表示表达式左边的变量,用 α 和 β 表示二维积分中的变量。

4.20 利用二维冲激的取样性质,证明二维连续函数 $f(t,z)$ 与冲激函数的卷积,会使函数的原点移到冲激的位置(冲激位于原点时,函数完全复制自身)。(提示:研究习题 4.4 的答案。)

4.21 下图中的左图由黑白交替的条带组成,每个条带的宽度都为 2 像素。右图是左图的傅里叶频谱,显示了与条带对应的直流项和频率项(记住谱是对称的,因此除直流项外的所有分量都出现在两个对称的位置上)。

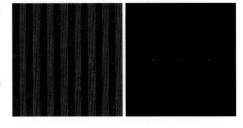

(a)* 假设图像中相同大小的条带宽度为 4 像素,画出图像的频谱,谱中只包含直流项和两个最高值的频率项,这两个最高值的频率项对应于谱中的两个谱峰。

(b) 为什么谱的这些分量仅限于横轴?

(c) 对于大小相同但条带宽度为 1 像素的图像,其谱看起来是什么样子?说明原因。

(d) (a)问和(c)问中的直流项相同吗?解释原因。

4.22 一家高科技公司专门开发数字化商业用布匹图像的成像系统。公司接到了 1000 套系统的新订单,系统的作用是数字化由重复黑白垂直条带组成的布匹,条带的宽度为 2cm。光学和机械工程师设计了前端光学和机械定位机构,因此可以保证系统数字化每幅图像时,都始于一个完整的黑色垂直条带,并终于一个完整的白色条带。每幅获取的图像中都包含 250 个垂直条带。噪声和光学畸变可以忽略不计。了解到你在图像处理课程取得的成功后,这家公司决定雇佣你来规定新系统中将使用的成像芯片的分辨率。光学系统可以调整,以便将视场精确投影到由你规定的芯片大小定义的区域。设计将在数百个地点实施,因此成本是一个重要的考虑因素。为避免混叠,你会为芯片规定什么样的分辨率(成像元素数字/水平线)?

4.23* 我们从 4.5 节的讨论中得知,放大或缩小数字图像通常导致混叠。给出通过像素复制来放大图像但不会出现混叠的例子。

4.24 参考 2.6 节中关于线性性质的讨论,说明:

(a)* 二维连续傅里叶变换是线性算子。

(b) 二维 DFT 也是线性算子。

4.25 参考式(4.59)和式(4.60),证明如下二维连续傅里叶变换对的平移性质成立(提示:研究习题 4.11 的答案):

(a)* $f(t,z)e^{j2\pi(\mu_0 t + v_0 z)} \Leftrightarrow F(\mu - \mu_0, v - v_0)$

(b) $f(t-t_0, z-z_0) \Leftrightarrow F(\mu,v)e^{-j2\pi(t_0\mu + z_0 v)}$

4.26 证明如下二维连续傅里叶变换对成立。

(a)* $\delta(t,z) \Leftrightarrow 1$

(b)* $1 \Leftrightarrow \delta(\mu,v)$

(c)* $\delta(t-t_0,z-z_0) \Leftrightarrow \mathrm{e}^{-\mathrm{j}2\pi(t_0\mu+z_0v)}$

(d)* $\mathrm{e}^{\mathrm{j}2\pi(t_0t+z_0z)} \Leftrightarrow \delta(\mu-t_0,v-z_0)$

(e)* $\cos(2\pi\mu_0 t+2\pi v_0 z) \Leftrightarrow (1/2)\big[\delta(\mu-\mu_0,v-v_0)+\delta(\mu+\mu_0,v+v_0)\big]$

(f) $\sin(2\pi\mu_0 t+2\pi v_0 z) \Leftrightarrow (1/2\mathrm{j})\big[\delta(\mu-\mu_0,v-v_0)-\delta(\mu+\mu_0,v+v_0)\big]$

4.27 参考式(4.71)和式(4.72),证明表 4.4 中的二维离散傅里叶变换对的下列平移性质成立。(提示:研究习题 4.17。)

(a) $f(x,y)\mathrm{e}^{\mathrm{j}2\pi\left(\frac{u_0 x}{M}+\frac{v_0 y}{N}\right)} \Leftrightarrow F(u-u_0,v-v_0)$; (b)* $f(x-x_0,y-y_0) \Leftrightarrow F(u,v)\mathrm{e}^{-\mathrm{j}2\pi\left(\frac{x_0 u}{M}+\frac{y_0 v}{N}\right)}$

4.28 证明表 4.4 中的如下二维离散傅里叶变换对成立:

(a)* $\delta(x,y) \Leftrightarrow 1$

(b)* $1 \Leftrightarrow MN\delta(u,v)$

(c) $\delta(x-x_0,y-y_0) \Leftrightarrow \mathrm{e}^{-\mathrm{j}2\pi(ux_0/M+vy_0/N)}$

(d)* $\mathrm{e}^{\mathrm{j}2\pi(u_0 x/M+v_0 y/N)} \Leftrightarrow MN\delta(u-u_0,v-v_0)$

(e) $\cos(2\pi\mu_0 x/M+2\pi v_0 y/N) \Leftrightarrow (MN/2)\big[\delta(u+\mu_0,v+v_0)+\delta(u-\mu_0,v-v_0)\big]$

(f)* $\sin(2\pi\mu_0 x/M+2\pi v_0 y/N) \Leftrightarrow (\mathrm{j}MN/2)\big[\delta(u+\mu_0,v+v_0)-\delta(u-\mu_0,v-v_0)\big]$

4.29 假设你有一个计算二维 DFT 对的"封装"程序,但你不知道两个公式中的哪个包含 $1/MN$ 项,或是不知道它分为两个常数后,$1/\sqrt{MN}$ 是否都放在正变换和反变换的前面。如果文档中没有这一项的信息,那么你如何才能发现这些项包含在哪里?

4.30 以下每个数字序列的周期和频率是什么?(提示:将它们视为方波。)

(a)* 0 1 0 1 0 1 0 1…

(b) 0 0 1 0 0 1 0 0 1…

(c) 0 0 1 1 0 0 1 1 0 0 1 1…

4.31 参考例 4.10 中的一维序列:

(a)* 当 M 是偶数时,为什么偶数序列中的 $M/2$ 点总是任意的?

(b) 当 M 是偶数时,为什么奇数序列中的 $M/2$ 点总是 0?

4.32 例 4.10 中提到,若中心重合,则将偶数维二维阵列嵌入更大偶数(奇数)维零阵列后,仍然会保持原阵列的对称性。证明对如下的一维阵列来说这同样正确(证明得到的阵列与小阵列具有同样的对称性)。对于偶数长度的阵列,使用 10 个元素长的 0 阵列;对于奇数长度的阵列,使用 9 个元素长的 0 阵列。

(a)* $\{a,b,c,c,b\}$; (b)$\{0,-b,-c,0,c,b\}$; (c)$\{a,b,c,d,c,b\}$; (d)$\{0,-b,-c,c,b\}$

4.33 例 4.10 中显示了一个嵌入零序列的 Sobel 核。核的大小为 3×3,其结构看起来是奇序列。然而,它的第一个元素是–1,而函数要成为奇序列,第一个(上,左)元素就必须是零。给出满足奇序列条件的能够将 Sobel 核嵌入其中的最小零序列。

4.34 完成如下工作:

(a)* 证明例 4.10 中的 6×6 阵列是奇序列。

(b) 如果减号改为加号会发生什么?

(c) 例 4.10 的末尾说,若在阵列的顶部增加一行 0,在阵列的左边增加一列 0,则结果既不是偶序列又不是奇序列。请说明原因。

(d) 若阵列的顶部增加一行 0,右边增加一列 0,这时的结果与(c)问中的相同吗?

4.35 以下问题与表 4.1 中的性质有关。

(a)* 证明性质 2 成立;(b)* 证明性质 4 成立;(c)证明性质 5 成立;(d)* 证明性质 7 成立。

(e) 证明性质 9 成立。

4.36 由表 4.3 可知,DFT 的直流项 $F(0,0)$ 与对应的空间图像的平均值成正比。假设图像的大小为 $M×N$,并假设填充零后的图像大小为 $P \times Q$，其中 P 和 Q 分别由式(4.102)和式(4.103)给出。设 $F_p(0,0)$ 表示填充零后的函数的 DFT 的直流项。

(a)* 原图像和填充零后的图像的平均值之比是多少?

(b) $F_p(0,0) = F(0,0)$ 吗? 从数学上支持你的答案。

4.37 证明表 4.3 中的周期性 (第 8 项) 成立。

4.38 参考式(4.95)和式(4.96)中的二维离散卷积定理 (表 4.4 中的第 6 项)，证明:

(a) $(f \star h)(x, y) \Leftrightarrow (F \cdot H)(u, v)$；(b)* $(f \cdot h)(x, y) \Leftrightarrow (1/MN)[(F \star H)(u, v)]$

(提示: 研究习题 4.18 的答案。)

4.39 参考二维离散相关定理 (表 4.4 中的第 7 项)，证明:

(a)* $(f \star h)(x, y) \Leftrightarrow (F^* \cdot H)(u, v)$；(b) $(f^* \cdot h)(x, y) \Leftrightarrow (1/MN)[(F \star H)(u, v)]$

4.40* 证明表 4.4 中第 12 项的微分对成立。

4.41 4.6 节中说到在频率域中滤波时需要填充图像。该节中说，可在图像的行/列末端加 0 来填充图像 (见下方左侧的图像)。如果先将图像居中，然后用值为零的边框包围图像 (见下方右侧的图像)，但不改变所用到的零的总数，那么结果会有什么不同? 解释原因。

4.42* 下图所示的两个傅里叶频谱是同一幅图像的傅里叶频谱。左侧的频谱对应于原图像，右侧的频谱对应于填充零后的图像。解释右侧的频谱中，沿中心纵轴和横轴信号谱明显增强的原因。

4.43 考虑如下图像。右侧的图像是这样得到的: (a)用 $(-1)^{x+y}$ 乘以左侧的图像; (b)计算 DFT; (c)取变换的复共轭; (d)计算傅里叶反变换; (e)用 $(-1)^{x+y}$ 乘以结果的实部。(从数学上) 解释出现右图所示现象的原因。

4.44* 图 4.34(b)中的图像是这样得到的: 将图 4.34(a)中的图像的相角乘以-1，然后计算 IDFT。参考式(4.86)和表 4.1 中的第 5 项，解释该运算导致图像关于两个坐标轴反射的原因。

4.45 在图 4.34(b)中，我们看到相角乘以-1 会使图像关于两个坐标轴翻转。假设我们将变换的幅度乘以-1，然后用下面的公式求 IDFT:

$$g(x, y) = \mathfrak{F}^{-1}\left\{-\left|F(u, v)\right|e^{j\phi(u,v)}\right\}$$

(a)* 图像 $g(x, y)$ 和 $f(x, y)$ 有什么不同? 〔记住，$F(u, v)$ 是 $f(x, y)$ 的 DFT。〕

(b) 设两幅图像都是 8 位图像，若用式(2.31)和式(2.32)标定 $g(x, y)$ 的灰度值，其中 $K = 255$，则 $g(x, y)$ 在 $f(x, y)$ 看来是什么样的?

4.46 图 4.40(b)的横轴上的周期亮点的来源是什么?

4.47* 考虑一个大小为 3×3 的空间核，其作用是平均点(x, y)的 4 个最近的邻域，但该点本身的值不参加平均值的计算。

(a) 在频率域中求等效滤波器传递函数 $H(u, v)$。

(b) 证明你得到的结果是一个低通滤波器传递函数。

4.48* 在连续频率域中，一个连续高斯低通滤波器的传递函数为

$$H(\mu, v) = A e^{-(\mu^2 + v^2)/2\sigma^2}$$

证明连续空间域中的对应滤波器的核是

$$h(t, z) = A2\pi\sigma^2 e^{-2\pi^2\sigma^2(t^2 + z^2)}$$

4.49 已知一幅大小为 $M \times N$ 的图像，请用截止频率为 D_0 的一个高斯低通滤波器传递函数，在频率域对这幅图像重复滤波。可以忽略计算上的舍入误差。

(a)* 设 K 是这个滤波器的应用次数。对于足够大的 K 值，你能预测结果（图像）是什么吗？如果能预测，那么结果是什么？

(b) 设 c_{min} 是机器可以表示的最小正数（小于等于 c_{min} 的任何数自动设置为 0）。推导能够保证(a)问中预测结果的最小 K 值（c_{min} 表示）。

4.50 如 3.6 节中解释的那样，一阶导数可以表示为空间差分 $g_x = \partial f(x, y)/\partial x = f(x+1, y) - f(x, y)$ 和 $g_y = \partial f(x, y)/\partial y = f(x, y+1) - f(x, y)$。

(a) 求频率域中的等效滤波器传递函数 $H_x(u, v)$ 和 $H_y(u, v)$。

(b) 证明它们是高通滤波器传递函数。

（提示：研究习题 4.47 的答案。）

4.51 求图 3.51(a)中的拉普拉斯核的等效频率域滤波器传递函数，并证明所得结果是一个高通滤波器传递函数。（提示：研究习题 4.47 的答案。）

4.52 完成如下工作：

(a) 证明两个连续变量 t 和 z 的连续函数 $f(t, z)$ 的拉普拉斯变换满足如下傅里叶变换对：

$$\nabla^2 f(t, z) \Leftrightarrow -4\pi^2(\mu^2 + v^2)F(\mu, v)$$

（提示：见式(3.50)和表 4.4 中的第 12 项。）

(b)*(a) 问中的结果仅对连续变量成立。对于离散变量，如何实现连续频率域传递函数 $H(\mu, v) = -4\pi^2(\mu^2 + v^2)$？

(c) 如例 4.21 所示，频率域中的拉普拉斯变换类似于图 3.46(d)中的结果，后者是用中心系数为−8 的空间核得到的。说明频率域结果与图 3.46(c)中的结果不相似的原因，图 3.46(c)是用中心系数为−4 的核得到的。

4.53* 你能给出一种用傅里叶变换来计算（或部分计算）用于图像微分的梯度幅度［见式(3.58)］吗？如果能，请给出这种方法；如果不能，请说明原因。

4.54 如式(4.118)所示，用 1 减去低通滤波器传递函数，可以得到高通滤波器传递函数。与习题 4.48 中的高斯低通传递函数对应的高通空间核是什么？

4.55 图 4.52 中的每个空间高通核在中心都有一个强尖峰，说明这些尖峰的来源。

4.56* 证明式(4.121)中的巴特沃斯高通滤波器是由式(4.117)中的低通滤波器得到的。

4.57 考虑下图所示的手的 X 射线图像。右图是首先用一个高斯低通滤波器对左图进行低通滤波，然后用一个高斯高通滤波器对结果进行高通滤波得到的。图像大小为 420×344 像素，两个滤波器传递函数的截止频率都是 $D_0 = 25$。

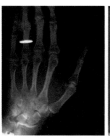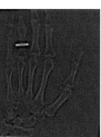

（原图像由密歇根大学医学院解剖科学系的 Thomas R.Gest 博士提供）

(a)* 说明右图中戒指的中心部分明亮且实心的原因，考虑滤波后图像的主要特征是手指、腕骨的边缘和这些边缘之间的暗色区域。换句话说，因为高通滤波器会消除直流项，所以你并不希望高通滤波器将戒指内部的恒定区域渲染为暗色吗？

(b) 如果颠倒滤波处理的顺序，那么你认为结果会有不同吗？

4.58 考虑如下所示的图像序列。左上角的图像是商用印制电路板的 X 射线图像的一部分。接下来的图像分别是用截止频率 $D_0 = 30$ 的高斯高通滤波器对原图像滤波 1 次、10 次和 100 次后的结果。图像的大小为 330×334 像素，每个像素用 8 比特灰度表示。为便于显示，图像已被标定，但这不影响问题说明。

(a) 由这几幅图像可以看出，经过有限次数的滤波后，图像将不再发生变化。这一说法是否成立？可以忽略计算上的舍入误差。令 c_{min} 是计算机能够表示的最小正数。

(b) 如果在(a)问中得到了有限次滤波后图像不再变化的结论，那么给出最小的滤波次数。

（提示：研究习题 4.49 的答案。）

（原图像由 Lixi 公司的 Joseph E. Pascente 先生提供）

4.59 如图 4.57 所示，结合使用高频强调滤波和直方图均衡化，可有效实现边缘锐化和对比度增强。

(a)* 使用高频强调滤波和直方图均衡化进行处理的前后顺序对结果是否有影响？

(b) 如果顺序对结果有影响，那么请给出先用某种处理方法的理由。

4.60 使用一个巴特沃斯高通滤波器构建一个同态滤波器传递函数，其形状与图 4.59 中函数的形状相同。

4.61 假设你有一组分析恒星事件的实验图像。每幅图像都含有一组明亮并且分散的点，这些点对应于广袤宇宙空间中的恒星。由于大气色散的影响，图像中几乎看不到恒星。假设将这些图像建模为一个常数照射分量与一组冲激的乘积，请给出基于同态滤波的增强过程，即设计突出恒星本身导致的图像分量的同态滤波器。

4.62 如何生成仅在图 4.64(a)中可见的干扰模式的图像？

4.63* 证明式(4.171)和式(4.172)成立。（提示：用归纳法证明。）

4.64 某医疗技术人员的工作是检查由电子显微镜实验产生的一组图像。为简化检查任务，这名技术人员采用数字图像增强技术检查了一组有代表性的图像并发现了如下问题：（1）出现了不感兴趣的孤立亮点；（2）清晰度不够；（3）部分图像的对比度不足；（4）平均灰度不再是 A_0，A_0 是正确执行某些灰度测量所需的平均值。技术员想要纠正这些问题，即希望将灰度 I_1 和 I_2 之间的灰度显示为白色，同时保持其余灰度的色调正常。请根据第 3 章和第 4 章中的技术，给出这名技术人员可以用来实现前述目标的处理步骤。

第 5 章　图像复原与重建

Things which we see are not themselves what we see… It remains completely unknown to us what the objects may be by themselves and apart from the receptivity of our senses. We know only but our manner of perceiving them.

Immanuel Kant

引言

如图像增强那样，图像复原技术的主要目的是以某种预定义的方式来改进图像。尽管两者的涵盖范围有重叠之处，但图像增强主要是一种主观处理，而图像复原很大程度上是一种客观处理。图像复原利用退化现象的先验知识来复原已退化的图像。因此，复原技术主要是对退化建模并应用逆过程来恢复原图像。本章主要介绍适用于许多复原情况的线性空间不变复原模型，讨论由投影重建图像的基本技术及这些技术在计算机断层成像（CT）中的应用，计算机断层成像是图像处理的最重要的商业应用，尤其是在医疗保健领域。

学习目标

- 熟悉图像处理过程中所用的各种噪声模型的特点，以及由图像数据来估计定义这些模型的参数的方式。
- 熟悉用于复原（去噪）仅被噪声退化的图像的线性、非线性和自适应空间滤波。
- 知道如何在频率域中应用陷波滤波去除图像中的周期性噪声。
- 了解线性空间不变系统概念的基本知识，以及在频率域中使用它们求解图像复原问题的方式。
- 熟悉逆滤波及它们的局限性。
- 了解最小均方误差（维纳）滤波及其相对于逆滤波的优点。
- 了解约束最小二乘方滤波。
- 熟悉由投影重建图像的基本知识及其在计算机断层成像中的应用。

5.1　图像退化/复原处理的一个模型

本章中把图像退化建模为一个算子 $\mathcal{H}$，这个算子与一个加性噪声项共同对输入图像 $f(x,y)$ 进行运算，生成一幅退化图像 $g(x,y)$（见图 5.1）。已知 $g(x,y)$、关于 $\mathcal{H}$ 和加性噪声项 $\eta(x,y)$ 的一些知识后，图像复原的目的就是得到原图像的一个估计 $\hat{f}(x,y)$。我们希望这一估计尽可能地接近原图像，并且一般来说，关于 $\mathcal{H}$ 和 η 的信息知道得越多，得到的 $\hat{f}(x, y)$ 就越接近 $f(x, y)$。

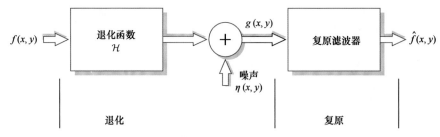

图 5.1　图像退化/复原处理的一个模型

5.5 节中将证明，若 $\mathcal{H}$ 是一个线性位置不变算子，则空间域中的退化图像为

$$g(x, y) = (h \star f)(x, y) + \eta(x, y) \tag{5.1}$$

式中，$h(x, y)$ 是退化函数的空间表示；如第 3 章和第 4 章中那样，符号 $\star$ 表示卷积。由卷积定理可知，式(5.1)在频率域中的等效公式为

$$G(u, v) = H(u, v)F(u, v) + N(u, v) \tag{5.2}$$

式中，各大写字母项是式(5.1)中相应项的傅里叶变换。这两个公式是本章中大部分复原内容的基础。

接下来的三节介绍由噪声引起的退化。从 5.5 节开始，我们将介绍同时存在 $\mathcal{H}$ 和 η 时的几种图像复原方法。

5.2　噪声模型

数字图像中的噪声源主要出现在图像获取和/或传输过程中。在获取图像的过程中，成像传感器的性能主要受各种环境因素和传感元件本身的质量的影响。例如，用 CCD 摄像机获取图像时，光照水平和传感器温度是影响结果图像中的噪声数量的主要因素。图像在传输过程中会因传输信道中的干扰而污染。例如，使用无线网络传输的图像可能会被闪电或其他大气扰动污染。

5.2.1　噪声的空间和频率特性

与我们的讨论相关的是定义噪声空间特性的参数，以及噪声是否与图像相关。频率性质是指在第 4 章详细讨论的傅里叶（频率）域中，噪声的频率含量。例如，当噪声的傅里叶谱是常量时，噪声通常称为白噪声。这个术语派生自白光的物理性质，即白光等比例地包含可见光谱中的所有频率。

除空间周期噪声外，本章假设噪声与空间坐标无关，并且与图像本身也不相关（像素值与噪声分量的值之间没有相关性）。尽管这些假设在某些应用（如 X 射线成像和核医学成像等量子限制成像）中不成立，但处理空间相关噪声的复杂度超出了我们的讨论范围。

5.2.2　一些重要的噪声概率密度函数

接下来的讨论将关注图 5.1 所示模型的噪声分量中的灰度值的统计性质。这些灰度值可视为随机变量，而随机变量可由 2.6 节定义的概率密度函数（PDF）来表征。图 5.1 中模型的噪声分量是一幅图像 $\eta(x, y)$，其大小与输入图像相同。为进行仿真，我们创建一幅噪声图像，方法是生成一个阵列，阵列的灰度值是有着规定概率密度函数的随机数。这种方法对所有要讨论的 PDF 都是正确的，但椒盐噪声除外，因为椒盐噪声的应用不同。下

> 回顾 2.6 节关于概率密度函数的讨论有助于本章的学习。

面介绍图像处理应用中最常见的几种噪声 PDF。

1. 高斯噪声

由于在空间域和频率域中数学上很容易处理，因此高斯噪声模型在实际中得到了广泛应用。事实上，高斯模型的这种易处理性使得它甚至适用于条件轻微得到满足的情况。

高斯随机变量 z 的 PDF 在式(2.103)中定义过，为方便起见我们将它重写如下：

$$p(z) = \frac{1}{\sqrt{2\pi}\sigma} e^{-(z-\bar{z})^2/2\sigma^2}, \quad -\infty < z < \infty \tag{5.3}$$

式中，z 表示灰度，$\bar{z}$ 是 z 的均（平均）值，σ 是 z 的标准差。图 5.2(a)显示了这个函数的曲线。如图 2.54 所示，z 值在区间 $\bar{z}\pm\sigma$ 内的概率约为 0.68，z 值在区间 $\bar{z}\pm2\sigma$ 内的概率约为 0.95。

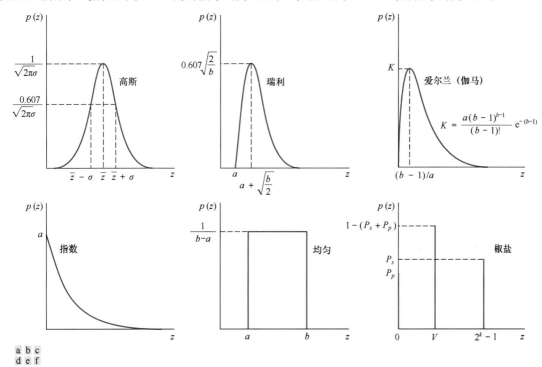

图 5.2　一些重要的概率密度函数

2. 瑞利噪声

瑞利噪声的 PDF 为

$$p(z) = \begin{cases} \dfrac{2}{b}(z-a)e^{-(z-a)^2/b}, & z \geq a \\ 0, & z < a \end{cases} \tag{5.4}$$

当随机变量 z 由一个瑞利 PDF 表征时，其均值和方差为

$$\bar{z} = a + \sqrt{\pi b / 4} \tag{5.5}$$

和

$$\sigma^2 = \frac{b(4-\pi)}{4} \tag{5.6}$$

图 5.2(b)显示了瑞利密度的曲线。注意到原点的距离及密度的基本形状右偏这一事实。瑞利密度对倾斜形状直方图的建模非常有用。

3. 爱尔兰（伽马）噪声

爱尔兰噪声的 PDF 是

$$p(z) = \begin{cases} \dfrac{a^b z^{b-1}}{(b-1)!} e^{-az}, & z \geq 0 \\ 0, & z < 0 \end{cases} \tag{5.7}$$

式中，参数 $a > b$，b 是一个正整数，"!"表示阶乘。z 的均值和方差是

$$\overline{z} = \frac{b}{a} \tag{5.8}$$

和

$$\sigma^2 = \frac{b}{a^2} \tag{5.9}$$

图 5.2(c)显示了该密度的曲线。尽管式(5.9)常称伽马密度，但严格地说，仅当分母为伽马函数 $\Gamma(b)$ 时这才是正确的。当分母如表达式所示时，该密度称为爱尔兰密度更合适。

4. 指数噪声

指数噪声的 PDF 为

$$p(z) = \begin{cases} a e^{-az}, & z \geq 0 \\ 0, & z < 0 \end{cases} \tag{5.10}$$

式中，$a > 0$。z 的均值和方差是

$$\overline{z} = \frac{1}{a} \tag{5.11}$$

和

$$\sigma^2 = \frac{1}{a^2} \tag{5.12}$$

注意，这个 PDF 是爱尔兰 PDF 在 $b = 1$ 时的一种特殊情况。图 5.2(d)显示了指数密度函数的曲线。

5. 均匀噪声

均匀噪声的 PDF 为

$$p(z) = \begin{cases} \dfrac{1}{b-a}, & a \leq z \leq b \\ 0, & \text{其他} \end{cases} \tag{5.13}$$

z 的均值和方差是

$$\overline{z} = \frac{a+b}{2} \tag{5.14}$$

和

$$\sigma^2 = \frac{(b-a)^2}{12} \tag{5.15}$$

图 5.2(e)显示了均匀密度的曲线。

6. 椒盐噪声

如果 k 是在一幅数字图像中表示灰度值的比特数，那么该图像的灰度值的值域可能是 $[0, 2^k-1]$（对于 8 比特图像来说是 $[0, 255]$）。椒盐噪声的 PDF 为

$$p(z) = \begin{cases} P_s, & z = 2^k - 1 \\ P_p, & z = 0 \\ 1 - (P_s + P_p), & z = V \end{cases} \tag{5.16}$$

式中，V 是区间 $0 < V < 2^k - 1$ 内的任意整数。

> 当图像灰度被缩放到[0,1]时，我们在这个方程中用 1 代替盐粒的值。然后，V 变成开区间 $(0, 1)$ 中的分数值。

令 $\eta(x, y)$ 表示一幅椒盐噪声图像，其密度值满足式(5.16)。已知大小与 $\eta(x, y)$ 相同的一幅图像 $f(x, y)$ 时，我们使用椒盐噪声来污染它，方法是在 f 中 η 为 0 的所有位置赋 0 值，在 f 中 η 为 $2^k - 1$ 的所有位置赋 $2^k - 1$ 值，保留 f 中 η 为 V 的所有位置的值不变。

若 P_s 和 P_p 都不为 0，尤其是它们相等时，满足式(5.16)的噪声值将是白色的（$2^k - 1$）或黑色的（0），并且像盐粒和胡椒那样随机分布在整个图像上；这类噪声因此而得名。有些文献中会使用双极冲激噪声（P_s 或 P_p 为 0 时称为单极冲激噪声）、数据丢弃噪声和尖峰噪声等名称。本书中交替使用术语"冲激噪声"和"椒盐噪声"。

像素被盐粒或胡椒噪声污染的概率 P 为 $P = P_s + P_p$。我们通常将 P 称为噪声密度。例如，若 $P_s = 0.02$，$P_p = 0.01$，则 $P = 0.03$，并且我们说图像中近 2% 的像素被盐粒噪声污染，1% 的像素被胡椒噪声污染，噪声密度是 3%，即图像中近 3% 的像素被椒盐噪声污染。

我们知道，尽管椒盐噪声是由每个概率而非均值和方差规定的，但为完整起见，这里包含均值和方差。椒盐噪声的均值为

$$\bar{z} = (0)P_p + K(1 - P_s - P_p) + (2^k - 1)P_s \tag{5.17}$$

方差为

$$\sigma^2 = (0 - \bar{z})^2 P_p + (K - \bar{z})^2 (1 - P_s - P_p) + (2^k - 1)^2 P_s \tag{5.18}$$

在上面的两个公式中，都显式地包含了 0，表明胡椒噪声的值被假设为零。

上述 PDF 作为一个整体，为广泛的噪声污染情况建模提供了有用的工具。例如，图像中的高斯噪声是由电子电路噪声及（光照不足和/或高温度引起的）传感器噪声等因素导致的。瑞利密度有助于表征距离成像中的噪声现象。指数密度和伽马密度在激光成像中有着广泛的应用。冲激噪声出现在成像期间的快速瞬变（如开关故障）中。均匀密度也许是对实际情况最起码的描述。然而，均匀密度非常有用，它是在仿真中广泛使用的大量随机数发生器的基础（Gonzalez, Woods, and Eddins[2009]）。

例 5.1 带噪图像及其直方图。

图 5.3 显示了一幅用于说明刚刚讨论的噪声模型的测试模式。这是一幅适用的模式，因为它由三个简单的恒定区域组成，即黑色区域、灰色区域和近白色区域，因此有助于对图像中添加的各种噪声分量的特性进行视觉分析。

图 5.4 显示了图 5.2 中添加了 6 种噪声后的测试模式。每幅图像的下方是根据该图像计算得到的直方图。为每种情况选择了噪声的参数，以便合并对应于测试模式中的三个灰度级的直方图。这样做可使得噪声变得非常明显，但不会模糊下方图像的基本结构。

比较图 5.4 中的直方图和图 5.2 中的概率密度函数，会发现一种接近的对应性。椒盐噪声例子的直方图不包含 V 的规定峰值，因为 V 只在创建噪声图像而保持原图像的值不变时使用。当然，除椒

图 5.3 用于说明图 5.2 中 PDF 的特性的测试模式

盐噪声的峰值外，还存在图像中其他灰度的许多峰值。除整体灰度稍有不同外，图 5.4 中的前五幅图像视觉上很难区分，即使它们的直方图明显不同。图 5.4(i)中的椒盐噪声图像是导致退化的这类噪声的唯一视觉指示。

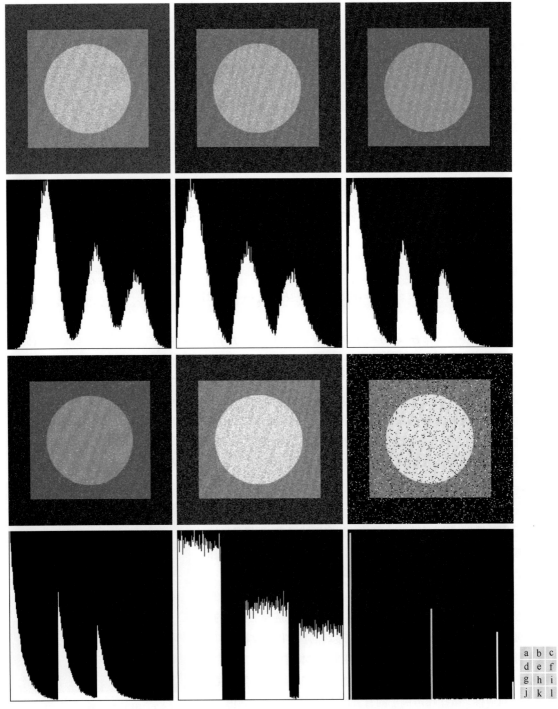

图 5.4　向图 5.3 所示图像中添加高斯、瑞利和爱尔兰噪声后产生的图像与直方图。在椒盐噪声的直方图中，为避免与页面背景混在一起，原点的峰值(零灰度)和灰度级远端的峰值略有偏移

5.2.3　周期噪声

图像中的周期噪声通常是在获取图像期间由电气或机电干扰产生的。本章只考虑与空间相关的噪声。如 5.4 节中所述，周期噪声可通过频率域滤波来明显降低。例如，考虑图 5.5(a)中的图像。这幅图像已被（空间）正弦噪声污染。纯正弦波的傅里叶变换是位于正弦波共轭频率处的一对共轭冲激[1]（见表 4.4）。因此，若空间域中正弦波的幅度很强，则我们会在图像的谱中看到每个正弦波的一对冲激。如图 5.5(b)所示，事实确实如此。在频率域中消除或减少这些冲激，将消除或减少空间域中的正弦噪声。5.4 节将给出关于周期噪声的其他例子。

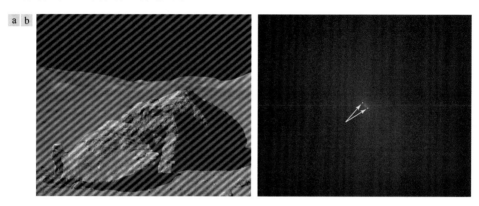

图 5.5　(a)被加性正弦噪声污染的图像；(b)显示了由正弦波引起的两个共轭冲激的谱（原图像由 NASA 提供）

5.2.4　估计噪声参数

周期噪声的参数通常是通过检测图像的傅里叶谱来估计的。周期噪声通常会产生能通过视觉分析检测到的频率尖峰。另一种方法是直接根据图像推出噪声分量的周期性，但仅在简单情况下才能采用这一方法。在噪声尖峰非常明显，或知道干扰频率分量所在位置的情况下，可以进行自动分析（见 5.4 节）。

噪声 PDF 的参数通常可从传感器的技术说明中部分地得知，但对于特殊的配置，则需要估计它们。成像系统可用时，研究系统噪声特性的一种简单方法是获取一组“平坦”的图像。例如，对于光学传感器来说，这样做就像对均匀照射的实心灰度板成像一样简单。得到的图像通常能很好指示系统噪声。

只能使用由传感器生成的图像时，可由一小片恒定的背景灰度来估计 PDF 的参数。例如，图 5.6 中的垂直条带是从图 5.4 所示的高斯、瑞利和均匀图像中截取的。所示直方图是用这些小条带的图像数据计算得到的。与图 5.6 中的直方图对应的图 5.4 中的直方图，是图 5.4(d)、图 5.4(e)和图 5.4(k)所示三组图像的中间一组。可以看出，这些直方图的形状非常接近于图 5.6 中的直方图形状。标定使得它们的高度不同，但它们的形状非常相似。

来自图像条带的数据的最简用途是，计算灰度级的均值和方差。考虑由 S 表示的一个条带（子图像），并令 $p_s(z_i)$，$i = 0,1,2,\cdots,L-1$ 表示 S 中的像素灰度的概率估计（归一化直方图值），其中 L 是整个图像中的可能灰度数（对 8 比特图像而言，L 为 256）。如式(2.69)和式(2.70)所示，我们将 S 中的像素值的均值和方差估计如下：

---

① 注意，不要混淆频率域中的术语冲激与空间域中的冲激噪声。

$$\overline{z} = \sum_{i=0}^{L-1} z_i p_S(z_i) \tag{5.19}$$

和

$$\sigma^2 = \sum_{i=0}^{L-1} (z_i - \overline{z})^2 p_S(z_i) \tag{5.20}$$

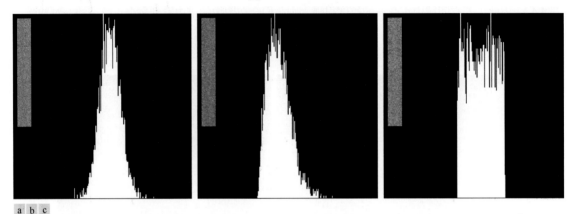

a b c

图 5.6　使用小条带（显示为小插图）由图 5.4 中如下图像计算得到的直方图：(a)高斯噪声图像；(b)瑞利噪声图像；(c)均匀噪声图像

　　直方图的形状确认最接近的 PDF 匹配。若形状大致为高斯分布的，则均值和方差就是我们所需要的，因为高斯 PDF 完全由这两个参数规定。对于前面讨论的其他形状，我们使用均值和方差来求解参数 a 和 b。对于冲激噪声的处理是不同的，因为需要的估计是黑、白像素出现的实际概率。要获得这个估计，就需要看到黑色像素和白色像素，因此要算出噪声的有意义的直方图，图像中就需要有一个相对恒定的中灰度区域。对应于黑色像素和白色像素的峰值高度是式(5.16)中 P_a 和 P_b 的估计。

5.3　只存在噪声的复原——空间滤波

　　当一幅图像仅被加性噪声退化时，式(5.1)和式(5.2)变成

$$g(x,y) = f(x,y) + \eta(x,y) \tag{5.21}$$

和

$$G(u,v) = F(u,v) + N(u,v) \tag{5.22}$$

噪声项通常是未知的，因此不能从 $g(x,y)$〔或 $G(u,v)$〕中减去噪声项来得到 $f(x,y)$〔或 $F(u,v)$〕。对于周期噪声，如 5.2 节中所述，可用谱 $G(u,v)$ 来估计 $N(u,v)$。此时，从 $G(u,v)$ 中减去 $N(u,v)$ 能够得到原图像的一个估计，但这一做法只是例外而不是规律。

　　只存在加性随机噪声时，可用空间滤波的方法来估计 $f(x,y)$〔即对图像 $g(x,y)$ 去噪〕。第 3 章中详细探讨了空间滤波。除由一个规定滤波器执行的计算外，用来实现所有滤波器的原理与 3.4 节至 3.7 节讨论的完全相同。

5.3.1　均值滤波器

　　本节简要讨论 3.5 节中介绍过的空间滤波器的降噪性能，并给出一些性能更优的其他滤波器。

1. 算术平均滤波器

算术平均滤波器是最简单的均值滤波器（算术平均滤波器与第 3 章中讨论的"盒式"滤波器相同）。令 S_{xy} 表示中心为 (x, y)、大小为 $m \times n$ 的矩形子图像窗口（邻域）的一组坐标。算术平均滤波器在由 S_{xy} 定义的区域中，计算被污染图像 $g(x, y)$ 的平均值。复原的图像 $\hat{f}$ 在 (x, y) 处的值，是使用 S_{xy} 定义的区域中的像素算出的算术平均值，即

$$\hat{f}(x, y) = \frac{1}{mn} \sum_{(r,c) \in S_{xy}} g(r, c) \qquad (5.23)$$

式中，如式(2.4.3)中所示，r 和 c 是邻域 S_{xy} 中包含的像素的行坐标和列坐标。这一运算可以使用大小为 $m \times n$ 的一个空间核来实现，核的所有系数都是 $1/mn$。均值滤波平滑图像中的局部变化，它会降低图像中的噪声，但会模糊图像。

> 假设 m 和 n 都是奇整数。均值滤波器的大小与邻域 S_{xy} 的大小相同，都为 $m \times n$。

2. 几何均值滤波器

使用几何均值滤波器复原的图像由下式给出：

$$\hat{f}(x, y) = \left[\prod_{(r,c) \in S_{xy}} g(r, c) \right]^{\frac{1}{mn}} \qquad (5.24)$$

式中，$\prod$ 表示相乘。这里，每个复原的像素是子图像区域中所有像素之积的 $1/mn$ 次幂。如下面的例 5.2 所示，几何均值滤波器实现的平滑可与算术平均滤波器的相比，但损失的图像细节更少。

3. 谐波平均滤波器

谐波平均滤波器运算由下式给出：

$$\hat{f}(x, y) = \frac{mn}{\displaystyle\sum_{(r,c) \in S_{xy}} \frac{1}{g(r, c)}} \qquad (5.25)$$

谐波平均滤波器既能处理盐粒噪声，又能处理类似于高斯噪声的其他噪声，但不能处理胡椒噪声。

4. 反谐波平均滤波器

反谐波平均滤波器根据如下表达式得到复原后的图像：

$$\hat{f}(x, y) = \frac{\displaystyle\sum_{(r,c) \in S_{xy}} g(r, c)^{Q+1}}{\displaystyle\sum_{(r,c) \in S_{xy}} g(r, c)^{Q}} \qquad (5.26)$$

式中，Q 称为滤波器的阶数。这种滤波器适用于降低或消除椒盐噪声。Q 值为正时，该滤波器消除胡椒噪声；Q 值为负时，该滤波器消除盐粒噪声。然而，该滤波器不能同时消除这两种噪声。注意，当 $Q = 0$ 时，反谐波平均滤波器简化为算术平均滤波器；$Q = -1$ 时，简化为谐波平均滤波器。

例 5.2　使用空间平均滤波器降低图像的噪声。

图 5.7(a)显示了电路板的 8 比特 X 射线图像，图 5.7(b)显示了已被均值为 0、方差为 400 的加性高斯噪声污染的同一幅图像。对于这类图像来说，这种噪声相当严重。图 5.7(c)和图 5.7(d)分别是用大小为 3×3 的算术平均滤波器和几何均值滤波器对噪声图像滤波后的结果。尽管两个滤波器都降低了图像中的噪声，但几何均值滤波器对图像的模糊要少一些。例如，图 5.7(d)中顶部的指状连接片要比图 5.7(c)更为清晰。图像的其他部分同样如此。

图 5.8(a)显示了电路的同一幅图像，但该图像已被概率为 0.1 的胡椒噪声污染。类似地，图 5.8(b)显示了已被概率为 0.1 的盐粒噪声污染的图像。图 5.8(c)显示了用 $Q = 1.5$ 的反谐波平均滤波器对图 5.8(a)滤波后的结果。

图 5.8(d)显示了用 $Q=-1.5$ 的反谐波平均滤波器对图 5.8(b)滤波后的结果。两个滤波器都降低了噪声。在清理背景方面，正阶数滤波器的效果更好，但稍微细化和模糊了暗色区域。负阶数滤波器的作用与此正好相反。

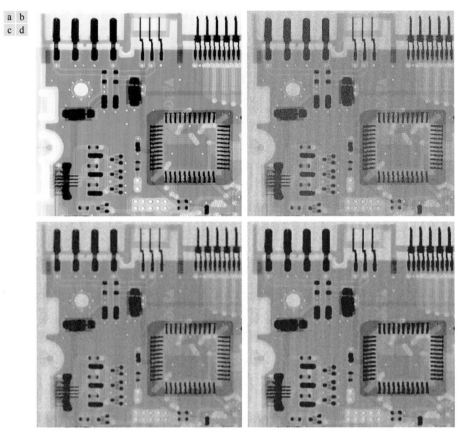

图 5.7　(a)电路板的 X 射线图像；(b)被加性高斯噪声污染的图像；(c)使用大小为 3×3 的算术平均滤波器对图像滤波后的结果；(d)使用相同大小的几何均值滤波器对图像滤波后的结果（原图像由 Lixi 公司的 Joseph E. Pascente 先生提供）

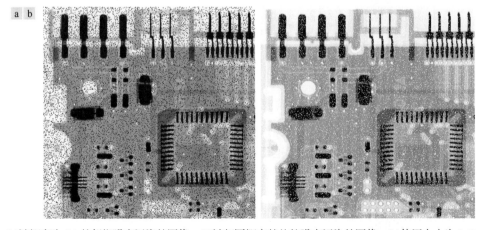

图 5.8　(a)被概率为 0.1 的胡椒噪声污染的图像；(b)被相同概率的盐粒噪声污染的图像；(c)使用大小为 3×3、$Q=1.5$ 的反谐波平均滤波器对图(a)滤波后的结果；(d)使用 $Q=-1.5$ 的反谐波平均滤波器对图(b)滤波后的结果

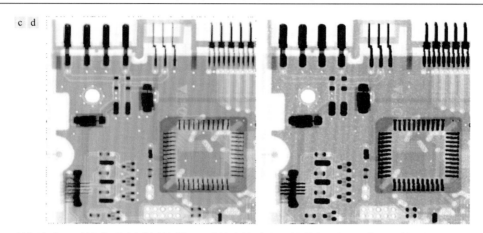

图 5.8　(a)被概率为 0.1 的胡椒噪声污染的图像；(b)被相同概率的盐粒噪声污染的图像；(c)使用大小为 3×3、$Q = 1.5$ 的反谐波平均滤波器对图(a)滤波后的结果；(d)使用 $Q = -1.5$ 的反谐波平均滤波器对图(b)滤波后的结果（续）

　　总之，算术平均滤波器和几何均值滤波器（尤其是后者）更适合于处理高斯噪声或均匀随机噪声。反谐波平均滤波器更适合于处理冲激噪声，但存在一个缺点，即必须要知道噪声是暗噪声还是亮噪声，以便为 Q 选择合适的符号。若选错了 Q 的符号，则会导致灾难性的后果，如图 5.9 所示。下面几节讨论一些能够克服这一缺点的滤波器。

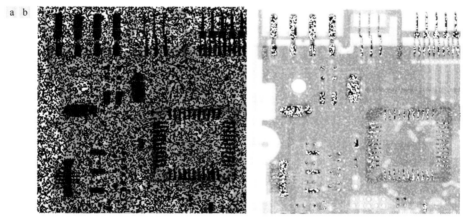

图 5.9　在反谐波滤波中错误选择符号的结果：(a)用大小为 3×3、$Q = -1.5$ 的反谐波滤波器对图 5.8(a)滤波后的结果；(b)用 $Q = 1.5$ 对图 5.8(b)滤波后的结果　　　　　　　　　　　　　　■

5.3.2　统计排序滤波器

　　3.5 节中介绍过统计排序滤波器，下面扩展 3.5 节的介绍并探讨其他一些统计排序滤波器。如 3.5 节所述，统计排序滤波器是空间滤波器，其响应基于滤波器所围邻域中的像素值的顺序，排序结果决定了滤波器的响应。

1．中值滤波器

　　图像处理中最著名的统计排序滤波器是中值滤波器。如其名称所示，它用一个预定义的像素邻域中的灰度中值来替代像素的值，即

$$\hat{f}(x,y) = \underset{(r,c)\in S_{xy}}{\operatorname{median}}\{g(r,c)\} \tag{5.27}$$

式中，S_{xy} 照例是中心为(x, y)的子图像（邻域）。计算中值时包含点(x, y)处的像素值。中值滤波器应用广泛，因为与大小相同的线性平滑滤波器相比，它能有效地降低某些随机噪声，且模糊度要小得多。对于单极和双极冲激噪声，中值滤波器的效果更好，如下面的例 5.3 所示。中值的计算和这种滤波器的实现将在 3.6 节中讨论。

2．最大值滤波器和最小值滤波器

尽管中值滤波器是迄今为止在图像处理中最常使用的统计排序滤波器，但并不是唯一使用的滤波器。在一组按序排列的数值中，位于中间位置（50 百分位）的数值称为中值（中位数）；回顾统计学基本知识可知，排序本身会导致许多其他的可能性。例如，使用 100 百分位的数值可得到所谓的最大值滤波器，即

$$\hat{f}(x, y) = \max_{(r,c) \in S_{xy}} \{g(r, c)\} \tag{5.28}$$

这种滤波器可用于找到图像中的最亮点，或用于削弱与明亮区域相邻的暗色区域。此外，由于胡椒噪声的值很低，因此可用这种滤波器来降低胡椒噪声，方法是在子图像区域S_{xy}中进行最大选择处理。

0 百分位滤波器是最小值滤波器：

$$\hat{f}(x, y) = \min_{(r,c) \in S_{xy}} \{g(r, c)\} \tag{5.29}$$

这种滤波器可用于找到图像中的最暗点，或用于削弱与暗色区域相邻的明亮区域。此外，还可通过最小运算降低盐粒噪声。

3．中点滤波器

中点滤波器计算滤波器包围区域中最大值和最小值之间的中点的值：

$$\hat{f}(x, y) = \frac{1}{2}\left[\max_{(r,c) \in S_{xy}} \{g(r, c)\} + \min_{(r,c) \in S_{xy}} \{g(r, c)\} \right] \tag{5.30}$$

注意，这种滤波器是统计排序滤波器和平均滤波器的结合。它最适合于处理随机分布的噪声，如高斯噪声或均匀噪声。

4．修正阿尔法均值滤波器

假设我们要在邻域S_{xy}内删除 $g(r,c)$ 的 $d/2$ 个最低灰度值和 $d/2$ 个最高灰度值。令 $g_R(r,c)$ 表示 S_{xy} 中剩下的 $mn - d$ 个像素。通过平均这些剩余像素所形成的滤波器，称为修正阿尔法均值滤波器，其形式为

$$\hat{f}(x, y) = \frac{1}{mn - d} \sum_{(r,c) \in S_{xy}} g_R(r, c) \tag{5.31}$$

式中，d 的取值范围是从 0 到 $mn - 1$。当 $d = 0$ 时，修正阿尔法均值滤波器简化为前面讨论的算术平均滤波器。如果选择 $d = mn - 1$，那么该滤波器变为中值滤波器。d 取其他值时，修正阿尔法均值滤波器适合于处理多种混合噪声，如高斯噪声和椒盐噪声。

例 5.3　使用统计排序滤波器的图像降噪。

图 5.10(a)是被概率为 $P_s = P_p = 0.1$ 的椒盐噪声污染的电路板图像。图 5.10(b)是用大小为 3×3 的中值滤波器对图像滤波后的结果。对图 5.10(a)的改进显而易见，但有些噪声点仍然清晰可见。使用中值滤波器［对图 5.10(b)中的图像］再次滤波后，消除了大部分噪声点，只剩下很少的一些几乎看不见的噪声点。图像经过第三次中值滤波后，完全消除了这些噪声点。这些结果很好地说明了中值滤波器处理类冲激加性噪声的性能。记住，使用中值滤波器对图像反复滤波会使图像变模糊，因此滤波次数不能太多。

图 5.11(a)是用最大值滤波器对图 5.8(a)所示"胡椒"噪声图像滤波后的结果。这种滤波器非常适合于去除图像中的"胡椒"噪声，但同时也去除了暗色物体边框中的一些黑色像素（把这些像素设置成了亮灰度）。

图 5.11(b)是用最小值滤波器对图 5.8(b)滤波后的结果。此时，最小值滤波器的降噪性能要好于最大值滤波器，但它同时也去除了明亮物体边框中的一些白色像素，使得明亮物体变小，某些暗色物体变大（如图像顶部的指状连接片），因为围绕这些物体的白点被设置成了暗灰度。

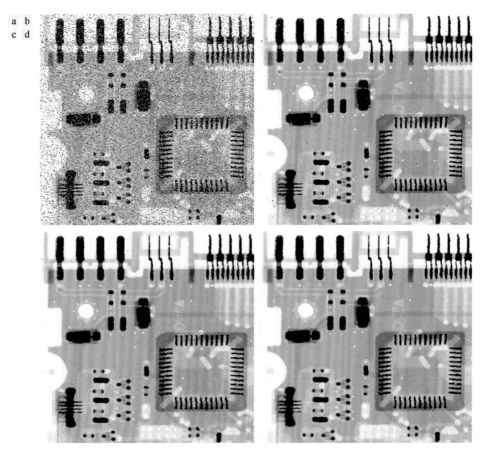

图 5.10 (a)被概率为 $P_s = P_p = 0.1$ 的椒盐噪声污染的图像；(b)使用大小为 3×3 的中值滤波器对图像滤波一次后的结果；(c)使用该滤波器对图(b)滤波后的结果；(d)使用相同的滤波器对图(c)滤波后的结果

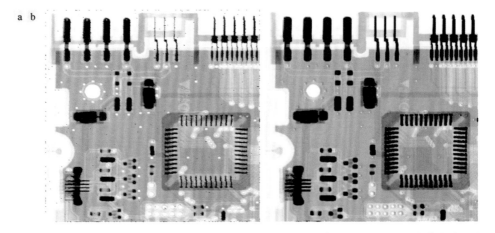

图 5.11 (a)使用大小为 3×3 的最大值滤波器对图 5.8(a)滤波后的结果；(b)使用相同大小的最小值滤波器对图 5.8(b)滤波后的结果

　　下面说明修正阿尔法滤波器。图5.12(a)这次是被均值为0、方差为800的加性均匀噪声污染的图像。如图 5.12(b)所示，这种噪声污染较为严重，因为其上叠加了概率为 $P_s = P_p = 0.1$ 的椒盐噪声。使用更大的滤波器对这幅被严重污染的图像滤波是合适的。图 5.12(c)到图 5.12(f)分别是用大小为 5×5 的算术平均、几何均值、中值和修正（$d = 6$）阿尔法均值滤波器对原图像滤波后的结果。不出所料，由于存在冲激噪声，算术平均滤波器和几何均值滤波器（尤其是后者）并未起到良好的作用。中值滤波器和修正阿尔法滤波器的降噪效果要好得多，其中修正阿尔法滤波器的效果最好。例如，使用修正阿尔法滤波器滤波后，图 5.12(f)左上角的第 4 个指状连接片更平滑。这并不令人意外，因为 d 值越大，修正阿尔法滤波器的性能越接近于中值滤波器，但仍然保留了一些平滑性能。

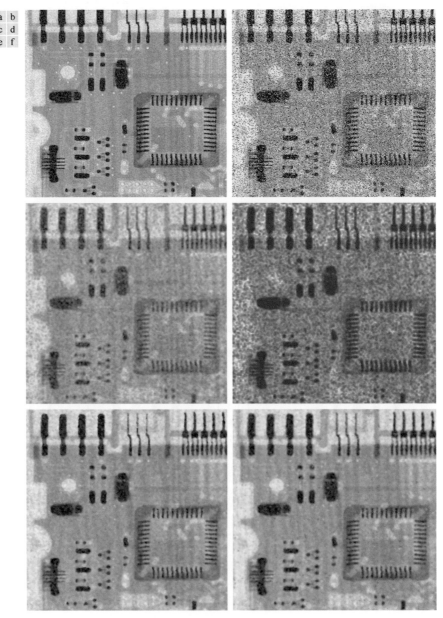

图 5.12　(a)被加性均匀噪声污染的图像；(b)再被加性椒盐噪声污染的图像；(c)~(f)使用大小为 5×5 的如下滤波器对图(b)滤波后的结果：(c)算术平均滤波器，(d)几何均值滤波器，(e)中值滤波器，(f) $d = 6$ 的修正阿尔法均值滤波器■

5.3.3　自适应滤波器

迄今为止，我们讨论的滤波器都直接应用到了图像，而并未考虑图像中不同点的特征变化。本节介绍两个自适应滤波器，它们的特性会根据 $m \times n$ 矩形邻域 S_{xy} 定义的滤波区域内的图像的统计特性变化。如下述讨论所示，自适应滤波器的性能要优于前面讨论的所有滤波器。改善滤波性能的代价是增大了滤波器复杂度。记住，我们一直在处理退化图像等于原图像加上噪声的情况，而并未考虑其他类型的退化。

1. 自适应局部降噪滤波器

一个随机变量的最简单的统计测度是其均值和方差，这些参数是自适应滤波器的基础，因为它们与图像的外观高度相关。均值是计算平均值的区域上的平均灰度，方差是该区域上的图像对比度。

我们的滤波器对中心为(x, y)的一个邻域 S_{xy} 操作。滤波器在(x, y)处的响应根据如下量给出：噪声图像在(x, y)处的值 $g(x, y)$；噪声的方差 σ_η^2；S_{xy} 中像素的局部平均灰度 $\overline{z}_{S_{xy}}$；S_{xy} 中像素灰度的局部方差 $\sigma_{S_{xy}}^2$。我们希望该滤波器具有如下性能：

1. 若 σ_η^2 为零，则滤波器仅返回(x, y)处的值 g。这很简单，因为噪声为零时，(x, y)处的 g 等于 f。

2. 若局部方差 $\sigma_{S_{xy}}^2$ 与 σ_η^2 高度相关，则滤波器返回(x, y)处的一个接近于 g 的值。高局部方差通常与边缘相关，且应保留这些边缘。

3. 若两个方差相等，则希望滤波器返回 S_{xy} 中像素的算术平均值。当局部区域的性质与整个图像的性质相同时会出现这个条件，且平均运算会降低局部噪声。

根据这些假设得到的 $\hat{f}(x, y)$ 的自适应表达式可以写为

$$\hat{f}(x, y) = g(x, y) - \frac{\sigma_\eta^2}{\sigma_{S_{xy}}^2} \left[g(x, y) - \overline{z}_{S_{xy}} \right] \tag{5.32}$$

唯一事先需要知道的量是被污染图像 $f(x, y)$ 的方差 σ_η^2。它是一个常数，使用式(3.26)由噪声图像即可估计得到。其他参数可用式(3.27)和式(3.28)由邻域 S_{xy} 中的像素计算得到。

式(5.32)中的一个假设是，两个方差的比率不超过 1，即 $\sigma_\eta^2 \leq \sigma_{S_{xy}}^2$。我们的模型中的噪声是加性的和位置无关的，因此这是一个合理的假设，因为 S_{xy} 是 $g(x, y)$ 的一个子集。然而，我们通常并不能精确地知道 σ_η^2，因此在实际工作中可能会违反这个条件。因此，我们应把测试内置到式(5.32)的实现中，以便在条件 $\sigma_\eta^2 > \sigma_{S_{xy}}^2$ 出现时将比率设置为 1，这样做会使得滤波器是非线性的，但可阻止因缺少图像噪声方差的知识而产生无意义的结果（负灰度级，具体取决于 $\overline{z}_{S_{xy}}$ 的值）。另一种方法是允许出现负值，并在最后重新标定灰度值，但这样做会损失图像的动态范围。

> **例 5.4　使用自适应局部降噪滤波器降低图像的噪声。**
>
> 图 5.13(a)是被均值为 0、方差为 1000 的加性高斯噪声污染的电路板图像。虽然图像中的噪声污染很严重，但它却是比较相对滤波器性能的一个理想测试平台。图 5.13(b)是用大小为 7×7 的算术平均滤波器对原图像滤波后的结果。噪声被平滑，但代价是图像被严重模糊。类似的说明适用于图 5.13(c)，它是用大小仍为 7×7 的几何均值滤波器对噪声图像滤波后的结果。两幅滤波后的图像之间的不同类似于例 5.2 中的讨论，即只存在模糊程度的不同。

图 5.13(d)是用 $\sigma_\eta^2 = 1000$ 的自适应滤波器［见式(5.32)］对图像滤波后的结果。与前两个滤波器相比，这个结果的改进非常明显。在整体降噪方面，自适应滤波器的滤波效果类似于算术平均滤波器和几何均值

滤波器，但使用自适应滤波器滤波后的图像要清晰得多。例如，在图 5.13(d)中，图像顶部的指状连接片就更为清晰。其他特征，如各个小孔和左下方较暗元件的 8 根引脚等，在图 5.13(d)中更加清楚。这些结果是使用自适应滤波器所能得到的典型结果。如前所述，性能得到提升的代价是增大了滤波器的复杂度。

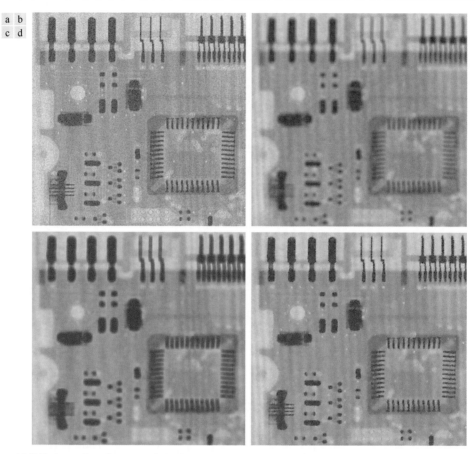

图 5.13　(a)被均值为 0、方差为 1000 的加性高斯噪声污染的图像；(b)算术平均滤波后的结果；　(c)几何均值滤波后的结果；(d)自适应降噪滤波后的结果。所有滤波器的大小均为 7×7

上面的结果使用了与噪声完全匹配的 σ_η^2 值。σ_η^2 未知且使用的估计值太低时，算法会因校正量小于应有的值而返回与原图像非常接近的图像。估计值太高会使得方差的比率在 1.0 处被削平，与正常情况相比，算法会更频繁地从图像中减去平均值。若允许为负值，且最后重新标定图像，则如前所述，结果将损失图像的动态范围。■

2. 自适应中值滤波器

若椒盐噪声的空间密度较低（P_s 和 P_p 通常小于 0.2），则式(5.27)中的中值滤波器的滤波性能较好。下面的讨论将证明，自适应中值滤波能够处理具有更大概率的噪声。自适应中值滤波器的另一个优点是，它会在试图保留图像细节的同时平滑非冲激噪声，而传统中值滤波器是做不到这一点的。与前几节中讨论的那些滤波器一样，自适应中值滤波器也工作在矩形邻域 S_{xy} 内。然而，与这些滤波器不同的是，自适应中值滤波器在对图像滤波时，会根据本节列出的某些条件改变（或增大）S_{xy} 的大小。记住，滤波器的输出是单个数值，它用于替代给定时刻区域 S_{xy} 的中心点(x, y)处的像素值。

我们使用如下符号：$z_{\min}$ 是 S_{xy} 中的最小灰度值；$z_{\max}$ 是 S_{xy} 中的最大灰度值；z_{med} 是 S_{xy} 中的灰度值

的中值 z_{xy} 是坐标 (x, y) 处的灰度值；S_{max} 是 S_{xy} 允许的最大尺寸。

自适应中值滤波算法在点 (x, y) 处使用两个处理层次，分别表示为层次 A 和层次 B，如下所示：

层次 A：　　　　　若 $z_{min} < z_{med} < z_{max}$，则转到层次 B

　　　　　　　　　　否则，增 S_{xy} 的尺寸，

　　　　　　　　　　若 $S_{xy} \leq S_{max}$，则重复层次 A

　　　　　　　　　　否则，输出 z_{med}

层次 B：　　　　　若 $z_{min} < z_{xy} < z_{max}$，则输出 z_{xy}

　　　　　　　　　　否则，输出 z_{med}

其中，S_{xy} 和 S_{max} 是大于 1 的奇正整数。在层次 A 的最后一步中，另一个选择是输出 z_{xy} 而不输出 z_{med}。此时得到的结果要清晰一些，但无法检测到常数背景中嵌入的与盐粒（胡椒）噪声具有相同值的胡椒（盐粒）噪声。

该算法有 3 个主要目的：去除椒盐（冲激）噪声，平滑其他非冲激噪声，减少失真（如目标边界的过度细化或粗化）。该算法统计上认为 z_{min} 和 z_{max} 是区域 S_{xy} 中的"类冲激"噪声分量，即使它们不是图像中的最小像素值和最大像素值。

利用这些观察结果，我们发现，层次 A 的目的是确定中值滤波器的输出 z_{med} 是否是一个冲激（盐粒或胡椒）。条件 $z_{min} < z_{med} < z_{max}$ 成立时，根据上段提及的原因，z_{med} 不可能是一个冲激。此时，我们转到层次 B 进行测试，确定邻域的中心点本身是否是一个冲激［回顾可知 (x, y) 是正被处理的点的位置，z_{xy} 是其灰度值］。条件 $z_{min} < z_{xy} < z_{max}$ 成立时，z_{xy} 处的像素不是一个冲激的灰度，原因与 z_{med} 不是一个冲激的原因相同。此时，算法输出不变的像素值 z_{xy}。于是，不改变这些"中间灰度"点就可减少滤波后的图像中的失真。条件 $z_{min} < z_{xy} < z_{max}$ 不成立时，有 $z_{xy} = z_{min}$ 或 $z_{xy} = z_{max}$。在任何情况下，像素值都是一个极值，并且算法输出中值 z_{med}，由层次 A 可知 z_{med} 不是噪声冲激。最后一步是标准中值滤波的功能。由于标准中值滤波器会用对应邻域的中值替代图像中的每一点，因此会导致不必要的细节损失。

我们继续上面的说明，假设层次 A 确实发现了一个冲激（转到层次 B 的测试失败）。此时，算法增大邻域的尺寸并重复层次 A。这个循环会一直持续，直到算法找到一个非冲激中值（并跳转到层次 B）或达到邻域的最大尺寸。达到邻域的最大尺寸时，算法返回值 z_{med}。注意，我们无法保证这个值不是一个冲激。噪声概率 P_a 和/或 P_b 越小，或允许的 S_{max} 越大，提前退出循环的可能性越小。这似乎是合理的。随着噪声脉冲密度的增大，我们理所当然地需要一个更大的窗口来"清理"噪声尖峰。

算法每输出一个值，邻域 S_{xy} 的中心就会移到图像中的下个位置。然后，算法重新初始化，并应用到邻域所包围的新区域中的像素。如习题 3.37 所示，中值可以从一个位置到下一个位置迭代地更新，从而减少计算开销。

例 5.5　使用自适应中值滤波器降低图像的噪声。

图 5.14(a) 是被概率为 $P_s = P_p = 0.25$ 的椒盐噪声污染的电路板图像，这一概率是图 5.10(a) 中所用噪声概率的 2.5 倍。图像中的噪声水平非常高，它模糊了图像中的大部分细节。为便于比较，我们首先使用一个大小为 7×7 的中值滤波器对图像进行滤波，此时要求使用最小滤波器消除大部分可见冲激噪声。图 5.14(b) 显示了滤波后的结果。虽然有效地消除了噪声，但该滤波器明显损失了图像中的细节。例如，图像顶部的一些指状连接片出现了失真或断裂，其他图像细节也同样出现了失真。

图 5.14(c) 是用 $S_{max} = 7$ 的自适应中值滤波器对图像滤波后的结果。自适应中值滤波器的降噪性能类似于中值滤波器，但在保留清晰度和细节方面做得更好。指状连接片几乎没有失真，使用中值滤波器后被模糊或失真而无法识别的一些特征，在图 5.14(c) 中要好得多和清晰得多。两个明显的例子是穿透主板的白色小孔洞及图像左下象限中有着 8 根引脚的黑色元件。

a b c

图 5.14　(a)被概率为 $P_s = P_p = 0.25$ 的椒盐噪声污染的图像；(b)使用大小为 7×7 的中值滤波器对图像滤波后的结果；(c)使用 $S_{max} = 7$ 的自适应中值滤波器对图像滤波后的结果

　　考虑到图 5.14(a)中高水平的噪声，自适应算法的滤波性能已非常好。允许选择的最大 S_{xy} 取决于具体的应用，但通过试验各种大小的标准中值滤波器，可合理地估计一个初值，以便为自适应算法的期望性能奠定基础。　　　　　　　　　　　　　　　　　　　　　　　　　　　　　■

5.4　使用频率域滤波降低周期噪声

　　使用频率域技术可以有效地分析并滤除周期噪声。这种技术的基本思想是，在傅里叶变换中，周期噪声在对应于周期干扰的频率处显示为集中突发的能量。方法是用一个选择性滤波器（见 4.10 节）来分离噪声。4.10 节中详细讨论了三类选择性滤波器（带阻滤波器、带通滤波器和陷波滤波器）。第 4 章中使用这些滤波器的方式与用于图像复原的方式相同。复原被周期性干扰污染的图像时，所选的工具是陷波滤波器。接下来的讨论将扩展 4.10 节中的陷波滤波方法，并给出一种更强大的最优陷波滤波方法。

5.4.1　陷波滤波深入介绍

　　如 4.10 节中说明的那样，陷波带阻滤波器传递函数是中心平移到陷波中心的各个高通滤波器传递函数的乘积。陷波滤波器传递函数的一般形式是

$$H_{NR}(u,v) = \prod_{k=1}^{Q} H_k(u,v)H_{-k}(u,v) \tag{5.33}$$

式中，$H_k(u,v)$ 和 $H_{-k}(u,v)$ 分别是中心为 (u_k, v_k) 和 $(-u_k, -v_k)$ 的高通滤波器传递函数[①]。这些中心是相对频率矩形中心 $[\,floor(M/2), floor(N/2)\,]$ 来规定的，其中 M 和 N 照例为输入图像的行数和列数。于是，传递函数的距离计算如下：

$$D_k(u,v) = \left[(u - M/2 - u_k)^2 + (v - N/2 - v_k)^2 \right]^{1/2} \tag{5.34}$$

和

---

① 记住，频率域传递函数关于频率矩形的中心对称，因此陷波被规定为对称对。此外，回顾 4.10 节可知，为简化陷波位置的规定，使用陷波滤波器时未填充图像。

$$D_{-k}(u,v) = \left[(u - M/2 + u_k)^2 + (v - N/2 + v_k)^2 \right]^{1/2} \tag{5.35}$$

例如，下面是具有三个陷波对的、阶数为 n 的巴特沃斯陷波带阻滤波器传递函数：

$$H_{\mathrm{NR}}(u,v) = \prod_{k=1}^{3} \left[\frac{1}{1 + \left[D_{0k}/D_k(u,v) \right]^{2n}} \right] \left[\frac{1}{1 + \left[D_{0k}/D_{-k}(u,v) \right]^{2n}} \right] \tag{5.36}$$

因为规定陷波是对称对，所以每个对称对中的常数 D_{0k} 相同，但不同对称对中的这个常数可以不同。其他陷波带阻滤波器函数可用相同的方法来构建，具体取决于所选择的高通滤波器函数。如 4.10 节中解释的那样，陷波带通滤波器传递函数可用如下表达式由带陷滤波器传递函数得到：

$$H_{\mathrm{NP}}(u,v) = 1 - H_{\mathrm{NR}}(u,v) \tag{5.37}$$

式中，$H_{\mathrm{NP}}(u,v)$ 是与陷波带阻滤波器传递函数 $H_{\mathrm{NR}}(u,v)$ 对应的陷波带通滤波器传递函数。图 5.15 显示了只有一个陷波对的理想高斯和巴特沃斯陷波带阻滤波器的透视图。如第 4 章所述的那样，巴特沃斯传递函数的形状再次出现了过渡，即从理想函数的陡峭形状过渡到高斯传递函数的宽且平滑的形状。

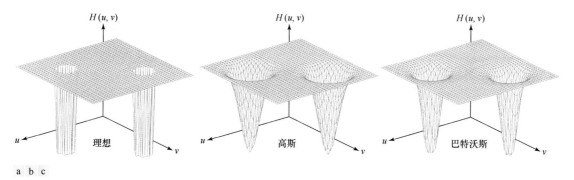

图 5.15 (a)理想、(b)高斯和(c)巴特沃斯陷波带阻滤波器传递函数的透视图

如下例中第二部分显示的那样，我们并未限制刚才讨论的陷波滤波器传递函数的形式。像 4.7 节中定义的那样，只要这些函数是零相移函数，我们就可构建任意形状的陷波滤波器。

例 5.6 使用陷波滤波器降低图像的噪声（消除干扰）。

图 5.16(a)与图 2.45(a)一样，2.6 节中曾用这幅图像介绍了频率域滤波的概念。下面详细介绍对这幅被二维加性正弦波污染的图像进行去噪处理的过程。由表 4.4 可知，纯正弦波的傅里叶变换是一对复共轭冲激，因此我们认为图像的谱在正弦波的各个频率处都有一对亮点。如图 5.16(b)所示，事实的确如此。由于我们能精确地确定这些冲激的位置，因此消除它们非常简单：使用一个陷波滤波器函数对图像滤波即可，但陷波滤波器函数的陷波要与冲激的位置重合。

图 5.16(c)显示了一个理想陷波带阻滤波器传递函数，它是一个值为 1 的阵列（显示为白色）和两个值为 0 的小圆形区域（显示为黑色）。图 5.16(d)显示了用这个传递函数对噪声图像滤波后的结果。滤波后的图像中消除了正弦噪声，此前被干扰模糊的一些细节现在清晰可见（如细细的基准点标记及地形和岩层中的细节）。如例 4.25 中说明的那样，获取干扰模式的图像非常简单——只需用 1 减去这个带阻滤波器，将其转换为带通滤波器，然后用得到的带通滤波器对输入图像滤波。图 5.17 显示了滤波后的结果。

图 5.18(a)显示了与图 4.50(a)相同的图像，但覆盖的区域更大（干扰模式相同）。第 4 章中在讨论该图像的低通滤波时，曾指出消除扫描线的影响有更好的方法。随后的陷波滤波方法可在不引入模糊的情况下，明显减少扫描线。不考虑 4.9 节中讨论的原因时，陷波滤波通常会给出更好的结果。

图 5.16　(a)被正弦干扰污染的图像；(b)显示了干扰导致的突发能量的谱（为便于显示，能量突发已被放大）；(c)用于消除突发能量的陷波滤波器（圆的半径为 2 像素）（细边框不是数据的一部分）；(d)陷波带阻滤波后的结果（原图像由 NASA 提供）

图 5.17　使用陷波带通滤波器从图 5.16(a)的 DFT 中提取的正弦模式

　　观察图 5.18(a)中近似水平的噪声模式，我们认为其在频率域中的贡献将集中在 DFT 的纵轴上。然而，这一噪声不足以在纵轴上产生清晰的模式，这在图 5.18(b)所示的谱中非常明显。此时，采用的方法是使用沿纵轴延伸的一个窄矩形陷波滤波器函数，来消除沿纵轴分布的所有干扰分量。在接近原点的位置不进行滤波，以避免消除直流项和低频项，第 4 章曾述及消除直流项和低频项是使得平滑区域之间存在灰度差异的原因。图 5.18(c)显示了我们所用的滤波器传递函数，图 5.18(d)显示了滤波后的结果。大部分细扫描线被消除或明显减弱。为得到噪声模式的图像，我们照例首先将带阻滤波器转换为带通滤波器，然后用带通滤波器对输入图像进行滤波。图 5.19 显示了滤波后的结果。

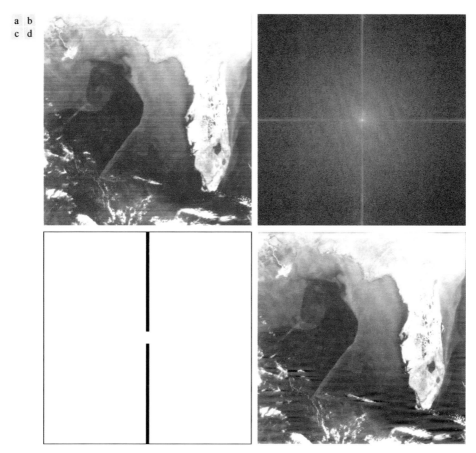

图 5.18　(a)佛罗里达和墨西哥湾的卫星图像（注意水平的传感器扫描线）；(b)图像(a)的谱；(c)陷波带阻滤波器传递函数（黑色细边框不是数据的一部分）；(d)滤波后的图像（原图像由 NOAA 提供）

图 5.19　陷波滤波从图 5.18(a)中提取的噪声模式　　　　　　　　　　　■

5.4.2　最优陷波滤波

在迄今为止给出的陷波滤波例子中，干扰模式在频率域中的识别和表征都很简单，因此定义陷波滤波器传递函数的启发式规格也很简单。

存在多个干扰分量时，滤波器传递函数的启发式规格并不总能被我们接受，因为它们在滤波过程中可能会过多地滤除图像信息（当图像没有副本或获取的费用很高时，过多地滤除图像信息就非常不可取）。此外，干扰分量通常不是单频率突发能量，而是携带干扰模式信息的宽裙摆。有时，在正常的变换背景中检测到这些宽裙摆并不容易。实践中通常使用另一种滤波方法来降低这些退化的影响，这种方法在最小化复原估计 $\hat{f}(x, y)$ 的局部方差方面是最优的。

这种滤波方法的过程如下：首先分离干扰模式的各个主要贡献，然后从被污染图像中减去该模式的一个可变加权部分。尽管这一过程是针对特定应用开发的，但基本方法是通用的，并且适用于存在多周期干扰的其他复原任务。

我们首先提取干扰模式的主频率分量，提取方法照例是在每个尖峰位置放一个陷波带通滤波器传递函数 $H_{\mathrm{NP}}(u, v)$。若将该滤波器构建为只通过与干扰模式相关联的分量，则干扰噪声模式的傅里叶变换为

$$N(u, v) = H_{\mathrm{NP}}(u, v)G(u, v) \tag{5.38}$$

式中，$G(u, v)$ 照例是被污染图像的 DFT。

规定 $H_{\mathrm{NP}}(u, v)$ 时，要求具有对干扰尖峰的良好判断能力。因此，陷波滤波器通常是通过观察显示器上的频谱 $G(u, v)$ 来交互地构建的。选择某个特定的滤波函数后，就可使用如下我们熟悉的表达式得到空间域中的对应噪声模式：

$$\eta(x, y) = \mathfrak{I}^{-1}\{H_{\mathrm{NP}}(u, v)G(u, v)\} \tag{5.39}$$

因为被污染图像假设是由未污染图像 $f(x, y)$ 与干扰 $\eta(x, y)$ 相加形成的，若 $\eta(x, y)$ 完全已知，则从 $g(x, y)$ 中减去这个模式来得到 $f(x, y)$ 将非常简单。当然，问题是这个滤波过程通常只会得到真实干扰模式的近似值。在估计 $\eta(x, y)$ 时，不完整分量的影响可以最小化，方法是从 $g(x, y)$ 中减去 $\eta(x, y)$ 的一个加权部分来得到 $f(x, y)$ 的估计：

$$\hat{f}(x, y) = g(x, y) - w(x, y)\eta(x, y) \tag{5.40}$$

式中，$\hat{f}(x, y)$ 照例是 $f(x, y)$ 的估计，而 $w(x, y)$ 待定。函数 $w(x, y)$ 称为加权函数或调制函数，这个过程的目的就是选取 $w(x, y)$，以便以某种有意义的方式来优化结果。一种方法是选取 $w(x, y)$，使 $\hat{f}(x, y)$ 在每点(x, y)的规定邻域上的方差最小。

考虑中心为 (x, y)、大小为 $m \times n$（奇数）的邻域 S_{xy}。在点 (x, y) 处，$\hat{f}(x, y)$ 的"局部"方差可用 S_{xy} 中的样本来估计，如下所示：

$$\sigma^2(x, y) = \frac{1}{mn} \sum_{(r,c) \in S_{xy}} \left[\hat{f}(r, c) - \overline{\hat{f}} \right]^2 \tag{5.41}$$

式中，$\overline{\hat{f}}$ 是邻域 S_{xy} 中 $\hat{f}$ 的平均值，即

$$\overline{\hat{f}} = \frac{1}{mn} \sum_{(r,c) \in S_{xy}} \hat{f}(r, c) \tag{5.42}$$

图像边缘上的点或靠近图像边缘的点，可当做部分邻域来处理，或用 0 填充边框后进行处理。

将式(5.40)代入式(5.41)，得

$$\sigma^2(x, y) = \frac{1}{mn} \sum_{(r,c) \in S_{xy}} \left\{ \left[g(r, c) - w(r, c)\eta(r, c) \right] - \left[\overline{g} - \overline{w\eta} \right] \right\}^2 \tag{5.43}$$

式中，$\overline{g}$ 和 $\overline{w\eta}$ 分别是 g 和 $w\eta$ 在邻域 S_{xy} 中的平均值。

若假设 w 在 S_{xy} 内近似为常数，则可用该邻域中心的 w 值来代替 $w(r,c)$：

$$w(r,c) = w(x,y) \tag{5.44}$$

因为 $w(x,y)$ 在 S_{xy} 中被假设为常数，因此在 S_{xy} 中根据 $\overline{w} = w(x,y)$ 有

$$\overline{w\eta} = w(x,y)\overline{\eta} \tag{5.45}$$

式中，$\overline{\eta}$ 是邻域 S_{xy} 中的平均值。利用这些近似，式(5.43)变为

$$\sigma^2(x,y) = \frac{1}{mn} \sum_{(r,c)\in S_{xy}} \left\{ \left[g(r,c) - w(x,y)\eta(r,c) \right] - \left[\overline{g} - w(x,y)\overline{\eta} \right] \right\}^2 \tag{5.46}$$

要使得 $\sigma^2(x,y)$ 相对于 $w(x,y)$ 最小，我们根据

$$\frac{\partial \sigma^2(x,y)}{\partial w(x,y)} = 0 \tag{5.47}$$

求 $w(x,y)$。结果是（见习题 5.17）

$$w(x,y) = \frac{\overline{g\eta} - \overline{g}\,\overline{\eta}}{\overline{\eta^2} - \overline{\eta}^2} \tag{5.48}$$

要获得被复原图像在点(x,y)处的值，可用上面这个公式计算 $w(x,y)$，然后把它代入式(5.40)。要得到完全复原的图像，就要在噪声图像 g 中的每个点处执行这一过程。

例 5.7　使用最优陷波滤波器去噪（消除干扰）。

图 5.20(a)是水手 6 号航天器拍摄的火星地形数字图像。这幅图像已被一种半周期的干扰模式污染，因此要比我们前面研究的图像复杂得多。如图 5.20(b)所示，图像的傅里叶谱中有许多由干扰引起的"星状"能量突发。不出所料，这些分量要比我们以前看到的分量更难检测。图 5.21 再次显示了该图像的傅里叶谱，但这次未中心化傅里叶谱。这幅图像清晰地显示了一些干扰分量，因为更为突出的直流项和低频项都移到了谱的左上角。

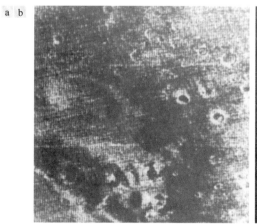

a b

图 5.20　(a)水手 6 号航天器拍摄的火星地形图像；(b)显示了周期性干扰的傅里叶谱（原图像由 NASA 提供）

图 5.22(a)显示了由经验丰富的图像分析人员判断后，与干扰相关的各个频谱分量。对这些分量应用一个陷波带通滤波器并且使用式(5.39)后，得到了空间噪声模式 $\eta(x,y)$，如图 5.22(b)所示。注意这个模式与图 5.20(a)中噪声结构之间的相似性。

最后，图 5.23 显示了复原后的图像，它是使用式(5.40)和刚才讨论的干扰模式得到的。函数 $w(x,y)$ 是用前几段中说明的步骤计算得到的。如我们看到的那样，周期干扰已从图 5.20(a)中的噪声图像中删除。

图 5.21　图 5.20(a)中图像未中心化的傅里叶谱（原图像由 NASA 提供）

a　b

图 5.22　(a)$N(u,v)$的傅里叶谱；(b)对应的空间噪声干扰模式 $\eta(x,y)$ （原图像由 NASA 提供）

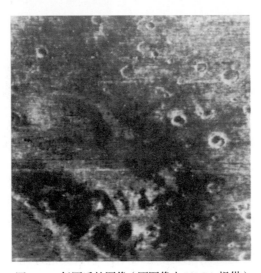

图 5.23　复原后的图像（原图像由 NASA 提供）

5.5　线性位置不变退化

在图像复原阶段之前，图 5.1 中的输入/输出关系可表示为

$$g(x, y) = \mathcal{H}[f(x, y)] + \eta(x, y) \tag{5.49}$$

此时假设 $\eta(x, y) = 0$，有 $g(x, y) = \mathcal{H}[f(x, y)]$。根据 2.6 节的讨论，若

$$\mathcal{H}[af_1(x, y) + bf_2(x, y)] = a\mathcal{H}[f_1(x, y)] + b\mathcal{H}[f_2(x, y)] \tag{5.50}$$

则 $\mathcal{H}$ 是线性的，其中 a 和 b 是标量，$f_1(x, y)$ 和 $f_2(x, y)$ 是两幅输入图像。

若 $a = b = 1$，则式(5.50)变为

$$\mathcal{H}[f_1(x, y) + f_2(x, y)] = \mathcal{H}[f_1(x, y)] + \mathcal{H}[f_2(x, y)] \tag{5.51}$$

这称为可加性。这一性质说，若 $\mathcal{H}$ 是一个线性算子，则两个输入之和的响应等于两个响应之和。

若 $f_2(x, y) = 0$，则式(5.50)变为

$$\mathcal{H}[af_1(x, y)] = a\mathcal{H}[f_1(x, y)] \tag{5.52}$$

这称为齐次性（均匀性）。齐次性说，一个常数乘以任何输入的响应，等于该输入乘以同一常数的响应。于是，线性算子就同时具有可加性和齐次性。

对于任何 $f(x, y)$ 及两个标量 α 和 β，若

$$\mathcal{H}[f(x - \alpha, y - \beta)] = g(x - \alpha, y - \beta) \tag{5.53}$$

则称具有输入/输出关系 $g(x, y) = \mathcal{H}[f(x, y)]$ 的算子为位置（或空间）不变的。这一定义指出，图像中任意一点处的响应只取决于该点处的输入值，而与该点的位置无关。

使用二维连续冲激的取样性质［见式(4.55)］，我们可将 $f(x, y)$ 写为

$$f(x, y) = \int_{-\infty}^{\infty} \int_{-\infty}^{\infty} f(\alpha, \beta)\delta(x - \alpha, y - \beta)\, d\alpha\, d\beta \tag{5.54}$$

再次假设 $\eta(x, y) = 0$，并将上式代入式(5.49)得

$$g(x, y) = \mathcal{H}[f(x, y)] = \mathcal{H}\left[\int_{-\infty}^{\infty} \int_{-\infty}^{\infty} f(\alpha, \beta)\delta(x - \alpha, y - \beta)\, d\alpha\, d\beta\right] \tag{5.55}$$

若 $\mathcal{H}$ 是一个线性算子，并将可加性扩展到积分，则有

$$g(x, y) = \int_{-\infty}^{\infty} \int_{-\infty}^{\infty} \mathcal{H}[f(\alpha, \beta)\delta(x - \alpha, y - \beta)]\, d\alpha\, d\beta \tag{5.56}$$

由于 $f(\alpha, \beta)$ 与 x 和 y 无关，由齐次性可得

$$g(x, y) = \int_{-\infty}^{\infty} \int_{-\infty}^{\infty} f(\alpha, \beta)\mathcal{H}[\delta(x - \alpha, y - \beta)]\, d\alpha\, d\beta \tag{5.57}$$

其中，

$$h(x, \alpha, y, \beta) = \mathcal{H}[\delta(x - \alpha, y - \beta)] \tag{5.58}$$

称为 $\mathcal{H}$ 的冲激响应。换句话说，在式(5.49)中，若 $\eta(x, y) = 0$，则 $h(x, \alpha, y, \beta)$ 是系统 $\mathcal{H}$ 对坐标 (x, y) 处的一个冲激的响应。在光学领域，冲激为一个光点，因此 $h(x, \alpha, y, \beta)$ 通常称为点扩散函数（PSF），之所以这样称呼，是因为所有的物理光学系统都会在一定程度上模糊（扩散）光点，模糊程度由光学元件的质量决定。

将式(5.58)代入式(5.57)，可得

$$g(x, y) = \int_{-\infty}^{\infty} \int_{-\infty}^{\infty} f(\alpha, \beta)h(x, \alpha, y, \beta)\, d\alpha\, d\beta \tag{5.59}$$

这称为第一类叠加（弗雷德霍姆）积分，是线性系统理论核心的一个基本结果。它说，若 $\mathcal{H}$ 对一个冲激的响应是已知的，则任意输入 $f(\alpha, \beta)$ 的响应可用式(5.59)来计算。换句话说，线性系统 $\mathcal{H}$ 完全由其

冲激响应来表征。

若 $\mathcal{H}$ 是位置不变的，则由式(5.53)可得

$$\mathcal{H}[\delta(x-\alpha, y-\beta)] = h(x-\alpha, y-\beta) \tag{5.60}$$

此时，式(5.59)简化为

$$g(x, y) = \int_{-\infty}^{\infty} \int_{-\infty}^{\infty} f(\alpha, \beta)h(x-\alpha, y-\beta)\, \mathrm{d}\alpha\, \mathrm{d}\beta \tag{5.61}$$

上式是式(4.24)中为单变量引入的卷积积分，习题4.19将其推广到了二维情况。式(5.61)告诉我们，一个线性位置不变系统对于任意输入的输出，可由输入和系统的冲激响应的卷积得到。

存在加性噪声时，线性退化模型［见式(5.59)］的表达式变为

$$g(x, y) = \int_{-\infty}^{\infty} \int_{-\infty}^{\infty} f(\alpha, \beta)h(x, \alpha, y, \beta)\, \mathrm{d}\alpha\, \mathrm{d}\beta + \eta(x, y) \tag{5.62}$$

若 $\mathcal{H}$ 是位置不变的，则上式变为

$$g(x, y) = \int_{-\infty}^{\infty} \int_{-\infty}^{\infty} f(\alpha, \beta)h(x-\alpha, y-\beta)\, \mathrm{d}\alpha\, \mathrm{d}\beta + \eta(x, y) \tag{5.63}$$

噪声项 $\eta(x, y)$ 的值是随机的，并且假设这些值与位置无关。使用第3章和第4章中介绍的卷积符号，我们可将式(5.63)写为

$$g(x, y) = (h \star f)(x, y) + \eta(x, y) \tag{5.64}$$

或使用卷积定理，我们可将频率域中的等效表达式写为

$$G(u, v) = H(u, v)F(u, v) + N(u, v) \tag{5.65}$$

这两个表达式与式(5.1)和式(5.2)一致。记住，对于离散量而言，所有的相乘都是对应像素相乘，详见2.6节中的定义。

总之，前述讨论表明，带有加性噪声的线性空间不变退化系统，可在空间域中建模为图像与该系统的退化（点扩散）函数的卷积，并加上噪声。根据卷积定理，频率域中的这一过程为：图像的变换和退化函数的变换的乘积，加上噪声的变换。工作在频率域中时，我们可以使用FFT算法。然而，与第4章中不同的是，在实现任何频率域复原滤波器时，我们不对图像进行填充。然而，现在要记住的关键概念是，在复原工作中，我们通常只访问退化的图像。要使填充有效，就必须在图像退化之前对其进行填充，而实践中显然无法满足这一条件。如果我们能够访问原图像，那么恢复将不是问题。

许多类型的退化可近似为线性位置不变过程。这种方法的优点是，可以使用线性系统理论的许多工具来解决图像复原问题。与位置有关的非线性技术虽然更通用（并且通常更精确），但通常没有已知解，或计算上难以求解。本章主要介绍线性空间不变复原技术。由于退化被建模为卷积，并且图像复原试图找到应用相反过程的滤波器，所以术语图像去卷积通常用于表示线性图像复原。类似地，复原过程中所用的滤波器称为去卷积滤波器。

5.6　估计退化函数

估计图像复原中所用退化函数的方法主要有3种：（1）观察法，（2）试验法，（3）数学建模法。下面几节将讨论这些方法。利用这三种方法之一估计的退化函数来复原图像的过程，有时称为盲去卷积，目的是强调真正的退化函数很少完全已知的事实。

5.6.1　采用观察法估计退化函数

假设我们有一幅退化图像，但没有关于退化函数 $\mathcal{H}$ 的任何知识。根据图像被线性位置不变过程退化的假设，估计 $\mathcal{H}$ 的一种方法是从图像本身采集信息。例如，若图像被模糊，则可以观察图像中包含

样本结构的一个小矩形区域，如某个物体和背景的一部分。为了降低噪声的影响，我们可以寻找一个信号内容很强的区域（如一个高对比度区域）。下一步是处理子图像，得到尽可能不模糊的结果。

令 $g_s(x, y)$ 表示观察子图像，令 $\hat{f}_s(x, y)$ 表示处理后的子图像（实际上，这幅子图像是原图像在该区域的估计）。然后，假设噪声的影响由于选择了一个强信号区域而可以忽略，则根据式(5.65)有

$$H_s(u, v) = \frac{G_s(u, v)}{\hat{F}_s(u, v)} \tag{5.66}$$

然后，由这个函数的特性，我们可根据位置不变的假设来推断完整的退化函数 $H(u, v)$。例如，假设 $H_s(u, v)$ 的径向曲线近似为高斯曲线形状。我们可以利用这一信息在更大的尺度上构建一个具有相同基本形状的函数 $H(u, v)$。然后，我们在下面几节讨论的复原方法之一中使用 $H(u, v)$。很明显，这是仅在特殊环境下使用的烦琐过程，如复原一幅具有历史价值的老照片。

5.6.2　采用试验法估计退化函数

可用的设备与获取退化图像的设备相似时，原理上是可能获得退化的精确估计的。在各种系统设置下，我们可以获取类似于退化图像的图像，直到获取的图像尽可能接近所要复原的图像为止。然后，使用相同的系统设置对一个冲激（小光点）成像，得到退化的冲激响应。如 5.5 节所示，线性空间不变系统完全由其冲激响应表征。

一个冲激由一个亮点来模拟，这个点应亮到能降低噪声对可忽略值的影响。回顾可知，一个冲激的傅里叶变换是一个常量，根据式(5.65)有

$$H(u, v) = \frac{G(u, v)}{A} \tag{5.67}$$

式中，$G(u, v)$ 照例是观察图像的傅里叶变换，A 是一个描述冲激强度的常量。图 5.24 显示了一个例子。

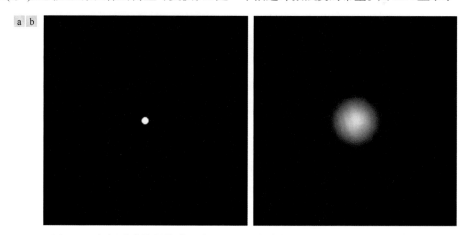

图 5.24　根据冲激特性估计退化：(a)一个亮冲激（已放大）；(b)退化的冲激

5.6.3　采用建模法估计退化函数

由于在图像复原中的性能较好，退化建模已被人们使用了多年。在某些情况下，模型甚至可以考虑导致退化的环境条件。例如，Hufnagel and Stanley[1964]根据大气湍流的物理特性提出了一个退化模型，这个模型的形式对我们来说很熟悉：

$$H(u, v) = \mathrm{e}^{-k(u^2+v^2)^{5/6}} \tag{5.68}$$

式中，k是与湍流性质有关的常数。除了指数中的 5/6 次幂，该式与 4.8 节讨论的高斯低通滤波器传递函数的形式相同。事实上，高斯 LPF 有时用于模拟轻度的均匀模糊。图 5.25 是用式(5.68)并取 $k = 0.0025$（剧烈湍流）、$k = 0.001$（中等湍流）和 $k = 0.000\,25$（轻微湍流）来模拟模糊一幅图像时得到的几个例子。所有图像的大小均为 480×480 像素。

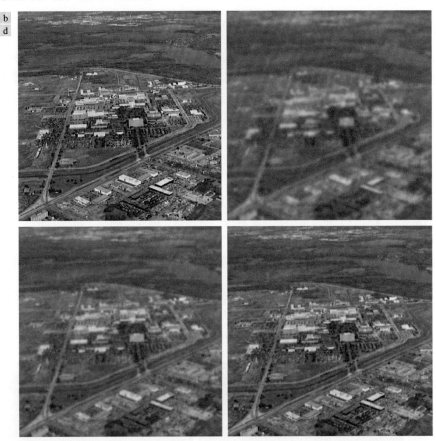

图 5.25   湍流建模：(a) 不可见湍流；(b)剧烈湍流，$k = 0.0025$；(c) 中等湍流，$k = 0.001$；(d)轻微湍流，$k = 0.00025$。所有图像的大小均为 480×480 像素（原图像由 NASA 提供）

另一种常用的建模方法是，根据基本原理推导一个数学模型。下面通过对获取过程中被图像和传感器之间的匀速线性运动模糊的图像的处理来说明这一过程。假设图像 $f(x, y)$ 做平面运动，$x_0(t)$ 和 $y_0(t)$ 分别是运动在 x 方向和 y 方向上的时变分量。记录介质（如胶片或数字存储器）上任何一点的总曝光量，是成像系统快门打开期间的瞬时曝光量的积分。

假设快门开关是瞬间发生的，并且光学成像过程是完美的，这可让我们隔离由于图像运动产生的影响。于是，若 T 是曝光的持续时间，则有

$$g(x, y) = \int_0^T f\left[x - x_0(t), y - y_0(t)\right] \mathrm{d}t \tag{5.69}$$

式中，$g(x, y)$ 是被模糊的图像。

这个表达式的连续傅里叶变换为

$$G(u, v) = \int_{-\infty}^{\infty} \int_{-\infty}^{\infty} g(x, y) \mathrm{e}^{-\mathrm{j}2\pi(ux+vy)} \mathrm{d}x\,\mathrm{d}y \tag{5.70}$$

将式(5.69)代入式(5.70)得

$$G(u,v) = \int_{-\infty}^{\infty}\int_{-\infty}^{\infty}\left[\int_0^T f\left[x - x_0(t), y - y_0(t)\right]\mathrm{d}t\right]\mathrm{e}^{-\mathrm{j}2\pi(ux+vy)}\,\mathrm{d}x\,\mathrm{d}y \tag{5.71}$$

颠倒积分的顺序得

$$G(u,v) = \int_0^T\left[\int_{-\infty}^{\infty}\int_{-\infty}^{\infty} f\left[x - x_0(t), y - y_0(t)\right]\mathrm{e}^{-\mathrm{j}2\pi(ux+vy)}\mathrm{d}x\,\mathrm{d}y\right]\mathrm{d}t \tag{5.72}$$

方括号内的积分项是位移函数 $f\left[x - x_0(t), y - y_0(t)\right]$ 的傅里叶变换。由表 4.4 中的第 3 项得

$$G(u,v) = \int_0^T F(u,v)\mathrm{e}^{-\mathrm{j}2\pi[ux_0(t)+vy_0(t)]}\mathrm{d}t = F(u,v)\int_0^T \mathrm{e}^{-\mathrm{j}2\pi[ux_0(t)+vy_0(t)]}\mathrm{d}t \tag{5.73}$$

定义

$$H(u,v) = \int_0^T \mathrm{e}^{-\mathrm{j}2\pi[ux_0(t)+vy_0(t)]}\,\mathrm{d}t \tag{5.74}$$

可将式(5.73)表示为我们熟悉的如下形式：

$$G(u,v) = H(u,v)F(u,v) \tag{5.75}$$

若运动分量 $x_0(t)$ 和 $y_0(t)$ 是已知的，则可直接由式(5.74)得到传递函数 $H(u,v)$。如说明的那样，假设图像只在 x 方向 $\left[\text{即 } y_0(t) = 0\right]$ 做速率为 $x_0(t) = at/T$ 的匀速直线运动。当 $t = T$ 时，图像移动的总距离为 a。令 $y_0(t) = 0$，由式(5.74)可得

$$H(u,v) = \int_0^T \mathrm{e}^{-\mathrm{j}2\pi ux_0(t)}\,\mathrm{d}t = \int_0^T \mathrm{e}^{-\mathrm{j}2\pi uat/T}\,\mathrm{d}t = \frac{T}{\pi ua}\sin(\pi ua)\mathrm{e}^{-\mathrm{j}\pi ua} \tag{5.76}$$

若允许图像同时在 y 方向做速率为 $y_0(t) = bt/T$ 的匀速直线运动，则退化函数变为

$$H(u,v) = \frac{T}{\pi(ua+vb)}\sin\left[\pi(ua+vb)\right]\mathrm{e}^{-\mathrm{j}\pi(ua+vb)} \tag{5.77}$$

为生成一个大小为 $M \times N$ 的离散滤波器传递函数，我们可在 $u = 0, 1, 2, \cdots, M-1$ 和 $v = 0, 1, 2, \cdots, N-1$ 处对上式取样。

例 5.8　运动导致的图像模糊。

图 5.26(b)是一幅被模糊的图像，其模糊过程如下：计算图 5.26(a)中图像的傅里叶变换，将该变换乘以式(5.77)中的 $H(u,v)$，再对结果取反变换。图像的大小都为 688×688 像素，并且在式(5.77)中使用的参数为 $a = b = 0.1$ 和 $T = 1$。如 5.8 节和 5.9 节讨论的那样，由模糊图像复原原图像存在一些有趣的挑战，尤其是退化图像中存在噪声时。如 5.5 节末尾提到的那样，进行所有 DFT 计算时，我们不对图像进行填充。

图 5.26　(a)原图像；(b)使用式(5.77)中的函数（$a = b = 0.1$ 和 $T = 1$）模糊图像后的结果　　■

5.7 逆滤波

本节的内容是我们研究退化图像复原的第一步，其中的图像是被退化函数 $\mathcal{H}$ 退化的，而 $\mathcal{H}$ 是已知的，或已由前一节讨论的三种方法之一获得。最简单的复原方法是直接逆滤波，即用退化函数的傅里叶变换 $G(u,v)$ 除以退化传递函数 $H(u,v)$，来计算原图像的变换的一个估计 $\hat{F}(u,v)$：

$$\hat{F}(u,v) = \frac{G(u,v)}{H(u,v)} \tag{5.78}$$

相除是对应像素相除，详见 2.6 节中的定义和式(5.65)。用式(5.2)的右侧替代式(5.78)中的 $G(u,v)$，得

$$\hat{F}(u,v) = F(u,v) + \frac{N(u,v)}{H(u,v)} \tag{5.79}$$

这是一个有趣的表达式。它告诉我们，即使知道退化函数，也不能准确地复原未退化的图像［$F(u,v)$ 的傅里叶反变换］，因为 $N(u,v)$ 是未知的。还有更坏的消息。若退化函数是零或是很小的值，则比率 $N(u,v)/H(u,v)$ 很容易支配 $F(u,v)$ 项。事实上，这是经常出现的情况，后面我们很快就会看到。

解决零或小值问题的一种方法是，将滤波器频率限制到接近原点的值。根据对式(4.92)的讨论可知，$H(0,0)$ 通常是频率域中 $H(u,v)$ 的最大值。因此，将频率限制到原点附近进行分析，可以减少遇到零值的可能性。下例子说明了这种方法。

例 5.9　采用逆滤波方法去除图像中的模糊。

图 5.25(b)中的图像是用式(5.78)逆滤波得到的，逆滤波使用了一个退化函数，这个函数与生成该图像时所用的退化函数完全相反。也就是说，逆滤波时所用的退化函数是

$$H(u,v) = e^{-k\left[(u+M/2)^2+(v-N/2)^2\right]^{5/6}}$$

式中，$k = 0.0025$。常数 $M/2$ 和 $N/2$ 是偏移值；如前一章中所述，它们使函数居中，以便与居中的傅里叶变换对应（记住，我们不对这些函数进行填充）。此时，$M = N = 480$。我们知道，高斯函数没有零值，因此这里不必关心它。然而，尽管如此，退化值却变得非常小，以致全逆滤波的结果［见图 5.27(a)］毫无用处。产生这个无用结果的原因见对式(5.79)的讨论。

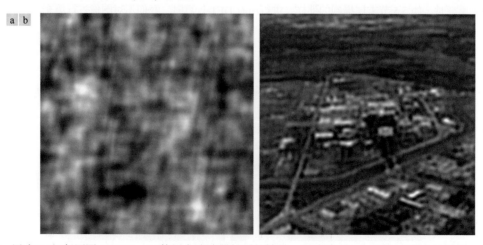

图 5.27　用式(5.78)复原图 5.25(b)：(a)使用全滤波器得到的结果；(b)在半径 40 之外 H 截止的结果；(c)在半径 70 之外截止的结果；(d)在半径 85 之外截止的结果

图 5.27 用式(5.78)复原图 5.25(b)：(a)使用全滤波器得到的结果；(b)在半径 40 之外 H 截止的结果；(c)在半径 70 之外截止的结果；(d)在半径 85 之外截止的结果（续）

图 5.27(b)到图 5.27(d)分别显示了半径 40, 70 和 85 之外比率 $G(u,v)/H(u,v)$ 的不同截止值的结果。截止是通过对这个比值应用一个阶数为 10 的巴特沃斯低通函数来实现的，因此在期望的半径处提供了急剧（但平滑）的过渡。半径为 70 左右时视觉效果最好［见图 5.27(c)］，半径在 70 以下时图像变得模糊，如图 5.27(b)所示，它是用半径 40 得到的。半径大于 70 时，图像开始退化，如图 5.27(d)所示，它是用半径 85 得到的。在"窗帘"后面的图像中，图像的内容基本可见，但噪声明显地支配着这一结果。进一步增大半径值，会使得图像越来越像图 5.27(a)。■

上例中的结果表明，直接逆滤波的性能一般来说较差。接下来的三节探讨如何改进直接逆滤波后的性能。

5.8 最小均方误差（维纳）滤波

前一节讨论的逆滤波方法并未明确处理噪声的步骤。本节讨论一种退化函数和噪声的统计特性的复原方法。这种方法的基础是，将图像和噪声视为随机变量，目标是求未污染图像 f 的一个估计 $\hat{f}$，使它们之间的均方误差最小。均方误差定义为

$$e^2 = E\left\{(f - \hat{f})^2\right\} \tag{5.80}$$

式中，$E\{\bullet\}$ 是参数的期望值。我们假设噪声和图像是不相关的，即其中一个或另一个的均值为零，并且估计中的灰度级是退化图像中灰度级的线性

关于期望值，请参阅 2.6 节。

函数。根据这些假设，式(5.80)中误差函数的最小值在频率域中由如下表达式给出：

$$\hat{F}(u,v) = \left[\frac{H^*(u,v)S_f(u,v)}{S_f(u,v)\left|H(u,v)\right|^2 + S_\eta(u,v)}\right]G(u,v) = \left[\frac{H^*(u,v)}{\left|H(u,v)\right|^2 + S_\eta(u,v)/S_f(u,v)}\right]G(u,v)$$

$$= \left[\frac{1}{H(u,v)}\frac{\left|H(u,v)\right|^2}{\left|H(u,v)\right|^2 + S_\eta(u,v)/S_f(u,v)}\right]G(u,v) \tag{5.81}$$

式中用到了一个复数与其共轭的乘积等于该复数的幅度的平方这个事实。这个结果称为维纳滤波，它由 N. Wiener[1942]首次提出。由方括号中各项组成的这个滤波器，通常也称最小均方误差滤波器或最

小二乘方误差滤波器。本章末尾给出了详细介绍维纳滤波器推导过程的一些参考文献。注意式(5.81)的第一行,即维纳滤波器没有逆滤波中退化函数为零的问题,除非对相同的 u 值和 v 值整个分母都是零。

式(5.81)中各项的意义如下:

1. $\hat{F}(u,v)$ = 退化图像的估计的傅里叶变换。
2. $G(u,v)$ = 退化图像的傅里叶变换。
3. $H(u,v)$ = 退化传递函数(空间退化的傅里叶变换)。
4. $H^*(u,v)$ = $H(u,v)$ 的复共轭。
5. $|H(u,v)|^2 = H(u,v)H^*(u,v)$。
6. $S_\eta(u,v) = |N(u,v)|^2$ = 噪声的功率谱〔见式(4.89)〕[①]。
7. $S_f(u,v) = |F(u,v)|^2$ = 未退化图像的功率谱。

空间域中复原后的图像由频率域估计 $\hat{F}(u,v)$ 的傅里叶反变换给出。注意,若噪声为零,则噪声功率谱消失,并且维纳滤波器简化为逆滤波器。还要记住,本章中的所有变换都是在未进行填充的情况下完成的,见 5.5 节末尾的说明。

许多有用的测度都基于噪声和未退化图像的功率谱。其中最重要的一种测度是信噪比,它在频率域中用下式来近似:

$$\text{SNR} = \sum_{u=0}^{M-1}\sum_{v=0}^{N-1}|F(u,v)|^2 \bigg/ \sum_{u=0}^{M-1}\sum_{v=0}^{N-1}|N(u,v)|^2 \tag{5.82}$$

这个比值是信息承载信号功率(未退化的原图像)水平与噪声功率水平的测度。低噪声图像通常有较高的 SNR,而高噪声图像通常有较低的 SNR。这个比值是表示复原算法性能的一个重要测度。

式(5.80)中以统计形式给出的均方误差,也可根据原图像和复原图像的和来近似:

$$\text{MSE} = \frac{1}{MN}\sum_{x=0}^{M-1}\sum_{y=0}^{N-1}\left[f(x,y)-\hat{f}(x,y)\right]^2 \tag{5.83}$$

事实上,若把复原后的图像考虑为"信号",而把复原后的图像和原图像的差考虑为噪声,则可将空间域中的信噪比定义为

$$\text{SNR} = \sum_{x=0}^{M-1}\sum_{y=0}^{N-1}\hat{f}(x,y)^2 \bigg/ \sum_{x=0}^{M-1}\sum_{y=0}^{N-1}\left[f(x,y)-\hat{f}(x,y)\right]^2 \tag{5.84}$$

f 和 $\hat{f}$ 越接近,这个比值就越大。有时,我们会使用前两个测度的平方根,因此它们分别称为均方根误差和均方根信噪比。前面曾提及,量化的测度与感知的图像质量之间并不一定有着良好的关联性。

处理白噪声时,谱是一个常数,因此大大简化了处理。然而,未退化图像的功率谱通常不是已知的。当这些量未知或不能估计时,频繁使用的一种方法是根据下式来近似式(5.81):

$$\hat{F}(u,v) = \left[\frac{1}{H(u,v)}\frac{|H(u,v)|^2}{|H(u,v)|^2+K}\right]G(u,v) \tag{5.85}$$

式中,K 是加到 $|H(u,v)|^2$ 的所有项上的一个规定常数。下面的几个例子说明了这一表达式的应用。

---

① 项 $|N(u,v)|^2$ 也称噪声的自相关。这个术语来自相关定理(表 4.4 中第 7 项的第一行)。当两个函数相同时,相关变为自相关,该项的右侧变为 $H(u,v)H^*(u,v)$,它等于 $|H(u,v)|^2$。类似的注释适用于 $|F(u,v)|^2$,它是图像的自相关。第 12 章中将详细讨论相关。

例 5.10　逆滤波和维纳滤波的去模糊比较。

图 5.28 说明了维纳滤波与直接逆滤波相比的优点。图 5.28(a)是对图 5.27(a)全逆滤波的结果。类似地，图 5.28(b)是对图 5.27(c)半径受限逆滤波的结果。为便于比较，下面复制了这些图像。图 5.28(c)是用式(5.85)和例 5.9 中的退化函数得到的。为得到最好的视觉效果，K 值是以交互方式选择的。在本例中，与直接逆滤波方法相比，维纳滤波的优点非常明显。比较图 5.25(a)和图 5.28(c)可以看到，维纳滤波后的结果外观上非常接近未退化的原图像。

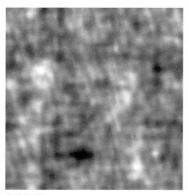

a b c

图 5.28　逆滤波和维纳滤波的比较：(a)对图 5.25(b)全逆滤波后的结果；(b)半径受限逆滤波后的结果；(c)维纳滤波后的结果　　■

例 5.11　使用维纳滤波去模糊的其他示例。

图 5.29 的第一行从左到右分别是：图 5.26(b)被均值为零、方差为 650 的加性高斯噪声严重污染后的模糊图像；直接逆滤波后的图像；维纳滤波后的图像。使用式(5.85)中的维纳滤波器和例 5.8 中的 $H(u,v)$，并交互地选择 K，得到了最好的视觉效果。不出所料，直接逆滤波得到的是一幅不适用的图像。注意，逆滤波后的图像中的噪声强到几乎完全掩盖了图像的内容。维纳滤波后的结果也不完美，但为我们提供了关于图像内容的一些线索。阅读图中的文字仍然有些困难。

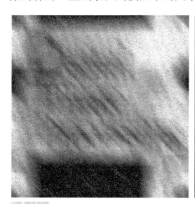

a b c

图 5.29　(a)由运动模糊和加性噪声污染的 8 比特图像；(b)逆滤波后的结果；(c)维纳滤波后的结果；(d) ~ (f)相同的图像序列，但噪声方差降低了一个数量级；(g) ~ (i)相同的图像序列，但噪声方差与图(a)相比降低了 5 个数量级。注意图(h)中去模糊后的图像透过"窗帘"清晰可见

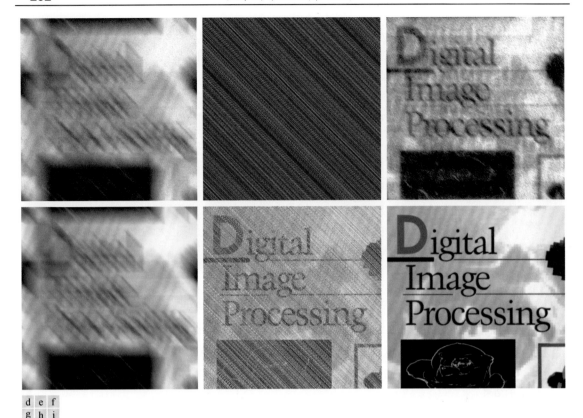

d e f
g h i

图 5.29　(a)由运动模糊和加性噪声污染的 8 比特图像；(b)逆滤波后的结果；(c)维纳滤波后的结果；(d) ~ (f)相同的图像序列，但噪声方差降低了一个数量级；(g) ~ (i)相同的图像序列，但噪声方差与图(a)相比降低了 5 个数量级。注意图(h)中去模糊后的图像透过"窗帘"清晰可见（续）

　　图 5.29 的第二行显示了刚才讨论的相同图像序列，但噪声方差降低了一个数量级。噪声方差的这一降低对逆滤波几乎没有影响，但明显改进了维纳滤波后的效果。例如，阅读文字现在要容易得多。图 5.29 的第三行与第一行相比，噪声方差降低了 5 个数量级。事实上，图 5.29(g)中几乎已看不到噪声。在这种情况下，逆滤波的结果非常有趣。噪声仍然清晰可见，但透过"窗帘"已能看到文字（见习题 5.30）。图 5.29(i)中的维纳滤波结果非常好，视觉上接近图 5.26(a)中的原图像。实践中，复原滤波的结果很少能够接近原图像。本例和下一节中的例 5.12 理想化地集中于噪声对复原算法的影响。■

5.9　约束最小二乘方滤波

　　本章讨论的所有方法都要求知道关于退化函数 H 的一些信息。然而，维纳滤波还有一个要求，即要求未退化图像和噪声的功率谱是已知的。前几节说过，在某些情况下，使用式(5.85)中的近似能够得到可以接受的结果，但常数值的功率谱比值并不总是一个合适的解。

　　本节讨论的方法仅要求关于噪声方差和均值的知识。如 5.2 节所述，这些参数通常可由一幅给定的退化图像算出，因此这是一个重要的优点。另一个不同是，维纳滤波是以最小化一个统计准则为基础的，因此是平均意义上最优的。本节给出的算法有一个显著的特点，即它对每幅图像都会产生最优的结果。当然，要记住的是，这些最优性准则是从理论上而言的，而与视觉感知的动态范围无关。因此，选择哪种算法几乎总是取决于结果图像的感知视觉质量。

使用式(4.94)中给出的卷积定义，并像 2.6 节中说明的那样，可将式(5.64)表示为向量-矩阵形式：

$$g = Hf + \eta \tag{5.86}$$

例如，假设 $g(x, y)$ 的大小是 $M \times N$。使用 $g(x, y)$ 的第一行中的图像元素构成向量 g 的第一组 N 个元素，使用第二行中的图像元素构成向量 g 的第二组 N 个元素，以此类推。结果向量的维数是 $MN \times 1$。f 和 η 的维数也是 $MN \times 1$，因为它们是用同样的方式构成的。矩阵 H 的维数为 $MN \times MN$，它的元素由式(4.94)中的卷积元素给出。

于是，图像复原问题看起来可以简化为简单矩阵运算。遗憾的是，事实并非如此。例如，假设我们正在处理一幅中等大小的图像，譬如图像的大小为 $M = N = 512$。于是，式(5.86)中向量的维数是 262144×1，矩阵 H 的维数为 262144×262144。计算这种大小的向量和矩阵并不容易。H 对噪声高度敏感的事实，会使

> 参阅 Gonzalez and Woods[1992]中专门讨论图像复原的代数技术的整个章节。

这一问题更加复杂（体验前两节中噪声的影响后，我们对此不应感到惊奇）。以矩阵形式来表述复原问题的主要优点是便于推导复原算法。

尽管我们并不完全推导即将给出的约束最小二乘方方法，但这种方法在矩阵表示法中确有其根源。本章末尾将给出其详细推导的参考文献。约束最小二乘方方法的核心是 H 对噪声敏感的问题。降低其对噪声敏感的一种方法是，以平滑测度的最优复原为基础，如一幅图像的二阶导数（拉普拉斯算子）。要使复原有意义，就必须使用问题的参数来约束复原。因此，我们需要求准则函数 C 的最小值，它定义为

$$C = \sum_{x=0}^{M-1} \sum_{y=0}^{N-1} \left[\nabla^2 f(x, y) \right]^2 \tag{5.87}$$

约束条件为

$$\left\| g - H\hat{f} \right\|^2 = \left\| \eta \right\|^2 \tag{5.88}$$

式中，$\|a\|^2 \triangleq a^T a$ 是欧几里得范数（见 2.6 节），$\hat{f}$ 是未退化图像的估计。拉普拉斯算子 ∇^2 已在式(3.50)中定义。

> 括号内的量是约束最小二乘方滤波器的传递函数。注意，$\gamma = 0$ 时它简化为逆滤波器传递函数。

这个最优问题在频率域中的解是

$$\hat{F}(u, v) = \left[\frac{H^*(u, v)}{|H(u, v)|^2 + \gamma |P(u, v)|^2} \right] G(u, v) \tag{5.89}$$

式中，γ 是一个必须调整到满足式(5.88)中的约束条件的参数，$P(u, v)$ 是如下函数的傅里叶变换：

$$p(x, y) = \begin{bmatrix} 0 & -1 & 0 \\ -1 & 4 & -1 \\ 0 & -1 & 0 \end{bmatrix} \tag{5.90}$$

根据图 3.45，我们认为这个函数是一个拉普拉斯核。注意式(5.89)在 $\gamma = 0$ 时会简化为逆滤波。

函数 $P(u, v)$ 和 $H(u, v)$ 的大小必须相同。若 H 的大小为 $M \times N$，则意味着 $p(x, y)$ 必须嵌入 $M \times N$ 零阵列的中心。为保持 $p(x, y)$ 的偶对称，M 和 N 必须是偶整数，详见例 4.10 和例 4.15 中的说明。如果由其获得 H 的一幅已知退化图像不是偶数维的，则在计算 H 之前需要酌情删除一行和/或一列，以便在式(5.89)中使用。

例 5.12　维纳滤波和最小二乘方滤波的去模糊比较。

图 5.30 是使用约束最小二乘方滤波器对图 5.29(a)、图 5.29(d)和图 5.29(g)处理后的结果，为得到最好的视觉效果，γ 的值是人为选择的。这一过程与用维纳滤波器对如图 5.29(c)、图 5.29(f)和图 5.29(i)进行处理的

过程相同。比较约束最小二乘方滤波和维纳滤波的结果发现，前者在高噪声和中噪声情况下得到了更好的结果（尤其是在降噪方面）；而在低噪声情况下，两个滤波器产生的结果基本相同。这并不令人奇怪，因为式(5.89)中的参数 γ 是一个真正的标量，而式(5.85)中的 K 值是大小为 $M \times N$ 的两个未知频率域函数之比的标量近似。因此，人为选择 γ 能更准确地估计未退化图像。如例 5.11 所示，本例中的结果要好于实践中通常发现的结果。这里的重点是噪声模糊对复原的影响。

a b c

图 5.30　约束最小二乘方滤波后的结果。请将(a)、(b)和(c)与图 5.29 中使用维纳滤波器得到的(c)、(f)和(i)分别进行比较　　　　　　　　　　　　　　　　　　　　　　　■

　　如例 5.12 中讨论的那样，交互地调整参数 γ，直到得到可接受的结果是可能的。然而，如果兴趣是数学上的最优，那么就要调整参数 γ，使其满足式(5.88)中的约束条件。迭代计算 γ 的过程如下。

　　定义一个"残差"向量 $\boldsymbol{r}$，即

$$\boldsymbol{r} = \boldsymbol{g} - \boldsymbol{H}\hat{\boldsymbol{f}} \tag{5.91}$$

由式(5.89)可知，$\hat{F}(u,v)$ 是 γ 的函数（这意味着 $\hat{\boldsymbol{f}}$ 也是 γ 的函数），所以 $\boldsymbol{r}$ 也是 γ 的函数。可以证明（Hunt[1973]，Gonzalez and Woods[1992]）

$$\phi(\gamma) = \boldsymbol{r}^{\mathrm{T}}\boldsymbol{r} = \|\boldsymbol{r}\|^2 \tag{5.92}$$

是 γ 的单调递增函数。我们要做的是调整 γ 使得

$$\|\boldsymbol{r}\|^2 = \|\boldsymbol{\eta}\|^2 \pm \alpha \tag{5.93}$$

式中，α 是一个精确度因子。考虑到式(5.91)，如果 $\|\boldsymbol{r}^2\| = \|\boldsymbol{\eta}^2\|$，那么严格满足式(5.88)中的约束条件。因为 $\phi(\gamma)$ 是单调的，所以求满足要求的 γ 值并不困难。一种方法是：

1. 规定 γ 的一个初始值。

2. 计算 $\|\boldsymbol{r}\|^2$。

3. 若满足式(5.93)，则停止。否则，若 $\|\boldsymbol{r}\|^2 < \left(\|\boldsymbol{\eta}\|^2 - \alpha\right)$，则增大 γ 后，返回步骤2；若 $\|\boldsymbol{r}\|^2 > \left(\|\boldsymbol{\eta}\|^2 + \alpha\right)$，则减小 γ 后，返回步骤2。在式(5.98)中使用 γ 的新值，重新计算最优估计 $\hat{F}(u,v)$。

其他程序如牛顿-拉夫森算法，可用于加快收敛的速度。

　　为了使用这一算法，我们需要 $\|\boldsymbol{r}\|^2$ 和 $\|\boldsymbol{\eta}\|^2$ 的值。为了计算 $\|\boldsymbol{r}\|^2$，由式(5.91)注意到

$$R(u,v) = G(u,v) - H(u,v)F(u,v) \tag{5.94}$$

由此，我们可以通过计算 $R(u,v)$ 的傅里叶反变换得到 $r(x,y)$。然后，由欧几里得范数的定义有

$$\|\boldsymbol{r}\|^2 = \boldsymbol{r}^{\mathrm{T}}\boldsymbol{r} = \sum_{x=0}^{M-1}\sum_{y=0}^{N-1} r^2(x, y) \tag{5.95}$$

计算 $\|\boldsymbol{\eta}\|^2$ 时会得出一个重要的结果。首先，考虑整幅图像上的噪声方差，它可用取样平均法来估计：

$$\sigma_\eta^2 = \frac{1}{MN}\sum_{x=0}^{M-1}\sum_{y=0}^{N-1}\left[\eta(x, y) - \overline{\eta}\right]^2 \tag{5.96}$$

式中，

$$\overline{\eta} = \frac{1}{MN}\sum_{x=0}^{M-1}\sum_{y=0}^{N-1}\eta(x, y) \tag{5.97}$$

是样本均值。参考式(5.95)的形式，我们发现式(5.96)中的双重求和与 $\|\boldsymbol{\eta}\|^2$ 成比例。由此得出表达式

$$\|\boldsymbol{\eta}\|^2 = MN\left[\sigma_\eta^2 + \overline{\eta}^2\right] \tag{5.98}$$

这是一个非常有用的结果。它告诉我们，仅由噪声均值和方差的知识就可估计未知量 $\|\boldsymbol{\eta}\|^2$。这些量并不难估计（见 5.2 节），但要假设噪声和图像灰度值是不相关的。这是本章讨论的所有方法的一个假设。

例 5.13　最优约束最小二乘方滤波器的迭代估计。

图 5.31(a)是使用上述算法估计最优滤波器并复原图 5.25(b)后的结果。γ 的初值是 10^{-5}，调整 γ 的校正因子是 10^{-6}，α 的值为 0.25。规定的噪声参数与用于生成图 5.25(a)的参数相同：噪声方差为 10^{-5}，均值为 0。复原后的结果可与图 5.28(c)媲美，后者为维纳滤波后得到的结果，维纳滤波过程中为得到最好的视觉效果，人为指定了 K 值。图 5.31(b)显示了使用错误估计的噪声参数时发生的情况。在这种情况下，噪声方差规定为 10^{-2}，均值仍然为 0。此时，结果变得更为模糊。

图 5.31　(a)使用正确的参数对图 5.25(b)迭代确定的约束最小二乘方复原；(b)使用错误的噪声参数得到的结果　■

5.10　几何均值滤波

我们可以推广 5.8 节中讨论的维纳滤波器。这一推广称为几何均值滤波器：

$$\hat{F}(u,v) = \left[\frac{H^*(u,v)}{|H(u,v)|^2}\right]^\alpha \left[\frac{H^*(u,v)}{|H(u,v)|^2 + \beta\left[\dfrac{S_\eta(u,v)}{S_f(u,v)}\right]}\right]^{1-\alpha} G(u,v) \tag{5.99}$$

式中，α 和 β 是非负的实常数。几何均值滤波器传递函数由括号内幂次分别为 α 和 $1-\alpha$ 的两个表达式组成。

当 $\alpha = 1$ 时，几何均值滤波器简化为逆滤波器；当 $\alpha = 0$ 时，几何均值滤波器变为参数维纳滤波器，参数维纳滤波器在 $\beta = 1$ 时简化为标准维纳滤波器；当 $\alpha = 1/2$ 时，几何均值滤波器变成幂次相同的两个量的乘积，这就是几何均值的定义，几何均值滤波器由此得名。$\beta = 1$ 而 α 大于 1/2 时，滤波器的性能更像逆滤波器。类似地，当 α 小于 1/2 时，滤波器的性能更像维纳滤波器。当 $\alpha = 1/2$ 且 $\beta = 1$ 时，滤波器通常称为频谱均衡滤波器。式(5.99)对于复原滤波很有用，因为它表示的是合并为单一表达式的滤波器族。

5.11 由投影重建图像

本章的前几节中讨论了被退化图像的各种复原技术。本节探讨由一系列投影来重建图像的问题，集中讨论 X 射线计算机断层成像（CT）。这是最早且应用最广泛的 CT，也是数字图像处理当前在医学领域中的主要应用之一。

> 如第 1 章所述，书中不时用术语计算机轴向断层成像（CAT）来表示 CT。

5.11.1 引言

重建问题原理上很简单，并且能够以直观的方式来定性地解释，而不需要使用公式（本节稍后将讨论数学公式）。首先考虑图 5.32(a)，它由均匀背景上的单个物体组成。为了说明如下解释的物理意义，我们假设该图像是人体的一个三维区域的一个截面，并且假设图像中的背景是均匀的软组织，被软组织环绕的物体是一个肿瘤，这个肿瘤也是均匀的，但有较高的 X 射线吸收特性。

接着，如图 5.32(b)所示，假设用一束平行的细 X 射线从左到右扫描图像（通过图像平面），并且假设物体吸收的射线能量要比背景吸收的射线能量多，事实上情况通常如此。使用放在该区域另一端的 X 射线吸收检测器条带，将产生如图所示的信号（吸收剖面），信号的幅度（灰度）与吸收成正比[1]。我们观察到任意一点处的信号都是横跨空间上对应于该点的射线束中，单条射线的吸收值之和（这样的和通常称为射线和）。此时，关于物体的所有信息就是这个一维吸收信号。

根据单个投影我们无法确定沿射线路径处理的是单个物体还是多个物体，但我们采用只根据这一信息生成图像的方法来开始图像重建。如图 5.32(c)所示，这种方法是沿射线的入射方向反投影一维信号。穿过二维区域反投影一维信号的过程有时也称穿过该区域反"涂抹"投影。对于数字图像而言，这意味着在垂直于射线束的方向上，复制横穿图像的相同一维信号。例如，图 5.32(c)就是通过复制重建图像的所有列中的一维信号创建的。因此，刚刚描述的方法就称为反投影。

接着，假设我们把源-检测器对的位置旋转 90°，如图 5.32(d)所示。重复前一段解释的步骤，在垂直方向上生成一幅反投影图像，如图 5.32(e)所示。我们把这一结果与前一反投影相加，继续图像重建，结果如图 5.32(f)所示。现在，我们认为感兴趣物体包含在所示的正方形中，因为信号相加后，其幅度是单个反投影的幅度的 2 倍。如图 5.33 所示，以刚才描述的方式进行观察，我们应能了解关于物体形

---

[1] X 射线源和检测器的物理学原理超出了讨论范围，这里的讨论重点是 CT 的图像处理方面。关于 X 射线图像形成物理学原理的详细介绍，见 Prince and Links[2006]。

状的更多信息。随着投影次数的增加，与多个反投影相交区域的反投影幅度相比，不相交反投影的幅度下降，导致一些明亮的区域支配结果图像，当图像为显示目的而标定时，很少相交或不相交的反投影会消隐到背景中。

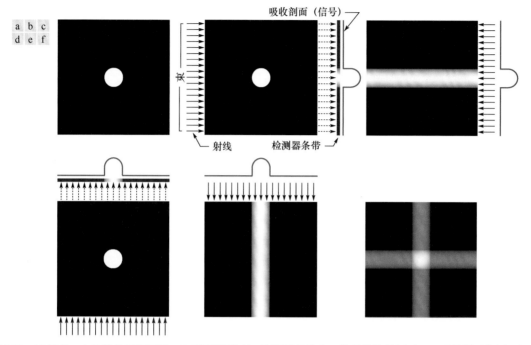

图 5.32　(a)只有一个物体的平面区域；(b)平行射线束、检测器条带和一维吸收信号剖面；(c)反投影吸收剖面得到的结果；(d)旋转 90°后的射线束和检测器；(e)反投影；(f)图(c)和图(e)之和，已标定灰度。反投影相交处的灰度是各个反投影灰度的 2 倍

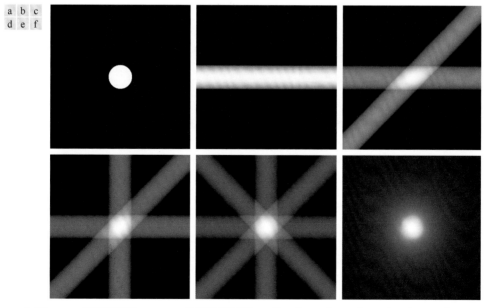

图 5.33　(a)与图 5.32(a)相同的图像；(b) ~ (e)分别使用间隔 45°的 1 个、2 个、3 个、4 个反投影重建的图像；(f)使用间隔 5.625°的 32 个反投影的重建（注意模糊效果）

　　由 32 个投影形成的图 5.33(f)说明了这一概念。但要注意的是，尽管这幅重建的图像是对原物体形状的较好近似，但它却被"光晕"效应所模糊，该效应的构成见图 5.33 中的各个渐进步骤。例如，图 5.33(e)中的"光晕"看起来像是一颗星星，其灰度比物体的低，但比背景的高。当视图数量增加时，"光晕"的形状变为一个圆，如图 5.33(f)所示。CT 重建中的模糊是一个重要问题，解决办法将在本节稍后给出。最后，根据对图 5.32 和图 5.33 的讨论，我们得出结论：相隔 180° 的投影互为镜像，因此为产生重建所需的所有投影，我们只需考虑半个圆的角度增加情况。

例 5.14　包含两个物体的平面区域的反投影。

　　图 5.34 说明了在包含两个具有不同吸收特性的物体的区域上使用反投影的图像重建（较大物体具有较高的吸收特性）。图 5.34(b)显示了使用一个反投影重建的结果。我们注意到该图中有三个主要特征，它们从下到上分别是：对应于小物体未被遮挡部分的一个细长的水平灰色条带；灰色条带上方对应于两个物体共享区域的一个明亮（吸收性更强）条带；对应于椭圆物体的上部条带。图 5.34(c)和图 5.34(d)分别显示了使用间隔 90°的两个投影和间隔 45°的 4 个投影重建图像后的结果。这些图形的解释类似于对图 5.33(c)到图 5.33(e)的讨论。图 5.34(e)和图 5.34(f)显示了分别使用 32 个和 64 个反投影精确重建图像后的结果，这两个结果看起来非常接近，并且两者中都存在前面提及的模糊问题。

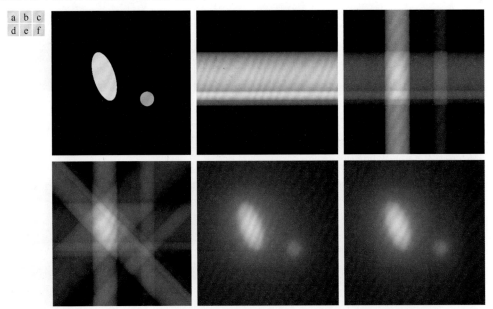

图 5.34　(a)具有不同吸收特性的两个物体；(b) ~ (d)使用间隔 45°的 1 个、2 个、4 个反投影重建的图像；(e)使用间隔 5.625°的 32 个反投影重建的图像；(f)使用间隔 2.8125°的 64 个反投影重建的图像（注意模糊效果）■

5.11.2　X 射线计算机断层成像（CT）原理

　　第 4 章在讨论傅里叶变换时，曾说到 CT 的基本数学概念在数字计算机变得实用之前就已存在多年。CT 的理论基础要追溯到一位来自维也纳的数学家约翰·雷登（Johann Radon），他在研究线积分时，于 1917 年推导了一种沿平行射线投影二维物体的方法（这一方法今天称为雷登变换，下面很快就会讨论这个问题）。45 年后，塔夫茨大学物理学家阿伦·M·科马克（Allan M. Cormack）部分地重新发现了这些概念的一部分，并将它们应用到了 CT 上。1963 年和 1964 年，科马克发表了他的最初发现，并说明了如何从以不同角度方向得到的 X 射线图像来重建人体的剖面图像。他给出了重建所需的数学公式，并且建立了一个用于展示实现其思想的 CT 原型。同时，伦敦 EMI 公司的电气工程师高德弗里·N·豪斯菲尔德（Godfrey N. Hounsfield）及其同事也独立给出了类似的解决方法，并制造了第一台医学 CT 机。由于他们对医学断层成像的贡献，科马克和豪斯菲尔德共同获得了 1979 年的诺贝尔医学奖。

X 射线计算机断层成像的目的是，使用 X 射线从多个不同的方向对物体进行扫描，获取物体内部结构的三维表示。例如，传统的胸部 X 光片，就是让人站在 X 射线感光板前面，用锥形 X 射线束照射人体得到的。X 射线板将产生一幅图像，图像上一点的亮度与入射到该点的 X 射线能量成正比。这幅图像就是我们在上一节中讨论的二维投影。我们可以反投影整幅图像来创建一幅三维图像。以不同角度重复这一过程，并将得到的各个反投影相加，就能得到三维胸腔结构。计算机断层成像通过生成通过人体的多个切片，可以得到相同的信息（或局部信息）；然后堆叠这些切片，就可得到人体的三维表示。CT 实现要经济得多，因为获得高分辨率切片所需的检测器数量，要比生成相同分辨率的完整二维投影所需的检测器数量少得多，同时计算开销和 X 射线剂量也要低很多，因此使得一维投影 CT 成为一种更实用的方法。

第一代（G1）CT 扫描仪采用"笔"形 X 射线束和一个检测器，如图 5.35(a)所示。对于某个已知的转角，源-检测器对沿所示的线性方向增量平移。在每个增量平移位置测量检测器的输出，就产生一个投影（类似于图 5.32 中的投影）。整个线性平移结束后，转动源-检测器对，重复前述过程得到不同转角的另一个投影。对区间[0°, 180°]内的所有期望转角重复这一过程，生成一组投影图像，然后如前节说明的那样，根据这组投影图像得到最终的剖面图像（通过三维物体的一个切片）。每次完整的扫描完成后，将人体增量移过源-检测器平面（人体头部的十字标记指出了垂直于源-检测器对平面的运动），得到一组剖面图像（切片）。堆叠这些图像，就会得到人体某部分的三维结构。第一代医学成像扫描仪目前已不再生产，但由于它们能够产生平行射线束（见图 5.32），因此它们的几何结构非常适合于介绍 CT 成像的基础，是推导根据投影来重建图像所需公式的起点。

第二代（G2）CT 扫描仪［见图 5.35(b)］与第一代扫描仪的工作原理相同，但所用射线束是扇形的，因此可以使用多个检测器，同时减少源-检测器对的平移。

第三代（G3）扫描仪与前两代 CT 相比，几何结构上有了明显改进。如图 5.35(c)所示，第三代扫描仪使用长到足以覆盖更宽射线束视野的一族检测器（约 1000 个独立的检测器）。因此，每个增量转角都会产生一个完整的投影，而不需要像第一代和第二代扫描仪那样平移源-检测器对。

第四代（G4）扫描仪的改进更明显。它使用环形检测器（环中约有 5000 个独立的检测器），只需转动射线源。第三代和第四代扫描仪的主要优点是速度快，主要缺点是高昂的造价和更大的 X 射线散射，而更大的 X 射线散射意味着与第一代和第二代扫描仪相比，第三代和第四代扫描仪需要更多的 X 射线剂量才能实现类似的信噪比特性。

今天，医疗机构已开始采用更新的扫描仪。例如，第五代（G5）CT 扫描仪［也称电子束计算机断层成像（EBCT）扫描仪］采用以电磁方式控制的电子束，取消了所有的机械运动。通过轰击围绕病人的钨阳极，电子束产生 X 射线，然后将 X 射线整形为通过患者的扇形射线束，激发如第四代扫描仪中的那些环形检测器。

获取 CT 图像的传统方法是：在生成一幅图像所需的扫描时间内，让患者保持不动；然后在垂直于成像平面的方向上，使用电动桌增量移动患者的位置，移动时停止扫描；移动位置后，获取下一幅图像；对覆盖患者身体某部分所需的增量数重复这一过程。虽然不到 1 秒就能得到一幅图像，但在图像获取过程中要求患者摒住呼吸（如腹部和胸部扫描）。采集完 30 幅图像可能需要几分钟。针对该问题的一种方法是采用螺旋 CT，有时也称为第六代（G6）CT。在这种方法中，使用滑动环来配置第三代和第四代扫描仪，滑动环的优点是源/检测器和处理单元之间不需要电缆连接。然后，源–检测器对连续旋转 360°，同时患者沿垂直于扫描方向的轴恒速运动。得到的结果是连续的螺旋体数据，对这些数据进行处理就可得到各个切片图像。

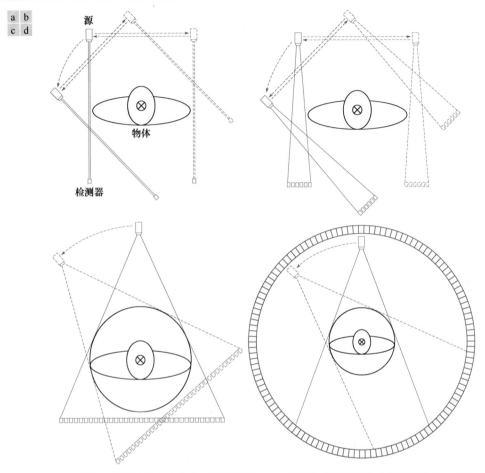

图 5.35　第四代 CT 扫描仪。带箭头的直虚线表示线性增量运动。带箭头的弧形虚线表示增量转动。人体头部的十字标记表示垂直于纸面的线性运动。图(a)和图(b)中的双箭头表示源/检测器单元被平移后又回到原位置

第七代（G7）扫描仪（也称多切片 CT 扫描仪）即将问世，这种扫描仪组合使用"密集的"扇形射线束和并联的检测器组同时收集体 CT 数据，即三维剖面"板"，而不是由每个 X 射线暴产生的单个剖面图像。这种方法的优点是，除了能有效地增加细节，所用的 X 射线管更经济，因此降低了成本和X 射线剂量。

在下面的讨论中，我们将推导用来表述图像投影和重建算法的必要数学工具，并重点介绍前面讨论的所有 CT 方法的图像处理基础。有关 CT 系统的机械特性和源/检测器特性的信息，请参阅本章末尾给出的参考文献。

5.11.3　投影和雷登变换

下面详细推导 X 射线计算机断层成像背景下重建图像所需的数学公式。相同的基本原理也适用于其他 CT 成像方式，如 SPECT（单光子发射断层成像）、PET（正电子发射断层成像）、MRI（磁共振成像）和某些超声波成像方式。

在笛卡儿坐标系中，一条直线可由其斜截式 $y = ax + b$ 描述，或如图 5.36 所示的那样由其法线表示描述：

$$x \cos\theta + y \sin\theta = \rho \tag{5.100}$$

平行射线束的投影可以由这样的一组直线来建模，如图 5.37 所示。投影剖面中坐标为 (ρ_j, θ_k) 的任意一点，由沿直线 $x\cos\theta_k + y\sin\theta_k = \rho_j$ 的射线和给出。处理连续变量时，射线和是一个线积分，即

$$g(\rho_j, \theta_k) = \int_{-\infty}^{\infty}\int_{-\infty}^{\infty} f(x, y)\delta(x\cos\theta_k + y\sin\theta_k - \rho_j)\,\mathrm{d}x\,\mathrm{d}y \tag{5.101}$$

式中，我们使用了 4.5 节中讨论的冲激函数 δ 的性质。换句话说，除非变量 δ 为零，否则式(5.101)的右侧为零，它指出积分只沿直线 $x\cos\theta_k + y\sin\theta_k = \rho_j$ 进行。若考虑 ρ 和 θ 的所有值，则式(5.101)推广为

$$g(\rho, \theta) = \int_{-\infty}^{\infty}\int_{-\infty}^{\infty} f(x, y)\delta(x\cos\theta + y\sin\theta - \rho)\,\mathrm{d}x\,\mathrm{d}y \tag{5.102}$$

给出 $f(x, y)$ 在 xy 平面中沿任意一条直线的投影（线积分）的这个公式，就是前面提到的雷登变换。符号 $\mathcal{R}\{f(x, y)\}$ 或 $\mathcal{R}\{f\}$ 有时用于代替式(5.102)中的 $g(\rho, \theta)$，以表示 $f(x, y)$ 的雷登变换，但式(5.102)中所用的符号更为常见。随后的讨

> 在本节中，我们按照 CT 惯例，将 xy 平面的原点放在中间，而不放在我们习惯的左上角（见 2.4 节）。这两个坐标系都是右手坐标系，唯一的区别是我们的图像坐标系没有负轴。我们可以简单地平移原点来解释这一区别，因此这两种表示可以互换。

论会证明，雷登变换是投影重建的基石，计算机断层成像是雷登变换在图像处理领域中的主要应用。

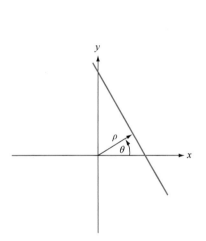

图 5.36　一条直线的法线表示

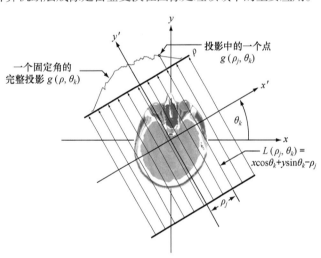

图 5.37　平行射线束的几何描述

在离散情况下[①]，式(5.102)的雷登变换变为

$$g(\rho, \theta) = \sum_{x=0}^{M-1}\sum_{y=0}^{N-1} f(x, y)\delta(x\cos\theta + y\sin\theta - \rho) \tag{5.103}$$

式中，x, y 现在是离散变量，M 和 N 是变换矩形区域的大小。若固定 θ 而让 ρ 变化，则会发现式(5.103)就是沿这两个参数的规定值定义的直线对 $f(x, y)$ 的像素求和。增量跨越 $M \times N$ 区域（θ 固定）所需的所有 ρ 值，就会得到一个投影。改变 θ 并重复这一过程会产生另一个投影，以此类推。这正是生成图 5.32 至图 5.34 中的投影的方式。

---

① 在第 4 章中，我们非常小心地用 (t, z) 来表示连续图像坐标，并用 (x, y) 来表示离散坐标。当时，这种区别很重要，因为我们正在给出从连续量到离散量的基本概念。在当前的讨论中，由于需要在连续坐标和离散坐标之间多次往返，继续使用前述约定可能会导致不必要的混淆。出于这一原因，同时为与已出版文献（如 Prince and Links[2006]）中的表示一致，我们将根据上下文来确定坐标 (x, y) 是连续的还是离散的。当坐标是连续坐标时，会出现积分；而当坐标为离散坐标时，会出现求和。

例 5.15　使用雷登变换得到圆形区域的投影。

在继续讨论之前，我们首先说明如何用雷登变换得到图 5.38(a)中圆形物体的投影的解析表达式：

$$f(x, y) = \begin{cases} A, & x^2 + y^2 \le r^2 \\ 0, & \text{其他} \end{cases}$$

式中，A 是常数，r 是物体的半径。假设圆的圆心是 xy 平面的原点。因为物体是圆对称的，其投影对所有视角都相同，所以我们只需得到 $\theta = 0^\circ$ 时的投影。于是，式(5.102)变成

$$g(\rho, \theta) = \int_{-\infty}^{\infty} \int_{-\infty}^{\infty} f(x, y)\delta(x - \rho)\mathrm{d}x\,\mathrm{d}y = \int_{-\infty}^{\infty} f(\rho, y)\mathrm{d}y$$

式中，最后一步是根据式(4.13)得到的。如前所述，这是一个线积分［在这种情况下沿线 $L(\rho, 0)$ 积分］。还要注意的是，当 $|\rho| > r$ 时，$g(\rho, \theta) = 0$；当 $|\rho| \le r$ 时，积分区间是从 $y = -(r^2 - \rho^2)^{1/2}$ 到 $y = (r^2 - \rho^2)^{1/2}$。因此有

$$g(\rho, \theta) = \int_{-\sqrt{r^2 - \rho^2}}^{\sqrt{r^2 - \rho^2}} f(\rho, y)\mathrm{d}y = \int_{-\sqrt{r^2 - \rho^2}}^{\sqrt{r^2 - \rho^2}} A\mathrm{d}y$$

积分得

$$g(\rho, \theta) = g(\rho) = \begin{cases} 2A\sqrt{r^2 - \rho^2}, & |\rho| \le r \\ 0, & \text{其他} \end{cases}$$

式中，利用了 $|\rho| > r$ 时 $g(\rho, \theta) = 0$ 这一事实。图 5.38(b) 显示了这一结果的图形。注意，$g(\rho, \theta) = g(\rho)$，即 g 与 θ 无关，因为物体是关于原点对称的。∎

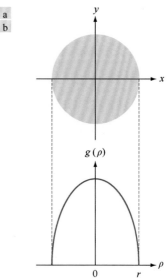

图 5.38　(a)一个圆盘；(b)这个圆盘解析推导的雷登变换的曲线。这里我们可以画出该变换的曲线，因为它仅取决于一个变量。当 g 取决于 ρ 和 θ 时，雷登变换变成一幅图像，其坐标轴是 ρ 和 θ，像素的灰度与该像素位置的 g 值成正比

当雷登变换 $g(\rho, \theta)$ 以 ρ 和 θ 作为直线坐标显示为一幅图像时，结果称之为正弦图（sinogram），这一概念类似于显示的傅里叶谱。类似于傅里叶变换，正弦图中含有重建 $f(x, y)$ 所需的数据。然而，与傅里叶变换不同的是，$g(\rho, \theta)$ 总是实函数。如同显示的傅里叶谱那样，使用正弦图很容易解释简单的区域，但当被投影的区域变得复杂时，"读取"该区域也会变得困难。例如，图 5.39(b)是左侧矩形的正弦图，其纵轴和横轴分别对应于 θ 和 ρ。因此，底部一行是矩形在水平方向的投影（$\theta = 0^\circ$），中间一行是矩形在垂直方向的投影（$\theta = 90^\circ$）。底部一行的非零部分要比中间一行的非零部分小，说明物体在水平方向上较窄。正弦图在两个方向上关于图像中心对称的事实告诉我们，正在处理的物体是对称的，并且平行于 x 轴和 y 轴。最后，正弦图是平滑的，这表明物体具有均匀的灰度。除了这些一般的观察，我们说不出正弦图的更多特点。

> 要生成行数相同的阵列，正弦图中 ρ 轴的最小维数对应于投影过程中遇到的最大维数。例如，用 1° 增量得到的 $M \times M$ 方形的最小正弦图尺寸是 $180 \times Q$，其中 Q 是大于 $\sqrt{2}M$ 的最小整数。

图 5.39(c)是谢普-洛根（Shepp and Logan [1974]）幻影的一幅图像，它是广泛用于模拟脑部主要区域（含有几个小肿瘤）的吸收情况的一幅合成图像。如图 5.39(d)所示，这幅图像的正弦图解释起来更困难。我们仍然可以推断某些对称性，但也仅限于此。视觉分析正弦图的实际用途有限，但它有助于我们开发算法。

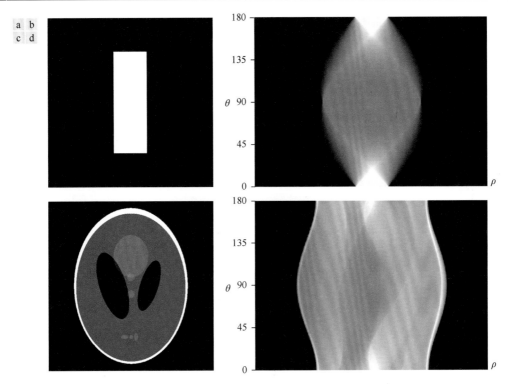

图 5.39　两幅图像和它们的正弦图（雷登变换）。每行正弦图都是纵轴上沿对应角度的一个投影（注意，正弦图的横轴是 ρ 值）。图像(c)称为谢普–洛根幻影。在最初的谢普–洛根幻影中，幻影的对比度很低。为便于观察，这里显示的是增强后的图像

5.11.4　反投影

下面从固定转角 θ_k 的完整投影 $g(\rho,\theta_k)$ 的一个点 $g(\rho_j,\theta_k)$ 开始（见图 5.37），推导来自雷登变换的反投影图像的正式表达式。反投影这个点形成部分图像的过程是，将直线 $L(\rho_j,\theta_k)$ 复制到图像上，直线上每点的值（灰度）是 $g(\rho_j,\theta_k)$。对投影信号中的所有 ρ_j 值重复这一过程（θ 值固定为 θ_k），可得如下表达式：

$$f_{\theta_k}(x,y) = g(\rho,\theta_k) = g(x\cos\theta_k + y\sin\theta_k,\theta_k)$$

图 5.32(b)显示了反投影固定角度 θ_k 的投影得到的图像。这个公式对于任意 θ_k 值都成立，因此通常可把在角度 θ 处得到的单个反投影形成的图像写为

$$f_\theta(x,y) = g(x\cos\theta + y\sin\theta,\theta) \tag{5.104}$$

对所有反投影图像积分，得到最终的图像：

$$f(x,y) = \int_0^\pi f_\theta(x,y)\mathrm{d}\theta \tag{5.105}$$

在离散情况下，积分变成对所有反投影的图像求和：

$$f(x,y) = \sum_{\theta=0}^\pi f_\theta(x,y) \tag{5.106}$$

式中，x,y 和 θ 现在是离散量。如前所述，0°和 180°的投影互为镜像，因此求和上限只需要是小于 180°的最后一个角度增量。例如，角度增量为 0.5°，求和下限是 0°，上限是 179.5°。用刚才描述的方式形

成的反投影图像,有时称为层图,我们可把层图理解为一幅由其生成投影的图像的一个近似,下例清楚地说明了这一事实。

例5.16　由正弦图得到反投影图像。

　　式(5.106)用于由式(5.103)得到的投影生成图5.32至图5.34中的反投影图像。类似地,这些公式用于产生图5.40(a)和图5.40(b),它们分别显示了对应图5.39(b)和图5.39(d)中正弦图的反投影图像。如前面的图像那样,我们发现反投影图像中存在严重的模糊,因此直接用式(5.103)和式(5.106)得不到可令人接受的结果。早期的实验CT系统就是基于这些公式的。然而,如稍后说明的那样,重新表述这种反投影方法可能会改进重建的效果。

图5.40　图5.39中的正弦图的反投影　　■

5.11.5　傅里叶切片定理

　　本节推导一个基本公式,以建立投影的一维傅里叶变换与得到投影区域的二维傅里叶变换之间的关系。这个关系是能够处理我们迄今为止遇到的模糊问题的重建方法的基础。

　　关于 ρ 的投影的一维傅里叶变换为

$$G(\omega,\theta) = \int_{-\infty}^{\infty} g(\rho,\theta)e^{-j2\pi\omega\rho}d\rho \tag{5.107}$$

式中, ω 是频率变量,并且很容易理解该表达式是根据固定的 θ 值得到的。用式(5.102)代替 $g(\rho,\theta)$,得到

> 这个公式的形式与式(4.20)相同。

$$G(\omega,\theta) = \int_{-\infty}^{\infty}\int_{-\infty}^{\infty}\int_{-\infty}^{\infty} f(x,y)\delta(x\cos\theta+y\sin\theta-\rho)e^{-j2\pi\omega\rho}\ dx\ dy\ d\rho$$

$$= \int_{-\infty}^{\infty}\int_{-\infty}^{\infty} f(x,y)\left[\int_{-\infty}^{\infty}\delta(x\cos\theta+y\sin\theta-\rho)e^{-j2\pi\omega\rho}d\rho\right]dx\ dy \tag{5.108}$$

$$= \int_{-\infty}^{\infty}\int_{-\infty}^{\infty} f(x,y)e^{-j2\pi\omega(x\cos\theta+y\sin\theta)}\ dx\ dy$$

其中最后一步是由第4章中讨论的冲激的取样性质得到的。令 $u=\omega\cos\theta$ 和 $v=\omega\sin\theta$,可将式(5.108)写为

$$G(\omega,\theta) = \left[\int_{-\infty}^{\infty}\int_{-\infty}^{\infty} f(x,y)e^{-j2\pi(ux+vy)}\ dx\ dy\right]_{u=\omega\cos\theta;\ v=\omega\sin\theta} \tag{5.109}$$

可以看出,这个表达式是在所给 u 值和 v 值处计算得到的 $f(x,y)$ 的二维傅里叶变换 [见式(4.59)],即

$$G(\omega,\theta) = \left[F(u,v)\right]_{u=\omega\cos\theta;\ v=\omega\sin\theta} = F(\omega\cos\theta,\omega\sin\theta) \tag{5.110}$$

式中, $F(u,v)$ 照例表示 $f(x,y)$ 的二维傅里叶变换。

式(5.110)称为傅里叶切片定理（或投影切片定理）。它说，一个投影的傅里叶变换，是得到投影的区域的二维傅里叶变换的一个切片。借助于图 5.41，可以解释采用这一术语的原因。如图所示，任意一个投影的一维傅里叶变换，是沿某个角度的一条直线提取 $F(u, v)$ 的值得到的，这个角度与生成该投影时所用的角度相同。

原理上，我们可以使用 $F(u, v)$ 的傅里叶反变换得到 $f(x, y)$。但这一计算代价高昂，因为它涉及二维变换的反变换。下一节讨论的方法要有效得多。

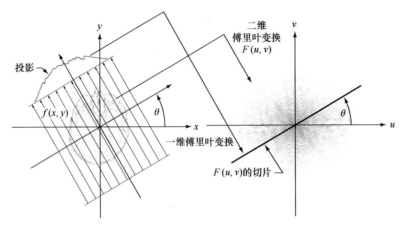

图 5.41　傅里叶切片定理的说明。投影的一维傅里叶变换是得到投影的区域的二维傅里叶变换的一个切片。注意两幅图形中角度 θ 的对应性

5.11.6　使用平行射线束滤波反投影重建

如图 5.33、图 5.34 和图 5.40 所示，直接得到反投影会生成不可接受的模糊结果。所幸的是，解决该问题有一种简单的方法，即在计算反投影前对投影进行滤波。由式(4.60)可知，$F(u, v)$ 的二维傅里叶反变换是

$$f(x, y) = \int_{-\infty}^{\infty}\int_{-\infty}^{\infty} F(u,v)\mathrm{e}^{\mathrm{j}2\pi(ux+vy)}\mathrm{d}u\mathrm{d}v \tag{5.111}$$

如式(5.109)和式(5.110)中那样，令 $u = \omega\cos\theta$ 和 $v = \omega\sin\theta$，于是微分变为 $\mathrm{d}u\mathrm{d}v = \omega\mathrm{d}\omega\mathrm{d}\theta$，并且可把式(5.111)表示为极坐标形式：

$$f(x, y) = \int_{0}^{2\pi}\int_{0}^{\infty} F(\omega\cos\theta, \omega\sin\theta)\mathrm{e}^{\mathrm{j}2\pi\omega(x\cos\theta+y\sin\theta)}\omega\mathrm{d}\omega\mathrm{d}\theta \tag{5.112}$$

然后，利用傅里叶切片定理有

$$f(x, y) = \int_{0}^{2\pi}\int_{0}^{\infty} G(\omega, \theta)\mathrm{e}^{\mathrm{j}2\pi\omega(x\cos\theta+y\sin\theta)}\omega\mathrm{d}\omega\mathrm{d}\theta \tag{5.113}$$

将这个积分拆分为两个表达式，一个表达式中 θ 的取值范围是 0°到180°，另一个表达式中 θ 的取值范围是 180°到 360°，并利用 $G(\omega, \theta+180°) = G(-\omega, \theta)$ 这一事实（见习题 5.46），可把式(5.113)表示为

> 关系 $\mathrm{d}u\mathrm{d}v = \omega\mathrm{d}\omega\mathrm{d}\theta$ 来自基本积分学，其中雅可比被用做变量变化的基础。

$$f(x, y) = \int_{0}^{\pi}\int_{-\infty}^{\infty} |\omega|\, G(\omega, \theta)\mathrm{e}^{\mathrm{j}2\pi\omega(x\cos\theta+y\sin\theta)}\mathrm{d}\omega\mathrm{d}\theta \tag{5.114}$$

式中，$x\cos\theta + y\sin\theta$ 相对于 ω 而言是一个常数，并且我们认为它是式(5.100)中的 ρ。因此，式(5.114)可写为

$$f(x, y) = \int_0^\pi \left[\int_{-\infty}^{\infty} |\omega| G(\omega, \theta) e^{j2\pi\omega\rho} d\omega \right]_{\rho = x\cos\theta + y\sin\theta} d\theta \tag{5.115}$$

内部表达式是一个一维傅里叶反变换［见式(4.21)］，只是附加了 $|\omega|$ 项，根据 4.7 节的讨论，我们可以认为它是一个一维滤波器传递函数。观察发现 $|\omega|$ 是一个斜坡函数［见图 5.42(a)］。这个函数不可积，因为其幅度在两个方向上都扩展到了 $+\infty$，所以其傅里叶反变换无定义。理论上，可用某些方法来处理该问题，如使用所谓的广义 δ 函数。实践中，这种方法是对斜坡加窗，使其在定义的频率区间之外为零；也就是说，加窗带宽限制这个斜坡滤波器传递函数。

> 斜坡滤波器通常称为 Ram–Lak 滤波器，因为人们通常认为它是由 Ramachandran and Lakshminarayanan [1971]首次提出的。

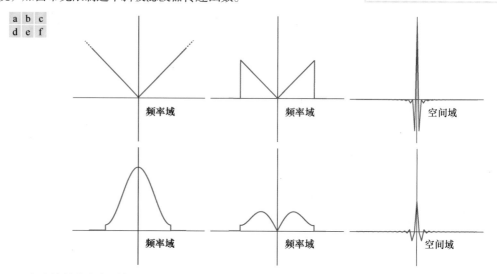

图 5.42　(a)频率域斜坡滤波器传递函数；(b)使用一个盒式滤波器限制带宽后的函数；(c)空间域表示；(d)汉明窗函数；(e)由图(b)和图(d)的乘积形成的加窗斜坡滤波器；(f)乘积的空间域表示（注意振铃效应的降低）

　　限制一个函数的带宽的最简方法是在频率域中使用一个盒式函数。然而，如图 4.4 所示，盒式函数会有不希望的振铃性质，图 5.42(b)和(c)证明了这一点。前者显示了被一个盒式窗函数限制带宽后的斜坡传递函数的图形，后者显示了其空间域表示，它是计算傅里叶反变换得到的。不出所料，加窗后的滤波器在空间域中出现了明显的振铃。由第 4 章可知，频率域的滤波等效于空间域的卷积，因此使用存在振铃性质的函数进行空间滤波时，也会产生被振铃污染的结果。使用一个平滑函数来加窗可以解决这一问题。常用于实现一维 FFT 的 M 点离散窗函数由下式给出：

$$h(\omega) = \begin{cases} c + (c-1)\cos\dfrac{2\pi\omega}{M}, & 0 \le \omega \le (M-1) \\ 0, & \text{其他} \end{cases} \tag{5.116}$$

当 $c = 0.54$ 时，该函数称为汉明窗［根据 Richard Hamming（理查德·汉明）命名］；当 $c = 0.5$ 时，该函数称为韩窗［根据 Julius von Hann（朱利叶·冯·韩）命名］。汉明窗和韩窗的主要区别是，后者末尾的一些点为零。通常，两者的差别在图像处理应用中是觉察不到的。

　　图 5.42(d)是汉明窗的曲线，图 5.42(e)显示了汉明窗和图 5.42(b)中的带限斜坡滤波器传递函数的乘积。图 5.42(f)显示了这个乘积在空间域中的表示，它照例是通过计算 IFFT 得到的。很明显，将该图与图 5.42(c)进行比较，会发现加窗斜坡函数中的振铃效应降低了［图 5.42(c)和 5.42(f)中的峰谷比分别为 2.5 和 3.4］。另一方面，因为图 5.42(f)中的中心瓣要比图 5.42(c)中的中心瓣稍宽，因此我们预计使用汉明窗的反投影有较小的振铃效应，但要稍微模糊一些。如例 5.17 所示，情况的确如此。

回顾式(5.107)可知，$G(\omega,\theta)$ 是 $g(\rho,\theta)$ 的一维傅里叶变换，它是以固定角度 θ 得到的单个投影。式(5.115)说明完整的反投影图像 $f(x,y)$ 是按如下步骤得到的：

1. 计算每个投影的一维傅里叶变换。
2. 将每个傅里叶变换乘以滤波器传递函数 $|\omega|$，如上所述，这个传递函数已乘一个合适的窗（如汉明窗）。
3. 得到每个滤波后的变换的一维傅里叶反变换。
4. 对步骤 3 得到的所有一维反变换进行积分（求和）。

因为使用了一个滤波器函数，因此这种图像重建方法称为滤波反投影。实践中，由于数据是离散的，因此所有的频率域计算都使用一维 FFT 算法来执行，并且对于二维函数，滤波是使用第 4 章中说明的相同基本过程实现的。另外，如稍后所述，我们也可在空间域中使用卷积来实现滤波。

上述讨论强调了对滤波反投影的加窗。与任何取样数据系统一样，我们还需要考虑取样率。由第 4 章可知，取样率的选择对图像处理结果有很大的影响。在当前的讨论中，要考虑两个取样因素。第一个因素是所用的射线数量，它决定了每个投影中的样本数。第二个因素是转角的增量数，它决定了重建图像的数量（这些图像之和是最终的图像）。欠取样将导致混叠现象，如第 4 章所述，混叠本身在图像中表现为伪影（如条纹）。稍后将详细讨论 CT 的取样问题。

例 5.17　使用滤波反投影重建图像。

本例的重点是说明如何用滤波反投影重建图像，首先使用一个盒式带限的斜坡滤波器传递函数，然后使用一个被汉明窗限制的斜坡滤波器传递函数。然后，将这些滤波反投影与图 5.40 中的原始反投影进行比较。为了关注仅由滤波导致的差别，本例中的结果是使用 0.5° 的转角增量产生的，它与图 5.40 中所用的转角增量相同。在两种情况下，射线之间的间隔是 1 像素。两个例子中的图像大小均为 600×600 像素，因此对角线的长度是 $\sqrt{2}\times600\approx849$。当转角是 45° 和 135° 时，所用的 849 条射线覆盖了整个区域。

图 5.43(a)显示了用被盒式函数带限的一个斜坡滤波器重建的矩形。结果中最清晰的特征几乎没有可察觉的模糊。然而，不出所料，结果中存在振铃现象，它们表现为微弱的线条，尤其是在矩形的四个角的周围。在图 5.43(c)的放大部分中，这些线条非常清楚。对斜坡滤波器使用汉明窗，有助于解决振铃问题，如图 5.43(b)和图 5.43(d)所示，但要付出图像稍微模糊的代价。对图 5.40(a)的改进很明显（甚至与盒式加窗的斜坡滤波器相比）。与矩形相比，由于幻影图像没有急剧且突出的过渡，因此即便使用盒式加窗的斜坡滤波器，这种情况下的振铃也是看不到的，如图 5.44(a)所示。使用汉明窗会得到稍微平滑一些的图像，如图 5.44(b)所示。与图 5.40(b)相比，两个结果都有较大的改进，这再次表明了滤波反投影方法的优点。

a b

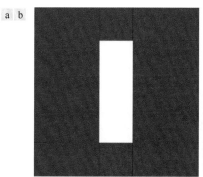

图 5.43　(a)使用斜坡滤波器得到的矩形的滤波反投影；(b)使用汉明窗斜坡滤波器得到的矩形的滤波反投影；(c)图(a)局部放大后的细节；(d)图(b)局部放大后的细节。请与图 5.40(a)比较

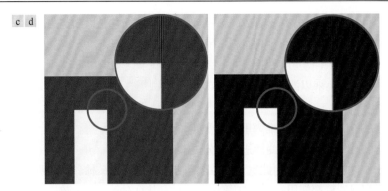

图 5.43　(a)使用斜坡滤波器得到的矩形的滤波反投影；(b)使用汉明窗斜坡滤波器得到的矩形的滤波反投影；(c)图(a)局部放大后的细节；(d)图(b)局部放大后的细节。请与图 5.40(a)比较（续）

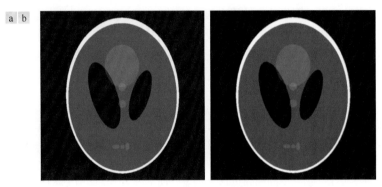

图 5.44　(a)使用斜坡滤波器得到的头部幻影的滤波反投影；(b)使汉明窗斜坡滤波器得到的头部幻影的滤波反投影。请与图 5.40(b)比较

　　在多数 CT 应用中（特别是在医学领域的应用中），像振铃这样的伪影会严重影响结果，因此必须使它们最小化。像前面说明的那样，调整滤波算法并使用大量检测器，是在设计中降低这些影响的考虑因素。 ■

　　前面讨论了如何通过 FFT 来得到滤波反投影。然而，由第 4 章中的卷积定理可知，使用空间卷积也能得到相同的结果。特别地，式(5.115)中方括号内的项是两个频率域函数的乘积的傅里叶反变换，根据卷积定理，我们知道它等于这两个函数的空间表示（傅里叶反变换）的卷积。换句话说，令 $s(\rho)$ 表示 $|\omega|$ 的傅里叶反变换[①]，可将式(5.115)写为

$$
\begin{aligned}
f(x, y) &= \int_0^\pi \left[\int_{-\infty}^\infty |\omega| G(\omega, \theta) e^{j2\pi\omega\rho} d\omega \right]_{\rho=x\cos\theta+y\sin\theta} d\theta \\
&= \int_0^\pi \left[s(\rho) \star g(\rho, \theta) \right]_{\rho=x\cos\theta+y\sin\theta} d\theta \\
&= \int_0^\pi \left[\int_{-\infty}^\infty g(\rho, \theta) s(x\cos\theta + y\sin\theta - \rho) d\rho \right] d\theta
\end{aligned}
\tag{5.117}
$$

式中，如第 4 章中那样，$\star$ 表示卷积。从第一行得到第二行的原因见前一段的解释。第三行（包括 $-\rho$）由式(4.24)给出的卷积定义得到。

　　式(5.117)的后两行说明了同一个事实：将对应的投影 $g(\rho, \theta)$ 与斜坡滤波器传递函数 $s(\rho)$ 的傅里叶

[①] 若使用一个加窗函数，如汉明窗，则反傅里叶变换是对加窗后的斜坡函数执行的。

反变换进行卷积，可得到角度 θ 的各个反投影。整个反投影图像照例可通过对所有反投影图像积分（求和）得到。除计算上的舍入误差外，使用卷积的结果与使用 FFT 的结果相同。在实际的 CT 实现中，卷积在计算上通常更有效，因此多数现代 CT 系统使用这种方法。傅里叶变换在理论表述和算法开发方面确实起重要作用（例如，MATLAB 中的 CT 图像处理就是基于 FFT 的）。另外，我们发现，在重建过程中并不需要存储所有的反投影图像。相反，单个求和运算会被最新的反投影图像更新。在这一过程的末尾，求和运算等于所有反投影的总和。

最后要指出的是，因为斜坡滤波器（使它被加窗）在频率域中的直流项为零，因此每幅反投影图像的均值为零（见图 4.29）。这意味着每幅反投影图像中的像素将有负值和正值。把所有反投影图像相加形成最终的图像时，一些位置的负值可能会变成正值，并且平均值可能不再是零，但最终的图像中仍然会有负值像素。

处理该问题的方法有多种。不知道像素的平均值时，最简单的方法是接受这种方法中的固有负值，并用式(2.31)和式(2.32)中描述的过程来标定结果。这也是本节采用的方法。知道像素的"典型"平均值时，可把这个平均值与频率域中的滤波器传递函数相加，抵消斜坡并阻止直流项归零[见图 4.30(c)]。在空间域中进行卷积运算时，截断空间滤波核（斜坡的傅里叶反变换）的长度，阻止它具有零平均值，进而避免归零问题。

5.11.7　使用扇形射线束滤波反投影重建图像

迄今为止的讨论都集中于平行射线束，因为它简单、直观，是介绍计算机断层成像的传统成像几何原理。然而，现代 CT 系统采用扇形射线束几何结构（见图 5.35），下面讨论这一主题。

图 5.45 显示了一个基本的扇形射线束成像几何结构，其中检测器排列在一个圆弧上，并且假设射线源的转角增量相等。令 $p(\alpha, \beta)$ 表示一个扇形射线束投影，其中 α 是某个检测器相对于中心射线的角位置，β 是射线源相对于 y 轴的角位移，如图所示。在图 5.45 中，我们还发现扇形射线束中的一条射线可用一条直线 $L(\rho, \theta)$ 来表示，这是前面用来表示平行射线束成像几何结构中的一条射线的方法。这就允许我们从平行射线束的结果开始，推导扇形射线束几何结构的公式。下面根据卷积来推导扇形射线滤波反投影的公式[①]。

首先，根据图 5.45，我们发现直线 $L(\rho, \theta)$ 的参数与扇形射线束的参数的关系是

$$\theta = \beta + \alpha \tag{5.118}$$

和

$$\rho = D \sin \alpha \tag{5.119}$$

式中，D 是射线源的中心到 xy 平面的原点的距离。

平行射线束成像几何结构的卷积反投影公式已由式(5.117)给出。为不失一般性，我们重点关注被包围在一个以平面的原点为中心、以 T 为半径的圆形区域内的物体。于是对于 $|\rho| > T$ 有 $g(\rho, \theta) = 0$，并且式(5.117)变为

$$f(x, y) = \frac{1}{2} \int_0^{2\pi} \int_{-T}^{T} g(\rho, \theta) s(x \cos\theta + y \sin\theta - \rho) \mathrm{d}\rho \, \mathrm{d}\theta \tag{5.120}$$

式中用到了相隔 180° 的投影互为镜像的事实。采用这种方式，式(5.120)中的外积分限扩展到整个圆上，这是扇形射线束排列（检测器排列在一个圆上）所要求的。

---

① 平行射线束几何结构的傅里叶切片定理的推导过程，不能直接用于扇形射线束。然而，式(5.118)和式(5.119)提供了将扇形射线束几何结构转换为平行射线束几何结构的基础，因此我们可以使用上一节中介绍的滤波平行反投影方法，这种方法适用于切片定理。本节末尾将详细地讨论这一主题。

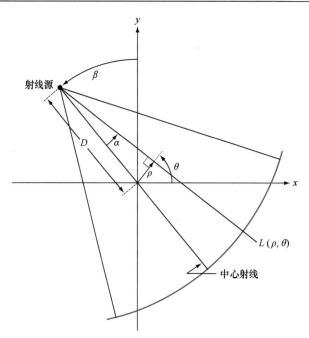

图 5.45　扇形射线束的基本几何。过射线源的中心和原点（这里假设为射线源的转动中心）的直线称为中心射线

　　我们感兴趣的是关于 α 和 β 如何积分。要进行积分，就要将它改为极坐标 (r, φ)。也就是说，令 $x = r\cos\varphi$ 和 $y = r\sin\varphi$，有

$$x\cos\theta + y\sin\theta = r\cos\varphi\cos\theta + r\sin\varphi\sin\theta = r\cos(\theta - \varphi) \tag{5.121}$$

利用这一结果可将式(5.120)表示为

$$f(x, y) = \frac{1}{2}\int_0^{2\pi}\int_{-T}^{T} g(\rho, \theta)s[r\cos(\theta - \varphi) - \rho]\mathrm{d}\rho\,\mathrm{d}\theta \tag{5.122}$$

这个表达式不过是用极坐标表示的平行射线束重建公式，但积分仍然是关于 ρ 和 θ 的。要关于 α 和 β 进行积分，就要用式(5.118)和式(5.119)进行坐标变换：

$$f(r, \varphi) = \frac{1}{2}\int_{-\alpha}^{2\pi - \alpha}\int_{\arcsin(-T/D)}^{\arcsin(T/D)} g(D\sin\alpha, \alpha + \beta)s[r\cos(\beta + \alpha - \varphi) - D\sin\alpha]D\cos\alpha\,\mathrm{d}\alpha\,\mathrm{d}\beta \tag{5.123}$$

式中用到了 $\mathrm{d}\rho\,\mathrm{d}\theta = D\cos\alpha\,\mathrm{d}\alpha\,\mathrm{d}\beta$［见式(5.112)的解释］。

　　这个公式可以进一步简化。首先，我们发现对于横跨整个 360° 区间的变量 β 来说，积分限是从 $-\alpha$ 到 $2\pi - \alpha$。因为 β 的所有函数都是周期为 2π 的周期函数，因此外积分限可以分别用 0 和 2π 来代替。$\arcsin(T/D)$ 项对应于 $|\rho| > T$ 有一个最大值 α_m，超过这个值时 $g = 0$（见图 5.46），因此可以把内积分的积分限分别用 $-\alpha_m$ 和 α_m 代替。最后考虑图 5.45 中的直线 $L(\rho, \theta)$。沿这条直线的扇形射线束的和必须等于沿同一条直线的平行射线束之和，这是由射线和是沿这条直线的所有值之和得到的，因此对于一条已知的射线，结果必须相同，而不管在什么坐标系下。对于 (α, β) 和 (ρ, θ) 的对应值的任何射线和，这同样成立。于是，令 $p(\alpha, \beta)$ 表示一个扇形射线束投影，由 $p(\alpha, \beta) = g(\rho, \theta)$、式(5.118)式(5.119)有 $p(\alpha, \beta) = g(D\sin, \alpha + \beta)$。将这些观察合并到式(5.123)中，可得

$$f(r, \varphi) = \frac{1}{2}\int_0^{2\pi}\int_{-\alpha_m}^{\alpha_m} p(\alpha, \beta)s[r\cos(\beta + \alpha - \varphi) - D\sin\alpha]D\cos\alpha\,\mathrm{d}\alpha\,\mathrm{d}\beta \tag{5.124}$$

这是根据滤波反投影得到的基本扇形射线束重建公式。

　　式(5.124)可进一步变换为我们熟悉的卷积形式。参考图 5.47，可以证明（见习题 5.47）

$$r\cos(\beta+\alpha-\varphi)-D\sin\alpha=R\sin(\alpha'-\alpha) \tag{5.125}$$

式中，R 是从射线源到扇形射线束中任意一点的距离，α' 是这条射线与中心射线的夹角。注意，R 和 α' 由 r, φ 和 β 的值决定。将式(5.125)代入式(5.124)得

$$f(r,\varphi)=\frac{1}{2}\int_0^{2\pi}\int_{-\alpha_m}^{\alpha_m}p(\alpha,\beta)s\big[R\sin(\alpha'-\alpha)\big]D\cos\alpha\,\mathrm{d}\alpha\,\mathrm{d}\beta \tag{5.126}$$

可以证明（见习题 5.48）

$$s(R\sin\alpha)=\left(\frac{\alpha}{R\sin\alpha}\right)^2 s(\alpha) \tag{5.127}$$

使用这一表达式可将式(5.126)写为

$$f(r,\varphi)=\frac{1}{2}\int_0^{2\pi}\frac{1}{R^2}\left[\int_{-\alpha_m}^{\alpha_m}q(\alpha,\beta)h(\alpha'-\alpha)\mathrm{d}\alpha\right]\mathrm{d}\beta \tag{5.128}$$

式中，

$$h(\alpha)=\frac{1}{2}\left(\frac{\alpha}{\sin\alpha}\right)^2 s(\alpha) \tag{5.129}$$

和

$$q(\alpha,\beta)=p(\alpha,\beta)D\cos\alpha \tag{5.130}$$

可以看出式(5.128)中方括号内的积分是一个卷积表达式，于是可以证明式(5.124)中的图像重建公式可以实现为函数 $q(\alpha,\beta)$ 和 $h(\alpha)$ 的卷积。与平行投影的重建公式不同，扇形射线束投影重建公式中含有 $1/R^2$ 项，它是与到射线源的距离成反比的加权因子。实现式(5.128)的计算细节超出了当前讨论的范围（该主题的详细论述见 Kak and Slaney[2001]）。

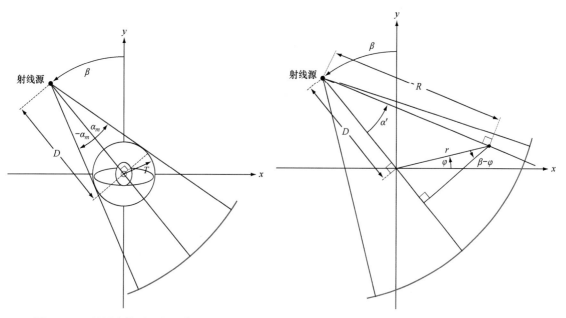

图 5.46　α 的最大值需要包围感兴趣区域　　　　图 5.47　扇形射线上任意一点的极坐标表示

直接代替式(5.128)的一种实现方法（尤其是在软件仿真中）是：（1）使用式(5.118)和式(5.119)将扇形射线束几何结构转换为平行射线束几何结构；（2）使用前面给出的平行射线束重建方法。我们将用一个如何这样做的例子来结束本节的讨论。如前所述，以角度 β 获得的扇形射线束投影 p，有一个

以角度 θ 获得的对应平行射线束投影 g，因此有

$$p(\alpha, \beta) = g(\rho, \theta) = g(D\sin\alpha, \alpha + \beta) \tag{5.131}$$

式中的最后一步由式(5.118)和式(5.119)得到。

令 $\Delta\beta$ 表示两个连续扇形射线束投影的角度增量，令 $\Delta\alpha$ 是射线之间的角度增量，它决定了每个投影中的样本数量。我们强加一个约束条件

$$\Delta\beta = \Delta\alpha = \gamma \tag{5.132}$$

于是，对 m 和 n 的某些整数值，有 $\beta = m\gamma$ 和 $\alpha = n\gamma$，此时可将式(5.131)写为

$$p(n\gamma, m\gamma) = g[D\sin n\gamma, (m+n)\gamma] \tag{5.133}$$

这个公式指出，第 m 个射线投影中的第 n 条射线，等于第 $m+n$ 个平行投影中的第 n 条射线。式(5.133)右侧的 $D\sin n\gamma$ 项表明，从平行射线束投影转换而来的扇形射线束投影未被均匀取样，若取样间隔 $\Delta\alpha$ 和 $\Delta\beta$ 太粗，则可能导致模糊、振铃和混叠伪影，如下例所述。

例 5.18　使用滤波扇形反投影重建图像。

图 5.48(a)显示了如下操作的结果：（1）使用 $\Delta\alpha = \Delta\beta = 1^\circ$ 产生矩形图像的扇形投影；（2）使用式(5.133)将每个扇形射线转换为对应的平行射线；（3）使用前面用于平行射线的滤波反投影方法。图 5.48(b)到(d)分别显示了增量 $\Delta\alpha$ 和 $\Delta\beta$ 为 0.5°、0.25°和 0.125°时的结果。所有情况下使用的都是汉明窗。我们使用了不同的角度增量来说明欠取样效应。

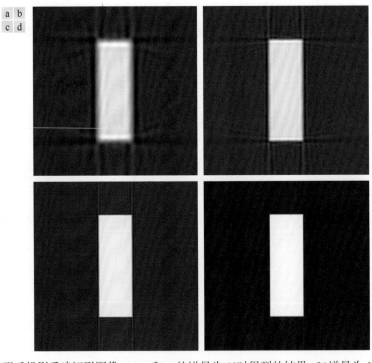

图 5.48　由滤波扇形反投影重建矩形图像：(a) α 和 β 的增量为 1°时得到的结果；(b)增量为 0.5°时得到的结果；(c)增量为 0.25°时得到的结果；(d)增量为 0.125°时得到的结果。请将图 5.48(d)和图 5.43(b)进行比较

图 5.48(a)中的结果清楚地表明，1°增量太粗，因为模糊和振铃效应十分明显。图 5.48(b)中的结果很有趣，它与图 5.43(b)相比很差，而图 5.43(b)也是用 0.5°的角度增量产生的。事实上，如图 5.48(c)所示，即便使用 0.25°的角度增量进行重建，结果也不比图 5.43(b)好。如图 5.48(d)所示，在两个结果可以进行比较之前，

我们必须使用 0.125° 的角度增量。这个角度增量可产生 180×(1/0.125) = 1440 个样本，它接近例 5.17 中平行投影所用的 849 条射线。于是，可以预料这些结果在外观上接近使用 $\Delta\alpha = 0.125°$ 时的结果。

对头部幻影也可得到类似的结果，只是此时表现为正弦干扰的混叠更为明显。在图 5.49(c)中，我们看到，即使使用 $\Delta\alpha = \Delta\beta = 0.25°$，也依然存在严重的失真，特别是在椭圆的外围。对于矩形，使用 0.125° 的增量最终产生了可与图 5.44(b)中头部幻影反投影图像媲美的结果。这些结果说明在现代 CT 系统的扇形射线束几何结构中，必须使用数以千计的检测器来减少混叠效应的原因。

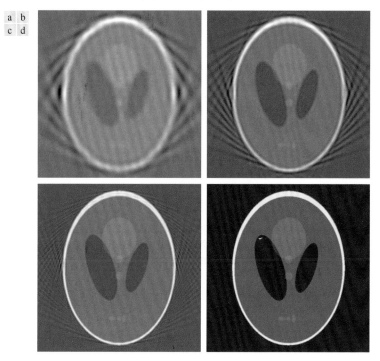

图 5.49 由滤波扇形反投影重建头部幻影图像：(a) α 和 β 的增量为 1°时得到的结果；(b)增量为 0.5°时得到的结果；(c)增量为 0.25°时得到的结果；(d)增量为 0.125°时得到的结果。请将图 5.49(d)与图 5.44(b)进行比较 ∎

小结、参考文献和延伸读物

本章中的复原结果基于这样一个假设，即图像退化可建模为一个线性位置不变的过程与加性噪声之和，其中的加性噪声与图像值不相关。即使这些假设并不完全正确，也可采用前几节中给出的方法得到有用的结果。我们对投影图像重建的介绍虽然很简单，但它是这一领域中图像处理的基础。如 5.11 节所述，CT 是投影图像重建的主要应用领域。虽然我们只介绍了 X 射线断层成像，但 5.11 节中的原理也适用于其他 CT 成像方式，如 SPECT（单光子发射断层成像）、PET（正电子发射断层成像）、MRI（核磁共振成像）和某些超声波成像方式。

关于 5.1 节中内容的其他读物，见 Pratt[2014]。Ross[2014]和 Montgomery and Runger[2011]深入讨论了概率密度函数及其性质（见 5.2 节）。关于 5.3 节内容的补充读物，见 Umbaugh[2010]；关于自适应中值滤波的补充读物，见 Eng and Ma[2001，2006]。5.4 节中的滤波器是第 4 章中的内容的直接延伸。5.5 节中的内容是基本的线性系统理论；关于这一主题的深入读物，见 Hespanha[2009]。图像退化函数的估计（见 5.6 节）是图像复原的基础。估计退化函数的早期技术，见 Andrews and Hunt[1977]和 Rosenfeld and Kak[1982]，近期技术的介绍见 Gunturk and Li[2013]。

对 5.7 节至 5.10 节给出的方法而言，主要有两种方法。一种方法是使用矩阵理论的通用公式，它由 Andrews and

Hunt[1977]和 Gonzalez and Woods[1992]提出。这种方法简洁且通用，但对初学者而言较为困难。对初学者而言，采用频率域滤波法（这是本章中采用的方法）更容易复原图像，但这种方法缺乏矩阵方法的数学严谨性。两种方法得到的结果相同，但我们在不同条件下的教学经验表明，初学者更喜欢后一种方法。这些滤波概念的补充读物有 Castleman[1996]、Umbaugh[2010]、Petrou and Petrou[2010]和 Gunturk and Li[2013]。5.11 节内容的延伸读物有 Kak and Slaney[2001]、Prince and Links[2006]和 Buzug[2008]。关于本章示例和项目中所用软件的详细介绍，见 Gonzalez, Woods and Eddins[2009]。

习题

标有星号的习题的答案在 DIP4E Student Support Package 中（查阅网站 www.ImageProcessingPlace.com）。

5.1* 右图所示测试情况中的白色条带的大小为：7 像素宽、210 像素高。两个白色条带之间的间距是 17 像素。完成下面的处理后，图像看起来像什么？

(a) 应用一个 3×3 算术平均滤波器。

(b) 应用一个 7×7 算术平均滤波器。

(c) 应用一个 9×9 算术平均滤波器。

注意：与图像滤波相关的这个习题及后面的几个习题看起来雷同，但它们有助于我们真正了解滤波器的工作原理。了解某个特殊滤波器对图像的影响后，答案就是对结果的简要描述。例如，"结果图像由 3 像素宽、206 像素高的垂直条带组成。"注意要描述条带的变形，例如圆角。可以忽略图像边界效应，这是由滤波器邻域中仅包含了部分图像像素引起的。

5.2 使用一个几何均值滤波器重做习题 5.1。

5.3* 使用一个谐波平均滤波器重做习题 5.1。

5.4 使用 $Q=1$ 的一个反谐波平均滤波器重做习题 5.1。

5.5* 使用 $Q=-1$ 的一个反谐波平均滤波器重做习题 5.1。

5.6 使用一个中值滤波器重做习题 5.1。

5.7* 使用一个最大值滤波器重做习题 5.1。

5.8 使用一个最小值滤波器重做习题 5.1。

5.9* 使用一个中点滤波器重做习题 5.1。

5.10 根据式(5.26)中的反谐波滤波器，回答如下问题。

(a)*说明 Q 为正值时，该滤波器去除"胡椒"噪声更有效的原因。

(b) 说明 Q 为负值时，该滤波器去除"盐粒"噪声更有效的原因。

(c)*说明选择 Q 值不当时，该滤波器给出较差结果（如图 5.9 所示的结果）的原因。

(d) 讨论 $Q=-1$ 时该滤波器的特性。

(e) 对于 Q 为正值和负值的情况，讨论该滤波器对恒定灰度区域的处理性能。

5.11 讨论中值滤波器［见式(5.27)］时，曾提到与相同大小的线性平滑滤波器（如盒式低通滤波器）相比，使用中值滤波器得到的结果中的模糊更小，请说明原因。（提示：为关注这两种滤波器之间的主要差异，假设噪声可以忽略，并考虑这些滤波器在二值边缘邻域中的特性。）

5.12 参照式(5.31)中定义的修正 α 滤波器：

(a)*说明 $d=0$ 时该滤波器将简化为算术平均滤波器的原因。

(b) 说明 $d=mn-1$ 时该滤波器将变成中值滤波器的原因。

5.13 参考表 4.7 中的带阻滤波器传递函数，给出如下传递函数的公式：

(a) 理想带通滤波器。

(b)*高斯带通滤波器。

(c) 巴特沃斯带通滤波器。

5.14 参考式(5.33)，给出如下传递函数的公式：

(a)*理想陷波滤波器传递函数。

(b) 高斯陷波滤波器传递函数。

(c) 巴特沃斯陷波滤波器传递函数。

5.15 证明二维离散正弦函数

$$f(x,y) = \sin\left(\frac{2\pi\mu_0 x}{M} + \frac{2\pi\nu_0 y}{N}\right), \quad x = 0,1,2,\cdots,M-1; \ y = 0,1,2,\cdots,N-1$$

的傅里叶变换是一对共轭冲激：

$$F(u,v) = \frac{\mathrm{j}MN}{2}\left[\delta(u+u_0, v+v_0) - \delta(u-u_0, v-v_0)\right]$$

5.16 参考习题 5.15 中的 $f(x,y)$，回答下列问题：

(a)*若 $v_0 = 0$ 且 u_0 和 M 是整数（ $u_0 < M$ ），对于 $x = 0, 1, 2, \cdots, M-1$，$f(x,y)$沿 x 轴的曲线是什么样子？

(b)*对于 $u = 0, 1, 2, \cdots, M-1$，$F(u,v)$ 的曲线图会是什么样子？

(c) 若 $v_0 = 0$，M 照例是一个整数，但 u_0 不再是整数（ $u_0 < M$ ），对于 $x = 0, 1, 2, \cdots, M-1$，$f(x,y)$沿 x 轴的曲线与(a)中的曲线有什么不同？

5.17* 由式(5.46)推导式(5.48)。

5.18 某工厂的一位经理近期得到了提升，其主要职责是描述前任留下的图像滤波系统。在阅读文档时，这位经理发现前任建立的系统是线性位置不变系统。此外，他还了解到，在忽略噪声的条件下进行实验产生了冲激响应，这一响应在频率域中可解析地表示为

$$H(u,v) = \mathrm{e}^{-\left[u^2/150 + v^2/150\right]} + 1 - \mathrm{e}^{-\left[(u-50)^2/150 + (v-50)^2/150\right]}$$

这位经理不是技术人员，因此雇佣你作为顾问来指导他完整地描述这个系统。他还想要知道系统的功能。经理需要做些什么才能完整地描述这个系统？这个系统执行什么滤波功能？

5.19 一个线性空间不变系统的冲激响应为

$$h(x,y) = \delta(x-a, y-b)$$

式中，a 和 b 是常数，x 和 y 是离散量。假设每种情况下的噪声都可忽略，回答下列问题：

(a)*系统在频率域中的传递函数是什么？

(b)*这个空间域系统对常数输入 $f(x,y) = K$ 的响应是什么？

(c) 这个空间域系统对冲激输入 $f(x,y) = \delta(x,y)$ 的响应是什么？

5.20* 假设 x 和 y 是连续量，说明如何使用式(5.61)直接求解习题 5.19(b)和(c)。[提示：研究习题 4.1(c)的解。]

5.21* 考虑一个线性位置不变系统，其冲激响应为

$$h(x,y) = \mathrm{e}^{-\left[(x-\alpha)^2 + (y-\beta)^2\right]}$$

式中，x 和 y 是连续变量。假设这个系统的输入是一幅二值图像，二值图像由黑色背景上 $x = a$ 处的一条宽度无限小的白色垂线组成。这样的图像可以建模为 $f(x,y) = \delta(x-a)$。假设噪声可以忽略不计，使用式(5.61)求输出图像 $g(x,y)$。

5.22 x 和 y 是离散量时，如何求解习题 5.21？不需要给出结果，只需列出求解的步骤。（提示：见表 4.4 中的第 13 项）。

5.23 右图所示的图像由黑色背景上的两条极细白线组成，两条白线在图像中的某点相交。该图像被输入到了一个线性位置不变系统中，该系统的冲激响应已在习题 5.21 中给出。假设 x 和 y 是连续变量，并且噪声可以忽略，求输出图像 $g(x, y)$ 的表达式。（提示：回顾 2.6 节中的线性运算。）

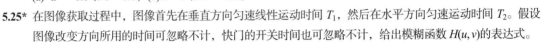

5.24 画出图 5.26(a)所示图像用式(5.77)中的传递函数模糊后的草图（用箭头线表示模糊的方向）。

(a)* $a = -0.1$ 和 $b = 0.1$；(b) $a = 0$ 和 $b = -0.1$。

5.25* 在图像获取过程中，图像首先在垂直方向匀速线性运动时间 T_1，然后在水平方向匀速运动时间 T_2。假设图像改变方向所用的时间可忽略不计，快门的开关时间也可忽略不计，给出模糊函数 $H(u, v)$ 的表达式。

5.26 在图像获取过程中，图像首先在垂直方向匀速线性运动时间 T，然后反向匀速运动时间 T。假设图像改变方向所需的时间可忽略不计，快门的开关时间也可忽略不计。最后的图像模糊吗？反向运动能"消除"这一模糊吗？首先得到整个模糊函数 $H(u, v)$，然后以它为基础作答。

5.27* 考虑在 x 方向匀加速运动导致的图像模糊问题。图像在时刻 $t = 0$ 静止，并在时间 T 内以匀加速度 $x_0(t) = at^2/2$ 加速，求模糊函数 $H(u, v)$。假设快门的开关时间可以忽略不计。

5.28 某空间探测器在即将着陆某颗行星时，会传回这颗行星的图像。在着陆的最后阶段，一个控制推进器失效，使得探测器围绕其垂直轴急速旋转。在着陆前的最后 2 秒内，传回的图像被这种圆周运动模糊。摄像机位于探测器的底部，沿探测器的竖轴指向下方。所幸的是，探测器也是围绕垂直轴转动的，因此图像是由匀速旋转运动模糊的。探测器每旋转 π/8 弧度，就会获取一幅图像。假设图像获取过程可建模为一个理想的快门，它只在探测器旋转 π/8 弧度期间打开；假设图像获取期间可以忽略垂直运动。请描述复原图像的方式。注意，不必给出公式，只需概述如何使用 5.6 节至 5.9 节中讨论的方法来求解这个问题。（提示：考虑使用极坐标，极坐标下的模糊显示为沿 θ 轴的一维匀速运动模糊。）

5.29* 右图立体再现了心脏的一个模糊的二维投影。已知在模糊前的图像中，右下方每个十字的宽度为 3 像素，长度为 30 像素，灰度值为 255。给出由上述信息得到模糊函数 $H(u, v)$ 的详细步骤。

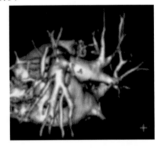

5.30 图 5.29(h)中的图像是对图 5.29(g)中的图像进行逆滤波得到的，这幅图像已被模糊，并被加性高斯噪声污染。模糊本身已被逆滤波校正，如图 5.29(h)所示。然而，复原后的图像中出现了图 5.29(g)中并不明显的强条纹情况〔比较图 5.29(g)右上方的恒定白色区域与图 5.29(h)中的对应区域〕。说明产生这一情况的原因。

5.31 某个 X 射线成像几何结构产生模糊退化，这种模糊退化可建模为感测图像与如下空间圆对称函数的卷积：

$$h(x, y) = \frac{x^2 + y^2 - 2\sigma^2}{\sigma^4} e^{-(x^2+y^2)/2\sigma^2}$$

假设 x 和 y 是连续变量，证明频率域中的退化为

$$H(u, v) = -8\pi^4 \sigma^2 (u^2 + v^2) e^{-2\pi^2\sigma^2(u^2+v^2)}$$

（提示：参考 4.9 节中对拉普拉斯算子的讨论、表 4.4 中的第 13 项，并回顾习题 4.52）。

5.32* 使用习题 5.31 中的传递函数，给出维纳滤波器传递函数的表达式，假设噪声图像和未退化图像的功率谱之比为常数。

5.33 已知表达式(5.90)中的 $p(x, y)$，证明

$$P(u, v) = 4 - 2\cos(2\pi u/M) - 2\cos(2\pi v/N)$$

（提示：研究习题 4.47 的解。）

5.34 证明式(5.98)可由式(5.96)和式(5.97)得到。

5.35 使用习题 5.31 中的传递函数,给出约束最小二乘方滤波器传递函数的最终表达式。

5.36* 假设图 5.1 中的模型是线性位置不变的,且噪声与图像不相关。证明输出的功率谱为

$$|G(u,v)|^2 = |H(u,v)|^2|F(u,v)|^2 + |N(u,v)|^2$$

[提示:参考式(5.65)和式(4.89)。]

5.37 Cannon[1974]提出了一个满足条件

$$|\hat{F}(u,v)|^2 = |R(u,v)|^2|G(u,v)|^2$$

的复原滤波器 $R(u,v)$,它强制复原图像的功率谱 $|\hat{F}(u,v)|^2$ 等于原图像的功率谱 $|F(u,v)|^2$。假设图像与噪声不相关。

(a)* 根据 $|F(u,v)|^2$,$|H(u,v)|^2$ 和 $|N(u,v)|^2$ 给出 $R(u,v)$。[提示:参阅图 5.1、式(5.65)和习题 5.36]。

(b) 使用(a)中的结果以类似于式(5.81)中最后一行的形式和相同的项声明一个结果。

5.38 证明在式(5.99)中,当 $\alpha = 1$ 时几何均值滤波器简化为逆滤波器。

5.39* 一位考古学教授正在研究罗马帝国时期的流通货币,他发现对其研究起决定作用的 4 个罗马硬币陈列在伦敦的大英博物馆中。遗憾的是,在到达博物馆后,他被告知这些硬币最近被盗。进一步的研究表明,使用博物馆中保存的这些硬币的照片也是可行的。遗憾的是,硬币的照片模糊到几乎无法识别数字和其他小标记。模糊的原因是拍摄照片时照相机未聚焦。作为一名图像处理专家和这位教授的朋友,请你帮助教授确定能否用计算机来将这些图像复原到可以读取标记的程度,并且此前用来拍摄这些照片的照相机仍然可以使用。给出解决这个问题的详细步骤。

5.40 一位天文学家正在使用一台光学望远镜,望远镜的镜头首先将图像聚焦到一个高分辨率的 CCD 成像阵列中,然后由望远镜的电子元件转换为数字图像。一天晚上,这位天文学家发现拍摄的新图像中存在噪声并且很模糊。制造商告诉这位天文学家,设备运行是正常的。由于望远镜的各个部件又大又重,因此不能通过改进镜头和成像传感器的方式来使用图像变得清晰。这位天文学家听说你是一位图像处理专家后,打电话邀请你帮助她提出使图像变得清晰的数字图像处理方案。假设你能得到的只是恒星的几幅图像,请问你如何解决这个问题?(提示:在视野中以光点形式出现的明亮恒星可用来近似一个冲激。)

5.41* 画出右侧大小为 $M \times M$ 的图像的雷登变换,这幅图像由黑色背景和中心的一个白点组成。请假设一个平行射线束几何,并定量地标出图中的所有重要元素。

5.42* 画出右侧(中心包含一个黑色小圆盘的)白色圆盘图像的雷登变换的剖面。(提示:参考图 5.38。)

5.43 证明高斯形状 $f(x,y) = A\exp(-x^2 - y^2)$ 的雷登变换[见式(5.102)]是 $g(\rho,\theta) = A\sqrt{\pi}\exp(-\rho^2)$。(提示:参考例 5.15,其中使用对称性简化了积分。)

5.44 完成如下工作:

(a)* 证明单位冲激函数 $\delta(x,y)$ 的雷登变换[见式(5.102)]是 $\rho\theta$ 平面中过原点的一条垂线。

(b) 证明冲激 $\delta(x - x_0, y - y_0)$ 的雷登变换是 $\rho\theta$ 平面中的一条正弦曲线。

5.45 证明雷登变换[见式(5.102)]的如下性质成立:

(a)* 线性:雷登变换是线性算子(见 2.6 节关于线性的定义)。

(b) 平移性质:$f(x - x_0, y - y_0)$ 的雷登变换是 $g(\rho - x_0\cos\theta - y_0\sin\theta, \theta)$。

(c)* 卷积性质:两个函数的卷积的雷登变换,是两个函数的雷登变换的卷积。

5.46 给出由式(5.113)推导出式(5.114)的步骤。[提示:$G(\omega, \theta + 180°) = G(-\omega, \theta)$。]

5.47* 证明式(5.125)成立。

5.48 证明式(5.127)成立。

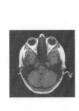

第6章 彩色图像处理

It is only after years of preparation that the young artist should touch color —not color used descriptively, that is, but as a means of personal expression.

Henri Matisse

For a long time I limited myself to one color —as a form of discipline.

Pablo Picasso

引言

在图像处理中，彩色的运用主要由两个因素的推动。第一，彩色是一个强大的描述子，它通常可以简化从场景中提取和识别目标；第二，人类可以分辨数千种不同的颜色，但只能分辨大约几十种灰度。后一个因素在人工图像分析中尤为重要。彩色图像处理主要分为两类：假彩色图像处理和全彩色图像处理。在第一类处理中，问题是为某个特定的灰度或灰度范围赋一种颜色或多种颜色。在第二类处理中，图像通常是用全彩色传感器获取的，如数字摄像机或彩色扫描仪。几年前，大多数数字彩色图像处理是在假彩色或还原色层面完成的。随着彩色传感器和处理硬件价格的降低，全彩色图像处理技术的应用日益广泛。在接下来的讨论中，我们会发现前几章介绍的一些灰度方法也适用于彩色图像。

学习目标

- 了解颜色和色谱的基本知识。
- 熟悉数字图像处理中使用的几种彩色模型。
- 了解如何在假彩色图像处理中应用基本技术，包括灰度分层和灰度到颜色的变换。
- 熟悉将灰度方法扩展到彩色图像的方法。
- 了解全彩色图像处理的基本知识，包括彩色变换、补色和色调/彩色校正。
- 熟悉噪声在彩色图像处理中的作用。
- 了解如何对彩色图像进行空间滤波。
- 了解彩色在图像分割中的优势。

6.1 彩色基础

虽然人脑感知并解释颜色的过程是一种生理与心理现象,但颜色的物理性质可由实验和理论结果支持的基本形式来表示。

1666 年,艾萨克·牛顿发现,一束阳光通过一个玻璃棱镜时,出射的光束不是白色的,而是由一端为紫色、另一端为红色的连续色谱组成。如图 6.1 所示,色谱分为 6 个较宽的区域:紫色、蓝色、绿色、黄色、橙色和红色。观察全色发现(见图 6.2),色谱两端的颜色不是突变的,而是从一种颜色平滑地融入下一种颜色的。

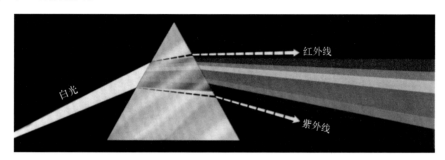

图 6.1 白光通过棱镜时看到的色谱(原图像由通用电气公司照明部提供)

人类和其他动物感知的物体颜色通常由物体反射的光的性质决定。如图 6.2 所示,可见光由电磁波谱中一个相对较窄的频段组成。以所有可见波长均匀地向各个方向反射光的物体,在观察者看来是白色的。以有限范围的可见光谱反射光的物体,在观察者看来是深深浅浅的颜色。例如,绿色物体反射波长范围 500 ~ 570nm 内的光,而吸收其他波长的大部分能量。

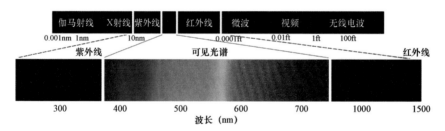

图 6.2 可见光范围电磁波谱的波长组成(原图像由 General Electric 公司照明部提供)

光的特性是色彩科学的核心。若光是无色(无颜色)的,那么其属性只有亮度或数值。我们可在 20 世纪 30 年代之前拍摄的电影中看到消色光。如第 2 章中定义并多次使用的那样,术语灰度(或亮度)级是关于(从黑色变为灰色最终变为白色的)灰度的一个测度,它是一个标量。

彩色光在电磁波谱中的波长范围是 400~700nm。描述彩色光源质量的 3 个基本量是辐射亮度、发光强度和亮度。辐射亮度是从光源流出的总能量,单位为瓦特(W);发光强度是观察者从光源感知的总能量,单位为流明(lm)。例如,由远红外光谱区域的光源发出的光具有很大的能量(辐射亮度),但观察者却很难感知到它;它的发光强度几乎为零。亮度是一个不可测量的主观描述子,体现的是发光强度的消色概念,是描述彩色感觉的一个重要因素。

如 2.1 节所述,人眼中的锥状体是负责色觉的传感器。实验发现,人眼中有 600 万 ~ 700 万个锥状体,它们分为 3 个主要的感知类别,这些类别分别对应于红色、绿色和蓝色。在所有的锥状体中,约 65% 的锥状体对红色光敏感, 33% 的锥状体对绿色光敏感, 只有约 2% 的锥状体对蓝色光敏感。然而, 蓝色锥状体对蓝色光更敏感。图 6.3 显示了人眼中红色、绿色和蓝色锥状体吸收光的平均实验曲线。这些吸收特性使得人眼看到的颜色是三原色［红（R）、绿（G）、蓝（B）］的不同组合。

为了标准化, 1931 年 CIE（国际照明委员会）规定了三原色的波长：蓝色的波长为 435.8nm, 绿色的波长为 546.1nm, 红色的波长为 700nm。这一标准是在 1965 年采用图 6.3 所示的实验曲线之前规定的。因此 CIE 标准只是近似地对应于实验数据。要记住的是, 为标准化目的规定的三原色的波长, 并不意味着这三个固定的 RGB 分量能够单独产生所有的色谱。"原色"一词的使用, 让人们误认为以不同的发光强度混合这三个标准原色就会产生所有的可见颜色。我们很快就会看到, 这一解释是不正确的, 除非允许波长变化, 而允许波长变化时将不存在三个固定的原色。

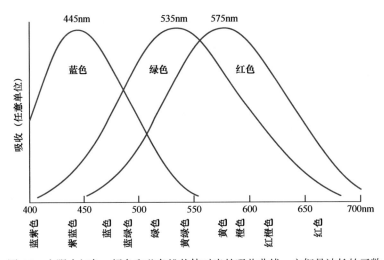

图 6.3　人眼中红色、绿色和蓝色锥状体对光的吸收曲线, 它们是波长的函数

三原色相加可以产生光的二次色, 如深红色（红色加蓝色）、青色（绿色加蓝色）和黄色（红色加绿色）。以合适的亮度混合三原色, 或混合与原色相反的二次色, 就可产生白光。图 6.4(a)说明了这一结果, 还说明了三原色及其组合如何产生光的二次色。

光的原色与颜料或着色剂的原色之间的区别很重要。对颜料或着色剂而言, 原色定义为减去或吸收光的一种原色, 并反射或透射其他两种原色。因此, 颜料的原色是深红色、青色和黄色, 而二次色是红色、绿色和蓝色。这些颜色如图 6.4(b)所示。以合适的比例混合这三种颜料原色, 或将与原色相反的二次色混合, 即可产生黑色。

> 实际上, 颜料通常是不纯的, 因此在组合三原色, 或组合原色和二次色时, 会出现模糊的棕色而非黑色。详见 6.2 节的讨论。

彩色电视机是运用光的可加性的一个例子。20 世纪 90 年代, 阴极射线管（CRT）彩色电视机屏幕的内部, 由大量电子敏感荧光粉的三角形点图案组成。屏幕被电子轰击时, 三色组中的每个点产生一种原色光。红色荧光点的亮度被显像管内的电子枪调制, 电子枪产生与电视摄像机看到的"红色能量"对应的脉冲。每个三色组中的绿色荧光点和蓝色荧光点以相同的方式调制。来自每个三色组的三原色"相加"后, 被人眼中对颜色敏感的锥状体感知为一幅全彩色图像, 这就是我们在电视接收机上看到的效果。每秒显示 30 幅由这三种颜色组成的图像, 就可在屏幕上实现图像连续的显示。

20 世纪 90 年代末, CRT 显示器开始被平板数字技术取代, 如液晶显示器（LCD）和等离子设备。虽然它们的基本原理与 CRT 不同, 但都要求使用三个亚像素（红色、绿色和蓝色）来产生一个彩色像素。LCD 使用偏振光的性质来阻止光或让光通过 LCD 屏幕, 采用有源阵列显示技术时, 使用薄膜晶体管（TFT）提供正确的信号对屏幕上的每个像素寻址。在每个像素的三色组位置，使用光滤波器产生光的三原色。在等离子体设备中，像素是涂有磷光体的微小气室，作用是产生三原色中的一种原色。各个气室以类似于 LCD 的方式寻址。这种三像素组的协调寻址能力是数字显示器的基础。

区别不同颜色的特性通常是亮度、色调和饱和度。本节前面提到，亮度体现的是发光强度的消色概念。色调是混合光波中与主波长相关的属性，表示被观察者感知的主导色。因此，当我们说一个物体为红色、橙色或黄色时，指的就是物体的色调。饱和度指的是相对的纯度，或与一种色调混合的白光量。纯光谱颜色是完全饱和的。例如，深红色（红色加白色）和淡紫色（紫色加白色）是不饱和的，饱和度与所加的白光量成反比

色调与饱和度一起称为色度，因此一种颜色可由其亮度和色度来表征。形成任何一种特殊颜色的红色量、绿色量和蓝色量称为三色值，并分别表示为 X, Y 和 Z。因此，一种彩色就可由其三色系数来规定，三色系数定义为

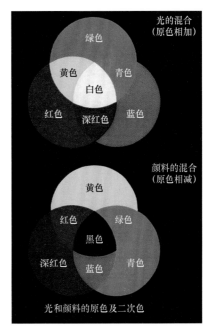

图 6.4 光和颜料的原色及二次色（原图像由通用电气公司照明部提供）

$$x = \frac{X}{X+Y+Z} \tag{6.1}$$

$$y = \frac{Y}{X+Y+Z} \tag{6.2}$$

和

$$z = \frac{Z}{X+Y+Z} \tag{6.3}$$

由以上公式得

$$x+y+z=1 \tag{6.4}$$

对于可见光谱范围内的任何波长的光来说，产生与该波长对应的颜色所需的三色值，可直接根据大量实验结果编制的曲线或表格得到（Poynton[1996, 2012]）。

规定颜色的另一种方法是使用 CIE 色度图（见图 6.5），该图显示了色彩构成与 x（红色）和 y（绿色）的关系。对于任何 x 值和 y 值，对应的 z 值（蓝色）可由式(6.4)得到，即 $z = 1 - (x+y)$。例如，图 6.5

> 按照约定，这里使用 x, y 和 z。不要将它们与本书中用来表示空间坐标的(x, y)混淆。

中标记为绿色的点，约有 62%的绿色成分和 25%的红色成分。根据式(6.4)可知蓝色成分约为 13%。

各个光谱色（从波长为 380nm 的紫色到波长为 780nm 的红色）的位置，由舌形色度图的边界给出。它们是图 6.2 所示光谱中的纯色。不在色度图边界上但在色度图内部的任何点，都表示纯光谱色的混合色。图 6.5 中的等能量点对应等比例的三原色；它表示白光的 CIE 标准。位于色度图边界上的任何点都是完全饱和的。当一个点远离边界并接近等能量点时，这种颜色中就会加入更多的白光，进而变成不饱和颜色。等能量点处的饱和度是零。

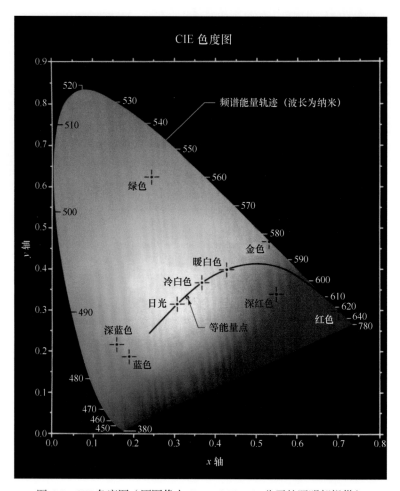

图 6.5　CIE 色度图（原图像由 General Electric 公司的照明部提供）

　　色度图对于色彩混合而言非常有用，因为色度图中连接任意两点的直线段定义了所有不同的颜色变化，这些颜色变化可由这两种颜色以不同的比例相加得到。例如，考虑图 6.5 中连接红色点和绿色点的直线段。如果红色光的比例大于绿色光的比例，那么表示新颜色的点肯定位于这条直线段上，与绿色点相比，它更接近于红色点。类似地，连接一个等能量点与色度图边界上任意一点的直线段，将定义这个特殊光谱色的所有色度。

　　我们可以简单地将这一过程推广到三种颜色。为了确定可从色度图中任何三种已知颜色得到的颜色范围，我们可以简单地画出三个颜色点中任何两个颜色点的连线，结果是一个三角形，三角形边界上或内部的任何颜色，都可由三种顶点颜色的不同组合产生。顶点为任何三种固定颜色的三角形，无法包含图 6.5 中的整个颜色区域。这一观察以图形方式支持了并非所有颜色都能通过三种固定原色得到的观点，因为三种颜色形成一个三角形。

　　图 6.6 中的三角形显示了由 RGB 显示器产生的一个有代表性的颜色范围（称为彩色域）。三角形内部的阴影区域是今天高质量彩色打印设备的彩色域。彩色打印设备的彩色域的边界是不规则的，因为彩色打印是加法混色和减法混色的组合，与在显示器上显示颜色（基于三种高度可控的原色相加）相比，这个过程更难控制。

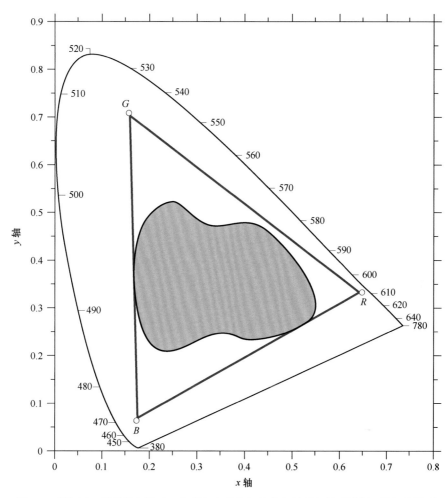

图 6.6　彩色显示器的彩色域（三角形）和彩色打印设备的彩色域（阴影区域）的说明

6.2　彩色模型

　　彩色模型（也称彩色空间或彩色系统）的目的是以某种标准的方式来方便地规定颜色。彩色模型本质上规定：（1）坐标系；（2）坐标系内的子空间，模型内的每种颜色都可由子空间内包含的一个点来表示。

　　今天我们使用的大多数彩色模型要么是面向硬件的（如彩色显示器和打印机），要么是面向应用的（如为动画创建的彩图）。就数字图像处理而言，实际中最常用的面向硬件的模型有：针对彩色显示器和彩色摄像机开发的 RGB（红色、绿色、蓝色）模型；针对彩色打印开发的 CMY（青色、深红色、黄色）模型和 CMYK（青色、深红色、黄色、黑色）模型；针对人们描述和解释颜色的方式开发的 HSI（色调、饱和度、亮度）模型。HSI 模型还有一个优点，即它能够解除图像中颜色和灰度级信息的联系，使其更适合于本书中开发的灰度级处理技术。今天人们使用的彩色模型很多，这表明色彩学是一个有着许多应用的广阔领域。下面根据手头的任务，集中介绍一些有趣、有用、有代表性的模型。掌握本章的内容后，就不难掌握今天人们使用的其他彩色模型。

6.2.1 RGB 彩色模型

在 RGB 模型中，每种颜色都以其红色、绿色和蓝色光谱成分显示。这个模型是根据笛卡儿坐标系建立的。感兴趣的颜色子空间是图 6.7 中的立方体，其中 RGB 的原色位于 3 个角上；二次色（青色、深红色和黄色）位于另外 3 个角上；黑色位于原点上；白色位于离原点最远的角上。在这个模型中，灰度（RGB 值相等的点）沿这两个点的连线从黑色变为白色。这个模型中的不同颜色是位于立方体上或立方体内部的点，它们由从原点向外延伸的向量定义。为方便起见，假定所有颜色值均已归一化，以便图 6.7 所示的立方体是一个单位立方体；也就是说，这一表示中的所有 R，G 和 B 值在区间[0, 1]内。注意，RGB 原色可解释为发源于立方体原点的一个向量。

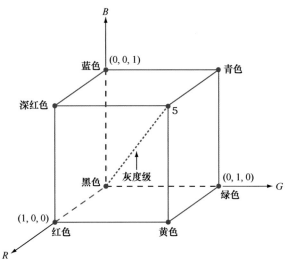

图 6.7　RGB 彩色立方体简图。主对角线上的点的灰度从原点的黑色变化到点(1,1,1)的白色

在 RGB 彩色模型中表示的图像，由 3 幅分量图像组成，即每种原色一幅分量图像。送入 RGB 显示器时，如 6.1 节说明的那样，这 3 幅图像会在屏幕上合成为一幅彩色图像。在 RGB 空间中，表示每个像素所用的比特数称为像素深度。考虑一幅 RGB 图像，它的红色、绿色、蓝色图像都是 8 比特图像。在这些条件下，每个 RGB 彩色像素［即三元值(R, G, B)］的深度为 24 比特（3 个图像平面乘以每个平面的比特数）。术语全彩色图像通常用来表示一幅 24 比特的 RGB 彩色图像。在 24 比特的 RGB 图像中，颜色总数是$(2^8)^3 = 16777216$。图 6.8 显示了与图 6.7 对应的 24 比特 RGB 彩色立方体。还要注意的是，对于数字图像，立方体的值域已被标定为由图像中的比特数表示的数字。如上所述，如果原色图像是 8 比特图像，那么沿每个坐标轴，立方体的值域会变成[0, 255]。例如，白色位于立方体中的点[255, 255, 255]处。

例 6.1　生成 RGB 彩色立方体的剖面及其三个隐藏面。

图 6.8 中的立方体是实心的，它由上段中提到的$(2^8)^3$种颜色组成。观察这些颜色的一种有用方法是，生成多个彩色平面（立方体的表面或剖面），办法是固定三种颜色中的一种，而让其他两种颜色变化。例如，在图 6.8 中，过立方体中心并与 GB 平面平行的剖面是(127, G, B)，其中 G, B = 0, 1, 2,…, 255。图 6.9(a)是将

图 6.8　24 比特 RGB 彩色立方体

3 幅单独的分量图像输入彩色显示器后生成的剖面图像。在分量图像中，0 代表黑色，255 代表白色。注意，输入显示器的每幅分量图像都是灰度图像。显示器的工作是合并这些图像的灰度，生成一幅 RGB 图像。图 6.9(b)显示了图 6.8 中立方体的 3 个隐藏面，它们以类似方式生成的。

获取彩色图像的过程与图 6.9(a)所示的过程相反。使用分别对红色、绿色和蓝色敏感的 3 个滤色片，就可获取一幅彩色图像。采用配备这些滤色片之一的单色摄像机观察彩色场景时，结果是一幅单色图像，其灰度与滤色片的响应成正比。用每个滤色片重复这一过程，可产生 3 幅单色图像，它们是彩色场景的 RGB 分量图像。实际上，RGB 彩色图像传感器通常会

将这个过程集成到一台设备中。显然，显示如图 6.9(a)所示的 3 幅 RGB 分量图像就能再现（渲染）原彩色场景的 RGB 图像。

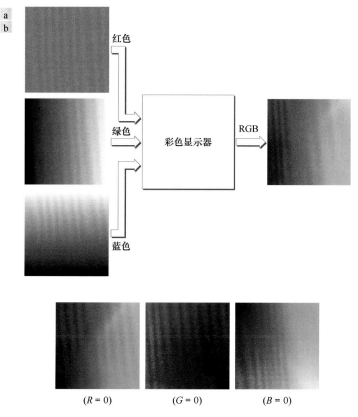

$(R = 0)$	$(G = 0)$	$(B = 0)$

图 6.9　(a)生成 RGB 图像的彩色剖面$(127, G, B)$；(b)图 6.8 中彩色立方体的 3 个隐藏面　　■

6.2.2　CMY 和 CMYK 彩色模型

6.1 节中指出，青色、深红色和黄色是二次色，换句话说，它们是颜料的原色。例如，用白光照射涂有青色颜料的表面时，表面不会反射红光。也就是说，青色从反射的白光中减去红光，而白光本身是由等量的红光、绿光和蓝光组成的。

大多数在纸上淀积彩色颜料的设备，如彩色打印机和复印机，要求输入 CMY 数据，或在内部进行 RGB 至 CMY 的转换。这一转换用下面这个简单的运算执行：

$$\begin{bmatrix} C \\ M \\ Y \end{bmatrix} = \begin{bmatrix} 1 \\ 1 \\ 1 \end{bmatrix} - \begin{bmatrix} R \\ G \\ B \end{bmatrix} \tag{6.5}$$

式中假设所有的彩色值都归一化到了区间[0, 1]内。式(6.5)表明涂有纯青色颜料的表面所反射的光中不包含红色（公式中 $C = 1 - R$）。类似地，纯深红色不反射绿色，纯黄色不反射蓝色。式(6.5)还表明，RGB 值很容易地由一组 CMY 值得到，方法是用 1 减去各个 CMY 值。

> 式(6.5)及本节中的其他公式都是在逐个像素的基础上应用的。

根据图 6.4，等量的颜料原色（青色、深红色和黄色）应产生黑色。实际中，C、M 和 Y 油墨通常不是纯色的，组合这些颜色来印刷黑色时，反而会产生模糊的棕色。因此，为了产生真正的黑色（打印中的支配颜色），通常需要加入第 4 种颜色——黑色（用 K 表示），于是人们提出了 CMYK 彩色模型。添加合适比例的黑色可产生纯黑色。例如，出版商谈及的"四色印刷"，指的是三种 CMY 颜色加上部分黑色。

从 CMY 到 CMYK 的转换如下。首先令

$$K = \min(C, M, Y) \tag{6.6}$$

若 $K = 1$，则产生无颜色贡献的纯黑色，由此得出

$$C = 1 \tag{6.7}$$

$$M = 1 \tag{6.8}$$

$$Y = 1 \tag{6.9}$$

否则，

$$C = (C - K)/(1 - K) \tag{6.10}$$

$$M = (M - K)/(1 - K) \tag{6.11}$$

$$Y = (Y - K)/(1 - K) \tag{6.12}$$

式中，所有值都假设在区间[0, 1]内。从 CMYK 到 CMY 的转换是

$$C = C(1 - K) + K \tag{6.13}$$

$$M = M(1 - K) + K \tag{6.14}$$

$$Y = Y(1 - Y) + K \tag{6.15}$$

本节开始时提到，上述公式中的所有运算都是逐个像素执行的。因为我们可以用式(6.5)在 CMY 和 RGB 之间来回转换，所以也可用它作为在 RGB 和 CMYK 之间来回转换的"桥梁"。

> 式(6.6)至式(6.12)右侧的 C, M, Y 位于 CMY 彩色系统中。式(6.7)至式(6.12)左侧的 C, M 和 Y 位于 CMYK 系统中。

记住，RGB、CMY 和 CMYK 之间的转换整体上都以上述关系为基础。在彩色模型之间转换的方法还有很多，因此无法混用这些方法得到有意义的结果。此外，显示器上的颜色打印出来后，通常会有很大的不同，除非这些设备已被校准（参阅本节后面对设备无关彩色模型的讨论）。对从一种模型转换到另一种模型的颜色来说，同样存在这种情况。然而，本章的重点不是色彩保真度，而是使用彩色模型的性质来促进图像处理任务，例如区域检测。

> 式(6.13)至式(6.15)右侧的 C, M, Y 和 K 位于 CMYK 彩色系统中，左侧的 C, M 和 Y 位于 CMY 彩色系统中。

6.2.3　HSI 彩色模型

我们已经知道，在 RGB、CMY 和 CMYK 模型中创建颜色并从一个模型转换到另一个模型的过程非常简单。这些彩色系统非常适合于硬件实现。此外，RGB 系统与人眼对红色、绿色和蓝色原色的强烈感知非常匹配。遗憾的是，RGB、CMY 和其他类似的彩色模型，都不能很好地描述人类实际解释的颜色。例如，已知每种原色的百分比，我们并不能给出一辆汽车的颜色。此外，我们并不认为彩色图像是由 3 幅原色图像合成的单幅图像。

观察彩色物体时，我们会用色调、饱和度和亮度来描述这个物体。回顾 6.1 节的讨论可知，色调是描述一种纯色（纯黄色、纯橙色或纯红色）的颜色属性，饱和度是一种纯色被白光稀释的程度的测度。亮度是一个不可测量的主观描述子，体现的是发光强度（或亮度）的消色概念，是描述彩色感觉的关键因素之一。我们清楚地知道发光强度（灰度级）是消色图像最有用的描述子。发光强度无疑是可测量的，并且是很容易解释的。我们将要提出的模型 [称为 HSI（色调、饱和度、亮度）彩色模型]，会分离彩色图像中的亮度成分与携带色彩的信息（色调和饱和度）。因此，HSI 模型是我们根据自然且直观的彩色描述来开发图像处理算法的有用工具。我们可以概括地说，RGB 对于图像彩色生成而言是

理想的（如用彩色摄像机获取图像，或在显示屏上显示图像），但对于颜色描述而言则存在许多局限性。下面将给出这样做的一种有效方法。

例 6.1 表明，RGB 彩色图像由 3 幅灰度级亮度图像（分别表示红色、绿色和蓝色）组成，因此我们应能从一幅 RGB 图像中提取出亮度。如果采用图 6.7 中的彩色立方体，使黑色顶点(0,0,0)成为基点，使白色顶点(1, 1, 1)成为正上方的顶点［见图 6.10(a)］，那么对此就会一目了然。针对图 6.7 的讨论表明，亮度（灰度级）是沿两个顶点的连线分布的。在图 6.10(a)和(b)中，黑色顶点和白色顶点的连线（亮度轴）是竖直的。因此，要确定图 6.10 中任何彩色点的亮度分量，只需简单地定义一个包含该彩色点并且与亮度轴垂直的平面。平面与亮度轴的交点的亮度值在区间[0,1]内。稍加思考就会发现，一种颜色的饱和度（纯度）会随到亮度轴的距离的增加而增大。事实上，亮度轴上的点的饱和度为零，因为沿亮度轴的所有点都是灰色的。

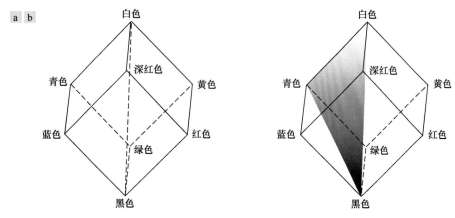

图 6.10　RGB 和 HIS 彩色模型之间的概念关系

色调也可由 RGB 值求出。为此，我们考虑图 6.10(b)，图中显示了由 3 个点（黑色点、白色点和青色点）定义的一个平面。黑色点和白色点包含在平面内的事实告诉我们，亮度轴也包含在这个平面内。此外，我们还发现，包含在由亮度轴和立方体边界定义的平面段内的所有点的色调相同（这种情况下为青色）。回顾 6.1 节，我们可得出相同的结论，即所有颜色都是由三角形中的三种颜色产生的，而这个三角形由这三种颜色定义。如果这些点中的两点是黑色点和白色点，第三点是一个彩色点，那么三角形上的所有点的色调相同，因为黑色分量和白色分量不会改变色调（当然，这个三角形中的点的亮度和饱和度是不同的）。相对于垂直亮度轴旋转阴影平面，可得到不同的色调。根据这些概念，我们可以得出这样的结论：形成 HSI 空间所需的色调、饱和度和亮度值可由 RGB 彩色立方体得到。也就是说，使用前面描述和推导的公式，可将任何 RGB 点转换为 HSI 彩色空间中的对应点。

图 6.10 中的立方体排列及其对应的 HSI 彩色空间的一个关键是，HSI 空间由垂直亮度轴及一个平面内的彩色点的轨道表示，这个平面与亮度轴正交。平面沿亮度轴上下移动时，由每个平面与立方体表面的交点定义的边界要么是三角形，要么是六边形。沿亮度轴竖直向下查看立方体，就会清楚地得出这一结论，如图 6.11(a)所示。我们看到三原色相隔 120°，二次色与原色相隔 60°，这表明二次色之间也相隔 120°。图 6.11(b)显示了相同的六边形和任意一个彩色点（显示为点）。该点的色调由某个参考点的角度决定。一般来说（但并非总是如此），红色轴的 0°角指定为 0 色调，从这里开始色调逆时针增大。饱和度（到垂直轴的距离）是从原点到该点的向量的长度。注意，原点是彩色平面与垂直亮度轴的交点。HSI 彩色空间的重要组成部分是垂直亮度轴、到彩色点的向量的长度，以及这个向量与红色轴的夹角。因此，HSI 平面通常是六边形、三角形甚至圆形，见图 6.11(c)和图 6.11(d)。实际上，

选择什么形状并不重要，因为其中的一种形状都可以几何变换为其他两种形状。图 6.12 显示了基于彩色三角形和圆形的 HSI 模型。

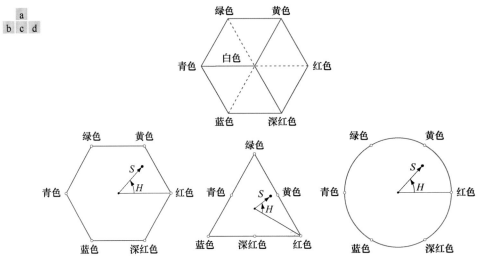

图 6.11　HSI 彩色模型中的色调和饱和度。图中的黑点是一个彩色点，它与红色轴的夹角是色调，向量的长度是饱和度。在这些平面中，所有彩色的亮度由平面在垂直亮度轴上的位置给出

1. 从 RGB 到 HSI 的彩色变换

已知一幅 RGB 彩色格式的图像，每个 RGB 像素的 H 分量可用下式得到：

$$H = \begin{cases} \theta, & B \le G \\ 360 - \theta, & B > G \end{cases} \tag{6.16}$$

式中[①]，

$$\theta = \arccos\left\{ \frac{\frac{1}{2}[(R-G)+(R-B)]}{[(R-G)^2+(R-B)(G-B)]^{1/2}} \right\} \tag{6.17}$$

饱和度分量为

$$S = 1 - \frac{3}{(R+G+B)}\big[\min(R,G,B)\big] \tag{6.18}$$

> 从 RGB 到 HSI 的计算和从 HSI 到 RGB 的计算是在逐个像素的基础上执行的。为表述清楚起见，我们省略了转换公式与(x, y)之间的依赖关系。

亮度分量为

$$I = \frac{1}{3}(R+G+B) \tag{6.19}$$

这些公式假设 RGB 值已被归一化到区间[0, 1]，并且角度 θ 是相对于 HSI 空间的红色轴来测量的，如图 6.11 所示。将式(6.16)得到的所有值除以 360°，可将色调归一化到区间[0, 1]。已知的 RGB 值在区间[0, 1]内时，其他两个 HSI 分量也在区间[0, 1]内。

　　式(6.16)到式(6.19)中的结果，可由图 6.10 和图 6.11 所示的几何关系推得。推导过程很烦琐，并且对当前的讨论没有意义。这些公式(及从 HSI 转换到 RGB 的公式)的证明，见本书配套网站的 Tutorials 部分。

---

① 较好的做法是，在这个表达式的分母中加一个较小的数，以避免 R = G = B 时出现被 0 除的情况，此时 θ = 90°。注意，当所有的 RGB 分量相等时，式(6.18)给出 S = 0。此外，在式(6.20)到式(6.30)中，从 HSI 转换回 RGB 将给出 R = G = B = I，因为当 R = G = B 时，我们处理的是灰度图像。

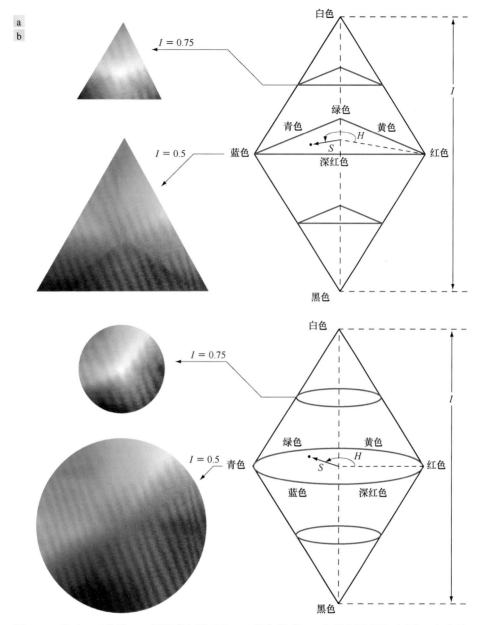

图 6.12 基于(a)三角形、(b)圆形彩色平面的 HSI 彩色模型。三角形和圆形平面垂直于亮度轴

2. 从 HSI 到 RGB 的彩色变换

已知 HSI 值在区间[0, 1]内，现在我们希望求同一区间内的对应 RGB 值。适用的公式取决于 H 的值。存在三个我们感兴趣的扇区，它们对应于以 120°分隔的原色（见图 6.11）。首先，将 H 乘以 360°，使色调值回到原区间[0°, 360°]内。

RG 扇区（$0° \leq H < 120°$）：当 H 的值在这个扇区中时，RGB 分量由以下公式给出：

$$B = I(1 - S) \tag{6.20}$$

$$R = I\left[1 + \frac{S\cos H}{\cos(60° - H)}\right] \tag{6.21}$$

和

$$G = 3I - (R + B) \tag{6.22}$$

GB 扇区（$120° \le H < 240°$）：当 H 的值在这个扇区中时，将 H 减去 120°：

$$H = H - 120° \tag{6.23}$$

于是，RGB 分量为

$$R = I(1 - S) \tag{6.24}$$

$$G = I\left[1 + \frac{S\cos H}{\cos(60° - H)}\right] \tag{6.25}$$

和

$$B = 3I - (R + G) \tag{6.26}$$

BR 扇区（$240° \le H \le 360°$）：最后，H 的值在这个扇区中时，将 H 减去 240°：

$$H = H - 240° \tag{6.27}$$

于是，RGB 分量为

$$G = I(1 - S) \tag{6.28}$$

$$B = I\left[1 + \frac{S\cos H}{\cos(60° - H)}\right] \tag{6.29}$$

$$R = 3I - (G + B) \tag{6.30}$$

以下几节讨论这些公式的几个不同用途。

例 6.2 对应 RGB 彩色立方体图像的 HSI 值。

图 6.13 是图 6.8 中 RGB 值的色调、饱和度和亮度图像。图 6.13(a)是色调图像，其最大的特点是，立方体前（红色）平面中沿一条 45°直线的值是不连续的。为了解不连续的原因，我们参考图 6.8，从立方体的红色顶点到白色顶点画一条直线，并在这条直线的中间选择一点。以该点作为起点，向右围绕立方体一周画一条路径，直到回到起点。在这条路径中出现的主要颜色是黄色、绿色、青色、蓝色、深红色、黑色和红色。根据图 6.11，沿这条路径的色调值应从 0°增加到 360°（从色调的最小值到最大值）。这正好是图 6.13(a)所示的内容，因为在灰度中最小值代表黑色，最大值代表白色。事实上，色调图像首先被归一化到区间[0, 1]，然后被标定为 8 比特；也就是说，为便于显示，我们将它转换到了区间[0, 255]内。

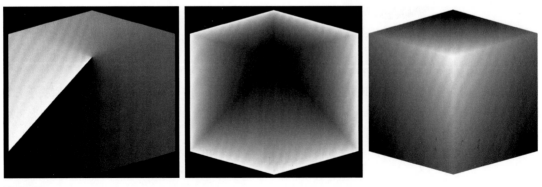

a b c

图 6.13 图 6.8 中图像的 HSI 分量：(a)色调图像；(b)饱和度图像；(c)亮度图像

图 6.13(b)中的饱和度图像显示了到 RGB 立方体白色顶点逐渐变暗的值，这表明颜色越接近白色就越不饱和。最终，图 6.13(c)所示灰度图像中的每个像素值是图 6.8 中对应像素处的平均 RGB 值。　■

3. 操作 HSI 分量图像

为了熟悉 HSI 分量，并加深对 HSI 彩色模型的理解，下面介绍操作 HSI 分量图像的一些简单技术。图 6.14(a)显示了一幅由 RGB 原色和二次色组成的图像。图 6.14(b)到图 6.14(d)显示了这幅图像的 H、S 和 I 分量图像，它们是用式(6.16)到式(6.19)产生的。回顾本节前面的讨论可知，图 6.14(b)中的灰度值对应于角度；例如，由于红色对应于 0°，所以图 6.14(a)中的红色区域被映射到色调图像中的一个黑色区域。类似地，图 6.14(c)中的灰度级对应于饱和度（为便于显示，它们已标定到区间[0, 255]），图 6.14(d)中的灰度级是平均灰度。

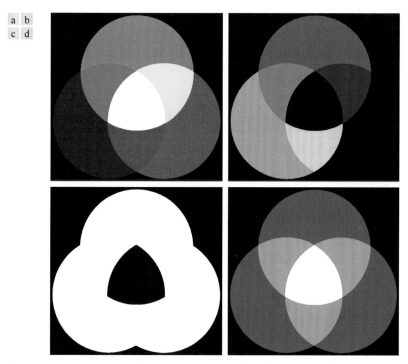

图 6.14　(a)RGB 图像及其对应 HSI 图像的分量；(b)色调；(c)饱和度；(d)亮度

要改变 RGB 图像中任何区域的颜色，就要改变图 6.14(b)所示色调图像中对应区域的值。然后，采用式(6.20)到式(6.30)中说明的步骤，将新 H 图像及无变化的 S 图像与 I 图像一起变换回 RGB 图像。要改变任何区域中颜色的饱和度（纯度），可以采用相同的步骤，但要在 HSI 空间中改变饱和度图像。类似的方法适用于改变任何区域的平均灰度。当然，这些改变可以同时进行。例如，图 6.15(a)中的图像是通过将对应于图 6.14(b)中的蓝色区域、绿色区域的像素变为 0 得到的。在图 6.15(b)中，我们将图 6.14(c)所示分量图像 S 中的青色区域的饱和度降低了一半。在图 6.15(c)中，我们将图 6.14(d)所示亮度图像的中心白色区域的亮度降低了一半。修正 HSI 图像转换回 RGB 彩色空间后，如图 6.15(d)所示。由该图可以看出，不出所料，所有圆形区域的外部现在是红色；青色区域的纯度下降，中心区域变成灰色而非白色。这些结果虽然简单，但清楚地显示了 HSI 模型独立控制色调、饱和度和亮度的能力。描述彩色时，它们是我们非常熟悉的量。

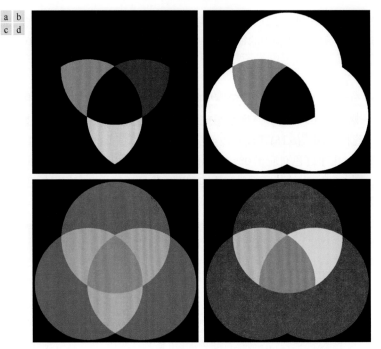

图 6.15　(a)~(c)修正后的 HSI 分量图像；(d)最终的 RGB 图像（原 HSI 图像见图 6.14）

6.2.4　设备无关彩色模型

前面说过，人类可以分辨不同的颜色和色差，但个体不同，感知的颜色也不同。不仅如此，显示器和打印机等设备之间的颜色也可能会有很大的差异，除非这些设备已被适当地校准。

彩色变换可以在大多数桌面计算机上执行。结合使用数字摄像机、台式扫描仪和喷墨打印机，就可把个人计算机变成数字暗室。此外，商业设备使用光谱仪测量和软件开发颜色配置文件后，能够将颜色配置文件加载到显示器和打印机中，以校准它们的颜色响应。

本节介绍的变换的效果最终由打印结果来判断。由于这些变换是在显示器上开发、改进和评估的，因此有必要在所用显示器和输出设备之间保持高度的颜色一致性。最好使用一个设备无关的彩色模型来实现，这个模型要将显示器、输出设备（见 6.1 节）及正在使用的其他设备的彩色域关联起来。这种方法能否成功，将取决于将每台设备映射到模型的颜色配置文件的质量，以及模型本身的颜色配置文件的质量。许多色彩管理系统（CMS）选择的模型是 CIE $L^*a^*b^*$ 模型，也称 CIELAB（CIE[1978], Robertson[1977]）。

$L^*a^*b^*$ 彩色分量由如下公式给出：

$$L^* = 116 \cdot h(Y / Y_W) - 16 \tag{6.31}$$

$$a^* = 500\left[h(X / X_W) - h(Y / Y_W)\right] \tag{6.32}$$

和

$$b^* = 200\left[h(Y / Y_W) - h(Z / Z_W)\right] \tag{6.33}$$

式中，

$$h(q) = \begin{cases} \sqrt[3]{q}, & q > 0.008856 \\ 7.787q + 16 / 116, & q \le 0.008856 \end{cases} \tag{6.34}$$

X_W, Y_W 和 Z_W 是参考白三色激励值——CIE 标准 D65 照明下完全反射漫射体的典型白色（由图 6.5 所示 CIE 色度图中的 $x = 0.3127$ 和 $y = 0.3290$ 定义）。$L^*a^*b^*$ 彩色空间是比色的（匹配颜色的编码相同）、视觉上均匀的（不同色调之间的色差被均匀地感知，详见 MacAdams[1942]）和设备无关的。尽管 $L^*a^*b^*$ 颜色无法直接显示（需要转换到另一个彩色空间），但 $L^*a^*b^*$ 彩色域包含了整个可见光谱，并且能够准确地表示任何显示器、打印机或输入设备的颜色。类似于 HSI 系统，$L^*a^*b^*$ 系统是亮度（用 L^* 表示）和颜色（用 a^* 表示红色减绿色，用 b^* 表示绿色减蓝色）的极好解耦器，因此在图像处理（色调和对比度编辑）和图像压缩应用中非常有用。研究表明，与任何其他彩色系统相比，在 $L^*a^*b^*$ 系统中，亮度信息与颜色信息的分离程度更大（见 Kasson and Plouffe[1972]）。校准后的成像系统允许我们交互、独立地校正色调和颜色的不平衡。在解决过饱和、欠饱和等不规则颜色之前，先要校正图像色调范围的问题。图像的色调范围是指图像颜色亮度的一般分布。高调（亮色调）图像中的大部分信息集中在高亮度处；低调（暗色调）图像的颜色主要集中在低亮度处；中调（中色调）图像介于前两者之间。类似于单色情况，我们通常希望彩色图像的亮度在高光和阴影之间平均分布。6.5 节将给出校正色调和颜色不平衡的几个彩色变换示例。

6.3　假彩色图像处理

假彩色图像处理是指按照规定的准则对灰度值赋予颜色的处理。术语假彩色或假彩色用于区分对单色图像赋予彩色的处理和对真彩色图像赋予彩色的处理，真彩色图像将在 6.4 节中介绍。假彩色的主要应用是可视化和解释单幅图像或一序列图像中的灰度事件。本章开始时指出，使用彩色的主要推动因素之一是人类可以分辨几千种色调和亮度，但只能分辨 20 多种灰度。

6.3.1　灰度分层[①]和彩色编码

灰度分层（有时也称密度分层）和彩色编码技术是假彩色数字图像处理最简单、最早期的例子。一幅图像被描述为一个三维函数［见图 2.18(a)］时，分层方法是指首先平行于图像坐标平面放置一些平面，然后让每个平面"切割"相交的区域。图 6.16 显示了用 $f(x, y) = l_i$ 处的一个平面将图像灰度函数切割为两部分的例子。

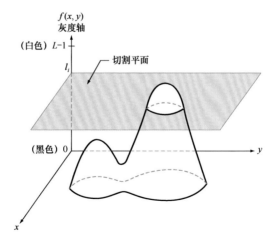

图 6.16　灰度分层技术的图形解释

---
① 在有些译著中，灰度分层又称灰度分割。——译者注

若对图 6.16 中这个平面的两侧赋予不同的颜色，则灰度级在该平面之上的像素编码为一种颜色，而灰度级在该平面之下的像素编码为另一种颜色。平面之上的灰度级本身可赋予两种颜色中的任何一种，也可赋予第三种颜色来突出这一级别的像素。结果是一幅只有两种（或三种）颜色的图像，沿灰度轴上下移动切割平面，就可控制图像的外观。

采用多种颜色进行灰度分层的技术小结如下：令 $[0, L-1]$ 表示灰度级，令级别 l_0 表示黑色 $\left[f(x,y)=0 \right]$，令级别 l_{L-1} 表示白色 $\left[f(x,y)=L-1 \right]$。假设与灰度轴垂直的 P 个平面定义在灰度级 $l_1, l_2, \cdots, l_P$ 处。于是，在 $0 < P < L-1$ 的假设下，P 个平面就将灰度级分为 $P+1$ 个区间 $I_1, I_2, \cdots, I_{P+1}$。在每个像素位置 (x,y) 对灰度赋予的彩色可根据如下关系做出：

$$\text{若} f(x,y) \in I_k, \text{则令} f(x,y) = c_k \qquad (6.35)$$

式中，c_k 是与第 k 个灰度区间 I_k 相关联的颜色，I_k 由 $l = k-1$ 和 $l = k$ 处的平面定义。

图 6.16 并不是描述上述方法的唯一方式。图 6.17 显示了另一种类似的方式。根据图中的映射，对低于 l_i 级的图像灰度赋一种颜色，对高于 l_i 级的图像灰度赋另一种颜色。使用更多的分割级时，映射函数呈台阶状。

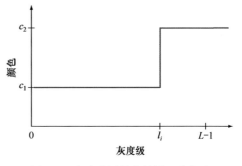

图 6.17　灰度分层技术的另一种表示

例 6.3　灰度分层和颜色编码。

图 6.18 显示了一个简单但实用的灰度分层。图 6.18(a)是 Picker 甲状腺幻影模型（一种辐射测试模式）的灰度图像，图 6.18(b)是将图像的灰度分层为 8 种颜色后的结果。灰度图像中灰度恒定的区域实际上变化很大，我们从分层后的图像中的各种颜色就可以看出这一点。例如，灰度图像中的左瓣是暗灰色的，因此很难看出灰度变化。相比之下，彩色图像将恒定灰度区域显示为 8 个不同颜色的区域。

a b

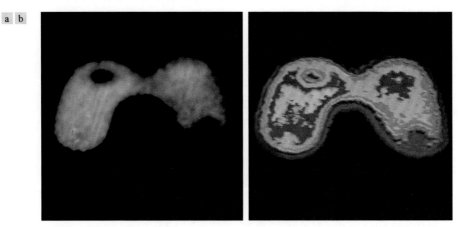

图 6.18　(a) Picker 甲状腺幻影模型的灰度图像；(b) 使用 8 种颜色对灰度分层后的结果（图像由美国橡树岭国家实验室的 J. L. Blankenship 博士提供）

改变颜色数量和灰度区间的跨度，就可快速了解灰度图像中的灰度变化特性，在本例中更是如此，其中感兴趣物体有着均匀的纹理，很难按照灰度变化来进行视觉分析。本例还说明了人眼检测不同色差的优越性（见 6.1 节）。

在前面这个简单的例子中，灰度被分为了几个区间，并为每个区间赋予了不同的颜色，而未考虑图像中灰度级的含义。在这种情况下,感兴趣的只是简单地观察构成图像的不同灰度级。按照图像的物理性质细分灰度时,灰度分层的意义和作用更大。例如,图 6.19(a)显示了焊接(宽且水平的暗色区域)的一幅 X 射线图像,图像中有几条裂纹和孔隙(明亮条纹水平地穿过图像的中间)。焊接中存在裂纹和孔隙时,X 射线将穿透物体,使得物体另一侧的成像传感器变得饱和。于是,由该系统得到的 8 比特图像中的灰度值为 255,它自动表明焊接存在问题。采用视觉分析方法检查焊接(这仍是今天的常用工序),对灰度级 255 赋予一种颜色,对其他级赋予另一种颜色,就能大大简化检查工作。图 6.19(b)显示了得到的结果。以图 6.19(b) 而非图 6.19(a)的形式来显示图像时,无疑会降低检查人员的误识率。换句话说,如果已知某个正在查找的灰度值或某个范围内的灰度值,那么灰度分层对于目视检查而言就非常简单、有效,尤其是在成批检查大量图像时。

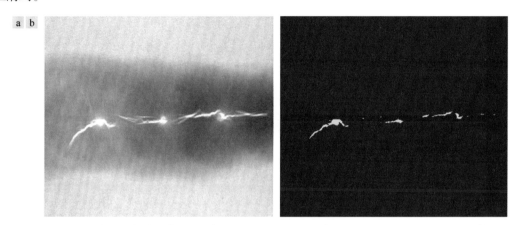

图 6.19　(a) 焊接的 X 射线图像; (b)彩色编码后的结果(原图像由 X-TEK Systems 有限公司提供)　■

例 6.4　使用彩色突出降雨量。

对与环境有关的各种应用而言,测量地球上各个区域(尤其是热带区域)的降雨量非常重要。用地面传感器准确测量降雨量不仅非常困难,而且代价高昂,得到总降雨量甚至更为困难,因为大量降雨发生在海洋上。使用卫星是远程获得降雨量的一种方法。TRMM(Tropical Rainfall Measuring Mission,热带降雨量测量任务)卫星使用 3 个专门设计的传感器来检测降雨量:一个降雨雷达、一个微波成像仪及一个可见光和红外扫描仪(关于图像传感模式,见 1.3 节和 2.3 节)。

处理来自各个降雨传感器的结果后,得到传感器监测区域某段时间的平均降雨量的估计值。由这些估计值很容易生成灰度值直接对应降雨量的灰度图像,图像中的每个像素代表一块陆地面积,其大小取决于传感器的分辨率。图 6.20(a)显示的就是这样一幅灰度图像,其中被卫星监测的区域是在图像中间突出的水平条带(热带区域)。在这个特殊的例子中,降雨量值是三年时间内的月平均值(单位为英寸)。

目视检查这幅图像中的降雨模式很难并且容易出错。然而,假设我们使用图 6.20(b)所示的颜色对 0 到 255 的灰度级编码。在这种灰度分层模式下,每层都是色带中的一种颜色。于是,靠近蓝色的值就意味着低降雨量,靠近红色的值就意味着高降雨量。注意,大于 20 英寸的降雨量在色带中将显示为纯红色。图 6.20(c) 是使用刚才讨论的色图对灰度图像进行彩色编码后的结果。如该图和图 6.20(d)中放大区域所示的那样,这些结果更容易解释。除提供全球覆盖外,这类数据还能让气象工作者以更好的精度来校准地基雨量监控系统。

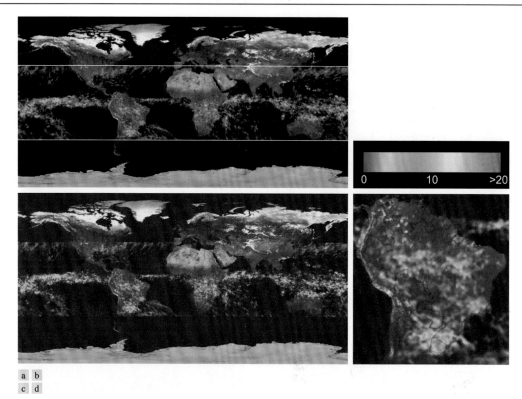

a b
c d

图 6.20　(a)（所示水平条带中的）灰度对应于月平均降雨量的灰度图像；(b) 赋给灰度值的颜色；(c) 彩色编码后的图像；(d) 南美地区的放大图（NASA 提供）　■

6.3.2　灰度到彩色的变换

与前一节讨论的简单分层技术相比，其他类型的变换更为通用，因此拓宽了假彩色增强结果的范围。图 6.21 显示了一种特别有吸引力的方法。从根本上说，这种方法的思想是对输入像素的灰度执行三个独立的变换，然后将三个结果分别送入彩色显示器的红色、绿色和蓝色通道。这种方法生成一幅合成图像，图像的颜色由变换函数的性质调控。

前一节讨论的灰度分层法是刚刚讨论的技术的一种特殊情况。这里使用灰度级的分段线性函数（见图 6.17）来产生颜色。另一方面，本节讨论的方法建立在非线性平滑函数基础上，因此为这种技术提供了很大的灵活性。

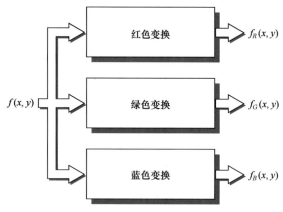

图 6.21　假彩色图像处理的功能框图。f_R, f_G 和 f_B 分别送入 RGB 彩色显示器的红色、绿色和蓝色通道

例 6.5　使用假彩色突出 X 射线图像中的爆炸物。

图 6.22(a)显示了由机场 X 射线扫描系统得到的行李的两幅单色图像。左侧的图像中含有普通物品，右侧的图像中含有相同的物品及一块塑料仿真爆炸物。本例的目的是说明如何使用灰度到彩色的变换来帮助检测爆炸物。

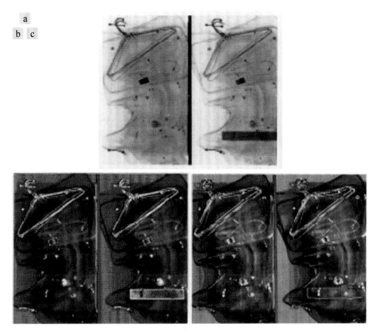

图 6.22 使用图 6.23 中的灰度级到彩色的变换进行假彩色增强（原图像由 Westinghouse 公司的 Mike Hurwitz 博士提供）

图 6.23 显示了所用的变换函数。这些正弦函数在波峰附近含有相对恒定的区域，在波谷附近则含有快速变化的区域。改变每个正弦函数的相位和频率，即可（使用彩色）强调灰度级中的各个范围。例如，3 个变换函数的相位和频率相同时，输出是一幅灰度级图像。3 个变换函数之间的小相位变化，几乎不会使得其灰度对应于正弦波峰的像素发生变化，特别是在正弦波有着较宽的剖面（低频）时。灰度值在正弦波陡峭部分的像素，由于 3 个正弦波的相移不同使得幅度存在明显差异，因此被赋给更强的颜色。

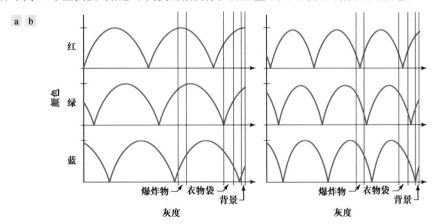

图 6.23 用于得到图 6.22 中的假彩色图像的变换函数

图 6.22(b) 中的图像是用图 6.23(a) 中的变换函数得到的，它分别显示了对应于爆炸物、衣物袋和背景的灰度带。注意，爆炸物和背景的灰度级完全不同，但由于正弦波的周期性，它们几乎是用相同的颜色进行编码的。图 6.22(c) 中的图像是用图 6.23(b) 的变换函数得到的。在这种情况下，爆炸物和衣物袋的灰度带是由类似的变换映射的，因此被赋给了基本相同的颜色。注意，这个映射允许观察者"透视"爆炸物。背景映射与图 6.22(b) 所用的基本相同，因此为两幅假彩色图像赋予了几乎相同的颜色。   ■

图 6.21 中的方法以单幅灰度级图像为基础。我们通常对将多幅单色图像组合为一幅彩色合成图像感兴趣，如图 6.24 所示。在多光谱图像处理中，就常使用这一方法，其中不同的传感器会在不同的波段产生多幅灰度级图像（如下面的例 6.6 所示）。图 6.24 所示的附加处理可以是彩色平衡和空间滤波等技术，详见本章稍后的讨论。结合关于每个波段的物理特性的背景知识，以刚才解释的方式对图像进行颜色编码，可为复杂多光谱图像的目视分析提供有力的帮助。

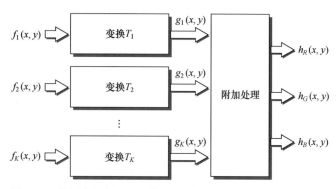

图 6.24　使用多幅灰度级图像的假彩色编码方法。输入是灰度图像，输出是 RGB 合成图像的三个分量

例 6.6　多光谱图像的彩色编码。

图 6.25(a)到图 6.25(d)显示了 4 幅华盛顿特区的卫星图像，图像中包括波托马克河的一部分。前 3 幅是可见光红（R）、绿（G）、蓝（B）波段的图像，第 4 幅是近红外（IR）图像（见表 1.1 和图 1.10）。近红外波段是对场景的生物量的响应，我们希望利用这一事实来创建一幅合成 RGB 彩色图像，强调场景中的植被，并以更柔和的色调来显示场景中的其他成分。

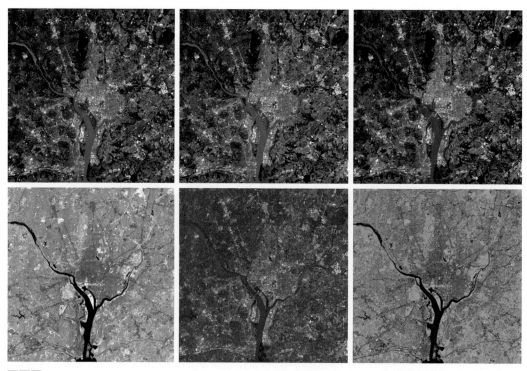

a b c
d e f

图 6.25　(a)～(d) 华盛顿特区陆地卫星多光谱图像的红（R）、绿（G）、蓝（B）和近红外（IR）分量图像；(e) 使用 IR、G 和 B 分量图像合成的 RGB 彩色图像；(f) 使用 R、IR 和 B 分量图像合成的 RGB 彩色图像（原多光谱图像由 NASA 提供）

图 6.25(e)是用红外图像代替红色图像得到的一幅 RGB 合成图像。我们看到，植被显示为亮红色，在近红外线波段具有较弱响应的其他场景成分显示为淡蓝绿色。图 6.25(f)是一幅类似的图像，但用红外图像代替了绿色图像。图中，植被显示为亮绿色，其他场景成分显示为淡紫色，这表明它们的主要成分位于红色和蓝色波段。尽管后两幅图像并未引入任何新物理信息，但知道图像的主要成分是植被密集地区的那些像素后，就很容易目视解译这些图像。

刚刚说明的处理使用多光谱图像中单个波段的物理特性来强调感兴趣区域。采用同样的方法，可以帮助我们目视解译复杂图像中那些超出人类视觉感知能力的事件。图 6.26 是这样一个优秀的例子，它是木卫一的图像，是合成伽利略航天器拍摄的几幅图像后得到的假彩色图像，其中有些图像是在非可见光波段拍摄的。然而，了解可能影响传感器响应的物理和化学过程后，就能将多幅感测图像合成为一幅有意义的假彩色图像。合成感测图像数据的一种方法是，按照它们显示表面化学成分的不同或表面反射阳光方式的变化。例如，在图 6.26(b)所示的假彩色图像中，亮红色表示木卫一上近期火山活动喷出的物质，四周的黄色表示较老的硫磺沉积物。与分析各幅分量图像相比，分析这幅图像得到的特征更多。

a
b

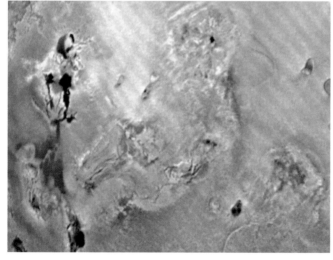

图 6.26　(a)木卫一的假彩色图像；(b)特写图像（原图像由 NASA 提供）

6.4 全彩色图像处理基础

本节介绍全彩色图像的处理方法。本节中接下来介绍的技术将说明如何为各种图像处理任务处理全彩色图像。全彩色图像处理方法主要分为两种。第一种方法是首先分别处理每幅灰度级分量图像，然后将处理后的各幅分量图像合成为一幅彩色图像。第二种方法是直接处理彩色像素。因为全彩色图像至少有 3 个分量，因此彩色像素是向量。例如，在 RGB 系统中，每个彩色点都可以用 RGB 坐标系中从原点延伸到该点的一个向量来解释（见图 6.7）。

令 c 是 RGB 彩色空间中的一个任意向量：

$$c = \begin{bmatrix} c_R \\ c_G \\ c_B \end{bmatrix} = \begin{bmatrix} R \\ G \\ B \end{bmatrix} \tag{6.36}$$

上式指出，c 的分量是彩色图像在一点处的 RGB 分量。我们知道，图像中像素的颜色是空间坐标 (x, y) 的函数，它可表示为

$$c(x, y) = \begin{bmatrix} c_R(x, y) \\ c_G(x, y) \\ c_B(x, y) \end{bmatrix} = \begin{bmatrix} R(x, y) \\ G(x, y) \\ B(x, y) \end{bmatrix} \tag{6.37}$$

对于大小为 $M \times N$ 的图像，有 MN 个这样的向量 $c(x, y)$，其中 $x = 0, 1, 2, \cdots, M-1$，$y = 0, 1, 2, \cdots, N-1$。

尽管 RGB 图像由三幅灰度分量图像组成，但三幅分量图像中的像素空间上是配准的。也就是说，一对空间坐标 (x, y) 确定了所有三幅分量图像中的同一个像素的位置，如图 6.27(b) 所示。

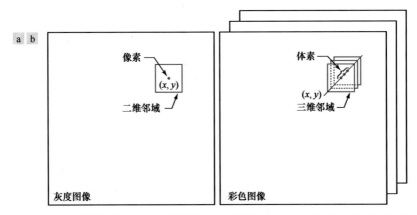

图 6.27　灰度图像和 RGB 彩色图像的空间邻域。在(b)中观察到，空间坐标对 (x, y)
在所有三幅图像中都指向相同的空间位置

式(6.37)描述了一个向量，它的分量是空间变量 x 和 y。我们经常会混淆这一点，但可将重点放到空间处理上来加以避免。也就是说，我们感兴趣的是以 x 和 y 来表述的图像处理技术。由于现在的像素是彩色像素，因此在最容易的表述中，引入一个因子可让我们处理彩色图像，方法是使用标准的灰度图像处理方法单独处理彩色图像的每幅分量图像。然而，各幅彩色分量图像处理后的结果并不总是等同于彩色向量空间中的直接处理结果，在这种情况下就要采用直接处理彩色点元素的方法。当这些点有两个以上的成分时，我们称它们为体素。指一幅以上的二维图像时，我们会交替使用术语向量、点和体素。

要使每幅分量图像的处理等价于基于向量的处理，需要满足两个条件：第一，处理必须同时适用于向量和标量；第二，对向量（体素）的每个分量的运算，必须独立于其他分量。例如，图 6.27 显示了灰度图像和全彩色图像的空间邻域处理。假定该处理是邻域平均。在图 6.27(a)中，平均是首先将二维邻域内所有像素的灰度求和，然后除以邻域内的像素总数。在图 6.27(b)中，平均是首先将三维邻域内的所有体素求和，然后除以三维邻域内的体素总数。平均体素的三个分量中，每个分量都是以该位置为中心的单个图像邻域中的像素的和。然而，首先分别平均每幅图像的像素，然后为每幅图像求三个值的和，将得到相同的结果。因此，对每幅分量图像进行空间邻域平均，或直接对 RGB 图像体素进行空间邻域平均，得到的结果是相同的。下面几节将给出对每幅分量图像适合的方法和不适合的方法。

6.5 彩色变换

本节中描述的技术（统称为彩色变换），是在单个彩色模型中处理彩色图像的各个分量，而不是像 6.2 节中那样在彩色模型之间进行彩色变换。

6.5.1 公式

如第 3 章介绍的灰度变换技术那样，我们使用如下表达式来对多光谱图像的颜色变换建模：

$$s_i = T_i(r_i), \quad i = 1, 2, \cdots, n \tag{6.38}$$

式中，n 是分量图像的总数，r_i 是输入分量图像的灰度值，s_i 是输出分量图像中空间上的对应灰度，T_i 是对 r_i 操作来产生 s_i 的一组变换或颜色映射函数。式(6.38)分别应用到输入图像的所有像素。例如，在 RGB 彩色图像的情况下，$n = 3$，r_1, r_2, r_3 是输入分量图像中的一点的灰度值，s_1, s_2, s_3 是输出图像中变换后的对应像素。事实上，i 还是 T 的下标，这表明我们基本上可对每幅输入分量图像实现不同的变换。

例如，图 6.28 的第一行显示了一个简单场景的全彩色 CMYK 图像，第二行显示了它的 4 幅分量图像，所有像素的值都已归一化到区间[0, 1]内。我们看到，草莓由大量的深红色和黄色组成，因为对应于这两个 CMYK 成分的图像最明亮。黑色用得很少，通常仅限于咖啡和草莓碗中的阴影。第四行显示了用式(6.13)到式(6.15)由 CMYK 图像获得的等效 RGB 图像。在这里我们看到，草莓包含了大量的红色和很少的绿色（但有一些）与蓝色。由 RGB 图像，我们用式(6.5)得到了第三行的 CMY 图像。注意，这些 CMY 图像与上一行中的 CMY 图像稍有不同，因为其中一个系统中的 CMY 图像使用了分量 K。图 6.28 中的最后一行显示了 HSI 分量，它们是用式(6.16)到式(6.19)由 RGB 图像得到的。不出所料，灰度（I）分量是全彩色原图像的灰度渲染。饱和度图像（S）也如预期的那样，草莓的颜色相对较纯；因此，与图像中的其他元素相比，它们显示了最大的饱和度值（被白光稀释得最少）。最后，我们发现难以解释色调（H）分量图像的值。问题是：（1）在 HSI 模型中，0°和 360°相交的位置存在不连续性［见图 6.13(a)］；（2）未对 0 饱和度（白色、黑色和纯灰色）定义色调。模型中的不连续性在草莓周围最为明显，它是用接近黑色（0）和白色（1）的灰度值来描述的，因此意外地混合使用了多个高对比度灰度级来表示一种颜色——红色。

我们可将式(6.38)应用到图 6.28 中的任何一幅彩色空间分量图像。理论上，任何变换都可在任何彩色模型中执行；但在实际工作中，有些运算更适合于特定的模型。对于某个已知的变换，在决定于哪个彩色空间中实现这一变换时，必须考虑在不同表示之间进行变换的效果。例如，我们希望将图 6.28 第一行中的全彩色图像的亮度乘以一个常量值 k，k 在区间[0, 1]内。在 HSI 彩色空间中，我们只需修改亮度分量图像：

$$s_3 = kr_3 \tag{6.39}$$

并令 $s_1 = r_1$，$s_2 = r_2$。根据前面的讨论，发现我们正在使用两个不同的变换函数：T_1 和 T_2 是恒等变换，T_3 是常量变换。

全彩色

青色　　　　　　　深红色　　　　　　　黄色　　　　　　　黑色

青色　　　　　　　深红色　　　　　　　黄色

红色　　　　　　　绿色　　　　　　　蓝色

色调　　　　　　　饱和度　　　　　　　灰度

图 6.28　一幅全彩色图像及其各个彩色空间分量（原图像由 MedData Interactive 公司提供）

在 RGB 彩色空间中，我们需要将所有三个分量乘以常数 k：

$$s_i = kr_i, \qquad i = 1, 2, 3 \tag{6.40}$$

CMY 空间要求一组类似的线性变换（见习题 6.16）：

$$s_i = kr_i + (1-k), \qquad i = 1, 2, 3 \tag{6.41}$$

类似地，改变 CMYK 图像的亮度的变换为

$$s_i = \begin{cases} r_i, & i = 1, 2, 3 \\ kr_i + (1-k), & i = 4 \end{cases} \tag{6.42}$$

这个公式告诉我们，要改变 CMYK 图像的亮度，只需改变第四个分量（K）。

图 6.29(b)是对图 6.28 中的全彩色图像应用式(6.39)到式(6.42)的变换后得到的结果，所用的 $k = 0.7$。映射函数本身如图 6.29(c)至图 6.29(h)所示。注意，CMYK 的映射函数由两部分组成，HSI 的映射函数同样如此；其中的一个变换处理一个分量，另一个变换处理其他分量。虽然我们使用了几个不同的变换，但用一个恒定值改变颜色亮度的最终结果对所有分量都是相同的。

图 6.29　使用彩色变换调整图像的亮度：(a)原图像；(b)亮度降低 30%后的结果（令 $k = 0.7$）；(c)所需的 RGB 映射函数；(d)～(e)所需的 CMYK 映射函数；(f)所需的 CMY 映射函数；(g)～(h)所需的 HSI 映射函数（原图像由 MedData Interactive 公司提供）

注意，式(6.39)到式(6.42)中定义的每个变换仅取决于其彩色空间中的一个分量。例如，式(6.40)中的红色分量 s_1 与绿色输入（r_2）和蓝色输入（r_3）无关，而只取决于红色输入（r_1）。这类变换是最简单和最常用的彩色处理工具之一。前面提到，它们可以在每个彩色分量的基础上执行。本节剩余的内容将讨论分量变换函数取决于输入图像的所有彩色分量的情况，此时不能在各个彩色分量的基础上执行。

6.5.2 补色

图 6.30 中的彩色环(彩色轮)是由艾萨克·牛顿爵士于 17 世纪通过连接色谱的两端首次创建的。彩色环是根据颜色之间的色度关系排列而成的一种视觉表示,其形成方式如下:首先等距离地放置三原色,然后将二次色等距离地放在原色之间。最终结果是,彩色环两端对应的颜色是互补的。我们对补色感兴趣的原因是,它们类似于 3.2 节中讨论的灰度负值。与灰度情况中一样,补色可用于增强彩色图像各个暗色区域中的细节,尤其是在这些区域的尺寸较大时。下例说明了这些概念。

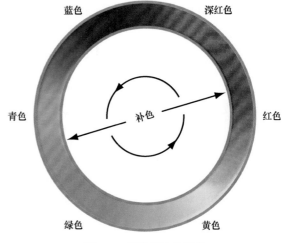

图 6.30   彩色环上的补色

> **例 6.7**   计算彩色图像的补色图像。

图 6.31(a)和(c)显示了图 6.28 中的全彩色图像及其补色图像。用于计算补色图像的 RGB 变换如图 6.31(b)所示,它们与 3.2 节中定义的灰度负变换相同。注意,补色图像类似于普通照片的彩色底片。原图像的红色

图 6.31   补色变换: (a)原图像; (b)补色变换函数; (c)图(a)基于 RGB 映射函数的补色图像; (d)使用 HSI 变换得到的 RGB 补色图像

被补色图像中的青色代替。原图像是黑色时，补色是白色，以此类推。补色图像中的每种色调都用图 6.30 所示彩色环由原图像推得，计算补色时涉及的每个 RGB 分量变换都是对应输入颜色分量的函数。

与图 6.29 的亮度变换不同，本例所用的 RGB 补色变换函数在 HSI 空间中并无直接对应的变换函数。作为练习（见习题 6.19），读者可以证明补色图像的饱和度分量不能单独由输入图像的饱和度分量计算。图 6.31(d)是用图 6.31(b)中的色调、饱和度和亮度变换得到的补色图像。输入图像的饱和度分量不变，这是图 6.31(c)和(d)之间存在视觉差别的原因。　　　　　　　　　　　　　　■

6.5.3　彩色分层

突出图像中某个特定的彩色范围，有助于将目标从周围分离出来。这样做的基本想法是：（1）显示感兴趣的颜色，从背景中突出它们；（2）将彩色定义的区域用做进一步处理的模板。最简单的方法是，扩展 3.2 节中的灰度分层技术。然而，由于彩色像素是一个 n 维量，因此彩色变换函数要比图 3.11 中对应的灰度变换函数复杂。事实上，所需的变换要比到目前为止介绍的任何彩色分量变换都复杂，因为所有的实用彩色分层方法都要求每个像素变换后的彩色分量是所有 n 个原像素的彩色分量的函数。

"切割"彩色图像的一种最简方法是，把感兴趣区域之外的某些彩色映射为一种不突出的中性色。若感兴趣的颜色被宽度为 W、中心在原型（平均）颜色并具有分量 $(a_1, a_2, \cdots, a_n)$ 的立方体（$n > 3$ 时为超立方体）包围，则必要的一组变换为

$$s_i = \begin{cases} 0.5, & \left[|r_j - a_j| > W/2 \right]_{1 \le j \le n} \\ r_i, & \text{其他} \end{cases} \quad i = 1, 2, \cdots, n \qquad (6.43)$$

这些变换通过强制所有其他颜色为参考彩色空间的中点（一个任意选取的中性点）来突出原型周围的颜色。例如，对于 RGB 彩色空间，合适的中性点是中间灰度或中间色(0.5, 0.5, 0.5)。

用一个球体来规定感兴趣的颜色时，式(6.43)变为

$$s_i = \begin{cases} 0.5, & \sum_{j=1}^{n} (r_j - a_j)^2 > R_0^2 \\ r_i, & \text{其他} \end{cases} \quad i = 1, 2, \cdots, n \qquad (6.44)$$

式中，R_0 是封闭球体（或超球体，此时 $n > 3$）的半径，$(a_1, a_2, \cdots, a_n)$ 是球体中心的分量（原型颜色）。式(6.43)和式(6.44)的其他有用变体，包括实现多个彩色原型并降低感兴趣区域之外的颜色亮度——而不是将它们设置为中性常量。

> **例 6.8　彩色分层。**

式(6.43)和式(6.44)可用于将图 6.29(a)中的草莓与萼片、杯、碗和其他背景元素分离。图 6.32(a)和(b)是使用两个变换后的结果。在每种情况下，都从最突出的草莓选择一种原型红色，其 RGB 彩色坐标为(0.6863, 0.1608, 0.1922)；选择的 W 和 R_0 要使突出区域不会扩展到图像的其他部分。所用的实际值 $W = 0.2549$ 和 $R_0 = 0.1765$ 是交互确定的。注意，式(6.44)中基于球体的变换的执行效果要好一些，因为结果中包含了草莓的更多红色区域。半径为 0.1765 的球体不会完全包围宽度为 0.2549 的立方体，但它不会小到无法完全被立方体包围。6.7 节和第 10 章将介绍采用彩色和其他多光谱信息从背景中提取目标的其他高级技术。

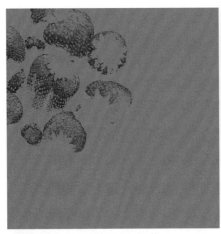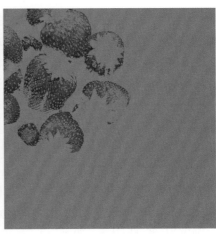

a b

图 6.32　(a)检测宽度为 $W = 0.2549$、中心为$(0.6863, 0.1608, 0.1922)$的 RGB 立方体内的红色的彩色分层变换；(b)检测半径为 0.1765、中心在相同点的 RGB 球体中的红色的彩色分层变换。立方体和球体外部的像素被颜色$(0.5, 0.5, 0.5)$代替　■

6.5.4　色调和彩色校正

只有校正了图像的色调范围，才能解决图像中颜色的不规则问题，如过饱和颜色和欠饱和颜色问题。图像的色调范围（也称主特性），是指图像中颜色亮度的一般分布。高主特性图像中的大部分信息集中在高亮度上；低主特性图像的颜色主要集中在低亮度上；中主特性图像的颜色则介于前两者之间。类似于灰度级的情况，我们通常希望彩色图像的亮度在高光和阴影之间是等间隔分布的。下面的几个例子说明了校正色调和颜色不平衡问题的一些彩色变换。

例 6.9　色调变换。

修改图像色调的变换通常是交互选择的。基本想法是试验性地调整图像的亮度和对比度，以便在合适的亮度范围内得到最多的细节。色彩本身并不改变。在 RGB 和 CMY（K）空间中，这意味着使用相同的变换函数来映射所有彩色分量，但 K 除外（见图 6.29）；在 HSI 彩色空间中，如上节所述，只改进亮度分量。

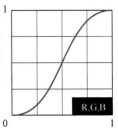

平淡图像　　　　　　　　　　校正后的图像

图 6.33　平淡、较亮（高主特性）、较暗（低主特性）彩色图像的色调校正。等量地调整红色、绿色、蓝色分量并不总是能够明显地改变图像的色调

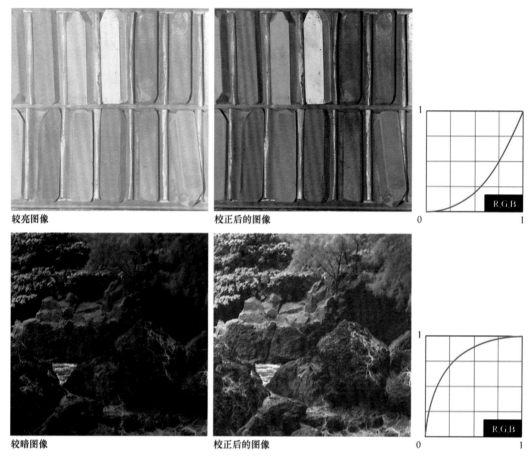

较亮图像　　　　校正后的图像

较暗图像　　　　校正后的图像

图 6.33　平淡、较亮（高调）、较暗（低调）彩色图像的色调校正。等量地调整红色、绿色、蓝色分量并不总是能够明显地改变图像的色调（续）

　　图 6.33 是用于校正三个普通色调不平衡（平淡、较亮和较暗）图像的一些典型 RGB 变换。图中第一行的 S 形曲线对提升对比度较为理想［见图 3.2(a)］。这条曲线的中点已被固定，以便分别使高光区域和阴影区域变暗和变亮（该曲线反过来可用于校正过大的对比度）。图中第二行和第三行的变换用于校正较亮和较暗图像，它们让我们联想到图 3.6 中的幂律变换。虽然彩色分量是离散的，实际的变换函数也是离散的，但变换函数本身则按连续量来显示和操作——通常由分段线性多项式或高阶多项式（更平滑的映射）构建。注意，图 6.33 中的图像主特性看起来很明显；它们也可使用图像的彩色分量的直方图来确定。　■

　　例 6.10　彩色平衡。

　　图像的色调特性校正完成后，通常要解决彩色不平衡的问题。虽然直接使用彩色分光计分析图像中的一种已知颜色也能确定彩色不平衡，但在图像中出现白色区域［RGB 或 CMY（K）分量相等的区域］时，也能进行精确的视觉评估。如图 6.34 所示，肤色是视觉彩色评估的优秀对象，因为人类对恰当肤色的感知能力非常高。颜色鲜亮（如亮红色）的物体对视觉彩色评估并没有什么价值。

　　校正彩色不平衡的方法有多种。调整一幅图像的彩色分量时，要意识到每个操作都会影响图像的整体彩色平衡。也就是说，对一种颜色的感知会受到周围颜色的影响。图 6.30 中的彩色轮可用于预测一个彩色分量如何影响其他彩色分量。例如，根据彩色轮，任何颜色的比例都可通过降低图像中的相对颜色（或补色）量来增大。类似地，也可通过增大两种相邻颜色的比例来增大，或通过降低与补色相邻的两种颜色的比例来增大。例如，如果一幅 RGB 图像中有过量的深红色，那么此时可通过（1）移去红色和蓝色来降低它，或通过（2）增加绿色来降低它。

原图像/校正后的图像

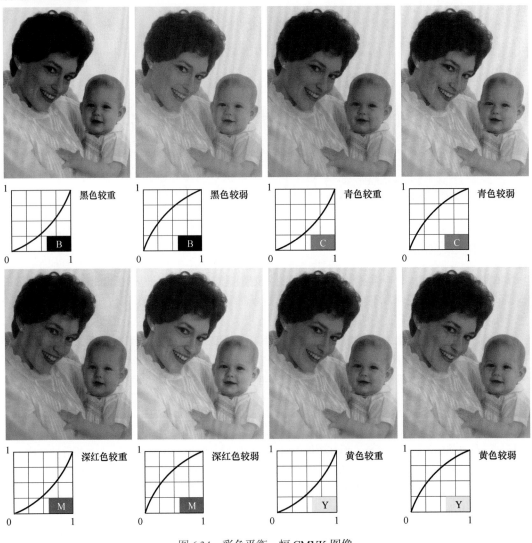

图 6.34　彩色平衡一幅 CMYK 图像

图 6.34 是用于校正简单 CMYK 输出不平衡的变换。注意，描述的变换是校正这些图像所需的函数。这些函数的反函数可用来产生相关联的彩色不平衡。总之，这些图像类似于暗室环境的彩色环形图案，可用做识别彩色打印问题的参考工具。例如，我们发现过量的红色可能是由过量的深红色（图像左下角）或过少的青色（第二行最右边的图像）导致的。　　　　　　　　　　　■

6.5.5　彩色图像的直方图处理

　　与前一节的交互式增强方法不同，3.3 节的灰度直方图处理变换可自动地应用于彩色图像。回顾可知，直方图均衡化自动确定一个变换，这个变换试图生成一幅具有均匀灰度值直方图的图像。3.3 节说过，直方图均衡化对低主特性、高调和中调图像的处理非常成功（见图 3.20）。我们认为，对彩色图像的各幅分量图像单独进行直方图均衡化处理可能并不明智，因为这样做会产生错误的彩色。更合适的做法是，均匀地分布颜色亮度，而保持颜色本身（色调）不变。下例表明 HSI 彩色空间是适合这类方法的理想空间。

　例 6.11　HSI 彩色空间中的直方图均衡化。

　　图 6.35(a)显示了调味台的一幅彩色图像，图像中含有调味瓶和摇杯。图像的亮度分量已归一化到区间[0, 1]内。由处理前的亮度直方图［见图 6.35(b)］可以看出，图像中含有大量暗色，使得灰度中值减小为 0.36。不改变色调和饱和度时，对亮度分量进行直方图均衡化的结果如图 6.35(c)所示。注意，整个图像明显变亮，

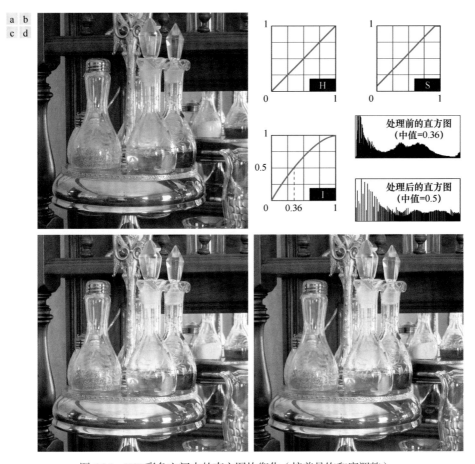

图 6.35　HSI 彩色空间中的直方图均衡化（接着是饱和度调整）

存放调味瓶的木桌的线脚和纹理现在清晰可见。图 6.35(b)显示了这幅新图像的亮度直方图,以及用于均衡化亮度分量的亮度变换 [见式(3.15)]。

尽管亮度均衡化处理并不改变图像的色调值和饱和度值,但确实会影响图像的整体颜色。要特别注意的是,调味瓶中的油和醋失去了活力。图 6.35(d)是图像得到部分校正的结果,它是首先增大图像的饱和度分量,然后用图 6.35(b)中的变换进行直方图均衡化处理得到的。处理 HSI 空间中的亮度分量时,这种类型的调整很常见,因为亮度的变化通常会影响图像中颜色的相对外观。∎

6.6 彩色图像平滑和锐化

变换图像中的每个像素而不考虑像素的邻域(见上一节)的下一步是,根据周围像素的特性来修改像素的值。本节通过彩色图像的平滑和锐化处理来说明这类邻域处理的基本知识。

6.6.1 彩色图像平滑

参考图 6.27(a)及 3.4 节和 3.5 节的讨论可知,灰度级图像平滑可视为一种空间滤波运算,在这种运算中,滤波核的系数具有相同的值。核滑过待平滑的图像时,每个像素的值被核包围的邻域中的像素平均值代替。如图 6.27(b)所示,这一概念很容易推广到全彩色图像处理。主要差别是,我们处理的不再是标量灰度值,而是式(6.37)给出的分量向量。

在 RGB 彩色图像中,令 S_{xy} 是一组坐标,它定义了中心为(x, y)的一个邻域。这个邻域中的 RGB 分量向量的平均值为

$$\overline{c}(x,y) = \frac{1}{K} \sum_{(s,t) \in S_{xy}} c(s,t) \tag{6.45}$$

根据式(6.37)和向量的加法性质,有

$$\overline{c}(x,y) = \begin{bmatrix} \dfrac{1}{K} \displaystyle\sum_{(s,t) \in S_{xy}} R(s,t) \\[2mm] \dfrac{1}{K} \displaystyle\sum_{(s,t) \in S_{xy}} G(s,t) \\[2mm] \dfrac{1}{K} \displaystyle\sum_{(s,t) \in S_{xy}} B(s,t) \end{bmatrix} \tag{6.46}$$

我们将这个向量的分量视为几幅标量图像,这些标量图像可采用传统的灰度级邻域处理方法,通过单独地平滑原 RGB 图像的每个平面得到。于是,我们可以得出这样一个结论:邻域平均平滑可在每个彩色平面的基础上执行,得到的结果与使用 RGB 彩色向量进行平均的结果是相同的。

例 6.12 使用邻域平均法平滑彩色图像。

考虑图 6.36(a)中的 RGB 彩色图像,图 6.36(b)到图 6.36(d)显示了该图像的红色、绿色、蓝色分量图像,图 6.37(a)到图 6.37(c)显示了该图像的 HSI 分量。根据前一段的讨论,我们首先用一个 5×5 的平均核单独地平滑图 6.36 中 RGB 图像的每幅分量图像,然后将这些平滑后的图像合成为一幅全彩色图像,如图 6.38(a)所示。注意,如 3.5 节中给出的几个例子那样,这幅图像看起来与执行空间平滑运算后的结果相同。

6.2 节中说过,HSI 彩色模型的一个重要优点是解除了亮度和彩色信息的联系,因此它适合于许多灰度处理技术,由此我们认为用它来平滑图 6.37 中 HSI 表示的亮度分量一定更有效。为了说明这一方法的优点和(或)后果,下面我们只平滑亮度分量(保持色调和饱和度分量不变),并且为便于显示把处理结果转换

为 RGB 图像。平滑后的彩色图像如图 6.38(b)所示。注意，这幅图像类似于图 6.38(a)，但如图 6.38(c)所示的差值图像那样，两幅平滑后的图像是不同的，因为图 6.38(a)中的每个像素的颜色都是邻域中的像素的平均颜色。另一方面，由于只平滑了图 6.38(b)中的亮度分量图像，而每个像素的色调和饱和度不受影响，因此像素的颜色没有变化。根据这一观察可知，两种平滑方法之间的差别会随着核的增大而变得更为明显。

图 6.36　(a)RGB 图像；(b)红色分量图像；(c)绿色分量图像；(d)蓝色分量图像

图 6.37　图 6.36(a)中 RGB 彩色图像的 HSI 分量：(a)色调；(b)饱和度；(c)亮度

a b c

图 6.38 用 5×5 平均核平滑图像:(a)处理每幅 RGB 分量图像后的结果;(b)处理 HSI 图像的灰度分量并转换到 RGB 空间的结果;(c)两个结果的差 ■

6.6.2 彩色图像锐化

本节介绍如何用拉普拉斯(见 3.6 节)来锐化图像。向量分析表明,一个向量的拉普拉斯也是一个向量,其分量等于输入向量的各个标量分量的拉普拉斯。在 RGB 彩色系统中,式(6.37)中向量 c 的拉普拉斯为

$$\nabla^2\big[c(x,y)\big]=\begin{bmatrix}\nabla^2 R(x,y)\\ \nabla^2 G(x,y)\\ \nabla^2 B(x,y)\end{bmatrix} \tag{6.47}$$

上式表明,分别计算每幅分量图像的拉普拉斯,可求出全彩色图像的拉普拉斯。

例 6.13 使用拉普拉斯锐化图像。

图 6.39(a)是用式(3.54)和图 3.45(c)中的核,计算图 6.36 中 RGB 分量图像的拉普拉斯得到的。这些结果合并在一起就产生了锐化后的全彩色图像。类似地,图 6.39(b)是对图 6.37 中的 HSI 分量计算拉普拉斯后,组合亮度分量的拉普拉斯和不变的色调分量和饱和度分量得到的图像。RGB 和 HSI 锐化图像之间的差如图 6.39(c)所示。两幅图像之间出现这一差异的原因见例 6.12。

a b c

图 6.39 使用拉普拉斯锐化图像:(a)处理每个 RGB 通道后的图像;(b)处理 HSI 亮度分量并转换到 RGB 空间后的图像;(c)两幅图像的差 ■

6.7 使用彩色分割图像

分割是将图像分成多个区域的过程。虽然分割是第 10 章的主题，但为了保持连续性并方便下述内容的学习，这里先简要介绍彩色分割。

6.7.1 HSI 彩色空间中的分割

如果要根据颜色来分割一幅图像，并希望在各个平面上执行这一处理，那么自然会想到 HSI 空间，因为颜色在色调图像中可方便地表示。通常，饱和度被用做一幅模板图像，以进一步隔离色调图像中的感兴趣区域。由于灰度图像不携带颜色信息，因此很少在彩色图像的分割中使用。下面是在 HSI 彩色空间中进行分割的典型例子。

例 6.14 在 HSI 彩色空间中分割彩色图像。

假设我们要分割图 6.40(a) 中图像左下角的微红色区域。图 6.40(b) 到图 6.40(d) 是它的 HSI 分量图像。比较图 6.40(a) 和图 6.40(b) 发现，感兴趣区域的色调值相对较高，表明这些颜色位于红色的蓝色-深红色端（见图 6.11）。图 6.40(e) 是对饱和度图像进行阈值处理后产生的一个二值模板，所用的阈值是图像中最大饱和度值的 10%。大于该阈值的任何像素值都被置为 1（白色），其他像素值则被置为 0（黑色）。

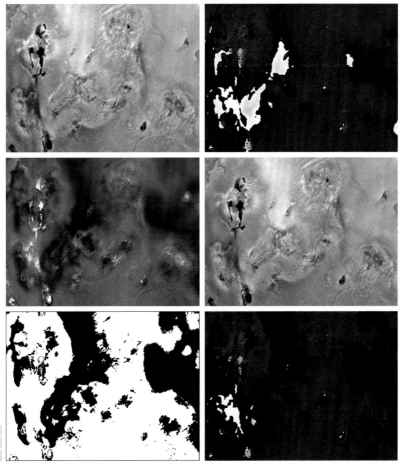

图 6.40 HSI 空间中的图像分割：(a) 原图像；(b) 色调图像；(c) 饱和度图像；(d) 亮度图像；(e) 二值饱和度模板（黑色 = 0）；(f) 图 (b) 和图 (e) 相乘后的结果；(g) 图 (f) 的直方图；(h) 图 (a) 中红色分量的分割结果

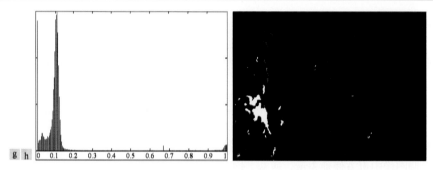

图 6.40　HSI 空间中的图像分割：(a)原图像；(b)色调图像；(c)饱和度图像；(d)亮度图像；(e)二值饱和度模板（黑
　　　　 色=0）；(f)图(b)和图(e)相乘后的结果；(g)图(f)的直方图；(h)图(a)中红色分量的分割结果（续）

　　图 6.40(f)是模板与色调图像的乘积图像，图 6.40(g)是乘积图像的直方图（注意灰度级的区间是[0, 1]）。观察直方图发现，高值（感兴趣值）聚集在灰度的最高端，接近 1.0。用阈值 0.9 对乘积图像进行阈值处理后，得到的二值图像如图 6.40(h)所示。在这幅图像中，白色点的空间位置标识了原图像中具有感兴趣微红色色调的点，这远非完美的分割，因为原图像中还有一些微红色调的点未被这种分割方法标识出来。然而，实验表明，在识别原图像的微红色分量时，图 6.40(h)中的白色区域是这种方法所能得到的最好结果。下一节讨论的分割方法会产生更好的结果。　　　　　　　　　　　　　　　　　　　　　　　■

6.7.2　RGB 空间中的分割

　　尽管在 HSI 空间中以我们更熟悉的方式表示颜色更加直观，但使用 RGB 向量能对区域进行更好的分割（见图 6.7）。在 RGB 空间中进行分割更为简单。假设我们的目的是分割一幅 RGB 图像中的某些规定颜色的目标。已知一组代表感兴趣颜色的彩色样本点，我们希望得到待分割的"平均"颜色的一个估计。假设用 RGB 向量 a 来表示这个平均颜色。分割的目的是对给定图像中的每个 RGB 像素分类，即判断它是否具有规定范围中的一种颜色。为了执行这一比较，必须有一个相似性测度。最简单的测度之一是欧氏距离。令 z 表示 RGB 空间中的任意一点。如果 z 和 a 之间的距离小于某个规定的阈值 D_0，那么我们说 z 和 a 是相似的。z 和 a 之间的欧氏距离为

$$
\begin{aligned}
D(z, a) &= \|z - a\| \\
&= \left[(z - a)^{\mathrm{T}} (z - a) \right]^{\frac{1}{2}} \\
&= \left[(z_R - a_R)^2 + (z_G - a_G)^2 + (z_B - a_B)^2 \right]^{\frac{1}{2}}
\end{aligned}
\tag{6.48}
$$

式中，下标 R, G, B 表示向量 a 和 z 的 RGB 分量。满足 $D(z, a) \le D_0$ 的点的轨迹是半径为 D_0 的一个实心球体，如图 6.41(a)所示。球体内部的点满足规定的颜色准则，球体外的点则不满足规定的颜色准则。对图像中的这两组点编码（如黑和白），就产生了一幅二值分割图像。

　　式(6.48)的一种有用推广是形如下式的距离测度：

$$
D(z, a) = \left[(z - a)^{\mathrm{T}} C^{-1} (z - a) \right]^{\frac{1}{2}}
\tag{6.49}
$$

式中，C 是我们待分割颜色范围内有代表性的颜色样本的协方差矩阵（见 11.5 节）。满足 $D(z, a) \le D_0$ 的点的轨迹是一个实心的三维椭球体[见图 6.41(b)]，这个椭球体的重要特点是长轴指向最大数据扩展方向。当 $C = I$ 时，即为 3×3 单位矩阵时，式(6.49)简化为式(6.48)。这时的分割就是上一段中描述的分割。

> 这个公式称为马哈拉诺比斯距离，简称马氏距离。此处用它来进行多变量阈值处理（阈值处理详见 10.3 节）。

　　因为距离是正的和单调的，因此可用距离的平方运算来代替，避免进行平方根运算。然而，即使

不计算平方根，对于实际大小的图像来说，实现式(6.48)或式(6.49)的计算代价也很高昂。一种折中的方法是使用一个边界盒，如图 6.41(c)所示。在这种方法中，边界盒关于 a 居中，它沿各坐标轴的长度与样本沿坐标轴的标准差成比例。我们使用样本数据来计算标准差，这些标准差是这种方法用以分割图像的参数。已知任意一个彩色点时，我们将根据距离公式来确定它是在边界盒的表面还是在边界盒的内部来进行分割。然而，确定一个彩色点是在边界盒的内部还是在边界盒的外部，与使用球体或椭球体边界相比，计算上要简单得多。注意，前述讨论是 6.5 节中彩色分层方法的推广。

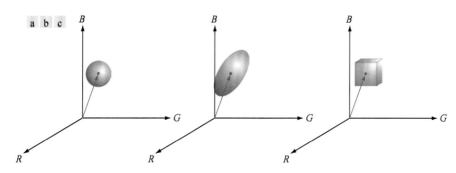

图 6.41　为 RGB 向量分割圈定数据区域的 3 种方法

例 6.15　在 RGB 彩色空间中进行彩色分割。

图 6.42(a)所示的矩形区域中含有我们希望从彩色图像中分割出来的微红色样本。这个问题与例 6.14 中使用色调时考虑的问题相同，只是现在我们使用 RGB 彩色向量来求解这个问题。这个方法接下来使用图 6.42(a)所示矩形内包含的彩色点来计算平均向量 a，然后计算这些样本的红色值、绿色值和蓝色值的标准差。边界盒关于 a 居中，它的各条边的长度选择为数据沿对应坐标轴的标准差的 1.25 倍。例如，若令 σ_R 表示样本点的红色分量的标准差，则边界盒沿 R 轴的尺寸从 $(a_R - 1.25\sigma_R)$ 扩展到 $(a_R + 1.25\sigma_R)$，其中 a_R 是平均向量 a 的红色分量。图 6.42(b)是对彩色图像中的每个点编码后的结果：点位于边界盒的表面或内部时，编码为白色；否则编码为黑色。注意分割区域是如何推广到被矩形包围的颜色样本的。事实上，比较图 6.42(b)

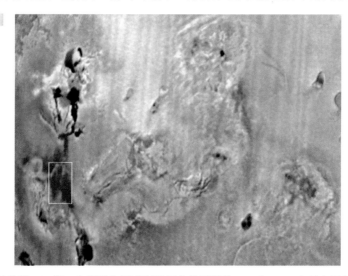

图 6.42　RGB 空间中的分割：(a)用一个矩形包围感兴趣颜色的原图像；(b)在 RGB 向量空间中分割的结果。请与图 6.40(h)进行比较

图 6.42　RGB 空间中的分割：(a)用一个矩形包围感兴趣颜色的原图像；(b)在 RGB 向量空间中分割的结果。请与
图 6.40(h)进行比较（续）

和图 6.40(h)就会发现，在 RGB 向量空间中的分割会产生更为准确的结果，即分割结果更匹配我们在原彩色
图像中定义的"微红色"。这个结果并不出人意料，因为在 RGB 空间中我们使用了三个颜色变量，而不是
HSI 空间中的一个颜色变量。　　　　　　　　　　　　　　　　　　　　　　　　　　　　　　　　■

6.7.3　彩色边缘检测

　　如 10.2 节中将要讨论的那样，边缘检测对图像分割来说是一个重要的工具。本节的重点是计算各
幅分量图像的边缘，而不是在彩色向量空间中直接计算边缘。

　　讨论图像锐化时，3.6 节介绍过用梯度算子来检测边缘。遗憾的是，当时讨论的梯度并不是为向
量定义的。于是，我们立刻想到，首先计算各幅图像的梯度，然后将结果合成为一幅彩色图像，会得
到错误的结果。一个简单的例子就可帮助我们说明原因。

　　考虑图 6.43(d)和图 6.43(h)中的两幅 $M \times M$ 彩色图像(M 为奇数)，它们分别由图 6.43(a)到图 6.43(c)
以及图 6.43(e)到图 6.43(g)中的 3 幅分量图像组成。例如，若用式(3.58)计算每幅分量图像的梯度图像，
然后将结果相加形成两幅对应的 RGB 梯度图像，则点$[(M+1)/2, (M+1)/2]$处的梯度值在两种情况下
相同。我们直观上认为图 6.43(d)在该点处的梯度更大，因为 R, G, B 图像的边缘在该图像中位于同一
方向，而在图 6.43(h)中只有两个边缘位于同一方向。由这个简单的例子可以看出，处理 3 个单独的
平面并形成一幅合成梯度图像会导致错误的结果。如果问题只是检测边缘，那么处理各个分量的方
法能给出可以接受的结果。然而，如果问题是精度，那么我们明显需要一个适用于向量的梯度的新
定义。下面讨论 Di Zenzo[1986]为此提出的一种方法。

　　现在的问题是定义式(6.37)中向量 c 在任意一点 (x, y) 处的梯度（幅度和方向）。前面提到，3.6 节
中讨论的梯度只适用于标量函数 $f(x, y)$ 而不适用于向量函数。将梯度的概念扩展到向量函数的方法有
多种，下面介绍其中的一种。回顾可知，标量函数 $f(x, y)$ 在坐标 (x, y) 处梯度，是指向 f 的最大变化
率方向的一个向量。

　　令 r, g 和 b 是沿 RGB 彩色空间（见图 6.7）的 R, G, B 轴的单位向量，并定义向量

$$u = \frac{\partial R}{\partial x} r + \frac{\partial G}{\partial x} g + \frac{\partial B}{\partial x} b \qquad (6.50)$$

和

$$v = \frac{\partial R}{\partial y} \boldsymbol{r} + \frac{\partial G}{\partial y} \boldsymbol{g} + \frac{\partial B}{\partial y} \boldsymbol{b} \tag{6.51}$$

根据这些向量的点积，令 g_{xx}, g_{yy} 和 g_{xy} 为

$$g_{xx} = \boldsymbol{u} \cdot \boldsymbol{u} = \boldsymbol{u}^{\mathrm{T}} \boldsymbol{u} = \left|\frac{\partial R}{\partial x}\right|^2 + \left|\frac{\partial G}{\partial x}\right|^2 + \left|\frac{\partial B}{\partial x}\right|^2 \tag{6.52}$$

$$g_{yy} = \boldsymbol{v} \cdot \boldsymbol{v} = \boldsymbol{v}^{\mathrm{T}} \boldsymbol{v} = \left|\frac{\partial R}{\partial y}\right|^2 + \left|\frac{\partial G}{\partial y}\right|^2 + \left|\frac{\partial B}{\partial y}\right|^2 \tag{6.53}$$

和

$$g_{xy} = \boldsymbol{u} \cdot \boldsymbol{v} = \boldsymbol{u}^{\mathrm{T}} \boldsymbol{v} = \frac{\partial R}{\partial x}\frac{\partial R}{\partial y} + \frac{\partial G}{\partial x}\frac{\partial G}{\partial y} + \frac{\partial B}{\partial x}\frac{\partial B}{\partial y} \tag{6.54}$$

记住，R, G, B 及由此得到的 g 项是 x 和 y 的函数。使用这种表示法可以证明（Di Zenzo[1986]），$c(x, y)$ 的最大变化率的方向可由如下角度给出：

$$\theta(x, y) = \frac{1}{2}\arctan\left[\frac{2g_{xy}}{g_{xx} - g_{yy}}\right] \tag{6.55}$$

坐标 (x, y) 处 $\theta(x, y)$ 方向的变化率的值为

$$F_\theta(x, y) = \left\{\frac{1}{2}\left[(g_{xx} + g_{yy}) + (g_{xx} - g_{yy})\cos 2\theta(x, y) + 2g_{xy}\sin 2\theta(x, y)\right]\right\}^{1/2} \tag{6.56}$$

因为 $\tan(\alpha) = \tan(\alpha \pm \pi)$，若 θ_0 是式(6.55)的一个解，则 $\theta_0 \pm \pi/2$ 也是它的解。此外，由于 $F_\theta = F_{\theta+\pi}$，因此 F 只需要对半开区间 $[0, \pi)$ 内的 θ 值计算。式(6.55)给出的两个值相隔 90° 的事实，表明它与每个点 (x, y) 处的一对正交方向相关。F 沿这两个方向之一最大，而沿其他方向最小。这些结果的推导相当冗长，因此在这里详细推导它对我们的讨论目的而言意义不大，感兴趣的读者请参阅 Di Zenzo[1986]。实现式(6.52)到式(6.54)所需的偏导数，可用 3.6 节讨论的 Sobel 算子计算。

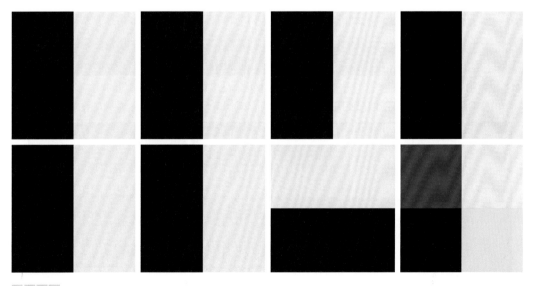

a b c d
e f g h

图 6.43 (a)～(c)R, G, B 分量图像；(d)产生的 RGB 彩色图像；(e)～(g)R, G, B 分量图像；(h)产生的 RGB 彩色图像

例 6.16 RGB 向量空间中的边缘检测。

图 6.44(b)是图 6.44(a)中图像的梯度，它是用刚才讨论的向量方法得到的。图 6.44(c)是按如下方式得到的：计算每幅 RGB 分量图像的梯度，并在每个坐标 (x, y) 处将 3 幅分量图像的对应值相加，形成一幅合成梯度图像。与图 6.44(c)所示的各幅平面梯度图像中的细节相比，向量梯度图像的边缘细节更完整，如人物右眼周围的细节。图 6.44(d)中的图像是两幅梯度图像在每个坐标 (x, y) 处的差别。注意，两种方法都产生了合理的结果。图 6.44(b)中的额外细节是否值得在 Sobel 算子的计算上增大开销，只能由给定问题的要求来决定。图 6.45 显示了 3 幅分量梯度图像，将它们相加并标定后，就可得到图 6.44(c)。

图 6.44 (a)RGB 图像；(b)在 RGB 彩色向量空间中计算的梯度；(c)三幅单独的梯度图像的对应元素相加后，形成的梯度图像，每幅梯度图像都使用 Sobel 算子计算；(d)图(b)和图(c)的差

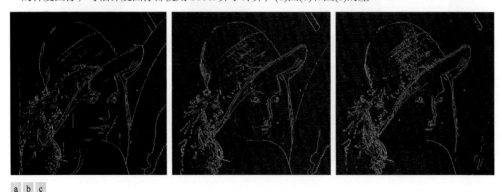

图 6.45 图 6.44 中彩色图像的分量梯度图像：(a)红色分量图像；(b)绿色分量图像；(c)蓝色分量图像。这 3 幅图像相加并标定后得到了图 6.44(c)中的图像

6.8　彩色图像中的噪声

5.2 节中讨论的噪声模型适用于彩色图像。彩色图像中的噪声内容,在每个彩色通道中通常具有相同的特性,但噪声对不同彩色通道的影响可能是不同的。一种可能性是,某个通道的电子器件出现了故障。然而,不同的噪声水平更可能是由每个彩色通道的相对照射强度的不同造成的。例如,在 CCD 相机中,使用红色滤光片会降低红色感测元件探测到的照射强度。低水平照射强度下的 CCD 传感器是噪声源,因此在这种情况下得到的 RGB 图像的红色分量图像与其他两幅分量图像相比往往是噪声源。

例 6.17　将 RGB 带噪声图像转换到 HSI 空间时,噪声对图像的影响。

本例简要介绍彩色图像中的噪声,以及将图像从一个彩色模型转换到另一个模型时,噪声是如何传递的。图 6.46(a)到图 6.46(c)是被加性高斯噪声污染的一幅 RGB 图像的 3 个彩色平面,图 6.46(d)是合成的 RGB 图像。注意,与在灰度图像中相比,细颗粒噪声在彩色图像中并不引人注目。图 6.47(a)到图 6.47(c)是把图 6.46(d)中的 RGB 图像转换到 HSI 空间后的结果。将这些结果与原图像(见图 6.37)的 HSI 分量进行比较,会发现噪声图像的色调与饱和度分量已明显退化,它们分别是由式(6.17)中余弦运算和式(6.18)中最小值运算的非线性造成的。另一方面,图 6.47(c)中的亮度分量要比 3 幅噪声 RGB 分量图像中的任何一幅都平滑一些。如式(6.19)所示,这是由亮度图像是 RGB 图像的平均造成的(回顾 2.6 节关于对图像进行平均来降低随机噪声的讨论)。

图 6.46　(a)～(c)被均值为 0、标准差为 28 个灰度级的加性高斯噪声污染的红色、绿色和蓝色分量图像;(d)最终的 RGB 图像〔请将图(d)与图 6.44(a)进行比较〕

图 6.47　图 6.46(d)中噪声彩色图像的 HSI 分量：(a)色调图像；(b)饱和度图像；(c)亮度图像

只有一个 RGB 通道受噪声影响时，到 HSI 的转换会将噪声分布到所有 HSI 分量图像上。图 6.48 显示了一个例子。图 6.48(a)显示了一幅 RGB 图像，它的绿色分量图像被椒盐噪声污染，其中盐粒噪声和胡椒噪声的概率都是 0.05。图 6.48(b)到图 6.48(d)中的 HSI 分量图像清楚地显示了噪声是如何从绿色 RGB 通道分布到所有 HSI 图像上的。当然，这是我们不希望得到的结果，因为如 6.2 节中讨论的那样，计算 HSI 分量要用到 RGB 的所有分量。

图 6.48　(a)绿色平面被椒盐噪声污染的 RGB 图像；(b)HSI 图像的色调分量；(c)饱和度分量；(d)亮度分量

事实上，到目前为止我们讨论的处理，都是在每幅图像的基础上对全彩色图像滤波，或直接在彩色向量空间中对全彩色图像滤波。例如，使用平均滤波器降噪是 6.6 节中讨论的处理方法，这种方法在向量空间中对整个图像滤波和分别对分量图像滤波，得到的结果相同。然而，其他滤波方法却不能以这种方式确切地表达。这样的例子包括 5.3 节中讨论的统计排序滤波。例如，要在彩色向量空间实现中值滤波，就要找到一种使得中值有意义的向量排序方案。这种方法处理标量时很简单，但在处理向量时却相当复杂。向量排序超出了此处的讨论范围，关于向量排序及基于排序概念的滤波器，请读者参阅 Plataniotis and Venetsanopoulos[2000]。

6.9 彩色图像压缩

由于表示彩色所需的比特数要比表示灰度级所需的比特数大 3～4 倍，因此数据压缩在存储和传输彩色图像时的作用非常重要。对于前几节中的 RGB、CMY（K）和 HSI 图像，任何压缩对象的数据都是每个彩色像素的组成部分（如 RGB 图像中像素的红色、绿色和蓝色分量）；它们是传达彩色信息的方式。压缩是减小或消除冗余和/或无关数据的处理。虽然压缩是第 8 章的主题，但下例使用一幅彩色图像来简单地说明这一概念。

例 6.18 彩色图像压缩的例子。

图 6.49(a)显示了鸢尾花的一幅 24 比特 RGB 全彩色图像，图像中表示红色、绿色、蓝色分量时，都使用了 8 比特。图 6.49(b)是由图 6.49(a)中图像的一个压缩版本重建的图像，事实上，这幅图像是压缩并解压缩后的一幅近似图像。尽管压缩后的图像无法直接显示——在输入彩色显示器之前必须解压缩，但对原图像中每 230 比特的数据而言，压缩后的图像中只包含 1 数据比特（因此只需要 1 存储比特）（第 8 章中将说明这些数字的来源）。假设图像的大小为 2000×3000 = 6×10^6 像素。图像是 24 比特/像素的，因此所需的存储空间是 144×10^6 比特。

图 6.49 彩色图像压缩：(a)原 RGB 图像；(b)图(a)经压缩并解压缩后的结果

图 6.49   彩色图像压缩：(a)原 RGB 图像；(b)图(a)经压缩并解压缩后的结果（续）

　　假设你正在机场等待航班，并希望使用机场的公共 WiFi 上传 100 幅这样的图像。以（相对较高的）上传速率 10×10^6 bps 上传完所有的图像，需要约 24 分钟。相比之下，上传完压缩后的图像只需要约 6 秒。当然，传输的数据必须在另一端解缩压后才能查看，但解压缩处理可在几秒内完成。注意，重建的近似图像稍微有点模糊。这是许多有损压缩技术的特点，可以通过改变压缩水平来减小或消除模糊。用于产生图 6.49(b) 的 JPEG 2000 压缩算法将在 8.2 节中详细介绍。■

小结、参考文献和延伸读物

　　本章简要介绍了彩色图像处理，涵盖了所选的主题，为图像处理的这一分支中使用的技术奠定了坚实的基础。彩色基础和彩色模型是彩色图像处理应用领域的基础内容。重点介绍了一些彩色模型，这些模型不仅在数字图像处理中非常有用，而且是深入研究数字图像处理的必要工具。针对单幅图像讨论的假彩色和全彩色处理，是第 3 章到第 5 章中详细介绍的各种技术的纽带。随后介绍了彩色向量空间中的图像处理方法，这种处理方法不同于此前介绍的处理方法；强调了灰度处理和全彩色处理的一些重要不同。在关于彩色图像中的噪声的介绍中，指出了问题的向量本质，以及为降低图像噪声而需要在不同彩色空间中转换的事实。在某些情况下，噪声滤波可以在单幅图像的基础上进行，但在其他情况下（如中值滤波）则需要特殊处理，以便反映彩色像素是向量的事实。尽管分割是第 10 章的主题，图像数据压缩是第 8 章的主题，但在彩色图像处理中简要介绍它们是有必要的。

　　关于色彩学的全面介绍，见 Malacara[2011]。关于颜色生理学的介绍，见 Snowden et al.[2012]。这两个参考文献和 Kuehni[2012]为 6.1 节的讨论提供了丰富的补充材料。关于彩色模型（6.2 节）的详细介绍，见 Fortner and Meyer[1997]、Poynton[1996]和 Fairchild[1998]。有关 HSI 模型公式的详细推导，见 Smith[1978]，也可查阅本书的配套网站。假彩色（6.3 节）与图像数据的可视化密切相关。关于假彩色的详细介绍，见 Wolff and Yaeger[1993]和 Telea[2008]。关于 6.4 节和 6.5 节中内容的额外读物，见 Plataniotis and Venetsanopoulos[2000]。彩色图像滤波的内容（6.6 节）是以 6.4 节中介绍的向量公式及第 3 章对空间滤波的讨论为基础的。彩色图像分割（6.7 节）是当前人们关注的热点。关于这一领域的当前发展趋势，见 Vantaram and Saber[2012]。比本章讨论的技术更为高级的彩色图像处理技术，见 Fernandez-Maloigne[2012]。6.8 节的讨论是以 5.2 节中介绍的噪声模型为基础的。有关彩色图像压缩（6.9 节）的参考文献列在第 8 章末尾。本章中讨论的技术的软件实现细节，见 Gonzalez, Woods and Eddins[2009]。

习题

标有星号的习题的答案在 DIP4E Student Support Package 中（查阅网站 www.ImageProcessingPlace.com）。

6.1 给出生成图 6.5 中"暖白色"点所需的红色光、绿色光、蓝色光的百分比。

6.2* 考虑任何两种有效的颜色 c_1 和 c_2，它们在图 6.5 所示色度图中的坐标分别为(x_1, y_1)和(x_2, y_2)。已知由这两种颜色组成的某种颜色位于这两种颜色的连线上，给出组成这种颜色的 c_1 和 c_2 的百分比的通用表达式。

6.3 考虑任何 3 种有效的颜色 c_1, c_2 和 c_3，它们在图 6.5 所示色度图中的坐标分别为(x_1, y_1), (x_2, y_2)和(x_3, y_3)。已知由这三种颜色组成的某种颜色位于以这三种颜色为顶点的三角形内，给出组成这种颜色的 c_1, c_2 和 c_3 的百分比的通用表达式。

6.4* 在一条自动化的装配线上，为简化检测，对三类零件进行了彩色编码，但只能使用一台黑白电视摄像机来获取数字图像。请给出使用这台摄像机来检测三种不同颜色的技术。

6.5 在一幅 RGB 图像中，R, G 和 B 分量图像的水平亮度剖面如下图所示。在该图像的中间一列，人们会看到什么颜色？

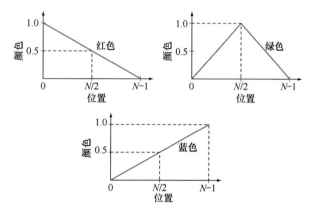

6.6* 画出如下图像显示在单色显示器上时的 RGB 分量图像。所有颜色都达到最大亮度和饱和度。求解时，可将灰色边框视为图像的一部分。

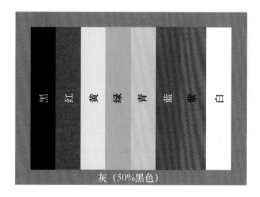

灰（50%黑色）

6.7 一幅彩色 RGB 图像的三幅分量图像都是 8 比特图像，最大数量的不同灰度数是多少？

6.8 考虑图 6.8 中的 RGB 立方体并回答下列问题：

(a)* 描述组成彩色立方体前表面的 R, G 和 B 原色图像中的灰度级是如何变化的。假设每幅分量图像都是 8 比特图像。

(b) 假设用 CMY 彩色代替 RGB 立方体中的每种颜色，新立方体显示在一台 RGB 显示器上。标出新立方体的 8 个顶点的颜色名称。

(c) 对与饱和度有关的 RGB 彩色立方体边缘上的颜色, 你能说些什么?

6.9 完成如下工作。

(a)* 当习题 6.6 中的图像显示在单色显示器上时, 画出该图像的 CMY 分量。

(b) 将(a)问中画出的 CMY 分量分别送入显示器的红色、绿色、蓝色输入端, 试描述结果图像的外观。

6.10* 当习题 6.6 中图像的 HSI 分量出现在单色显示器上时, 画出这些分量。

6.11 给出一种方法, 生成一个与图 6.2 中标为"可见光谱"的放大部分相似的色带。注意色带左边从暗紫色开始, 一直延续到右边的纯红色。(提示: 使用 HSI 彩色模型。)

6.12* 提出一种方法, 生成图 6.11(c)中以图形方式显示的图像的彩色方案, 以流程图的方式给出你的答案。假定亮度值固定并且已知。(提示: 使用 HSI 彩色模型。)

6.13 考虑右侧由纯色正方形组成的图像。为讨论你的答案, 请选择一个灰度级, 它由 0~7 的 8 个灰度组成, 其中 0 表示黑色, 7 表示白色。假设图像已转换到 HSI 彩色空间。回答如下问题时, 若使用的数字是有意义的, 则请对灰度级使用规定的数字; 否则, 请使用关系"与……相同""比……亮"或"比……暗"。若不能对正在讨论的图像赋予一个规定的灰度级或这些关系之一, 则请说明原因。

(a)* 画出色调图像。

(b) 画出饱和度图像。

(c) 画出亮度图像。

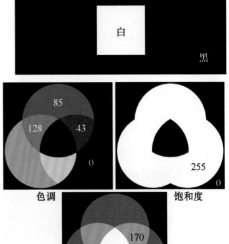

6.14 右侧 8 比特图像是来自图 6.14 的 H, S, I 分量图像。数字指出了灰度级值。回答下列问题, 并解释回答的依据。如果根据已知的信息回答不了问题, 那么说明不能回答的原因。

(a)* 给出色调图像中所有区域的灰度级值。

(b) 给出饱和度图像中所有区域的灰度级值。

(c) 给出亮度图像中所有区域的灰度级值。

6.15* 假设

$$\begin{bmatrix} X \\ Y \\ Z \end{bmatrix} = \begin{bmatrix} 0.588 & 0.179 & 0.183 \\ 0.29 & 0.606 & 0.105 \\ 0 & 0.068 & 1.021 \end{bmatrix} \begin{bmatrix} R \\ G \\ B \end{bmatrix}$$

计算习题 6.6 中图像的 $L^*a^*b^*$ 分量。上面的矩阵公式定义了由 (美国) 国家电视标准委员会 (NTSC) D65 标准照明下观看彩色电视荧光粉产生的彩色三色激励值 (Benson[1985])。

6.16* 根据式(6.40)中 RGB 亮度映射函数, 推导式(6.41)中的 CMY 亮度映射函数。[提示: 从式(6.5)开始。]

6.17 从式(6.6)至式(6.12)开始, 推导式(6.42)。(提示: 只改变 K 分量来改变 CMYK 图像的亮度。)

6.18 参考图 6.25 回答下列问题:

(a)* 为什么图 6.25(e)中的图像主要呈红色调?

(b)* 提出一种将图 6.25 中的水体显示为亮蓝色的自动彩色编码方案。

(c) 提出一种将人为分量显示为亮黄色的自动彩色编码方案。[提示：使用图 6.25(e)。]

6.19* 证明一幅彩色图像的补色图像的饱和度分量，不能单独地由输入图像的饱和度分量计算。

6.20 使用 HSI 彩色模型，说明图 6.31(b)中近似补色图像的色调变换函数的形状。

6.21* 推导产生一幅彩色图像的补色图像的 CMY 变换。

6.22 画出用于校正 RGB 彩色空间中过对比度的变换函数的一般形状。

6.23* 假定一个成像系统的显示器和打印机未完美校准。在显示器上看起来平衡的一幅图像打印后出现了青色。描述可以校正这种不平衡的通用变换。[提示：参阅图 6.30 中的彩色环和 6.2 节对 $L^*a^*b^*$ 彩色系统的讨论。]

6.24* 已知 RGB、CMY 或 CMYK 彩色系统中的一幅图像，如何才能实现与 3.3 节中的灰度直方图匹配的彩色直方图？

6.25 考虑右侧所示的一幅 500×500 的 RGB 图像，图像中的方块是完全饱和的红色、绿色和蓝色，并且每种颜色都处在最大亮度。由该图像生成了一幅 HSI 图像。回答下列问题：

(a) 描述每幅 HSI 分量图像的外观。

(b)* 用一个大小为 125×125 的平均核来平滑 HSI 图像的饱和度分量。描述结果的外观（忽略滤波运算对图像边界的影响）。

(c) 对色调图像重做(b)问。

6.26 回答下列问题：

(a)* 参考 6.7 节关于在 RGB 彩色空间中分割图像的讨论，给出确定彩色向量（点）z 是否在一个立方体内的流程图，立方体的边长为 W，并以平均彩色向量 a 为中心。

(b) 如果盒与坐标轴对齐，那么这一处理也可在逐幅图像的基础上实现。给出你的做法。

6.27 证明当 $C = I$（单位矩阵）时，式(6.49)简化为式(6.48)。

6.28 画出满足

$$D(z, a) = \left[(z - a)^{\mathrm{T}} C^{-1} (z - a) \right]^{1/2} = D_0$$

的那些点在 RGB 空间中组成的表面，其中 D_0 是一个正常数。假设 $a = 0$ 且 $C = \begin{bmatrix} 8 & 0 & 0 \\ 0 & 1 & 0 \\ 0 & 0 & 1 \end{bmatrix}$。

6.29 参考 6.7 节中关于彩色边缘检测的讨论。你可能认为在 RGB 图像中定义任何一点 (x, y) 处的梯度的一种合乎逻辑的方法是，首先计算每幅分量图像的梯度向量（见 3.6 节），然后将这三个单独的梯度向量相加，形成彩色图像的梯度向量。遗憾的是，这种方法有时会得到错误的结果。特别是对明确定义了边缘的彩色图像，使用这种方法时会得到零梯度。给出这样一幅图像的例子。（提示：为简化分析，可将三个彩色平面之一设置为常数值。）

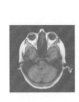

4

FOURTH
EDITION

第 7 章　小波变换和其他图像变换

Do not conform any longer to the pattern of this world, but be transformed by the renewing of your mind.

Romans 12:2

引言

第 4 章中介绍的离散傅里叶变换是线性变换中的重要一类，这类线性变换还包括哈特利变换、正弦变换、余弦变换、沃尔什-哈达玛变换、斜变换、哈尔变换和小波变换。这些变换是本章的主题，它们将函数分解为正交或双正交基函数的加权和，并且可以利用线性代数和泛函分析工具加以研究。从这一角度看，图像是所有图像向量空间中的向量。基函数决定图像变换的性质和用途。变换是线性展开的系数。对于给定的一幅已知图像和变换（或一组基函数），基函数的正交性和由此产生的变换系数都是使用内积来计算的。从包含相同信息和总能量的意义上说，一幅图像的所有变换是等价的。它们都是可逆的，区别仅在于信息和能量在变换系数中的分配方式不同。

学习目标

- 了解级数展开背景下的图像变换。
- 熟悉各种重要的图像变换和变换基函数。
- 了解正交基和双正交基函数的差别。
- 能够构建离散傅里叶变换、哈特利变换、正弦变换、余弦变换、沃尔什-哈达玛变换、斜变换、哈尔变换的变换矩阵。
- 能够利用基本矩阵运算来计算传统的图像变换，如傅里叶变换和哈尔变换。
- 了解时间-频率平面及其与小波变换的关系。
- 能够利用滤波器组计算一维和二维快速小波变换（FWT）。
- 了解小波包表示。
- 熟悉图像处理中离散正交变换的使用。

7.1　背景

在线性代数和泛函分析中，向量空间（或抽象向量空间）是一组数学对象或实体（称为向量），它们可以相加并与标量相乘。内积空间是一个数域上的抽象向量空间，它与内积函数共同将向量空间中的两个向量映射为数域的一个标量，满足：

关于向量和矩阵的简要介绍，请参阅本书配套网站上的 Tutorials 部分。

(a) $\langle \boldsymbol{u}, \boldsymbol{v} \rangle = \langle \boldsymbol{v}, \boldsymbol{u} \rangle^*$。

(b) $\langle \boldsymbol{u} + \boldsymbol{v}, \boldsymbol{w} \rangle = \langle \boldsymbol{u}, \boldsymbol{w} \rangle + \langle \boldsymbol{v}, \boldsymbol{w} \rangle$。

(c) $\langle \alpha \boldsymbol{u}, \boldsymbol{v} \rangle = \alpha \langle \boldsymbol{u}, \boldsymbol{v} \rangle$。

(d) $\langle \boldsymbol{v}, \boldsymbol{v} \rangle \geq 0$ 和 $\langle \boldsymbol{v}, \boldsymbol{v} \rangle = 0$ 当且仅当 $\boldsymbol{v} = 0$。

其中，$\boldsymbol{u}, \boldsymbol{v}, \boldsymbol{w}$ 是向量，α 是标量，$\langle \cdots \rangle$ 代表内积运算。向量空间的一个简单例子是二维有向线段集合，其中的直线段数学上表示为 2×1 列向量，向量相加算术上等价于以从头到尾的方式组合线段。内积空间的一个例子是由实数域 $\boldsymbol{R}$ 和内积函数 $\langle \boldsymbol{u}, \boldsymbol{v} \rangle = \boldsymbol{uv}$ 组合而成的集合，其中"向量"是实数，内积函数是乘法，并且上述公理(a)到(d)分别对应于乘法的交换律、分配律、结合律及乘法"偶数幂为正"的性质。

在第 2 章中，两个列向量 $\boldsymbol{u}$ 和 $\boldsymbol{v}$ 的内积表示为 $\boldsymbol{u} \cdot \boldsymbol{v}$ ［见式(2.50)］。在本章中，使用 $(\boldsymbol{u}, \boldsymbol{v})$ 表示满足条件(a) ~ (d)的任意内积空间内的内积，包括第 2 章中的欧氏内积空间和实值列向量。

本章重点关注三个内积空间：

欧氏空间 $\boldsymbol{R}^N$ 是一个包含所有实 N 元组的无限集。

1. 具有如下点内积或标量内积的实数域 $\boldsymbol{R}$ 上的欧氏空间 $\boldsymbol{R}^N$：

$$\langle \boldsymbol{u}, \boldsymbol{v} \rangle = \boldsymbol{u}^{\mathrm{T}} \boldsymbol{v} = u_0 v_0 + u_1 v_1 + \cdots + u_{N-1} v_{N-1} = \sum_{i=0}^{N-1} u_i v_i \tag{7.1}$$

式中，$\boldsymbol{u}$ 和 $\boldsymbol{v}$ 是 $N \times 1$ 列向量。

2. 具有如下内积函数的复数域 $\boldsymbol{C}$ 上的酉空间 $\boldsymbol{C}^N$：

$$\langle \boldsymbol{u}, \boldsymbol{v} \rangle = \boldsymbol{u}^{*\mathrm{T}} \boldsymbol{v} = \sum_{i=0}^{N-1} u_i^* v_i = \langle \boldsymbol{v}, \boldsymbol{u} \rangle^* \tag{7.2}$$

式中，*表示复共轭运算，$\boldsymbol{u}$ 和 $\boldsymbol{v}$ 是 $N \times 1$ 复值列向量。

具有内积的复向量空间称为复内积空间或酉空间。

3. 内积空间 $C([a,b])$，其中向量是区间 $a \leq x \leq b$ 上的连续函数，内积函数是积分内积

$$\langle f(x), g(x) \rangle = \int_a^b f^*(x) g(x) \mathrm{d}x \tag{7.3}$$

在所有三个内积空间中，向量 $\boldsymbol{z}$ 的范数或长度定义为 $\|\boldsymbol{z}\|$，即

在文献中也用符号 $C[a,b]$。

$$\|\boldsymbol{z}\| = \sqrt{\langle \boldsymbol{z}, \boldsymbol{z} \rangle} \tag{7.4}$$

并且两个非零向量 $\boldsymbol{z}$ 和 $\boldsymbol{w}$ 之间的夹角是

式(7.4)至式(7.15)对所有内积空间都成立，包括由式(7.1)至式(7.3)定义的内积空间。

$$\theta = \arccos \frac{\langle \boldsymbol{z}, \boldsymbol{w} \rangle}{\|\boldsymbol{z}\| \|\boldsymbol{w}\|} \tag{7.5}$$

若 $\boldsymbol{z}$ 的范数是 1，则称 $\boldsymbol{z}$ 是归一化的。若在式(7.5)中有 $\langle \boldsymbol{z}, \boldsymbol{w} \rangle = 0$，$\theta = 90°$，则称 $\boldsymbol{z}$ 和 $\boldsymbol{w}$ 是正交的。这些定义的一个自然结果是，当且仅当

尽管总是要考虑到上下文，但我们通常用"向量"一词来表示抽象意义的向量。向量可以是 $N \times 1$ 矩阵（列向量）或连续函数。

$$\langle \boldsymbol{w}_k, \boldsymbol{w}_l \rangle = 0, \quad k \neq l \tag{7.6}$$

时，非零向量 $\boldsymbol{w}_0, \boldsymbol{w}_1, \boldsymbol{w}_2, \cdots$ 是相互或两两正交的。它们是所张成内积空间的正交基。若基向量是归一化的，则它们是一个正交基，并且有

$$\langle \boldsymbol{w}_k, \boldsymbol{w}_l \rangle = \delta_{kl} = \begin{cases} 0, & k \neq l \\ 1, & k = l \end{cases} \tag{7.7}$$

类似地，若

$$\langle \tilde{\boldsymbol{w}}_k, \boldsymbol{w}_l \rangle = 0, \quad k \neq l \tag{7.8}$$

则称向量集合 $\boldsymbol{w}_0, \boldsymbol{w}_1, \boldsymbol{w}_2, \cdots$ 和对偶向量补集 $\tilde{\boldsymbol{w}}_0, \tilde{\boldsymbol{w}}_1, \tilde{\boldsymbol{w}}_2, \cdots$ 是双正交的, 并且是所张成向量空间的一个双正交基。当且仅当

> 回顾线性代数可知, 向量空间的基是一组线性无关的向量, 空间中的任何向量都可以写为基向量的唯一线性组合。线性组合是基向量的张成（生成空间）。若一组向量中没有向量能够写为其他向量的线性组合, 则这组向量是线性无关的。

$$\langle \tilde{\boldsymbol{w}}_k, \boldsymbol{w}_l \rangle = \delta_{kl} = \begin{cases} 0, & k \neq l \\ 1, & k = l \end{cases} \tag{7.9}$$

时, 它们才是双规范正交基。

作为简洁描述无限向量集合的一种机制, 内积空间的基是线性代数中最有用的概念之一。下面依赖于基向量正交性的推导, 是下一节中基于矩阵的变换的基础。令 $W = \{\boldsymbol{w}_0, \boldsymbol{w}_1, \boldsymbol{w}_2, \cdots\}$ 是内积空间 V 的一个正交基, 并且令 $\boldsymbol{z} \in V$, 则向量 $\boldsymbol{z}$ 可表示为基向量的如下线性组合:

> 尽管总是要考虑到上下文, 但我们通常使用"正交基"或"正交变换"来指任何正交的、双规范正交的或双正交的任何基或变换。

$$\boldsymbol{z} = \alpha_0 \boldsymbol{w}_0 + \alpha_1 \boldsymbol{w}_1 + \alpha_2 \boldsymbol{w}_2 + \cdots \tag{7.10}$$

它与基向量 $\boldsymbol{w}_i$ 的内积是

$$\langle \boldsymbol{w}_i, \boldsymbol{z} \rangle = \langle \boldsymbol{w}_i, \alpha_0 \boldsymbol{w}_0 + \alpha_1 \boldsymbol{w}_1 + \alpha_2 \boldsymbol{w}_2 + \cdots \rangle = \alpha_0 \langle \boldsymbol{w}_i, \boldsymbol{w}_0 \rangle + \alpha_1 \langle \boldsymbol{w}_i, \boldsymbol{w}_1 \rangle + \cdots + \alpha_i \langle \boldsymbol{w}_i, \boldsymbol{w}_i \rangle + \cdots \tag{7.11}$$

由于 $\boldsymbol{w}_i$ 是相互正交的, 所以式(7.11)右侧的内积是 0, 除非正被计算内积的向量的下标相同[见式(7.7)]。于是, 唯一的非零项是 $\alpha_i \langle \boldsymbol{w}_i, \boldsymbol{w}_i \rangle$。消除式中的零项后, 在两侧除以 $\langle \boldsymbol{w}_i, \boldsymbol{w}_i \rangle$ 有

$$\alpha_i = \frac{\langle \boldsymbol{w}_i, \boldsymbol{z} \rangle}{\langle \boldsymbol{w}_i, \boldsymbol{w}_i \rangle} \tag{7.12}$$

若基向量的范数为 1, 则简化为

$$\alpha_i = \langle \boldsymbol{w}_i, \boldsymbol{z} \rangle \tag{7.13}$$

对双正交基向量和双规范正交基向量进行类似的推导（留作练习）, 可得

$$\alpha_i = \frac{\langle \tilde{\boldsymbol{w}}_i, \boldsymbol{z} \rangle}{\langle \tilde{\boldsymbol{w}}_i, \boldsymbol{w}_i \rangle} \tag{7.14}$$

和

$$\alpha_i = \langle \tilde{\boldsymbol{w}}_i, \boldsymbol{z} \rangle \tag{7.15}$$

注意, 当基和其对偶相同时, 双正交简化为正交。

例 7.1　向量范数和角度。

内积空间 $C([0, 2\pi])$ 的向量 $f(x) = \cos x$ 的范数是

$$\|f(x)\| = \sqrt{\langle f(x), f(x) \rangle} = \left[\int_0^{2\pi} \cos^2 x \, dx \right]^{1/2} = \left[\frac{1}{2} x + \frac{1}{4} \sin(2x) \Big|_0^{2\pi} \right]^{1/2} = \sqrt{\pi}$$

欧氏内积空间 $\boldsymbol{R}^2$ 中向量 $\boldsymbol{z} = [1 \ 1]^T$ 和 $\boldsymbol{w} = [1 \ 0]^T$ 之间的角度是

$$\theta = \arccos\left(\frac{\langle \boldsymbol{z}, \boldsymbol{w} \rangle}{\|\boldsymbol{z}\| \|\boldsymbol{w}\|} \right) = \arccos(1/\sqrt{2}) = 45°$$

这些结果是根据式(7.1)、式(7.3)、式(7.4)和式(7.5)得到的。　∎

7.2　基于矩阵的变换

第 4 章的一维离散傅里叶变换是一类重要的变换, 这类变换可用如下通式来表示:

$$T(u) = \sum_{x=0}^{N-1} f(x) r(x, u) \tag{7.16}$$

式中，x 是空间变量；$T(u)$ 是 $f(x)$ 的变换；$r(x,u)$ 是正变换核；整数 u 是变换变量，其值域为 $0,1,2,\cdots,N-1$。类似地，$T(u)$ 的反变换是

$$f(x)=\sum_{u=0}^{N-1}T(u)s(x,u) \tag{7.17}$$

式中，$s(x,u)$ 是反变换核，x 的值域是 $0,1,2,\cdots,N-1$。式(7.16)和式(7.17)中的变换核 $r(x,u)$ 和 $s(x,u)$ 只依赖于索引 x 和 u，而不依赖于 $f(x)$ 和 $T(u)$ 的值，它们决定了所定义的变换对的性质和用途。

> 在数学中，使用变换一词来表示形式上的变化，但值并不随之变化。

式(7.17)的图形说明如图 7.1 所示。注意，$f(x)$ 是 N 个反变换核［即 $s(x,u),u=0,1,2,\cdots,N-1$］的加权和，$T(u)$，$u=0,1,2,\cdots,N-1$ 是权重。对所有 N，$s(x,u)$ 在每个 x 处都对 $f(x)$ 的值有贡献。若展开式(7.17)的右侧，则得到

$$f(x)=T(0)s(x,0)+T(1)s(x,1)+\cdots+T(N-1)s(x,N-1) \tag{7.18}$$

很明显，图 7.1 中描述的计算是一个类似于式(7.10)的线性展开——使用式(7.18)中的 $s(x,u)$ 和 $T(u)$ 取代了式(7.10)中的 $\boldsymbol{w}_i$（基向量）和 α_i。若假设式(7.18)中的 $s(x,u)$ 是内积空间的规范正交基向量，则式(7.13)告诉我们

$$T(u)=\langle s(x,u),f(x)\rangle \tag{7.19}$$

并且变换 $T(u)$，$u=0,1,2,\cdots,N-1$ 可以通过内积来计算。

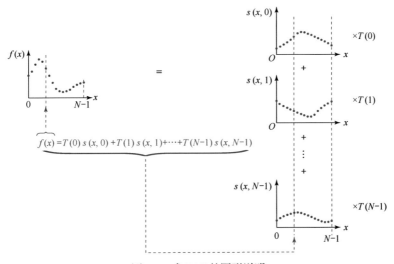

图 7.1　式(7.18)的图形说明

现在准备用矩阵来表达式(7.16)和式(7.17)。首先将函数 $f(x),T(u)$ 和 $s(x,u)$ 定义为列向量：

$$\boldsymbol{f}=\begin{bmatrix}f(0)\\f(1)\\\vdots\\f(N-1)\end{bmatrix}=\begin{bmatrix}f_0\\f_1\\\vdots\\f_{N-1}\end{bmatrix} \tag{7.20}$$

> 通常使用下标来表示矩阵或向量的元素。因此 f_0 表示列向量 $\boldsymbol{f}$ 的第一个元素，即 $f(0)$；$s_{3,0}$ 表示列向量 $\boldsymbol{s}_3$ 的第一个元素，即 $s(0,3)$。

$$\boldsymbol{t}=\begin{bmatrix}T(0)\\T(1)\\\vdots\\T(N-1)\end{bmatrix}=\begin{bmatrix}t_0\\t_1\\\vdots\\t_{N-1}\end{bmatrix} \tag{7.21}$$

$$\mathbf{s}_u = \begin{bmatrix} s(0,u) \\ s(1,u) \\ \vdots \\ s(N-1,u) \end{bmatrix} = \begin{bmatrix} s_{0,u} \\ s_{1,u} \\ \vdots \\ s_{N-1,u} \end{bmatrix}, \quad u = 0,1,\cdots,N-1 \tag{7.22}$$

利用这些向量将式(7.19)重写为

$$T(u) = \langle \mathbf{s}_u, \mathbf{f} \rangle, \quad u = 0,1,\cdots,N-1 \tag{7.23}$$

在一个 $N \times N$ 变换矩阵中组合这个变换的 N 个基向量：

$$\mathbf{A} = \begin{bmatrix} \mathbf{s}_0^{\mathrm{T}} \\ \mathbf{s}_1^{\mathrm{T}} \\ \vdots \\ \mathbf{s}_{N-1}^{\mathrm{T}} \end{bmatrix} = \begin{bmatrix} \mathbf{s}_0 & \mathbf{s}_1 & \cdots & \mathbf{s}_{N-1} \end{bmatrix}^{\mathrm{T}} \tag{7.24}$$

然后将式(7.23)代入式(7.21)，并用式(7.1)得到

> 使用式(7.1)，我们假设了最常见的实值基向量。对于复杂的内积空间，必须使用式(7.2)。

$$\mathbf{t} = \begin{bmatrix} \langle \mathbf{s}_0, \mathbf{f} \rangle \\ \langle \mathbf{s}_1, \mathbf{f} \rangle \\ \vdots \\ \langle \mathbf{s}_{N-1}, \mathbf{f} \rangle \end{bmatrix} = \begin{bmatrix} s_{0,0}f_0 + s_{1,0}f_1 + \cdots + s_{N-1,0}f_{N-1} \\ s_{0,1}f_0 + s_{1,1}f_1 + \cdots + s_{N-1,1}f_{N-1} \\ \vdots \\ s_{0,N-1}f_0 + s_{1,N-1}f_1 + \cdots + s_{N-1,N-1}f_{N-1} \end{bmatrix}$$

$$= \begin{bmatrix} s_{0,0} & s_{1,0} & \cdots & s_{N-1,0} \\ s_{0,1} & s_{1,1} & \cdots & s_{N-1,1} \\ \vdots & \vdots & \ddots & \vdots \\ s_{0,N-1} & s_{1,N-1} & \cdots & s_{N-1,N-1} \end{bmatrix} \begin{bmatrix} f_0 \\ f_1 \\ \vdots \\ f_{N-1} \end{bmatrix} \tag{7.25}$$

或

$$\mathbf{t} = \mathbf{A}\mathbf{f} \tag{7.26}$$

上式的逆过程可通过如下观察得出：

$$\mathbf{A}\mathbf{A}^{\mathrm{T}} = \begin{bmatrix} \mathbf{s}_0^{\mathrm{T}} \\ \mathbf{s}_1^{\mathrm{T}} \\ \vdots \\ \mathbf{s}_{N-1}^{\mathrm{T}} \end{bmatrix} \begin{bmatrix} \mathbf{s}_0 & \mathbf{s}_1 & \cdots & \mathbf{s}_{N-1} \end{bmatrix}^{\mathrm{T}} = \begin{bmatrix} \mathbf{s}_0^{\mathrm{T}}\mathbf{s}_0 & \mathbf{s}_0^{\mathrm{T}}\mathbf{s}_1 & \cdots & \mathbf{s}_0^{\mathrm{T}}\mathbf{s}_{N-1} \\ \mathbf{s}_1^{\mathrm{T}}\mathbf{s}_0 & \mathbf{s}_1^{\mathrm{T}}\mathbf{s}_1 & \cdots & \mathbf{s}_1^{\mathrm{T}}\mathbf{s}_{N-1} \\ \vdots & \vdots & \ddots & \vdots \\ \mathbf{s}_{N-1}^{\mathrm{T}}\mathbf{s}_0 & \mathbf{s}_{N-1}^{\mathrm{T}}\mathbf{s}_1 & \cdots & \mathbf{s}_{N-1}^{\mathrm{T}}\mathbf{s}_{N-1} \end{bmatrix}$$

$$= \begin{bmatrix} \langle \mathbf{s}_0, \mathbf{s}_0 \rangle & \langle \mathbf{s}_0, \mathbf{s}_1 \rangle & \cdots & \langle \mathbf{s}_0, \mathbf{s}_{N-1} \rangle \\ \langle \mathbf{s}_1, \mathbf{s}_0 \rangle & \langle \mathbf{s}_1, \mathbf{s}_1 \rangle & \cdots & \langle \mathbf{s}_1, \mathbf{s}_{N-1} \rangle \\ \vdots & \vdots & \ddots & \vdots \\ \langle \mathbf{s}_{N-1}, \mathbf{s}_0 \rangle & \langle \mathbf{s}_{N-1}, \mathbf{s}_1 \rangle & \cdots & \langle \mathbf{s}_{N-1}, \mathbf{s}_{N-1} \rangle \end{bmatrix} = \begin{bmatrix} 1 & 0 & \cdots & 0 \\ 0 & 1 & \cdots & 0 \\ \vdots & \vdots & \ddots & \vdots \\ 1 & 0 & \cdots & 1 \end{bmatrix} = \mathbf{I} \tag{7.27}$$

式中，最后两个步骤分别由式(7.1)和式(7.7)得出。由于 $\mathbf{A}\mathbf{A}^{\mathrm{T}} = \mathbf{I}$，式(7.26)前面乘以 $\mathbf{A}^{\mathrm{T}}$ 后，简化得 $\mathbf{f} = \mathbf{A}^{\mathrm{T}}\mathbf{t}$。于是，式(7.16)和式(7.17)成为基于矩阵的变换对

$$\mathbf{t} = \mathbf{A}\mathbf{f} \tag{7.28}$$

和

$$\mathbf{f} = \mathbf{A}^{\mathrm{T}}\mathbf{t} \tag{7.29}$$

在推导式(7.28)和式(7.29)的过程中，要记住的是我们假设变换矩阵 $\mathbf{A}$ 的 N 个变换基向量（ $\mathbf{s}_u, u = 0,$

1,…,N−1）是实的和规范正交的。根据式(7.7)，

$$\langle \boldsymbol{s}_k, \boldsymbol{s}_l \rangle = \boldsymbol{s}_k^{\mathrm{T}} \boldsymbol{s}_l = \delta_{kl} = \begin{cases} 0, & k \neq l \\ 1, & k = l \end{cases} \tag{7.30}$$

假设的规范正交性可在无须明确参考正变换核的情况下计算正变换，即 $\boldsymbol{t} = \boldsymbol{Af}$，其中 $\boldsymbol{A}$ 只是反变换核 $s(x,u)$ 的一个函数。关于实规范正交基向量，$r(x,u) = s(x,u)$ 的证明作为练习留给读者（见习题7.3）。

因为 $\boldsymbol{A}$ 的基向量是实的和规范正交的，所以式(7.28)定义的变换称为正交变换。它保持了内积不变［即 $\langle \boldsymbol{f}_1, \boldsymbol{f}_2 \rangle = \langle \boldsymbol{t}_1, \boldsymbol{t}_2 \rangle = \langle \boldsymbol{Af}_1, \boldsymbol{Af}_2 \rangle$］，进而保持了变换前后向量之间的距离和角度不变。$\boldsymbol{A}$ 的行和列是规范正交基，并且 $\boldsymbol{AA}^{\mathrm{T}} = \boldsymbol{A}^{\mathrm{T}}\boldsymbol{A} = \boldsymbol{I}$，因此 $\boldsymbol{A}^{-1} = \boldsymbol{A}^{\mathrm{T}}$。结果是，式(7.28)和式(7.29)是可逆变换对。将式(7.29)代入式(7.28)得 $\boldsymbol{t} = \boldsymbol{Af} = \boldsymbol{AA}^{\mathrm{T}}\boldsymbol{t} = \boldsymbol{t}$，而将式(7.28)代入式

> 式(7.31)和式(7.32)是 $M = N$ 时式(2.55) 和式(2.56)的简化版。

(7.29)得 $\boldsymbol{f} = \boldsymbol{A}^{\mathrm{T}}\boldsymbol{t} = \boldsymbol{A}^{\mathrm{T}}\boldsymbol{AF} = \boldsymbol{f}$。

对于二维方形阵列或图像，式(7.16)和式(7.17)变为

$$T(u,v) = \sum_{x=0}^{N-1}\sum_{y=0}^{N-1} f(x,y)r(x,y,u,v) \tag{7.31}$$

和

$$f(x,y) = \sum_{u=0}^{N-1}\sum_{v=0}^{N-1} T(u,v)s(x,y,u,v) \tag{7.32}$$

式中，$r(x,y,u,v)$ 和 $s(x,y,u,v)$ 分别是正、反变换核。于是，变换 $T(u,v)$ 和反变换核 $s(x,y,u,v)$ 可再次分别视为加权系数和基向量。式(7.32)定义了 $f(x,y)$ 的一个线性展开。如第 2 章所述，正变换核 $r(x,y,u,v)$ 是可分离的，如果

$$r(x,y,u,v) = r_1(x,u)r_2(y,v) \tag{7.33}$$

并且是对称的，如果 r_1 在函数上等于 r_2，则正变换核是对称的，从而

$$r(x,y,u,v) = r_1(x,u)r_1(y,v) \tag{7.34}$$

若变换核是实的和规范正交的，并且 r 和 s 是可分离的和对称的，则式(7.31)和式(7.32)的等效矩阵是

$$\boldsymbol{T} = \boldsymbol{AFA}^{\mathrm{T}} \tag{7.35}$$

和

$$\boldsymbol{F} = \boldsymbol{A}^{\mathrm{T}}\boldsymbol{TA} \tag{7.36}$$

式中，$\boldsymbol{F}$ 是包含 $f(x,y)$ 的元素的 $N \times N$ 矩阵，$\boldsymbol{T}$ 是其 $N \times N$ 变换，$\boldsymbol{A}$ 已事先在式(7.24)中定义。在式(7.35)中，$\boldsymbol{F}$ 分别前乘 $\boldsymbol{A}$ 和后乘 $\boldsymbol{A}^{\mathrm{T}}$ 来计算 $\boldsymbol{F}$ 的列变换和行变换。

> 对于可分离的反变换和对称的反变换，要在式(7.33)和式(7.34)中用 s 代替 r。

事实上，这种计算方式将二维变换分解为两个一维变换，是 4.11 节中描述的二维 DFT 的镜像过程。

例 7.2　一个简单的正交变换。

考虑两元素基向量

$$\boldsymbol{s}_0 = \frac{1}{\sqrt{2}}\begin{bmatrix}1\\1\end{bmatrix} \quad 和 \quad \boldsymbol{s}_1 = \frac{1}{\sqrt{2}}\begin{bmatrix}1\\-1\end{bmatrix}$$

注意，根据式(7.30)，发现它们是规范正交的：

$$\langle \boldsymbol{s}_0, \boldsymbol{s}_1 \rangle = \boldsymbol{s}_0^{\mathrm{T}}\boldsymbol{s}_1 = \frac{1}{2}\begin{bmatrix}1 & 1\end{bmatrix}\begin{bmatrix}1\\-1\end{bmatrix} = \frac{1}{2}(1-1) = 0$$

$$\langle \boldsymbol{s}_1, \boldsymbol{s}_0 \rangle = \boldsymbol{s}_1^{\mathrm{T}}\boldsymbol{s}_0 = \frac{1}{2}\begin{bmatrix}1 & -1\end{bmatrix}\begin{bmatrix}1\\1\end{bmatrix} = \frac{1}{2}(1-1) = 0$$

$$\langle s_0, s_0 \rangle = s_0^{\mathrm{T}} s_0 = \frac{1}{2}[1 \quad 1]\begin{bmatrix} 1 \\ 1 \end{bmatrix} = \frac{1}{2}(1+1) = 1$$

$$\langle s_1, s_1 \rangle = s_1^{\mathrm{T}} s_1 = \frac{1}{2}[1 \quad -1]\begin{bmatrix} 1 \\ -1 \end{bmatrix} = \frac{1}{2}(1+1) = 1$$

将 s_0 和 s_1 代入式(7.24)，由于 $N=2$，得到变换矩阵

$$A = [s_0 \quad s_1]^{\mathrm{T}} = \frac{1}{\sqrt{2}}\begin{bmatrix} 1 & 1 \\ 1 & -1 \end{bmatrix} \tag{7.37}$$

和 2×2 矩阵的变换

$$F = \begin{bmatrix} 20 & 63 \\ 21 & 128 \end{bmatrix}$$

根据式(7.35)有

$$T = \left(\frac{1}{\sqrt{2}}\right)^2 \begin{bmatrix} 1 & 1 \\ 1 & -1 \end{bmatrix}\begin{bmatrix} 20 & 63 \\ 21 & 128 \end{bmatrix}\begin{bmatrix} 1 & 1 \\ 1 & -1 \end{bmatrix}^{\mathrm{T}} = \frac{1}{2}\begin{bmatrix} 41 & 191 \\ -1 & -65 \end{bmatrix}\begin{bmatrix} 1 & 1 \\ 1 & -1 \end{bmatrix} = \frac{1}{2}\begin{bmatrix} 232 & -150 \\ -66 & 64 \end{bmatrix} = \begin{bmatrix} 116 & -75 \\ -33 & 32 \end{bmatrix}$$

根据式(7.36)，变换 T 的反变换是

$$F = \left(\frac{1}{\sqrt{2}}\right)^2 \begin{bmatrix} 1 & 1 \\ 1 & -1 \end{bmatrix}^{\mathrm{T}}\begin{bmatrix} 116 & -75 \\ -33 & 32 \end{bmatrix}\begin{bmatrix} 1 & 1 \\ 1 & -1 \end{bmatrix} = \frac{1}{2}\begin{bmatrix} 83 & -43 \\ 149 & -107 \end{bmatrix}\begin{bmatrix} 1 & 1 \\ 1 & -1 \end{bmatrix} = \begin{bmatrix} 20 & 63 \\ 21 & 128 \end{bmatrix}$$

最后，我们注意到，A 是正交变换矩阵，即有

$$AA^{\mathrm{T}} = \frac{1}{\sqrt{2}}\begin{bmatrix} 1 & 1 \\ 1 & -1 \end{bmatrix}\frac{1}{\sqrt{2}}\begin{bmatrix} 1 & 1 \\ 1 & -1 \end{bmatrix}^{\mathrm{T}} = \frac{1}{2}\begin{bmatrix} 2 & 0 \\ 0 & 2 \end{bmatrix} = \begin{bmatrix} 1 & 0 \\ 0 & 1 \end{bmatrix} = I$$

并且 $A^{-1} = A^{\mathrm{T}}$。还应注意的是，式(7.37)是大小分别为 2×1 和 2×2 的一维和二维输入的离散傅里叶变换、哈特利变换、余弦变换、正弦变换、沃尔什-哈达玛变换、斜变换和哈尔变换的变换矩阵。7.6 ~ 7.9 节中将详细讨论这些变换。∎

尽管式(7.35)和式(7.36)是为实规范正交基和方形阵列构造的，但也可被修改以适应各种情况，如矩形阵列、复值基向量和双规范正交基向量。

1. 矩形阵列

当变换阵列是矩形阵列（相对于方形阵列）时，式(7.35)和式(7.36)变为

$$T = A_M F A_N^{\mathrm{T}} \tag{7.38}$$

$$F = A_M^{\mathrm{T}} T A_N \tag{7.39}$$

式中，F，A_M 和 A_N 的大小分别是 $M \times N$，$M \times M$ 和 $N \times N$。A_M 和 A_N 都根据式(7.24)来定义。

例 7.3 计算方形阵列的变换。

M 和 N 分别为 2 和 3 的一个简单变换是

$$T = A_2 F A_3^{\mathrm{T}}$$

$$= \frac{1}{\sqrt{2}}\begin{bmatrix} 1 & 1 \\ 1 & -1 \end{bmatrix}\begin{bmatrix} 5 & 100 & 44 \\ 6 & 103 & 40 \end{bmatrix}\frac{1}{\sqrt{3}}\begin{bmatrix} 1 & 1 & 1 \\ 1 & 0.366 & -1.366 \\ 1 & -1.366 & 0.366 \end{bmatrix}^{\mathrm{T}}$$

$$= \frac{1}{\sqrt{6}}\begin{bmatrix} 11 & 203 & 84 \\ -1 & -3 & 4 \end{bmatrix}\begin{bmatrix} 1 & 1 & 1 \\ 1 & 0.366 & -1.366 \\ 1 & -1.366 & 0.366 \end{bmatrix}$$

$$= \begin{bmatrix} 121.6580 & -12.0201 & -96.1657 \\ 0 & -3.0873 & 1.8624 \end{bmatrix}$$

式中，矩阵 F，A_2 和 A_3 的定义方式见计算的第一步。不出所料，2×3 输出变换 T 的大小与 F 的大小相同。

A_3 是正交变换矩阵的证明，以及使用式(7.39)的变换是可逆变换的证明，作为练习留给读者（见习题 7.5）。例 7.2 中明确了 A_2 的规范正交性。　　　　　　　　　　　　　　　　　　　　　　　　　■

2. 复规范正交基向量

复值基向量是规范正交的，当且仅当

$$\langle \boldsymbol{s}_k, \boldsymbol{s}_l \rangle = \langle \boldsymbol{s}_l, \boldsymbol{s}_k^* \rangle = \boldsymbol{s}_k^{*\mathrm{T}} \boldsymbol{s}_l = \delta_{kl} = \begin{cases} 0, & k \neq l \\ 1, & k = l \end{cases} \tag{7.40}$$

式中，*表示复共轭运算。相对于实值，当基向量是复值时，式(7.35)和式(7.36)分别变为

$$\boldsymbol{T} = \boldsymbol{A}\boldsymbol{F}\boldsymbol{A}^{\mathrm{T}} \tag{7.41}$$

和

$$\boldsymbol{F} = \boldsymbol{A}^{*\mathrm{T}}\boldsymbol{T}\boldsymbol{A}^* \tag{7.42}$$

变换矩阵 $\boldsymbol{A}$ 称为酉矩阵，式(7.41)和式(7.42)是一个酉变换对。$\boldsymbol{A}$ 的一个重要且有用的性质是 $\boldsymbol{A}^{*\mathrm{T}}\boldsymbol{A} = \boldsymbol{A}\boldsymbol{A}^{*\mathrm{T}} = \boldsymbol{A}^*\boldsymbol{A}^{\mathrm{T}} = \boldsymbol{A}^{\mathrm{T}}\boldsymbol{A}^* = \boldsymbol{I}$，因此 $\boldsymbol{A}^{-1} = \boldsymbol{A}^{*\mathrm{T}}$。式(7.41)和式(7.42)的一维对应公式是

> 正交变换是酉变换的一个特例，其中展开函数是实值的。这两种变换都保持了内积不变。

$$\boldsymbol{t} = \boldsymbol{A}\boldsymbol{f} \tag{7.43}$$

和

$$\boldsymbol{f} = \boldsymbol{A}^{*\mathrm{T}}\boldsymbol{t} \tag{7.44}$$

例 7.4　复值基向量的变换。

与正交变换矩阵不同的是，正交变换矩阵的逆矩阵是其转置矩阵，而酉变换矩阵

$$\boldsymbol{A} = \frac{1}{\sqrt{3}} \begin{bmatrix} 1 & 1 & 1 \\ 1 & -0.5-\mathrm{j}0.866 & -0.5+\mathrm{j}0.866 \\ 1 & -0.5+\mathrm{j}0.866 & -0.5-\mathrm{j}0.866 \end{bmatrix} \tag{7.45}$$

的逆矩阵是其共轭转置矩阵。于是有

$$
\begin{aligned}
\boldsymbol{A}^{*\mathrm{T}}\boldsymbol{A} &= \frac{1}{\sqrt{3}} \begin{bmatrix} 1 & 1 & 1 \\ 1 & -0.5-\mathrm{j}0.866 & -0.5+\mathrm{j}0.866 \\ 1 & -0.5+\mathrm{j}0.866 & -0.5-\mathrm{j}0.866 \end{bmatrix}^{*\mathrm{T}} \frac{1}{\sqrt{3}} \begin{bmatrix} 1 & 1 & 1 \\ 1 & -0.5-\mathrm{j}0.866 & -0.5+\mathrm{j}0.866 \\ 1 & -0.5+\mathrm{j}0.866 & -0.5-\mathrm{j}0.866 \end{bmatrix} \\
&= \frac{1}{3} \begin{bmatrix} 1 & 1 & 1 \\ 1 & -0.5+\mathrm{j}0.866 & -0.5-\mathrm{j}0.866 \\ 1 & -0.5-\mathrm{j}0.866 & -0.5+\mathrm{j}0.866 \end{bmatrix} \begin{bmatrix} 1 & 1 & 1 \\ 1 & -0.5-\mathrm{j}0.866 & -0.5+\mathrm{j}0.866 \\ 1 & -0.5+\mathrm{j}0.866 & -0.5-\mathrm{j}0.866 \end{bmatrix} \\
&= \frac{1}{3} \begin{bmatrix} 3 & 0 & 0 \\ 0 & 3 & 0 \\ 0 & 0 & 3 \end{bmatrix} = \boldsymbol{I}
\end{aligned}
$$

式中，$\mathrm{j} = \sqrt{-1}$，矩阵 $\boldsymbol{A}$ 是酉矩阵，它可用于式(7.41)到式(7.44)。很容易证明（见习题 7.4），当 $\boldsymbol{A}^{*\mathrm{T}}\boldsymbol{A} = \boldsymbol{I}$ 时，$\boldsymbol{A}$ 中的基向量满足式(7.40)，并且是规范正交的。　　　　　　　　　　　　　　　　　■

3. 双规范正交基向量

在式(7.24)中，如果存在一组对偶展开函数 $\tilde{\boldsymbol{s}}_0, \tilde{\boldsymbol{s}}_1, \cdots, \tilde{\boldsymbol{s}}_{N-1}$ 使得

$$\langle \tilde{\boldsymbol{s}}_k, \boldsymbol{s}_l \rangle = \delta_{kl} = \begin{cases} 0, & k \neq l \\ 1, & k = l \end{cases} \tag{7.46}$$

那么展开函数 $\boldsymbol{s}_0, \boldsymbol{s}_1, \cdots, \boldsymbol{s}_{N-1}$ 是双规范正交的。展开函数和它们的对偶本身不必是规范正交的。已知一组双规范正交展开函数时，式(7.35)和式(7.36)变为

$$T = \tilde{A}F\tilde{A}^{\mathrm{T}} \tag{7.47}$$

和

$$F = A^{\mathrm{T}}TA \tag{7.48}$$

变换矩阵 A 保持式(7.42)中的定义不变；对偶变换矩阵 $\tilde{A} = [\tilde{s}_0, \tilde{s}_1, \cdots, \tilde{s}_{N-1}]^{\mathrm{T}}$ 是一个 $N \times N$ 矩阵，其行是转置后的对偶展开函数。当展开函数和它们的对偶相同（ $\tilde{s}_u = s_u$ ）时，式(7.47)和式(7.48)分别简化为式(7.35)和式(7.36)。式(7.47)和式(7.48)的一维对应公式为

$$t = \tilde{A}f \tag{7.49}$$

和

$$f = A^{\mathrm{T}}t \tag{7.50}$$

例 7.5　双规范正交变换。

考虑实双规范正交变换矩阵

$$A = \begin{bmatrix} 0.5 & 0.5 & 0.5 & 0.5 \\ -1 & -1 & 1 & 1 \\ -0.5303 & 0.5303 & -0.1768 & 0.1768 \\ -0.1768 & 0.1768 & -0.5303 & 0.5303 \end{bmatrix} \quad 和 \quad \tilde{A} = \begin{bmatrix} 0.5 & 0.5 & 0.5 & 0.5 \\ -0.25 & -0.25 & 0.25 & 0.25 \\ -1.0607 & 1.0607 & 0.3536 & -0.3536 \\ 0.3536 & -0.3536 & -1.0607 & 1.0607 \end{bmatrix}$$

关于 A 和 $\tilde{A}$ 是双规范正交矩阵的证明，作为练习留给读者（见习题 7.16）。一维列向量 $f = [30 \ 11 \ 210 \ 6]^{\mathrm{T}}$ 的变换是

$$t = \tilde{A}f = \begin{bmatrix} 0.5 & 0.5 & 0.5 & 0.5 \\ -0.25 & -0.25 & 0.25 & 0.25 \\ -1.0607 & 1.0607 & 0.3536 & -0.3536 \\ 0.3536 & -0.3536 & -1.0607 & 1.0607 \end{bmatrix} \begin{bmatrix} 30 \\ 11 \\ 210 \\ 6 \end{bmatrix} = \begin{bmatrix} 128.5 \\ 43.75 \\ 51.9723 \\ -209.6572 \end{bmatrix}$$

因为

$$\langle f, f \rangle = f^{\mathrm{T}}f = [30 \ 11 \ 21 \ 6] \begin{bmatrix} 30 \\ 11 \\ 210 \\ 6 \end{bmatrix} = 45157$$

并且 $\langle t, t \rangle = t^{\mathrm{T}}t = 65084$ ，它不等于 $\langle f, f \rangle$ ，变换不再保持内积不变。然而，它是可逆的：

$$f = A^{\mathrm{T}}t = \begin{bmatrix} 0.5 & 0.5 & 0.5 & 0.5 \\ -1 & -1 & 1 & 1 \\ -0.5303 & 0.5303 & -0.1768 & 0.1768 \\ -0.1768 & 0.1768 & -0.5303 & 0.5303 \end{bmatrix}^{\mathrm{T}} \begin{bmatrix} 128.5 \\ 43.75 \\ 51.9723 \\ -209.6572 \end{bmatrix} = \begin{bmatrix} 30 \\ 11 \\ 210 \\ 6 \end{bmatrix}$$

这里，正、反变换可分别用式(7.49)和式(7.50)来计算。　■

最后，我们注意到本节中给出的大部分概念可以推广到形如下式的连续展开：

$$f(x) = \sum_{u=-\infty}^{\infty} \alpha_u s_u(x) \tag{7.51}$$

式中， α_u 和 $s_u(x)$ ， $u = 0, \pm 1, \pm 2, \pm 3, \cdots$ 分别表示内积空间 $C([a,b])$ 的展开系数和基向量。对于已知的 $f(x)$ 和基 $s_u(x)$ ， $u = 0, \pm 1, \pm 2, \pm 3, \cdots$ ，合适的展开系数可由 $C([a,b])$ 的积分内积的定义［即式(7.3)］和所有内积空间［即式(7.10)～式(7.15)］的一般性质来计算。例如，若 $s_u(x)$ ， $u = 0, \pm 1, \pm 2, \pm 3, \cdots$ 是 $C([a,b])$ 的正交基向量，则

$$\alpha_u = \langle s_u(x), f(x) \rangle \tag{7.52}$$

式中简单地用 u，$f(x)$ 和 $s_u(x)$ 替换了式(7.13)中的 i，z 和 w_i。在下一个例子中，式(7.52)将用于连续傅里叶级数的推导。

例7.6　傅里叶级数和离散傅里叶变换。

考虑将周期为 T 的连续周期函数表示为形如下式的规范正交基向量的线性展开：

$$s_u(x) = \frac{1}{\sqrt{T}} e^{j2\pi u x/T}, \qquad u = 0, \pm 1, \pm 2, \cdots \tag{7.53}$$

根据式(7.51)和式(7.52)有

$$f(x) = \sum_{u=-\infty}^{\infty} \alpha_u \left[\frac{1}{\sqrt{T}} e^{j2\pi u x/T} \right] = \frac{1}{\sqrt{T}} \sum_{u=-\infty}^{\infty} \alpha_u e^{j2\pi u x/T} \tag{7.54}$$

$$\alpha_u = \langle s_u(x), f(x) \rangle = \int_{-T/2}^{T/2} \left[\frac{1}{\sqrt{T}} e^{j2\pi u x/T} \right]^* f(x) \, dx = \frac{1}{\sqrt{T}} \int_{-T/2}^{T/2} f(x) e^{-j2\pi u x/T} \, dx \tag{7.55}$$

除了变量名和归一化（在上述两个公式中都使用了 $1/\sqrt{T}$，而不是仅在其中的一个公式中使用了 $1/T$），式(7.54)和式(7.55)是第 4 章中式(4.8)和式(4.9)所示的傅里叶级数。采用基本相同的推导（作为练习留给读者，见习题 7.22），得到式(7.53)至式(7.55)的如下离散公式：

$$s(x, u) = \frac{1}{\sqrt{N}} e^{j2\pi u x/N}, \quad u = 0, 1, \cdots, N-1 \tag{7.56}$$

$$f(x) = \frac{1}{\sqrt{N}} \sum_{u=0}^{N-1} T(u) e^{j2\pi u x/N} \tag{7.57}$$

和

$$T(u) = \frac{1}{\sqrt{N}} \sum_{x=0}^{N-1} f(x) e^{-j2\pi u x/N} \tag{7.58}$$

式(7.56)的离散复值基向量是内积空间 $\boldsymbol{C}^N$ 的规范正交基。除了变量名和归一化外，式(7.58)和式(7.57)是第 4 章中式(4.44)和式(4.45)表示的离散傅里叶变换。

现在用式(7.55)和式(7.58)来计算周期 $T = 1$ 的 $f(x) = \sin(2\pi x)$ 的傅里叶级数和离散傅里叶变换：

$$\begin{aligned}
\alpha_1 &= \int_{-1/2}^{1/2} \left[\frac{1}{\sqrt{1}} e^{j2\pi 1 x/1} \right]^* \sin(2\pi x) \, dx \\
&= \int_{-1/2}^{1/2} \left[e^{j2\pi x} \right]^* \sin(2\pi x) \, dx = \int_{-1/2}^{1/2} \left[\cos(2\pi x) - j\sin(2\pi x) \right] \sin(2\pi x) \, dx \\
&= \frac{1}{4\pi} \sin^2(2\pi x) - j \left[\frac{x}{2} - \frac{1}{8\pi} \sin(4\pi x) \right] \Big|_{-\frac{1}{2}}^{\frac{1}{2}} = -j0.5
\end{aligned}$$

采用同样的计算方式，得到 $\alpha_{-1} = j0.5$。因为所有其他系数都是 0，因此傅里叶级数是

$$f(x) = j0.5 e^{-j2\pi x} - j0.5 e^{j2\pi x} \tag{7.59}$$

另一方面，当 $N = 8$ 时根据式(7.58)和 $f(x) = \sin(2\pi x)$，$x = 0, 1/8, 2/8, \cdots, 7/8$ 得

$$T(u) = \begin{cases} -j1.414, & u = 1 \\ +j1.414, & u = 7 \\ 0, & \text{其他} \end{cases} \tag{7.60}$$

图 7.2 将这两种计算都描述为"矩阵相乘"，其中连续或离散基向量（矩阵 $\boldsymbol{A}$ 的行）乘以一个连续或离散函数（列向量 $\boldsymbol{f}$），然后积分或求和产生一组离散展开或变换系数（列向量 $\boldsymbol{t}$）。对于傅里叶级数，展开系数是 $\sin(2\pi x)$ 的积分内积，并且是连续基向量的一个无限集合。对于 DFT，每个变换系数都是 $\boldsymbol{f}$ 与 8 个离散基向量之一的离散内积。注意，因为 DFT 基于复值规范正交基向量，所以变换可计算为矩阵相乘〔根据式

(7.43)〕。于是，生成变换 t 的元素的内积就嵌入到了矩阵相乘 Af 中。也就是说，t 的每个元素是通过将 A 的一行（一个离散展开函数）与 f 逐个元素相乘并对得到的乘积求和形成的。

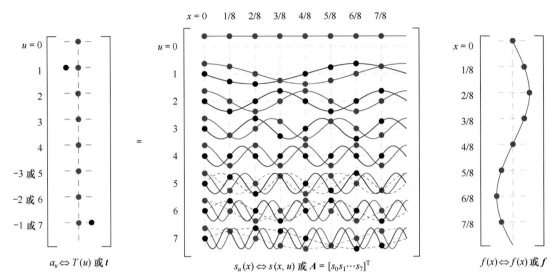

图 7.2　将 $f(x) = \sin(2\pi x)$ 的连续傅里叶级数和 8 点 DFT 描述为"矩阵相乘"。所有复数量的实部和虚部都分别显示为蓝色和黑色。连续和离散函数分别使用线和点表示。包含虚线的目的是表明 $s_5 = s_3^*, s_6 = s_2^*, s_7 = s_1^*$ 有效地将 DFT 的最大频率截断为一半。t 左侧的负索引只针对傅里叶级数计算　∎

7.3　相关

在计算正交变换系数时，例 7.6 强调了内积的作用。本节介绍这些系数与相关之间的关系。

> 准确地说，我们应在 $f(x) \neq g(x)$ 时使用术语互相关，而在 $f(x) = g(x)$ 时使用术语自相关。式(7.61)在两种情况下都成立。

已知两个连续函数 $f(x)$ 和 $g(x)$，f 和 g 的相关 $f \star g(\Delta x)$ 定义为

$$f \star g(\Delta x) = \int_{-\infty}^{\infty} f^*(x)g(x + \Delta x)\,\mathrm{d}x = \langle f(x), g(x + \Delta x) \rangle \tag{7.61}$$

式中，最后一步是通过在式(7.3)中令 $a = -\infty$ 和 $b = \infty$ 得到的。相关有时称为 f 和 g 的滑动内积，度量的是 $f(x)$ 和 $g(x)$ 的相似性，是它们的相对位移 Δx 的函数。若 $\Delta x = 0$，则有

$$f \star g(0) = \langle f(x), g(x) \rangle \tag{7.62}$$

并且在式(7.51)中定义连续规范正交展开系数的式(7.52)也可另写为

$$\alpha_u = \langle f, s_u \rangle = f \star s_u(0) \tag{7.63}$$

> 滑动内积是指一个函数在另一个函数上滑动、相乘并计算面积。随着面积的增大，函数变得越来越相似。

因此，展开系数是单点相关，其中位移 Δx 为零。每个 α_u 都度量 $f(x)$ 和一个 $s_u(x)$ 的相似性。

式(7.61)至式(7.63)的离散等价表示分别是

> 二维离散相关的公式已在表 4.3 中给出。在式(7.64)中，n 和 m 是整数，f_n 表示 f 的第 n 个元素，g_{n+m} 表示 g 的第 $n + m$ 个元素。式(7.66)由式(7.65)和式(7.23)得出。

$$f \star g(m) = \sum_{x=-\infty}^{\infty} f_n^* g_{n+m} \tag{7.64}$$

$$f \star g(0) = \langle f, g \rangle \tag{7.65}$$

和

$$T(u) = \langle s_u, f \rangle = s_u \star f(0) \tag{7.66}$$

类似于对式(7.63)和连续级数展开的说明，我们也可对式(7.66)和离散正交变换进行说明。正交变换的每个元素［即式(7.23)中的变换系数 $T(u)$ ］都是度量 f 和向量 s_u 的相似性的单点相关。正交变换的这种强大性质是识别和消除第 2 章例 2.11 的图 2.45(a)和第 4 章例 4.25 的图 4.65(a)中的正弦干扰的基础。

例 7.7　例 7.6 中 DFT 的相关。

再次考虑例 7.6 中的 8 点 DFT，根据式(7.56)，注意到基向量是下列谐波相关角频率的复指数：$0, 2\pi, 4\pi,$ $6\pi, 8\pi, 6\pi, 4\pi$ 和 2π（混叠减少了最后三个角频率 $10\pi, 12\pi$ 和 14π）。由于离散输入 $f(x) = \sin(2\pi x)$ 是角频率 2π 的单频正弦波，因此 f 应与基向量 s_1 和 s_7 高度相关。如图 7.2 所示，变换 t 在 $u = 1$ 和 $u = 7$ 时的确达到了其最大值；它仅在这两个频率处非零。■

7.4　时间-频率平面的基函数

由于变换度量的是一个函数与所选基向量的相似程度，因此现在介绍基向量本身。在接下来的讨论中，基向量和基函数是同义的。

图 7.3 中描述了一些常见变换的基向量，大多数正交基都是正弦波、方波、斜坡波和小波的数学相关集合。若 $h(t)$ 是一个基向量，$g(t)$ 是待变换的函数，则前节给出的变换系数 $g \star h(0)$ 是 g 和 h 的相似性的测度。较大的 $g \star h(0)$ 值表明 g 和 h 在时间和频率（如形状和带宽）上具有同等重要的特性。于是，若 h 是图 7.3(d)中 $u = 1$ 处的斜坡形基函数，则变换系数 $g \star h(0)$ 可用于检测图像一行的线性亮度梯度。另一方面，若 h 是类似于图 7.3(a)中的正弦基函数，则 $g \star h(0)$ 可用于发现正弦干扰模式。图 7.3 所示的图形和 $g \star h(0)$ 的相似性测度，可揭示出待变换函数的时频特性。

> 介绍时间-频率平面时，使用了自变量 t 和 f，而不是空间变量 x 和 u。连续函数 $g(t)$ 和 $h(f)$ 代替了前面各节中的 $f(x)$ 和 $s_u(x)$。虽然这些概念是用连续函数和变量提出的，但同样适用于离散函数和变量。

图 7.4(a)中的 h 在时间-频率平面上的位置是 h 的一个纯客观描述，因此对于对 $g \star h(0)$ 的较大值来说，也是 g 的一个客观描述。令

> 在式(7.67)中，t 的每个值都被 $p_h(t)$ 加权，以计算相对于坐标 t 的一个加权平均。

$p_h(t) = |h(t)|^2 / \|h(t)\|^2$ 是具有如下均值和方差的概率密度函数：

$$\mu_t = \frac{1}{\|h(t)^2\|} \int_{-\infty}^{\infty} t |h(t)|^2 \, dt \tag{7.67}$$

$$\sigma_t^2 = \frac{1}{\|h(t)^2\|} \int_{-\infty}^{\infty} (t - \mu_t)^2 |h(t)|^2 \, dt \tag{7.68}$$

并且令 $p_H(f) = |H(f)|^2 / \|H(f)\|^2$ 是具有如下均值和方差的概率密度函数：

$$\mu_f = \frac{1}{\|H(f)\|^2} \int_{-\infty}^{\infty} f |H(f)|^2 \, df \tag{7.69}$$

$$\sigma_f^2 = \frac{1}{\|H(f)\|^2} \int_{-\infty}^{\infty} (f - \mu_f)^2 |H(f)|^2 \, df \tag{7.70}$$

式中，f 表示频率，$H(f)$ 是 $h(t)$ 的傅里叶变换[①]。于是，如图 7.4(a)所示，基函数 h 的能量在时间-频率平面上集中于点 (μ_t, μ_f) 处。大部分能量落在面积为 $4\sigma_t\sigma_f$ 的一个矩形区域（称为海森堡盒或单元），满足

$$\sigma_t^2 \sigma_f^2 \geq \frac{1}{16\pi^2} \tag{7.71}$$

---

① 连续函数 $h(t)$ 的能量是 $\int_{-\infty}^{\infty} |h(t)|^2 \, dt$。

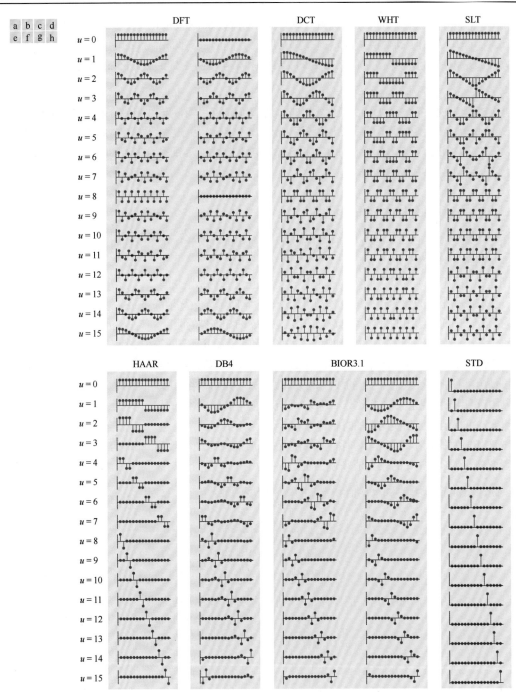

图 7.3　一些常见变换的基向量（$N = 16$）：(a)傅里叶基（实部和虚部）；(b)离散余弦基；(c)沃尔什-哈达玛基；(d)斜坡基；(e)哈尔基；(f)Daubechies 基；(g)双正交 B 样条基及其对偶；(h)标准基，仅供参考（不作为变换的基）

因为函数的支撑集定义为函数非零的点的集合，海森堡测不准原理告诉我们，函数在时间和频率上都存在有限支撑集是不可能的。式(7.71)（称为 Heisenberg-Gabor 不等式）将一个下界放到了图 7.4(a)中的海森堡单元的面积上，表明 σ_t 和 σ_f 不能同时任意小。因此，图 7.4(b)中的基函数 $\delta(t - t_0)$ 在时间上精确定位时

> 式(7.71)中右侧的常数以角频率 ω 表示时为 1/4。等号仅对高斯基函数成立，因为其变换也是高斯函数。

［即 $\sigma_t = 0$ ，因为 $\delta(t-t_0)$ 的宽度为零 ］，其谱在整个 f 轴上不为 0 。也就是说，因为 $\Im\{\delta(t-t_0)\} = \exp(-j2\pi f_0 t)$ ，且对所有 f 有 $|\exp(-j2\pi f t_0)| = 1$ ，因此 $\sigma_f = \infty$ 。其结果是在时间−频率平面上形成一个无限窄、无限高的海森堡单元。另一方面，图 7.4(c)中的基函数 $\exp(2\pi f_0 t)$ 在整个时间轴上基本上是非零的，但在频率上是精确定位的。因为 $\Im\{\exp(2\pi f_0 t)\} = \delta(f-f_0)$ ，谱 $|\delta(f-f_0)|$ 在除 $f = f_0$ 外的所有频率处为零。由此得到的海森堡单元，其宽度是无限的（ $\sigma_t = \infty$ ），其高度是极小的（ $\sigma_f = 0$ ）。如图 7.4(b)和(c)所示，时间上精确定位的同时，通常伴随着频率上的定位损失，反之亦然。

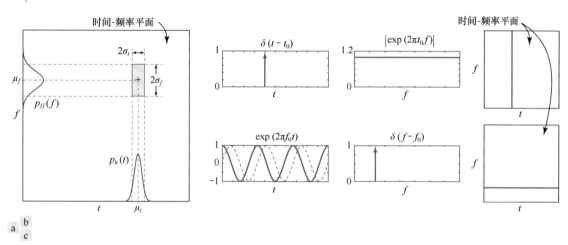

a b c

图 7.4　(a)时间−频率平面上的基函数位置；(b)标准基函数、其谱及其在时间−频率平面上的位置；(c)复正弦基函数（其实部和虚部分别显示为实线和虚线）、其谱及其在时间−频率平面上的位置

再次回到图 7.3，注意图 7.3(a)中的 DFT 基和图 7.3(h)中的标准基分别是图 7.4(b)和(c)中冲激函数和复指数函数的离散示例（ $N = 16$ ）。图 7.3 上半部分的其他基都是以索引 u 排序的频率，其宽度或支撑集是 16。对于已知的 u ，它们在时间−频率平面上的位置是相似的。当 u 为 8 且基函数相同时，这一点尤其明显——就像它们的海森堡单元那样。对于所有的其他 u ，海森堡单元参数 μ_t, σ_t, μ_f 和 σ_f 在数值上是接近的，余弦 ihc 、斜坡波和方波的独特形状是由其微小的差异造成的。采用类似的方法，图 7.3 下半部的基函数除讨论过的标准基函数外，对于已知的 u 也是类似的。这些基函数尺度缩放并平移了形如下式的几个小波：

> 由于混叠效应，DFT 基函数不以排序后的频率出现，详见例 7.6。

$$\psi_{s,\tau}(t) = 2^{s/2}\psi(2^s t - \tau) \tag{7.72}$$

式中，s 和 τ 是整数，母小波 $\psi(t)$ 是具有类带通谱的一个实平方可积函数。参数 τ 决定 $\psi_{s,\tau}(t)$ 在 t 轴上的位置，s 决定其宽度——即它沿 t 轴有多宽或多窄，而 $2^{s/2}$ 控制其幅度。

结合一个正确设计的母小波，式(7.72)生成一个基，它由图 7.5 右侧的海森堡单元表征。令 $\Psi(f)$ 是 $\psi(t)$ 的傅里叶变换，时间尺度缩放小波 $\psi(2^s t)$ 的变换是

$$\Im\{\psi(2^s t)\} = \frac{1}{|2^s|}\Psi(f/2^s) \tag{7.73}$$

并且对 s 的正值，频谱被拉伸——使每个频率分量大 2^s 倍。如例 4.1 中矩形脉冲的情况那样，压缩时间会展开频谱，图 7.5(b) 至(d)以图形方式说明了这一点。注意，图 7.5(c)中基函数的宽度

> 如 7.10 节所述，图 7.3 中对应于 $u = 0$ 的函数具有低通谱，并且称为尺度函数。
> 式(7.73)的证明留作练习（见习题 7.24）。

是图 7.5(d)中基函数的一半，而其谱的宽度是图 7.5(d)中基函数的 2 倍。它向高频方向移动了 2 倍。与图 7.5(c)相比，图 7.5(b)中的基函数和谱同样如此。支撑集在时间上减半、频率上倍增，产生了宽度和高度不同但面积相等的海森堡单元。此外，图 7.5 右侧每行单元表示一个唯一的尺度 s 和频率范围。一行内的单元在时间上相互平移。根据式(4.71)和第 4 章中的表 4.4，若 $\psi(t)$ 在时间上平移 τ，则有

$$\Im\{\psi(t-\tau)\} = \mathrm{e}^{-j2\pi\tau f}\,\Psi(f) \tag{7.74}$$

因此，$\left|\Im\{\psi(t-\tau)\}\right| = \left|\Psi(f)\right|$，不同时间移动的小波的谱都是相同的。图 7.5(a)和(b)中的基函数说明了这一点。注意，它们的海森堡单元大小相同，只是位置不同。

上述说明的一个主要结果是，每个小波基函数都由一个唯一的谱和时间位置表征。因此，基于小波的变换的变换系数，作为度量待变换函数和相关小波基函数相似性的内积，提供了频率和时间信息。对于待变换的函数，它们就像是乐谱，不仅揭示了演奏的音符，而且揭示了演奏的时间。对于图 7.3 下半部分描述的所有小波基，也同样成立。图 7.3 上半部分的基只提供音符；时间信息在变换过程中丢失，或者很难从变换系数中提取（从傅里叶变换的相位分量中提取）。

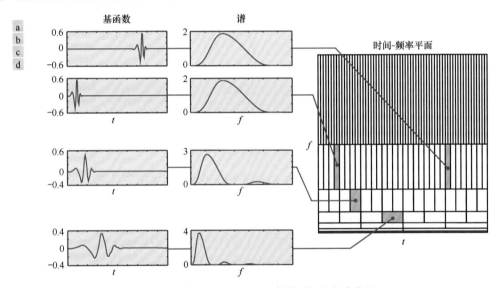

图 7.5　128 点 Daubechies 基函数的时间和频率位置

7.5　基图像

由于 7.2 节式(7.32)中的反变换核 $s(x,y,u,v)$ 仅依赖于索引 x,y,u,v 而不依赖于 $f(x,y)$ 和 $T(u,v)$，因此式(7.32)也可写为矩阵和：

$$\boldsymbol{F} = \sum_{u=0}^{N-1}\sum_{v=0}^{N-1} T(u,v)\boldsymbol{S}_{u,v} \tag{7.75}$$

式中，$\boldsymbol{F}$ 是包含 $f(x,y)$ 的元素的 $N \times N$ 矩阵，对于 $u,v=0,1,\cdots,N-1$，

$$\boldsymbol{S}_{u,v} = \begin{bmatrix} s(0,0,u,v) & s(0,1,u,v) & \cdots & s(0,N-1,u,v) \\ s(1,0,u,v) & s(1,1,u,v) & \cdots & s(1,N-1,u,v) \\ \vdots & \vdots & \ddots & \vdots \\ s(N-1,0,u,v) & s(N-1,1,u,v) & \cdots & s(N-1,N-1,u,v) \end{bmatrix} \tag{7.76}$$

于是，$\boldsymbol{F}$ 显式地定义为大小为 $N\times N$ 的 N^2 个矩阵的线性组合，即 $\boldsymbol{S}_{u,v}, u,v=0,1,\cdots,N-1$。若 $s(x,y,u,v)$

是实值的、可分离的和对称的，则有

$$S_{u,v} = s_u s_v^T \tag{7.77}$$

式中，s_u 和 s_v 已在前面由式(7.22)定义。在数字图像处理中，F 是二维图像，$S_{u,v}$ 称为基图像。如图 7.6(a) 所示，它们可被整理为一个 $N \times N$ 阵列，以直观地表示二维基函数。

图 7.3(h)中的基是标准基 $\{e_0, e_1, \cdots, e_{N-1}\}$ 的一个特例（$N = 16$），其中 e_n 是 $N \times 1$ 列向量，它的第 n 个元素 是 1，其他元素是 0。因为它是实的和正交的，因此对应的正交变换矩阵［见式(7.24)］是 $A = I$，而对应的 二维变换［见式(7.35)］是 $T = AFA^T = IFI^T = F$。也就是说，F 关于标准基的变换是 F——这确认了一个 事实，即离散函数写成向量形式时，它是关于标准基的隐式表示。

图 7.6(b)显示了大小为 8×8 的一个二维标准基的基图像。图 7.3(h)中的一维基向量只在某个时刻（或 x 的 值）是非零的，而图 7.6(b)中的基图像只在 xy 平面上的一个点处是非零的。这是根据式(7.77)得出的，因为 $S_{u,v} = e_u e_v^T = E_{u,v}$，其中 $E_{u,v}$ 是一个大小为 $N \times N$ 的零矩阵，该矩阵第 u 行和第 v 列的元素为 1。同样，图 7.7 中的 DFT 基图像也是根据式(7.77)、式(7.22)及一维 DFT 展开函数的定义公式［即式(7.56)］得到的。注意，最 大频率的 DFT 基图像出现在 u 和 v 为 4 时，正如图 7.2 中最大频率的一维 DFT 基函数出现在 $u = 4$ 时那样。

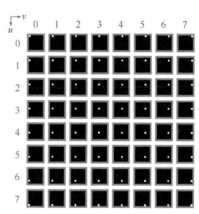

$$
\begin{array}{|c|c|c|c|c|}
\hline
S_{0,0} & S_{0,1} & \cdots & \cdots & S_{0,N-1} \\
\hline
S_{1,0} & \ddots & & & \vdots \\
\hline
\vdots & & & & \\
\hline
& & & \ddots & \vdots \\
\hline
S_{N-1,0} & \cdots & & \cdots & S_{N-1,N-1} \\
\hline
\end{array}
$$

a b

图 7.6　(a)基图像组成和(b)大小为 8×8 的一个标准基。为清晰起见，每幅基图像的四周都添加了灰色边框。每幅 基图像的原点（$x = y = 0$）位于基图像的左上角

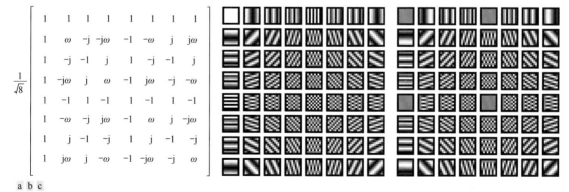

$$
\frac{1}{\sqrt{8}}
\begin{bmatrix}
1 & 1 & 1 & 1 & 1 & 1 & 1 & 1 \\
1 & \omega & -j & -j\omega & -1 & -\omega & j & j\omega \\
1 & -j & -1 & j & 1 & -j & -1 & j \\
1 & -j\omega & j & \omega & -1 & j\omega & -j & -\omega \\
1 & -1 & 1 & -1 & 1 & -1 & 1 & -1 \\
1 & -\omega & -j & j\omega & -1 & \omega & j & -j\omega \\
1 & j & -j & j & 1 & j & -j & -j \\
1 & j\omega & j & -\omega & -1 & -j\omega & -j & \omega
\end{bmatrix}
$$

a b c

图 7.7　(a)$N = 8$ 时离散傅里叶变换的变换矩阵 A_F，其中 $\omega = e^{-j2\pi/8}$ 或 $(1-j)/\sqrt{2}$；(b)~(c)大小为 8×8 的 DFT 基图 像的实部和虚部。为清晰起见，每幅基图像的四周都添加了黑色边框。对于一维变换，矩阵 A_F 与式(7.43) 和式(7.44)结合使用；对于二维变换，它与式(7.41)和式(7.42)结合使用　　　　　　　■

7.6　傅里叶相关的变换

如第 4 章所述，实函数的傅里叶变换是复值的。本节介绍三个傅里叶相关的变换，它们是实值的而不是复值的——离散哈特利变换、离散余弦变换和离散正弦变换。这三个变换都避免了复数计算的复杂性，并且可以通过快速 FFT 算法实现。

> 函数 cas 是余弦函数和正弦函数的缩写，定义为 $\mathrm{cas}(\theta) = \cos(\theta) + \sin(\theta)$ 。

7.6.1　离散哈特利变换

离散哈特利变换（DHT）的变换矩阵是将如下反变换核代入式(7.22)和式(7.24)得到的：

$$s(x,u) = \frac{1}{\sqrt{N}}\mathrm{cas}\left(\frac{2\pi ux}{N}\right) = \frac{1}{\sqrt{N}}\left[\cos\left(\frac{2\pi ux}{N}\right) + \sin\left(\frac{2\pi ux}{N}\right)\right] \tag{7.78}$$

其可分离的二维公式是

$$s(x,y,u,v) = \left[\frac{1}{\sqrt{N}}\mathrm{cas}\left(\frac{2\pi ux}{N}\right)\right]\left[\frac{1}{\sqrt{N}}\mathrm{cas}\left(\frac{2\pi vy}{N}\right)\right] \tag{7.79}$$

因为得到的 DHT 变换矩阵 A_{HY} （见图 7.8）是实的、正交的和对称的，因此 $A_{\mathrm{HY}} = A_{\mathrm{HY}}^{\mathrm{T}} = A_{\mathrm{HY}}^{-1}$ ，并且 A_{HY} 可用于计算正、反变换。对于一维变换， A_{HY} 与 7.2 节的式(7.28)和式(7.29)结合使用。对于二维变换，与式(7.35)和式(7.36)结合使用。因为 A_{HY} 是对称的，所以正、反变换相同。

> 我们不考虑不可分离形式
> $$s(x,y,u,v) = \frac{1}{N}\mathrm{cas}\left(\frac{2\pi(ux+vy)}{N}\right).$$

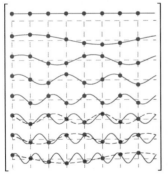

$$\begin{array}{cccccccc}
0.35 & 0.35 & 0.35 & 0.35 & 0.35 & 0.35 & 0.35 & 0.35 \\
0.35 & 0.50 & 0.35 & 0 & -0.35 & -0.50 & -0.35 & 0 \\
0.35 & 0.35 & -0.35 & -0.35 & 0.35 & 0.35 & -0.35 & -0.35 \\
0.35 & 0 & -0.35 & 0.50 & -0.35 & 0 & 0.35 & -0.50 \\
0.35 & -0.35 & -0.35 & 0.35 & 0.35 & -0.35 & -0.35 & 0.35 \\
0.35 & -0.50 & 0.35 & 0 & -0.35 & 0.50 & -0.35 & 0 \\
0.35 & -0.35 & -0.35 & 0.35 & 0.35 & -0.35 & -0.35 & 0.35 \\
0.35 & 0 & -0.35 & -0.50 & -0.35 & 0 & 0.35 & 0.50 \\
\end{array}$$

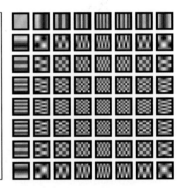

ⓐ ⓑ ⓒ

图 7.8　$N = 8$ 时离散哈特利变换的变换矩阵和基图像：(a)正交变换矩阵 A_{HY} 的图形表示；(b)四舍五入到小数点后两位的 A_{HY} ；(c)二维基图像。对于一维变换，矩阵 A_{HY} 与式(7.28)和式(7.29)结合使用；对于二维变换，它与式(7.35)和式(7.36)结合使用

注意图 7.8(a)中谐波相关 DHT 基函数与图 7.2 中 DFT 基函数的实部的相似性。容易证明

$$A_{\mathrm{HY}} = \mathrm{Real}\{A_{\mathrm{F}}\} - \mathrm{Imag}\{A_{\mathrm{F}}\} = \mathrm{Real}\{(1+\mathrm{j})A_{\mathrm{F}}\} \tag{7.80}$$

式中， A_{F} 表示 DFT 的酉变换矩阵。此外，因为 DFT 核的实部是

> 在式(7.81)和式(7.82)中，下标 HY 和 F 分别表示哈特利核和傅里叶核。

$$\mathrm{Re}\{s_{\mathrm{F}}(x,u)\} = \mathrm{Re}\left\{\frac{1}{\sqrt{N}}\,\mathrm{e}^{\mathrm{j}2\pi ux/N}\right\} = \frac{1}{\sqrt{N}}\cos\left(\frac{2\pi ux}{N}\right) \tag{7.81}$$

应用三角恒等式 $\mathrm{cas}(\theta) = \sqrt{2}\cos(\theta - \pi/4)$ 可将离散哈特利核 [见式(7.78)] 重写为

$$s_{\mathrm{H}}(x,u) = \sqrt{\frac{2}{N}}\cos\left(\frac{2\pi ux}{N} - \frac{\pi}{4}\right) \tag{7.82}$$

离散傅里叶变换和哈特利变换的基函数相互平移和缩放，即缩放 $\sqrt{2}$ 倍，平移 $\pi/4$ 。比较图 7.2 和图 7.8(a)

就会发现平移非常明显。此外，对于已知的 N 值和取样间隔 ΔT，傅里叶变换和哈特利变换具有相同的频率分辨率 $\Delta u = 1/(N\Delta T)$、相同的频率范围 $0.5R = 0.5(1/\Delta T) = 1/(2\Delta T)$，并且在 $u > N/2$ 时都是欠采样的。请比较 $u = 5, 6, 7$ 时的图 7.2 和图 7.8(a)。最后，我们注意到两个变换的 8×8 基图像也是相似的。例如，如图 7.8(c) 和图 7.7(b) 所示，最大频率的基图像出现在 u 和 v 是 $N/2$ 或 4 时。

混叠将频率范围缩小到 $0.5R$，其中 R 由式(4.51)定义。

▨▨ 例 7.9　DHT 和 DFT 重建。▨▨▨▨▨▨▨▨▨▨▨▨▨▨▨▨▨▨▨▨

考虑离散函数 $\boldsymbol{f} = [1\ 1\ 0\ 0\ 0\ 0\ 0\ 0]^{\mathrm{T}}$ 及其离散傅里叶变换

$$\boldsymbol{t}_{\mathrm{F}} = [0.71\ \ 0.6 - \mathrm{j}0.25\ \ 0.35 - \mathrm{j}0.35\ \ 0.1 - \mathrm{j}0.25\ \ 0\ \ 0.1 + \mathrm{j}0.25\ \ 0.35 + \mathrm{j}0.35\ \ 0.6 + \mathrm{j}0.25]^{\mathrm{T}}$$

式中，$\boldsymbol{t}_{\mathrm{F}} = \boldsymbol{A}_{\mathrm{F}}\boldsymbol{f}$，$\boldsymbol{A}_{\mathrm{F}} = \boldsymbol{A}_{\mathrm{Fr}} + \mathrm{j}\boldsymbol{A}_{\mathrm{Fj}}$ 是图 7.7(a) 中的 8×8 酉变换矩阵。$\boldsymbol{t}_{\mathrm{F}}$ 的实部 $\boldsymbol{t}_{\mathrm{Fr}}$ 和虚部 $\boldsymbol{t}_{\mathrm{Fj}}$ 是

$$\boldsymbol{t}_{\mathrm{Fr}} = [0.71\ \ 0.60\ \ 0.35\ \ 0.10\ \ 0\ \ 0.10\ \ 0.35\ \ 0.60]^{\mathrm{T}}$$

$$\boldsymbol{t}_{\mathrm{Fj}} = [0\ \ -0.25\ \ -0.35\ \ -0.25\ \ 0\ \ 0.25\ \ 0.35\ \ 025]^{\mathrm{T}}$$

离散哈特利变换 $\boldsymbol{t}_{\mathrm{HY}} = \boldsymbol{A}_{\mathrm{HY}}\boldsymbol{f} = (\boldsymbol{A}_{\mathrm{Fr}} - \boldsymbol{A}_{\mathrm{Fj}})\boldsymbol{f} = \boldsymbol{A}_{\mathrm{Fr}}\boldsymbol{f} - \boldsymbol{A}_{\mathrm{Fj}}\boldsymbol{f} = \boldsymbol{t}_{\mathrm{Fr}} - \boldsymbol{t}_{\mathrm{Fj}}$ 是

$$\boldsymbol{t}_{\mathrm{HY}} = [0.71\ \ 0.85\ \ 0.71\ \ 0.35\ \ 0\ \ -0.15\ \ 0\ \ 0.35]^{\mathrm{T}}$$

根据式(7.17)，$\boldsymbol{f}$ 可写为

$$f(x) = \sum_{u=0}^{7} T_{\mathrm{HY}}(u) s_{\mathrm{HY}}(x, u), \qquad x = 0, 1, \cdots, 7$$

式中 $\boldsymbol{f} = [f(0)\ f(1)\ f(2)\ \cdots\ f(7)]^{\mathrm{T}}$，$\boldsymbol{t}_{\mathrm{HY}} = [T_{\mathrm{HY}}(0)\ T_{\mathrm{HY}}(1)\ \cdots\ T_{\mathrm{HY}}(7)]^{\mathrm{T}}$。于是，由 $\boldsymbol{t}_{\mathrm{HY}}$ 可将 $\boldsymbol{f}$ 重建为涉及计算的变换系数和对应的基函数的乘积之和。图 7.9(a) 逐步完成了这样一个重建，首先求图顶部 $\boldsymbol{f}$（$u = 0$）的平均或直流值，然后收敛到图底部的 $\boldsymbol{f}$（$u = 0, 1, \cdots, 7$）。当高频基函数加入求和时，重建函数成为 $\boldsymbol{f}$ 的一个较

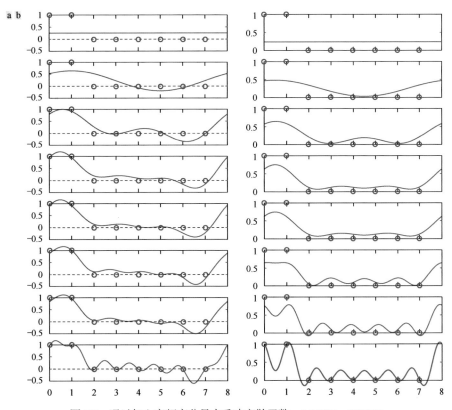

图 7.9　通过加上高频率分量来重建离散函数：(a)DHT；(b)DFT

好逼近，当所有 8 个加权基函数相加等于反离散哈特利变换 $f = A_{HY}^T t_{HY}$ 时，就实现了完美重建。图 7.9(b) 显示了 DFT 的类似过程。■

7.6.2　离散余弦变换

最常见离散余弦变换（DCT）的变换矩阵，是通过将如下反变换核代入式(7.22)和式(7.24)得到的：

$$s(x,u) = \alpha(u)\cos\left(\frac{(2x+1)u\pi}{2N}\right) \tag{7.83}$$

式中，

$$\alpha(u) = \begin{cases} \sqrt{1/N}, & u = 0 \\ \sqrt{2/N}, & u = 1,2,\cdots,N-1 \end{cases} \tag{7.84}$$

得到的变换矩阵表示为图 7.10 中的 A_C，它是实的、正交的，但不是对称的。底层基函数是频率从 0 到 $R = [(N-1)/N][1/(2\Delta T)]$ 的谐波相关余弦波；频率间隔（频率分辨率）是 $\Delta u = 1/(2N\Delta T)$。图 7.10(a)与图 7.8(a)或图 7.2 相比表明，离散余弦变换的谱与傅里叶变换和哈特利变换的谱，具有大致相同的频率范围，但频率分辨率是后者的 2 倍。例如，若 $N = 4$ 和 $\Delta T = 1$，则得到的 DCT 系数位于频率{0, 0.5, 1, 1.5}处，而 DFT 谱分量对应于频率{0, 1, 2, 1}。图 7.10(c)和图 7.8(c)进一步说明了这一点。注意，最大频率的基图像出现在 u 和 v 是 7 时，而 DFT 的最大频率的基图像出现在 4 处。因为二维 DCT 基于可分离的反变换核

> 共有 8 个标准的 DCT 变体，并且它们假设了不同的对称条件。例如，可以假设输入关于一个样本偶对称，或关于两个样本之间的中点对称。

$$s(x,y,u,v) = \alpha(u)\alpha(v)\cos\left(\frac{(2x+1)u\pi}{2N}\right)\cos\left(\frac{(2y+1)v\pi}{2N}\right) \tag{7.85}$$

式中，$\alpha(u)$ 和 $\alpha(v)$ 是根据式(7.84)定义的，因此变换矩阵 A_C 可用于计算一维和二维变换（合适的变换公式见图 7.10 的图题）。

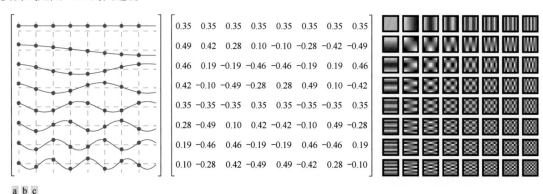

a b c

图 7.10　$N = 8$ 时离散余弦变换的变换矩阵和基图像：(a)正交变换矩阵 A_C 的图形表示；(b)四舍五入到小数点后两位的 A_C；(c)基图像。对于一维变换，A_C 与式(7.28)和式(7.29)结合使用；对于二维变换，与式(7.35)和式(7.36)结合使用

除了与离散傅里叶变换具有许多相同的属性，离散余弦变换对正被处理的函数施加了一组完全不同的假设。离散余弦变换的基本假设不是 N 点周期性，而是 $2N$ 点周期性和偶对称性。如图 7.11 所示，尽管 N 点周期性会导致边界不连续，进而将"人为"高频分量引入变换，但 $2N$ 点周期性和偶对称性会使得不连续和伴随的"人为"高频最小化。如第 8 章所述，这是 DCT 在图像压缩中的一个重要优势。根据上述说明，我们可以由 $f(x)$ 的 $2N$ 点对称扩展的 DFT 求得 N 点函数 $f(x)$ 的离散余弦变换：

1. 对称地扩展 N 点离散函数 $f(x)$，得到

$$g(x) = \begin{cases} f(x), & 0 \le x < N \\ f(2N-x-1), & N \le x < 2N \end{cases} \tag{7.86}$$

式中 $\boldsymbol{f} = [f(0)\ f(1)\ \cdots\ f(N-1)]^{\mathrm{T}}$，$\boldsymbol{g} = [g(0)\ g(1)\ \cdots\ g(2N-1)]^{\mathrm{T}}$。

2. 计算 $\boldsymbol{g}$ 的 $2N$ 点离散傅里叶变换：

$$\boldsymbol{t}_{\mathrm{F}} = \boldsymbol{A}_{\mathrm{F}}\boldsymbol{g} = \begin{bmatrix} \boldsymbol{t}_1 \\ \boldsymbol{t}_2 \end{bmatrix} \tag{7.87}$$

式中 $\boldsymbol{A}_{\mathrm{F}}$ 是 DFT 的变换矩阵，$2N$ 个元素的变换 $\boldsymbol{t}_{\mathrm{F}}$ 被分割为两个等长的 N 元素列向量 $\boldsymbol{t}_1$ 和 $\boldsymbol{t}_2$。

3. 令 N 元素列向量 $\boldsymbol{h} = [h(0)\ h(1)\ \cdots\ h(N-1)]^{\mathrm{T}}$，式中

$$h(u) = \mathrm{e}^{-\mathrm{j}\pi u/2N}, \quad u = 0,1,\cdots,N-1 \tag{7.88}$$

并且令 $\boldsymbol{s} = \begin{bmatrix} 1/\sqrt{2} & 1 & 1 & \cdots & 1 \end{bmatrix}^{\mathrm{T}}$。

4. 于是 $\boldsymbol{f}$ 的离散余弦变换是

$$\boldsymbol{t}_{\mathrm{C}} = \mathrm{Re}\{\boldsymbol{s} \circ \boldsymbol{h} \circ \boldsymbol{t}_1\} \tag{7.89}$$

式中，$\circ$ 表示哈达玛积（矩阵相乘），即两个向量或矩阵的对应元素相乘，如 $[3\ -0.5] \circ [2\ 6] = [6\ -3]$。

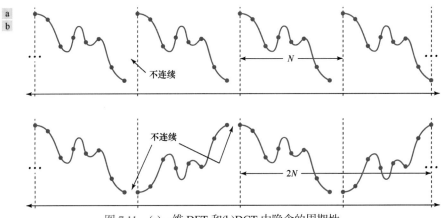

图 7.11　(a)一维 DFT 和(b)DCT 中隐含的周期性

本例用式(7.86)到式(7.89)计算一维函数 $f(x) = x^2$，$x = 0, 1, 2, 3$ 的离散余弦变换。

1. 令 $\boldsymbol{f} = [0\ 1\ 4\ 9]^{\mathrm{T}}$，并用式(7.86)创建 $\boldsymbol{f}$ 的偶对称 8 点扩展。扩展函数 $\boldsymbol{g} = [0\ 1\ 4\ 9\ 9\ 4\ 1\ 0]^{\mathrm{T}}$ 是图 7.11(b)中的偶对称函数的一个周期。

2. 将图 7.7(a)中的 8×8 酉变换矩阵代入式(7.87)，得到 $\boldsymbol{g}$ 的离散傅里叶变换为

$$\boldsymbol{t}_{\mathrm{F}} = \boldsymbol{A}_{\mathrm{F}}\boldsymbol{g} = \begin{bmatrix} -9.9 \\ -6.18 - \mathrm{j}2.56 \\ 1.41 + \mathrm{j}1.41 \\ -0.18 - \mathrm{j}0.44 \\ 0 \\ -0.18 + \mathrm{j}0.44 \\ 1.41 - \mathrm{j}1.41 \\ -6.18 + \mathrm{j}2.56 \end{bmatrix}$$

因此有

$$t_1 = \begin{bmatrix} -9.9 \\ -6.18 - j2.56 \\ 1.41 + j1.41 \\ -0.18 - j0.44 \end{bmatrix} \text{和} \ t_2 = \begin{bmatrix} 0 \\ -0.18 + j0.44 \\ 1.41 - j1.41 \\ -6.18 + j2.56 \end{bmatrix}$$

3. 根据式(7.88)有

$$h = \begin{bmatrix} 1 \\ e^{-j\pi/4} \\ e^{-j\pi/2} \\ e^{-j3\pi/4} \end{bmatrix} = \begin{bmatrix} 1 \\ 0.92 - j0.38 \\ 0.71 - j0.71 \\ 0.38 - j0.92 \end{bmatrix}$$

并且 $s = [1/\sqrt{2} \ 1 \ 1 \ 1]^T = [0.71 \ 1 \ 1 \ 1]^T$。

4. 于是，f 的离散余弦变换是

$$t_C = \text{Re}\{s \circ h \circ t_1\} = \text{Re}\left\{ \begin{bmatrix} 0.71 \\ 1 \\ 1 \\ 1 \end{bmatrix} \circ \begin{bmatrix} 1 \\ 0.92 - j0.38 \\ 0.71 - j0.71 \\ 0.38 - j0.92 \end{bmatrix} \circ \begin{bmatrix} -9.9 \\ -6.18 - j2.56 \\ 1.41 + j1.41 \\ -0.18 - j0.44 \end{bmatrix} \right\} = \begin{bmatrix} 7 \\ -6.69 \\ 2 \\ -0.48 \end{bmatrix}$$

为了验证结果，将式(7.83)代入式(7.22)和式(7.24)，令 $N = 4$，并在式(7.28)中使用得到的 4×4 DCT 变换矩阵，得出

$$t_C = A_C f = \begin{bmatrix} 0.5 & 0.5 & 0.5 & 0.5 \\ 0.65 & 0.27 & -0.27 & -0.65 \\ 0.5 & -0.5 & -0.5 & 0.5 \\ 0.27 & -0.65 & 0.65 & -0.27 \end{bmatrix} \begin{bmatrix} 0 \\ 1 \\ 4 \\ 9 \end{bmatrix} = \begin{bmatrix} 7 \\ -6.69 \\ 2 \\ -0.48 \end{bmatrix}$$

图 7.12 说明了使用离散余弦反变换的 f 的重建。如图 7.9 中的重建那样，图顶部［即图 7.12(a)］的直流分量是离散函数的平均值——此时为 $(0 + 1 + 4 + 9)/4 = 3.5$。它是一个初始值，是 f 的粗略近似。图 7.12(b)、图 7.12(c) 和图 7.12(d) 中频率增加的 3 条额外余弦曲线相加时，可提高近似的精度，直到实现图(d)中的完美重建。注意，x 轴已被扩展，以显示得到的 DCT 展开的确是周期的，且周期为 $2N$（此时为 8），并且显示所有离散余弦变换所需的偶对称性。

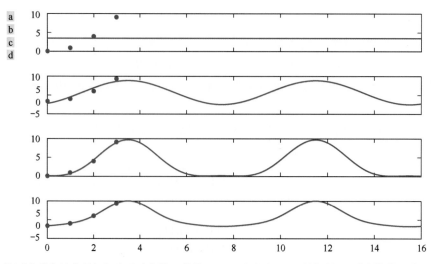

图 7.12　将逐步升高的分量相加来重建离散函数的 DCT。注意由 DCT 施加的 $2N$ 点周期性和偶对称性 ∎

7.6.3 离散正弦变换

离散正弦变换（DST）的变换矩阵是通过将如下反变换核代入式(7.22)和式(7.24)得到的：

$$s(x,u) = \sqrt{\frac{2}{N+1}} \sin\left(\frac{(x+1)(u+1)\pi}{N+1}\right) \tag{7.90}$$

其可分离的二维公式是

$$s(x,y,u,v) = \frac{2}{N+1} \sin\left(\frac{(x+1)(u+1)\pi}{N+1}\right) \sin\left(\frac{(y+1)(v+1)\pi}{N+1}\right) \tag{7.91}$$

图 7.13 中以 A_S 表示的变换矩阵是实的、正交的和对称的。如图 7.13(a)所示，底层基函数是频率从 $1/[2(N+2)\Delta T]$ 到 $N/[2(N+2)\Delta T]$ 的谐波相关正弦波；频率分辨率或相邻频率的间隔是 $\Delta u = 1/[2(N+2)\Delta T]$。类似于 DCT，DST 具有与 DFT 大致相同的频率范围，但频率分辨率是后者的 2 倍。例如，若 $N=4, \Delta T=1$，则得到的 DST 系数位于频率$\{0.4, 0.8, 1.2,$ 1.6$\}$处。注意与 DCT 和 DFT 的不同之处，DST 没有直接（$u=0$）分量，这是根据如下基本假设得出的：待变换函数是 $2(N+1)$ 点周期的和奇对称的，其均值为 0。与假设函数为偶函数的 DCT 不同，DST 施加的奇对称性并不能降低边界的不连续。在图 7.14 中这很清晰，它显示了计算 $f(x) = x^2$，$x = 0, 1, 2, 3$ 的正、反变换的结果。注意，采用得到图 7.12(d)的相同过程所得到的基本连续重建，显示了上述周期性、奇对称性和边界不连续性。

> 像 DCT 那样，DST 也存在 8 个变体，并且它们假设了不同的对称条件。例如，可以假设输入关于一个样本偶对称，或关于两个样本之间的中点对称吗？

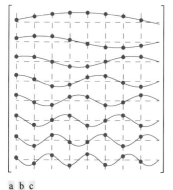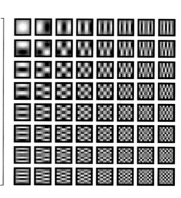

a b c

图 7.13 $N=8$ 时离散正弦变换的变换矩阵和基图像：(a)正交变换矩阵 A_S 的图形表示；(b)四舍五入为小数点后两位的 A_S；(c)基图像。对于一维变换，A_S 矩阵与式(7.28)和式(7.29)结合使用；对于二维变换，A_S 与式(7.35)和式(7.36)结合使用

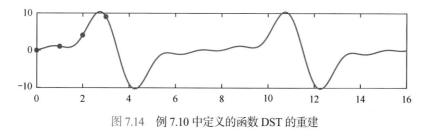

图 7.14 例 7.10 中定义的函数 DST 的重建

一个 N 点函数 $f(x)$ 的离散正弦变换，可由 $f(x)$ 的一个 $2(N+1)$ 点奇对称扩展的 DFT 得到。

1. 对称地扩展 N 点函数 $f(x)$ ，得到

$$g(x) = \begin{cases} 0, & x = 0 \\ f(x-1), & 1 \le x \le N \\ 0, & x = N+1 \\ -f(2N-x+1), & N+2 \le x \le 2N+2 \end{cases} \tag{7.92}$$

式中， $\boldsymbol{f} = [f(0)\ f(1)\ \cdots\ f(N-1)]^{\mathrm{T}}$ ， $\boldsymbol{g} = [g(0)\ g(1)\ \cdots g(2N+2)]^{\mathrm{T}}$ 。

2. 计算 $\boldsymbol{g}$ 的 $2(N+1)$ 点离散傅里叶变换：

$$\boldsymbol{t}_{\mathrm{F}} = \boldsymbol{A}_{\mathrm{F}}\boldsymbol{g} = \begin{bmatrix} 0 \\ \boldsymbol{t}_1 \\ 0 \\ \boldsymbol{t}_2 \end{bmatrix} \tag{7.93}$$

式中， $\boldsymbol{A}_{\mathrm{F}}$ 是 DFT 的变换矩阵， $2(N+1)$ 个元素变换 $\boldsymbol{t}_{\mathrm{F}}$ 被分割为两个单元素的 0 向量， $\boldsymbol{0} = [0]$ ，及两个 N 元素的列向量 $\boldsymbol{t}_1$ 和 $\boldsymbol{t}_2$ 。

3. 于是， $\boldsymbol{f}$ 的离散正弦变换 $\boldsymbol{t}_{\mathrm{S}}$ 是

$$\boldsymbol{t}_{\mathrm{S}} = -\mathrm{Imag}\{\boldsymbol{t}_1\} \tag{7.94}$$

例 7.11　由 10 点 DFT 计算 4 点 DST。

本例使用式(7.92)到式(7.94)计算例 7.10 中 $\boldsymbol{f} = [0\ 1\ 4\ 9]^{\mathrm{T}}$ 的 DST。

1. 创建奇对称 $\boldsymbol{f}$ 的 $2(N+1)$ 点对称扩展版本。根据式(7.92)有

$$\boldsymbol{g} = [0\ 0\ 1\ 4\ 9\ 0\ -9\ -4\ -1\ 0]^{\mathrm{T}}$$

2. 用式(7.93)计算 $\boldsymbol{g}$ 的离散傅里叶变换。矩阵 $\boldsymbol{A}_{\mathrm{F}}$ 是大小为 10×10 的西 DFT 变换矩阵，得到的变换是

$$\boldsymbol{t}_{\mathrm{F}} = \boldsymbol{A}_{\mathrm{F}}\boldsymbol{g} = [0\ -\mathrm{j}6.35\ \mathrm{j}6.35\ -\mathrm{j}3.56\ \mathrm{j}1.54\ 0\ \mathrm{j}6.35\ -\mathrm{j}6.53\ \mathrm{j}3.56\ -\mathrm{j}1.54]^{\mathrm{T}}$$

注意， $\boldsymbol{t}_{\mathrm{F}}$ 的实部是 0， $\boldsymbol{t}_{\mathrm{F}}$ 的 $\boldsymbol{t}_1$ 块是 $[-\mathrm{j}6.35\ \mathrm{j}6.35\ -\mathrm{j}3.56\ \mathrm{j}1.54]^{\mathrm{T}}$ 。

3. 于是，根据式(7.94)， $\boldsymbol{f}$ 的 DST 是

$$\boldsymbol{t}_{\mathrm{S}} = -\mathrm{Imag}\{\boldsymbol{t}_1\} = [6.35\ -6.53\ 3.56\ -1.54]^{\mathrm{T}}$$

DST 也可直接计算为

$$\boldsymbol{t}_{\mathrm{S}} = \boldsymbol{A}_{\mathrm{S}}\boldsymbol{f} = \begin{bmatrix} 0.37 & 0.60 & 0.60 & 0.37 \\ 0.60 & 0.37 & -0.37 & -0.60 \\ 0.60 & -0.37 & -0.37 & 0.60 \\ 0.37 & -0.60 & 0.60 & -0.37 \end{bmatrix} \begin{bmatrix} 0 \\ 1 \\ 4 \\ 9 \end{bmatrix} = \begin{bmatrix} 6.35 \\ -6.53 \\ 3.56 \\ -1.54 \end{bmatrix}$$

式中， $\boldsymbol{A}_{\mathrm{S}}$ 是将式(7.90)代入式(7.22)和式(7.24)并令 $N=4$ 得到的。　■

例 7.12　使用傅里叶相关的变换进行理想低通滤波。

图 7.15 是对测试图像应用理想低通滤波器滤波后的结果，测试图像在本章涵盖的所有傅里叶相关的变换中使用过，例如在例 4.16 中。如例 4.16 中那样，图 7.15(a)中测试图像的大小为 688×688 ，并且在计算任何变换之前，测试图像填充到了大小 1376×1376 。作为参考，测试图像的傅里叶变换如在图 7.15(b)所示，其中叠加了蓝色覆盖层，以显示低通滤波器的功能。只有被蓝色阴影覆盖的频率才能通过滤波器。由于我们再次使用半径为 60 的截止频率，图 7.15(c)中的滤波结果与图 4.41(d)中的结果相似，不同是由零填充而非镜像填充造成的。再次注意例 4.16 中讨论的模糊和振铃。

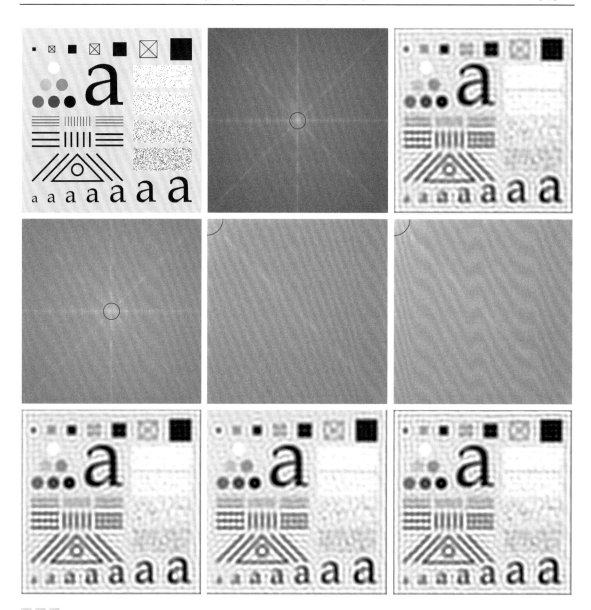

a b c
d e f
g h i

图 7.15　(a)来自图 4.41(a)的 688×688 测试模式的原图像；(b)图(a)中测试模式填充到1376×1376 大小后的离散傅里叶变换。蓝色覆盖层是半径为 60 的理想低通滤波器（ILPF）；(c)傅里叶滤波结果；(d) ~ (f)图(a)中测试模式经填充后的离散哈特利变换、离散余弦变换（DCT）和离散正弦变换（DST）。蓝色覆盖层与图(b)中的 ILPF 相同，但在(e)和(f)中看起来更大，因为 DCT 和 DST 的频率分辨率更高；(g) ~ (i)哈特利变换、余弦变换和正弦变换的滤波结果

　　图 7.15(d) ~ (i)是使用本章所述的三个傅里叶相关变换得到的可比较的结果。如图 7.15(b)中傅里叶变换所做的那样，图 7.15(d)到(f)分别是将图 7.15(a)中测试模式的大小填充到1376×1376 后的离散哈特利、离散余弦和离散正弦变换。虽然余弦变换和正弦变换的滤波函数（它们再次叠加成蓝色）的半径似乎是傅里叶

变换和哈特利变换所用滤波器半径的 2 倍，但所有滤波器的频率范围相同。大小的明显增加是由于正弦变换和余弦变换的频率分辨率更高，这一点前面已经讨论过。注意，这些变换的谱不需要为便于解释而中心化，就像傅里叶谱和哈特利谱一样。最后，为了所有的实际目的，我们注意到图 7.15(g)到(i)中滤波后的图像等效于图 7.15(c)中的傅里叶滤波结果。

最后，我们注意到尽管傅里叶相关变换可以用类 FFT 算法实现，也可由 FFT 本身计算，但我们使用本节中给出的矩阵实现来计算正变换和反变换。使用 MATLAB、Windows 10 和 2.1GHz 的 i7-4600U 处理器的 PC，计算本例中的傅里叶相关变换所需的总时间是计算相应 FFT 的 2 ~ 5 倍，但所有计算所需的时间不到 1s。 ■

7.7 沃尔什-哈达玛变换

沃尔什-哈达玛变换（WHT）是非正弦变换，它将函数分解为矩形基函数（值为+1 和-1，称为沃尔什函数）的线性组合。沃尔什-哈达玛变换矩阵中基函数的排序决定正在计算的变换的变体。对于哈达玛排序（也称自然排序），变换矩阵是将如下反变换核代入式(7.22)和式(7.24)得到的：

> A_W 表示哈达玛排序或自然排序 WHT 的变换矩阵。尽管这里的大小为 2×2，但更一般的大小为 N×N，其中 N 是正被变换的离散函数的尺寸。

$$s(x,u) = \frac{1}{\sqrt{N}} (-1)^{\sum_{i=0}^{n-1} b_i(x)b_i(u)} \tag{7.95}$$

式(7.95)中指数项求和是用模 2 运算实现的，$N = 2^n$，$b_k(z)$ 是 z 的二进制表示的第 k 比特。例如，若 $n=3, z=6$（二进制数 110），则 $b_0(z)=0, b_1(z)=1, b_2(z)=1$。若 $N=2$，则哈达玛排序变换矩阵是

$$A_\mathrm{W} = \frac{1}{\sqrt{2}} \begin{bmatrix} 1 & 1 \\ 1 & -1 \end{bmatrix} \tag{7.96}$$

式中，右侧的矩阵（无数量乘数）称为 2 阶哈达玛矩阵。令 H_N 表示 N 阶哈达玛矩阵，生成哈达玛排序变换矩阵的一个简单递推关系是

$$A_\mathrm{W} = \frac{1}{\sqrt{N}} H_N \tag{7.97}$$

式中，

$$H_{2N} = \begin{bmatrix} H_N & H_N \\ H_N & -H_N \end{bmatrix} \tag{7.98}$$

和

$$H_2 = \begin{bmatrix} 1 & 1 \\ 1 & -1 \end{bmatrix} \tag{7.99}$$

于是，式(7.96)就由式(7.97)和式(7.99)得到。采用同样的方法有

$$H_4 = \begin{bmatrix} H_2 & H_2 \\ H_2 & -H_2 \end{bmatrix} = \begin{bmatrix} 1 & 1 & 1 & 1 \\ 1 & -1 & 1 & -1 \\ 1 & 1 & -1 & -1 \\ 1 & -1 & -1 & 1 \end{bmatrix} \tag{7.100}$$

和

$$H_8 = \begin{bmatrix} H_4 & H_4 \\ H_4 & -H_4 \end{bmatrix} = \begin{bmatrix} 1 & 1 & 1 & 1 & 1 & 1 & 1 & 1 \\ 1 & -1 & 1 & -1 & 1 & -1 & 1 & -1 \\ 1 & 1 & -1 & -1 & 1 & 1 & -1 & -1 \\ 1 & -1 & -1 & 1 & 1 & -1 & -1 & 1 \\ 1 & 1 & 1 & 1 & -1 & -1 & -1 & -1 \\ 1 & -1 & 1 & -1 & -1 & 1 & -1 & 1 \\ 1 & 1 & -1 & -1 & -1 & -1 & 1 & 1 \\ 1 & -1 & -1 & 1 & -1 & 1 & 1 & -1 \end{bmatrix} \tag{7.101}$$

将 H_4 和 H_8 代入式(7.97)，即得到相应的哈达玛排序变换矩阵。

哈达玛矩阵一行中的符号变化数，称为行的列率。类似于频率，列率度量函数的变化率，并且类似于傅里叶变换的正弦基函数，每个沃尔什函数都有一个唯一的列率。由于哈达玛矩阵的元素源自反变换核值，所以列率概念也适用于基函数 $s(x,u)$，$u = 0, 1, \cdots, N-1$。例如，式(7.100)中基向量 H_4 的列率是 0, 3, 1, 2；式(7.101)中基向量 H_8 的列率是 0, 7, 3, 4, 1, 6, 2 和 5。这种排列的列率定义了哈达玛排序沃尔什-哈达玛变换的特征。

在信号和图像处理应用中，排列哈达玛矩阵的基向量使得列率随着 u 的增加而增加是可取的、常见的。将如下反变换核代入式(7.22)和式(7.24)，得到按列率排序的沃尔什-哈达玛变换的变换矩阵：

> 回顾可知 $N = 2^n$，因此 $n = \log_2 N$。

$$s(x,u) = \frac{1}{\sqrt{N}} (-1)^{\sum_{i=0}^{n-1} b_i(x) p_i(u)} \tag{7.102}$$

式中，

$$\begin{aligned} p_0(u) &= b_{n-1}(u) \\ p_1(u) &= b_{n-1}(u) + b_{n-2}(u) \\ p_2(u) &= b_{n-2}(u) + b_{n-3}(u) \\ &\vdots \\ p_{n-1}(u) &= b_1(u) + b_0(u) \end{aligned} \tag{7.103}$$

如前所述，式(7.102)和式(7.103)中的求和是采用模 2 算术实现的。于是，例如，

$$H_8' = \begin{bmatrix} 1 & 1 & 1 & 1 & 1 & 1 & 1 & 1 \\ 1 & 1 & 1 & 1 & -1 & -1 & -1 & -1 \\ 1 & 1 & -1 & -1 & -1 & -1 & 1 & 1 \\ 1 & 1 & -1 & -1 & 1 & 1 & -1 & -1 \\ 1 & -1 & -1 & 1 & 1 & -1 & -1 & 1 \\ 1 & -1 & -1 & 1 & -1 & 1 & 1 & -1 \\ 1 & -1 & 1 & -1 & -1 & 1 & -1 & 1 \\ 1 & -1 & 1 & -1 & 1 & -1 & 1 & -1 \end{bmatrix} \tag{7.104}$$

式中添加的撇号(′)表示列率排序而非哈达玛排序。注意 H_8' 中行的列率与它们的行号匹配，即 0, 1, 2, 3, 4, 5, 6 和 7。生成 H_8' 的另一种方法是重新排列哈达玛排序 H_8 的各行，注意到 H_8' 中的行 s 对应于 H_8 中 s 的比特倒置格雷码的那一行。因为对应于 $(s_{n-1} \cdots s_2 s_1 s_0)_2$ 的 n 比特格雷码可以计算为

$$\begin{aligned} g_i &= s_i \oplus s_{i+1}, \quad 0 \leq i \leq n-2 \\ g_{n-1} &= s_{n-1}, \quad i = n-1 \end{aligned} \tag{7.105}$$

式中，$\oplus$ 表示异或（OR）运算，H_8' 的行 s 与 H_8 的行 $(g_0 g_1 g_2 \cdots g_{n-1})_2$ 相同。例如，H_8' 的行 4 或 $(100)_2$

$\left[\right.$其格雷码是 $(110)_2$ $\left. \right]$来自 $\boldsymbol{H}_8$ 的行 $(011)_2$ 或行 3。注意，式(7.104)中 $\boldsymbol{H}_8'$ 的行 4 的确与式(7.101)中 $\boldsymbol{H}_8$ 的行 3 相同。

图 7.16(a)和(b)以图形和数值方式描述了 $N = 8$ 时的列率排序 WHT 变换矩阵。注意图 7.16(a)中离散基函数的列率在 u 从 0 增加到 7 时增大，基本方波函数的列率同样如此。还要注意图 7.16(b)中的变换矩阵是实的、对称的，并且由式(7.105)和式(7.97)得到

$$A_{\mathrm{W}'} = \frac{1}{\sqrt{N}} \boldsymbol{H}_8' \tag{7.106}$$

它是正交的且 $A_{\mathrm{W}'} = A_{\mathrm{W}'}^{\mathrm{T}} = A_{\mathrm{W}'}^{-1}$ 的证明，留给读者作为练习。最后，注意图 7.16(c)中各幅列率排列基图像的相似性，对于图 7.10(c)中的二维 DCT 基图像，它们基于如下二维反变换核的可分离性：

$$s(x, y, u, v) = \frac{1}{N} (-1)^{\sum_{i=0}^{n-1} [b_i(x)p_i(u) + b_i(y)p_i(v)]} \tag{7.107}$$

列率是 u 和 v 的函数，它随着 u 和 v 的增大而增大，就像 DCT 基图像中的频率那样，但不存在有用的物理解释。

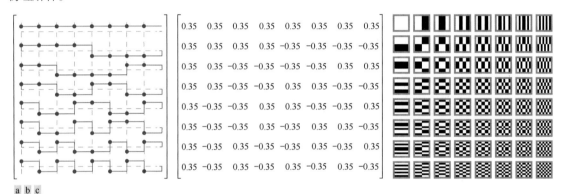

a b c

图 7.16　$N = 8$ 时列率排序沃尔什-哈达玛变换的变换矩阵和基图像：(a)正交变换矩阵 $A_{\mathrm{W}'}$ 的图形表示；(b)四舍五入到小数点后两位的 $A_{\mathrm{W}'}$；(c)基图像。对于一维变换，矩阵 $A_{\mathrm{W}'}$ 结合式(7.28)和式(7.29)使用；对于二维变换，$A_{\mathrm{W}'}$ 结合式(7.35)和式(7.36)使用

例 7.13　一个简单的列率排序沃尔什-哈达玛变换。

为了计算一维函数 $\boldsymbol{f} = [2 \ 3 \ 4 \ 5]^{\mathrm{T}}$ 的列率排序沃尔什-哈达玛变换，我们从式(7.100)中哈达玛排序的哈达玛矩阵 $\boldsymbol{H}_4$ 开始，并结合式(7.105)来描述对基向量重新排序的过程。$\boldsymbol{H}_4$ 的哈达玛排序基向量至 $\boldsymbol{H}_4'$ 的列率排序的基向量的映射计算如下：

$\boldsymbol{H}_4'$ 的行	二进制码	格 雷 码	比特倒置格雷码	$\boldsymbol{H}_4$ 的行
0	00	00	00	0
1	01	01	10	2
2	10	11	11	3
3	11	10	01	1

这样，结合式(7.106)，4×4 大小的列率排序沃尔什-哈达玛变换矩阵是

$$A_{\mathrm{W}'} = \frac{1}{\sqrt{4}} \boldsymbol{H}_{\mathrm{W}'} = \frac{1}{2} \begin{bmatrix} 1 & 1 & 1 & 1 \\ 1 & 1 & -1 & -1 \\ 1 & -1 & -1 & 1 \\ 1 & -1 & 1 & -1 \end{bmatrix}$$

并且列率排序变换是 $\boldsymbol{t}_{\mathrm{W}'} = A_{\mathrm{W}'} \boldsymbol{f} = [7 \ -2 \ 0 \ -1]^{\mathrm{T}}$。　∎

7.8　斜变换

许多单色图像具有大面积灰度均匀的区域和灰度线性增大或减小的区域。除离散正弦变换外，我们给出的所有变换都包含一个基向量（在频率或列率 $u = 0$ 处），用于有效地表示恒定灰度区域，但没有一个基函数专门用于表示线性增大或减小的灰度值。本节考虑的变换称为斜变换，它包括这样的一个基函数。$N \times N$ 阶斜变换的变换矩阵（其中 $N = 2^n$）是用下式递归生成的：

$$A_{S1} = \frac{1}{\sqrt{N}} S_N \tag{7.108}$$

式中，斜矩阵是

$$S_N = \begin{bmatrix} 1 & 0 & 1 & 0 \\ & \mathbf{0} & & \mathbf{0} \\ a_N & b_N & -a_N & b_N \\ & \mathbf{0} & I_{(N/2)-2} & \mathbf{0} & I_{(N/2)-2} \\ 0 & 1 & 0 & -1 \\ & \mathbf{0} & & \mathbf{0} \\ -b_N & a_N & b_N & a_N \\ & \mathbf{0} & I_{(N/2)-2} & \mathbf{0} & -I_{(N/2)-2} \end{bmatrix} \begin{bmatrix} S_{N/2} & 0 \\ 0 & S_{N/2} \end{bmatrix} \tag{7.109}$$

其中 I_N 是 $N \times N$ 阶单位矩阵，

$$S_2 = \begin{bmatrix} 1 & 1 \\ 1 & -1 \end{bmatrix} \tag{7.110}$$

> 注意，I_1 是 1×1 恒等矩阵[1]，I_0 是 0×0 空矩阵。

系数 a_N 和 b_N 是

$$a_N = \left[\frac{3N^2}{4(N^2 - 1)} \right]^{1/2} \tag{7.111}$$

和

$$b_N = \left[\frac{N^2 - 4}{4(N^2 - 1)} \right]^{1/2} \tag{7.112}$$

对于 $N > 1$。当 $N \geq 8$ 时，矩阵 S_N 不是列率排序的，但可用例 7.13 中针对 WHT 演示的程序来实现。使用式(7.108)到式(7.112)的一个例子是斜变换矩阵

$$A_{S1} = \frac{1}{\sqrt{4}} S_4 = \frac{1}{2} \begin{bmatrix} 1 & 1 & 1 & 1 \\ \dfrac{3}{\sqrt{5}} & \dfrac{1}{\sqrt{5}} & \dfrac{-1}{\sqrt{5}} & \dfrac{-3}{\sqrt{5}} \\ 1 & -1 & -1 & 1 \\ \dfrac{1}{\sqrt{5}} & \dfrac{-3}{\sqrt{5}} & \dfrac{3}{\sqrt{5}} & \dfrac{-1}{\sqrt{5}} \end{bmatrix} \tag{7.113}$$

因为 $N = 4$，A_{S1} 的基向量（和 S_4 的斜矩阵的行）是列率排序的。

例 7.14　一个简单的一维斜变换。

利用式(7.28)和式(7.113)，例 7.13 中函数 $f = [2 \ 3 \ 4 \ 5]^T$ 的斜变换是 $t_{S1} = A_{S1} f = [7 \ -2.24 \ 0 \ 0]^T$。注意，变换只包含两个非零项，而上一个例子中的沃尔什-哈达玛变换有三个非零项。斜变换表示 f 时更有效，因为 f 是线性增长函数，即 f 与一个列率的斜基向量高度相关。因此，与使用沃尔什基函数相比，使用斜基函数的线性展开中，包含的项更少。　■

　　图 7.17(a)和(b)以图形和数值方式描述了 $N=8$ 时列率排序的斜变换矩阵。就像使用撇号（′）来表示沃尔什-哈达玛变换中的列率排序那样，S_8' 和 $A_{S1'}$ 分别表示式(7.108)和式(7.109)按列率排序的版本。注意，图 7.17(b)中的斜变换矩阵是实的，但不是对称的。于是有 $A_{S1'}^{-1}=A_{S1'}^T$，但 $A_{S1'}^T \ne A_{S1'}$。矩阵 $A_{S1'}$ 也是正交的，并且结合使用式(7.35)和式(7.36)可实现二维可分离斜变换。图 7.17(c)是大小为 8×8 的二维斜基图像。注意，对于 $4 \le u \le 5$ 和 $4 \le v \le 5$，它们与图 7.16(c)中 WHT 的对应基图像相同。当 $4 \le u \le 5$ 时，这在图 7.16(a)和图 7.17(a)中也很明显。事实上，所有的斜基向量与沃尔什-哈达玛变换的基向量有着惊人的相似之处。最后，我们注意到，斜矩阵具有一些必要的性质，可以实现类似于 FFT 的快速斜变换算法。

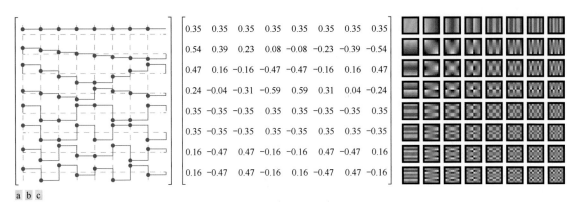

图 7.17　$N=8$ 时斜变换的变换矩阵和基图像：(a)正交变换矩阵 $A_{S1'}$ 的图形表示；(b)四舍五入到小数点后两位的 $A_{S1'}$；(c)基图像。对于一维变换，$A_{S1'}$ 与式(7.28)和式(7.29)结合使用；对于二维变换，$A_{S1'}$ 与式(7.35)和式(7.36)结合使用

7.9　哈尔变换

　　1910 年发现的哈尔变换的基函数（Haar[1910]）后来被人们视为最古老、最简单的规范正交小波。我们将在下一节中讨论小波背景下的哈尔函数。本节将哈尔变换近似为另一种基于矩阵的变换，它采用一组矩形基函数。

　　哈尔变换基于哈尔函数 $h_u(x)$，这些哈尔函数定义在连续的半开区间 $x \in [0,1)$ 上。变量 u 是一个整数，对于 $u>0$，它可唯一地分解为

$$u = 2^p + q \tag{7.114}$$

式中，p 是 u 中包含的 2 的最大次幂，q 是余数，即 $q = 2^p - u$。于是，哈尔基函数是

$$h_u(x) = \begin{cases} 1, & u=0 \text{和} 0 \le x < 1 \\ 2^{p/2}, & u>0 \text{和} q/2^p \le x < (q+0.5)/2^p \\ -2^{p/2}, & u<0 \text{和} (q+0.5)/2^p \le x < (q+1)/2^p \\ 0, & \text{其他} \end{cases} \tag{7.115}$$

当 u 是 0 时，对所有 x 有 $h_0(x)=1$；第一个哈尔函数独立于连续变量 x。对于 u 的所有其他值，$h_u(x)=0$，但在半开区间 $[q/2^p,(q+0.5)/2^p)$ 和 $[(q+0.5)/2^p,(q+1)/2^p)$ 上，$h_u(x)$ 分别是幅度为 $2^{p/2}$ 和 $-2^{p/2}$ 的矩形波。参数 p 决定矩形波的幅度和宽度，q 决定它们沿 x 轴的位置。当 u 增加时，矩形波变窄，并且能够以哈尔函数的线性组

> 变量 p 和 q 类似于式(7.72)中的 s 和 τ。

合表示的函数数量增加。图 7.18(a)显示了前 8 个哈尔函数（表示为蓝色曲线）。

离散哈尔变换的变换矩阵可将如下反变换核代入式(7.22)和式(7.24)得到：

$$s(x,u) = \frac{1}{\sqrt{N}} h_u(x/N), \qquad x = 0, 1, \cdots, N-1 \tag{7.116}$$

式中，$u = 0, 1, \cdots, N-1$，$N = 2^n$。变换矩阵 $\boldsymbol{A}_\mathrm{H}$ 可用 $N \times N$ 哈尔矩阵

$$\boldsymbol{H}_N = \begin{bmatrix} h_0(0/N) & h_0(1/N) & \cdots & h_0(N-1/N) \\ h_1(0/N) & h_1(1/N) & \cdots & h_1(N-1/N) \\ \vdots & \vdots & \ddots & \vdots \\ h_{N-1}(0/N) & h_{N-1}(1/N) & \cdots & h_{N-1}(N-1/N) \end{bmatrix} \tag{7.117}$$

> 不要混淆哈尔矩阵与 7.7 节的哈达玛矩阵。因为这两个矩阵有着相同的变量，因此要根据上下文来确定正确的矩阵。

写为

$$\boldsymbol{A}_\mathrm{H} = \frac{1}{\sqrt{N}} \boldsymbol{H}_N \tag{7.118}$$

例如，若 $N = 2$，则

$$\boldsymbol{A}_\mathrm{H} = \frac{1}{\sqrt{2}} \begin{bmatrix} h_0(0) & h_0(1/2) \\ h_1(0) & h_1(1/2) \end{bmatrix} = \frac{1}{\sqrt{2}} \begin{bmatrix} 1 & 1 \\ 1 & -1 \end{bmatrix} \tag{7.119}$$

计算 $\boldsymbol{A}_\mathrm{H}$ 时，式(7.116)中的 x 和 u 分别是 0 和 1，所以式(7.114)、式(7.115)和式(7.116)给出 $s(0,0) = h_0(0)/\sqrt{2} = 1/\sqrt{2}$，$s(1,0) = h_0(0.5)/\sqrt{2} = 1/\sqrt{2}$，$s(0,1) = h_1(0)/\sqrt{2} = 1/\sqrt{2}$，$s(1,1) = h_1(0.5)/\sqrt{2} = -1/\sqrt{2}$。$N = 4$ 时，假设式(7.114)中的 u, q 和 p 值为

u	p	q
1	0	0
2	1	0
3	1	1

并且，4×4 哈尔变换矩阵成为

> 当 u 为 0 时，$h_u(x)$ 与 p 和 q 无关。

$$\boldsymbol{A}_\mathrm{H} = \frac{1}{2} \begin{bmatrix} 1 & 1 & 1 & 1 \\ 1 & 1 & -1 & -1 \\ \sqrt{2} & -\sqrt{2} & 0 & 0 \\ 0 & 0 & \sqrt{2} & -\sqrt{2} \end{bmatrix} \tag{7.120}$$

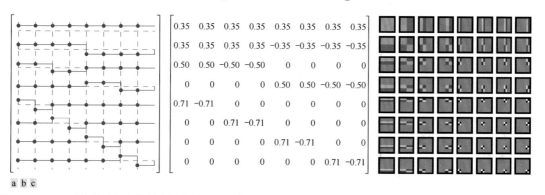

a b c

图 7.18 $N = 8$ 时离散哈尔变换的变换矩阵和基图像：(a)正交变换矩阵 $\boldsymbol{A}_\mathrm{H}$ 的图形表示；(b)四舍五入到小数点后两位的 $\boldsymbol{A}_\mathrm{H}$；(c)基图像。对于一维变换，$\boldsymbol{A}_\mathrm{H}$ 与式(7.28)和式(7.29)结合使用；对于二维变换，$\boldsymbol{A}_\mathrm{H}$ 与式(7.35)和式(7.36)结合使用

$N = 8$ 时的变换矩阵如图 7.18(b)所示。A_H 是实的、正交的和列率排序的。哈尔变换矩阵的一个重要性质是，它可以分解为多个矩阵的乘积，这些矩阵中的非零项与原矩阵相比更少。对于到目前为止讨论的所有变换，这都成立。它们可用复杂度为 $O(N\log_2 N)$ 的类 FFT 算法实现。然而，在分解过程开始前，哈尔变换矩阵有较少的非零项可使得算法的复杂度小于 $O(N)$。如图 7.18(c)所示，8×8 图像的可分离二维哈尔变换的基图像，非零项也很少。

7.10 小波变换

1987 年，小波被证明是被称为多分辨率理论的信号处理和分析的基础(Mallat [1987])。多分辨率理论融合并统一了来自不同学科的技术，包括来自信号处理的子带编码、来自数字语音识别的正交镜像滤波及金字塔图像处理。顾名思义，多分辨率理论涉及多个分辨率下的信号（或图像）表示与分析。尺度函数用于创建函数或图像的一系列逼近，每个逼近的分辨率与其最邻近逼近的分辨率相差 2 倍，并且使用称为小波的补函数对相邻逼近之间的差进行编码。离散小波变换（DWT）使用这些小波和一个单尺度函数，将函数或图像表示为小波和尺度函数的线性组合。因此，小波和尺度函数就成为 DWT 展开的一个规范正交或双规范正交基。图 7.3(f)和(g)中的 Daubechies 和双正交 B 样条，以及上一节中的哈尔基函数，只是 DWT 中所用的许多基中的三个基。

> 如 7.1 节所示，小波是具有式(7.72)定义的带通谱的小的波。

> 类似于本章中讨论的所有变换，离散小波变换得到的是关于规范正交集合的线性展开，或关于双规范正交展开函数的线性展开。

本节给出解释和应用离散小波变换的数学框架。我们使用相对于哈尔基函数的离散小波变换来说明介绍过的概念。阅读这些内容时，要记住一个函数关于哈尔基函数的离散小波变换不是该函数的哈尔变换（尽管二者密切相关）。

> 相对于哈尔小波的一维全尺度离散小波变换和一维哈尔变换的系数是相同的。

7.10.1 尺度函数

考虑由实的、平方可积的父尺度函数 $\varphi(x)$ 的所有整数平移和二元尺度缩放组成的基函数集合，即尺度缩放和平移后的函数集 $\{\varphi_{j,k}(x) \mid j, k \in \mathbf{Z}\}$，其中

$$\varphi_{j,k}(x) = 2^{j/2}\varphi(2^j x - k) \tag{7.121}$$

式中，整数平移 k 决定 $\varphi_{j,k}(x)$ 沿 x 轴的位置，尺度 j 决定 $\varphi_{j,k}(x)$ 的形状，即其宽度和幅度。若将 j 限制为某个值，如 $j = j_0$，则 $\{\varphi_{j_0,k} \mid k \in \mathbf{Z}\}$ 是由 $\varphi_{j,k}(x)$ 张成的函数空间 V_{j_0} 的基，其中 $j = j_0$ 和 $k = \cdots, -1, 0, 1, 2, \cdots$。增大 j_0 会增加 V_{j_0} 中可表示的函数的数量，进而允许在空间中包含变化更小、细节更多的函数。如图 7.19 所示的哈尔尺度函数，随着 j_0 的增大，用于表示 V_{j_0} 中函数的尺度函数变得更窄，并且可由 x 的较小变化分开。

> $\mathbf{Z}$ 是整数集。

> 回顾 7.1 节可知，基的张成空间是能够表示为基函数的线性组合的函数集合。

例 7.15 哈尔尺度函数。

考虑高度为 1、宽度为 1 的尺度函数

$$\varphi(x) = \begin{cases} 1, & 0 \le x < 1 \\ 0, & \text{其他} \end{cases} \tag{7.122}$$

并且注意到它是来自式(7.115)的哈尔基函数 $h_0(x)$。图 7.19 是一些脉冲形尺度函数，它们是将式(7.122)代入式(7.121)生成的。注意，当尺度为 1 [即图 7.19(d)和(e)中的 $j = 1$] 时，尺度函数是尺度为 0 [即图 7.19(a)

和(b)中的 $j = 0$] 时宽度的一半。此外，对于 x 上的一个给定区间，尺度为 1 的尺度函数的数量是尺度为 0 的 2 倍。例如，两个 V_1 尺度函数 $\varphi_{1,0}$ 和 $\varphi_{1,1}$ 位于区间 $0 \le x < 1$ 上，而只有一个 V_0 尺度函数 $\varphi_{0,0}$ 占据相同的区间。

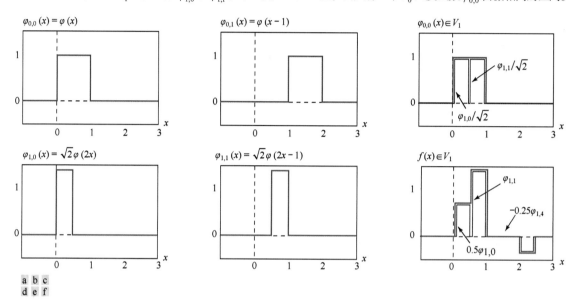

图 7.19　哈尔尺度函数

图 7.19(f)显示了尺度空间 V_1 的一个成员，该成员不属于 V_0。图 7.19(a)和(b)中的尺度函数粗糙到难以表示该成员。图 7.19(d)和(e)所示的高分辨率函数是需要的。如图 7.19(f)所示，它们可用于将该函数表示为三项展开 $f(x) = 0.5\varphi_{1,0}(x) + \varphi_{1,1}(x) - 0.25\varphi_{1,4}(x)$。采用类似的方式，可将尺度函数 $\varphi_{0,0}$（它是一个基函数和 V_0 的成员）表示为 V_1 尺度函数的线性组合［见图 7.19(c)］：

$$\varphi_{0,k} = \frac{1}{\sqrt{2}}\varphi_{1,2k}(x) + \frac{1}{\sqrt{2}}\varphi_{1,2k+1}(x)$$　■

与所有离散小波变换的尺度函数一样，上例中的哈尔尺度函数同样服从多分辨率分析（MRA）的 4 个基本需求（Mallat [1989 a]）：

1. 尺度函数相对于其整数平移是正交的。

2. 尺度函数以低尺度张成的函数空间嵌套在以高尺度张成的函数空间中，即

$$V_{-\infty} \subset \cdots \subset V_{-1} \subset V_0 \subset V_1 \subset V_2 \subset \cdots \subset V_\infty \tag{7.123}$$

　　式中，$\subset$ 表示"……的子空间"。尺度函数满足直觉条件：若 $f(x) \in V_j$，则 $f(2x) \in V_{j+1}$。

3. 唯一在每个尺度上都可表示的函数是 $f(x) = 0$。

4. 所有可度量的、平方可积的函数都可表示为尺度函数在 $j \to \infty$ 时的线性组合，即

$$V_\infty = L^2(\boldsymbol{R}) \tag{7.124}$$

　　式中，$L^2(\boldsymbol{R})$ 是可度量的、平方可积的一维函数集合。

> $\boldsymbol{R}$ 是实数集。

在上述条件下，$\varphi(x)$ 可表示为其自身 2 倍分辨率副本的线性组合：

$$\varphi(x) = \sum_{k \in \boldsymbol{Z}} h_\varphi(k)\sqrt{2}\varphi(2x - k) \tag{7.125}$$

式(7.125)称为细化或膨胀方程，它定义了一个级数展开，根据式(7.121)，展开函数是一个尺度高于 $\varphi(x)$

的尺度函数，$h_\varphi(k)$ 是展开系数。能够收集到有序集 $\{h_\varphi(k)\,|\,k=0,1,2,\cdots\}=$ $\{h_\varphi(0),h_\varphi(1),\cdots\}$ 的展开系数通常称为尺度函数系数。对于规范正交尺度函数，由式(7.51)和式(7.52)可得

尺度函数系数也可组合到尺度向量中。

$$h_\varphi(k) = \left\langle \varphi(x), \sqrt{2}\varphi(2x-k) \right\rangle \tag{7.126}$$

例 7.16　哈尔尺度函数系数。

哈尔尺度函数［即式(7.122)］的系数是 $\{h_\varphi(n)\,|\,n=0,1\}=\{1/\sqrt{2},1/\sqrt{2}\}$，即 $N=2$ 时式(7.119)所示哈尔矩阵 A_H 的第一行。使用式(7.126)计算这些系数将留给读者作为练习（见习题 7.33）。于是，由式(7.125)得

$$\varphi(x) = \frac{1}{\sqrt{2}}\left[\sqrt{2}\varphi(2x)\right] + \frac{1}{\sqrt{2}}\left[\sqrt{2}\varphi(2x-1)\right] = \varphi(2x) + \varphi(2x-1)$$

图 7.19(c)以图形方式说明了这一展开，表达式中方括号内的各项看起来是 $\varphi_{1,0}(x)$ 和 $\varphi_{1,1}(x)$。∎

7.10.2　小波函数

给定一个满足前一节中 MRA 需求的父尺度函数，存在一个具有整数平移和二进制尺度缩放的母小波函数 $\psi(x)$，

$$\psi_{j,k}(x) = 2^{j/2}\psi(2^j x - k) \tag{7.127}$$

对所有 $j,k\in \mathbf{Z}$，它张成任意两个相邻尺度空间之间的差。若令 W_{j_0} 表示由小波函数 $\{\psi_{j_0,k}\,|\,k\in\mathbf{Z}\}$ 张成的函数空间，则

$$V_{j_0+1} = V_{j_0} \oplus W_{j_0} \tag{7.128}$$

式中，$\oplus$ 表示函数空间的并集（类似于集合运算中的并集）。在 V_{j_0+1} 中，V_{j_0} 的正交补集是 W_{j_0}，并且作为 V_{j_0} 的基的尺度函数与作为 W_{j_0} 的基的小波函数是正交的：

向量空间 $V\in W$ 的正交补集是 V 中与 W 中的每个向量正交的向量集。

$$\left\langle \varphi_{j_0,k}(x), \psi_{j_0,l}(x) \right\rangle = 0, \quad k \neq l \tag{7.129}$$

图 7.20 以图形方式说明了尺度和小波空间的关系。图中的每个椭圆都是一个尺度空间，根据式(7.123)，它嵌套在或包含于下一个更高分辨率的尺度空间。相邻尺度空间之间的差是小波空间。由于小波空间 W_j 位于尺度空间 V_{j+1} 内，且 $\psi_{j,k}(x)\in W_j \subset V_{j+1}$，小波函数 $\psi(x)$［类似于式(7.125)中的尺度函数］可以写为平移且分辨率加倍后的尺度函数的加权和。也就是说，我们可以写出

$$\psi(x) = \sum_k h_\psi(k)\sqrt{2}\varphi(2x-k) \tag{7.130}$$

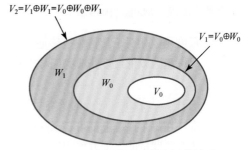

图 7.20　尺度和小波函数空间的关系

式中，$h_\psi(k)$ 系数（称为小波函数系数）可以组合为有序集 $\{h_\psi(k)\,|\,k=0,1,2,\cdots\}=\{h_\psi(0),h_\psi(1),\cdots\}$。由于整数小波平移彼此正交，并且与它们的互补尺度函数正交，因此可以证明（见 Burrus, Gopinath, and Guo [1998]）式(7.130)中的 $h_\psi(k)$ 与式(7.125)中的 $h_\varphi(k)$ 具有如下关系：

小波函数系数也可组合到小波向量中。

$$h_\psi(k) = (-1)^k h_\varphi(1-k) \tag{7.131}$$

例 7.17　哈尔小波函数和系数。

在例 7.16 中，哈尔尺度系数定义为 $\{h_\varphi(n)\,|\,n=0,1\}=\{1/\sqrt{2},1/\sqrt{2}\}$。由式(7.131)求得对应的小波函数系数是

$$h_\psi(0)=(-1)^0 h_\varphi(1-0)=1/\sqrt{2}$$

$$h_\psi(1)=(-1)^1 h_\varphi(1-1)=-1/\sqrt{2}$$

因此 $\{h_\psi(n)\,|\,n=0,1\}=\{1/\sqrt{2},-1/\sqrt{2}\}$。这些系数对应于式(7.119)中 $N=2$ 时的矩阵 A_{H} 的第二行。将这些值代入式(7.130)，得到 $\psi(x)=\varphi(2x)-\varphi(2x-1)$，其图形如图 7.21(a)所示。于是，哈尔母小波函数是

$$\psi(x)=\begin{cases}1,&0\le x<0.5\\-1,&0.5\le x<1\\0,&\text{其他}\end{cases}\tag{7.132}$$

注意，它还是式(7.115)中的哈尔基函数 $h_1(x)$。使用式(7.127)，现在可以生成尺度缩放和平移后的哈尔小波的通式。两个这样的小波 $\psi_{0,2}(x)$ 和 $\psi_{1,0}(x)$ 分别画在图 7.21(b)和(c)中。注意，小波 $\psi_{1,0}(x)\in W_1$ 要比 $\psi_{0,2}(x)\in W_0$ 窄，因此可以用来表示更精细的函数。

图 7.21(d)显示了函数空间 V_1 的一个成员，它不在 V_0 中。这个函数在例 7.15 中考虑［见图 7.19(f)］。虽然该函数不能在 V_0 中精确地表示，但式(7.128)指出，它可以写为 V_0 和 W_0 尺度和小波函数的函数。得到的展开式为

$$f(x)=f_a(x)+f_d(x)$$

式中，

$$f_a(x)=\frac{3\sqrt{2}}{4}\varphi_{0,0}(x)-\frac{\sqrt{2}}{8}\varphi_{0,2}(x)$$

$$f_d(x)=\frac{-\sqrt{2}}{4}\psi_{0,0}(x)-\frac{\sqrt{2}}{8}\psi_{0,2}(x)$$

其中，$f_a(x)$ 是使用 V_0 尺度函数对 $f(x)$ 的近似，而 $f_d(x)$ 是差值 $f(x)-f_a(x)$，它是 W_0 小波之和。这些近似和差值如图 7.19(e)和(f)所示，它们采用类似于低通和高通滤波的方式来划分 $f(x)$。$f(x)$ 的低频在 $f_a(x)$ 中捕获［它假设为 $f(x)$ 在每个整数区间上的平均值］，而高频细节在 $f_d(x)$ 中编码。

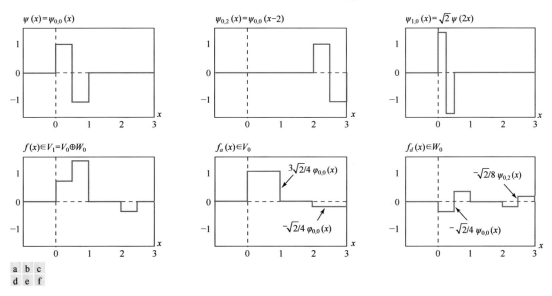

图 7.21　哈尔小波函数

7.10.3 小波级数展开

结合式(7.124)和式(7.128),所有可度量的、平方可积的函数的空间可以定义为 $L^2(\boldsymbol{R}) = V_{j_0} \oplus W_{j_0} \oplus W_{j_0+1} \oplus \cdots$,其中 j_0 是一个任意的初始尺度。然后,我们可以将函数 $f(x) \in L^2(\boldsymbol{R})$ 相对于小波 $\psi(x)$ 和尺度函数 $\varphi(x)$ 的小波级数展开定义为

$$f(x) = \sum_k c_{j_0}(k)\varphi_{j_0,k}(x) + \sum_{j=j_0}^{\infty}\sum_k d_j(k)\psi_{j,k}(x) \tag{7.133}$$

式中,c_{j_0} 和 d_j,$j \geq j_0$ 分别称为近似系数和细节系数。任何可度量的、平方可积的一维函数都可以表示为 V_{j_0} 尺度函数和 $j \geq j_0$ 的 W_j 小波的加权和。在式(7.133)中,第一个求和由 j_0 尺度函数产生 $f(x)$ 的一个近似,第二个求和的每个连续尺度提供了增加的细节,它是高分辨率小波之和。若尺度和小波函数是规范正交的,则有

$$c_{j_0} = \left\langle f(x), \varphi_{j_0,k}(x) \right\rangle \tag{7.134}$$

和

$$d_j = \left\langle f(x), \psi_{j,k}(x) \right\rangle \tag{7.135}$$

式中利用了式(7.13)。若它们是一个双正交基的一部分,则 φ 项和 ψ 项必须分别由它们的对偶 $\tilde{\varphi}$ 和 $\tilde{\psi}$ 代替。

例 7.18 $y = x^2$ 的哈尔小波级数展开。

考虑图 7.22(a)所示的一个简单函数

$$y = \begin{cases} x^2, & 0 \leq x \leq 1 \\ 0, & \text{其他} \end{cases}$$

采用哈尔小波 [见式(7.122)和式(7.132)] 和初始尺度 $j_0 = 0$,式(7.134)和式(7.135)可用于计算如下展开系数:

$$c_0(0) = \int_0^1 x^2\varphi_{0,0}(x)\,\mathrm{d}x = \int_0^1 x^2\,\mathrm{d}x = \left.\frac{x^3}{3}\right|_0^1 = \frac{1}{3}$$

$$d_0(0) = \int_0^1 x^2\psi_{0,0}(x)\,\mathrm{d}x = \int_0^{0.5} x^2\,\mathrm{d}x - \int_{0.5}^1 x^2\,\mathrm{d}x = -\frac{1}{4}$$

$$d_1(0) = \int_0^1 x^2\psi_{1,0}(x)\,\mathrm{d}x = \int_0^{0.25} x^2\sqrt{2}\,\mathrm{d}x - \int_{0.25}^{0.5} x^2\sqrt{2}\,\mathrm{d}x = -\frac{\sqrt{2}}{32}$$

$$d_1(1) = \int_0^1 x^2\psi_{1,1}(x)\,\mathrm{d}x = \int_{0.5}^{0.75} x^2\sqrt{2}\,\mathrm{d}x - \int_{0.75}^1 x^2\sqrt{2}\,\mathrm{d}x = -\frac{3\sqrt{2}}{32}$$

将这些值代入式(7.133),得到小波级数展开

$$y = \underbrace{\underbrace{\frac{1}{3}\varphi_{0,0}(x)}_{V_0} + \underbrace{\left[-\frac{1}{4}\psi_{0,0}(x)\right]}_{W_0}}_{V_1 = V_0 \oplus W_0} + \underbrace{\left[-\frac{\sqrt{2}}{32}\psi_{1,0}(x) - \frac{3\sqrt{2}}{32}\psi_{1,1}(x)\right]}_{W_1} + \cdots$$

$$\underbrace{\qquad\qquad\qquad\qquad\qquad\qquad\qquad\qquad\qquad\qquad}_{V_2 = V_1 \oplus W_1 = V_0 \oplus W_0 \oplus W_1}$$

在这个展开中,第一项使用 $c_0(0)$ 生成正被展开函数的一个 V_0 近似。这个近似显示在图 7.22(b)中,并且是原函数的平均值。第二项使用 $d_0(0)$ 来改进这一近似,方法是从小波空间 W_0 中添加一个细节级别。添加的细节和得到的 V_1 近似分别如图 7.22(c)和(d)所示。另一个细节级别由 $d_1(0)$ 和 $d_1(1)$ 与 W_1 的对应小波的乘积形成。这个附加的细节如图 7.22(e)所示,得到的 V_2 近似如图 7.22(f)所示。注意,这一展开现在开始接近原函数。添加更高尺度(更多个细节级别)后,近似能更精确地表示该函数,在 $j \to \infty$ 时实现该函数的精确表示。

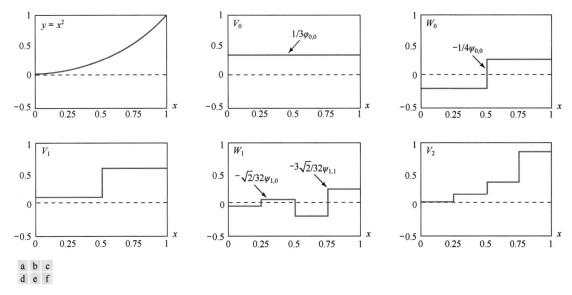

图 7.22　使用哈尔小波的 $y = x^2$ 的小波级数展开　　■

7.10.4　一维离散小波变换

类似于傅里叶级数展开，前一节的小波级数展开将单个连续变量的函数映射为离散系数序列。若正被展开的函数是离散的，则展开的系数是函数的离散小波变换（DWT），并且展开本身是函数的离散小波反变换。若在式(7.133)到式(7.135)中令 $j_0 = 0$，并限制为 N 点离散函数，其中 N 是 2 的整数次幂（$N = 2^J$），则有

$$f(x) = \frac{1}{\sqrt{N}}\left[T_\varphi(0,0)\varphi(x) + \sum_{j=0}^{J-1}\sum_{k=0}^{2^j-1} T_\psi(j,k)\psi_{j,k}(x) \right] \tag{7.136}$$

式中，

$$T_\varphi(0,0) = \langle f(x), \varphi_{0,0}(x) \rangle = \langle f(x), \varphi(x) \rangle = \frac{1}{\sqrt{N}}\sum_{x=0}^{N-1} f(x)\varphi^*(x) \tag{7.137}$$

和

$$T_\psi(j,k) = \langle f(x), \psi_{j,k}(x) \rangle = \frac{1}{\sqrt{N}}\sum_{x=0}^{N-1} f(x)\psi_{j,k}^*(x) \tag{7.138}$$

其中 $j = 0,1,\cdots,J-1$，$k = 0,1,\cdots,2^j-1$。由式(7.137)和式(7.138)定义的变换系数分别称为近似系数和细节系数。它们对应于前一节中小波级数展开的 $c_{j_0}(k)$ 和 $d_j(k)$。注意，级数展开的积分已被式(7.137)到式(7.138)中的求和代替。在离散情况下，使用的不再是式(7.3)，而是类似于式(7.1)和式(7.2)的内积。此外，正、反变换中添加了归一化因子 $1/\sqrt{N}$（让人想到例 7.6 中的 DFT）。这个因子可以单独作为 $1/N$ 加入正变换或反变换中。最后，要记住的是，式(7.137)到式(7.138)对规范正交基成立。若尺度和小波函数是实值的，则可消除共轭。若基是双正交的，则式(7.137)和式(7.138)中的 φ 项和 ψ 项必须分别由它们的对偶 $\tilde{\varphi}$ 和 $\tilde{\psi}$ 代替。

例 7.19　一维离散小波变换。
为了说明式(7.137)到式(7.138)用法，考虑一个 4 点离散函数，其中 $f(0) = 1, f(1) = 4,\ f(2) = -3,$

$f(3) = 0$。因为 $N = 4$，所以 $J = 2$，并且式(7.136)至式(7.138)中的求和是针对 $x = 0, 1, 2, 3$ 执行的。j 为 0 时，k 也为 0；j 为 1 时，k 为 0 或 1。若使用哈尔尺度和小波函数，并假设 $f(x)$ 的 4 个样本分布在尺度函数的支撑集上，其为 1，式(7.137)给出

$$T_\varphi(0,0) = \frac{1}{2}\sum_{x=0}^{3} f(x)\varphi(x) = \frac{1}{2}\big[(1)(1) + (4)(1) + (-3)(1) + (0)(1)\big] = 1$$

注意，对于 $j = k = 0$，我们采用了均匀分布的哈尔尺度函数的样本，即对于 $\varphi(x) = 1$，$x = 0, 1, 2, 3$。取样值与 7.9 节式(7.120)中哈尔变换矩阵 A_H 的第一行元素匹配。使用式(7.138)和 $\psi_{j,k}(x)$ 的类似间隔样本（它们是 A_H 的 2, 3, 4 行的元素），得到

$$T_\psi(0,0) = \frac{1}{2}\big[(1)(1) + (4)(1) + (-3)(-1) + (0)(-1)\big] = 4$$

$$T_\psi(1,0) = \frac{1}{2}\big[(1)(\sqrt{2}) + (4)(-\sqrt{2}) + (-3)(0) + (0)(0)\big] = -1.5\sqrt{2}$$

$$T_\psi(1,1) = \frac{1}{2}\big[(1)(0) + (4)(0) + (-3)(\sqrt{2}) + (0)(-\sqrt{2})\big] = -1.5\sqrt{2}$$

于是，相对于哈尔尺度和小波函数的简单 4 样本函数的离散小波变换是 $[1, 4, -1.5\sqrt{2}, -1.5\sqrt{2}]$。因为变换系数是两个变量（尺度 j 和平移 k）的函数，因此可将它们组合为一个有序集。可以证明，这个集合的元素与函数的列率排序哈尔变换的元素相同：

$$t_H = A_H f = \frac{1}{2}\begin{bmatrix} 1 & 1 & 1 & 1 \\ 1 & 1 & -1 & -1 \\ \sqrt{2} & -\sqrt{2} & 0 & 0 \\ 0 & 0 & \sqrt{2} & -\sqrt{2} \end{bmatrix}\begin{bmatrix} 1 \\ 4 \\ -3 \\ 0 \end{bmatrix} = \begin{bmatrix} 1 \\ 4 \\ -1.5\sqrt{2} \\ -1.5\sqrt{2} \end{bmatrix}$$

回忆前一节可知，哈尔变换是单个变换域变量 u 的函数。

使用式(7.136)，能够从其小波变换系数重建原函数。展开求和，得到

$$f(x) = \frac{1}{2}\big[T_\varphi(0,0)\varphi(x) + T_\psi(0,0)\psi_{0,0}(x) + T_\psi(1,0)\psi_{1,0}(x) + T_\psi(1,1)\psi_{1,1}(x)\big]$$

式中，$x = 0, 1, 2, 3$。例如，若 $x = 0$，则有

$$f(0) = \frac{1}{2}\big[(1)(1) + (4)(1) + (-1.5\sqrt{2})(\sqrt{2}) + (-1.5\sqrt{2})(0)\big] = 1$$

类似于正变换，计算反变换时采用了尺度和小波函数的等间隔样本。　　　　■

1. 快速小波变换

多分辨率细化方程及其小波对应公式(7.125)和式(7.130)，使得我们可在任意尺度上将尺度和小波函数定义为下一个更高尺度上的平移、2 倍分辨率尺度函数的函数。采用同样的方式，可以分别使用如下公式递归地计算小波级数展开和离散小波变换的展开系数（见习题 7.35）：

$$c_j(k) = \sum_n h_\varphi(n - 2k)c_{j+1}(n) \tag{7.139}$$

$$d_j(k) = \sum_n h_\psi(n - 2k)c_{j+1}(n) \tag{7.140}$$

和

$$T_\varphi(j,k) = \sum_n h_\varphi(n - 2k)T_\varphi(j+1, n) \tag{7.141}$$

$$T_{\psi}(j,k) = \sum_{n} h_{\psi}(n-2k)T_{\varphi}(j+1,n) \tag{7.142}$$

式(7.133)和式(7.136)需要计算的唯一尺度系数位于尺度 j_0 处，而式(7.139)到式(7.142)需要计算所有尺度系数，直到最高感兴趣的尺度为止。将这些公式与定义离散卷积的公式［即式(4.48)］进行比较，我们发现 n 是卷积的一个虚拟变量，剩余的负号和 $2k$ 项反转了系数 h_{φ} 和 h_{ψ} 的顺序，并分别在 $n = 0, 2,$ $4, \cdots$ 处对卷积结果进行取样。于是，对于离散小波变换，我们可将式(7.141)和式(7.142)重写为

$$T_{\varphi}(j,k) = T_{\varphi}(j+1,n)\star h_{\varphi}(-n) \tag{7.143}$$

$$T_{\psi}(j,k) = T_{\varphi}(j+1,n)\star h_{\psi}(-n) \tag{7.144}$$

式中，卷积是在时刻 $n = 0,1,2,\cdots,2^{j+1}-2$ 计算的。如图 7.23 所示，在非负偶数索引处计算卷积等同于滤波和基 2 下取样（丢弃剩下的卷积值）。对于一维取样序列 $y(n), n = 0,1,2,\cdots$，下取样序列 $y_{2\downarrow}(n)$ 定义为

$$y_{2\downarrow}(n) = y(2n), \quad n = 0,1,\cdots \tag{7.145}$$

式(7.143)和式(7.144)是计算 DWT 的有效公式，称为快速小波变换（FWT）。对于长度为 $N = 2^J$ 的输入序列，涉及的数学运算次数为 $O(N)$。也就是说，乘法和加法的次数与输入序列的长度呈线性关系——因为图 7.23 中 FWT 滤波器组执行卷积运算时，涉及的乘法和加法次数与正被卷积序列的长度成正比。因此，FWT 要优于 FFT 算法，后者的计算需要 $O(N\log_2 N)$ 次运算。

> 回顾 3.4 节可知，空间滤波中是使用相关还是使用卷积只是个人偏好。

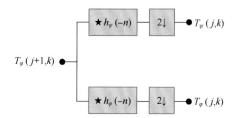

图 7.23　规范正交滤波器的 FWT 分析滤波器组。★ 和 2↓ 分别表示卷积和 2 下取样

图 7.24(a)显示了一个三尺度滤波器组，其中图 7.23 的 FWT 分析滤波器为创建一个三级结构被"迭代"了三次，用于计算尺度为 $J-1$、$J-2$ 和 $J-3$ 的变换系数。注意，最高尺度系数被假定为函数本身的样本[1]。另外，尺度 j 上的近似系数和细节系数计算如下：首先对尺度 $j+1$ 的近似系数 $T_{\varphi}(j+1,k)$ 与顺序反转后的尺度和小波系数 $h_{\varphi}(-n)$ 和 $h_{\psi}(-n)$ 进行卷积运算，然后对结果进行二次取样。若有 K 个尺度和小波函数系数，顺序反转后的尺度和小波系数分别是 $\{h_{\varphi}(K-1-m)\,|\,m = 0,1,2,\cdots,K-1\}$ 和 $\{h_{\psi}(K-1-m)\,|\,m = 0,1,2,\cdots,K-1\}$。对于长度为 $N = 2^J$ 的离散输入，图 7.23 中的滤波器组最多可以迭代 J 次。在运算过程中，图 7.24(a)中最左侧的滤波器组将输入函数拆分为一个低通近似分量［它对应尺度系数 $T_{\varphi}(J-1,k)$］和一个高通细节分量［它对应系数 $T_{\psi}(J-1,k)$］，如图 7.24(b)所示，其中尺度空间 V_J 被拆分为小波空间 W_{J-1} 和尺度空间 V_{J-1}。原函数的谱被拆分为两个半波段分量。图 7.24(a)中的第二个滤波器组将尺度空间 V_{J-1} 的谱（第一个滤波器组的下半波段）拆分为 1/4 波段空间 W_{J-2} 和尺度

> 一种 P 尺度 FWT 采用 P 个滤波器组在尺度 $J-1,J-2,\cdots,J-P$ 上产生一个 P 尺度变换，其中 $P\le J$。

---

[1]　若照例以高于奈奎斯特率的取样率对函数 $f(x)$ 取样，则在取样分辨率下样本是尺度系数的良好近似，并且可用做初始高分辨率尺度系数输入。换句话说，在取样尺度处，不需要小波或细节系数。在式(7.141)和式(7.142)中，最高分辨率的尺度函数充当单位离散冲激函数，允许 $f(x)$ 用做第一个双波段滤波器组（Odegard, Gopinath and Burrus[1992]）的尺度（近似）输入。

空间 V_{J-2}，并且分别对应于 FWT 系数 $T_{\psi}(J-2,k)$ 和 $T_{\varphi}(J-2,k)$。最后，第三个滤波器组产生 1/8 波段空间 W_{J-3} 和 V_{J-3}，分别对应于 FWT 系数 $T_{\psi}(J-3,k)$ 和 $T_{\varphi}(J-3,k)$。如 7.4 节中式(7.73)和图 7.5 所示的那样，当小波函数的尺度增大时，这些小波的谱会被拉伸（它们的带宽翻倍，并以因子 2 向高尺度平移）。在图 7.24(b)中，W_{J-1} 的带宽为 $\pi/2$，W_{J-2} 和 W_{J-3} 的带宽分别为 $\pi/4$ 和 $\pi/8$，因此很好地说明了前述解释。对于更高尺度的变换，小波的谱的带宽将继续减小，但绝对不会达到弧度频率 $\omega = 0$。总是需要低通尺度函数来捕获直流附近的频率。

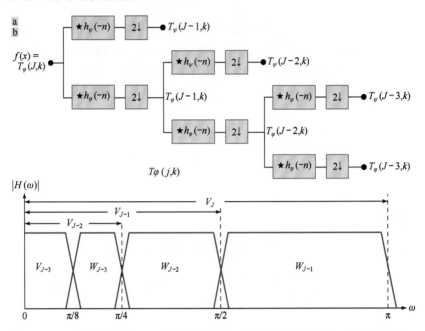

图 7.24　(a)三级或三尺度 FWT 分析滤波器组；(b)其频率拆分特性。由于滤波器冲激响应的 DFT 是对称的，因此通常只显示区间$[0, \pi]$

例 7.20　计算一维快速小波变换。

为了说明上述概念，考虑来自例 7.19 的离散函数 $f(x) = \{1,4,-3,0\}$。如该例中那样，我们将计算其相对于哈尔尺度和小波函数的小波变换，但这里不直接使用哈尔基函数，而用来自例 7.16 和例 7.17 的对应尺度系数和小波系数：

$$\{h_{\varphi}(n)|n = 0,1\} = \{1/\sqrt{2},1/\sqrt{2}\} \tag{7.146}$$

$$\{h_{\psi}(n)|n = 0,1\} = \{1/\sqrt{2},-1/\sqrt{2}\} \tag{7.147}$$

由于例 7.19 中计算的变换是有序集 $\{T_{\varphi}(0,0),T_{\psi}(0,0),T_{\psi}(1,0),T_{\psi}(1,1)\}$，所以我们将计算尺度 $j = \{0,1\}$ 的对应二尺度 FWT。回忆上例中 $j = 0$ 时有 $k = 0$，而 $j = 1$ 时 k 为 0 和 1。该变换将使用与图 7.24(a)中三级滤波器组并联的一个二级滤波器组来计算。图 7.25 显示了得到的滤波器组及由所需 FWT 卷积和下取样得到的序列。注意，输入函数 $f(x)$ 充当最左侧滤波器组的尺度（或近似）输入。为计算图 7.25 中上分支末端出现的 $T_{\psi}(1,n)$ 系数，首先对 $f(x)$ 与 $h_{\psi}(-n)$ 进行卷积。对于哈尔尺度和小波系数，$K = 2$ 且顺序反转小波系数是 $\{h_{\psi}(K-1-m)|m = 0,1,2,\cdots,K-1\} = \{h_{\psi}(1-m)|m = 0,1\} = \{-1/\sqrt{2},1/\sqrt{2}\}$。如 3.4 节中解释的那样，卷积要求关于原点翻转其中的一个卷积函数，将其滑过另一个卷积函数，并计算两个函数的逐点乘积之和。翻转顺序反转变换小波系数 $\{-1/\sqrt{2},1/\sqrt{2}\}$ 得到 $\{1/\sqrt{2},-1/\sqrt{2}\}$，将它们从左至右滑过输

入序列 $\{1, 4, -3, 0\}$，得到

$$\left\{-1/\sqrt{2}, -3/\sqrt{2}, 7/\sqrt{2}, -3/\sqrt{2}, 0\right\}$$

其中第一项对应于卷积索引 $n = -1$。在图 7.25 中，与卷积的负虚拟变量（$n < 0$）相关联的卷积值表示为蓝色。由于尺度 $j = 1$，下取样后的卷积对应于偶数索引 n 到 $2^{j+1} - 2$。于是，有 $n = 0, 2$，并且 $T_\psi(1, n) = \{-3/\sqrt{2}, -3/\sqrt{2}\}$。其余的卷积和下取样采用类似的方式执行。

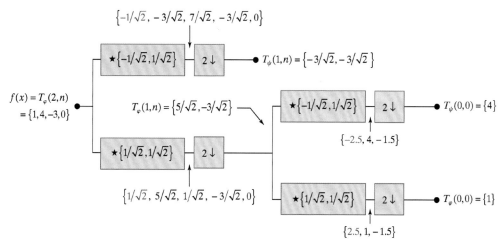

图 7.25　使用哈尔尺度和小波系数计算序列 $\{1, 4, -3, 0\}$ 的二尺度快速小波变换　　■

在数字信号处理（DSP）中，图 7.23 到图 7.25 中的那些滤波器被称为有限冲激响应（FIR）滤波器。它们对单位冲激的响应是一个有限输出序列，序列中的元素是滤波器系数。图 7.26(a) 显示了一种知名的实系数排列，在文献中得到广泛研究的 FIR 滤波器，称为二波段子带编码解码系统，它由两个分析滤波器 $h_0(n)$ 与 $h_1(n)$ 和两个合成滤波器 $g_0(n)$ 与 $g_1(n)$ 组成。分析滤波器将输入分解成两个半长序列 $f_0(n)$ 和 $f_1(n)$。如图 7.26(a) 所示，滤波器 $h_0(n)$ 是一个低通滤波器，其输出是 $f(x)$ 的一个近似；滤波器 $h_1(n)$ 是一个高通滤波器，其输出是低通近似和 $f(x)$ 之间的差。如图 7.26(b) 所示，输入序列的谱被拆分为两个半波段 $H_0(\omega)$ 和 $H_1(\omega)$。然后，使用合成滤波器组 $g_0(n)$ 和 $g_1(n)$ 由 $f_0(n)$ 和 $f_1(n)$ 的上取样序列重建 $\hat{f}(x)$。对于一维取样序列 $y(n)$，上取样序列 $y_{2\uparrow}(n)$ 定义为

> 图 7.23 至图 7.25 中含有★的块是 FIR 滤波器。FIR 滤波器在 4.7 节中讨论过。

> 注意，我们对分析或分解滤波器使用 $h(n)$，其中包括一个尺度滤波器和一个小波滤波器；对合成或重建滤波器使用 $g(n)$，其中也包括一个尺度滤波器和一个小波滤波器。在图 7.26 中，尺度滤波器有时称为近似滤波器或低通滤波器，下标值为 0，而小波滤波器称为细节滤波器或高通滤波器，下标值为 1。

$$y_{2\uparrow}(n) = \begin{cases} y(n/2), & n \text{ 是偶数} \\ 0, & \text{其他} \end{cases} \tag{7.148}$$

式中，上取样因子为 2。因子 2 上取样可视为在 $y(n)$ 的每个样本后插入一个 0。

子带编码的目的是选择分析和合成滤波器使得 $\hat{f}(x) = f(x)$。如果做到这一点，就称系统采用了完美重建滤波器，并且在不包括一些常数因子的情况下，这些滤波器有如下关系：

$$g_0(n) = (-1)^n h_1(n) \tag{7.149}$$

和

$$g_1(n) = (-1)^{n+1} h_0(n) \tag{7.150}$$

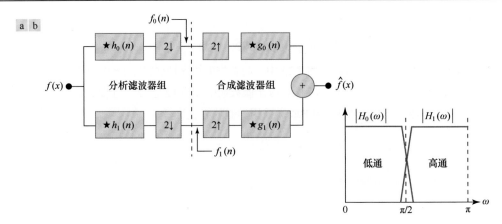

图 7.26　(a)用于子带编码和解码的一个二波段数字滤波系统；(b)系统的谱拆分性质

在这些公式中，$(-1)^n$ 改变奇数索引分析滤波器系数的符号，并且称为调制。每个合成滤波器都是其在图 7.26(a)中的对角相反分析滤波器的调制版本。于是，称分析和合成滤波器为交叉调制的。它们的冲激响应是双正交的。如果它们也是规范正交的，并且长度是可被 2 整除的 K，那么它们满足如下附加约束条件：

$$
\begin{aligned}
g_1(n) &= (-1)^n g_0(K-1-n) \\
h_0(n) &= g_0(K-1-n) \\
h_1(n) &= g_1(K-1-n)
\end{aligned}
\tag{7.151}
$$

注意图 7.23 中 FWT 分析滤波器组和图 7.26(a)中子带分析滤波器组之间的相似性，我们可以推测出图 7.27 的反 FWT 合成滤波器组。对于规范正交滤波器，式(7.151)要求合成滤波器是分析滤波器的顺序反转版本。比较图 7.23 和图 7.27 中的滤波器，我们发现事实的确如此。但要记住的是，使用双正交分析和合成滤波器也可以进行完美重建，尽管双正交分析和合成滤波器彼此之间并不是顺序反转的。

根据式(7.149)和式(7.150)，双正交分析和合成滤波器是交叉调制的。最后，我们注意到，类似于图 7.23 中的正 FWT 滤波器组，图 7.27 中的反滤波器组可以迭代计算多尺度反 FWT。下一个例子中将考虑一个 2 尺度反 FWT 结构。系数组合过程表明可以扩展到任意数量的尺度。

> 滤波器组文献中详细描述了式(7.149)和式(7.151)（例如，见 Vetterli and Kovacevic[1995]）。对于许多双正交滤波器，g_0 和 g_1 的长度不同，要求较短的滤波器零填充。在因果滤波器中，$n \geq 0$ 和输出仅取决于当前和过去的输入。

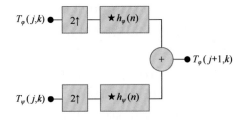

图 7.27　规范正交滤波器的一个反 FWT 合成滤波器组

例 7.21　计算一维快速小波反变换。

快速小波反变换的计算与正变换的计算呈镜像关系。图 7.28 说明了例 7.20 中考虑序列的这一过程。在开始计算之前，对 0 级近似系数和细节系数进行上取样，分别得到 $\{1, 0\}$ 和 $\{4, 0\}$。滤波器 $h_\varphi(n) = \{1/\sqrt{2}, 1/\sqrt{2}\}$ 和 $h_\psi(n) = \{1/\sqrt{2}, -1/\sqrt{2}\}$ 卷积，得到 $\{1/\sqrt{2}, 1/\sqrt{2}, 0\}$ 和 $\{4/\sqrt{2}, -4/\sqrt{2}, 0\}$，将它们相加得 $T_\varphi(1, n) = \{5/\sqrt{2},$

$-3/\sqrt{2}$ }。于是，我们就重建了图 7.28 中的 1 级近似，它与图 7.25 中计算的近似匹配。继续采用这一方法，就会在第二个合成滤波器组的右侧形成 $f(x)$。

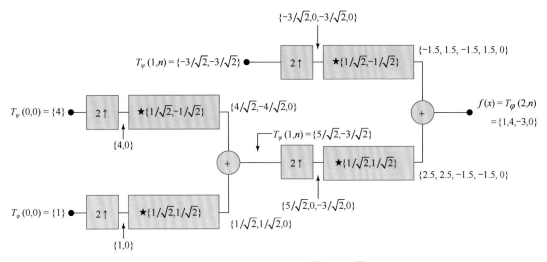

图 7.28　使用哈尔尺度和小波函数计算序列 $\{1, 4, -1.5\sqrt{2}, -1.5\sqrt{2}\}$ 的 2 尺度快速小波反变换　　■

7.10.5　二维小波变换

前一节的一维小波变换很容易扩展到二维函数（如图像）。在二维情况下，需要 1 个二维尺度函数 $\varphi(x, y)$ 和 3 个二维小波 $\psi^{H}(x, y), \psi^{V}(x, y)$ 和 $\psi^{D}(x, y)$。每个二维小波都是两个一维函数的积。排除产生一维结果的积 $[$ 如 $\varphi(x)\psi(x)]$ 后，剩下的 4 个积产生可分离的尺度函数

$$\varphi(x, y) = \varphi(x)\varphi(y) \tag{7.152}$$

和可分离的"方向敏感"小波

$$\psi^{H}(x, y) = \psi(x)\varphi(y) \tag{7.153}$$

$$\psi^{V}(x, y) = \varphi(x)\psi(y) \tag{7.154}$$

$$\psi^{D}(x, y) = \psi(x)\psi(y) \tag{7.155}$$

这些小波度量图像中灰度沿不同方向的变化：ψ^{H} 度量沿列（如水平边缘）的变化，ψ^{V} 响应行（如垂直边缘）的变化，ψ^{D} 对应于沿对角线的变化。方向灵敏度是式(7.153)至式(7.155)中可分离性的自然结果；它不会增大本节讨论的二维变换的复杂性。

类似于一维离散小波变换，二维 DWT 可以使用数字滤波器和下取样器来实现。采用可分离的二维尺度和小波函数，我们首先简单地取 $f(x, y)$ 的各行的一维 FWT，然后取结果的各列的一维 FWT。图 7.29(a)以框图的形式显示了这一过程。注意，类似于图 7.23 中的一维情况，二维 DWT "滤波器" 使用尺度 $j+1$ 近似系数 $[$ 图中表示为 $T_{\varphi}(j+1, k, l)]$ 来构建尺度 j 的近似和细节系数。但在二维情况下，得到了三组细节系数——水平细节系数 $T_{\psi}^{H}(j, k, l)$、垂直细节系数 $T_{\psi}^{V}(j, k, l)$ 和对角线细节系数 $T_{\psi}^{D}(j, k, l)$。

图 7.29(a)中的单尺度滤波器组可以迭代地（通过将近似输出与另一个滤波器组的输入关联起来）产生一个 $P \leq J$ 尺度变换，其中尺度 $j = J-1, J-2, \cdots, J-P$。如一维情况中那样，图像 $f(x, y)$ 被用做 $T_{\varphi}(J, k, l)$ 的输入。让各行与 $h_{\varphi}(-n)$ 和 $h_{\psi}(-n)$ 卷积，并对各列下取样后，得到水平分辨率降低 2 倍的

两幅子图像。高通或细节分量表征图像垂直方向的高频信息；低通近似分量包含其垂直方向的低频信息。然后，对两幅子图像逐列滤波并下取样，得到 4 个 1/4 大小的输出子图像：T_φ，T_ψ^H，T_ψ^V 和 T_ψ^D。通常排列为图 7.29(b)的这些子图像，是 $f(x,y)$ 和式(7.152)到式(7.155)中的二维尺度和小波函数的内积，然后在每个方维度上进行基 2 下取样。

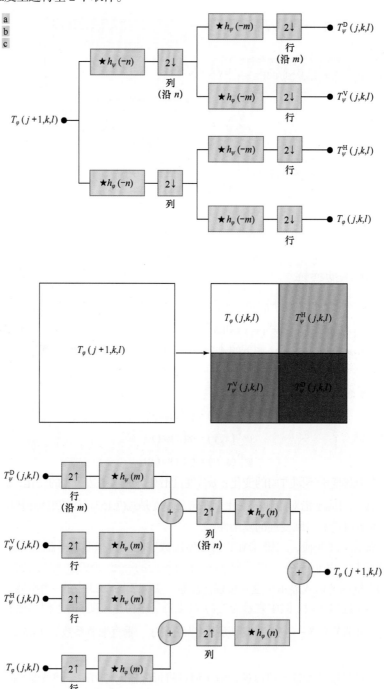

图 7.29　二维快速小波变换：(a)分析滤波器组；(b)得到的分解；(c)合成滤波器组。注意，m 和 n 是卷积的虚拟变量；类似于一维情况，j 是尺度，k 和 l 是平移

图 7.29(c)显示了合成滤波器组，它的处理过程与刚才讨论的过程相反。不出所料，重建算法类似于一维情况下的算法。每次迭代时，对四尺度 j 近似和细节子图像进行上取样，并与两个一维滤波器进行卷积：一个卷积对子图像的列进行运算，另一个卷积对子图像的行进行运算。结果相加得到尺度 $j+1$ 近似，重复这一过程直到重建原图像。

例 7.22　计算二维快速小波变换。

本例计算相对于哈尔基函数的二维多尺度 FWT，并将它与 7.9 节的传统哈尔变换进行比较。图 7.30(a) ~ (d) 分别是花瓶和窗台的单色图像，相对于哈尔基函数的 1 尺度离散小波变换，2 尺度离散小波变换，以及哈尔变换。小波变换的计算稍后讨论。图 7.30(d) 的哈尔变换是用 512×512 的哈尔变换矩阵 [见式(7.114)至式(7.118)] 计算的，并且基于矩阵的运算已在式(7.35)中定义。图 7.30(b) 和 (c) 中的细节系数及图 7.30(d) 中的哈尔变换系数已经过尺度缩放，以便使得它们的基本结构更清晰。任意两个变换的相同区域加蓝色阴影时，这些区域内的对应像素值是相同的。

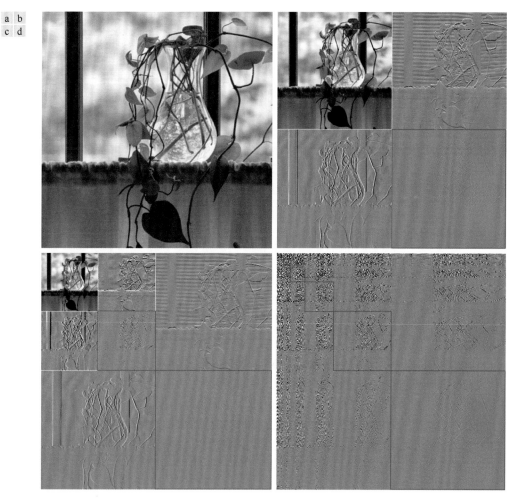

a b
c d

图 7.30　(a) 512×512 的花瓶和窗台图像；(b)1 尺度 FWT；(c)2 尺度 FWT；(d)原图像的哈尔变换。所有变换都已被尺度缩放，以突出它们的基本结构。两个变换的对应区域加蓝色阴影时，对应像素相同

为了计算图 7.30(b) 的 1 尺度 FWT，图 7.30(a) 中的图像被用做图 7.29(a) 中那样的一个滤波器组的输入。因为 $J = \log_2 512 = 9$ 和 $P = 1$，$T_{\varphi}(9,k,l) = f(x,y)$，所以根据图 7.29(b) 将得到的 4 个 1/4 大小的分解输出 [即

近似 $T_\varphi(8,k,l)$ 及水平、垂直和对角线细节 $T_\psi^H(8,k,l)$，$T_\psi^V(8,k,l)$ 和 $T_\psi^D(8,k,l)$] 排列成图 7.30(b)。使用类似的过程产生了图 7.30(c)中的 2 尺度变换，但滤波器组的输入是来自图 7.30(b)左上角的 1/4 大小近似子图像 $T_\varphi(8,k,l)$。如图7.30(c)所示，将 1/4 大小近似子图像替换为第二次滤波生成的 4 个 1/4 大小（原图像大小的 1/16）的分解结果。每通过滤波器组一次，就产生 4 个 1/4 大小的输出图像，并将这些图像替换为它们的输入。重复这一过程，直到 $P=J=9$，得到一个 9 尺度变换。

注意与图 7.30(b)和(c)中的 T_ψ^H，T_ψ^V 和 T_ψ^D 相关联的子图像的方向性。这些图像中的对角线细节（蓝色阴影 T_ψ^D 区域）与图 7.30(d)中对应的哈尔变换阴影区域相同。在一维情况下，如例 7.19 所示，相对于哈尔基函数的 J 尺度一维 FWT 与其一维哈尔变换相同，因为两个变换的基函数相同；两个变换都包含一个尺度函数和一系列尺度缩放与平移小波函数。但在二维情况下，基图像是不同的。式(7.153)到式(7.155)中定义的二维可分离尺度和小波函数引入了水平和垂直方向性，而在传统哈尔变换中则不存在。例如，图 7.31(a)和(b)是 8×8 哈尔变换的基图像和相对于哈尔基函数的 3 尺度 FWT。注意，在沿主对角线分布的蓝色高亮区域中，基图像是匹配的。图7.30(b)至(d)中出现了同样的图案。若计算出了花瓶的 9 尺度小波变换，则它将与图 7.30(d)中所有阴影区域的哈尔变换匹配。

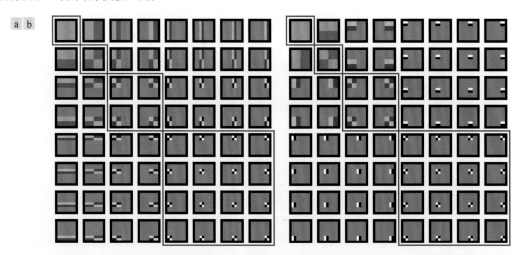

a b

图 7.31　(a)大小为 8×8 的基图像［来自图 7.18(c)］；(b)相对于哈尔基函数的 3 尺度 8×8 离散小波变换的基图像　■

最后以一个简单的例子来小结小波在图像处理中的应用。就像在傅里叶域中那样，基本方法如下：

1. 计算图像相对于一个已知小波基的二维小波变换。表 7.1 显示了一些有代表性的基，包括它们的尺度和小波函数及对应的滤波器系数。滤波器系数已在图 7.26 的上下文中给出。对于规范正交小波，规定了低通合成系数；其余的滤波器必须使用式(7.151)计算。对于双规范正交小波，给出了两个分析滤波器，并且合成滤波器必须使用式(7.149)和式(7.150)计算。

2. 计算变换后，利用 DWT 的能力来：（1）对图像像素去相关，（2）揭示重要的频率和时间特征，和/或（3）度量图像与变换的基图像的相似性。可以为图像平滑、锐化、降噪、边缘检测和压缩设计一些修正。

3. 计算小波反变换。

由于离散小波变换将图像分解为空间受限的带限基图像的加权和，因此大多数傅里叶域图像处理技术都存在等效的"小波域"对应技术。

例 7.23　基于小波的边缘检测。

图 7.32 简单说明了前面的三个步骤。图 7.32(a)是一幅由计算机生成的图像，其大小为 128×128，图像中的黑色背景上是二维正弦脉冲。图 7.32(b)是基于 4 阶对称小波的 2 尺度离散小波变换。虽然它们不是完全对称的，但对于已知的紧支撑（Daubechies[1992]），它们被设计为具有最小不对称性和最大消失矩[①]。表 7.1 的第 4 行显示了对称小波的小波和尺度函数，以及对应的低通合成滤波器的系数。其余的滤波器系数是用式(7.151)得到的，其中滤波器系数的数量 K 设为 8：

$$g_1(n) = (-1)^n g_0(7-n) = \{-0.0758, 0.0296, 0.4976, -0.8037, 0.2979, 0.0992, -0.0126, -0.0322\}$$

$$h_0(n) = g_0(7-n) = \{-0.0758, -0.0296, 0.4976, 0.8037, 0.2979, -0.0992, -0.0126, 0.0322\}$$

$$h_1(n) = g_1(7-n) = \{-0.0322, -0.0126, 0.0992, 0.2979, -0.8037, 0.4976, 0.2979, -0.0758\}$$

在图 7.32(c)中，离散小波变换的近似分量已通过将其值设置为零得到消除。如图 7.32(d)所示，使用这些修正系数计算反变换的总体效果是边缘增强，这使人联想到 4.9 节中讨论的基于傅里叶的图像锐化结果。注意，尽管信号和背景之间的过渡是相对柔和的正弦过渡，但它们的划分却非常清晰。通过将水平细节置零［见图 7.32(e)和(f)］同样可以分离出垂直边缘。

表 7.1　一些有代表性的小波

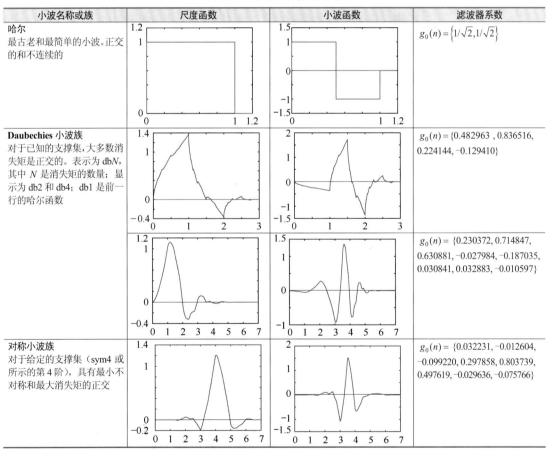

小波名称或族	尺度函数	小波函数	滤波器系数
哈尔 最古老和最简单的小波。正交的和不连续的			$g_0(n) = \{1/\sqrt{2}, 1/\sqrt{2}\}$
Daubechies 小波族 对于已知的支撑集，大多数消失矩是正交的。表示为 db$N$，其中 N 是消失矩的数量；显示为 db2 和 db4；db1 是前一行的哈尔函数			$g_0(n) = \{0.482963, 0.836516, 0.224144, -0.129410\}$
			$g_0(n) = \{0.230372, 0.714847, 0.630881, -0.027984, -0.187035, 0.030841, 0.032883, -0.010597\}$
对称小波族 对于给定的支撑集（sym4 或所示的第 4 阶），具有最小不对称和最大消失矩的正交			$g_0(n) = \{0.032231, -0.012604, -0.099220, 0.297858, 0.803739, 0.497619, -0.029636, -0.075766\}$

[①] 小波 $\psi(x)$ 的第 k 阶矩是 $m(k) = \int x^k \psi(x) \, dx$。消失矩会影响尺度和小波函数的平滑性，以及我们将它们表示为多项式的能力。N 阶对称小波有 N 个消失矩。

（续）

小波名称或族	尺度函数	小波函数	滤波器系数
Cohen-Daubechies-Feauveau 9/7 用于不可逆 JPEG2000 压缩标准中的双正交 B 样条（见第 8 章）			$h_0(n) = \{0.026749, -0.016864,$ $-0.078223, 0.266864, 0.602949,$ $0.266864, -0.078223, -0.016864,$ $0.026749\}$
			$h_1(n) = \{-0.091271, -0.057544,$ $0.591272, -1.115087, 0.591272,$ $0.057544, -0.091271, 0\}$

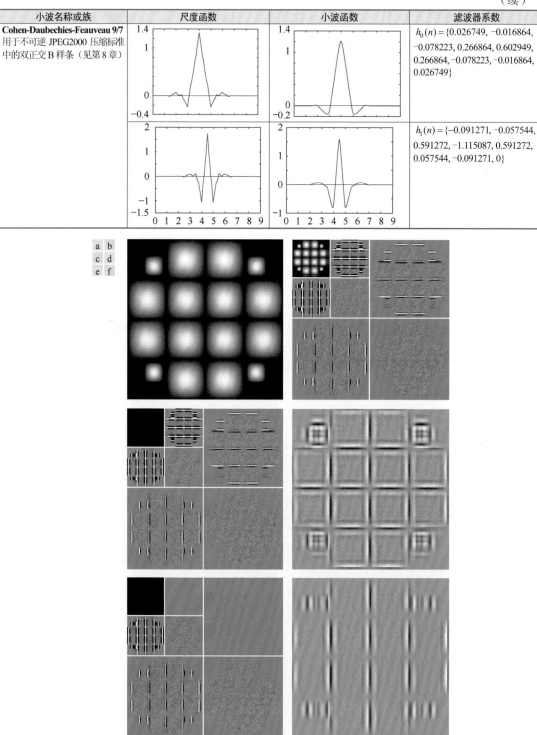

图 7.32　用于边缘检测的修正 DWT：(a)原图像；(b)基于 4 阶对称小波的 2 尺度 DWT；(c)近似系数设置为零的修正 DWT；(d)图(c)的反 DWT；(e)近似系数和水平细节设置为零的修正 DWT；(f)图(e)的反 DWT（注意，当细节系数是 0 时，它们显示为中等灰度；当近似系数为 0 时，它们显示为黑色）　　■

7.10.6　小波包

快速小波变换将函数分解为尺度和小波函数之和，其中尺度和小波函数的带宽呈对数关系。也就是说，函数的低频内容用窄带宽的尺度和小波函数表示，高频内容用宽带宽的函数表示，如图 7.5 所示。每个水平条带的恒定高度瓦片（单个 FWT 尺度的基函数）沿频率轴上移时，其高度以对数方式增加。要更好地控制时间-频率平面的划分，例如为更高频率获得更小的带度，必须将 FWT 进行推广，从而产生一种更灵活的分解，称为小波包（Coifman and Wickerhauser[1992]）。这一推广的代价是计算复杂度从 FWT 的 $O(N)$ 增加到小波包的 $O(N \log_2 N)$。

再次考虑图 7.24(a)中的 3 尺度滤波器组，但我们把分解想象为一棵二叉树。图 7.33(a)详细描述了这棵二叉树的结构，并将图 7.24(a)中适当的 FWT 尺度和小波系数与树的节点连接起来。为根节点分配最高尺度的近似系数，它们是函数本身的样本，叶节点则继承变换的近似和细节系数输出。两个中间节点 $T_\varphi(J-1, k)$ 和 $T_\varphi(J-2, k)$ 是滤波器组的近似系数，它们随后被滤波为 4 个额外的叶节点。注意，每个节点的系数都是线性展开的权重，以便生成根节点 $f(x)$ 的一个带限"片段"。因为任何这样的片段都是已知尺度或小波子空间的一个元素，因此可以用对应子空间替代图 7.33(a)中的生成系数。结果是图 7.33(b)中的子空间分析树。

分析树为多尺度小波变换的表示提供了一种紧凑的、信息丰富的方法。它们绘制简单，所占用的空间比对应滤波器和基于子取样器的框图小，因此检测有效分解相对容易。例如，图 7.33(b)中的 3 尺度分析树建议了三个可能的展开选项：

$$V_J = V_{J-1} \oplus W_{J-1} \tag{7.156}$$

$$V_J = V_{J-2} \oplus W_{J-2} \oplus W_{J-1} \tag{7.157}$$

$$V_J = V_{J-3} \oplus W_{J-3} \oplus W_{J-2} \oplus W_{J-1} \tag{7.158}$$

它们对应于一维函数的 1 尺度、2 尺度和 3 尺度 FWT 分解。有效的分解要求一个近似项（或尺度子空间）和足够多的细节分量（或小波子空间）来覆盖图 7.24(b)中的谱。通常，一个 P 尺度 FWT 分析树支持 P 个唯一的分解。

> 回顾可知，$\oplus$ 表示空间的并集（类似于集合的并集）。式(7.156)至式(7.158)可通过重复应用式(7.128)推出。

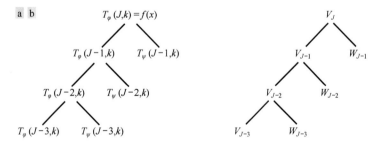

图 7.33　图 7.24 中 2 尺度 FWT 分析组的(a)系数树和(b)分析树

分析树也是表示小波包的一种有效机制，小波包不过是对细节进行迭代滤波的传统小波变换。于是，图 7.33(b)中的 3 尺度 FWT 分析树就变成图 7.34 中的 3 尺度小波包分析树。注意，必须引入额外的下标。每个双下标节点的第一个下标标识 FWT 父节点的尺度。第二个下标（变长字符串"A"和"D"）对从父节点到正被检查的节点的路径进行编码。"A"表示近似滤波，"D"表示细节滤波。例如，子空间节点 $W_{J-1, \mathrm{DA}}$ 的得到方式如下：首先让 $J-1$ 尺度 FWT 系数（图 7.34 中的父节点 W_{J-1}）通过一个额外的细节滤波器（得到 $W_{J-1, \mathrm{D}}$），然后通过一个近似滤波器（得到 $W_{J-1, \mathrm{DA}}$）。图 7.35(a)和(b)分别是图 7.34

中分析树的滤波器组和谱分解特性。注意，图 7.35(a)中滤波器组的"自然排序"输出已根据图 7.35(b)
中的频率内容重新排序（有关"频率排序"小波的详细信息，见习题 7.46）。

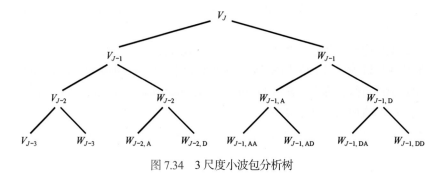

图 7.34　3 尺度小波包分析树

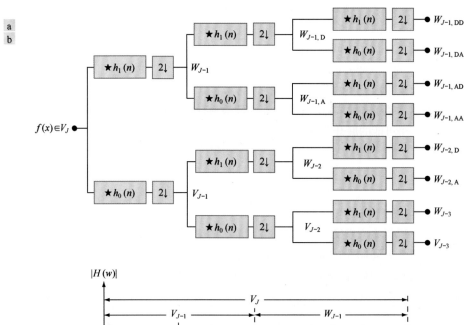

图 7.35　(a)滤波器组；(b)3 尺度全小波包分析树的谱分离特性

　　图 7.34 中的 3 尺度小波包树的分解（和相关的时间-频率片）数量几乎是 3 尺度 FWT 树的 3 倍。
回顾可知，在普通 FWT 中，仅对低通波段进行拆分、滤波和下取样低通波段，在用于表示函数的尺
度和小波空间的带宽之间建立了一种固定的对数（基 2）关系［见图 7.24(b)］。因此，尽管图 7.24(a)
中的 3 尺度 FWT 分析树提供 3 个可能的分解［由式(7.156)到式(7.158)定义］，但图 7.34 中的小波包树
支持 26 个不同的分解。例如，V_J 和函数 $f(x)$ 可展开为

$$V_J = V_{J-3} \oplus W_{J-3} \oplus W_{J-2,A} \oplus W_{J-2,D} \oplus W_{J-1,AA} \oplus W_{J-1,AD} \oplus W_{J-1,DA} \oplus W_{J-1,DD} \tag{7.159}$$

回顾可知，⊕ 表示空间的并集（就像集合的并集）。与图 7.34 关联的 26 个分解由节点（空间）的各个组合确定，这些节点（空间）可以组合成表示树顶处的根节点（空间）。式(7.159)和式(7.160)定义了其中的两个分解。

它们的谱如图 7.35(b)所示；或者展开为

$$V_J = V_{J-1} \oplus W_{J-1,A} \oplus W_{J-1,DA} \oplus W_{J-1,DD} \tag{7.160}$$

它们的谱如图 7.36 所示。注意图 7.36k r 谱与图 7.35(b)中的全小波包谱之间的差异，或与图 7.24(b)中的 3 尺度 FWT 谱之间的差异。一般来说，P 尺度一维小波包变换（和相关联的 $P+1$ 层分析树）支持

$$D(P+1) = [D(P)]^2 + 1 \tag{7.161}$$

个唯一的分解，其中 $D(1) = 1$。在如此多的有效展开中，基于包的变换改进了对分解函数的谱的划分的控制。这个控制的代价是增大了计算复杂度。请将图 7.35(a)中的滤波器组与图 7.24(a)中的滤波器组进行比较。

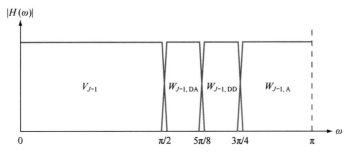

图 7.36　式(7.160)中的分解的谱

现在考虑图 7.29(a)中的二维 4 波段滤波器组。如前所述，它将近似 $T_\varphi(j+1,k,l)$ 拆分为输出 $T_\varphi(j,k,l)$，$T_\psi^H(j,k,l)$，$T_\psi^V(j,k,l)$ 和 $T_\psi^D(j,k,l)$。如一维情况中那样，它可以"迭代"生成尺度 $j = J-1, J-2, \cdots, J-P$ 处的 P 尺度变换，其中 $T_\varphi(J,k,l) = f(x,y)$。图 7.29(a)中 $j+1 = J$ 时，第一次迭代得到的谱如图 7.37(a)所示。注意，它将频率平面分为 4 个相等的区域。平面中心的低频 1/4 波段与变换系数 $T_\varphi(J-1,k,l)$ 和尺度空间 V_{J-1} 一致。这种命名与一维情况中的一致。然而，为适应输入的二维性质，我们现在有 3 个（而非 1 个）小波子空间，它们分别表示为 W_{J-1}^H, W_{J-1}^V 和 W_{J-1}^D，并对应于系数 $T_\psi^H(J-1,k,l)$，$T_\psi^V(J-1,k,l)$ 和 $T_\psi^D(J-1,k,l)$。图 7.37(b)显示了最终的四波段、单尺度四元 FWT 分析树。注意将小波子空间命名与它们对应的变换系数关联起来的上标。

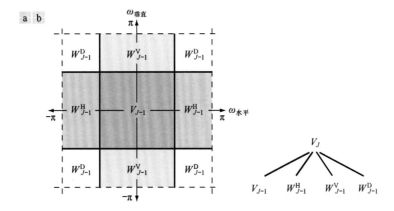

图 7.37　二维 FWT 的第一次分解：(a)谱；(b)子空间分析树

图 7.38 是一个 3 尺度二维小波包分析树的一部分。类似于图 7.34 中的一维情况，每个节点的第一个下标（传统 FWT 细节节点的后代）是父细节节点的尺度。第二个下标（变长字符串 "A"，"H"，

"V"和"D")对从父节点到正被考虑节点的路径进行编码。例如,标记为 $W_{J-1,\mathrm{VD}}^{\mathrm{H}}$ 的节点的得到方式如下:首先通过一个附加的细节/近似滤波器对 $J-1$ 尺度FWT水平细节系数(图7.38中的父 W_{J-1}^{H})进行"行/列滤波"(得到 $W_{J-1,\mathrm{V}}^{\mathrm{H}}$),然后通过一个细节/细节滤波器(给出 $W_{J-1,\mathrm{VD}}^{\mathrm{H}}$)。一个 P 尺度二维小波包树支持

$$D(P+1) = [D(P)]^4 + 1 \tag{7.162}$$

个唯一的展开,其中 $D(1) = 1$ 。于是,图7.38中的3尺度树就能提供83522个可能的分解。下例中将说明如何在这些分解之间进行选择。

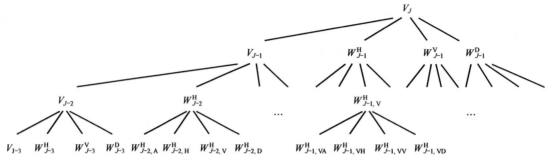

图7.38　一个3尺度全小波包分析树。仅显示了该树的一部分

例7.24　二维小波包分解。

　　上面的讨论说到,单小波包树有许多分解选项。事实上,可能的分解的数量通常很大,逐个枚举或检查它们是不切实际的。相对于特定的应用准则,我们通常希望能有求最优分解的有效算法。后面会说到,经典的熵基和能量基代价函数在许多情况下是适用的,并且非常适合于二叉树和四叉树搜索算法。

　　考虑减少表示图7.39(a)中400×480指纹图像所需数据量的问题。图像压缩将在第8章中详细讨论。在本例中,我们想要选择"最好的"3尺度小波包分解作为压缩处理的起点。使用3尺度小波包树时,存在83522个潜在的分解〔见式(7.162)〕。图7.39(b)显示了其中的一个分解——全小波包,64叶分解类似于图7.38中的分析树。注意,树叶与图7.39(b)中8×8阵列分解子图像的子带相对应。然而,这种特定的64叶分解方法在某种程度上是压缩的最终方法的可能性较低。缺少合适的最优准则时,我们既不能承认也不能否认它。

　　为了压缩图7.39(a)中的图像,选择分解的一个合理准则是加性代价函数

$$E(f) = \sum_{x,y} |f(x,y)| \tag{7.163}$$

这个函数为二维函数 f 的能量含量提供一个可能的测度[①]。在这一测度下,对于所有的 x 和 y ,函数 $f(x,y) = 0$ 的能量为0。另一方面,高 E 值表明函数具有许多非零值。由于大多数基于变换的压缩方案通过截断或将小系数阈值化为零,所以最大化接近零值的数量的代价函数是从压缩角度选择"好"分解的合理标准。

　　刚才描述的代价函数计算简单,且易于适应树优化程序。优化算法必须使用这个函数来最小化分析树中叶节点的"代价"。能量最小的叶节点应优先保留,因为它们有更多接近于零的值,从而导致更大的压缩率。因为式(7.163)给出的代价函数是一个局部测度,即它只使用所考虑节点处的可用信息,因此很容易构建出一个有效算法,用于求解最小能量解,如下所示。

　　对于分析树的每个节点,从根节点开始逐层分析到叶节点:

---

① 其他可能的能量测度包括 $f(x,y)$ 的平方和、平方的对数和等。习题7.48定义了一个熵基代价函数。

1. 计算父节点的能量 E_P 与 4 个后代节点的能量 E_A，E_H，E_V 和 E_D。对于二维小波包分解，父节点是近似或细节系数的一个二维阵列；后代节点是滤波后的近似、水平细节、垂直细节和对角线细节。

2. 若后代节点的组合能量小于父节点的能量（$E_A + E_H + E_V + E_D < E_P$），则分析树中包含后代节点。若后代节点的组合能量大于等于父节点的能量，则删除后代节点而只保留父节点。它就是最优分析树的叶节点。

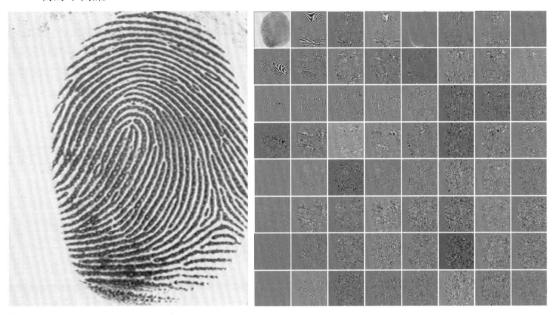

a b

图 7.39　(a)指纹扫描图像及其(b)3 尺度全小波包分解。尽管包分解的 64 幅子图像看起来是方形的（注意近似子图像），但这是用于产生结果的程序的异常行为（原图像由美国国家标准和技术研究所提供）

上述算法可用于：（1）修剪小波包树或（2）从头开始设计计算最优树的程序。在后一种情况下，不需要计算不重要的兄弟姐妹节点——即在算法步骤 2 中被删除的节点的后代。图 7.40 是优化后的分解，它是将刚才描述的算法应用到图 7.39(a)中的图像得到的，代价函数是式(7.163)。注意，图 7.39(b)中原全小波包分解的

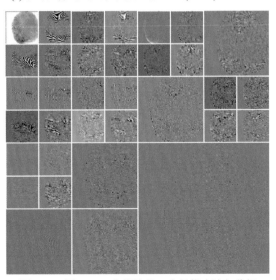

图 7.40　图 7.39(a)中指纹的一个最优小波包分解

64 个子带中的许多已被消除。此外，图 7.40 中未被拆分（进一步分解）的子图像是相对平滑的，并且由值为中间灰度的像素组成。因为图中除这幅近似子图像外的其他子图像都已被尺度缩放，灰度级 128 表示零值系数，所以这些子图像包含的能量很少。拆分子图像后，能量整体上并未减少。　■

例 7.24 基于一个可用小波来求解的实际问题。美国联邦调查局（FBI）目前拥有一个庞大的指纹数据库，并为指纹图像的数字化和压缩建立了基于小波的美国国家标准（FBI[1993]）。利用 Cohen-Daubechies-Feauveau（CDF）双正交小波（Cohen, Daubechies and Feauveau[1992]），这个标准实现的典型压缩率是 15:1。表 7.2 详细列出了所需的分析滤波器系数。由于 CDF 族的尺度和小波函数是对称的，并有着相似的长度，因此是应用最广泛的双正交小波。第 8 章将讨论小波基压缩方法相对于传统 JPEG 压缩方法的优点。

表 7.2　消失矩分别为 6 个和 8 个时，双正交 Cohen-Daubechies Feauveau 重建和分解滤波器系数（Cohen-Daubechies and Feauveau[1992]）

n	$h_0(n)$	$h_1(n)$	n	$h_0(n)$	$h_1(n)$
0	0	0	9	0.825923	0.417849
1	0.001909	0	10	0.420796	0.040368
2	−0.001914	0	11	−0.094059	−0.078722
3	−0.016991	0.014427	12	−0.077263	−0.014468
4	0.011935	−0.014468	13	0.049733	0.0144263
5	0.049733	−0.078722	14	0.011935	0
6	−0.077263	0.040368	15	−0.016991	0
7	−0.094059	0.417849	16	−0.0019	0
8	0.420796	−0.758908	17	0.0019	0

小结、参考文献和延伸读物

本章的内容为了解图像变换（包括离散小波变换）在图像处理中的作用奠定了坚实的数学基础。我们用级数展开来近似变换，其中变换系数是一组规范正交或双规范正交基函数与正被变换图像的内积。对于许多变换而言，这些内积可以直接通过矩阵运算来实现。关于图像变换的矩阵公式，详见 Andrews[1970]、Wang[2012]及关于变换本身的原始论文。例如，关于哈尔变换的原始论文（Haar[1910]）、关于沃尔什变换的原始论文（Walsh[1923]）、关于哈达玛变换的原始论文（Hadamard[1893]）和关于斜变换的原始论文（Pratt, Chen and Welch[1974]）。

关于小波及其应用的优秀教材很多。撰写本章中小波变换一节时，参考了 Vetterli and Kovacevic[1995]和 Burrus, Gopinath and Guo[1998]。小波变换在图像处理中的具体应用包括图像匹配、配准、分割、去噪、复原、增强、压缩（见第 8 章）、形态学滤波和计算机断层扫描成像等。小波分析的历史见 Hubbard[1998]。Mallat[1987]归纳和小结了小波在不同领域的发展，奠定了小波变换的数学框架。小波的许多历史详见 Meyer[1987][1990][1992a,1992b][1993]、Mallat[1987][1989a-c][1998]和 Daubechies[1988][1990][1992][1993] [1996]。还可参阅许多关于小波的专刊，如 *IEEE Transactions on Information Theory*[1992]关于小波变换和多分辨率信号分析的专刊、*IEEE Transactions on Signal Processing*[1993]关于小波和信号处理的专刊、*IEEE Transactions on Pattern Analysis and Machine Intelligence*[1989]关于多分辨率表示的专刊。本章中的所有例子都是用 MATLAB 实现的（见 Gonzalez et al.[2004]）。

习题

标有星号的习题的答案在 DIP4E Student Support Package 中（查阅网站 www.ImageProcessingPlace.com）。

7.1 已知列向量

$$s_0 = \begin{bmatrix} 1 \\ 2 \\ 1 \end{bmatrix} \qquad s_1 = \begin{bmatrix} 1 \\ 0 \\ -1 \end{bmatrix} \qquad s_2 = \begin{bmatrix} 1 \\ -1 \\ 1 \end{bmatrix}$$

(a) 证明 s_0，s_1 和 s_2 是正交的。

(b)*它们是规范正交的吗？如果不是，将它们归一化以创建规范正交向量的一个变换矩阵。

(c) 利用(b)问的结果，写出 s_0，s_1 和 s_2 的一个正交变换矩阵。

(d) 计算列向量 $f = [3 \ -6 \ 5]$ 的变换。

(e) 计算(d)问中结果的反变换。

7.2 证明式(7.23)成立。

7.3* 对于实的、规范正交基向量，证明在式(7.16)和式(7.17)中有 $r(x,u) = s(x,u)$。

7.4 若 $A^{*\mathrm{T}}A = I$，证明相关的展开函数是规范正交的。

7.5 证明例 7.3 中的矩阵 A_3 是一个正交变换矩阵。

7.6 证明正交变换保留内积。

7.7 使用式(7.4)和式(7.5)：

(a) 求 $f = [3 + \mathrm{j}2 \ \ 1 - \mathrm{j}]^\mathrm{T}$ 的范数。

(b) 求 $g = [0.707 \ -0.707]^\mathrm{T}$ 的范数。

(c) 求 $h = [0.707 \ 0.707]^\mathrm{T}$ 和 g 的夹角。

(d)*求 $f(x) = \cos x$ 的范数。

(e) 求(d)中 $f(x)$ 和 $g(x) = \sin x$ 的夹角。

(f) f 和 g 正交吗？

(g) f 和 g 规范正交吗？

7.8 使用习题 7.1(c)～(e)的结果和列向量 $g = [2 \ \ 7 \ \ 1]$：

(a) 计算 f 和 g 的夹角。

(b) 计算 f 和 g 的距离。提示：向量 f 和 g 的距离是 $d = \sqrt{\langle f - g, f - g \rangle}$

(c)*证明这个正交变换保留了角度和距离。

7.9 计算例 7.3 中 T 的反变换。

7.10 证明正弦展开函数集合 $\{1, \cos x, \sin x, \cos 2x, \sin 2x, \cdots\}$ 在区间 $[-\pi, \pi]$ 上是正交的。

7.11 计算二元组 $[7 \ 1]^\mathrm{T}$ 的展开系数，并为如下基写出对应的展开：

(a)*实二元组集合上的 $s_0 = [0.707 \ 0.707]^\mathrm{T}$，$s_1 = [0.707 \ -0.707]^\mathrm{T}$。

(b) $s_0 = [1 \ 0]^\mathrm{T}$，$s_1 = [1 \ 1]^\mathrm{T}$ 和对偶向量 $\tilde{s}_0 = [1 \ -1]^\mathrm{T}$ 和 $\tilde{s}_1 = [0 \ 1]^\mathrm{T}$。

7.12 如下函数展开是规范正交的吗？如果是，写出对应的正交变换矩阵。

$$s_0 = \begin{bmatrix} 0.5 \\ 0.5 \\ 0.5 \\ 0.5 \end{bmatrix} \qquad s_1 = \begin{bmatrix} 0.5 \\ 0.5 \\ -0.5 \\ -0.5 \end{bmatrix} \qquad s_2 = \begin{bmatrix} 0.5 \\ -0.5 \\ 0.5 \\ -0.5 \end{bmatrix} \qquad s_3 = \begin{bmatrix} 0.5 \\ -0.5 \\ -0.5 \\ 0.5 \end{bmatrix}$$

7.13 如果 $f = [4 \ -3 \ 2 \ 1]^\mathrm{T}$，利用习题 7.12 的变换矩阵求 f 的变换。然后计算其反变换，并证明该变换是可逆的。

7.14 已知二维矩阵

$$F = \begin{bmatrix} 4 & -4 & 4 & 0.5 \\ -3 & 1 & 5 & -0.5 \\ 2 & -4 & 8 & -0.5 \\ 1 & -3 & 3 & -1.5 \end{bmatrix}$$

(a) 计算 F 相对于习题 7.12 的变换矩阵的变换。

(b)*使用习题 7.13 中计算的一维变换，说明二维变换是如何计算为两个一维变换的。

(c) 计算(a)问的结果的二维反变换。

7.15 证明下列展开函数是规范正交的，并举例说明变换是否保留了内积、角度和距离。

$$u_0 = \begin{bmatrix} \sqrt{2}/2 \\ \sqrt{2}/2 \end{bmatrix} \qquad u_1 = \begin{bmatrix} -1 \\ 0.5 \end{bmatrix} \qquad \tilde{u}_0 = \begin{bmatrix} \sqrt{2}/3 \\ 2\sqrt{2}/3 \end{bmatrix} \qquad \tilde{u}_1 = \begin{bmatrix} -2/3 \\ 2/3 \end{bmatrix}$$

7.16 证明例 7.5 中的 A 和 $\tilde{A}$ 是双规范正交的。

(a) 使用例 7.5 中的双规范正交矩阵 A 和 $\tilde{A}$，计算如下 4×4 矩阵的变换：

$$F = \begin{bmatrix} 16 & 2 & 3 & 13 \\ 5 & 11 & 10 & 8 \\ 9 & 7 & 6 & 12 \\ 4 & 14 & 15 & 1 \end{bmatrix}$$

(b) 计算(a)问中结果的反变换。

7.17* 对于矩形阵列和复规范正交展开函数，写出一对二维变换矩阵公式。

7.18 对于复双规范正交展开函数，写出一对二维变换矩阵公式。

7.19 证明例 7.6 中的式(7.59)与 $\sin(2\pi x)$ 等价。

7.20* 证明式(7.56)中的 DFT 展开函数是规范正交的。

7.21 证明式(7.52)成立。

7.22 使用式(7.56)定义的展开函数的级数展开，推导离散傅里叶变换的公式。

7.23 已知内积空间 R^2 的标准基向量 $e_0 = [1\ 0]^T$ 和 $e_1 = [0\ 1]^T$ 及长度为 r、角度为 θ 的一个任意向量 r，使用 e_0 和 e_1 计算 r 的单点互相关。什么时候 r 比 e_1 更像 e_0？什么时候 r 比 e_0 更像 e_1？

7.24* 证明时间-尺度小波 $\psi(2^s t)$ 的傅里叶变换由式(7.73)给出。

7.25 证明式(7.80)成立。

7.26 求 $N = 4$ 时的哈特利变换矩阵。

7.27 对于离散傅里叶变换，以式(7.57)和式(7.58)给出的形式写出一对离散余弦变换公式。

7.28 因为二维离散余弦变换是可分离的，一幅图像的二维 DCT 可以通过行和列的一维 DCT 算法来计算。事实上，一维 DCT 的一个有趣性质是它可以用 FFT 算法来计算。详细说明如何进行这一计算。

7.29 完成下列工作：

(a) 计算大小为 $N = 6$ 的傅里叶、正弦、余弦和哈特利变换矩阵。

(b) 使用式(7.28)计算离散函数 $f(x) = \{-2, -5, -3, 1, 0, 3\}$ 的哈特利变换。

(c) 根据离散傅里叶变换计算(b)问中函数的哈特利变换。它与(b)问中的结果相等吗？

(d) 用式(7.86)到式(7.89)计算 $f(x) = [3, -6, 1]$ 的 DCT。

(e) 用式(7.28)计算(b)问中函数的 DST。

7.30 计算 $N = 2$ 时的哈尔变换的基图像。

7.31 创建一个表，将哈达玛排序变换矩阵 H_{16} 的各行映射为列率排序哈达玛变换矩阵 H'_{16}。

7.32 给出 $N = 8$ 时的斜变换矩阵。

7.33 由式(7.122)式(7.126)推导哈尔尺度系数。

7.34 证明尺度函数

$$\varphi(x) = \begin{cases} 1, & 0.25 \leq x < 0.75 \\ 0, & \text{其他} \end{cases}$$

不满足多分辨率分析的第二个要求。

7.35* 推导式(7.140)。

7.36 写出尺度空间 V_3 与尺度函数 $\varphi(x)$ 的关系式。用式(7.122)定义的哈尔尺度函数画出在平移 $k = \{0,1,2\}$ 处的哈尔 V_3 尺度函数。

7.37* 画出哈尔小波函数的小波 $\psi_{3,3}(x)$。根据哈尔尺度函数写出 $\psi_{3,3}(x)$ 的表达式。

7.38 假如函数 $f(x)$ 是哈尔尺度空间 V_3 的一个成员，即 $f(x) \in V_3$，使用式(7.128)将 V_3 表示为尺度空间 V_0 和任何所需小波空间的函数。若 $f(x)$ 在区间$[0.1)$之外为 0，则根据得到的表达式画出 $f(x)$ 的线性展开所需的尺度和小波函数。

7.39 初始尺度为 $j_0 = 1$，计算例 7.18 中所用函数的小波级数展开的前四项。根据涉及的尺度和小波函数写出展开。你的结果与初始尺度 $j_0 = 0$ 的例 7.18 相比如何？

7.40 式(7.137)和式(7.138)中 DWT 的初始尺度为 $j_0 = 0$。

(a)*对于任何初始尺度 $j_0 \le J$，重写这些公式。

(b) 对于 $j_0 = 1$（而非 0）的例 7.19，重新计算 $0 \le x \le 3$ 时函数 $f(x) = \{1,4,-3,0\}$ 的一维 DWT。

(c) 用来自(b)问的结果由变换值计算 $f(1)$。

7.41* 画出习题 7.40 中计算变换所需的 FWT 滤波器组。用适当的序列标记所有输入和输出。

7.42 N 点快速小波变换的计算复杂度是 $O(N)$，即运算次数与 N 成正比。什么决定比例常数？

7.43 回答下列问题：

(a)*若图 7.24(a)中的 3 尺度 FWT 滤波器组的输入是哈尔尺度函数

$$\varphi(x) = \begin{cases} 1, & n = 0,1,2,\cdots,7 \\ 0, & \text{其他} \end{cases}$$

　　　　问相对于哈尔小波的变换是什么？

(b) 若输入是对应的哈尔小波函数 $\psi(x) = \{1,1,1,1,-1,-1,-1,-1\}$，$n = 0,1,2,\cdots,7$，则变换是什么？

(c) 哪个输入序列产生非零系数 $T_\psi = (2,2) = B$ 的变换$\{1, 0, 0, 0, 0, 0, B, 0\}$？

7.44 计算相对于如下 2×2 图像的哈尔小波的二维小波变换：

$$\begin{bmatrix} 3 & -1 \\ 6 & 2 \end{bmatrix}$$

画出所需的滤波器组，并用适当的阵列标记所有输入和输出。

7.45* 在傅里叶域中，

$$f(x - x_0, y - y_0) \Leftrightarrow F(u,v)e^{-2\pi(ux_0/M + vy_0/N)}$$

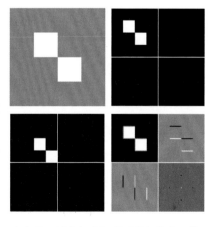

并且平移不影响 $|F(u,v)|$ 的显示。使用下列图像序列说明小波变换的平移性质。左上角图像包含两个 32×32 的白色正方形，它们在 128×128 的灰色背景上居中。右上角图像是其相对于哈尔小波的单尺度小波变换。左下角图像是原图像向右向下移动 32 像素后的小波变换，右下角图像是原图像向右向下移动 1 像素后的小波变换。

7.46 下表显示了 4 尺度快速小波变换的哈尔小波和尺度函数。画出一个完整 3 尺度包分解所需的额外基函数。给出求它们的数学表达式。然后根据频率内容对基函数排序，并对结果进行解释。

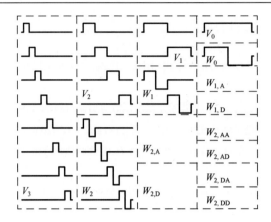

7.47 图 7.30(a)中花瓶的小波包分解显示如下。

(a) 画出对应分解分析树，用合适的尺度和小波空间名称标记所有节点。

(b) 画出并标记分解的频谱。

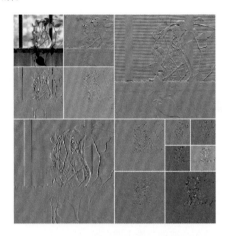

7.48 使用哈尔小波，求函数 $f(x) = 0.25, n = 0,1,\cdots,15$ 的最小熵包分解。采用非归一化香农熵

$$E[f(x)] = \sum_x f^2(x) \ln[f^2(x)]$$

作为最小化准则。画出最优树，并用算出的熵值对节点进行标记。

第8章 图像压缩和水印

But life is short and information endless ... Abbreviation is a necessary evil and the abbreviator's business is to make the best of a job which, although bad, is still better than nothing.

Aldous Huxley

The Titanic will protect itself.

Robert Ballard

引言

图像压缩是一种减少表示一幅图像所需数据量的技术与科学，是数字图像处理领域最有用、商业上最成功的技术之一。每天被压缩和解压缩的图像数量非常惊人，而压缩和解压缩本身对用户而言是不可见的。任何拥有数字摄像机、在网上冲浪或在 Internet 上观看好莱坞最新大片的人，都能从本章中讨论的算法和标准中受益。本章的内容主要是介绍性的，适用于静止图像和视频应用。本章首先从理论和实践方面介绍最常用的压缩技术，然后介绍使这些技术发挥作用的过程，最后介绍数字图像水印技术——把可见的和不可见的数据（如版权信息）插入图像的处理过程。

学习目标

- 能够度量数字图像中的信息量。
- 了解数字图像中数据冗余的主要来源。
- 了解有损压缩和无误差压缩之间的区别，以及每种压缩可能实现的压缩量。
- 熟悉当今流行的图像压缩标准，如 JPEG 和 JPEG-2000。
- 了解主要的图像压缩方法及它们的工作原理。
- 能够压缩和解压缩灰度、彩色和视频图像。
- 了解可见、不可见、鲁棒、脆弱、公有、私有、受限密钥和不受限密钥水印之间的区别。
- 了解在空间域和变换域中插入与提取水印的基本知识。

8.1 基础

数据压缩是指减少表示已知信息量所需的数据量的处理。在这一定义下，数据和信息是不相同的；数据是传递信息的手段。由于能够使用各种数量的数据来表示相同的信息量，因此我们说包含无关或重复信息的表示中含有冗余数据。若令 b 和 b' 是相同信息的两个表示所需的比特数（或信息携带单元），

则采用 b 比特表示的相对数据冗余 R 是

$$R = 1 - \frac{1}{C} \tag{8.1}$$

式中，C 通常称为压缩率，它由下式定义：

$$C = \frac{b}{b'} \tag{8.2}$$

例如，若 $C = 10$（有时写为 10:1），则对于较小表示中的每 1 比特数据，较大表示需要 10 比特数据。较大表示中对应的相对数据冗余为 0.9（$R = 0.9$），表明它的数据中 90% 是冗余的。

在数字图像压缩中，式(8.2)中的 b 通常是将图像表示为一个二维灰度值阵列所需的比特数。2.4 节中介绍的二维灰度矩阵是我们查看和解释图像的首选格式，并且是评判其他表示的标准。然而，当它们变成紧凑的图像表示时，这些格式就远不是最优的。二维灰度阵列受如下能被识别和利用的三种主要数据冗余的影响：

1. 编码冗余。编码是用于表示信息主体或事件集合的符号（字母、数字、比特等）系统。每条信息或事件被赋予一串编码符号，我们称之为码字。每个码字中符号的数量就是该码字的长度。在多数二维灰度阵列中，用于表示灰度的 8 比特编码所包含的比特数，要比表示灰度所需的比特数多。

2. 空间和时间冗余。因为多数二维灰度阵列的像素是空间相关的（每个像素类似于相邻像素或取决于相邻像素），在相关像素的表示中，信息被不必要地重复。在视频序列中，时间相关的像素（类似于或取决于相邻帧中像素的那些像素）也是重复信息。

3. 无关信息。多数二维灰度阵列中都含有一些被人类视觉系统忽略或与期望用途无关的信息。从未被利用的角度来看，这些信息是冗余的。

图 8.1(a)到图 8.1(c)中由计算机生成的图像显示了这些基本的冗余。如接下来的三节所述，当一个或多个冗余被减少或消除时，就实现了压缩。

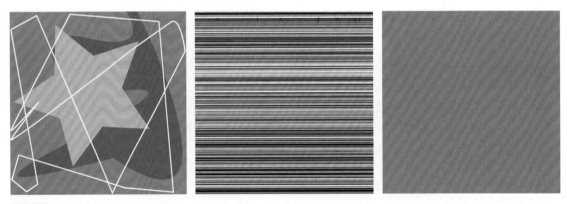

a b c

图 8.1 计算机生成的 256×256×8 比特图像：(a)编码冗余；(b)空间冗余；(c)无关信息（每幅图像被设计用来说明一种主要的冗余，但也展示了其他冗余）

8.1.1 编码冗余

第 3 章在图像灰度值为随机量的假设下，讨论了使用直方图处理来增强图像的技术。本节将采用类似的表述来介绍最优信息编码。

假设我们用区间[0, L −1]内的一个离散随机变量 r_k 来表示一幅 $M{\times}N$ 图像的灰度，且每个 r_k 出现的

概率为 $p_r(r_k)$。与 3.3 节中一样，有

$$p_r(r_k) = \frac{n_k}{MN}, \quad k = 0, 1, 2, \cdots, L-1 \tag{8.3}$$

式中，L 是灰度值的数量，n_k 是第 k 级灰度在图像中出现的次数。若用于表示每个 r_k 值的比特数为 $l(r_k)$，则表示每个像素所需的平均比特数为

$$L_{\text{avg}} = \sum_{k=0}^{L-1} l(r_k) p_r(r_k) \tag{8.4}$$

也就是说，赋给各个灰度值的码字的平均长度，是表示每个灰度的比特数与该灰度出现的概率的乘积之和。表示一幅 $M \times N$ 图像所需的总比特数为 MNL_{avg}。如果用自然 m 比特固定码①来表示灰度，那么式(8.4)的右侧将减少到 m 比特。也就是说，使用 m 来代替 $l(r_k)$ 时，有 $L_{\text{avg}} = m$。常数 m 可以移到求和之外，只剩下 $p_r(r_k)$ 在区间 $0 \le k \le L-1$ 内的求和；当然，这一求和的结果为 1。

例 8.1 变长编码的简单说明。

图 8.1(a)中由计算机生成的图像具有表 8.1 第二列中显示的灰度分布。如果使用自然 8 比特二进制编码（表 8.1 中的编码 1）来表示 4 种可能的灰度，那么 L_{avg} 为 8 比特，因为对所有 r_k 有 $l(r_k) = 8$ 比特。另一方面，如果使用表 8.1 中的编码 2 方案，那么根据式(8.4)可得已编码像素的平均长度为

$$L_{\text{avg}} = 0.25 \times 2 + 0.47 \times 1 + 0.25 \times 3 + 0.03 \times 3 = 1.81 \text{ 比特}$$

表示整幅图像所需的总比特数是 $MNL_{\text{avg}} = 256 \times 256 \times 1.81$ 或 118620。由式(8.2)和式(8.1)可知，压缩率和对应的相对冗余分别是

$$C = \frac{256 \times 256 \times 8}{118620} = \frac{8}{1.81} \approx 4.42$$

和

$$R = 1 - \frac{1}{4.42} = 0.774$$

于是，原 8 比特二维灰度阵列中就有 77.4%的数据是冗余的。

表 8.1 变长编码示例

r_k	$p_r(r_k)$	编码 1	$l_1(r_k)$	编码 2	$l_2(r_k)$
$r_{87} = 87$	0.25	01010111	8	01	2
$r_{128} = 128$	0.47	10000000	8	1	1
$r_{186} = 186$	0.25	11000100	8	000	3
$r_{255} = 255$	0.03	11111111	8	001	3
$r_k, k \neq 87,128,186,255$	0	—	8	—	0

编码 2 实现压缩的方式是，对图像中更大可能出现的灰度值分配较少的比特，而对更小可能出现的灰度值分配较多的比特。在得到的变长编码中，r_{128}（图像中最大可能出现的灰度）被分配 1 比特码字 1［长度 $l_2(128) = 1$］，r_{255}（图像中最小可能出现的灰度）被分配 3 比特码字 001［长度 $l_2(255) = 3$］。注意，可分配给图 8.1(a)所示图像的灰度的最好定长编码是自然 2 比特计数序列{00, 01, 10, 11}，但得到的压缩率仅为 8/2 或 4:1，它比变长编码的压缩率 4.42:1 少约 10%。 ∎

如上例所示，对事件集合（如灰度值）分配码字时，若不充分利用事件的概率，则会出现编码冗余。用自然二进制编码表示一幅图像的灰度时，几乎总是存在编码冗余，原因是大多数图像都由形态（形状）和反射率可以预测的规则物体组成，并且被描述物体取样后远大于像元。对大多数图像来说，

---

① 自然二进制编码是指对待编码的每个事件或信息（如灰度值）赋予 2^m 个编码之一，其中 2^m 个编码来自一个 m 比特二进制计数序列。

结果自然是某些灰度要比其他灰度更可能出现(多数图像的直方图是不均匀的)。自然二进制编码对最大可能的值和最小可能的值分配相同的比特数,因此无法使得式(8.4)最小,从而导致了编码冗余。

8.1.2　空间冗余和时间冗余

考虑图 8.1(b)中由计算机生成的一组恒定灰度线。在对应的二维灰度阵列中:

1. 所有 256 种灰度都是等可能出现的。如图 8.2 所示,图像的直方图是均匀的。
2. 因为每条线的灰度是随机选择的,因此在垂直方向上每条线的像素彼此无关。
3. 因为每条线上的像素是相同的,因此在水平方向上它们是最大相关的(彼此完全依赖)。

观察 1 告诉我们,将图 8.1(b)中的图像表示为一个传统的 8 比特灰度阵列时,它不能单独地使用变长编码来压缩。图 8.1(a)和例 8.1 中的图像的直方图是不均匀的,此时使用变长编码可最小化式(8.4)。观察 2 和观察 3 揭示了一个可被消除的重要空间冗余,消除方式是将图 8.1(b)中的图像表示为一系列行程长度对,其中每个行程长度对规定一个新灰度的起始点和具有该灰度的连续像素数。基于行程长度的表示,对原二维 8 比特灰度阵列的压缩率为(256×256×8)/[(256+256)×8]或 128:1。原表示中的每条256 像素的直线,被行程表示中的一个 8 比特的灰度值和长度 256 代替。

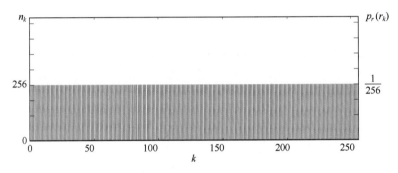

图 8.2　图 8.1(b)中图像的灰度直方图

在大多数图像中,像素是空间(x 方向和 y 方向)相关的和时间(图像是视频序列的一部分)相关的。因为大多数像素的灰度可由相邻像素的灰度合理地预测,因此单个像素携带的信息较少。在一个像素的灰度可由其相邻像素的灰度预测的意义上,我们说许多视觉贡献是冗余的。为减少与空间相关和时间相关像素相关联的冗余,二维灰度阵列必须变换为更有效但通常"非视觉"的表示形式。例如,可以使用行程长度或相邻像素之间的差。这种类型的变换称为映射。如果原二维灰度阵列的像素可以根据变换后的数据集合无误地重建,那么称这个映射是可逆的;否则,称这个映射是不可逆的。

8.1.3　无关信息

压缩一组数据的最简方法之一是,从这组数据中删除多余的数据。在数字图像压缩中,被人类视觉系统忽略的信息,或与图像预期应用无关的信息,显然都是要删除的对象。于是,图 8.1(c)中由计算机生成的图像(显示为均匀的灰度区域),就可单独由其平均灰度(一个 8 比特值)来表示。256×256×8比特的原灰度阵列被减小到 1 字节(8 比特),压缩率为(256×256×8)/8 或 65536:1。当然,256×256×8比特的原图像必须被重建后才能查看和分析,但重建图像质量几乎不会下降。

图 8.3(a)显示了图 8.1(c)中的图像的直方图。注意,实际存在一些灰度值(从 125 到 131)。人的视觉系统会平均这些灰度值,并只感知这个平均值,而忽略这种情况下灰度的微小变化。图 8.3(b)是对

图 8.1(c)中的图像进行直方图均衡化处理后的结果，结果中的灰度变化很明显，并且显示了两个先前未被察觉的恒定灰度区域：一个垂直区域和一个水平区域。若图 8.1(c)中的图像只用其平均灰度值表示，则这个"非视觉"结构（两个恒定灰度区域）及其周围的随机灰度变化（真实信息）就会消失。这些信息是否保留将取决于应用。如果信息很重要，如医学应用中的数字 X 射线归档信息，那么就不应该遗漏；否则，这一信息就是冗余的，压缩图像时应将它排除在外。

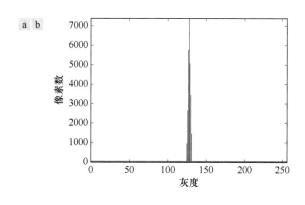
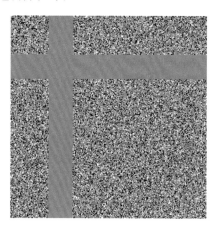

图 8.3　(a)图 8.1(c)中图像的直方图；(b)图像经直方图均衡化处理后的结果

　　注意，这里讨论的冗余与前两节中讨论的冗余有着根本的不同。消除冗余信息是可能的，因为这种信息本身对正常的视觉处理和/或期望的图像用途来说并不是必需的。由于去除这种信息会导致定量信息的丢失，因此这种信息的去除通常称为量化。这个术语与该词的标准用法一致，即通常意味着将较宽范围的输入值映射为有限数量的输出值。因为存在信息损失，所以量化是一种不可逆的操作。

8.1.4　度量图像信息

　　前几节中介绍了减少表示图像所需的数据量的几种方法。于是，自然而然地出现的问题是：表示一幅图像中的信息实际上需要多少比特？也就是说，是否存在不丢失信息而充分描述一幅图像的最小数据量？信息论为回答这个问题和相关问题提供了数学框架。信息论的基本前提是，信息的产生可建模为一个可以直观度量的概率过程。根据这一假设，我们说概率为 $P(E)$ 的随机事件 E 包含

$$I(E) = \log \frac{1}{P(E)} = -\log P(E) \tag{8.5}$$

个单位的信息。若 $P(E) = 1$（事件总是出现），则 $I(E) = 0$，没有任何信息出自该事件。因为没有不确定性与该事件关联，所以通过告知事件已经发生不会传输任何信息 [若 $P(E) = 1$，则事件总会发生]。

　　式(8.5)中对数的底决定了用于度量信息的单位。如果使用以 m 为底的对数，那么称这个度量是 m 元单位的。如果选择 2 为底数，那么信息的单位是比特。注意，若 $P(E) = 1/2$，则 $I(E) = -\log_2 1/2$ 或 1 比特。也就是说，当两个等可能的事件之一发生时，传达的信息量是 1 比特。一个简单的例子是投掷一枚硬币并告知结果。

> 关于信息论和概率论的简要回顾，请查阅本书的配套网站。

　　给这一个统计上独立的随机事件信源，它来自可能发生的离散事件集合 $\{a_1, a_2, \cdots, a_J\}$，与该集合关联的概率为 $\{P(a_1), P(a_2), \cdots, P(a_J)\}$，那么每个信源输出的平均信息（称为信源的熵）为

$$H = -\sum_{j=1}^{J} P(a_j) \log P(a_j) \tag{8.6}$$

式中，a_j 称为信源符号。因为它们是统计独立的，所以信源本身称为零记忆信源。

如果一幅图像被认为是一个虚构的零记忆"灰度信源"的输出，那么我们使用被观察图像的直方图来估计该信源的符号概率。这时，灰度信源的熵变为

$$\tilde{H} = -\sum_{k=0}^{L-1} p_r(r_k)\log_2 p_r(r_k) \tag{8.7}$$

式中，变量 L，r_k 和 $p_r(r_k)$ 的定义见 3.3 节。因为使用了以 2 为底的对数，所以式(8.7)是虚构灰度信源的每个灰度输出的平均信息，单位为比特。以少于 $\tilde{H}$ 比特/像素的熵来对虚构信源（和取样图像）的灰度值进行编码是不可能的。

> 式(8.6)适用于具有 J 个信源符号的零记忆信源。式(8.7)对图像中的 $L-1$ 个灰度值使用概率估计。

例 8.2   估计图像的熵。

图 8.1(a)所示图像的熵，可通过把表 8.1 中的灰度概率代入式(8.7)来估计：

$$\tilde{H} = -[0.25\log_2 0.25 + 0.47\log_2 0.47 + 0.25\log_2 0.25 + 0.03\log_2 0.03]$$
$$= -[0.25\times(-2) + 0.47\times(-1.09) + 0.25\times(-2) + 0.03\times(-5.06)]$$
$$\approx 1.6614 \text{ 像素/比特}$$

采用类似的方法，可以证明图 8.1(b)和(c)中图像的熵分别为 8 比特/像素和 1.566 比特/像素。注意，图 8.1(a)中的图像看起来具有最多的视觉信息，但算出的熵却是最低的——1.66 比特/像素。图 8.1(b)中图像的熵几乎是图 8.1(a)中图像的熵的 5 倍，但看起来有着相同（或更少）的视觉信息；看起来几乎没有信息或信息很少的图 8.1(c)，却有着与图 8.1(a)中图像几乎相同的熵。因此，明显的结论是，一幅图像中的熵量和信息量与直觉相差甚远。 ■

1. 山农第一定理

回顾可知，例 8.1 中的变长编码能够只用 1.81 比特/像素来表示图 8.1(a)中图像的灰度。虽然它比例 8.2 中估计的熵 1.6614 比特/像素要高，但山农第一定理［也称无噪声编码定理（Shannon[1948]）］告诉我们，图 8.1(a)中的图像可用不大于 1.6614 比特/像素的熵来表示。为了用一般的方法来证明它，山农研究了使用单个码字（而不是每个信源符号一个码字）表示连续的信源符号组，结果表明

$$\lim_{n\to\infty}\left[\frac{L_{\mathrm{avg},n}}{n}\right] = H \tag{8.8}$$

式中，$L_{\mathrm{avg},n}$ 是表示所有 n 个符号组所需的编码符号的平均数量。在证明中，他将零记忆信源的第 n 个扩展定义为一个假设的信源，这个假设的信源使用原信源的符号产生 n 个符号块（分组）；并通过将式(8.4)应用到表示 n 个符号块[1]的码字来计算 $L_{\mathrm{avg},n}$。式(8.8)告诉我们，通过对单符号信源的无限扩展进行编码，可使 $L_{\mathrm{avg},n}/n$ 任意地接近 H。也就是说，用每个信源符号 H 个信息单位的平均来表示零记忆信源的输出是可能的。

如果现在回到图像是产生它的灰度信源的一个"取样"的概念，那么 n 个信源符号块就对应于 n 个邻近像素组。要为 n 个像素块构建变长编码，就必须计算这些块的相对频数。然而，具有 256 个灰度值的假设灰度信源的第 n 次扩展却有 256^n 个可能的 n 个像素块。甚至在 $n=2$ 的简单情况下，也要产生 65536 个元素直方图和多达 65536 个变长码字。$n=3$ 时，需要多达 16777216 个码字。因此，即便是对较小的 n 值，实际工作中的计算复杂性也限制了扩展编码方法的使用价值。

最后，我们注意到，在对统计独立的像素直接编码时，尽管式(8.7)提供了可以达到的压缩下限，但当一幅图像中的像素相关时，就会出现问题。与公式预测法相比，相关像素块可用更小的平均比特

---

[1] 第 n 个扩展的输出是一个 n 元符号组，它来自单符号信源。我们可将它视为一个块随机变量，其中每个 n 元组的概率是各个符号的概率的乘积。因此，第 n 个扩展的熵是单符号信源的熵的 n 倍。

数/像素来编码。因此，我们通常不使用信源扩展来编码，而选择不太相关的描述符（如灰度行程）无扩展地对像素进行编码。这是在空间和时间冗余一节中用于压缩图 8.1(b)的方法。当信源的输出取决于此前有限数量的输出时，这一信源就称为马尔可夫信源或有限记忆信源。

8.1.5　保真度准则

前面提到，删除"无关视觉"信息会损失真实或定量的图像信息。由于出现了信息损失，因此需要一种方法来量化信息的损失。这种评价采用的标准有两个：（1）客观保真度准则；（2）主观保真度准则。

当信息损失能够表示为压缩处理的输入和输出的数学函数时，我们称它是以客观保真度准则为基础的。一个例子是两幅图像之间的均方根误差。令 $f(x, y)$ 是输入图像，令 $\hat{f}(x, y)$ 是 $f(x, y)$ 的一个近似，它是对输入图像进行压缩并随后解压缩得到的。对 x 和 y 的所有值，$f(x, y)$ 和 $\hat{f}(x, y)$ 之间的误差 $e(x, y)$ 为

$$e(x, y) = \hat{f}(x, y) - f(x, y) \tag{8.9}$$

因此两幅图像之间的总误差为

$$\sum_{x=0}^{M-1} \sum_{y=0}^{N-1} \left[\hat{f}(x, y) - f(x, y) \right]$$

式中，两幅图像的大小都为 $M \times N$。于是，$f(x, y)$ 和 $\hat{f}(x, y)$ 之间的均方根误差 e_{rms} 就是整个 $M \times N$ 阵列的均方误差的平方根，或写为

$$e_{\text{rms}} = \left[\frac{1}{MN} \sum_{x=0}^{M-1} \sum_{y=0}^{N-1} \left[\hat{f}(x, y) - f(x, y) \right]^2 \right]^{1/2} \tag{8.10}$$

如果［简单地排列式(8.9)中的各项后］认为 $\hat{f}(x, y)$ 是原图像 $f(x, y)$ 和一个误差或"噪声"信号 $e(x, y)$ 的和，那么根据 5.8 节可将输出图像的均方信噪比（表示为 SNR_{ms}）定义为

$$\text{SNR}_{\text{ms}} = \frac{\sum_{x=0}^{M-1} \sum_{y=0}^{N-1} \hat{f}(x, y)^2}{\sum_{x=0}^{M-1} \sum_{y=0}^{N-1} \left[\hat{f}(x, y) - f(x, y) \right]^2} \tag{8.11}$$

信噪比的均方根值 SNR_{rms} 可通过取式(8.11)的平方根得到。

尽管客观保真度准则能够简单且方便地评价信息损失，但解压缩图像最终还得由人来观察；因此，根据人的主观评价来度量图像的质量通常更为合适。这样做的方法是，将解压缩图像呈现给一组观察者，让他们给出评价，然后取这些评价的平均。评价时可以使用绝对量表（评分标准），也可并排比较 $f(x, y)$ 和 $\hat{f}(x, y)$。表 8.2 显示了一种绝对量表。使用评分标准 $\{-3, -2, -1, 0, 1, 2, 3\}$ 表示主观评价｛非常差，差，较差，一般，较好，好，非常好｝，可实现并排比较。不管采用哪种方式，这些评价都是基于主观保真度准则的。

表 8.2　电视分配研究组织的评级量表（Frendendall and Behrend）

值	评 价	描　　　述
1	优秀	图像质量极高，和你希望的一样好
2	良好	图像质量较好，能提供让人赏心悦目的观看效果，干扰不令人反感
3	较好	图像质量可令人接受，干扰不令人反感
4	一般	图像质量较差，你希望它能得到改进，干扰令人反感
5	较差	图像质量很差，但还可以观看，干扰令人非常反感
6	很差	图像质量差到无法观看

例 8.3　比较图像的质量。

图 8.4 是图 8.1(a)中图像的三个不同近似。将图 8.1(a)中的图像作为 $f(x, y)$，将图 8.4(a)到(c)中的图像作为 $\hat{f}(x, y)$，用式(8.10)计算得到的均方根误差分别是 5.17、15.67 和 14.17 个灰度级。根据均方根误差（客观保真度准则），图 8.4 中三幅图像按质量递减的顺序排列为{(a), (c), (b)}。然而，如果使用表 8.2 对三幅图像进行主观评价，(a)可能会被评为优秀，(b)可能会被评为一般，而(c)可能会被评为较差或很差。因此，根据主观保真度标准，(b)的排名要高于(c)。

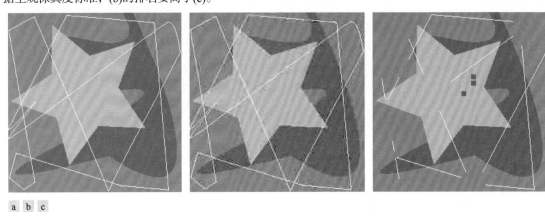

a b c

图 8.4　图 8.1(a)中图像的三种近似　　　■

8.1.6　图像压缩模型

如图 8.5 所示，图像压缩系统由两个功能不同的部分组成：一个编码器和一个解码器。编码器执行压缩操作，解码器执行解压缩操作。两种操作都能用软件执行，如在 Web 浏览器和许多商用图像编辑应用中；也能用硬件和固件相结合的形式执行，如在商用 DVD 播放机中。codec 是一个既能编码又能解码的设备或程序。

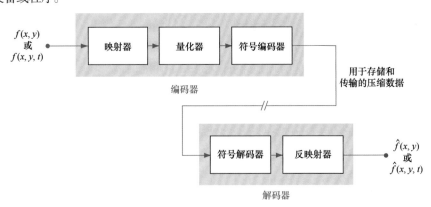

图 8.5　通用图像压缩系统的功能框图

将图像 $f(x, \cdots)$ 输入编码器后，编码器就会创建输入图像的压缩表示。压缩表示可以存储，以备后用；也可传送到远程位置存储和使用。压缩后的表示送入解码器后，解码器就会产生重建的输出图像 $\hat{f}(x, \cdots)$。在静止图像应用中，编码后的输入和解码器的输出分别是 $f(x, y)$ 和 $\hat{f}(x, y)$；在视频应用中，它们分别是 $f(x, y, t)$ 和 $\hat{f}(x, y, t)$，其中

> 这里，符号 $f(x, \cdots)$ 用于表示 $f(x, y)$ 和 $f(x, y, t)$。

的离散参数 t 表示时间。一般来说，$\hat{f}(x,\cdots)$ 可能是也可能不是 $f(x,\cdots)$ 的精确副本。如果是精确副本，那么称压缩系统是无误差的、无损的或信息保持的；如果不是精确副本，那么重建的输出图像就会失真，并且称压缩系统是有损的。

1. 编码或压缩过程

图 8.5 中的编码器通过一系列的三个独立操作，去除前几节中描述的冗余。在编码处理的第一个阶段，映射器把 $f(x,\cdots)$ 变换为减少空间和时间冗余的格式（通常看不到）。这一操作通常是可逆的，并且可能会也可能不会直接减少表示图像所需的数据量。行程编码就是映射的一个例子，它通常在编码处理的第一步就能实现压缩。将图像映射为一组基本不相关的变换系数（见 8.9 节）是相反情况的一个例子（要实现压缩，必须对这些系数做进一步处理）。在视频应用中，映射器使用前面（或后面）的几个视频帧来帮助去除时间冗余。

图 8.5 中的量化器根据预先建立的保真度准则来降低映射器输出的精度，目的是将无关信息排除在压缩后的表示之外。如前所述，这一操作是不可逆的。希望进行无误差压缩时，就要省去这个步骤。在视频应用中，通常需要度量编码后的输出的比特率（单位为比特/秒），并调整量化器的操作，以保持预先建立的平均输出比特率。因此，输出的视觉质量会随图像的内容逐帧变化。

在第三个阶段，即编码处理的最后阶段，图 8.5 中的符号编码器生成一个定长编码或变长编码来表示量化器的输出，并根据这一编码来映射输出。在许多情况下，会使用变长编码。最短的码字赋给最频繁出现的量化器输出值，因此可使得编码冗余最小化。这一操作是可逆的。完成这一操作后，就去除了输入图像中前几节介绍的三种冗余。

2. 解码或解压缩过程

图 8.5 中的解码器只包含两个部分：一个符号解码器和一个反映射器。它们反序执行编码器中的符号编码器和映射器的操作。因为量化会导致不可逆的信息损失，因此通用解码器模型中未包含反量化器模块。在视频应用中，解码后的输出帧保留在内部帧存储器中（未显示），以便重新插入在编码器中去除的时间冗余。

8.1.7 图像格式、存储器（容器）和压缩标准

在数字图像处理环境中，图像文件格式是组织和存储图像数据的标准方法，它定义了数据的排列方式和所用的压缩类型（如果有的话）。图像存储器（容器）类似于文件格式，但能处理多种类型的图像数据。另一方面，图像压缩标准定义压缩和解压缩图像的过程——也就是说，定义表示图像所需减少的数据量。这些标准是图像压缩技术被广泛接受的基础。

图 8.6 列出了目前所用的最重要的图像压缩标准、文件格式和容器，并按处理的图像类型进行了分类。以蓝色显示的标准是由国际标准化组织（ISO）、国际电工委员会（IEC）和国际电信联盟［ITU-T，一个联合国组织，以前称为国际电报电话咨询委员会（CCITT）］批准的国际标准，以及两个视频压缩标准，即由电影和电视工程师协会（SMPTE）批准的 VC-1 标准和由中国原信息产业部（MII）批准的 AVS 标准。注意，图 8.6 中的黑色项不是国际标准化组织支持的标准。

表 8.3 到表 8.5 小结了图 8.6 中列出的标准、格式和容器，标出了负责组织、目标应用和关键的压缩方法。压缩方法本身是 8.2 节到 8.11 节的主题。这两节介绍目前所用的主要有损压缩方法和无误差压缩方法，重点介绍在主流二值、连续色调静止图像和视频压缩标准中被证明有用的方法。标准本身被用来说明给出的方法。在表 8.3 到表 8.5 中，方括号中的数字是详细介绍所述压缩方法的相关节号。

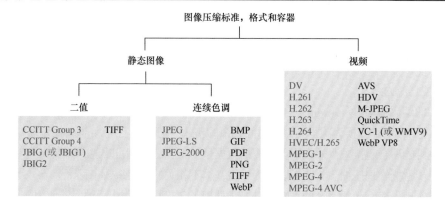

图 8.6　一些常用的图像压缩标准、文件格式和容器。国际支持的标准显示为蓝色，其他标准显示为黑色

表 8.3　国际支持的图像压缩标准。方括号内的数字是本章中的小节号

名　称	组　织	描　述
二值静止图像		
CCITT Group 3	ITU-T	通过电话线传输二进制文档的传真方法，支持一维和二维行程编码[8.6]及霍夫曼编码[8.2]
CCITT Group 4	ITU-T	CCITT Group 3 标准的精简版，只支持二维行程编码
JBIG 或 JBIG1	ISO/IEC/ ITU-T	联合二值图像专家组标准，适用于二值图像的渐进、无损压缩。高达 6 比特/像素的连续色调图像可在比特平面基础上编码[8.8]。使用上下文敏感算术编码[8.4]，初始分辨率较低的图像可用额外的压缩数据逐步增强
JBIG2	ISO/IEC/ ITU-T	JBIG1 的后续版本，适用于桌面、互联网和传真应用中的二值图像。所用的压缩方法是基于内容的，对文本和半色调区域使用基于字典的方法[8.7]，对其他图像内容使用霍夫曼编码[8.2]或算术编码[8.4]。它可以是有损的或无损的
连续色调静止图像		
JPEG	ISO/IEC/ ITU-T	联合摄影专家组制定的摄影图像质量标准。这个标准的有损基线编码系统（最常见的实现）对图像块变换编码[8.9]、霍夫曼编码[8.2]和行程编码[8.6]使用量化离散余弦变换（DCT）。它是在互联网上压缩图像的常用方法之一
JPEG-LS	ISO/IEC/ ITU-T	基于自适应预测[8.10]、上下文建模[8.4]和 Golomb 码[8.3]的一种无损和接近无损压缩标准，适用于连续色调图像
JPEG-2000	ISO/IEC/ ITU-T	JPEG 的后续版本，用于提高图片质量图像的压缩率。它使用算术编码[8.4]和量化离散小波变换（DWT）[8.11]。压缩可以是有损的或无损的

表 8.4　国际支持的视频压缩标准。方括号内的数字是本章中的小节号

名　称	组　织	描　述
DV	IEC	数字视频。一种适用于家庭和半专业视频制作应用与设备的视频标准，如电子新闻采集和摄像机。使用类似于 JPEG 的基于 DCT 的方法[8.9]，为简单编辑目的的单独压缩各帧
H.261	ITU-T	适用于 ISDN（综合业务数字网络）线路的一种双向视频会议标准。它支持非隔行 352×288 和 176×144 分辨率图像，分别称为 CIF（通用中间格式）和 QCIF（四分之一通用中间格式）。使用类似于 JPEG 的基于 DCT 的压缩方法[8.9]，采用帧间预测差分[8.10]来减少时间冗余。使用基于块的技术对帧间的运动进行补偿
H.262	ITU-T	见下面的 MPEG-2
H.263	ITU-T	适用于普通电话调制解调器（如 28.8Kb/s）的增强型 H.261，附加分辨率：SQCIF（子四分之一 CIF 128×96）、4CIF（704×576）和 16CIF（1408×512）
H.264	ITU-T	H.261～H.263 的一个扩展，适用于视频会议、流媒体和电视。它支持预测帧内差分[8.10]、可变块大小整数变换（而不是 DCT）和上下文自适应算术编码[8.4]
H.265 MPEG-H HEVC	ISO/IEC ITU-T	高效视频编码（HVEC）。H.264 的扩展，支持大小高达 64×64 的宏块和其他帧内预测模式，但它们通常用在 4K 视频应用中
MPEG-1	ISO/IEC	一种运动图像专家组标准，适用非隔行扫描视频速率高达 1.5Mb/s 的 CD-ROM 应用。它类似于 H.261，但帧预测可根据前一帧和下一帧进行，或在这两帧之间内插。几乎所有计算机和 DVD 播放器都支持这一标准

（续表）

名　称	组　织	描　述
MPEG-2	ISO/IEC	MPEG-1 的扩展，适用于传输速率高达 15Mb/s 的 DVD 应用。支持隔行扫描视频和 HDTV。它是迄今为止最成功的视频标准
MPEG-4	ISO/IEC	MPEG-2 的扩展，它支持可变块大小和帧内预测差分[8.10]
MPEG-4AVC	ISO/IEC	MPEG-4 的第 10 部分，即先进视频编码（AVC）。与上面的 H.264 相同

表 8.5　表 8.3、表 8.4 中未包含的常用图像和视频压缩标准、文件格式与容器。方括号内的数字是本章中的小节号

名　称	组　织	描　述
		连续色调静止图像
BMP	Microsoft	Windows 位图。主要用于未压缩图像的一种文件格式
GIF	CompuServe	图形交换格式。对 1 到 8 比特图像使用无损 LZW 码[8.5]的文件格式。常用于为互联网制作小动画和低分辨率短片
PDF	Adobe Systems	便携文档格式。以设备和分辨率无关的方式来表示二维文档的一种格式。它可以作为 JPEG、JPEG-2000、CCITT 和其他压缩图像的容器来使用。某些 PDF 版本已成为 ISO 标准
PNG	万维网联盟（W3C）	便携网络图形。一种透明地（高达 48 比特/像素）无损压缩全彩色图像的文件格式，它对每个像素值与基于过去像素预测的值的差进行编码
TIFF	Aldus	标记图像文件格式。一种灵活的文件格式，支持各种图像压缩标准，包括 JPEG、JPEG-LS、JPEG-2000、JBIG 2 和其他格式
WebP	Google	WebP 通过 WebP VP8 帧内有损压缩和无损压缩支持有损压缩，使用空间预测[8.10]、LZW 反向引用[8.5]的一个变体和霍夫曼熵编码[8.2]。支持透明性
		视　频
AVS	MII	中国开发的音视频标准。类似于 H.264，但使用指数 Golomb 码[8.3]
HDV	公司联盟	高清视频。高清电视的 DV 扩展，使用类似 MPEG-2 的压缩，包括通过预测差分去除时间冗余[8.10]
M-JPEG	多家公司	运动 JPEG，使用 JPEG 独立压缩每帧的一种压缩格式
Quick-Time	Apple Computer	一种支持 DV、H.261、H.262、H.264、MPEG-1、MPEG-2、MPEG-4 和其他视频压缩格式的媒体容器
VC-1 WMV9	SMPTE Microsoft	互联网上最通用的视频格式。适用于高清和蓝光高清 DVD。它类似于 H.264/AVC，使用具有不同块大小的整数 DCT[8.9, 8.10]及上下文相关的变长码表[8.2]，但无帧内预测
WebP VP8	Google	一种根据块变换编码[8.9]预测帧内差和帧间差[8.10]的文件格式。这些差是使用自适应算术编码器的熵编码[8.4]

8.2　霍夫曼编码

霍夫曼（Huffman [1952]）提出了消除编码冗余的一种常用技术。逐个地对信源的符号编码时，霍夫曼编码对每个信源符号产生最少的编码符号。根据山农第一定理（见 8.1 节），对固定的 n 值，所得到的编码是最优的，但要求一次只能编码一个信源符号。在实际工作中，信源符号可以是图像的灰度，也可以是灰度映射运算的输出（像素差、行程长度等）。

> 参考表 8.3 ~ 表 8.5 可知，CCITT、JBIG 2、JPEG、MPEG-1, 2, 4、H.261、H.262、H.263、H.264 等压缩标准中使用霍夫曼编码。

霍夫曼编码过程的第一步是，首先对所考虑符号的概率进行排序，创建一系列简化信源，然后将概率最低的若干符号合并为一个符号，并在下一次信源化简中替代它们。图 8.7 说明了二进制编码的这一处理过程（也可构建 K 元霍夫曼编码）。图中左侧第一列是一组信源符号，第二列是它们的概率，注意信源符号是根据其概率的大小从高到低排列的。首次化简信源时，底部概率分别是 0.06 和 0.04 的两个符号，合并为概率是 0.1 的一个"复合符号"。这个复合符号及与之相关的概率放到"简化信源"栏的第一列中，化简后的信源符号也按其概率大小从高到低排列。重复这一过程，直到只剩两个简化信源符号为止（最右一列）。

原信源		简化信源			
符号	概率	1	2	3	4
a_2	0.4	0.4	0.4	0.4	0.6
a_6	0.3	0.3	0.3	0.3	0.4
a_1	0.1	0.1	0.2	0.3	
a_4	0.1	0.1	0.1		
a_3	0.06	0.1			
a_5	0.04				

图 8.7　霍夫曼信源化简

霍夫曼编码过程的第二步是，从概率最小的信源开始，直到返回原信源，对每个化简后的信源进行编码。当然，一个两符号信源的最小长度二进制码是符号 0 和 1。如图 8.8 所示，这些符号被分配给右侧的两个符号（这种分配是任意的；颠倒 0 和 1 的顺序同样可行）。概率为 0.6 的简化信源是由其左侧简化信源中的两个符号合并而成，因此用于编码的 0 分配给这两个符号，并在后面任意添加了 0 和 1 以区分它们。然后，对每个简化信源重复这一操作，直到到达原信源。图 8.8 的最左侧显示了最终的编码。这个编码的平均长度为

$$L_{avg} = 0.4×1 + 0.3×2 + 0.1×3 + 0.1×4 + 0.06×5 + 0.04×5 = 2.2 \text{ 比特/像素}$$

这个信源的熵是 2.14 比特/符号。

霍夫曼编码过程对一组符号和概率产生最优编码，但受限于一次只能编码一个符号。创建编码后，编码和/或无误差解码就可通过查找表的简单方式实现。编码本身是一个即时的、唯一可解码的块（分组）码。称其为块（分组）码的原因是，每个信源符号都被映射为一个固定的编码符号序列；称其为即时的原因是，编码符号串中的每个码字无须参考后续符号就能够解码；称其为唯一可解码的原因是，任何编码符号串都只能以一种方式解码。因此，任何霍夫曼编码符号串都可按照从左到右的方式分析串中的各个符号来解码。对于图 8.8 中的二进制编码，从左到右扫描编码串 010100111100 发现，第一个有效的码字是 01010，它是符号 a_3 的编码；下一个有效的编码是 011，它是符号 a_1 的编码；以这种方式继续，会发现完全解码后的消息是 $a_3 a_1 a_2 a_2 a_6$。

原信源			简化信源							
符号	概率	编码	1		2		3		4	
a_2	0.4	1	0.4	1	0.4	1	0.4	1	0.6	0
a_6	0.3	00	0.3	00	0.3	00	0.3	00	0.4	1
a_1	0.1	011	0.1	011	0.2	010	0.3	01		
a_4	0.1	0100	0.1	0100	0.1	011				
a_3	0.06	01010	0.1	0101						
a_5	0.04	01011								

图 8.8　霍夫曼编码的分配过程

例 8.4　霍夫曼编码。

图 8.9(a)中大小为 512×512 的 8 比特单色图像的直方图如图 8.9(b)所示。因为灰度不是等概率的，霍夫曼编码过程的 MATLAB 实现用 7.428 比特/像素对其编码，包括重建原 8 比特图像灰度所需的霍夫曼编码表。由 $512^2 ×(7.428 – 7.3838)$ 或 11587 比特可知，压缩后的表示超过了图像的估计熵［由式(8.7)得出估计熵为 7.3838 比特/像素］——约超过 0.6%。得到的压缩率和对应的相对冗余度分别是 $C = 8/7.428 = 1.077$ 和 $R = 1$

– (1/1.077) = 0.0715。于是，原 8 比特定长灰度表示的 7.15%就作为编码冗余被去除。

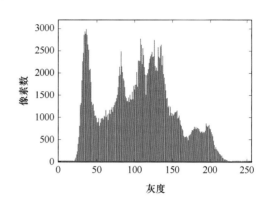

图 8.9　(a)一幅大小为 512×512 的 8 比特图像；(b)图像的直方图 ■

对大量符号进行编码时，构建最优的霍夫曼编码并不容易。对于有着 J 个信源符号的普通情况，需要 J 个符号概率、$J-2$ 次信源化简和 $J-2$ 次编码分配。能够事先估算信源符号的概率时，使用预先计算的霍夫曼编码能够实现"近似最优的"编码。有些常用的图像压缩标准，包括 8.9 节和 8.10 节中讨论的 JPEG 和 MPEG 标准，都规定了默认的霍夫曼编码表，这些编码表是根据实验数据预先计算出来的。

8.3　Golomb 编码

本节介绍具有指数衰减概率分布的非负整数输入的编码。使用计算上比霍夫曼编码简单的一系列编码，可（在山农第一定理的意义上）对这种输入最优地编码。

> 参考表 8.3 至表 8.5 可知，JPEG-LS、AVS 压缩标准中使用 Golomb 码。

编码本身最早是针对非负行程的表示提出的（Golomb[1966]）。在接下来的讨论中，我们用符号 $\lfloor x \rfloor$ 表示小于等于 x 的最大整数，用符号 $\lceil x \rceil$ 表示大于等于 x 的最小整数，用 $x \bmod y$ 表示 x 除以 y 的余数。

已知一个非负整数 n 和一个正整数除数 $m > 0$，则 n 关于 m 的 Golomb 码 $G_m(n)$ 是商 $\lfloor n/m \rfloor$ 的一元编码和余数 $n \bmod m$ 的二值表示的组合。$G_m(n)$ 的构建过程如下：

1. 形成商 $\lfloor n/m \rfloor$ 的一元编码（整数 q 的一元编码定义为 q 个 1 后跟一个 0）。
2. 令 $k = \lceil \log_2 m \rceil, c = 2^k - m, r = n \bmod m$，并按如下方式计算截断的余数 r'：

$$r' = \begin{cases} r\text{截断至} k-1\text{比特}, & 0 \le r < c \\ r+c\text{截断至} k\text{比特}, & \text{其他} \end{cases} \tag{8.12}$$

3. 连接步骤 1 和步骤 2 的结果。

例如，为计算 $G_4(9)$，可首先求商 $\lfloor 9/4 \rfloor = \lfloor 2.25 \rfloor = 2$ 的一元编码，它的一元编码是 110（步骤 1 的结果）。然后，令 $k = \lceil \log_2 4 \rceil = 2$，$c = 2^2 - 4 = 0$ 和 $r = 9 \bmod 4$，r 用二进制表示为 1001 mod 0100 或 0001。根据式(8.12)，r' 是 r（0001）截断到 2 比特的结果，即 01（步骤 2 的结果）。最后，连接步骤 1 的 110 和步骤 2 的 01，得到 11001，这就是 $G_4(9)$。

对于 $m = 2^k$ 的特殊情况，有 $c = 0$，并且对所有 n，式(8.12)中的 $r' = r = n \bmod m$ 都截断到 k 比特。用来产生 Golomb 码的除法变成了二进制移位运算，这种计算上更简单的编码称为 Golomb-Rice 码或

Rice 码（Rice[1975]）。表 8.6 中的第 2 列、第 3 列和第 4 列列出了前 10 个非负整数的 G_1，G_2 和 G_4 编码。因为每种情况下 m 都是 2 的幂（如 $1=2^0$，$2=2^1$ 和 $4=2^2$），所以它们也是前三个 Golomb-Rice 码。此外，G_1 是非负整数的一元编码，因为对所有 n 有 $\lfloor n/1 \rfloor = n$ 和 $n \bmod 1 = 0$。

表 8.6　整数 0~9 的几种 Golomb 码

n	$G_1(n)$	$G_2(n)$	$G_4(n)$	$G_{exp}^0(n)$
0	0	00	000	0
1	10	01	001	100
2	110	100	010	101
3	1110	101	011	11000
4	11110	1100	1000	11001
5	111110	1101	1001	11010
6	1111110	11100	1010	11011
7	11111110	11101	1011	1110000
8	111111110	111100	11000	1110001
9	1111111110	111101	11001	1110010

记住，Golomb 码只能用来表示非负整数，而且可供选择的 Golomb 码有很多，在它们的有效应用中，关键一步是除数 m 的选择。待表示的整数呈几何分布，且概率质量函数（PMF）[1]为

$$P(n) = (1-\rho)\rho^n \tag{8.13}$$

时（式中 $0 < \rho < 1$），可以证明，当

$$m = \left\lceil \frac{\log_2(1+\rho)}{\log_2(1/\rho)} \right\rceil \tag{8.14}$$

时，在 $G_m(n)$ 提供所有唯一可解密编码的最短平均码长的意义上，Golomb 码是最优的（Gallager and Voorhis[1975]）。

图 8.10(a)中画出了式(8.13)在 3 个不同 ρ 值条件下的曲线，并以图形方式说明了 Golomb 码能够处理得很好的符号概率分布情况（编码效率）。如图所示，小整数的出现概率要比大整数大得多。

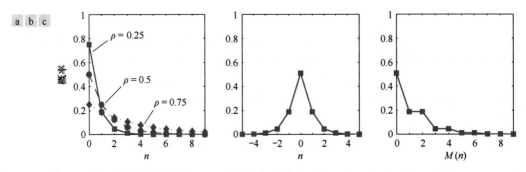

图 8.10　(a)式(8.13)的三个单边几何分布；(b)一个双边指数衰减分布；(c)使用式(8.15)对图(b)重新排序后的结果

因为一幅图像中灰度的概率［例如，见图 8.9(b)的直方图］不太可能与式(8.13)中规定的概率及图 8.10(a)中所示的概率匹配，所以很少使用 Golomb 码来对灰度编码。然而，对灰度差编码时，"差值"的概率（见 8.10 节）（负差值例外）通常类似于式(8.13)和图 8.10(a)中的那些概率。为了在仅能表示非负整数的 Golomb 码中处理负差值，通常要使用一个类似于下式的映射：

---

[1] 概率质量函数（PMF）定义为一个离散随机变量完全等于某个值的概率。PMF 与 PDF（概率密度函数）的不同之处在于，PDF 的值不是概率；相反，PDF 在规定区间上的积分才是概率。

$$M(n) = \begin{cases} 2n, & n \geq 0 \\ 2|n|-1, & n < 0 \end{cases} \tag{8.15}$$

例如，使用该映射，图 8.10(b)中的双边 PMF 可变换为图 8.10(c)中的单边 PMF。它的整数被重排，即交替出现负整数和正整数，所以负整数可被映射到奇正整数位置。如果 $P(n)$ 是双边的，并且关于零居中，那么 $P(M(n))$ 将是单边的。于是，使用合适的 Golomb-Rice 码（Weinberger et al.[1996]），就能有效地对映射后的整数进行编码。

例 8.5　Golomb-Rice 编码。

再次考虑图 8.1(c)中的图像，并注意到其直方图［见图 8.3(a)］类似于图 8.10(b)中的双边分布。若令 n 是图像中的非负整数灰度，$0 \leq n \leq 255$，令 μ 是平均灰度，则 $P(n-\mu)$ 是如图 8.11(a)所示的双边分布。这条曲线是用图像中的像素总数归一化图 8.3(a)中的直方图，并将归一化后的值左移 128（效果上相当于从图像中减去平均灰度）产生的。于是，根据式(8.15)，$P(M(n-\mu))$ 是图 8.11(b)所示的单边分布。若使用表 8.6 中第二列 G_1 码的 MATLAB 实现对重新排序后的灰度值进行 Golomb 编码，则编码后的表示要比原图像小 4.5 倍（$C = 4.5$）。使用变长编码，G_1 码理论上可以实现 4.5/5.1 或 88%的压缩率（根据例 8.2 中计算的熵，变长编码实现的最大压缩率是 $C = 8/1.566 \approx 5.1$）。此外，Golomb 编码能够达到的压缩率，是霍夫曼编码的 MATLAB 实现能够达到的压缩率的 96%，并且不需要计算自定义霍夫曼编码表。

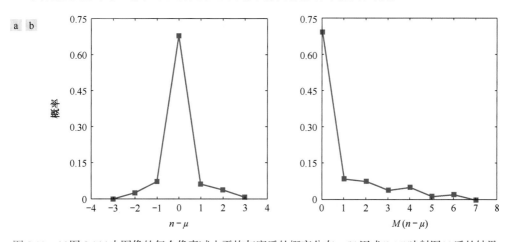

图 8.11　(a)图 8.1(c)中图像的每个像素减去平均灰度后的概率分布；(b)用式(8.15)映射图(a)后的结果

现在考虑图 8.9(a)中的图像。若这幅图像的灰度已用相同的 G_1 码进行了 Golomb 编码，则 $C = 0.0922$，即存在数据扩展，因为图 8.9(a)中图像的灰度的概率，已与式(8.13)中定义的概率完全不同。采用类似的方式，用霍夫曼码对那些概率不同于计算编码的概率的符号编码时，会产生扩展数据。实际工作中，越是偏离针对编码设计的输入概率假设，压缩性能下降和数据扩展的风险就越大。 ■

最后，为结束关于 Golomb 码的讨论，我们注意到表 8.6 的第 5 列中包含了零阶指数 Golomb 码［表示为 $G_{\exp}^0(n)$］的前 10 个码字。指数 Golomb 码对行程编码很有用，因为短行程和长行程都能被有效地编码。k 阶指数 Golomb 码 $G_{\exp}^k(n)$ 的计算过程如下：

1. 找到满足条件

$$\sum_{j=0}^{i-1} 2^{j+k} \leq n < \sum_{j=0}^{i} 2^{j+k} \tag{8.16}$$

的一个整数 $i \ge 0$，并形成 i 的一元编码。若 $k=0$，则 $i = \lfloor \log_2(n+1) \rfloor$，并且这个编码也称 Elias gamma 码。

2. 将二进制表示

$$n - \sum_{j=0}^{i-1} 2^{j+k} \tag{8.17}$$

截断至 $k+i$ 个最低有效比特。

3. 连接步骤 1 和步骤 2 的结果。

例如，要求 $G_{\exp}^0(8)$，可在步骤 1 中令 $i = \lfloor \log_2 9 \rfloor$ 或 3，因为 $k=0$。于是，式(8.16)得以满足，因为

$$\sum_{j=0}^{3-1} 2^{j+0} \le 8 < \sum_{j=0}^{3} 2^{j+0}$$

$$\sum_{j=0}^{2} 2^j \le 8 < \sum_{j=0}^{3} 2^j$$

$$2^0 + 2^1 + 2^2 \le 8 < 2^0 + 2^1 + 2^2 + 2^3$$

$$7 \le 8 < 15$$

3 的一元编码是 1110，步骤 2 中的式(8.17)产生

$$8 - \sum_{j=0}^{3-1} 2^{j+0} = 8 - \sum_{j=0}^{2} 2^j = 8 - (2^0 + 2^1 + 2^2) = 8 - 7 = 1 = 0001$$

将其截断至 $3+0$ 个最低有效比特时，变为 001。于是，连接步骤 1 和步骤 2 的结果得到 1110001。注意，这是 $n=8$ 时表 8.6 中第 4 列的那一项。最后，我们注意到，类似于上一节的霍夫曼编码，表 8.6 中的 Golomb 码是变长的、即时的和唯一可解码的块（分组）码。

8.4　算术编码

与前两节介绍的变长编码不同，算术编码生成的不是块（分组）码。在算术编码（可以追溯至 Elias 的工作（Abramson[1963]）中，信源符号和码字之间不存在一一对应关系。相反，算术编码只为整个信源符号（或消息）序列分配一个算术码字，这个码字本身定义了一个介于 0 和 1 之间的实数区间。当消息中的符号数增多时，用于表示消息的区间变小，而表示这个区间所需的信息单元（如比特）的数量变大。消息的每个符号根据其出现的概率缩小这一区间。因为这种技术不要求像霍夫曼编码方法那样把每个信源符号都转换成整数个编码符号（一次编码一个符号），所以它（理论上）达到了 8.1 节中山农第一定理设定的界限。

> 参考表 8.3～表 8.5 可知，JBIG 1、JBIG 2、JPEG-2000、H.264、MPEG-4 AVC 等压缩标准中采用算术编码。

图 8.12 说明了算术编码的基本过程。这里，对来自一个四符号信源的五符号序列或消息 $a_1 a_2 a_3 a_3 a_4$ 进行了编码。开始编码前，假设消息占据整个半开区间[0, 1)。如表 8.7 所示，这个区间最初根据每个信源符号出现的概率被分为 4 个区域。例如，符号 a_1 与子区间[0, 0.2)相关联。因为 a_1 是正被编码消息的第一个符号，所以这个消息区间最初被缩窄为[0, 0.2)。于是，在图 8.12 中，区间[0, 0.2)就被扩展到了该图形的全高，并且用这个缩窄区间的值标注了端点。然后，这个缩窄的区间根据原信源符号的概率进行细分，并继续对下一个消息符号进行这一处理。采用这种方式，符号 a_2 将这个子区间缩窄为[0.04, 0.08)，符号 a_3 进一步将这个子区间缩窄为[0.056, 0.072)，以此类推。最后一个消息符号，即必须保留为特殊的消息结束指示符，将这个子区间缩窄为[0.06752, 0.0688)。当然，在这个子区

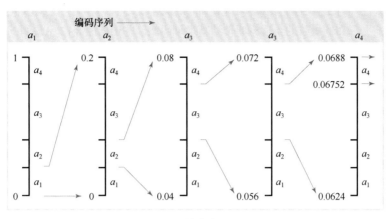

图 8.12　算术编码过程

间内的任何数字（如 0.068）都可以用来表示该消息。在图 8.12 所示的算术编码消息中，使用了 3 个十进制数来表示这个五符号消息，即 0.6 个十进制数/信源符号，与由式(8.6)得到的信源的熵（0.58 个十进制数/信源符号）具有可比性。随着待编码序列长度的增大，得到的算术编码会接近山农第一定理设定的极限。在实际工作中，有两个因素会使得编码性能无法达到这一极限：（1）需要增加一个消息结束指示符来分隔不同的消息；（2）所用的运算精度有限。算术编码的实际实现通过引入一种尺度缩放策略和一种舍入策略，解决了运算的精度问题（Langdon and Rissanen[1981]）。尺度缩放策略在根据符号出现的概率细分每个子区间前，把每个子区间重新归一化到区间[0, 1]；舍入策略保证与有限精度运算相关联的截断不会妨碍编码子区间的准确表示。

表 8.7　算术编码示例

信源符号	概　率	初始子区间
a_1	0.2	[0.0, 0.2)
a_2	0.2	[0.2, 0.4)
a_3	0.4	[0.4, 0.8)
a_4	0.2	[0.8, 1.0)

8.4.1　自适应上下文相关概率估计

使用精确的输入符号概率模型（提供被编码符号的真实概率的模型），在表示被编码符号所需码字符号的平均数量最少的意义上，算术编码器几乎是最优的。然而，像在霍夫曼编码和 Golomb 编码中那样，不精确的概率模型会导致非最优的结果。改进所采用概率精确性的一种简单方法是，使用自适应的、上下文相关的概率模型。自适应概率模型会在符号被编码或变得已知时更新符号的概率。于是，概率就会适应被编码符号的局部统计。上下文相关模型围绕被编码符号，根据预先定义的像素邻域（称为上下文）来提供概率。通常，使用因果上下文（仅限于已编码的符号）。Q 编码器（Pennebaker et al.[1988]）和 MQ 编码器（ISO/IEC[2000]），这两种著名的算术编码技术，已被纳入 JBIG、JPEG-2000 和其他重要的图像压缩标准中，它们使用的概率模型是自适应的和上下文相关的。Q 编码器在区间重新归一化期间动态地更新符号概率，其中区间重新归一化是算术编码处理的一部分。Golomb 编码中也使用了自适应上下文相关模型，如在 JPEG-LS 压缩标准中。

图 8.13(a)给出了二值信源符号自适应上下文相关算术编码包括的步骤。对二值符号编码时，通常使用算术编码。对每个符号（或比特）开始编码处理时，其上下文是在图 8.13(a)的上下文确定块中形成的。图 8.13(b)到(d)显示了 3 种可被使用的上下文：（1）前一个符号；（2）前一组符号；（3）前一些符号加上前一扫描行上的符号。对于所示的三种情况，概率估计块必须管理 2^1（或 2）个、2^8（或 256）个和 2^5（或 32）个上下文及与它们关联的概率。例如，如果使用图 8.13(b)中的上下文，就要跟踪条件概率

$P(0\,|\,a=0)$（已知前一符号为 0 时，被编码符号为 0 的概率）、$P(1\,|\,a=0)$、$P(0\,|\,a=1)$ 和 $P(1\,|\,a=1)$。然后，将作为当前上下文的函数的合适概率传给算术编码块，并根据图 8.12 中说明的过程，产生算术编码输出序列。再后，更新与当前编码步骤所涉及的上下文相关联的概率，以反映上下文内另一个符号已被处理的事实。

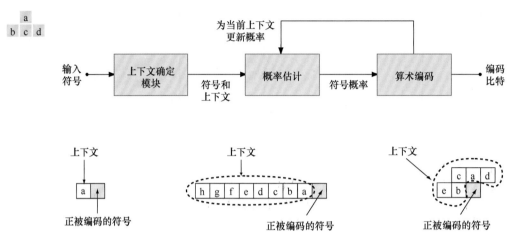

图 8.13　(a)一种自适应上下文算术编码方法（通常用于二值信源符号）；(b)~(d)三个可能的上下文模型

最后，我们注意到许多算术编码技术受美国专利的保护（可能还受其他法律保护）。由于侵犯这些专利可能会导致高额罚款，因此 JPEG 标准的多数实现通常只支持霍夫曼编码。

8.5　LZW 编码

8.2 节到 8.4 节介绍的技术主要关注编码冗余的消除。本节介绍一种无误差压缩方法，这种方法除了能解决图像的编码冗余问题，还能解决空间冗余问题。这种技术称为 Lempel-Ziv-Welch（LZW）编码，它对信源符号的变长序列分配定长码字。回顾前面关于图像信息度量的一节可

> 参考表 8.3 至表 8.5 可知，GIF、TIFF 和 PDF 文件格式中使用了 LZW 编码，但其他国际认可的压缩标准中未使用它。

知，在第一定理的证明中，山农使用了对信源符号序列而非单个信源符号进行编码的思想。LZW 编码的关键特征是，它不需要被编码符号出现的概率的先验知识。尽管直到最近这种压缩技术仍然受美国专利的保护，但 LZW 压缩技术已被引入许多主流的图像文件格式中，如 GIF、TIFF 和 PDF 等。创建 PNG 格式是为了绕过 LZW 的许可要求。

例 8.6　图 8.9(a) 的 LZW 编码。

再次考虑图 8.9(a) 中大小为 512×512 的 8 比特图像。使用 Adobe Photoshop，这幅图像的未压缩 TIFF 格式需要 286740 字节的磁盘空间——512×512 的 8 比特像素需要的 262144 字节，再加上文件头需要的 24596 字节。然而，使用 TIFF 的 LZW 压缩选项后，文件的大小变为 224420 字节。压缩率是 $C=1.28$。回顾例 8.4 中图 8.9(a) 的霍夫曼编码表示可知，压缩率 $C=1.077$。由 LZW 方法实现的额外压缩是由于消除了图像的某些空间冗余。■

LZW 编码概念上非常简单（Welch[1984]）。在编码过程的开始阶段，首先构建一个包含被编码信源符号的码书或字典。对于 8 比特单色图像，字典中的前 256 个字分配给灰度 0, 1, 2,…, 255。当编码

器顺序检查图像像素时，不在字典中的灰度序列被放置到算法确定的位置（如下一个未使用的位置）。例如，如果图像的前两个像素为白色，那么序列"255-255"可分配到位置 256，该位置后面的地址保留给灰度级 0 到 255。下次遇到两个连续的白色像素时，使用码字 256（该地址位于为灰度 0 至 255 保留的地址位置之后）来表示它们。如果在编码过程中采用了一个 9 比特的 512 个字的字典，那么最初用于表示这两个像素的(8+8)比特就由一个 9 比特码字代替。很明显，字典的大小是一个重要的系统参数。如果字典太小，那么匹配灰度级序列的检测将不太可能成功；如果字典太大，那么码字的大小反过来会影响压缩性能。

例 8.7　LZW 编码。

考虑下列大小为 4×4 的 8 比特垂直边缘图像：

$$
\begin{array}{cccc}
39 & 39 & 126 & 126 \\
39 & 39 & 126 & 126 \\
39 & 39 & 126 & 126 \\
39 & 39 & 126 & 126
\end{array}
$$

表 8.8 中给出了对 16 个像素进行编码的详细步骤。假设一个 512 字的字典具有如下内容：

字典位置	项
0	0
1	1
⋮	⋮
255	255
256	—
⋮	⋮
511	—

位置 256 到 511 开始时未使用。

按照从左到右、从上到下的方式处理图像中的像素，对图像编码。每个连续的灰度值都与表 8.8 中称为"当前识别的序列"的第 1 列的一个变量连接。如看到的那样，这个变量最初为空或零。在字典中搜索每个连接的序列，如果找到，如表中的第一行所示，那么用新近连接并识别的序列（字典中的序列）代替它。结果如第 2 行的第 1 列所示。这既不产生输出代码，也不更改字典。然而，如果在字典中未找到连接的序列，那么把当前识别的序列的地址作为下一个编码值输出，并把已连接但未识别的序列添加到字典中，当前识别的序列初始化为当前的像素值。这一过程如表中的第 2 行所示。最后两列详细给出了扫描整个 128 比特图像时添加到字典中的灰度序列。定义了 9 个附加码。编码结束后，字典中含有 265 个码字，并且 LZW 算法成功地识别了几个重复的灰度序列——使用它们把 128 比特的原图像降低到了 90 比特（10 个 9 比特码）。从上到下读取第 3 列即可得到编码输出，压缩率是 1.42:1。

表 8.8　LZW 编码示例

当前识别的序列	正被处理的像素	编码后的输出	字典位置（码字）	字典词条
	39			
39	39	39	256	39-39
39	126	39	257	39-126
126	126	126	258	126-126
126	39	126	259	126-39
39	39			

（续表）

当前识别的序列	正被处理的像素	编码后的输出	字典位置（码字）	字典词条
39-39	126	256	260	39-39-126
126	126			
126-126	39	258	261	126-126-39
39	39			
39-39	126			
39-39-126	126	260	262	39-39-126-126
126	39			
126-39	39	259	263	126-39-39
39	126			
39-126	126	257	264	39-126-126
126		126		

■

上述 LZW 编码的一个特点是，编码字典或码书是在对数据进行编码的同时创建的。很明显，在 LZW 解码器对编码后的数据流进行解码的同时，创建了一个同样的解压缩字典。作为练习（见习题 8.20），请读者对上例的输出进行解码，并重建码书。尽管上例中并不需要这样做，但大多数实际应用都需要一种处理字典溢出的方法。处理字典溢出的一种简单办法是，字典已满时，刷新或重新初始化字典，并用一个新初始化的字典继续编码。另一种复杂的方法是，监控压缩性能，并在性能变得低下或不可接受时刷新字典。此外，需要时可跟踪并替换字典中那些很少使用的词条。

8.6　行程编码

如前所述，对于行（或列）中有重复灰度的图像，我们通常采用将相同灰度的行程表示为行程对的方法来进行压缩，其中每个行程对中规定了一个新灰度的起点和具有该灰度的连续像素数。这种称为行程编码（RLE）并于 20 世纪 50 年代发展起来的技术，连同其二维扩展一起，已成为传真编码中的标准压缩方法。压缩通过消除一种简单的空间冗余（一组相同的灰度）来实现。相同像素的行程较小（或没有）时，行程编码会导致数据扩展。

> 参考表 8.3 至表 8.5 可知，CCITT、JBIG2、JPEG、M-JPEG、MPEG-1,2,4、BMP 和其他压缩标准与文件格式中使用行程编码。

例 8.8　BMP 文件格式中的 RLE。

BMP 文件格式中使用了一种行程编码，这种编码用两种不同的模式来表示图像数据：已编码模式和绝对模式。两种模式可在图像的任何位置出现。已编码模式使用一个 2 字节 RLE 表示。第一个字节规定连续相同像素的数量，第二个字节则包含这些像素的彩色索引。8 比特彩色索引从 256 个灰度级的表中选择行程的灰度（彩色或灰度值）。

在绝对模式中，第一个字节是 0，第二个字节是 4 个可能的条件之一，如表 8.9 所示。如果第二个字节是 0 或 1，那么到达一行的末尾或一幅图像的末尾。如果第二个字节是 2，那么接下来两字节包含指向图像中一个新空间位置（和像素）的无符号水平偏移和垂直偏移。如果第二个字节在 3 和 255 之间，那么表示后面未压缩像素的个数，后续每个字节包含一个像素的彩色索引。字节总数必须在 16 比特字边界上对齐。

表 8.9　BMP 绝对编码模式的选项。在这种模式中，BMP 对的第一个字节为 0

第二个字节值	条　　件
0	行尾
1	图像尾
2	移到一个新位置
3~255	逐个地规定像素

图 8.9(a)中大小为 512×512 的 8 比特图像的未压缩 BMP 文件（使用 Photoshop 存储的文件），要求的存储

空间为 263244 字节。使用 BMP 的 RLE 选项压缩后，文件扩展为 267706 字节，压缩率 C 为 0.98。压缩率低的原因是，等灰度行程不足以有效地进行行程压缩，因此出现少量的数据扩展。然而，对于图 8.1(c) 中的图像，BMP 的 RLE 选项得到的压缩率是 C = 1.35（注意，由于文件头不同，未压缩的 BMP 文件要小于例 8.6 中的未压缩 TIFF 文件）。■

压缩二值图像时，行程编码的压缩效率很高。因为只有两种可能的灰度（黑和白），所以邻近像素的灰度更可能是相同的。另外，图像中的每行可以只由长度序列表示，而不是例 8.8 中的长度-灰度对表示。基本思想是，从左到右扫描一行时，对遇到的由 1 或 0 组成的每个连续组（行程）按其长度进行编码，并建立确定行程值的约定。最常见的约定是：（1）规定每行中的第一个行程的值；（2）假设每行从一个（行程事实上可能为零的）白色行程开始。

尽管行程编码本身是压缩二值图像的一种有效方法，但对行程本身进行变长编码可以实现额外的压缩。使用根据自身的统计数据定制的变长编码，可以分别对黑行程和白行程进行编码。例如，如果用符号 a_j 表示长度为 j 的一个黑色行程，那么可以估计符号 a_j 被一个假想黑色行程信源发出的概率，它等于整个图像中长度为 j 的黑色行程数量除以黑色行程的总数。将这个黑色行程信源的熵的估计表示为 H_0，然后将这些概率代入式 (8.6)。对于白色行程的熵 H_1，可得出类似的结论。于是，图像的近似行程熵为

$$H_{RL} = \frac{H_0 + H_1}{L_0 + L_1} \tag{8.18}$$

式中，变量 L_0 和 L_1 分别是黑色行程和白色行程的平均值。在使用变长编码对二值图像中的行程进行编码时，式 (8.18) 给出了每个像素所需的平均比特数。

两种最古老且应用最广的二值图像压缩标准是 CCITT Group 3 和 4。虽然它们已被用于各种计算机应用中，但它们最初是针对电话网络传输文件设计的传真编码方法。Group 3 标准使用一种一维行程编码技术，在这种技术中，每组 K 行中的后 K −1 行（对于 K = 2 或 4）可以按二维方式编码。Group 4 标准是 Group 3 标准的简化版，它只允许按二维方式编码。两个标准使用同一种二维编码方法，从用前一行的信息对当前行进行编码的意义上说，这种方法是二维的。下面讨论一维编码和二维编码。

8.6.1 一维 CCITT 压缩

在一维 CCITT Group 3 压缩标准中，图像中的每一行[①]都被编码为一系列变长霍夫曼码字，从左到右扫描该行时，这些码字表示交替出现的白色行程和黑色行程。采用的压缩方法通常称为修正霍夫曼（MH）编码。码字本身分为两种类型，这个标准将它们分别称为终结码和补偿码。行程长度 r 小于等于 63 时，使用终结码来表示它。对于黑色和白色行程，标准规定了不同的终结码。$r > 63$ 时，使用两种码；对商 $\lfloor r/64 \rfloor \times 64$ 使用补偿码，对余数 $r \bmod 64$ 使用终结码。补偿码可能取决于也可能不取于被编码的行程的灰度（黑或白）。$\lfloor r/64 \rfloor \times 64 \le 1728$ 时，分别规定了分隔黑色行程和白色行程的补偿码；否则，补偿码与行程灰度无关。标准要求每行由一个白色行程码字开始，事实上它可能是 00110101，即长度为零的白色行程的码字。最后，用唯一的行结尾（EOL）码字 000000000001 来终止每一行，并发出每幅新图像的第一行的信号。图像序列的结尾由 6 个连续的 EOL 表示。

> 有关 MH 终结码和补偿码的表格，请查阅本书的配套网站。

> 回顾可知，符号 $\lfloor x \rfloor$ 表示小于等于 x 的最大整数。

8.6.2 二维 CCITT 压缩

CCITT Group 3 和 4 标准采用的二维压缩方法是逐行方法，它对每个黑-白或白-黑行程转换的位

---

① 在这个标准中，图像被称为页面，图像序列被称为文档。

置相对于参考元素 a_0 的位置来编码,其中参考元素 a_0 位于当前编码行上。已编码的前一行称为参考行;每幅新图像的第一行的参考行是一个虚构的白色行。所用的二维编码技术称为相对元素地址指派(READ)编码。在 Group 3 标准中,在连续的 MH 编码行之间允许有 1 个或 3 个 READ 编码行;这种技术称为修正 READ(MR)编码。在 Group 4 标准中,允许更大数量的 READ 编码行,这种方法称为修正修正 REDA(MMR)编码。如前所述,从使用前一行的信息对当前行进行编码的意义上说,这种编码是二维的,它不涉及二维变换。

图 8.14 说明了单一扫描行的基本二维编码过程。注意,过程的前几步指向几个关键变化元素位置:a_0, a_1, a_2, b_1 和 b_2。标准将变化元素定义为:值不同于同一行上前一个像素的值的像素。最重要的变化

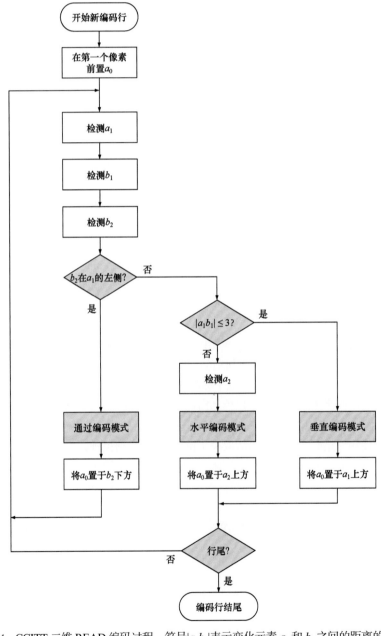

图 8.14　CCITT 二维 READ 编码过程。符号 $|a_1 b_1|$ 表示变化元素 a_1 和 b_1 之间的距离的绝对值

元素是 a_0（参考元素），它要么设置为每个新编码行上第一个像素左侧的假想白色变化元素的位置，要么由前一种编码模式确定。编码模式将在下一段中讨论。确定 a_0 的位置后，a_1 就是当前编码行上 a_0 右侧的下一个变化元素，a_2 就是编码行上 a_1 右侧的下一个变化元素，b_1 是值与 a_0 相反的变化元素，它位于参考行（或前一行）上 a_0 的右侧，b_2 是参考行上 b_1 右侧的下一个参考元素。如果未检测到这些变化元素中的任何一个，那么把它们放到合适行上最后一个像素右侧的虚构像素位置。图 8.15 说明了不同变化元素间的普通关系。

标识当前的参考元素和相关的变化元素后，执行两个简单的测试，从三种可能的编码模式中选择一种模式：通过编码模式、垂直编码模式和水平编码模式。对应图 8.14 中第一个分支点的第一个测试，比较 b_2 和 a_1 的位置；对应图 8.14 中第二个分支点的第二个测试，计算 a_1 和 b_1 之间的距离（单位为像素），并与 3 进行比较。然后，根据这些测试的结果，进入图 8.14 中的三个对应编码模块之一，执行合适的编码过程。这样，按照流程图就创建了一个新参考元素，为下次编码的迭代过程做好了准备。

表 8.10 中定义了三种编码模式所用的规定代码。在通过模式中，排除了 b_2 正好在 a_1 上方的情况，只需要通过模式码字 0001。如图 8.15(a)所示，这种模式识别与当前白或黑编码行行程不重叠的白或黑参考行行程。在水平编码模式中，a_0 到 a_1 的距离和 a_1 到 a_2 的距离必须按照一维 CCITT Group 3 压缩的终结码和补偿码来编码，然后附加到水平模式码字 001 上，在表 8.10 中，这由符号 $001 + M(a_0a_1) + M(a_1a_2)$ 表示，其中 a_0a_1 表示 a_0 到 a_1 的距离，a_1a_2 表示 a_1 到 a_2 的距离。最后，在垂直编码模式中，6 个特殊的变长码之一分配给了 a_1 和 b_1 之间的距离。图 8.15(b)说明了水平模式编码和垂直模式编码中包含的参数。表 8.10 底部的扩展模式码字用于输入一种可选的传真编码模式。例如，码字 0000001111 用于启动一种非压缩传输模式。

> 关于 CCITT 标准的码表，请查阅本书的配套网站。

表 8.10　CCITT 二维编码表

模　式	码　字	模　式	码　字
通过编码	0001	a_1 是 b_1 右侧的第 3 个像素	0000011
水平编码	$001 + M(a_0a_1) + M(a_1a_2)$	a_1 是 b_1 左侧的第 1 个像素	010
垂直编码		a_1 是 b_1 左侧的第 2 个像素	000010
a_1 在 b_1 下方	1	a_1 是 b_1 左侧的第 3 个像素	0000010
a_1 是 b_1 右侧的第 1 个像素	011	扩展	0000001xxx
a_1 是 b_1 右侧的第 2 个像素	000011		

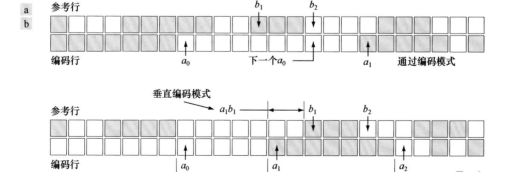

图 8.15　CCITT (a)通过编码模式及(b)垂直编码模式与水平编码模式的参数

例 8.9　CCITT 垂直编码模式实例。

尽管图 8.15(b)中标出了水平编码模式和垂直编码模式的参数（便于上面的讨论），但描述的黑像素和白像素模式是垂直编码模式的一种情况。也就是说，因为 b_2 在 a_1 的右侧，图 8.14 中的第一个（或通过编码模式）测试失败。确定是进入垂直编码模式还是进入水平编码模式的第二次测试指出，应进入垂直编码模式，因为 a_1 到 b_1 的距离小于 3。根据表 8.10，合适的码字是 000010，这意味着 a_1 是 b_1 左侧的第 2 个像素。准备下一次编码迭代时，a_0 被移到 a_1 的位置。■

例 8.10　CCITT 压缩实例。

图 8.16(a)是以 300dpi 分辨率扫描 7×9.25 英寸书页后得到的图像，图像已缩小到原来的 1/3。注意，在该页中，约一半的篇幅为文字，约 9% 是一幅半色调图像，其他为空白。图 8.16(b)是书页中一部分的放大图。记住，我们正在处理的是一幅二值图像；如 4.5 节所述，打印过程中使用的半色调工艺导致了灰色调错觉。如果图 8.16(a)中图像的二值像素以 8 像素组/字节的形式存储，那么 1952×2697 比特的扫描图像（通常称为文档）需要 658068 字节。这个文档的非压缩 PDF 文件（在 Photoshop 中创建）需要 663445 字节。CCITT Group 3 压缩将该文件的字节数减少到 123497 字节，压缩率为 $C = 5.37$；CCITT Group 4 压缩将该文件的字节数减少到 110456 字节，压缩率约为 6。

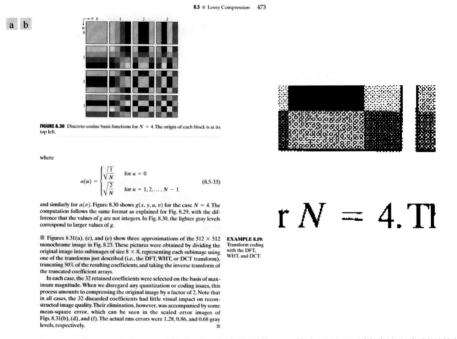

图 8.16　书页的二值扫描图像：(a)缩小后显示整个页面内容的图像；(b)放大后显示（抖动处理中所用的）二值像素的图像 ■

8.7　基于符号的编码

在基于符号或记号的编码中，图像被表示为一组经常出现的子图像（称为符号）。每个这样的符号都存储在一个符号字典中，并且图像被编码为三元组集合 $\{(x_1, y_1, t_1), (x_2, y_2, t_2), \cdots\}$，其中 (x_i, y_i) 规定一个符号在图像中的位置，t_i 是符号或子图像在字典中的地址。也就是说，每个三元组表示图像中字典符号的一个实例。只存储一次重复的符号，就可以有效地压缩图像，尤其是在文档存储和检索应用中，因为这类应用中的符号通常是重复多次的字符位图。

考虑图 8.17(a)中的二值灰度图像。图像中含有单词 banana，它由 3 个不同的符号组成：3 个 a、1 个 b 和 2 个 n。假设 b 是在编码过程中第一个识别的符号，它的 9×7 位图存储在符号字典中的位置 0。如图 8.17(b)所示，识别 b 位图的记号是 0。于是，在编码后的图像表示［见图 8.17(c)］中，第一个三元组就是(0, 2, 0)，它指出表示符号 b 的左上角（任意约定），在解码后的图像中将位于(0, 2)处。识别符号 a 和 n 的位图并加入字典后，图像的其余部分就可使用 5 个额外的三元组编码。只要定位图像中符号的 6 个三元组及定义它们的 3 个位图小于原图像，就可以实现压缩。此时，起始图像有 9×51×1 或 459 比特，假设每个三元组都由 3 字节组成，那么压缩后的表示有(6×3×8)+ [(9×7) + (9×7) + (6×6)]或 285 比特；压缩率为 $C = 1.61$。要对图 8.17(c)中基于符号的表示解码，只需从符号字典中读取在三元组中规定的符号的位图，并将它们放到每个三元组规定的空间坐标处。

> 参考表 8.3 至表 8.5 可知，JBIG2 压缩标准中使用基于符号的编码。

标记	符号	三元组
0		(0, 2, 0)
		(3,10, 1)
1		(3, 18, 2)
		(3, 26, 1)
		(3, 34, 2)
2		(3, 42, 1)

图 8.17 (a)二值灰度文档；(b)符号字典；(c)用于定位文档中的符号的三元组

基于符号的压缩于 20 世纪 70 年代初提出（Ascher and Nagy[1974]），但近年来才变得实用。符号匹配算法（见第 12 章）取得的进展和计算机 CPU 处理速度的提高，使得及时选取字典符号并找到它们在图像中的位置成为可能。像许多其他压缩方法那样，基于符号的解码远快于编码。最后，我们注意到，存储在字典中的符号位图和引用它们的三元组本身也可被编码，因此可以进一步提升压缩性能。如果像图 8.17 中那样只允许精确的符号匹配，那么压缩是无损的；如果允许较小的差别，那么会出现一定程度的重建误差。

8.7.1 JBIG2 压缩

JBIG2 是针对二值灰度图像压缩的一个国际标准，它将图像分割成文本、半色调和普通内容的重叠和/或不重叠区域，并对每种内容采用专门优化的技术进行压缩。

1. 文本区域由字符组成，而采用基于符号的编码方法压缩这些字符非常有效。一般来说，每个符号对应一个字符位图，字符位图是表示一个正文字符的子图像。在符号字典中，所用字体中的每个大写字符和小写字符通常只有一个字符位图（或子图像）。例如，在符号字典中，只有一个“a”位图、一个“A”位图、一个“b”位图。

   在有损 JBIG2 压缩（常称感知无损压缩或视觉无损压缩）中，我们忽略字典位图（参考字符位图或字符模板）和图像中对应字符特定实例之间的具体差别。在无损压缩中，这一差别将被存储，并与三元组共同用来对每个字符进行编码，通过编码器产生实际的图像位图。所有位图不是采用算术编码，就是采用 MMR（见 8.6 节）编码；用于访问字典词条的三元组，不是采用算术编码，就是采用霍夫曼编码。

2. 半色调区域类似于文本区域，它们由按照规则网格排列的模式组成。然而，存储在字典中的符号不是字符位图，而是表示灰度的周期模式（如照片），这些灰度已经过抖动处理，以产生打印用二值灰度级图像。

3. 普通区域包含非正文、非半色调信息，如线条和噪声，这种区域要么使用算术编码方法压缩，要么使用 MMR 编码方法压缩。

像许多图像压缩标准那样，JBIG2 也定义了解码器的特性。尽管 JBIG2 并未明确地定义标准编码器，但其灵活性足以允许我们设计出各种编码器。尽管编码器的设计有待规定，但它仍然很重要，因为它决定着能够实现的压缩比。毕竟，编码器要把图像分割为多个区域，选择存储在字典中的文本和半色调符号，并确定这些符号与图像中的对应符号是否相同。解码器只是使用这些信息来重建原图像。

> **例 8.11　JBIG2 压缩实例。**

再次考虑图 8.16(a)中的二值图像。图 8.18(a)是（一个商用文档压缩应用）对这幅图像进行无损 JBIG2 编码后，重建得到的部分图像。它完全是原图像的一个副本。注意，在重建的文本中，字母 d 稍有变化，尽管它们是由字典中的同一个 d 产生的。这个 d 和图像中的 d 的差别被用于优化字典的输出。为在解码编码后的字典位图期间实现这一优化，JBIG2 标准定义了一个算法。对于当前的讨论，我们可以认为这一算法如下：将字典位图与图像中对应字符的差，加到从该字典中读取的位图上。

图 8.18(b)是图 8.18(a)中经感知无损 JBIG2 压缩后的区域的另一个重建。注意，图中的 d 相同，因为它们是直接从符号字典中复制的。称这一重建感知无损的原因是，文本是可读的，字体甚至是相同的。在图 8.18(c)中，原图像中的 d 和字典中的 d 之间的小差别并不重要，因为它们并不影响可读性。记住，由于我们正在处理二值图像，因此图 8.18(c)中只有 3 个灰度级。灰度 128 表示图 8.18(a)和图 8.18(b)中图像对应像素之间不存在差别的区域；灰度 0（黑色）和灰度 255（白色）表示两幅图像中灰度相反的像素——例如，一幅图像中的黑色像素在另一幅图像中是白色像素，反之亦然。

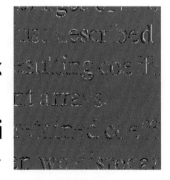

图 8.18　JBIG2 压缩比较：(a)无损压缩与重建；(b)感知无损压缩；(c)二者之间被放大的差

用于产生图 8.18(a)的无损 JBIG2 压缩，将无压缩原 PDF 图像的字节数由 663445 减少到 32705；压缩率为 $C = 20.3$。感知无损 JBIG2 压缩则将原图像的字节数减少到 23913 字节，压缩率提高到约 27.7。与例 8.10 中 CCITT Group 3 和 4 实现的压缩率相比，这些压缩率要高 4～5 倍。■

8.8　比特平面编码

前几节讨论的行程编码技术和基于符号的编码技术，适用于有着两种以上灰度的图像，方法是单独处理图像的比特平面。这种技术称为比特

> 参考表 8.3 至表 8.5 可知，JBIG2、JPEG-2000 压缩标准中使用比特平面编码。

平面编码,其原理如下:把一幅多灰度级(单色或彩色)图像分解为一系列二值图像(见 3.2 节),并采用几种熟悉的二值压缩方法之一来压缩每幅二值图像。本节介绍两种最常用的分解方法。

m 比特单色图像的灰度可以用如下形式的基 2 多项式表示:

$$a_{m-1}2^{m-1} + a_{m-2}2^{m-2} + \cdots + a_1 2^1 + a_0 2^0 \tag{8.19}$$

根据这一性质,把图像分解为一组二值图像的一种简单方法是,将这个多项式的 m 个系数分为 m 个 1 比特的比特平面。如 3.2 节所述,最低有效比特平面是通过收集每个像素的 a_0 比特生成的,而最高有效比特平面则包含 a_{m-1} 比特或系数。一般来说,令比特平面中的像素值等于原图像中每个像素的相应比特值或多项式系数值,就可构建比特平面。这种分解方法的固有缺点是,较小的灰度变化也会严重影响比特平面的复杂度。例如,若灰度像素 127(01111111)与灰度像素 128(10000000)相邻,则每个比特平面将包含一个对应 0 到 1(或 1 到 0)的过渡。例如,因为 127 和 128 的二进制码的最高有效比特不同,所以最高比特平面将包含一个与 1 值像素相邻的 0 值像素,在该点创建一个 0 到 1(或 1 到 0)的转换。

另一种(降低小灰度变化的影响的)分解方法是,首先用一个 m 比特格雷码来表示图像。对应式(8.19)中多项式的 m 比特格雷码 $g_{m-1}\cdots g_2 g_1 g_0$ 可由下式计算得到:

$$g_i = a_i \oplus a_{i+1}, \quad 0 \le i \le m-2$$
$$g_{m-1} = a_{m-1} \tag{8.20}$$

式中,$\oplus$ 表示异或运算。这种编码的特殊性质是,连续码字只有 1 个比特位置不同。因此,小灰度变化不太可能影响全部 m 个比特平面。例如,当灰度级 127 和 128 相邻时,只有最高有效比特平面包含一个 0 到 1 的转换,因为对应 127 和 128 的格雷码分别是 01000000 和 11000000。

例 8.12　比特平面编码。

图 8.19 和图 8.20 显示了图 8.19(a)中小孩的 8 比特单色图像的 8 个二进制码和格雷码的比特平面。注意,高有效比特平面与对应的低有效比特平面相比要简单得多。也就是说,这些比特平面中包含了许多均匀的区域,这些区域中的细节很少,同时非常整洁。另外,与对应的二进制码比特平面相比,格雷码比特平面要简单一些。表 8.11 中的 JBIG2 编码结果反映了这两个观察。注意,例如,压缩结果 a_5 和 g_5 明显大于压缩结果 a_6 和 g_6;压缩结果 g_5 和 g_6 小于压缩结果 a_5 和 a_6。这一趋势在整个表格中贯穿始终,但 a_0 例外。平均而言,格雷码的压缩率约为 1.06:1。综合而言,使用格雷码压缩原单色图像时,压缩率为 678676/475964 或 1.43:1;使用非格雷码压缩原单色图像时,压缩为 678676/503916 或 1.35:1。

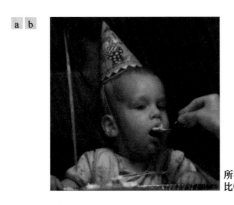

所有比特

a_7, g_7

图 8.19　(a)256 比特单色图像;(b)~(h)图(a)中图像的 4 个最高有效二进制码比特平面和格雷码比特平面

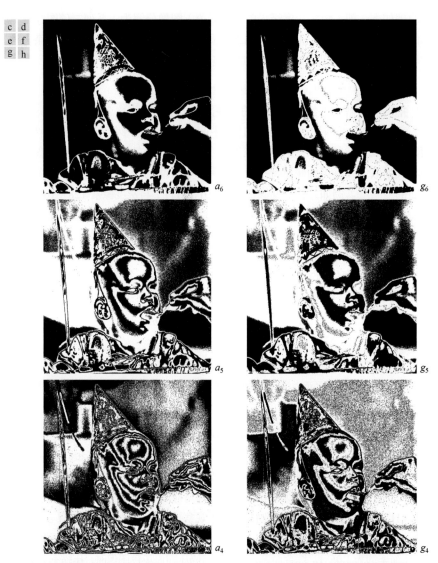

图 8.19　(a)256 比特单色图像；(b) ~ (h)图(a)中图像的 4 个最高有效二进制码比特平面和格雷码比特平面（续）

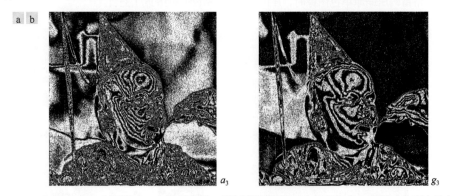

图 8.20　(a) ~ (h)图 8.19(a)中图像的 4 个最低有效二进制码比特平面（左列）和格雷码（右列）比特平面

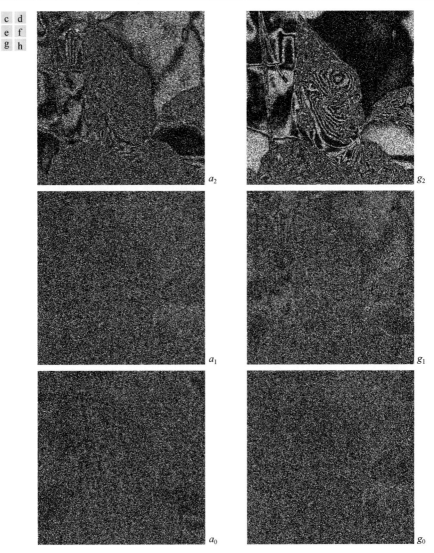

图 8.20　(a) ~ (h)图 8.19(a)中图像的 4 个最低有效二进制码比特平面（左列）和格雷码（右列）比特平面（续）

表 8.11　图 8.19(a)的二进制码和格雷码比特平面的 JBIG2 无损编码结果，这些结果中包含
每个比特平面的 PDF 表示的文件头

系数 m	二进制码（PDF 比特）	格雷码（PDF 比特）	压 缩 率
7	6999	6999	1.00
6	12791	11024	1.16
5	40104	36914	1.09
4	55911	47415	1.18
3	78915	67787	1.16
2	101535	92630	1.10
1	107909	105286	1.03
0	99753	107909	0.92

　　最后，我们发现图 8.20 中的两个最低有效比特几乎没有明显的结构。因为这是大多数 8 比特单色图像
的典型特点，因此比特平面编码通常仅限于小于等于 6 比特/像素的图像。JBIG2 的前任 JBIG1 就规定了这
一限制。　　　■

8.9 块变换编码

参考表 8.3 至表 8.5 可知, JPEG、M-JPEG、MPEG-1, 2, 4、H.261、H.262、H.263、H.264、DV 和 HDV 和 VC-1 中使用块变换编码。

本节介绍这样一种压缩技术：把图像分成大小相等（如 8×8）且不重叠的多个小块，并用二维变换单独处理这些小块。在块变换编码中，使用一个可逆线性变换（如傅里叶变换）把每个小块或子图像映射为一组变换系数，然后对这些变换系数进行量化和编码。对于大多数图像来说，许多系数的幅度都很小，因此可被粗量化（或完全抛弃）而几乎不会使图像失真。许多变换（包括第 4 章中介绍的离散傅里叶变换）都可用来变换图像数据。

图 8.21 显示了一个典型的块变换编码系统。解码器执行（除量化功能外）的步骤与编码器执行的步骤相反。编码器执行 4 种相对简单的运算：子图像分解、变换、量化和编码。首先将一幅大小为 $M \times N$ 的输入图像细分为大小是 $n \times n$ 的多幅子图像，然后变换这些子图像，生成 MN / n^2 个子图像变换阵列，每个阵列的大小都是 $n \times n$。变换处理的目的是，对每幅子图像中的像素进行去相关运算，或用最少的变换系数尽可能多地包含信息。然后，在量化阶段以一种预定义的方式（本节稍后会讨论这样的几种方法），选择性地删除或更粗略地量化那些携带最少信息的系数。这些系数对重建子图像的质量的影响最小。（通常使用变长码）对量化后的系数编码后，编码过程即告结束。任何(或所有)变换编码步骤根据局部图像内容自行调整时，称为自适应变换编码；任何(或所有)变换编码步骤对所有子图像不变时，称为非自适应变换编码。

本节只关注（最常用的）正方形图像。必要时，会假设输入图像经过了填充，以便 M 和 N 都是 n 的倍数。

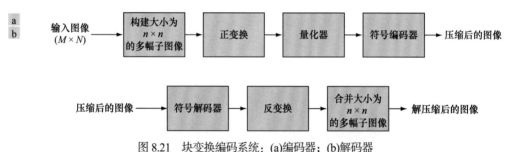

图 8.21　块变换编码系统：(a)编码器；(b)解码器

8.9.1　变换的选择

人们广泛构建和（或）研究了基于各种二维离散变换的块变换编码系统。某个应用应选择哪种特殊的变换，具体取决于能够容忍的重建误差大小和可用的计算资源。压缩是在量化变换系数期间而不是变换步骤期间实现的。

例 8.13　使用 DFT、WHT 和 DCT 的块变换编码。

图 8.22(a)到(c)是图 8.9(a)中大小为 512×512 的单色图像的三幅近似图像。这些图像是按照如下方式得到的：先将原图像分为大小为 8×8 的多幅子图像，使用第 7 章介绍的三种变换（DFT、WHT 或 DCT）表示每幅子图像，然后截断 50%的系数，再取截断后的系数矩阵的反变换。

在每种情况下，保留下来的 32 个系数都是根据最大幅度选择的。注意，在所有情况下，32 个被丢弃的系数对重建图像的质量视觉上几乎没有影响，但产生了一些均方误差，如图 8.22(d)到(f)中的误差图像所示。实际的均方误差分别是 2.32、1.78 和 1.13 个灰度级。

a b c
d e f

图 8.22 (a)使用傅里叶变换得到的图 8.9(a)的近似；(b)使用 Walsh-Hadamard 变换得到的图 8.9(a)的近似；(c)使用余弦变换得到的图 8.9(a)的近似；(d)~(f)已放大的对应误差图像 ∎

例 8.13 中提到的均方重建误差的较小差异，与所用变换的能量或信息打包特性直接相关。根据 7.5 节中的式(7.75)和式(7.76)，大小为 $n×n$ 的子图像 $g(x, y)$ 可以表示为其二维变换 $T(u, v)$ 的函数：

$$\boldsymbol{G} = \sum_{u=0}^{n-1}\sum_{v=0}^{n-1} T(u,v)\boldsymbol{S}_{u,v} \tag{8.21}$$

式中，$x, y = 0, 1, 2, \cdots, n-1$。包含输入子图像像素的矩阵 $\boldsymbol{G}$，显式地定义为 n^2 幅大小是 $n×n$ 的基图像的线性组合。回顾可知，$n = 8$ 的 DFT、DCT 和 WHT 变换的基图像显示在图 7.7、图 7.10 和图 7.16 中。如果现在定义一个变换系数模板函数

$$\chi(u,v) = \begin{cases} 0, & T(u,v)\text{满足一个规定的截断准则} \\ 1, & \text{其他} \end{cases} \tag{8.22}$$

式中，$u,v = 0,1,2,\cdots,n-1$，则由截断的展开式可以得到 $\boldsymbol{G}$ 的一个近似：

$$\hat{\boldsymbol{G}} = \sum_{u=0}^{n-1}\sum_{v=0}^{n-1} \chi(u,v)T(u,v)\boldsymbol{S}_{uv} \tag{8.23}$$

式中，构建 $\chi(u,v)$ 的目的是，删除对式(8.21)中总和贡献较小的那些基图像。子图像 $\boldsymbol{G}$ 和近似 $\hat{\boldsymbol{G}}$ 之间的均方误差是

$$e_{\mathrm{ms}} = E\left\{\left\|\boldsymbol{G} - \hat{\boldsymbol{G}}\right\|^2\right\}$$

$$= E\left\{\left\|\sum_{u=0}^{n-1}\sum_{v=0}^{n-1} T(u,v)\boldsymbol{S}_{uv} - \sum_{u=0}^{n-1}\sum_{v=0}^{n-1}\chi(u,v)T(u,v)\boldsymbol{S}_{uv}\right\|^2\right\}$$

$$= E\left\{\left\|\sum_{u=0}^{n-1}\sum_{v=0}^{n-1} T(u,v)\boldsymbol{S}_{uv}\left[1 - \chi(u,v)\right]\right\|^2\right\} \qquad (8.24)$$

$$= \sum_{u=0}^{n-1}\sum_{v=0}^{n-1}\sigma^2_{T(u,v)}\left[1 - \chi(u,v)\right]$$

式中，$\left\|\boldsymbol{G} - \hat{\boldsymbol{G}}\right\|$ 是矩阵 $(\boldsymbol{G} - \hat{\boldsymbol{G}})$ 的范数，$\sigma^2_{T(u,v)}$ 是变换位置 (u, v) 的系数的方差。最后一步化简的依据是：基图像的正交性质，以及 $\boldsymbol{G}$ 的像素由已知协方差的零均值随机过程产生这一假设。于是，这一近似的总均方误差就是被丢弃的变换系数〔即 $\chi(u,v) = 0$ 的那些变换系数〕的方差之和；因此，式(8.24)中的 $[1 - \chi(u,v)]$ 是 1。将大部分信息重新分配或打包到很少的几个系数中的变换，提供了最好的子图像近似，进而提供了最小的重建误差。最后，在推导式(8.24)的假设下，一幅大小为 $M\times N$ 的图像的 MN/n^2 幅子图像的均方误差是相同的。因此，大小为 $M\times N$ 的图像的均方误差（平均误差的一种测度）就等于一幅子图像的均方误差。

例 8.13 表明，DCT 的信息打包能力要强于 DFT 和 WHT。尽管这一条件对大多数图像通常都成立，但在信息打包方面最优的变换是 Karhunen-Loève 变换（见第 11 章）而不是 DCT。原因是，对任何输入图像和任何数量的保留系数，KLT 都会使得式(8.24)中的均方误差最小（Kramer and Mathews[1956]）。然而，由于 KLT 是数据相关的，所以计算每幅子图像的 KLT 基图像并不容易。由于这一原因，人们在图像压缩中很少使用 KLT，而更常使用固定基图像（输入无关）的变换，如 DFT、WHT 或 DCT。在可能的独立于输入的变换中，非正弦变换（如 WHT 变换）最容易实现。正弦变换（如 DFT 或 DCT）的信息打包能力更接近最优的 KLT。

> 最优的一个附加条件是，式(8.22)的模板函数选择最大方差的 KLT 系数。

因此，多数变换编码系统都是基于 DCT 的，DCT 较好地折中了信息打包能力和计算复杂性。事实上，DCT 的性质已经证明了其实用价值，因此已成为变换编码系统的一个国际标准。与其他输入无关变换相比，DCT 变换具有如下优点：能够用单片集成电路实现，能将最多的信息打包到最少的系数中[1]（对大多数图像而言），能够在子图像之间的边界变得明显时，使出现的块状外观（称为块伪影）最小。与其他正弦变换相比时，最后一条性质尤其重要。如 7.6 节的图 7.11(a)所示，DFT 中暗含的 n 点周期性使得边界的不连续更为严重，因此会出现大量的高频变换内容。当 DFT 变换系数被截断或量化时，吉布斯现象[2]会使得边界点取错误的值，它们在图像中以块伪影出现。也就是说，相邻子图像之间的边界变得可见，因为子图像假设在边界点处形成不连续的均值〔见图 7.11(a)〕。图 7.11(b)的 DCT 减少了这种效应，因为 DCT 隐含的 $2n$ 点周期性本质上不会导致边界不连续。

8.9.2　子图像尺寸选择

影响变换编码误差和计算复杂性的另一个重要因素是子图像的尺寸。在大多数应用中，图像被进一步细分，以便相邻子图像之间的相关（冗余）降低到可以接受的程度。这里，n 照例为 2 的整数次幂，

---

[1] Ahmed et al.[1974]首先发现一阶马尔可夫图像源的 KLT 基图像与 DCT 的基图像非常相似。当相邻像素间的相关接近 1 时，输入相关 KLT 基图像与输入无关 DCT 基图像相同（Clarke[1985]）。

[2] 在关于电路分析的大多数教材中描述的这种现象，是由傅里叶变换在不连续点无法一致收敛导致的。在不连续处，傅里叶展开式取不连续点的平均值。

即子图像的维数。后一个条件简化了子图像变换的计算（见 4.11 节讨论的基 2 逐次加倍方法）。一般来说，压缩水平和计算复杂性会随子图像尺寸的增加而增大。最常用的子图像尺寸为 8×8 和 16×16。

图 8.23 以图形方式说明了子图像尺寸对变换编码重建误差的影响。图中所画的数据是这样得到的：把图 8.9(a)中的单色图像分成大小为 $n×n$ 的多幅子图像，其中 $n = 2, 4, 8, 16, \cdots, 256, 512$，计算每幅子图像的变换，截断 75%的系数，并取截断阵列的反变换。注意，当子图像的尺寸大于 8×8 时，Hadamard 和余弦曲线会变得平坦，而傅里叶重建误差在这一区域内会持续减小。n 进一步增大时，傅里叶重建误差将穿过 Walsh–Hadamard 曲线而逼近余弦曲线。这一结果与 Netravali and Limb[1980]和 Pratt[2001]关于二维马尔可夫图像源的理论和实验结果一致。

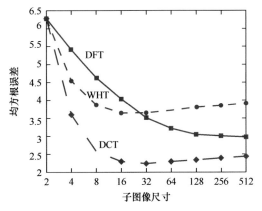

图 8.23　重建误差与子图像尺寸的关系曲线

使用大小为 2×2 的子图像时，三条曲线相交。这时，每个变换后的阵列中只保留 4 个系数之一（25%）。所有情况下的这个系数都是直流分量，因此反变换只是使用它们的平均值［见式(4.92)］来替代这 4 个子图像像素。这种状况在图 8.24(b)中很明显，这幅图像是 2×2 大小 DCT 结果的部分放大。注意，图 8.24(b)中普遍存在的块伪影，在大小为 4×4 的图 8.24(c)中和大小为 8×8 的图 8.24(d)中明显减小，即块伪影随着图像尺寸的增大而减小。作为参考，图 8.24(a)是原图像的局部放大。

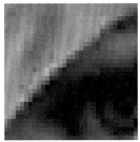

a b c d

图 8.24　(a)使用 25%的 DCT 系数对图 8.24(a)的近似；(b)2×2 子图像；(c)4×4 子图像；(d)8×8 子图像。图(a)中的原图像是图 8.9(a)的放大部分　　■

8.9.3　比特分配

与式(8.23)的截断级数展开相关联的重建误差，既是被丢弃变换系数的数量和相对重要性的函数，又是用来表示保留的系数的精度的函数。在大多数变换编码系统中，保留的系数是根据最大方差进行选择的［即式(8.22)给出的模板函数］，这称为区域编码；或是根据最大幅度进行选择的，这称为阈值编码。截断、量化和编码变换后子图像的系数的整个过程，通常称为比特分配。

图 8.25(a)和(c)显示了图 8.9(a)的两种近似，在这两种近似中，每幅 8×8 子图像丢弃了 87.5%的 DCT 系数。第一幅图像是保留 8 个最大的变换系数后经阈值编码得到的，第二幅图像是用区域编码方法生成的。在后一种情况下，每个 DCT 系数都被视为一个随机变量，这些随机变量的分布可通过对所有变换后

的子图像进行计算得到。首先找到为所有子图像保留的 8 个最大方差（在变换后的 8×8 子图像中，占 64 个系数的 12.5%）的分布，然后用它们求出坐标 $[T(u, v)$ 的坐标 u 和 $v]$。注意，图 8.25(b)所示的阈值编码差值图像与图 8.25(d)所示的区域编码差值图像相比，包含的误差要小。为了使得误差更明显，这两幅图像都已被放大，对应的均方根误差分别是 4.5 个灰度级和 6.5 个灰度级。

图 8.25　用 12.5%的 DCT 系数对图 8.9(a)的近似：(a) ~ (b)阈值编码结果；(c) ~ (d)区域编码结果。放大 4 倍后的差值图像　　■

1. 区域编码的实现

区域编码以信息论中将信息视为不确定性的概念为基础。由于最大方差的变换系数携带了大部分图像信息，因此应在编码过程中予以保留。这些方差本身既可直接由 MN/n^2 个变换的子图像阵列算出（如例 8.15 所示），又可根据一个假设的图像模型（如一个马尔可夫自相关函数）算出。不管采用哪种计算方式，根据式(8.23)可知，区域取样处理都可视为每个 $T(u, v)$ 乘以区域模板中的对应元素；而区域模板的构建方式是，在最大方差位置置 1，在其他位置置 0。最大方差的系数通常出现在图像变换的原点附近，因此典型的区域模板如图 8.26(a)所示。

由于需要量化和编码区域取样过程中保留的系数，因此区域模板有时被视为对每个系数进行编码的比特数 [见图 8.26(b)]。在大多数情况下，会为这些系数分配相同的比特数，或为这些系数不均等地分配一些固定数量的比特数。在前一种情况下，系数通常按照它们的标准差来归一化，并均匀地量化。在后一种情况下，为每个系数设计一个量化器，如最优 Lloyd–Max 量化器（见 8.10 节中的最优量化器）。为了构建所要的量化器，通常要用瑞利密度函数来对第零个系数或直流系数进行建模，并使用拉普拉斯或高斯密度函数[1]对剩下的系数建模。分配给每个量化器的量化级数（比特数）与 $\log_2 \sigma^2_{T(u, v)}$

---

[1] 由于每个系数都是子图像中的像素的线性组合 [见式(7.31)]，中心极限定理表明，随着子图像尺寸的增大，系数趋于高斯分布。然而，这个结果并不适用于直流系数，因为非负图像的直流系数总是正的。

成正比。这样，式(8.23)中保留的系数（在当前讨论背景下根据最大方差选择的系数）就被分配了与系数方差的对数成正比的比特数。

(a) / (b)

a	b								8	7	6	4	3	2	1	0
c	**d**															
1	1	1	1	1	0	0	0		8	7	6	4	3	2	1	0
1	1	1	1	0	0	0	0		7	6	5	4	3	2	1	0
1	1	1	0	0	0	0	0		6	5	4	3	3	1	1	0
1	1	0	0	0	0	0	0		4	4	3	3	2	1	0	0
1	0	0	0	0	0	0	0		3	3	3	2	1	1	0	0
0	0	0	0	0	0	0	0		2	2	1	1	1	0	0	0
0	0	0	0	0	0	0	0		1	1	1	0	0	0	0	0
0	0	0	0	0	0	0	0		0	0	0	0	0	0	0	0

(c) / (d)

1	1	0	1	1	0	0	0		0	1	5	6	14	15	27	28
1	1	1	0	0	0	0	0		2	4	7	13	16	26	29	42
1	1	0	0	0	0	0	0		3	8	12	17	25	30	41	43
1	0	0	0	0	0	0	0		9	11	18	24	31	40	44	53
0	0	0	0	0	0	0	0		10	19	23	32	39	45	52	54
0	0	0	0	0	0	0	0		20	22	33	38	46	51	55	60
0	0	0	0	0	0	0	0		21	34	37	47	50	56	59	61
0	0	0	0	0	0	0	0		35	36	48	49	57	58	62	63

图 8.26　(a)一个典型的区域模板；(b)区域比特分配；(c)阈值模板；(d)阈值处理后按序排列的系数。加阴影的系数是保留的系数

2. 阈值编码的实现

区域编码通常是对所有子图像使用一个固定的模板来实现的。然而，阈值编码在为每幅不同子图像保留变换系数位置的意义上，具有自适应性。事实上，阈值编码是实际工作中最常用的一种自适应变换编码方法，原因是其计算非常简单。基本概念是，对于任何子图像，幅度值最大的变换系数对重建子图像的质量的贡献最大，如上例所示。因为子图像不同，最大系数的位置也不同，所以通常（要以事先定义的方式）对 $\chi(u,v)T(u,v)$ 的元素重新排序，形成一个一维行程编码序列。图 8.26(c) 显示了一幅假设图像的一幅子图像的典型阈值模板。这个模板为相应子图像的阈值编码处理和用式(8.23)进行数学描述的处理，提供了一种方便的可视方法。对子图像应用这个模板［通过式(8.23)］时，根据图 8.26(d)中的 Z 形模式对 $n×n$ 阵列重新排序，形成一个 n^2 个元素的系数序列，重新排序后的一维序列包含几个由 0 组成的长行程［图 8.26(d)中从 0 开始后跟一系列数字的 Z 形模式很明显］。这些行程通常采用行程编码。对应含有 1 的模板位置的非零系数或保留系数，通常使用变长码来表示。

对变换后的子图像进行阈值处理的方法有三种，换句话说，创建式(8.22)给出的子图像阈值模板函数的方法有三种：（1）对所有子图像使用一个全局阈值；（2）对每幅子图像使用不同的阈值；（3）阈值随子图像内每个系数位置的变化而变化。在第一种方法中，对不同图像的压缩水平是不同的，具体取决于超过全局阈值的那些系数的数量。在第二种方法（称为最大 N 编码）中，对每幅子图像都丢弃相同数量的系数。因此，码率是常数并且是事先知道的。在第三种方法中，类似于第一种方法，码率是变化

> "最大 N 编码" 中的 N，不是一幅图像的维数，而是保留的系数数量。

的，但优点是可以组合阈值处理和量化，方法是用下式代替式(8.23)中的 $\chi(u,v)T(u,v)$：

$$\hat{T}(u,v) = \text{round}\left[\frac{T(u,v)}{Z(u,v)}\right] \tag{8.25}$$

式中，$\hat{T}(u,v)$ 是 $T(u,v)$ 经阈值处理和量化后的近似值，$Z(u,v)$ 是如下标准化变换矩阵的一个元素：

$$\mathbf{Z} = \begin{bmatrix} Z(0,\,0) & Z(0,\,1) & \cdots & Z(0,\,n-1) \\ Z(1,\,0) & Z(1,\,1) & \cdots & Z(1,\,n-1) \\ \vdots & \vdots & \ddots & \vdots \\ Z(n-1,\,0) & Z(n-1,\,1) & \cdots & Z(n-1,\,n-1) \end{bmatrix} \tag{8.26}$$

在标准化（阈值处理和量化）子图像变换 $\hat{T}(u,v)$ 之前，可对其取反变换，得到子图像 $g(x,y)$ 的一个近似，但 $\hat{T}(u,v)$ 必须乘以 $Z(u,v)$。得到的去标准化矩阵表示为 $\dot{T}(u,v)$，它是 $\hat{T}(u,v)$ 的一个近似：

$$\dot{T}(u,\,v) = \hat{T}(u,\,v)Z(u,\,v) \tag{8.27}$$

$\dot{T}(u,v)$ 的反变换生成解压缩子图像的近似。

图 8.27(a)以图形方式说明了式(8.25)，此时为 $Z(u,v)$ 分配了一个特定值 c。注意，$\hat{T}(u,v)$ 取整数值 k，当且仅当

$$kc - \frac{c}{2} \leq T(u,\,v) < kc + \frac{c}{2} \tag{8.28}$$

若 $Z(u,v) > 2T(u,v)$，则 $\hat{T}(u,v) = 0$，并且变换系数被完全截断或丢弃。当 $\hat{T}(u,v)$ 用一个长度随 k 值的增加而增大的变长码表示时，用来表示 $T(u,v)$ 的比特数受 c 的值控制。因此，$\mathbf{Z}$ 的元素可被缩放，进而实现各种压缩水平。图 8.27(b)显示了一个典型的标准化矩阵。在 JPEG 标准化工作（见下一节）中，广泛使用了这个矩阵，它根据启发式确定的知觉或心理视觉重要性，对变换后的子图像的每个系数进行加权。

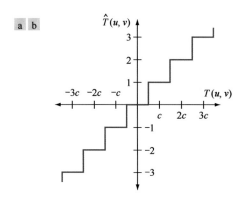

图 8.27　(a)一条阈值编码量化曲线［见式(8.28)］；(b)一个典型的标准化矩阵

例 8.16　阈值编码的说明。

图 8.28(a)到(f)是图 8.9(a)中单色图像的 6 个阈值编码近似。所有图像都是使用一个 8×8 的 DCT 和图 8.27(b)中的标准化矩阵生成的。第一个结果的压缩率约为 12:1（$C = 12$），它是直接应用标准化阵列得到的。其余结果对原图像的压缩率分别是 19:1，30:1，49:1，85:1 和 182:1，分别是用 2, 4, 8, 16 和 32 乘以（缩放）标准化矩阵后生成的。对应的均方根误差分别是 3.83、4.93、6.62、9.35、13.94 和 22.46 个灰度级。

a b c
d e f

图 8.28 用 DCT 和图 8.27(b)中的标准化阵列得到的图 8.9(a)的近似：(a)Z；(b)2Z；(c)4Z；(d)8Z；(e)16Z；(f)32Z ■

3. JPEG

使用最为普遍的连续色调静止帧压缩标准是 JPEG 标准。它定义了三种不同的编码系统：（1）一种有损基线编码系统，它以 DCT 为基础，适用于大多数压缩应用；（2）一种扩展的编码系统，适用于更大压缩、更高精度或渐进重建的应用；（3）一种无损独立编码系统，适用于可逆压缩应用。产品或系统要兼容 JPEG，就必须包含对基线系统的支持。没有规定特殊的文件格式、空间分辨率或彩色空间模型。

在基线系统（通常称为序贯基线系统）中，输入和输出数据的精度限制为 8 比特，而量化后的 DCT 值的精度限制为 11 比特。压缩本身按三个顺序步骤执行：DCT 计算、量化和变长码分配。首先将图像分为 8×8 的多个像素块，然后从左到右、从上到下对这些像素块进行处理。只要遇到一个 8×8 的像素块或子图像，就对它的 64 个像素进行灰度级平移，方法是减去 2^{k-1}，其中 2^k 是最大的灰度级数。再后，计算这个像素块的二维离散余弦变换，根据式(8.25)对其进行量化，并使用图 8.26(d)中的 Z 形模式对其重新排序，形成量化系数的一个一维序列。

使用图 8.26(d)中的 Z 形模式生成的一维矩阵，是根据空间频率递增的方式定性地排列的，因此 JPEG 编码程序能够充分利用重新排序得到的长 0 行程。特别地，非零 AC 系数[①]是用一种变长码编码的，这种变长码定义了系数值和前面的 0 的个数。DC（直流）系数是相对前一幅子图像的 DC 系数进行差分编

> 关于 JPEG 的默认霍夫曼码表，可以查阅本书配套网站：（1）JPEG 系数分类表，（2）默认的 DC 码表，（3）默认的 AC 码表。

---

① 在这个标准中，AC 表示除第零个系数或 DC 系数之外的所有变换系数。

码的。默认用于彩色图像的亮度分量或单色图像的灰度的 JPEG 霍夫曼码，可通过本书的配套网站得到。JPEG 推荐的亮度量化矩阵见图 8.27(b)，缩放这个矩阵可得到不同的压缩水平。缩放这个矩阵，可以让用户选择 JPEG 压缩的"质量"。尽管默认的码表和量化阵列是为彩色和单色处理提供的，但用户也可以构建适合正被压缩图像的码表和（或）阵列。

例 8.17　JPEG 基线编码和解码。

考虑使用 JPEG 基线标准压缩和重建下列 8×8 子图像：

52	55	61	66	70	61	64	73
63	59	66	90	109	85	69	72
62	59	68	113	144	104	66	73
63	58	71	122	154	106	70	69
67	61	68	104	126	88	68	70
79	65	60	70	77	63	58	75
85	71	64	59	55	61	65	83
87	79	69	68	65	76	78	94

原图像由 256 个或 2^8 个可能的灰度组成，因此编码处理从对原始子图像的像素灰度平移-2^7或-128 个灰度级开始。平移后的矩阵为

−76	−73	−67	−62	−58	−67	−64	−55
−65	−69	−62	−38	−19	−43	−59	−56
−66	−69	−60	−15	16	−24	−62	−55
−65	−70	−57	−6	26	−22	−58	−59
−61	−67	−60	−24	−2	−40	−60	−58
−49	−63	−68	−58	−51	−65	−70	−53
−43	−57	−64	−69	−73	−67	−63	−45
−41	−49	−59	−60	−63	−52	−50	−34

对于 $n = 8$，根据式(7.31)的正向 DCT 进行变换，式中 $r(x, y, u, v)$等于式(7.85)中的 $s(x, y, u, v)$，变换的矩阵为

−415	−29	−62	25	55	−20	−1	3
7	−21	−62	9	11	−7	−6	6
−46	8	77	−25	−30	10	7	−5
−50	13	35	−15	−9	6	0	3
11	−8	−13	−2	−1	1	−4	1
−10	1	3	−3	−1	0	2	−1
−4	−1	2	−1	2	−3	1	−2
−1	−1	−1	−2	−1	−1	0	−1

如果使用图 8.27(b)中 JPEG 推荐的标准化矩阵来量化这个变换后的阵列，那么系数经过缩放和截短［即根据式(8.25)标准化］后的矩阵是

−26	−3	−6	2	2	0	0	0
1	−2	−4	0	0	0	0	0
−3	1	5	−1	−1	0	0	0
−4	1	2	−1	0	0	0	0
1	0	0	0	0	0	0	0
0	0	0	0	0	0	0	0
0	0	0	0	0	0	0	0
0	0	0	0	0	0	0	0

其中，例如，DC 系数计算如下：

$$\hat{T}(0,\ 0) = \text{round}\left[\frac{T(0,\ 0)}{Z(0,\ 0)}\right] = \text{round}\left[\frac{-415}{16}\right] = -26$$

注意，变换和标准化处理产生了大量的零值系数。根据图 8.26(d) 中的 Z 形排序模式对这些系数重新排序后，得到的一维系数序列是

$$[-26\ -3\ 1\ -3\ -2\ -6\ 2\ -4\ 1\ -4\ 1\ 1\ 5\ 0\ 2\ 0\ 0\ -1\ 2\ 0\ 0\ 0\ 0\ 0\ -1\ -1\ \text{EOB}]$$

其中，符号 EOB 表示块结尾条件。专用的 EOB 霍夫曼码字（见本书配套网站上 JPEG 默认 AC 码表的分类 0 和行程 0）表明重新排序后的序列中的剩余系数均为零。

　　对于重新排序后的系数序列，默认 JPEG 编码的构建是从计算当前 DC 系数和前一幅已编码子图像的 DC 系数之间的差值开始的。假设紧邻此子图像左边的变换和量化后的子图像的 DC 系数为-17，那么 DPCM 差值为[-26 - (-17)]或-9，它位于 JPEG 系数分类表（见本书的配套网站）的 DC 差值分类 4 中。根据默认霍夫曼差值码，一个分类 4 差值的正确基本码是 101（一个 3 比特码），而一个分类 4 系数的完整编码的总长为 7 比特。其余 4 位必须由差值的最低有效比特（LSB）产生。对于一个一般的 DC 差值类（如分类 K），需要额外的 K 比特，并计算为正差值的 K 个 LSB，或计算为负差值的 K 个 LSB 减 1。对于差值-9，合适的 LSB 是 (0111) - 1 或 0110，完整 DPCM 编码的 DC 码字是 1010110。

　　重新排序后的矩阵的非零 AC 系数，是采用类似方式编码的。主要差别在于，每个默认的 AC 霍夫曼码字取决于前一个被编码的非零系数的数量，以及这个非零系数的幅度分类（见本书配套网站上 JPEG AC 码表中的 Run/Category 列）。因此，重新排序后的矩阵的第一个非零 AC 系数（-3）就被编码为 0100。该码的前两个比特表明，这个系数属于幅值分类 2，并且前面没有零值系数；最后两个比特的生成方式与 DC 差值编码的 LSB 的生成方式相同。继续使用这种方法，得到完整编码（重新排序）后的矩阵为

1010110 0100 001 0100 0101 100001 0110 100011 001 100011 001
001 100101 11100110 110110 0110 11110100 000 1010

为阅读方便，其中插入了空格。尽管本例中并不需要这个矩阵，但默认的 JPEG 码包含了一个专用码字，它用于 15 个零后跟 1 个 0 的行程。重新排序的矩阵经过完全编码后，总比特数（及本例中要求用于表示整幅 8×8 大小的 8 比特子图像的比特数）是 92。压缩率是 512/92，或约为 5.6:1。

　　为了解压缩一幅 JPEG 压缩子图像，解码器必须首先重建产生压缩比特流的标准化变换系数。因为一个霍夫曼编码的二进制序列是即时的、唯一可解码的，所以使用简单的查找表方式就能完成这一步骤。下面是重新生成的量化系数矩阵：

-26	-3	-6	2	2	0	0	0
1	-2	-4	0	0	0	0	0
-3	1	5	-1	-1	0	0	0
-4	1	2	-1	0	0	0	0
1	0	0	0	0	0	0	0
0	0	0	0	0	0	0	0
0	0	0	0	0	0	0	0
0	0	0	0	0	0	0	0

根据式(8.27)去标准化后，这个矩阵变为

−416	−33	−60	32	48	0	0	0
12	−24	−56	0	0	0	0	0
−42	13	80	−24	−40	0	0	0
−56	17	44	−29	0	0	0	0
18	0	0	0	0	0	0	0
0	0	0	0	0	0	0	0
0	0	0	0	0	0	0	0
0	0	0	0	0	0	0	0

其中，例如，DC 系数可根据下式计算：

$$\dot{T}(0,0) = \hat{T}(0,0)Z(0,0) = -26 \times 16 = -416$$

完全重建子图像是根据式(7.32)和式(7.85)，取去标准化矩阵的反 DCT 得到的，由此有

−70	−64	−61	−64	−69	−66	−58	−50
−72	−73	−61	−39	−30	−40	−54	−59
−68	−78	−58	−9	13	−12	−48	−64
−59	−77	−57	0	22	−13	−51	−60
−54	−75	−64	−23	−13	−44	−63	−56
−52	−71	−72	−54	−54	−71	−71	−54
−45	−59	−70	−68	−67	−67	−61	−50
−35	−47	−61	−66	−60	−48	−44	−44

然后，对每个反变换后的像素灰度级平移 2^7（或+128）个灰度级，得到

58	64	67	64	59	62	70	78
56	55	67	89	98	88	74	69
60	50	70	119	141	116	80	64
69	51	71	128	149	115	77	68
74	53	64	105	115	84	65	72
76	57	56	74	75	57	57	74
83	69	59	60	61	61	67	78
93	81	67	62	69	80	84	84

原始子图像和重建子图像之间的任何差别，都是由 JPEG 压缩和解压缩过程的有损性质造成的。在本例中，误差范围是从−14 到+11，并且按如下方式分布：

−6	−9	−6	2	11	−1	−6	−5
7	4	−1	1	11	−3	−5	3
2	9	−2	−6	−3	−12	−14	9
−6	7	0	−4	−5	−9	−7	1
−7	8	4	−1	6	4	3	−2
3	8	4	−4	2	6	1	1
2	2	5	−1	−6	0	−2	5
−6	−2	2	6	−4	−4	−6	10

整个压缩和重建处理的均方根误差接近 5.8 个灰度级。　　　　　　　　　　　　　　　■

例 8.18　JPEG 编码的说明。

图 8.29(a)和(d)是图 8.9(a)所示单色图像的两个 JPEG 近似。第一个结果的压缩率为 25:1，第二个结果的压缩率为 52:1。图 8.29(a)中的原图像和图 8.29(d)中的重建图像之间的差分别如图 8.29(b)和图 8.29(e)所示，对应的均方根误差分别是 5.4 个灰度级和 10.7 个灰度级。误差在图 8.29(c)和图 8.29(f)所示的放大

图像中清晰可见。这些图像分别显示了图 8.29(a)和图 8.29(d)的局部放大。注意，JPEG 块效应随压缩率的增大而增大。

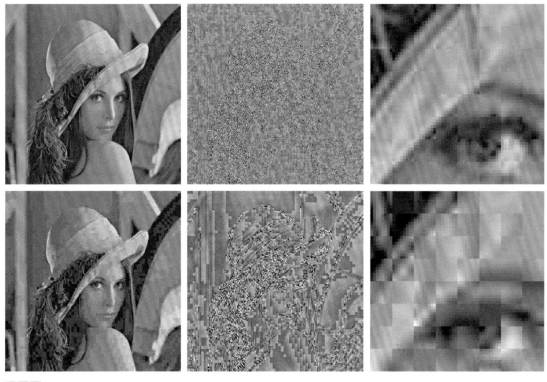

a b c
d e f

图 8.29　图 8.9(a)的两个 JPEG 近似。每行都包含压缩和重建的结果，结果和原图像之间放大后的差，以及重建图像的局部放大 ∎

8.10　预测编码

　　下面介绍一种更简单的压缩方法，这种方法不需要较大的计算开销就能实现较好的压缩效果，并且是无误差的或有损的。这种方法通常称为预测编码，它是通过消除紧邻像素的（空间和/或时间）冗余来实现的，即只提取每个像素中的新信息并对新信息进行编码。一个像素的新信息定义为该像素的实际值与预测值的差。

> 参考表 8.3～表 8.5 可知，JBIG2、JPEG、JPEG-LS、MPEG-1, 2, 4、H.261、H.262、H.263 和 H.264、HDV、VC-1 等压缩标准和文件格式中使用预测编码。

8.10.1　无损预测编码

　　图 8.30 显示了无损预测编码系统的基本组成。这个系统由一个编码器和一个解码器组成，编码器和解码器中都包含一个相同的预测器。将离散时间输入信号 $f(n)$ 的连续样本传入编码器后，预测器根据规定数量的以往样本来生成每个样本的预期值。然后，预测器的输出被四舍五入为最接近的整数[表示为 $\hat{f}(n)$]，并使用这个整数来形成差值或预测误差

$$e(n) = f(n) - \hat{f}(n) \tag{8.29}$$

使用变长码对这个误差进行编码（使用符号编码器），生成压缩数据流的下一个元素。图 8.30(b)中的解码器根据接收到的变长码字重建$e(n)$，并执行反操作

$$f(n) = e(n) + \hat{f}(n) \tag{8.30}$$

以解压缩或重新创建原输入序列。

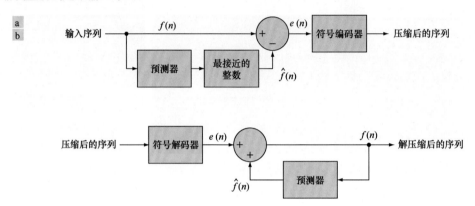

图 8.30　一个无损预测编码模型：(a)编码器；(b)解码器

可以使用各种局部方法、全局方法和自适应方法（见"有损预测编码"一节）来生成$\hat{f}(n)$。在大多数情况下，预测是由前m个样本的线性组合生成的，即

$$\hat{f}(n) = \text{round}\left[\sum_{i=1}^{m} \alpha_i f(n-i)\right] \tag{8.31}$$

式中，m 是线性预测器的阶数，round 表示四舍五入或取最接近整数的一个函数，$\alpha_i, i = 1, 2, \cdots, m$ 是预测系数。若将图 8.30(a)中的输入序列视为一幅图像的样本，则式(8.29)到式(8.31)中的 $f(n)$ 就是像素——用于预测每个像素值的 m 个样本来自当前的扫描行（称为一维线性预测编码）、当前的和以前的扫描行（称为二维线性预测编码），或来自图像序列中的当前图像和先前的图像（称为三维线性预测编码）。于是，对于一维线性预测图像编码，式(8.31)可以写为

$$\hat{f}(x, y) = \text{round}\left[\sum_{i=1}^{m} \alpha_i f(x, y-i)\right] \tag{8.32}$$

式中，每个样本现在都显式地表示为输入图像空间坐标x和y的函数。注意，式(8.32)表明一维线性预测只是当前扫描行上前几个像素的函数。在二维线性预测编码中，预测是从左到右、从上到下扫描图像的前几个像素的函数。在三维线性预测编码中，预测则基于这些像素和前几帧图像的前几个像素。式(8.32)不能对每行的前 m 个像素进行计算，因此必须使用其他方式（如霍夫曼码）来对这些像素编码，并将这种编码考虑为预测编码处理的一种额外开销。类似的说明适用于三维以上的线性预测编码。

例 8.19　预测编码和空间冗余。

考虑使用式(8.32)中的一阶（ $m = 1$ ）线性预测器对图 8.31(a)中的单色图像进行编码：

$$\hat{f}(x, y) = \text{round}[\alpha f(x, y-1)] \tag{8.33}$$

这个公式是式(8.32)的简化，由于 $m = 1$，因此预测系数 α_1 的下标已无必要。这种一般形式的预测器称为前像素预测器，对应的预测编码过程称为差分编码或前像素编码。图 8.31(c) 显示了预测误差图像 $e(x, y) = f(x, y) - \hat{f}(x, y)$，它是在式(8.33)中令 $\alpha = 1$ 得到的。对这幅图像进行尺度变换，使得灰度 128 表示一个零预测误差，而所有非零的正负预测误差（低于和超过估计值）分别显示为更亮的和更暗的灰度阴影。预测图像的均值为128.26。因为灰度 128 对应于 0 预测误差，所以平均预测误差仅为 0.26 比特。

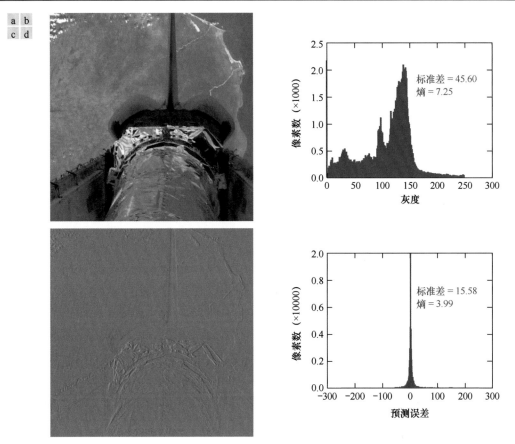

图 8.31　(a)轨道航天飞机拍摄的地球景观；(b)图(a)的灰度直方图；(c)由式(8.33)得到的预测误差图像；(d)预测误差的直方图（原图像由 NASA 提供）

图 8.31(b)和(d)分别是图 8.31(a)中图像的灰度直方图和预测误差 $e(x,y)$ 的直方图。注意，图 8.31(d)中预测误差的标准差要比原图像中灰度的标准差小得多。另外，用式(8.7)估计的预测误差的熵（3.99 比特/像素）明显小于原图像的估计熵（7.25 比特/像素）。熵的降低表明消除了大量空间冗余，尽管对于 k 比特图像，需要 $k+1$ 比特的数字来准确地表示预测误差序列 $e(x,y)$（注意，变长编码的预测误差是压缩后的图像）。一般来说，预测编码方法的最大压缩率，等于表示图像中每个像素的平均比特数除以预测误差的熵的估计。在本例中，任何变长编码过程都可用于对 $e(x,y)$ 编码，但压缩率将限制为约 8/3.99 或 2:1。 ∎

上例表明，预测编码实现的压缩率与熵的降低直接相关，而降低熵的方法是，将输入图像映射到一个预测误差序列，这通常称为预测残差。因为预测和差分处理消除了空间冗余，所以预测残差的概率密度函数在零处通常会有一个峰值，并由一个相对较小的方差（与输入灰度分布相比）表征。实际中，它通常由一个零均值不相关拉普拉斯概率密度函数（PDF）建模：

$$p_e(e) = \frac{1}{\sqrt{2}\sigma_e} e^{\frac{-\sqrt{2}|e|}{\sigma_e}} \tag{8.34}$$

式中，σ_e 是 e 的标准差。

例 8.20　预测编码和时间冗余。

图 8.31(a)中的图像是一帧 NASA 视频的一部分，其中地球正相对航天飞机上的固定摄像机从左到右移

动。图 8.32(b)中重复显示了这幅图像，图 8.32(a)是与这幅图像紧邻的前一帧图像。使用一阶线性预测器

$$\hat{f}(x, y, t) = \text{round}[\alpha f(x, y, t-1)] \tag{8.35}$$

并令 $\alpha = 1$，则图 8.32(b)中像素的灰度可由图 8.32(a)中的对应像素来预测。图 8.34(c)是得到的预测残差图像 $e(x,y,t) = f(x,y,t) - \hat{f}(x,y,t)$。图 8.31(d)是 $e(x,y,t)$ 的直方图。注意，预测误差很小。这一误差的标准差（3.76 比特/像素）远小于例 8.19 中的标准差（15.58 比特/像素）。另外，预测误差的熵［使用式(8.7)计算］已从 3.99 比特/像素减小到 2.59 比特/像素（回顾可知，变长编码的预测误差是压缩图像）。对得到的预测误差变长编码后，原图像的压缩率接近 8/2.59 或 3.1:1，与例 8.19 中使用空间前像素预测器得到的压缩率相比，提升了 50%。

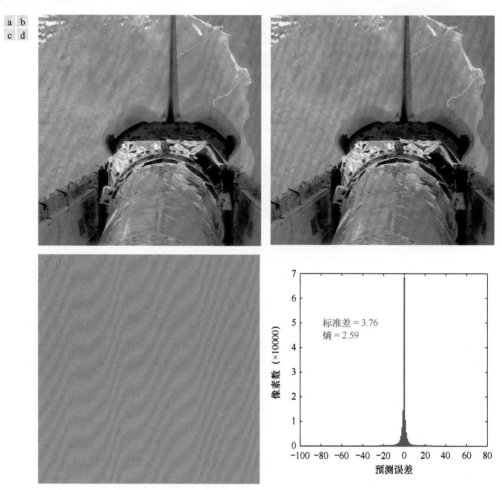

图 8.32　(a) ~ (b)轨道航天飞机视频中的两幅地球景观；(c)由式(8.35)得到的预测误差图像；(d)预测误差的直方图（原图像由 NASA 提供）　　　　　　　　　　　　　　　　　　　　　■

8.10.2　运动补偿预测残差

如例 8.20 所示，视频序列中的连续帧通常很相似。对它们的差值进行编码可减少时间冗余并提供有效的压缩。然而，当帧序列中包含快速运动的物体（如摄像机的缩放与平移、场景的突然变化、淡入和淡出）时，相邻帧间的相似性就会降低，进而对压缩产生负面影响。也就是说，像大多数压缩技术那样（见例 8.5），基于时间的预测编码更适合于具有明显时间冗余的序列图像输入。使用预测编码

处理时间冗余很少的图像时，会发生数据扩展。视频压缩系统采用如下两种方法来避免数据扩展问题：

1. 在预测和差分处理期间，跟踪目标运动并对其进行补偿。

2. 帧间相关（帧间的相似性）不足以体现预测编码的优点时，切换到另一种编码方法。

第一种方法称为运动补偿，这是本节剩余内容的主题。但在深入介绍之前，我们应该注意的是，当帧间相关不足以有效地预测编码时，通常要使用面向块的二维变换来解决第二个问题，如 JPEG 的基于 DCT 的编码（见前一节）。在这种方法中，压缩后的帧（没有预测残差的帧）称为内帧或独立帧（I 帧）。它们可在不访问所属视频中的其他帧的情况下解码。I 帧类似于 JPEG 编码的图像，是生成预测残差的理想起点。此外，它们提供高度的随机存储性、易编辑性，并且能够阻止传输误差的传播。因此，所有标准都要求将 I 帧周期性地插入压缩的视频码流。

图 8.33 说明了运动补偿预测编码的基本原理。每个视频帧都被分为不重叠的多个矩形区域（大小通常为 4×4 到 16×16），这些矩形区域称为宏块（图 8.33 中仅显示了一个宏块）。每个宏块相对于其在前一个（或后一个）视频帧（称为参考帧）中的"最可能的"位置的"运动"，被编码在一个运动向量中。这个向量通过定义到"最可能的"位置的

> "最可能的"位置是指这样的一个位置，该位置可使得参考宏块和正被编码宏块间的误差度量最小。这两个块不必是同一目标，但它们必须使误差度量最小。

水平位移和垂直位移来描述运动。位移通常规定为最近像素、1/2 像素或 1/4 像素精度。如果使用亚像素精度，那么预测就要由参考帧中的像素组合进行内插［如使用双线性内插（见 2.4 节）］。根据前一帧编码的帧（图 8.33 中的前向预测）称为预测帧（P 帧）；根据后一帧编码的帧（图 8.33 的反向预测）称为双向帧（B 帧）。B 帧要求对压缩后的码流重新排序，以便这些帧能以正确的解码序列而非自然的显示顺序进入解码器。

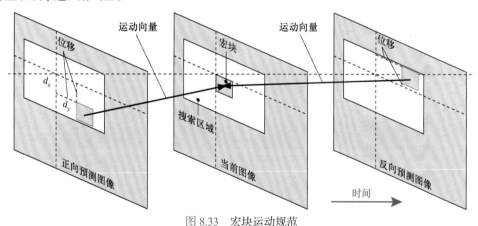

图 8.33 宏块运动规范

不出所料，运动估计是运动补偿的关键部分。在运动估计期间，测量物体的运动并编码到运动向量中。搜索"最好的"运动向量时，要求定义一个最优准则。例如，运动向量可以根据宏块像素和所选参考帧中的预测像素（或亚像素运动向量的内插像素）之间的最大相关或最小误差来选择。最常用的一种误差测度是平均绝对失真（MAD）：

$$\text{MAD}(x, y) = \frac{1}{mn} \sum_{i=0}^{m-1} \sum_{j=0}^{n-1} \left| f(x+i, y+j) - p(x+i+dx, y+j+dy) \right| \tag{8.36}$$

式中，x 和 y 是正被编码的 $m \times n$ 宏块的左上角像素的坐标，dx 和 dy 是图 8.33 中参考帧的位移，p 是预测宏块像素值的一个阵列。对于亚像素运动向量估计来说，p 是根据参考帧中的像素内插得到的。一般来说，dx 和 dy 必须位于围绕每个宏块的一个有限搜索区域内（见图 8.33），值域通常是从 ±8 到 ±64

像素,水平搜索区域通常要比垂直搜索区域稍大。计算上更有效的一个误差测度是绝对失真和(SAD),它省略了式(8.36)中的因子 $1/mn$。

　　选择一个如式(8.36)所示的准则后,运动估计就按如下方式执行:在运动向量位移(包括亚像素位移)的允许范围内,搜索使得 $MAD(x,y)$ 最小的 dx 和 dy。这一处理通常称为块匹配。一种穷举搜索方法能够保证得到最好的结果,但其计算代价高昂,因为必须在整个位移范围内对每个可能的运动进行测试。对于大小为 16×16 的宏块和±32 像素的位移范围(如动作片和体育节目),使用整数位移精度时,对于一帧内的每个宏块,必须执行 4225 次 16×16 MAD 计算。若希望使用 1/2 像素或 1/4 像素的精度,则计算的次数还应分别乘以因子 4 或 16。快速搜索算法虽然可以降低计算开销,但可能会也可能不会得到最优的运动向量。文献中给出并研究了许多基于块的快速运动估计算法(见 Furht et al.[1997]和 Mitchell et al.[1997])。

> **例 8.21**　运动补偿预测。

　　图 8.34(a)和(b)取自例 8.19 和例 8.20 中所用的相同 NASA 视频序列。图 8.34(b)与图 8.31(a)和图 8.32(b)相同;图 8.34(a)是前 13 帧中的一帧的一部分。图 8.34(c)是两帧的差,但已被放大以显示整个灰度级范围。注意,在固定不变的航天飞机区域,这一差值为 0(相对于摄像机),但由于地球的相对运动,图像中的其余部分有较大的差值。图 8.34(c)的预测残差的标准差是 12.73 个灰度级,[用式(8.7)计算的]熵是 4.17 比特/像素。使用变长码对预测残差进行编码时,可达到的最大压缩率为 $C = 8/4.17 = 1.92$。

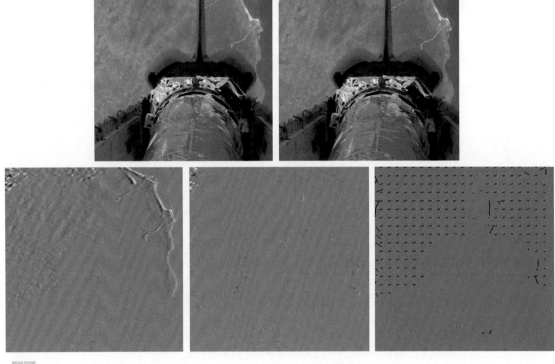

a b
c d e

图 8.34　(a)和(b)轨道航天飞机视频中相隔 13 帧的两幅地球景观;(c)无运动补偿的预测误差图像;(d)有运动补偿的预测残差图像;(e)与图(d)相关的运动向量。图(e)中的白点表示描述运动向量的箭头(原图像由 NASA 提供)

　　图 8.34(d)显示了经运动补偿后的预测残差，其标准差（5.62 个灰度级）低于原图像的标准差（12.73 个灰度级），熵（3.04 比特/像素）也低于原图像的标准差（4.17 比特/像素）。熵是式(8.7)计算得到的。图 8.34(d)中的预测残差用变长码编码时，得到的压缩率为 $C = 8/3.04 = 2.63$。为产生这一预测残差，我们把图 8.34(b)分成不重叠的多个 16×16 宏块，并将每个宏块与图 8.34(a)中的每个 16×16 区域[参考帧，即图 8.34(a)中±16 像素宏块位置范围)进行比较。然后，使用式(8.36)求最好的匹配，方法是选择具有最低 MAD 的位移(dx, dy)。得到的位移是运动向量的 x 分量和 y 分量，如图 8.34(e)所示。图中的白点是运动向量的头部；它们指示了编码后的宏块的左上角。如向量模式所示，图像中的主要运动是从左到右的运动。在图像的下部，这一运动对应于原图像中的航天飞机区域，由于没有运动，因此未显示运动向量。这一区域中的宏块是根据参考帧中对应位置的宏块预测的。由于图 8.34(e)中的运动向量高度相关，因此可对它们进行变长编码，进而减少它们的存储和传输需求。　　　　　　　■

　　图 8.35 表明，使用亚像素运动补偿可以提高预测精度。图 8.35(a)与图 8.34(c)相同，作为参考点，它显示了未进行运动补偿时的预测误差。图 8.35(b)、(c)和(d)是运动补偿后的预测残差。它们是根据例 8.21 的相同两帧，使用宏块位移分别为 1 像素、1/2 像素和 1/4 像素分辨率（精度）计算得到的，所用宏块的大小为 8×8，位移被限制为±8 个像素。

> 图 8.34(c)和图 8.35(a)之间的视觉差别是由缩放造成的。图 8.35(a)中的图像已被缩放到与图 8.35(b) ~ (d)相匹配。

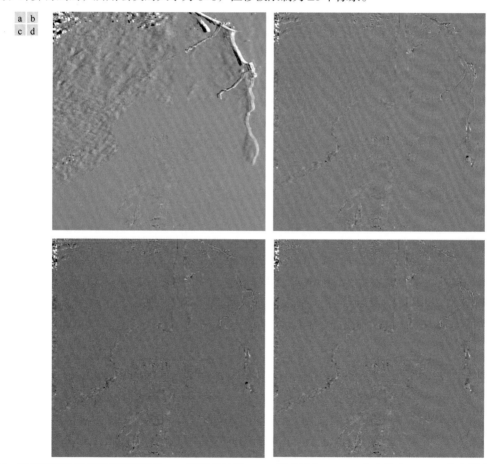

图 8.35　亚像素运动补偿后的预测残差：(a)无运动补偿；(b)1 像素精度；(c)1/2 像素精度；(d)1/4 像素精度（为增强可视性，所有预测误差都被标定到整个灰度范围并乘以了因子 2）

图 8.35 中预测残差之间最明显的视觉差别是灰度峰和灰度谷（灰度最暗的区域和最亮的区域）的数量与大小。图 8.35(d)中的 1/4 像素残差在 4 幅图像中是"最平坦的"，只有很少的黑偏移或白偏移。不出所料，它的直方图最窄。图 8.35(a)到(d)中的预测残差的标准差随运动向量精度的增加（12.7 像素、4.4 像素、4 像素和 3.8 像素）而减小。根据式(8.7)求出的残差的熵，分别是 4.17 比特/像素、3.34 比特/像素、3.35 比特/像素和 3.34 比特/像素。于是，运动补偿后的残差中就包含了相同的信息量，尽管图 8.35(c)和(d)中的残差是用附加比特来容纳 1/2 像素和 1/4 像素内插的。最后，我们注意到，在每个运动补偿后的残差的左侧，都有预测误差增大的一个明显条带，它是由地球从左到右的运动导致的，因为这一运动会将此前看不到的地形区域带入每幅图像的左侧。由于前几帧中不存在这些区域，因此不管用来计算运动向量的精度如何，都无法准确地预测它们。

运动估计的计算量巨大。所幸的是，只有编码器必须估计宏块运动。已知这些宏块的运动向量后，解码器只需访问编码器中用于形成预测残差的参考帧的区域。因此，运动估计并未包括在大多数视频压缩标准中。压缩标准主要关注解码器对宏块大小、运动向量精度、水平和垂直位移范围等参数的要求。表 8.12 给出了一些重要视频压缩标准的关键预测编码参数。注意，针对 I 帧编码，大多数标准使用大小为 8×8 的 DCT，但对运动补偿则规定了更大的区域（如大小为 16×16 的宏块）。另外，由于 DCT 系数量化的有效性，P 帧和 B 帧预测残差甚至也采用变换编码。最后，我们注意到，H.264 和 MPEG-4 AVC 标准支持（I 帧的）帧内预测编码，以减少空间冗余。

表 8.12 视频压缩标准中的预测编码

参 数	H.261	MPEG-1	H.262 MPEG-2	H.263	MPEG-4	VC-1 WMV-9	H.264 MPEG-4 AVC
运动向量精度	1	1/2	1/2	1/2	1/4	1/4	1/4
宏块大小	16×16	16×16	16×16 16×8	16×16 8×8	16×16 8×8	16×16 8×8	16×16 16×8 8×8 8×4 4×8 4×4
变换	8×8 DCT	8×8 DCT	8×8 DCT	8×8 DCT	8×8 DCT	8×8 8×4 4×8 4×4 整数 DCT	4×4 8×8 整数
帧间预测	P	P, B	P, B	P, B	P, B	P, B	P, B
I帧帧内预测	否	否	否	否	否	否	是

图 8.36 显示了一个典型的运动补偿视频编码器。它利用了帧内和相邻视频帧间的冗余度、帧间的运动一致性及人类视觉系统的心理视觉特性。我们可以认为输入编码器的是连续的视频宏块。对于彩色视频而言，每个宏块都由一个亮度块和两个色度块组成。因为人眼对色度的空间视敏度远小于对亮度的空间视敏度，所以色度块的取样率通常是亮度块的水平和垂直分辨率的一半。图中的暗蓝色部分与 JPEG 编码器的变换、量化和变长编码运算相近。主要的不同是输入，输入可能是图像数据的常规宏块（对于 I 帧），也可能是常规宏块根据前一和/或后一视频帧（P 帧和 B 帧）预测的宏块之间的差。编码器包括一个反量化器和一个反映射器（反 DCT），以便其预测与互补解码器的那些预测匹配。此外，它还用于产生与预期视频信道容量相匹配的压缩比特流。为完成这一任务，量化参数由一个码率控制器调节，码率控制器是输出缓冲器占用量的函数。当缓冲器变得较满时，量化就粗一些，因此进入缓冲器的比特流较少。

> 按本章之前的定义，量化器是不可逆的。图 8.36 中的"反量化器"确实不会阻止信息损失。

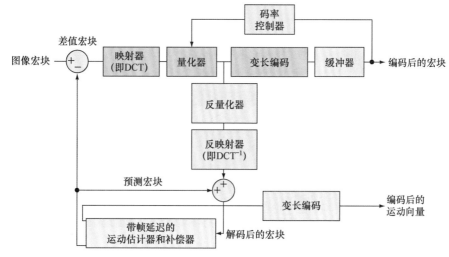

图 8.36　一个典型的运动补偿视频编码器

例 8.22　视频压缩的实例。

我们用一个例子来结束对运动补偿预测编码的讨论，该例说明了现代视频压缩方法中使用的压缩类型。图 8.37 是 1 分钟 NASA 高清（1280×720）全彩色视频的 15 帧图像，其中的部分图像已在本节之前用过。尽管显示的是单色图像，但视频本身却是 1829 幅全彩色帧序列。注意，这些图像中存在各种场景、大量运动和多种淡入淡出效果。例如，视频中有 150 帧图像是以黑色淡入方式打开的（包括图 8.37 中的第 21 帧和第 44 帧），并以黑色淡出方式结束（包括图 8.37 中的第 1595 帧、第 1609 帧和第 1652 帧）。还有一些突变的场景，如图 8.37 中第 1303 帧和第 1304 帧中的场景突变。

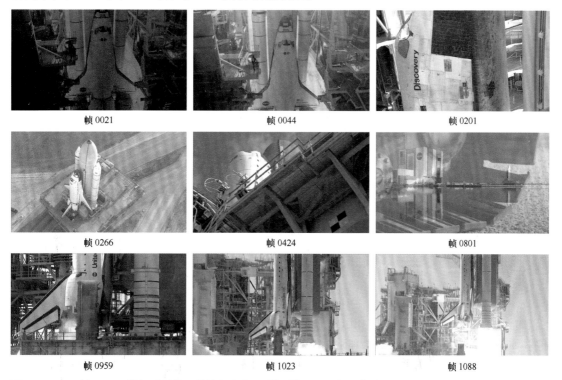

图 8.37　1829 帧 NASA 视频（时长 1 分钟）中的 15 帧图像。原视频是高清全彩视频（原视频由 NASA 提供）

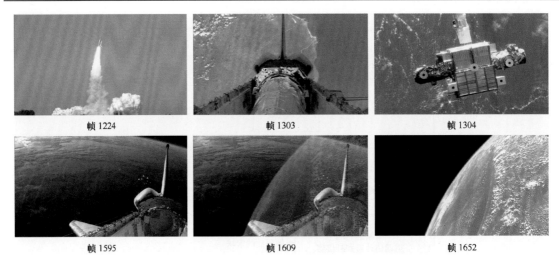

帧 1224　　　　　　　　　帧 1303　　　　　　　　　帧 1304

帧 1595　　　　　　　　　帧 1609　　　　　　　　　帧 1652

图 8.37　1829 帧 NASA 视频（时长 1 分钟）中的 15 帧图像。原视频是高清全彩视频（原视频由 NASA 提供）（续）

以 Quicktime 文件（见表 8.5）存储 NASA 视频的 H.264 压缩版时，需要的存储空间是 44.56MB，存储相关的音频还需要 1.39MB 的空间。视频的质量很高。将视频帧存储为非压缩全彩图像时，需要的存储空间约为 5GB。还要注意，视频中包含涉及旋转和缩放的序列（如图 8.37 中的第 959 帧、第 1023 帧和第 1088 帧），但本节的讨论只限于平移（关于本例中使用的 NASA 视频片段的详细介绍，见本书的配套网站）。■

8.10.3　有损预测编码

在这一节中，我们在先前介绍的无损预测编码模型中加入一个量化器，并在空间预测器背景下对重建精度和压缩性能进行折中。如图 8.38 所示，（代替取最接近整数功能的无误差编码器）量化器被插入到了符号编码器与预测误差形成的点之间。量化器将预测误差映射到有限范围内的输出 $\dot{e}(n)$，而输出 $\dot{e}(n)$ 则确定了产生的压缩量和失真量。

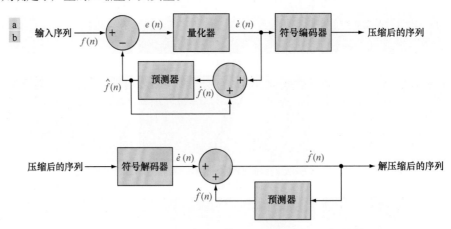

图 8.38　一个有损预测编码模型：(a)编码器；(b)解码器

要容纳插入的量化步骤，就必须更改图 8.30(a)中的无误差编码器，使编码器和解码器产生的预测相等。如图 8.38(a)所示，这是在反馈环内放置有损编码器的预测器实现的，其中的输入 $\dot{f}(n)$ 是根据过去的预测和对应的量化误差得到的，即

$$\dot{f}(n) = \dot{e}(n) + \hat{f}(n) \tag{8.37}$$

式中，$\hat{f}(n)$ 的定义和前面一样。这个闭环配置可以防止在解码器的输出位置形成误差。注意，在图 8.38(b) 中，解码器的输出也由式(8.37)给出。

增量调制（DM）是一种简单但知名的有损预测编码，其中预测器和量化器分别定义为

$$\hat{f}(n) = \alpha \dot{f}(n-1) \tag{8.38}$$

和

$$\dot{e}(n) = \begin{cases} +\zeta, & e(n) > 0 \\ -\zeta, & \text{其他} \end{cases} \tag{8.39}$$

式中，α 是一个预测系数（通常小于 1），ζ 是一个正的常数。量化器的输出 $\dot{e}(n)$ 可用 1 比特表示[见图 8.39(a)]，因此图 8.38(a) 中的符号编码器可以使用 1 比特的定长码。得到的 DM 码率为 1 比特/像素。

图 8.39(c)说明了增量调制处理的原理，在 $\alpha = 1$ 和 $\zeta = 6.5$ 时，压缩和重建输入序列{14, 15, 14, 15, 13, 15, 15, 14, 20, 26, 27, 28, 27, 27, 29, 37, 47, 62, 75, 77, 78, 79, 80, 81, 81, 82, 82}所需的计算被编成了表格。处理过程从第一个样本无误差地输入解码器开始。在编码器和解码器位置设立的初始条件是 $\dot{f}(0) = f(0) = 14$，剩下的输出可通过式(8.38)、式(8.29)、式(8.39)和式(8.37)重复计算得出。因此，例如，当 $n = 1$ 时，就有 $\hat{f}(1) = 1 \times 14 = 14$，$e(1) = 15 - 14 = 1$，$\dot{e}(1) = +6.5$[因为 $e(1) > 0$]，$\dot{f}(1) = 6.5 + 14 = 20.5$，重建误差是 (15 − 20.5) 或 −5.5。

图 8.39(b)以图形方式显示了图 8.39(c)中的图表化数据，显示了输入和完全解码后的输出[即 $f(n)$ 和 $\dot{f}(n)$]。注意，在从 $n = 14$ 到 $n = 19$ 的快速变化区域中，由于 ζ 小到不足以表示输入的最大变化，出现了斜率过载失真。此外，当 ζ 大到无法表示输入的较小变化时，如在从 $n = 0$ 到 $n = 7$ 的平滑区域中，出现了颗粒噪声。在这些图像中，两种现象都导致了模糊的物体边缘和颗粒或噪声表面（失真的平滑区域）。

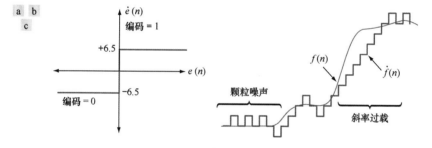

a b
c

输入		编码器				解码器		误差
n	$f(n)$	$\hat{f}(n)$	$e(n)$	$\dot{e}(n)$	$\dot{f}(n)$	$\hat{f}(n)$	$\dot{f}(n)$	$f(n) - \dot{f}(n)$
0	14	–	–	–	14.0	–	14.0	0.0
1	15	14.0	1.0	6.5	20.5	14.0	20.5	−5.5
2	14	20.5	−6.5	−6.5	14.0	20.5	14.0	0.0
3	15	14.0	1.0	6.5	20.5	14.0	20.5	−5.5
·	·	·	·	·	·	·	·	·
14	29	20.5	8.5	6.5	27.0	20.5	27.0	2.0
15	37	27.0	10.0	6.5	33.5	27.0	33.5	3.5
16	47	33.5	13.5	6.5	40.0	33.5	40.0	7.0
17	62	40.0	22.0	6.5	46.5	40.0	46.5	15.5
18	75	46.5	28.5	6.5	53.0	46.5	53.0	22.0
19	77	53.0	24.0	6.5	59.5	53.0	59.5	17.5
·	·	·	·	·	·	·	·	·

图 8.39 增量调制实例

例 8.23 中提到的失真，在所有形式的有损预测编码结果中都很常见。这些失真的严重性取决于所用量化和预测方法之间的一组复杂的相互作用。尽管存在这些相互作用，预测器通常是在无量化误差的假设下设计的，且量化器的设计是为了最小化自身的误差。也就是说，预测器和量化器是彼此独立设计的。

8.10.4 最优预测器

在许多预测编码应用中，选择预测器时，要使编码器的均方预测误差最小：

$$E\left\{e^2(n)\right\} = E\left\{\left[f(n) - \hat{f}(n)\right]^2\right\} \tag{8.40}$$

它的约束条件为

$$\dot{f}(n) = \dot{e}(n) + \hat{f}(n) \approx e(n) + \hat{f}(n) = f(n) \tag{8.41}$$

和

$$\hat{f}(n) = \sum_{i=1}^{m} \alpha_i f(n-i) \tag{8.42}$$

也就是说，最优准则是最小均方预测误差，假设量化误差可以忽略 $\left[\dot{e}(n) \approx e(n)\right]$，并且预测被限制为前 m 个样本的线性组合。这些限制不是必需的，但它们大大简化了分析，同时降低了预测的计算复杂性。这种预测编码方法称为差分脉冲编码调制（DPCM）。

> 符号 $E\{\cdot\}$ 是统计期望运算符。一般来说，非高斯序列的最优预测器是用来形成估计的样本的非线性函数。

在这些条件下，最优预测器设计问题就简化为相对简单的工作，即选择 m 个预测系数，使

$$E\left\{e^2(n)\right\} = E\left\{\left[f(n) - \sum_{i=1}^{m} \alpha_i f(n-i)\right]^2\right\} \tag{8.43}$$

最小。在 $f(n)$ 的均值为零、方差为 σ^2 的假设下，将式(8.43)关于每个系数微分，使导数等于零，并且求解得到的联立方程组，有

$$\boldsymbol{\alpha} = \boldsymbol{R}^{-1}\boldsymbol{r} \tag{8.44}$$

式中，$\boldsymbol{R}^{-1}$ 是大小为 $m \times m$ 的自相关矩阵的逆矩阵：

$$\boldsymbol{R} = \begin{bmatrix} E\{f(n-1)f(n-1)\} & E\{f(n-1)f(n-2)\} & \cdots & E\{f(n-1)f(n-m)\} \\ E\{f(n-2)f(n-1)\} & E\{f(n-2)f(n-2)\} & \cdots & E\{f(n-2)f(n-m)\} \\ \vdots & \vdots & \ddots & \vdots \\ E\{f(n-m)f(n-1)\} & E\{f(n-m)f(n-2)\} & \cdots & E\{f(n-m)f(n-m)\} \end{bmatrix} \tag{8.45}$$

$\boldsymbol{r}$ 和 $\boldsymbol{\alpha}$ 是 m 元向量：

$$\boldsymbol{r} = \begin{bmatrix} E\{f(n)f(n-1)\} \\ E\{f(n)f(n-2)\} \\ \vdots \\ E\{f(n)f(n-m)\} \end{bmatrix}, \quad \boldsymbol{\alpha} = \begin{bmatrix} \alpha_1 \\ \alpha_2 \\ \vdots \\ \alpha_m \end{bmatrix} \tag{8.46}$$

因此，对于任何输入序列，使式(8.43)最小的系数可以通过一系列初等矩阵运算来确定。此外，这些系数仅取决于原序列中样本的自相关。使用这些最优系数得到的预测误差的方差为

$$\sigma_e^2 = \sigma^2 - \boldsymbol{\alpha}^{\mathrm{T}} \boldsymbol{r} = \sigma^2 - \sum_{i=1}^{m} E\{f(n)f(n-i)\}\alpha_i \tag{8.47}$$

尽管计算式(8.44)的原理很简单，但形成 $\boldsymbol{R}$ 和 $\boldsymbol{r}$ 所需的自相关计算实现起来非常困难，因此在实际工作中几乎从不使用局部预测（对每个输入序列计算预测系数的那些预测）。在大多数情况下，是通过假设一个简单的输入模型，并将对应的自相关代入式(8.45)和式(8.46)中来计算一组全局系数的。例如，若一个二维马尔可夫图像源（见 8.1 节）的可分离自相关函数为

$$E\{f(x, y)f(x-i, y-j)\} = \sigma^2 \rho_v^i \rho_h^j \tag{8.48}$$

广义四阶线性预测器为

$$\hat{f}(x, y) = \alpha_1 f(x, y-1) + \alpha_2 f(x-1, y-1) + \alpha_3 f(x-1, y) + \alpha_4 f(x-1, y+1) \tag{8.49}$$

则最优系数（Jain [1989]）是

$$\alpha_1 = \rho_h, \ \alpha_2 = -\rho_v \rho_h, \ \alpha_3 = \rho_v, \ \alpha_4 = 0 \tag{8.50}$$

式中，ρ_h 和 ρ_v 分别是所研究图像的水平和垂直相关系数。

最后，通常要求式(8.42)中的预测系数之和小于等于 1，即

$$\sum_{i=1}^{m} \alpha_i \le 1 \tag{8.51}$$

这一要求的目的是确保预测器的输出在输入允许的范围内，并降低传输噪声的影响［图 8.38(a)中的输入是一幅图像时，传输噪声在重建图像中通常表现为水平条纹］。降低 DPCM 解码器对输入噪声的敏感性很重要，因为单个误差（在适当的环境下）会传播到之后的所有输出中。也就是说，解码器的输出会变得不稳定。进一步将式(8.51)限制到严格小于 1，可将输入误差的影响限制在少数输出中。

例 8.24　预测技术比较。

考虑对图 8.9(a)所示单色图像进行 DPCM 编码产生的预测误差，假设量化误差为零，并且 4 个预测器为

$$\hat{f}(x, y) = 0.97 f(x, y-1) \tag{8.52}$$

$$\hat{f}(x, y) = 0.5 f(x, y-1) + 0.5 f(x-1, y) \tag{8.53}$$

$$\hat{f}(x, y) = 0.75 f(x, y-1) + 0.75 f(x-1, y) - 0.5 f(x-1, y-1) \tag{8.54}$$

$$\hat{f}(x,y) = \begin{cases} 0.97 f(x, y-1), & \Delta h \le \Delta v \\ 0.97 f(x-1, y), & \text{其他} \end{cases} \tag{8.55}$$

式中，$\Delta h = |f(x-1, y) - f(x-1, y-1)|$ 和 $\Delta v = |f(x, y-1) - f(x-1, y-1)|$ 分别表示点(x, y)处的水平梯度和垂直梯度。式(8.52)到式(8.55)定义了一组相对鲁棒的 α_i，以便在较宽的图像范围内提供令人满意的性能。设计式(8.55)中的自适应预测器的目的是，计算图像方向性的局部测度（Δh 和 Δv），选择适合局部测度的预测器，以便改善边缘的重现质量。

图 8.40(a)到(d)是使用式(8.52)到式(8.55)的预测器得到的预测误差图像。注意，随着预测器阶数的增加，可觉察的误差明显减小[①]。预测误差的标准差同样如此，它们分别是 11.1、9.8、9.1 和 9.7 个灰度级。

[①] 使用前 3 个或 4 个以上像素的预测器，由于预测器本身更为复杂，其压缩增益有限（Habibi[1971]）。

a b
c d

图 8.40   4 种线性预测技术的比较

8.10.5 最优量化

图 8.41 中的台阶量化函数 $t = q(s)$ 是 s 的奇函数［即 $q(-s) = -q(s)$］，它完全可以由图 8.41 第一象限中所示的 s_i 和 t_i 的 $L/2$ 个值描述。这些断点定义了函数的不连续性，因此称为量化器的判决级和重建级。按照惯例，若 s 位于半开区间 $(s_i, s_{i+1}]$ 内，则 s 视为映射到 t_{i+1}。

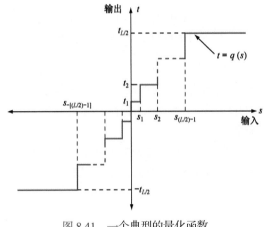

图 8.41   一个典型的量化函数

量化器设计问题是，为某个特殊的最优准则和输入概率密度函数 $p(s)$ 选择最好的 s_i 和 t_i。若最优准则（可以是统计测度，也可以是心理视觉测度[①]）是使得均方量化误差 $\left[\,即 E\left\{(s_i-t_i)^2\right\}\,\right]$ 最小，并且 $p(s)$ 是一个偶函数，则最小误差（Max[1960]）的条件是

$$\int_{s_{i-1}}^{s_i}(s-t_i)p(s)\mathrm{d}s=0, \quad i=1,\ 2,\cdots,L/2 \tag{8.56}$$

$$s_i=\begin{cases}0, & i=0 \\ \dfrac{t_i+t_{i+1}}{2}, & i=1,\ 2,\cdots,L/2-1 \\ \infty, & i=L/2\end{cases} \tag{8.57}$$

和

$$s_{-i}=-s_i, \ t_{-i}=-t_i \tag{8.58}$$

式(8.56)指出，重建级是规定判决区间上 $p(s)$ 下方面积的质心，而式(8.57)指出判决级是重建级之间的中点。式(8.58)是 q 为一个奇函数时的结果。对于任意 L，满足式(8.56)到式(8.58)的 s_i 和 t_i 在均方误差意义下是最优的；对应的量化器称为 L 级 Lloyd-Max 量化器。

表 8.13 列出了单位方差拉普拉斯概率密度函数 $\left[\,见式(8.34)\,\right]$ 的 2 级、4 级和 8 级 Lloyd-Max 判决级和重建级。因为对大多数非平凡的 $p(s)$ 来说，得到式(8.56)到式(8.58)的显式或解析解很难，所以这些值都是以数值形式生成的（Paez and Glisson[1972]）。所示的三个量化器的固定输出速率分别为 1 比特/像素、2 比特/像素和 3 比特/像素。由于表 8.13 是为单位方差分布构建的，所以 $\sigma\neq 1$ 时的重建级和判决级是将概率密度函数的标准差与表中的值相乘得到的。表中的最后一行列出了步长 θ，步长 θ 同时满足式(8.56)到式(8.58)和附加约束条件：

$$t_i-t_{i-1}=s_i-s_{i-1}=\theta \tag{8.59}$$

采用变长编码的符号编码器作为图 8.38(a)中的普通有损预测编码器时，步长 θ 的最优均匀量化器（对于拉普拉斯 PDF）提供的码率，将低于具有相同输出保真度的定长码 Lloyd-Max 量化器提供的码率（O'Neil[1971]）。

表 8.13　单位方差的拉普拉斯概率密度函数的 Lloyd-Max 量化器

级　别	2		4		8	
i	s_i	t_i	s_i	t_i	s_i	t_i
1	∞	0.707	1.102	0.395	0.504	0.222
2			∞	1.810	1.181	0.785
3					2.285	1.576
4					∞	2.994
θ	1.414		1.087		0.731	

尽管 Lloyd-Max 和最优均匀量化器不是自适应的，但根据图像的局部特性来调节量化级有更多优点。理论上，缓慢变化的区域可被精细地量化，而快速变化的区域可被粗糙地量化。这种方法可以同时降低颗粒噪声和斜率过载，只需码率的极小增加，但代价是增大了量化器的复杂性。

8.11　小波编码

类似于前面介绍的块变换编码技术，小波编码的思想如下：对图像像素去相关的变换系数编码，

[①] 有关心理视觉测度的详细信息，见 Netravali[1977]。

要比对原图像像素本身编码更有效。如果变换的基函数(此时为小波函数)将大多数重要的可视信息打包到少量系数中,那么剩下的系数可被粗略地量化或截断为零,而图像几乎没有失真。

> 参考表 8.3 至表 8.5 可知,JPEG-2000 压缩标准中使用小波编码。

图 8.42 显示了一个典型的小波编码系统。为了对大小为 $2^J \times 2^J$ 的图像进行编码,我们选择一个分析小波 ψ 和最小分解级数 $J-P$ 来计算图像的离散小波变换。如果这个小波有一个互补尺度函数 φ(见 7.10 节),那么可以使用快速小波变换。不论属于哪种情况,计算的变换都会将原图像的大部分转换为水平、垂直和对角分解系数,这些系数具有零均值和类拉普拉斯概率分布。由于许多计算的系数携带的视觉信息很少,因此可以最小化相关系数和编码冗余来量化与编码这些系数。此外,量化可以在 P 个分解级数上自适应利用任何位置的相关性。在最后的符号编码步骤中,可以使用一种或多种无损编码方法,如行程编码、霍夫曼编码、算术编码和比特平面编码等。解码的实现与编码相反,但量化过程除外,因为量化过程不可能精确地反向执行。

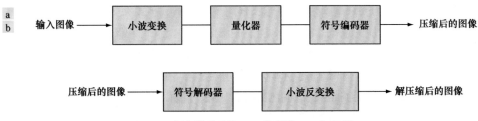

图 8.42　小波编码系统:(a)编码器;(b)解码器

图 8.42 中基于小波的系统与图 8.21 中的变换编码系统之间的主要差别是,省略了变换编码器的子图像处理阶段。因为小波变换的计算效率和固有的局部性(小波的基函数的持续时间有限),因此对原图像进行细分是没有必要的。本节稍后会讲到,取消细分步骤可以消除块伪影,而块伪影是基于 DCT 的近似在高压缩率下的特性。

8.11.1　小波的选择

选择作为图 8.42 中正变换和反变换的基的小波,会影响小波编码系统设计和性能的各个方面。选择的小波会直接影响变换的计算复杂性,或间接影响系统压缩和重建误差可接受图像的能力。当变换小波有一个伴随尺度函数时,变换可实现为一系列数字滤波运算,滤波器抽头的数量等于非零小波和尺度向量系数的数量。小波将信息打包到少量变换系数中的能力,决定了小波的压缩和重建性能。

在基于小波的压缩中,广泛使用的展开函数是 Daubechies 小波和双正交小波。后者允许把有用的分析特性[如消失矩的数量(见 7.10 节)]合并到分解滤波器中,而将重要的合成特性(如重建的平滑)纳入重建滤波器。

例 8.25　小波编码中的小波基。

图 8.43 包含了图 8.9(a)的 4 个离散小波变换。Haar(哈尔)小波是此例中最简单并且唯一不连续的小波,它被用做图 8.43(a)中的展开函数或基函数。图 8.43(b)中使用了最常用的成像小波,即 Daubechies 小波;图 8.43(c)中使用了对称小波,它是增强了对称性的 Daubechies 小波。图 8.43(d)中使用了 Cohen-Daubechies-Feauveau 小波,其作用是说明双正交小波的性能。像在前面的这类结果中那样,所有的细节系数都进行了标定,以便使底层结构更为清晰可见,其中灰度 128 对应于系数值 0。

如表 8.14 所示,对于图 8.43 中的变换,从图 8.43(a)至图 8.43(d),计算(每层分解的)每个系数所需的运算次数由 4 次乘法和加法增加到 28 次乘法和加法。所有 4 个变换都用一个快速小波变换（滤波器组）公式进行计算。注意，当计算复杂性（滤波器抽头的数量）增加时，信息的打包性能会更好。采用哈尔小波并且小于 1.5 的细节系数被截断为零时，总变换的 33.3% 也将被置零。对于更复杂的双正交小波，置零系数的数量增加到 42.1%，压缩率提升了近 10%。

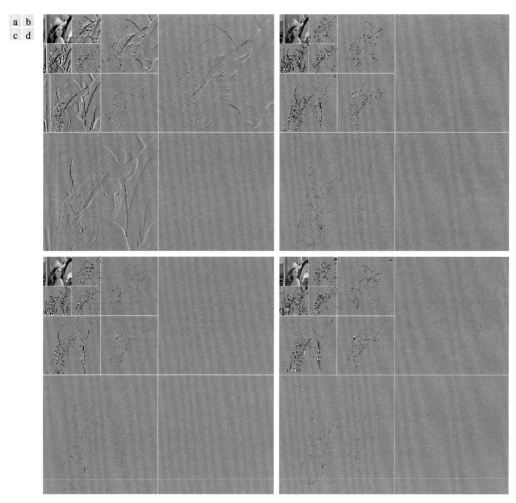

图 8.43　图 8.9(a)关于(a)哈尔小波、(b)Daubechies 小波、(c)对称小波和(d)Cohen-Daubechies-Feauveau 双正交小波的三级小波变换

表 8.14　图 8.43 中细节系数小于 1.5 的变换截断为零时，小波变换滤波器的抽头和置零系数

小　　波	滤波器抽头（尺度+小波）	置零系数
哈尔	2 + 2	33.3%
Daubechies	8 + 8	40.9%
对称	8 + 8	41.2%
双正交	17 + 11	42.1%

8.11.2　分解级数的选择

影响小波编码计算复杂性和重建误差的另一个因素是变换分解级数。由于 P 尺度快速小波变换涉及 P 次滤波器组迭代，正变换和反变换计算中的运算次数会随分解级数的增加而增加。此外，量化分

解级数越多，尺度越低的系数对重建图像的影响也就越大。在许多应用中，如搜索图像数据库或传送图像进行渐进式重建，存储或传送的图像的分辨率以及最低可用的近似的尺度，通常决定着变换级数。

例8.26　小波编码中的分解级数。

表 8.15 说明了使用双正交小波和一个固定全局阈值 25 对图 8.9(a)进行编码时，分解级数选择的影响。如前面的小波编码例子中那样，只截断细节系数。表中列出了置零系数的百分比和由式(8.10)得到的均方根重建误差。注意，初始分解决定大多数数据压缩。三层分解以上的截断系数的数量变化不大。

表 8.15　对图 8.9(a)中大小为 512×512 的图像进行小波编码时，分解级数的影响

分解级数(尺度或滤波器组迭代)	近似系数图像	截断的系数/%	重建误差/rms
1	256×256	74.7%	3.27
2	128×128	91.7%	4.23
3	64×64	95.1%	4.54
4	32×32	95.6%	4.61
5	16×16	95.5%	4.63

8.11.3　量化器设计

影响小波编码压缩和重建误差的一个最重要的因素是系数量化。尽管广泛使用的量化器是均匀量化的，但量化效果可通过如下方式进一步改进：(1)在零附近引入更大的量化区间，称为死区；(2)从一个尺度

> 数字信号的能量的一个测度是样本的平方和。

到另一个尺度自适应调节量化区间的大小。无论采用哪种方式，所选的量化区间都必须随着编码图像比特流传送给解码器。区间本身可启发式地确定，或根据正被压缩图像自动地计算。例如，我们可以将一个全局系数阈值计算为第一层细节系数的绝对值的中值，或者计算为被截断的零的个数和重建图像中保留的能量的函数。

例8.27　小波编码中死区的选择。

图 8.44 说明了在不同截断细节系数的百分比下，死区大小对图 8.9(a)中基于三尺度双正交小波编码的影响。死区增大时，截断细节系数的百分比同样增大。在曲线拐点的上方（横坐标 5 以上），被截断系数的百分比几乎不再增加。这是因为细节系数的直方图在零附近有很高的峰值。

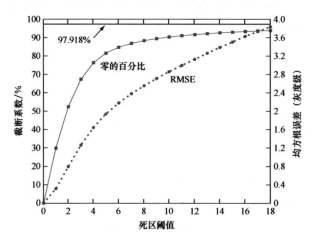

图 8.44　死区选择对小波编码的影响

图 8.44 中与死区阈值对应的均方根重建误差，从 0 增加到阈值 5 的 1.94 个灰度级，在阈值 18 增加到 3.83 个灰度级，其中零的数量达到 93.85%。如果删除所有细节系数，这一比例将增加到 97.92%（上升约 4%），但重建误差则增大到 12.3 个灰度级。　　　　　　　　　　　　　　　　　　　　　■

8.11.4　JPEG-2000

JPEG-2000 扩充了流行的 JPEG 标准，在连续色调静止图像的压缩和压缩数据的访问方面提供了更大的灵活性。例如，可以提取 JPEG-2000 压缩图像中的一部分，进行转发、存储、显示和/或编辑。这个标准以刚刚讨论的小波编码技术为基础。系数量化适用于各个尺度和子带，并且在比特平面（见 8.4 节和 8.8 节）上对量化后的系数进行算术编码。使用标准符号时，图像编码的步骤如下（ISO/IEC[2000]）。

编码过程的第一步是通过减去 $2^{S_{siz}-1}$，使待编码的 S_{siz} 比特无符号图像直流电平平移 $2^{S_{siz}-1}$ 个样本。如果图像的分量有多个，如彩色图像的红色、绿色和蓝色平面，那么单独平移每个分量。如果恰好有三个分量，那么可用一个可逆的或不可逆的线性组合来选择性地对它们去相关。例如，标准中的不可逆分量变换是

> 标准中使用 S_{siz} 表示灰度分辨率。不可逆分量变换是用于有损压缩的分量变换。分量变换本身是可逆的。可逆压缩使用不同的分量变换。

$$Y_0(x, y) = 0.299I_0(x, y) + 0.587I_1(x, y) + 0.114I_2(x, y)$$
$$Y_1(x, y) = -0.16875I_0(x, y) - 0.33126I_1(x, y) + 0.5I_2(x, y) \tag{8.60}$$
$$Y_2(x, y) = 0.5I_0(x, y) - 0.41869I_1(x, y) - 0.08131I_2(x, y)$$

式中，I_0，I_1 和 I_2 是电平平移后的输入分量，Y_0，Y_1 和 Y_2 是对应的去相关分量。如果输入分量是彩色图像的红色、绿色和蓝色平面，那么式(8.60)用 $R'G'B'$ 近似彩色视频变换 $Y'C_bC_r$（Poynton[1996]）[1]。变换的目的是提升压缩率；变换后的分量 Y_1 和 Y_2 是差值图像，差值图像的直方图在零点附近有很高的峰值。

图像经电平平移和选择性去相关处理后，其分量可分为多个像块。像块是将被单独处理的矩形像素阵列。由于图像有多个分量（它可由三个颜色分量组成），因此像块处理生成了像块分量。每个像块分量都可以单独地重建，因此为存取和（或）加工编码图像的一个有限区域提供了一种简单的方法。例如，纵横比为 16:9 的图像可以划分为纵横比为 4:3 的多个像块（子图像）。于是，像块就可在不存取压缩图像中其他像块的情况下得到。图像未被划分为多个像块时，它就是一个像块。

然后，计算每个像块分量的行和列的一维离散小波变换。对于无误差压缩，这一变换是通过一个双正交的、5/3 系数尺度-小波向量（Le Gall and Tabatabai[1988]）得到的。对于非整数值变换系数，定义了一个四舍五入过程。在有损应用中，采用一个 9/7 系数尺度-小波向量（Antonini, Barlaud, Mathieu and Daubechies[1992]）。无论哪种情况，变换都是使用 7.10 节的快速小波变换计算的，或通过一种互补提升基方法（Mallat[1999]）得到。例如，在有损应用中，用于构建 9/7 FWT 分析滤波器组的系数已在表 7.1 中给出。互补提升基实现包括 6 次顺序"提升"和"尺度"运算：

> 提升基实现是计算小波变换的另一种方法。该方法中使用的系数与 FWT 滤波器组系数直接相关。

$$Y(2n+1) = X(2n+1) + \alpha\big[X(2n) + X(2n+2)\big], \quad i_0 - 3 \le 2n+1 < i_1 + 3$$
$$Y(2n) = X(2n) + \beta\big[Y(2n-1) + Y(2n+1)\big], \quad i_0 - 2 \le 2n < i_1 + 2$$
$$Y(2n+1) = Y(2n+1) + \gamma\big[Y(2n) + Y(2n+2)\big], \quad i_0 - 1 \le 2n+1 < i_1 + 1$$
$$Y(2n) = Y(2n) + \delta\big[Y(2n-1) + Y(2n+1)\big], \quad i_0 \le 2n < i_1 \tag{8.61}$$
$$Y(2n+1) = -K \cdot Y(2n+1), \quad i_0 \le 2n+1 < i_1$$
$$Y(2n) = Y(2n) / K, \quad i_0 \le 2n < i_1$$

---

[1] $R'G'B'$ 是线性 CIE（国际照明委员会）RGB 比色值经伽马校正后的非线性版。Y' 是亮度，C_b 和 C_r 是色差（$B' - Y'$ 和 $R' - Y'$）。

式中，X 是正被变换的像块分量，Y 是变换结果，i_0 和 i_1 定义了像块分量在一个分量内的位置。也就是说，它们是正被变换像块分量的行或列的第一个样本的索引，以及紧邻的下一个样本的索引。变量 n 根据 i_0 和 i_1 的值来执行 6 个操作中的一个操作。$n < i_0$ 或 $n > i_1$ 时，$X(n)$ 通过对称地扩充 X 来得到。例如，$X(i_0 - 1) = X(i_0 + 1)$，$X(i_0 - 2) = X(i_0 + 2)$，$X(i_1) = X(i_1 - 2)$ 和 $X(i_1 + 1) = X(i_1 - 3)$。提升和尺度运算结束时，Y 的偶索引值等于 FWT 低通滤波后的输出；Y 的奇索引值等于 FWT 高通滤波后的输出。提升参数 $\alpha, \beta,$ γ 和 δ 分别为 -1.586134342，-0.052980118，0.882911075 和 0.433506852。尺度因子 K 为 1.230174105。

　　刚才描述的变换生成 4 个子带，分别是像块分量的低分辨率近似，以及像块分量的水平、垂直和对角频率特征。将后续迭代限制为前面分解的近似系数，重复变换 N_L 次，可以得到一个 N_L 尺度小波变换。相邻尺度空间是 2 的幂次相关的，最低尺度只包含显式定义的原像块分量的近似。图 8.45 所示为在 $N_L = 2$ 时 JPEG-2000 标准的表示，根据这一表示可以推知，普通 N_L 水平包含 $3N_L + 1$ 个子带，这些子带的系数表示为 a_b，其中 $b = N_L HL, \cdots, 1HL, 1LH, 1HH$。这个标准并未规定需要计算的尺度数量。

> 这些基于提升的系数是在标准中规定的。回顾第 6 章可知，DWT 将一幅图像分解为一组称为子带的带限分量。

　　处理完所有像块分量后，变换系数的总数等于原图像中的样本数，但重要的视觉信息集中在少数系数中。为减少表示变换所需的比特数，使用下式将子带 b 的系数 $a_b(u,v)$ 量化为值 $q_b = (u,v)$：

$$q_b(u, v) = \text{sign}[a_b(u, v)] \cdot \text{floor}\left[\frac{|a_b(u, v)|}{\Delta_b} \right] \tag{8.62}$$

式中，量化步长 Δ_b 为

$$\Delta_b = 2^{R_b - \varepsilon_b}\left(1 + \frac{\mu_b}{2^{11}}\right) \tag{8.63}$$

式中，R_b 是子带 b 的标称动态范围，ε_b 和 μ_b 是赋给子带系数的指数和尾数的比特数。子带 b 的标称动态范围是用于表示原图像的比特数和子带 b 的分析增益比特数之和。子带分析增益比特遵从图 8.45 所示的简单模式。例如，子带 $b = 1HH$ 有两个分析增益比特。

> 不要混淆标称动态范围与第 2 章中密切相关的定义。

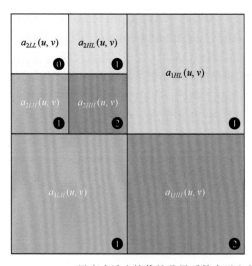

图 8.45　JPEG-2000 二尺度小波变换像块分量系数表示和分析增益

　　对于无误差压缩，有 $\mu_b = 0$，$R_b = \varepsilon_b$ 和 $\Delta_b = 1$。对于不可逆压缩，标准中未规定特殊的量化步长。相反，必须以子带为基础向解码器提供指数和尾数的比特数，这称为解释式量化，或只针对 $N_L LL$ 子

带，这称为导出式量化。在后一种情况下，使用外推 N_LLL 子带参数对剩下的子带进行量化。令 ε_0 和 μ_0 表示赋给 N_LLL 子带的比特数，则子带 b 的外推参数为

$$\mu_b = \mu_0$$
$$\varepsilon_b = \varepsilon_0 + n_b - N_L \tag{8.64}$$

式中，n_b 表示从原图像像块分量到子带 b 的子带分解级数。

在编码过程的最后一步中，每个变换后像块分量的子带的系数都被排列为称为码块的矩形块，这些码块是被单独编码的，一次一个比特平面。从最高有效比特平面的非零元素开始，每个比特平面都在 3 个通道中处理。（比特平面中的）每个比特仅在 3 个通道之一中编码，这 3 个通道分别称为有效性传播通道、幅度细化通道和提纯通道。然后，对输出进行算术编码，并与其他码块的类似通道组合为层。层是来自每个码块的任意数量的编码通道的组合。层最终被分割为数据包，因此提供了从总码流中提取感兴趣空间区域的额外方法。数据包是已编码码流的基本单位。

JPEG-2000 解码器的解码过程与前述操作相反。重建来自算术编码 JPEG-2000 包的像块分量的子带后，对用户选取的那些子带解码。尽管编码器可能已为某个特殊子带编码了 M_b 个比特平面，但由于码流的嵌入性质，用户可以选择只解码 N_b 个比特平面，这相当于用步长 $2^{M_b-N_b}\cdot\Delta_b$ 来量化码块的系数。所有未解码的比特都置零，并且使用下式反量化得到的系数 $\bar{q}_b(u,v)$：

$$R_{q_b}(u,\,v)=\begin{cases}(\bar{q}_b(u,\,v)+r\cdot 2^{M_b-N_b(u,v)})\cdot\Delta_b, & \bar{q}_b(u,\,v)>0\\(\bar{q}_b(u,\,v)-r\cdot 2^{M_b-N_b(u,v)})\cdot\Delta_b, & \bar{q}_b(u,\,v)<0\\0, & \bar{q}_b(u,\,v)=0\end{cases} \tag{8.65}$$

式中，$R_{q_b}(u,v)$ 是一个反量化后的变换系数，$N_b(u,v)$ 是 $\bar{q}_b(u,v)$ 的已解码比特平面数。重建参数 r 由解码器选择，以产生最好视觉或客观质量的重建。一般来说，$0\le r<1$，常用值 r 为 $1/2$。然后，使用一个 FWT^{-1} 滤波器组（其系数可由表 7.1 得到），按列和按行对反量化后的系数进行反变换，或通过如下提升运算得到：

> 本章之前将量化定义为不可逆的。术语"反量化"并不意味着没有信息损失。除不可逆的 JPEG-2000 压缩情况（此时 $\mu_b=0$，$R_b=\varepsilon_b$，$\Delta_b=1$）外，这一过程是有损的。

$$
\begin{aligned}
X(2n) &= K\cdot Y(2n), & i_0-3\le 2n<i_1+3\\
X(2n+1) &= (-1/K)\cdot Y(2n+1), & i_0-2\le 2n-1<i_1+2\\
X(2n) &= X(2n)-\delta[X(2n-1)+X(2n+1)], & i_0-3\le 2n<i_1+3\\
X(2n+1) &= X(2n+1)-\gamma[X(2n)+X(2n+2)], & i_0-2\le 2n+1<i_1+2\\
X(2n) &= X(2n)-\beta[X(2n-1)+X(2n+1)], & i_0-1\le 2n<i_1+1\\
X(2n+1) &= X(2n+1)-\alpha[X(2n)+X(2n+2)], & i_0\le 2n+1<i_1
\end{aligned} \tag{8.66}
$$

式中，参数 $\alpha,\beta,\gamma,\delta$ 和 K 与式(8.61)中定义的相同。反量化后的系数行或列元素 $Y(n)$ 在需要时可以是对称扩展的。解码的最后一步是分量像块组合、分量反变换（如果需要的话）和直流（DC）电平平移。对于不可逆编码，分量反变换是

$$
\begin{aligned}
I_0(x,\,y) &= Y_0(x,\,y)+1.402Y_2(x,\,y)\\
I_1(x,\,y) &= Y_0(x,\,y)-0.34413Y_1(x,\,y)-0.71414Y_2(x,\,y)\\
I_2(x,\,y) &= Y_0(x,\,y)+1.772Y_1(x,\,y)
\end{aligned} \tag{8.67}
$$

变换后的像素被平移了 $+2^{S_{siz}-1}$。

例 8.28 基于小波的 JPEG-2000 编码与基于 DCT 的 JPEG 压缩的比较。

图 8.46 是图 8.9(a)中单色图像的 4 幅 JPEG-2000 近似。图中相继各行的压缩率是递增的，即 $C=25$、52、75 和 105。第一列图像是解压缩后的 JPEG-2000 编码图像。这些图像与原图像［见图 8.9(a)］的差显示在

第二列中，第三列是第一列中的重建图像的局部放大。因为前两行的压缩率与例 8.18 中的压缩率基本相同，因此这些结果可与图 8.29(a)到(f)中基于 JPEG 变换的结果比较（定性和定量）。

图 8.46　图 8.9(a)的 4 幅 JPEG-2000 近似。每行从左到右显示的图像分别是：压缩和重建后的图像，重建后的图像与原图像的差值图像（已放大），以及重建图像的局部放大（请将第一行和第二行与图 8.29 中的 JPEG 结果进行比较）

比较图 8.46 中第一行和第二行的误差图像与图 8.29(b)和(e)中的对应图像，发现 JPEG-2000 结果中的误差（3.86 个灰度级和 5.77 个灰度级）明显小于 JPEG 结果中的误差（5.4 个灰度级和 10.7 个灰度级）。计算的误差在两个压缩级别都支持基于小波的结果。除降低重建误差外，小波编码明显提升了图像的主观感知质量。注意，JPEG 结果中非常明显的块伪影［见图 8.29(c)和(f)］并未出现在图 8.46 中。最后，我们发现，图 8.46 中第三行和第四行实现的压缩并不适用于 JPEG。JPEG-2000 提供压缩率超过 100:1 的可用图像，但这种图像存在明显的模糊。∎

8.12　数字图像水印

8.2 节到 8.11 节中介绍的方法和标准适用于那些将在数字媒体和互联网上发布的图像（图片或视频）。遗憾的是，这种图像可被他人多次无误差地复制，因此就将所有者置于巨大的风险中。即使加密了图像，图像解密后也无法得到保护。阻止非法复制的方法之一是，将与图像密不可分的一条或多条信息（称为水印）插入图像。加入水印后的图像作为一个整体，能以不同方式保护所有者的权益。

1. 版权识别。当所有者的权益受到侵犯时，数字水印能够提供所有者的证明信息。
2. 用户识别或采集指纹。合法用户的身份可以编码到水印中，用于识别非法复制的来源。
3. 真实性判定。如果水印被设计成对图像的任何修改都将破坏水印，那么水印可以保证图像不被篡改。
4. 自动监视。水印可以通过系统来监视，系统可以跟踪图像被使用的时间和地点（如搜索网上图像的一个程序）。对于版税征收和（或）确定非法用户的位置，监视非常有用。
5. 复制保护。水印可规定图像使用和复制的规则（如对 DVD 播放器规定的规则）。

本节简要介绍数字图像水印处理，它是以对图像进行断言的方式把数据插入图像的过程。描述的方法与前几节中介绍的压缩技术并无多少相同之处（但它们都涉及信息编码）。事实上，水印处理和压缩在某些方面是对立的。压缩的目的是减少用于表示图像的数据量，而水印处理的目的是将信息和数据（水印）添加到图像中。本节后面很快会讲到，水印本身是完全可见的，或是完全不可见的。

可见水印是一幅不透明的或半透明的子图像，或是放在另一幅图像上方的图像（图像经过了水印处理），因此观察者很容易看到它。电视网络通常把可见水印（时髦的台标）放在屏幕的右上角或右下角。如下例所示，可见水印处理通常在空间域中执行。

例 8.29　简单的可见水印。
图 8.47(b)中的图像是图 8.9(a)的右下象限图像，其中叠放了图 8.47(a)中的水印，但水印已缩小。若令 f_w 表示添加了水印的图像，则可将它表示为未加水印图像 f 和水印 w 的线性组合：

$$f_w = (1-\alpha)f + \alpha w \tag{8.68}$$

式中，常数 α 控制水印和底层图像的相对可见度。若 α 为 1，则水印不透明，并且底层图像完全被掩盖。当 α 接近 0 时，会逐渐看到更多的底层图像和更少的水印。一般来说，$0 < \alpha \le 1$；在图 8.47(b)中，$\alpha = 0.3$。图 8.47(c)是图 8.47(b)中已加水印图像和图 8.9(a)中未加水印图像的差。灰度 128 表示 0 差值。注意，底层图像透过半透明水印是清晰可见的。在图 8.47(b)和图 8.47(c)所示的差值图像中，这非常明显。∎

与例 8.29 中的可见水印不同，裸眼是看不到水印的。不可见水印是不可感知的，只能使用合适的解码算法恢复它。不可见性是通过插入可见的冗余信息［人类视觉系统忽略或不能感知的信息（见 8.1 节）］来保证的。图 8.48(a)提供了一个简单的例子。因为 8 比特图像中的最低有效比特对我们感知图像实质上没有效果，因此图 8.47(a)中的水印被插入或"隐藏"在两个最低有效比特中。使用上面介绍

的符号, 令

$$f_w = 4(f/4) + w/64 \tag{8.69}$$

并使用无符号整数算法来执行计算。用 4 除 f, 再乘以 4, 置 f 的两个最低有效比特为 0; 用 64 除 w, 把它的两个最高有效比特移到两个最低有效比特的位置, 再把两个结果相加, 就产生了 LSB 水印图像。注意, 嵌入的水印在图 8.48(a) 中不可见。将这幅图像的最高有效 6 比特置 0, 并将剩下的值放大到整个灰度范围, 就可提取出水印, 如图 8.48(b) 所示。

图 8.47　一个简单的可见水印: (a)水印; (b)插入水印后的图像; (c)插入水印后的图像和原图像 (未插入水印的图像) 的差

不可见水印的一个重要性质是, 能够阻止对其的无意或有意删除。对嵌入了水印的图像进行任何修改, 都会破坏脆弱的不可见水印。在某些应用中, 如图像鉴定, 这是一种期望的特性。如图 8.48(c) 和(d)所示, 图 8.48(a) 中嵌入了 LSB 水印的图像, 包含了脆弱的不可见水印。若使用有损 JPEG 来压缩和解压缩图 8.48(a) 中的图像, 则会破坏水印。图 8.48(c) 是图 8.48(a) 经过压缩和解压缩的结果; 均方根误差是 2.1 比特。如果用与图 8.48(b) 中相同的方法从这幅图像中提取水印, 那么结果是难以理解的 [见图 8.48(d)]。虽然有损压缩和解压缩保留了图像中的重要信息, 但破坏了脆弱的水印。

使用鲁棒的不可见水印, 能让图像经受修改, 而不管攻击是有意的还是无意的。常见的无意攻击包括有损压缩、线性和非线性滤波、修剪、旋转、重取样等; 常见的有意攻击包括打印、重新扫描、附加其他水印和/或噪声。当然, 使图像本身不可用来抵抗攻击是没有必要的。

图 8.49 显示了一个典型图像水印处理系统的基本组成。图 8.49(a)中的编码器把水印 w_i 插入图像 f_i, 产生加过水印的图像 f_{w_i}; 图 8.49(b)中的解码器提取并验证 w_i 在加过水印的输入 f_{w_i} 中或在未加过水印的输入 f_j 中的存在性。若 w_i 可见, 则不需要解码器; 若 w_i 不可见, 则解码器可能需要也可能不需要 f_i 和 w_i 的副本 [在图 8.49(b)中显示为蓝色] 去做提取或验证工作。若使用了 f_i 和 (或) w_i, 则水印处理系统称为私钥系统或受限密钥系统; 若未使用 f_i 和 (或) w_i, 则水印处理系统称为公钥系统或不受限密钥系统。因为解码器必须处理加过水印的图像和未加过水印的图像, 所以在图 8.49(b)中用 $w_\varnothing$ 表示不存在水印。最后, 我们发现, 要确定图像中是否存在 w_i, 解码器必须对提取的水印 w_j 和 w_i 做相关运算, 并将结果与一个预定义的阈值进行比较。阈值设置的是一个"匹配"可接受的相似度。

图 8.48　一个简单的不可见水印：(a)加过水印的图像；(b)提取的水印；(c)加过水印的图像经高质量 JPEG 压缩和解压缩后的结果；(d)从图(c)中提取的水印

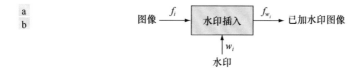

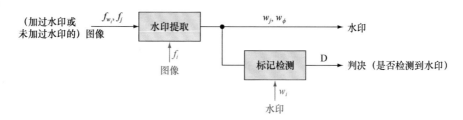

图 8.49　一个典型的图像水印处理系统：(a)编码器；(b)解码器

例 8.30　基于 DCT 的不可见鲁棒水印。

水印插入和提取可像前几个例子中那样在空间域中执行，也可在变换域中执行。图 8.50(a)和(c)是图 8.9(a) 中图像使用两种基于 DCT 的水印方法加入水印后的结果，方法如下（Cox et al.[1997]）：

1. 计算被加入水印图像的二维 DCT。

2. 按幅值大小定位 K 个最大的系数 $c_1, c_2, \cdots, c_K$。

3. 生成一个 K 元素伪随机数序列 $\omega_1, \omega_2, \cdots, \omega_K$，取均值为 $\mu = 0$、方差 $\sigma^2 = 1$ 的一个高斯分布，创建

一个水印（注意，伪随机数序列近似随机数的性质，但不是真正随机的，因为它取决于一个预定义的初值）。

4. 使用下式，将步骤 3 得到的水印嵌入步骤 2 得到的 K 个最大 DCT 系数：

$$c_i' = c_i \cdot (1 + \alpha \omega_i), \quad 1 \leq i \leq K \tag{8.70}$$

对于规定常数 $\alpha > 0$（控制 ω_i 更改 c_i 的程度）。使用式(8.70)计算的 c_i' 代替原来的 c_i（对于图 8.50 中的图像，$\alpha = 0.1$ 和 $K = 1000$）。

5. 计算步骤 4 得到的结果的反 DCT。

使用伪随机数形成的水印，把它们分布到整个图像上感知重要的频率分量上，并取较小的 α 值，可以降低水印的可见性，同时保持水印的较高安全性，因为：（1）水印由无明显结构的伪随机数组成；（2）水印被嵌入影响整个二维空间图像的多个频率分量（因此它们的位置并不明显）；（3）对水印的攻击也会使图像降质（必须改变图像最重要的频率分量才能影响到水印）。

由于在图 8.50(a)和(c)中图像的 DCT 系数上嵌入了来自伪随机数的水印图像，因此图 8.50(b)和(d)中图像的灰度产生了变化。很明显，伪随机数对添加了水印的图像必定有影响，即使这一影响小到看不见。为了显示这一影响，我们从图 8.9(a)所示的无水印图像中减去图 8.50(a)和(c)中的图像，并将灰度范围标定到区间[0, 255]。图 8.50(b)和(d)是结果图像；它们显示了伪随机数的二维空间贡献。然而，因为结果已被放大，因此不能简单地将这些图像与图 8.9(a)相加来得到图 8.50(a)和(c)中的水印图像。如图 8.50(a)和(c)所示，它们的实际灰度干扰小到可以忽略不计。

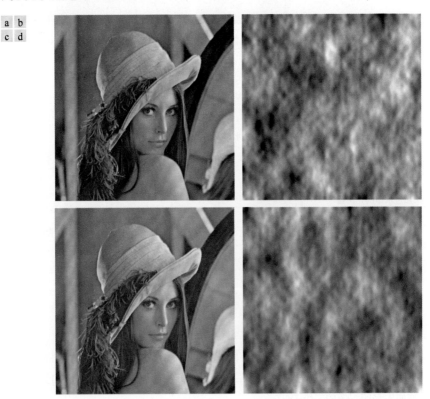

图 8.50　(a)和(c)图 8.9(a)的两个加过水印的版本；(b)和(d)加过水印的图像和未加过水印的图像的差(灰度已放大)。这两幅图像显示了伪随机数水印对原图像灰度的贡献（但缩放明显）

要确定某幅图像事先是否是用水印 $\omega_1, \omega_2, \cdots, \omega_K$ 和 DCT 系数 $c_1, c_2, \cdots, c_K$ 加过水印的图像，可以采用如下步骤：

1. 计算这幅图像的二维 DCT。

2. 提取 K 个 DCT 系数（对应于水印处理过程中步骤 2 的 $c_1, c_2, \cdots, c_K$ 的位置），并将这些系数表示为 $\hat{c}_1, \hat{c}_2, \cdots, \hat{c}_K$。如果这幅图像是事先加过水印且未被修改的图像，那么对于 $1 \le i \le K$ 有 $\hat{c}_i = c_i'$；如果这幅图像是事先加过水印但被修改的图像（受到过某种攻击），那么对于 $1 \le i \le K$ 有 $\hat{c}_i \approx c_i'$（$\hat{c}_i$ 是 c_i' 的近似）。否则，这幅图像将是一幅无水印图像，或是一幅具有完全不同的水印的图像，此时 $\hat{c}_i$ 与原 $\hat{c}_i$ 没有任何相似之处。

3. 使用下式计算水印 $\hat{\omega}_1, \hat{\omega}_2, \cdots, \hat{\omega}_K$：

$$\hat{\omega}_i = \frac{\hat{c}_i - c_i}{\alpha c_i}, \quad 1 \le i \le K \tag{8.71}$$

回顾可知，水印是一个伪随机数序列。

4. 使用某个度量标准（如相关系数）测量 $\hat{\omega}_1, \hat{\omega}_2, \cdots, \hat{\omega}_K$（来自步骤 3）和 $\omega_1, \omega_2, \cdots, \omega_K$（来自嵌入水印过程的步骤 3）的相似度，

$$\gamma = \frac{\sum_{i=1}^{K}(\hat{\omega}_i - \overline{\hat{\omega}})(\omega_i - \overline{\omega})}{\sqrt{\sum_{i=1}^{K}(\hat{\omega}_i - \overline{\hat{\omega}})^2 \cdot \sum_{i=1}^{K}(\omega_i - \overline{\omega})^2}}, \quad 1 \le i \le K \tag{8.72}$$

式中，$\overline{\omega}$ 和 $\overline{\hat{\omega}}$ 是两个 K 元素水印的均值（注意，相关系数的详细探讨见 12.3 节）。

5. 将相似度 γ 与一个预定义的阈值 T 进行比较，并进行二值检测判决：

$$D = \begin{cases} 1, & \gamma \ge T \\ 0, & \text{其他} \end{cases} \tag{8.73}$$

换句话说，$D = 1$ 表明水印 $\omega_1, \omega_2, \cdots, \omega_K$ 存在（相对于规定的阈值 T）；$D = 0$ 表明水印不存在。

按照上述步骤测量图 8.50(a) 中加过水印的原图像后，得到一个相关系数 0.9999，即 $\gamma = 0.9999$。它是一个无误的匹配。采用类似的方式测量图 8.50(b) 中的图像得到 $\gamma = 0.0417$。对于图 8.50(a) 中加过水印的图像，它不可能是错误的，因为相关系数很小。 ■

最后，我们注意到，上例中基于 DCT 的水印处理方法完全能够抵抗水印攻击，部分原因是，它是一种私钥方法或受限密钥方法。与非受限密钥方法相比，受限密钥方法更有弹性。使用图 8.50(a) 中的加过水印的图像，图 8.51 说明了这种方法抵抗各种常见攻击的能力。如图所示，水印检测在所示范围内效果良好；得到的相关系数（显示在图中每幅图像的下方）在 0.3113 到 0.9945 之间变化。受到高质量有损（均方根误差为 7 个灰度级）的 JPEG 压缩和解压缩时，$\gamma = 0.9945$。甚至当压缩和重建产生了 10 个灰度级的均方根误差时，$\gamma = 0.7395$；因此，这幅图像的可用性明显降低。采用空间滤波方法平滑图像并加入高斯噪声后，也未使相关系数降到 0.8230 以下。然而，直方图均衡化处理将 γ 减小到 0.5210；旋转的影响最大，它把 γ 减小到 0.3313。除图 8.51(a) 中的有损 JPEG 压缩和重建外，所有攻击都明显降低了原水印图像的可用性。

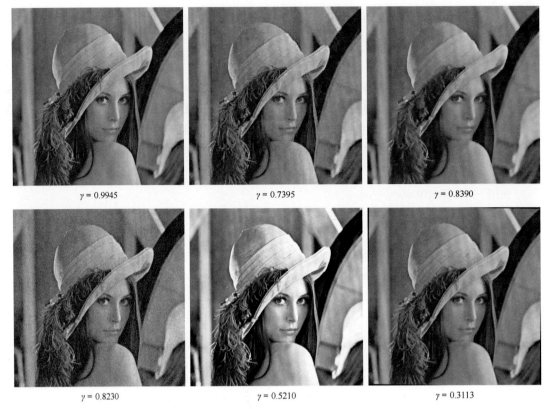

$\gamma = 0.9945$ $\gamma = 0.7395$ $\gamma = 0.8390$

$\gamma = 0.8230$ $\gamma = 0.5210$ $\gamma = 0.3113$

a b c
d e f

图 8.51　对图 8.50(a)中加过水印的图像的攻击：(a)均方误差为 7 个灰度级的有损 JPEG 压缩和解压缩图像；
(b)均方误差为 10 个灰度级的有损 JPEG 压缩和解压缩图像（注意块伪影）；(c)空间滤波平滑后的图
像；(d)加入高斯噪声后的图像；(e)直方图均衡化处理后的图像；(f)旋转后的图像。每幅图像都是
图 8.50(a)中加过水印图像的一个修改版本。修改后，它们不同程度地保留了各自的水印，如每幅图
像下方的相关系数所示

小结、参考文献和延伸读物

　　本章的主要目的是介绍数字图像压缩的理论基础，描述最常用的压缩方法，并介绍数字图像水印处理的相关领域。尽管表述是介绍性的，但参考文献为我们了解关于这些主题的大量文献提供了入口。如表 8.3 至表 8.5 中列出的国际标准所示，压缩在文档图像存储和传输、因特网和商业视频分发（如 DVD）中起着重要作用。压缩也是少数几个在商业上广泛要求对普遍接受的标准进行授权使用的图像处理领域之一。由于越来越多的图像以压缩的数字格式进行传播，因此图像水印处理正变得越来越重要。

　　8.1 节的介绍性内容是图像压缩的基础，在第 1 章末尾给出的图像处理书籍中，可以找到一些关于图像压缩的图书。关于人类视觉系统的更多信息，见 Netravali and Limb[1980]、Huang[1966]、Schreiber and Knapp[1958]及第 2 章末尾引用的参考资料。关于信息论的详细内容，见本书的配套网站或 Abramson[1963]、Blahut[1987]和 Berger[1971]。山农发表的经典论文 *A Mathematical Theory of Communication*[1948]是另一个优秀的参考资料。关于主观保真度准则的讨论，见 Frendendall and Behrend[1960]。贯穿全章的例子中使用了多种压缩标准，其中的多数例子是用 Adobe Photoshop（提供免费的压缩插件）和（或）MATLAB 实现的，详见 Gonzalez et al.[2004]。一般来说，压缩标准是冗长并且复杂的；我们不可能全部介绍它们。关于某个具体标准的详细信息，请参阅相关标准组织如国际标准化组织、

国际电工委员会和国际电信联盟发布的文件。

8.2 节到 8.11 节中介绍的有损和无误差编码技术及 8.12 节中介绍的水印处理技术，大部分源于本书引用的原始论文。涵盖的算法是这一领域中的代表性研究成果，但并不是全部成果。关于 LZW 编码的素材源自 Ziv and Lempel[1977, 1978]。算术编码的内容源自 Witten, Neal and Cleary[1987]。算术编码的一种更为重要的实现见 Pennebaker et al.[1988]。对于无损预测编码的较好论述，见 Rabbani and Jones[1991]。式(8.55)所示的自适应预测器来自 Graham[1958]。关于运动补偿的更多内容，见 S. Solari[1997]（其中包含了普通视频压缩和压缩标准的介绍）和 Mitchell et al.[1997]。8.12 节中介绍的基于 DCT 的水印处理技术，见 Cox et al.[1997]。关于水印处理的其他内容，见 Cox et al.[2001]、Parhi and Nishitani[1999] 和 S. Mohanty[1999]。

图像压缩领域的综述性文章很多，值得关注的有 Netravali and Limb[1980]、A. K. Jain[1981]、*IEEE Transactions on Communications*[1981]图像通信系统专刊、*Proceedings of IEEE*[1980]图形编码专刊、*Proceedings of the IEEE*[1985]视觉通信系统专刊、*IEEE Transactions on Image Processing* [1994]图像序列压缩专刊，以及 *IEEE Transactions on Image Processing*[1996]向量量化专刊。此外，*IEEE Transactions on Image Processing, IEEE Transactions on Circuits and Systems for Viedo Technology* 和 *IEEE Transactions on Multimedia* 等刊物中也包含有关于视频和静止图像压缩、运动补偿和水印处理方面的文章。

习题

标有星号的习题的答案在 DIP4E Student Support Package 中（查阅网站 www.ImageProcessingPlace.com）。

8.1 回答下列问题：

(a) 变长编码过程能否用于压缩具有 2^n 个灰度级的直方图均衡化处理后的图像？说明原因。

(b) 这样一幅图像中是否包含可用于数据压缩的空间和时间冗余？

8.2 行程编码的一个变体是：（1）只对 0 行程或 1 行程（而非二者）编码，（2）在每行的开始赋一个特殊的编码，以降低传输误差的影响。一个可能的编码对是 (x_k, r_k)，其中 x_k 和 r_k 分别表示第 k 个行程的起始坐标和行程。编码(0, 0)用于表示每个新行。

(a) 当对一幅大小为 $2^n \times 2^n$ 的二值图像进行行程编码时，推导为确保数据压缩所需的每个扫描行的最大平均行程的一般表达式。

(b) 计算 $n = 10$ 时的最大允许值。

8.3 考虑 8 像素行灰度数据{108, 139, 135, 244, 172, 173, 56, 99}。若使用 4 比特精度来均匀量化它，计算量化后的数据的均方根误差和均方根信噪比。

8.4* 尽管量化会损失信息，但人眼有时看不到这一损失。例如，8 比特像素被均匀量化为更少的比特/像素时，通常会出现伪轮廓，使用改进的灰度（IGS）量化方法，可以减少或消除伪轮廓。当前的 8 比特灰度值和先前生成的和的 4 个最低有效比特，形成一个和（最初置 0）。若灰度值的 4 个最高有效比特是 1111_2，则加上 0000_2 后替换它。产生的和的 4 个最高有效比特被用做编码后的像素值。

(a) 为习题 8.3 中的灰度数据构建 IGS 编码。

(b) 为 IGS 数据计算均方根误差和均方根信噪比。

8.5 对大小为 1024×1024、熵为 5.3 比特/像素［使用式(8.7)由其直方图计算得到］的 8 比特图像进行霍夫曼编码。

(a) 可以期望的最大压缩率是多少？

(b) 它能得到吗？

(c) 如果要求较高级别的无损压缩，还应做些什么？

8.6* 以 e 为底的信息单位通常称为奈特（nat），以 10 为底的信息单位称为哈特利（Hartley）。计算把这些单位与以 2 为底的信息单位（比特）关联起来的转换因子。

8.7* 证明 q 个符号的零记忆信源，其熵的最大值为 $\log q$。当且仅当所有信源符号等概率出现时，熵才能达到

最大值。［提示：考虑量 $\log q - H(z)$ 并注意不等式 $\ln x \le x - 1$ 。］

8.8 回答下列问题：

(a) 对于一个 3 符号信源，有多少个唯一的霍夫曼码？

(b) 构建它们。

8.9 考虑大小为 4×8 的 8 比特图像：

$$
\begin{array}{cccccccc}
21 & 21 & 21 & 95 & 169 & 243 & 243 & 243 \\
21 & 21 & 21 & 95 & 169 & 243 & 243 & 243 \\
21 & 21 & 21 & 95 & 169 & 243 & 243 & 243 \\
21 & 21 & 21 & 95 & 169 & 243 & 243 & 243 \\
21 & 21 & 21 & 95 & 169 & 243 & 243 & 243 \\
\end{array}
$$

(a) 计算图像的熵。

(b) 用霍夫曼码压缩图像。

(c) 计算霍夫曼编码的压缩率和效率。

(d)* 考虑对一对像素而非各个像素进行霍夫曼编码。也就是说，考虑由产生原图像的零记忆信源的二次扩展产生的图像。作为像素对看待时，图像的熵是什么？

(e) 考虑对相邻像素间的差值进行编码。新差值图像的熵是多少？这对压缩图像有什么启示？

(f) 解释(a)、(d)和(e)问中熵的差别。

8.10 用图 8.8 中的霍夫曼码，对编码串 0101000001010111110100 进行解码。

8.11 对于 $0 \le n \le 15$ ，计算 Golomb 码 $G_3(n)$ 。

8.12 针对 Golomb 码 $G_m(n)$ ，写出解码的通用过程。

8.13 为什么用式(8.13)的几何概率质量函数不能计算非负整数 $n \ge 0$ 的霍夫曼码？

8.14 对于 $0 \le n \le 15$ ，计算指数 Golomb 码 $G_{\exp}^2(n)$ 。

8.15* 针对指数 Golomb 码 $G_{\exp}^k(n)$ ，写出解码的通用过程。

8.16 在式(8.14)中，对于 $0 < \rho < 1$ ，画出最优 Golomb 编码参数 m 与 ρ 的关系曲线。

8.17 已知一个 4 符号信源 $\{a, b, c, d\}$ ，信源概率为 $\{0.1, 0.4, 0.3, 0.2\}$ ，对序列 $bbadc$ 进行算术编码。

8.18* 算术解码的过程与编码的过程相反。使用如下编码模型对消息 0.23355 进行解码。

符　号	概　率
a	0.2
e	0.3
i	0.1
o	0.2
u	0.1
!	0.1

8.19 使用 LZW 编码算法，对 7 比特 ASCII 码字符串 "aaaaaaaaaaa" 进行编码。

8.20* 为例 8.7 中的 LZW 编码输出设计一种解码算法。由于编码期间使用的字典此时无法使用，因此对输出进行解码时必须重新生成码书。

8.21 对 BMP 编码序列 {3, 4, 5, 6, 0, 3, 103, 125, 67, 0, 2, 47} 进行解码。

8.22 回答下列问题：

(a) 构建完整的 4 比特格雷码。

(b) 创建一个通用程序，将格雷码数字转换成二进制码，并用它对 0111010100111 进行解码。

8.23 使用 CCITT Group 4 压缩算法对如下两行码字的第二行进行编码：

$$0110011100111111111100001$$
$$111111100011100000111111$$

假设初始参考元素 a_0 位于第二行码字的第一个元素上。[提示：采用本书匹配网站上的 CCITT 二维码表。]

8.24* 回答下列问题：

(a) 列出 JPEG 直流系数差值分类 3 的所有成员。

(b) 使用本书配套网站上的合适霍夫曼码表，计算它们的默认霍夫曼码。

8.25 使用 MAD 最优准则、单像素精度和 8 像素最大允许位移，找到一个 8×8 宏块的最优运动向量需要多少次计算？使用 1/4 像素精度呢？

8.26 对于运动补偿，使用 B 帧的优点是什么？

8.27* 画出针对图 8.36 中编码器的伴随运动补偿视频解码器的方框图。

8.28 用一个二阶预测器对自相关函数是式(8.48)在 $\rho_h = 0$ 时的形式的一幅图像进行 DPCM 编码。

(a) 构建自相关矩阵 **R** 和向量 **r**。

(b) 求最优预测系数。

(c) 计算使用最优系数得到的预测误差的方差。

8.29* 推导 $L = 4$ 时的 Lloyd-Max 判决-重建级别和均匀概率密度函数

$$p(s) = \begin{cases} \dfrac{1}{2A}, & -A \le s \le A \\ 0, & \text{其他} \end{cases}$$

8.30 某知名研究型医院的一位放射学家最近参加了一次医学会议，会上展示了一种可以通过标准 T1（1.544Mbps）电话线路传输 4096×4096 大小的 12 比特数字化 X 光图像的系统。这个系统使用一种渐进技术来传输压缩图像，这种技术可在观察站首先重建出 X 射线图像的较好近似图像，然后逐步改进产生一幅无误差的图像。产生第一幅近似图像所需的数据传输时间为 5～6 秒。在接下来的 1 分钟时间内，每隔 5～6 秒（平均）进行一次改进，第一次改进对重建的 X 射线图像影响最大，最后一次改进对重建的 X 射线图像影响最小。放射学家对这套系统的印象很好，因为她可以使用第一幅近似的 X 射线图像开始诊断，并在生成无误差 X 射线重建图像时完成诊断。返回办公室后，她向医院管理层提交了一份购买申请。遗憾的是，医院正值预算紧张时期，因为最近招聘了一名年轻的电气工程专业毕业生。为安抚这位放射学家，医院管理层向年轻工程师下达了设计这样一个系统的任务（管理层认为设计和构建一个类似的自用系统成本会更低；同时，医院现在拥有这一系统的某些部件，但传输原始 X 射线数据的时间要超过 2 分钟）。管理层要求工程师在下午的员工大会上介绍初始框图。由于时间紧迫且手头只有《数字图像处理》一书，因此这名工程师只能设计一个概念系统来满足传输和相关的压缩要求。请构建这个系统的概念框图，并详细说明你建议的压缩技术。

8.31 证明由式(8.61)定义的基于提升的小波变换，等价于用表 7.1 中的系数实现的传统 FWT 滤波器组。根据 α, β, γ, δ 和 K 来定义滤波器系数。

8.32 计算一幅 JPEG-2000 编码图像的子带的量化步长，该图像采用导出式量化对 $2LL$ 子带的尾数和指数赋 8 比特数据。

8.33 如何在频率域中将可见水印加到一幅图像上？

8.34* 以离散傅里叶变换为基础，设计一个不可见水印处理系统。

8.35 以离散小波变换为基础，设计一个不可见水印处理系统。

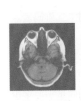

第9章　形态学图像处理

In form and feature, face and limb, I grew so like my brother.
That folks got taking me for him and each for one another.

Henry Sambrook Leigh, Carols of Cockayne, The Twins

引言

　　形态学是生物学的一个分支，它主要研究动植物的形态和结构。这里，我们使用同一术语来表示数学形态学的内容，以数学形态学为工具从图像中提取表达和描绘区域形状的有用图像分量，如边界、骨架和凸壳等。我们还对预处理或后处理的形态学技术感兴趣，如形态学滤波、细化和修剪等。

　　下面几节将介绍数学形态学中的几个基本概念，并说明如何用它们进行图像处理。首先介绍输入和输出都是图像的方法；然后介绍输出是图像属性的方法，后者用于目标提取和描述等任务；再后介绍形态学，它是本节剩余部分介绍的几个工具（如分割、特征提取和目标识别）之一，是从图像中提取"含义"的基本技术；最后讨论处理二值图像和灰度图像的几种方法。

学习目标

- 了解数学形态学的基本概念，知道如何用它们进行数字图像处理。
- 熟悉二值图像形态学处理所用的工具（如腐蚀、膨胀、开运算、闭运算），知道如何将它们组合为更复杂的工具。
- 能够根据二值图像形态学处理开发算法，执行形态学平滑、边缘检测、提取连通分量和骨架化等任务。
- 熟悉如何将二值图像形态学处理扩展到灰度图像。
- 能够为纹理分割、粒度测量、灰度图像梯度计算等任务开发处理灰度图像的算法。

9.1　预备知识

　　数学形态学的语言是集合论。因此，形态学为大量图像处理问题提供了一种统一且强大的方法。处理图像时，数学形态学中的集合表示图像中的目标。在二值图像中，所讨论的集合是二维整数空间 Z^2 的成员，而在 Z^2 空间中，集合的每个元素都是一个元组（二维向量），元组的坐标是图像中目标（一般为前景）像素的坐标。灰度数字图像可表示为各个集合，这些集合的分量位于 Z^3 中。在这种情况下，集合中每个元素的两个分量是像素的坐标，第三个分量则对应于离散灰度值。高维空间中的集合包含其他图像属性，如彩色分量和时变分量。

在继续学习之前，回顾 2.4 节中关于图像表示的讨论、2.5 节中关于连通性的讨论及 2.6 节中关于集合的讨论是有帮助的。

　　形态学运算是用集合来定义的。在图像处理中，我们使用两类像素集合的形态学：目标和结构元（SE）。通常，目标定义为前景像素集合。结构元可以按照前景像素和背景像素来规定。此外，结构元有时会包含所谓的"不关心"元素，表示为×，这意味着 SE 中这个特定元素的值无关紧要。在这个意义上，可以忽略这个值，或在表达式的计算中使这个值与期望值匹配；例如，在目标是使得值匹配的应用中，这个值可以取图像的像素值。

　　由于我们使用的图像是矩形阵列，并且集合通常是任意形状的，因此形态学在图像处理中的应用要求将集合嵌入到矩形阵列中。在形成这样的阵列时，我们为所有不是目标集合成员的像素分配一个背景值。图 9.1 中的第一行显示了一个例子。左侧是我们习惯在书中看到的图形格式的集合。在中心位置，这些集合已嵌入到一个矩形背景（白色）中，形成了一幅图形图像[①]。右侧显示了一幅数字图像（注意网格），它是用于数字图像处理的格式。

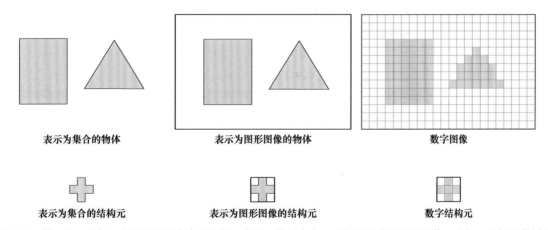

表示为集合的物体　　　表示为图形图像的物体　　　数字图像

表示为集合的结构元　　　表示为图形图像的结构元　　　数字结构元

图 9.1　第一行。左侧：表示为图形集合的目标；中间：背景中嵌入目标后形成的图形图像；右侧：目标和背景经数字化后形成的一幅数字图像（注意网格）。第二行：表示为集合、图形图像和数字的结构元示例

　　结构元以相同的方式定义，图 9.1 中第二行显示了一个例子。数字图像的表示方式与数字结构元的表示方式有一个重要的区别。观察右上角发现，目标周围存在一个由背景像素组成的边框，而 SE 中则不存在这样一个边框。后面很快会了解到，结构元的用法类似于空间卷积核（见图 3.28），并且上述图像边框类似于 3.4 节和 3.5 节中讨论的填充。在形态学中，这些运算是不同的，但填充运算和滑动运算与卷积中的相同。

　　除 2.6 节中给出的集合定义外，形态学中广泛使用集合的反射和平移概念与结构元有关。集合（结构元）B 相对于其原点的反射（表示为 $\hat{B}$）定义如下：

反射运算等同于空间卷积前执行的运算，详见 3.4 节。

$$\hat{B} = \{w \mid w = -b,\ b \in B\} \tag{9.1}$$

也就是说，若 B 是二维点集，则 $\hat{B}$ 是 B 中坐标 (x, y) 已被 $(-x, -y)$ 代替的点集。图 9.2 显示了数字集合

---

① 集合被显示为任意形状（如正方形和三角形）的线条图。图形图像包含已嵌入背景中形成矩形阵列的集合。当我们打算将线条图解释为数字图像（或结构元）时，会在图解中包含网格，否则图解可能不明确。所有线条图中的目标都添加了阴影，并且背景显示为白色。处理实际的二值图像时，我们说目标是前景像素，而所有其他像素是背景像素。

（结构元）及它们的反射的几个例子。图中的黑点表示 SE 的原点。注意，反射只是将 SE 相对于其原点旋转 180°，包括背景和不关心元素在内的所有元素都被旋转。

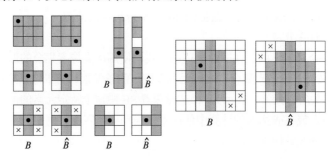

图 9.2　结构元及其相对于原点的反射（×是"不关心"元素，黑点表示原点）；反射是指 SE 相对于原点旋转 180°

集合 B 相对于点 $z = (z_1, z_2)$ 的平移［表示为 $(B)_z$］定义如下：

$$(B)_z = \{c \mid c = b + z, \ b \in B\} \tag{9.2}$$

也就是说，若 B 是一个二维像素集合，则 $(B)_z$ 是 B 中坐标 (x, y) 已被 $(x + z_1, y + z_2)$ 代替的点集。这一结构用于在一幅图像上平移（滑动）结构元，并在结构元及其覆盖图像区域之间的每个位置上执行一次集合运算，就像对图 3.28 中相关和卷积运算的说明那样。反射和平移都是相对于 B 的原点定义的。

为了解如何在图像和结构元间执行形态学运算，我们考虑图 9.3，这是一幅简单的二值图像 I，它由显示为阴影的目标（集合）A 和一个大小为 3×3 的 SE 组成，SE 的元素都是 1（前景像素）。背景像素（0）显示为白色。我们的兴趣是执行如下形态学运算：（1）形成一幅大小与 I 相同的新图像，它最初只包含背景值。（2）在图像 I 的上方平移（滑动）B。（3）每平移一个增量，若 B 完全包含于 I，则将 B 的原点位置标记为新图像中的一个前景像素；否则，将它标记为一个背景点。图 9.3(c) 是 B 的原点访问 I 的每个元素后的结果。我们看到，当 B 的原点位于 A 的边界元素上时，B 的一部分将不再包含于 A，于是 B 的原点不再是新图像中一个前景点。最终结果是 A 的边界被腐蚀，如图 9.3(e) 所示。根据我们定义这一运算的方式，B 在 I 中所需的最大偏移量出现在 B 的原点（位于 B 的中心）包含于 A 时。当 B 的大小为 3×3 时，我们需要的最窄背景填充为 1 像素宽度，如图 9.3(a) 所示。对运算使用最小的边框，就可保持较小的绘图尺寸。在实际中，我们根据所用结构元的最大尺寸来规定填充宽度，而不管执行的是什么运算。

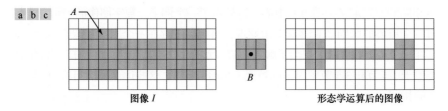

图 9.3　(a)包含一个目标（集合）的二值图像 A；(b)一个结构元 B；(c)形态学运算后的图像

语句"结构元 B 包含于集合 A"的具体含义是，B 的前景像素只与 A 的像素重叠。当 B 中还包含背景像素并可能包含"不关心"元素时，就会出现问题。此外，我们使用集合 A 来表示 I 的所有前景像素。这些前景像素可以是一个目标，如图 9.3 所示，也可以是前景像素的不相交子集，如图 9.1 的第一行所示。9.2 节至 9.7 节将讨论二值图像和结构元；9.8 节将把二值的概念扩展到灰度图像和结构元。

> 规定填充边界的宽度与 B 的大小相同的原因通常是，某些形态学运算是为整个结构元定义的，因此不能相对于其原点位置来解释。

9.2　腐蚀和膨胀

下面通过研究腐蚀和膨胀两种运算来开始形态学的讨论。腐蚀和膨胀运算是形态学处理的基础。事实上，本章中讨论的许多形态学算法都是以这两个基本运算为基础的。

9.2.1　腐蚀

形态学公式是根据结构元和前景像素集合 A 写出的，或是根据结构元和包含 A 的图像 I 来写出的。下面介绍前一种写法。假设 A 和 B 是 Z^2 中的两个集合，B 对 A 的腐蚀（表示为 $A \ominus B$）定义为

> 记住，集合 A 可以表示为多个不相交的前景像素（目标）集合的并集。

$$A \ominus B = \{z \mid (B)_z \subseteq A\} \tag{9.3}$$

式中，A 是前景像素的一个集合，B 是一个结构元，z 项是前景像素值（1）。换句话说，这个公式指出 B 对 A 的腐蚀是所有点 z 的集合，条件是平移 z 后的 B 包含于 A（记住，位移是相对于 B 的原点定义的）。式(9.3)就是产生图 9.3(c)中的前景像素的公式。

前面说过，我们使用背景像素集合中嵌入的前景像素集合来形成一幅完整的图像 I。因此，形态学处理的输入和输出都是图像，而不是各个集合。将式(9.3)写为下式后，这一事实更为明显：

$$I \ominus B = \{z \mid (B)_z \subseteq A \text{ 和 } A \subseteq I\} \cup \{A^c \mid A^c \subseteq I\} \tag{9.4}$$

式中，I 是前景和背景像素的矩形阵列。第一组大括号内的内容与式(9.3)相同，要补充说明的是，A 是 I 的一个子集，即 A 包含于 I。第二组大括号内的并集运算，将不在子集 A 中的像素（背景像素集合 A^c）"加"到第一组大括号的结果中，还要求背景像素是 I 定义的矩形的一部分。换句话说，这个公式说，B 对 I 的腐蚀是所有点 z 的集合，因此，平移 z 后的 B 包含于 A。这个公式还清楚地表明：A 包含于 I，结果嵌入到了背景像素集合中，整个过程的大小与 I 相同。

当然，我们不使用式(9.4)中的烦琐符号，使用这种表示的目的是强调一个要点。相反，我们使用 $A \ominus B$ 来表示只使用前景元素的形态学运算，使用 $I \ominus B$ 来表示使用前景和背景元素的运算。两者之间的差别似乎不大。为更好地说明二者之间的差别，假设我们希望使用图 9.2 中最后一列的结构元的前景元素，根据式(9.3)来执行腐蚀运算。这个结构元也有背景元素，但式(9.3)假设 B 只有前景元素。事实上，腐蚀只是针对前景元素之间的运算定义的；因此，如果没有嵌入式(9.4)的"解释"，那么写为 $I \ominus B$ 毫无意义。为避免混淆，当运算只涉及前景元素时，我们在形态学公式中使用 A；而当运算还涉及背景元素和（或）"不关心"元素时，我们在形态学公式中使用 I。使用"混合的"SE 时，我们还要避免使用类似于 $\ominus$ 的标准形态学符号。例如，我们稍后在式(9.17)即 $I \circledast B = \{z \mid (B)_z \subseteq I\}$ 中使用符号 $\circledast$，这一形式与式(9.3)相同，但涉及图 9.2 最后一列中的整个图像和混合值 SE。后面很快就会讲到，使用具有混合值的 SE 能够明显提升形态学运算的性能。

下面回到对式(9.3)的讨论。由于 B 包含于 A 等同于 B 与背景（A 的补集）没有任何共用元素，因此可将腐蚀等效地写为

$$A \ominus B = \{z \mid (B)_z \cap A^c = \varnothing\} \tag{9.5}$$

式中，如 2.6 节中定义的那样，$\varnothing$ 是空集。

图 9.4 显示了腐蚀的一个例子。集合 A（显示为阴影）的元素是图像 I 的前景像素，背景照例显示为白色。图 9.4(c)中虚线边界内的实线边界是 B 的原点的位移界限，超过这一界限移动时会使得结构

元的某些元素不再完全包含于 A。于是，这个边界上和这个边界内的点的轨迹（B 的原点位置）就构成了 B 对 A 的腐蚀的前景元素。图 9.4(c)中以阴影方式显示了这一腐蚀的结果，背景显示为白色。腐蚀是满足式(9.3)或式(9.5)的 z 值集合。在图 9.4(c)和(e)中，集合 A 的边界显示为虚线，它仅供参考，而不是腐蚀的一部分。图 9.4(d)显示了一个加长的结构元，图 9.4(e)显示了这个结构元对集合 A 的腐蚀。注意，原目标已被腐蚀为一条直线。如看到的那样，腐蚀结果受结构元形状的控制。在两种情况下，假设图像均被填充，以容纳 B 的所有位移，并且结果被裁剪到与原图像同样大小，就像第 3 章中对图像进行空间卷积运算时所做的那样。

式(9.3)和式(9.5)并不是腐蚀的唯一定义（另两个等效的定义见习题 9.12 和习题 9.13），但在把结构元 B 视为在集合上滑动的空间核时，上述公式的优点是更加直观。

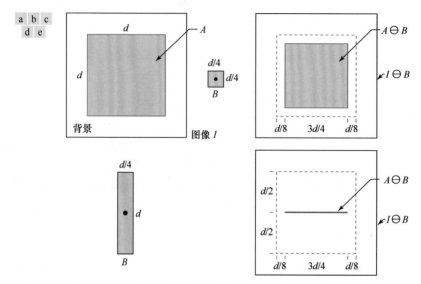

图 9.4   (a)由集合 A（目标）和背景组成的图像 I；(b)方形 SE 和 B（黑点是原点）；(c)B 对 A 的腐蚀（在结果图像中显示为阴影）；(d)加长的 SE；(e)B 对 A 的腐蚀（腐蚀结果是一条直线）。(c)和(e)中的虚线边框是集合 A 的边界，仅供显示参考

例 9.1   使用腐蚀删除图像中的某些部分。

图 9.5(a)是一幅二值图像，它描述的是一个简单的焊线模板。如前所述，我们将二值图像的前景像素显示为白色，将背景像素显示为黑色。假设我们希望删除图 9.5(a)中的中心区域到边界衬垫的连线。使用大小为 11×11、元素都为 1 的方形结构元腐蚀图像（腐蚀图像中的前景像素）后，结果如图 9.5(b)所示，我们看到结果图像中大多数为 1 的连线都删除了。中间两条垂线被细化而未被完全删除的原因是，它们的宽度大于 11 像素。将 SE 的大小改为 15×15 后，再次腐蚀原图像，得到的结果如图 9.5(c)所示，我们发现所有连线都已被删除。另一种可行的方法是，使用大小为 11×11 或更小的 SE 再次对图 9.5(b)进行腐蚀。增大结构元的尺寸甚至会删除更大的元件。例如，使用大小为 45×45 的结构元腐蚀原图像后，删除了连线和边界衬垫，如图 9.5(d)所示。

由这个例子可以看出，腐蚀缩小或细化了二值图像中的目标。事实上，我们可以将腐蚀视为形态学滤波运算，这一运算将滤除图像中小于结构元的图像细节。在图 9.5 中，腐蚀执行"线滤波"的功能。我们将在 9.4 节和 9.8 节中回到形态学滤波的概念。

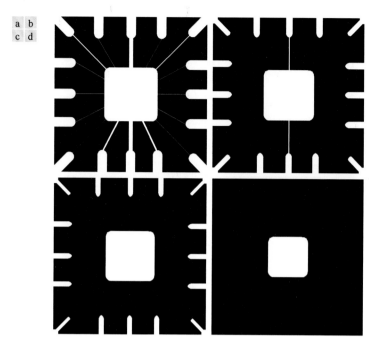

图 9.5 使用腐蚀删除图像中的某些部分：(a)大小为 486×486 的焊线模板的二值图像，前景像素显示为白色；
(b) ~ (d)使用所有值为 1、大小分别为 11×11、15×15 和 45×45 的结构元腐蚀图像后的结果 ■

9.2.2 膨胀

假设 A 和 B 是 Z^2 的两个集合，B 对 A 的膨胀（表示为 $A \oplus B$）定义为

$$A \oplus B = \left\{ z \,|\, (\hat{B})_z \cap A \neq \varnothing \right\} \tag{9.6}$$

类似于腐蚀，这个公式是以 B 相对于其原点反射并将这一反射平移 z 为基础的。于是，B 对 A 的膨胀就是所有位移 z 的集合，条件是 $\hat{B}$ 的前景元素与 A 的至少一个元素重叠（记住，z 是 $\hat{B}$ 的原点的位移）。根据这一解释，式(9.6)可以等价地写为

$$A \oplus B = \left\{ z \,|\, [(\hat{B})_z \cap A] \subseteq A \right\} \tag{9.7}$$

式(9.6)和式(9.7)并不是膨胀的唯一定义（两个不同但等效的定义见习题 9.14 和习题 9.15）。与腐蚀一样，将结构元 B 视为卷积核时，上述定义更加直观。如前所述，B 首先相对于其原点翻转（旋转），然后逐步滑过集合 A 的过程，类似于空间卷积。但要记住，膨胀是以集合运算为基础的，因此是非线性运算；而卷积是乘积求和，是线性运算。

腐蚀是一种收缩或细化运算，而膨胀会"增长"或"粗化"二值图像中的目标。粗化的方式和宽度受所用结构元的大小和形状控制。图 9.6(a)中的目标与图 9.4 中的相同（为容纳膨胀结果，背景区域更大），图 9.6(b)是一个结构元（这时 $\hat{B} = B$，因为 SE 相对于其原点对称）。图 9.6(c)中的虚线是原目标的边界，实线是一个界限，$\hat{B}$ 的原点的位移 z 超出这一界限时，会使得 $\hat{B}$ 和 A 的交集为空。因此，位于这个边界上或这个边界内的所有点，就构成了 B 对 A 的膨胀。图 9.6(d)是一个设计的结构元，这个结构元对垂直方向的膨胀多于对水平方向的膨胀；图 9.6(e)是使用这个结构元膨胀后的结果。

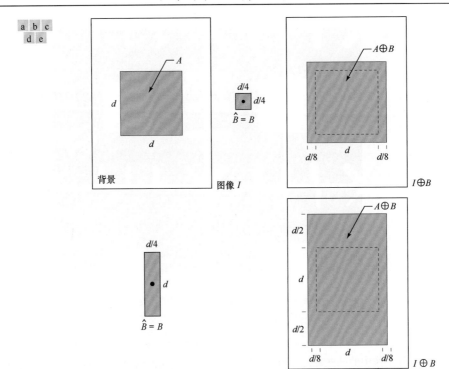

图 9.6　(a)由集合 A（目标）和背景组成的图像 I；(b)方形 SE（黑点表示原点）；(c)B 对 A 的膨胀（显示为阴影）；(d)拉长的 SE；(e)这个结构元对 A 的膨胀。(c)和(e)中的虚线是 A 的边界，仅作为显示参考

例 9.2　使用膨胀修复图像中的断裂字符。

　　一种最简单的膨胀应用是连接裂缝。图 9.7(a)是与图 4.48 相同的带有断裂字符的图像，为了连接断裂的字符，当时对这幅图像进行了低通滤波。已知最大长度的断裂是 2 个像素。图 9.7(b)是能够修复这些裂缝的结构元。如前所述，在处理图像时，我们用白色（1）表示前景，而用黑色（0）表示背景。图 9.7(c)是使用这个结构元对原图像膨胀后的结果，结果中裂缝已被连上。与图 4.48 中用来连接断裂的低通滤波法相比，形态学方法的一个重要优点是可以直接得到一幅二值图像；而从二值图像开始生成灰度图像的低通滤波法，需要对灰度图像进行阈值处理以便转换为二值形式（第 10 章中将讨论阈值处理）。显然，在这个应用中，集合 A 由许多不连贯的前景像素目标组成。

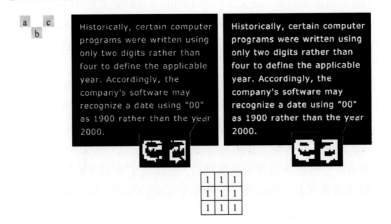

图 9.7　(a)带有断裂字符的低分辨率文本（见放大后的视图）；(b)结构元；(c)(b)对(a)的膨胀。断裂已连上　　■

9.2.3 对偶性

腐蚀和膨胀相对于补集和反射彼此对偶，即

$$(A \ominus B)^c = A^c \oplus \hat{B} \tag{9.8}$$

和

$$(A \oplus B)^c = A^c \ominus \hat{B} \tag{9.9}$$

式(9.8)指出，B 对 A 的腐蚀是 $\hat{B}$ 对 A^c 的膨胀的补集，反之亦然。当结构元相对于其原点对称时（通常如此），有 $\hat{B} = B$，因此对偶性特别有用。这样，使用一个相同的结构元膨胀 A 的背景（膨胀 A^c），然后求结果的补集，即可得到这个结构元对 A 的腐蚀。类似的说明也适用于式(9.9)。

为了说明证明形态学公式成立的一种典型方法，下面正式证明式(9.8)成立。根据腐蚀的定义有

$$(A \ominus B)^c = \left\{ z \mid (B)_z \subseteq A \right\}^c$$

若集合 $(B)_z$ 包含于 A，则 $(B)_z \cap A^c = \varnothing$，这时上式变为

$$(A \ominus B)^c = \left\{ z \mid (B)_z \cap A^c = \varnothing \right\}^c$$

然而，满足 $(B)_z \cap A^c = \varnothing$ 的 z 的集合的补集，是满足 $(B)_z \cap A^c \neq \varnothing$ 的 z 的集合，因此有

$$(A \ominus B)^c = \left\{ z \mid (B)_z \cap A^c \neq \varnothing \right\} = A^c \oplus \hat{B}$$

式中，最后一步是根据式(9.6)中膨胀的定义得到的，并且它与式(9.7)等价。证毕。采用类似的推理可以证明式(9.9)（见习题 9.16）。

9.3 开运算与闭运算

前一节讲过，膨胀扩展集合的组成部分，而腐蚀缩小集合的组成部分。本节讨论另外两个重要的形态学运算：开运算和闭运算。开运算通常平滑物体的轮廓、断开狭窄的狭颈、消除细长的突出物；闭运算同样平滑轮廓，但与开运算相反，它通常弥合狭窄的断裂和细长的沟壑，消除小孔，并填补轮廓中的缝隙。

结构元 B 对集合 A 的开运算（表示为 $A \circ B$）定义为

$$A \circ B = (A \ominus B) \oplus B \tag{9.10}$$

因此，结构元 B 对集合 A 的开运算是：首先 B 对 A 腐蚀，接着 B 对腐蚀结果膨胀。

类似地，结构元 B 对集合 A 的闭运算（表示为 $A \bullet B$）定义为

$$A \bullet B = (A \oplus B) \ominus B \tag{9.11}$$

上式说，结构元 B 对集合 A 的闭运算是：首先 B 对 A 膨胀，接着 B 对膨胀结果腐蚀。

式(9.10)有一个简单的几何解释：B 对 A 的开运算是 B 的所有平移的并集，以便 B 完全拟合 A。图 9.8(a)是包含一个集合（目标）A 的图像，图 9.8(b)是一个实心的圆形结构元 B。图 9.8(c)是 B 的一些平移，这些平移包含于 A，且在图 9.8(d)中显示为阴影的集合是所有这些平移的并集。这时，我们发现开运算是由两个不相交的子集组成的集合，因为 B 不能拟合 A 的中心位置的狭形段。后面很快讲到，删除比结构元更窄区域的能力是形态学开运算的关键特征之一。

B 对 A 的开运算是 B 的所有平移的并集，条件是 B 完全拟合于 A，这种解释可用公式写为

$$A \circ B = \bigcup \left\{ (B)_z \mid (B)_z \subseteq A \right\} \tag{9.12}$$

式中，$\bigcup$ 表示大括号内所有集合的并集。

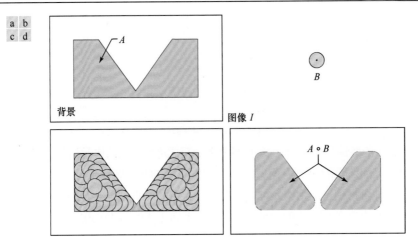

图9.8　(a)由集合（目标）A 和背景组成的图像 I；(b)结构元 B；(c) B 在 A 内的平移（为清楚起见，A 显示为暗色）；(d)B 对 A 的开运算

　　除了是在边界的外侧平移 B，闭运算的几何说明类似。于是，闭运算是 B 的所有不与 A 重叠的平移的并集的补集。图 9.9 说明了这一概念。注意，闭运算的边界是在 B 不进入 A 的任何部分的前提下，由 B 可以到达的最远的那些点决定的。根据这一解释，我们可以把 B 对 A 的闭运算写为

$$A \bullet B = \left[\bigcup \left\{ (B)_z \mid (B)_z \bigcap A = \varnothing \right\} \right]^c \tag{9.13}$$

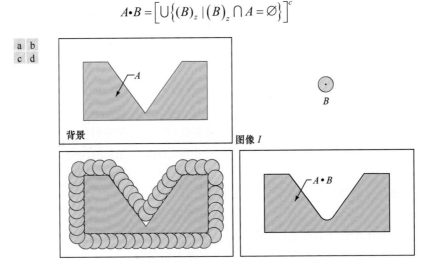

图9.9　(a)由集合（目标）A 和背景组成的图像 I；(b)结构元 B；(c) B 不与 A 的任何部分重叠时，B 的平移（为清楚起见，A 显示为暗色）；(d)B 对 A 的闭运算

　　例 9.3　形态学开运算和闭运算。

　　图9.10 详细地显示了开运算和闭运算的过程与性质。图 9.8 和图 9.9 的主要目标是进行整体几何解释，而图 9.10 则显示了各个过程，并重点说明最终结果的尺度与结构元的大小之间的关系。

　　图9.10(a)是包含一个目标（集合）A 的一幅图像和一个圆盘形结构元，图 9.10(b)是腐蚀期间圆形结构元的各个位置。这一处理的结果是图 9.10(c)中不相交的集合。注意两个主要部分之间的连线是如何消除的。与结构元的直径相比，连线的宽度很窄，不能完全包含在集合的这一部分中，因此违反了腐蚀的定义。物体最右侧的两个部分同样如此。圆形无法拟合的突出部分已被删除。图 9.10(d)显示了对腐蚀后的集合进行膨胀的过程，图 9.10(e)显示了开运算的最终结果。形态学开运算删除了不能包含结构元的区域，平滑了目

标轮廓，断开了细连线，删除了细凸起部分。

图 9.10(f)到(i)是用同一结构元对 A 进行闭运算的结果。与开运算一样，闭运算也平滑了目标的轮廓，但与开运算不同的是，闭运算连接了狭窄的断点，填充了细长的沟槽和小于结构元的目标。在本例中，闭运算的主要结果是，它填充了集合 A 左侧的小沟槽。

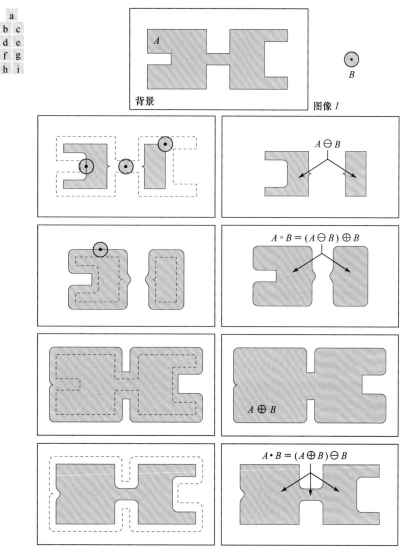

图 9.10　形态学开运算和闭运算：(a)由集合（目标）A 和背景组成的图像 I，以及实心的圆形结构元（黑点是原点）；(b)位于不同位置的结构元；(c)~(i)用于得到开运算和闭运算结果的形态学运算　　　■

如同膨胀和腐蚀那样，开运算和闭运算相对于补集和反射彼此对偶：

$$(A \circ B)^c = (A^c \bullet \hat{B}) \tag{9.14}$$

和

$$(A \bullet B)^c = (A^c \circ \hat{B}) \tag{9.15}$$

我们将这一结果的证明作为练习留给读者（见习题 9.20）。

形态学开运算具有如下性质：

(a) $A \circ B$ 是 A 的一个子集。

(b) 若 C 是 D 的一个子集，则 $C \circ B$ 是 $D \circ B$ 的一个子集。

(c) $(A \circ B) \circ B = A \circ B$。

类似地，闭运算具有如下性质：

(a) A 是 $A \bullet B$ 的一个子集。

(b) 若 C 是 D 的一个子集，则 $C \bullet B$ 是 $D \bullet B$ 的一个子集。

(c) $(A \bullet B) \bullet B = A \bullet B$。

注意，由开运算和闭运算的性质(c)可知，进行一次运算后，对一个集合多次进行开运算或闭运算，结果不会变化。

例 9.4　使用开运算和闭运算进行形态学滤波。

形态学运算可用于构建滤波器，这种滤波器概念上类似于第 3 章中讨论的空间滤波器。图 9.11(a)中的二值图像是被噪声污染指纹的一部分。根据前面的表示方式，A 是所有前景像素（白色）的集合，它包括感兴趣目标（指纹脊线）和白色的随机噪声斑点。背景照例显示为黑色。噪声是暗色背景上的白色斑点和白色指纹成分中的暗斑。目的是消除噪声及噪声对指纹的影响，同时使指纹图像的失真尽可能小。我们可以使用由开运算和闭运算组成的形态学滤波来达到这一目的。

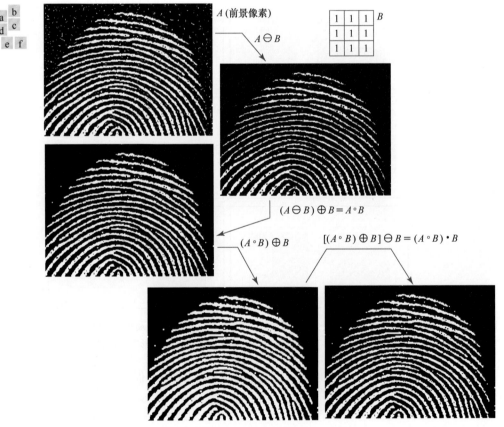

图 9.11　(a)噪声图像；(b)结构元；(c)腐蚀后的图像；(d)腐蚀的膨胀（A 的开运算）；(e)开运算的膨胀；(f)开运算的闭运算（原图由美国国家标准和技术研究所提供）

图 9.11(b)是所用的结构元，图 9.11 的余下部分是滤波运算的顺序，图 9.11(c)是 B 对 A 的腐蚀结果。背

景中的白斑噪声在开运算的腐蚀阶段几乎被完全消除，因为这种情况下的大多数噪声成分都小于结构元。指纹内噪声元素（黑点）的尺寸实际上增大了。原因是随着目标被腐蚀，这些元素的内部边界增大。这种增大可通过对图 9.11(c)进行膨胀来抵消。图 9.11(d)显示了抵消后的结果。

　　刚才描述的两个运算构成了 B 对 A 的开运算。在图 9.11(d)中，我们注意到，开运算的实际效果是降低了背景和指纹本身中的噪声成分，但在指纹脊线之间却形成了新的断裂。为了消除这种不良的影响，如图 9.11(e)所示，我们对开运算的结果进行膨胀。膨胀后的结果中，大部分断裂得以修复，但脊线却变粗了，这一状况可通过腐蚀运算来弥补。图 9.11(f)是对图 9.11(d)中的开运算进行闭运算后的结果。在最终结果中，尽管消除了大部分噪声斑点，但仍然有一些类似于单个像素的噪声斑点。这些单像素噪声斑点可用本章后面讨论的方法消除。　■

9.4　击中-击不中变换

　　形态学击中-击不中变换（HMT）是形状检测的基本工具。令 I 是由前景（A）像素和背景像素组成的一幅二值图像。与迄今为止讨论的形态学方法不同的是，HMT 使用了两个结构元：在前景中检测形状的 B_1，在背景中检测形状的 B_2。图像 I 的 HMT 定义为

$$I \circledast B_{1,2} = \left\{z \mid (B_1)_z \subseteq A \text{ 和 } (B_2)_z \subseteq A^c\right\} = (A \ominus B_1) \bigcap (A^c \ominus B_2) \tag{9.16}$$

式中，最后一步是根据式(9.3)中腐蚀的定义得到的。换言之，这个公式说，形态学 HMT 是结构元 B_1 和 B_2 同时平移 z 的集合，条件是 B_1 在前景中找到了匹配项（B_1 包含于 A），B_2 在背景中找到了匹配项（B_2 包含于 A^c）。"同时"一词表明两个结构元的平移 z 是相同的。HMT 中的"击不中"一词源于这样一个事实，即 B_2 在 A^c 中找到匹配项与 B_2 在 A 中未找到（缺失）匹配项是相同的。

> 参考关于式(9.4)的说明可知，形态学 HMT 运算是直接对图像 I 执行的，因此结构元是同时处理前景像素集和背景像素集的。

　　图 9.12 说明了刚才介绍的这一概念。假设我们希望在图像 I 中找到目标（集合）D 的原点位置。这里，A 是所有目标集合的并集，所以 D 是 A 的一个子集。显然，需要两个能够同时检测前景和背景特性的结构元。三个目标都由前景像素组成，它们以不同形状出现的一种解释是，每个目标都占据了不同的背景区域。换句话说，形状的性质是由前景像素和背景像素的几何排列决定的。

　　图 9.12(a)表明 I 是由前景像素（A）和背景像素组成的。图 9.12(b)是 I^c，即 I 的补集。I^c 的前景定义为 A^c 中的像素集合，背景是三个目标的补集的并集。图 9.12(c)是检测 D 时需要的两个结构元。结构元 B_1 是 D 本身。如图 9.12(d)所示，B_1 对 A 的腐蚀结果中包含了一个点：不出所料，这个点是 D 的原点，但它还包含了目标 C 的一部分。

　　结构元 B_2 用于检测 I^c 中的 D。由于 D 是由 I^c 中的背景元素组成的，而腐蚀处理的是前景元素，因此必须设计 B_2 来检测 D 的边界，这个边界由 I^c 中的前景像素组成。图 9.12(c)中 SE 的作用的确如此，它由 1 像素宽的前景元素的矩形组成。矩形的大小能够包围 D。图 9.12(e)是 B_2 对 I^c 的前景的腐蚀结果（阴影部分）。结果中包含 D 的原点，但也包含集合 A^c 和 C 的一部分［图 9.12(e)中的外侧阴影面积大于所示的面积（见习题 9.25）；为保持一致，结果已裁剪到与图像 I 同大］。在图 9.12(d)和(e)中，唯一的共同元素是 D 的原点，因此如期望的那样，这两个元素集合的交集给出了原点的位置。图 9.12(f)显示了最终结果。

　　前面的解释是使用腐蚀来展示 HMT 的经典方法，这种方法只针对前景像素定义。此时，出现的一个问题是：为何不用一个结构元直接检测图像 I 中的 D，而要采用这么费力的过程呢？答案是，这

样做是可行的,但不能采用我们在式(9.3)和式(9.5)中定义的"传统"腐蚀。要在图像 I 中直接检测 D,就必须同时处理前景像素和背景像素,而不能像腐蚀定义所要求的那样只处理前景像素。

为了说明如何对图 9.12 中的例子这样做,我们定义了一个结构元 B,它与 D 相同,但它还有一个宽度为 1 像素的背景元素的边界。使用以这种方式形成的结构元,我们可将 HMT 重新表示为

$$I \circledast B = \{z \mid (B)_z \subseteq I\} \tag{9.17}$$

这一表示形式与式(9.3)相同,但现在我们测试 $(B)_z$ 是否是由前景像素和背景像素组成的图像 I 的一个子集。在能够构造 B 来检测图像 I 中任何像素的排列的意义上,这个公式是通用的,图 9.13 和图 9.14 很快将说明这一点。

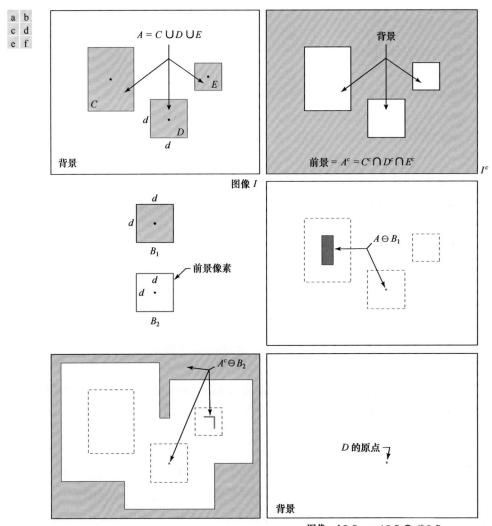

图 9.12　(a)由前景(1 值)组成的图像,是目标集合 A 和 0 值背景的并集;(b)前景定义为 A^c 的图像;(c)检测目标 D 的结构元;(d)B_1 对 A 的腐蚀;(e) B_2 对 A^c 的腐蚀;(f)(d)和(e)的交集,不出所料,交集中显示了 D 的原点的位置。这些点是各个组成部分的原点。每个点都是 1 像素

图 9.13 以图形方式显示了与图 9.12(f)相同的解决方案,但使用的是上段中讨论的一个结构元。图 9.14 显示了使用式(9.17)得到的几个例子。第一行是使用由前景(阴影)像素和背景像素组成的一个

小 SE 得到的结果。这个 SE 设计用于检测图像 I 中的多个 1 像素孔（被前景像素连成的边框包围的一个背景像素）。第二行中的 SE 能够检测图像 I 中目标右上角的前景角像素。在式(9.17)中使用这个 SE 后，得到了右侧的图像。如看到的那样，正确的像素已被识别。图 9.14 的最后一行更有趣，因为它显示了一个由前景、背景和"不关心"元素（表示为×）组成的一个结构元。我们可以认为"不关心"元素的值总是与图像中的对应像素匹配。在本例中，当 SE 以右上角像素为中心时，SE 顶部的"不关心"元素可认为是背景，而底部行的"不关心"元素可认为是前景，从而产生正确的匹配。当 SE 以右下角像素为中心时，"不关心"元素的作用将是相反的，它同样产生了正确的匹配。两个角之间的其他边界像素，也是通过将所有不关心元素认为是前景来检测的。因此，使用"不关心"元素可以增大结构元充当多个角色的灵活性。

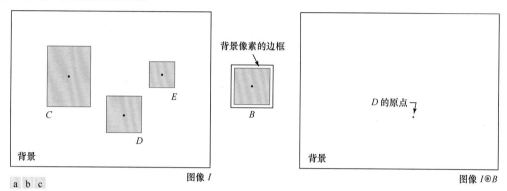

图 9.13　与图 9.12 相同的解决方案，但使用式(9.17)时只有一个结构元

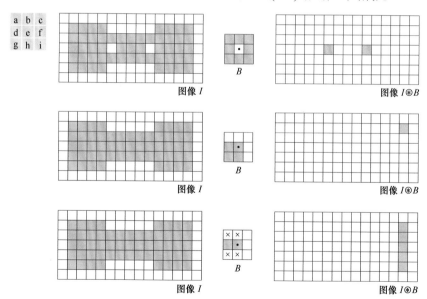

图 9.14　使用单个结构元和式(9.17)检测特定特征的 3 个例子。第一行：单像素孔的检测；第二行：右上角的检测；第三行：多个特征的检测

9.5　一些基本的形态学算法

下面以前面的讨论为基础，考虑形态学的一些实际用途。处理二值图像时，形态学的主要应用之

一是，提取图像中用来表示和描述形状的有用成分。特别地，我们将考虑提取边界、连通分量、凸壳和区域骨架的形态学算法。我们还将探讨预处理或后处理中频繁使用的几种方法（区域填充、细化、粗化和修剪）。在介绍每种形态学方法时，为了说明方法的原理，本节中将广泛地使用"迷你图像"。这些二值图像以图形方式显示，其中阴影照例表示前景（1），白色（0）表示背景。

9.5.1　边界提取

前景像素集合 A 的边界 $\beta(A)$ 可按如下方式得到：首先使用合适的结构元 B 腐蚀 A，然后求 A 和腐蚀结果的差集。也就是说，

$$\beta(A) = A - (A \ominus B) \qquad (9.18)$$

图 9.15 说明了边界提取的原理。图中显示了一个简单的二值目标、一个结构元 B 和使用式(9.18)得到的结果。尽管图 9.15(b)中的结构元是最常用的结构元之一，但它不是唯一的。例如，使用由 1 组成的大小为 5×5 的结构元，会得到 2～3 个像素宽的边界。我们可以认为图 9.15(a)中的图像被添加了一个背景像素宽度的边框，结果在完成形态学运算后被裁剪为原来的大小。

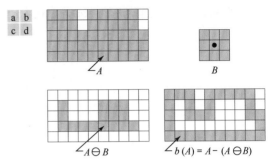

图 9.15　(a)前景像素集合 A；(b)结构元；(c)B 对 A 的腐蚀；(d)A 的边界

例 9.5　边界提取。

图 9.16 进一步说明了式(9.18)在使用一个 3×3 的 1 值结构元时的用法。处理图像时，我们照例用白色显示前景像素（1），用黑色显示背景像素（0）。SE（结构元）的元素 1 也被当作白色处理。由于所用结构元的尺寸，图 9.16(b)中的边界宽度为 1 像素。

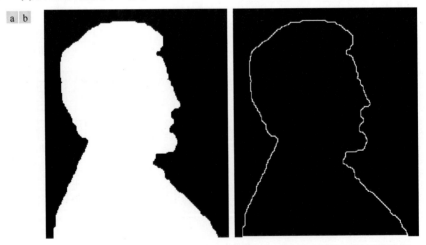

图 9.16　(a)一幅二值图像；(b)使用式(9.18)和图 9.15(b)中的结构元得到的结果 ■

9.5.2　孔洞填充

我们在讨论图 9.14 时，曾经提到孔洞是被前景像素连成的边框所包围的背景区域。本节将为图像中的孔洞填充开发一个算法，这个算法是以集合膨胀、补集和交集为基础的。令 A 表示一个集合，它的元素是 8 连通边界，每个边界包围一个背景区域（一个孔洞）。已知每个孔洞中的一个点后，我们的

目的就是用前景像素（1）填充所有孔洞。

首先，我们形成一个元素为 0 的阵列 X_0（其大小与包含 A 的图像 I 相同），但 X_0 中对应孔洞的那些像素值为 1。于是，如下过程将用 1 填充所有孔洞：

$$X_k = (X_{k-1} \oplus B) \bigcap I^c, \quad k = 1, 2, 3, \cdots \tag{9.19}$$

式中，B 是图 9.17(c)中的对称结构元。若 $X_k = X_{k-1}$，则算法迭代的第 k 步结束。然后，X_k 包含所有被填充的孔洞。X_k 和 I 的并集包含所有被填充的孔洞及这些孔洞的边界。

> 记住，B 对图像 X 的膨胀是 B 对 X 的前景元素的膨胀。

如果不加以控制，那么式(9.19)中的膨胀将填充整个区域。然而，在每个步骤中，膨胀结果与 I^c 的交集会将结果限制到感兴趣区域内部。这是说明如何调节形态学处理来得到期望性质的第一个例子。在当前应用中，这一处理被恰当地称为条件膨胀。图 9.17 的余下部分进一步说明了式(9.19)的原理。本例中只有一个孔洞，但在已知每个孔洞内的一个点的假设下，这一概念适用于任何有限数量的孔洞（9.6 节中将取消这一要求）。

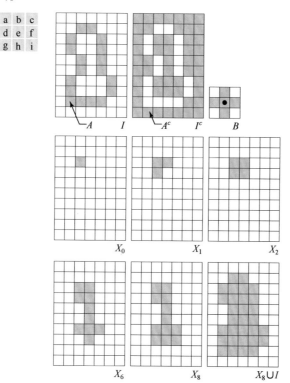

图 9.17　孔洞填充：(a)图像 I 中包含的集合 A（显示为阴影）；(b)I 的补集；(c)结构元 B。计算中仅使用了前景像素；(d)孔洞内的初始点，置为 1；(e)~(h)式(9.19)的各个步骤；(i)最终结果［(a)和(h)的并集］

例 9.6　形态学孔洞填充。

图 9.18(a)显示了一幅带有黑色孔洞的白色圆圈图像。这样的图像可能是通过将含有抛光球体（如滚珠轴承）的场景分割成两个层次产生的。球体内部的黑圈可能是反射的结果。我们的目的是通过孔洞填充来消除这些反射。图 9.18(b)是填充全部球体后的结果。由于必须知道黑点是背景点还是球体内部点（孔洞），因此完全自动化这一过程需要算法具有某种"智能"。9.6 节将给出一种基于形态学重建的全自动方法（见习题 9.36）。

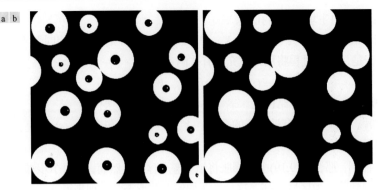

图 9.18　(a)二值图像，区域内部的白点是孔洞填充算法的起始点（为清楚起见，显示时已放大）；(b)填充所有孔洞后的结果 ∎

9.5.3　提取连通分量

能够从二值图像中提取连通分量是许多自动图像分析应用的核心。令 A 是由一个或多个连通分量组成的前景像素集合，形成一幅图像 X_0（与包含 A 的图像 I 的大小相同），图像的元素置为 0（背景值），但在对应 A 中每个连通分量内的一个点的已知位置，图像的元素置为 1（前景值）。我们的目标是从 X_0 开始，找到 I 中的所有连通分量。如下迭代过程可实现这一目的：

> 连通性和连同分量在 2.5 节中讨论过。

$$X_k = (X_{k-1} \oplus B) \bigcap I, \quad k = 1, 2, 3, \cdots \tag{9.20}$$

式中，B 是图 9.19(a)中的结构元。当 $X_k = X_{k-1}$ 时，迭代过程结束，X_k 包含图像中前景像素的所有连通分量。式(9.19)与式(9.20)使用条件膨胀来限制膨胀的增长，但式(9.20)用 I 代替了 I^c，因为这里我们正在寻找前景点，而式(9.19)的目的是寻找背景点。

图 9.19 说明了式(9.20)的原理，$k = 6$ 时即可实现收敛。注意，所用结构元的形状基于像素间的 8 连通。就像在填充孔洞算法中一样，式(9.20)适用于包含于 I 的任何有限数量的连通分量，假设已知每个连通分量中的一个点。关于消除这一要求的完全自动化的过程，见习题 9.37。

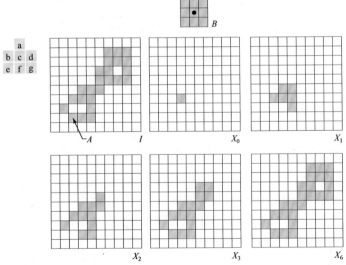

图 9.19　(a)结构元；(b)包含有一个连通分量集合的图像；(c)在连通分量区域中包含一个 1 的初始阵列；(d)～(g)式(9.20)的迭代中的各个步骤

例 9.7　使用连通分量检测包装食品中的异物。

　　自动检测应用中会频繁使用连通分量。图 9.20(a)是含有碎骨的鸡胸肉的一幅 X 射线图像。处理后的食品在装运之前，能够检测出这样的异物是很有意义的。在这一应用中，碎骨的正常灰度值与背景的灰度值有很大的不同，因此可以使用单个阈值（阈值处理已在 3.1 节中介绍，10.3 节将详细讨论它）简单地从背景中提取碎骨。结果是图 9.20(b)所示的二值图像。

　　图中最明显的特征是，阈值处理后保留下来的那些点已聚集为目标（骨头），而不再是分散的。我们可以确定的是，只有"有效"尺寸的目标包含在经腐蚀前景后的二值图像中。在本例中，我们将"有效"尺寸的目标定义为：使用元素为 1、大小为 5×5 的结构元腐蚀图像后保留下来的任何目标。图 9.20(c)是腐蚀的结果。下一步是分析保留下来的目标的尺寸。我们通过提取图像中的连通分量来标记（识别）这些目标。图 9.20(d)中的表格列出了提取的结果。共有 15 个连通分量，其中 4 个尺寸较大，这足以说明原图像中含有"有效"但我们不需要的目标。需要时，可用第 11 章讨论的技术进一步描述特性（如目标的形状）。

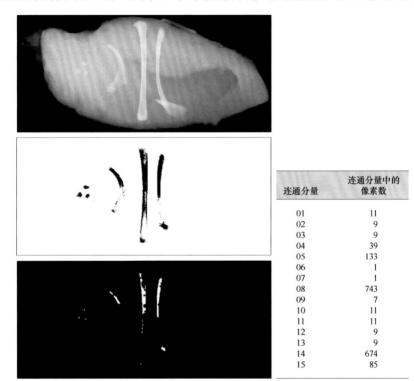

连通分量	连通分量中的像素数
01	11
02	9
03	9
04	39
05	133
06	1
07	1
08	743
09	7
10	11
11	11
12	9
13	9
14	674
15	85

图 9.20　(a)含有碎骨的鸡胸肉的 X 射线图像；(b)阈值处理后的图像（为清楚起见，显示为负片）；(c)使用元素为 1、大小为 5×5 的结构元腐蚀后的图像；(d)图(c)的连通分量中的像素数［图像(a)由 NTB Elektronische Geraete GmbH, Diepholz, Germany, www.ntbxray.com 提供］　　■

9.5.4　凸壳

　　欧氏平面中的点集 S 是凸的，当且仅当连接 S 内任意两点的直线段完全在 S 内。集合 S 的凸壳 H 是包含 S 的最小凸集。S 的凸缺是差集 $H-S$。与欧氏平面不同的是，数字图像平面（见图 2.19）只允许以离散坐标形式存在的点。因此，我们处理的集合是数字集合。凸性的概念同样适用于数字集合，但凸数字集的定义略有不同。数字集合 A 是凸的，当且仅当它的欧氏凸壳只包含属于 A 的数字点。如果前景数字点集是凸的，那么一种简单的可视化方法是，用（连续的）欧几里得直线段连接其边界点。如果只有前景点包含于由这些线段形成的集合，那么集合是凸的；否则就不是凸的。上述针对 S 的凸壳和凸缺的定义，可以直接推广到数字集合。使用下面的形态学算法，可得到二值图像 I 中嵌入的前景像素集合 A 的凸壳的近似。

令 B^i，$i = 1, 2, 3, 4$ 表示图 9.21(a)中的 4 个结构元。这个程序由如下形态学公式实现：

$$X_k^i = (X_{k-1}^i \circledast B^i) \bigcup X_{k-1}^i, \quad i = 1,\ 2,\ 3,\ 4 \ \text{和} \ k = 1,\ 2,\ 3, \cdots \tag{9.21}$$

式中，$X_0^i = I$。使用第 i 个结构元程序收敛时（当 $X_k^i = X_{k-1}^i$ 时），我们令 $D^i = X_k^i$。于是，A 的凸壳为 4 个结果的并集：

$$C(A) = \bigcup_{i=1}^{4} D^i \tag{9.22}$$

于是，这种方法就是反复使用 B^1 对 I 做击中–击不中变换，直至收敛，然后令 $D^1 = X_k^1$，其中 k 是收敛发生的那一步。使用 B^2（对 I）重复这一过程，直到不再出现变化。得到的 4 个 D^i 的并集就是 A 的凸壳。每次 i（结构元）发生变化时，都使用 $k = 0$ 和 $X_0^i = I$ 初始化这个算法。

图 9.21 说明了式(9.21)和式(9.22)的用法。图 9.21(a)是用于提取凸壳的结构元。每个结构元的原点都在其中心。×项照例表示"不关心"元素。回顾可知，我们说 HMT 在 I 的一个 3×3 区域中找到了结构元 B^i 的一个匹配，如果 B^i 的所有元素在该区域中找到了对应的匹配。如前所述，在计算匹配时，我们认为"不关心"元素总是与图像中的对应元素的值匹配。注意，图 9.21(a)中的 B^i 是由 B^{i-1} 顺时针旋转 90°后得到的。

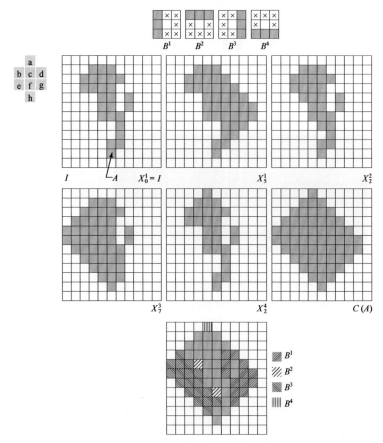

图 9.21 (a)结构元；(b)集合 A；(c) ~ (f)使用图(a)中的结构元得到的收敛结果；(g)凸壳；(h)显示了每个结构元的贡献的凸壳

　　图 9.21(b)显示了一个寻找其凸壳的集合 A。这个集合照例嵌入到一个背景元素阵列中形成了图像 I。从 $X_0^1 = I$ 开始，式(9.21)经过 5 次迭代后，得到图 9.21(c)中的集合。然后，令 $X_0^2 = I$，再次用式(9.21)得到了图 9.21(d)中的集合（此时两步就实现了收敛）。接下来的两个结果是以同样的方式得到的。最后，图 9.21(c), (d), (e)和(f)中的集合的并集，就是图 9.21(g)中的凸壳。在图 9.21(h)所示的组合集合中，突出显示了每个结构元的贡献。

　　上述程序的一个明显缺点是，凸壳会增长到超出保证凸性所需的最小尺寸，而这违反了凸壳的定义。事实上，这就是此时发生的情况。减少这种生长的一种简单方法是，设定限制使凸壳不超过集合 A 的垂直和水平尺寸。对图 9.21 中的例子施加这种限制后，得到了图 9.22(a)所示的图像。连接约简集合的边界像素（记住，像素是正方形的中心点）后表明，在这些边线之外没有集合的点，这表明集合是凸的。通过检验，我们可以看出，在不失凸性的情况下，不能从集合中删除任何点，因此约简集合是 A 的凸壳。

　　当然，用于生成图 9.22 的限制并不是获得包含有关集合的最小凸集的一般方法，而只是一种很容易实现的启发式方法。凸壳算法之所以无法得到实际凸壳的较好近似，是因为所用的结构元。图 9.21(a)中的 4 个结构元只在 4 个正交方向进行"观察"。再对其他方向（如对角线方向）进行观察，我们应能得到更高的精度，但代价是算法复杂性的增加和计算量的增大。

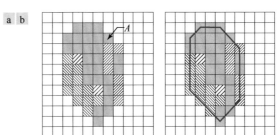

ａ ｂ

图 9.22　(a)限制生长凸壳算法的结果；(b)连接边界点的直线表明新集合也是凸的

9.5.5　细化

　　结构元 B 对前景像素集合 A 的细化（表示为 $A \otimes B$），可以根据击中-击不中变换来定义：

$$A \otimes B = A - (A \circledast B) = A \bigcap (A \circledast B)^c \tag{9.23}$$

式中，最后一步是根据式(2.40)中的差集定义得到的。对称地细化 A 的一个更有用的公式，是以结构元序列为基础的：

$$\{B\} = \{B^1, B^2, B^3, \cdots, B^n\} \tag{9.24}$$

根据这一概念，我们现在可用一个结构元序列将细化定义为

$$A \otimes \{B\} = ((\cdots((A \otimes B^1) \otimes B^2) \cdots) \otimes B^n) \tag{9.25}$$

这一处理过程是，首先 A 被 B^1 细化一次，得到的结果然后被 B^2 细化一次，以此类推，直到 A 被 B^n 细化一次。重复整个过程，直到所有结构元的遍历完成后结果不再出现变化为止。每次细化都是使用式(9.23)来执行的。

　　图 9.23(a)是一组常用于细化的结构元（注意 B^i 是 B^{i-1} 顺时针旋转 45°后得到的），图 9.23(b)是准备用刚才讨论的过程来细化的集合 A。图 9.23(c)是 A 被 B^1 细化一次后的结果 A_1。图 9.23(c)是用 B^2 细化 A_1 后的结果，图 9.21(e)到(k)是用其余结构元细化多次后的结果（A_7 至 A_8 或 A_9 至 A_{11} 无变化）。使用 B^6 进行第二次细化得到了收敛的结果。图 9.23(l)是细化后的结果。最后，图 9.23(m)是转换为 m 连通后的细化集合（见 2.5 节和习题 9.29），其中消除了多路径问题。

> 照例假设包含 A 的图像已被填充，以便容纳 B 的所有平移，且结果已被裁剪。为简单起见，我们只显示 A。

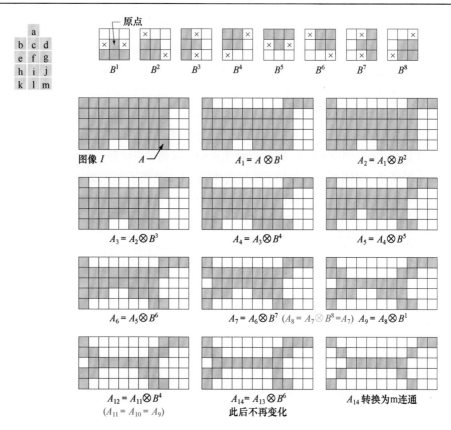

图 9.23　(a)结构元；(b)集合 A；(c)使用 B^1 细化 A 后的结果（阴影）；(d)使用 B_2 细化 A_1 后的结果；(e)~(i)使用接下来的 6 个 SE 细化后的结果（ A_7 和 A_8 之间没有变化）；(j)~(k)再次使用前 4 个结构元细化后的结果；(l)收敛后的结果；(m)转换为 m 连通的结果

9.5.6　粗化

粗化是细化的形态学对偶，它定义为

$$A \odot B = A \bigcup (A \circledast B) \tag{9.26}$$

式中，B 是适合于粗化处理的结构元。与细化一样，粗化处理也可定义为一个系列运算：

$$A \odot \{B\} = ((\cdots((A \odot B^1) \odot B^2) \cdots) \odot B^n) \tag{9.27}$$

用于粗化处理的结构元与图 9.23(a)中的相同，但所有 1 和 0 需要互换。然而，粗化的分离算法在实际工作中很少用到，取而代之的过程是，首先细化集合的背景，然后求结果的补集。换句话说，要粗化集合 A，首先要形成 A^c，然后求细化后的集合的补集才能得到 A 的粗化。图 9.24 说明了这一过程。我们照例只显示集合 A 和图像 I，而不使用填充后的图像 I。

A 的结构不同时，这个过程可能会产生某些断点，如图 9.24(d)所示。因此，采用这种方法进行粗

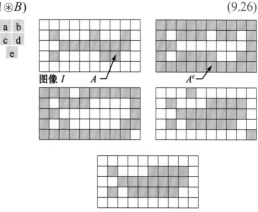

图 9.24　(a)集合 A；(b)A 的补集；(c)细化补集后的结果；(d)对(c)求补得到的粗化后的集合；(e)没有断点的最终结果

化处理时，通常要进行删除断点的后处理。注意，由图 9.24(c)可知，细化后的背景形成了粗化处理的边界。这一有用的特性在使用式(9.27)直接进行粗化处理时不会出现，因此是用背景细化处理来实现粗化的主要原因之一。

9.5.7　骨架

11.2 节将详细地讨论骨架。

如图 9.25 所示，集合 A 的骨架 $S(A)$ 概念上很简单。由该图我们可以得出如下结论：

(a) 若 z 是 $S(A)$ 的一点，$(D)_z$ 是 A 内以 z 为圆心的最大圆盘，则不存在包含 $(D)_z$ 且位于 A 内的更大圆盘（不必以 z 为中心）。满足这些条件的圆盘 $(D)_z$ 称为最大圆盘。

(b) 若 $(D)_z$ 是一个最大圆盘，则它在两个或多个不同的位置与 A 的边界接触。

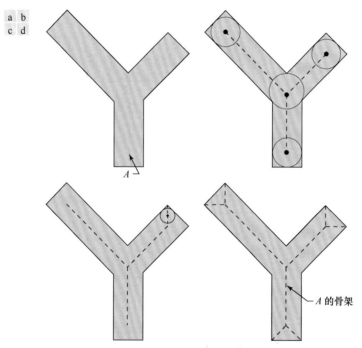

图 9.25　(a)集合 A；(b)最大圆盘的不同位置，这些最大圆盘的中心部分地定义了 A 的骨架；(c)另一个最大圆盘，其中心定义了 A 的骨架的不同线段；(d)完整的骨架（虚线）

A 的骨架可用腐蚀和开运算来表示。也就是说，可以证明（Serra[1982]）

$$S(A) = \bigcup_{k=0}^{K} S_k(A) \tag{9.28}$$

和

$$S_k(A) = (A \ominus kB) - (A \ominus kB) \circ B \tag{9.29}$$

式中，B 是一个结构元，$(A \ominus kB)$ 表示对 A 的连续 k 次腐蚀；也就是说，A 首先被 B 腐蚀，得到的结果然后被 B 腐蚀，以此类推，直到腐蚀 k 次：

$$(A \ominus kB) = ((\cdots((A \ominus B) \ominus B) \ominus \cdots) \ominus B) \tag{9.30}$$

式(9.28)中的 K 是 A 被腐蚀为一个空集之前的最后一个迭代步骤。换句话说，

$$K = \max\{k \,|\, (A \ominus kB) \neq \varnothing\} \tag{9.31}$$

式(9.28)和式(9.29)表明，$S(A)$ 是骨架子集 $S_k(A)$，$k = 0,1,2,\cdots,K$ 的并集。

可以证明（Serra[1982]），A 可以由这些子集来重建：

$$A = \bigcup_{k=0}^{K} (S_k(A) \oplus kB) \tag{9.32}$$

式中，$(S_k(A) \oplus kB)$ 表示从 $S_k(A)$ 开始的 k 次连续膨胀，即

$$(S_k(A) \oplus kB) = ((\cdots((S_k(A) \oplus B) \oplus B) \oplus \cdots) \oplus B) \tag{9.33}$$

例9.8 计算一个简单集合的骨架。

图 9.26 说明了刚才讨论的概念。第一列是原集合（顶部）及使用图中的结构元 B 两次腐蚀后的结果。注意，对 A 再进行一次腐蚀将产生空集，因此这时 $K = 2$。第二列是用 B 对第一列中的集合进行开运算后的结果。根据开运算的拟合特性并结合图9.8，我们很容易解释这些结果。第三列是第一列和第二列的差集。因此，第三列中的三项分别是 $S_0(A)$、$S_1(A)$ 和 $S_2(A)$。

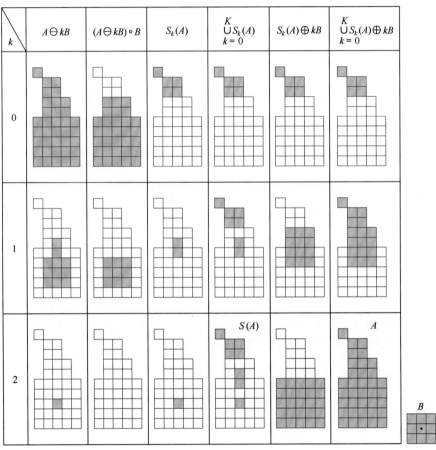

图 9.26 式(9.28)到式(9.33)的实现。原集合位于左上角，其形态学骨架位于第四列的底部。重建的集合位于第六列底部

第四列包含两个部分骨架，该列的底部是最终结果。最后的骨架不仅比需要的粗，而且未连上。这一结果并不令人意外，因为前面的形态学骨架公式中没有任何东西可以保证连接性。形态学根据已知集合的腐蚀和开运算给出了一个精致的公式，但在要求最大限度的细化、连通和最小的腐蚀时，则需要启发式公式（见 11.2 节）。

第五列和第六列中的各项处理的是由骨架子集重建原集合。第五列是对 $S_k(A)$ 的膨胀，即 $S_0(A)$，

$S_1(A) \oplus B$ 和 $S_2(A) \oplus 2B = (S_2(A) \oplus B) \oplus B$。最后一列是根据式(9.32)重建的集合 A，它是第五列中膨胀后的骨架子集的并集。　　■

9.5.8　裁剪

裁剪方法本质上是对细化和骨架化算法的补充，因为这些过程往往会留下需要由后处理来清除的某些寄生成分。首先讨论裁剪问题，然后根据前面几节介绍的内容给出解决方案，借此说明如何结合迄今为止讨论的几种形态学技术来求解问题。

在手写字符的自动识别应用中，一种常用的方法是分析每个字符的骨架形状。这些骨架中通常含有"毛刺"成分，它是由笔画中的噪声和不均匀性造成的。本节介绍一种处理这一问题的形态学技术，首先假设寄生成分的长度不超过规定的像素数。

> 我们可以定义一个端点作为 3×3 区域的中心，它满足图9.27(b)中的任何一种排列。

图 9.27(a)是手写字符"a"的骨架。字符最左侧的寄生成分就是我们要消除的内容。解决方案是通过不断消除寄生分支的端点来抑制寄生分支。当然，这也会缩短（或删除）该字符的其他分支，但在缺少其他结构信息的情况下，本例中的假设是任何小于等于 3 个像素长度的分支将被删除。使用一系列设计用来检测端点的结构元对集合 A 进行细化处理，可以得到期望的结果。也就是说，令

$$X_1 = A \otimes \{B\} \tag{9.34}$$

式中，$\{B\}$ 表示图 9.27(b)中的结构元序列［见关于结构元系列的式(9.24)］。这个结构元序列由两种不同的结构组成，每种结构针对全部 8 个元素旋转 90°。图9.27(b)中的×照例表示"不关心"状态（注意，每个 SE 都是特定方向的某个端点的检测子）。

连续对 A 应用式(9.34)三次，得到图 9.27(c)中的集合 X_1。下一步是将字符"复原"为原来的形状，但要删除寄生分支。这要求我们首先形成一个集合 X_2，它包含 X_1 中的所有端点［见图9.27(d)］：

$$X_2 = \bigcup_{k=1}^{8} (X_1 \circledast B^k) \tag{9.35}$$

式中，B^k 是图 9.27(b)中的端点检测子。下一步是膨胀端点。通常情况下，膨胀的次数要小于将删除端点的数量，以降低某些毛刺"生长"回去的概率。此时，通过检查我们知道未出现新毛刺，所以使用 A 作为定界符膨胀端点三次。与细化处理的次数相同：

$$X_3 = (X_2 \oplus H) \cap A \tag{9.36}$$

式中，H 是元素值为 1 的一个 3×3 结构元，且在每一步后都与 A 求交集。如区域填充那样，这种条件膨胀可以防止在感兴趣区域外部创建 1 值元素，结果如图9.27(e)所示。最后，X_3 和 X_1 的并集

$$X_4 = X_1 \cup X_3 \tag{9.37}$$

就是图 9.27(f)中我们想要的结果。

在更复杂的情况下，使用式(9.36)有时会捡回某些寄生分支的"支尖"。当分支的端点靠近骨架时，就会出现这种情况。尽管使用式(9.36)可以消除它们，但在膨胀过程中会再次捡回这些点，因为它们是 A 中的有效点。除非所有寄生元素再次被捡回（这些元素比有效笔画短的一种罕见情况），否则检测并消除它们就很容易，因为它们都是不连续的区域。

此时，我们自然地认为肯定存在解决这一问题的简单方法。例如，只跟踪所有已删除的点，将合适的点重新连接到应用式(9.34)后留下的所有端点。这一想法有效，但上面给出的公式的优点是，我们

是使用现有的形态学结构来解决这个问题的。能够使用一组这样的工具时，优点是无须编写新的算法，而只需将几个必需的形态学函数组合为一系列运算。

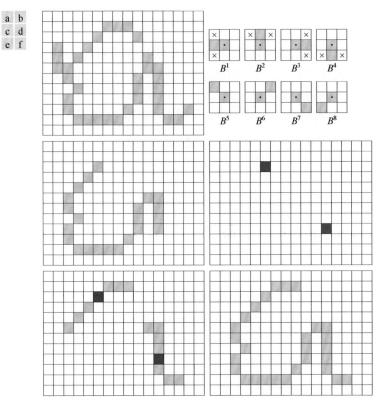

图 9.27   (a)前景像素集合 A（阴影）；(b)用于删除端点的 SE；(c)经过三次细化后的结果；(d)图(c)的端点；(e)对图(a)进行条件端点膨胀后的结果；(f)修剪后的图像

有时，我们会遇到基于单个结构元的端点检测子，与图 9.27(b)中的第一个 SE 类似，但在整个第一列都是"不关心"状态，而不存在将角×隔开的前景元素。这是不正确的。例如，前者（基于单个结构元的端点检测子）会将图 9.27(a)中第 8 行、第 4 列的点识别为端点，进而删除这些端点，破坏这部分笔画的连通性。

9.6   形态学重建

迄今为止讨论的形态学概念只涉及一幅图像和一个或多个结构元。本节讨论一种强大的形态学变换，即形态学重建。形态学重建涉及两幅图像和一个结构元：一幅图像是标记，我们用 F 来表示，它包含重建的起点；另一幅图像是模板，我们用 G 来表示，它用来约束重建；结构元用于定义连通性[①]。对于二维应用，连通性通常定义为 8 连通，它由元素都是 1 的一个 3×3 结构元表示。

关于连通性，见 2.5 节。

[①] 在许多关于形态学重建的文献中，结构元默认认地假定为各向同性的，并且通常称为基本各向同性结构元。在本章中，这样的一个结构元是一个以原点为中心的、元素都为 1 的 3×3 阵列。

9.6.1　测地膨胀和腐蚀

形态学重建的核心是测地膨胀和测地腐蚀的概念。令 F 表示标记图像，令 G 表示模板图像。在讨论中，我们假设两幅图像都是二值图像，且 $F \subseteq G$。标记图像相对于模板的大小为 1 的测地膨胀 $D_G^{(1)}(F)$ 定义为

$$D_G^{(1)}(F) = (F \oplus B) \cap G \tag{9.38}$$

式中，$\cap$ 照例表示集合的交集［其中 $\cap$ 可解释为逻辑 AND（与），因为我们处理的是二值量］。F 相对于 G 的大小为 n 的测地膨胀定义为

$$D_G^{(n)}(F) = D_G^{(1)}\left[D_G^{(n-1)}(F)\right] \tag{9.39}$$

式中，$n \geqslant 1$ 是整数，$D_G^{(0)}(F) = F$。在这个递归公式中，式(9.38)中的交集运算在每个步骤中都要执行[①]。注意，交集运算可以保证模板 G 限制标记 F 的生长（膨胀）。图 9.28 是一个大小为 1 的测地膨胀的简单例子。图中的步骤是式(9.38)的直接实现。注意，标记 F 仅由 G 中目标的一个点组成。想法是连续增长（膨胀）这个点，并在每个步骤中用 G 对结果进行模板处理。继续这一处理，将得到形状受 G 的结构影响的结果。在这种简单的情况下，重建最终产生与 G 相同的图像（见图 9.30）。

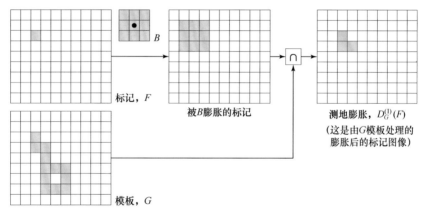

图 9.28　大小为 1 的测地膨胀的说明。注意，标记图像包含 G 中目标的一个点。如果继续，那么随后的膨胀和模板处理最终会使得目标包含于 G

标记 F 相对于模板 G 的大小为 1 的测地腐蚀定义为

$$E_G^{(1)}(F) = (F \ominus B) \cup G \tag{9.40}$$

式中，$\cup$ 表示并集运算［或逻辑 OR（或）运算］。F 相对于 G 的大小为 n 的测地腐蚀定义为

$$E_G^{(n)}(F) = E_G^{(1)}\left[E_G^{(n-1)}(F)\right] \tag{9.41}$$

式中，$n \geqslant 1$ 是整数，$F_G^{(0)}(F) = F$。式(9.40)中的并集运算要在每个迭代步骤中执行，并保证图像的测地腐蚀仍然大于等于模板图像。就像根据式(9.38)和式(9.40)预期的那样，测地膨胀和测地腐蚀相对于集合的补集是对偶的（见习题 9.41）。图 9.29 显示了一个大小为 1 的测地腐蚀。图中的步骤是式(9.40)的直接实现。

---

① 尽管使用递归公式开发形态学重建方法更简单，但它们的实际实现通常是基于计算效率更高的算法的（见 Vincent[1993]和 Soille[2003]）。

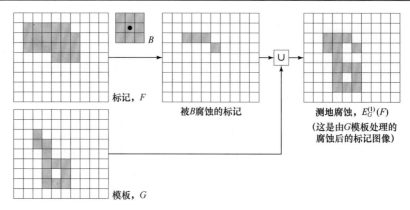

图 9.29   大小为 1 的测地腐蚀的说明

由于标记图像的扩展或收缩受模板的限制，因此测地膨胀和腐蚀在有限的迭代步骤后收敛。

9.6.2   膨胀和腐蚀形态学重建

根据前面的概念，标记图像 F 相对于模板图像 G 的膨胀形态学重建 $R_G^D(F)$，定义为 F 相对于 G 的测地膨胀，反复迭代直至达到稳定状态为止；即

$$R_G^D(F) = D_G^{(k)}(F) \tag{9.42}$$

迭代 k 次，直到 $D_G^{(k)}(F) = D_G^{(k+1)}(F)$。

图 9.30 说明了膨胀形态学重建。图 9.30(a)继续在图 9.28 中开始的处理；得到 $D_G^{(1)}(F)$ 后，重建的下一步是膨胀这一结果，然后用模板 G 与其相"与"（AND）得到 $D_G^{(2)}(F)$，如图 9.30(b)所示。$D_G^{(2)}(F)$ 的膨胀结果与模板 G 相"与"（AND）得到 $D_G^{(3)}(F)$，以此类推。重复这一过程，直至达到稳定。对本例多执行一步，得到 $D_G^{(5)}(F) = D_G^{(6)}(F)$，因此如式(9.42)指出的那样，膨胀形态学重建的图像为 $R_G^D(F) = D_G^{(5)}(F)$。不出所料，重建后的图像与模板相同。

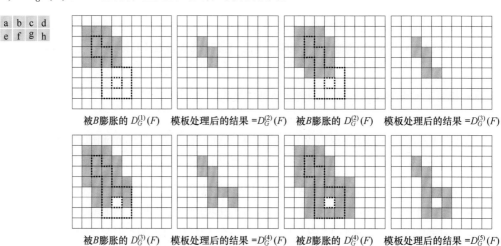

图 9.30   膨胀形态学重建的说明。集合 $D_G^{(1)}(F)$，G，B 和 F 来自图 9.28。为便于参考，模板（G）用虚线显示

类似地，模板图像 G 相对于标记图像 F 的腐蚀形态学重建 $R_G^E(F)$，定义为 F 相对于 G 的测地腐

蚀，反复迭代直至达到稳定状态；即

$$R_G^E(F) = E_G^{(k)}(F) \tag{9.43}$$

迭代 k 次，直到 $E_G^{(k)}(F) = E_G^{(k+1)}(F)$ 。作为练习，请读者生成类似于图 9.30 的腐蚀形态学重建的图形。膨胀和腐蚀形态学重建相对于补集是对偶的（见习题 9.42）。

9.6.3　应用实例

形态学重建有着很宽的实际应用范围，每种应用都由选择的标记图像和模板图像、所用的结构元及前面定义的形态学运算的组合决定。下面的几个例子说明了这些概念的应用。

1. 重建开运算

在形态学开运算中，腐蚀会删除小目标，而膨胀会试图恢复保留的目标的形状。恢复的精度取决于目标的形状和所用结构元的相似性。重建开运算能够精确地恢复腐蚀后所保留目标的形状。图像 F 的大小为 n 的重建开运算定义为，F 的大小为 n 的腐蚀相对于 F 的膨胀重建；即

> 可为重建闭运算写出一个类似的公式（见表 9.1 和习题 9.44）。

$$O_R^{(n)}(F) = R_F^D(F \ominus nB) \tag{9.44}$$

式中，$F \ominus nB$ 表示 B 对 F 的 n 次腐蚀，如式(9.30)定义的那样。注意，F 本身被用做模板。将这个公式与式(9.42)进行比较，就会发现，式(9.44)表明，重建开运算采用 F 的腐蚀结果作为膨胀重建的标记。

如我们将在图 9.31 中看到的那样，式(9.44)会导致一些有趣的结果。通常，式(9.44)中使用的结构元 B 会根据腐蚀来提取一些感兴趣的特征。然而，如本节开始时提到的那样，重建（得到 R_F^D 而执行的膨胀）过程中所用的结构元被设计为规定的连通性，对于二维情况，该结构元通常是元素都为 1 的 3×3 阵列。注意，不要混淆这个结构元与式(9.44)中用于腐蚀的结构元 B。最后要指出的是，$n = 1$ 时的这个公式最为常用。

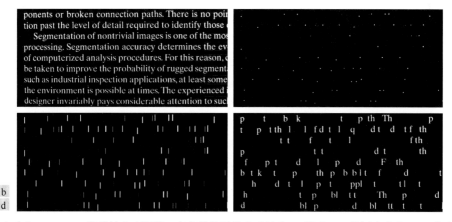

图 9.31　(a)大小为 918×2018 像素的文本图像，高字符的平均高度约为 51 像素；(b)使用大小为 51×1 像素的结构元腐蚀图(a)后的结果；(c)使用同一个结构元对图(a)开运算后的结果；(d)重建开运算后的结果

图 9.31 显示了重建开运算的一个例子。我们的兴趣是从图 9.31(a)中提取竖直长笔画的字符。这一目标决定了式(9.44)中 B 的性质。图中高字符的平均高度是 51 像素。使用大小为 51×1 的细结构元腐蚀图像后，我们应该能够分离出这些字符。图 9.31(b)是用刚才提到的结构元对图 9.31(a)腐蚀一次后的结果［在式(9.44)中，$n = 1$］。如看到的那样，高字符的位置成功地得到了提取。出于比较的目的，我们使用相同的结构元计算了图像的开运算（记住这是先腐蚀后膨胀）。图 9.31(c)显示了结果。如前所

述，简单地膨胀被腐蚀的图像并不总能恢复原图像。最后，图 9.31(d)是用原图像作为模板，用腐蚀后的图像作为标记，膨胀重建的图像。由于上述原因，在重建过程中采用元素全为 1 的 3×3 结构元（SE）进行了膨胀。因为只进行了一次腐蚀，于是接下来的步骤构成式(9.44)中给出的 F 的重建开运算 [即 $O_R^{(1)}(F)$]。如图所示，从腐蚀后的图像（标记）中准确地恢复了竖直长笔画字符，删除了其他字符。

关于重建闭运算，我们可以写出类似于式(9.44)的公式（见表 9.1 和习题 9.44）。不同之处是，重建闭运算所用的标记是 F 的膨胀，并且我们用 R_F^E 替代 R_F^D。如看到的那样，重建开运算处理的是背景为黑色（0）、前景为白色（1）的图像。重建闭运算处理的则是背景为白色、前景为黑色的图像。例如，如果我们正在处理图 9.31(a)的补集，那么背景是白色的，前景是黑色的。为提取高字符，我们使用重建开运算。图 9.31 中的所有其他图像是相同的，只是黑色背景上白色的程度不同。两种情况下所用的结构元是相同的，因此重建闭运算是在背景像素上执行的。

2. 填充孔洞的自动算法

9.5 节根据每个孔洞中的一个起点开发了一个填充孔洞的算法。下面根据形态学重建开发一个全自动的过程。令 $I(x,y)$ 代表一幅二值图像。假设我们形成了一幅标记图像 F，图像中除边框位置为 $1-I$ 外，其他位置均为 0，即

$$F(x,y)=\begin{cases}1-I(x,y), & (x,y)\text{ 在 }I\text{ 的边框上}\\ 0, & \text{其他}\end{cases} \tag{9.45}$$

于是，

$$H=\left[R_{I^c}^D(F)\right]^c \tag{9.46}$$

是一幅等于 I 且所有孔洞都被填充的二值图像。

要了解式(9.45)和式(9.46)是如何填充图像中的孔洞的，我们考虑图 9.32(a)和(b)，它们分别是包含一个孔洞的图像 I 和该图像的补集。I 的补集将所有前景（1 值）像素设置为背景（0 值）像素，而将所有背景像素设置为前景像素。根据定义可知孔洞被前景像素包围。因此，这一运算会在孔洞周围建立一道由 0 组成的"墙"。由于 I^c 被用做一个 AND（与）模板，因此要做的是在迭代期间保护所有前景像素不被改变。图 9.32(c)是根据式(9.45)形成的阵列 F，图 9.32(d)是用所有元素都为 1 的 3×3 结构元（SE）得到的。标记 F 有一个元素为 1 的边界（除 I 为 1 的位置外），因此这些标记点的膨胀在边界上开始，并向内处理。图 9.32(e)是用 I^c 作为模板对 F 的测地膨胀。我们看到，这个结果中与 I 的前景像素对应的所有位置现在都是 0，对孔洞像素同样如此。另一次迭代将得到相同的结果，如式(9.46)要求的那样，求补后得出图 9.32(f)所示的结果。这个孔洞现在已被填满，图像 I 的剩余部分无变化。运算 $H\cap I^c$ 生成一幅图像，在该图像中，对应 I 中孔洞位置的像素值为 1，其他位置的像素值为 0，如图 9.32(g)所示。

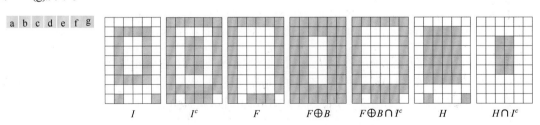

$$\quad I \qquad\qquad I^c \qquad\qquad F \qquad\qquad F\oplus B \qquad F\oplus B\cap I^c \qquad\qquad H \qquad\qquad H\cap I^c$$

图 9.32　采用形态学重建填充孔洞

图 9.33 显示了一个更加实用的例子。图 9.33(b)显示了图 9.33(a)中文本图像的补集，图 9.33(c)是由式(9.45)产生的标记图像 F。这幅图像是黑色的，带有白色（1）边界，但在原图像边界中与 1 对应的位置除外（因为在放大图中眼睛很难分辨边界值，也因为页面几乎是白色的）。最后，图 9.33(d)显示了所有孔洞都已被填充的图像。

图 9.33　(a)大小为 918×2018 像素的文本图像；(b)用作模板图像的(a)的补集；(c)标记图像；
　　　　　(d)采用式(9.45)和式(9.46)填充孔洞的结果

3. 边界清除

对于后续形状分析而言，从图像中提取目标是自动图像处理的基本任务。检测接触（连接）边界的目标的算法是一个很有用的工具，因为：（1）它可以遮蔽图像，以便为进一步处理保留完整的目标，或者（2）它可作为视野中出现的部分目标的一个信号。作为本节介绍的概念的最后一个说明，我们开发一个基于形态学重建的边界清除程序。在这一应用中，我们使用原图像作为模板，并使用下面的标记图像：

$$F(x, y) = \begin{cases} I(x, y), & (x, y)\text{位于}I\text{ 的边界上} \\ 0, & \text{其他} \end{cases} \tag{9.47}$$

边界清除算法首先计算形态学重建 $R_I^D(F)$（简单地提取接触边界的目标），然后计算下面的差：

$$X = I - R_I^D(F) \tag{9.48}$$

得到一幅其中目标不接触边界的图像 X。

作为一个例子，我们再次考虑图 9.31(a)所示的原文本图像。图 9.34(a)是使用元素均为 1 的 3×3 结构元得到的重建 $R_I^D(F)$。在图 9.34(a)的右侧，我们可以看到与原图像边界接触的目标。图 9.34(b)是使用式(9.48)计算得到的图像 X。如果手边的任务是自动字符识别，那么拥有一幅字符不与边界接触的图像最有用，因为这样可以避免不得不识别部分字符的问题（这是一项困难的任务）。

图 9.34　(a) 标记图像的膨胀重建；(b)目标不接触边界的图像。原图像是图 9.31(a)

9.7 二值图像形态学运算小结

图 9.35 中小结了迄今为止讨论的各种二值形态学方法所用的结构元。加阴影的元素是前景值(通常由数值阵列中的 1 表示),白色元素是背景值(通常由 0 表示),×是"不关心"元素。表 9.1 小结了前几节中开发的二值形态学结果。表 9.1 第三列中的罗马数字指的是图 9.35 中的结构元。

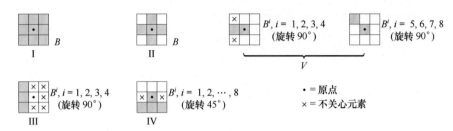

图 9.35　用于二值形态学的 5 个基本结构元

表 9.1　形态学运算及其性质小结。A 是包含于二值图像 I 的前景像素集合,B 是结构元。I 是二值图像(包含 A),对应于 A 的元素是 1,其他元素是 0。罗马数字指的是图 9.35 中的结构元

运　算	公　式	注　释
平移	$(B)_z = \{c \mid c = b + z, b \in B\}$	将 B 的原点平移到点 z
反射	$\hat{B} = \{w \mid w = -b, b \in B\}$	相对于 B 的原点反射
补集	$A^c = \{w \mid w \notin A\}$	不属于 A 的点集
差集	$A - B = \{w \mid w \in A, w \notin B\} = A \cap B^c$	属于 A 但不属于 B 的点集
腐蚀	$A \ominus B = \{z \mid (B)_z \subseteq A\}$	腐蚀 A 的边界(I)
膨胀	$A \oplus B = \{z \mid (\hat{B}) \cap A \neq \varnothing\}$	膨胀 A 的边界(I)
开运算	$A \circ B = (A \ominus B) \oplus B$	平滑轮廓,断开狭窄区域,删除小孤岛和尖刺(I)
闭运算	$A \bullet B = (A \oplus B) \ominus B$	平滑轮廓,弥合狭窄断裂和细长沟道,删除小孔洞(I)
击中-击不中变换	$I \circledast B = \{z \mid (B)_z \subseteq I\}$	在图像 I 中寻找 B 的实例,B 包含前景元素和背景元素
边界提取	$\beta(A) = A - (A \ominus B)$	集合 A 的边界上的点集(I)
孔洞填充	$X_k = (X_{k-1} \oplus B) \cap I^c$,$k = 1, 2, 3, \cdots$	填充 A 中的孔洞。X_0 的大小与 I 相同,在每个孔洞中填充 1,在其他位置填充 0(II)
连通分量	$X_k = (X_{k-1} \oplus B) \cap I$,$k = 1, 2, 3, \cdots$	寻找 I 中的连通分量;X_0 是与 I 同样大小的一个集合,在每个连通分量中元素为 1,在其他位置元素为 0(I)
凸壳	$X_k^i = \left(X_{k-1}^i \circledast B^i\right) \cup X_{k-1}^i$,$i = 1, 2, 3, 4; k = 1, 2, 3, \cdots$ $X_0^i = I; D^i = X_{\text{conv}}^i; C(A) = \bigcup_{i=1}^{4} D^i$	寻找图像 I 中前景像素集 A 的凸壳 $C(A)$。X_{conv}^i 意味着 $X_k^i = X_{k-1}^i$(III)
细化	$A \otimes B = A - (A \circledast B) = A \cap (A \circledast B)^c$ $A \otimes \{B\} = ((\cdots((A \otimes B^1) \otimes B^2) \cdots) \otimes B^n)$ $\{B\} = \{B^1, B^2, B^3, \cdots, B^n\}$	细化集合 A。前两个公式是细化的基本定义。后两个公式表示使用一系列结构元的细化。实际工作中通常使用这种方法(IV)
粗化	$A \odot B = A \cup (A \circledast B)$ $A \odot \{B\} = ((\cdots((A \odot B^1) \odot B^2) \cdots) \odot B^n)$	使用方形结构元粗化集合 A。使用(IV),但颠倒 0 和 1

（续表）

运　算	公　式	注　释
骨架	$$S(A) = \bigcup_{k=0}^{K} S_k(A)$$ $$S_k(A) = (A \ominus kB) - (A \ominus kB) \circ B$$ A 的重建： $$A = \bigcup_{k=0}^{K} \left(S_k(A) \oplus kB \right)$$	寻找集合 A 的骨架 $S(A)$。最后一个公式指出 A 可由其骨架子集 $S_k(A)$ 重建。K 是集合 A 被腐蚀为空集时的迭代次数。$(A \ominus kB)$ 表示 A 被 B 连续腐蚀的第 k 次迭代（I）
裁剪	$$X_1 = A \otimes \{B\}$$ $$X_2 = \bigcup_{k=1}^{8} (X_1 \circledast B^k)$$ $$X_3 = (X_2 \oplus H) \cap A$$ $$X_4 = X_1 \cup X_3$$	X_4 是裁剪集合 A 后的结果。必须规定使用第一个公式得到 X_1 的次数。结构元（V）用于前两个公式。在第三个公式中，H 表示结构元（I）
大小为 1 的测地膨胀	$D_G^{(1)}(F) = (F \oplus B) \cap G$	F 和 G 分别称为标记图像和模板图像（I）
大小为 n 的测地膨胀	$D_G^{(n)}(F) = D_G^{(1)}(D_G^{(n-1)}(F))$	说明同上
大小为 1 的测地腐蚀	$E_G^{(1)}(F) = (F \ominus B) \cup G$	说明同上
大小为 n 的测地腐蚀	$E_G^{(n)}(F) = E_G^{(1)}(E_G^{(n-1)}(F))$	说明同上
膨胀形态学重建	$R_G^D(F) = D_G^{(k)}(F)$	k 满足 $D_G^{(k)}(F) = D_G^{(k+1)}(F)$
腐蚀形态学重建	$R_G^E(F) = E_G^{(k)}(F)$	k 满足 $E_G^{(k)}(F) = E_G^{(k+1)}(F)$
重建开运算	$O_R^{(n)}(F) = R_F^D(F \ominus nB)$	$(F \ominus nB)$ 表示 B 对 F 的 n 次腐蚀，B 的形式依赖于应用
重建闭运算	$C_R^{(n)}(F) = R_F^E(F \oplus nB)$	$(F \oplus nB)$ 表示 B 对 F 的 n 次膨胀，B 的形式依赖于应用
孔洞填充	$H = \left[R_{I^c}^D(F) \right]^c$	H 等于输入图像 I，但所有孔洞均被填充。标记图像 F 的定义见式(9.45)
边界清除	$X = I - R_I^D(F)$	X 等于输入图像 I，但删除了所有接触（连接）边界的目标。标记图像 F 的定义见式(9.47)

9.8　灰度级形态学

　　本节首先把膨胀、腐蚀、开运算和闭运算的基本运算扩展到灰度图像，然后使用这些运算来开发几个基本的灰度级形态学算法。在接下来的讨论中，我们处理的是形如 $f(x, y)$ 和 $b(x, y)$ 的数字函数，其中 $f(x, y)$ 是一幅灰度图像，$b(x, y)$ 是一个结构元。假设这些函数是 2.4 节中定义的离散函数。也就是说，如果 Z 表示实数集合，则坐标 (x, y) 是来自笛卡儿积 Z^2 的整数，$f(x, y)$ 和 $b(x, y)$ 是把灰度值（来自实数集 R 的一个实数）分配给不同坐标 (x, y) 对的函数。如果灰度级也是整数，那么用 Z 代替 R。

　　灰度级形态学中的结构元的基本功能，类似于二值形态学中对应的结构元：它们都是检查给定图像中特定特性的"探测器"。灰度级形态学中的结构元分为两类：非平坦结构元和平坦结构元。图 9.36 显示了这两类结构元的例子。

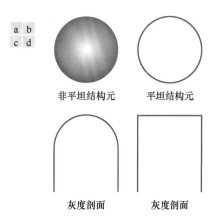

a b
c d

非平坦结构元　　　平坦结构元

灰度剖面　　　　灰度剖面

图 9.36　非平坦结构元和平坦结构元，以及过其中心的对应水平灰度剖面。本节中的所有例子均基于平坦结构元

图 9.36(a)显示了一个半球灰度结构元，图 9.36(c)是过这个结构元的中心的水平灰度剖面。图 9.36(b)是一个圆盘形平坦结构元，图 9.36(d)是这个平坦结构元的灰度剖面（这个剖面的形状说明了"平坦"一词的由来）。为清楚起见，图 9.36 中的元素显示为连续量；它们的计算机实现是以数字近似为基础的。由于本节稍后讨论的一些困难，实际工作中很少使用灰度非平坦结构元。最后要提及的是，如二值情况那样，必须清楚地确定灰度结构元的原点。本节中的所有例子都基于单位高度的、对称的、平坦的、原点位于中心的结构元，除非另有说明。灰度级形态学中结构元的反射已在 9.1 节中定义；在下面的讨论中，我们将它表示为 $\hat{b}(x, y) = b(-x, -y)$。

9.8.1　灰度腐蚀和膨胀

平坦结构元 b 在(x, y)处对图像 f 的灰度腐蚀定义为，当 b 的原点位于(x, y)处时，图像 f 与 b 重合区域中的最小值。结构元 b 在位置(x, y)处对图像 f 的腐蚀写为

$$[f \ominus b](x, y) = \min_{(s, t) \in b} \{f(x+s, y+t)\} \tag{9.49}$$

式中，类似于空间相关的方式（见 3.4 节），要求 x 和 y 递增遍历所有值，以便 b 的原点可以访问 f 中的每个像素。也就是说，为了求解 b 对 f 的腐蚀，就要把结构元的原点放到图像中的每个像素位置。任何位置的腐蚀是通过选择与 b 重合的区域中 f 的最小值来确定的。例如，如果 b 是大小为 3×3 的方形结构元，那么要得到结构元的原点所在位置的腐蚀，就要求 b 所跨 3×3 区域中包含的 9 个 f 值中的最小值。

类似地，平坦结构元 b 在(x, y)处对图像 f 的膨胀，定义为当 $\hat{b}$ 的原点位于(x, y)处时，图像 f 与 $\hat{b}$ 重合区域中的最大值，即

$$[f \oplus b](x, y) = \max_{(s, t) \in \hat{b}} \{f(x-s, y-t)\} \tag{9.50}$$

式中用到了此前说明的事实 $\hat{b}(c, d) = b(-c, -d)$。对这个公式的解释与前一段中的解释相同，但使用的是最大运算而非最小运算，并且要记住结构元相对于其原点反射，因此在函数中使用参数 $(-s, -t)$。这类似于空间卷积，就像 3.4 节中解释的那样。

例 9.9　灰度腐蚀和膨胀。

由于使用平坦结构元进行灰度腐蚀时，需要计算 f 内与 b 重合的每个(x, y)的邻域中的最小灰度值，因此我们通常认为腐蚀后的灰度图像要比原图像暗，并且亮特征（相对于 SE 的大小）变小，暗特征变大。图 9.37(b)是用高度为 1 像素、半径为 2 像素的圆盘形结构元腐蚀图 9.37(a)后的结果。刚才讨论的效果在腐蚀后的图像中清晰可见。例如，小亮点的灰度在图 9.37(b)中已降低到几乎看不见的程度，而深色特征变得更宽。腐蚀后的图像的一般背景要比原图像的背景略深。

类似地，图 9.37(c)是用相同结构元膨胀原图像后的结果，膨胀的效果与腐蚀的效果正好相反，即亮特征变大，暗特征变小。特别地，图 9.37(a)中左侧、中间、右侧和底部的细黑连线在图 9.37(c)中已几乎看不见。膨胀后，暗点变小，这与图 9.37(b)中腐蚀后的小白点完全不同，在膨胀后的图像中，小白点仍然清晰可见，原因是与结构元的大小相比，黑点原本就大于白点。最后，观察到膨胀后的图像中的背景要比图 9.37(a)中的背景稍亮。　　　　　　　　　　　　　　　　　　　　■

非平坦结构元的灰度值会随它们的定义域变化。非平坦结构元 b_N 对图像 f 的腐蚀定义为

$$[f \ominus b_N](x, y) = \min_{(s, t) \in b_N} \{f(x+s, y+t) - b_N(s, t)\} \tag{9.51}$$

式中，为求任何点处的腐蚀，从 f 中减去了 b_N。与式(9.49)不同的是，使用非平坦结构元的腐蚀通常不受 f 值的限制，而这在解释结果时会出现问题。由于这一原因，加上为 b_N 选取有意义的元素较为困难，并且与式(9.49)相比计算开销增大，因此实际工作中很少使用灰度结构元。

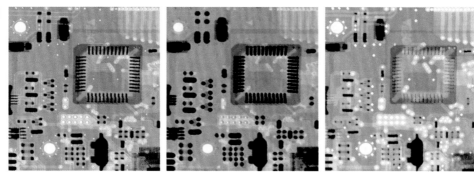

图 9.37　(a)大小为 448×425 像素的灰度 X 射线图像；(b)使用半径为 2 像素的圆盘形结构元腐蚀图像后的结果；(c)使用同一结构元膨胀图像后的结果（原图像由 Lixi 公司提供）

类似地，使用非平坦结构元的膨胀定义为

$$[f \oplus b_N](x, y) = \max_{(s, t) \in b_N} \{f(x-s, y-t) + \hat{b}_N(s, t)\} \tag{9.52}$$

前一段中的说明同样适用于使用非平坦结构元的膨胀。当 b_N 的所有元素都是常数时（结构元是平坦结构元时），式(9.51)和式(9.52)分别简化为式(9.49)和式(9.50)，其中的一个标量常数等于该结构元的幅度。

如二值情况中那样，灰度腐蚀和膨胀相对于补集和反射是对偶的，即

$$(f \ominus b)^c(x, y) = (f^c \oplus \hat{b})(x, y) \tag{9.53}$$

式中，$f^c(x, y) = -f(x, y)$ 且 $\hat{b}(x, y) = b(-x, -y)$。非平坦结构元具有相同的表达式。为简单起见，在下面的讨论中，我们会省略所有函数的参数来简化公式，因此式(9.53)可简化为

$$(f \ominus b)^c = f^c \oplus \hat{b} \tag{9.54}$$

类似地，有

$$(f \oplus b)^c = f^c \ominus \hat{b} \tag{9.55}$$

腐蚀和膨胀本身在灰度图像处理中的作用不大。如二值情况的腐蚀和膨胀那样，组合这些运算来推导高级算法时，这些运算会变得非常强大。

9.8.2　灰度开运算和闭运算

灰度图像开运算和闭运算的公式，形式上与二值图像开运算和闭运算的公式相同。结构元 b 对图像 f 的开运算 $f \circ b$ 是

$$f \circ b = (f \ominus b) \oplus b \tag{9.56}$$

> 尽管我们在后续讨论中使用的是平坦结构元，但讨论的概念同样适用于非平坦结构元。

开运算照例首先简单地用 b 腐蚀 f，然后用 b 膨胀得到的结果。类似地，b 对 f 的闭运算 $f \bullet b$ 是

$$f \bullet b = (f \oplus b) \ominus b \tag{9.57}$$

灰度图像的开运算和闭运算相对于补集和结构元反射是对偶的：

$$(f \bullet b)^c = f^c \circ \hat{b} \tag{9.58}$$

和

$$(f \circ b)^c = f^c \bullet \hat{b} \tag{9.59}$$

因为 $f^c = -f$，所以式(9.58)也可写为 $-(f \bullet b) = (-f \circ b)$，式(9.59)的情况与此类似。

灰度图像开运算和闭运算的几何解释很简单。假设我们将一个图像函数 $f(x, y)$ 视为一个三维表面；也就是说，它的灰度值可解释为 xy 平面上的高度值，如图 2.18(a)所示。于是，b 对 f 的开运算几何上可

解释为从向上推动结构元到 f 的下表面。在 b 的每个原点位置，开运算是从下向上推动结构元时，b 的任何部分接触到 f 的下表面后所到达的最高值。于是，完全开运算是 b 的原点访问 f 的每个坐标(x, y)后，得到的所有值的集合。

图9.38以一维形式说明了这个概念。假定图9.38(a)中的曲线是图像中某行的灰度剖面。图 9.38(b)是从曲线底部上推到不同位置的平坦结构元。图 9.38(c)中的实线是完全开运算。因为结构元大到不能完全拟合曲线上部峰值的内侧，因此开运算剪去了峰值的顶部，剪去的量与结构元到峰值的距离成正比。一般来说，开运算用于删除小而明亮的细节，同时保留整体灰度级和大而明亮的特征不变。

图 9.38(d)是闭运算的图形说明。很明显，结构元从曲线顶部向下推动的同时，会平移到所有位置。如图9.38(e)所示，闭运算是通过寻找结构元滑动时，任何部分接触到曲线上侧后所到达的最低点来构造的。灰度开运算具有如下性质：

(a) $f \circ b \sqsubseteq f$。

(b) 若 $f_1 \sqsubseteq f_2$，则 $(f_1 \circ b) \sqsubseteq (f_2 \circ b)$。

(c) $(f \circ b) \circ b = f \circ b$。

其中，$q \sqsubseteq r$ 表示域 q 是域 r 的一个子集，且对于域 q 的任何(x, y)有 $q(x, y) \le r(x, y)$。

类似地，闭运算具有如下性质：

(a) $f \sqsubseteq f \bullet b$。

(b) 若 $f_1 \sqsubseteq f_2$，则 $(f_1 \bullet b) \sqsubseteq (f_2 \bullet b)$。

(c) $(f \bullet b) \bullet b = f \bullet b$。

这些性质的用途类似于二值图像中的对应性质。

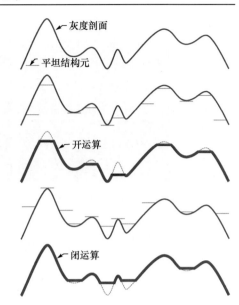

图 9.38　一维情况下的灰度开运算和闭运算：(a)原一维信号；(b)从信号底部上推的平坦结构元；(c)开运算；(d)沿信号顶部下推的平坦结构元；(e)闭运算

例 9.10　灰度级开运算和闭运算。

图 9.39 将图 9.38 中说明的一维概念拓展到了二维情况。图 9.39(a)与例 9.9 中的图像相同，图 9.39(b)是使用高度为 1 像素、半径为 3 像素的圆盘形结构元得到的开运算。不出所料，所有亮特征都变小了，变小

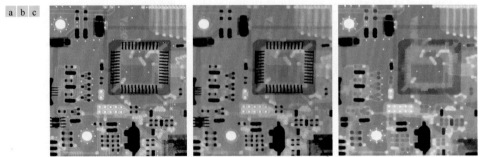

图 9.39　(a)大小为 448×425 像素的灰度 X 射线图像；(b)使用半径为 3 像素的圆盘形结构元得到的开运算；(c)使用半径为 5 像素的结构元得到的闭运算

的程度取决于这些特征相对于结构元的大小。将该图与图 9.37(b)相比，我们看到，与腐蚀结果不同的是，开运算对图像中暗特征和背景的影响可以忽略不计。类似地，图 9.39(c)是用半径为 5 的圆盘形结构元得到的闭运算（小圆黑点比小白点大，因此要实现与开运算媲美的结果，就需要更大的圆盘形结构元）。在这幅图像中，亮细节和背景相对来说未受影响，但削弱了暗特征，削弱的程度取决于这些特征相对于结构元的大小。 ∎

9.8.3　一些基本的灰度级形态学算法

许多灰度级形态学技术都是以迄今为止介绍的灰度级形态学概念为基础的。下面介绍一些这样的算法。

1. 形态学平滑

由于开运算抑制比规定结构元小的亮细节，同时几乎不影响暗细节，而闭运算的效果相反，因此我们通常组合使用这两种运算来平滑图像和去除噪声。考虑图 9.40(a)，它是在 X 射线波段成像的天鹅星座环超新星（这幅图像的细节请参阅图 1.7）。为便于讨论，假设图像中心的亮区域是我们感兴趣的目标，而较小的分量是噪声。我们的目的是去除噪声。图 9.40(b)是先用半径为 1 的平坦圆盘形结构元对原图像进行开运算，再用相同大小的结构元对开运算的结果进行闭运算得到的。图 9.40(c)和(d)分别是用半径为 3 和 5 的结构元进行相同运算后的结果。不出所料，这些图像中逐步消除了图像中的小分量（小分量是结构元大小的函数）。在最后的结果中，我们看到噪声几乎已被全部消除。图像右下角的噪声分量未能完全删除，因为它们的尺寸要大于已被成功删除的其他图像元素。

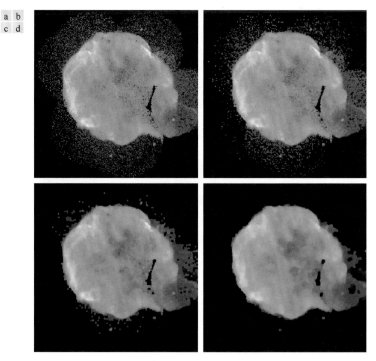

a b
c d

图 9.40　(a)天鹅星座环超新星的一幅 566×566 图像，它由 NASA 的哈勃望远镜在 X 射线波段成像；(b) ~ (d)分别用半径为 1、3 和 5 的圆盘形结构元素对原图像执行开运算和闭运算后的结果（原图像由 NASA 提供）

图 9.40 是首先对原图像进行开运算，然后对开运算的结果进行闭运算得到的。有时所用的过程是执行交替顺序滤波，即首先对原图像进行开运算–闭运算，然后对前一步的结果进行开运算和闭运算。

在自动图像分析中这类滤波很有用，此时每一步的结果会与某个规定的测度进行比较。通常，对相同大小的结构元来说，与图 9.40 中说明的方法相比，这种方法会产生更为模糊的结果。

2. 形态学梯度

膨胀和腐蚀结合图像相减，可得到灰度图像 f 的形态学梯度 g，它定义为

$$g = (f \oplus b) - (f \ominus b) \tag{9.60}$$

式中，b 是一个合适的结构元。使用这个公式得到的总体效果是，膨胀粗化图像中的区域，腐蚀收缩图像中的区域。膨胀和腐蚀的差强调区域之间的边界。同质区域不受影响（假设 SE 相对图像的分辨率不太大），因此相减运算会消除同质区域。最终 | 图像梯度的定义见 3.6 节。

结果是，边缘得到增强、同质区域的贡献得到抑制的一幅图像，进而产生"类导数"（梯度）的效果。

图 9.41 显示了一个例子。图 9.41(a)是头部的 CT 扫描图像，接下来的两幅图像是用所有元素都为 1 的 3×3 平坦结构元对该图像进行膨胀和腐蚀的结果。注意刚刚提到的粗化和收缩。图 9.41(d)是用式 (9.60)得到的形态学梯度，图中清楚地描绘了区域之间的边界，而这正是我们期望的二维导数图像。

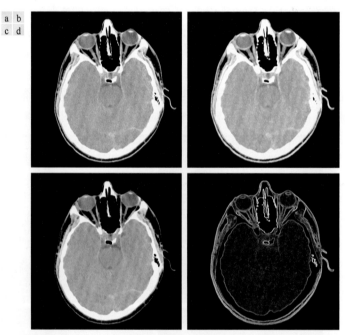

图 9.41　(a)512×512 的头部 CT 扫描图像；(b)膨胀后的图像；(c)腐蚀后的图像；(d)根据图(b)和图(c)的差计算得到的形态学梯度（原图像由 Vanderbilt 大学的 David R. Pickens 博士提供）

3. 顶帽变换和底帽变换

图像相减结合开运算和闭运算，可以得到所谓的顶帽变换和底帽变换。灰度图像 f 的顶帽变换定义为 f 减去其开运算：

$$T_{\text{hat}}(f) = f - (f \circ b) \tag{9.61}$$

类似地，f 的底帽变换定义为 f 的闭运算减去 f：

$$B_{\text{hat}}(f) = (f \bullet b) - f \tag{9.62}$$

这些变换的主要应用之一是，在开运算或闭运算中用一个结构元从图像中删除无法拟合的目标。然后，差运算得到一幅仅保留已删除分量的图像。顶帽变换用于暗背景上的亮目标，而底帽变换则用于亮背景上的暗目标。因此，我们通常将这两个变换称为白顶帽变换和黑底帽变换。

　　顶帽变换的一个重要用途是校正不均匀光照的影响。如第 10 章中所示，合适（均匀）光照在从背景中提取目标的过程中起着重要作用。这个过程是自动图像分析中的基础，并且经常与阈值处理结合使用，详见第 10 章。

　　为便于说明，我们考虑图 9.42(a)，它是一幅米粒图像，是在非均匀光照下得到的，图像底部和最右侧的暗色区域非常明显。图 9.42(b)是对该图像使用 10.3 节讨论的 Otsu 最优阈值处理方法得到的结果。非均匀光照的最终结果是，暗区域的分割出现错误（有些米粒未从背景中提取出来），图像左上角的分割也出现错误，即把部分背景理解为了米粒。图 9.42(c)是对该图像使用一个半径为 40 的圆盘形结构元进行开运算后的结果。这个结构元大到不会拟合任何目标。因此，这些目标被删除，只留下了一个近似的背景。图像中的阴影模式非常清晰。从原图像中减去这幅图像（应用顶帽变换），背景应会变得更均匀。事实的确如此，如图 9.42(d)所示。背景并不是非常均匀，但亮端和暗端之间不再存在明显的差别，因此足以得到正确的阈值处理结果，采用 Otsu 方法正确提取了所有米粒，如图 9.42(e)所示。

图 9.42　使用顶帽变换校正阴影：(a)大小为 600×600 像素的原图像；(b)阈值处理后的图像；(c)用半径为 40 的圆盘形结构元进行开运算后的图像；(d)顶帽变换后的图像（原图像减去其开运算后的图像）；(e)顶帽变换图像经阈值处理后的结果

4. 粒度测定

　　粒度测定是指确定图像中颗粒的大小分布。由于颗粒几乎无法整齐地分开，因此采用逐个识别颗粒的方法来计算颗粒的数量非常困难。形态学可间接估计颗粒的大小分布，而不需要识别和测量各个颗粒。

　　这种方法很简单。对于比背景亮且形状规则的颗粒，这种方法是用逐渐增大的结构元对图像进行开运算。基本思想是，某个特殊大小的开运算应会对包含类似大小颗粒的输入图像的那些区域产生最大影响。对于开运算得到的每幅图像，我们计算像素值之和。这个和值称为表面区域，它随结构元大小的增大而减小，因为开运算会减小图像中的亮特征。这一过程得到的是一个一维阵列，阵列中的每个元素都是矩阵中对应该位置的结构元大小的开运算的像素之和。为了强调两个连续开运算之间的变化，我们计算一维阵列中相邻两个元素的差。画出差值的图形,曲线中的峰值就会指明图像中主要大小颗粒的分布。

作为一个例子,我们考虑图 9.43(a),它是两种主要大小的木钉图像。木钉上的木纹理可能会在开运算中引入变化,因此平滑是一种合理的预处理步骤。图 9.43(b)是用前面讨论的形态学平滑滤波器平滑图像后的结果,这个滤波器使用的是半径为 5 的圆盘形结构元。图 9.43(c)到(f)是分别用半径为 10、20、25 和 30 的圆盘形结构元对图像进行开运算后的图像。注意,在图 9.43(d)中,较小木钉的灰度贡献几乎已被消除。在图 9.43(e)中,大木钉的灰度贡献已明显降低,图9.43(f)中的程度更甚。观察图9.43(e)发现,图像右上方的大木钉要比其他木钉暗得多,因为它要比其他大木钉小。检测有缺陷的木钉时,这是非常有用的信息。

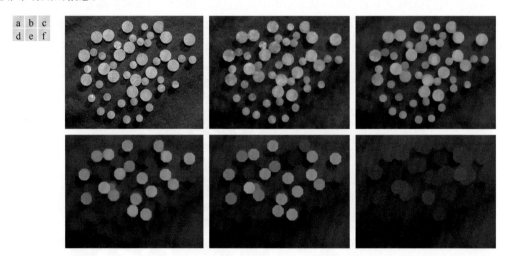

图 9.43　(a)大小为 531×675 的木钉图像;(b)平滑后的图像;(c) ~ (f)分别用半径为 10、20、25 和 30 像素的圆盘形结构元对图像进行开运算后的结果(原图像由 MathWorks 公司的 Steve Eddins 博士提供)

图 9.44 显示了差值阵列的曲线。如前所述,我们认为在 SE 大到足以包含一组直径大致相同的颗粒的半径附近,存在明显的差异(图形中的峰值)。图 9.44 中的结果有两个明显的峰值,这清楚地表明图像中存在两种主要尺寸的目标。

5. 纹理分割

图 9.45(a)是一幅在亮背景上叠加了暗斑点的噪声图像。这幅图像中有两个纹理区域:由右侧的大斑点组成的区域和由左侧的小斑点组成的区域。我们的目的是根据纹理内容找到两个区域的边界,在这种情况下,边界由斑点的大小和空间分布决定(第 11 章将讨论纹理)。将图像分为不同区域的处理称为分割,详见第 10 章。

感兴趣目标比背景暗,并且我们知道用一个比小斑点大的结构元对图像进行闭运算可以删除这些斑点。图 9.45(b)是用半径为 30 像素的圆盘形结构元对输入图像进行闭运算后的结果,它表明情况的确如此(小斑点的半径近似为 25 像素)。因此,这时我们得到了一幅亮

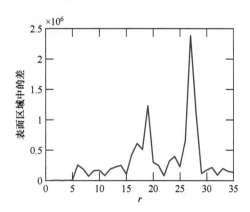

图 9.44　表面区域中的差是圆形结构元的半径 r 的函数。两个峰值表明图像中存在两种主要尺寸的颗粒

背景上带有大暗斑点的图像。如果用尺寸大于斑点间距的结构元对图像进行开运算，那么最终结果中会删除斑点的亮间距，而只留下暗斑点，以及这些斑点之间新生成的暗间距。图 9.45(c)是用半径为 60 的圆盘形结构元得到的结果。

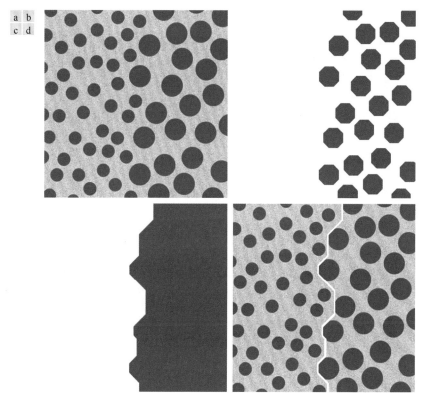

图 9.45　纹理分割：(a)由两种斑点组成的大小为 600×600 的图像；(b)对图(a)执行闭运算后删除了小斑点的图像；(c)对图(b)执行开运算后删除了大斑点之间的亮间距的图像；(d)将图(c)中两个区域间的边界叠加到原图像上后的结果。边界是使用形态学梯度运算得到的

使用一个元素全为 1 且大小为 3×3 的结构元对该图像执行形态学梯度运算，将给出这两个区域之间的边界。图 9.45(d)是将形态学梯度运算的结果叠加到原图像后的边界。边界右侧的所有像素属于由大斑点表征的纹理区域，而边界左侧的所有像素则属于由小斑点表征的纹理区域。我们发现，使用图 9.38 中的开运算和闭运算图形来详细研究这个示例是有意义的。

9.8.4　灰度级形态学重建

灰度级形态学重建的定义，类似于 9.7 节中二值图像形态学重建的定义。令 f 和 g 分别表示标记图像和模板图像。假设 f 和 g 是大小相同的灰度图像，且 $f \leq g$，即 f 在图像中任一点的灰度比 g 在这一点的灰度小。f 相对于 g 的大小为 1 的测地膨胀定义为

> 如前所述，f 和 g 是 x 和 y 的函数。为简单表示，我们省略了坐标。

$$D_g^{(1)}(f) = (f \oplus b) \wedge g \tag{9.63}$$

式中，$\wedge$ 表示逐点最小算子，b 是一个合适的结构元。我们看到，大小为 1 的测地膨胀的获得方式如下：首先计算 b 对 f 的膨胀，然后选择点(x, y)处膨胀结果和 g 之间的最小者。若 b 是一个平坦结构元，则膨胀由式(9.50)给出，否则膨胀由式(9.52)给出。

f 相对于 g 的大小为 n 的测地膨胀定义为

$$D_g^{(n)}(f) = D_g^{(1)}\left[D_g^{(n-1)}(f)\right] \tag{9.64}$$

其中 $D_g^{(0)}(f) = f$ 。

类似地，f 相对于 g 的大小为 1 的测地腐蚀定义为

$$E_g^{(1)}(f) = (f \ominus b) \vee g \tag{9.65}$$

式中，$\vee$ 表示逐点最大算子。f 相对于 g 的大小为 n 的测地腐蚀定义为

$$E_g^{(n)}(f) = E_g^{(1)}\left[E_g^{(n-1)}(f)\right] \tag{9.66}$$

式中，$E_g^{(0)}(f) = f$ 。

灰度标记图像 f 对灰度模板图像 g 的膨胀形态学重建 $R_g^D(f)$ ，定义为 f 相对于 g 的测地膨胀，反复迭代直至达到稳定；即

> 本节中，表达式间的对偶关系列表见习题 9.33。

$$R_g^D(f) = D_g^{(k)}(f) \tag{9.67}$$

其中 k 满足 $D_g^{(k)}(f) = D_g^{(k+1)}(f)$ 。类似地，f 对 g 的腐蚀的形态学重建 $R_g^E(f)$ 定义为

$$R_g^E(f) = E_g^{(k)}(f) \tag{9.68}$$

式中，k 满足 $E_g^{(k)}(f) = E_g^{(k+1)}(f)$ 。

如二值图像重建那样，灰度图像重建开运算首先腐蚀输入图像，然后将腐蚀后的图像作为标记图像，将图像本身作为模板。图像 f 的大小为 n 的重建开运算定义为，先对 f 进行大小为 n 的腐蚀，再进行膨胀；即

$$O_R^{(n)}(f) = R_f^D(f \ominus nb) \tag{9.69}$$

式中，$f \ominus nb$ 表示 b 对 f 的 n 次连续腐蚀，详见针对式(9.30)的解释（注意，f 本身被用做模板）。回顾式(9.44)针对二值图像的讨论可知，重建开运算的目的是保护腐蚀后留下的图像分量的形状。

类似地，图像 f 的大小为 n 的重建闭运算定义为，先对 f 进行大小为 n 的膨胀，再进行腐蚀；即

$$C_R^{(n)}(f) = R_f^E(f \oplus nb) \tag{9.70}$$

式中，$f \oplus nb$ 表示 b 对 f 的 n 次连续膨胀。由于对偶，图像的重建闭运算可通过求图像的补集得到：首先计算重建开运算，然后求结果的补集。最后，如下例所示，重建顶帽技术是从图像中减去其重建开运算。

例 9.11　使用灰度级形态学重建平整复杂的背景。

本例用几个步骤来说明灰度重建的用途，目的是归一化图 9.46(a)中的不规则背景，只在恒定灰度背景上保留文本。这一问题的解决方案能够很好地说明灰度级形态学的强大处理能力。首先抑制各个按键顶部的水平反射。图像中的反射比任何字符都要宽，因此在腐蚀运算中使用一条长水平线执行重建开运算，应能抑制它们。这一运算将产生包含按键及其反射的背景。从原图像减去这个背景（执行重建顶帽运算），将从原图像中删除水平反射和变化的背景。

图 9.46(b)是在腐蚀运算中用一条大小为 1×71 像素的水平线对原图像执行重建开运算后的结果。我们已用一次开运算删除了字符，但得到的背景不会像图 9.46(c)所示的那样均匀（比较两幅图像中各个按键之间的区域）。图 9.46(d)是从图 9.46(a)中减去图 9.46(b)的结果。不出所料，结果中删除了水平反射和背景的变化。为便于比较，图 9.46(e)是执行顶帽变换的结果（从图像中减去"标准"开运算）。根据图 9.46(c)中背景的特征可以预料，图 9.46(e)中的背景不如图 9.46(d)中的那样均匀。

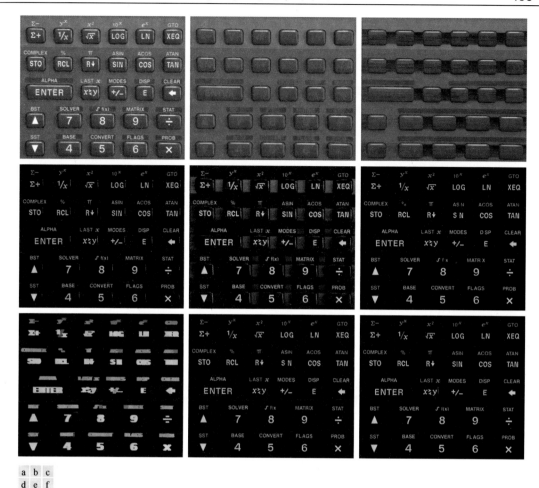

a b c
d e f
g h i

图 9.46　(a)大小为 1134×1360 像素的原图像；(b)在腐蚀过程中用一条长 71 像素的水平线对图(a)进行重建开运算
　　　　后的结果；(c)用相同的水平线对图(a)进行开运算后的结果；(d)重建顶帽运算后的结果；(e)进行顶帽变换
　　　　后的结果；(f)用长 11 像素的水平线对图(d)进行重建开运算后的结果；(g)用长 21 像素的水平线对图(f)进
　　　　行膨胀运算后的结果；(h)图(d)和图(g)的最小化运算；(i)最后的重建结果（原图像由 MathWorks 公司的
　　　　Steve Eddins 博士提供）

　　下一步是删除按键边缘的垂直反射，垂直反射在图 9.46(d)中非常明显。使用宽度近似等于这些反射的
一个线状结构元，执行重建开运算可以删除垂直反射（此时结构元的宽度约为 11 像素）。图 9.46(f)是对
图 9.46(d)执行这一运算后的结果。结果中抑制了垂直反射，但也细化了有用字符的竖直笔画（如 SIN 中的
I），因此需要找到一种能够恢复细化的方法。由于被抑制的字符非常靠近其他字符，因此水平地膨胀剩下
的字符，膨胀后的字符会与此前被抑制字符所占的区域重叠。使用大小为 1×21 的线状结构元膨胀图 9.46(f)
后，得到的图 9.46(g)表明事实的确如此。

　　此时要做的是复原被抑制的字符。考虑图 9.46(g)所示膨胀图像和图 9.46(d)所示重建顶帽图像之间逐点
最小形成的图像。图 9.46(h)是最小化图像（尽管这一结果看起来接近我们的目的，但 SIN 中仍然遗漏了 I）。
在灰度重建［见式(9.67)］中，通过将这幅图像作为标记图像，将重建顶帽后的图像作为模板图像，得到
了如图 9.46(i)所示的最终结果。这幅图像表明，所有字符都已从原图像的不规则背景（包括按键的背景）
中提取出来。图 9.46(i)中的背景始终都是均匀的。　　　　　　　　　　　　　　　　　　　　　　■

小结、参考文献和延伸读物

本章介绍的形态学概念和技术是提取图像中感兴趣特征的强大工具。形态学图像处理最吸引人的一个方面是，推动形态学技术发展的广义集合论。实现方面的一个显著优点是，膨胀和腐蚀都是基本运算，是各类形态学算法的基础。第 9 章将说明形态学是开发应用广泛的图像分割程序的基础，第 11 章中将说明形态学技术在图像特征提取过程中的重要作用。

关于形态学图像处理的基本参考资料见 Serra[1982]，也可以参阅 Serra[1988]、Giardina and Dougherty[1988]和 Haralick and Shapiro[1992]。关于二值图像和灰度图像形态学的概述，见 Basart and Gonzalez[1992]和 Basart et al.[1992]。这些文献为 9.1 节到 9.4 节的内容提供了丰富的背景资料。9.5 节和 9.6 节内容的较好综述见 Soille[2003]。

实现形态学算法（如 9.5 节和 9.6 节中的算法）的重要文献见 Jones and Svalbe[1994]、Sussner and Ritter[1997]和 Shaked and Bruckstein[1998]。Vincent[1993]对于实现灰度级形态学算法的实用细节尤其重要。关于形态学图像处理理论与应用的其他读物，见 Goutsias and Bloomberg[2000]和 Beyerer et al.[2016]。关于形态学算法在计算机快速实现方面的最新进展，见 Thurley and Danell [2012]。关于本章中许多示例和项目的软件信息，见 Gonzalez, Woods and Eddins[2009]。

习题

标有星号的习题的答案在 DIP4E Student Support Package 中（查阅网站 www.ImageProcessingPlace.com）。

9.1 求如下结构元的反射 $\hat{B}$。黑点表示结构元的原点。

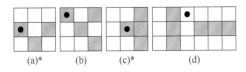

(a)* 　　　(b) 　　　(c)* 　　　　(d)

9.2 画出用如下结构元腐蚀图 9.3(a)后的结果。

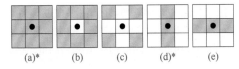

(a)* 　　(b) 　　(c) 　　(d)* 　　(e)

9.3* 结构元 B 对集合 A 的腐蚀是 A 的一个子集，条件是 B 的原点位于 B 内。给出 $A \ominus B$ 全部位于或部分位于 A 的外部的一个例子。

9.4 令 B 是包含单个 1 值点的结构元，A 是一个前景像素集合。

(a)*用 B 腐蚀 A 后会发生什么？

(b) 用 B 膨胀 A 后会发生什么？

9.5 假设有一个计算腐蚀的"黑盒"函数，这个函数会自动地填充输入图像，形成一个宽度可能最小的边界，边界是否最小取决于结构元的大小（例如，对于一个 3×3 的结构元，边界的宽度为 1 像素）。然而，我们不知道填充是由背景（0）组成还是由前景（1）组成。给出一个回答该问题的实验。

9.6 完成如下任务。

(a)*使用习题 9.2 中图(a)所示的结构元膨胀图 9.3(a)。

(b) 使用图(b)中的结构元重做(a)问。

(c) 使用图(c)中的结构元重做(a)问。

9.7 用结构元 B 膨胀集合 A 后的结果是 B 的原点位置的一个集合，其中 A 至少包含 B 的一个（前景）元素。给出 A 被 B 膨胀后完全在 A 之外的一个例子。（提示：令 A 和 B 是不同半径的圆盘。）

9.8 参照下图顶部的图像，回答如下问题。

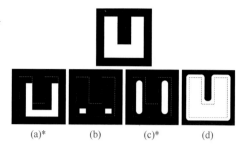

(a)*给出产生图像(a)的结构元和形态学运算。显示结构元的原点。虚线表示原目标的边界，仅供参考，不是结果的一部分（白色元素是前景像素）。

(b) 对图像(b)所示的输出重做(a)问。

(c)*对图像(c)所示的输出重做(a)问。

(d) 对图(d)所示的解重做(a)问。注意，图(d)中的所有角都是圆角。

9.9 令 A 表示下图中的阴影集合，并参考所示的结构元（黑点表示原点），画出如下运算的结果：

(a)* $(A \ominus B^4) \oplus B^2$

(b) $(A \ominus B^1) \oplus B^3$

(c) $(A \oplus B^1) \oplus B^3$

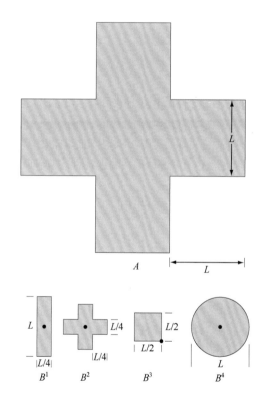

9.10 回答如下问题：

(a)*反复膨胀图像中的一组前景像素的极限效果是什么？假设不使用一个无价值的（1 点）结构元。

(b) 为使得(a)中的答案成立，能从其开始的最小集合是什么？

9.11 回答如下问题：

(a) 反复腐蚀图像中的一组前景像素的极限效果是什么？假设不使用一个无价值的（1 点）结构元。

(b) 为使得(a)中的答案成立，能从其开始的最小前景像素集合是什么？

9.12* 腐蚀的另一个定义是

$$A \ominus B = \left\{ w \in Z^2 \mid w + b \in A, b \in B \right\}$$

证明这一定义等效于式(9.3)中的定义。

9.13 完成如下任务。

(a) 证明习题 9.12 中给出的腐蚀定义等效于腐蚀的另一个定义：

$$A \ominus B = \bigcap_{b \in B} (A)_{-b}$$

（若将 $-b$ 替换为 b，则上式称为两个集合的 Minkowsky 减法。）

(b)*证明(a)中的表达式等效于式(9.3)中的定义。

9.14* 膨胀的另一个定义是

$$A \oplus B = \left\{ w \in Z^2 \mid w = a + b, \text{对于某些} a \in A 和 b \in B \right\}$$

证明这一定义等效于式(9.6)中的定义。

9.15 完成如下任务。

(a) 证明习题 9.14 中给出的膨胀定义等效于膨胀的另一个定义：

$$A \oplus B = \bigcup_{b \in B} (A)_b$$

（上式称为两个集合的 Minkowsky 加法。）

(b)*请明(a)中的表达式等效于式(9.6)中的定义。

9.16 证明式(9.9)给出的对偶公式成立。

9.17 回答如下问题。

(a)*图 9.8(d)中黑色边界的弯曲部分描绘了图 9.8(a)中集合 A 的开运算，但这些曲线段不是 A 的边界的一部分。图(d)中的黑色直线部分是 A 的边界的一部分吗？说明原因。

(b) 图 9.9(d)中黑色边界的弯曲部分描绘了图 9.9(a)中集合 A 的闭运算，但这些曲线段不是 A 的边界的一部分。图(d)中边界的黑色直线部分是 A 的边界的一部分吗？说明原因。

9.18 给出下列计算的所有中间步骤。

(a)*使用值为 1 的 3×3 结构元获得右图的开运算。手动执行所有运算。

(b) 对于闭运算，重做(a)问。

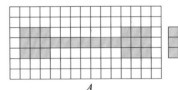

A　　　*B*

9.19 A 是一个值为 1、大小为 $M \times N$ 的实心矩形，1 像素宽的边界的值为 0，下面的 m 和 n 是奇整数。讨论每种情况下的结果。

(a)*用值为 1、大小为 $m \times n$ 的结构元对 A 进行开运算。

(b) 用值为 1、大小为 $m \times n$ 的结构元对 A 进行闭运算。

9.20 证明下列对偶公式成立〔这些公式是式(9.14)和式(9.15)〕。

(a)* $(A \circ B)^c = A^c \bullet \hat{B}$

(b) $(A \bullet B)^c = A^c \circ \hat{B}$

9.21 证明如下表述成立。

(a)* $A \circ B$ 是 A 的一个子集。可以假设式(9.12)成立。（提示：从这个公式和图 9.8 开始。）

(b)*若 C 是 D 的一个子集，则 $C \circ B$ 是 $D \circ B$ 的一个子集。〔提示：从式(9.12)开始。〕

(c) $(A \circ B) \circ B = A \circ B$。〔提示：利用(a)中的结果〕。

9.22 证明如下表述或公式成立。（提示：研究习题 9.21 的解。）

(a) A 是 $A \bullet B$ 的一个子集。

(b) 若 C 是 D 的一个子集，则 $C \bullet B$ 是 $D \bullet B$ 的一个子集。

(c) $(A \bullet B) \bullet B = A \bullet B$。

9.23 参考下方的图像和图像右下方的结构元。画出经过如下顺序运算后的集合 C、D、E 和 F：$C = A \ominus B$；$D = C \oplus B$；$E = D \oplus B$；$F = E \ominus B$。集合 A 由所有前景像素组成（白色），但结构元 B 除外，可以假设结构元大到足以包含图像中的任何随机元素。注意，上面的运算顺序是：首先 B 对 A 进行开运算，随后 B 对开运算的结果进行闭运算。

9.24* 图 9.12 中的结构元 B_2 具有前景像素的边界，其宽度大于 1 像素。假设边界的 4 条边相同，在图 9.12(f) 所示的解决方案失败前，我们能在 B_2 周围使用的最大边界宽度是多少？

9.25 我们在讨论图 9.12(e) 时提到，为保持一致性图像已被裁剪。假设图 9.12(b) 填充了包含 B_2 的最大行程的最小边界，此后的腐蚀运算不再出现变化。在裁剪之前，图 9.12(e) 是什么样的？

9.26 画出使用右侧结构元对图像应用击中-击不中变换的结果。清楚地指出为结构元选取的原点和边界。

9.27* 给出将 8 连通闭合曲线转换为 4 连通曲线的算法基础（见 2.5 节关于连通性的说明）。输入是一幅二值图像 I，其中曲线由嵌入到 0 值背景中的 1 值像素组成。输出也应是一幅包含新曲线的二值图像。假设曲线已完全连上，宽度为 1 像素，并且没有分支。不需要（但可以）逐步地说明算法，只要给出实现算法所需的所有信息的总体计划。

图像　　　　　　　　结构元

9.28 给出将 4 连通闭合曲线转换为只包含 8 连通像素的曲线的算法的基础（见 2.5 节关于连通性的说明）。输入是一幅二值图像 I，其中曲线由嵌入到 0 值背景中的 1 值像素组成。输出也应是一幅包含新曲线的二值图像。假设曲线已完全连上，宽度为 1 像素，并且没有分支。不需要（但可以）逐步地说明算法，只需给出实现算法所需的所有信息的总体计划。

9.29 给出将 8 连通闭合曲线转换为 m 连通曲线的算法的基础（见 2.5 节关于连通性的说明）。输入是一幅二值图像 I，其中曲线由嵌入到 0 值背景中的 1 值像素组成。输出也应是一幅包含新曲线二值图像。假设曲线已完全连上，宽度为 1 像素，并且没有分支。不需要（但可以）逐步地说明算法，只要给出实现算法所需的所有信息的总体计划。

9.30* 用于区分已细化目标的三类曲线（湖泊、湖湾和线段）如下图所示。开发一种区分这些形状的形态学/逻辑算法。算法的输入是这三类形状之一，输出也要是三类形状之一。假设曲线的宽度为 1 像素，并且已完全连上，但它们可以出现在任何方向。

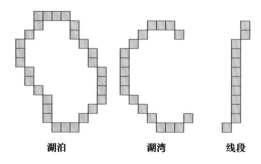

湖泊　　　　　　　湖湾　　　　　　　线段

9.31 将式 (9.18) 写为 A 的膨胀而非腐蚀方式。[提示：首先研究式 (2.40) 中关于集合差值的定义，然后考虑腐蚀与膨胀的对偶关系。]

9.32 回答如下问题。

(a)* 讨论用图 9.17(c) 中的结构元而非图 9.15(b) 中的结构元提取边界的效果。

(b) 讨论在式(9.19)的孔洞填充算法中使用值为 1 的 3×3 结构元而非图 9.17(c)中的结构元的效果。

9.33 讨论下列每种情况下的结果。

(a)*式(9.19)的孔洞填充算法的起始点是包含孔洞的目标外部边界上的一个点。

(b) 孔洞填充算法中的起始点在边界外部（起始点是背景像素）。

9.34 画出习题 9.9 中大图形的凸壳，假设 $L = 3$ 像素。

9.35 使用图 9.22(a)中的凸壳，得到图 9.21(b)所示集 A 的凸缺。

9.36 完成如下任务。

(a)*使用本章中开发的任何一种方法，提出一种方法来自动化处理图 9.18 中的示例。假设各个球体彼此不接触，且不接触图像的边界。

(b) 重做(a)问，但球体可以任意方式相互接触，并接触边界。

9.37* 9.5 节中提取连通分量的算法为提取所有连通分量，要求已知每个连通分量中的一个点。假设你有一幅包含任意（未知）数量的连通分量的二值图像。提出一个能够提取所有连通分量的完全自动化的程序。假设属于连通分量的点标记为 1，背景点标记为 0。

9.38 给出能够基于膨胀重建来提取二值图像中的所有孔洞的公式。

9.39 参考式(9.45)和式(9.46)中的孔洞填充算法。

(a)*I 的所有边界点都是 1（前景）时，会发生什么？

(b) 如果(a)中的结果是你期望的结果，那么说明原因。如果给出的不是期望的结果，那么请说明如何修改算法来得到期望的结果。

9.40* 如式(9.44)和式(9.69)中解释的那样，重建开运算会保留腐蚀运算后仍然保留的图像分量的形状。重建闭运算会做什么？

9.41 证明测地腐蚀和测地膨胀（见 9.6 节）相对于补集对偶。也就是说，假设结构元相对于原点是对称的，证明

(a)* $E_G^{(n)}(F) = \left[D_{G^c}^{(1)}\left[D_{G^c}^{(n-1)}(F^c) \right] \right]^c$ ；反之有

(b) $D_G^{(n)}(F) = \left[E_{G^c}^{(1)}\left[E_{G^c}^{(n-1)}(F^c) \right] \right]^c$ 。

（提示：使用归纳法证明。）

9.42 证明膨胀重建和腐蚀重建（见 9.6 节）相对于补集对偶。也就是说，假设结构元关于原点对称，证明 $R_G^D(F) = \left[R_{G^c}^E(F^c) \right]^c$ ，反之有 $R_G^E(F) = \left[R_{G^c}^D(F^c) \right]^c$ 。[提示：使用习题 9.41 的结果。]

9.43 证明

(a)* $(F \ominus nB)^c = F^c \oplus n\hat{B}$ ，其中 $F \ominus nB$ 表示 B 对 F 的 n 次连续腐蚀。

(b) $(F \oplus nB)^c = F^c \ominus n\hat{B}$ 。

9.44 证明如下二值形态学公式成立，假设结构元关于原点对称。

(a)* $O_R^{(n)}(F) = \left[C_R^{(n)}(F^c) \right]^c$ 。

(b) $C_R^{(n)}(F) = \left[O_R^{(n)}(F^c) \right]^c$ 。

9.45 证明如下灰度级形态学公式成立。回顾 9.8 节的讨论可知 $f^c(x,y) = -f(x,y)$ 和 $\hat{b}(x,y) = b(-x,-y)$ 。

(a)* $(f \ominus b)^c = f^c \oplus b$ 。

(b) $(f \oplus b^c) = f^c \ominus \hat{b}$ 。

(c) $(f \bullet b)^c = f^c \circ \hat{b}$ 。

(d)* $(f \circ b)^c = f^c \bullet \hat{b}$ 。

9.46 证明如下灰度级形态学公式成立。回顾可知 $f^c(x,y) = -f(x,y)$ 和 $\hat{b}(x,y) = b(-x,-y)$ 。（提示：采用归纳法证明。）

(a)* $D_g^{(n)}(f) = \left[E_{g^c}^{(1)} \left[E_{g^c}^{(n-1)}(f^c) \right] \right]^c$，假设结构元是对称的。

(b)　$E_g^{(n)}(f) = \left[D_{g^c}^{(1)} \left[D_{g^c}^{(n-1)}(f^c) \right] \right]^c$，假设结构元是对称的。

9.47 证明如下灰度级形态学公式成立。

(a)* $R_g^D(f) = \left[R_{g^c}^E(f^c) \right]^c$

(b)　$R_g^E(f) = \left[R_{g^c}^D(f^c) \right]^c$

9.48 证明如下灰度级形态学公式成立。

(a)* $(f \ominus nb)^c = (f^c \oplus n\hat{b})$，其中 $(f \ominus nb)$ 表示 b 对 f 的 n 次连续腐蚀。

(b)　$(f \oplus nb)^c = (f^c \ominus n\hat{b})$。

9.49 证明如下灰度级形态学公式成立。回顾可知 $f^c(x, y) = -f(x, y)$ 和 $\hat{b}(x, y) = b(-x, -y)$。假设结构元对称。

(a)* $O_R^{(n)}(f) = \left[C_R^{(n)}(f^c) \right]^c$。

(b)　$C_R^{(n)}(f) = \left[O_R^{(n)}(f^c) \right]^c$。

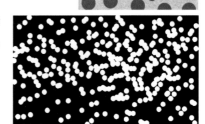

9.50 考虑右侧的图像，它显示了较大圆圈区域包围的小圆圈区域。

(a) 用于生成图 9.45(d)的方法也能处理这幅图像吗？说明原因，包括使方法有效需要做的任何假设。

(b)*对(a)问做肯定的回答时，请画出边界。

9.51 显微镜应用的预处理步骤是，从重叠的两个或多个颗粒组中分离出各个圆形颗粒（见右图）。假设所有颗粒的大小相同，请给出一种形态学算法生成只包含如下颗粒的三幅图像：

(a)*只包含与图像边界接触的颗粒。

(b) 只包含重叠的颗粒。

(c) 只包含不重叠的颗粒。

9.52 某家高技术制造工厂与当地政府签订了一份合同，合同内容是制造右图所示的高精度垫圈。合同要求使用图像系统来检测所有垫圈的形状。在合同正文中，形状检测是指检测垫圈内边缘和外边缘的偏差。你可以做如下假设：（1）存在一幅能够满足要求的垫圈"金"图像（对这一问题而言，"金"图像是指一幅完美的图像）；（2）系统所用成像和定位部件的精度高到足以允许你忽略数字化和定位引起的误差。为了规定系统的视觉检查部分，假设工厂聘你为顾问。请根据形态学/逻辑运算提出一种检测方案。

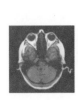

第10章 图像分割

The whole is equal to the sum of its parts.
Euclid

The whole is greater than the sum of its parts.
Max Wertheimer

引言

从前一章开始，所介绍的内容就从输入和输出都是图像的图像处理方法，过渡到了输入是图像而输出是从这些图像中提取的属性的图像处理方法。本章中的大多数分割算法都基于图像灰度值的两个基本性质之一：不连续性和相似性。第一类方法根据灰度的突变（如边缘）将图像分割为多个区域；第二类方法根据一组预定义的准则将图像分割为多个区域。阈值处理、区域生长、区域分离和聚合都是这类方法的例子。结合不同类别的分割方法，如边缘检测与阈值处理，可以提高分割性能。我们还将讨论使用聚类和超像素进行图像分割的方法，并介绍一种非常适合于提取图像中主区域的图像分割方法。然后，讨论基于形态学的图像分割方法，这种方法根据本章前面的内容结合了几种分割属性。最后简要讨论运动线索在分割中的应用。

学习目标

- 了解实践中发现的各类边缘的特点。
- 了解如何使用空间滤波进行边缘检测。
- 熟悉超越空间滤波范畴的其他边缘检测方法。
- 了解几种不同的图像阈值处理方法。
- 知道如何结合阈值处理和空间滤波来改进分割。
- 熟悉基于区域的分割，包括聚类和超像素分割。
- 了解如何使用图割和形态学分水岭进行分割。
- 熟悉在图像分割中使用运动的几种基本技术。

10.1 基础知识

令 R 表示一幅图像占据的整个空间区域。我们可以将图像分割视为把 R 分为 n 个子区域 $R_1, R_2, \cdots, R_n$ 的过程，满足：

(a) $\bigcup_{i=1}^{n} R_i = R$。

(b) R_i，$i = 0, 1, 2, \cdots, n$ 是一个连通集。

(c) 对所有 i 和 j，$i \neq j$，$R_i \bigcap R_j = \varnothing$。

(d) $Q(R_i) = \text{TRUE}$，$i = 0, 1, 2, \cdots, n$。

(e) 对于任何邻接区域 R_i 和 R_j，$Q(R_i \bigcup R_j) = \text{FALSE}$。

其中，$Q(R_k)$ 是定义在集合 R_k 中的点上的一个谓词逻辑，$\varnothing$ 表示空集。如 2.6 节中定义的那样，符号 $\bigcup$ 和 $\bigcap$ 分别表示集合的并集和交集。如 2.5 节中定义的那样，若 R_i 和 R_j 的并集形成一个连通集，则我们说这两个区域是邻接的。若两个区域的并集不是连通集，则我们说这两个区域是不邻接的。

条件(a)指出，分割必须是完全的，即每个像素都必须在一个区域内。条件(b)要求一个区域中的点以某些预定义的方式连接（如这些点必须是 8 连通的）。条件(c)说，各个区域必须是不相交的。条件(d)要求分割后的区域中的像素必须满足某些性质——例如，若 R_i 中的所有像素都有相同的灰度，则 $Q(R_i) = \text{TRUE}$。最后，条件(e)指出，两个邻接区域 R_i 和 R_j 在谓词逻辑 Q 的意义上必须是不同的[①]。

这样，分割的基本问题就是把一幅图像分成满足前述条件的多个区域。通常，单色图像的分割算法依据的是灰度值的两个性质之一：不连续性和相似性。在基于灰度值的不连续性的第一类算法中，我们假设区域边界之间以及区域边界与背景之间有足够大的差异，以便能够根据灰度的局部不连续性来检测边界。基于边缘的分割是这一类算法中使用的主要方法。第二类算法中基于区域的分割方法根据事先定义的一组准则，把一幅图像分割为相似的区域。

图 10.1 说明了前述概念。图 10.1(a)显示了一个恒定灰度区域叠加到一个恒定灰度暗色背景上的一幅图像。这两个区域组成了整幅图像。图 10.1(b)是根据灰度不连续性计算内部区域的边界的结果。边界内侧和外侧的点都是黑色的（0），因为在这些区域中灰度不存在不连续性。为了分割该图像，我们对边界上或边界内的像素分配一个灰度级（譬如白色），而对边界外部的所有像素分配另一个灰度（譬如黑色）。图 10.1(c)显示了这一处理的结果。我们看到，该结果满足本节开始时声明的条件(a)到(c)。条件(d)的谓词逻辑是：若一个像素位于边界上或边界内，则将其标为白色；否则将其标为黑色。我们看到，对于图 10.1(c)标为黑色和白色的点，该谓词逻辑为"真"。类似地，两个分割后的区域（目标和背景）满足条件(e)。

下面三幅图像说明了基于区域的分割。图 10.1(d)类似于图 10.1(a)，但内部区域的灰度形成了一幅纹理模式。图 10.1(e)显示了计算图像中灰度不连续的结果。灰度中的大量寄生变化使得我们难以识别原图像中的唯一边界，因为很多非零灰度变化连接到了边界，所以基于边缘的分割不是一种合适的方法。然而，我们注意到，外部区域是恒定的，因此在解决这个分割问题时，只需一个能够区分纹理区域和恒定区域之间的不同的谓词逻辑。像素值的标准差是实现这一目的的一种测度，因为纹理区域的标准差非零，而其他区域的标准差为零。图 10.1(f)显示了将原图像分成多幅大小为 8×8 的子区域后的结果。若某个子区域中像素的标准差为正（谓词逻辑为"真"），则将这个子区域标记为白色，将另一个子区域标记为零灰度。结果是，该区域边缘的周围呈"块状"外观，因为 8×8 大小的一组方形都被标记为相同的灰度。最后，注意到这些结果也满足本节开始处声明的 5 个条件。

[①] 通常，Q 可以是一个复合表达式，如"若区域 R_i 中像素的平均灰度小于 m_i，并且它们的灰度的标准差大于 σ_i，则 $Q(R_i) = \text{TRUE}$"，其中 m_i 和 σ_i 是规定的常数。

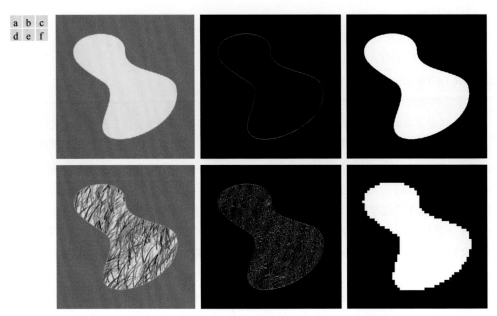

图 10.1　(a)恒定灰度区域的图像；(b)基于灰度不连续性的边界；(c)分割的结果；(d)一个纹理区域的图像；(e)计算灰度不连续性的结果（注意大量的小边缘）；(f)基于区域性质的分割结果

10.2　点、线和边缘检测

本节的重点是以灰度局部急剧变化检测为基础的分割方法。我们感兴趣的三类图像特征是孤立的点、线和边缘。边缘像素是图像中灰度突变的那些像素，而边缘（或边缘线段）是相连边缘像素的集合（见 2.5 节关于连通性的定义）。边缘检测子是用来检测边缘像素的局部图像处理工具。线可视为一条（典型的）细边缘线段，其两侧的背景灰度要么远大于线像素的灰度，要么远小于线像素的灰度。事实上，如稍后所述，线会导致所谓的"屋顶边缘"。最后，孤立点可视为一个被背景（前景）像素围绕的前景（背景）像素。

> 当我们说到线时，实际上是指那些较细的结构，它通常只有几个像素粗，譬如数字化后的建筑设计图中的线，或卫星图像中的道路。

10.2.1　背景知识

如 3.5 节中所述，局部平均可以平滑图像。由于平均类似于积分，因此使用导数来检测灰度的局部突变非常直观。后面会讲到，一阶导数和二阶导数尤其适用于检测灰度的局部突变。

数字函数的导数可根据有限差分来定义。计算这些差分的方法有多种，但如 3.6 节中解释的那样，我们要求一阶导数的任何近似：（1）在恒定灰度区域中必须为零；（2）在灰度台阶或斜坡开始处必须不为零；（3）在灰度斜坡上的点处必须不为零。类似地，我们要求二阶导数的任何近似：（1）在恒定灰度区域必须为零；（2）在灰度台阶或斜坡的开始处和结束处必须不为零；（3）在灰度斜坡上的点处必须为零。因为处理的是数字量，而数字量的值是有限的，因此最大可能的灰度变化也是有限的，并且变化能够出现的最短距离在相邻像素之间。

通过将函数 $f(x + \Delta x)$ 展开为 x 的泰勒级数，我们得到一维函数 $f(x)$ 在任意点 x 处的一阶导数的近似：

> 记住，符号 $n!$ 表示 n 的阶乘，即 $n! = 1 \times 2 \times 3 \times \cdots \times n$ 。

$$f(x+\Delta x)=f(x)+\Delta x\frac{\partial f(x)}{\partial x}+\frac{(\Delta x)^2}{2!}\frac{\partial^2 f(x)}{\partial x^2}+\frac{(\Delta x)^3}{3!}\frac{\partial^3 f(x)}{\partial x^3}+\cdots=\sum_{n=0}^{\infty}\frac{(\Delta x)^n}{n!}\frac{\partial^n f(x)}{\partial x^n} \tag{10.1}$$

式中，Δx 是 f 的取样间隔。对于我们的目的，这个间隔的度量单位是像素。因此，按照本书中的约定，对于 x 前面的取样有 $\Delta x=1$，而对于 x 后面的取样有 $\Delta x=-1$。当 $\Delta x=1$ 时，式(10.1)变为

$$f(x+1)=f(x)+\frac{\partial f(x)}{\partial x}+\frac{1}{2!}\frac{\partial^2 f(x)}{\partial x^2}+\frac{1}{3!}\frac{\partial^3 f(x)}{\partial x^3}+\cdots=\sum_{n=0}^{\infty}\frac{1}{n!}\frac{\partial^n f(x)}{\partial x^n} \tag{10.2}$$

类似地，当 $\Delta x=-1$ 时，

$$f(x-1)=f(x)-\frac{\partial f(x)}{\partial x}+\frac{1}{2!}\frac{\partial^2 f(x)}{\partial x^2}-\frac{1}{3!}\frac{\partial^3 f(x)}{\partial x^3}+\cdots=\sum_{n=0}^{\infty}\frac{(-1)^n}{n!}\frac{\partial^n f(x)}{\partial x^n} \tag{10.3}$$

下面我们仅使用泰勒级数的几项来计算灰度差。对于一阶导数，我们只使用线性项，并且可以采用三种方法之一来得到灰度差。

> 虽然这只是单个变量的表达式，但在本节后面讨论两个变量的函数时，为保持一致，将使用偏导数符号。

前向差分由式(10.2)得到：

$$\frac{\partial f(x)}{\partial x}=f'(x)=f(x+1)-f(x) \tag{10.4}$$

式中只保留了线性项。类似地，只保留式(10.3)中的线性项可得到反向差分：

$$\frac{\partial f(x)}{\partial x}=f'(x)=f(x)-f(x-1) \tag{10.5}$$

中心差分可由式(10.2)减去式(10.3)得到：

$$\frac{\partial f(x)}{\partial x}=f'(x)=\frac{f(x+1)-f(x-1)}{2} \tag{10.6}$$

我们并未使用级数的高阶项来表示精确导数展开和近似导数展开之间的误差。一般来说，用于表示导数的泰勒级数的项越多，近似就越精确。包含更多的项意味着在近似中使用更多的点，产生更小的误差。然而，对于相同数量的点而言，业已证明中心差分的误差较小（见习题10.1）。因此，导数通常表示为中心差分。

基于中心差分的二阶导数 $\partial^2 f(x)/\partial x^2$ 是由式(10.2)和式(10.3)相加得到的：

$$\frac{\partial^2 f(x)}{\partial x^2}=f''(x)=f(x+1)-2f(x)+f(x-1) \tag{10.7}$$

为了得到三阶中心导数，我们需要在 x 的两边多加一个点。也就是说，我们需要 $f(x+2)$ 和 $f(x-2)$ 的泰勒级数展开，这两个展开可根据式(10.2)和式(10.3)并分别令 $\Delta x=2$ 和 $\Delta x=-2$ 得到。方法是结合两个泰勒级数展开，消除低于三阶的所有导数。忽略所有高阶项后的结果［见习题10.2(a)］是

$$\frac{\partial^3 f(x)}{\partial x^3}=f'''(x)=\frac{f(x+2)-2f(x+1)+0f(x)+2f(x-1)-f(x-2)}{2} \tag{10.8}$$

类似地［见习题10.2(b)］，忽略所有高阶项后的四阶有限差分（我们在本书中使用的最高阶）为

$$\frac{\partial^4 f(x)}{\partial x^4}=f''''(x)=f(x+2)-4f(x+1)+6f(x)-4f(x-1)+f(x-2) \tag{10.9}$$

表 10.1 小结了刚才讨论的前 4 个中心差分。注意系数关于中心点的对称性。对于相同数量的点来说，这种对称性是中心差分的近似误差小于其他两个差分的近似误差的根本原因。对于两个变量，我们逐个地将表 10.1 中的结果应用到每个变量。例如，

$$\frac{\partial^2 f(x,y)}{\partial x^2}=f(x+1,y)-2f(x,y)+f(x-1,y) \tag{10.10}$$

和

$$\frac{\partial^2 f(x,y)}{\partial y^2} = f(x,y+1) - 2f(x,y) + f(x,y-1) \tag{10.11}$$

很容易证明，式(10.4)至式(10.7)中的一阶和二阶导数满足本节开头说明的一阶和二阶导数的条件。为了说明这一点，考虑图 10.2。图 10.2(a)显示了多个目标、一条线和一个孤立点的图像。图 10.2(b)显示了过图像中心的一条水平灰度剖面线（扫描线），包括孤立点。实心目标和扫描线上的背景之间的灰度过渡显示了两种边缘：斜坡边缘（左侧）和台阶边缘（右侧）。稍后会讲到，涉及细目标（如线）的灰度过渡通常被称为屋顶边缘。

表 10.1　以单位间隔 $\Delta x = 1$ 均匀取样时，前 4 个中心数字导数（有限差分）

	$f(x+2)$	$f(x+1)$	$f(x)$	$f(x-1)$	$f(x-2)$
$2f'(x)$		1	0	−1	
$f''(x)$		1	−2	1	
$2f'''(x)$	1	−2	0	2	−1
$f''''(x)$	1	−4	6	−4	1

图 10.2(c)显示了一个简化的剖面线，但其上的点足以让我们手动分析一阶导数和二阶导数遇到点、线和目标边缘时的特性。在这幅图中，斜坡上的过渡横跨 4 个像素，噪声点是 1 个像素，线是 3 个像素，台阶边缘的过渡发生在相邻像素之间。为简单起见，灰度级的数量限制为 8。

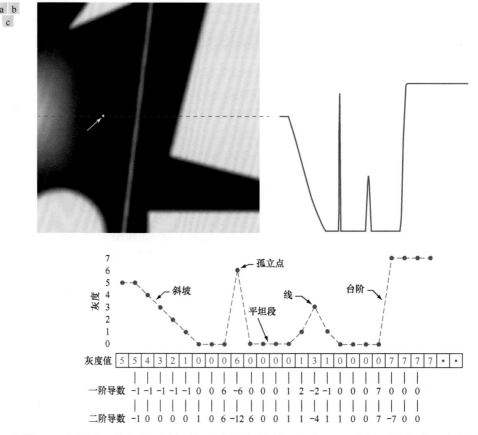

图 10.2　(a)图像；(b)过图像中心的水平灰度剖面线，包括箭头所示的孤立点；(c)亚取样后的剖面线；为清楚起见，添加了虚线。框中的数字是剖面线上所示点的灰度值。一阶导数是用式(10.4)得到的，二阶导数是用式(10.7)得到的

我们从左到右横穿该剖面线，考虑一阶导数和二阶导数的性质。首先，一阶导数在灰度斜坡的开始处和整个灰度斜坡上不为零，而二阶导数仅在斜坡的开始处和结尾处不为零。因为数字图像的边缘类似于这类过渡，所以我们断定一阶导数会产生"粗"边缘，而二阶导数则会产生"细"边缘。接下来，我们遇到孤立的噪声点。该点处的二阶导数的响应幅度远强于一阶导数的响应幅度。这并不令人意外，因为与一阶导数相比，二阶导数在增强急剧变化方面更为激进。于是，我们可以预期在增强细节（包括噪声）方面，二阶导数要远好于一阶导数。本例中的线很细，所以它也是很细的细节，并且我们再次看到二阶导数的幅度更大。最后，我们注意到在斜坡和台阶边缘上，二阶导数进入边缘和离开边缘时的符号相反（从负到正或从正到负）。这种"双边缘"效应是一个可用来定位边缘的重要特性，稍后将对此进行介绍。移向边缘时，二阶导数的符号也用于确定边缘是从亮到暗的过渡（负二阶导数）还是从暗到亮（正二阶导数）的过渡。

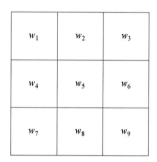

图 10.3　一个普通的 3×3 空间滤波核，w 是核的系数（权重）

　　总之，我们得出如下结论：（1）一阶导数通常产生粗边缘；（2）二阶导数对精细细节（如细线、孤立点和噪声）有更强的响应；（3）二阶导数在灰度斜坡和台阶过渡处会产生双边缘响应；（4）二阶导数的符号可用于确定边缘的过渡是从亮到暗还是从暗到亮。

　　计算图像中每个像素位置的一阶导数和二阶导数的方法是空间卷积。对图 10.3 中的 3×3 滤波核来说，过程是计算核系数与核覆盖区域的灰度值的乘积之和，就像 3.4 节中说明的那样。也就是说，滤波器在核的中心点的响应是

$$Z = w_1 z_1 + w_2 z_2 + \cdots + w_9 z_9 = \sum_{k=1}^{9} w_k z_k \tag{10.12}$$

式中，z_k 是像素的灰度，这个像素的空间位置对应于核中第 k 个系数的位置。

> 这个公式是式(3.35)关于一个 3×3 核的展开，它在一个点处成立，并为核系数使用简化的下标表示法。

10.2.2　孤立点的检测

　　根据前一节得出的结论，我们知道点检测应以二阶导数为基础，而根据 3.6 节的讨论，这意味着使用拉普拉斯：

$$\nabla^2 f(x, y) = \frac{\partial^2 f}{\partial x^2} + \frac{\partial^2 f}{\partial y^2} \tag{10.13}$$

式中，偏导数是用式(10.10)和式(10.11)中的二阶有限差分计算的：

$$\nabla^2 f(x, y) = f(x+1, y) + f(x-1, y) + f(x, y+1) + f(x, y-1) - 4f(x, y) \tag{10.14}$$

如 3.6 节中解释的那样，这个表达式可用例 10.1 中图 10.4(a)的拉普拉斯核实现。于是，若滤波器在这一点的响应的绝对值超过一个规定的阈值，则我们说在核的中心位置 (x, y) 检测到了一个点。在输出图像中，将这样的点标注为 1，将所有的其他点标注为 0，就得到了一幅二值图像。换句话说，输出表示如下：

$$g(x, y) = \begin{cases} 1, & |Z(x, y)| > T \\ 0, & \text{其他} \end{cases} \tag{10.15}$$

式中，$g(x, y)$ 是输出图像，T 是一个非负的阈值，Z 由式(10.12)给出。这个公式简单度量了一个像素与其 8 个相邻像素间的加权差。直观上看，这一概念是孤立点的灰度完全不同于其周围像素的灰度，因此很容易由这种类型的核检测。感兴趣的灰度差是那些（由 T 决定的）大到足以认为是孤立点的灰度。注意，对于导数核而言，这些系数的和照例为零，表明滤波器在恒定灰度区域的响应是 0。

图 10.4(b)是喷气发动机涡轮叶片的 X 射线图像。图像右上象限的叶片中有一个由单个黑色像素表示的通孔。图 10.4(c)是对图像使用拉普拉斯核滤波后的结果, 图 10.4(d)显示了式(10.15)的结果, 其中 T 等于图 10.4(c)中图像像素最高绝对值的 90%。在图像中, 箭头所示位置的单像素清晰可见 (为增强可视性, 这个像素已被放大)。这种类型的检测过程相当特殊, 因为它基于单个像素位置的灰度突变, 而单个像素位置则被检测子核区域中的同质背景围绕。不满足这个条件时, 本章中讨论的其他方法更适合于检测灰度变化。

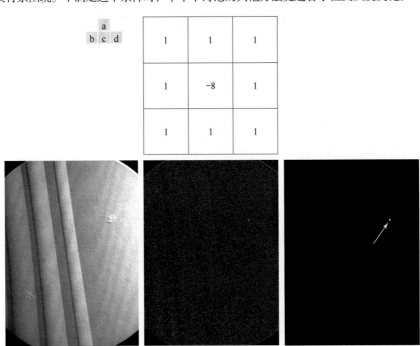

图 10.4　(a)用于点检测的（拉普拉斯）核; (b)带有由单个黑色像素表示的通孔的涡轮叶片的 X 射线图像; (c)核与图像卷积后的结果; (d)使用式(10.15)后的结果是单个点（箭头所示的已被放大的点）（原图像由 X-TEK Systems 有限公司提供）　∎

10.2.3　线检测

复杂度更高的检测是线检测。根据本节前面的讨论, 我们知道, 对于线检测, 可以预计二阶导数将导致更强的滤波器响应, 并且产生比一阶导数更细的线。于是, 对于线检测, 我们也可使用图 10.4(a)中的拉普拉斯核, 但要记住必须正确处理二阶导数的双线效应。下面的例子说明了这一处理过程。

图 10.5(a)是一幅大小为 486×486 电子线路连线模板的一部分 (二值图像), 图 10.5(b)是其拉普拉斯图像。因为拉普拉斯图像包含负值 (见例 3.18 后的讨论), 为便于显示, 需要调整比例。如放大部分所示, 中等灰度表示零, 暗色调表示负值, 亮色调表示正值。在放大区域, 双线效应清晰可见。

首先, 负值看起来可通过取拉普拉斯图像的绝对值来简单地处理。然而, 如图 10.5(c)所示, 这种方法会使线的宽度加倍。一种更合适的方法是, 只使用拉普拉斯图像的正值 (在噪声情况下, 我们使用超过一个正阈值的那些值来消除由噪声导致的关于零的随机变化)。如图 10.5(d)所示, 这种方法产生了较细的线, 这些线通常更有用。注意, 在图 10.5(b)到图 10.5(d)中, 当线的宽度大于拉普拉斯核的大小时, 这些线会被一个零值 "山谷" 分开。这是预料之中的。例如, 当把 3×3 核居中放到一条宽为 5 像素的恒定灰度线上时,响应将为零，于是产生了刚才提到的效应。当我们谈论线检测时，假设这些线要细于检测子的大小。我们最好把不满足这一假设的线当作区域，并用下一节中讨论的边缘检测方法来处理。

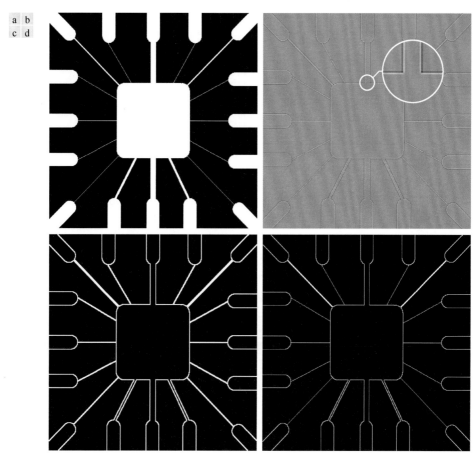

图 10.5　(a)原图像；(b)拉普拉斯图像，放大部分显示了拉普拉斯图像的正/负双线效应；(c)拉普拉斯图像的绝对值；(d)拉普拉斯图像的正值

图 10.4(a)中的拉普拉斯检测核是各向同性的，因此其响应与方向无关（相对于 3×3 核的 4 个方向而言：垂直方向、水平方向和两个对角方向）。通常，我们的兴趣在于检测规定方向的线。考虑图 10.6 中的核。假设使用第一个核对具有恒定背景并包含多条线（方向为 0°，±45° 和 90°）的一幅图像进行滤波。最大响应将出现在图像中过核的中间行的一条水平线上。画出一个元素为 1 的简单阵列及水平穿过这个阵列的具有不同灰度（假设为 5）的线，很容易验证这一点。类似的实验表明，图 10.6 中的第二个核对 45 方向线的响应最好；第三个核对垂直线的响应最好；第四个核对 −45°方向线的响应最好。每个核的首选方向用一个比其他方向更大的系数（如 2）加权。每个核中的系数之和为零，这表明恒定灰度区域中的响应为零。

令 Z_1, Z_2, Z_3 和 Z_4 表示图 10.6 中从左到右的各个核的响应，其中 Z 由式(10.12)给出。假设使用这 4 个核对一幅图像滤波，每次使用一个核。如果在图像中的某个已知点处，对所有 $j \neq k$ 有$|Z_k| > |Z_j|$，则称该点更可能与核 k 的这一方向的一条线相关联。例如，若在图像中的某个点处，对 $j = 2, 3, 4$ 有$|Z_1| > |Z_j|$，则说该点更可能与一条水平线相关联。如果兴趣是检测图像中由一个已知核定义的方向上的所有线，那么只需对图像运行该核，并对结果的绝对值进行阈值处理，就像在式(10.15)中一样。阈值处理

后剩下的非零点是最强的响应，对于1像素宽的线来说，最可能对应于由核定义的方向。下例说明了这一过程。

-1	-1	-1
2	2	2
-1	-1	-1

2	-1	-1
-1	2	-1
-1	-1	2

-1	2	-1
-1	2	-1
-1	2	-1

-1	-1	2
-1	2	-1
2	-1	-1

水平　　　　　　　　+45°　　　　　　　　垂直　　　　　　　　-45°

a b c d

图 10.6　线检测核。检测角度是相对于图 2.19 中的坐标轴系统的，（垂直）x 轴逆时针方向旋转表示正角度

例 10.3　规定方向的线的检测。

图 10.7(a)显示了前一个例子中所用的图像。假设我们的兴趣是寻找所有宽度为1像素、方向为45°的线。为实现这一目的，我们使用图 10.6(b)中的核。图 10.7(b)是用该核对图像滤波后的结果。比图 10.7(b)中灰色背景暗的色调照例对应于负值。图像中有两个方向为+45°方向的主要线段：一个在左上方，另一个在右下方。

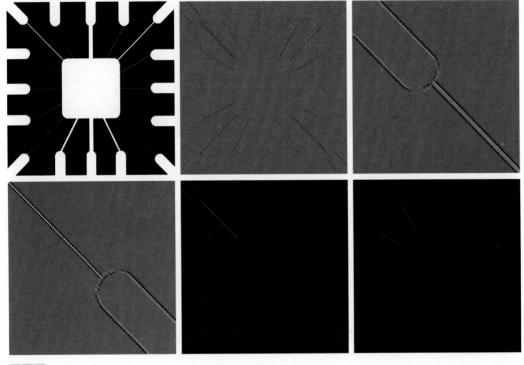

a b c
d e f

图 10.7　(a)电路连线模板图像；(b)使用图 10.6 中的+45°线检测子核处理图像后的结果；(c)图(b)左上方区域的放大视图；(d)图(b)右下方区域的放大视图；(e)图(b)中所有负值置零后的图像；(f)其值满足条件 $g > T$ 的所有点（白色），其中 g 是图(e)中的图像，并且 $T = 254$（图像中的最大像素值减 1）［为便于查看，图(f)中的点已被放大］

图 10.7(c)和(d)显示了图 10.7(b)中对应于这两个区域的放大部分。图 10.7(d)中的直线段要亮于图 10.7(c)中的线段，因为图 10.7(a)中右下方线段的宽度为 1 像素，而左上方线段的宽度不是 1 像素。核被"调整"以检测 45°方向的 1 像素宽的线，所以在检测这些线时，我们预计它的响应更强。图 10.7(e)显示了图 10.7(b)的正值。由于我们的兴趣是最强的响应，因此令 T 等于 254［图 10.7(e)中的极大值减去 1］。图 10.7(f)使用白色显示了其值满足条件 $g > T$ 的点，其中 g 是图 10.7(e)中的图像。该图中的孤立点是对核也有类似强响应的那些点。在原图像中，这些点及它们的相邻点都按这样一种方法来取向，即核在这些位置产生最大的响应。使用图 10.4(a)中的核可以检测这些孤立点，然后删除这些点；或者可以用上一章中讨论的形态学算子来删除这些孤立点。■

10.2.4　边缘模型

边缘检测是根据灰度突变来分割图像的一种常用方法。我们首先介绍一些边缘建模方法，然后讨论一些边缘检测方法。

边缘模型可根据它们的灰度剖面来分类。台阶边缘是指在 1 像素距离上的两个灰度级之间出现一个过渡。图 10.8(a)显示了一个垂直台阶边缘的一部分及通过该边缘的一条水平剖面线。例如，在实体建模和动画领域，由计算机生成的图像中会出现台阶边缘。这些清晰、理想的边缘可出现在 1 像素的距离上，不需要额外处理（如平滑），它们看上去也很"真实"。开发算法时，常将数字台阶边缘用做边缘模型。例如，本节稍后讨论的坎尼边缘检测算法最初就是用一个台阶边缘模型推导的。

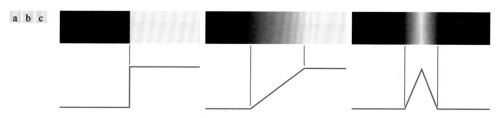

图 10.8　从左到右分别为台阶模型、斜坡模型和屋顶边缘模型（理想表示）及它们的灰度剖面线

实际工作中，数字图像都存在模糊且带有噪声的边缘，模糊的程度主要取决于聚焦机制（如光学图像情况中的镜头）中的限制，而噪声水平主要取决于成像系统的电子元件。在这些情况下，边缘被建模为一个更接近灰度斜坡的剖面线，如图 10.8(b)中的边缘。斜坡的斜度与边缘的模糊程度成反比。在这一模型中，沿剖面线不再有单个"边缘点"。相反，边缘点现在是斜坡中包含的任何点，并且边缘线段是一组已连接起来的这样的点。

第三类边缘是所谓的"屋顶边缘"，其特性如图 10.8(c)所示。屋顶边缘是通过一个区域的线的模型，边缘的基底（宽度）由线的宽度和尖锐度决定。极限情况下，当基底的宽度为 1 像素时，屋顶边缘是穿过图像中一个区域的一条 1 像素宽的线。例如，在距离成像中，当细目标（如管道）比背景（如墙）更接近传感器时，就会出现屋顶边缘。管道看起来更亮，因此产生了类似于图 10.8(c)中模型的一幅图像。其中经常出现屋顶边缘的其他区域包括数字化线条图和卫星图像，在这些图像中，细特征（如道路）可由这类边缘来建模。

包含所有三类边缘的图像很常见。尽管模糊和噪声会导致边缘偏离理想形状，但具有适当尖锐度且噪声适中的图像中的边缘，确实存在类似于图 10.8 中边缘模型的特性，如图 10.9 中的剖面所示。图 10.8 中的模型允许我们在开发图像处理算法时写出边缘的数学公式。这些算法的性能将取决于实际边缘和算法所用模型之间的差别。

　　图 10.10(a)是从图 10.8(b)中提取的线段图像。图 10.10(b)显示了一条水平灰度剖面线，图中还显示了灰度剖面线的一阶导数和二阶导数。沿灰度剖面线从左到右移动时，我们发现在斜坡的开始处和斜坡上的各个点处，一阶导数为正，而在恒定灰度区域的一阶导数为零。在斜坡的开始处，二阶导数为正；在斜坡的结束处，二阶导数为负；在斜坡上的各个点处，二阶导数为零；在恒定灰度区域的各个点处，二阶导数为零。对于从亮过渡到暗的边缘，刚才所述的导数的符号正好相反。零灰度轴和二阶导数极值间的连线的交点，称为该二阶导数的零交叉点或过零点。

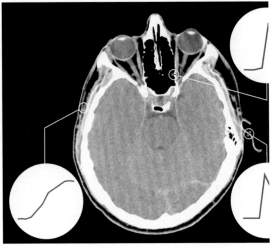

图 10.9　显示（放大后的）实际斜坡（左下）、台阶（右上）和屋顶边缘剖面的一幅图像，其大小为 1508×1970。在由小圆圈起来的区域中，剖面从暗到亮。斜坡和台阶剖面分别跨越 9 像素和 2 像素。屋顶边缘的基底是 3 像素（原图像由 Vanderbilt 大学的 David R. Pickens 博士提供）

　　由这些观察可以得出结论：一阶导数的幅度可用于检测图像中的某个点处是否存在一个边缘。类似地，二阶导数的符号可用于确定一个边缘像素是位于边缘的暗侧还是位于边缘的亮侧。边缘的二阶导数的两个附加性质如下：（1）对图像中的每个边缘，二阶导数生成两个值；（2）二阶导数的过零点可用于确定粗边缘的中心位置，本节后面很快会讲到这一点。某些边缘模型在进入和离开斜坡的地方用来平滑过渡（见习题 10.9）。然而，使用这些模型得到的结论与使用理想斜坡得到的结论相同，并且后者可以简化理论公式。最后，尽管迄今为止我们的注意力一直限制为一维水平剖面，但类似的结论适用于图像中任何方向的边缘。在任何希望的点处，我们简单地定义剖面垂直于边缘方向，并用与垂直边缘相同的方法来解释结果。

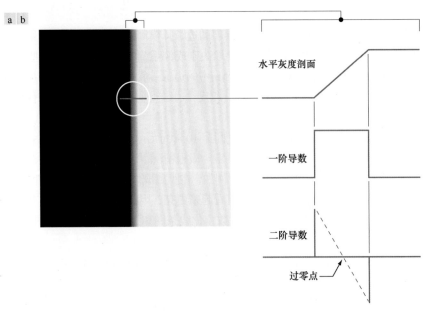

图 10.10　(a)被一个理想斜坡边缘分隔的两个恒定灰度区域；(b)边缘附近的细节，显示了水平灰度剖面线及其一阶导数和二阶导数

例 10.4　带噪边缘的区域中的一阶导数和二阶导数的性质。

　　图 10.8 中的边缘模型是无噪声的。图 10.11 中第一列的图像片段是 4 个斜坡边缘的特写，这些边缘从左边的黑色区域过渡到右边的白色区域（记住，从黑到白的整个过渡是单个边缘）。左上方的图像片段无噪声。第一列中的其他三幅图像被均值为零、标准差分别为 0.1, 1.0 和 10.0 个灰度级的加性高斯噪声污染。每幅图像下方的图形是过图像中心的水平灰度剖面线。所有图像的灰度分辨率均为 8 比特，并用 0 和 255 分别表示黑色与白色。

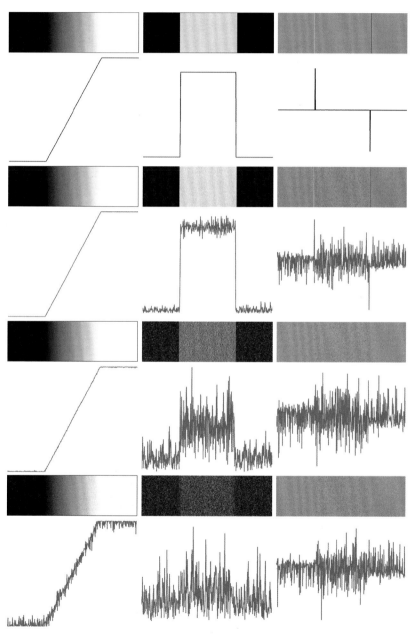

图 10.11　第一列：值域为[0, 255]，且被均值为零、标准差分别为 0.0, 0.1, 1.0 和 10.0 个灰度级的高斯噪声污染的斜坡边缘的 8 比特图像与灰度剖面线。第二列：一阶导数图像和灰度剖面线。第三列：二阶导数图像和灰度剖面线

考虑中间一列顶部的图像。就像我们对图 10.10(b)的讨论那样，左侧扫描线的导数在灰度恒定区域为零。它们在导数图像中显示为两个黑色条带。斜坡上各点处的导数是常数，并且等于斜坡的斜率。在导数图像中，这些常数值显示为灰色。沿中间列下移，导数会变得与无噪声情况时越来越不相同。事实上，将中间列中的最后一个剖面与斜坡边缘的一阶导数关联起来很困难。造成这种有趣结果的原因是，左列图像中的噪声视觉上几乎不可检测到。这些例子很好地说明了导数对噪声的敏感性。

如预期的那样，二阶导数对噪声更敏感。无噪声图像的二阶导数显示在右列的顶部。白色和黑色的细垂直线是二阶导数的正分量和负分量，就像图 10.10 中说明的那样。这些图像中的灰色表示零（如先前讨论的那样，尺度缩放使得零显示为灰色）。类似于无噪声情况的唯一一个有噪声二阶导数图像，对应于标准差为 0.1 的噪声。另外两幅二阶导数图像和剖面线清楚地表明，检测这些图像中的正分量和负分量很困难，而这些分量在边缘检测中确实是有用的二阶导数特性。

微弱的可见噪声严重影响检测边缘所用的两个关键导数这一事实，是我们应记住的一个重要问题。在可能存在我们刚刚讨论的水平噪声的应用中，使用导数之前，尤其要对图像进行平滑处理。 ■

总之，通常用于边缘检测的三个步骤如下：

1. 为了降低噪声，对图像进行平滑处理。需要这一步的原因已由图 10.11 的第二列和第三列中的结果详细给出。

2. 检测边缘点。如前所述，这是一个局部运算，它从图像中提取可能是边缘点的所有点（候选边缘点）。

3. 边缘定位。这一步的目的是从候选边缘点中选择组成边缘的点集中的成员点。

本节剩下的内容探讨实现这些目标的一些技术。

10.2.5　基本边缘检测

如前面讨论中说明的那样，为了寻找边缘，可用一阶导数或二阶导数来检测边缘。首先介绍一阶导数，然后在接下来的小节中介绍二阶导数。

> 为方便起见，这里重复第 3 章中介绍的一些梯度概念和公式。

1. 图像梯度及其性质

求图像 f 中任意位置 (x, y) 处的边缘强度和方向的工具是梯度，梯度用 ∇f 表示，并定义为向量

$$\nabla f(x, y) \equiv \mathrm{grad}[f(x, y)] \equiv \begin{bmatrix} g_x(x, y) \\ g_y(x, y) \end{bmatrix} = \begin{bmatrix} \dfrac{\partial f(x, y)}{\partial x} \\ \dfrac{\partial f(x, y)}{\partial y} \end{bmatrix} \tag{10.16}$$

这个向量有一个著名的性质，即它指出了 f 在 (x, y) 处的最大变化率的方向（见习题 10.10）。式(10.16)在任意点（单点）(x, y) 处都成立。计算 x 和 y 的所有适用值时，$\nabla f(x, y)$ 成为向量图像，它的每个元素都是由式(10.16)给出的一个向量。这个梯度向量在点 (x, y) 处的幅度 $M(x, y)$ 由其欧几里得向量范数给出：

$$M(x, y) = \|\nabla f(x, y)\| = \sqrt{g_x^2(x, y) + g_y^2(x, y)} \tag{10.17}$$

这是梯度向量在点 (x, y) 处的方向变化率的值。注意，$M(x, y), \|\nabla f(x, y)\|, g_x(x, y), g_y(x, y)$ 都是与原图像 f 大小相同的阵列，它们是 x 和 y 在 f 中的所有像素位置上变化时产生的。我们通常称 $M(x, y)$ 和 $\|\nabla f(x, y)\|$ 为梯度图像，或在含义清楚时简称为梯度。如 2.6 节中定义的那样，求和、平方和开方运算都是对应元素运算。

梯度向量在点(x,y)处的方向由下式给出：

$$\alpha(x,y) = \arctan\left[\frac{g_y(x,y)}{g_x(x,y)}\right] \tag{10.18}$$

角度是相对于x轴逆时针方向度量的（见图 2.19）。这也是一幅与f大小相同的图像，它是对x和y的所有适用值由g_x的对应元素除以g_y的对应元素创建的。下面的例子表明，点(x,y)处边缘的方向与该点处梯度向量的方向$\alpha(x,y)$正交。

例 10.5 计算梯度。

图 10.12(a)是包含直边缘线段的一幅图像的部分放大。每个方格对应于一个像素，并且我们的兴趣是得到加框点处的边缘的强度和方向。图中阴影像素的值假定为 0，白色像素的值假定为 1。在本例之后，我们讨论用以某点为中心的 3×3 邻域来计算x方向和y方向的导数的方法。这种方法是，从底部一行的像素减去顶部一行邻域中的像素，得到x方向的偏导数。类似地，从右列邻域中的像素减去左列的像素得到y方向的偏导数。接下来，用这些差值作为计算的偏导数，在当前点处有$\partial f/\partial x = -2$和$\partial f/\partial y = 2$。于是，

$$\nabla f = \begin{bmatrix} g_x \\ g_y \end{bmatrix} = \begin{bmatrix} \dfrac{\partial f}{\partial x} \\ \dfrac{\partial f}{\partial y} \end{bmatrix} = \begin{bmatrix} -2 \\ 2 \end{bmatrix}$$

由此得到该点处的$\|\nabla f\| = 2\sqrt{2}$。类似地，根据式(10.18)，得到相同点处的梯度向量的方向为$\alpha = \arctan(g_y/g_x) = -45°$，它与图像坐标系中相对于$x$轴正方向（逆时针）测量的 135°相同（见图 2.19）。图 10.12(b)显示了梯度向量及其方向角。

如前所述，某点处边缘的方向与该点的梯度向量正交。因此，在本例中，边缘的方向角是$\alpha - 90° = 135° - 90° = 45°$，如图 10.12(c)所示。图 10.12(a)中的所有边缘点都有着相同的梯度，所以整个边缘线段的方向相同。梯度向量有时也称边缘法线。当向量除以其幅值而归一化到单位长度时，结果向量通常称为边缘单位法线。

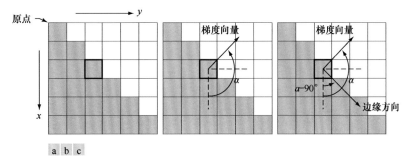

图 10.12 使用梯度求某点处的边缘强度和方向。注意，某点处的边缘方向与该点处梯度向量的方向正交。图中的每个方块表示一个像素（回顾图 2.19 可知坐标系的原点位于左上角）■

2. 梯度算子

要得到一幅图像的梯度，就要在图像的每个像素位置计算偏导数$\partial f/\partial x$和$\partial f/\partial y$。对于梯度，我们通常使用前向或中心有限差分（见表 10.1）。使用前向差分得

$$g_x(x,y) = \frac{\partial f(x,y)}{\partial x} = f(x+1,y) - f(x,y) \tag{10.19}$$

和

$$g_y(x,y) = \frac{\partial f(x, y)}{\partial y} = f(x, y+1) - f(x, y) \qquad (10.20)$$

对 x 和 y 的所有值，使用图 10.13 中的一维核对 $f(x, y)$ 进行滤波，可实现这两个公式。

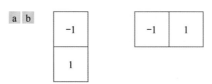

图 10.13　实现式(10.19)和式(10.20)的一维核

　　我们感兴趣的是对角边缘方向时，需要一个二维核。罗伯特交叉梯度算子（Roberts[1965]）是最早使用具有对角性能的二维核的算子之一。考虑图 10.14(a)中的 3×3 区域。罗伯特算子按如下方式实现对角差分：

> 用于计算梯度所需导数的滤波器核通常称为梯度算子、差分算子、边缘算子或边缘检测子。

$$g_x = \frac{\partial f}{\partial x} = (z_9 - z_5) \qquad (10.21)$$

和

$$g_y = \frac{\partial f}{\partial y} = (z_8 - z_6) \qquad (10.22)$$

这些导数可用图 10.14(b)和(c)中的核对图像进行滤波来实现。

　　2×2 大小的核概念上很简单，但在计算边缘方向时，它们不如关于中心对称的核有用，中心对称核的最小尺寸为 3×3。这些核考虑了中心点对侧数据的性质，并带有关于边缘方向的更多信息。使用大小为 3×3 的核时，对偏导数的最简单的数字近似为

$$g_x = \frac{\partial f}{\partial x} = (z_7 + z_8 + z_9) - (z_1 + z_2 + z_3)$$

和

$$g_y = \frac{\partial f}{\partial y} = (z_3 + z_6 + z_9) - (z_1 + z_4 + z_7) \qquad (10.23)$$

> 请注意，这两个公式是式(10.6)中给出的一阶中心差分，但乘以了 2。

在这个公式中，3×3 区域的第三行和第一行之差近似为 x 方向的导数，第三列和第一列之差近似为 y 方向的导数。直观上，我们可以预计这些近似要比用罗伯特算子得到的近似更为准确。式(10.22)和式(10.23)可用图 10.14(d)和(e)中的两个核对整幅图像滤波来实现。这些核称为 Prewitt 算子（Prewitt[1970]）。

　　这两个公式的细微不同是在中心系数上使用了权值 2：

图 10.14　图像的一个 3×3 区域（z 项是灰度值）及用于计算点 z_5 处的梯度的各个核

$$g_x = \frac{\partial f}{\partial x} = (z_7 + 2z_8 + z_9) - (z_1 + 2z_2 + z_3) \tag{10.24}$$

和

$$g_y = \frac{\partial f}{\partial y} = (z_3 + 2z_6 + z_9) - (z_1 + 2z_4 + z_7) \tag{10.25}$$

可以证明，在中心位置使用 2 可以平滑图像（见习题 10.12）。图 10.14(f)和(g)是用于实现式(10.24)和式(10.25)的核。这些核称为 Sobel 算子（Sobel[1970]）。

与 Sobel 核相比，Prewitt 核实现起来更简单，但它们在计算上的差别并不大。Sobel 核能够更好地抑制（平滑）噪声，因此用途更为广泛，如前面关于图 10.11 的讨论所示，处理导数时噪声抑制是一个很重要的问题。注意，图 10.14 中所有核的系数之和为零，如对导数算子期望的那样，它对恒定灰度区域的响应为零。

回顾习题 3.32 中的重要结果可知，使用系数之和为零的核生成的滤波后的图像，其像素之和也为零。这通常意味着有些像素是负的。同样，核系数之和为 1 时，原图像和滤波后的图像中的像素之和相同（见习题 3.31）。

图 10.14 中的任何一对核都与一幅图像卷积，在每个像素位置得到梯度分量 g_x 和 g_y。然后，使用这两个偏导数计算边缘强度和方向。求梯度的幅度时，要求计算式(10.17)。由于平方和平方根的计算开销较大，因此这种实现并不总是可取的；相反，我们常用绝对值来近似梯度幅度：

$$M(x, y) \approx |g_x| + |g_y| \tag{10.26}$$

上式不仅计算简单，而且仍然能够保留灰度级的相对变化。为这一优点付出的代价是，滤波器通常不再是各向同性（旋转不变）的。然而，使用 Prewitt 和 Sobel 这样的核计算 g_x 和 g_y 时，这一代价并不是问题，因为这些核只为垂直边缘和水平边缘给出各向同性的结果。这意味着无论使用两个公式中的哪一个，结果都只对这两个方向的边缘是各向同性的。也就是说，使用 Sobel 核或 Prewitt 核时，式(10.17)和式(10.26)对垂直边缘和水平边缘给出的结果相同（见习题 10.11）。

图 10.14 中的 3×3 核主要对垂直边缘和水平边缘表现最强的响应。图 10.15 中的 Kirsch 罗盘核（Kirsch[1971]）设计用于检测所有 8 个罗盘方向的边缘幅度和方向（角度）。Kirsch 方法不用式(10.17)计算幅度，也不用式(10.18)计算角度，而用 8 个核与图像进行卷积，并将某点处的边缘幅度赋为在该点处给出最强卷积值的核的响应。于是，这一点处的边缘角度是与核相关联的方向。例如，若图像

a b c d
e f g h

−3	−3	5
−3	0	5
−3	−3	5

N

−3	5	5
−3	0	5
−3	−3	−3

NW

5	5	5
−3	0	−3
−3	−3	−3

W

5	5	−3
5	0	−3
−3	−3	−3

SW

5	−3	−3
5	0	−3
5	−3	−3

S

−3	−3	−3
5	0	−3
5	5	−3

SE

−3	−3	−3
−3	0	−3
5	5	5

E

−3	−3	−3
−3	0	5
−3	5	5

NE

图 10.15　Kirsch 罗盘核。每个核的最强响应的边缘方向标注在每个核的下方标注

中某个点处的最强值是用北（N）核产生的，则该点处的边缘幅度赋为这个核的响应，方向为 0°（因为罗盘核对旋转了 180°；选择最大响应总会得到一个正数）。虽然使用 Sobel 核时，我们认为北边缘或南边缘是垂直的，但 N 罗盘核和 S 罗盘核在这两者之间存在不同，即定义边缘的灰度过渡的方向不同。例如，假设灰度值的区间是[0, 1]，则图 10.8(a)中的二值边缘由左边的黑色（0）和右边的白色（1）定义。当所有 Kirsch 核都应用到该边缘时，N 核将产生最高值，从而（在计算点处）指示一个北向边缘。

> **例 10.6**   二维梯度幅值和角度的说明。

图 10.16 说明了两个梯度分量 $|g_x|$ 和 $|g_y|$ 的 Sobel 绝对值响应，以及由这两个分量之和形成的梯度图像。梯度的水平分量和垂直分量的方向性在图 10.16(b)和(c)中非常明显。注意，在图 10.16(b)中，屋顶的瓦片、砖块的水平接缝和窗户的水平线段要比其他边缘强得多。相比之下，图 10.16(c)中墙面和窗户的垂直分量更明显。当一幅图像的主要特征是边缘时，如梯度幅度图像，通常称该图像为边缘图。在图 10.16(a)中，图像的灰度被标定到区间[0, 1]。在本节讨论的各种边缘检测方法中，我们使用这一区间内的值来简化参数的选取。

图 10.16   (a)灰度值已标定到区间[0, 1]内的、大小为 834×1114 的图像；(b) x 方向的梯度分量 $|g_x|$，它是用图 10.14(f)中的 Sobel 核对图像滤波得到的；(c)用图 10.14(g)中的核得到的 $|g_y|$；(d)梯度图像 $|g_x|+|g_y|$

图 10.17 是用式(10.18)计算得到的梯度角度图像。一般来说，对于边缘检测而言，角度图像不像幅度图像那样有用，但它们可为使用梯度幅度从图像中提取信息提供辅助。例如，图 10.16(a)中的恒定灰度区域（如斜屋顶的前边缘和前墙顶部的水平条带）在图 10.17 中是恒定的，表明在这些区域中的所有像素位置，梯度向量的方向是相同的。如本节稍后所述，在坎尼边缘检测算法（一种广泛使用的边缘检测方案）的实现中，角度信息起着重要的支撑作用。

图 10.17　使用式(10.18)计算的梯度角度图像。图像中的恒定灰度区域表明，这些区域中所有像素位置的梯度向量的方向相同

　　图 10.16(a)中原图像的分辨率相当高，并且在获取图像的距离处，墙砖对图像细节的贡献十分显著。这种精细的细节在边缘检测中通常是我们要避免的，因为它往往表现为噪声，而导数计算会增强这种噪声，进而使得图像中主要边缘的检测变得复杂。减少细节的一种方法是在计算边缘前对图像进行平滑处理。图 10.18 显示了与图 10.16 中相同的图像序列，但首先用一个大小为 5×5 的均值滤波器对原图像进行了平滑（关于平滑滤波器，见 3.5 节）。现在每个核的响应几乎都未显示砖块的贡献，得到的结果几乎都是图像中的主要边缘。

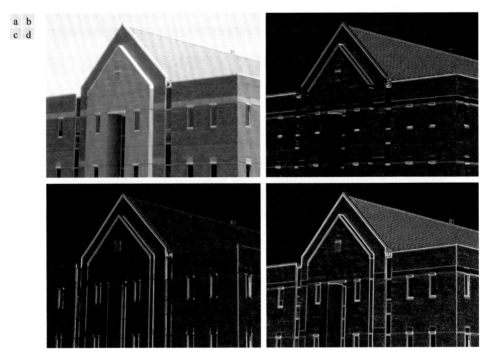

图 10.18　与图 10.16 中相同的图像序列，但在进行边缘检测前，用大小为 5×5 的均值滤波器核平滑了原图像

　　图 10.16 和图 10.18 表明水平和垂直 Sobel 核不区分 ±45°方向的边缘。如果要强调对角方向的边缘，那么应使用图 10.15 中的 Kirsch 核之一。图 10.19(a)和(b)分别显示了 45°（NW）和 −45°（SW）Kirsch 核的响应。在这些图形中，这些核的强对角选择性很明显。两个核对水平边缘和垂直边缘有着类似的响应，但这些方向的响应较弱。

图 10.19　对角边缘检测：(a)使用图 10.15(c)中的 Kirsch 核得到的结果；(b)使用图 10.15(d)中的核得到的结果。两种情况下的输入图像都是图 10.18(a)

3. 梯度与阈值处理相结合

图 10.18 中的结果表明，在计算梯度之前对图像进行平滑处理，可使边缘检测更有选择性。实现同一目标的另一种方法是，对梯度图像进行阈值处理。例如，图 10.20(a)显示了图 10.16(d)中的梯度图像经阈值处理后的结果，此时值大于等于梯度图像极大值的 33%的像素显

> 选择用于生成图 10.20(a)的阈值，以便消除由砖块导致的大部分小边缘。这与在计算梯度之前平滑图 10.16(a)中的图像的目的相同。

示为白色，低于该阈值的像素显示为黑色。将该图像与图 10.16(d)进行比较，我们发现阈值处理后的图像中边缘更少，但这幅图像中的边缘要清晰得多（例如，见屋顶瓦片中的边缘）。另一方面，在阈值处理后的图像中，许多边缘（如箭头所示的定义屋顶远边缘的斜线）已断裂。

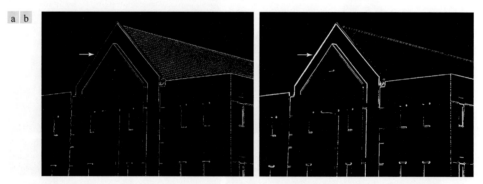

图 10.20　(a)图 10.16(d)中原图像的梯度图像经阈值处理后的结果；(b)图 10.18(d)中平滑图像的梯度图像经阈值处理后的结果

希望突出主要边缘并尽可能保留许多连通性时，实践中通常对图像既做平滑处理又做阈值处理。图 10.20(b)显示了图 10.18(d)经阈值处理后的结果，它是平滑后的图像的梯度，结果中的断裂数量减少了；例如，比较图 10.20(a)和(b)中箭头所示的对应边缘。

10.2.6　更先进的边缘检测技术

前几节中讨论的边缘检测方法用一个或多个核对图像进行滤波，而未涉及边缘特性和噪声内容。本节通过考虑如图像噪声和边缘本身的性质等因素，讨论更先进的技术来改进简单的边缘检测方法。

1. Marr-Hildreth 边缘检测子

在边缘发现过程中，纳入更先进分析的最早尝试之一是 Marr and Hildreth[1980]。当时使用的边缘

检测方法基于小算子,如前面讨论的 Sobel 核。Marr 和 Hildreth 认为:(1)灰度变化与图像尺度是相关的,这意味着他们的检测需要使用不同大小的算子;(2)灰度突变在一阶导数中给出一个峰值或谷值,或等效地在二阶导数中给出过零点(如我们在图 10.10 中看到的那样)。

这些想法表明,用于边缘检测的算子应该具有两个显著的特征。首先,它应是一个微分算子,能够在图像中的每个点计算一阶导数或二阶导数的数字近似。其次,它应能"调整"到任何想要的尺度,以便大算子可被用来检测模糊的边缘,而小算子可被用来检测清晰的细节。

Marr 和 Hildreth 认为,满足这些条件的最好算子是滤波器 $\nabla^2 G$,其中,如 3.6 节定义的那样,∇^2 是拉普拉斯,G 是标准差为 σ(在这一上下文中 σ 有时称为空间常数)的二维高斯函数,

> 式(10.27)与乘积[见式(3.45)]定义的高斯函数不同。这里,我们只对高斯函数的一般形状感兴趣。

$$G(x, y) = e^{-\frac{x^2+y^2}{2\sigma^2}} \tag{10.27}$$

为了求 $\nabla^2 G$ 的表达式,我们将拉普拉斯代入式(10.27),得到

$$\nabla^2 G(x, y) = \frac{\partial^2 G(x, y)}{\partial x^2} + \frac{\partial^2 G(x, y)}{\partial y^2} = \frac{\partial}{\partial x}\left(\frac{-x}{\sigma^2} e^{-\frac{x^2+y^2}{2\sigma^2}}\right) + \frac{\partial}{\partial y}\left(\frac{-y}{\sigma^2} e^{-\frac{x^2+y^2}{2\sigma^2}}\right)$$

$$= \left(\frac{x^2}{\sigma^4} - \frac{1}{\sigma^2}\right) e^{-\frac{x^2+y^2}{2\sigma^2}} + \left(\frac{y^2}{\sigma^4} - \frac{1}{\sigma^2}\right) e^{-\frac{x^2+y^2}{2\sigma^2}} \tag{10.28}$$

整理后得

$$\nabla^2 G(x, y) = \left(\frac{x^2 + y^2 - 2\sigma^2}{\sigma^4}\right) e^{-\frac{x^2+y^2}{2\sigma^2}} \tag{10.29}$$

这个表达式称为高斯拉普拉斯(LoG)函数。

图 10.21(a)到(c)显示了 LoG 函数取负值的三维图形、图像和剖面线(注意 LoG 的过零点出现在 $x^2 + y^2 = 2\sigma^2$ 处,它定义了一个中心位于高斯函数的峰值处、半径为 $\sqrt{2}\sigma$ 的圆)。因为图 10.21(a)中显示的形状,LoG 函数有时也称墨西哥草帽算子。图 10.21(d)显示了一个大小为 5×5 的核,它与图 10.21(a)中的形状近似(通常我们使用这个核的负核)。这个近似并不唯一。它的目的是获取 LoG 函数的基本形状;根据图 10.21(a),这意味着一个正的中心项被一个相邻的负区域包围,负区域的值随着到原点的距离的增大而减小,并且区域之外的值为零。系数之和必须为零,以便核在恒定灰度区域的响应为零。

大小任意(但 σ 固定)的滤波器核都可通过对式(10.29)取样并标定系数使得系数之和为零来生成。生成 LoG 核的一种更有效的方法是,首先将式(10.27)取样到希望的大小,然后将结果阵列与一个拉普拉斯核[如图 10.4(a)所示的核]进行卷积。因为用一个系数之和为零的核与图像卷积会产生一幅元素之和为零的图像(见习题 3.32 和习题 10.16),因此这种方法自动满足 LoG 核系数之和为零的要求。本节稍后将讨论 LoG 滤波器的大小选取问题。

选择算子 $\nabla^2 G$ 时,有两个基本思想。第一个基本思想是,算子的高斯部分会模糊图像,从而减少尺度小于 σ 的结构(如噪声)的灰度。与图 10.18 中使用的平均滤波器不同,高斯函数在空间域和频率域中都会平滑图像(见 4.8 节),因此不太可能引入原图像中不存在的伪影(如振铃)。第二个基本思想涉及拉普拉斯 ∇^2 的二阶导数性质。尽管一阶导数可用于检测灰度突变,但它们是方向性算子。另一方面,拉普拉斯有着各向同性(旋转不变)的重要优点,这不仅符合人的视觉系统特性(Marr[1982]),而且对任何核方向的灰度变化的响应是相等的,从而避免了使用多个核去计算图像中任意点处的最强响应。

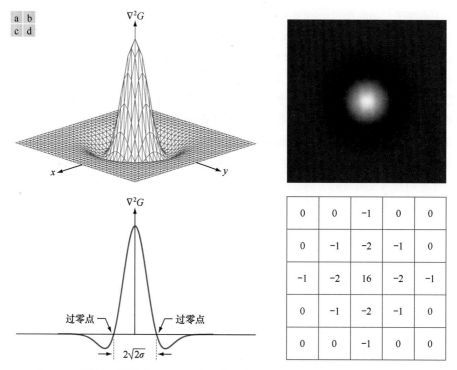

图 10.21　(a)负 LoG 函数的三维图形；(b)显示为图像的负 LoG 函数；(c)显示了过零点的图(a)的剖面线；
(d)图(a)中形状的 5×5 核近似。实际中使用该核的负核

Marr–Hildreth 算法如下：首先让 LoG 核与一幅输入图像卷积，

$$g(x, y) = [\nabla^2 G(x, y)] \star f(x, y) \tag{10.30}$$

然后寻找 $g(x, y)$ 的过零点来确定 $f(x, y)$ 中边缘的位置。因为拉普拉斯变换和卷积都是线性运算，因此可将式(10.30)写为

$$g(x, y) = \nabla^2 [G(x, y) \star f(x, y)] \tag{10.31}$$

它指出我们可以首先用一个高斯滤波器平滑图像，然后计算结果的拉普拉斯变换。这两个公式给出的结果相同。

> 该表达式可用式(3.35)在空间域中实现，也可用式(4.104)在频率域中实现。

Marr–Hildreth 边缘检测算法小结如下：

1. 用对式(10.27)取样得到的一个 $n×n$ 高斯低通核对输入图像滤波。

2. 计算第一步得到的图像的拉普拉斯，例如，使用图 10.4(a)中的 3×3 核［步骤 1 和步骤 2 实现式(10.31)］。

3. 找到步骤 2 所得图像的过零点。

要规定高斯核的大小，回顾对图 3.35 的讨论可知，到均值的距离大于 3σ 时，高斯函数的值小到可以忽略。如 3.5 节所述，这意味着使用大小为 $\lceil 6\sigma \rceil × \lceil 6\sigma \rceil$ 的高斯核，其中 $\lceil 6\sigma \rceil$ 表示 6σ 的上取整；也就是说，最小整数不小于 6σ。因为我们处理的是奇数维的核，所以使用满足这个条件的最小奇整数。使用小于这个条件的核时，将"截断"LoG 函数，截断的程度与核的大小成反比。使用更大的内核对结果几乎没有影响。

> 如 3.5 节所述，$\lceil \cdot \rceil$ 和 $\lfloor \cdot \rfloor$ 分别表示上取整函数和下取整函数。也就是说，上取整函数和下取整函数分别将一个实数映射为最小的下一个整数和映射为最大的前一个整数。

在滤波后的图像 $g(x, y)$ 中的任意像素 p 处,寻找过零点的一种方法是,使用以 p 为中心的一个 3×3 邻域。p 处的过零点意味着它至少有两个相对相邻像素的符号不同。有 4 种要测试的情况:左/右、上/下和两个对角。如果 $g(x, y)$ 的值超过某个阈值(一种常用方法),那么我们在称 p 是一个过零点之前,不仅相对相邻像素的符号不同,而且它们的差的绝对值也必须超过这个阈值。例 10.7 中将说明这一方法。

计算过零点是 Marr–Hildreth 边缘检测方法的关键特征。上段中讨论的方法很有吸引力,因为它的实现简单,并且通常能够给出较好的结果。如果在某个特殊应用中使用这一方法找到的过零位置的精度不足,

> 查找满足 $g(x, y) = 0$ 的坐标 (x, y) 来找到过零点是不实际的,因为噪声和其他计算不精确。

那么可以使用由 Huertas and Medioni[1986]提出的技术,这种技术采用亚像素精度来寻找过零点。

例 10.7 Marr–Hildreth 边缘检测方法的说明。

图 10.22(a)显示了前面用过的建筑物图像,图 10.22(b)是用 Marr–Hildreth 算法的步骤 1 和步骤 2 得到的结果,其中 $\sigma = 4$(约为图像短边长度的 0.5%)和 $n = 25$(满足前面声明的尺寸条件)。如图 10.5 中那样,这幅图像中的灰色调是由尺度缩放形成的。图 10.22(c)显示了使用上面讨论的 3×3 邻域方法得到的过零点,其中阈值为零。注意,所有的边缘形成了一个闭环。这种所谓的"意大利通心粉效应"是使用零阈值的这种方法的严重缺点(见习题 10.17)。我们使用一个正阈值来避免闭环边缘。

图 10.22(d)显示了使用近似等于 LoG 图像极大值的 4%的阈值的结果。大部分主要边缘很容易检测到,"不相关"的特征(如砖块和瓦片屋顶导致的边缘)被滤除。使用前面讨论的基于梯度的边缘检测技术实际上不可能得到这类性能。使用过零点检测边缘的另一个重要后果是,会得到 1 像素宽的边缘。这一性质简化了后续阶段的处理(如边缘连接)。

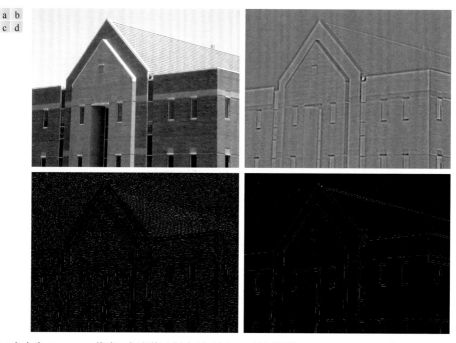

a b
c d

图 10.22 (a)大小为 834×1114 像素、灰度值已标定到区间[0, 1]的原图像;(b)Marr–Hildreth 算法步骤 1 和步骤 2 得到的结果,其中 $\sigma = 4$ 和 $n = 25$;(c)使用零阈值时,图(b)的过零点(注意闭环边缘);(d)使用的阈值等于图(b)中图像极大值的 4%时,找到的过零点。注意细边缘 ■

也可使用高斯差分（DoG）来近似式(10.29)中的 LoG 函数：

$$D_G(x, y) = \frac{1}{2\pi\sigma_1^2} e^{-\frac{x^2+y^2}{2\sigma_1^2}} - \frac{1}{2\pi\sigma_2^2} e^{-\frac{x^2+y^2}{2\sigma_2^2}} \tag{10.32}$$

式中，$\sigma_1 > \sigma_2$。实验结果表明，人的视觉系统中的某些"通道"对方向和频率是选择性的，并且可以使用式(10.32)以 1.75:1 的标准差比率来建模。使用 1.6:1 的比率不仅可保持这些观察的基本特性，而且可为 LoG 函数提供一个更加接近的"工程"近似（Marr and Hildreth [1980]）。为了使 LoG 和 DoG 具有相同的过零点，必须根据以下公式来选择 LoG 的 σ 值（见习题 10.19）：

$$\sigma^2 = \frac{\sigma_1^2\sigma_2^2}{\sigma_1^2 - \sigma_2^2} \ln\left[\frac{\sigma_1^2}{\sigma_2^2}\right] \tag{10.33}$$

使用这个 σ 值时，尽管 LoG 和 DoG 的过零点相同，但它们的幅度尺度不同。通过标定两个函数，使得得它们在原点处的值相同，可使它们兼容。

图 10.23(a)和(b)中的剖面线是分别用标准差比率 1:1.75 和 1:1.6 产生的（按照约定，显示的曲线已被反转，如图 10.21 所示）。LoG 剖面线显示为实线，DoG 剖面线显示为虚线。所示曲线是过 LoG 和 DoG 阵列中心的灰度剖面线，而两个阵列是分别对式(10.29)和式(10.32)取样产生的。所有曲线在原点的幅度都被归一化为 1。如图 10.23(b)所示，1:1.6 的标准差比率产生了 LoG 和 DoG 函数更接近的近似（例如，比较两幅图中的底瓣。）

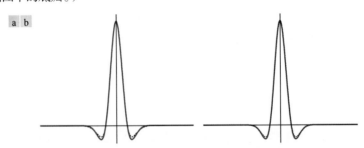

a b

图 10.23　(a)使用标准差比率 1.75:1 得到的负 LoG（实线）剖面线和负 DoG（虚线）剖面线，(b)使用标准差比率 1.6:1 得到的剖面线

高斯核是可分离的（见 3.4 节）。因此，LoG 和 DoG 滤波运算都可用一维卷积来实现，而不直接使用二维卷积（见习题 10.19）。对于大小为 $M\times N$ 的图像和大小为 $n\times n$ 的核，这样做可使每次卷积的乘法次数和加法次数，从二维卷积的与 n^2MN 成正比减少到一维卷积的与 nMN 成正比。实现的这一差别很明显。例如，$n=25$ 时，一维卷积所需的乘法次数和加法次数要比二维卷积的少 12 倍。

2. 坎尼边缘检测子

虽然算法更复杂，但本节讨论的坎尼边缘检测子（Canny[1986]）是迄今为止讨论的边缘检测子中最优秀的。坎尼方法基于如下三个基本目标：

1. 低错误率。所有边缘都应被找到，并且不应有虚假响应。
2. 边缘点应被很好地定位。已定位的边缘必须尽可能接近真实边缘。也就是说，由检测子标记为边缘的一点和真实边缘的中心之间的距离应最小。
3. 单个边缘点响应。对于每个真实的边缘点，检测子应只返回一个点。也就是说，真实边缘周围的局部最大数应是最小的。这意味着检测子不应识别只存在单个边缘点的多个边缘像素。

坎尼的工作的本质是，从数学上表达了前三个准则，并试图找到这些公式的最优解。一般来说，寻找满足前述所有目标的解析解是困难的（或不可能的）。然而，对被加性高斯白噪声[①]污染的一维台阶边缘使用数值最优会得到这样一个结论，即对最优台阶边缘检测子的一个较好近似是高斯一阶导数，

$$\frac{\mathrm{d}}{\mathrm{d}x}\mathrm{e}^{-\frac{x^2}{2\sigma^2}} = \frac{-x}{\sigma^2}\mathrm{e}^{-\frac{x^2}{2\sigma^2}} \tag{10.34}$$

这一近似只比使用优化的数值解时仅差约20%（在大多数应用中，这种幅度的差异一般是看不见的）。

将前面的结果推广到二维情况时，在边缘法线方向仍然要用一维方法（见图10.12）。因为预先并不知道法线方向，因此要求在所有可能的方向应用一维边缘检测子。这一任务可由如下步骤来近似。

首先使用一个圆形二维高斯函数平滑图像，计算结果的梯度，然后使用梯度幅度和方向来计算每点处的边缘强度与方向。

令 $f(x, y)$ 表示输入图像，并令 $G(x, y)$ 表示高斯函数：

$$G(x, y) = \mathrm{e}^{-\frac{x^2+y^2}{2\sigma^2}} \tag{10.35}$$

我们用 G 和 f 的卷积得到平滑后的图像 $f_s(x, y)$：

$$f_s(x, y) = G(x, y) \star f(x, y) \tag{10.36}$$

如前面讨论的那样，这一运算之后是计算梯度幅度和方向（角度）：

$$M_s(x, y) = \|\nabla f_s(x, y)\| = \sqrt{g_x^2(x, y) + g_y^2(x, y)} \tag{10.37}$$

和

$$\alpha(x, y) = \arctan\left[\frac{g_y(x, y)}{g_x(x, y)}\right] \tag{10.38}$$

式中，$g_x(x, y) = \partial f_s(x, y)/\partial x$，$g_y(x, y) = \partial f_s(x, y)/\partial y$。图 10.14 中的任何导数滤波器核对都可用来求 $g_x(x, y)$ 和 $g_y(x, y)$。式(10.36)是用大小为 $n \times n$ 的高斯核实现的，高斯核的大小将在下面讨论。记住，$\|\nabla f_s(x, y)\|$ 和 $\alpha(x, y)$ 是与算出它们的图像大小相同的阵列。

梯度图像 $\|\nabla f_s(x, y)\|$ 通常在局部极大值附近包含一些宽脊。下一步是细化这些宽脊。一种方法是用非极大值抑制。这种方法的实质是规定边缘法线（梯度向量）的多个离散方向。例如，在一个3×3区域内，对一个过该区域中心点的边缘，我们可以定义4个方向[②]：水平、垂直、+45°和-45°。图 10.24(a) 显示了一个水平边缘的两个可能方向的情况。因为我们必须把所有可能的边缘方向量化为4个方向范围，因此我们必须定义一个方向范围，在该范围内的边缘我们才考虑为水平的。我们由边缘法线的方向确定边缘方向，边缘法线的方向可以直接用式(10.38)由图像数据得到。如图 10.24(b) 所示，若边缘法线的方向范围是从-22.5°到22.5°，或从-157.5°到157.5°，则称该边缘为水平边缘。图 10.24(c) 显示了对应所考虑的4个方向的角度范围。

令 d_1, d_2, d_3 和 d_4 表示刚才讨论的3×3区域的4个基本边缘方向：水平、-45°、垂直和+45°。对以 α 中的任意点 (x, y) 为中心的3×3区域，我们可将非极大值抑制方案表述如下：

1. 寻找最接近 $\alpha(x, y)$ 的方向 d_k。
2. 令 K 表示 $\|\nabla f_s\|$ 在 (x, y) 处的值。若 K 小于 d_k 方向上点 (x, y) 的一个或两个邻点处的 $\|\nabla f_s\|$ 值，则令 $g_N(x, y) = 0$（抑制）；否则，令 $g_N(x, y) = K$。

[①] 回顾可知，白噪声是指在规定频段上具有连续且均匀频谱的噪声。白高斯噪声是幅值呈高斯分布的白噪声。高斯白噪声是许多真实情况的较好近似，并且可以生成数学上能够处理的模型。高斯白噪声的一个有用性质是其值是统计独立的。

[②] 每个边缘都有两个可能的方向。例如，法线为0°的边缘和法线为180°的边缘是同一水平边缘。

对 x 和 y 的所有值重复这一过程,产生一幅与 $f_s(x,y)$ 大小相同的非极大值抑制图像 $g_N(x,y)$。例如,参考图 10.24(a),令 (x,y) 位于像素 p_5 处,并且假设一个水平边缘过像素 p_5,则步骤 2 中感兴趣的像素是 p_2 和 p_8。图像 $g_N(x,y)$ 只包含细化后的边缘;它等于非极大值边缘点被抑制的图像 $\|\nabla f_s(x,y)\|$。

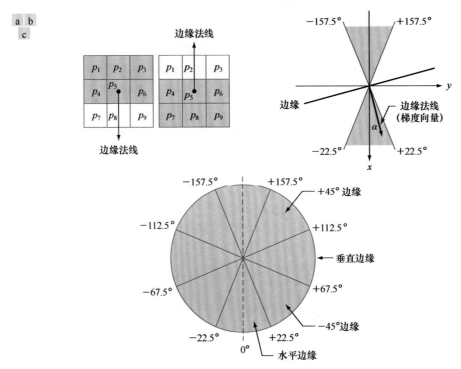

图 10.24   (a)在一个大小为 3×3 的邻域中,一个水平边缘(灰色)的两个可能方向;(b)一个水平边缘的边缘法线的方向角 α 的值域(灰色);(c)在一个大小为 3×3 的邻域中,4 类边缘方向的边缘法线的角度范围。每个边缘方向都有两个范围,这两个范围显示为对应的灰色

最后的运算是对 $g_N(x,y)$ 进行阈值处理,以便减少假边缘点。在 Marr-Hildreth 算法中,我们这样做时只用了一个阈值,其中低于这个阈值的所有值都被设置为 0。如果阈值设置得太低,那么仍然会有一些假边缘(称为假正值)。如果阈值设置得太高,那么会删除有效的边缘点(假负值)。坎尼算法使用滞后阈值处理来改进这种情况,如 10.3 节所述,滞后域值处理使用了两个阈值:一个低阈值 T_L 和一个高阈值 T_H。实验表明(Canny[1986]),高阈值和低阈值的比率应在从 2:1 到 3:1 的范围内。

我们可将阈值运算想象为创建两幅额外的图像:

$$g_{NH}(x,y) = g_N(x,y) \geq T_H \tag{10.39}$$

和

$$g_{NL}(x,y) = g_N(x,y) \geq T_L \tag{10.40}$$

最初,$g_{NH}(x,y)$ 和 $g_{NL}(x,y)$ 都被设置为零。阈值处理后,与 $g_{NL}(x,y)$ 相比,$g_{NH}(x,y)$ 通常有更少的非零像素,但 $g_{NH}(x,y)$ 中的所有非零像素都包含在 $g_{NL}(x,y)$ 中,因为后一幅图像是使用一个低阈值得到的。通过令

$$g_{NL}(x,y) = g_{NL}(x,y) - g_{NH}(x,y) \tag{10.41}$$

我们从 $g_{NL}(x,y)$ 中删除所有来自 $g_{NH}(x,y)$ 的非零像素。$g_{NH}(x,y)$ 和 $g_{NL}(x,y)$ 中的非零像素可分别视为"强"边缘像素和"弱"边缘像素。阈值处理后,$g_{NH}(x,y)$ 中的所有强像素均被假设是有效的边缘

像素，并被立即标记。取决于 T_H 的值，$g_{NH}(x,y)$ 中的边缘通常存在缝隙。较长的边缘是用如下步骤形成的：

(a) 在 $g_{NH}(x,y)$ 中定位下一个未被访问的边缘像素 p。

(b) 将 $g_{NL}(x,y)$ 中用 8 连通连接到 p 的所有弱像素标记为有效边缘像素。

(c) 若 $g_{NH}(x,y)$ 中的所有非零像素已被访问，则跳到步骤(d)，否则返回步骤(a)。

(d) 将 $g_{NL}(x,y)$ 中未标记为有效边缘像素的所有像素设置为零。

在这一过程的末尾，将来自 $g_{NL}(x,y)$ 的所有非零像素附加到 $g_{NH}(x,y)$，形成坎尼算子输出的最终图像。

我们使用两幅额外的图像 $g_{NH}(x,y)$ 和 $g_{NL}(x,y)$ 来简化讨论。在实际工作中，滞后阈值处理可在非极大值抑制期间直接实现，而阈值处理可直接在 $g_N(x,y)$ 上实现，方法是形成连接到它们的强像素和弱像素列表。

坎尼边缘检测算法的步骤小结如下：

1. 使用一个高斯滤波器平滑输入图像。

2. 计算梯度幅度图像和角度图像。

3. 对梯度幅度图像应用非极大值抑制。

4. 使用双阈值处理和连通性分析来检测与连接边缘。

尽管非极大值抑制后的边缘要比原始梯度边缘细，但仍要粗于 1 像素。为得到 1 像素粗的边缘，通常要在步骤 4 后执行一次边缘细化算法（见 9.5 节）。

如前所述，平滑是用大小必须为 $n \times n$ 的高斯核与输入图像进行卷积来实现的。规定 σ 的值后，我们就可用讨论的方法结合 Marr-Hildreth 算法来求 n 的一个奇数值，为规定的 σ 值提供高斯滤波器的"完整"平滑性能。

关于实现的一些最后说明如下：如前面讨论 Marr-Hildreth 边缘检测子时指出的那样，式(10.35)中的二维高斯函数可分离为两个一维高斯函数的乘积。因此，坎尼算法的步骤 1 可以表示为一维卷积，这些一维卷积一次对图像的行（列）进行运算，然后处理结果的列（行）。此外，使用式(10.19)和式(10.20)中的近似，也能将步骤 2 所需的梯度计算实现为一维卷积（见习题 10.22）。

> 通常，在应用程序中首次选择合适的 σ 值时，需要进行实验。

例 10.8 坎尼边缘检测方法的说明和比较。

图 10.25(a)显示了我们熟悉的建筑物图像。为便于比较，图 10.25(b)和(c)分别显示了图 10.20(b)中的结果（它是用阈值处理后的梯度得到的）和图 10.22(d)中的结果（它是用 Marr-Hildreth 检测算子得到的）。回顾可知，生成这两幅图像时所选取的参数要能够检测主要边缘，同时减少"不相关的"特征，如由砖块和屋顶瓦片引起的边缘。

图 10.25(d)显示了用坎尼算法得到的结果，所用的参数为：$T_L = 0.04$，$T_H = 0.10$（低阈值的 2.5 倍），$\sigma = 4$，以及对应不小于 6σ 的最小奇整数的、大小为 25×25 的核。通过实验选择这些参数是为了达到上一段为梯度和 Marr-Hildreth 图像声明的目的。比较坎尼图像与其他两幅图像，我们看到，在坎尼结果中明显改善了主要边缘的细节，同时抑制了更多不相关的特征。例如，注意坎尼算法检测到了图像上部镶嵌在墙砖中的水泥条带的两个边缘，而阈值处理后的梯度图像中这两个边缘已消失，Marr-Hildreth 方法仅检测到了上面的一个边缘。在滤除不相关的细节方面，坎尼图像确实不包含由屋顶瓦片引起的单个边缘；在其他两幅图像中却不是这样。在坎尼图像中，线的连续性、细度和笔直度也较好。这种结果使得坎尼算法成为边缘检测的一种工具。

图 10.25 (a)大小为 834×1114 像素、灰度值标定到区间[0, 1]内的原图像；(b)平滑过的图像经阈值处理后的梯度图像；(c)使用 Marr-Hildreth 算法得到的图像；(d)使用坎尼算法得到的图像。注意，与其他两幅图像相比，坎尼图像有明显的改进 ■

例 10.9 本节讨论的三种主要边缘检测方法的另一说明。

　　作为本节讨论的三种主要边缘检测方法的另一比较，考虑图 10.26(a)，它显示了一幅大小为 512×512 像素的头部 CT 图像。我们的目的是提取大脑外部轮廓（图像中的灰色区域）、脊髓区域轮廓（直接显示在鼻

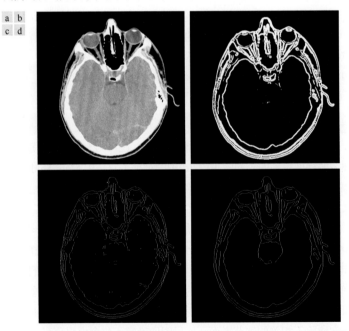

图 10.26 (a)大小为 512×512 像素、灰度值已标定到区间[0, 1]的头部 CT 图像；(b)平滑图像经阈值处理后的梯度图像；(c)用 Marr-Hildreth 算法得到的图像；(d)用坎尼算法得到的图像（原图像由 Vanderbilt 大学的 David R. Pickens 博士提供）

子后，朝向大脑前面）和头部外部轮廓的边缘。在消除眼部和大脑区域中与灰色内容有关的边缘细节时，我们希望生成最细并且连续的轮廓。

图 10.26(b)显示了一幅经阈值处理后的梯度图像，它已先用一个 5×5 的平均核平滑。实现所示结果要求的阈值是该梯度图像的极大值的 15%。图 10.26(c)显示了使用 Marr-Hildreth 边缘检测算法得到的结果，所用的阈值为 0.002，$\sigma = 3$，核的大小为 19×19。图 10.26(d)是用坎尼算法得到的，所用的参数为：$T_L = 0.05$，$T_H = 0.15$（低阈值的 3 倍），$\sigma = 2$，核的大小为 13×13。

在边缘质量及消除不相关细节的能力方面，图 10.26 中的结果相当接近例 10.8 中的结果与结论。还要注意，坎尼算法是唯一能够为大脑的后边界和脊髓的最接近边界产生完整无断裂边缘的程序，也是在消除原图像中与灰色大脑物质相关的所有边缘时，能够找到最好轮廓的程序。■

改进坎尼算法性能付出的代价是，它要比前面讨论的两种方法实现起来更复杂。在某些应用中，如实时工业图像处理应用，成本和速度需求通常要求我们使用更简单的技术，主要是阈值处理后的梯度方法。关注的主要是边缘质量时，Marr-Hildreth 和坎尼算法（尤其是后者）是更好的替代方法。

10.2.7　连接边缘点

理想情况下，边缘检测应产生只位于边缘上的像素集合。在实际应用中，由于存在噪声、非均匀光照引起的边缘断裂及导致灰度值不连续的其他效应，因此这些像素很少能够完全表征边缘。因此，边缘检测后，通常要执行连接算法，将边缘像素组合为有意义的边缘和/或区域边界。本节讨论两种连接边缘的基本方法，它们是实际中使用的代表性技术。第一种方法需要关于局部区域（如一个 3×3 邻域）中边缘点的知识；第二种方法是全局方法，它处理的是整个边缘图形。事实证明，沿区域的边界来连接点是下一章讨论的有些分割方法的一个重要方面，也是从分割后的图像中提取特征的一个重要方面，如第 11 章所示。因此，在后面的两章中我们将会遇到额外的边缘点连接方法。

1. 局部处理

连接边缘点的一种简单方法是，在（被前几节讨论的技术之一声明为一个边缘点的）每个点 (x, y) 的一个小邻域内分析像素的特点。根据预定义的准则，将所有相似的点连接起来，形成具有相同性质的像素的一个边缘。

在这种局部分析中，用于建立边缘像素相似性的两个主要性质是：（1）梯度向量的强度（幅度）；（2）梯度向量的方向。第一个性质基于式(10.17)。令 S_{xy} 表示图像中以点 (x, y) 为中心的一个邻域的坐标集。如果

$$|M(s, t) - M(x, y)| \le E \tag{10.42}$$

式中，E 是一个正阈值，那么 S_{xy} 中坐标为 (s, t) 的边缘像素在幅度上与 (x, y) 处的像素是相似的。

梯度向量的方向角由式(10.18)给出。如果

$$|\alpha(s, t) - \alpha(x, y)| \le A \tag{10.43}$$

那么 S_{xy} 中坐标为 (s, t) 的边缘像素的角度与 (x, y) 处的像素角度相似。式中，A 是一个正角度阈值。如前面说明的那样，(x, y) 处边缘的方向正交于该点处梯度向量的方向。

如果既满足幅度准则，又满足方向准则，那么 S_{xy} 中坐标为 (s, t) 的像素连接到 (x, y) 处的像素。对每个边缘像素重复这一过程。当邻域的中心逐个像素移动时，必须记录那些已连接的点。简单的记录过程是对每组已连接的像素分配不同的灰度值。

前述公式的计算开销很大，因为必须检查每个点的所有邻域。一种特别适合实时应用的简化步骤如下所示：

1. 计算输入图像 $f(x, y)$ 的梯度幅度阵列 $M(x, y)$ 和梯度角度阵列 $\alpha(x, y)$。

2. 形成一幅二值图像 $g(x, y)$，它在任何点 (x, y) 处的值由下式给出：

$$g(x, y) = \begin{cases} 1, & M(x, y) > T_M \, 且 \, \alpha(x, \, y) = A \pm T_A \\ 0, & \text{其他} \end{cases}$$

式中，T_M 是阈值，A 是规定的角度方向，$\pm T_A$ 定义了关于 A 的可接受方向的一个"条带"。

3. 扫描 g 的行，并在不超过规定长度 L 的每行中填充（置 1）所有间隙（0 的集合）。注意，根据定义，间隙和两端被一个或多个 1 限制。分别处理各行，它们之间没有"记忆"。

4. 在其他任何方向 θ 上检测间隙，将 g 旋转角度 θ，并应用步骤 3 中的水平扫描过程。将结果旋转角度 $-\theta$。

当我们的兴趣是水平边缘连接和垂直边缘连接时，步骤 4 就变为一个简单的过程，该过程将 g 旋转 $90°$，扫描各行后，再将结果旋转回来。这是实践中最常用的方法，如下例所示，这种方法能够产生较好的结果。一般来说，旋转图像的计算开销很大，因此需要在许多角度方向上连接时，将步骤 3 和步骤 4 组合为单个径向扫描过程更为实用。

例 10.10　使用局部处理连接边缘。

图 10.27(a)显示了一辆汽车尾部的图像，图像的大小为 534×566 像素。本例的目的是说明如何使用前述算法来寻找大小适合作为车牌的矩形。这些矩形可通过检测强水平边缘和垂直边缘完成。图 10.27(b)显示了梯度幅度图像 $M(x, y)$，图 10.27(c)和(d)显示了算法步骤 3 和步骤 4 的结果，它是通过令 T_M 为极大梯度值的 30%，$A = 90°$，$T_A = 45°$，并填充全部 25 个或更少像素的间隙（约为图像宽度的 5%）得到的。为检测车牌的所有拐角和汽车的后窗，要求使用一个较大范围的容许角度方向。图 10.27(e)是前两幅图像逻辑或（OR）运算的结果，图 10.27(f)是用 9.5 节讨论的细化过程细化图 10.27(e)得到的。如图 10.27(f)所示，在图像中清楚地检测到了对应于车牌的矩形。从图像中的所有矩形分隔车牌很简单，因为车牌有着独特的宽高比（例如，美国车牌的宽高比为 2:1）。

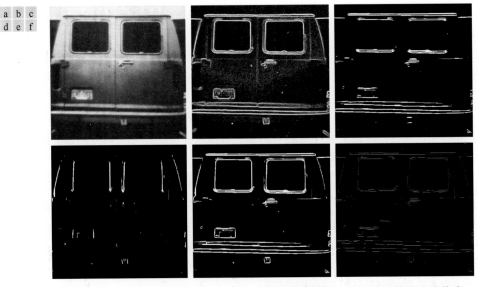

图 10.27　(a)汽车尾部的图像；(b)梯度幅度图像；(c)水平连接的边缘像素；(d)垂直连接的边缘像素；(e)图(c)和图(d)的逻辑"或"运算结果；(f)使用形态学细化得到的最终结果（原图像由 Perceptics Corporation 提供）

2. 使用霍夫变换的全局处理

上一节中讨论的方法适用于已知各个目标的像素的情况。通常，我们必须工作于非结构化环境中，这时我们所拥有的只是一幅边缘图，并不知道感兴趣目标位于何处。在这种情况下，所有像素都是连接的候选点，因此必须根据预先定义的全局性质接受或删除某些点。本节介绍一种基于像素集是否在规定形状的曲线上的方法。一旦检测到这些曲线，它们就会形成边缘或感兴趣的区域边界。

已知一幅图像中的 n 个点，假设我们希望找到这些点中位于直线上的子集。一种可能的解决方法是，首先找到由每对点确定的所有直线，然后寻找靠近特定直线的那些点的所有子集。这种方法涉及寻找 $n(n-1)/2 \sim n^2$ 条直线，然后将每个点与所有直线执行 $n(n(n-1))/2 \sim n^3$ 次比较。在大多数应用中，这都是一项困难的计算任务。

Hough[1962]提出了一种替代方法，通常称为霍夫变换。令 (x_i, y_i) 表示 xy 平面上的一点，并考虑一条直线的斜截式的通用公式 $y_i = ax_i + b$。

> 这里给出的霍夫变换的原始公式适用于直线。对于任意形状的推广公式，见 Ballard[1981]。

过点 (x_i, y_i) 的直线有无数条，并且对于 a 和 b 的不同值，它们都满足公式 $y_i = ax_i + b$。然而，将该个公式写为 $b = -x_i a + y_i$，并考虑 ab 平面（也称参数空间），将得到固定点 (x_i, y_i) 的单条直线的公式。此外，第二个点 (x_j, y_j) 在参数空间中也有一条与之相关联的直线，它在参数空间中与 (x_i, y_i) 相关的直线在某个点 (a', b') 相交，其中 a' 是斜率，b' 是包含 xy 平面中 (x_i, y_i) 和 (x_j, y_j) 的直线的截距（当然，我们假定这些直线不平行）。事实上，这条直线上的所有点在参数空间中都有相交于点 (a', b') 的直线。图 10.28 说明了这些概念。

理论上，我们可以画出对应 xy 平面中的所有点 (x_k, y_k) 的参数空间直线，并且平面中的主要直线可以通过标识参数空间中大量直线相交的那些点来找到。然而，这种方法的一个难点是，当直线趋近于垂直方向时，a（直线的斜率）趋于无穷大。解决这个难点的方法之一是使用直线的法线表示：

$$x\cos\theta + y\sin\theta = \rho \tag{10.44}$$

图 10.29(a)是参数 ρ 和 θ 的几何说明。水平直线有 $\theta = 0^\circ$，ρ 等于正 x 截距。类似地，垂直直线有 $\theta = 90^\circ$，ρ 等于正 y 截距；或者有 $\theta = -90^\circ$，ρ 等于负 y 截距。图 10.29(b)中的每条正弦曲线表示过 xy 平面中某点 (x_k, y_k) 的直线族。图 10.29(b)中的交点 (ρ', θ') 对应于图 10.29(a)中过点 (x_i, y_i) 和点 (x_j, y_j) 的直线。

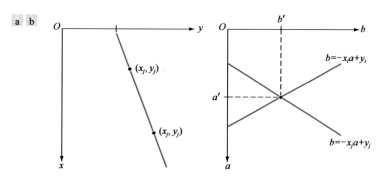

图 10.28　(a)xy 平面；(b)参数空间

霍夫变换计算上的优点是可将 $\rho\theta$ 参数空间划分为多个累加单元，如图 10.29(c)所示，其中 $(\rho_{\min}, \rho_{\max})$ 和 $(\theta_{\min}, \theta_{\max})$ 是期望的参数值范围：$-90^\circ \le \theta \le 90^\circ$ 和 $-D \le \rho \le D$，D 是图像中对角之间的最大距离。坐标 (i, j) 处具有累加值 $A(i, j)$ 的单元对应于与参数空间坐标 (ρ_i, θ_j) 相关联的方格。最初，将这些单元设置为零。然后，对 xy 平面中的每个非背景点 (x_k, y_k)，令 θ 等于 θ 轴上每个允许的细分

值，同时用方程 $\rho = x_k \cos\theta + y_k \sin\theta$ 解对应的 ρ。再后，将得到的 ρ 值四舍五入到 ρ 轴上最接近的允许单元值。若选择一个 θ_q 值后得到解 ρ_p，则令 $A(p,q) = A(p,q)+1$。在这一过程的末尾，单元 $A(i,j)$ 中的 K 值意味着 xy 平面中有 K 个点位于直线 $x\cos\theta_j + y\sin\theta_j = \rho_i$ 上。$\rho\theta$ 平面中的细分数量决定这些点共线的精度。可以证明（见习题 10.27），刚刚讨论的这种方法的计算次数与 xy 平面中非背景点的数量 n 呈线性关系。

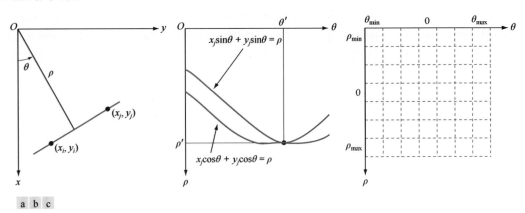

a b c

图 10.29　(a) xy 平面中直线的 (ρ, θ) 参数化；(b) $\rho\theta$ 平面中的正弦曲线，交点 (ρ', θ') 对应于过 xy 平面中点 (x_i, y_i) 和点 (x_j, y_j) 的直线；(c) $\rho\theta$ 平面划分为多个累加单元

例 10.11　霍夫变换的一些基本性质。

图 10.30 说明了基于式(10.44)的霍夫变换。图 10.30(a)显示了一幅大小为 $M \times M$（$M = 101$）像素并带有 5 个白点的图像，图 10.30(b)显示了用 ρ 轴和 θ 轴的单位细分将每个点映射到 $\rho\theta$ 平面上的结果。θ 的取值范围为 $\pm 90°$，ρ 值的范围为 $\pm\sqrt{2}M$。如图 10.30(b)所示，每条曲线都有不同的正弦曲线形状。由点 1 的映射得到的水平直线是幅值为零的正弦曲线。

图 10.30(b)中的 A 点（不要与累加值混淆）和 B 点说明了霍夫变换的共线性检测性质。例如，B 点表示对应于 xy 图像平面中点 2、3 和 4 的曲线的交点。A 点的位置指出这三个点位于一条过原点（$\rho = 0$）且方向为-45°的直线上［见图 10.29(a)］。类似地，在参数空间中相交于 B 点的曲线指出，点 2、3 和 4 位于方向为 45° 且与原点的距离为 $\rho = 71$（从图像原点到对角的对角线距离的一半，已四舍五入为最接近的整数值）的直线上。最后，图 10.30(b)中的 Q、R 和 S 点说明了这样一个事实，即霍夫变换展示了参数空间的左边缘和右边缘处的一种反射邻接关系。这一性质是 θ 和 ρ 在 $\pm 90°$ 边界处改变符号的结果。

a

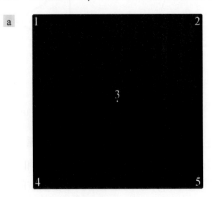

图 10.30　(a)包含 5 个白点的（4 个点在角上，1 个在中心）、大小为 101×101 像素的图像；(b)对应的参数空间

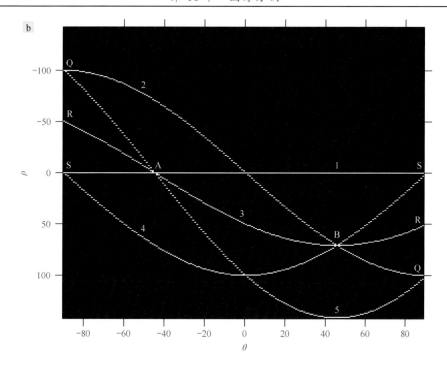

图 10.30 (a)包含 5 个白点的（4 个点在角上，1 个在中心）、大小为 101×101 像素的图像；(b)对应的参数空间（续）■

尽管迄今为止我们关注的是直线，但霍夫变换也适用于形如 $g(\boldsymbol{v}, \boldsymbol{c}) = 0$ 的任何函数，其中 $\boldsymbol{v}$ 是坐标向量，$\boldsymbol{c}$ 是系数向量。例如，位于圆

$$(x - c_1)^2 + (y - c_2)^2 = c_3^2 \tag{10.45}$$

上的点可用刚才讨论的基本方法来检测。不同之处是出现了 3 个参数 c_1、c_2 和 c_3，它们生成类立体单元和形如 $A(i, j, k)$ 的累加器的三维参数空间。过程是，增加 c_1 和 c_2，求解满足式(10.45)的 c_3，并更新与三元组（c_1, c_2, c_3）相关联的累加单元。很明显，霍夫变换的复杂性取决于一个已知函数表达式中的坐标数量和系数数量。如前所述，霍夫变换可以进一步推广到检测无简单解析表达式的曲线，如变换为灰度图像那样的应用。

现在回到边缘连接问题，基于霍夫变换的一种连接方法如下：

1. 使用本节中讨论的任何一种方法得到一幅二值边缘图像。
2. 规定 $\rho\theta$ 平面中的细分。
3. 检查像素高度集中的累加器单元的计数。
4. 检查选中单元中像素间的关系（主要针对连续性）。

在这种情况下，连续性通常以计算对应某个已知累加单元的不连续像素之间的距离为基础。如果间隙的长度小于规定的阈值，那么连接与已知单元相关联的一条直线中的间隙。由于根据方向来组合直线是适用于整个图像的一个全局概念，因此我们只需检查与特定累加器单元相关联的像素。下面的例子说明了这些概念。

例 10.12 使用霍夫变换连接边缘。

图 10.31(a)显示了一幅航拍的机场图像。本例的目的是用霍夫变换提取主跑道的两条边。求解这一问题对涉及自主导航的应用是有意义的。

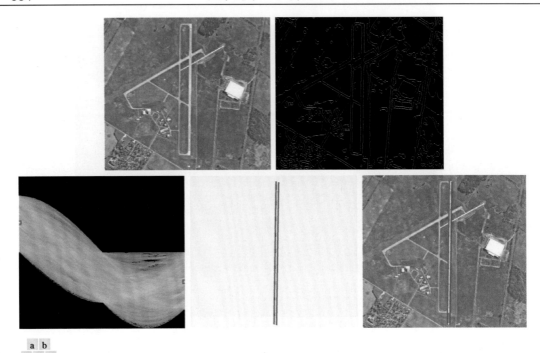

a b
c d e

图 10.31　(a)一幅大小为 502×564 像素的机场航拍图像；(b)使用坎尼算法得到的边缘图；(c)霍夫参数空间（方框强调了与长垂直线相关联的点）；(d)图像平面中对应于方框所强调的点的直线；(e)叠加到原图像上的直线

第一步是得到一幅边缘图像。图 10.31(b)显示了使用坎尼算法得到的边缘图像，算法中使用的参数和过程与例 10.9 中的相同。为了计算霍夫变换，使用前面讨论的任何边缘检测技术可以得到类似的结果。图 10.31(c)显示了 θ 以 1°增量递增和 ρ 以 1 像素增量递增得到的霍夫参数空间。

感兴趣的跑道偏离正北方向约 1°，因此我们选取对应于 ±90° 并包含最高数量的单元，因为跑道在这些方向上是最长的直线。图 10.31(c)的边缘上的小方框强调了这些单元。结合图 10.30(b)，如前所述，霍夫变换展示了边缘处的邻接性。解释这一性质的另一种方法是，面向 +90° 的一条直线和面向 –90° 的一条直线是等效的（它们是两条垂直线）。图 10.31(d)显示了对应于刚才讨论的两个累加单元的直线，图 10.31(e)显示了已叠加到原图像上的这些直线。这些直线是通过连接不超过图像高度 20%（约 100 像素）的所有间隙得到的。这些直线清楚地对应于感兴趣跑道的边缘。

注意，解决这一问题所需的唯一信息是跑道的方向和观察者相对于跑道的位置。换句话说，自动导航飞行器应该知道，如果跑道朝北，并且飞行器的飞行方向也是北，那么跑道会垂直地出现在图像中。其他相关的方向可采用类似的方式处理。世界各地的机场跑道方向可在飞行图表中找到，并且利用全球定位系统（GPS）信息很容易得到飞行方向。这一信息也可用于计算飞行器和跑道之间的距离，进而计算这些参数，例如直线相对于图像大小的预计长度，就像我们在本例中所做的那样。■

10.3　阈值处理

由于图像阈值处理直观、实现简单并且计算速度块，因此在图像分割应用中处于核心地位。3.1 节介绍了阈值处理，自那时起我们就在各种讨论中用过阈值处理。本节正式介绍阈值处理，并开发几种技术，这些技术比此前给出的技术更为通用。

10.3.1　基础知识

前一节采用首先寻找边缘线段，然后将这些线段连接为边界的方法来识别区域。本节讨论根据灰度值和/或灰度值的性质来将图像直接划分为多个区域的技术。

1. 灰度阈值处理基础

假设图 10.32(a)中的灰度直方图对应于图像 $f(x, y)$ ，该图像由暗色背景上的亮目标组成，其中目标像素和背景像素的灰度值组合成了两种主导模式。从背景中提取目标的一种明显方法是，选择一个分隔这些模式的阈值 T 。然后，图像中 $f(x,y) > T$ 的任何点 (x,y) 称为一个目标点；否则该点称为背景点。换句话说，分割后的图像 $g(x,y)$ 为

> 记住，$f(x, y)$ 表示 f 在坐标 (x, y) 处的灰度。

$$g(x,y) = \begin{cases} 1, & f(x,y) > T \\ 0, & f(x,y) \le T \end{cases} \tag{10.46}$$

当 T 是一个适合于整个图像的常数时，上式中给出的处理称为全局阈值处理。当 T 值在一幅图像上变化时，上式中给出的处理称为可变阈值处理。有时，我们使用局部阈值处理或区域阈值处理表示可变阈值

> 虽然我们按照约定为背景使用 0 灰度，为目标像素使用 1 灰度，但在式(10.46)中可以使用任何两个不同的值。

处理，此时图像中任意一点 (x,y) 处的 T 值取决于 (x,y) 的邻域的性质（如邻域中像素的平均灰度）。若 T 取决于空间坐标 (x,y) 本身，则可变阈值处理通常称为动态阈值处理或自适应阈值处理。这些术语的应用并不普遍。

图 10.32(b)显示了一个更难的阈值处理问题，它包含一个具有 3 个主导模式的直方图，这 3 个主导模式分别对应于暗色背景和两类亮目标。这里，若 $f(x,y) \le T_1$ ，则多阈值处理把点 (x,y) 分类为背景；若 $T_1 < f(x,y) \le T_2$ ，则把点 (x,y) 分类为目标；若 $f(x,y) > T_2$ ，则把点分类为另一个目标。也就是说，分割后的图像为

$$g(x, y) = \begin{cases} a, & f(x, y) > T_2 \\ b, & T_1 < f(x, y) \le T_2 \\ c, & f(x, y) \le T_1 \end{cases} \tag{10.47}$$

式中，a, b 和 c 是任意三个不同的灰度值。本节稍后将讨论双阈值处理。要求两个以上阈值的分割问题很难求解（或通常不可能求解），而使用其他方法通常能得到较好的结果，如本节稍后将要讨论的可变阈值处理方法或 10.4 节中将要讨论的区域生长方法。

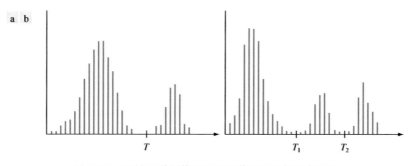

a b

图 10.32　可被(a)单阈值和(b)双阈值分割的灰度直方图

根据前面的讨论，我们可以凭直觉推断灰度阈值处理成功与否，与分隔直方图模式的波谷的宽度和深度有关。而影响波谷特性的关键因素依次是：（1）波峰间的间隔（波峰离得越远，分隔这些模式的机会越好）；（2）图像中的噪声内容（噪声越大，模式越宽）；（3）目标和背景的相对大小；（4）光源的均匀性；（5）图像反射性质的均匀性。

2. 图像阈值处理中噪声的作用

图 10.33(a)中的简单合成图像中没有噪声,因此其直方图由两个波峰模式组成,如图 10.33(d)所示。将该图像分割为两个区域很简单:我们只需在两个模式之间的任何位置选择一个阈值。图 10.33(b)显示了被均值为零、标准差为 10 个灰度级的高斯噪声污染的原图像。现在,模式较宽[见图 10.33(e)],但它们的间隔足以让它们之间的波谷的深度轻易地分隔两个模式。放在两个波峰之间的中间位置的一个阈值就能很好地分割该图像。图 10.33(c)显示了该图像被均值为零、标准差为 50 个灰度级的高斯噪声污染的结果。如图 10.33(f)中所示的直方图那样,现在的情况严重到无法区分两个模式。若不做其他处理（如本节稍后讨论的方法）,那么就没有希望为分割这幅图像找到一个合适的阈值。

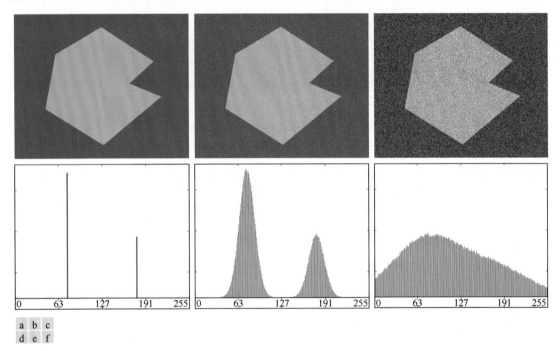

```
a b c
d e f
```

图 10.33　(a)无噪声 8 比特图像；(b)被均值为零、标准差为 10 个灰度级的加性高斯噪声污染的图像；(c)被均值为零、标准差为 50 个灰度级的加性高斯噪声污染的图像；(d)~(f)对应的直方图

3. 图像直方图处理中光照和反射的作用

图 10.34 说明了光照对图像直方图的影响。图 10.34(a)是来自图 10.33(b)的带噪声图像, 图 10.34(d)显示了它的直方图。如前所述, 使用单个阈值很容易分割这幅图像。参考 2.3 节讨论的图像形成模型,假设图 10.34(a)

> 理论上,斜坡图像的直方图是均匀的。在实践中,均匀的程度取决于图像的大小和灰度级的数量。

中的图像乘以一个不均匀的灰度函数, 如图 10.34(b)中的灰度斜坡, 其直方图如图 10.34(e)所示。图 10.34(c)显示了这两幅图的乘积, 图 10.34(f)是得到的直方图。如果不进行额外的处理（将在本节稍后讨论）,那么波峰之间的深谷会破坏到模式无法分隔的程度。如果光照非常均匀, 但（目标和/或背景表面自然反射率的变化导致的）图像反射不均匀, 那么也会得到类似的结果。

重点是, 在使用阈值处理或其他分割技术分割图像时, 照明和反射起核心作用。因此, 只要可能, 就要首先在求解分割问题时考虑如何控制这些参数。无法控制这些参数时, 解决这一问题有三种基本方法。第一种方法是直接校正这种阴影模式。例如, 不均匀（但固定的）光照可以用相反的模式与图像相乘来校正, 相反的模式可以通过对一个恒定灰度的平坦表面成像来得到。第二种方法是用诸

如 9.8 节中介绍的顶帽变换处理来校正全局阴影模式。第三种方法是用可变阈值处理来"绕过"不均匀性,见本节稍后的讨论。

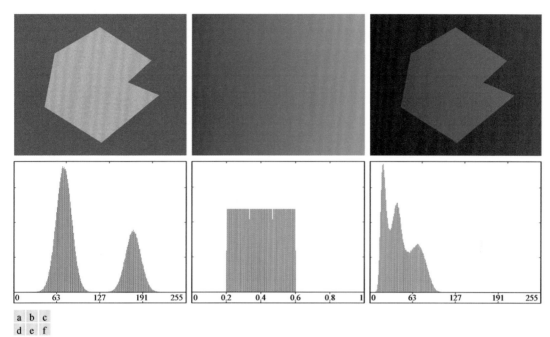

a b c
d e f

图 10.34　(a)带噪声图像;(b)值域为[0.2, 0.6]的灰度斜坡;(c)图(a)和图(b)的乘积;(d)~(f)对应的直方图

10.3.2　基本的全局阈值处理

当目标和背景像素的灰度分布非常不同时,可对整个图像使用单个(全局)阈值。在大多数应用中,图像之间通常存在足够的变化,即使全局阈值是一种合适的方法,也需要有能对每幅图像估计阈值的算法。下面的迭代算法适用于这一目的:

1. 为全局阈值 T 选择一个初始估计值。
2. 在式(10.46)中用 T 分割图像。这将产生两组像素:由灰度值大于 T 的所有像素组成的 G_1,由所有小于等于 T 的像素组成的 G_2。
3. 对 G_1 和 G_2 中的像素分别计算平均灰度值(均值)m_1 和 m_2。
4. 在 m_1 和 m_2 之间计算一个新的阈值:

$$T = \frac{1}{2}(m_1 + m_2)$$

5. 重复步骤 2 到步骤 4,直到连续迭代中的两个 T 值间的差小于某个预定义的值 ΔT 为止。

这里是从对输入图像进行连续阈值处理并在每一步中计算均值的角度来描述算法的,因为以这种方式引入它更直观。然而,通过将所有计算表达为图像直方图,可以开发一个等效(且更有效)的过程,这个过程只需要计算一次(见习题 10.29)。

当与目标和背景相关的直方图模式之间存在一个非常清晰的波谷时,上述算法很有效。参数 ΔT 用于在阈值变化不大时停止迭代。初始阈值必须大于图像中的最小灰度级、小于图像中的最大灰度级(选择图像的平均灰度作为 T 初始值最好)。满足这个条件时,无论模式是否可分,算法都会在有限数量的步骤内收敛(见习题 10.30)。

例 10.13　全局阈值处理。

图 10.35 显示了用前述迭代算法的一个分割例子。图 10.35(a)是原图像，图 10.35(b)是该图像的直方图，直方图中有一个明显的波谷。令 T 等于图像的平均灰度并令 $\Delta T = 0$ 开始，应用前述全局迭代算法经过 3 次迭代后，得到阈值 $T = 125.4$。图 10.35(c)是用阈值 $T = 125$ 分割原图像后的结果。如期望的那样，直方图中的模式已明显分离，目标和背景间的分割非常完美。

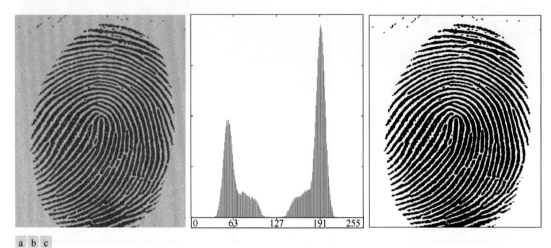

a b c

图 10.35　(a)带噪声指纹图像；(b)直方图；(c)使用全局阈值对图像分割后的结果（为清晰起见，添加了边界）（原图像由美国国家标准和技术研究所提供）　■

10.3.3　使用 Otsu 方法的最优全局阈值处理

阈值处理可视为一种统计决策理论问题，其目的是在把像素分配给两组或多组（也称分类）的过程中，使引入的平均误差最小。对于这个问题，已知有一个解析解，称为贝叶斯决策函数（见 12.4 节）。这个解析解仅基于两个参数：每类灰度级的概率密度函数（PDF）和已知应用中每类出现的概率。遗憾的是，估计 PDF 并不容易，因此通常采用一种假设的 PDF 形式来简化这一问题，如假设它们是高斯函数。即使采用了这一形式的简化，使用这些假设求解的过程也很复杂，并且对实时应用来说也并非总是合适的。

下边讨论的方法称为 Otsu 方法（Otsu[1979]），它是另一种具有吸引力的替代方案。这种方法在最大化类间方差（统计判别分析中使用的一种著名测度）方面是最优的。这种方法的基本思想是，经过正确阈值处理后的类别相对于它们的像素的灰度值而言应是不同的，而根据灰度值给出类间最优分离的一个阈值会是最好（最优）的阈值。除最优性外，Otsu 方法还有一个重要的性质，即它完全基于对图像的直方图（一个容易得到的一维阵列，见 3.3 节）进行计算。

令 $\{0, 1, 2, \cdots, L-1\}$ 表示一幅大小为 $M \times N$ 像素的数字图像中的 L 个不同的整数灰度级，并令 n_i 表示灰度级 i 的像素数。图像中的像素总数为 $MN = n_0 + n_1 + n_2 + \cdots + n_{L-1}$。归一化后的直方图（见 3.3 节）有 $p_i = n_i / MN$ 个分量，由此有

$$\sum_{i=0}^{L-1} p_i = 1, \quad p_i \geq 0 \tag{10.48}$$

现在，假设我们选择一个阈值 $T(k) = k, 0 < k < L-1$，并用它将输入图像阈值化为两类 c_1 和 c_2，其中 c_1 由图像中灰度值在区间 $[0, k]$ 内的所有像素组成，c_2 由灰度值在区间 $[k+1, L-1]$ 内的所有像素组成。使

用这个阈值，像素被分配给类 c_1 的概率 $P_1(k)$ 由如下的累积和给出：

$$P_1(k) = \sum_{i=0}^{k} p_i \tag{10.49}$$

换一个角度看，这是类 c_1 发生的概率。例如，如果令 $k = 0$，那么任何像素分配给类 c_1 的概率为零。类似地，类 c_2 发生的概率为

$$P_2(k) = \sum_{i=k+1}^{L-1} p_i = 1 - P_1(k) \tag{10.50}$$

由式(3.25)可得类 c_1 中的像素的平均灰度值为

$$m_1(k) = \sum_{i=0}^{k} iP(i/c_1) = \sum_{i=0}^{k} iP(c_1/i)P(i)/P(c_1)$$
$$= \frac{1}{P_1(k)} \sum_{i=0}^{k} ip_i \tag{10.51}$$

式中，$P_1(k)$ 由式(10.49)给出。式(10.51)中的 $P(i/c_1)$ 项是灰度值 i 的概率，i 来自类 c_1。式中第一行的最右侧项来自贝叶斯公式：

$$P(A/B) = P(B/A)P(A)/P(B)$$

第二行是根据如下事实得到的：已知 i 时，c_1 的概率 $P(c_1/i)$ 为 1，因为我们只处理来自类 c_1 的 i 的值。此外，$P(i)$ 是第 i 个值的概率，即直方图 p_i 的第 i 个分量。最后，$P(c_1)$ 是类 c_1 的概率，根据式(10.49)可知它等于 $P_1(k)$。

类似地，分配给类 c_2 的像素的平均灰度值为

$$m_2(k) = \sum_{i=k+1}^{L-1} iP(i/c_2) = \frac{1}{P_2(k)} \sum_{i=k+1}^{L-1} ip_i \tag{10.52}$$

高达 k 级的累积平均值（平均灰度）为

$$m(k) = \sum_{i=0}^{k} ip_i \tag{10.53}$$

整个图像的平均灰度（全局均值）为

$$m_G = \sum_{i=0}^{L-1} ip_i \tag{10.54}$$

直接代入前面的结果中，可以验证如下两个公式成立：

$$P_1 m_1 + P_2 m_2 = m_G \tag{10.55}$$

和

$$P_1 + P_2 = 1 \tag{10.56}$$

为表达清楚起见，式中暂时省略了 k。

为了评估 k 级的阈值的有效性，我们使用归一化的、无量纲的测度：

$$\eta = \frac{\sigma_B^2}{\sigma_G^2} \tag{10.57}$$

式中，σ_G^2 是全局方差［即图像中所有像素的灰度方差，见式(3.26)］，

$$\sigma_G^2 = \sum_{i=0}^{L-1} (i - m_G)^2 p_i \tag{10.58}$$

σ_B^2 是类间方差，它定义为

$$\sigma_B^2 = P_1(m_1 - m_G)^2 + P_2(m_2 - m_G)^2 \tag{10.59}$$

这个表达式也可写为

$$\sigma_B^2 = P_1 P_2(m_1 - m_2)^2 = \frac{(m_G P_1 - m)^2}{P_1(1 - P_1)} \tag{10.60}$$

式中的第一个等式由式(10.55)、式(10.56)和式(10.59)得到，第二个等式由式(10.50)~式(10.54)到得。这种形式计算上更有效，因为全局均值 m_G 只计算一次，所以对 k 的任何值只需计算两个参数 m 和 P_1。

> 式(10.60)中的第二步仅在 P_1 大于 0 并且小于 1 时才有意义，根据式(10.56)，这表明 P_2 必须满足相同的条件。

式(10.60)中的第一行指出，两个均值 m_1 和 m_2 彼此隔得越远，σ_B^2 越大，这说明类间方差是类间的可分离性测度。因为 σ_G^2 是一个常数，由此得出 η 也是一个可分离性测度，并且最大化这一测度等价于最大化 σ_B^2。然后，如本节之初所述，目标是求最大化类间方差的阈值 k。注意，式(10.57)隐式地假设 $\sigma_G^2 > 0$。仅当图像中的所有灰度级相同时，这一方差才为零，这意味着仅存在一类像素。同样，这也意味着对于常数图像有 $\eta = 0$，因为来自其自身单个类的可分离性为零。

再次引入 k，得到最终结果：

$$\eta(k) = \frac{\sigma_B^2(k)}{\sigma_G^2} \tag{10.61}$$

和

$$\sigma_B^2(k) = \frac{\left[m_G P_1(k) - m(k)\right]^2}{P_1(k)\left[1 - P_1(k)\right]} \tag{10.62}$$

从而最优阈值是 k^*，它最大化 $\sigma_B^2(k)$：

$$\sigma_B^2(k^*) = \max_{0 \le k \le L-1} \sigma_B^2(k) \tag{10.63}$$

要求 k^*，只需对 k 的所有整数值 $\left[$满足条件 $0 < P_1(k) < 1\right]$ 计算这个公式，并选取使得 $\sigma_B^2(k)$ 最大的 k 值。如果这个极大值对应于多个 k 值，那么习惯上取使得 $\sigma_B^2(k)$ 最大的各个 k 值的平均值。可以证明(见习题 10.36)，满足条件 $0 < P_1(k) < 1$ 时，总存在一个极大值。对所有 k 值计算式(10.62)和式(10.63)的开销相对较小，因为 k 能够具有的整数值的最大数量是 L，对 8 比特图像而言它只是 256。

求得 k^* 后，就可像之前那样对输入图像 $f(x, y)$ 进行分割：

$$g(x, y) = \begin{cases} 1, & f(x, y) > k^* \\ 0, & f(x, y) \le k^* \end{cases} \tag{10.64}$$

式中，$x = 0, 1, 2, \cdots, M-1$ 和 $y = 0, 1, 2, \cdots, N-1$。注意，只使用 $f(x, y)$ 的直方图就可得到计算式(10.62)所需的所有参量。除最优阈值外，与分割图像有关的其他信息可从直方图中提取。例如，在最优阈值位置计算的类的概率 $P_1(k^*)$ 和 $P_2(k^*)$，指出了阈值处理后的图像中由该类(像素组)占据的部分区域。类似地，均值 $m_1(k^*)$ 和 $m_2(k^*)$ 是原图像中类的平均灰度的估计。

一般来说，对于区间 $[0, L-1]$ 内的 k 值，式(10.61)中的测度的值域为

$$0 \le \eta(k) \le 1 \tag{10.65}$$

在最优阈值 k^* 处计算时，这个测度是类的可分离性的定量估计，于是为我们提供了使用 k^* 阈值化已知图像的精度概念。式(10.65)的下界只能由单个恒定灰度级的图像达到，上界只能由灰度为 0 和 $L - 1$ 的二值图像达到(见习题 10.37)。

Otsu 算法小结如下：

1. 计算输入图像的归一化直方图。使用 p_i，$i = 0, 1, 2, \cdots, L-1$ 表示该直方图的各个分量。

2. 用式(10.49)计算累积和 $P_1(k)$，$k = 0, 1, 2, \cdots, L-1$。

3. 用式(10.53)计算累积均值 $m(k)$，$k = 0, 1, 2, \cdots, L-1$。

4. 用式(10.54)计算全局灰度均值 m_G。

5. 用式(10.62)计算类间方差 $\sigma_B^2(k)$，$k = 0, 1, 2, \cdots, L-1$。

6. 得到 Otsu 阈值 k^*，即 $\sigma_B^2(k)$ 最大时的 k 值。如果极大值不唯一，那么取对应各个极大值的各个 k 值的平均值来得到 k^*。

7. 用式(10.58)计算全局方差 σ_G^2，然后令 $k = k^*$ 来计算式(10.61)，得到可分离性测度 η^*。

下面的例子说明了这个算法的应用。

例 10.14　使用 Otsu 方法的最优全局阈值处理。

图 10.36(a)是聚合细胞的光学显微图像，聚合细胞是用聚合物人工设计的细胞，它们对人体免疫系统而言是不可见的，例如，我们可用它们向身体的目标区域递送药物。图 10.36(b)显示了图像的直方图。本例的目的是从背景中分割出分子。图 10.36(c)是用前节给出的基本全局阈值处理算法得到的结果。因为直方图没有明显的波谷，并且背景和目标之间的灰度差很小，所以该算法未实现期望的分割。图 10.36(d)是用 Otsu 方法得到的结果，这一结果明显要好于图 10.36(c)中的结果。使用基本算法算出的阈值是 169，而使用 Otsu 方法算出的阈值是 182，后者更接近图像中定义为细胞的较亮区域。可分离性测度 η^* 是 0.467。

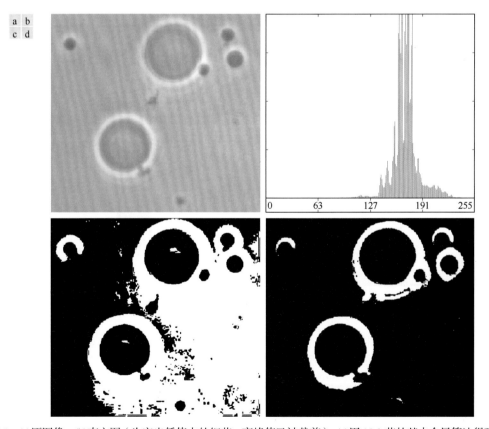

图 10.36　(a)原图像；(b)直方图（为突出低值中的细节，高峰值已被裁剪）；(c)用 10.3 节的基本全局算法得到的分割结果；(d)用 Otsu 方法得到的结果（原图像由宾夕法尼亚大学的 Daniel A. Hammer 教授提供）

有趣的是，将 Otsu 方法用于例 10.13 中的指纹图像，得到的阈值是 125，可分离性测度是 0.944。这个阈值与使用基本算法得到的阈值（已四舍五入为最接近的整数）大小相同。已知直方图的性质时，这一结果并不令人意外。事实上，由于模式之间的间隔相对较大，并且它们之间的波谷较深，因此可分离性测度较高。　■

10.3.4　使用图像平滑改进全局阈值处理

如图 10.33 所示，噪声会使得简单的阈值处理问题变得不可求解。无法从源头降低噪声，并且阈值处理是首选分割方法时，增强性能的一种技术通常是在阈值处理之前平滑图像。下面用一个例子来说明这一方法。

图 10.37(a)是来自图 10.33(c)的图像，图 10.37(b)显示了其直方图，图 10.37(c)是用 Otsu 方法对图像进行阈值处理后的结果。白色区域中的每个黑点和黑色区域中的每个白点都是阈值处理的误差，所以分割很不成功。图 10.37(d)是用一个大小为 5×5（图像大小为 651×814 像素）的平均核平滑带噪声图像后的结果，图 10.37(e)是其直方图。由于平滑处理，直方图形状的改进很明显，因此我们预料对平滑后的图像进行阈值处理得到的结果将近于完美。图 10.37(f)显示了这种情况。分割后的平滑图像中目标与背景之间的边界有轻微失真，这是平滑图像时由边界的模糊造成的。事实上，我们应该预料到，对图像平滑的次数越多，分割后的结果的边界误差越大。

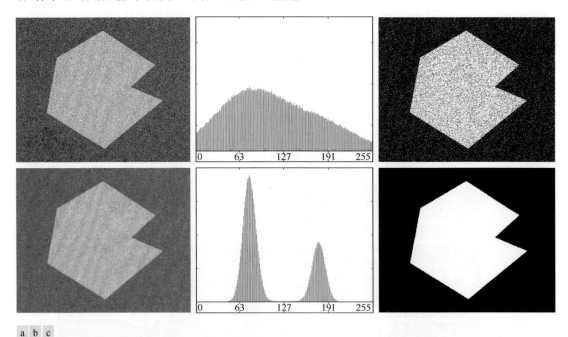

a b c
d e f

图 10.37　(a)来自图 10.33(c)的带噪声图像；(b)图像的直方图；(c)用 Otsu 方法得到的结果；(d)用一个 5×5 的平均核平滑带噪声图像的结果；(e)结果图像的直方图；(f)用 Otsu 方法阈值处理后的结果

接下来，我们研究大幅缩小前景区域相对于背景的尺寸所带来的影响。图 10.38(a)是得到的结果。这幅图像中的噪声是均值为零、标准差为 10 个灰度级（相对于前一例子中的 50）的加性高斯噪声。如图 10.38(b)所示，直方图没有清晰的波谷，因此我们应该预料到分割会失败，图 10.38(c)中的结果确认了这一事实。图 10.38(d)显示了用大小为 5×5 的平均核对图像进行平滑后的结果，图 10.38(e)

是其对应的直方图。如预料的那样,最终结果减小了直方图的扩展,但分布仍然呈单峰形式。如图10.38(f)所示, 分割再次失败。这种失败的原因可以追溯到这样一个事实, 即该区域小到无法与噪声引起的灰度扩展相比, 因此对直方图的贡献很小。在这种情况下, 下一节讨论的方法可能更成功。

10.3.5　使用边缘改进全局阈值处理

根据迄今为止的讨论,我们得出如下结论:若直方图的波峰是高的、窄的、对称的,并且被较深的波谷分开, 则找到一个 "好" 阈值的机会大大增加。改进直方图形状的一种方法是, 仅考虑那些位于或靠近目标和背景间的边缘的像素。一种直接并且明显的改进是, 直方图很少依赖目标和背景的相对大小。例如, 由大背景区域上的一个小目标组成的图像的直方图会受到大波峰的控制(反之亦然), 因为有一类像素高度集中。在图10.38 中我们看到, 这可能会导致阈值处理失败。

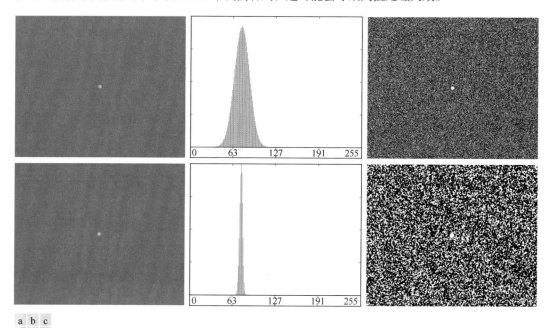

a b c
d e f

图 10.38　(a)带噪声图像;(b)带噪声图像的直方图;(c)用 Otsu 方法得到的结果;(d)用 5×5 的平均核平滑带噪声图像后的结果;(e)结果图像的直方图;(f)用 Otsu 方法对图像进行阈值处理后的结果。在这两种情况下, 阈值处理都未能提取出感兴趣的目标(更好的解决方案见图 10.39)

如果只利用位于或接近目标和背景间的边缘的像素, 那么得到的直方图将有几个高度近似相同的波峰。此外, 任何位于目标上的像素的概率将近似等于其位于背景上的概率, 从而改进了直方图模式的对称性。最后, 如下段中指出的那样, 使用满足某些基于梯度和拉普拉斯的简单测度的像素, 有加深直方图波峰间的波谷的倾向。

刚才讨论的方法假设目标和背景间的边缘是已知的。在分割过程中, 这些信息显然是不可用的, 因为在目标和背景之间找到一个分界正是分割要做的工作。然而, 一个像素是否位于边缘上, 可通过计算其梯度或拉普拉斯来确定。例如, 在边缘的过渡处, 拉普拉斯的平均值为零(见图 10.10), 因此, 根据拉普拉斯准则选取的像素所形成的直方图的波谷应该很少。这一性质往往会产生上面讨论的较深波谷。在实践中, 通常使用梯度图像或拉普拉斯图像来得到类似的结果, 后者更受青睐, 因为它在计算上更有吸引力, 而且也是使用各向同性边缘检测子创建的。

前述讨论可小结为如下算法,其中 $f(x,y)$ 是输入图像:

1. 使用 10.2 节中的任何一种方法,将边缘图像计算为 $f(x,y)$ 的梯度幅度或拉普拉斯的绝对值。

2. 规定一个阈值 T。

3. 用步骤 2 中的阈值 T 对步骤 1 中的图像进行阈值处理,得到一幅二值图像 $g_T(x,y)$。在从 $f(x,y)$ 中选取对应"强"边缘像素的下一步中,该图像用做一幅模板图像。

4. 只用 $f(x,y)$ 中对应于 $g_T(x,y)$ 中 1 值像素位置的那些像素计算直方图。

5. 用步骤 4 中的直方图全局地分割 $f(x,y)$,例如使用 Otsu 方法。

> 可以修改该算法,以便同时使用梯度图像的幅度和拉普拉期图像的绝对值。在这种情况下,我们会为每幅图像规定一个阈值,并求两个结果的逻辑"或"(OR)得到标记图像。当需要对有效边缘点施加更多的控制时,这种方法很有用。

如果将 T 设置为小于边缘图像的最小值的任何值,那么根据式(10.46)可知 $g_T(x,y)$ 全部由 1 组成,这意味着 $f(x,y)$ 的所有像素将用于计算图像的直方图。在这种情况下,前述算法变成使用原图像的直方图的全局阈值处理。习惯上将规定 T 值对应于一个百分位数,百分位数通常设置得较高(如 90%),以便在计算时使用梯度/拉普拉斯图像中的更少像素。

> 第 n 个百分位是已知集合内大于 $n\%$ 的数的最小数。例如,若读者在某次测验中得了 95 分,并且这一分数大于参加此次测验的所有学生中 85% 的学生得到的分数,则读者在测试分数中位于第 85 个百分位。

下面的例子说明了刚才讨论的概念。第一个例子使用梯度,第二个例子使用拉普拉斯。在这两个例子中,无论使用哪种方法都能得到类似的结果。重点是生成一幅合适的导数图像。

例 10.15 使用基于梯度的边缘信息改进全局阈值处理。

图 10.39(a)和(b)显示了来自图 10.38 的图像及其直方图。可以看到,这幅图像不能以先平滑后阈值处理的方式来分割。本例的目是利用边缘信息求解问题。图 10.39(c)是模板图像 $g_T(x,y)$,它是以百分位数 99.7% 阈值处理梯度幅度图像得到的。图 10.39(d)是输入图像与模板图像相乘后得到的图像。图 10.39(e)

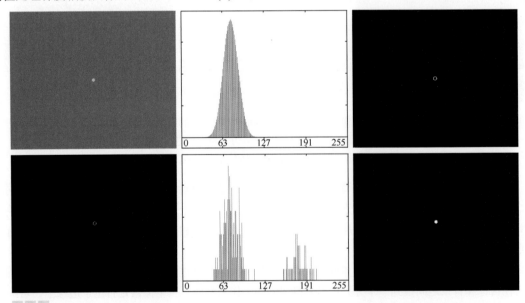

a b c
d e f

图 10.39 (a)来自图 10.38(a)的带噪声图像;(b)图像的直方图;(c)以百分位数 99.7%阈值处理梯度幅度图像得到的模板图像;(d)图(a)和图(c)相乘得到的图像;(e)图(d)所示图像中非零像素的直方图;(f)根据图(e)中的直方图,用 Otsu 方法阈值处理后的结果。阈值为 134,它在直方图中基本位于两个波峰之间的中间位置

是图 10.39(d)中非零元素的直方图。注意，该直方图具有前面讨论的重要性质，即它具有被一个较深波谷分隔的对称模式。因此，尽管原始带噪声图像的直方图没有成功进行阈值处理的希望，但图 10.39(e)中的直方图表明从背景中对小目标进行阈值处理是可行的。图 10.39(f)中的结果表明事实的确如此。这幅图像是用 Otsu 方法产生的［根据图 10.42(e)中的直方图得到一个阈值］，然后将这个 Otsu 阈值全局地应用到图 10.39(a)中的带噪声图像，得到的结果非常完美。 ∎

例 10.16 使用基于拉普拉斯的边缘信息改进全局阈值处理。

本例考虑一个更为复杂的阈值处理问题。图 10.40(a)是酵母细胞的一幅 8 比特图像，我们希望利用全局阈值处理来得到图像中与亮点对应的区域。图 10.40(b)显示了该图像的直方图，图 10.40(c)是将 Otsu 方法直接用于所示直方图的图像得到的结果。我们看到，Otsu 方法未能实现检测亮点的最初目标，尽管这种方法能隔离某些细胞区域本身，但右侧几个分割后的区域却未分开。Otsu 方法算出的阈值是 42，可分离性测度是 0.636。

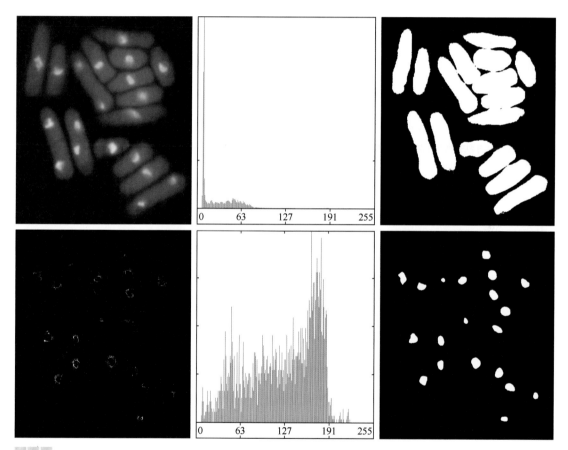

a b c
d e f

图 10.40 (a)酵母细胞图像；(b)图(a)的直方图；(c)根据图(b)中的直方图，用 Otsu 方法分割图(a)的结果；(d)拉普拉斯绝对值图像经阈值处理后的模板；(e)图(a)和图(d)之积中的非零像素的直方图；(f)根据图(e)中的直方图，使用 Otsu 方法阈值处理原图像后的结果（原图像由南加利福尼亚大学的 Susan L. Forsburg 教授提供）

图 10.40(d)的获得方式如下：首先计算拉普拉斯图像绝对值得到模板图像 $g_T(x, y)$，然后用区间[0, 255]

内的灰度级 115 作为 T 值进行阈值处理。这个 T 值大约对应于拉普拉斯图像绝对值中的百分位数 99.5%，所以在这一灰度级进行阈值处理得到了一个稀疏的像素集，如图 10.40(d)所示。注意，如前述讨论预料的那样，这幅图像中的很多点聚集在亮点的边缘附近。图 10.40(e)是图(a)和图(d)之积的非零像素的直方图。最后，图 10.40(f)是根据图 10.40(e)中的直方图，采用 Otsu 方法全局分割原图像后的结果。该结果与图像中亮点的位置一致。用 Otsu 方法算出的阈值是 115，可分离性测度是 0.762，这两个值都要高于使用原始直方图得到的值。

改变阈值设置的百分位数，甚至可以改进细胞区域的分割。例如，图 10.41 是用前一段中的相同步骤得到的结果，但阈值设置在 55 处，它约为拉普拉斯绝对值图像的最大值的 5%。这个阈值位于图像中所有值的百分位数 53.9%处。很明显，这个结果要好于图 10.40(c)所示对原图像的直方图用 Otsu 方法得到的结果。

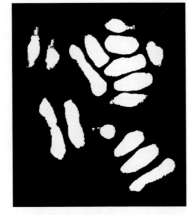

图 10.41　使用图 10.40(d)～(f)中解释的相同过程，分割图 10.40(a)中的图像得到的结果，对拉普拉斯绝对值图像进行阈值处理时使用了一个较低的阈值

∎

10.3.6　多阈值处理

迄今为止，我们关注的是用单个全局阈值对图像进行分割。Otsu 方法可以扩展到任意数量的阈值，因为基于这种方法的可分离性测度也可扩展到任意数量的类（Fukunaga[1972]）。有 K 个类 $c_1, c_2, \cdots, c_K$ 时，类间方差可归纳为如下公式：

$$\sigma_B^2 = \sum_{k=1}^{K} P_k (m_k - m_G)^2 \tag{10.66}$$

式中，

$$P_k = \sum_{i \in c_k} p_i \tag{10.67}$$

$$m_k = \frac{1}{P_k} \sum_{i \in c_k} i p_i \tag{10.68}$$

m_G 照例是由式(10.54)给出的全局均值。K 个类由 $K-1$ 个阈值分隔，这些阈值 $k_1^*, k_2^*, \cdots, k_{K-1}^*$ 是使得式(10.66)极大的值：

$$\sigma_B^2(k_1^*, k_2^*, \cdots, k_{K-1}^*) = \max_{0 < k_1 < k_2 < \cdots k_K < L-1} \sigma_B^2(k_1, k_2, \cdots, k_{K-1}) \tag{10.69}$$

虽然这个结果适用于任意数量的类，但随着类数的增加，它开始失去意义，因为我们只处理一个变量（灰度）。实际上，类间方差通常是以向量表示的多变量形式（Fukunaga[1972]）。实际工作中，当我们认为使用两个阈值能够有效地解决问题时，全局多阈值处理就被视为一种可行的方法。要求两个以上阈值的应用，通常使用更多的灰度值来求解。相反，这种方法使用的是额外的描述子（如颜色），并将应用转换为模式识别问题，详见后面关于多变量阈值处理的讨论。

> 在涉及一个以上的变量（如彩色图像的 RGB 分量）的应用中，阈值处理可以用距离测度来实现，如 6.7 节讨论的欧氏距离或马氏距离［见式(6.48)、式(6.49)和例 6.15］。

> 回顾关于坎尼边缘检测子的讨论可知，双阈值处理称为滞后阈值处理。

对于由三个灰度区间组成的三个类（三个类由两个阈值分隔），类间方差由下式给出：

$$\sigma_B^2 = P_1(m_1 - m_G)^2 + P_2(m_2 - m_G)^2 + P_3(m_3 - m_G)^2 \tag{10.70}$$

式中,

$$P_1 = \sum_{i=0}^{k_1} p_i, \quad P_2 = \sum_{i=k_1+1}^{k_2} p_i, \quad P_3 = \sum_{i=k_2+1}^{L-1} p_i \tag{10.71}$$

和

$$m_1 = \frac{1}{P_1}\sum_{i=0}^{k_1} ip_i, \quad m_2 = \frac{1}{P_2}\sum_{i=k_1+1}^{k_2} ip_i, \quad m_3 = \frac{1}{P_3}\sum_{i=k_2+1}^{L-1} ip_i \tag{10.72}$$

如式(10.55)和式(10.56)中那样,如下关系式成立:

$$P_1 m_1 + P_2 m_2 + P_3 m_3 = m_G \tag{10.73}$$

和

$$P_1 + P_2 + P_3 = 1 \tag{10.74}$$

由式(10.71)和式(10.72)可知 P、m 进而 σ_B^2 都是 k_1 和 k_2 的函数。两个最优阈值 k_1^* 和 k_2^* 是使得 $\sigma_B^2(k_1, k_2)$ 最大化的值。也就是说,如式(10.69)中那样,我们用下式求最优阈值:

$$\sigma_B^2(k_1^*, k_2^*) = \max_{0 < k_1 < k_2 < L-1} \sigma_B^2(k_1, k_2) \tag{10.75}$$

这一过程从选择第一个 k_1 值开始（该值是 1,因为求 0 灰度处的阈值没有意义;还要记住,增量值为整数,因为我们处理的是整数灰度值）。接着, k_2 在大于 k_1 和小于 $L-1$ 的范围内增加（ $k_2 = k_1 + 1, \cdots, L - 2$ ）。然后,将 k_1 增大到下一个值, k_2 再次在大于 k_1 的所有值范围内增加。重复这一过程,直到 $k_1 = L - 3$ 。该过程的结果是一个二维阵列 $\sigma_B^2(k_1, k_2)$,最后一步是在该阵列中寻找极大值。在阵列中对应极大值的 k_1 值和 k_2 值就是最优阈值 k_1^* 和 k_2^* 。若存在几个极大值,则平均对应 k_1 和 k_2 的值来得到最终的阈值。于是,阈值处理后的图像由下式给出:

$$g(x,y) = \begin{cases} a, & f(x,y) \le k_1^* \\ b, & k_1^* < f(x,y) \le k_2^* \\ c, & f(x,y) > k_2^* \end{cases} \tag{10.76}$$

式中,a, b 和 c 是任意三个不同的灰度值。

最后,前面针对单个阈值定义的可分离性测度可直接扩展到多个阈值:

$$\eta(k_1^*, k_2^*) = \frac{\sigma_B^2(k_1^*, k_2^*)}{\sigma_G^2} \tag{10.77}$$

式中,σ_G^2 是来自式(10.58)的总图像方差。

例 10.17　全局多阈值处理。

图 10.42(a)是一幅冰山的图像。本例的目的是把这幅图像分割成三个区域:暗背景、冰山的明亮区域和阴影区域。由图 10.42(b)中的图像直方图可以看出,求解这一问题需要两个阈值。按上面讨论的过程得到阈值 $k_1^* = 80$ 和 $k_2^* = 177$,由图 10.42(b)注意到,它们靠近直方图中两个波谷的中心。图 10.42(c)是在式(10.76)中使用这两个阈值得到的分割结果。可分离性测度是 0.954。分割得这样好的主要原因是,能够找到直方图中由合适宽度和深度的波谷分隔的 3 个不同模式。然而,使用超像素能够得到更好的分割结果,详见 10.5 节。

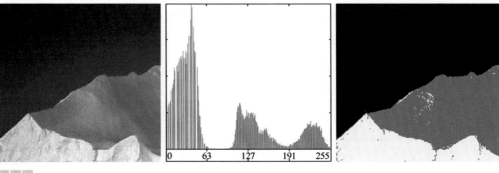

图 10.42　(a)冰山图像；(b)直方图；(c)用双 Otsu 阈值将图像分割为三个区域（原图像由 NOAA 提供）　■

10.3.7　可变阈值处理

如本节前面讨论的那样，噪声和非均匀光照等因素对阈值处理算法的性能起重要作用。我们说过，图像平滑和边缘信息的使用有助于阈值处理。然而，在用迄今为止讨论的阈值处理方法求解问题时，这类预处理要么有时不实用，要么有时无法改进阈值处理。这时，就要用到下面介绍的更复杂的可变阈值处理。

1. 基于局部图像性质的可变阈值处理

可变阈值处理的基本方法是在图像中的每个点 (x, y)，根据 (x, y) 的一个邻域的一条或多条规定性质计算阈值。尽管这种处理看起来很费力，但现代算法和硬件允许我们快速进行邻域处理，尤其是对逻辑运算和算术运算这样的常见函数。

下面用图像中每点的一个邻域内的像素的标准差和均值来说明这一方法。标准差和均值对于求局部阈值来说非常有用，因为它们是对比度和平均灰度的描述子，详见第 3 章。令 m_{xy} 和 σ_{xy} 是图像中以坐标 (x, y) 为中心的邻域 S_{xy} 所包含的像素集的标准差和均值（关于局部均值和标准差的计算见 3.3 节）。下面是基于局部图像性质的可变阈值的通用公式：

> 根据式(3.27)和式(3.28)，我们稍微简化了公式表示，即令 xy 表示以坐标 (x, y) 为中心的一个邻域 S。

$$T_{xy} = a\sigma_{xy} + bm_{xy} \tag{10.78}$$

式中，a 和 b 是非负常数，且

$$T_{xy} = a\sigma_{xy} + bm_G \tag{10.79}$$

其中 m_G 是全局图像均值。分割后的图像计算为

$$g(x, y) = \begin{cases} 1, & f(x, y) > T_{xy} \\ 0, & f(x, y) \leq T_{xy} \end{cases} \tag{10.80}$$

式中，$f(x, y)$ 是输入图像。这个公式对图像中的所有像素位置计算，并在每个位置 (x, y) 使用邻域 S_{xy} 中的像素计算不同的阈值。

> 注意，T_{xy} 是一个阈值阵列，阵列的大小与从其获取它的图像大小相同。在阵列中位置 (x, y) 处的阈值用于分割该位置的图像的值。

使用根据点 (x, y) 的邻域算出的参数的谓词逻辑，可给可变阈值处理分配更大的权重（计算量会适度增加）：

$$g(x, y) = \begin{cases} 1, & Q \text{（局部参数）为真} \\ 0, & Q \text{（局部参数）为假} \end{cases} \tag{10.81}$$

式中，Q 是一个谓词逻辑，它是用邻域 S_{xy} 中的像素算出的参数。例如，考虑如下基于局部均值和标准差的谓词逻辑 $Q(\sigma_{xy}, m_{xy})$：

$$Q(\sigma_{xy}, m_{xy}) = \begin{cases} \text{真,} & f(x,y) > a\sigma_{xy} \text{ AND } f(x,y) > bm_{xy} \\ \text{假,} & \text{其他} \end{cases} \tag{10.82}$$

注意，式(10.80)是式(10.81)的一种特殊情况，它是在 $f(x,y) > T_{xy}$ 时令 Q 为真，在其他情况下令 Q 为假得到的。在这种情况下，谓词逻辑只以一个点的灰度为基础。

例 10.18 基于局部图像性质的可变阈值处理。

图 10.43(a)是来自例 10.16 的酵母图像。这幅图像有 3 个主要的灰度级，因此假设双阈值处理是一种较好的分割方法是合理的。图 10.43(b)是用式(10.76)中小结的双阈值处理方法得到的结果。如图所示，从背景中分离明亮区域是可行的，但图像右侧的中等灰度区域未完全分割（分隔）。为说明局部阈值处理的用法，我们用大小为 3×3 的邻域对输入图像中的所有 (x,y) 计算局部标准差 σ_{xy}。图 10.43(c)显示了结果。注意微弱的外部线条是如何正确地表征细胞边界的。接下来，形成了式(10.82)所示的一个谓词逻辑，但所用的是全局均值，而不是 m_{xy}。通常，当背景近似恒定，且所有目标的灰度高于或低于背景灰度时，选择全局均值会得到较好的结果。$a = 30$ 和 $b = 1.5$ 用于完成谓词逻辑的说明（在类似这样的应用中，这些值通常是通过实验确定的）。然后，用式(10.82)分割图像。如图 10.43(d)所示，分割十分成功。要特别注意的是，所有外部区域都被正确分割，并且正确分隔了大多数较亮的内部区域。

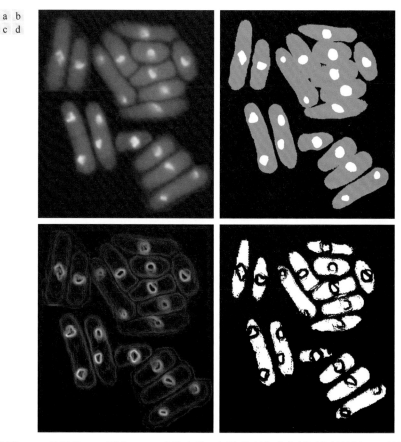

a b
c d

图 10.43 (a)来自图 10.40 的图像；(b)用式(10.76)中给出的双阈值处理方法分割图像的结果；(c)局部标准差图像；(d)用局部阈值处理得到的结果 ■

2. 基于移动平均的可变阈值处理

前一节讨论的可变阈值处理方法的一种特殊情况，是沿一幅图像的扫描行计算移动平均为基础的。在速度是一个基本要求的文档处理中，这种实现相当有用。通常，为减少光照偏差，扫描是以 Z 字形模式逐行执行的。令 z_{k+1} 表示步骤 $k+1$ 扫描序列中遇到的点的灰度。这个新点处的移动平均（平均灰度）为

$$m(k+1) = \begin{cases} \dfrac{1}{n}\sum_{i=k+2-n}^{k+1} z_i, & k \geq n-1 \\[2mm] m(k) + \dfrac{1}{n}(z_{k+1}-z_{k-n}), & k \geq n+1 \end{cases} \tag{10.83}$$

式中，n 是用于计算平均的点数，$m(1) = z_1$。对 k 施加的条件是，z_k 上的所有下标都是正数。这意味着必须用 n 个点来计算平均值。当 k 小于所示的极限时（发生在图像边界附近），用可用的图像点形成平均值。由于对图像中的每个点都计算了移动平均，所以用 $T_{xy} = cm_{xy}$ 的式(10.80)实现分割，其中 c 是一个正标量，m_{xy} 是在输入图像中点 (x,y) 处用式(10.83)计算的移动平均。

例 10.19　使用移动平均阈值处理文档。

图 10.44(a)是一幅被斑点灰度模式遮蔽的手写文本图像。这种灰度遮蔽形式在用点照明（如摄影闪光灯）得到的图像中很常见。图 10.44(b)是用 Otsu 全局阈值处理方法分割的结果。全局阈值处理不能克服灰度变化并不意外，因为当感兴趣区域嵌入到不均匀的光照场中时，这种方法通常表现较差。图 10.44(c)是使用移动平均的局部阈值处理成功分割图像后的结果。对于手写内容的图像，经验是让 n 等于平均笔画宽度的 5 倍。在这种情况下，平均宽度是 4 像素，因此我们在式(10.83)中令 $n = 20$ 并使用 $c = 0.5$。

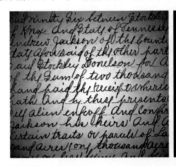

a b c

图 10.44　(a)被斑点遮蔽的文本图像；(b)用 Otsu 方法全局阈值处理图像后的结果；(c)使用移动平均局部阈值处理图像后的结果

作为这种分割方法有效性的另一个说明，我们使用与前一段中相同的参数来分割图 10.45(a)中的图像，这幅图像被正弦灰度变化污染，文档扫描仪的电源未正确接地时，通常会出现这种灰度变化。如图 10.45(b)和(c)所示，分割结果与图 10.44 中的那些结果是可比的。

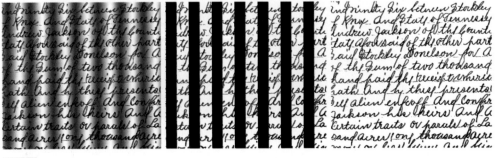

a b c

图 10.45　(a)被正弦阴影污染的文本图像；(b)使用 Otsu 方法全局阈值处理图像后的结果；(c)使用移动平均局部阈值处理图像后的结果

注意，对于 n 和 c，两种情况下都得到了成功的分割结果，表明这种方法相对稳定。一般来说，当感兴趣目标小于图像尺寸时（打印或手写文本的图像满足这一条件），基于移动平均的阈值处理效果很好。∎

10.4 使用区域生长、区域分离与聚合进行分割

如 10.1 节中讨论的那样，分割的目的是将图像分为多个区域。10.2 节根据灰度级的不连续性来寻找不同区域间的边界，进而实现分割；10.3 节根据像素性质（如灰度值或颜色）的分布，通过阈值实现分割；本节及 10.5 节和 10.6 节讨论直接寻找区域的几种分割技术；10.7 节将讨论同时寻找区域和边界的一种方法。

在继续阅读下文之前，建议回顾 10.1 节中介绍的术语。

10.4.1 区域生长

区域生长是指根据预定义的生长准则，将像素或子区域组合为更大的区域的过程。基本方法是，对于一组"种子"点，通过把那些与种子具有相同预定义性质（如灰度或颜色范围）的邻域像素添加到每个种子上，来形成增长区域。

如稍后例 10.20 中介绍的那样，根据问题的性质，我们通常可以选择一组或多组起始点。不存在先验知识时，这一过程是，首先在每个像素位置计算具有相同属性的集合，然后在生长过程中使用这些属性集将像素分配给不同的区域。如果计算的结果显示具有聚类现象，就将属性靠近聚类中心的像素作为种子。

相似性准则的选取不仅取决于所考虑的问题，而且取决于可用图像数据的类型。例如，土地利用卫星图像的分析很大程度上取决于颜色的使用。如果彩色图像中没有可用的固有信息，那么问题求解将非常困难，甚至无法求解。图像是单色图像时，必须使用一组基于灰度级和空间性质的描述子（如矩或纹理）来分析区域。第 11 章将讨论对区域特征有用的那些描述子。

如果在区域生长过程中不考虑连通性，那么单独使用描述子会产生错误的结果。例如，假设随机排列的许多像素有三个不同的灰度值。将灰度级相同的那些像素组合为一个"区域"而不考虑连通性，会得到对当前讨论而言毫无意义的分割结果。

区域生长的另一个问题是停止规则的制定。不再有像素满足加入某个区域的准则时，这个区域生长就应停止。像灰度值、纹理和彩色这样的准则，本质上是局部准则，都未考虑区域生长的"历史"。能够提升区域生长算法性能的其他准则，使用的是大小、候选像素与迄今为止已生长像素之间的相似度（如比较候选区域的灰度和增长区域的平均灰度）及正在增长的区域的形状。使用这些描述子的依据是，期望结果的模型至少部分可用。

令 $f(x, y)$ 是一幅输入图像；令 $S(x, y)$ 是一个种子阵列，阵列中种子点所在位置的值是 1，其他位置的值是 0；令 Q 是应用到每个位置 (x, y) 的一个谓词逻辑。假设阵列 f 和 S 的大小相同。基于 8 连接的一个基本区域生长算法说明如下。

关于连通分量，详见 2.5 节和 9.5 节；关于腐蚀，详见 9.2 节。

1. 在 $S(x, y)$ 中找到所有连通分量，并把每个连通分量简化为 1 个像素；把所有这种像素标记为 1。把 S 中的所有其他像素标记为 0。
2. 形成一幅图像 f_Q：输入图像在每个点 (x, y) 处满足已知的谓词逻辑 Q 时，$f_Q(x, y) = 1$；在其他情况下，$f_Q(x, y) = 0$。
3. 将 f_Q 中 8 连通到 S 中每个种子点的所有 1 值点，添加到 S 中，形成图像 g。

4. 使用不同的区域标记（如整数或字母）标识 g 中的每个连通分量。这就是由区域生长得到的分割后的图像。

下例说明了这一算法的原理。

例 10.20　使用区域生长分割图像。

图 10.46(a)是焊缝（水平深色区域）的 8 比特 X 射线图像，图像中含有几条裂缝和孔隙（水平横贯图像中心的明亮区域）。下面通过分割这个有缺陷的焊缝区域来说明区域生长的应用。这些区域可用在焊缝检测或自动焊接系统控制等应用中。

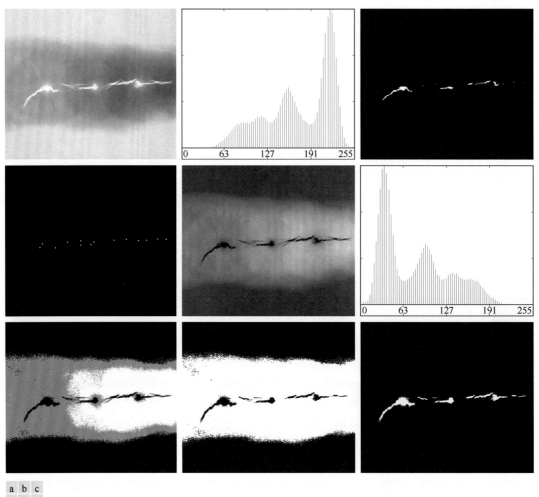

a b c
d e f
g h i

图 10.46　(a)缺陷焊缝的 X 射线图像；(b)直方图；(c)初始种子图像；(d)最终种子图像（为清晰起见，点已被放大）；(e)种子值（255）和图(a)的差的绝对值；(f)图(e)的直方图；(g)使用双阈值对图像进行阈值处理后得到的差值图像；(h)使用最小的双阈值对图像进行阈值处理后得到的差值图像；(i)采用区域生长得到的分割结果（原图像由 X-TEK Systems 有限公司提供）

第一步是确定种子点。根据问题的物理性质，我们知道，与实心焊缝相比，裂缝和孔隙对 X 射线的衰减要小得多；因此，我们认为在 X 射线图像中，包含这类缺陷的区域要明显比其他区域亮。使用一个设置为高百分位的阈值对原图像进行阈值处理，能够提取出种子点。图 10.46(b)显示了图像的直方图，图 10.46(c)是用等于图像中灰度值百分位 99.9 的阈值（这种情况下灰度值为 254）对图像进行阈值处理后的结果（关于百分位的说明见 10.3 节）。图 10.46(d)是把图 10.46(c)中的每个连通分量形态学腐蚀为单个点后的结果。

接下来，我们必须规定一个谓词逻辑。在本例中，我们的兴趣是把满足如下要求的所有像素添加到每个种子上：(a)与种子是 8 连通的，(b)与种子是"相似的"。如果使用绝对灰度差作为相似性测度，那么在每个位置 (x, y) 应用的谓词逻辑是

$$Q = \begin{cases} \text{TRUE}, & \text{种子和}(x, y)\text{处像素间的绝对灰度差} \leq T \\ \text{FALSE}, & \text{其他} \end{cases}$$

式中，T 是一个规定的阈值。尽管这个谓词逻辑是基于灰度差的，并且使用单个阈值，但我们可以规定更加复杂的方案：对每个像素应用不同的阈值，并使用不是灰差值的其他性质。对于本例，前面的谓词逻辑足以求解问题。

根据前一段，我们知道所有种子的值都是 255，因为图像是使用阈值 254 进行阈值处理得到的。图 10.46(e)显示了种子值（255）和图 10.46(a)所示图像的差。图 10.46(e)所示图像中包含了计算每个位置 (x, y) 处的谓词逻辑所需的差。图 10.46(f)显示了对应的直方图。谓词逻辑中需要使用一个阈值来建立相似性。这个直方图有三个主要模式，因此我们能够对差值图像应用 10.3 节中讨论的双阈值处理技术。本例中得到的两个阈值是 $T_1 = 68$ 和 $T_2 = 126$，它们近似对应于直方图中的两个波谷[使用这两个阈值，我们分割了图像。图 10.46(g)中的结果表明，尽管这些阈值位于直方图的波谷中，但使用双阈值无法分割缺陷]。

图 10.46(h)显示了只用 T_1 阈值处理差值图像后的结果。黑点是谓词逻辑为"真"（TRUE）的像素，其他点是谓词逻辑为"假"（FALSE）的像素。这里的重要结果是，良好焊缝区域中的点的谓词逻辑为"假"，因此未包含在最终结果中。根据区域生长算法，外部区域中的点将不考虑为候选点。然而，步骤 3 会拒绝外部点，因为它们与种子不是 8 连通的。事实上，如图 10.46(i)所示，这一步导致了正确的分割，表明连通性的使用是本例的基本需求。最后，注意到在步骤 4 中，我们对算法找到的所有区域使用了同一个值。在这种情况下，这样做在视觉上是可取的，因为所有这些区域在这个应用中有着相同的物理含义——它们都表示孔隙。　■

10.4.2　区域分离与聚合

刚才讨论的过程从种子点开始生长区域。另一种方法是，首先将图像细分为一组不相交的区域，然后在满足 10.1 节中声明的分割条件下，聚合和/或分离这些区域。下面讨论分离和聚合的基础知识。

令 R 表示整个图像区域并选择一个谓词逻辑 Q。分割 R 的一种方法是，依次将它细分为越来越小的四象限区域，以便对于任何区域 R_i 有 $Q(R_i) = \text{TRUE}$。下面从整个区域 R 开始。$Q(R) = \text{FALSE}$ 时，将图像细分为 4 个子象限区域。如果对任何子象限区域 Q 为 FALSE，那么将这个子象限区域细分为 4 个子子象限区域，以此类推。这种分离技术有一种方便的表示形式，即所谓的四叉树；也就是说，每个节点都刚好有 4 个后代，如图 10.47 所示（对应于一个四叉树的节点的图像，有时称为四分区域或四分图像）。注意，树根对应于整幅图像，而每个节点对应于该节点的 4 个细分子节点。在这种情况下，只有 R_4 被进一步细分。

如果只使用分离，那么最后的分割通常包含具有相同性质的邻接区域。通过允许聚合和分离，可以弥补这一缺点。要满足 10.1 节中声明的分割约束条件，只需聚合其合并像素满足谓词逻辑 Q 的那些邻接区域。也就是说，仅当 $Q(R_j \bigcup R_k) = \text{TRUE}$ 时，两个邻接区域 R_j 和 R_k 才能聚合。

> 关于区域邻接的讨论，详见 2.5 节。

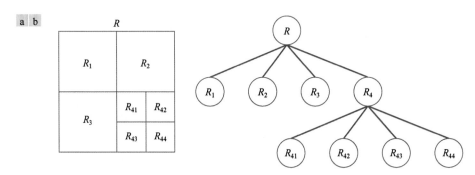

图 10.47　(a)被分割的图像；(b)对应的四叉树。R 表示整个图像区域

前述讨论可以小结为如下过程，在这个过程的任何一步，我们

1. 把满足 $Q(R_i)$ = FALSE 的任何区域 R_i 分离为 4 个不相交的子象限区域。
2. 无法进一步分离时，聚合满足谓词逻辑 $Q(R_j \cup R_k)$ = TRUE 的任意两个邻接区域 R_j 和 R_k。
3. 无法进一步聚合时，停止操作。

这个基本方案存在许多变体。例如，在步骤 2 中，如果两个邻接区域 R_k 和 R_j 各自都满足谓词逻辑，那么聚合这两个区域会得到明显简化的结果。这导致了一个更简单（并且速度更快）的算法，因为谓词逻辑的检验被限制到各个四分区域上。如下例所示，这一简化仍然能够产生较好的分割结果。

例 10.21　使用区域分离和聚合分割图像。

图 10.48(a)是天鹅星座环的一幅大小为 566×566 的 X 射线波段图像。本例的目的是分割（从图像中提取）围绕致密内部区域的"环状"松散物质。感兴趣区域具有一些有助于分割的明显特征。首先，我们注意到该区域中的数据具有随机性，表明其标准差应大于背景的标准差（接近于 0）和大中心区域的标准差。类似地，包含外环中数据的一个区域的均值（平均灰度）应大于暗背景的均值，但小于亮中心区域的均值。因此，我们应该能够使用下面的谓词逻辑来分割感兴趣区域：

$$Q(R) = \begin{cases} \text{TRUE}, & \sigma_R > a \text{ AND } 0 < m_R < b \\ \text{FALSE}, & \text{其他} \end{cases}$$

式中，σ_R 和 m_R 是正被处理区域的标准差和均值，a 和 b 是非负常数。

对感兴趣外部区域中的几个区域的分析表明，这些区域中像素的平均灰度不超过 125，并且标准差总是大于 10。图 10.48(b)到(d)显示了对 a 和 b 使用这些值，并将四分区域的最小尺寸从 32 变到 8 得到的结果。四分区域中满足谓词逻辑的像素设置为白色，其他像素则设置为黑色。在捕获外部区域的形状方面，最好的结果是用大小为 16×16 的四分区域得到的。图 10.48(d)中的黑色小方块是大小为 8×8 的四分区域，这些区域中的像素不满足谓词逻辑。使用的四分区域越小，得到的黑色小方块越多。使用比这里说明的区域更大的区域时，会导致更加"块状"的分割。注意，在所有情况下，分割后的区域（白色像素）是一个连通区域，它完全分隔了平滑的内部区域和背景。因此，这一分割有效地把图像分成了 3 个不同的区域，它们对应于图像中的三个主要特征：背景、致密区域和稀疏区域。使用图 10.48 中的任何一个白色区域作为模板时，从原图像中提取这些区域很简单（见习题 10.43）。如例 10.20 中那样，使用基于边缘或基于阈值的分割不可能得到这些结果。

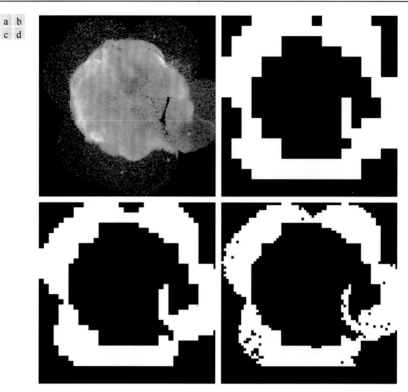

图 10.48　(a)由 NASA 的哈勃太空望远镜在 X 射线波段拍摄的天鹅星座环超新星图像；(b)～(d)将允许的最小四分区域分别限制为 32×32、16×16 和 8×8 像素时得到的结果（原图像由 NASA 提供）

　　如上例中所用的那样，基于一个区域内像素灰度的均值和标准差的性质，试图量化该区域的纹理（关于纹理的讨论见 11.3 节）。纹理分割的概念基于谓词逻辑中使用的纹理测度。换句话说，根据纹理内容规定谓词逻辑，就可以使用本节讨论的任何一种方法进行纹理分割。

10.5　使用聚类和超像素的区域分割

　　本节讨论两种相关的区域分割方法。第一种方法是在数据中寻找聚类的经典方法，它与亮度和颜色等变量有关。第二种方法是用聚类从图像中提取"超像素"的现代方法。

> 一种更通用的聚类是无监督聚类，在这种聚类中，聚类算法试图在一个已知的样本集合中找到一组有意义的聚类。我们不讨论这个主题，因为这里的重点是说明如何使用有监督聚类分割图像。

10.5.1　用 k 均值聚类的区域分割

　　本章所用聚类方法的基本思想是，将向量观测值集合 Q 划分为规定数量 k 的聚类。在 k 均值聚类中，每个观测值都被分配给具有最近均值的聚类（该方法因此而得名），因此每个均值称为其聚类的原型。k 均值算法是一个迭代过程，它不断地细化均值，直到均值收敛。

　　令 $\{z_1, z_2, \cdots, z_Q\}$ 是向量观测值集合（样本）。这些向量的形式为

$$z = \begin{bmatrix} z_1 \\ z_2 \\ \vdots \\ z_n \end{bmatrix} \tag{10.84}$$

在图像分割中，向量 z 的每个分量表示一个数值像素属性。例如，若分割只基于灰度尺度灰度，则 $z = z$ 是一个表示像素灰度的标量。如果我们正在分割 RGB 彩色图像，那么 z 通常是一个三维向量，这个三维向量的每个分量是三幅主彩色图像中的一个像素的灰度，详见第 6 章中的讨论。k 均值聚类的目的是将观测集合 Q 划分为 k（$k \le Q$）个满足如下最优准则的不相交的聚类集合 $C = \{C_1, C_2, \cdots, C_k\}$ [①]:

$$\arg \min_C \left(\sum_{i=1}^{k} \sum_{z \in C_i} \|z - m_i\|^2 \right) \tag{10.85}$$

式中，m_i 是集合 C_i 中样本的均值向量（或质心），$\|arg\|$ 是参数的向量范数。通常使用欧几里得范数，因此 $\|z - m_i\|$ 项是从 C_i 中的一个样本到均值 m_i 的欧氏距离。换言之，这个公式说，我们感兴趣的是找到集合 $C = \{C_1, C_2, \cdots, C_k\}$，集合中的每个点到该集合的均值的距离之和是最小的。

遗憾的是，求这个极小值是一个 NP 困难问题，因为这个问题实际上无解。于是，这些年来人们提出了一些启发式方法，以便试图找到这一极小的近似。本节讨论"标准的" k 均值算法，这种算法依据的是欧氏距离（见 2.6 节）。对于给定的向量观测值集合 $\{z_1, z_2, \cdots, z_Q\}$ 和一个规定的 k 值，这一算法如下：

1. 初始化算法：规定一组初始均值 $m_i(1)$, $i = 1, 2, \cdots, k$。
2. 将样本分配给聚类：将每个样本分配给均值最接近的聚类集合（关系被任意求解，但样本只分配给一个聚类）：

$$z_q \to C_i, \ \text{如果} \|z_q - m_i\|^2 < \|z_q - m_j\|^2, \ j = 1, 2, \cdots, k(j \neq i); \ q = 1, 2, \cdots, Q$$

3. 更新聚类中心（均值）：

$$m_i = \frac{1}{|C_i|} \sum_{z \in C_i} z, \ i = 1, 2, \cdots, k$$

> 这些初始均值是初始聚类中心，也称种子。

式中，$|C_i|$ 是聚类集合 C_i 的样本数。

4. 完成性检验：计算当前步骤和前一步中均值向量之间的差的欧几里得范数。计算残差 E，即 k 个范数之和。若 $E \le T$，其中 T 是一个规定的非负阈值，则停止。否则，返回步骤 2。

当 $T = 0$ 时，该算法在有限次数的迭代后收敛到一个局部极小。它不保证产生使式(10.85)最小所需的全局极小。收敛时的结果取决于为 m_i 选择的初始值。在数据分析中经常使用的一种方法是，将初始均值规定为从给定样本集中随机选取的 k 个样本，并运行该算法多次，每次运行算法时使用一个新的随机初始样本集。这是为了检验解的"稳定性"。在图像分割中，重要的问题是为 k 选择的值，因为它决定了分割区域的数量。

例 10.22 用 k 均值聚类分割图像。

图 10.49(a)显示了一幅大小为 688×688 像素的图像，图 10.49(b)是用 k 均值算法（$k = 3$）分割图像得到的结果。如看到的那样，该算法高精度地提取了图像中的所有有意义的区域。例如，比较两幅图像中字符的质量。重要的是，要认识到整个分割是对单个变量（灰度）聚类完成的。由于 k 均值处理的通常是向量观测值，因此其区分不同区域的能力随着式(10.84)中向量 z 的分量数的增加而增强。

---

① 记住，$\min(h(x))$ 是相对于 x 的最小值，而 $\arg \min_x(h(x))$ 是 h 最小时的 x 值。

图 10.49　(a)大小为 688×688 像素的图像；(b)使用 $k = 3$ 的 k 均值算法分割图像后的结果　■

10.5.2　使用超像素的区域分割

超像素的思想是，通过将像素组合到比各个像素更有感知意义的原始区域来取代标准像素网格。目的是减少计算开销，并通过减少不相关的细节来提高分割算法的性能。一个简单的例子有助于说明超像素表示的基本方法。

图 10.50(a)显示了一幅大小为 600×800（480000）像素的图像，其中包含可以口头描述如下的多层细节："这是前景中两个大木雕及大木雕后面栅栏上至少三个小得多的木雕的图像。这些木雕位于海滩上，背景是海洋和天空。"图 10.50(b)显示了由 4000 个超像素及其边界表示的同一幅图像（边界只供参考，它们不是数据的一部分），图 10.50(c)显示了超像素图像。有人可能会说，超像素图像中的细节层次会导致与原图像相同的描述，但前者只包含 4000 个原始像素，而不是原图像中的 480000 个像素。超像素表示是否"符合需要"，取决于具体应用。如果目的是以上面提到的细节层次来描述图像，那么答案是肯定的。另一方面，如果目的是检测像素级分辨率的缺陷，那么答案显然是否定的。在有些应用（如计算机医学诊断）中，任何类别的近似表示都是不可接受的。然而，在许多应用领域（如图像数据库查询、自主导航和机器人的某些分支）中，实现的经济性和分割性能的潜在改进远远超过图像细节的任何损失。

> 图 10.50(b)和(c)是用本节稍后讨论的方法得到的。

图 10.50　(a)大小为 600×800（480000）像素的图像；(b)由 4000 个超像素组成的图像［为便于参考，超像素图像上叠加了超像素之间的边界（白色），这些边界不是数据的一部分］；(c)超像素图像（原图像由美国国家公园管理局提供）

超像素表示的一个重要需求是对边界的附着性。这意味着在超像素图像中必须保持感兴趣区域之间的边界。我们看到，图 10.50(c)中的图像的确如此。例如，木雕和背景之间的边界非常清晰。海滩和海洋之间及海洋与天空之间的边界也非常清晰。其他的重要特征是保留了拓扑性和计算效率。本节中讨论的超像素算法满足这些需求。

作为另一个示例，我们给出将超像素数量大幅减少到 1000、500 和 250 后的结果。与图 10.50(a)相比，图 10.51 中的结果丧失了大量细节，但前两幅图像中包含了与前面讨论的图像描述相关的大部分细节。一个明显的区别是，删除了后面栅栏上三个小木雕中的两个。250 个元素的超像素图像中，甚至删除了第三个小木雕，但保留了主要区域之间的边界及图像的基本拓扑。

图 10.51　上一行：使用 1000 个、500 个和 250 个超像素表示图 10.50(a)的结果。为便于参考，超像素之间的边界照例叠加到了图像上。下一行：超像素图像

1. SLIC 超像素算法

本节讨论生成超像素的一种算法，即简单线性迭代聚类（SLIC）。由 Achanta et al.[2012]开发的这个算法原理简单，与其他超像素技术相比具有计算优势和其他性能优势。SLIC 是对上节讨论的 k 均值算法的一种改进。SLIC 观测通常使用（但不限于）包含三个颜色分量和两个空间坐标的五维向量。例如，如果正在使用 RGB 彩色系统，那么与图像像素相关联的五维向量为

> 如第 11 章中所述，包含图像属性的向量称为特征向量。

$$z = \begin{bmatrix} r \\ g \\ b \\ x \\ y \end{bmatrix} \tag{10.86}$$

式中，(r, g, b) 是像素的三个颜色分量，(x, y) 是像素的两个空间坐标。令 n_{sp} 是所需要的超像素数，令 n_{tp} 是图像中的像素总数。初始的超像素中心 $m_i = [r_i, g_i, b_i, x_i, y_i]^T$，$i = 1, 2, \cdots, n_{sp}$ 是对图像以间距为 s 个单位的规则网格取样得到的。为了生成大小近似相等的超像素（面积），选择网格间距为 $s = [n_{tp}/n_{sp}]^{1/2}$。为了防止在图像边缘对超像素中心化，并减少从噪声点开始的机会，将初始聚类中心移到每个中心周围的 3×3 邻域的最小梯度位置。

SLIC 超像素算法由以下步骤组成。记住，一般情况下，超像素是向量。当我们引用算法中的“像素”时，指的是超像素相对于图像的 (x, y) 位置。

1. 初始化算法：以规则网格步长 s 对图像取样，计算初始的超像素聚类中心，

$$\boldsymbol{m}_i = [r_i, g_i, b_i, x_i, y_i]^{\mathrm{T}}, \quad i = 1, 2, \cdots, n_{sp}$$

将聚类中心移至 3×3 邻域中的最小梯度位置。对于图像中的每个像素位置 p，设置标签 $L(p) = -1$ 和距离 $d(p) = \infty$。

2. 将样本分配给聚类中心：对于每个聚类中心 $\boldsymbol{m}_i$，$i = 1, 2, \cdots, n_{sp}$，在一个关于 $\boldsymbol{m}_i$ 的 $2s \times 2s$ 邻域中，计算 $\boldsymbol{m}_i$ 与每个像素 p 之间的距离 $D_i(p)$。然后，对于每个 p 和 $i = 1, 2, \cdots, n_{sp}$，若 $D_i < d(p)$，则令 $d(p) = D_i$ 和 $L(p) = i$。

3. 更新聚类中心：令 C_i 表示图像中具有标记 $L(p) = i$ 的像素集。更新 $\boldsymbol{m}_i$：

$$\boldsymbol{m}_i = \frac{1}{|C_i|} \sum_{z \in C_i} z, \quad i = 1, 2, \cdots, n_{sp}$$

式中，$|C_i|$ 是集合 C_i 中的像素数，z 由式(10.86)给出。

4. 收敛性检验：计算当前步骤和前述步骤中平均向量之间的差的欧几里得范数。计算残差 E，即 n_{sp} 个范数之和。若 $E < T$，其中 T 是一个规定的非负阈值，则进入步骤 5。否则，回到步骤 2。

5. 后处理超像素区域：将每个区域 C_i 中的所有超像素替换为它们的平均值 $\boldsymbol{m}_i$。

注意，在步骤 5 中，超像素以常数值的连续区域结束。平均值不是计算这个常数的唯一方法，但它是使用最广泛的方法。对于灰度级图像，平均值只是超像素区域中的所有像素的平均灰度。这个算法类似于前一节中的 k 均值算法，但距离 D_i 不规定为欧氏距离(见下文)，并且这些距离是针对大小为 $2s \times 2s$ 的区域计算的，而不是针对图像中的所有像素计算的，因此大大减少了计算时间。实践中，SLIC 相对于 E 的收敛可用较大的 T 值实现。例如，Achanta et al.[2012]报告的所有结果是用 $T = 10$ 得到的。

2. 规定距离测度

SLIC 超像素对应于一个空间中的聚类，这个空间的坐标是颜色和空间变量。在这种情况下，使用单个欧氏距离是没有意义的，因为这个坐标系的轴的尺度是不同的，并且是不相关的。换句话说，空间距离和颜色距离必须分开处理。这是通过首先归一化各个分量的距离，然后将它们组合为单个测度来实现的。令 d_c 和 d_s 分别是聚类中两个点间的颜色距离和空间欧氏距离：

$$d_c = \left[(r_j - r_i)^2 + (g_j - g_i)^2 + (b_j - b_i)^2 \right]^{1/2} \tag{10.87}$$

和

$$d_s = \left[(x_j - x_i)^2 + (y_j - y_i)^2 \right]^{1/2} \tag{10.88}$$

然后将 D 定义为复合距离：

$$D = \left[(d_c / d_{cm})^2 + (d_s / d_{sm})^2 \right]^{1/2} \tag{10.89}$$

式中 d_{cm} 和 d_{sm} 是 d_c 和 d_s 的最大期望值。最大空间距离应对应于取样间隔，即 $d_{sm} = s = [n_{tp} / n_{sp}]^{1/2}$。求最大颜色距离并不简单，因为这些距离可能会因聚类的不同而不同，也可能会因图像的不同而不同。一种解法是，将 d_{cm} 设置为一个常数 c，使得式(10.89)成为

$$D = \left[(d_c / c)^2 + (d_s / s)^2 \right]^{1/2} \tag{10.90}$$

我们可将上式写为

$$D = \left[(d_c)^2 + (d_s / s)^2 c^2 \right]^{1/2} \tag{10.91}$$

这是对算法中的每个聚类使用的距离测度。常数 c 可用来加权颜色相似性和空间接近性之间的相对重要性。当 c 很大时，空间接近性更重要，由此产生的超像素更紧凑。当 c 较小时，产生的超像素对图

像边界有着更强的附着性，但大小和形状更不规则。

对于灰度级图像，如例 10.23 所示，我们在式(10.91)中使用

$$d_c = \left[(l_j - l_i)^2 \right]^{1/2} \tag{10.92}$$

其中 l 是正被计算其距离的点的灰度级。

在三维情况下，超像素变成超体素，它通过定义下式来处理：

$$d_s = \left[(x_j - x_i)^2 + (y_j - y_i)^2 + (z_j - z_i)^2 \right]^{1/2} \tag{10.93}$$

式中，z 是第三个空间方向的坐标。我们还必须将第三个空间变量 z 添加到式(10.86)所示的向量中。

由于算法中未强制连通性，因此收敛后保留孤立像素是可能的。它们是用一个连接分量算法（见 9.6 节）为最近聚类分配的标签。尽管我们是在 RGB 彩色分量上下文中说明这一算法的，但这种方法同样适用于其他彩色系统。实际上，式(10.86)中向量 z 的其他分量（空间变量除外）可以是其他实值特征值，条件是可以为它们定义有意义的距离测度。

例 10.23   使用超像素分割图像。

图 10.52(a)是冰山的一幅图像，图 10.52(b)是用上一节开发的 k 均值算法分割该图像的结果，$k = 3$。尽管分割出了图像中的几个主要区域，但在冰山区域及分隔冰山与背景的边界上出现了大量分割错误。分割错误显示为孤立的像素（和一小组像素），并且带有错误的阴影（如白色区域内的黑色像素）。图 10.52(c)是图像的 100 个超像素表示，其上叠加了作为参考的超像素边界，图 10.52(d)显示了不带边界的相同图像。图 10.52(e)是用 k 均值算法分割图(d)的结果，k 照例等于 3。注意，相对于图(b)的明显改善表明，原图像中（不相关）的细节要比正确分割所需的细节多得多。在计算优势方面，生成图 10.52(b)需要单独处理 300K 个像素，而生成图 10.52(e)只需要单独处理 100 个像素。

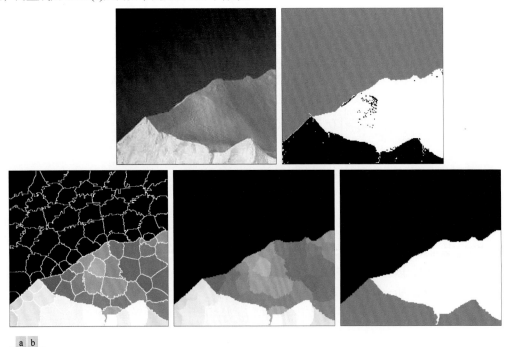

a b
c d e

图 10.52   (a)大小为 533×566（301678）像素的图像；(b)使用 k 均值算法分割图像后的结果；(c)显示了参考边界的 100 个像素的超像素图像；(d)无边界的相同图像；(e)使用 k 均值算法分割超像素图像(d)后的结果（原图像由 NOAA 提供）

10.6 使用图割分割区域

本节讨论一种将图像分割为多个区域的方法。这种方法的原理是，首先将图像中的各个像素表示为图的各个节点，然后求图到节点组的最优分割（切割）。最优的判断准则是，某个组（如一个区域）中的成员的准则值较高，而不同组中的成员的准则值较低。本节稍后会讲到，在某些情况下，图割分割的结果要优于迄今为止讨论的任何分割方法的结果。这种优点的代价是增大了实现的复杂性，进而降低了执行的速度。

10.6.1 作为图的图像

图 G 是由节点集合 V 和连接这些顶点的边的集合 E 组成的数学结构：

> 节点和边也称顶点和链。

$$G = (V, E) \tag{10.94}$$

式中，V 是一个集合，

$$E \subseteq V \times V \tag{10.95}$$

是 V 中有序元素对的集合。若 $(u,v) \in E$ 意味着 $(v,u) \in E$，反之亦然，则图被称为无向图；否则，图被称为有向图。例如，我们可将街道地图视为一个图，图中的节点是街道交叉口，边是连接这些交叉口的街道。若所有街道都是双向的，则图是无向的（意味着我们可从任意两个交叉口走两条路）。否则，若至少有一条街道是单向街道，则图是有向的。

> 关于笛卡儿积 $V \times V$ 的说明，以及对本节所用集合符号的回顾，见 2.5 节。

我们感兴趣的图是无向图，无向图的边由矩阵 W 进一步表征，无向图的元素 $w(i,j)$ 是与连接节点 i 和 j 的边相关联的权重。因为图是无向的，所以有 $w(i,j) = w(j,i)$，这表明 W 是对称矩阵。所选权重与所有节点对之间的一个或多个相似性测度成正比。边与权相关联的图称为加权图。

本节的基本内容是将待分割图像表示为一个加权的无向图，其中图的节点是图像中的像素，边在每对节点之间形成。每条边的权重 $w(i,j)$ 是节点 i 和 j 之间相似性的函数。然后，试着将图的节点划分为不相交的子集 $V_1, V_2, \cdots, V_K$，按照某个测度，一个子集内的节点之间的相似性高，而不同子集的节点之间的相似性低。分割后的子集的节点，对应于分割后的图像中的区域。

> 超像素也非常适合作为图的节点。因此，当我们在本节中提到图像中的"像素"时，指的也是超像素。

通过切割图将集合 V 划分为多个子集。图的一次切割将 V 分为两个子集 A 和 B，满足

$$A \cup B = V \text{ 和 } A \cap B = \varnothing \tag{10.96}$$

其中，切割是通过删除连接子图 A 和 B 的边来实现的。使用图割来分割图像时，有两个关键问题：（1）如何关联图与图像；（2）如何以将图像分割成背景和前景（目标）像素的方式来切割图。下面介绍如何解决这两个问题。

图 10.53 显示了由图像生成图的一种简化方法。图中的节点对应于图像中的像素，为便于说明，我们只允许相邻像素之间的边使用 4 连通，这意味着不存在连接这些像素的对角边。但要记住的是，一般来说，边在每对像素之间规定。边的权重通常由空间关系（如到顶点像素的距离）和灰度测度（如纹理和颜色）形成，这与展示像素间的相似性一致。在这个简单的例子中，我们将两个像素间的相似度定义为它们的灰度差的倒数。也就是说，对于两个节点（像素）n_i 和 n_j，它们之间的边的权重是 $w(i,j) = 1/\left(\left|I(n_i) - I(n_j)\right| + c\right)$，其中 $I(n_i)$ 和 $I(n_j)$ 是两个节点（像素）的灰度，c 是防止被零除而包含的一个常数。因此，相邻像素之间的灰度值越接近，w 的值就越大。

为便于说明，图 10.53 中每条边的宽度，与其连接的两个像素之间的相似度成正比（见习题 10.44）。如图中所示，暗像素之间的边要强于暗像素与亮像素之间的边，反之亦然。从原理上讲，分割是沿其弱边切割图来实现的，如图 10.53(d) 中的虚线所示。图 10.53(c) 显示了分割后的图像。

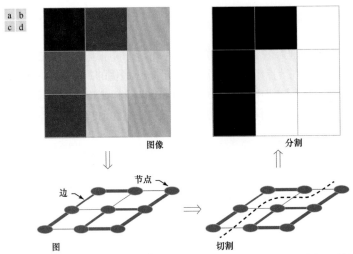

图 10.53　(a)一幅大小为 3×3 的图像；(c)对应的图；(d)图割；(b)分割后的图像

　　尽管图 10.53 中的基本结构是本节讨论的重点，但为了完整起见，我们还将介绍构建图像的图的另一种常用方法。图 10.54 显示了刚才讨论的图，但图中出现了两个额外的节点，分别称为源终端节点和汇聚终端节点，每个源终端节点或汇聚终端节点通过名为 t 链的单向链连接到图中的所有节点。终端节点不是图像的一部分；例如，它们的作用是将每个像素与它是一个背景像素或是一个前景（目标）像素的概率关联起来。概率是 t 链的权重。在图 10.54(c)和(d)中，每个 t 链的宽度与它连接的图形节点是前景像素或背景像素的概率成正比（所示的宽度使得分割结果与图 10.53 中的相同）。我们称两个节点中的哪个为背景或前景是任意的。

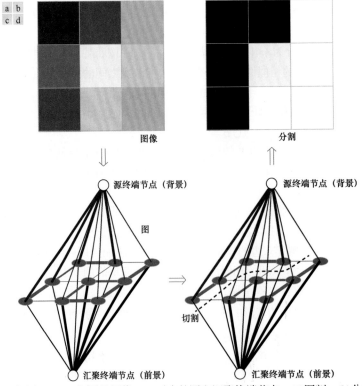

图 10.54　(a)与图 10.53(a)相同的图像；(c)对应的图和汇聚终端节点；(d)图割；(b)分割后的图像

10.6.2　最小图割

将图像表示为图后，下一步是将图切割为两个或多个子图。每个子图中的节点（像素）都对应于分割后的图像中的一个区域。基于图 10.54 的方法，依赖于将图解释为流网络（如管道）并得到通常称为最小图割的内容。这一表述依据的是所谓的最大流、最小割定理。这个定理指出，在流网络中，从源终端节点传递到汇聚终端节点的最大流量等于最小割。最小割定义为边的最小总权重，若删除它，则会断开汇聚终端节点与源终端节点：

$$\text{cut}(A,B) = \sum_{u \in A, v \in B} w(u,v) \tag{10.97}$$

式中，A 和 B 满足式(10.96)。图的最优划分是使得这个切割值最小的划分。这种划分的数量是指数级的，因此计算起来较为困难。然而，为求解最大流问题，人们开发了许多以多项式时间运行的高效算法。因此，根据最大流、最小割定理，我们可以对图像分割应用这些算法，条件是我们将分割作为一个流问题处理，并为边和 t 链选择使图割最小的权重，进而得到有意义的分割。

尽管最小割方法提供了一种优雅的解决方案，但它会导致分组倾向于在图中切割一小组孤立的节点，进而导致不正确的分割。图 10.55 中显示了一个例子，其中两个感兴趣的区域由像素分组的紧密性表征。反映这一性质的有意义的边的权重与点对之间的距离成反比。但这会为孤立点分配更小的权重，进而导致如图 10.55 所示的最小割。事实上，任何将图中左侧各点分割开来的切割，与根据接近度将这些点正确地分为两组的切割相比，在式(10.97)中都会有一个更小的切割值，如图 10.55 中所示的分割。本节介绍的方法由 Shi and Malik[2000]提出（另见 Hochbaum[2010]），其目的是通过重新定义切割的概念来避免这类行为。

这种方法不使用连接两个分区的边的总权值，而使用"分离"测度来计算图中连接到所有节点的全部边的一部分作为代价。这个称为归一化切割（Ncut）的测度定义为

$$\text{Ncut}(A,B) = \frac{\text{cut}(A,B)}{\text{assoc}(A,V)} + \frac{\text{cut}(A,B)}{\text{assoc}(B,V)} \tag{10.98}$$

式中，$\text{cut}(A,B)$ 由式(10.97)给出，

$$\text{assoc}(A,V) = \sum_{u \in A, z \in V} w(u,z) \tag{10.99}$$

是从子图 A 的节点到整个图的节点的所有边的权重之和。类似地，

$$\text{assoc}(B,V) = \sum_{v \in B, z \in V} w(v,z) \tag{10.100}$$

是从 B 的所有边到整个图的节点的所有边的权重之和。如看到的那样，$\text{assoc}(A,V)$ 是 A 与图的其余部分的切割，$\text{assoc}(B,V)$ 是 B 与图的其余部分的切割。

使用 $\text{Ncut}(A,B)$ 而非 $\text{cut}(A,B)$，分开孤立点的切割将不再具有小值。例如，由图 10.55 可以看出，如果 A 是所示的单个节点，那么 $\text{cut}(A,B)$ 和 $\text{assoc}(A,V)$ 的值相同。因此，无论 $\text{cut}(A,B)$ 多小，$\text{Ncut}(A,B)$ 总是大于等于 1，从而为类似于此的"病态"情况提供了归一化处理。

根据类似的概念，我们可以将图的各个分区内的总归一化关联的测度定义为

$$\text{Nassoc}(A,B) = \frac{\text{assoc}(A,A)}{\text{assoc}(A,V)} + \frac{\text{assoc}(B,B)}{\text{assoc}(B,V)} \tag{10.101}$$

式中，$\text{assoc}(A,A)$ 和 $\text{assoc}(B,B)$ 分别是连接 A 内节点的总权重和连接 B 内节点的总权重。不难证明（见习题 10.46）

$$\text{Ncut}(A, B) = 2 - \text{Nassoc}(A, B) \qquad (10.102)$$

这意味着最小化 Ncut(A, B)的同时会最大化 Nassoc (A, B)。

根据前面的讨论，使用图割的图像分割现在的依据是找到一个使 Ncut(A, B)最小的分区。遗憾的是，精确最小化这个量恰好是一个 NP 完全计算任务，我们不能再依赖于最大流的可用解，因为现在遵循的方法依据的是与图 10.53 相关的概念。然而，Shi and Malik[2000]（也见 Hochbaum [2010]）通过把最小化表示为一个广义的本征值问题（它有许多实现方法），找到了最小化 Ncut(A, B)的一个离散近似解。

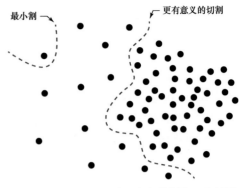

图 10.55   说明最小割导致无意义分割的一个例子。在本例中，像素间的相似性定义为它们的空间接近度，因此得到了两个不同的区域

10.6.3   计算最小图割

如前所述，令 V 表示图 G 的节点，令 A 和 B 是满足式(10.96)的 V 的两个子集。令 K 表示 V 中的节点数，并定义一个 K 维指示向量 $\boldsymbol{x}$: 若 V 的节点 n_i 在 A 中，则这个向量的元素 $x_i = 1$；若 V 的节点 n_i 在 B 中，则 $x_i = -1$。令

> 如果图 G 的节点是图像中的像素，那么 $K = M \times N$，其中 M 和 N 是图像中的行数和列数。

$$d_i = \sum_j w(i, j) \qquad (10.103)$$

是 V 中从节点 n_i 到所有其他节点的权重之和。使用这些定义，可将式(10.98)写为

$$\text{Ncut}(A, B) = \frac{\text{cut}(A, B)}{\text{cut}(A, V)} + \frac{\text{cut}(A, B)}{\text{cut}(B, V)}$$

$$= \frac{\sum_{x_i > 0, x_j < 0} -w(i, j)x_i x_j}{\sum_{x_i > 0} d_i} + \frac{\sum_{x_i < 0, x_j > 0} -w(i, j)x_i x_j}{\sum_{x_i < 0} d_i} \qquad (10.104)$$

目的是找到一个向量 $\boldsymbol{x}$，以最小化 Ncut(A, B)。使得式(10.104)最小的解析解可以求出，但只有当 $\boldsymbol{x}$ 的元素是实连续数而不限制为 ± 1 时才可行。Shi and Malik[2000]给出的解是通过求解广义本征系统表达式得到的：

$$(\boldsymbol{D} - \boldsymbol{W})\boldsymbol{y} = \lambda \boldsymbol{D}\boldsymbol{y} \qquad (10.105)$$

式中，$\boldsymbol{D}$ 是一个大小为 $K \times K$ 的对角矩阵，对角元素为 $d_i, i = 1, 2, \cdots, K$；$\boldsymbol{W}$ 是一个大小为 $K \times K$ 的权重矩阵，其元素 $w(i, j)$的定义见前面的说明。解方程(10.105)得 K 个本征值和 K 个本征向量，每个本征向量对应于一个本征值。我们的问题的解是对应于第二小本征值的一个本征向量。

我们可以将前面的广义本征值公式转换为一个标准的本征值问题，方法是将式(10.105)写为（见习题 10.45）

$$\boldsymbol{A}\boldsymbol{z} = \lambda \boldsymbol{z} \qquad (10.106)$$

式中，
$$\boldsymbol{A} = \boldsymbol{D}^{-1/2}(\boldsymbol{D} - \boldsymbol{W})\boldsymbol{D}^{-1/2} \qquad (10.107)$$

和
$$\boldsymbol{z} = \boldsymbol{D}^{1/2}\boldsymbol{y} \qquad (10.108)$$

由此得出

$$\boldsymbol{y} = \boldsymbol{D}^{-1/2}\boldsymbol{z} \qquad (10.109)$$

因此，使用一个广义的或标准的本征值求解程序，就可求出与第二最小本征值对应的（连续值）本征向量。通过找到一个将连续本征向量元素的值分为两部分的分离点，就可由得到的连续值解向量生成所需的（离散）向量 x。我们是通过找到产生最小 Ncut(A,B) 值的分离点来实现这一目的的，因为这是我们正试图最小化的量。为了简化搜索，我们将连续向量中的值域分为 Q 个均匀间隔的值，对每个值计算式(10.104)，并选择使 Ncut(A,B) 最小的分离点。然后，对本征向量中大于分离点的所有值分配 1；对所有其他值分配 -1。结果就是希望的向量 x。于是，分区 A 是 V 中对应于 x 中 1 值的节点集合；剩下的节点对应于分区 B。仅当满足下一段中讨论的稳定性准则时，才执行这一分区操作。

搜索分离点意味着计算 Ncut(A,B) 的所有 Q 值，并选择其中最小的那个 Q 值。一个区域使用规定的权重未明确地分割为两个子区域时，通常会导致许多分离点，这些分离点的值与 Ncut(A,B) 的值类似。试图分割这样的区域可能会导致无意义的分区。为避免这种情况，只有当一个区域（子图）满足一个稳定性准则时，这个区域才会被分割。稳定性准则的得到方式如下：首先计算本征向量值的直方图，然后求最小分组数与最大分组数的比值。在"不确定的"的本征向量中，直方图中的值保持相对不变，并且上述比值相对较高。Shi and Malik[2000] 通过实验发现，以比值 0.06 进行阈值处理是不分离所考虑问题中的区域的一个有效准则。

10.6.4 图割分割算法

在前面的讨论中，我们介绍了由图像生成边的权重的两种方法。在图 10.53 和图 10.54 中，我们研究了使用图像灰度值生成的权重；在图 10.55 中，我们考虑了基于像素间距离的权重。它们只是由图像生成图及对应权重的许多方法中的两个例子。例如，我们可以使用颜色、纹理、关于某个区域的统计矩及第 11 章中将要讨论的其他特征。一般情况下，图可以由图像特征构建，图像特征中的像素灰度是一种特殊情况。以这一概念为背景，我们可以将本节迄今为止的讨论小结为如下算法：

1. 给定一组特征，规定一个加权图 $G = (V, E)$，其中 V 包含特征空间中的点，E 包含图的边。计算边的权值，并用它们构建矩阵 W 和 D。令 K 表示图中所需的分区数量。
2. 解本征值系统 $(D - W)y = \lambda Dy$，求出具有第二最小本征值的特征向量。
3. 使用步骤 2 中的本征向量，通过求使得 Ncut(A,B) 最小的分离点，对图进行二分。
4. 如果切割数未达到 K，那么通过检查切割的稳定性来确定是否应细分当前的分区。
5. 必要时，递归地重新划分已分割部分。

注意，该算法是通过递归地生成双向切割运行的。分割后的图像中的分组（区域）数量由 K 控制。其他准则，如每个切割允许的最大尺寸，可以进一步细化最终的分割。例如，根据像素及其灰度构建图时，我们可以为每个区域规定允许的最大尺寸和/或最小尺寸。

例 10.24 规定图割分割的权重。
在图 10.53 中，我们说明了如何使用灰度值生成图的权重；在图 10.55 中，我们简要讨论了如何根据像素之间的距离来生成权重。本例给出一种生成权重（包括像素灰度和距离的权重）的更为实用的方法，进而在图割中引入邻域的概念。

令 n_i 和 n_j 表示两个节点（图像像素）。本节前面讲过，权重应反映图中节点间的相似性。考虑分割时，确定图像中的两个像素是否是同一区域或目标的一部分的主要方法之一，是求它们的灰度值之差和距离。当像素的灰度和接近度非常接近（像素"相似"）时，两个像素之间的边的权重应较大，并且应随灰度差和距离的增大而减小。也就是说，权重是像素在灰度和距离上有多相似的函数。这两个概念可用如下公式嵌入到单个权重函数中：

$$w(i,j) = \begin{cases} \mathrm{e}^{-\frac{\left[I(n_i)-I(n_j)\right]^2}{\sigma_I^2}} \; \mathrm{e}^{-\frac{\mathrm{dist}(n_i-n_j)}{\sigma_d^2}}, & \mathrm{dist}(n_i,n_j) < r \\ 0, & \text{其他} \end{cases}$$

式中，$I(n_i)$ 是节点 n_i 的灰度，σ_I^2 和 σ_d^2 是决定两个类高斯函数的扩展的常数，$\mathrm{dist}(n_i,n_j)$ 是两个节点之间的距离（欧氏距离），r 是一个径向常数，它确定在多远的距离上考虑相似性。按照本例中对相似性测度的要求，指数项是灰度不相似性的函数，不相似性越大，指数项越小；同时，指数项还是节点间距离的函数，距离越大，指数项越小。■

例 10.25　使用图割分割图像。

　　图割非常适合于获取图像中主要区域的粗略分割。图 10.56 显示了一个典型的结果。图 10.56(a)是我们熟悉的建筑物图像。与提取图像中主区域的思想一致，图 10.56(b)是用一个简单的 25×25 盒式核平滑图像后的结果。细节已被平滑，只留下了主要的区域特征，如建筑物的正面和天空。图 10.56(c)是使用刚才介绍的图割算法分割图像后的结果，按照上例中的讨论形成了权重，并且只允许两个分区。注意对应于建筑物的区域提取效果很好，提取的区域中没有本章前面讨论的方法的细节特征。事实上，如果不进行大量的额外处理，那么几乎不可能使用迄今为止讨论的任何方法得到类似的结果。对于为自主导航、搜索图像数据库和低级别图像分析提供广泛线索的任务来说，这种结果是理想的。

a b c

图 10.56　(a)大小为 600×600 像素的图像；(b)用一个大小为 25×25 的盒式核平滑图像后的结果；(c)通过规定两个区域得到的图割分割 ■

10.7　使用形态学分水岭分割图像

　　迄今为止，我们讨论了基于三个主要概念的分割：边缘检测、阈值处理和区域提取。每种方法都有其优点（例如，全局阈值处理具有速度优势）和缺点［例如在基于边缘的分割中，需要进行后处理（如边缘连接）］。本节讨论基于形态学分水岭概念的方法。分水岭分割体现了其他三种方法的许多概念，因此往往会产生更稳定的分割结果，包括连通的分割边界。如本节末尾讨论的那样，这种方法还为在分割处理中集成基于知识的约束条件（见图 1.23）提供了一个简单的框架。

10.7.1　背景知识

　　分水岭的概念是以三维方式来显示一幅图像为基础的：两个空间坐标和灰度坐标，如图 2.18(a)所示。在这种"地形学"的解释中，我们考虑三种类型的点：（1）属于一个区域极小值的点；（2）水滴如果滴在其他任何一点的位置上，都必定会流向某个极小值点；（3）水等概率地流向不止一个极小值的

点。对于某个特定的区域极小值，满足条件（2）的点集称为该极小值的汇水盆地或分水岭。满足条件
（3）的点形成地形表面的顶点线，它称为分界线或分水线。

　　基于这些概念的分割算法的主要目标是找出分水线。我们可在图 10.57 的帮助下来说明这样做的
方法。图 10.57(a)显示了一幅灰度级图像，图 10.57(b)是一幅地形图，地形图中"山"的高度与输入图
像中的灰度值成正比。为便于解释，结构的背面加了阴影。不要将它与灰度值混淆；我们感兴趣的只
是普通地形的三维表示。为了防止上涨的水溢出图像边缘，我们假设整个地形（图像）的周长被高于
最高山峰的水坝包围，水坝的值由输入图像中的最大灰度值决定。

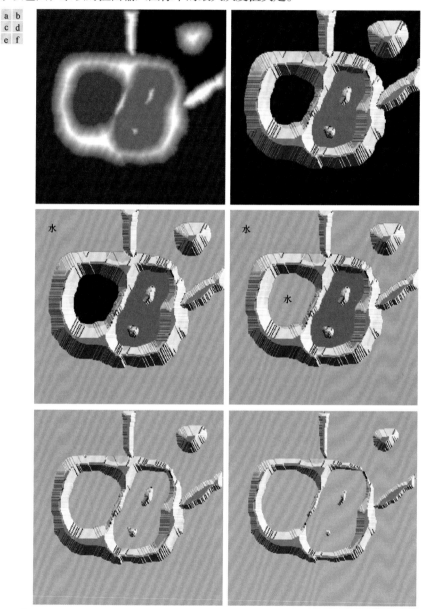

图 10.57　(a)原图像；(b)地形图。只有背景是黑色的，左边的盆地比黑色略浅；(c)～(d)洪水泛滥的两个阶段；在
　　　　　原图像中，所有恒定的暗值都是灰度值。只有恒定的亮灰色代表"水"；(e)洪水进一步泛滥的结果；(f)
　　　　　两个汇水盆地的水开始聚合（两个汇水盆地之间构筑了较短的水坝）；(g)较长的水坝；(h)最终叠加到原
　　　　　图像上的分水（分割）线（原图像由 CMM/巴黎矿业学院的 S. Beucher 博士提供）

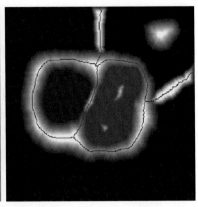

图 10.57　(a)原图像；(b)地形图。只有背景是黑色的，左边的盆地比黑色略浅；(c)~(d)洪水泛滥的两个阶段；在原图像中，所有恒定的暗值都是灰度值。只有恒定的亮灰色代表"水"；(e)洪水进一步泛滥的结果；(f)两个汇水盆地的水开始聚合（两个汇水盆地之间构筑了较短的水坝）；(g)较长的水坝；(h)最终叠加到原图像上的分水（分割）线（原图像由 CMM/巴黎矿业学院的 S. Beucher 博士提供）（续）

假设在每个区域的极小值[图 10.57(b)中的黑暗区域]处钻一个洞，让水从洞中以均匀的速率上升，直到淹没整个地形。图 10.57(c)显示了洪水泛滥的第一阶段，其中以亮灰色显示的"水"只覆盖了与图像中的黑色背景对应的区域。在图 10.57(d)和(e)中，我们看到水现在已经分别流入第一个汇水盆地和第二个汇水盆地。当水继续上升时，最终会从一个汇水盆地流入另一个汇水盆地。关于此的第一个迹象如图 10.57(f)所示。图中，水从左边盆地的下部溢出到了右边的盆地中，构建一个短"水坝"（由单个像素组成），以阻止水在洪水泛滥时会聚（构建水坝的数学细节将在下一节中讨论）。随着水的不断上升，更加明显的效果如图 10.57(g)所示。该图在两个汇水盆地之间显示了一座更长的水坝，并在右边盆地的顶部显示了另一座水坝。构建后一座水坝的目的是，阻止来自该盆地的水与来自对应背景的区域的水会聚。持续这一过程，直到达到洪水的最高水位（对应于图像中的最高灰度值）。最终的水坝对应于分水线，这些分水线就是我们希望的分割边界。这个例子的结果在图 10.57(h)中显示为叠加到原图像上的一条 1 像素宽的深色路径。注意，一条重要的性质是分水线形成了连通路径，于是给出了两个区域之间的连续边界。

> 由于相邻对比，图 10.57(c)中最左边的盆地看起来是黑色的，但它要比黑色背景浅一些。第二个盆地中的中灰色是图(a)中图像的天然灰色。

分水岭分割的主要应用之一是，从背景中提取出接近一致的（团状）目标。灰度变化较小的区域有较小的梯度值。因此，在实践中，我们经常看到分水岭分割应用到梯度图像，而不是应用到图像本身。在这一表述中，汇水盆地的区域极小值与对应感兴趣目标的梯度的极小值密切相关。

10.7.2　构建水坝

水坝的构建是以二值图像为基础的，二值图像是二维整数空间 Z^2 的成员（见 2.4 节和 2.6 节）。构建分隔二值点集的水坝的最简方法是使用形态学膨胀（见 9.2 节）。

图 10.58 说明了使用形态学膨胀来构建水坝的基础知识。图 10.58(a)显示了洪水泛滥第 $n-1$ 步时的两个汇水盆地的一部分，图 10.58(b)显示了洪水泛滥第 n 步的结果。水已从一个汇水盆地溢出到了另一个汇水盆地，因此必须构建一个水坝来阻止这种情况的发生。为了与下面将要引入的符号一致，令 M_1 和 M_2 表示两个区域极小值中的坐标点集。然后，将这个汇水盆地中的坐标点集与洪水泛滥第 $n-1$ 步时的两个极小值[分别表示为 $C_{n-1}(M_1)$ 和 $C_{n-1}(M_2)$]关联起来。它们是图 10.58(a)中的两个灰色区域。

令 $C[n-1]$ 表示这两个集合的并集。图 10.58(a)中有两个连通分量；图 10.58(b)中只有一个连通分量，这个连通分量包含了虚线所示的前两个分量。已成为单个分量的两个连通分量表明，两个汇水盆地在洪水泛滥第 n 步时已会聚。令 q 表示这个连通分量。注意，来自第 $n-1$ 步的两个连通分量可从 q 中提取，方法是执行逻辑"与"运算，即 $q \cap C[n-1]$。我们还观察到，属于个别汇水盆地的所有点形成了单个连通分量。

> 关于连通分量的介绍，详见 2.5 节和 9.5 节。

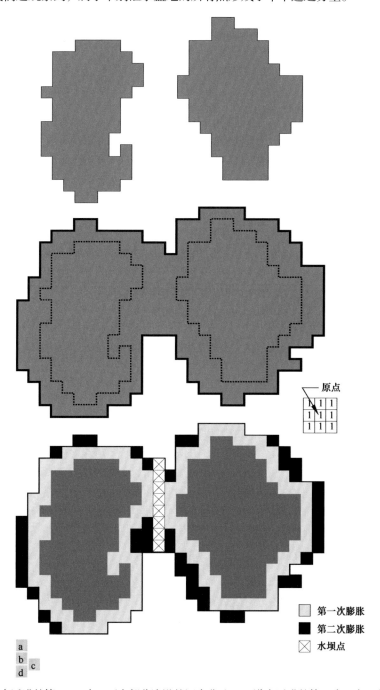

图 10.58　(a)在洪水泛滥的第 $n-1$ 步，两个部分淹没的汇水盆地；(b)洪水泛滥的第 n 步，水已在两个汇水盆地间溢出；(c)用于膨胀的结构元；(d)膨胀和水坝构建的结果

假设图 10.58(a)中的每个连通分量已被图 10.58(c)中的结构元膨胀，满足两个条件：（1）膨胀必须约束到 q 上（这意味着在膨胀过程中，结构元的中心只能位于 q 中的点处）；（2）不能对使得正被膨胀集合聚合（变成单个连通分量）的那些点执行膨胀。图 10.58(d)显示，第一次膨胀（浅灰色）扩展了每个原始连通分量的边界。注意，在膨胀期间，每个点都要满足条件（1），而条件（2）未应用到任何点上；这样，就均匀扩展了每个区域的边界。

在第二次膨胀中［在图 10.58(d)中显示为黑色］，几个不满足条件（1）但满足条件（2）的点，导致了图中所示的断裂周长。很明显，q 中只有满足上述两个条件的点，才能描述图 10.58(d)中叉线显示的 1 像素宽的连通路径。在洪水泛滥的第 n 步，这条路径就是我们希望的分隔水坝。在这一洪水水位构建水坝的方法是，将刚才确定的路径上的所有点设置为一个大于图像最大灰度值的值（对 8 比特图像而言，这个值为 255）。这样设置值可以防止水位升高时洪水漫过构建的水坝。如前所述，采用这一步骤构建的水坝是连通分量，是我们希望的分割边界。换句话说，这种方法消除了分割线断裂的问题。

尽管刚才描述的过程依据的是一个简单的例子，但这种方法同样适用于更复杂的情况，包括使用图 10.58(c)中所示的 3×3 对称结构元的情况。

10.7.3　分水岭分割算法

令 $M_1, M_2, \cdots, M_R$ 是图像 $g(x, y)$ 的区域极小值中的点的坐标集。如前所述，这通常是一幅梯度图像。令 $C(M_i)$ 是与区域极小值 M_i 相关联的汇水盆地中的点的坐标集（回顾可知任何汇水盆地中的点形成一个连通分量）。符号 min 和 max 表示 $g(x, y)$ 的极小值和极大值。最后，令 $T[n]$ 表示满足 $g(s, t) < n$ 的坐标 (s, t) 的集合，即

$$T[n] = \{(s, t) \mid g(s, t) < n\} \tag{10.110}$$

几何上，$T[n]$ 是 $g(x, y)$ 中位于平面 $g(x, y) = n$ 下方的点的坐标集。

当水位从整数 $n = \min + 1$ 不断上升到 $n = \max + 1$ 时，地形将被洪水淹没。在洪水泛滥的任意步骤 n，算法都要知道位于淹没深度下方的点数。理论上，假设 $T[n]$ 中位于 $g(x, y) = n$ 平面下方的坐标被"标记"为黑色，而所有其他坐标被标记为白色。于是，当我们以任何淹没增量 n 向下观察 xy 平面时，就会看到一幅二值图像，图像中的黑点对应于函数中平面 $g(x, y) = n$ 之下的点。这种解释非常有用，非常便于我们理解下面的讨论。

令 $C_n(M_i)$ 表示汇水盆地中与淹没阶段 n 的极小值 M_i 相关联的点的坐标集。参照前一段的讨论可知，$C_n(M_i)$ 可视为下式给出的二值图像：

$$C_n(M_i) = C(M_i) \bigcap T[n] \tag{10.111}$$

换句话说，在满足条件 $(x, y) \in C(M_i)$ AND $(x, y) \in T[n]$ 的位置 (x, y)，有 $C_n(M_i) = 1$；在其他位置有 $C_n(M_i) = 0$。这一结果的几何解释很简单，我们只需在淹没的第 n 阶段使用 AND 运算符隔离 $T[n]$ 中与区域极小值 M_i 相关联的二值图像部分。

接下来，令 B 表示第 n 阶段被洪水淹没的汇水盆地的数量，令 $C[n]$ 表示第 n 阶段这些汇水盆地的并集：

$$C[n] = \bigcup_{i=1}^{B} C_n(M_i) \tag{10.112}$$

然后，令 $C[\max + 1]$ 表示所有汇水盆地的并集：

$$C[\max+1] = \bigcup_{i=1}^{B} C(M_i) \tag{10.113}$$

可以证明（见习题 10.47），在算法的执行期间，$C_n(M_i)$ 和 $T[n]$ 中的元素不仅不会被替换，而且在 n 增大时，这两个集合中的元素的数量不是增加，就是保持不变。这样，就可得出 $C[n-1]$ 就是 $C[n]$ 的

一个子集。根据式(10.112)和式(10.113)可知，$C[n]$ 是 $T[n]$ 的一个子集，所以 $C[n-1]$ 也是 $T[n]$ 的一个子集。由此，我们得出一个重要的结论：$C[n-1]$ 中的每个连通分量都恰好包含在 $T[n]$ 的一个连通分量中。

寻找分水线的算法通过令 $C[\min+1] = T[\min+1]$ 来初始化。然后，这一程序使用如下方法递归地由 $C[n-1]$ 计算 $C[n]$。令 Q 表示 $T[n]$ 中的连通分量集合。于是，对于每个连通分量 $q \in Q[n]$，存在如下三种可能：

1. $q \cap C[n-1]$ 是空集。
2. $q \cap C[n-1]$ 包含 $C[n-1]$ 的一个连通分量。
3. $q \cap C[n-1]$ 包含 $C[n-1]$ 的一个以上的连通分量。

由 $C[n-1]$ 构建 $C[n]$ 取决于这三个条件中的哪一个成立。遇到一个新极小值时，条件 1 发生，此时连通分量 q 并入 $C[n-1]$ 中形成 $C[n]$。q 位于某些局部极小值的汇水盆地内时，条件 2 发生，此时 q 并入 $C[n-1]$ 中形成 $C[n]$。遇到全部或部分分隔两个或多个汇水盆地的山脊线时，条件 3 发生。进一步淹没会使得这些汇水盆地中的水位聚合。因此，必须在 q 内构建一个水坝（涉及两个以上的汇水盆地时，要构建多个水坝）来阻止汇水盆地间的水流溢出。如前所述，需要时，使用一个元素为 1、大小为 3×3 的结构元膨胀 $q \cap C[n-1]$ 并且膨胀限制到 q，可以构建一座 1 像素宽的水坝。

只使用对应于 $g(x,y)$ 中的灰度值的 n 值，就可提升算法的效率；根据 $g(x,y)$ 的直方图，可以求出这些值，以及极小值和极大值。

例 10.26 分水岭分割算法的说明。

分别考虑图 10.59(a)和(b)中的图像及其梯度。应用刚才讨论的分水岭算法得到了梯度图像的分水线（白色路径），它们叠加到梯度图像上后，结果如图 10.59(c)所示。这些分割边界叠加到原图像上后，结果如图 10.59(d)所示。本节之初说过，分割边界就是连通路径。

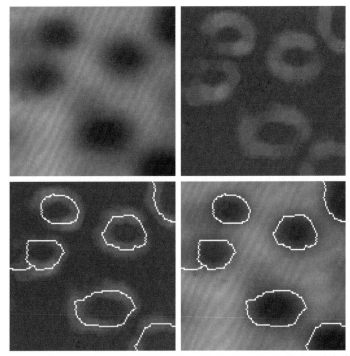

a b
c d

图 10.59 (a)水滴图像；(b)图像梯度；(c)叠加到梯度图像上的分水线；(d)叠加到原图像上的分水线（原图像由 CMM/巴黎矿业学院的 S. Beucher 博士提供）

10.7.4　标记的使用

　　直接应用前一节中讨论的分水岭分割算法时，通常会因噪声和梯度的其他局部不规则性导致过度分割。如图 10.60 所示，过度分割会严重到足以令算法得到的结果变得毫无用处。在这种情况下，这意味着存在大量分割后的区域。这个问题的一个实际解决方案是，在分割过程中加入一个预处理阶段来限制允许区域的数量，进而为分割过程提供更多额外的知识。

　　用于控制过度分割的一种方法依据的是标记这一概念。标记是属于一幅图像的连通分量。与感兴趣目标相关联的标记称为内部标记，与背景相关联的标记称为外部标记。选择标记的过程通常包括两个主要步骤：（1）预处理；（2）定义标记必须满足的一个准则集合。为便于说明，我们再次考虑图 10.60(a)。导致图 10.60(b)所示结果过度分割的部分原因是，存在大量潜在的极小值。由于它们的大小，许多极小值是不相关的细节。就像前面的讨论中多次指出的那样，将小空间细节的影响降至最低的一种有效方法是，用一个平滑滤波器对图像滤波。在这种情况下，这也是一种合适的预处理方案。

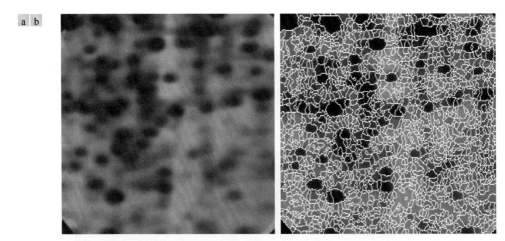

a b

图 10.60　(a)电泳图像；(b)对梯度图像应用分水岭分割算法得到的结果。过度分割很明显（原图像由 CMM/巴黎矿业学院的 S. Beucher 博士提供）

　　假设我们将一个内部标记定义为：（1）被更高"海拔"的点包围的区域；（2）区域中形成一个连通分量的那些点；（3）连通分量中具有相同灰度值的所有点。图像被平滑后，由这一定义导致的内部标记在图 10.61(a)中显示为浅灰色的团状区域。接下来，在这些内部标记只能是允许的区域极小值的限制下，对平滑后的图像应用分水岭算法。图 10.61(a)显示了得到的分水线。这些分水线被定义为外部标记。注意，沿分水线出现的点经过相邻标记之间的最高点。

　　图 10.61(a)中的外部标记有效地将图像分成了多个区域，每个区域都包含一个内部标记和部分背景。这样，问题就简化为二分这些区域中的每个区域：单个目标及其背景。我们可以使用本章前面讨论的许多分割技术来处理这个简化的问题。另一种方法是，对各个区域应用分水岭分割算法。换句话说，我们只需首先求平滑后的图像的梯度［见图 10.59(b)］，然后只对这个特殊区域中包含该标记的单个分水岭应用分水岭分割算法。图 10.61(b)是用这种方法得到的结果，与图 10.60(b)中的图像相比，分割结果改进明显。

标记的选择可从基于灰度值和连通性的简单过程，变化到涉及尺寸、形状、位置、相对距离、纹理内容等的复杂描述（见第 11 章中关于特征描述子的内容）。关键是使用标记可为分割问题提供先验知识。记住，人类通常使用先验知识来帮助日常视觉中的分割和更高级的任务，其中我们最熟悉的是使用上下文。因此，分水岭分割方法提供了一种能有效使用这类知识的框架，这是这种方法的一个突出优点。

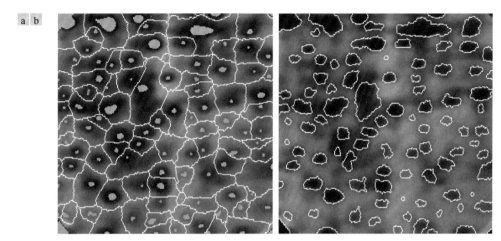

图 10.61 (a)显示了内部标记（浅灰色的区域）和外部标记（分水线）的图像；(b)分割的结果。注意其相对于图 10.60(b)的改进（原图像由 CMM/巴黎矿业学院的 S. Beucher 博士提供）

10.8 分割中运动的使用

运动是人类和许多动物从不相关的细节背景中提取感兴趣目标或区域的有力线索。在成像应用中，运动是由感知系统和被观察场景之间的相对运动产生的，如机器人应用、自主导航和动态场景分析。在接下来的讨论中，我们从空间域和频率域两个方面考虑运动在分割中的应用。

10.8.1 空间域技术

下面介绍两种直接在空间域中进行运动检测的。主要目的是介绍如何使用一些简单的技术来度量数字图像中的变化。

1. 基本方法

检测在时刻 t_i 和 t_j 得到的两帧图像 $f(x,y,t_i)$ 和 $f(x,y,t_j)$ 之间的变化的最简方法之一，是逐像素地比较这两幅图像。这样做后得到的是一幅差值图像。假设我们有一幅仅包含静止成分的参考图像。将这幅图像与一幅场景相同但包含一个或多个运动目标的后续图像进行比较，去掉两幅图像中的静止元素，而只保留对应非静止图像成分的非零项，就可得到两幅图像的差。

在时刻 t_i 和 t_j 获取的两幅图像间的差值图像定义为

$$d_{ij}(x,y) = \begin{cases} 1, & \left| f(x,y,t_i) - f(x,y,t_j) \right| > T \\ 0, & \text{其他} \end{cases} \tag{10.114}$$

式中，T 是一个非负的阈值。注意，就像由 T 确定的那样，仅当两幅图像间的灰度差在空间坐标 (x,y)

处明显不同时, $d_{ij}(x,y)$ 在该坐标处的值才为 1。还要注意,式(10.114)中的坐标 (x,y) 跨越两幅图像的尺寸,因此差值图像与序列中的所有图像的大小相同。

在接下来的讨论中,$d_{ij}(x,y)$ 中值为 1 的所有像素被认为是目标运动的结果。这种方法只在两幅图像空间上已配准,并且在 T 值限定的范围内光照相对恒定的情况下才适用。实际上,$d_{ij}(x,y)$ 中的 1 值项可能是由噪声造成的。通常,这些项是差值图像中的孤立点,删除它们的一种简单方法是,首先在图像 $d_{ij}(x,y)$ 中构成由 1 组成的 4 连通或 8 连通区域,然后忽略少于预先确定的元素数量的任何区域。虽然它可能会忽略小的和/或慢速运动的目标,但这种方法增加了差值图像中的剩余项实际上是运动而非噪声的结果的机会。

尽管刚才讨论的方法很简单,但它是在受控环境下检测变化的成像系统的基础,如停车设施、建筑物和类似场所的监视应用。

2. 累积差值

考虑由 $f(x,y,t_1), f(x,y,t_2), \cdots, f(x,y,t_n)$ 表示的图像帧序列,并令 $f(x,y,t_1)$ 为参考图像。累积差值图像(ADI)是通过将参考图像与序列中的每幅后续图像进行比较形成的。每次参考图像和序列中的一幅图像在一个像素位置出现一个差值时,累积图像中每个像素位置的计数器计数 1 次。因此,当第 k 帧图像与参考图像进行比较时,累积图像中一个给定像素中的该项将给出这个位置上灰度值与参考图像中对应像素值不同的次数[就像式(10.114)中的 T 确定的那样]。

假设运动目标的灰度值大于背景的灰度值,我们考虑如下三种类型的累积差值图像。令 $R(x,y)$ 表示参考图像,为简化符号,令 k 表示 t_k,则有 $f(x,y,k)=f(x,y,t_k)$。假设 $R(x,y)=f(x,y,1)$。于是,对于任何 $k>1$,并且记住 ADI 的值会被计数,我们为 (x,y) 的所有相关值定义累计差值如下:

$$A_k(x,y) = \begin{cases} A_{k-1}(x,y)+1, & |R(x,y)-f(x,y,k)| > T \\ A_{k-1}(x,y), & \text{其他} \end{cases} \tag{10.115}$$

$$P_k(x,y) = \begin{cases} P_{k-1}(x,y)+1, & R(x,y)-f(x,y,k) > T \\ P_{k-1}(x,y), & \text{其他} \end{cases} \tag{10.116}$$

和

$$N_k(x,y) = \begin{cases} N_{k-1}(x,y)+1, & R(x,y)-f(x,y,k) < -T \\ N_{k-1}(x,y), & \text{其他} \end{cases} \tag{10.117}$$

式中,$A_k(x,y)$,$P_k(x,y)$ 和 $N_k(x,y)$ 分别是在序列中用第 k 幅图像计算的绝对 ADI、正 ADI 和负 ADI。所有三个 ADI 都从零开始计数,并且与序列中的所有图像的大小相同。如果背景像素的灰度值大于运动目标的灰度值,那么式(10.116)和式(10.117)中的不等式的顺序和阈值的符号相反。

例 10.27 绝对、正和负累积差值图像的计算。

图 10.62 是以灰度级图像显示的三种 ADI,图中矩形目标的大小为 75×50 像素,目标以每帧 $5\sqrt{2}$ 个像素的速度向东南方向运动。图像的大小为 256×256 像素。我们注意到如下几点:(1)正 ADI 的非零区域等于运动目标的大小;(2)正 ADI 的位置对应参考帧中运动目标的位置;(3)当运动目标完全移过参考帧中的同一目标时,正 ADI 中的计数停止增加;(4)绝对 ADI 包含正 ADI 区域和负 ADI 区域;(5)运动目标的方向和速度可由绝对 ADI 和负 ADI 中的项确定。

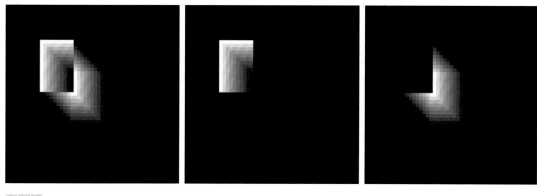

a b c

图 10.62　一个向东南方向移动的矩形目标的 ADI：(a)绝对 ADI；(b)正 ADI；(c)负 ADI　　　■

3. 建立参考图像

上述技术成功的关键是要有一幅参考图像，以便后续图像能与之进行比较。在动态成像问题中，两幅图像之间的差值倾向于消除图像中的所有静止成分，而只留下对应于噪声和运动目标的图像元素。

只用静止元素得到一幅参考图像并不总是可行的，因此有必要根据一组包含一个或多个运动目标的图像来构建参考图像。这尤其适用于描述繁忙场景或需要频繁更新场景的情况。生成参考图像的过程如下。将图像序列中的第一幅图像作为参考图像。当一个非静止成分完全移出其在参考帧中的位置时，将当前帧中对应的背景复制到参考帧中该目标最初所在的位置。当所有的移动目标均已完全移出原来的位置时，就创建了一幅仅包含静止成分的参考图像。如前节所述，监测正 ADI 中的变化，就可确定目标的位移。下例说明了如何用刚才描述的方法构建参考图像。

例 10.28　构建参考图像。

图 10.63(a)和(b)显示了交通路口的两帧图像。第一幅图像作为参考图像，第二幅图像描述了一段时间后的同一场景。为创建一幅静止图像，我们的目的是去掉参考图像中的主要运动目标。尽管存在其他较小的运动目标，但主要的运动特征是在交叉路口从左到右运动的汽车。为了说明这一目的，我们主要关注这个目标。如前所述，监测正 ADI 中的变化，可以确定一个移动目标的初始位置。确定了该目标占据的区域后，使用减法就可从图像中删除这个目标。观察图像序列中正 ADI 停止变化的那帧图像，我们发现可以从这幅图像中复制先前被初始帧图像中移动目标占据的区域。然后，将该区域粘贴到被挖去目标的图像中，从而恢复该区域的背景。若对所有运动目标进行这种操作，则结果是一幅只包含静止分量的参考图像，从而我们可以在运动检测中将后续帧与这幅参考图像进行比较。图 10.63(c)是删除了向东行驶的车辆并恢复背景后的参考图像。

a b c

图 10.63　构建一幅静止参考图像：(a)和(b)序列中的两帧图像；(c)从图(a)中减去向东运动的汽车并用图(b)中的对应区域恢复背景后的结果（原图像由 Jain 和 Jain 提供）　　　■

10.8.2 频率域技术

本节介绍如何用傅里叶变换公式来求解运动问题。考虑序列 $f(x, y, t)$ ， $t = 0, 1, 2, \cdots, K-1$ ，它是由一台固定照相机拍摄的大小为 $M \times N$ 的 K 帧数字图像。假设所有帧都具有零灰度的均匀背景。例外是存在一个恒速运动的、单位灰度的、1 像素大小的目标。假设对第一帧（ $t = 0$ ）来说，目标所在的位置为 (x', y') ，并且图像平面投影到了 x 轴上；也就是说，对图像中横跨各列的每行像素的灰度求和。这一运算的结果是一个一维阵列，阵列中的 M 个元素为零，但位置 x' 的元素是这个单点目标的 x 坐标。现在，如果用 $\exp[j2\pi a_1 x \Delta t]$ 乘以一维阵列中的所有分量，其中 $x = 0, 1, 2, \cdots, M-1$ ，并把结果相加，那么会得单项 $\exp[j2\pi a_1 x' \Delta t]$ ，因为阵列中只有一个非零点。在这种表示中， a_1 是一个正整数， Δt 是帧间的时间间隔。

假设在第二帧（ $t = 1$ ）中，目标已经运动到坐标 $(x'+1, y')$ 处；也就是说，目标平行于 x 轴运动了 1 像素。然后，重复上段中提到的投影过程，得到和值 $\exp[j2\pi a_1 (x'+1) \Delta t]$ 。若目标每帧继续运动 1 像素，则任何整数时刻 t 的结果是 $\exp[j2\pi a_1 (x'+t) \Delta t]$ ；使用欧拉公式，可将它表示为

$$e^{j2\pi a_1(x'+t)\Delta t} = \cos[2\pi a_1(x'+t)\Delta t] + j\sin[2\pi a_1(x'+t)\Delta t] \tag{10.118}$$

式中 $t = 0, 1, 2, \cdots, K-1$ 。换句话说，这一过程产生了一个频率为 a_1 的复正弦波。如果目标已在帧间运动了 V_1 个像素（ x 方向），那么正弦波的频率为 $V_1 a_1$ 。因为 t 在 0 和 $K-1$ 之间以整数增量变化，限制 a_1 只取整数值会使得复正弦波的离散傅里叶变换有两个波峰：一个在频率 $V_1 a_1$ 处，另一个在频率 $K - V_1 a_1$ 处。如 4.6 节所述，后一个波峰是由离散傅里叶变换的对称性产生的，因此可以忽略。于是，在傅里叶频谱中找到一个波峰，就得到值为 $V_1 a_1$ 的波峰。用 a_1 除这个量得到 V_1 ， V_1 就是 x 方向的速度分量，因为假设帧率是已知的。采用类似的方法可以得到 y 方向的速度分量 V_2 。

没有运动发生的帧序列产生相同的指数项，其傅里叶变换只在频率 0 处有一个波峰（单个直流项）。由于迄今为止我们讨论的都是线性运算，因此对任意静止背景中涉及一个或多个运动目标的一般情况，在其傅里叶变换中，直流项位置的一个波峰对应于静止图像分量，其他位置的波峰与目标的速度成正比。

这些概念可以小结如下。对于由 k 幅大小为 $M \times N$ 的数字图像组成的序列，在任何整数时刻，图像到 x 轴上的加权投影之和为

$$g_x(t, a_1) = \sum_{x=0}^{M-1} \sum_{y=0}^{N-1} f(x, y, t) e^{j2\pi a_1 x \Delta t}, \quad t = 0, 1, \cdots, K-1 \tag{10.119}$$

类似地， y 轴上的加权投影之和为

$$g_y(t, a_2) = \sum_{y=0}^{N-1} \sum_{x=0}^{M-1} f(x, y, t) e^{j2\pi a_2 y \Delta t}, \quad t = 0, 1, \cdots, K-1 \tag{10.120}$$

式中，如前面说明的那样， a_1 和 a_2 都是正整数。

式(10.119)和式(10.120)的一维傅里叶变换分别为

$$G_x(u_1, a_1) = \sum_{t=0}^{K-1} g_x(t, a_1) e^{-j2\pi u_1 t/K}, \quad u_1 = 0, 1, \cdots, K-1 \tag{10.121}$$

和

$$G_y(u_2, a_2) = \sum_{t=0}^{K-1} g_y(t, a_2) e^{-j2\pi u_2 t/K}, \quad u_2 = 0, 1, \cdots, K-1 \tag{10.122}$$

如 4.11 节中讨论的那样，这些变换是用 FFT 算法计算的。

频率和速度的关系是

$$u_1 = a_1 V_1 \tag{10.123}$$

和

$$u_2 = a_2 V_2 \tag{10.124}$$

在上面的公式中，速度的单位是像素数/总帧数时间。例如，$V_1 = 10$ 表示在 K 帧中运动了 10 像素。对于匀速拍摄的图像帧，实际的物理速度取决于帧率和像素间的距离。因此，若 $V_1 = 10$，$K = 30$，帧率是两幅图像/秒，像素间的距离是 0.5m，则 x 方向的实际物理速度是

$$V_1 = （10 \text{像素}）\times（0.5\text{m/像素}）\times（2 \text{帧/s}）/（30 \text{帧}）$$

速度的 x 分量的符号可通过计算下式得到：

$$S_{1x} = \frac{\mathrm{d}^2 \, \mathrm{Re}[g_x(t, a_1)]}{\mathrm{d}t^2} \Bigg|_{t=n} \tag{10.125}$$

和

$$S_{2x} = \frac{\mathrm{d}^2 \, \mathrm{Im}[g_x(t, a_1)]}{\mathrm{d}t^2} \Bigg|_{t=n} \tag{10.126}$$

因为 g_x 是正弦函数，因此可以证明（见习题 10.53），若速度分量 V_1 为正，则在时间 n 内，S_{1x} 和 S_{2x} 在任意点有相同的符号。反之，S_{1x} 和 S_{2x} 的相反符号表明是一个负速度分量。若 S_{1x} 或 S_{2x} 为零，则考虑下一个最近的时间点 $t = n \pm \Delta t$。类似的说明适用于计算 V_2 的符号。

例 10.29　通过频率域分析检测较小的运动目标。

图 10.64 到图 10.66 说明了刚才推导的方法的有效性。图 10.64 是一组 32 帧陆地卫星图像序列中的一幅图像，它是将白噪声添加到参考图像中产生的。图像序列中包含了一个叠加的目标，目标在 x 方向的运动速度为 0.5 像素/帧，在 y 方向的运动速度为 1 像素/帧。如图 10.65 中的圆圈所示，该目标的灰度在较小的（9 像素）区域上呈高斯分布，而我们的眼睛难以识别这一分布。图 10.66 是分别用 $a_1 = 6$ 和 $a_2 = 4$ 计算式(10.121)和式(10.122)得到的结果。在图 10.66(a)中，由式(10.123)得到 $u_1 = 3$ 处的波峰 $V_1 = 0.5$。类似地，在图 10.66(b)中，由式(10.124)得到 $u_2 = 4$ 处的波峰 $V_2 = 1.0$。

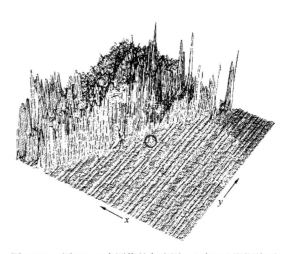

图 10.64　陆地卫星帧图像（原图像由 Cowart, Snyder 和 Ruedger 提供）

图 10.65　图 10.64 中图像的灰度图，目标已用圆圈标出（原图像由 Rajala, Riddle 和 Snyder 提供）

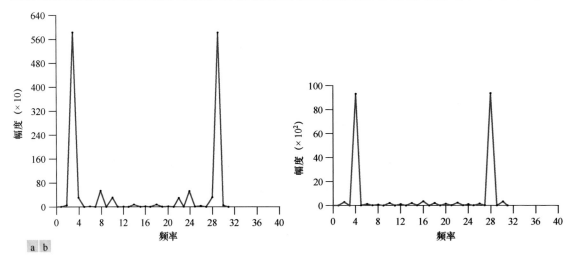

图 10.66　(a)式(10.121)的谱，在 $u_1 = 3$ 处显示了一个波峰；(b)式(10.122)的谱，在 $u_2 = 4$ 处显示了一个波峰（原图像由 Rajala, Riddle 和 Snyder 提供） ■

我们可在图 10.66 的帮助下，解释选择 a_1 和 a_2 的原则。例如，假设我们使用的是 $a_2 = 15$ 而不是 $a_2 = 4$。在这种情况下，图 10.66(b)中的波峰现在出现在 $u_2 = 15$ 和 17 处，因为 $V_2 = 1.0$。这是一个严重混叠的结果。如 4.5 节讨论的那样，混叠是由欠采样导致的（当 u 的范围由 K 决定时，当前讨论中的图像帧数太少）。因为 $u = aV$，因此一种可能是将 a 选择为最接近 $a = u_{max}/V_{max}$ 的整数，其中 u_{max} 是由 K 建立的混叠频率限制，V_{max} 是最大预期目标速度。

小结、参考文献和延伸读物

由于在自主图像处理中的核心作用，分割是大多数关于图像处理、图像分析和计算机视觉的图书中的一个主题。以下图书可为读者深入学习这一主题提供帮助：Umbaugh[2010]；Prince[2012]；Nixon and Aguado, A[2012]；Pratt[2014]；Petrou[2010]。

使用核来检测不连续性（见 10.2 节）的工作历史悠久。这些年来，人们提出了许多核：Roberts[1965], Prewitt[1970] 和 Kirsh[1971]。Sobel 算子源自[Sobel]；也可参阅 Danielsson and Seger[1990]。拉普拉斯的过零性质源自 Marr[1982]。10.2 节中讨论的坎尼边缘检测子源自 Canny[1986]。霍夫变换的基本参考文献是 Hough[1962]。关于任意形状的推广，见 Ballard[1981]。

用于处理光照和反射对阈值处理的影响的其他方法，源自 Perez and Gonzalez[1987], Drew et al.[1999]和 Toro and Funt[2007]。源自 Otsu[1979]的最优阈值处理方法之所以被人们广泛接受，是因为它性能良好且实现起来简单——只需对图像直方图进行估计。采用预处理来改进阈值处理的基本思想可以追溯到 White and Rohrer[1983]的早期论文，这篇论文结合阈值处理、梯度和拉普拉斯来求解困难的分割问题。

关于面向区域分割的早期研究，见 Fu and Mui[1981]。为分割目的整合区域和边界信息的早期工作，见 Haddon and Boyce[1990]和 Pavlidis and Liow[1990]。区域生长仍然是图像处理领域的研究热点之一，详见 Liangjia et al.[2013]。10.5 节中介绍的 k 均值算法的基本参考，可以追溯到劳埃德于 1957 年在贝尔实验室提交的一份晦涩难懂的报告，详见 Lloyd[1982]。这个算法早在 20 世纪 60 年代和 70 年代就已经用于模式识别等领域（Tou and Gonzalez[1974]）。10.5 节中介绍的超像素法源自 Achanta et al.[2012]。其他超像素方法的对比，请参阅他们的论文。关于图割的内容，见 Shi and Malik[2000]。有关更快实现的示例，见 Hochbaum[2010]。

10.7 节中介绍的分水岭分割是一个强大的概念。早期关于分水岭分割的文献有 Serra[1988]和 Beucher and

Meyer[1992]。如 10.7 节中讨论的那样，分水岭算法的一个关键问题是过度分割，处理过度分割问题的方法示例见 Bleau and Leon[2000]和 Gaetano et al.[2015]。

10.8 节关于累积差值的内容源自 Jain, R.[1981]，也可参阅 Jain, Kasturi and Schunck[1995]。采用傅里叶技术来处理运动的内容，源自 Rajala, Riddle and Snyder[1983]。关于运动估计的其他内容，见 Snyder and Qi[2004]和 Chakrabarti et al. [2015]。有关本章中许多例子和项目的软件信息，详见 Gonzalez, Woods and Eddins[2009]。

习题

标有星号的习题的答案在 DIP4E Student Support Package 中（查阅网站 www.ImageProcessingPlace.com）。

10.1 在泰勒级数近似中，余数（也称截断误差）由近似中未用到的所有项组成。有限差分近似的剩余部分中的第一项表示近似中的误差。该项的导数阶数越高，近似中的误差就越小。式(10.4)至式(10.6)中给出的一阶导数的三个近似，是使用相同数量的样点计算的。然而，中心差分近似的误差小于其他两种方法的误差。证明这一说法成立。

10.2 完成下列工作：(a)*给出式(10.8)的推导过程；(b) 给出式(10.9)的推导过程。

10.3 一幅二值图像包含水平、垂直、45°和-45°方向的直线。给出一组 3×3 核，它们可用来检测这些直线中的 1 像素断裂。假设直线和背景的灰度分别为 1 和 0。

10.4 提出一种技术，检测二值图像的线段中长度在 1 和 K 像素之间的间隙。假设直线的宽度为 1 像素。所提出的技术应基于 8 邻域连通性分析，而不要为检测间隙构建核。

10.5* 参考图 10.6，图 10.6(a)和(c)中的核对哪些方向的水平和垂直线的响应最强（相对于图 2.19 中的坐标系的 x 轴测量）？

10.6 参考图 10.7，回答下列问题。

(a)* 图 10.7(e)中某些连接焊点和中心元素的直线是单线，而其他直线是双线。解释原因。

(b) 提出一种方法，消除图 10.7(f)中不是 – 45°方向直线一部分的分量。

10.7 参考图 10.8 中的边缘模型，在不生成梯度和角度图像的情况下，回答下列问题。只需画出剖面线的草图，显示剖面线的幅度图像和角度图像。

(a)* 假设用图 10.14 中的 Prewitt 核计算这些模型的梯度幅度。画出过每幅梯度图像中心的水平剖面线。

(b) 画出每幅对应角度图像的水平剖面线。

10.8 考虑过二值图像中间的水平灰度剖面线，二值图像中包含过图像中心的一个垂直台阶边缘。在图像被系数为 $1/n^2$ 的一个 $n \times n$ 平均核模糊后，画出水平灰度剖面线。为简单起见，假设这幅图像已被标定：左边缘的灰度级为 0，右边缘的灰度级为 1。此外，假设核远小于图像，因此不用关注图像中心的边缘效应。

10.9* 假设在右侧图像中使用了多个边缘模型，而未使用图 10.10 中的斜坡模型。画出每个剖面线的梯度和拉普拉斯。

10.10 完成下列工作。

(a)* 证明函数 f 在点 (x, y) 处的最陡（最大）上升方向由式(10.16)中的向量 $\nabla f(x, y)$ 给出，并且最陡上升速率是式(10.17)中定义的 $\|\nabla f(x, y)\|$。

(b) 证明最陡下降方向由向量 $-\nabla f(x, y)$ 给出，并且最陡下降速率为 $\|\nabla f(x, y)\|$。

(c) 说明无论是用式(10.17)来计算还是用式(10.26)来计算，一幅图像的梯度幅度图像都是相同的。常数图像是不可接受的答案。

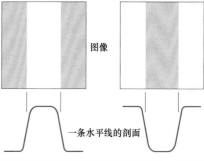

图像

一条水平线的剖面

10.11 完成下列工作。

(a) 如何修改图 10.14 中的 Sobel 核和 Prewitt 核，才能使其对±45°方向的边缘的梯度响应最强？

(b)*证明图 10.14 和(a)问中的 Sobel 核和 Prewitt 核，仅对水平和垂直边缘及±45°方向的边缘给出各向同性的结果。

10.12 有些二维核处理图像一次后的结果，可用一维核处理图像两次后得到。例如，首先用核[1 1 1]处理图像一次，然后对得到的结果用核[1 1 1]^T 处理一次，最终结果再乘以系数 1/9，就是用系数为 1/9 的 3×3 平滑核处理图像一次后的结果。类似地，证明 Sobel 核（图 10.14）处理图像一次后的结果，等于先使用差分核[-1 0 1]（或其垂直核）处理图像一次，然后使用平滑核[1 2 1]（或其垂直核）处理图像一次的结果。

10.13 图 10.15 中所示罗盘核的一种流行变体使用了值为 0、1 和-1 的系数。

(a)*使用这些系数给出 8 个不同的罗盘核。如图 10.15 所示，令 N, NW,… 是给出最强响应的边缘的方向。

(b) 对(a)问中的每个核检测到的边缘，规定梯度向量方向。

10.14 右侧二值图像中的矩形的大小为 $m×n$ 像素。

(a)*使用式(10.26)中的近似，这幅图像的梯度幅度看起来是什么样子？假设 g_x 和 g_y 是用 Sobel 核得到的。在梯度图像中显示所有相关的不同像素值。

(b) 参考式(10.18)和图 10.12，画出边缘方向的直方图。精确标出直方图的各个分量的高度。

(c) 使用式(10.14)，这幅图像的拉普拉斯看起来是什么样子？在拉普拉斯图像中显示所有相关的不同像素值。

10.15 假设图像 $f(x, y)$ 与大小为 $n×n$ 的核（系数为 $1/n^2$）卷积，产生了一幅平滑后的图像 $\bar{f}(x, y)$。

(a)*推导边缘强度（边缘幅度）关于 n 的表达式。假设 n 是奇数，并且用式(10.19)和式(10.20)计算偏导数。

(b) 证明平滑后的图像的最大边缘强度与原图像的最大边缘强度之比为 $1/n$。换句话说，边缘强度与平滑核的大小成反比。

10.16 参考式(10.29)。

(a)*证明 LoG 算子 $\nabla^2 G(x, y)$ 的平均值为零。

(b) 证明这个算子与任何图像的平均值的卷积也为零。（提示：使用卷积定理，以及一个函数的平均值与其在原点处计算的傅里叶变换成正比这一事实，考虑在频率域中求解该问题。）

(c) 假设：（1）用图 10.4(a)中的核来近似高斯拉普拉斯；（2）将得到的结果与一幅图像进行卷积。总体而言，得到的结果图像正确吗？说明原因。（提示：参见习题 3.32。）

10.17 参考图 10.22(c)。

(a) 解释边缘构成闭合轮廓线的原因。

(b)*寻找边缘位置的过零法总会导致闭合的轮廓吗？说明原因。

10.18 很多文献中推导高斯拉普拉斯（LoG）时，都从如下表达式开始：

$$G(r) = e^{-r^2/2\sigma^2}$$

式中，$r^2 = x^2 + y^2$。然后，取关于 r 的二阶偏导数 $\nabla^2 G(r) = \partial^2 G(r)/\partial r^2$ 来推导 LoG。最后，用 $x^2 + y^2$ 代替 r^2 得到最终（不正确的）结果：

$$\nabla^2 G(x, y) = \left[(x^2 + y^2 - \sigma^2)/\sigma^4 \right] \exp\left[-(x^2 + y^2)/2\sigma^2 \right]$$

推导这一结果并说明该表达式与式(10.29)不同的原因。

10.19 完成下列工作。

(a)*推导式(10.33)。

(b) 令 $k = \sigma_1/\sigma_2$ 表示与 DoG 函数有关的标准差比，用 k 和 σ_2 表示式(10.33)。

10.20 在下文中，假设 G 和 f 分别是大小为 $n×n$ 和 $M×N$ 的离散阵列。

(a) 证明式(10.27)中的高斯函数 $G(x, y)$ 与图像 $f(x, y)$ 的二维卷积，可表示为首先沿 $f(x, y)$ 的行（列）进行一维卷积，然后沿所得结果的列（行）进行一维卷积（关于离散卷积的可分离性，见 3.4 节）。

(b)*推导使用(a)问中的一维卷积法相对于直接执行二维卷积的计算优势的表达式。假设已对 $G(x, y)$ 取样，生成了一个大小为 $n \times n$ 的阵列，且 $f(x, y)$ 是一个大小为 $M \times N$ 的阵列。计算优势是二维卷积要求的乘法次数与一维卷积要求的乘法次数之比。（提示：回顾 3.4 节中关于可分离核的小节。）

10.21 完成下列工作。

(a) 证明 Marr-Hildreth 算法的步骤 1 和步骤 2 可用 4 个一维卷积实现。[提示：参考习题 10.20(a)，将拉普拉斯表示成由式(10.10)和式(10.11)给出的两个偏导数之和，并如习题 10.12 中那样使用一个一维核实现每个导数。]

(b) 推导使用(a)问中的一维卷积法相对于直接执行二维卷积的计算优势的表达式。假设已对 $G(x, y)$ 取样，得到了一个大小为 $n \times n$ 的阵列，且 $f(x, y)$ 是一个大小为 $M \times N$ 的阵列。计算优势是二维卷积要求的乘法次数与一维卷积要求的乘法次数之比（见习题 10.20）。

10.22 完成下列工作：

(a)* 用一维卷积代替二维卷积，给出坎尼算法步骤 1 和步骤 2 中梯度幅度图像的计算公式。

(b) 相对于使用二维卷积实现，使用一维卷积法的计算优势是什么？假设步骤 1 中的二维高斯滤波器已被取样为一个大小为 $n \times n$ 的阵列，且输入图像的大小为 $M \times N$。将计算优势表示为两种方法所需的乘法次数之比。

10.23 参考图 10.8 中的三个垂直边缘模型和对应的剖面线，画出如下方法产生的剖面线。可以手绘剖面线。

(a)* 假设用 Sobel 核来计算三个边缘模型的梯度幅度。画出三幅梯度图像的水平灰度剖面线。

(b) 画出用图 10.4(a)中的 3×3 拉普拉斯核得到的梯度图像的水平灰度剖面线。

(c)* 只使用 Marr-Hildreth 边缘检测子的前两步，重做(b)问。

(d) 使用坎尼边缘检测子的前两步，重做(b)问。可以忽略角度图像。

(e) 画出用坎尼边缘检测子得到的角度图像的水平剖面线。

10.24 例 10.9 中用大小为 19×19 的平滑核生成了图 10.26(c)，用大小为 13×13 的核生成了图 10.26(d)。选择这些值的理由是什么？（提示：注意两者都是高斯核，并参阅 3.5 节中关于低通高斯核的讨论。）

10.25 参考 10.2 节中的霍夫变换。

(a) 给出从斜截式 $y = ax + b$ 得到直线的法线表示的一般过程。

(b)* 求直线 $y = -2x + 1$ 的法线表示。

10.26 参考 10.2 节中的霍夫变换。

(a)* 图 10.30(a)中标为 1 的点的霍夫映射是图 10.30(b)中的一条直线，说明原因。

(b)* 这是能够产生的唯一一点吗？说明原因。

(c) 以图 10.30(b)中标为 Q 的曲线为例，说明反射邻接关系。

10.27 证明实现 10.2 节中所述累积单元法所需的运算次数，与图像平面（ xy 平面）中背景点的数量 n 呈线性关系。

10.28 图像分割技术的一种重要应用是，处理由气泡室事件生成的图像。这些图像源自用性质已知的粒子束直接轰击一个已知的原子核的高能物理实验。典型事件通常由入射轨迹、任何一次碰撞，以及从碰撞点发出的粒子的二次轨迹组成。请给出一种分割方法，检测偏离水平方向如下 6 个角度的所有轨迹：±25°、±50°和±75°。这 6 个方向允许估计误差为±5°。一条有效轨迹的长度至少要为 100 像素，间隙不多于 3 个，并且每个间隙的长度不超过 10 像素。可以假设图像已进行预处理，形成了二值图像，并且除发出轨迹的撞击点外，所有轨迹的宽度均为 1 像素。给出的方法应能分辨原点不同但方向相同的轨迹。（提示：给出的方法应以霍夫变换为基础。）

10.29* 重新说明 10.3 节中的全局阈值处理算法，以便能用一幅图像的直方图代替图像本身。

10.30* 证明 10.3 节中的基本全局阈值处理算法会在有限的步数内收敛。（提示：使用来自习题 10.29 的直方图公式。）

10.31 10.3 节中的基本全局阈值处理算法的初始阈值必须在图像的极小值和极大值之间，说明原因。（提示：构建一个例子来说明将阈值选在这一范围之外时，算法会失败。）

10.32* 假设 10.3 节中的基本全局阈值算法的初始阈值，选择为图像中极小灰度值和极大灰度值之间的一个值。算法收敛时最终的阈值取决于所用的特定初始值吗？说明原因。（可以用一个简单的图像例子来支持你的结论。)

10.33 在下面两种情况下，假设初始阈值在开区间$(0, L-1)$内。

(a)* 若图像的直方图在所有灰度级上都是均匀的，证明基本全局阈值处理算法收敛到图像的平均灰度。

(b) 若图像的直方图是双峰的，并且相同的峰关于它们的均值对称，证明基本全局阈值处理算法收敛到这两个峰的均值之间的中点。

10.34 参考 10.3 节中的基本全局阈值处理算法。假设某个问题中，直方图是双峰的，并且两个峰是形如 $A_1 \exp\left[-(z-m_1)^2 / 2\sigma_1^2\right]$ 和 $A_2 \exp\left[-(z-m_2)^2 / 2\sigma_2^2\right]$ 的高斯曲线。假设 m_1 比 m_2 大，并且初始的 T 位于图像的极大灰度值和极小灰度值之间。算法收敛时，给出如下陈述成立的条件（用这些曲线的参数表示）:

(a)* 阈值等于$(m_1 + m_2)/2$。

(b)* 阈值在 m_2 的左侧。

(c) 阈值在区间$(m_1 + m_2/2) < T < m_1$内。

10.35 完成下列工作。

(a)* 给出由式(10.55)、式(10.56)和式(10.59)得到式(10.60)的推导过程。

(b) 给出由式(10.60)的第一行得到第二行的推导过程。

10.36 证明对于区间 $0 \le k \le L-1$ 内的 k 值，式(10.63)总存在一个极大值。

10.37* 参考式(10.65)，证明对区间 $0 \le k \le L-1$ 内的 k 有 $0 \le \eta(k) \le 1$，并且在这一区间内只有恒定灰度的图像出现极小值，而值为 0 和 $L-1$ 的二值图像出现极大值。

10.38 完成下列工作。

(a)* 假设数字图像 $f(x, y)$ 的灰度在区间$[0, 1]$内，并且阈值 T 成功地将图像分割成了多个目标和背景。证明阈值 $T' = 1 - T$ 将成功地把 $f(x, y)$ 的负像分割成相同的区域。负像的定义见 3.2 节。

(b) (a)问中将图像映射为负像的灰度变换函数是具有负斜率的线性函数。为保持原图像相对于阈值 T 的分割性，说明任意灰度变换函数必须满足的条件。灰度变换后阈值的值是多少？

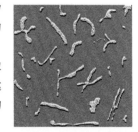

10.39 右侧图像中的目标和背景在区间$[0, 255]$上的平均灰度分别为 170 和 60。图像被均值为 0、标准差为 10 个灰度级的高斯噪声污染。提出一种正确分割率达 90%以上的阈值分割方法。（回顾可知，高斯曲线面积的 99.7%在关于均值的 $\pm 3\sigma$ 区间内，其中 σ 是标准差。）

10.40 参考图 10.34(b)中的灰度斜坡图像和 10.3 节中讨论的移动平均算法。假设图像的大小为 500×700 像素，其极小值和极大值分别为 0 和 1，其中 0 仅包含在第一列中。

(a)* 使用 $b = 0$ 和 n 的任意值，用移动平均算法分割这幅图像的结果是什么？解释分割后的图像的外观。

(b) 现在颠倒斜坡的方向，使其最左侧的值为 1，最右侧的值为 0，重做(a)问。

(c) 重做(a)问，但 $b = 1$, $n = 2$。

(d) 重做(a)问，但 $b = 1$, $n = 100$。

10.41 提出一种区域生长算法，分割习题 10.39 中的图像。

10.42* 使用 10.4 节中讨论的分离和聚合过程分割右侧的图像。若 R_i 中的所有像素的灰度相同，则令 $Q(R_i) = \text{TRUE}$。给出对应于分割结果的四叉树。

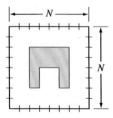

10.43 考虑例 10.21 中分割天鹅星座环图像的稀疏区域后，得到的 1 值区域。提出一种技术，用这个区域作为模板来隔离图像中的三个主要分量：（1）背景；（2）致密内部区域；（3）稀疏外部区域。

10.44 图 10.55(a)中 3×3 图像的第一行中的像素分别标为 1, 2, 3，第二行和第三行中的像素分别标为 4, 5, 6 和 7, 8, 9。设这些像素的灰度为[90, 80, 30; 70, 5, 20; 80, 20, 30]；例如，像素 2 的灰

度是 80,像素 4 的灰度是 70。使用公式 $w(i, j) = 30 \left[1 / \left(\left| I(n_i) - I(n_j) \right| + c \right) \right]$ 计算图 10.55(c)中图的边的权重(为便于解释数值结果,公式乘以了系数 30)。在这种情况下,令 $c = 0$。

10.45* 给出由式(10.105)推导式(10.106)至式(10.108)的步骤。

10.46 证明式(10.102)成立。

10.47 参考 10.7 节中的讨论。

(a)* 说明在分水岭分割算法的执行过程中,$C_n(M_i)$ 和 $T[n]$ 的元素从未被替换。

(b) 说明当 n 增大时,集合 $C_n(M_i)$ 和集合 $T[n]$ 中的元素数量不是增加,就是保持不变。

10.48 如 10.7 节所述,使用分水岭分割算法得到的边界形成了一个闭环(例如,见图 10.59 和图 10.61)。证明使用这一算法并不总能得到闭合的边界。

10.49* 对于下图所示的一维灰度截面,给出逐步构建水坝的实现过程。画出每个步骤的截面,显示水位和构建的水坝。

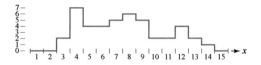

10.50 若在式(10.117)中针对 T(而非 $-T$)进行测试,则图 10.65(c)中的负 ADI 图像会是什么样子?

10.51 判断下列说法是对还是错,并说明原因。

(a)* 只要目标正在运动,绝对 ADI 中的非零项的尺寸就会持续增加。

(b) 不管目标是否运动,正 ADI 中的非零项总是占据相同的面积。

(c) 只要目标正在运动,负 ADI 中的非零项的尺寸就会持续增加。

10.52 假设在例 10.29 中 x 轴方向的运动为零。现在,目标在 32 帧图像中只沿 y 轴以 1 像素/帧的速度运动,然后瞬间反向,在另 32 帧图像中运动。在这些条件下,图 10.69(a)和(b)是什么样子?

10.53* 当式(10.125)和式(10.126)中的 S_{1x} 和 S_{2x} 的符号相同时,证明速度分量 V_1 为正。

10.54 一家自动制药厂为控制药品的质量,采用图像处理技术来测量药片的形状。这个系统的分割阶段以 Otsu 方法为基础。检查线的速度很快,需要高速闪光照明来"停止"运动。灯泡较新时,会投射均匀的光线。灯泡老化时,照明模式退化为时间和空间坐标的函数,如下所示:

$$i(x, y) = A(t) - t^2 e^{-[(x - M/2)^2 + (y - N/2)^2]}$$

式中,$(M/2, N/2)$ 是观察区域的中心,t 是以月为增量度量的时间。灯泡仍是试验性的,且制造商并不了解灯光的 $A(t)$ 特性。制造商只知道在灯泡的寿命期内,$A(t)$ 总是大于上式中的负分量,因为光照不能为负。观察发现,灯泡较新时,Otsu 算法工作得很好,其光照模式在整个图像上几乎为常数。然而,分割性能却随时间恶化。由于试验性灯泡非常昂贵,因此工厂聘你为顾问,使用数字图像处理技术帮助解决问题,补偿光照的变化,延长灯泡的寿命。你可在摄像机的视场内安装任何特殊标记。请提出一个能让工厂管理人员理解的详细解决方案。(提示:回顾 2.3 节中讨论的图像模型,并考虑使用一个或多个反射率已知的小目标。)

10.55 飞行中的子弹的速度可用成像技术来计算。选择的方法要用到一台 CCD 照相机和一个能将场景曝光 K 秒的闪光灯。子弹长 2.5cm,宽 1cm,速度范围为 750 ± 250m/s。光学照相机拍摄了一幅大小为 256×256 的数字图像,图像中子弹占图像水平分辨率的 10%。

(a)* 求保证运动对图像的模糊不超过 1 像素的最大 K 值。

(b) 在子弹穿越照相机的视场期间,为保证至少得到子弹的两幅完整图像,求每秒必须拍摄的最少帧数。

(c)* 提出一种能够自动地从帧序列中提取子弹的分割过程。

(d) 提出一种能自动地求子弹速度的方法。

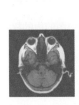

FOURTH EDITION

第 11 章 特征提取

Well, but reflect; have we not several times
acknowledged that names rightly given are the
likenesses and images of the things which they name?

Socrates

引言

使用第 10 章中的方法将图像分割为多个区域或它们的边界后，分割后的像素集通常要转换为适合计算机进一步处理的形式。一般来说，分割后的步骤是特征提取，特征提取包括特征检测和特征描述。特征检测在图像、区域或边界中发现特征。特征描述将定量属性分配给检测到的特征。例如，可以检测一个区域边界上的角，并用它们的方向和位置来描述这些角，其中的方向和位置都是定量属性。本章中讨论的特征处理方法分为三大类，具体取决于它们是适用于边界、区域还是适用于整个图像。有些特征适用于多个类别。特征描述子应尽可能对缩放、平移、旋转、光照和视角等参数的变化不敏感。本章中讨论的描述子要么对这些参数中的一个或多个的变化不敏感，要么可以被归一化，以补偿这些参数中的一个或多个的变化。

学习目标

- 了解适合于图像处理的各类特征的含义和适用性。
- 了解特征向量和特征空间的概念，并了解如何将它们与本章开发的各种描述子关联起来。
- 熟悉特征提取算法中所用的数学工具。
- 熟悉各种特征提取方法的局限性。
- 了解求解特征提取问题的主要步骤。
- 能够表述特征提取算法。
- 了解具体应用中能够成功提取的特征。

11.1 背景

尽管图像特征并没有被人们普遍接受的正式定义，但人们至少都认为特征是待标记或区分的明显属性或描述。这里的关键词是标记和区分。在本章中，我们感兴趣的"事物"是各个图像目标，甚至是整个图像或图像集合。因此，我们认为特征是能帮助我们为图像中的目标分配唯一标记的属性，更一般地说，特征能够有效地区分图像或图像集合。

图像特征提取主要有两个方面：特征检测和特征描述。也就是说，特征提取是指既检测特征又描述特征。为了有用，特征提取过程必须包括特征检测和特征描述。在说明特征检测和描述的图像处理与分析中，我们会遇到不同的术语，使用一个简单的例子有助于我们澄清这些术语的用法。假设我们为一些图像处理任务使用目标角作为特征。在本章中，检测是指在区域或图像中查找角。另一方面，描述是指为检测到的特征分配定量（或定性）属性，如角方向和相对于其他角的位置。换句话说，只知道图像中的角是不够的，还需要额外的信息即这些角的属性来帮助我们区分一幅图像中的不同目标或区分不同的图像。

假设我们使用特征的目的是区分不同的目标或不同的图像，那么接下来的问题是：在数字图像处理领域，这些特征必须具备哪些重要的特性？我们已经熟悉了其中的一些特性。一般来说，特征应独立于位置、旋转和缩放。其他因素也很重要，如照明水平的独立性和成像传感器与场景之间的视角变化等。在提取特征之前，应尽可能利用预处理来归一化输入图像。例如，在照度变化严重到难以检测特征时，预处理图像以补偿这些变化就是有意义的。这时，我们自然会想到使用直方图均衡化或直方图规定化来自动地预处理图像。基本思想是，使用尽可能多的先验信息来预处理图像，以便提高特征提取的准确性。

对特征而言，"独立"一词通常有两种含义：不变的或协变的。一个特征描述子相对于一组变换是不变的，如果对正被描述实体应用这组变换中的任意一个变换后，这个描述子的值保持不变。一个特征描述子相对于一组变换是协变的，如果对正被描述实体应用这组变换中的任何一个变换后，在描述子中产生了相同的结果。例如，考虑一组仿射变换{平移，反射，旋转}，假设我们对一个椭圆区域分配描述子"面积"，显然，对这个区域应用任何变换都不改变其面积。因此，对于一组给定的变换，"面积"是一个不变的特征描述子。然而，如果在这组变换中加入仿射缩放，那么描述子"面积"相对于扩展后的这组变换就不再是不变的。描述子"面积"现在相对于这组变换是协变的，因为对这个区域的面积缩放任意一个因子，也会对描述子的值缩放相同的因子。类似地，这个描述子的方向（这个区域的主轴方向）是协变的，因为以任意角度旋转这个区域，描述子也会旋转相同的角度。本章中使用的大多数特征描述子一般来说都是协变的，因为它们对某些感兴趣的变换是不变的，而对同等重要的其他变换不是不变的。我们马上会看到，最好的做法是尽可能多地将协变性归一化为相关的不变性。例如，通过计算一个区域的实际方向并旋转该区域，使其主轴指向预定义的方向，可以补偿这个区域方向的变化。如果对图像中检测到的每个区域都这样做，那么旋转就不再是协变的。

特征的另一种主要分类是局部特特和全局特征。许多情况下，我们会试图将特征分为这两种类别之一。这样做很困难，因为一个特征可能既

关于仿射变换的介绍，见表 2.3。

属于局部特征又属于全局特征，具体取决于应用。例如，再次考虑"面积"描述子，并假设在检测移过生产线上成像传感器的瓶中液位的任务中使用它。传感器及其配套软件能够同时生成 10 个瓶子的图像，每个瓶中的液体在图像中显示为一个明亮的区域，图像的其他部分则显示为黑色背景。在这个固定的几何图形中，一个区域的面积与瓶中液体的量直接成正比，如果检测和测量可靠，那么面积是我们求解这个检测问题所需的唯一特征。每幅图像有 10 个区域，因此在适用于图像的各个元素（区域）的意义上，我们认为面积是一个局部特征。如果问题是检测图像中液体的总量（面积），那么就要将面积视为一个全局描述子。然而，事情到此并未结束。假设液体检测任务已重新定义为计算每天经过成像设备的液体总量。这时，我们关心的不再是各个区域本身的面积，而是各幅图像。如果知道一幅图像的总面积，并且知道图像的数量，那么计算一天内液体的总量就很简单。现在，整幅图像的面积是一个局部特征，而一天结束时的总面积是全局性的。显然，我们可以重新定义这个任务，以便使得一

天结束时的面积成为一个局部特征描述子，而所有装配线的面积成为一个全局测度，以此类推。在本章中，如果某个特征被应用到一个集合的一个成员，那么我们就称它为局部特征，如果某个特征被应用到整个集合，那么我们称它为全局特征，其中"成员"和"集合"由应用决定。

除了在交互式图像处理应用中（交互式图像处理应用不是本书的主题），我们很少生成特征本身。事实上，如稍后所述，有些特征提取方法会生成数十、数百甚至数千个描述子的值，而这些描述子的值对视觉检查毫无意义。相反，特征描述通常被用做高级任务的预处理步骤，如图像配准、自动检查的目标识别、图像数据库中的模式搜索（如个体的面部、指纹），以及机器人和汽车导航等自动应用。对于这些应用，数值特征通常"封装"为特征向量的形式（$1×n$ 或 $n×1$ 矩阵），特征向量的元素是描述子。RGB 图像就是这样的一个简单例子。如第 6 章所述，RGB 图像的每个像素都可表示为如下三维向量：

$$\boldsymbol{x} = \begin{bmatrix} x_1 \\ x_2 \\ x_3 \end{bmatrix}$$

式中，x_1 是某点处红色图像的灰度值，其他分量是同一点处绿色和蓝色图像的灰度值。如果使用颜色作为特征，那么 RGB 图像中的区域可表示为三维空间中的一组特征向量（点）。使用 n 个描述子时，特征向量变为 n 维的，包含它们的空间称为 n 维特征空间。我们可将一组 n 维特征向量"想象"为 n 维欧氏空间中的一个"超云"点。

本章将特征分为三大类，即边界特征、区域特征和整体图像特征。这种细分并不基于我们将要讨论的方法的适用性，而基于描述内容时某些类别要比其他类别更有意义的事实。例如，提到"边界的长度"时，指的是"某个区域的边界的长度"，而不是一幅图像的"长度"，因为后者毫无意义。很明显，我们将要讨论的许多特征是适用于边界和区域的，有些特征也适用于整体图像。

11.2　边界预处理

前两章中讨论的分割技术产生的原始数据是沿边界的像素或包含在区域内的像素。标准的做法是将分割后的数据转化为方便计算描述子的紧凑形式。本节讨论适合这一目的的各种边界预处理方法。

11.2.1　边界跟踪

本章中讨论的几个算法要求区域边界上的点按顺时针方向或逆时针方向排列。因此，我们首先介绍一个边界跟踪算法，它的输出是一个有序的点序列。我们假设：（1）处理的是二值图像，图像中的目标点和背景点分别标为 1 和 0；（2）为消除目标与图像边界合并的可能性，图像填充了 0 边框。为清晰起见，我们将讨论局限于单个区域。通过逐个地处理区域，这种方法可扩展到多个不相连的区域。

> 回顾 2.5 节中关于邻域、邻接性和连通性的讨论及 9.6 节中关于连通分量的讨论是有帮助的。

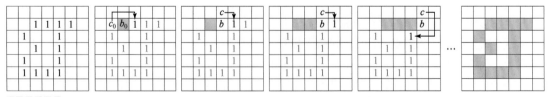

a b c d e f

图 11.1　边界跟踪算法前几步的说明。下一个处理的点标记为黑粗体，未处理的点标记为灰色；算法找到的点标记为阴影。未标记的方块可视为背景（0）值

以下算法跟踪二值图像中 1 值区域 R 的边界。

关于一个点的 4 邻点、8 邻点和 m 邻点的定义，见 2.5 节。

1. 令起点 b_0 是图像中最左上方标记为 1 的点[①]。令 c_0 表示 b_0 的西边的邻点［见图 11.1(b)］。显然，c_0 总是一个背景点。从 c_0 开始按顺时针方向行进，检查 b_0 的 8 邻点。令 b_1 表示值为 1 的第一个邻点，并令 c_1 是序列中紧接着 b_1 的（背景）点。存储 b_0 的位置，以便在步骤 5 中使用。

2. 令 $b = b_0$，$c = c_0$。

3. 从 c 开始顺时针方向行进，令 b 的 8 个邻点表示为 $n_1, n_2, \cdots, n_8$。找到标记为 1 的第一个邻点，并将它表示为 n_k。

4. 令 $b = n_k$，$c = n_{k-1}$。

5. 重复步骤 3 和 4，直到 $b = b_0$。算法停止时，找到的 b 个点序列就是有序边界点的集合。

注意，步骤 4 中的 c 总是一个背景点，因为 n_k 是顺时针方向行进时找到的第一个 1 值点。自 Edward F. Moore（爱德华·F·摩尔）提出元胞自动机理论后，人们便将这个算法称为 Moore（摩尔）边界跟踪算法。

图 11.1 说明了这个算法的前几步。很容易验证（见习题 11.1），继续这一过程会产生正确的边界，如图 11.1(f)所示，边界上的点是按顺时针顺序排列的。这个算法同样适用于更复杂的边界，如图 11.2(a)中一个额外分支的边界或图 11.2(b)中的自相交边界。存在多个边界［见图 11.2(c)］时，一次处理一个边界。

如果从一个二值区域而非一个边界开始，那么这个算法提取该区域的外部边界。一般来说，得到的边界的宽度为 1 像素，但并非总是如此［见习题 11.1(b)］。如果目的是找到某个区域内各个孔洞的边界（称为该区域的内边界或内部边界），那么一种简单的方法是提取这些孔洞（见 9.6 节），并把它们视为 0 值背景上的 1 值区域。将边界跟踪算法应用到这些区域将产生原始区域的内部边界。

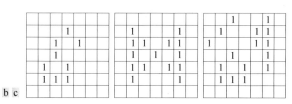

图 11.2　可被边界跟踪算法处理的边界的例子：(a)带有一个分支的闭合边界；(b)自相交边界；(c)多个边界（一次处理一个）

逆时针方向跟踪一个边界也能得到类似的算法，但只要有了一个算法，那么颠倒结果的顺序就能很容易地得到反方向的一个序列。下面几节会在保持一致的条件下，交替地使用这两个方向，以帮助读者熟悉这两种方法。

11.2.2　链码

链码通过连接规定长度和方向的直线段来表示边界。本节假设所有曲线都是简单的闭合曲线（曲线是闭合的而不是自相交的）。

1. 弗里曼链码

一般来说，链码表示基于线段的 4 连通或 8 连通。使用一种编号方案来对每条线段的方向进行编

[①] 如本章后面及习题 11.8 所示，1 值边界中最左上方的点有一个重要性质，即边界的多边形近似在这个位置有一个凸顶点。此外，该点的左邻点和北邻点保证是背景点。这些性质使得它是启动边界跟踪算法的一个好的"标准"点。

码，如图 11.3 所示。由这种方向数序列形成的边界码称为弗里曼链码。

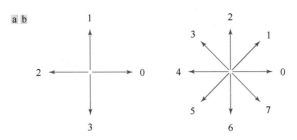

图 11.3　(a)4 方向链码和(b)8 方向链码的方向数

　　数字图像通常是在 x 方向和 y 方向以等间距的网格格式获取和处理的，因此顺时针方向跟踪边界并为连接每对像素的线段分配一个方向可以生成链码。不使用这种层次的细节的原因通常有两个：（1）得到的链会相当长；（2）噪声或不完美的分割在边界的小扰动会导致链码发生与边界的主要形状特征无关的变化。

　　解决这些问题的一种方法是，选择更大的网格间距对边界重取样，如图 11.4(a)所示。然后，沿边界行进时，根据原始边界点与节点的邻近程度，将这个边界点分配给较粗网格的节点，如图 11.4(b)所示。以这种方式得到的重取样边界可用 4 链码或 8 链码表示。图 11.4(c)显示了由 8 方向链码表示的较粗边界点。将 8 链码转换为 4 链码很简单，反之亦然（见习题 2.15、习题 9.27 和习题 9.29）。同理，本节前面讨论边界跟踪时，选择图 11.4(c)中的起点作为边界的最左上方点，得到了链码 0766…1212。如猜测的那样，重取样网格的间距大小由使用该链码的应用场景决定。

　　如果用于得到连通数字曲线的取样网格是一个均匀的四边形（见图 2.19），那么可以保证基于图 11.3 的弗里曼链码的所有点与曲线上的点重合。如果使用相同类型的取样网格对数字曲线进行次取样，那么同样如此，如图 11.4(b)所示。这是因为使用这类网格产生的曲线的样本具有与图 11.3 中相同的排列，因此所有点都是可达的，因为我们是逐点遍历曲线来生成链码的。

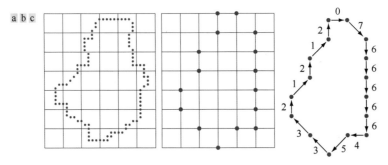

图 11.4　(a)叠加重取样网格后的数字边界；(b)重取样后的结果；(c)8 方向链码边界

　　链码的数值取决于起点。但是，使用一个简单的过程可将链码相对于起点归一化：简单地将链码视为方向数的一个循环序列，并重新定义起点，使得到的数字序列形成一个幅值最小的整数。也可以使用链码的一阶差分代替链码本身来归一化旋转（在图 11.3 中，角度是方向的整数倍）。这个差分是通过计算方向变化的次数（图 11.3 中为逆时针方向）得到的，其中方向变化分隔了两个相邻的链码元素。如果将链码视为一个循环序列，并相对于起点归一化链码，那么一阶差分的第一个元素可用链码的最后一个分量和第一个分量之间的过渡计算得到。例如，4 方向链码 10103322 的一阶差分是 3133030。改变重取样网格的间距，可实现尺寸的归一化。

仅当边界本身旋转不变（图 11.3 中角度是方向的整数倍）且尺度不变时，刚才讨论的归一化才是精确的，而实际中很少出现这种情况。例如，在两个不同方向上数字化的同一目标通常会有不同的边界形状，不同的程度与图像分辨率成正比。选择数字化图像中与像素之间的距离成比例的长链码元素，或如 11.3 节所述的那样将重取样网格对准待编码目标的主轴，或如 11.5 节所述的那样将重取样网格对准待编码目标的本征轴，可降低边界形状不同的程度。

例 11.1 弗里曼链码和它的一些变体。

图 11.5(a)是随机反射镜片中嵌入的一个圆形笔画的图像，图像是大小为 570×570 像素的 8 比特灰度图像。本例的目的是得到一个弗里曼链码、幅值最小的对应整数及笔画外边界的一阶差分。由于感兴趣的目标嵌入在小镜片中，因此提取其边界会产生一条噪声曲线，导致无法描述目标的一般形状。我们知道，处理噪声边界时，通常要对其进行平滑。图 11.5(b)是用大小为 9×9 像素的一个盒式核平滑原图像后的结果（关于空间平滑的讨论，见 3.5 节），图 11.5(c)是用 Otsu 方法对原图像全局阈值处理后的结果。注意，图像中的区域个数已减少为两个（其中的一个区域是一个点），因此大大简化了问题。

图 11.5(d)是图 11.5(c)中的这个区域的外边界。直接得到这个边界的链码会导致一个具有较小变化的长序列，它不能代表边界的全局形状，因此在得到其链码之前，要重定义这个边界。这会减少序列的变化。图 11.5(e)是使用节点间距为 50 像素（约为图像宽度的 10%）的重取样网格后得到的结果，图 11.5(f)是用直线连接样本点后的结果。这种较为简单的近似保留了原边界的主要特征。

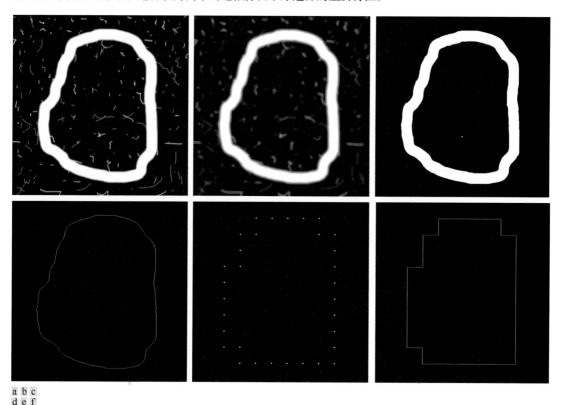

a b c
d e f

图 11.5 (a)大小为 570×570 像素的噪声图像；(b)用 9×9 盒式核平滑图像后的结果；(c)用 Otsu 方法阈值处理原图像后的结果；(d)图(c)的最长外边界；(e)子取样后的边界（为清楚起见，各个点已被放大）；(f)连接图(e)中各点后的结果

简化后的边界的 8 方向弗里曼链码是

$$00006066666666644444442422222202202$$

边界的起点位于子取样网格中的坐标(2, 5)处（记住，图 2.19 中图像的原点位于左上方）。这是图 11.5(f)中最左上方的点。这时，链码的最小幅度整数与链码相同：

$$00006066666666644444442422222202202$$

链码的一阶差分是

$$00062600000000600000626000062062062 6$$

使用这个链码表示边界会明显减少存储边界所需的数据量。此外，使用链码数可为分析边界的形状提供统一的方法，详见 11.3 节中的讨论。最后要记住的是，由上面的任何一个链码都可恢复子取样后的边界。■

2. 斜率链码

使用弗里曼链码时，通常要求重取样边界来平滑小的变化，这意味着首先要定义一个网格，然后将所有的边界点分配给网格中最接近的邻点。这种方法的一种替代方法是使用斜率链码（SCC）（Bribiesca[1992, 2013]）。二维曲线的 SCC 是通过在曲线周围放置等长的直线段得到的，其中直线段的端点与曲线相接。

要得到 SCC，就要计算相邻直线段之间的斜率变化，并将斜率变化归一化到连续的(开)区间(-1, 1)。这种方法需要定义直线段的长度，而弗里曼链码则要求定义一个网络并将曲线点分配给网格，因此后者更复杂。类似于弗里曼链码，SCC 是旋转独立的，但在旋转情况下，与弗里曼链码的旋转独立性相比，更大范围内的斜率变化会提供更精确的表示，因为弗里曼链码仅限于图 11.3(b)中的 8 个方向。与弗里曼链码一样，SCC 是平移独立的，并且可以归一化尺度变化（见习题 11.8）。

图 11.6 说明了如何生成 SCC。第一步是选择生成代码时所用的直线段的长度［见图 11.6(b)］。接着规定一个起点（原点）（对于开放的曲线，逻辑起点是其端点之一）。如图 11.6(c)所示，选取原点后，直线段的一端就放在原点，另一端则与曲线重合。这个点成为下一个直线段的起点，重复这个过程直到到达起点（或在开放曲线的情况下到达终点）。如图所示，我们可将这个过程视为一个遍历曲线的相同圆的序列（圆的半径等于直线段的长度）。圆与曲线的交点决定直线逼近曲线的节点。

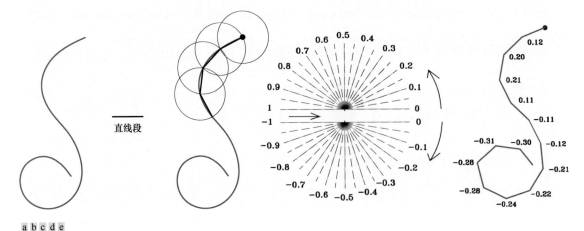

a b c d e

图 11.6 (a)一条开放曲线；(b)一个直线段；(c)使用圆周遍历曲线来求斜率变化，图中的点是原点（起点）；(d)开区间(-1, 1)内的斜率变化范围（图中央的箭头指示遍历方向），所示斜率数之间有 10 个子区间；(e)显示了对应的斜率变化数值序列的链码曲线（原图由墨西哥 IIMAS-UNAM 的教授 Ernesto Bribiesca 提供）

知道圆的交点后，就能求出两个连续直线段之间的斜率变化。正斜率和零斜率变化被归一化到半开区间[0, 1)，负斜率变化被归一化到开区间(-1, 0)。不允许斜率 ±1 变化的原因是，可以消除这种变化在反方向导致相同直线段而必须处理的实现问题。

斜率变化序列是定义原始曲线的 SCC 近似的链码。例如，图 11.6(e)中曲线的链码是 0.12, 0.20, 0.21, 0.11, -0.11, -0.12, -0.21, -0.22, -0.24, -0.28, -0.28, -0.31, -0.30。图 11.6(d)中定义的斜率变化的精度为 10^{-2}，产生了由 199 个可能的符号（斜率变化）组成的"字母表"。当然，精度是可以改变的。例如，精度 10^{-1} 会产生 19 个符号的字母表（见习题 11.6）。与弗里曼链码不同的是，不能保证链码曲线的最后一点与曲线本身的最后一点重合。然而，缩短直线长度和/或增大角度分辨率通常可以解决这个问题，因为计算结果被舍入到最接近的整数（记住我们使用的是整数坐标）。

SCC 的逆是另一条长度相同的链码，它是通过颠倒符号的顺序及其正负号得到的。链码的镜像是从原点开始颠倒符号的正负号得到的。最后要指出的是，上述讨论直接适用于闭合曲线。下面的曲线将从任意一点开始（如曲线最左上方的点），并按顺时针或逆时针方向行进，直到到达起点时停止。例 11.6 中将说明 SCC 的使用。

11.2.3　用最小周长多边形近似边界

> 对于开放曲线，精确多边形近似的线段数量等于点的数量减 1。

数字边界可以使用多边形以任意精度来近似。对于闭合曲线，当多边形的线段数量等于边界上的点的数量时，这种近似会变得非常精确，因此每对相邻点都定义了多边形的一个线段。多边形近似的目的是使用数量尽可能少的线段来捕获给定边界中形状的本质。一般来说，这个问题并不简单，可能会变成耗时的迭代搜索。然而，复杂度适度的近似技术非常适合于图像处理任务。其中，最有效的方法之一是使用下面讨论的最小周长多边形（MPP）来表示边界。

1. 基础

计算 MPP 的一种直观方法是用一组级联的单元来封闭边界［见图 11.7(a)］，如图 11.7(b)中所示。我们可将边界想象成包含在图 11.7(b)中灰色单元内的橡皮筋。允许收缩时，橡皮筋会受到灰色单元区域内壁和外壁顶点的约束。最终，这种收缩产生了最小周长多边形的形状（相对于这种几何排列），它限制了被这个单元条带包围的区域，如图 11.7(c)所示。注意，在这幅图中，MPP 的所有顶点都与内壁或外壁的角重合。

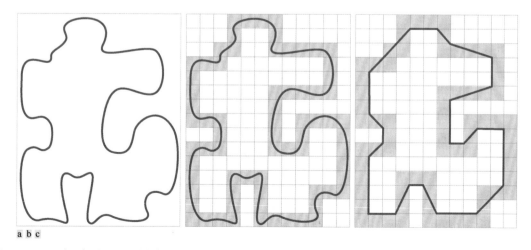

a b c

图 11.7　(a)一个目标边界；(b)被单元（阴影）包围的边界；(c)允许边界收缩时得到的最小周长多边形。多边形的顶点是由灰色区域内壁和外壁的角生成的

单元的大小决定了多边形近似的精度。在极限情况下，如果每个（方格）单元的大小对应于边界上的一个像素，那么边界和 MPP 近似之间每个单元的最大误差是 $\sqrt{2}\,d$，其中 d 是像素之间的最小可能距离（由原始取样后的边界的分辨率确定的像素间的距离）。强制多边形近似中的每个单元以原边界上的对应像素为中心，可将这种误差减半。目的是在给定应用中使用能够接受的最大可能单元尺寸，产生顶点数量最少的 MPP。本节的目的是给出找到这些 MPP 顶点的过程。

刚才描述的单元方法把被原始边界包围的目标的形状，简化成图 11.7(b) 中被灰色墙壁限制的区域。图 11.8(a) 将这个形状显示为深灰色。假设我们按逆时针方向遍历这个深灰色区域的边界。遍历过程中遇到的每个拐点不是凸顶点，就是凹顶点（顶点的角度定义为边界在这个顶点处的内角）。在图 11.8(b) 中，凸顶点和凹顶点分别显示为白色和蓝色。注意，这些顶点是图 11.8(b) 中浅灰边界区域内壁的顶点，深灰色区域中的每个凹（蓝色）顶点在浅灰色墙壁内都有一个对应的凹的"镜像"顶点，它位于这个凹顶点的对角位置。图 11.8(c) 显示了所有凹顶点的镜像顶点，为便于参考，图中叠加了图 11.7(c) 中的 MPP。观察发现，MPP 的顶点与内壁中的凸顶点（白点）或外壁中的凹镜像顶点（蓝点）重合。只有内壁的凸顶点和外壁的凹顶点才能成为 MPP 的顶点。因此，我们的算法只需关注这些顶点。

2. MPP 算法

包围数字边界的单元集合［如图 11.7(b) 中的灰色单元］称为细胞复合体。我们假设细胞复合体是简单连通的，此时它们包围的边界不是自相交的。根据这一假设，令白色（W）表示凸顶点，令蓝色（B）表示镜像凹顶点，可以给出如下的观察结果：

> 凸顶点是在区间 $0 < \theta < 180°$ 内定义的三元点的中心点。类似地，凹顶点的角度在区间 $180° < \theta < 360°$ 内。$180°$ 角定义一个退化顶点（即直线段），它不能是 MPP 顶点。

1. 由简单连通的细胞复合体包围的 MPP 不是自相交的。
2. MPP 的每个凸顶点都是 W 顶点，但边界上的每个 W 顶点并不都是 MPP 的顶点。
3. MPP 的每个镜像凹顶点都是 B 顶点，但边界上的每个 B 顶点并不都是 MPP 的顶点。
4. 所有 B 顶点都在 MPP 上或在 MPP 外部，所有 W 顶点都在 MPP 上或 MPP 内部。
5. 由细胞复合体包围的顶点序列中，最左上方的顶点总是 MPP 的一个 W 顶点（见习题 11.8）。

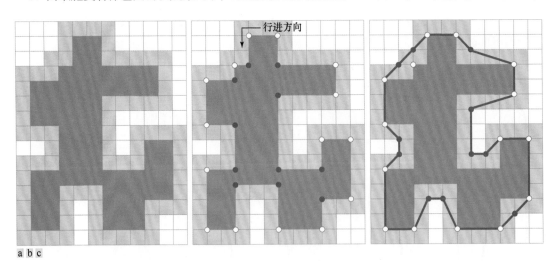

图 11.8　(a) 由被单元包围的原始边界得到的（深灰色）区域（见图 11.7）；(b) 逆时针方向跟踪深灰色区域的边界时，得到的凸顶点（白点）和凹顶点（蓝点）；(c) 已移位到包围区域外壁中对角镜像位置的凹顶点（蓝点），凸顶点不变。为便于参考，叠加了 MPP（实边界）

可以正式证明这些观察结果（Sklansky et al.[1972]，Sloboda et al.[1998] 和 Klette and Rosenfeld

[2004]）。然而，对我们的目的而言，它们的正确性显而易见（见图 11.8），因此这里不给出详细证明。与图 11.8 中深灰色区域的顶点的角度不同，MPP 顶点所维持的角度不一定是 90°的倍数。

在接下来的讨论中，我们需要计算三元点的方向。考虑三元点(a, b, c)，令这些点的坐标为$a = (a_x, a_y)$，$b = (b_x, b_y)$ 和 $c = (c_x, c_y)$。若将这些点作为矩阵A的行：

$$A = \begin{bmatrix} a_x & a_y & 1 \\ b_x & b_y & 1 \\ c_x & c_y & 1 \end{bmatrix} \tag{11.1}$$

则根据矩阵分析可以证明

$$\det(A) \begin{cases} > 0, & (a,b,c)\text{是一个逆时针序列} \\ = 0, & \text{点是共线的} \\ < 0, & (a,b,c)\text{是一个顺时针序列} \end{cases} \tag{11.2}$$

式中，$\det(A)$是 A 的行列式。根据这个公式，逆时针或顺时针方向运动是相对于右手坐标系的（见讨论图 2.19 时的脚注）。例如，使用图 2.19 中的图像坐标系（原点位于左上角，正 x 轴垂直向下延伸，正 y 轴水平向右延伸），序列 $a = (3, 4)$, $b = (2, 3)$ 和 $c = (3, 2)$ 就是逆时针方向的。代入式(11.2)后得到 $\det(A) > 0$。在描述算法时，可以方便地定义

$$\text{sgn}(a,b,c) \equiv \det(A) \tag{11.3}$$

使得对逆时针序列有 $\text{sgn}(a,b,c) > 0$，对顺时针序列有 $\text{sgn}(a,b,c) < 0$，点共线时有 $\text{sgn}(a,b,c) = 0$。从几何上说，$\text{sgn}(a,b,c) > 0$ 表示点 c 位于点对(a, b)的正侧（c 位于过点 a 和 b 的直线的正侧）。同样，$\text{sgn}(a,b,c) < 0$ 时点 c 位于直线的负侧。如果使用序列(c,a,b)或(b,c,a)，那么式(11.2)和式(11.3)给出的结果相同，因为这个序列中的行进方向与(a,b,c)的相同。但几何解释不同。例如，$\text{sgn}(c,a,b) > 0$ 表示点 b 位于过点 c 和 a 的直线的正侧。

为了给 MPP 算法准备数据，我们形成了如下内容：一个由点标记（V_0，V_1 等）组成的 3 顶点列表；每个顶点的坐标；以及一个表示 W 顶点或 B 顶点的额外元素。如图 11.8(c)所示，镜像凹顶点使得顶点按序排列很重要[①]，且第一个顶点是最上方的顶点，而根据性质 5 可知它是 MPP 的一个 W 顶点。令 V_0 表示这个顶点。我们假定这个顶点按逆时针方向排列。为了寻找 MPP，该算法使用两个"爬行"点：白色"爬行"点（W_C）和蓝色"爬行"点（B_C）。W_C 沿凸（W）顶点爬行，B_C 沿凹顶点（B）爬行。这两个爬行点、找到的最后一个 MPP 顶点及正被检查的顶点，就是实现这个算法所需要的顶点。

该算法从令 $W_C = B_C = V_0$ 开始（回顾可知 V_0 是一个 MPP 顶点）。然后，在算法的任意一步中，令 V_L 表示找到的最后一个 MPP 顶点，令 V_k 表示正被检查的当前顶点。V_L 和 V_k 及两个爬行点之间可以存在如下三个条件之一：

(a) V_k 在过点对(V_L, W_C)的直线的正侧，此时有 $\text{sgn}(V_L, W_C, V_k) > 0$。

(b) V_k 在过点对(V_L, W_C)的直线的负侧，或与这条直线共线，即 $\text{sgn}(V_L, W_C, V_k) \leq 0$。同时，$V_k$ 在过点对(V_L, B_C)的直线的正侧或与这条直线共线，即 $\text{sgn}(V_L, B_C, V_k) \geq 0$。

(c) V_k 在过点对(V_L, B_C)的直线的负侧，此时有 $\text{sgn}(V_L, B_C, V_k) < 0$。

条件(a)成立时，下一个 MPP 顶点是 W_C，并且令 $V_L = W_C$；然后，通过令 $V_L = B_C = W_C$ 来重新初始化算法，并从最近变化的 V_L 后的下一个顶点开始。

条件(b)成立时，V_k 成为一个候选的 MPP 顶点。在这种情况下，若 V_k 是凸顶点（一个 W 顶点），

---

① 使用前面讨论的边界跟踪算法，可对边界的顶点排序。

则令 $W_C = V_k$，否则令 $B_C = V_k$。然后，继续处理列表中的下一个顶点。

条件(c)成立时，下一个 MPP 顶点是 B_C，令 $V_L = B_C$；然后，通过令 $W_C = B_C = V_L$ 重新初始化算法，并从新近变化的 V_L 后的下一个顶点开始。

算法在再次到达第一个顶点时停止，这样就处理了多边形中的所有顶点。这个算法找到的 V_L 顶点都是 MPP 的顶点。Kletti and Rosenfeld[2004]证明这个算法能够找到被简单连通细胞复合体包围的多边形的所有 MPP 顶点。

例 11.2　显示 MPP 算法工作细节的一个数值例子。

使用逐步跟随 MPP 算法的一个简单例子有助于澄清前面的概念。考虑图 11.8(c)中的顶点。在图像坐标系中，网格左上角的坐标是(0, 0)。假设网格间距为 1，前几个（逆时针）顶点是

$$V_0(1,4)W \mid V_1(2,3)B \mid V_2(3,3)W \mid V_3(3,2)B \mid V_4(4,1)W \mid V_5(7,1)W \mid V_6(8,2)B \mid V_7(9,2)B$$

根据算法的要求，三元组由竖线分隔，B 顶点是镜像的。

左上角的顶点总是 MPP 的第一个顶点，所以先让 V_L 和 V_0 相等，$V_L = V_0 = (1,4)$，并初始化其他变量：$W_C = B_C = V_L = (1,4)$。

下一个顶点是 $V_1 = (2,3)$。这时，有 $\text{sgn}(V_L, W_C, V_1) = 0$ 和 $\text{sgn}(V_L, B_C, V_1) = 0$，所以条件(b)成立。因为 V_1 是一个 B（凹）顶点，所以我们更新蓝色爬行点：$B_C = V_1 = (2,3)$。在这个阶段，有 $V_L = (1,4)$，$W_C = (1,4)$ 和 $B_C = (2,3)$。

接下来研究 $V_2 = (3,3)$。这时有 $\text{sgn}(V_L, W_C, V_2) = 0$ 和 $\text{sgn}(V_L, B_C, V_2) = 1$，所以条件(b)成立。因为 V_2 是一个 W 顶点，所以我们更新白色爬行点：$W_C = (3,3)$。

下一个顶点是 $V_3 = (3,2)$。这时有 $V_L = (1,4)$，$W_C = (3,3)$ 和 $B_C = (2,3)$，于是有 $\text{sgn}(V_L, W_C, V_3) = -2$ 和 $\text{sgn}(V_L, B_C, V_3) = 0$，因此条件(b)再次成立。因为 V_3 是一个 B 顶点，所以令 $B_C = V_3 = (4,3)$ 并查看下一个顶点。

下一个顶点是 $V_4 = (4,1)$。我们正在处理 $V_L = (1,4)$，$W_C = (3,3)$ 和 $B_C = (3,2)$。sgn 的值分别是 $\text{sgn}(V_L, W_C, V_4) = -3$ 和 $\text{sgn}(V_L, B_C, V_4) = 0$。所以条件(b)再次成立，令 $W_C = V_4 = (4,1)$，因为 V_4 是一个 W 顶点。

下一个顶点为 $V_5 = (7,1)$。使用上一步的值，得到 $\text{sgn}(V_L, W_C, V_5) = 9$，满足条件(a)。因此，令 $V_L = W_C = (4,1)$（这是 V_4）并重新初始化：$B_C = W_C = V_L = (4,1)$。注意，知道 $\text{sgn}(V_L, W_C, V_5) > 0$ 后，就不用计算其他的 sgn 表达式。另外，重新初始化意味着从新近发现的 MPP 顶点之后的下一个顶点重新开始检查。在这种情况下，下一个顶点是 V_5，所以我们再次访问它。

对于 $V_5 = (7,1)$，使用 V_L，W_C 和 B_C 的新值，可以证明 $\text{sgn}(V_L, W_C, V_5) = 0$ 和 $\text{sgn}(V_L, B_C, V_5) = 0$，所以条件(b)成立。因此令 $W_C = V_5 = (7,1)$，因为 V_5 是一个 W 顶点。

下一个顶点是 $V_6 = (8,2)$，且 $\text{sgn}(V_L, W_C, V_6) = 3$，所以条件(a)成立。因此，令 $V_L = W_C = (7,1)$，并令 $W_C = B_C = V_L$ 来重新初始化算法。

因为算法在 V_5 处重新初始化，所以下一个顶点再次是 $V_6 = (8,2)$。利用前一步的结果得到 $\text{sgn}(V_L, W_C, V_6) = 0$ 和 $\text{sgn}(V_L, B_C, V_6) = 0$，因此，这时条件(b)成立。因为 V_6 是一个 B 顶点，所以令 $B_C = V_6 = (8,2)$。

迄今为止找到了 MPP 的 3 个顶点：$V_1 = (1,4)$，$V_4 = (4,1)$ 和 $V_5 = (7,1)$。按上述方式继续，可得到 MPP 顶点中的其余顶点，如图 11.8(c)所示（见习题 11.9）。镜像 B 顶点位于(2, 3)、(3, 2)和右下方的(13, 10)处，它们都在 MPP 的边界上。然而，它们是共线的，因此不能视为 MPP 的顶点，算法也恰好未检测到它们。　■

例 11.3　应用 MPP 算法。

图 11.9(a)是枫叶的一幅二值图像，图像大小为 566×566 像素，图 11.9(b)是它的 8 连通边界。图 11.9(c)到图 11.9(h)分别是使用大小为 2, 4, 6, 8, 16 和 32 的方形细胞复合单元时，这个边界的 MMP 表示（每幅图中

的顶点都用直线连接为一个闭合的边界）。枫叶有两个主要特征：茎和 3 个主瓣。单元尺寸大于 4×4 时，茎开始消失，如图 11.9(e)所示。3 个主瓣被合理地保留，即使单元尺寸为 16×16，如图 11.9(g)所示。然而，在单元尺寸增加到 32×32 时，这个明显的特征在图 11.8(h)中几乎消失。

原边界上的点数［见图 11.9(b)］是 1900。图 11.9(c)至图 11.9(h)中的顶点数分别是 206, 127, 92, 66, 32 和 13。图 11.9(e)中有 127 个顶点，它保留了原边界的所有主要特征，同时减少了 90%以上的数据。因此用 MMP 表示边界有着明显的优点。另一个重要的优点是 MPP 还会平滑边界。如上一节所述，用链码表示边界时通常要求平滑边界。

a b c d
e f g h

图 11.9 (a)一幅大小为 566×566 的二值图像；(b)8 连通边界；(c) ~ (h)分别用大小为 2, 4, 6, 8, 16 和 32 的方形单元时得到的 MMP（为便于显示，顶点已由直线段连接）。图(b)中边界上的点数是 1900。图(c)到图(h)中的顶点数分别是 206, 127, 92, 66, 32 和 13。为便于查看边界，图(b)到(h)显示为负片 ■

11.2.4 标记图

标记图是二维边界的一维函数表示，它可以各种方式生成。最简单的方法之一是把质心到边界的距离画成角度的函数，如图 11.10 所示。使用标记图的基本思想是将边界表示简化为一维函数，因为一维函数与原始的二维边界相比更容易描述。

根据缩放关于两个轴均匀且取样以等间距 θ 进行的假设，形状大小的变化会导致对应标记图的幅值发生变化。归一化这个问题的一种方法是缩放所有函数，使它们总是跨越相同的值域，如值域[0, 1]。这种方法的主要优点是简单，但缺点是整个函数的缩放只取决于两个值：最小值和最大值。如果形状有噪声，那么这可能是不同目标出现明显误差的根源。一种更好（但计算量更大）的方法是让每个样本除以标记图的方差，假设方差不是零［如图 11.10(a)所示的情况］，或小到导致计算困难。使用方差会产生一个与大小变化成反比的可变缩放因子，就像自动音量控制那样。无论使用哪种方法，中心思想都是消除对尺寸的依赖性，同时保留波形的基本形状。

距离与角度不是生成标记图的唯一方法。例如，另一种方法是遍历边界，并且对应边界上的每个点，画出该点处与边界相切的一条直线和参考线之间的角度。得到的标记图虽然完全不同于图 11.10 中的 $r(\theta)$ 曲线，但携带有关于基本形状特征的信息。例如，曲线上的水平线段对应于边界上的直线，因为那里的正切角是常数。这种方法的一个变体使用所谓的斜率密度函数作为标记图。这个函数是正切角值的直方图。由于直方图是数值集中度的测度，因此斜率密度函数会对具有恒定正切角（直线段或近直线段）的边界截面做出强响应，并在产生快速变化角度（角或其他急弯处）的截面上产生深谷。

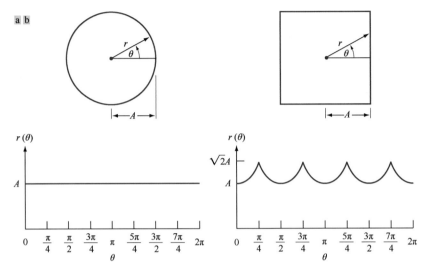

图 11.10   距离-角度标记图。在图(a)中，$r(\theta)$ 是恒定的。在图(b)中，标记图由如下模式重复组成：对于 $0 \le \theta \le \pi/4$，$r(\theta) = A\sec\theta$；对于 $\pi/4 < \theta \le \pi/2$，$r(\theta) = A\csc\theta$

例 11.4   两个区域的标记图。

图 11.11(a)和(d)显示了两个二值目标，图 11.11(b)和(e)是它们的边界。图 11.11(c)和(f)中的对应 $r(\theta)$ 标记图的值域是从 0°到 360°，角度增量为 1°。标记图中突出波峰的数量足以区分两个目标的形状。

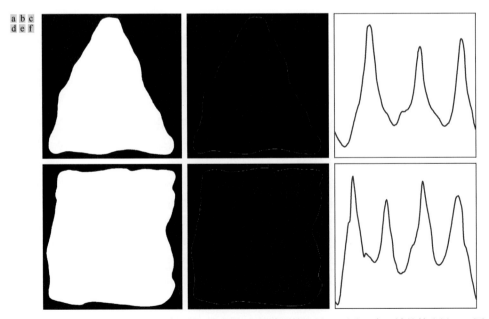

图 11.11   (a)一个二值区域；(d)另一个二值区域；(b)图(a)中区域的外边界；(e)图(d)中区域的外边界；(c)图(a)中区域的对应 $r(\theta)$ 标记图；(f)图(d)中区域的对应 $r(\theta)$ 标记图。图(c)和图(f)中的水平轴对应于从 0°至 360°的角度，角度增量为 1°   ■

11.2.5　骨架、中轴和距离变换

像边界那样，骨架与区域的形状有关。骨架可由边界计算，方法是用前景值填充边界所包围的区域，并将结果当做二值区域来处理。换句话说，骨架是用整个区域（包括它的边界）中的点的坐标来计算的。思想是通过计算区域的骨架将区域简化为树或图。如 9.5 节所述（见图 9.25），一个区域的骨架是这个区域中与区域边界等距的点集。

获取骨架时采用如下两种方法之一：（1）在保持端点和线的连通性的同时，（如使用形态学腐蚀）连续细化区域（这种方法称为拓扑保持细化）；（2）通过有效实现 Blum[1967]提出的中轴变换（MAT）来计算区域的中轴。9.5 节中讨论过细化。具有边界 B 的区域 R 的 MAT 如下：对于 R 中的每个点 p，在 B 中找到它的最近邻点。如果 p 有多个这样的邻点，那么它们属于 R 的中轴。"最近"的概念（及由此产生的 MAT）取决于距离测量的定义（见 2.5 节）。图 11.12 显示了一些使用欧氏距离的例子。使用欧氏距离时，得到的骨架与使用 9.5 节中的最大圆盘获得的骨架相同。一个区域的骨架定义为这个区域的中轴。

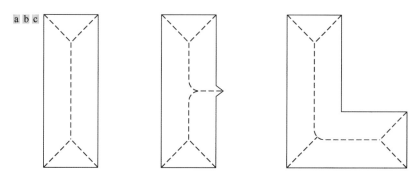

图 11.12　三个简单区域的中轴（虚线）

根据 11.3 节中讨论的"草原大火"概念（见图 11.15），可以直观地解释一个区域的 MAT。我们可将一个图像区域视为一片均匀的、干燥的草地，并假设同时在边界的所有点处点火。所有的燃烧前沿会以同样的速度进入这个区域。这个区域的 MAT 是由一个以上的燃烧前沿在同一时间到达的点的集合。

一般来说，与细化处理相比，MAT 更容易产生有意义的骨架。然而，计算一个区域的 MAT 需要计算从每个内部点到区域边界上的每个点的距离，而这在大多数应用中是不切实际的。相反，这种方法由距离变换等效地得到骨架，而距离变换存在许多有效的算法。

零值背景中一个前景像素区域的距离变换，是从每个像素到最近非零值像素的距离。图 11.13(a) 显示了一幅较小的二值图像，图 11.13(b) 是其距离变换。注意，每个 1 值像素都有一个 0 值距离变换，因为它的最近非零值像素是它本身。为了寻找与 MAT 等效的骨架，我们感兴趣的是从前景（白色）像素区域的像素到其最近背景（0）像素之间的距离，后者构成了区域边界。因此，我们计算图像的补集的距离变换，如图 11.13(c) 和 (d) 所示。比较图 11.13(d) 和图 11.12(a)，我们发现前一图像中的 MAT（骨架）等效于距离变换的脊［即图 11.13(d) 所示图像中的脊］。这个脊是局部极大值的集合［图 11.13(d) 中用粗体表示］。图 11.13(e) 和 (f) 对一幅较大的（414×708）二值图像显示了相同的效果。

寻找有效计算距离变换的方法是多年来人们的研究课题。对于有 K 个像素的二值图像，计算线性时间复杂度为 $O(K)$ 的距离变换的方法有多种。例如，Maurer et al.[2003]提出的算法不仅可以以时间复杂度 $O(K)$ 来计算距离变换，而且可以用 P 个处理器以时间复杂度 $O(K/P)$ 来计算距离变换。

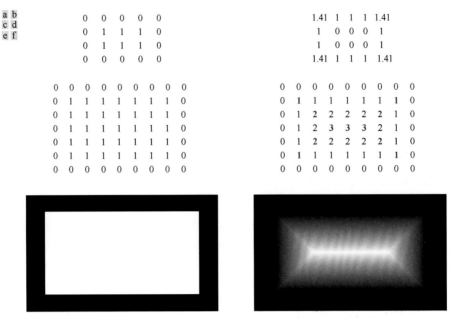

图 11.13　(a)一幅小图像；(b)小图像的距离变换。注意，图(a)中的所有 1 值像素在图(b)中都有对应的 0；(c)一幅小图像；(d)小图像的补集的距离变换；(e)一幅较大的图像；(f)较大图像的补集的距离变换。所用的距离都是欧氏距离

例 11.5　使用细化和修剪得到的骨架及使用距离变换得到的骨架。

图 11.14(a)显示了分割血管后的图像，图 11.14(b)显示了由形态学细化运算得到的骨架。如第 9 章中讨论的那样，细化运算通常会伴生毛刺，这里同样出现了毛刺。图 11.14(c)显示了去除毛刺 40 次后的结果。

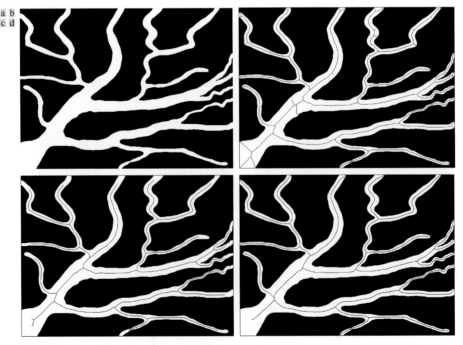

图 11.14　(a)阈值处理后的血管图像；(b)细化运算得到的骨架，已叠加到图像上（注意毛刺）；(c)清除毛刺 40 次后的结果；(d)使用距离变换得到的骨架

除图像左下方有几个可见的小毛刺外，修剪操作合理地清理了骨架。细化运算的一个缺点是可能会丢失潜伏在的重要特征。这里并未丢失重要的特征，但修剪后的骨架未覆盖整个图像范围。图 11.14(c)是根据快速步进法使用距离变换计算得到的骨架（见 Lee et al.[2005]和 Shi and Karl[2008]）。我们所用的算法生成分支时自动地处理了像毛刺这样的歧义。

图 11.14(d)中的结果略优于图 11.14(c)中的结果，但在这种情况下，两个骨架无疑都捕获了图像的重要特征。细化方法的一个关键优点是实现简单，这在专门的应用中很重要。总体而言，距离变换方法往往不会产生不连续的骨架，但在实现中克服距离变换的计算开销方面要比细化方法复杂得多。　■

11.3　边界特征描述子

在讨论特征描述子之前，我们先考虑描述区域边界的几种基本方法。

11.3.1　一些基本的边界描述子

边界的长度是边界的最简单的描述子之一。边界上的像素数量是边界长度的近似。对两个方向上间距都为 1 的链码曲线而言，垂直分量和水平分量的数量加上 $\sqrt{2}$ 乘以对角分量的数量，就是这条链码曲线的精确长度。边界用多边形曲线表示时，其长度等于多边形各条边的长度之和。

边界 B 的直径定义为

$$\text{diameter}(B) = \max_{i,j}\Big[D(p_i, p_j) \Big] \tag{11.4}$$

式中，D 是一个距离测度（见 2.5 节），p_i 和 p_j 是边界上的点。直径的值和连接两个极值点（包含直径）的直线段的方向称为边界的长轴（也称最长弦）。也就是说，如果长轴由点(x_1, y_1)和(x_2, y_2)定义，那么长轴的长度和方向如下：

> 长轴和短线也用做区域描述子。

$$\text{length}_m = \Big[(x_2 - x_1)^2 + (y_2 - y_1)^2 \Big]^{1/2} \tag{11.5}$$

和

$$\text{angle}_m = \arctan\left[\frac{y_2 - y_1}{x_2 - x_1} \right]$$

边界的短轴（也称最长垂直弦）定义为垂直于长轴的直线，其长度刚好使得通过边界与两个轴的 4 个交点的矩形完全包围边界。刚才描述的矩形称为基本矩形或外接矩形（外接盒），长轴与短轴之比称为边界的偏心率。11.4 节中将给出这个描述子的一些例子。

边界的曲折度（曲率）定义为斜率的变化率。一般来说，很难得到原始数字边界上某点处的曲折度的可靠测度，因为这些边界往往是局部"粗糙"的。平滑可能会有帮助，但更有效的曲折度测度是相邻边界直线段的斜率之差。多边形近似非常适用于这种方法［见图 11.8(c)］，在这种情况下，我们只需关注顶点处的曲折度。顺时针方向遍历多边形时，如果顶点 p 处的斜率变化是非负的，那么称顶点 p 为凸顶点，否则称顶点 p 为凹顶点。使用斜率变化范围可以进一步细化这一描述。例如，顶点 p 处斜率的绝对变化小于 10°时，顶点 p 就标记为一个近直线段的一部分；斜率的绝对变化在 90°±30°范围内时，顶点 p 就标记为"类角"点。

> 本章后面将详细讨论角。

如前面讨论的那样（见图 11.6），将边界表示为斜率链码（SCC），我们就能很容易地表述基于斜率变化的描述子。使用 SCC 很容易实现的一个非常有用的边界描述子是曲折度，它是曲线迂回曲折的一个测度。由 SCC 表示的曲线的曲折度 τ 定义为链元素的绝对值之和：

$$\tau = \sum_{i=1}^{n} |a_i| \qquad (11.6)$$

式中，n 是 SCC 中的元素数量，$|a_i|$ 是链码中元素的值（斜率变化）。下例说明了这个描述子的一种用途。

例 11.6 使用斜率链码描述曲折度。

血管形态学的一个重要测度是血管曲折度。这个指标有助于早产儿视网膜病变（ROP，一种影响早产儿的眼科病病）的计算机辅助诊断（Bribiesca[2013]）。ROP 会使得视网膜内的血管异常生长（见 2.1 节），进而使得视网膜脱离眼睛的后部，最终导致失明。

图 11.15(a)显示了一名新生儿的视网膜图像（称为眼底图像）。眼科医生根据视网膜血管的外观对 ROP 的初始治疗进行诊断和决策。视网膜血管扩张和增大的曲折度是极有可能出现 ROP 的征兆。图 11.15 中标为 A、B 和 C 的血管用于说明 SCC 对量化曲折度的判别潜力（所示的每条血管都是一个细长的区域，而不是直线段）。

我们提取了每条血管的边界，并计算了其长度（像素数）P。为了使得 SCC 比较有意义，我们归一化了三个边界，使得每个边界都有相同数量 m 的直线段。然后，线段的长度 L 计算为 $L = m/P$。因此，每个 SCC 的元素的数量为 $m-1$。由一个 SCC 表示的曲线的弯曲度 τ 定义为链元素的绝对值之和，如式(11.6)所示。

图 11.15(b)中的表格显示了基于 51 个直线段（如上所述，$n = m-1$）的 A、B 和 C 血管的 τ 值。曲折度的值与我们对三条血管的视觉分析结果一致，B 的曲折度稍大于 A 的曲折度，C 的曲折度最小。

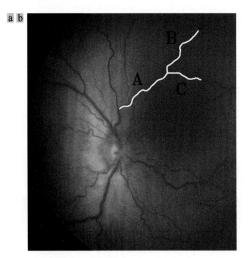

曲线	n	τ
A	50	2.3770
B	50	2.5132
C	50	1.6285

图 11.15 (a)一名患 ROP 的早产儿的眼底图像；(b)血管 A、B 和 C 的曲折度（原图像由墨西哥 IIMAS-UNAM 的 Ernesto Bribiesca 教授提供）■

11.3.2 形状数

根据图 11.3(a)中的 4 方向链码，弗里曼链码边界的形状数定义为最小幅度的一阶差分。形状数的阶 n 定义为其表示中的数字的数量。此外，对于封闭边界，n 是偶数，它的值限制了或能出现的不同形状的数目。图 11.16 显示了阶为 4、6 和 8 的所有形状，以及它们的链码表示、一阶差分和对应的形状数。虽然 4 方向链码的一阶差分与（增量为 90°的）旋转无关，但编码后的边界通常依赖于网格的方向。归一化网格方向的一种方法是让链码网格与上一节定义的基本矩形的两侧对齐。

> 如 11.2 节所述，最小幅度的一阶差分使得一个弗里曼链码独立于起点，并在使用 4 方向链码时对增量为 90°的旋转不敏感。

在实际中，对于期望形状的阶，我们找到阶为 n 的矩形，要求这个矩形的偏心率（已在 11.4 节中定义）最接近基本矩形的偏心率，并利用这个新矩形建立网格大小。例如，如果 $n = 12$，那么阶为 12 的所有矩形（周长为 12 的矩形）的大小为 2×4、3×3 和 1×5。如果大小为 2×4 的矩形的偏心率与给定边界的基本矩形的偏心率最匹配，那么建立以基本矩形为中心的一个 2×4 网格，并利用 11.2 节给出的步骤得到弗里曼链码。形状数由这个链码的一阶差分得出。虽然由于选择网格间距的方式得到的形状数的阶通常等于 n，但边界中的凹陷与这一间距相当时会产生阶大于 n 的形状数。这时，我们规定一个阶小于 n 的矩形，并重复这个过程，直到得到的形状数是 n 阶的。形状数的阶从 4 开始，并且总是偶数，因为我们使用的是 4 连通并要求边界是闭合的。

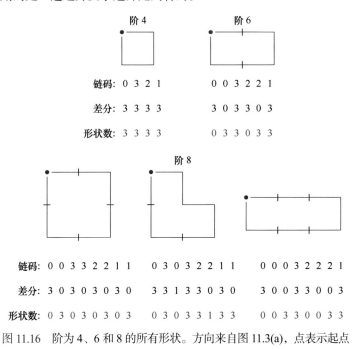

图 11.16　阶为 4、6 和 8 的所有形状。方向来自图 11.3(a)，点表示起点

例 11.7　计算形状数。

假设对图 11.17(a)中的边界规定 $n = 18$。为了得到阶为 18 的一个形状数，我们采用前面讨论的步骤。首先，找到基本矩形，如图 11.17(b)所示。接着，找到最接近的 18 阶矩形。它是一个大小为 3×6 的矩形，因此要求细分图 11.17(c)所示的基本矩形。链码方向与生成的网格对齐。最后一步是得到链码，并使用其一阶差分来计算形状数，如图 11.17(d)所示。

a b

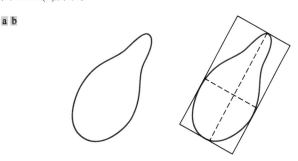

图 11.17　生成一个形状数的步骤

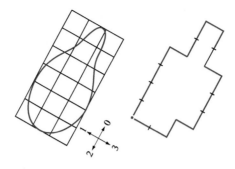

c d

链码：　0 0 0 0 3 0 0 3 2 2 3 2 2 2 1 2 1 1

差分：　3 0 0 0 3 1 0 3 3 0 1 3 0 0 3 1 3 0

形状数：0 0 0 3 1 0 3 3 0 1 3 0 0 3 1 3 0 3

图 11.17　生成一个形状数的步骤（续）　　■

11.3.3　傅里叶描述子

图 11.18 显示了 xy 平面上的一个数字边界，它由 K 个点组成。从任意一点 (x_0, y_0) 开始，逆时针方向在边界上行进时，会遇到坐标对 (x_0, y_0)，(x_1, y_1)，(x_2, y_2)，$\cdots$，(x_{K-1}, y_{K-1})。这些坐标可表示为 $x(k) = x_k$ 和 $y(k) = y_k$。使用这种表示方法，边界本身可以表示为坐标序列 $s(k) = [x(k), y(k)]$，$k = 0, 1, 2, \cdots, K-1$。此外，每个坐标对可视为一个复数，于是有

> 为了与文献保持一致，这里使用"常规"的坐标系。然而，使用本书中的图像坐标系，即原点位于左上角的坐标系，也能得到同样的结果，因为两者都是右手坐标系（见图 2.19）。在后一坐标系中，行和列分别表示复数的实部和虚部。

$$s(k) = x(k) + j\,y(k) \tag{11.7}$$

式中，$k = 0, 1, 2, \cdots, K-1$。也就是说，x 轴被视为复数序列的实轴，y 轴被视为复数序列的虚轴。虽然重新表述了对序列的解释，但边界本身的性质并未改变。当然，这种表示方法有一个很大的优点，即它将二维描述问题简化为一维描述问题。

由式(4.44)可知，$s(k)$ 的离散傅里叶变换（DFT）是

$$a(u) = \sum_{k=0}^{K-1} s(k)\,\mathrm{e}^{-j2\pi uk/K} \tag{11.8}$$

式中，$u = 0, 1, 2, \cdots, K-1$。复数系数 $a(u)$ 称为边界的傅里叶描述子。这些系数的傅里叶反变换恢复 $s(k)$。也就是说，根据式(4.45)有

$$s(k) = \frac{1}{K}\sum_{u=0}^{K-1} a(u)\,\mathrm{e}^{j2\pi uk/K} \tag{11.9}$$

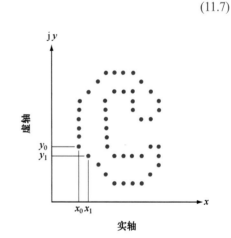

图 11.18　一个数字边界及其复数序列表示。点 (x_0, y_0) 和 (x_1, y_1) 是该序列中（任意）的前两个点

$k = 0, 1, 2, \cdots, K-1$。由第 4 章可知，只要在式(11.9)中使用了所有的傅里叶系数，反变换就等于原输入。然而，假设只使用了前 P 个系数而不是所有傅里叶系数，这相当于在式(11.9)中对 $u > P-1$ 令 $a(u) = 0$，此时的结果是对 $s(k)$ 的如下近似：

$$\hat{s}(k) = \frac{1}{K}\sum_{u=0}^{P-1} a(u)\,\mathrm{e}^{j2\pi uk/K} \tag{11.10}$$

式中，$k = 0, 1, 2, \cdots, K-1$。尽管只用了 P 项来得到 $\hat{s}(k)$ 的每个分量，但参数 k 的值域仍是从 0 到 $K-1$。也就是说，近似边界中存在相同数量的点，但未在每个点的重建中使用那么多项。

　　删除高频系数与用理想低通滤波器滤波这一变换是相同的。我们在第 4 章中了解到，DFT 的周期性要求我们在对变换滤波前，先将这个变换乘以 $(-1)^x$ 以便使其中心化。因此，我们在实现式(11.8)时使用这个过程，并在计算式(11.10)中的反变换时再次使用它来去中心化。由于 DFT 中的对称性，边界上的点数及其反变换必须是偶数。这意味着在计算反变换之前，删除的系数（设置为 0）数量必须是偶数。因为变换已被中心化，所以我们将变换两端的一半数量的系数设为 0，以便保持对称性。当然，DFT 及其反变换是用 FFT 算法计算的。

　　回顾第 4 章中关于傅里叶变换的讨论可知，高频分量决定细节，而低频分量决定整体形状。因此，在式(11.10)中使得 P 越小，在边界上丢失的细节越多，如下例所示。

例 11.8　使用傅里叶描述子。

　　图 11.19(a)显示了人类染色体的边界，它由 2868 个点组成。使用式(11.8)得到了对应的 2868 个傅里叶描述子。本例的目的是检验使用较少傅里叶描述子重建边界的效果。图 11.19(b)显示了在式(11.10)中使用 1434 个描述子重建的边界。观察发现，这个边界和原边界并无明显的区别。图 11.19(c)至(h)分别是用 10%、5%、2.5%、1.25%、0.63%和 0.28%的 2868 个傅里叶描述子重建的边界。四舍五入到最接近的偶整数时，这些百分比分别等于 286、144、72、36、18 和 8 个描述子。最重要的一点是，只占原来 2868 个描述符的 1/6 的 18 个描述子，就足以保留原边界的主要形状特征：4 个长凸起和 2 个深弯。使用 8 个描述子得到的图 11.19(h)是不可接受的，因为丢失了主要特征。进一步减少至 4 个和 2 个描述子，将分别得到一个椭圆和一个圆（见习题 11.18）。

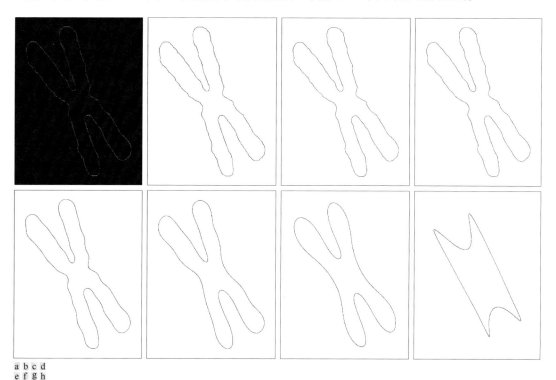

a b c d
e f g h

图 11.19　(a)人类染色体的边界（2868 个点）; (b) ~ (h)分别用 1434、286、144、72、36、18 和 8 个傅里叶描述子重建的边界。这些数字分别约为 2868 的 50%、10%、5%、2.5%、1.25%、0.63%和 0.28%。图(b)至图(h)显示为负片，以便更容易看到边界　■

如上例中说明的那样，可以使用一些傅里叶描述子来捕获边界的基本形状。这个性质很有用，因为这些系数携带有形状信息。因此，由这些系数形成的一个特征向量可用来区分不同边界的形状，详见第 12 章中的讨论。

前面多次指出，描述子应尽可能地对平移、旋转和缩放变化不敏感。结果依赖于点被处理的顺序时，另一个约束条件是描述子应对起点不敏感。虽然傅里叶描述子对这些几何变化并不是直接不敏感的，但这些参数的变化可能与关于描述子的简单变换有关。例如，我们考虑旋转，回顾基本的数学分析可知，相对于复平面的原点旋转 θ 角是通过将该点乘以 $e^{j\theta}$ 来实现的。对 $s(k)$ 的每个点这样做就相对于原点旋转了整个序列。旋转后的序列为 $s(k)e^{j\theta}$，其傅里叶描述子是

$$a_r(u) = \sum_{k=0}^{K-1} s(k)e^{j\theta} e^{-j2\pi uk/K} = a(u)e^{j\theta} \tag{11.11}$$

式中，$u = 0, 1, 2, \cdots, K-1$。因此，旋转只是通过一个乘积常数项 $e^{j\theta}$ 等同地影响所有系数。

表 11.1 中小结了边界序列 $s(k)$ 的傅里叶描述子，这个序列经历了旋转、平移、缩放和起点变化。符号 Δ_{xy} 定义为 $\Delta_{xy} = \Delta x + j\Delta y$，因此 $s_t(k) = s(k) + \Delta_{xy}$ 将序列重新定义（平移）为

> 回顾第 4 章可知，一个常数的傅里叶变换是位于原点的一个冲激；冲激 $\delta(u)$ 在所有位置都是 0，但 $u=0$ 处除外。

$$s_t(k) = [x(k) + \Delta x] + j[y(k) + \Delta y] \tag{11.12}$$

注意，平移对描述子没有影响，但 $u = 0$ 时除外，此时的值为 $\delta(0)$。最后，表达式 $s_p(k) = s(k - k_0)$ 意味着将序列重新定义为

$$s_p(k) = x(k - k_0) + j y(k - k_0) \tag{11.13}$$

它将序列的起点从 $k = 0$ 更改为 $k = k_0$。表 11.1 中的最后一项表明，起点的变化以一种不同（但已知）的方式影响所有描述子，此时乘以 $a(u)$ 的项取决于 u。

表 11.1　傅里叶描述子的一些基本性质

变　换	边　界	傅里叶描述子
恒等	$s(k)$	$a(u)$
旋转	$s_r(k) = s(k)e^{j\theta}$	$a_r(u) = a(u)e^{j\theta}$
平移	$s_t(k) = s(k) + \Delta_{xy}$	$a_r(u) = a(u) + \Delta_{xy}\delta(u)$
缩放	$s_s(k) = \alpha s(k)$	$a_s(u) = \alpha a(u)$
起点	$s_p(k) = s(k - k_0)$	$a_p(u) = a(u)e^{-j2\pi k_0 u/K}$

11.3.4　统计矩

就像标记图那样，变量的统计矩是适用于二维边界的一维表示的有用描述子。为了解如何实现这一点，我们考虑图 11.20，它是图 11.10(b)取样后的标记图，可将它视为变量 r 的一个普通离散函数 $g(r)$。

> 11.4 节中将讨论两个变量的矩。

假设我们把 g 的幅度视为离散随机变量 z，并形成幅度直方图 $p(z_i)$，$i = 0, 1, 2, \cdots, A-1$，其中 A 是除以幅度后得到的离散幅度增量的个数。如果将 p 归一化，使其元素之和等于 1，那么 $p(z_i)$ 是灰度值 z_i 出现的概率估计。由式(3.24)得 z 关于其平均值的 n 阶矩是

$$\mu_n(z) = \sum_{i=0}^{A-1} (z_i - m)^n p(z_i) \tag{11.14}$$

式中，

$$m = \sum_{i=0}^{A-1} z_i p(z_i) \tag{11.15}$$

我们知道，m 是 z 的均值，μ_2 是 z 的方差。一般来说，只需要前几个矩来区分明显不同形状的标记图。

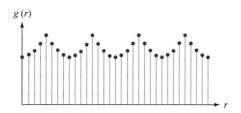

图 11.20　图 11.10(b)取样后的标记图可视为一个变量的普通离散函数

另一种方法是将图 11.20 中 $g(r)$ 的面积归一化为 1，并将它视为一个直方图。换句话说，$g(r_i)$ 现在可被视为值 r_i 出现的概率。在这种情况下，r 被视为一个随机变量，并且矩是

$$\mu_n(r) = \sum_{i=0}^{K-1} (r_i - m)^n g(r_i) \tag{11.16}$$

式中，

$$m = \sum_{i=0}^{K-1} r_i g(r_i) \tag{11.17}$$

在这些公式中，K 是边界上的点数，$\mu_n(r)$ 与标记图 $g(r)$ 的形状直接相关。例如，二阶矩 $\mu_2(r)$ 度量曲线相对于 r 的平均值的扩展度，三阶矩 $\mu_3(r)$ 度量曲线相对于 r 的平均值的对称性。

虽然我们常用矩来表征标记图，但它们并不是用于这一目的的唯一描述子。例如，另一种方法是计算 $g(r)$ 的一维离散傅里叶变换，得到其频谱，并使用前几个分量作为描述子。矩相对于其他技术的优点是，它们实现起来很简单，并带有标记图（及边界）形状的"物理"解释。这种方法对旋转不敏感，因为标记图独立于旋转，但前提是沿着边界，起点总是相同的。缩放 g 和 r 的值可实现尺寸归一化。

11.4　区域特征描述子

像对边界问题所做的那样，下面从一些基本的区域描述子开始区域特征的讨论。

11.4.1　一些基本的描述子

前面为边界定义了区域的长轴和短轴及外接矩形（也称界限盒）。区域的面积被定义为该区域中的像素数量。区域的周长是其边界的长度。使用面积和周长作为描述子时，它们通常只在被归一化后才有意义（例 11.9 中显示了这一应用）。我们通常频繁地使用这两个描述子来度量区域的紧致度，紧致度定义为周长的平方与面积之比：

$$\text{紧致度} = \frac{p^2}{A} \tag{11.18}$$

这是一个无量纲的测度，圆的紧致度是 4π（它的最小值），正方形的紧致度是 16。

> 有时，紧致度定义为圆度的倒数。显然，这两个测度是密切相关的。

一个类似的无量纲度测度是圆度，它定义为

$$\text{圆度} = \frac{4\pi A}{p^2} \tag{11.19}$$

圆的圆度是 1（它的最大值），正方形的圆度是 $\pi/4$。注意，这两个测度独立于尺寸、方向和平移。另一个基于圆的测度是有效直径：

$$d_e = 2\sqrt{A/\pi} \tag{11.20}$$

它是一个与正被处理区域面积 A 相同的圆的直径。这个测度既不是无量纲的，又不独立于区域尺寸，但独立于方向和平移。在具体应用中，将尺寸除以最大直径可归一化尺寸并使其无量纲化。

采用将一个区域相对于圆的紧致度和圆度的类似定义方式，我们将一个区域相对于椭圆的偏心率定义为与区域有着相同二阶中心矩的一个椭圆的偏心率。对于一维情况，离散变量的二阶中心矩是用式(11.21)来计算的方差。对于二维离散数据，我们必须考虑每个变量的方差及它们之间的协方差。它们是协方差矩阵的分量，协方差矩阵是根据样本用式(2.130)计算得到的，这种情况下的样本是表示数据坐标的二维向量。

图 11.21(a)以标准形式显示了一个椭圆（长轴和短轴与坐标轴重合椭圆）。这类椭圆的偏心率定义为焦距（图 11.21 中的 $2c$）与长轴长度（$2a$）之比，即 $2c/2a = c/a$。也就是说，

$$\text{偏心率} = \frac{c}{a} = \frac{\sqrt{a^2 - b^2}}{a} = \sqrt{1 - (b/a)^2}, \ a \ge b$$

然而，我们感兴趣的是与一个给定二维区域有着相同二阶矩的一个椭圆的偏心率，这意味着我们的椭圆的方向是任意的。直观地说，我们要做的是用一个椭圆区域来近似二维数据，这个椭圆区域的轴要与数据的主轴重合，如图 11.21(b)所示。11.5 节中将说明（见例 11.17）主轴是如下由数据计算的协方差矩阵 C 的特征向量：

$$C = \frac{1}{K-1} \sum_{k=1}^{K} (z_k - \bar{z})(z_k - \bar{z})^{\mathrm{T}} \tag{11.21}$$

式中，z_k 是一个二维向量，它的元素是区域内一点的两个空间坐标，K 是点的总数，$\bar{z}$ 是平均向量：

$$\bar{z} = \frac{1}{K} \sum_{k=1}^{K} z_k \tag{11.22}$$

C 的主对角元素是区域中各点的坐标值的方差，非对角元素是它们的协方差。

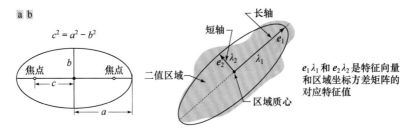

图 11.21　(a)一个标准形式的椭圆；(b)一个以任意方向近似区域的椭圆

方向与区域的主轴方向相同的椭圆，可以解释为一个二维高斯函数与 xy 平面的交点。椭圆的轴的方向也是协方差矩阵的特征向量的方向，椭圆中心到与长轴和短轴的交点的距离分别等于协方差矩阵的最大特征值和最小特征值，如图 11.21(b)所示。参考图 11.21 及上面给出的偏心率公式，类似地可以得到与区域具有相同二阶矩的椭圆的偏心率是

$$偏心率 = \frac{\sqrt{\lambda_1^2 - \lambda_2^2}}{\lambda_1} = \sqrt{1 - (\lambda_2 / \lambda_1)^2}, \quad \lambda_1 \geq \lambda_2 \tag{11.23}$$

对于圆形区域，$\lambda_1 = \lambda_2$，偏心率为 0。对于一条直线，$\lambda_2 = 0$，偏心率为 1。因此，这个描述子的值域是[0, 1]。

例 11.9　特征描述子的比较。

图 11.22 显示了几个区域形状的上述描述子的值。圆的各个描述子都不等于理论值，因为数字化一个圆时会在计算中引入误差，并且是用近似的边界长度作为边界的元素数量的。正方形的偏心率确实有精确值 0，因为不旋转的正方形完全与取样网格重合。正方形的另外两个描述子也接近它们的理论值。

描述子	⬤	✦	▢	◌
紧致度	10.1701	42.2442	15.9836	13.2308
圆 度	1.2356	0.2975	0.7862	0.9478
偏心率	0.0411	0.0636	0	0.8117

a b c d

图 11.22　一些简单二值区域的紧致度、圆度和偏心率

图 11.22 的前两行中列出的值带有相同的信息。例如，星形在紧致度和圆度方面都不如其他形状。类似地，由列出的数字可以看出，水滴区域具有最大的偏心率，但用紧致度或圆度很难与其他形状区分开来。

如 11.1 节所述，为便于后续处理，特征描述子通常要排列为特征向量的形式。图 11.23 显示了图 11.22 中描述子的特征空间。

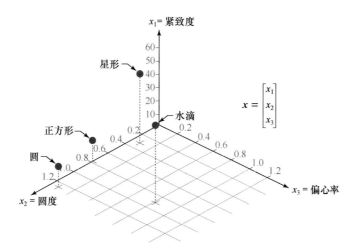

图 11.23　图 11.22 中描述子的三维特征空间形式。所示的每个点对应于一个特征向量，特征向量的分量是图 11.22 中的三个对应描述子

特征空间中的每个点为每个目标"封装"三个描述子的值。尽管观察图中各个描述子的值会发现圆与正方形要比其他两个目标更为相似，但要注意这一事实在特征空间中更清晰。我们可以想象这些目标的多个样本被噪声毁坏时，难以区分对应于正方形或圆的向量（点）的情况。相比之下，星形和水滴目标彼此

相距很远，并且远离圆和正方形，因此即使存在噪声，它们不太可能被错误地分类。第 12 章中讨论图像模式分类时，特征空间将起重要作用。 ■

例 11.10　使用面积特征。

即使是像归一化面积这样一个简单的描述子，对于从图像中提取信息也是非常有用的。例如，图 11.24 显示了美洲夜间的卫星红外图像。如 1.3 节中讨论的那样，这些图像为我们提供了人类居住区的全球详表。用于收集这些图像的成像传感器具有探测可见光和近红外辐射的能力，如灯光、火光和闪光。图片旁边的表格中（按区域从上到下）显示了白色（灯光）面积与所有 4 个区域中的总灯光面积之比。这样的一个简单测度可以大致给出一个区域的电能消耗量。数据也可相对于每个区域的土地质量、人口数量等归一化。

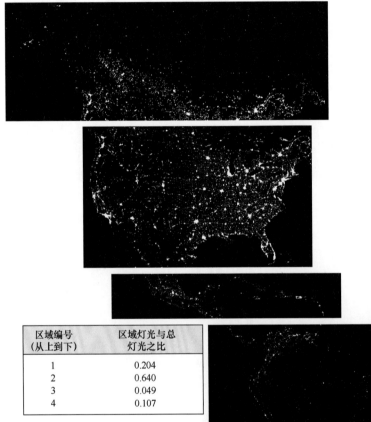

区域编号 （从上到下）	区域灯光与总 灯光之比
1	0.204
2	0.640
3	0.049
4	0.107

图 11.24　美洲夜间的红外图像（原图像由 NOAA 提供） ■

11.4.2　拓扑描述子

拓扑学研究的是不受任何变形影响的图形性质，前提是图形未被撕裂或拼合（有时将这些变形称为橡胶膜变形）。例如，图 11.25(a)显示了一个内部有两个孔洞的区域。显然，将拓扑描述子定义为这个区域的孔洞数量不会受拉伸或旋转变换的影响。然而，如果这个区域被撕裂或折叠，那么孔洞的数量可能就会发生变化。由于拉伸会影响距离，因此拓扑性质既不依赖于距离，又不依赖于基于距离测度的任何性质。

对区域描述有用的另一个拓扑性质是图像或区域的连通分量的数

量。图 11.25(b)显示了一个内部有 3 个连通分量的区域。图中孔洞的数量 H 和连通分量 C 的数量可用于定义欧拉数 E：

> 关于连通分量，见 2.5 节和 9.5 节。

$$E = C - H \tag{11.24}$$

欧拉数也是一个拓扑性质。例如，图 11.26 所示的几个区域的欧拉数等于 0 和-1，因为"A"有一个连通分量和一个孔洞，"B"有一个连通分量和两个孔洞。

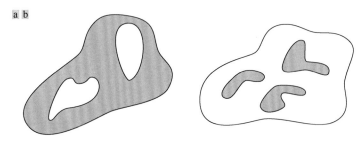

图 11.25　(a)内部有 2 个孔洞的一个区域；(b)内部有 3 个连通分量的一个区域

由直线段表示的区域（称为多边形网络）对欧拉数有一个特别简单的解释。图 11.27 显示了一个多边形网络。将这样一个网络的内部区域分类为面和孔洞通常很重要。将顶点数表示为 V，将边数表示为 Q，将面数表示为 F 时，可给出称为欧拉公式的如下表达式：

$$V - Q + F = C - H \tag{11.25}$$

根据式(11.24)，上式可以表示为

$$V - Q + F = E \tag{11.26}$$

图 11.27 中的网络有 7 个顶点、11 条边、2 个面、1 个连通区域和 3 个孔洞，因此欧拉数是-2（7 - 11 + 2 = 1 - 3 = -2）。

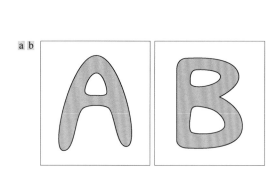

图 11.26　欧拉数分别等于 0 和-1 的区域

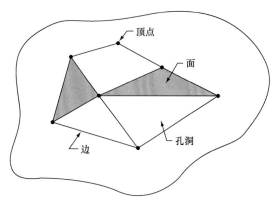

图 11.27　含有一个多边形网络的区域

例 11.11   在一幅分割后的图像中提取和表征最大的特征。

图 11.28(a)是华盛顿特区的一幅大小为 512×512 的 8 比特图像,它由 NASA 的陆地卫星在近红外波段成像（详见图 1.10）。假设我们只想用这幅图像来分割河流（而不使用多幅多光谱图像,如本章的后面所示,这将简化任务）。因为河流相对于图像其余部分而言是一个黑色的均匀区域,因此可以尝试对其进行阈值处理。图 11.28(b)是河流成为断开区域之前,以可能的最大阈值对图像阈值处理后的结果。这个阈值是人为选择的,目的是说明域值处理结果中如果不出现其他区域,那么单独分割出河流是不可能的。

图 11.28(b)中的图像有 1591 个连通分量（使用 8 连通性得到）,其欧拉数是 1552,由此可以推断出孔洞数量是 39。图 11.28(c)显示了具有最大像素数量（8479 个）的连通分量。这是我们想要的结果,因为我们知道不能使用一个阈值就将它从图像中分割出来。注意这个结果非常干净。刚刚得到的由连通分量定义的区域中的孔洞数量,可给出河流内的陆块数量。想要测量河流的每条支流的长度时,可以使用连通分量的骨架［见图 11.28(d)］。

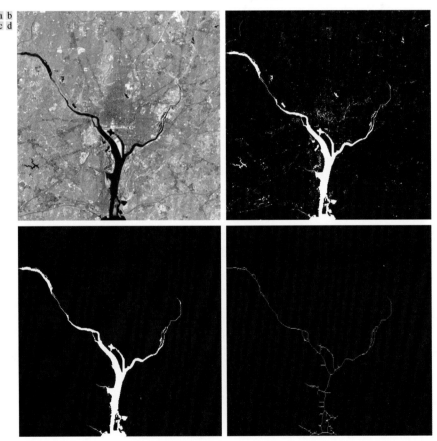

图 11.28   (a)华盛顿特区的红外图像；(b)阈值处理后的图像；(c)图(b)的最大连通分量；(d)图(c)的骨架（原图像由 NASA 提供）

11.4.3   纹理

描述区域的一种重要方法是量化其纹理内容。虽然不存在纹理的正式定义,但这个描述子直观上提供了诸如平滑度、粗糙度和规则性等性质的测度（图 11.29 中给出了一些例子）。本节讨论区域纹理描述的统计方法和谱方法。统计方法产生光滑、粗糙、颗粒等纹理特征。谱方法基于傅里叶频谱的性质,主要通过识别频谱中的高能量窄峰来检测图像中的全局周期性。

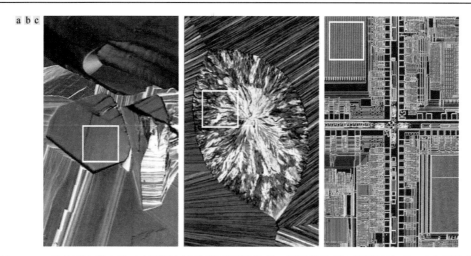

图 11.29 从左到右的白色正方形标记分别是平滑的纹理、粗糙的纹理和规则的纹理。这些图像分别是超导体、人体胆固醇和微处理器的光学显微镜图像（原图像由佛罗里达州立大学的 Michael W. Davidson 博士提供）

1. 统计方法

描述纹理的最简单的方法之一是，使用图像或区域的灰度直方图的统计矩。令 z 是一个表示灰度的随机变量，并令 $p(z_i), i = 0, 1, 2, \cdots, L-1$ 是对应的归一化直方图，其中 L 是不同灰度级的数量。由式(3.24)可知，z 相对于平均值的 n 阶矩是

$$\mu_n(z) = \sum_{i=0}^{L-1}(z_i - m)^n p(z_i) \tag{11.27}$$

式中，m 是 z 的均值（图像或区域的平均灰度）：

$$m = \sum_{i=0}^{L-1} z_i p(z_i) \tag{11.28}$$

注意，由式(11.27)有 $\mu_0 = 1$ 和 $\mu_1 = 0$。二阶矩［即方差 $\sigma^2(z) = \mu_2(z)$］在纹理描述中尤其重要。它是灰度对比的一个测度，可用于建立相对灰度平滑度描述子。例如，对于恒定灰度区域（其方差为零），测度

$$R(z) = 1 - \frac{1}{1 + \sigma^2(z)} \tag{11.29}$$

为 0，而对于较大的 $\sigma^2(z)$ 值，测度接近 1。由于灰度图像的值域通常是从 0 到 255，其方差值往往较大。因此，应将方差归一化到区间[0, 1]内，才能在式(11.29)中使用。在式(11.29)中，将 $\sigma^2(z)$ 除以 $(L-1)^2$ 就可完成归一化。标准差 $\sigma(z)$ 也频繁用做纹理的一个测度，因为它的值更直观。

如 2.6 节所述，三阶矩 $\mu_3(z)$ 是直方图的偏斜度的一个测度，四阶矩 $\mu_4(z)$ 是相对平坦度的一个测度。五阶矩和更高阶的矩很难与直方图的形状关联起来，但它们的确能够进一步定量地描述纹理内容。基于直方图的其他一些有用的纹理测度包括均匀性测度，它定义为

> 对于纹理，我们通常对正负号和相对幅度感兴趣。另外，如果能够证明归一化是有用的，那么归一化三阶矩和四阶矩。

$$U(z) = \sum_{i=0}^{L-1} p^2(z_i) \tag{11.30}$$

还包括平均熵测度，回顾信息论可知，平均熵定义为

$$e(z) = -\sum_{i=0}^{L-1} p(z_i) \log_2 p(z_i) \tag{11.31}$$

由于 p 值的范围是[0, 1]，并且它们的和等于 1，所以对所有灰度级相等（最大均匀性）的图像，描述子 U 的值是最大的，并且从那里开始减小。熵是可变性的一个测度，恒定图像的熵是 0。

例 11.12   基于直方图的纹理描述子。

表 11.2 列出了图 11.29 中三种突出显示纹理的上述描述子的值。均值只描述每个区域的平均灰度，并且只作为灰度而非纹理的粗略概念。标准差的信息量更丰富；数字清楚地表明，第一种纹理与其他两种纹理相比，灰度的变化明显要小（更平滑）。在这一测度中清楚地显示了粗糙的纹理。不出所料，对 R 来说这一说明同样成立，因为它与标准差测度的内容基本相同。三阶矩对于确定直方图的对称性及它们是向左倾斜（负值）还是向右（正值）倾斜是有用的。这给出了灰度级是偏向均值的暗侧还是偏向均值的亮侧的指示。就纹理而言，只有当测度之间的变化较大时，由三阶矩得到的信息才是有用的。研究均匀性测度后，我们再次得出结论：第一幅子图像更平滑（比其他子图像更均匀），粗糙的纹理是最随机的（最小均匀性）。最后，我们看到熵值随着均匀性的降低而增大，因此对区域的纹理而言，熵与均匀性测度的作用相同。第一幅子图像的灰度级变化最小，粗糙图像的灰度级变化最大。规则纹理的灰度级变化介于这两种情况之间。

表 11.2   图 11.29 中的子图像的统计纹理测度

纹 理	均 值	标准差	R（归一化）	三 阶 矩	均 匀 性	熵
平滑	82.64	11.79	0.002	−0.105	0.026	5.434
粗糙	143.56	74.63	0.079	−0.151	0.005	7.783
规则	99.72	33.73	0.017	0.750	0.013	6.674

■

只用直方图计算的纹理测度不携带像素间的空间关系的信息，空间信息在描述纹理时非常重要。将这类信息整合到纹理分析过程中的一种方法是，不仅要考虑灰度的分布，而且要考虑像素在图像中的相对位置。

令 Q 是定义两个像素的相对位置的一个算子，考虑一幅有 L 个灰度级的图像 f。令 G 是一个矩阵，其元素 g_{ij} 是图像 f 中灰度为 z_i 和 z_j 的像素对在 Q 规定的位置上出现的次数，其中 $1 \le i, j \le L$。以这种方式形成的矩阵称为灰度（或亮度）共生矩阵。意义明确时，G 简称共生矩阵。

> 注意，所用的灰度范围是[1, L]而不是通常的[0, $L-1$]。这样做是为了使灰度值与"传统的"矩阵索引对应（灰度值1对应于 G 的第一行和第一列索引）。

图 11.30 给出了用 $L = 8$ 和一个位置算子 Q 来构造一个共生矩阵的例子，其中 Q 的定义是"右边的一个像素"（一个像素的相邻像素定义为其右侧的一个像素）。左边的阵列是一幅小图像，右边的阵列是矩阵 G。我们看到 G 的元素(1,1)是 1，因为在图像 f 中，一个像素的值为 1 且右侧的一个像素的值也为 1 的情况只出现了一次。类似地，G 的元素(6, 2)是 3，因为在图像 f 中，一个像素的值为 6 且右侧的一个像素的值为 2 的情况出现了 3 次。G 的其他元素以类似的方式计算得到。如果将 Q 定义为"右边的一个像素和上面的一个像素"，那么 G 的位置(1, 1)是 0，因为在图像 f 中，在 Q 规定的位置不存在一个 1 紧跟一个 1 的情况。另一方面，G 中的元素(1, 3)、(1, 5)和(1, 7)都是 1，因为在图像 f 中，在 Q 规定的位置出现灰度值 1 时，相邻像素的灰度值 3、5 和 7 各出现了一次。读者可以使用 Q 的这一定义算出 G 中的所有元素。

图像中灰度级的数量决定矩阵 G 的大小。对于 8 比特图像（256 个灰度级），G 的大小为 256×256。处理一个矩阵时这不是问题，但如例 11.13 所示，有时会在序列中使用共生矩阵。减少计算量的一种

方法是将灰度量化为几段，使得 G 的大小更为可控。例如，在 256 级灰度的情况下，我们可让前 32 级灰度等于 1，接着的 32 级灰度等于 2，以此类推。这将得到一个大小为 8×8 的共生矩阵。

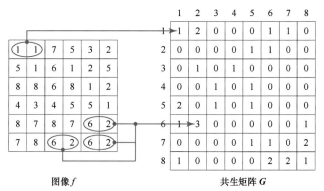

图 11.30　构建共生矩阵的方法

满足 Q 的像素对的总数量 n 等于 G 的元素之和（在图 11.30 的例子中 $n = 30$）。于是，量

$$p_{ij} = \frac{g_{ij}}{n}$$

就是满足 Q 且值为 (z_i, z_j) 的一个点对的概率估计。这些概率的值域是[0,1]，它们的和为 1：

$$\sum_{i=1}^{K}\sum_{j=1}^{K} p_{ij} = 1$$

式中，K 是方阵 G 的行数和列数。

由于 G 依赖于 Q，因此选择合适的位置算子并分析 G 的元素，可以检测灰度纹理模式的存在。表 11.3 中列出了一组用于表征 G 的内容的描述子。相关描述子（第二行）中使用的量定义如下：

$$m_r = \sum_{i=1}^{K} i \sum_{j=1}^{K} p_{ij}, \quad m_c = \sum_{j=1}^{K} j \sum_{i=1}^{K} p_{ij}$$

和

$$\sigma_r^2 = \sum_{i=1}^{K} (i - m_r)^2 \sum_{j=1}^{K} p_{ij}, \quad \sigma_c^2 = \sum_{j=1}^{K} (j - m_c)^2 \sum_{i=1}^{K} p_{ij}$$

若令

$$P(i) = \sum_{j=1}^{K} p_{ij} \quad \text{和} \quad P(j) = \sum_{i=1}^{K} p_{ij}$$

则前述公式可写为

$$m_r = \sum_{i=1}^{K} i P(i), \quad m_c = \sum_{j=1}^{K} j P(j)$$

和

$$\sigma_r^2 = \sum_{i=1}^{K} (i - m_r)^2 P(i), \quad \sigma_c^2 = \sum_{j=1}^{K} (j - m_c)^2 P(j)$$

参考式(11.27)和式(11.28)及它们的说明，我们看到 m_r 是沿归一化 G 的各行计算的均值，m_c 是沿各列计算的均值。类似地，σ_r 和 σ_c 是分别沿各行和各列计算的标准差（方差的平方根）。每项都是一个标量，并且独立于 G 的大小。

表 11.3　用于表征 $K \times K$ 共生矩阵的描述子。p_{ij} 等于 $\boldsymbol{G}$ 的第 ij 项除以 $\boldsymbol{G}$ 的元素之和

描述子	解释	公式
最大概率	度量 $\boldsymbol{G}$ 的最强响应，值域是[0, 1]	$\max\limits_{i,j} p_{ij}$
相关	一个像素在整个图像上与其相邻像素有多相关的测度，值域是 [1, -1]，1 对应于完全正相关，-1 对应于完全负相关。标准差为零时，这个测度无定义	$\sum\limits_{i=1}^{K}\sum\limits_{j=1}^{k} \dfrac{(i-m_r)(j-m_c)p_{ij}}{\sigma_r \sigma_c}, \quad \sigma_r \neq 0,\ \sigma_c \neq 0$
对比度	一个像素在整个图像上与其相邻像素之间的灰度对比度的测度，值域是从 0 到（$\boldsymbol{G}$ 为常数时）到$(K-1)^2$	$\sum\limits_{i=1}^{K}\sum\limits_{j=1}^{K} (i-j)^2 p_{ij}$
均匀性（也称能量）	均匀性的一个测度，值域为[0, 1]。恒定图像的均匀性为 1	$\sum\limits_{i=1}^{K}\sum\limits_{j=1}^{K} p_{ij}^2$
同质性	$\boldsymbol{G}$ 中对角分布的元素的空间接近度的测度，值域是[0, 1]，$\boldsymbol{G}$ 是对角阵时同质性为最大值，即 1	$\sum\limits_{i=1}^{K}\sum\limits_{j=1}^{K} \dfrac{p_{ij}}{1+|i-j|}$
熵	$\boldsymbol{G}$ 中元素的随机性的测度。当所有 p_{ij} 均为 0 时，熵是 0；当 p_{ij} 均匀分布时，熵取最大值，因此最大值为 $2\log_2 K$	$-\sum\limits_{i=1}^{K}\sum\limits_{j=1}^{K} p_{ij}\log_2 p_{ij}$

　　研究表 11.3 时，要记住"相邻像素"是相对于 Q 的定义方式的（相邻像素不必是邻接的），p_{ij} 不过是灰度为 z_i 和 z_j 的像素相对于 Q 规定的位置在图像 f 中出现的次数的归一化计数。因此，这里要做的就是求这些计数中的模式（纹理）。

例 11.13　使用描述子表征共生矩阵。

　　图 11.31(a)至(c)分别是由随机模式、水平周期（正弦）模式和混合像素模式组成的图像。本例有两个目的：（1）为（从上到下）对应于三幅图像的三个共生矩阵 $\boldsymbol{G}_1$, $\boldsymbol{G}_2$ 和 $\boldsymbol{G}_3$，给出表 11.3 中的描述子的值；（2）说明如何用共生矩阵序列来检测图像中的纹理模式。

　　图 11.32 以图像方式显示了共生矩阵 $\boldsymbol{G}_1$, $\boldsymbol{G}_2$ 和 $\boldsymbol{G}_3$。这些矩阵是用 $L = 256$ 和位置算子"右侧的一个像素"得到的。在这些图像中，坐标(i, j)处的值是灰度为 z_i 和 z_j 的像素对在图像 f 中于 Q 规定的位置上出现的次数，因此图 11.32(a)是一幅随机图像并不奇怪，假设由它得到了图像的本质。

　　图 11.32(b)更有趣。第一个明显的特征相对于主对角线是对称的。由于正弦波的对称性，像素对(z_i, z_j)的数量与产生对称共生矩阵的像素对 (z_j, z_i) 的数量相同。$\boldsymbol{G}_2$ 的非零元素是稀疏的，因为水平正弦波中水平相邻像素之间的差值相对较小。记住，这有助于说明这些概念，即数字正弦波是一个台阶，每个台阶的高度和宽度取决于正弦波的频率及表示函数时所用的幅度级的数量。

　　图 11.32(c)中的共生矩阵 $\boldsymbol{G}_3$ 的结构更为复杂。很多值沿主对角线也是分组的，但它们的分布比 $\boldsymbol{G}_2$ 更密集，这一性质表明图像的灰度值变化很大，但相邻像素间的灰度几乎没有大的跳变。观察图 11.32(c)发现，存在几个由低灰度变化表征的大面积。灰度的明显过渡出现在目标的边界处，但相对于大面积的中等灰度过渡，这些明显过渡的数量很少，因为它们被图像同时显示高值和低值的能力所遮掩，详见第 3 章中的说明。

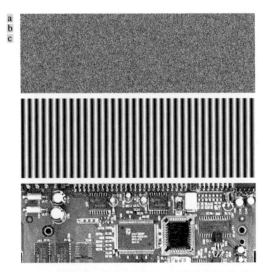

图 11.31　像素分别是(a)随机模式、(b)周期性模式和(c)混合纹理模式的图像。每幅图像的大小都为 263×800 像素

前面的观察是定性的。为了量化共生矩阵的"内容",我们需要像表 11.3 中那样的描述子。表 11.4 中显示了为图 11.32 中的三个共生矩阵计算的这些描述子的值。要使用这些描述子,必须像前面说明的那样,将它们除以它们的元素之和来归一化共生矩阵。表 11.4 中的各项与图 11.31 中的图像及图 11.32 中对应的共生矩阵的预期一致。例如,考虑表 11.4 中的"最大概率"列。最大概率对应于第三个共生矩阵,表明这个矩阵与其他两个矩阵相比有着最大的数量(在图像中于 Q 规定的位置出现最大数量的像素对)。这与我们对 G_3 的分析一致。第二列表明最大的相关对应于 G_2,这反过来表明第二幅图像中的灰度是高度相关的。图 11.31(b)中正弦模式的重复性说明了出现这种情况的原因。注意 G_1 的相关基本为零,这表明相邻像素之间实际上不相关,这是随机图像的一个特性,如图 11.31(a)中的图像。

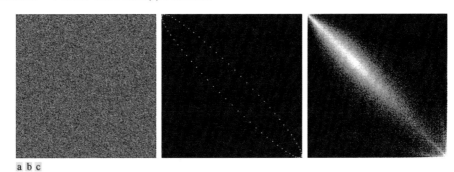

a b c

图 11.32 大小为 256×256 的共生矩阵 G_1, G_2 和 G_3,它们从左到右对应于图 11.31 中的图像

表 11.4 使用图 11.32 中的共生矩阵计算得到的描述子

归一化共生矩阵	最大概率	相关	对比度	均匀性	同质性	熵
G_1 / n_1	0.00006	−0.0005	10838	0.00002	0.0366	15.75
G_2 / n_2	0.01500	0.9650	00570	0.01230	0.0824	06.43
G_3 / n_3	0.06860	0.8798	03156	0.00480	0.2048	13.58

G_1 的对比度描述子最高,G_2 的对比度描述子最低。因此,图像的随机性越小,其对比度往往越低。研究图 11.32 中给出的矩阵就会找出原因。$(i-j)^2$ 项是整数差,其中 $1 \le i, j \le L$,因此它们对任何 G 是相同的。因此,归一化共生矩阵的元素的概率是决定对比值的因素。尽管 G_1 有着最低的最大概率,但其他两个矩阵有着更多的零概率或近零概率(图 11.32 中的暗色区域)。由于 G/n 值的和为 1,所以很容易看出对比度描述子随着随机性的增加而增大的原因。

其他三个描述子也可以按照类似的方式进行解释。均匀性随着概率平方值的增加而增大。因此,图像中的随机性越小,均匀性描述子就越大,如表 11.4 中的第五列所示。同质性度量 G 相对于主对角线的集中度。分母项 $(1+|i-j|)$ 的值对所有三个共生矩阵是相同的,并且随着 i 值和 j 值的接近(更接近主对角线),分母项的值随之减小。因此,主对角线附近概率值(分子项)最大的矩阵会有最大的同质性值。如前所述,这样的矩阵将对应于有着"丰富的"灰度级内容和灰度值缓慢变化的区域的图像。表 11.4 中第六列的各项与这一解释是一致的。

表中最后一列的各项是共生矩阵中的随机性测度,它依次转换为对应图像中的随机性测度。不出所料,G_1 的值最大,因为由它得到的图像是完全随机的。其他两项不言自明。注意,G_1 的熵测度接近理论最大值 16($2\log_2 256 = 16$)。图 11.31(a)中的图像由均匀噪声组成,因此每个灰度级出现的概率大致相等,这是表 11.3 中为最大熵声明的条件。

迄今为止,我们处理了几幅图像及它们的共生矩阵。假设我们想要"发现"(不看图像)这些图像中是否存在包含重复分量(周期性纹理)的部分。实现这一目的的一种方法是,通过增大相邻像素之间的距离,来检查由这些图像得出的共生矩阵序列的相关描述子。前面提到，处理共生矩阵序列时，通常需要量化灰度数量，以减小矩阵尺寸和对应的计算开销。用 $L=8$ 我们得到了如下结果。

图 11.33 显示了相关描述子与水平"偏移"（相邻像素之间的水平距离）的关系曲线，显示区间是从 1（对相邻像素）到 50。图 11.33(a)显示了接近于 0 的所有相关值，表明在随机图像中未找到这些模式。图 11.33(b)中相关的形状清楚地表明输入图像在水平方向是正弦的。注意，相关函数从高值开始，随着相邻像素之间距离的增大而减小，然后重复自身。

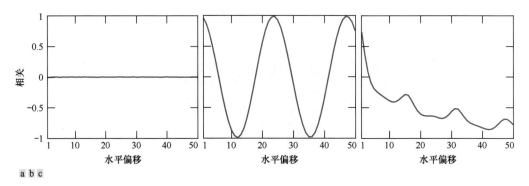

a b c

图 11.33　相关描述子的值与偏移（相邻像素之间的距离）的关系图：(a)噪声；(b)正弦；(c)图 11.31 中的电路板图像

图 11.33(c)表明与电路板图像相关联的相关描述子最初是减小的，但对 16 像素的偏移距离有一个强峰值。分析图 11.31(c) 中的图像表明，上部的焊点形成了约以 16 像素为间隔的重复模式（见图 11.34）。下一个主峰是 32，它由相同的模式引起，但由于在这个距离上重复的次数小于 16 像素距离上的重复次数，所以峰值的幅度较低。类似的观察可以说明 48 像素偏移处的更小峰值。

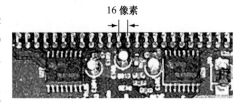

图 11.34　电路板图像的部分放大，显示了元件的周期性

2. 谱方法

如 5.4 节中讨论的那样，傅里叶谱非常适合描述图像中周期或半周期二维模式的方向性。这些全局纹理模式很容易区分为谱中高能量的集中爆发。下面考虑用于纹理描述的傅里叶谱的三个特征：（1）谱中的突出峰给出纹理模式的主方向；（2）频率平面上的峰值位置给出纹理模式的基本空间周期；（3）通过滤波消除任何周期分量，然后利用统计技术描述留下的非周期图像元素。回顾可知，谱相对于原点是对称的，因此只需考虑频率平面的一半。于是，为了分析目的，每个周期模式只与谱中的一个峰而非两个峰相关联。

上述谱特征的检测和解释，通常可在极坐标中将谱表示为函数 $S(r,\theta)$ 来得到简化，其中 S 是谱函数，r 和 θ 是极坐标系中的变量。对于每个方向 θ，$S(r,\theta)$ 可视为一个一维函数 $S_\theta(r)$。类似地，对于每个频率 r，$S_r(\theta)$ 也是一个一维函数。θ 固定时，分析 $S_\theta(r)$ 得到从原点到径向方向的谱的特性（如峰的出现）；r 固定时，分析 $S_r(\theta)$ 得到一个以原点为圆心的圆上的谱的特性。

对这些函数积分（离散变量求和），可得到一个更全局的描述：

$$S(r) = \sum_{\theta=0}^{\pi} S_\theta(r) \tag{11.32}$$

和

$$S(\theta) = \sum_{r=1}^{R_0} S_r(\theta) \tag{11.33}$$

式中，R_0 是以原点为圆心的圆的半径。

式(11.32)和式(11.33)为每对坐标 (r, θ) 构成一对值 $[S(r), S(\theta)]$。改变这些坐标，可以生成两个一维函数 $S(r)$ 和 $S(\theta)$，它们构成所考虑图像或区域的纹理的谱能量描述。此外，还可以计算出这些函数本身的描述子，以便定量地表征它们的特性。用于这一目的的描述子是最大值的位置、幅度和轴向变化的均值与方差，以及函数的均值和最大值之间的距离。

例 11.14　谱纹理。

图 11.35(a)显示了一幅包含随机分布目标的图像，图 11.35(b)显示了一幅这些目标周期性排列的图像。图 11.35(c)和(d)显示对应的傅里叶谱。在两个傅里叶谱中，在两个方向上以四边形方式延伸的能量周期爆发，是由目标所在粗糙背景内容的周期纹理导致的。图 11.35(c)所示谱中的其他主分量是由图 11.35(a)中目标的随机方向导致的。另一方面，图 11.35(d)中与背景不相关联的主能量沿水平轴分布，它对应于图 11.35(b)中的强垂直边缘。

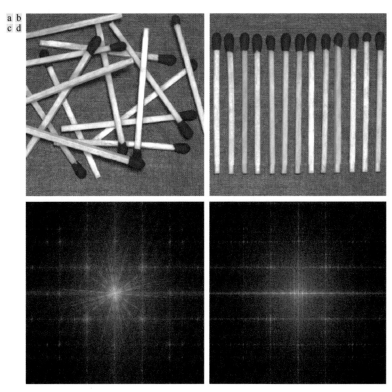

图 11.35　(a)随机目标图像；(b)有序目标图像；(c)随机目标图像的傅里叶谱；(d)有序目标图像的傅里叶谱。所有图像的大小都为 600×600 像素

图 11.36(a)和(b)是随机目标的 $S(r)$ 和 $S(\theta)$ 曲线，类似地，图 11.36(c)和(d)是有序目标的 $S(r)$ 和 $S(\theta)$ 曲线。随机目标的 $S(r)$ 图形没有强周期分量（除了原点有一个直流分量峰，谱中没有其他主峰）。相反，有序目标的 $S(r)$ 图形在 $r = 15$ 附近有一个强峰，在 $r = 25$ 附近有一个弱峰，它们分别对应于图 11.35(b)中的亮（目标）区域和暗（背景）区域的周期性水平重复。类似地，图 11.35(c)中能量爆发的随机性在图 11.36(b)所示

的 $S(\theta)$ 图形中非常明显。相反，图 11.36(d)中的图形显示了这个区域中靠近原点、90°和180°的强能量分量。这与图 11.35(d)中谱的能量分布是一致的。

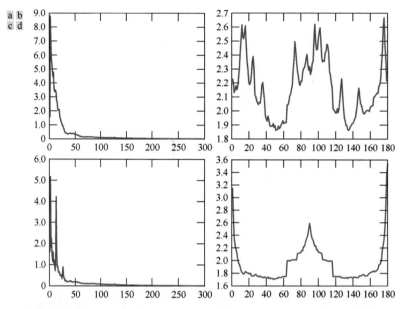

图 11.36　(a)图 11.35(a)的 $S(r)$ 图形；(b)图 11.35(a)的 $S(\theta)$ 的图形；(c)图 11.35(b)的 $S(r)$ 图形；(d)图 11.35(b)的 $S(\theta)$ 图形。所有纵轴都要×10^5

11.4.4　矩不变量

大小为 $M \times N$ 的数字图像 $f(x, y)$ 的二维 $(p+q)$ 阶矩定义为

$$m_{pq} = \sum_{x=0}^{M-1}\sum_{y=0}^{N-1} x^p y^q f(x, y) \tag{11.34}$$

式中，$p = 0, 1, 2, \cdots, q = 0, 1, 2, \cdots$。对应的 $(p+q)$ 阶中心矩定义为

$$\mu_{pq} = \sum_{x=0}^{M-1}\sum_{y=0}^{N-1} (x-\overline{x})^p (y-\overline{y})^q f(x, y) \tag{11.35}$$

式中，$p = 0, 1, 2, \cdots, q = 0, 1, 2, \cdots$，其中

$$\overline{x} = \frac{m_{10}}{m_{00}}, \qquad \overline{y} = \frac{m_{01}}{m_{00}} \tag{11.36}$$

归一化 $(p+q)$ 阶中心矩 η_{pq} 定义为

$$\eta_{pq} = \frac{\mu_{pq}}{\mu_{00}^{\gamma}} \tag{11.37}$$

式中，

$$\gamma = \frac{p+q}{2} + 1 \tag{11.38}$$

式中，$p+q = 2, 3, \cdots$。由二阶和三阶归一化中心矩可以导出一组 7 个二维矩不变量[①]：

---

① 这些结果的推导需要超出这一讨论范围的概念。Bell[1965]出版的图书和 Hu[1962]发表的论文中详细讨论了这些概念。关于七阶矩以上的矩不变量的生成，可参阅 Flusser[2000]。矩不变量可推广到 n 维情况（见 Mamistvalov[1998]）。

$$\phi_1 = \eta_{20} + \eta_{02} \tag{11.39}$$

$$\phi_2 = (\eta_{20} - \eta_{02})^2 + 4\eta_{11}^2 \tag{11.40}$$

$$\phi_3 = (\eta_{30} - 3\eta_{12})^2 + (3\eta_{21} - \eta_{03})^2 \tag{11.41}$$

$$\phi_4 = (\eta_{30} + \eta_{12})^2 + (\eta_{21} + \eta_{03})^2 \tag{11.42}$$

$$\phi_5 = (\eta_{30} - 3\eta_{12})(\eta_{30} + \eta_{12})\left[(\eta_{30} + \eta_{12})^2 - 3(\eta_{21} + \eta_{03})^2\right] + \\ (3\eta_{21} - \eta_{03})(\eta_{21} + \eta_{03})\left[3(\eta_{30} + \eta_{12})^2 - (\eta_{21} + \eta_{03})^2\right] \tag{11.43}$$

$$\phi_6 = (\eta_{20} - \eta_{02})\left[(\eta_{30} + \eta_{12})^2 - (\eta_{21} + \eta_{03})^2\right] + 4\eta_{11}(\eta_{30} + \eta_{12})(\eta_{21} + \eta_{03}) \tag{11.44}$$

$$\phi_7 = (3\eta_{21} - \eta_{03})(\eta_{30} + \eta_{12})\left[(\eta_{30} + \eta_{12})^2 - 3(\eta_{21} + \eta_{03})^2\right] + \\ (3\eta_{12} - \eta_{30})(\eta_{21} + \eta_{03})\left[3(\eta_{30} + \eta_{12})^2 - (\eta_{21} + \eta_{03})^2\right] \tag{11.45}$$

这组矩对于平移、缩放、镜像（在减号内）和旋转是不变的。我们可以把物理意义附加到一些低阶矩不变量上。例如，ϕ_1 是相对于数据传播主轴的两个二阶矩之和，因此这个矩可解释为数据传播的一个测度。类似地，ϕ_3 是两个二阶矩之差，它可解释为"细长度"的一个测度。然而，当矩不变量的阶增大时，它们表述的复杂性会使得物理意义消失。式(11.39)到式(11.45)的重要性是它们的不变性，而不是它们的物理意义。

例 11.15　矩不变量。

本例的目的是用图 11.37(a)中的图像计算和比较前述的矩不变量。本例中的图像添加了黑色（0）边框，目的是使得所有图像的大小相同；零不影响矩不变量的计算。图 11.37(b)至(f)分别显示了原图像被平

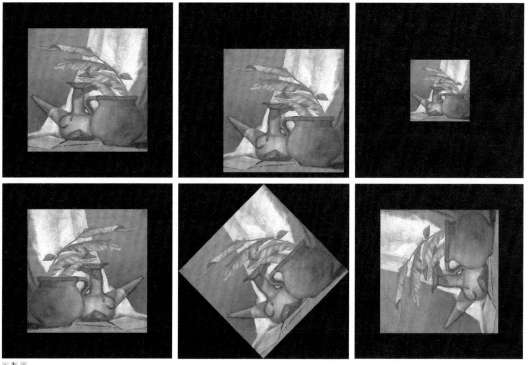

a b c
d e f

图 11.37　(a)原图像；(b) ~ (f)分别平移、缩放 0.5、镜像、旋转 45°、旋转 90°后的图像

移、缩放 0.5、镜像、旋转 45°、旋转 90°后的图像。表 11.5 小结了这六幅图像的 7 个不变矩量的值。为了减小动态范围并简化解释，使用表达式 $-\text{sgn}(\phi_i)\log_{10}(|\phi_i|)$ 对所示的值进行了缩放。负数需要用绝对值来处理。$\text{sgn}(\phi_i)$ 项保留了 ϕ_i 的符号，前面的减号用于处理对数计算中的分数。这样做的目的是让数字更容易解释。在这个例子中，我们感兴趣的是矩的不变性和相对符号，而不是它们的实际值。表 11.5 中的两个关键点是：（1）独立于平移、缩放、镜像和旋转的矩的贴近度；（2）ϕ_7 的符号对镜像图像是不同的。

表 11.5　图 11.37 中图像的矩不变量

矩不变量	原 图 像	平移后的图像	缩放 0.5 后的图像	镜像图像	旋转 45°后的图像	旋转 90°后的图像
ϕ_1	2.8662	2.8662	2.8664	2.8662	2.8661	2.8662
ϕ_2	7.1265	7.1265	7.1257	7.1265	7.1266	7.1265
ϕ_3	10.4109	10.4109	10.4047	10.4109	10.4115	10.4109
ϕ_4	10.3742	10.3742	10.3719	10.3742	10.3742	10.3742
ϕ_5	21.3674	21.3674	21.3924	21.3674	21.3663	21.3674
ϕ_6	13.9417	13.9417	13.9383	13.9417	13.9417	13.9417
ϕ_7	−20.7809	−20.7809	−20.7724	20.7809	−20.7813	−20.7809

∎

11.5　作为特征描述子的主分量

　　本节的内容适用于边界和区域。与迄今为止的讨论不同的是，本节讨论的特征基于两幅或两幅以上的图像。假设我们有一幅彩色图像，这幅图像有三幅分量图像。如 11.1 节所述，将每组 3 个对应像素表示为一个向量，可将三幅图像视为一个整体。如果共有 n 幅配准后的图像，那么所有图像中相同空间位置的对应像素可以排列为一个 n 维向量：

> 如例 11.17 中所示，主分量也可用于归一化大小、平移和旋转变化的区域或边界。

$$\boldsymbol{x} = \begin{bmatrix} x_1 \\ x_2 \\ \vdots \\ x_n \end{bmatrix} \tag{11.46}$$

本节假设所有向量都是列向量（$n{\times}1$ 阶矩阵）。我们只需将它们表示为形式 $\boldsymbol{x} = (x_1, x_2, \cdots, x_n)^{\mathrm{T}}$，其中 T 表示转置。

　　就像在构建灰度直方图时所做的那样，我们可以把向量当成随机量来处理。唯一的区别是，我们现在不再谈论随机变量的均值和方差，而讨论随机向量的平均向量和协方差矩阵。总体平均向量定义为

> 回顾关于矩阵理论的教程是有帮助的，详见与本书配套的网站。

$$\boldsymbol{m}_x = E\{\boldsymbol{x}\} \tag{11.47}$$

式中，$E\{\boldsymbol{x}\}$ 是 $\boldsymbol{x}$ 的期望值，下标表示 $\boldsymbol{m}$ 是与 $\boldsymbol{x}$ 向量的总体相关联的。回顾可知，向量或矩阵的期望值是通过取每个元素的期望值得到的。

　　向量总体的协方差矩阵定义为

$$\boldsymbol{C}_x = E\left\{(\boldsymbol{x} - \boldsymbol{m}_x)(\boldsymbol{x} - \boldsymbol{m}_x)^{\mathrm{T}}\right\} \tag{11.48}$$

因为 $\boldsymbol{x}$ 是 n 维的，$\boldsymbol{C}_x$ 是一个 $n{\times}n$ 矩阵。$\boldsymbol{C}_x$ 的元素 c_{ii} 是 x_i 的方差，x_i 是 $\boldsymbol{x}$ 向量总体中的第 i 个分量，$\boldsymbol{C}_x$

的元素 c_{ij} 是向量元素 x_i 和 x_j 之间的协方差。矩阵 C_x 是实的和对称的。如果元素 x_i 和 x_j 是不相关的，那么它们的协方差为零，因此 $c_{ij} = 0$，得到一个对角协方差矩阵。

由于 C_x 是实的和对称的，所以总能找到一组 n 个正交的特征向量（Noble and Daniel[1988]）。令 e_i 和 λ_i，$i = 1, 2, \cdots, n$ 分别是 C_x 的特征向量和对应的特征值[①]，为方便起见，后者按降序排列，因此有 $\lambda_j \geq \lambda_{j+1}$，$j = 1, 2, \cdots, n-1$。令 A 是一个矩阵，这个矩阵的各行由 C_x 的特征向量构成，并按特征值降序排列，因此 A 的第一行是一个对应于最大特征值的特征向量。

假设用 A 作为一个变换矩阵，将 x 映射为由 y 表示的向量，如下所示：

$$y = A(x - m_x) \tag{11.49}$$

这个表达式称为霍特林变换，后面很快会介绍这个变换有一些非常有趣和有用的性质。

> 霍特林变换与离散 Karhunen-Loève 变换相同，因此文献中互换使用这两个名称。

不难证明（见习题 11.25），由这个变换得到的 y 向量的均值为零；也就是说，

$$m_y = E\{y\} = 0 \tag{11.50}$$

根据基本矩阵理论可知，y 的协方差矩阵可用 A 和 C_x 给出，即

$$C_y = AC_x A^{\mathrm{T}} \tag{11.51}$$

此外，由于 A 的形成方式，C_y 是一个对角阵，其主对角元素是 C_x 的特征值，即

$$C_y = \begin{bmatrix} \lambda_1 & & & 0 \\ & \lambda_2 & & \\ & & \ddots & \\ 0 & & & \lambda_n \end{bmatrix} \tag{11.52}$$

该协方差矩阵的非对角元素是 0，因此 y 向量的元素是不相关的。记住，λ_i 是 C_x 的特征值，对角矩阵主对角线上的元素是它的特征值（Noble and Daniel[1988]）。因此，C_x 和 C_y 具有相同的特征值。

霍特林变换的另一个重要性质是能由 y 重建 x。因为 A 的各行是正交向量，所以有 $A^{-1} = A^{\mathrm{T}}$，并且任何向量 x 都可用如下表达式由其对应的 y 恢复：

$$x = A^{\mathrm{T}} y + m_x \tag{11.53}$$

然而，假设不使用 C_x 的所有特征向量，我们由对应于 k 个最大特征值的 k 个特征向量形成矩阵 A_k，得到一个 $k \times n$ 阶变换矩阵。于是，y 向量是 k 维的，式(11.53)中给出的重建不再是精确的（这有点类似于 11.3 节中用几个傅里叶系数来描述边界的过程）。

使用 A_k 重建的向量是

$$\hat{x} = A_k^{\mathrm{T}} y + m_x \tag{11.54}$$

可以证明 x 与 $\hat{x}$ 之间的均方误差为

$$e_{\mathrm{ms}} = \sum_{j=1}^{n} \lambda_j - \sum_{j=1}^{k} \lambda_j = \sum_{j=k+1}^{n} \lambda_j \tag{11.55}$$

式(11.55)表明，若 $k = n$（变换中使用了所有的特征向量），则均方误差为零。因为 λ_j 是单调下降的，式(11.55)还表明，选择与最大特征值相关联的 k 个特征向量可以使误差最小。因此，霍特林变换是最优的，因为它可使向量 x 及其近似 $\hat{x}$ 之间的均方误差最小。由于使用了与最大特征值对应的特征向量，因此霍特林变换也称主分量变换。

[①] 按照定义，$n \times n$ 矩阵 C 的特征向量和特征值满足方程 $Ce_i = \lambda_i e_i$。

例 11.16 使用主分量描述图像。

图 11.38 显示了对应于 6 个波段的 6 幅多光谱卫星图像：可见蓝光（450～520nm）、可见绿光（520～600nm）、可见红光（630～690nm）、近红外（760～900nm）、中红外（1550～1750nm）和热红外（10400～12500nm）。本例的目的是说明如何使用主分量作为图像特征。

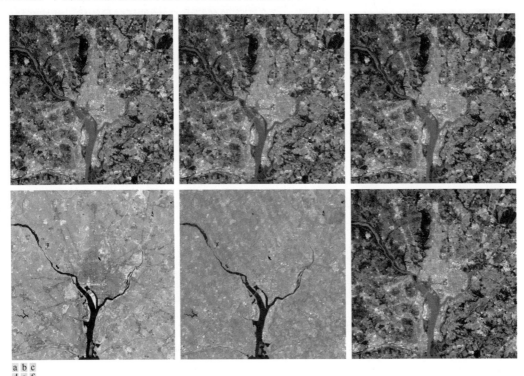

a b c
d e f

图 11.38 (a)可见蓝光、(b)可见绿光、(c)可见红光、(d)近红外、(e)中红外和(f)热红外波段的多光谱图像（原图像由 NASA 提供）

像图 11.39 中那样组织图像，可由图像中的每组对应像素形成一个 6 元素向量 x，详见本节前面的讨论。本例中的图像大小为 564×564 像素，因此总体由 $(564)^2 = 318096$ 个向量组成，由这些向量可计算出平均向量、协方差矩阵以及对应的特征值和特征向量。然后，可将这些特征向量用做矩阵 A 的各行，并用式(11.49)得到一组 y 向量。类似地，我们用式(11.51)得到 C_y。表 11.6 显示了这个矩阵的特征值，注意前两个特征值的优势。

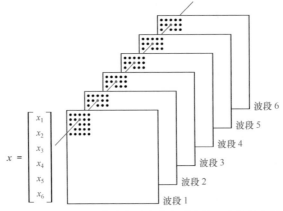

图 11.39 由 6 幅图像中的对应像素形成的一个特征向量

表 11.6　由图 11.38 中的图像中得到的 C_x 的特征值

λ_1	λ_2	λ_3	λ_4	λ_5	λ_6
10344	2966	1401	203	94	31

　　使用上段中提到的 y 向量生成了一组主分量图像（这些图像是通过反向应用图 11.39 由向量构建的）。图 11.40 显示了结果。图 11.40(a)是由 318096 个 y 向量的第一个分量形成的，图 11.40(b)是由这些向量的第二个分量形成的，因此这些图像的大小与图 11.38 中的原图像相同。主分量图像中最明显的特征是，前两幅图像中包含了很大一部分对比度细节，并且从这两幅图像开始细节迅速减少。原因可通过研究特征值来解释。如表 11.6 所示，前两个特征值要比其他特征值大得多。由于特征值是 y 向量的元素的方差，而方差是灰度对比度的测度，因此由对应于最大特征值的向量分量形成的图像会有最大的对比度，这不足为奇。事实上，图 11.40 中的前两幅图像约贡献了约 89% 的总方差。其他 4 幅图像的对比度较低，因为它们仅贡献了约 11% 的总方差。

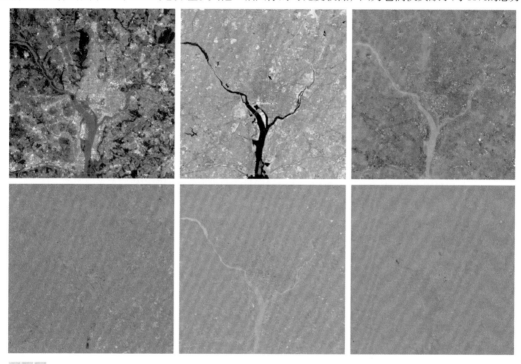

a b c
d e f

图 11.40　由式(11.49)计算的向量得到的 6 幅主分量图像。向量是通过反向应用图 11.39 转换为图像的

　　根据式(11.54)和式(11.55)，如果使用了矩阵 A 中的所有特征向量，那么可以由主分量图像重建原图像，且原图像和重建后的图像之间的误差为零（两幅图像相同）。如果目的是存储和/或发送主分量图像及变换矩阵以在随后重建原图像，那么存储和/或发送所有主分量图像没有意义，因为什么也得不到。然而，如果只保留和/或传送两幅主分量图像，那么就可大大节省存储空间和/或传送时间（矩阵 A 的大小为 2×6，因此其影响可以忽略不计）。

　　图 11.41 是由对应于最大特征值的两幅主分量图像重建的 6 幅多光谱图像。前 5 幅图像的外观与图 11.38 中的原图像非常接近，但第 6 幅图像并非如此。原因是第 6 幅原图像实际上是模糊的，但在重建过程中使用的两幅主分量图像却是清晰的，因此丢失了模糊的"细节"。图 11.42 显示了原图像和重建图像之间的差。图 11.42 中的图像得到了增强，突出了两幅图像之间的差。如果未得到增强，那么前 5 幅图像看起来几乎是黑色的，第 6 幅（差值）图像显示了最大的变化。

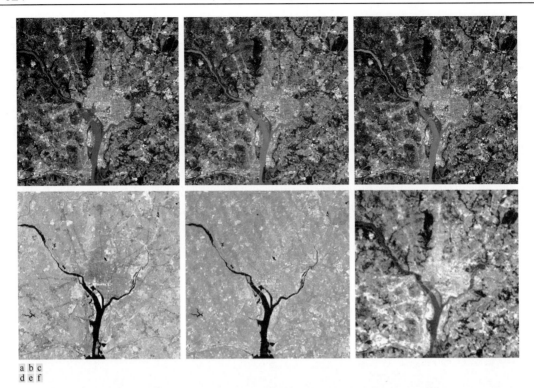

a b c
d e f

图 11.41　只用对应于两个具有最大特征值的主分量向量的两幅主分量图像构建的多光谱图像。请将这些
　　　　　图像与图 11.38 中的原图像比较

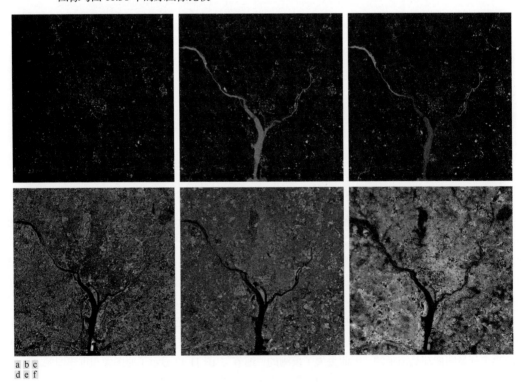

a b c
d e f

图 11.42　原图像和重建图像的差。为便于观察，所有图像都已缩放到区间[0, 255]内 ∎

例 11.17　使用主分量归一化大小、平移和旋转变化。

本章前面提到，特征描述子应尽可能独立于大小、平移和旋转的变化。使用主分量可以方便地为这三个变量中的变化归一化边界和/或区域。考虑图 11.43 中的目标，假设其大小、位置和方向（旋转）是任意的。区域内（或其边界上）的点可视为二维向量 $\boldsymbol{x} = (x_1, x_2)^T$，其中 x_1 和 x_2 是任何目标点的坐标。区域内或边界上的所有点构成一个二维向量总体，它可用于计算协方差矩阵 $\boldsymbol{C}_x$ 和平均向量 $\boldsymbol{m}_x$。$\boldsymbol{C}_x$ 的一个特征向量指向总体的最大方差（数据扩展）方向，而第二个特征向量与第一个特征向量垂直，如图 11.43(b)所示。在当前的讨论中，式(11.49)中的主分量变换完成两项工作：（1）将总体的质心（均值）作为变换后的坐标系的中心，因为从每个 $\boldsymbol{x}$ 中减去了 $\boldsymbol{m}_x$；（2）生成的 $\boldsymbol{y}$ 坐标（向量）是旋转后的 $\boldsymbol{x}$，使得数据与特征向量重合。如果定义一个 (y_1, y_2) 坐标轴，使 y_1 与第一个特征向量重合，y_2 与第二个特征向量重合，那么结果的几何形状如图 11.43(c)所示。也就是说，主数据方向与新坐标轴重合。不管目标的大小、平移或旋转如何，都会得到相同的结果，前提是区域中或边界上的所有点都进行了相同的变换。如果要对变换后的数据进行尺度归一化，那么可将坐标除以对应的特征值。

观察图 11.43(c)发现，y 轴系统中的点具有正负值。要将所有坐标转换为正值，只需从所有 $\boldsymbol{y}$ 向量中减去向量 $(y_{1\min}, y_{2\min})^T$。为了移位得到的点，使它们都大于 0，如图 11.43(d)所示，可以将它们与一个向量 $(a,b)^T$ 相加，其中 a 和 b 都大于 0。

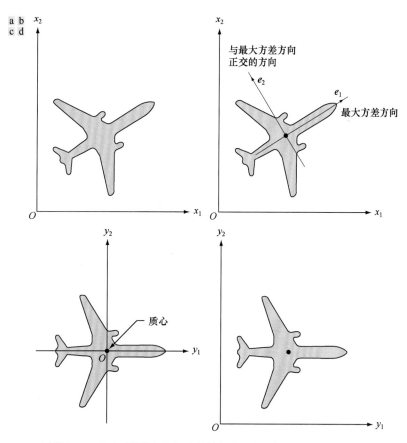

图 11.43　(a)一个目标；(b)显示了其协方差矩阵的特征向量的目标；(c)用式(11.49)得到的变换后的目标；(d)经过平移使得所有坐标值都大于 0 的变换后的目标

尽管前述讨论的原理很简单，但实现时经常引发混乱，因此下面通过一个简单的手算说明来结束这个例子。图 11.44(a)显示了坐标为(1, 1)，(2, 4)，(4, 2)和(5, 5)的 4 个点。这个总体的平均向量、协方差矩阵和归一化（单位长度）特征向量为

$$m_x = \begin{bmatrix} 3 \\ 3 \end{bmatrix}, \quad C_x = \begin{bmatrix} 3.333 & 2.00 \\ 2.00 & 3.333 \end{bmatrix}$$

和

$$e_1 = \begin{bmatrix} 0.707 \\ 0.707 \end{bmatrix}, \quad e_2 = \begin{bmatrix} -0.707 \\ 0.707 \end{bmatrix}$$

对应的特征值分别为 $\lambda_1 = 5.333$ 和 $\lambda_2 = 1.333$。图 11.44(b)显示了叠加到数据上的特征向量。由式(11.49)，变换后的点（y）为$(-2.828, 0)^T$，$(0, -1.414)^T$，$(0, 1.414)^T$ 和$(2.828, 0)^T$。图 11.44(c)中画出了这些点。注意，它们与 y 轴重合，并且具有小数值。处理图像时，坐标值要是整数，因此必须将所有值四舍五入为最接近的整数值。图 11.44(d)显示了四舍五入到最接近整数的点，并且移动了它们的位置，以便所有坐标值如原图中那样是大于 0 的整数。

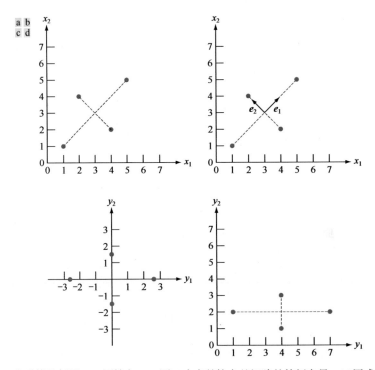

图 11.44 　一个手算的例子：(a)原始点；(b)图(a)中点的协方差矩阵的特征向量；(c)用式(11.49)得到的变换后的点；(d)图(c)中的点，已四舍五入并平移以使所有坐标值都大于 0。包含虚线的目的是便于查看，它们不是数据的一部分

在变换图像的像素时，要记住图像坐标与矩阵坐标是相同的，即(x, y)表示(r, c)，原点位于左上角。刚才说明的主分量的轴如图 11.43(a)和(d)所示。在解释对图像中的目标应用主分量变换得到的结果时，一定要记住这一点。　　　　　　　　　　　　　　　　　　　　　　　　　　　　　■

11.6　整体图像特征

11.2 节至 11.4 节中介绍的描述子非常适合于某些应用（如工业检测），在这些应用中，可以使用

第 10 章和第 11 章中讨论的方法可靠地分割图像中的各个区域。除例 11.17 中的应用外，11.5 节中的主分量特征向量与前面的内容是不同的，因为它们基于多幅图像。然而，即便如此，这些描述子也被定位在对应的集合上。在某些应用中，如搜索图像数据库寻找匹配（如人脸识别），图像之间的变化非常广泛，因此第 10 章和第 11 章中的方法不再适用。

图像处理领域的最新进展是，随着任务复杂性的增加，适合于处理这些任务的技术的数量减少。在处理适用于多幅图像（这些图像是一个大图像集的成员）的特征描述子时，尤其如此。本节讨论目前用于这一目的的两种主要特征检测方法：一种是基于角的检测，另一种是处理图像中的所有区域。11.7 节中将给出一种特征检测和描述的方法，这种方法专门用于处理这类特征。

> 12.5 节至 12.7 节关于神经网络的讨论对于处理大量图像以表征其内容也很重要。

11.6.1　哈里斯–斯蒂芬斯角检测器

我们直观地认为角是曲线方向的快速变化。角是一种非常有效的特征，因为它们具有独特性，而且在一定程度上不受视角的影响。由于这些特性，角在诸如自动导航跟踪、立体机器视觉算法和图像数据库查询等应用中，经被被用于匹配图像的特征。

> 这里所用的术语"角"要比 90°角更广泛，它指的是"角状"的特征。

本节讨论由 Harris and Stephens[1988]提出的一种角检测算法。哈里斯–斯蒂芬斯（HS）角检测器的原理如图 11.45 所示。基本方法如下：在图像上方移动一个小窗来检测角，就像第 3 章中我们为空间滤波所做的那样。检测器窗口用于计算灰度变化。我们感兴趣的是三个场景：（1）各个方向上零（或小）灰度变化的区域，这发生在检测器窗口位于一个恒定（或几乎恒定）区域中时，如图 11.45 中的位置 A 所示；（2）在某个方向上变化但在其正交方向上不变化的区域，这发生在检测器窗口横跨两个区域之间的边界时，如位置 B 所示；（3）所有方向发生重大变化的区域，这发生在检测器窗口包含一个角（或孤立点）时，如位置 C 所示。HS 角检测器是试图区分这三个条件的数学公式。

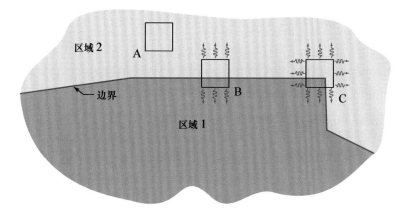

图 11.45　哈里斯–斯蒂芬斯角检测器处理由 A（平坦）、B（边缘）和 C（角）表示的三类子区域的方式。波浪状箭头以图形方式指出了检测器在三个区域中移动时的方向性响应

令 f 表示图像，并令 $f(s,t)$ 表示由 (s,t) 的值定义的一小块图像。尺寸相同但移动了 (x,y) 的小块图像是 $f(s+x,t+y)$。于是，两幅小块图像的差的平方的加权和为

> 小块图像是检测器窗在任何给定时间内跨越的图像区域。

$$C(x,y) = \sum_s \sum_t w(s,t) \big[f(s+x,t+y) - f(s,t) \big]^2 \tag{11.56}$$

式中，$w(s,t)$ 是一个后面很快就要讨论的加权函数。移位后的小块图像可以用泰勒级数展开的线性项来近似：

$$f(s+x,t+y) \approx f(s,t) + xf_x(s,t) + yf_y(s,t) \tag{11.57}$$

式中，$f_x(s,t) = \partial f / \partial x$ 和 $f_y(s,t) = \partial f / \partial y$，它们都在 (s,t) 处计算。于是，式(11.56)可写为

$$C(x,y) = \sum_s \sum_t w(s,t) \left[xf_x(s,t) + yf_y(s,t) \right]^2 \tag{11.58}$$

上式可用矩阵形式写为

$$C(x,y) = [x,y] \boldsymbol{M} \begin{bmatrix} x \\ y \end{bmatrix} \tag{11.59}$$

式中，

$$\boldsymbol{M} = \sum_s \sum_t w(s,t) \boldsymbol{A} \tag{11.60}$$

和

$$\boldsymbol{A} = \begin{bmatrix} f_x^2 & f_x f_y \\ f_x f_y & f_y^2 \end{bmatrix} \tag{11.61}$$

矩阵 $\boldsymbol{M}$ 有时称为哈里斯矩阵。它的各项是在 (s,t) 处计算的。如果 $w(s,t)$ 是各向同性的，那么 $\boldsymbol{M}$ 是对称的，因为 $\boldsymbol{A}$ 是对称的。在 HS 检测器中使用的加权函数 $w(s,t)$ 通常有两种形式：（1）在小块图像内为 1，在其他位置为 0（它的形状类似于盒式低通滤波器核）；（2）它是形如下式的指数函数：

$$w(s,t) = e^{-(s^2+t^2)/2\sigma^2} \tag{11.62}$$

计算速度很快且噪音电平较低时，使用盒式核；数据平滑很重要时，使用指数函数。

　　如图 11.45 所示，一个角由区域 C 中两个空间方向上的较大值表征。然而，当小块图像横跨边界时，在一个方向上也有响应。问题是怎样才能了解这一差别？如 11.5 节中讨论的那样（见例 11.17），实对称矩阵（如 $\boldsymbol{M}$ 上方）的特征向量指向最大的数据扩展方向，且对应的特征值与特征向量方向上的数据扩展量成正比。事实上，特征向量是拟合数据的一个椭圆的主轴，特征值的幅度是从这个椭圆的中心到椭圆与主轴的交点的距离。图 11.46 说明了如何使用这些性质来区分我们感兴趣的三种情况。

　　图 11.46(a)至(c)中的小块图像分别代表图 11.45 中的区域 A、B 和 C。图 11.46(d)中显示了使用导数核 $w_y = [-1 \ 0 \ 1]$ 和 $w_x = w_y^{\mathrm{T}}$ 计算的 (f_x, f_y) 值（记住，我们使用的是图 2.19 中定义的坐标系）。由于在小块图像中的每个点处计算导数

> 如第 3 章所述，对于表示空间核的向量和矩阵，我们不使用粗体表示。

时，噪声引起的变化会产生分散值，而分散的扩展与噪声水平及其性质直接相关。不出所料，平坦区域的导数形成一个近似为圆形的聚类，其特征值几乎相同，产生了对这些点的一个近乎圆形的拟合（为便于与其他两幅图形比较，我们将这些特征值标为"小"）。图 11.46(e)显示了包含边缘的小块图像的导数。这里，沿 x 轴的扩展更大，沿 y 轴的扩展与图 11.46(a)中的几乎相同。于是，特征值 λ_x 标为"大"，而特征值 λ_y 标为"小"。因此，拟合数据的椭圆在 x 方向拉长了。最后，图 11.46(f)显示了包含角的小块图像的导数。这里数据沿两个方向扩展，得到两个大特征值和一个大得多的几乎为圆形的拟合椭圆。由此得出结论：（1）两个小特征值表示几乎恒定的灰度；（2）一个小特征值和一个大特征值表示存在垂直边界或水平边界；（3）两个大特征值表示存在一个角或孤立的亮点。

　　因此，我们可以用小块图像中由导数形成的矩阵的特征值来区分三种感兴趣的场景。然而，HS 检测器并未使用特征值（此时的计算开销很大），而使用了一个角响应测度，这个测度基于这样一个事实：方形矩阵

> 2×2 矩阵 $\boldsymbol{M}$ 的特征值可用解析形式表示（见习题 11.31）。然而，它们的计算需要取平方和平方根，这种计算的开销很大。

的迹等于该矩阵的特征值之和，及该矩阵的行列式等于其特征值的积。这个测度定义为

$$R = \lambda_x \lambda_y - k(\lambda_x + \lambda_y)^2 = \det(\boldsymbol{M}) - k \operatorname{trace}^2(\boldsymbol{M}) \tag{11.63}$$

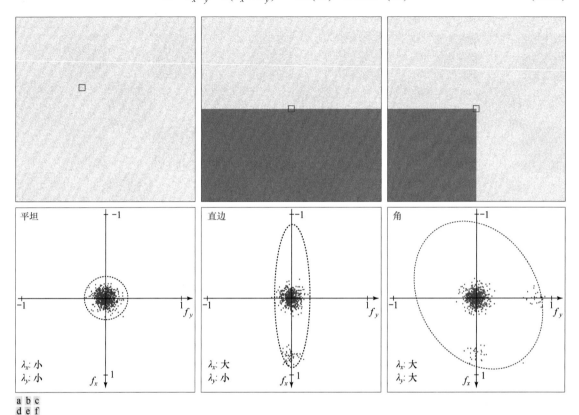

a b c
d e f

图 11.46 (a) ~ (c)包含的图像区域与图 11.45 中区域类似的噪声图像和小块图像（小方格）；(d) ~ (f)值对 (f_x, f_y) 的曲线，显示了 $\boldsymbol{M}$ 的特征值的特性，这些特征值对于检测小块图像中的角是有用的

式中，k 是一个常数，后面很快就会对其进行解释。两个特征值都较大时，测度 R 具有较大的正值，这表示存在一个角；一个特征值较大而另一个特征值较小时，测度 R 具有较大的负值，这表示存在一条边；两个特征值都较小时，测度 R 的绝对值较小，表明正在考虑的小块图像是平坦的。

> 这个公式的优点是，迹是 $\boldsymbol{M}$ 的主对角元素之和（只有两个数字）。2×2 矩阵的行列式是主对角元素的积减去交叉元素的积。这些计算的开销很小。

常数 k 是根据经验确定的，其值域依赖于具体的实现。例如，MATLAB 图像处理工具箱使用值域为 $0 < k < 0.25$ 的常数 k。我们可将 k 视为一个"敏感因子"；k 越小，检测器就越有可能找到角。R 通常结合一个阈值 T 使用。我们说如果在一个图像位置检测到了一个角，那么在该位置对小块图像而言有 $R > T$。

例 11.18 应用 HS 角检测器。

图 11.47(a)显示了一幅噪声图像，图 11.47(b)是用 $k = 0.04$（实现中的默认值）和 $T = 0.01$ 的 HS 角检测器得到的结果。观察发现正确地检测到了所有方格的角，但错误检测的数量太多（注意所有错误都出现在图像的右侧，这里方格之间的灰度差较小）。图 11.47(c)是将 k 增大到 0.1 而使 T 保持为 0.01 时得到的结果。这次正确地检测到了所有角。如图 11.47(d)所示，将阈值增大到 $T = 0.1$ 得到了相同的结果。事实上，使用默认值 k 并使 T 保持为 0.1 也得到了相同的结果，如图 11.47(e)所示。要点是，k 值和 T 值之间的相互作用具有很大的灵活性。图 11.47(f)是用 k 的默认值和 $T = 0.3$ 得到的结果。不出所料，增大阈值消除了一些角，这

时得到的只是具有较大灰度差的方块的角。将 k 值增大到 0.1 而将 T 设为其默认值时,得到的结果与用 $k=0.1$ 和 $T=0.3$ 得到的结果相同。这再次说明了为这两个参数选择值的灵活性。然而, 随着噪声水平的增大, 值域会变得越来越窄, 详见下段中的说明。

a b c
d e f

图 11.47 (a)值域为[0, 1]的一幅 600×600 图像, 它已被均值为 0、方差为 0.006 的加性高斯噪声污染; (b)使用 $k=0.04$ 和 $T=0.01$（默认值）的 HS 角检测器得到的结果, 其中可以看到几个明显的错误; (c)使用 $k=0.1$ 和 $T=0.01$ 得到的结果; (d)使用 $k=0.1$ 和 $T=0.1$ 得到的结果; (e)使用 $k=0.04$ 和 $T=0.1$ 得到的结果; (f) 使用 $k=0.04$ 和 $T=0.3$ 得到的结果（只检测到了左侧最强的角）

图 11.48(a)显示了被更高水平的加性高斯噪声污染后的棋盘图像（见图题）。尽管这幅图像看起来与图 11.47(a)并无太大的不同, 但用默认值 k 和 T 得到的结果要比此前的结果差很多, 即使是在图像中灰度差大得多的左侧, 也错误地检测了角。图 11.48(c)是将 k 增大到接近实现的最大值（2.5）而 T 保持为默认值时得到的结果。这一次单靠 k 无法克服较高的噪声水平。另一方面, 将 k 减小到默认值而将 T 增大到 0.15 得到了完美的结果, 如图 11.48(d)所示。

图 11.49(a)显示了一幅更复杂的图像, 它在不同的灰度范围内嵌入了大量的角。图 11.49(b)是用 k 和 T 的默认值得到的结果。不出所料, 出现了大量检测错误（例如, 在建筑物右侧边缘中出现了大量角检测错误）。单独增大 k 直到接近其最大值, 对角的过度检测几乎没有影响。使用与图 11.48(c)中的相同值得到了图 11.49(c)所示的图像, 图中错误角的数量明显减少, 但丢失了建筑物前面的许多重要的角。如图 11.49(d) 所示, 将 k 减小到 0.17 并将 T 增大到 0.05 时, 效果要好得多。参数 k 在建筑物图像的角检测中并不起重要作用。事实上, 图 11.49(e)和(f)表明, 将 k 减小到默认值 0.04, 而分别用 $T=0.05$ 和 $T=0.07$ 获得的性能级别是基本相同的。

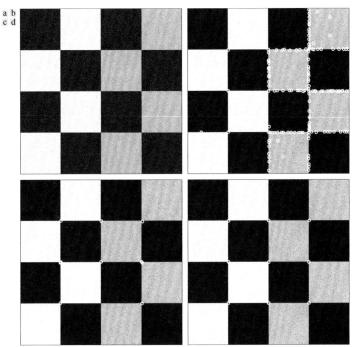

图 11.48 (a)与图 11.47(a)相同，但被均值为 0 和方差为 0.01 的高斯噪声污染的图像；(b)使用 $k = 0.04$ 和 $T = 0.01$ 的 HS 检测器得到的结果［请与图 11.47(b)比较］；(c)使用 $k = 0.249$（接近实现中的最大值）和 $T = 0.01$ 得到的结果；(d)使用 $k = 0.04$ 和 $T = 0.15$ 得到的结果

图 11.49 (a)大小为 600×600 的建筑物图像；(b)使用 $k = 0.04$ 和 $T = 0.01$（实现中的默认值）的 HS 角检测器得到的结果，结果中检测了许多不相关的角；(c)使用 $k = 0.249$ 和 T 的默认值得到的结果；(d)使用 $k = 0.17$ 和 $T = 0.05$ 得到的结果；(e)使用 k 的默认值和 $T = 0.05$ 得到的结果；(f)使用 k 的默认值和 $T = 0.07$ 得到的结果

最后，图 11.50 显示了对旋转后的图像的角检测。图 11.50(b)中的结果与图 11.49(f)中使用的参数相同，表明这种方法对旋转相对不敏感。图 11.49(f)和图 11.50(b)显示了在图像的每个主要结构特征中至少检测到一个角的情况，如前门、所有窗户和定义立面的角。对于匹配而言，这些都是极好的结果。

图 11.50　(a)旋转 5°后的图像；(b)使用得到图 11.49(f)的参数检测到的角　■

11.6.2　最大稳定极值区域（MSER）

上一节讨论的哈里斯-斯蒂芬斯角检测器在由灰度的急剧过渡（如直边缘的交点，它在图像中会导致类似角的特征）表征的应用中是有用的。相反，Matas et al.[2002]提出的最大稳定极值区域（MSER）面向的是更多的"斑点"。像 HS 角检测器那样，MSER 通常会产生整体图像特征，以便在两幅或多幅图像之间建立对应关系。

由图 2.18 可知，灰度图像可视为地形图，其 xy 轴表示空间坐标，z 轴表示灰度。想象一次只阈值处理一幅 8 比特灰度图像的一个灰度级的情况。每次阈值处理的结果都是一幅二值图像，这幅二值图像中大于等于阈值的像素显示为白色，小于阈值的像素显示为黑色。阈值 T 为 0 时，结果是一幅白色的图像（所有像素的值都大于等于 0）。以一个灰度级的增量增大 T 时，得到的二值图像中开始出现黑色分量，它们对应于图像地形图视图中的局部极小值。这些黑色区域可以开始生长和聚合，但它们在不同的图像中永远不会变小。最终，$T=255$ 时，得到的图像是黑色的（在这个灰度级以上没有像素值）。因为每个阈值处理阶段都会得到一幅二值图像，因此每幅图像中会有白色像素的一个或多个连通分量。由所有阈值处理得到的所有这类分量的集合是极值区域集合。在一个阈值范围内不改变大小（像素数量）的极值区域，称为最大稳定极值区域。

后面很快就会讲到，刚才讨论的过程可以转换为有根的连通树，它称为分量树，其中树的每一级对应于上段中讨论的阈值。这棵树的每个节点表示一个定义如下的极值区域 R：

$$\forall p \in R \text{ 和 } \forall q \in \text{boundary}(R) : I(p) > I(q) \tag{11.64}$$

式中，I 是正被考虑的图像，p 和 q 是图像点。这个公式表明，极值区域 R 是 I 的一个区域，其性质是这个区域内任意一点的灰度都高于该区域边界上任意一点的灰度。我们照例假设图像的灰度是整数，从黑色的 0 到白色的最大灰度（例如，8 比特图像的最大灰度是 255）排序。

> 记住，符号 $\forall$ 的含义是"对于任何"，符号 $\in$ 的含义是"属于"，符号 ":"的含义是"这是真的"或"成立"。

分析分量树的节点可以求出 MSER。对于树中的每个连通区域，我们计算一个稳定性测度 ψ，它定义为

$$\psi\left(R_j^{T+n\Delta T}\right) = \frac{\left|R_i^{T+(n-1)\Delta T}\right| - \left|R_k^{T+(n+1)\Delta T}\right|}{R_j^{T+n\Delta T}} \tag{11.65}$$

式中，$|R|$ 是连通区域 R 的面积（像素数量），T 是值域 $T \in [\min(I), \max(I)]$ 内的一个阈值，ΔT 是一个规定的阈值增量。$R_i^{T+(n-1)\Delta T}$，$R_j^{T+n\Delta T}$ 和 $R_k^{T+(n+1)\Delta T}$ 分别是以阈值 $T+(n-1)\Delta T$，$T+n\Delta T$ 和 $T+(n+1)\Delta T$ 得到的连通区域。就分量树而言，区域 R_i 和 R_k 分别是区域 R_j 的父区域和子区域。因为 $T+(n-1)\Delta T < T+(n+1)\Delta T$，因此 $\left| R_i^{T+(n-1)\Delta T} \right| \geq \left| R_k^{T+(n+1)\Delta T} \right|$。于是根据式(11.65)有 $\psi \geq 0$。MSER 是与树中具有稳定测度的节点相对应的区域，这些稳定测度是包含该区域的树的路径上局部极小。在实践中，这意味着最大稳定区域是尺寸在两个 $2\Delta T$ 相邻阈值处理后的图像之间没有明显变化的区域。

图 11.51 说明了刚才介绍的概念。顶部的灰度图像由一些简单的恒定灰度区域组成，灰度的值域是 $[0, 255]$。根据对式(11.64)和式(11.65)的解释，我们使用了阈值 $T = 10$，它位于区间 $[\min(I) = 5, \max(I) = 225]$ 内。选择 $\Delta T = 50$ 对图像的所有不同区域进行了分割。左侧的二值图像列包含了用所示阈值处理灰度图像后的结果。生成的分量树位于右侧。注意，所示的树的根朝上，这是我们对其进行编程的常用方式。

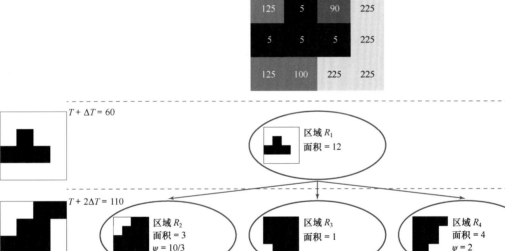

图 11.51　检测 MSER。顶部：灰度图像。左侧：使用 $T = 10$ 和 $\Delta T = 50$ 阈值处理后得到的图像。右侧：分量树，显示了各个区域。只检测到了一个 MSER（见树最右侧分支上的虚线树节点）。树的每层都由左侧阈值处理后的图像在同一层形成。树的每个节点都包含一个显示为白色的极值区域（连通分量），它由带下标的 R 表示

灰度图像中所有方格的大小（面积）相同；因此，无论图像的大小如何，都可以将每个方格的大小归一化为 1。例如，如果图像的大小为 400×400 像素，那么每个方格的大小为 $100 \times 100 = 10^4$ 像素。将这一尺寸归一化为 1 意味着尺寸 1 对应于 10^4 个像素（一个方格），尺寸 2 对应于 2×10^4 个像素（两个方格），以此类推。根据式(11.65)中的比值来消除共同的因子 10^4，可以得出相同的结论。

图 11.51 中的分量树很好地小结了 MSER 算法的工作原理。第一级是用 $T + \Delta T = 60$ 阈值处理 I 后的结果。左侧阈值处理后的图像中只有一个连通分量（白色像素）。连通分量的大小是 12 个归一化单位。如上所述，分量树的每个节点（由带下标的 R 表示）包含一个由白色像素组成的连通分量。树的下一层是由用 $T + 2\Delta T = 110$ 阈值处理 I 后得到的二值图像中的区域形成的。如在左侧看到的那样，这幅图像有 3 个连通分量，所以在阈值处理后的图像的这一层上创建 3 个节点。类似地，用 $T + 3\Delta T = 160$ 阈值处理 I 后得到的二值图像中有两个连通分量，所以在树的这一层上创建两个节点。这两个连通分量是上一层中的连通分量的子节点，因此我们将新节点放在与它们各自的父节点相同的路径上。树的下一层可以同样的方式解释。注意，上一层的中心节点没有子节点，所以树的路径在第二层结束。

因为我们需要检查父区域和子区域之间的大小变化来确定稳定性，所以在这个例子中只有两个中间区域（分别对应于阈值 110 和 160）是相关的。如我们在分量树中看到的那样，只有 R_6 有相似大小的父区域和子区域（本例中它们的大小相同）。因此，区域 R_6 是在这种情况下检测到的唯一 MSER。注意，如果使用单个全局阈值来检测最亮的区域，那么也会检测到区域 R_7（这种情况下是不希望有的结果）。因此，我们可以看到，尽管 MSER 是基于灰度的，但它们也依赖于围绕一个区域的背景的性质。在这种情况下，R_6 与 R_7 相比被较暗的背景包围，而较暗的背景已在树中更早地被阈值处理，使得 R_6 的大小在两个 $2\Delta T$ 的相邻范围内对检测一个 MSER 来说保持不变。

在我们的例子中，很容易检测到 MSER 是唯一一个不改变大小的区域，因此稳定性因子为 0。0 值自动地表明已找到一个 MSER，因为父区域和子区域的大小相同。处理更复杂的图像时，由于光照、视点、噪声等变量引起的光强变化，稳定性因子的取值很少为零。前面提到的局部极小值的概念只是一种简单的方法，它说 MSER 是在 $2\Delta T$ 阈值处理范围内未明显改变大小的极值区域。"明显"改变的含义取决于具体的应用。

待检测的 MSER 很多，许多 MSER 因为其大小可能是没有意义的。控制检测到的区域的数量的一种方法是选择 ΔT。另一种方法是将大小不在规定范围内的任何区域标为无关紧要的区域。例 11.19 中将说明这一点。

Matas et al.[2002]指出，MSER 是仿射-协变的（见 11.1 节）。这是直接根据仿射变换下面积比保持不变得到的，而这又意味着对于仿射变换来说，原区域和变换后的区域是与变换有关的。我们将在图 11.54 和图 11.55 中说明这一性质。

最后，要记住前面的 MSER 公式是用来检测更暗背景下的明亮区域的。将相同的公式应用到图像的负片（详见 3.2 节的定义）上，将检测到更亮背景下的暗色区域。如果兴趣是同时检测这两类区域，那么可以形成两组 MSER 的并集。

例 11.19　由灰度图像提取 MSER。

图 11.52(a)显示了人体头部 CT 扫描的一幅切片图像，图 11.52(b)是用大小为 15×15 像素的盒式核平滑图 11.52(a)后的结果。ΔT 相对较小时，通常采用平滑作为预处理步骤。本例使用了 $T = 0$ 和 $\Delta T = 10$。

这个增量小到足以要求平滑才能正确地进行 MSER 检测。还使用了一个"尺寸滤波器"，即 MSER 的尺寸（面积）必须在 10262 像素到 34200 像素之间；这些尺寸限制分别是图像大小的 3% 和 10%。

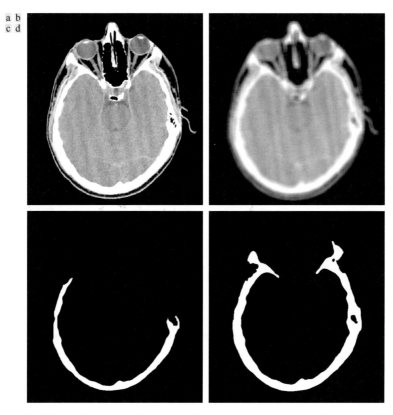

图 11.52　(a)人体头部的 CT 切片，大小为 600×570 像素；(b)用大小为 15×15 像素的盒式核平滑原图像后的结果；(c)树的路径上包含一个 MSER 的极值区域；(d)MSER（所有的 MSER 区域都被限制到 10260～34200 像素范围内，对应于图像大小的 3%～10%）（原图像由范德比尔特大学的 David R. Pickens 博士提供）

图 11.53 说明了在一幅更复杂的图像上的 MSER 检测。由于图像中存在更精细的细节，因此我们（使用一个 5×5 的盒式核）对图像进行了程度不大的模糊处理。我们使用了图 11.52 中所用的 T 和 ΔT，并使用了一个大小在 10000～30000 像素范围内的有效 MSER，10000 像素和 30000 像素分别对应于图像大小的 3% 和 8%。使用这些参数检测到了两个 MSER，如图 11.53(c)和(d)所示。图 11.53(e)中所示的复合 MSER 较好地表示了建筑物的正面。

图 11.54 显示了图 11.53 中检测到的 MSER 旋转时的特性。图 11.54(a)是逆时针方向旋转 5°后的建筑物图像。这幅图像旋转后被裁剪，以消除产生的黑色区域（见图 2.41），这将改变图像数据的性质，进而影响结果。图 11.54(b)是执行与图 11.53 相同的平滑后的结果，图 11.54(c)是用与图 11.53(e)中相同的参数检测到的复合 MSER。如看到的那样，旋转后的图像的复合 MSER 与图 11.53(e)中的 MSER 相当接近。

最后，图 11.55 显示了 MSER 检测器在尺度变化下的特性。图 11.55(a)是缩放为原大小的 1/2 后的建筑物图像，图 11.55(b)是用相应地变得较小的 3×3 盒式核平滑图像后的结果。由于图像面积现在是原面积的 1/4，因此将有效的 MSER 范围缩小到原来的 1/4，即 2500～7500 像素。除这些变化外，我们使用了与图 11.53

中相同的参数。图 11.55(c)显示了得到的 MSER。如看到的那样，这幅图形与图 11.53(e)中的全尺寸结果非常接近。

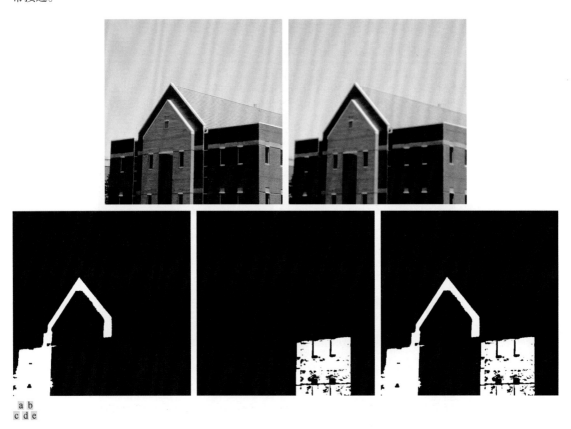

图 11.53　(a)大小为 600×600 像素的建筑物图像；(b)使用 5×5 盒式核平滑后的图像；(c)和(d)使用 $T = 0$，$\Delta T = 10$ 和尺寸范围在 10000 像素至 30000 像素之间的一个 MSER 检测到的 MSER，10000 像素和 30000 像素分别对应于图像面积的 3%和 8%；(e)复合图像

图 11.54　(a)逆时针方向旋转 5°后的建筑物图像；(b)使用图 11.53(b)中相同的盒式核平滑后的图像；(c)使用得到图 11.53(e)的相同参数检测到的复合 MSER。原图像和旋转后的图像的 MSER 几乎相同

图 11.55 (a)大小缩小一半的建筑物图像；(b)用一个 3×3 盒式核平滑图像后的结果；(c)复合 MSER，使用的参数
与用来得到图 11.53(e)的参数相同，但所用的一个有效 MSER 区域的大小范围是 2500 ~ 7500 像素 ■

11.7 尺度不变特征变换（SIFT）

SIFT 是由 Lowe[2004]开发的一个算法，用于提取图像中的不变特征。称它为变换的原因是，它会将图像数据变换为相对于局部图像特征的尺度不变坐标。SIFT 是本章到目前为止讨论的最复杂的特征检测和描述方法。

本节中用到了大量由实验确定的参数。因此，与前面介绍的许多方法不同，SIFT 具有很强的启发性特点，这是因为我们目前的知识无法告诉我们如何将一组容易理解的单种方法组合成一个"系统"，以解决任何一种已知方法都无法单独解决的问题。因此，我们不得不通过实验确定控制更复杂系统性能的各种参数的相互作用。

当不同图像的性质相似（尺度相同、方向相似等）时，角检测和 MSER 适合作为整体图像特征。然而，出现尺度变化、旋转、光照变化和视点变化等变量时，就要使用像 SIFT 这样的方法。

SIFT 特征（称为关键点）对图像尺度和旋转是不变的，并且对仿射失真、三维视点变化、噪声和光照变化具有很强的鲁棒性。SIFT 的输入是一幅图像，输出是一个 n 维特征向量，向量的元素是不变的特征描述子。下面首先分析 SIFT 如何实现尺度不变性。

11.7.1 尺度空间

SIFT 算法的第一阶段是找到对尺度变化不变的图像位置。这是在所有可能的尺度上使用一个称为尺度空间的函数搜索稳定的特征实现的，尺度空间是一种多尺度表示，它以一致的方式处理不同尺度的图像结构。基本思想是以某种形式来处理这样一个事实，即无约束场景中的目标会以不同的方式出现，具体方式取决于获取图像的尺度。由于事先并不知道这些尺度，因此一种合理的方法是同时处理所有相关的尺度。尺度空间将图像表示为平滑后的图像的一个参数簇，目的是模拟图像的尺度减小时出现的细节损失。控制平滑的参数称为尺度参数。

在 SIFT 中，高斯核用于实现平滑，因此尺度参数是标准差。使用高斯核的依据是 Lindberg[1994]的研究成果，他发现唯一能满足线性和移位不变性等一系列重要约束的平滑核是高斯低通核。因此，灰度图像 $f(x,y)$[①]的尺度空间 $L(x,y,\sigma)$ 是 f 与一个可变尺度高斯核 $G(x,y,\sigma)$ 的卷积：

如第 3 章所述，"★"表示空间卷积。

$$L(x,y,\sigma) = G(x,y,\sigma) \star f(x,y) \tag{11.66}$$

式中，尺度由参数 σ 控制，G 的形式如下：

---

① Lowe[2004]报告的实验结果建议首先使用一个 $\sigma = 0.5$ 的高斯核来平滑原图像，然后通过线性（最近邻）内插加倍其尺寸，增强由 SIFT 检测到的稳定特征的数量。这个预处理步骤是算法的一个积分部分。假设图像的值域是[0, 1]。

$$G(x, y, \sigma) = \frac{1}{2\pi\sigma^2} e^{-(x^2+y^2)/2\sigma^2}$$

(11.67)

输入图像 $f(x, y)$ 依次与标准差为 $\sigma, k\sigma, k^2\sigma, k^3\sigma, \cdots$ 的高斯核卷积，生成一堆由一个常量因子 k 分隔的高斯滤波（平滑）图像，如图 11.56 的左下方所示。

SIFT 将尺度空间细分为倍频程，每个倍频程对应于 σ 的加倍，类似于音乐理论中的一个倍频程对应于声音信号的频率倍增。SIFT 将每个倍频程进一步细分为整数 s 个区间，因此区间为 1 时由两幅图像组成，区间为 2 时由三幅图像组成，以此类推。于是可以证明，在生成与一个倍频程对应的图像的高斯核中，所用的值是 $k^s\sigma = 2\sigma$，这意味着 $k = 2^{1/s}$。例如，对于 $s = 2$，$k = \sqrt{2}$，并且连续地使用标准差 $\sigma, (\sqrt{2})\sigma$ 和 $(\sqrt{2})^2\sigma$ 来平滑输入图像，以便使用标准差为 $(\sqrt{2})^2\sigma = 2\sigma$ 的高斯核对序列中的第三幅图像（$s = 2$ 的倍频程图像）进行滤波。

前面的讨论表明，在一个倍频程中生成的平滑图像的数量是 $s + 1$。然而，如下节所述，尺度空间中平滑后的图像被用来计算高斯差 [见式(10.32)]，为了覆盖一个完整的倍频程，它意味着在这幅倍频程图像之后，还需要另外两幅图像，因此共需要 $s + 3$ 幅图像。由于倍频程图像总是图像堆中的第 $(s + 1)$ 幅图像（从底部开始计数），因此可以证明这幅图像是 $s + 3$ 幅图像的扩展序列中来自顶部的第三幅图像。图 11.56 中的每个倍频程包含 5 幅图像，表明这时使用了 $s = 2$。

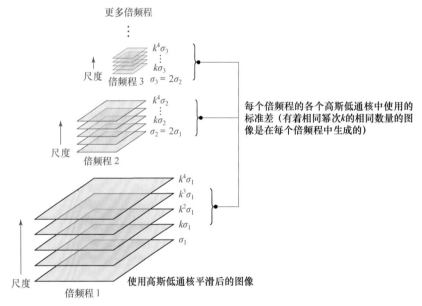

图 11.56 尺度空间，显示了 3 个倍频程。因为在这种情况下 $s = 2$，因此每个倍频程都有 5 幅平滑后的图像。平滑时使用了一个高斯核，因此空间参数是 σ

第二个倍频程中的第一幅图像是首先对原图像下取样（每隔一行和一列取样），然后用一个核来平滑得到的，使用的这个核的标准差是第一个倍频程中所用的标准差的 2 倍（ $\sigma_2 = 2\sigma_1$ ）。这个倍频程内的后续图像使用 σ_2 平滑，k 值序列与第一个倍频程内的相同（它在图 11.56 中用点表示）。对后续的各个倍频程，重复采用相同的基本步骤。也就是说，新倍频程的第一幅图像按如下方式形成：（1）对原图像进行足够次数的下取样，使图像的大小为前一个倍频程内的一半；（2）用新标准差（前一个倍频程的标准差的 2 倍）平滑下取样后的图像。新倍频程中的剩余图像是用新标准差平滑下取样图像后，乘以相同的 k 值序列得到的。

当 $k = \sqrt{2}$ 时，不必平滑下取样后的图像就可得到一个新倍频程的第一幅图像。因为对于这个 k 值，用于平滑每个倍频程的第一幅图像的核，与用于平滑前一个倍频程顶部的第三幅图像的核是相同的。因此，

不重复地对原图像下取样，而对前一幅下取样后的图像再次 2 下取样，也可得到下一个倍频程所要求的图像。

新倍频程的第一幅图像可以直接对前一个倍频程的第三幅图像 2 下取样得到。结果是相同的（见习题 11.36）。来自任何倍频程顶部的第三幅图像称为倍频程图像，因为用于平滑它的标准差是用于平滑该倍频程中的第一幅图像的标准差的 2 倍（$k^2 = 2$）。

图 11.57 使用灰度级图像进一步说明了如何在 SIFT 中构建尺度空间。因为每个倍频程由 5 幅图像组成，所以我们再次使用 $s = 2$。对于这个例子，选择 $\sigma_1 = \sqrt{2}/2 = 0.707$ 和 $k = \sqrt{2} = 1.414$，以便这些

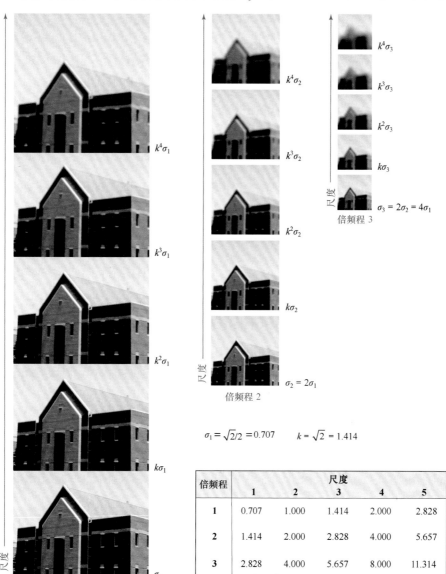

$$\sigma_1 = \sqrt{2}/2 = 0.707 \qquad k = \sqrt{2} = 1.414$$

倍频程	尺度				
	1	2	3	4	5
1	0.707	1.000	1.414	2.000	2.828
2	1.414	2.000	2.828	4.000	5.657
3	2.828	4.000	5.657	8.000	11.314

图 11.57　使用 SIFT 中尺度空间的前三个倍频程的图像的说明。表中的各项是在每个倍频程的每个尺度上使用的标准差。例如，在倍频程 1 的尺度 2 上使用的标准偏差是 $k\sigma_1$，它等于 1.0（为拟合图空间，倍频程 1 的图像稍有重叠）

数字产生我们熟悉的倍数。如图 11.56 所示，使用标准差逐步增大的高斯核模糊了上调尺度空间的图像，并且对来自前一个倍程的倍频程图像进行 2 下取样，得到了第二个倍频程及后续各个倍频程的第一幅图像。如看到的那样，这些图像明显变得更模糊（因此失去了更精细的细节），因为它们的尺度和倍频程都上调了。第三个倍频程中的图像的细节明显要少得多，但它们的总体外观结构是相同的。

11.7.2　检测局部极值

SIFT 首先使用高斯滤波后的图像来查找关键点的位置，然后使用两个处理步骤来改善这些关键点的位置和有效性。

1. 查找初始关键点

尺度空间中关键点的位置首先由 SIFT 找到，方法是检测一个倍频程中相邻两幅尺度空间图像的高斯差的极值，尺度空间图像通过与对应于这个倍频程的输入图像进行卷积得到。例如，要查找与尺度空间中倍频程 1 的前两层相关的关键点的位置，可查找如下函数中的极值：

$$D(x, y, \sigma) = \big[G(x, y, k\sigma) - G(x, y, \sigma) \big] \star f(x, y) \tag{11.68}$$

根据式(11.66)有

$$D(x, y, \sigma) = L(x, y, k\sigma) - L(x, y, \sigma) \tag{11.69}$$

换句话说，要形成函数 $D(x, y, \sigma)$，就必须减去倍频程 1 的前两幅图像。回顾对 Marr-Hildreth 边缘检测子（见 10.2 节）的讨论可知，高斯差是高斯-拉普拉斯（LoG）的一个近似。因此，式(11.69)不过是式(10.30)的一个近似。关键区别是，SIFT 在 $D(x, y, \sigma)$ 中查找极值，而 Marr-Hildreth 检测器查找这个函数的过零点。

Lindberg[1994]证明了尺度空间中的真正尺度不变性要求使用 σ^2 对 LoG 进行归一化（可以使用 $\sigma^2 \nabla^2 G$ ）。可以证明（见习题 11.34）

$$G(x, y, k\sigma) - G(x, y, \sigma) \approx (k-1)\sigma^2 \nabla^2 G \tag{11.70}$$

因此，DoG 已经"内置"了必要的尺度。因子 $(k-1)$ 在所有尺度上都是常数，因此它不影响尺度空间中极值的定位过程。尽管式(11.68)和式(11.69)适用于倍频程 1 的前两幅图像，但这些公式的相同形式适用于任何倍频程的任何两幅图像，前提是使用了适当的下取样图像，并且由这个倍频程中的两幅相邻图像计算了 DoG。

图 11.58 使用图 11.57 中的建筑图像说明了刚才讨论的概念。全部 $s + 2$ 个差函数 $D(x, y, \sigma)$ 在每个倍频程中都由所有相邻的两幅高斯滤波图像形成。我们可将这些差函数视为图像，图 11.58 中的三个倍频程中都显示了这样一幅图像。由图 11.57 中的结果可以看出，这些图像中的细节水平随着我们上调尺度空间而下降。

图 11.59 显示了 SIFT 用来查找图像 $D(x, y, \sigma)$ 中的极值的过程。在 $D(x, y, \sigma)$ 图像中的每个位置（显示为黑色），将该位置的像素值与其在当前图像中的 8 个相邻像素值及其在上方和下方图像中的 9 个相邻像素值进行比较。如果该位置的值大于其所有相邻像素的值，或小于所有相邻像素的值，那么该位置被选为极值（最大值或最小值）点。在一个倍频程的第一个（最后一个）尺度中检测不到任何极值，因为它没有相同大小的下方（上方）尺度图像。

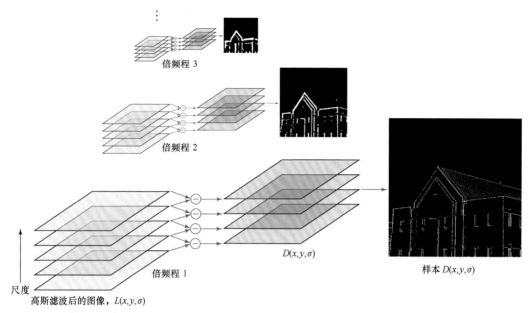

图 11.58　式(11.69)在尺度空间中的实现方式。在每个倍频程中有 $s+3L(x,y,\sigma)$ 幅图像和 $s+2$ 幅对应的 $D(x,y,\sigma)$ 图像

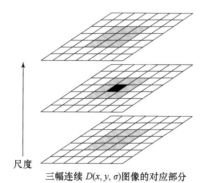

图 11.59　在当前和相邻尺度图像的各个 3×3 区域中, 通过比较一个像素 (黑色) 和其 26 个相邻像素 (阴影), 检测到一个倍频程中 $D(x,y,\sigma)$ 幅图像的极值 (最大值或最小值)

2. 改进关键点位置的精度

一个连续函数被取样时, 它真正的最大值或最小值实际上可能位于样本点之间。得到接近真实极值 (亚像素精度) 的一种方法是, 首先在数字函数中的每个极值点处拟合一个内插函数, 然后在内插后的函数中查找改进精度后的极值位置。SIFT 用 $D(x,y,\sigma)$ 的泰勒级数展开的线性项和二次项, $D(x,y,\sigma)$ 已经把原点移至被检测的样本点。这个公式的向量形式为

$$D(\boldsymbol{x}) = D + \left(\frac{\partial D}{\partial \boldsymbol{x}}\right)^{\mathrm{T}} \boldsymbol{x} + \frac{1}{2}\boldsymbol{x}^{\mathrm{T}}\frac{\partial}{\partial \boldsymbol{x}}\left(\frac{\partial D}{\partial \boldsymbol{x}}\right)\boldsymbol{x} = D + \left(\nabla D\right)^{\mathrm{T}}\boldsymbol{x} + \frac{1}{2}\boldsymbol{x}^{\mathrm{T}}\boldsymbol{H}\boldsymbol{x} \tag{11.71}$$

式中, D 及其导数是在这个样本点处计算的, $\boldsymbol{x} = (x,y,\sigma)^{\mathrm{T}}$ 是这个样本点的偏移量, ∇ 是我们熟悉的梯度算子,

$$\nabla D = \frac{\partial D}{\partial \boldsymbol{x}} = \begin{bmatrix} \partial D / \partial x \\ \partial D / \partial y \\ \partial D / \partial \sigma \end{bmatrix} \tag{11.72}$$

H 是海森矩阵，

$$H = \begin{bmatrix} \partial^2 D / \partial x^2 & \partial^2 D / \partial x \partial y & \partial^2 D / \partial x \partial \sigma \\ \partial^2 D / \partial y \partial x & \partial^2 D / \partial y^2 & \partial^2 D / \partial y \partial \sigma \\ \partial^2 D / \partial \sigma \partial x & \partial^2 D / \partial \sigma \partial y & \partial^2 D / \partial \sigma^2 \end{bmatrix}$$ (11.73)

取式(11.71)关于 x 的导数并令其为零，可求得极值的位置 $\hat{x}$，即（见习题 11.37）

$$\hat{x} = -H^{-1}(\nabla D)$$ (11.74)

海森矩阵和 D 的梯度是用相邻像素点的差来近似的，就像我们在 10.2 节中所做的那样。得到的 3×3 线性方程组计算上很容易求解。如果偏移量 $\hat{x}$ 在其任意一个维度上都大于 0.5，那么可以得出结论：极值靠近另一个样本点，在这种情况下，改变样本点，并对改变后的样本点进行内插。最后的偏移量 $\hat{x}$ 被添加到其样本点的位置，得到极值的内插后的估计位置。

> 因为 D 及其导数是在这个样本点处计算的，所以它们相对于 x 是常数。

SIFT 使用极值位置的函数值 $D(\hat{x})$ 来剔除具有低对比度的不稳定极值，其中 $D(\hat{x})$ 是将式(11.74)代入式(11.71)后得到的（见习题 11.37）：

$$D(\hat{x}) = D + \frac{1}{2}(\nabla D)^{\mathrm{T}}\hat{x}$$ (11.75)

Lowe[2004]的实验结果称，若所有图像的值都在区间[0, 1]内，则 $D(\hat{x})$ 小于 0.03 的任何极值都会被剔除。这剔除了具有低对比度和/或局部化较差的关键点。

> 若将一幅图像显示为地形图（见图 2.18），则边缘看起来像是山脊，沿山脊方向曲折度较低，沿垂直于山脊的方向曲折度较高。

3. 消除边缘响应

回顾 10.2 节可知，使用高斯差会得到图像中的边缘。但 SIFT 中我们感兴趣的关键点是"角状"特征，这些特征更加易于定位。因此，边缘导致的灰度过渡应被剔除。为了量化边和角之间的区别，我们研究局部曲折度。边在一个方向上由高曲折度表征，在正交方向上由低曲折度表征。图像中某点的曲折度可由该点处的一个 2×2 海森矩阵算出。因此，要在尺度空间中的任何一层计算 DoG 的局部曲折度，可在该层中计算 D 的海森矩阵：

$$H = \begin{bmatrix} \partial^2 D / \partial x^2 & \partial^2 D / \partial x \partial y \\ \partial^2 D / \partial y \partial x & \partial^2 D / \partial y^2 \end{bmatrix} = \begin{bmatrix} D_{xx} & D_{xy} \\ D_{yx} & D_{yy} \end{bmatrix}$$ (11.76)

式中，右侧所用的符号与海森矩阵的 A 项［见式(11.61)］的符号相同（注意，主对角线是不同的）。H 的特征值与 D 的曲折度成正比。如对哈里斯－蒂芬斯角检测器的解释那样，我们可以避免直接计算特征值，方法是根据 H 的迹和行列式进行试验，H 的迹和行列式分别等于特征值之和和特征值之积。为了使用不同于讨论 HS 时的表示方法，设 α 和 β 分别是 H 的最大特征值和最小特征值。利用 H 的特征值与其迹和行列式之间的关系（记住，H 是对称的，且大小为 2×2），有

$$\mathrm{Tr}(H) = D_{xx} + D_{yy} = \alpha + \beta$$
$$\mathrm{Det}(H) = D_{xx}D_{yy} - (D_{xy})^2 = \alpha\beta$$ (11.77)

若行列式是负的，则不同曲折度具有不同的符号，且讨论的关键点不可能是一个极值，因此要丢弃它。

令 r 表示最大特征值与最小特征值之比，于是有 $\alpha = r\beta$ 和

$$\frac{[\mathrm{Tr}(H)]^2}{\mathrm{Det}(H)} = \frac{(\alpha + \beta)^2}{\alpha\beta} = \frac{(r\beta + \beta)^2}{r\beta^2} = \frac{(r+1)^2}{r}$$ (11.78)

它取决于特征值之比而非各个特征值。特征值相等时，出现最小的 $(r+1)^2/r$，并且它随着 r 的增大而增大。因此，要检查低于某个阈值 r 的主曲折度之比，只需检查

类似于 HS 角检测器，这个公式的优点是 2×2 矩阵 $\boldsymbol{H}$ 的迹和行列式易于计算。参见关于式(11.63)的说明。

$$\frac{[\mathrm{Tr}(\boldsymbol{H})]^2}{\mathrm{Det}(\boldsymbol{H})} < \frac{(r+1)^2}{r} \tag{11.79}$$

这个计算很简单。Lowe[2004]报告的实验结果中使用了值 $r=10$，这意味着消除了曲折度之比大于 10 的关键点。

图 11.60 是用本节讨论的方法在建筑物图像中检测到的 SIFT 关键点。式(11.75)中 $D(\hat{\boldsymbol{x}})$ 小于 0.03 的关键点被剔除，不满足 $r=10$ 时的式(11.79)的关键点同样被剔除。

图 11.60　在建筑物图像中检测到的 SIFT 关键点。为便于观察，稍微放大了这些点

11.7.3　关键点方向

在这个过程中，我们计算了 SIFT 认为稳定的关键点。因为我们知道每个关键点在尺度空间中的位置，因此实现了尺度独立性。下一步是根据局部图像性质为每个关键点分配一个一致的方向，这样我们可以根据关键点的方向来表示它，从而实现图像旋转的不变性。对此，SIFT 使用了一种简单的方法。使用关键点的尺度来选择最接近该尺度的高斯平滑图像 L。这样，所有方向的计算就都以尺度不变的方式执行。然后，对这一尺度的每个图像样本 $L(x, y)$，使用像素差计算梯度幅度 $M(x, y)$ 和方向角 $\theta(x, y)$：

$$M(x, y) = \left[(L(x+1, y) - L(x-1, y))^2 + (L(x, y+1) - L(x, y-1))^2 \right]^{1/2} \tag{11.80}$$

和

$$\theta(x, y) = \arctan\left[(L(x, y+1) - L(x, y-1)) / (L(x+1, y) - L(x-1, y)) \right] \tag{11.81}$$

方向直方图由每个关键点的一个邻域中的样本点的梯度方向形成。直方图有 36 个容器，覆盖了图像平面上 360°的方向范围。添加到直方图中

梯度幅度和角度的计算见10.2 节。

的每个样本按其梯度幅度和一个圆形高斯函数加权，圆形高斯函数的标准差是关键点的尺度的 1.5 倍。

直方图中的各个峰值对应于局部梯度的主要局部方向。检测直方图中的最高峰，并使用超过最高峰 80%范围内的任何其他局部峰值来创建具有该方向的另一个关键点。因此，对于多个峰值幅度相近的位置，将在相同的位置上以相同的尺度创建多个关键点，但这些关键点的方向不同。SIFT 仅为 15%

左右的多方向点分配多个方向，但它们对图像匹配的贡献非常明显（详见稍后及第 12 章中的讨论）。最后，用一条抛物线拟合最接近每个峰值的三个直方图值，对峰值位置进行内插来提升精度。

图 11.61 是与图 11.60 中相同的关键点，图 11.60 叠加到了这幅图像上，并用箭头显示了关键点的方向。注意图像中相似关键点集的方向的一致性。例如，观察建筑物右侧垂直角落上的关键点。箭头的长度不同，具体取决于光照和图像内容，但它们的方向是一致的。关键点方向图通常非常杂乱，不适合普通人解读。关键点方向的价值在于图像匹配应用中，详见后面的说明。

图 11.61　叠加图 11.60 中的关键点后的原图像。箭头指示关键点的方向

11.7.4　关键点描述子

迄今为止讨论的过程都用于为每个关键点分配一个图像位置、尺度和方向，进而为这三个变量提供不变性。下一步是为围绕每个明显不同的关键点的一个局部区域计算一个描述子，同时对尺度、方向、光照和图像视点的变化尽可能是不变的。基本思想是能用这些描述子来识别两幅或多幅图像中局部区域之间的匹配（相似性）。

SIFT 用来计算描述子的方法基于实验结果，实验结果表明局部图像梯度的作用类似于人类视觉从不同角度匹配和识别三维物体（Lowe[2004]）。图 11.62 小结了 SIFT 用来生成与每个关键点相关联的描述子的过程。大小为 16×16 像素的一个区域以一个关键点为中心，并使用像素差计算这个区域中每个点处的梯度幅度和方向。它们在图的左上角显示为方向随机的箭头。然后使用标准差等于这个区域大小一半的高斯加权函数来分配一个权重，将这个权重乘以每个点处的梯度幅度。高斯加权函数在图中显示为一个圆，但可将它理解为一个钟形的表面，表面的值（权重）随着到中心的距离的增大而减小。这个函数的目的是，减少函数位置变化很小时描述子的突然变化。

由于需要为一个关键点周围的每个点计算梯度，所以要为每个关键点处理 $(16)^2$ 个梯度方向。每个 4×4 子区域中有 16 个方向。为简化下一步的解释，图中右上方的子区域已被放大；下一步是将 4×4 子区域中的所有梯度方向量化为 8 个相隔 45° 的方向。SIFT 不把一个方向值作为一个完整的计数分配给其最接近的容器，而是进行内插运算，根据从这个值到每个容器中心的距离，按比例地在所有容器中分配直方图的输入项。这是通过将容器的每个输入项乘以权重 $1-d$ 实现的，其中 d 是从这个值到容器中心的最短距离，度量单位是直方图间隔，最大的可能距离是 1。例如，第一个容器的中心位于 $45°/2 = 22.5°$，下一个中心位于 $22.5° + 45° = 67.5°$，以此类推。假设某个方向值是 22.5°。从这个值到第一个直方图容器中心的距离是 0，因此我们将一个满输入（数量 1）分配给直方图中的这个容器。到下一个容器中心的距离将大于 0，所以我们将一个完整记录的一部分 $[1\times(1-d)]$ 分配给这个容器。所有的容器均是如此。采用这种方法，为每个容器都能按比例得到一部分计数，从而避免“边界”效应，即由于方向的微小变化导致从一个容器分配到另一个容器，从而使描述子发生突然变化。

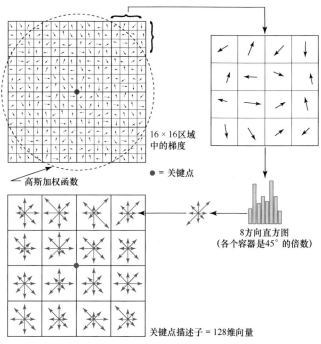

16×16 区域中的梯度

高斯加权函数

● = 关键点

8 方向直方图
（各个容器是 45° 的倍数）

关键点描述子 = 128 维向量

图 11.62　用来计算一个关键点描述子的方法

图 11.62 将直方图的 8 个方向显示为一个小向量簇，其中每个向量的长度等于其对应容器的值。计算了 16 个直方图，即围绕一个关键点的 16×16 区域的每个 4×4 子区域各 1 个。于是，图中左下方的一个描述子由一个 4×4 阵列组成，每个阵列包含 8 个方向值。在 SIFT 中，这个描述子数据被组织为一个 128 维的向量。

为了实现方向不变性，描述子的坐标和梯度方向相对于关键点方向进行了旋转。为了降低光照的影响，对特征向量进行了两阶段的归一化处理。首先，通过将每个分量除以向量范数，把向量归一化为单位长度。由每个像素值乘以一个常数所引起的图像对比度的变化，将以相同的常数乘以梯度，因此对比度的变化将被第一次归一化抵消。每个像素加上一个常量导致的亮度变化不会影响梯度值，因为梯度值是根据像素差值计算的。因此，描述子对光照的仿射变化是不变的。然而，也可能出现摄像机饱和等导致的非线性光照变化。这类变化会导致某些梯度的相对幅度的较大变化，但它们几乎不会影响梯度方向。SIFT 通过对归一化特征向量进行阈值处理，降低了较大梯度值的影响，使所有分量都小于实验确定的值 0.2。阈值处理后，特征向量被重新归一化为单位长度。

11.7.5　SIFT 算法小结

如前几节中的内容所示，SIFT 是一个复杂的过程，它由多个部分和经验确定的常数组成。以下是该方法的步骤小结。

1. **构建尺度空间**。这是用图 11.56 和图 11.57 中概括的过程实现的。需要规定的参数是 σ, s（k 是由 s 计算出来的）和倍频程的数量。

> 如本节开头所示，假设输入图像经过了平滑处理和大小加倍处理，并假设输入图像的值域是[0, 1]。

建议的值是 $\sigma = 1.6$，$s = 2$ 和 3 个倍频程。

2. 得到初始关键点。在尺度空间中根据平滑后的图像计算高斯差 $D(x, y, \sigma)$，详见图 11.58 和式(11.69)中的说明。使用图 11.59 中说明的方法，在每幅 $D(x, y, \sigma)$ 图像中查找极值。这些极值就是初始关键点。

3. 提高关键点位置的精度。通过泰勒级数展开对 $D(x, y, \sigma)$ 的值进行内插运算。改进后的关键点由式(11.74)给出。

4. 删除不合适的关键点。剔除低对比度和/或定位差的关键点。这是用式(11.75)在改进后的位置根据步骤 3 来计算 D 实现的。删除其 D 值低于阈值的所有关键点。建议阈值设为 0.03。使用式(11.79)还会删除与边缘相关联的关键点。建议的 r 值为 10。

5. 计算关键点方向。使用式(11.80)和式(11.81)计算每个关键点的幅度和方向，其中的关键点是用与这些公式相关联的基于直方图的步骤得到的。

6. 计算关键点描述子。使用图 11.62 中小结的方法计算每个关键点的特征（描述子）向量。如果使用围绕每个关键点的一个 16×16 区域，那么结果是每个关键点的一个 128 维特征向量。

下例说明了这个算法的强大性能。

例 11.20　使用 SIFT 匹配图像。

本例通过使用 SIFT 算法查找建筑物图像和一幅子图像之间的匹配数量，来说明 SIFT 算法的性能，其中的子图像是通过提取建筑物的右角边缘部分形成的。我们还给出了建筑物图像和子图像经旋转与缩小后的结果。这类处理可在具体的应用中使用，例如为图像配准及搜索图像数据库中的某幅图像等目的，查找两幅图像之间的对应关系。

图 11.63(a)显示了建筑物图像的关键点（与图 11.61 相同）及子图像的关键点，子图像是一幅单独的、小得多的图像。对每幅图像都用 SIFT 独立地计算关键点。建筑物显示了 643 个关键点，子图像显示了 54 个关键点。图 11.63(b)显示了 SIFT 在建筑物和子图像之间找到的匹配；如图所示，找到了 36 个匹配的关键点，其中只有 3 个匹配点是不正确的。由于初始关键点的数量很大，因此关键点描述子为建立两幅图像之间的对应性提供了较高的精度。

a b

图 11.63　(a)建筑物图像的关键点和它们的方向（显示为灰色箭头），以及建筑物右角部分的关键点和它们的方向。子图像是一幅单独的图像，处理它的方式是类似的；(b)建筑物图像与子图像之间的对应关键点（显示为连接匹配点对的直线）。找到了 36 个匹配点，其中只有 3 个匹配点是不正确的

图 11.64(a)显示了建筑物图像逆时针方向旋转 5°后的关键点,以及从建筑物图像右角边缘提取的一幅子图像的关键点。旋转后的图像小于原图像,因为它已被裁剪,以消除旋转产生的恒定区域(见图 2.41)。在这里,SIFT 在建筑物图像中找到了 547 个关键点,在子图像中找到了 49 个关键点。总共找到了 26 个匹配点,如图 11.64(b)所示,其中只有两个不正确。

a b

图 11.64　(a)旋转(5°)后的建筑物图像及建筑物图像右角部分的关键点。子图像是一幅单独的图像,且处理的方式相同;(b)子图像与建筑物图像之间的对应关键点。在发现的 26 个匹配点中,只有两个匹配点是错误的

图 11.65 显示了对两个方向上大小均缩小一半后的建筑物图像使用 SIFT 得到的结果。对下取样后的图像和对应的子图像使用 SIFT 后,未找到匹配点。补救方法是调整灰度伽马值来稍微降低图像的亮度。子图像是从这幅图像中提取的。尽管 SIFT 能够处理某种程度的灰度变化,但该例表明在处理之前增强图像的对比度可以提高性能。处理图像数据库时,精确的直方图规范化(见第 3 章)是用正被查询图像的特性来归一化所有图像的灰度的优秀工具。SIFT 在半大图像中找到了 195 个关键点,在对应子图像中找到了 24 个关键点。在两幅图像之间共发现了 7 个匹配点,其中只有一个匹配点不正确。

a b

图 11.65　(a)半大建筑物图像和右角部分的关键点;(b)右角和建筑物之间的对应关键点。在找到的 7 个匹配点中,只有 1 个匹配点是错误的

前两数字说明了 SIFT 对旋转和尺度变化的不敏感性,但它们并不是理想的测试,因为对这些变量不敏感的原因是,我们不能总是预先知道获取图像的条件和几何排列。更实用的测试是计算一幅原型图像的特征,并针对未知样本对它们进行测试。图 11.66 是这类测试的结果。图 11.66(a)是原建筑图像,并且计算得到了这幅

图像的 SIFT 特征向量（见图 11.63）。SIFT 用于比较图 11.64(a)所示的旋转后的图像与未旋转的原图像。如图 11.66(a)所示，找到了 10 个匹配点，其中 2 个匹配点不正确。考虑到子图像相对较小且已旋转的事实，这些结果非常不错。图 11.66(b)是匹配半大子图像与原图像后的结果，共找到了 11 个匹配点，其中 4 个匹配点不正确。同样，考虑到子图像缩小尺寸并已旋转而明显丢失细节的事实，这些结果也非常不错。在这两种情况下如果被问到：仅基于 SIFT 找到的匹配点，这两幅子图像来自建筑物的哪部分？答案明显是两幅子图像均来自建筑物的右角。前两次测试说明了 SIFT 对旋转和尺度变化的适应性。

a b

图 11.66　(a)原建筑物图像和旋转后的右角部分之间的匹配，共找到了 10 个匹配点，其中 2 个匹配点不正确；(b)原图像和半大右角部分之间的匹配，共找到了 11 个匹配点，其中 4 个匹配点不正确 ■

小结、参考文献和延伸读物

特征提取是大多数自动图像处理应用中的一种基本处理。如本章介绍的特征检测和描述技术所示，选择哪种方法将依赖于正考虑的问题，目的是选择"捕捉"目标之间或目标类别之间的本质差异的特征描述子，同时尽可能保持对位置、尺度、方向、光照和视角等变量的变化的独立性。

11.2 节中介绍的弗里曼链码由 Freeman[1961, 1974]首次提出，斜率链码由 Bribiesca[2013]提出。最小周长多边形算法见 Klette and Rosenfeld[2004]。标记图的更多解读见 Ballard and Brown[1982]。中轴变换见 Blum[1967]。用于骨架化的欧氏距离变换的有效计算，见 Maurer et al.[2003]。

关于 11.3 节中基本边界特征描述子的额外读物，见 Rosenfeld and Kak[1982]。关于形状数的讨论基于 Bribiesca and Guzman[1980]。关于傅里叶描述子的额外读物，见 Zahn and Roskies[1972]，这一技术的当前应用例子见 Sikic and Konjicila[2016]。关于将统计矩作为边界描述子的讨论来自基本概率论（例如，见 Montgomery and Runger[2011]）。

关于 11.4 节中讨论的基本区域描述子的额外读物，见 Rosenfeld and Kak[1982]。关于纹理的介绍性读物，见 Haralick and Shapiro[1992]和 Shapiro and Stockman[2001]。我们对矩不变量的讨论基于 Hu[1962]。关于任意阶矩的生成，见 Flusser[2000]。

Hotelling[1933]首次推导和发表了将离散变量转换为不相关系数的方法（见 11.5 节）。他将这种技术称为主分量法。他的论文深入研究了这种方法，因此值得一读。主分量在图像处理等众多领域中仍然应用广泛，详见 Xiang et al.[2016]。11.6 节中的角检测器来自 Harris and Stephens[1988]，我们关于 MSER 的讨论基于 Matas et al.[2002]。11.7 节中的 SIFT 内容来自 Lowe[2004]。本章中许多例子和项目所用软件方面的详细信息，见 Gonzalez, Woods and Eddins[2009]。

习题

标有星号的习题的答案在 DIP4E Student Support Package 中（查阅网站 www.ImageProcessingPlace.com）。

11.1 完成如下工作：

(a)* 给出图 11.1 中缺少的步骤。使用与图中相同的格式显示你的结果。

(b) 11.2 节中的边界跟踪算法用于二值区域时，通常会产生 1 像素宽的边界，但情况并非总是如此。给出一个小图像例子，这幅图像的边界至少在某个地方宽于 1 像素。

11.2 参考 11.2 节中解释的摩尔边界跟踪算法，使用图 11.2 中的相同网格在你的说明中识别边界点［记住，原点是(1, 1)而非(0, 0)］。回答如下问题。在你提到的每个点处，包含点 b 和 c 的位置。

(a)* 在图 11.2(a)中给出算法开始和结束的坐标。到达边界的终点时，算法会做什么？

(b) 算法第一次和第二次到达图 11.2(b)中的交点时，算法会如何做？

11.3 回答下列问题：

(a)* 将一条闭合曲线的弗里曼链码归一化，使起点是最小整数时，是否总能给出唯一的起点？

(b) 一条链码闭合曲线的段数是否总是偶数？如果总是偶数，那么证明它。如果不是，请举例说明。

(c) 求链码 11076765543322 的归一化起点。

11.4 完成如下工作：

(a)* 如 11.2 节所述，证明链码的一阶差分将其归一化为旋转。

(b) 计算链码 0101030303323232212111 的一阶差分。

11.5 回答下列问题：

(a)* 已知一个 1 像素宽的开放或封闭的 4 连通（本身不相交）数字曲线，是否能编制一个作用与弗里曼链码完全相同的斜率链码？如果不能，那么说明原因。如果能，那么说明如何做，并给出答案成立的详细假设。

(b) 对于一个 8 连通曲线，重做(a)问。

(c) 对于尺度变化，应如何归一化斜率链码？

11.6* 说明角度精度为 10^{-1} 的斜率链码产生 19 个符号的原因。

11.7 令 L 是斜率链码中所用直线段的长度。如例 11.2 中那样，L 是用于拟合正考虑曲线的线段数量（整数）。假设角度精度对你的目的来说是无限的，回答如下问题：

(a)* 一个大小为 $d×d$ 的方形边界的弯曲度是多少？

(b)* 半径为 r 的圆的弯曲度是多少？

(c) 闭合凸曲线的弯曲度是多少？

11.8* 对于数字闭合曲线上最左上方的点来说，曲线的多边形近似在这一点处有一个凸顶点，请证明之。

11.9 参考例 11.2，从顶点 V_7 开始应用 MPP 算法并包含顶点 V_{11}。

11.10 完成如下工作：

(a)* 11.2 节中讨论的橡皮筋多边形近似方法对于凸曲线产生一个最小周长的多边形，说明原因。

(b) 证明，如果每个单元对应于边界上的一个像素，那么这个单元中的最大可能误差是 $\sqrt{2}d$，其中 d 是相邻像素之间的最小水平距离或垂直距离（用于产生数字图像的取样网格中的线间距离）。

11.11 说明 11.2 节中的 MPP 算法如何在以下条件下工作。

(a)* 1 像素宽、1 像素深的凹陷。

(b)* 1 像素宽、2 像素或多像素深的凹陷。

(c) 1 像素宽、1 像素长的突起。

11.12 完成如下工作：

(a)* 使用 11.2 节中讨论的正切角方法画出一个方形边界的标记图。

　　(b) 对斜率密度函数重做(a)问。假设方形与 x 轴和 y 轴重合，并且令 x 轴是参考直线。从离原点最近的角开始。

11.13 给出如下边界的标记图的表达式，并画出标记图。(a)*一个等边三角形。(b) 一个矩形。(c) 一个椭圆。

11.14 完成如下工作：

　　(a)*参考图 11.11(c)和(f)，简要描述统计两个波形中波峰的数量的算法，这类算法能区分三角形和矩形。

　　(b) 你的解决方案如何才能不受尺度变化的影响？假设尺度变化在两个方向上是相同的。

11.15 画出下列物体的中轴。(a)*一个圆。(b)*一个正方形。(c) 一个矩形。

11.16 如右图所示，(a)*形状数的顺序是什么？(b)求这个形状数。

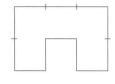

11.17* 11.3 节中讨论的过程如下：使用将轮廓坐标表示为复数的傅里叶描述子，取这些数的 DFT，并只保留 DFT 的几个分量为边界形状的描述子。于是，反 DFT 是原轮廓的近似。哪类轮廓形状具有由实数组成的 DFT，如何设置图 11.18 中的轴系统才能得到这些实数？

11.18 证明：如果只用两个傅里叶描述子（$u=0$ 和 $u=1$）通过式(11.10)来重构边界，那么结果总是一个圆。（提示：用复平面上圆的参数表示，并用极坐标表示圆的公式。）

11.19* 给出区分图 11.10 中所示不同图形的标记图的最少数量的统计矩描述子。

11.20 给出具有相同均值、三阶统计矩和不同二阶矩描述子的两个边界形状。

11.21* 提出一组区分字符 0, 1, 8, 9 和 X 的形状的描述子。（提示：结合使用拓扑描述子与凸包。）

11.22 考虑一幅大小为 200×200 像素的二值图像，一条垂直黑带从列 1 延伸到列 99，一条垂直白带从列 100 延伸到列 200。

　　(a) 使用位置算子"右边的一个像素"得到这幅图像的共生矩阵。

　　(b)*如 11.4 节解释的那样，归一化这个矩阵，使其元素成为概率估计。

　　(c) 使用来自(b)问的矩阵计算表 11.3 中的 6 个描述子。

11.23 考虑由黑白方格交替组成的一幅棋盘图像，每个方格的大小为 $m×m$ 像素。给出产生一个对角共生矩阵的位置算子。

11.24 在如下情况下，求由 0、1 交替组成的矩阵图案的灰度共生矩阵（从 0 开始）：

　　(a)*位置算子 Q 定义为"右边的一个像素"

　　(b) 位置算子 Q 定义为"右边的两个像素"。

11.25 完成如下工作：

　　(a)*证明式(11.50)和式(11.51)成立。

　　(b) 证明式(11.52)成立。

11.26* 例 11.16 中提到，只用与最大特征值相关的两幅主分量图像，就能重构对 6 幅原图像的可靠近似。这样做产生的均方误差是多少？以最大可能误差的百分比表示你的答案。

11.27 对于一组大小为 64×64 的图像，假设式(11.52)给出的协方差矩阵是单位矩阵。原图像和只用一半原特征向量由式(11.54)重构的图像之间的均方误差是多少？

11.28 在什么条件下，式(11.4)定义的边界的长轴等于边界的特征轴？

11.29* 你与某公司签订了设计一个图像处理系统的合同，这个图像处理系统用于检测某些固态塑料晶圆内部的缺陷。用 X 射线成像系统对晶圆进行了检测，得到了许多大小为 512×512 像素的 8 比特图像。无缺陷时，图像是均匀的，平均灰度为 100，方差为 400。缺陷呈斑状，其中约 70%的像素有 50 个灰度级或更少灰度级的偏移，平均为 100 个灰度级。如果某个晶圆中的这样一个区域的面积超过 20×20 像素，那么认为这个晶圆存在缺陷。提出一个基于纹理分析的系统来解决这一问题。

11.30 参考图 11.46，回答如下问题：

　　(a)*在图 11.46(d)～(f)中的原点附近，出现几乎相同聚类的原因是什么？

(b) 仔细观察图 11.46(f)，会在坐标(0.8, 0.8)附近看到一个点。是什么导致了这个点？

(c) 图 11.46(d) ~ (e)中的结果是由图 11.46(a) ~ (b)所示的小块图像得到的。如果对整幅图像而非各幅小块图像执行计算，结果是什么样子？

11.31 讨论哈里斯-斯蒂芬斯角检测器时，曾提到计算 2×2 矩阵的特征值的一个解析公式。

(a)*已知矩阵 $M = [a, b; c, d]$，给出求其特征值的一般公式。用 M 的迹和行列式表示你的公式。

(b) 在不使用迹或行列式的情况下，给出用 2×2 矩阵的 4 个元素表示的对称矩阵公式。

11.32* 参考图 11.51 中的分量树，假设延伸到小图像边框之外的任何像素都是 0。R_1 区域是一个极极区域吗？说明原因。

11.33 参考 11.6 节中关于最大稳定极值区域的讨论，分量树的根包含一个 MSER 吗？说明原因。

11.34* 三空间变量(x, y, z)温度函数 $g(x, y, z, t)$的热扩散方程为 $\partial g / \partial t - \alpha \nabla^2 g = 0$，其中 α 是热扩散系数，∇^2 是拉普拉斯算子。根据对 SIFT 的讨论，使用这个公式建立高斯与尺度拉普拉斯 $\sigma^2 \nabla^2$ 的差之间的关系。说明如何通过这种方法推导式(11.70)。

11.35 参考 11.7 节中讨论的 SIFT 算法，假设输入图像是一个大小为 $M \times M$（$M = 2^n$）的方格，并令每个倍频程中的区间数为 $s = 2$。

(a) 每个倍频程中将有多少幅平滑后的图像？

(b)*在无法再对图像 2 下取样之前，可生成多少个倍频程？

(c) 如果用于平滑第一个倍频程中的第一幅图像的标准差是 σ，那么用于平滑(b)问中其余每个倍频程中的第一幅图像的标准差是多少？

11.36 证明：先平滑一幅图像，后对平滑后的图像 2 下取样，等同于先对图像 2 下取样，后对取样后的图像用同一个核平滑。下取样是指每隔一行和一列取样一次。（提示：考虑卷积是一个线性过程的事实。）

11.37 完成如下工作：

(a)*给出由式(11.71)得到式(11.74)的过程。

(b) 给出由式(11.74)和式(11.71)得到式(11.75)的过程。

11.38 生产瓶装工业化学品的一家公司雇你设计一种方法来检测未装满产品的瓶子。传送带上的瓶子经过自动灌装和封盖站时如右图所示。液位低于瓶颈底部和肩部之间的中点时，就认为瓶子未完全装满。肩部是瓶子侧面与瓶子倾斜部分的交点。瓶子的移动速度很快，但公司有一个成像系统，这个系统的前端安装有照明闪光灯，它能有效地停止瓶子的移动，因此可以得到下方显示的样本图像。根据你掌握的知识，给出一种检测瓶子未装满的方案。详细说明可能会影响你的方案的假设。

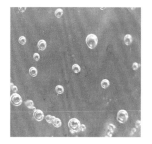

11.39 听说你成功提出检测瓶子问题的方法后，某家流体公司找到你，希望你能够帮助公司在质量控制方面，自动统计某些过程中的气泡数。公司解决了成像问题，并且能够得到大小为 700×700 像素的 8 比特图像，如右图所示。每幅图像表示的实际面积为 7cm^2。公司希望对每幅图像做如下处理：（1）确定气泡所占面积与图像总面积之比；（2）统计不同气泡的数量。请根据你目前掌握的知识，提出解决这个问题的一种方法。在报告中要说明解决方案所能检测到的最小气泡的大小。详细说明可能会影响你的方案的假设。

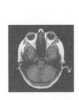

第12章 图像模式分类

One of the most interesting aspects of the world is that it can be considered to be made up of patterns. A pattern is essentially an arrangement. It is characterized by the order of the elements of which it is made, rather than by the intrinsic nature of these elements.

Norbert Wiener

引言

下面通过介绍图像模式分类技术，来结束数字图像处理涵盖的范围。本章介绍的方法主要分为三种：按原型匹配分类、基于最优统计公式分类及基于神经网络分类。前两种方法广泛用于数据性质很好理解的应用中，得到的是一对有效的特征和分类器设计。这些方法通常依赖大量的工程来定义分类器的特征与元素。基于神经网络的方法很少依赖这类知识，适用于系统本身已学习的模式分类特性（如特征）的应用，即这些特性不是由设计者事先规定的。本章重点介绍这些方法的原理及它们在图像模式分类中的具体应用。

学习目标

- 了解模式和模式类（别）的含义及它们与数字图像处理的关系。
- 熟悉最小距离分类的基础知识。
- 了解如何应用图像相关技术进行模板匹配。
- 了解串匹配的概念。
- 熟悉贝叶斯分类器。
- 了解感知器及其历史。
- 熟悉如何由训练样本进行学习。
- 了解神经网络的结构。
- 熟悉全连接深度卷积神经网络中的深度学习概念，尤其是后者在数字图像处理中的重要性。

12.1 背景

在已知的生物世界中，人类拥有最复杂的模式识别能力。当前识别机器的能力与人类常规执行的任务相比显得非常苍白，它既不能解释复杂图像的含义，又不能概括人类大脑中的知识。然而，识别机器在日常生活中的作用很重要。我们可以想象没有机器读取条形码、处理银行支票、检查产品质量、读取指纹、分类邮件和识别语音时，现代生活的样子。

在图像模式识别中，我们将模式视为特征的一种空间排列。模式类（别）是具有某些公共性质的一组模式。机器模式识别包括自动将模式赋予各个类的技术。也就是说，已知一种或多组类未知的模式时，模式识别系统的任务就是为每个输入模式赋予一个类标记。

识别分为 4 个主要阶段：（1）感知；（2）预处理；（3）特征提取；（4）分类。就图像处理而言，感知是指在一个（二维或更高维的）空间中生成信号。第 1 章中介绍了图像感知的许多内容。如前所述，预处理涉及降噪、增强、复原和分割等技术。第 11 章中介绍了特征提取。本章重点介绍分类，即以一组特征为基础，给未知的输入图像模式赋予类标记。

下一节将讨论图像模式分类使用的三种基本方法：（1）基于未知模式与指定原形匹配的分类；（2）最优统计分类器；（3）神经网络。描述这些方法之间的差异的一种方法是，将原始数据转换为适合计算机处理的格式所需要的"工程"水平。最终，识别性能由所用特征的识别能力决定。

在基于原型的分类中，目的是让特征变得独特且易于检测，进而使得分类本身成为一项简单的任务。一个较好的例子是银行支票处理器，它使用样式化字体来简化机器处理（详见 12.3 节）。

在最优统计分类器中，分类的依据是决策理论（统计术语），这种分类方法通过选择参数来得到统计意义上最优的分类性能。这里的重点是所用的特征和分类器的设计。12.4 节将从基本原理出发，通过推导贝叶斯模式分类器来说明这种方法。

在神经网络中，分类是用神经网络完成的。12.5 节和 12.6 节中将讲到，神经网络工作时也可使用工程特征，但它们本身具有生成适合于识别的表示（特征）的独特能力。这些系统可以用原始数据来实现目的，而不需要设计特征。

前面介绍的三种方法有一个共同的特性，即它们都基于必须规定的参数，或由表示待识别问题的模式学习的参数。模式可被标记，这意味着我们知道每个模式的类；模式也可不被标记，这意味着数据是已知的模式，但每个模式的类是未知的。标记后的数据的一个典型例子是字符识别问题，这个问题收集一组字符样本，并将每个字符的标识记录为从 0 到 9 及从 a 到 z 的一个标记。未标记数据的一个例子是在一个数据集中搜索聚类，目的是将得到的聚类中心作为包含在数据中的模式类的原型。

处理标记后的数据时，给定数据集通常被细分为三个子集：一个训练集、一个验证集和一个测试集（典型细分可能是 50%的训练集，25%的验证集和 25%的测试集）。使用训练集生成分类器参数的过程称为训练。在这种模式下，分类器会得到每个模式的类标记，目的是如果这个分类器在识别给定模式的类时出错，就调整参数。这时，我们可能会使用多候选的设计。训练结束后，我们根据性能目标使用验证集来比较各个设计。一般来说，需要经过多次迭代训练/验证后，才能建

> 本章中的例子的作用是演示基本原理，且规模不大，因此不需要验证集，而把模式数据细分为训练集和测试集。

立最接近预期目标的设计。选取一个设计后，最后的步骤是确定它的"实地"性能。为此，我们使用测试集，它由系统此前从未"见"过的模式组成。如果训练集和验证集能够真正代表系统在实际工作中遇到的数据，那么训练/验证的结果应该接近使用测试集时的性能。如果训练/验证结果可以接受，但测试结果不能接受，那么我们说训练/验证使系统参数"过度拟合"了系统参数，这时就需要进一步改进系统结构。当然，所有这些都假设已知的数据真正代表了我们想要求解的问题，而且这个问题事实上可用现有的技术来求解。

使用训练数据的设计系统称为有监督学习系统。如果正在使用未标记的数据，那么系统在学习模式类的同时处于无监督学习模式。本章只讨论有监督学习。如本章和下一章中所述，有监督学习包含

的方法很多，既包括学习设计人员固定的特征参数的系统应用，又包括使用深度学习和大量原始数据集自行学习分类所需特征的系统应用。这些系统无须设计人员事先规定特征就能完成任务。

下一节简要讨论模式的形成方式和模式类的性质，12.3 节将讨论基于原型分类的各种方法。12.4 节将从基本原理出发，推导贝叶斯分类器的公式，贝叶斯分类器是由平均意义上的最优分类性能表征的方法。我们还将根据多元高斯分布假设讨论贝叶斯分类器的有监督训练。12.5 节将讨论神经网络。首先简要介绍感知器和机器学习的一些历史，然后介绍深层神经网络的概念，推导反向传播方程（用于训练深层神经网络的方法）。这些网络非常适合输入模式是向量的那些应用。12.6 节将介绍深度卷积神经网络，这是系统输入数字图像时的首选方法。推导用于训练卷积网络的反向传播方程后，我们将给出几个涉及各种复杂图像类的应用实例。除直接处理图像输入外，深度卷积网络自身能够学习适用于分类的图像特征。这是从原图像数据开始实现的，而 12.3 节和 12.4 节中讨论的其他分类方法依赖于设计人员事先规定的"设计"特征。

> 我们通常将深度学习的概念和大数据集关联起来讨论。这些想法将在本节后面和下一节详细讨论。

12.2　模式与模式类

在图像模式分类中，两种主要的模式排列方式是定量模式和结构模式。定量模式以模式向量的形式排列。结构模式通常由符号组成，这些符号以字符串、树或较少见的图的形式排列。本章中的大部分内容都是基于模式向量的，但本节末尾将简要讨论结构模式，且 12.3 节末尾将给出结构模式的一个例子。

12.2.1　模式向量

模式向量用小写字母如 x、y 和 z 表示，并且具有以下形式：

$$x = \begin{bmatrix} x_1 \\ x_2 \\ \vdots \\ x_n \end{bmatrix} \tag{12.1}$$

式中，分量 x_i 表示第 i 个特征描述子，n 是这类描述子的总数。像在式(12.1)中那样，我们可以将向量表示为列形式，也可表示为等效的行形式 $x = (x_1, x_2, \cdots, x_n)^T$，其中 T 表示转置。模式向量可视为 n 维欧氏空间中的一个点，模式类可视为这个模式空间中点的"超云"。为便于识别，我们希望模式类被紧密地分组，并且尽可能地彼此远离。

模式向量可直接由图像的像素灰度形成，方法是使用线性索引向量化图像，如图 12.1 所示。更常用的方法是将模式元素作为特征。早期的一个例子是 Fisher[1936]的工作，他称使用一种新的判别分析技术识别了三类鸢尾花（山鸢尾花、弗吉尼亚鸢尾花和变色鸢尾花）。费舍尔用 4 个特征描述了每种花：花瓣的长度和宽度，及花萼的长度和宽度（见图 12.2），得到了图中所示的四维向量。针对每种花属性的 50 个样本得到的一组向量，构成了三个著名的 Fisher 鸢尾属模式类。如果费舍尔一直工作到今天，

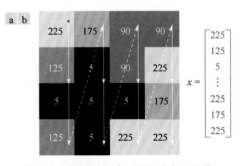

图 12.1　使用线性索引向量化灰度图像

图 12.2　为了对鸢尾花进行数据分类，测量花瓣和花萼的宽度与长度（见箭头）。图片所示的是弗吉尼亚鸢尾（图片由 USDA 提供）

$$x = \begin{bmatrix} x_1 \\ x_2 \\ x_3 \\ x_4 \end{bmatrix}$$

$x_1 = $ 花瓣的宽度
$x_2 = $ 花瓣的长度
$x_3 = $ 花萼的宽度
$x_4 = $ 花萼的长度

那么他在测量中可能会添加光谱颜色和形状特征，得到更高维度的向量。本章后面将处理原始的鸢尾花数据。

花萼生长在花瓣的下方。

模式的高级表示基于第 11 章中介绍的特征描述子。例如，由边界形状描述子形成的模式向量非常适合于受控环境下的工业检测应用。图 12.3 说明了这一概念。这里，我们的兴趣是对不同类型的噪声形状进行分类，图中显示了其中的一个样本。如果用标记图来表示目标，那么会得到图 12.3(b)所示的一维信号。我们可将标记图表示为向量，方法是首先以角度增量 θ 对其幅度取样，然后令 $x_i = r(\theta_i)$，$i = 0, 1, 2, \cdots, n$ 来形成向量。不使用"原始"取样标记图的一种更常见的方法是，计算标记图样本的某些函数 $x_i = g(r(\theta_i))$，并用它们来形成向量。11.3 节中将介绍几种实现这一目的方法，如统计矩。

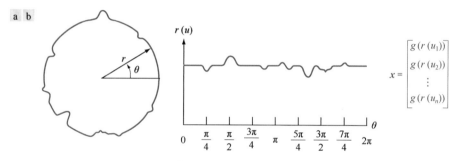

图 12.3　(a)带噪的目标边界；(b)对应的标记图

向量也可由边界和区域的特征形成。例如，图 12.4 中的目标可用三维向量来表示，三维向量的分量捕获与各个二值目标的边界和区域性质相关的形状信息。模式向量也可用于表示图像中各个区域的性质。例如，图 12.5 中的六维向量的元素是基于表 11.3 中的特征描述子的纹理测度。图 12.6 显示了一个例子，其中模式向量元素是对变换不变的特征，如图像旋转和缩放（见 11.4 节）。

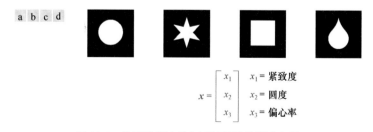

图 12.4　分量捕获边界和区域特性的模式向量

处理配准后的图像序列时，可以选择使用由这些图像中的对应像素形成的模式向量（见图 12.7）。以这种方式形成模式向量表明识别将基于从各幅图像中的相同空间位置提取的信息。尽管这种方法看起来存在明显的局限性，但它非常适合于识别多幅多光谱图像中的区域的应用，详见 12.4 节。

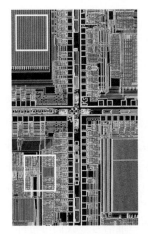

$$x = \begin{bmatrix} x_1 \\ x_2 \\ x_3 \\ x_4 \\ x_5 \\ x_6 \end{bmatrix} \begin{matrix} x_1 = 最大概率 \\ x_2 = 相关 \\ x_3 = 对比度 \\ x_4 = 均匀性 \\ x_5 = 同质性 \\ x_6 = 熵 \end{matrix}$$

图 12.5　基于子图像性质的模式向量 x 的一个例子

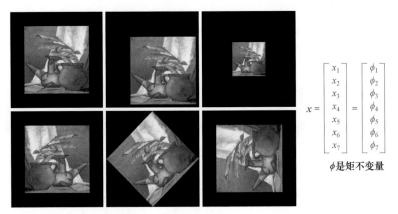

$$x = \begin{bmatrix} x_1 \\ x_2 \\ x_3 \\ x_4 \\ x_5 \\ x_6 \\ x_7 \end{bmatrix} = \begin{bmatrix} \phi_1 \\ \phi_2 \\ \phi_3 \\ \phi_4 \\ \phi_5 \\ \phi_6 \\ \phi_7 \end{bmatrix}$$

ϕ 是矩不变量

图 12.6　分量对变换（如旋转、缩放和平移）不变的特征向量

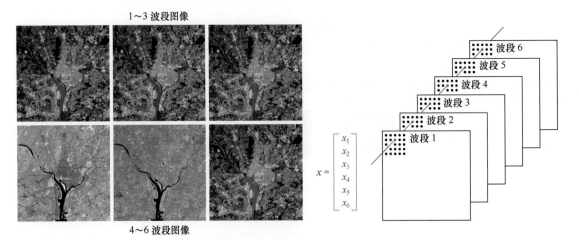

1~3 波段图像

4~6 波段图像

图 12.7　由一组配准后的图像的对应像素级联而成的模式（特征）向量（原图像由 NASA 提供）

　　将所有图像作为一个整体来处理时，需要更高维向量提供的细节，如 11.7 节中结合 SIFT 算法使用的那些向量。但在处理整体图像时，一种更强大的方法是使用深度卷积神经网络。12.5 节和 12.6 节将详细讨论神经网络。

12.2.2　结构模式

模式向量不适合于其目标由结构特征（如符号串）表示的应用。虽然结构模式在图像处理应用中的应用要比向量少得多，但在对形状感兴趣的应用中，包含各个目标的结构描述的模式很重要。图 12.8 显示了一个例子。药瓶的边界由多边形来近似，详见 11.2 节中的解释。边界被细分为多条线段（在图中由 β 表示），并且内角 θ 是在两条线段的交点处计算的。如图所示，逆时针方向上遍历边界时，会生成一串顺序符号。这种形式的符号串就是结构模式，像我们将在 12.3 节中看到的那样，其目的是将给定的符号串与存储的符号串原型匹配。

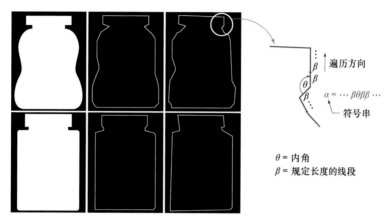

图 12.8　由药瓶边界的近似多边形产生的符号串

树是另一种结构表示，它适合于根据图像的各个分量区域对整幅图像进行更高层次的描述。基本上，大多数分层排序方案都会导致树结构。例如，图 12.9 显示了稠密建筑物市区和周围居民区的卫星

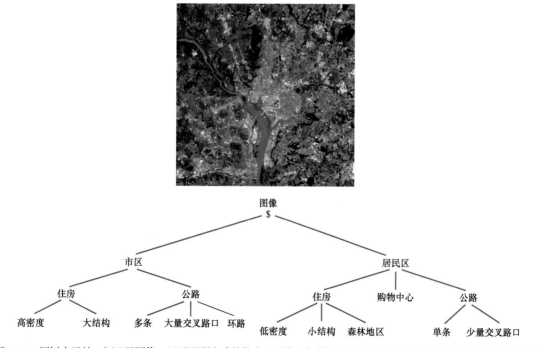

图 12.9　用树表示的一幅卫星图像，显示了稠密建筑物市区（华盛顿特区）和周围的居民区（原图像由 NASA 提供）

图像。令符号$\$$表示一棵树的根。图中所示的（倒立）树是用结构关系"由……组成"得到的。因此，树的根代表整幅图像。下一层指出图像由市区和居民区组成。反过来，居民区由住房、公路和购物中心组成。再下一层进一步描述了住房和公路。我们可以继续这种细分，直到达到我们分解图像中不同区域的能力的极限。

12.3 原型匹配模式分类

原型匹配涉及将一个未知的模式与一组原型相比，并将一个原型类赋予这个未知的模式，当然这个原型类是与未知模式最"相似的"。每个原型表示一个独特的模式类，但每个类可能有多个原型。区分不同匹配方法的是用于确定相似性的测度。

12.3.1 最小距离分类器

使用最广泛且最简单的原型匹配方法之一是最小距离分类器，顾名思义，它在未知模式向量和每类原型之间计算一个基于距离的测度，然后将未知模式赋予最接近的原型类。最小距离分类器的原型向量通常是各个模式类的平均向量：

> 最小距离分类器也称最近邻分类器。

$$m_j = \frac{1}{n_j} \sum_{x \in c_j} x, \qquad j = 1, 2, \cdots, N_c \tag{12.2}$$

式中，n_j是用于计算第j个平均向量的模式向量数，c_j是第j个模式类，N_c是类数。如果使用欧氏距离来求相似性，则最小距离分类器计算距离

$$D_j(x) = \left\| x - m_j \right\|, \qquad j = 1, 2, \cdots, N_c \tag{12.3}$$

式中，$\|a\| = (a^T a)^{1/2}$是欧氏范数。于是，如果$D_i(x) < D_j(x)$，$j = 1, 2, \cdots, N_c$，$j \neq i$，那么分类器对一个未知模式x赋予类别类c_i。相等情况［即$D_i(x) = D_j(x)$］可以任意解决。

不难证明（见习题12.2），选择最小距离等同于计算函数

$$d_j(x) = m_j^T x - \frac{1}{2} m_j^T m_j, \qquad j = 1, 2, \cdots, N_c \tag{12.4}$$

并将未知模式x赋予其原型产生最大d值的类别。也就是说，如果

$$d_i(x) > d_j(x) \qquad j = 1, 2, \cdots, N_c; \quad j \neq i \tag{12.5}$$

那么将x赋予类c_i。用于识别时，这种形式的函数称为决策函数或判别函数。

从c_j中分离类c_i的判决边界由x的值给出，其中

$$d_i(x) = d_j(x) \tag{12.6}$$

或等价地由x的值给出时，有

$$d_i(x) - d_j(x) = 0 \tag{12.7}$$

最小距离分类器的决策边界可直接由这个公式和式(12.4)得到：

$$d_{ij}(x) = d_i(x) - d_j(x) = (m_i - m_j)^T x - \frac{1}{2}(m_i - m_j)^T (m_i + m_j) = 0 \tag{12.8}$$

由式(12.8)给出的边界是m_i和m_j之间的连线的垂直平分线（见习题12.3）。$n = 2$（二维）时，垂直平分线是一条直线；$n = 3$时，它是一个平面；$n > 3$时，它是一个超平面。

例 12.1 二维情况下两个类的最小距离分类器的说明。

图12.10是变色鸢尾花类和山鸢尾花类的花瓣与花萼的宽度值与长度值的散点图。如上节所述，鸢尾花数据库中的模式向量包括每朵花的 4 个测量值。这里只显示了两个，以便更清楚地看到模式类及它们之间

的决策边界。本章后面会使用完整的数据库。

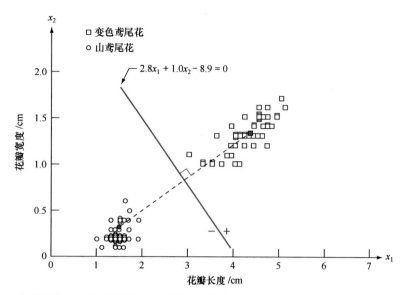

图 12.10　变色鸢尾花类和山鸢尾花类的一个最小距离分类器（基于两个测度）的决策边界。黑点和方形是
　　　　　这两个类的均值

我们分别将变色鸢尾花数据和山鸢尾花数据表示为类 c_1 和类 c_2。这两个类的均值分别是 $\boldsymbol{m}_1 = (4.3, 1.3)^{\mathrm{T}}$
和 $\boldsymbol{m}_2 = (1.5, 0.3)^{\mathrm{T}}$。于是，由式(12.4)可以推出

$$d_1(\boldsymbol{x}) = \boldsymbol{m}_1^{\mathrm{T}} \boldsymbol{x} - \tfrac{1}{2} \boldsymbol{m}_1^{\mathrm{T}} \boldsymbol{m}_1 = 4.3x_1 + 1.3x_2 - 10.1$$

$$d_2(\boldsymbol{x}) = \boldsymbol{m}_2^{\mathrm{T}} \boldsymbol{x} - \tfrac{1}{2} \boldsymbol{m}_2^{\mathrm{T}} \boldsymbol{m}_2 = 1.5x_1 + 0.3x_2 - 1.17$$

由式(12.8)得边界的公式是

$$d_{12}(\boldsymbol{x}) = d_1(\boldsymbol{x}) - d_2(\boldsymbol{x}) = 2.8x_1 + 1.0x_2 - 8.9 = 0$$

图 12.10 显示了这个边界的图形。将来自类 c_1 中的任何模式向量代入上式得 $d_{12}(\boldsymbol{x}) > 0$。相反，将来自类 c_2
的任何模式向量代入上式得 $d_{12}(\boldsymbol{x}) < 0$。因此，已知一个未知模式 $\boldsymbol{x}$ 属于这两个类之一时，$d_{12}(\boldsymbol{x})$ 的符号足
以确定这个模式属于哪个类。　　　　　　　　　　　　　　　　　　　　　　　　　　　　　　■

当均值之间的距离与每个类相对于其均值的分布或随机性相双较大时，最小距离分类器工作良
好。12.4 节将证明，当每个类相对于其均值的分布在 n 维模式空间中呈球形"超云"时，最小距离分
类器的性能（在最小化错误分类的平均损失方面）是最优的。

如前所述，准确识别性能的关键之一是指定能有效区分不同类别的特征。一般来说，满足这一目的的
特征越好，识别性能就越好。在最小距离分类器情况下，这意味着均值之间较大的差异，且类别分组紧密。

一个典型的例子是基于美国银行家协会 E-13B 字体字符的系统，它使用许多精心设计过的特征和
一个简单的分类器实现了卓越的结果。20 世纪 40 年代中期，银行支票是需要手工处理的，这是既费
时费力又成本高昂的过程，并且容易出错。20 世纪 50 年代初，随着支票书写量的增加，银行开始对
自动化支票处理任务产生了浓厚的兴趣。20 世纪 50 年代中期，E-13B 字体和读取这种字体的系统成
为解决这个问题的标准解决方案。如图 12.11 所示，这种字体集由放在 9×7 网格上的 14 个字符组成。
字符被样式化，以最大限度地扩大它们之间的差异。字体被人为地设计成紧凑的和可读的，但首要目
的是让机器快速、高准确性地读取。

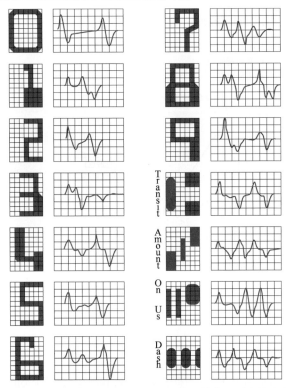

图 12.11　美国银行家协会 E-13B 字体字符集和对应的波形

除样式化的字体设计外，读取系统还用包含粉状磁性材料的油墨　磁化字符的识别称为*磁性油墨字符识别*（MICR）。
印刷每个字符进一步增强了性能。为了提高正被读取支票中的字符的可
检测性，墨水受到磁场作用，使得每个字符相对于背景更加突出。样式化的设计进一步增强了字符的
可检测性。在水平方向上用单缝读取头扫描这些字符（读取头比字符窄，但比字符高）。支票通过读取
头时，传感器产生一个一维电信号（一个标记图），这个信号被调整为与读取头下方面积的增大率或减
小率成正比。例如，考虑图 12.11 中数字 0 的波形。当支票右移通过读取头时，传感器看到的字符面
积开始增大，产生一个正导数（正变化率）。当这个字符的"右腿"开始通过读取头下方时，传感器看
到的字符面积开始减小，产生一个负导数。当读取头位于字符的中间区域时，面积几乎保持不变，产
生零导数。当字符的另一条"腿"进入读取头时，波形本身开始重复。设计的字体不仅能够确保每个
字符的波形不同于其他字符的波形，而且能够确保每个波形的峰值和零点出现在显示这些波形的背景
网格的垂线上，如图所示。E-13B 字体具有只在 9 个点对波形取样就能得到足够的信息来进行精确分
类的性质。这些精心设计过的特征的有效性通过磁化油墨得到了进一步提升，因此产生了几乎没有散
射的干净波形。

　　为这个应用设计一个最小距离分类器很简单，只需存储每个波形在网格垂线处的样本值，并将得
到的每组样本表示为一个 9 维原型向量 $m_j, j = 1, 2, \cdots, 14$。对未知字符分类时，方法是用刚才描述的方
式扫描它，将波形的网格样本表示为一个 9 维向量 x，并通过选择在式(12.4)中产生最大值的原型向量
的类来识别它的类。这时甚至不需要使用计算机。使用电阻器组组成的模拟电路就可实现很高的分类
速度（见习题 12.4）。

　　这个例子中最重要的思想是，如果能够控制模式生成的环境，那么识别问题通常会变得很简单。
E-13B 字体读取系统的开发和实现就是这样一个简单的例子。另一方面，如果必须识别每张支票上的

手写文字和签名，那么这个系统是不足的，这时需要更复杂的系统，如 12.6 节中将要讨论的卷积神经网络。

12.3.2　对二维原型匹配使用相关

3.4 节中介绍了空间相关和卷积的基本概念，并在第 3 章的空间滤波中广泛使用了这些概念。由式(3.43)可知核 w 与图像 $f(x, y)$ 的相关是

$$(w \star f)(x, y) = \sum_s \sum_t w(s, t) f(x+s, y+t) \tag{12.9}$$

式中，求和的上下限取在 w 和 f 共有的区域上。上式对位移变量 x 和 y 的所有值进行计算，所以 w 的所有元素都会访问 f 的每个像素。我们知道，相关在 f 和 w 相等或几乎相等的区域中有最大值。换句话说，式(12.9)查找的是 w 与 f 中的一个区域匹配时的位置。但这个公式的缺点是，结果对任意一个函数的幅度变化都是敏感的。为了将相关归一化为一个或两个函数中的幅度变化，我们使用相关系数来执行匹配：

$$\gamma(x, y) = \frac{\sum_s \sum_t [w(s, t) - \overline{w}][f(x+s, y+t) - \overline{f}_{xy}]}{\left\{ \sum_s \sum_t [w(s, t) - \overline{w}]^2 \sum_s \sum_t [f(x+s, y+t) - \overline{f}_{xy}]^2 \right\}^{1/2}} \tag{12.10}$$

式中，求和的上下限取在 w 和 f 共有的区域上，$\overline{w}$ 是核的平均值（只计算一次），$\overline{f}_{xy}$ 是 f 中与 w 重合的一个区域的平均值。在图像相关处理中，w 通常称为模板（一幅原型子图像），而相关称为模板匹配。

> 更正式地说，当两个函数不同时，应将相关（和相关系数）称为互相关，而当两个函数相同时，应将相关（和相关系数）称为自相关。但我们通常习惯使用术语相关和相关系数，除非区别很大（例如在推导公式时需要明确这一区别）。

可以证明（见习题 12.5）$\gamma(x, y)$ 的值域是[−1, 1]，因此可以归一化为 w 和 f 的幅度变化。当归一化后的 w 和 f 中的对应归一化区域相同时，γ 出现最大值，即出现最大相关（最优匹配）。当两个归一化后的函数在式(12.10)的意义上表现出最小相似性时，γ 就会出现最小值。

图 12.12 说明了刚才描述的过程的原理。如 3.4 节中说明的那样，图像 f 四周的边框是填充的。在模板匹配中，当模板的中心通过图像的边框后，相关值通常是没有意义的，因此填充被限定为核宽度的一半。

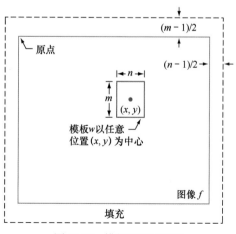

图 12.12　模板匹配的原理

图 12.12 中模板的大小是 $m \times n$，它的中心位于任意位置 (x, y)。相关系数在这一点处的值是使用式(12.10)计算的。然后，将模板的中心移到相邻的位置，并重复这个过程。相关系数 $\gamma(x, y)$ 的值是通过移动模板的中心（增大 x 和 y），使得 w 的中心访问 f 中的每个像素得到的。在这个过程的末尾，我们求 $\gamma(x, y)$ 中的最大值，以便找到出现最优匹配的位置。在 $\gamma(x, y)$ 中可能会出现具有相同最大值的多个位置，这表示 w 和 f 之间有多个匹配。

例 12.2 相关匹配。

图 12.13(a)是 1992 年飓风安德鲁的一幅 913×913 卫星图像，图像中风眼清晰可见。我们希望使用相关来查找图 12.13(b)中的模板在图 12.13(a)内的最优匹配位置，其中模板是风眼的一幅 31×31 子图像。图 12.13(c)是对原图像中 x 和 y 的所有值用式(12.10)计算相关系数后的结果。因为进行了填充（见图 12.12），所以这幅图像的大小是 943×943 像素，为便于显示，我们把它裁剪为原图像的大小。这幅图像中的灰度与相关值成正比，以简化图像的视觉分析，所有负相关值已被裁剪为 0（黑色）。相关值最大的面积在这幅图像中显示为一个小白色区域。这个区域中最亮的点与风眼的中心匹配。在图 12.13(d)中，这个最大相关值的位置显示为一个白点（本例中只有一个匹配，其最大值为 1），我们看到它紧密对应于图 12.13(a)中的风眼位置。

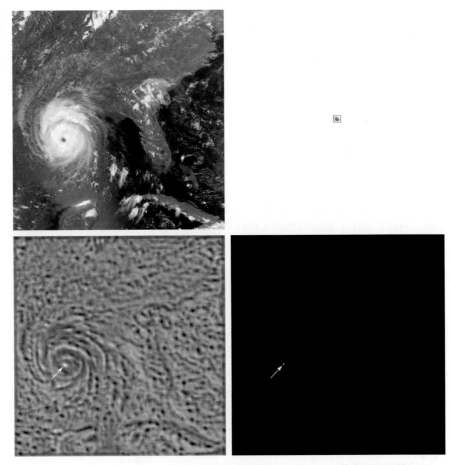

图 12.13 (a)飓风安德鲁的一幅大小为 913×913 像素的卫星图像；(b)大小为 31×31 像素的风眼模板；(c)显示为图像的相关系数（注意箭头指向的最亮点）；(d)最优匹配的位置（由箭头识别）。这个点是单个像素，为便于查看，它已被放大（原图像由 NOAA 提供）

12.3.3　匹配 SIFT 特征

11.7 节讨论了尺度不变特征变换（SIFT）。SIFT 计算一组用于匹配已知图像（原型）和未知图像的不变特征。11.7 节中的 SIFT 实现为图像中的每个局部区域得到了一个 128 维的特征向量。SIFT 执行匹配的方式是，查找存储的特征向量原型集合和由未知图像计算的特征向量之间的对应关系。由于涉及大量特征，所以搜索精确匹配的计算开销很大。这时可以使用最优节点优先（Best-bin-fingt）方法，这种方法只需有限的计算就可识别具有高概率值的最接近的邻点（见 Lowe[1999], [2004]）。使用 Ballard[1981]提出的广义霍夫变换查找潜在的解族，可进一化简化搜索。由 10.2 节的讨论可知，霍夫变换使用"容器"简化数据模式的查找，进而降低数据集的细节层次。11.7 节中讨论了 SIFT 算法。本节的重点是深入说明使用 SIFT 进行原型匹配的能力。

图 12.14 显示了前面用过多次的电路板图像。大图像顶部包围最右侧连接片的小矩形，标识了从中提取连接片图像的一个区域。为清晰起见，小图像已被放大。大图像和小图像的尺寸显示在图题中。图 12.15 显示了 SIFT 找到的关键点，如 12.7 节中解释的那样。在两幅图像上，它们都是微弱的线条。在子图像的放大图中，它们要清晰一些。注意，SIFT 是单独在这幅图像和子图像中找到关键点的，这一点很重要。大图像有 2714 个关键点，小图像有 35 个关键点。

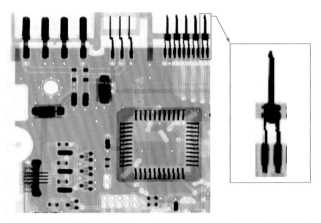

图 12.14　大小为 948×915 像素的电路板图像及其中一个连接片的子图像。子图像大小为 212×128 像素，为清晰起见，它已在右侧放大显示（原图像由 Lixi 公司的 Joseph E. Pascente 先生提供）

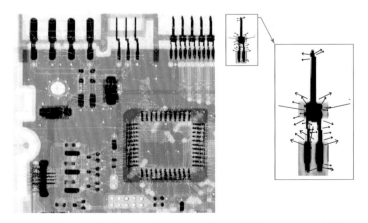

图 12.15　由 SIFT 找到的关键点。大图像有 2714 个关键点（显示为微弱的灰线）。子图像有 35 个关键点。这是一幅单独的图像，并且 SIFT 单独地发现了大图像的关键点。为清晰起见，这部分已放大

　　图 12.16 显示了 SIFT 找到的关键点之间的匹配。在两幅图像之间共发现了 41 个匹配。由于小图像中只有 35 个关键点，因此至少有 6 个匹配要么不正确，要么是多个匹配，其中 3 个明显的错误出现在大图像中间连接片的匹配中。然而，如果比较大图像中间的各个连接片的形状，那么会发现它们实际上与右侧的部分连接片相同。因此，这些错误可以在这一基础上加以解释。另外三个额外的匹配更容易解释。电路板右上角的所有连接片都相同，并且可以使用其中的一个连接片和其他连接片进行比较。对于系统而言，无法区分它们之间的不同。事实上，通过查看连线，可以看到匹配位于子图像和所有 5 个连接片之间。事实上，它们是子图像和其他相同连接片之间的正确匹配。

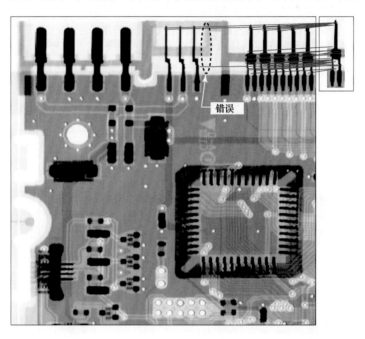

图 12.16　SIFT 在大图像和小图像之间找到的匹配。共找到 41 个匹配，它们已由直线连接起来。其中只有 3 个匹配确实是错误的（图中标为"错误"）

12.3.4　匹配结构原型

　　迄今为止讨论的技术都是定量地处理模式的，很大程度上忽略了模式形状中固有的任何结构关系。本节讨论的方法试图通过精确地利用这类关系来进行模式识别。本节介绍两种基本方法，它们基于字符串表示来识别边界形状，是结构模式识别中最实用的方法。

1. 匹配形状数

　　使用类似于针对模式向量介绍的最小距离分类器的概念，可以比较由形状数描述的区域边界。参照 11.3 节的讨论，两个区域边界之间的相似性 k 定义为它们的形状数仍然保持一致的最大阶数。例如，令 a 和 b 是由 4 方向链码表示的闭合边界的形状数。这两种形状具有相似性 k，如果

> 参数 j 从 4 开始并且总是偶数，因为我们正在处理 4 连接的情况，并且需要边界是闭合的。

$$s_j(a) = s_j(b), \quad j = 4, 6, 8, \cdots, k$$
$$s_j(a) \neq s_j(b), \quad j = k+2, k+4, \cdots$$

$$(12.11)$$

式中，s 表示形状数，下标表示形状阶。两个形状 a 和 b 之间的距离定义为它们的相似度的倒数：

$$D(a,b) = 1/k \tag{12.12}$$

上式满足如下性质:

$$\begin{aligned}
&D(a,b) \geq 0 \\
&D(a,b) = 0, \quad 当且仅当 a = b \\
&D(a,c) \leq \max[D(a,b), D(b,c)]
\end{aligned} \tag{12.13}$$

可以用 k 或 D 来比较两种形状。如果使用相似度,那么 k 越大,形状就越相似(注意,对于相同的形状,k 为无穷大)。使用式(12.12)时,情况正好相反。

例 12.3　匹配形状数。

假设有一个形状 f,我们希望在如图 12.17(a)所示的由 a, b, c, d 和 e 表示的一组 5 种形状原型中找到与它最接近的匹配。在图 12.17(b)所示的相似性树的帮助下,我们可以可视化这一搜索。树根对应于最低的相似度,本例中为 4。假设相同形状的相似度高达 8,但形状 a 除外,它相对于其他形状的相似度是 6。沿着树向下行进,我们发现形状 d 相对于其他形状的相似度是 8,以此类推。如果 f 和 c 的相似度高于任何其他两个形状的相似度,那么形状 f 和 c 是唯一匹配的。相反,如果 a 的形状未知,那么使用这种方法时,我们说 a 与相似度为 6 的其他 5 个形状是相似的。以图 12.17(c)中的相似性矩阵形式,我们可以小结相同的信息。

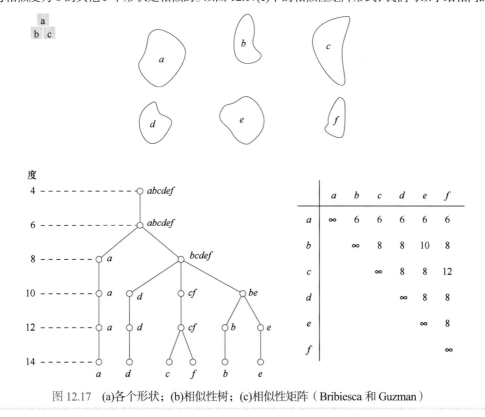

图 12.17　(a)各个形状;(b)相似性树;(c)相似性矩阵(Bribiesca 和 Guzman) ∎

2. 串匹配

假设两个区域边界 a 和 b 已分别编码为符号串 $a_1 a_2 \cdots a_n$ 和 $b_1 b_2 \cdots b_m$。令 α 表示两个符号串之间的匹配数量,$a_k = b_k$ 时,一个匹配出现在第 k 个位置。不匹配的符号数量是

$$\beta = \max\left(|a|, |b|\right) - \alpha \tag{12.14}$$

式中，|变元|是参量中字符串的长度（符号数量）。可以证明 $\beta = 0$，当且仅当 a 和 b 相同（见习题 12.7）。

相似性的一个有效测度是比值

$$R = \frac{\alpha}{\beta} = \frac{\alpha}{\max\left(|a|, |b|\right) - \alpha} \tag{12.15}$$

我们看到，对于完美的匹配，R 是无限的，而 a 和 b 中没有对应的符号匹配时，R 为 0（此时 $\alpha = 0$）。因为匹配是逐个符号进行的，所以在减少执行匹配所需的计算量方面，每个边界上的起点很重要。任何归一化或近似归一化到同一个起点的方法都是有帮助的，前提是与蛮力匹配相比它有计算上的优势，蛮力匹配从每个符号串上的任意点开始，移位一个符号（采用环绕式处理）并对每个移位计算式(12.15)。R 的最大值给出最优匹配。

例 12.4　串匹配。

图 12.18(a)和(b)显示了来自两个目标类的样本边界，它们是用多边形拟合来近似的（见 11.2 节）。图 12.18(c)和(d)分别显示了对应于图 12.18(a)和(b)中边界的多边形近似。顺时针方向跟踪每个多边形时，由多边形形成的字符串是通过计算两段之间的内角 θ 形成的。角度被编码为 8 个符号之一，其中角度是 45°的倍数，即 $\alpha_1 : 0° < \theta \le 45°$；$\alpha_2 : 45° < \theta \le 90°$；$\cdots$；$\alpha_8 : 315° < \theta \le 360°$。

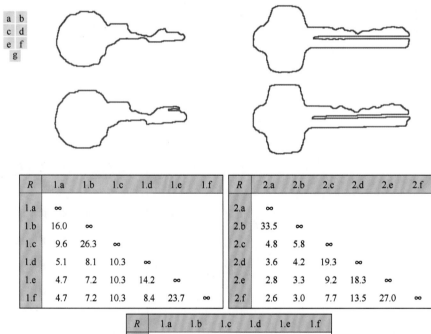

R	1.a	1.b	1.c	1.d	1.e	1.f
1.a	∞					
1.b	16.0	∞				
1.c	9.6	26.3	∞			
1.d	5.1	8.1	10.3	∞		
1.e	4.7	7.2	10.3	14.2	∞	
1.f	4.7	7.2	10.3	8.4	23.7	∞

R	2.a	2.b	2.c	2.d	2.e	2.f
2.a	∞					
2.b	33.5	∞				
2.c	4.8	5.8	∞			
2.d	3.6	4.2	19.3	∞		
2.e	2.8	3.3	9.2	18.3	∞	
2.f	2.6	3.0	7.7	13.5	27.0	∞

R	1.a	1.b	1.c	1.d	1.e	1.f
2.a	1.24	1.50	1.32	1.47	1.55	1.48
2.b	1.18	1.43	1.32	1.47	1.55	1.48
2.c	1.02	1.18	1.19	1.32	1.39	1.48
2.d	1.02	1.18	1.19	1.32	1.29	1.40
2.e	0.93	1.07	1.08	1.19	1.24	1.25
2.f	0.89	1.02	1.02	1.24	1.22	1.18

图 12.18　(a)～(b)两个不同目标类的样本边界；(c)～(d)对应的多边形近似；(e)～(g)R 值表（Sze 和 Yang）

图 12.18(e)是针对目标 1 的 6 个样本计算测度 R 得到的结果。它们是 R 的值，例如，1.c 指来自目标类 1 的第三个串。图 12.18(f)是将第二个目标类的串与自身进行比较得到的结果。最后，图 12.18(g)是比较一个类的字符串与另一个类的字符串得到的 R 值。这些 R 值与前面两个表中的任何项相比都要小得多。这表明 R 测度能够高度区分两类目标。例如，如果串 1.a 的类是未知的，那么通过将该串与类 1 的样本（原型）串进行比较，得到的最小 R 值是 4.7［见图 12.18(e)］。相反，将该串与类 2 的串进行比较得到的最大值是 1.24［见图 12.18(g)］。根据这个结果，我们得出结论：串 1.a 是目标类 1 的一个成员。这种分类方法类似于前面介绍的最小距离分类器。■

12.4　最优（贝叶斯）统计分类器

本节讨论一种用于模式分类的概率方法。像在大多数需要测量和解释物理事件的领域中那样，在模式识别中概率因素也变得非常重要，因为模式类通常是在这种随机性下生成的。如下面的讨论所示，我们有可能在平均意义下推导一种最优的分类方法，这种方法产生错误分类的概率最低（见习题 12.12）。

12.4.1　贝叶斯分类器的推导

模式向量 $\boldsymbol{x}$ 来自类 c_i 的概率用 $p(c_i/\boldsymbol{x})$ 表示。如果模式分类器确定 $\boldsymbol{x}$ 来自类 c_j，而它实际上来自类 c_i，那么会导致一个损失（后面很快会给出损失的定义），我们用 L_{ij} 来表示这个损失。由于模式 $\boldsymbol{x}$ 可能属于 N_c 个可能的类之一，因此将 $\boldsymbol{x}$ 赋予类 c_j 导致的平均损失是

$$r_j(\boldsymbol{x}) = \sum_{k=1}^{N_c} L_{kj} p(c_k/\boldsymbol{x}) \tag{12.16}$$

在决策理论术语中，量 $r_j(\boldsymbol{x})$ 称为条件平均风险或损失。

由贝叶斯规则可知 $p(a/b) = [p(a)p(b/a)]/p(b)$，因此可将式(12.16)写为

$$r_j(\boldsymbol{x}) = \frac{1}{p(\boldsymbol{x})} \sum_{k=1}^{N_c} L_{kj} p(\boldsymbol{x}/c_k) P(c_k) \tag{12.17}$$

式中，$p(\boldsymbol{x}/c_k)$ 是模式来自类 c_k 的概率密度函数（PDF），而 $P(c_k)$ 是类 c_k 出现的概率［有时 $P(c_k)$ 称为先验，或简单地称为先验概率］。因为 $1/p(\boldsymbol{x})$ 对所有 $r_j(\boldsymbol{x})$，$j = 1, 2, \cdots, N_c$ 都为正且是共有的，因此可从式(12.17)中删除，而不影响这些函数从最小值到最大值的相对顺序。于是，平均损失公式简化为

$$r_j(\boldsymbol{x}) = \sum_{k=1}^{N_c} L_{kj} p(\boldsymbol{x}/c_k) P(c_k) \tag{12.18}$$

给定一个未知模式，这个分类器有 N_c 个可能的类供我们选择。如果分类器为每个模式 $\boldsymbol{x}$ 计算 $r_1(\boldsymbol{x}), r_2(\boldsymbol{x}), \cdots, r_{N_c}(\boldsymbol{x})$，并将这个模式赋予具有最小损失的类，那么相对于所有决策的总平均损失将是最小的。最小化总平均损失的分类器称为贝叶斯分类器。如果 $r_i(\boldsymbol{x}) < r_j(\boldsymbol{x})$，$j = 1, 2, \cdots, N_c$，$i \neq j$，那么这个分类器将一个未知模式 $\boldsymbol{x}$ 赋予类 c_i。换句话说，如果对所有 j，$j \neq i$ 有

$$\sum_{k=1}^{N_c} L_{ki} p(\boldsymbol{x}/c_k) P(c_k) < \sum_{q=1}^{N_c} L_{qj} p(\boldsymbol{x}/c_q) P(c_q) \tag{12.19}$$

那么将 $\boldsymbol{x}$ 赋予类 c_i。正确决策的损失通常被赋值 0，而不正确决策的损失通常被赋值 1。于是，损失函数变成

$$L_{ij} = 1 - \delta_{ij} \tag{12.20}$$

式中，$i=j$ 时有 $\delta_{ij}=1$，$i \neq j$ 时有 $\delta_{ij}=0$。式(12.20)指出，不正确决策的损失为 1，正确决策的损失为 0。将式(12.20)代入式(12.18)得

$$r_j(\boldsymbol{x}) = \sum_{k=1}^{N_c}(1-\delta_{kj})p(\boldsymbol{x}/c_k)P(c_k) = p(\boldsymbol{x}) - p(\boldsymbol{x}/c_j)P(c_j) \tag{12.21}$$

然后，贝叶斯分类器将模式 $\boldsymbol{x}$ 赋予类 c_i，如果对所有 $j \neq i$ 有

$$p(\boldsymbol{x}) - p(\boldsymbol{x}/c_i)P(c_i) < p(\boldsymbol{x}) - p(\boldsymbol{x}/c_j)P(c_j) \tag{12.22}$$

或等效地，如果有

$$p(\boldsymbol{x}/c_i)P(c_i) > p(\boldsymbol{x}/c_j)P(c_j), \quad j=1,2,\cdots,N_c, i \neq j \tag{12.23}$$

因此，0-1 损失函数的贝叶斯分类器计算如下形式的决策函数：

$$d_j(\boldsymbol{x}) = p(\boldsymbol{x}/c_j)P(c_j), \qquad j=1,2,\cdots,N_c \tag{12.24}$$

并且对于所有 $i \neq j$，如果 $d_i(\boldsymbol{x}) > d_j(\boldsymbol{x})$，那么将一个模式赋予类 c_i。这与式(12.5)中描述的过程完全相同，但我们现在正在处理的决策函数在最小化误分类导致的平均损失的意义上，已经证明是最优的决策函数。

为了使贝叶斯决策函数的最优性成立，必须知道每个类中各个模式的概率密度函数，以及每个类出现的概率。后一项要求通常不是问题。例如，如果所有类都等可能地出现，那么 $P(c_j)=1/N_c$。即使这个条件不为真，这些概率通常也可从关于问题的知识中推出。估计概率密度函数 $p(\boldsymbol{x}/c_j)$ 更为困难。如果模式向量是 n 维的，那么 $p(\boldsymbol{x}/c_j)$ 是 n 个变量的函数。如果 $p(\boldsymbol{x}/c_j)$ 的形式是未知的，那么需要使用多元变量估计法进行估计。这些方法在实际中很难应用，尤其是来自每个类的代表性模式的数量不多的情况下，或概率密度函数的特性不好的情况下。由于这些原因，使用贝叶斯分类器时往往要为密度函数假设一个解析公式。这反过来又把问题简化为利用训练模式从每个类别的样本模式中估计必要的参数。迄今为止，$p(\boldsymbol{x}/c_j)$ 的最常用的形式是高斯概率密度函数。这一假设越接近实际情况，贝叶斯分类器就越接近分类中的最小平均损失。

12.4.2 高斯模式类的贝叶斯分类器

首先考虑一个一维问题（$n=1$），这个问题涉及由高斯密度控制的两个模式类（$N_c=2$），两个模式类的均值分别为 m_1 和 m_2，标准差分别为 σ_1 和 σ_2。由式(12.24)可知，贝叶斯决策函数具有如下形式：

$$d_j(\boldsymbol{x}) = p(\boldsymbol{x}/c_j)P(c_j) = \frac{1}{\sqrt{2\pi}\sigma_j}e^{-\frac{(x-m_j)^2}{2\sigma_j^2}}P(c_j), \qquad j=1,2 \tag{12.25}$$

式中，模式现在是标量，表示为 x。图 12.19 显示了这两个类的概率密度函数曲线。两个类之间的边界是单个点 x_0，因此 $d_1(x_0) = d_2(x_0)$。如果两个类等可能地出现，那么 $P(c_1) = P(c_2) = 1/2$，并且对于 $p(x_0/c_1) = p(x_0/c_2)$，决策边界是 x_0。这个点是两个概率密度函数的交点，如图 12.19 所示。x_0 右侧的任何模式（点）被分类为类 c_1。类似地，x_0 左侧的任何模式被分类为类 c_2。这些类不等可能地出现时，如果类 c_1 更可能出现，那么 x_0 左移；反之，如果类 c_2 更可能出现，那么 x_0 右移。这个结果不出所料，因为分类器总是试图将错误分类的损失降到最低。例如，在极端情况下，如果类 c_2 从不出现，那么通过总是把所有模式赋予类 c_1（x_0 移动到负无穷大处），分类器从来不会出错。

> 回顾关于多元高斯概率密度函数及定义它的参数是有帮助的。

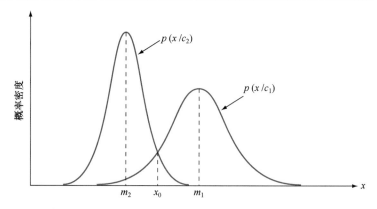

图 12.19　两个一维模式类的概率密度函数。两个类等可能地出现时，点 x_0（两条曲线的交点）就是贝叶斯决策边界

在 n 维情况下，第 j 个模式类中的各个向量的高斯密度是

$$p(\boldsymbol{x}/c_j) = \frac{1}{(2\pi)^{n/2}\left|\boldsymbol{C}_j\right|^{1/2}} e^{-1/2(\boldsymbol{x}-\boldsymbol{m}_j)^{\mathrm{T}}\boldsymbol{C}_j^{-1}(\boldsymbol{x}-\boldsymbol{m}_j)} \tag{12.26}$$

式中，每个密度完全由其均值向量 $\boldsymbol{m}_j$ 和协方差矩阵 $\boldsymbol{C}_j$ 规定，均值向量 $\boldsymbol{m}_j$ 和协方差矩阵 $\boldsymbol{C}_j$ 定义如下：

$$\boldsymbol{m}_j = E_j\{\boldsymbol{x}\} \tag{12.27}$$

$$\boldsymbol{C}_j = E_j\left\{(\boldsymbol{x}-\boldsymbol{m}_j)(\boldsymbol{x}-\boldsymbol{m}_j)^{\mathrm{T}}\right\} \tag{12.28}$$

式中，$E_j\{\}$ 是类 c_j 模式的期望参量值。在式(12.26)中，n 是模式向量的维数，$\left|\boldsymbol{C}_j\right|$ 是矩阵 $\boldsymbol{C}_j$ 的行列式。使用样本平均值来近似期望值 E_j，得到均值向量和协方差矩阵的一个估计：

$$\boldsymbol{m}_j = \frac{1}{n_j}\sum_{\boldsymbol{x}\in c_j}\boldsymbol{x} \tag{12.29}$$

和

$$\boldsymbol{C}_j = \frac{1}{n_j}\sum_{\boldsymbol{x}\in c_j}\boldsymbol{x}\boldsymbol{x}^{\mathrm{T}} - \boldsymbol{m}_j\boldsymbol{m}_j^{\mathrm{T}} \tag{12.30}$$

式中，n_j 是来自类 c_j 的样本模式向量的数量，并且求和是对所有这些向量进行的。本节后面将给出如何使用这两个公式的例子。

协方差矩阵是对称的和半正定的。它的第 k 个对角元素是模式向量的第 k 个元素的方差。第 kj 个非对角矩阵元素是向量元素 x_k 和 x_j 的协方差。当协方差矩阵的非对角元素为零时，多变量高斯密度函数简化为 $\boldsymbol{x}$ 的每个元素的单变量高斯密度的乘积，当向量元素 x_k 和 x_j 不相关时会出现这种情况。

根据式(12.24)，类 c_j 的贝叶斯决策函数为 $d_j(\boldsymbol{x}) = p(\boldsymbol{x}/c_j)P(c_j)$。然而，指数形式的高斯密度可让我们使用这个决策函数的自然对数，因此更为方便。换句话说，我们可以使用形式

$$d_j(\boldsymbol{x}) = \ln\left[p(\boldsymbol{x}/c_j)P(c_j)\right] = \ln p(\boldsymbol{x}/c_j) + \ln P(c_j) \tag{12.31}$$

这个表达式在分类性能方面等效于式(12.24)，因为这个对数是一个单调递增函数。也就是说，式(12.24)和式(12.31)中决策函数的数值顺序是相同的。将式(12.26)代入式(12.31)得

$$d_j(\boldsymbol{x}) = \ln P(c_j) - \frac{n}{2}\ln 2\pi - \frac{1}{2}\ln\left|\boldsymbol{C}_j\right| - \frac{1}{2}\left[(\boldsymbol{x}-\boldsymbol{m}_j)^{\mathrm{T}}\boldsymbol{C}_j^{-1}(\boldsymbol{x}-\boldsymbol{m}_j)\right] \tag{12.32}$$

对于所有类，项 $(n/2)\ln 2\pi$ 是相同的，因此它可从式(12.32)中消除，于是上式变为

如 6.7 节所述［见式(6.49)］，这个公式最右侧的项称为马氏距离，它是多元阈值处理的一个有用的距离测度。

$$d_j(\boldsymbol{x}) = \ln P(c_j) - \tfrac{1}{2}\ln\left|\boldsymbol{C}_j\right| - \tfrac{1}{2}\left[(\boldsymbol{x} - \boldsymbol{m}_j)^{\mathrm{T}} \boldsymbol{C}_j^{-1}(\boldsymbol{x} - \boldsymbol{m}_j)\right] \tag{12.33}$$

式中，$j = 1, 2, \cdots, N_c$。上式给出了高斯模式类在 0-1 损失函数条件下的贝叶斯决策函数。

式(12.33)中的决策函数是超二次函数（n 维空间中的二次函数），因为公式中 $\boldsymbol{x}$ 的分量没有高于二阶的项。显然，对于高斯模式，贝叶斯分类器能做的是在每对模式类之间放一个二阶决策边界。如果模式总体确实是高斯的，那么在分类中没有其他边界会产生更小的平均损失。

如果所有的协方差矩阵都相等，那么 $\boldsymbol{C}_j = \boldsymbol{C}$，$j = 1, 2, \cdots, N_c$。展开式(12.33)，并去掉所有不依赖于 j 的项，得到

$$d_j(\boldsymbol{x}) = \ln P(c_j) + \boldsymbol{x}^{\mathrm{T}} \boldsymbol{C}^{-1} \boldsymbol{m}_j - \tfrac{1}{2}\boldsymbol{m}_j^{\mathrm{T}} \boldsymbol{C}^{-1} \boldsymbol{m}_j \tag{12.34}$$

它们是线性决策函数（超平面），其中 $j = 1, 2, \cdots, N_c$。

此外，如果 $\boldsymbol{C} = \boldsymbol{I}$，其中 $\boldsymbol{I}$ 是单位矩阵，并且各个类是等可能出现的［即对所有 j 有 $P(c_j) = 1/N_c$］，那么可以去掉 $\ln P(c_j)$ 项，因为它对 j 的所有值都相同。于是，式(12.34)变成

$$d_j(\boldsymbol{x}) = \boldsymbol{m}_j \boldsymbol{x} - \tfrac{1}{2}\boldsymbol{m}_j^{\mathrm{T}} \boldsymbol{m}_j, \quad j = 1, 2, \cdots, N_c \tag{12.35}$$

它是最小距离分类器的决策函数［见式(12.4)］。因此，如前所述，最小距离分类器在贝叶斯意义上是最优的，如果：（1）模式类服从高斯分布；（2）所有的协方差矩阵都是单位矩阵；（3）所有的类都等可能地出现。满足这些条件的高斯模式类是相同形状的 n 维球云（称为超球）。最小距离分类器在每对类之间建立一个超平面，这个超平面是两个超球中心的连线的垂直平分线。在二维情况下，模式是在圆形区域内分布的，因此这些边界是把每对这样的圆的中心连在一起的线段的垂直平分线。

例 12.5　三维模式的贝叶斯分类器。

下面用图 12.20 中的简单模式来说明前述研究的原理。假设模式是来自两个高斯总体的样本，并且这些类等可能地出现。将式(12.29)应用到图中的模式得

$$\boldsymbol{m}_1 = \frac{1}{4}\begin{bmatrix} 3 \\ 1 \\ 1 \end{bmatrix} \quad \text{和} \quad \boldsymbol{m}_2 = \frac{1}{4}\begin{bmatrix} 1 \\ 3 \\ 3 \end{bmatrix}$$

由式(12.30)得

$$\boldsymbol{C}_1 = \boldsymbol{C}_2 = \frac{1}{16}\begin{bmatrix} 3 & 1 & 1 \\ 1 & 3 & -1 \\ 1 & -1 & 3 \end{bmatrix}$$

这个矩阵的逆矩阵是

$$\boldsymbol{C}_1^{-1} = \boldsymbol{C}_2^{-1} = \begin{bmatrix} 8 & -4 & -4 \\ -4 & 8 & 4 \\ -4 & 4 & 8 \end{bmatrix}$$

下面求决策函数。使用式(12.34)的原因是两个协方差矩阵相等，并且假设这些类是等可能出现的：

$$d_j(\boldsymbol{x}) = \boldsymbol{x}^{\mathrm{T}} \boldsymbol{C}^{-1} \boldsymbol{m}_j - \frac{1}{2}\boldsymbol{m}_j^{\mathrm{T}} \boldsymbol{C}^{-1} \boldsymbol{m}_j$$

展开向量矩阵，得到两个决策函数：

$$d_1(\boldsymbol{x}) = 4x_1 - 1.5 \quad \text{和} \quad d_2(\boldsymbol{x}) = -4x_1 + 8x_2 + 8x_3 - 5.5$$

于是，分隔这两个类的决策边界是

$$d_1(\boldsymbol{x}) - d_2(\boldsymbol{x}) = 8x_1 - 8x_2 - 8x_3 + 4 = 0$$

图 12.20 显示了这个平面的一部分。注意，两个类已被有效地分开。

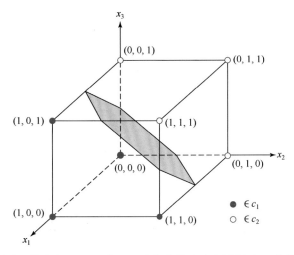

图 12.20　两个简单的模式类，以及它们的贝叶斯决策边界（阴影）与立方体相交的部分　■

例 12.6　使用贝叶斯分类器对多光谱数据分类。

如 1.3 节和 11.5 节中讨论的那样，多光谱扫描仪响应的是所选波段的电磁能谱，如波段 $0.45 \sim 0.52\mu m$、$0.53 \sim 0.61\mu m$、$0.63 \sim 0.69\mu m$ 和 $0.78 \sim 0.90\mu m$。这些波段分别对应于可见蓝光、可见绿光、可见红光和近红外波段。使用这些多光谱波段扫描地面上的一个区域时，得到这个区域的 4 幅数字图像，即每个波段一幅图像。如果这些图像已在空间上配准，那么可将它们视为各幅图像的堆叠，如图 12.7 所示。如图中解释的那样，本例中地面上的每个点都可用四维向量 $\boldsymbol{x} = (x_1, x_2, x_3, x_4)^T$ 表示，其中 x_1 是蓝光波段的影像，x_2 是绿光波段的影像，以此类推。如果这些图像的大小都是 512×512 像素，那么 4 幅多光谱图像的每个堆叠可由 266144 个四维模式向量表示。如前所述，用于高斯模式的贝叶斯分类器需要估计每个类的平均向量和协方差矩阵。在遥感应用中，这些估计值是用训练多光谱数据得到的，训练多光谱数据的各个类是由每个感兴趣区域得到的（这种知识有时称为地面实况）。然后，如例 12.5 中那样，使用结果向量来估计所需的平均向量和协方差矩阵。

图 12.21(a)～(d)是华盛顿特区的 4 幅 512×512 多光谱图像，这些图像是在上段中提到的那些波段中拍摄的。我们的兴趣是将这些图像中的像素分为三个模式类之一：水体、市区和植被。为了提取这三个类的代表性样本，图 12.21(e)中的各个模板已叠加到图像上。一半样本用于训练（估计平均向量和协方差矩阵），另一半样本用于独立测试以评估分类器的性能。假设先验概率是相等的，即 $P(c_j) = 1/3, j = 1,2,3$。

表 12.1 小结了使用训练和测试数据集得到的分类结果。对两个数据集而言，训练和测试模式向量正确识别的百分比大致相同，这表明学习到的参数并未将参数过拟合到训练数据。两种情况下的最大误差是来自市区的模式。这并不令人意外，因为市区也有植被（注意，在植被或市区没有任何模式被错误地归类为水体）。图 12.21(f)将错误分类的训练模式和测试模式显示为黑点，将正确分类的模式显示为白点。在区域 1 中看不到黑点，因为 7 个错误分类的点非常靠近白色区域的边界。从表中的数字可以算出训练模式的正确识别率为 96.4%，测试模式的正确识别率为 96.1%。

图 12.21(g)～(i)更有趣。这里，我们让系统将所有的图像像素分类为三种类别之一。图 12.21(g)将分类

为水体的所有像素显示为白色，将未分类为水体的像素显示为黑色。我们看到贝叶斯分类器在确定图像的哪些部分是水体方面确实做得不错。图 12.21(h)将分类为市区的所有像素显示为白色；系统在识别城市特征（如桥梁和高速公路）方面效果良好。图 12.21(i)显示了被归类为植被的像素。图 12.21(h)的中心区域显示了市区的高密度白色像素，其中密度随着到中心距离的增大而减小。图 12.21(i)显示了相反的效果，表明图像中心的植被最少，而市区的植被最密。

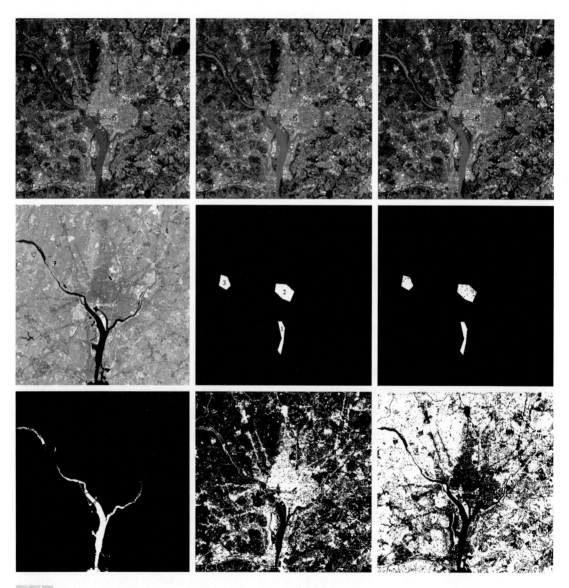

a b c
d e f
g h i

图 12.21　多光谱数据的贝叶斯分类：(a)~(d)可见蓝光、可见绿光、可见红光和近红外波段的图像。(e)水体（标为 1）、市区（标为 2）和植被（标为 3）区域的模板。(f)分类结果；黑点表示分类不正确的点，其他（白色）点表示分类正确的点。(g)分类为水体的所有图像像素（白色）。(h)分类为市区的所有图像像素（白色）。(i)分类为植被的所有图像像素（白色）

表 12.1 多光谱图像数据的贝叶斯分类。类 1、2 和 3 分别是水体、市区和植被

训练模式						测试模式				
类	样本数量	所分的类			正确百分比（%）	类	样本数量	所分的类			正确百分比（%）
		1	2	3				1	2	3	
1	484	482	2	0	99.6	1	483	478	3	2	98.9
2	933	0	885	48	94.9	2	932	0	880	52	94.4
3	483	0	19	464	96.1	3	482	0	16	466	96.7

10.3 节讨论 Otsu 方法时提到，阈值处理可视为一个贝叶斯分类问题，它最优地将不同的模式赋予两个或两个以上的类。事实上，如上例所示，逐像素分类可视为把图像分割成两种或更多种类型的区域。如果只使用单个变量（如灰度），那么式(12.24)就会成为一个根据图像像素的灰度来分割图像的最优函数，就像 10.3 节中所做的那样。记住，最优性要求知道每个类的 PDF 和先验概率。如前面提到的那样，估计这些密度并不容易。如果必须进行假设（如假设高斯密度），那么分类实现的最优程度将取决于这些假设与真实情况的接近程度。

12.5 神经网络与深度学习

本节和 12.6 节简要介绍深度神经网络，并推导深度学习的基本公式。我们将讨论两类网络。本节重点介绍多层全连接神经网络，这种神经网络的输入是 12.2 节中介绍的模式向量。12.6 节将讨论卷积神经网络，这种神经网络的输入可以是图像。这两节介绍内容的方式相同，即首先推导把输入映射到网络来生成可对输入进行分类的公式，然后推导作为训练两类网络的工具的反向传播方程。两节中都会给出例子来说明深度神经网络和深度学习在求解复杂模式分类问题时的强大作用。

12.5.1 背景知识

以下内容的本质是大量基本非线性计算元素（称为人工神经元）的使用，这些非线性计算元素以网络形式组织，网络的互连方式在某些方面类似于哺乳动物视觉皮层中的神经元互连方式。得到的模型有各种各样的名称，包括神经网络、神经计算机、并行分布式处理模型、神经形态系统、分层自适应网络和连接性模型。这里使用神经网络（简称神经网）这一名称。我们以这些网络为工具，通过连续表示的训练模式来自适应地学习决策函数的参数。

人们对于神经网络的兴趣可追溯到 20 世纪 40 年代初。McCulloch and Pitts[1943]提出了二元阈值设备形式的神经元模型，以及涉及 0-1 和 1-0 状态突变的随机算法，它们是对神经系统建模的基础。随后，Hebb[1949]的研究工作基于数学模型，这些数学模型试图通过增强或关联来得到学习的概念。

20 世纪 50 年代中期和 60 年代初，Rosenblatt[1959, 1962]提出了一类所谓的学习机（也称感知机），这引发了研究人员和模式识别从业者的极大兴趣。人们对这些感知机感兴趣的原因是数学证明的进展，数学证明指出使用线性可分离的训练集（训练集被超平面分隔）时，感知机会在有限的迭代步骤内收敛到一个解。这个解的形式是超平面参数（系数），它能够正确地分离由训练集的模式表示的类。

遗憾的是，人们很快就对看起来具有良好理论基础的学习模型大失所望。对于大多数具有实际意义的模式识别任务来说，基本的感知机和它的一些推广是不够的。随后，研究人员试图通过使用多层这样的设备来提升感知机的性能，但缺少有效的算法，如对感知机本身感兴趣的那些研究人员创建的多层设备。Nilsson[1965]在 20 世纪 60 年代中期总结了学习机领域的现状。几年后，Minsky and Papert[1969]悲观地提出了一个关于感知机局限性的分析。这一观点一直持续到 20 世纪 80 年代中期才

被 Simon[1986]证明。在 1984 年于法国发表的这项研究成果中，Simon 以论文标题"一个神话的生与死"批驳了感知机。

Rumelhart, Hinton and Williams[1986]针对多层类感知器单元开发新训练算法后，使这一局面得到了改观。他们的基本方法称为反向传播（简称反向），为多层网络提供了一种有效的训练方法。虽然对于单层感知机来说这种训练算法不能收敛到一个解，但反向传播产生彻底改变了模式识别领域的结果。

迄今为止研究的模式识别方法，都需要采用人类工程技术将原始数据变换为适合计算机处理的格式，第 11 章中介绍的特征提取方法就是这样的例子。与这些方法不同的是，神经网络可以使用反向传播从原始数据开始，自动地学习适合于识别的表示。网络中的每层将这一表示"精炼"为多个更抽象的层次。这种多层的学习通常称为深度学习，并且这种能力是神经网络应用取得成功的根本原因之一。如本节之初指出的那样，深度学习的实际实现通常是与大数据集相关联的。

当然，这些并不是能够组装自身的"魔法"系统，仍然需要人来规定参数，如层数、每层人工神经元的数量及与问题相关的各个系数。教会复杂的多层神经网络正确地进行识别并不是一门科学，而是需要设计者具备大量知识和经验的艺术。模式识别的无数应用（尤其是在受限环境中）最好使用更"传统"的方法来处理。这样的一个较好例子是样式化字体识别。开发一个神经网络来识别图 12.11 中的 E-13B 字体是没有意义的。使用硬件上实现的最小距离分类器是求解这一问题的理想方法，前提是只读取印刷在银行支票上的 E-13B 字体。另一方面，如果要高精度地读取支票上的手写体，那么使用神经网络方法更为理想。

深度学习在挑战其他求解方法的应用中表现突出。引入反向传播后的 20 年间，神经网络在许多应用中取得了成功。有些应用（如语音识别）在人们的日常生活中已不可或缺。例如，当我们对着智能手机说话时，其近乎完美的识别就是由神经网络实现的，而这种性能在几年前还不可想象。神经网络的其他应用包括智能过滤器（它能够学习用户处理电子邮件账户中垃圾邮件和其他废弃邮件的偏好）和邮政邮件（读取信封上的邮政编码）。我们在电视中通常会看到能够自动驾驶的汽车以及能够与环境交互的机器人，它们的解决方案都是基于神经网络的。我们不太熟悉的应用包括自动发现新药、DNA研究中基因突变的预测及自然语言理解方面的进展。

虽然神经网络的实际应用很多，但这种技术在图像模式分类中的应用却进展缓慢。我们很快就会看到，在图像处理中使用神经网络的基础是称为卷积神经网络（表示为 CNN 或 ConvNet）的神经网络结构。CNN 的最早应用之一是 LeCun et al.[1989]关于读取手写美国邮政编码的工作。此后不久又出现了其他一些应用，但直到 2012 年公布 ImageNet Challenge 结果（见 Krizhevsky, Sutskever and Hinton[2012]）后，CNN 才被广泛用于图像模式识别。今天，这已成为求解复杂图像识别任务的首选方法。

神经网络文献的数量很多，并且正在迅速发展，因此我们的方法照例放在基础知识方面。本节和接下来的几节将为如何训练神经网络及神经网络训练后如何运行奠定基础。首先简要讨论感知机。尽管这些计算元素本身并不在当前的神经网络结构中使用，但它们执行的运算与人工神经元执行的运算几乎相同，而人工神经元是神经网络的基本计算单元。事实上，如果不讨论感知机，那么对神经网络的介绍就是不完整的。讨论感知机后，将详细推导反向传播的理论基础。推导出基本的反向传播方程后，我们将用矩阵形式重新表述它们，使得神经元的训练和运行简化为多个矩阵相乘的简单级联。

研究几个全连接神经网络的例子后，将采用类似的方法来研究 CNN 的基础，包括它们与全连接神经网络的不同及它们的训练的不同。最后给出使用 CNN 进行图像模式分类的几个例子。

12.5.2 感知机

单个感知机单元学习两个线性可分离模式类之间的线性边界。图 12.22(a)是两个方向上的一个最简单的例子：两个模式类，每个模式类都由单个模式组成。二维情况下的线性边界是公式为 $y = ax + b$ 的一条直线，其中系数 a 是斜率，b 是 y 的截距。注意，$b = 0$ 时，这条直线过原点。因此，参数 b 的作用是在不影响直线的斜率的情况下，将直线从原点移开。因此，这种不与一个坐标相乘的"浮动"系数通常称为偏置[1]、偏置系数或偏置权重。

我们的兴趣是图 12.22 中分隔这两个类的一条直线。这是一条按如下方式定位的直线：来自类 c_1 的模式 (x_1, y_1) 位于直线的一侧，来自类 c_2 的模式 (x_2, y_2) 位于直线的另一侧。直线上的点 (x, y) 的轨迹满足公式 $y - ax - b = 0$。于是可以证明，对于直线一侧的任何点来说，把其坐标代入这个公式会得到一个正值，对于直线另一侧的点来说，会得到一个负值。

一般来说，我们会在更高的维度（> 2）上处理模式，因此需要更通用表示法。n 维情况下的点是向量。一个向量的分量 $x_1, x_2, \cdots, x_n$ 是点的坐标。对于分离这两个类的边界系数，我们使用表示法 $w_1, w_2, \cdots, w_n, w_{n+1}$，其中 w_{n+1} 是偏置。使用这种表示法的一般公式是 $w_1 x_1 + w_2 x_2 + w_3 = 0$〔我们可将这个公式表示为斜截式 $x_2 + (w_1 / w_2) x_1 + w_3 / w_2 = 0$〕。图 12.22(b) 与 (a) 相同，它使用的就是这一表示法。比较两幅图形，我们看到 $y = x_2, x = x_1, a = w_1 / w_2$ 和 $b = w_3 / w_2$。如果 $w_1 x_1 + w_2 x_2 + w_3 > 0$，那么我们说任意点 (x_1, x_2) 位于一条直线的正侧，反之则位于一条直线的负侧。对于三维情况下的点，我们使用的是平面公式 $w_1 x_1 + w_2 x_2 + w_3 x_3 + w_4 = 0$，但会执行完全相同的验证来了解点是在平面的正侧还是在平面的负侧。对于 n 维情况下的一个点，验证将针对一个超平面进行，超平面的方程是

$$w_1 x_1 + w_2 x_2 + \cdots + w_n x_n + w_{n+1} = 0 \tag{12.36}$$

这个方程可用求和式表示为

$$\sum_{i=1}^{n} w_i x_i + w_{n+1} = 0 \tag{12.37}$$

或用向量形式表示为

$$\boldsymbol{w}^{\mathrm{T}} \boldsymbol{x} + w_{n+1} = 0 \tag{12.38}$$

式中，$\boldsymbol{w}$ 和 $\boldsymbol{x}$ 是 n 维列向量，$\boldsymbol{w}^{\mathrm{T}} \boldsymbol{x}$ 是这两个向量的点（内）积。因为内积满足交换律，所以可以用等效形式 $\boldsymbol{x}^{\mathrm{T}} \boldsymbol{w} + w_{n+1} = 0$ 来表示式(12.38)。我们称 $\boldsymbol{w}$ 为一个权向量，如上所示，称 w_{n+1} 是一个偏置。由于偏置总是一个乘以 1 的权重，所以有时我们在引用权向量的偏置和元素时，使用术语权重、系数或参数来避免重复。

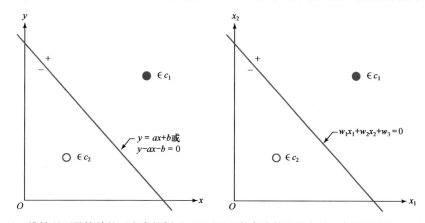

图 12.22　(a)二维情况下最简单的两个类的例子，显示了无数条决策边界中的一条决策边界；(b)与图(a)相同，但决策边界是用更通用的表示法表示的

---

① 有的中文文献中也称偏差。

以一般形式声明类分隔问题时，我们说已知一个向量总体中的任意模式向量 x，我们希望找到一组具有如下性质的权重：

$$w^T x + w_{n+1} = \begin{cases} > 0, & x \in c_1 \\ < 0, & x \in c_2 \end{cases} \tag{12.39}$$

在二维情况下，通过检验来找到分隔两个线性可分离模式类的直线。通过视觉检查三维数据来找到分隔平面更为困难，但这是可行的。$n > 3$ 时，一般不可能通过检验找到分隔超平面，这时需要使用某种算法来求解。感知机就是这样一个算法的一个实现。感知机试图通过迭代地遍历两个类的模式来得到一个解。感知机从任意权向量和偏置开始，如果各个类是线性可分离的，那么可以保证在有限次迭代后收敛。

> 习惯上将 ">" 与类 c_1 关联，将 "<" 与类 c_2 关联，但这种不相等的含义是任意的，但要保持一致。注意，这个公式实现了一个线性决策函数。

> 线性可分离类满足式(12.39)。也就是说，它们是由单个超平面分离的。

感知机算法很简单。令 $\alpha > 0$ 表示一个修正增量（也称学习增量或学习率），令 $w(1)$ 是一个值任意的向量，$w_{n+1}(1)$ 是一个任意常数。然后，对模式向量 $x(k), k = 2, 3, \cdots$，以步长 k 执行如下操作。

1）如果 $x(k) \in c_1$ 和 $w^T(k)x(k) + w_{n+1}(k) \le 0$，那么令

$$w(k+1) = w(k) + \alpha x(k)$$
$$w_{n+1}(k+1) = w_{n+1}(k) + \alpha \tag{12.40}$$

2）如果 $x(k) \in c_2$ 和 $w^T(k)x(k) + w_{n+1} \ge 0$，那么令

$$w(k+1) = w(k) - \alpha x(k)$$
$$w_{n+1}(k+1) = w_{n+1}(k) - \alpha \tag{12.41}$$

3）否则，令

$$w(k+1) = w(k)$$
$$w_{n+1}(k+1) = w_{n+1}(k) \tag{12.42}$$

模式来自类 c_1 且式(12.39)不提供正响应时，使用式(12.40)中的修正。类似地，模式来自类 c_2 且式(12.39)不提供负响应时，使用式(12.41)中的修正。式(12.39)给出正确的响应时，不做变化，如式(12.42)所示。

若在每个模式向量的末尾加一个 1，并在权重向量中包含偏置，则可简化式(12.40)到式(12.42)中的表示法。也就是说，我们定义 $x \triangleq [x_1, x_2, \cdots, x_n, 1]^T$ 和 $w \triangleq [w_1, w_2, \cdots, w_n, w_{n+1}]^T$。于是，式(12.39)变为

$$w^T x = \begin{cases} > 0, & x \in c_1 \\ < 0, & x \in c_2 \end{cases} \tag{12.43}$$

式中，两个向量现在都是 $n + 1$ 维的。在这个公式中，x 和 w 分别称为增广模式和权重向量。于是，式(12.40)到式(12.42)中的算法变成对任何模式向量 $x(k)$，以步长 k 执行如下操作。

1′）如果 $x(k) \in c_1$ 和 $w^T(k)x(k) \le 0$，那么令

$$w(k+1) = w(k) + \alpha x(k) \tag{12.44}$$

2′）如果 $x(k) \in c_2$ 和 $w^T(k)x(k) \ge 0$，那么令

$$w(k+1) = w(k) - \alpha x(k) \tag{12.45}$$

3′）否则，令

$$w(k+1) = w(k) \tag{12.46}$$

式中，起始权重向量 $w(1)$ 是任意的，并且如上所述，α 是一个正常数。由式(12.40)至式(12.42)或式(12.44)至式(12.46)实现的过程称为感知机训练算法。感知机收敛定理，如果两个模式类是线性可分离的（见习题 12.15），那么在有限数量的步骤内，这个算法保证收敛于一个解（分隔超平面）。式(12.44)至式(12.46)通常是实现感知机训练算法的基础，我们将在本节的以下几段中使用它。然而，式(12.40)至

式(12.42)中单独显示偏置的表示法在神经网络中更常见，因此我们同样需要熟悉它。

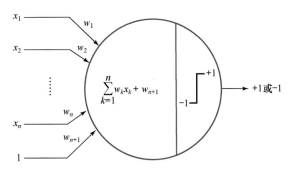

图 12.23 显示了感知机的示意
注意，感知机模型实现式(12.39)，它的形式是一个决策函数。

图。如看到的那样，这台简单"机器"的功能是使用训练过程中找到的权重和偏置，形成一个输入模式的乘积之和。这一运算的输出是一个标量值，这个标量值然后通过一个激活函数，产生这个单元的输出。对于感知机来说，激活函数是一个阈值处理函数（讨论神经网络时，我们将考虑其他形式的激活）。如果阈值处理后的输出为+1，那么我们说这个模式属于类 c_1；如果阈值处理后的输入为-1，那

图 12.23　感知机示意图，显示了它执行的操作

么我们说这个模式属于类 c_2。值 1 和 0 有时用于表示两个可能的输出状态。

例 12.7　使用感知机算法学习决策边界。

下面通过求解图 12.22 中的小问题来说明感知机学习一个线性边界的系数的步骤。为简化手工计算，令到原点最远的模式向量为 $\boldsymbol{x} = [3\ \ 3\ \ 1]^T$，另一个模式向量是 $\boldsymbol{x} = [1\ \ 1\ \ 1]^T$，这里通过在向量末尾加一个 1 扩展了向量。为了匹配这幅图形，令这两个模式分别属于类 c_1 和类 c_2。此外，假设各个模式是以训练时的顺序"循环"通过感知机的（通过所有训练模式的一次完整迭代，称为一个训练代）。首先，令 $\alpha = 1$ 和 $\boldsymbol{w}(1) = \boldsymbol{0} = [0\ \ 0\ \ 0]^T$；于是，对于 $k = 1$，有 $\boldsymbol{x}(1) = [3\ \ 3\ \ 1]^T \in c_1$ 和 $\boldsymbol{w}(1) = [0\ \ 0\ \ 0]^T$。它们的内积是零，

$$\boldsymbol{w}^T(1)\boldsymbol{x}(1) = \begin{bmatrix} 0 & 0 & 0 \end{bmatrix} \begin{bmatrix} 3 \\ 3 \\ 1 \end{bmatrix} = 0$$

因此，第二种训练算法的步骤1′适用：

$$\boldsymbol{w}(2) = \boldsymbol{w}(1) + \alpha\boldsymbol{x}(1) = \begin{bmatrix} 0 \\ 0 \\ 0 \end{bmatrix} + (1)\begin{bmatrix} 3 \\ 3 \\ 1 \end{bmatrix} = \begin{bmatrix} 3 \\ 3 \\ 1 \end{bmatrix}$$

对于 $k = 2$，有 $\boldsymbol{x}(2) = [1\ \ 1\ \ 1]^T \in c_2$ 和 $\boldsymbol{w}(2) = [3\ \ 3\ \ 1]^T$。它们的内积是

$$\boldsymbol{w}^T(2)\boldsymbol{x}(2) = \begin{bmatrix} 3 & 3 & 1 \end{bmatrix} \begin{bmatrix} 1 \\ 1 \\ 1 \end{bmatrix} = 7$$

当结果应该为负时，结果为正，因此步骤2′适用：

$$\boldsymbol{w}(3) = \boldsymbol{w}(2) - \alpha\boldsymbol{x}(2) = \begin{bmatrix} 3 \\ 3 \\ 1 \end{bmatrix} - (1)\begin{bmatrix} 1 \\ 1 \\ 1 \end{bmatrix} = \begin{bmatrix} 2 \\ 2 \\ 0 \end{bmatrix}$$

我们已完成一代完整的训练，且至少有一次修正，所以我们再次循环通过训练集。

对于 $k = 3$，有 $\boldsymbol{x}(3) = [3\ \ 3\ \ 1]^T \in c_1$ 和 $\boldsymbol{w}(3) = [2\ \ 2\ \ 0]^T$，它们的内积为正（12）且应为正，因为 $\boldsymbol{x}(3) \in c_1$。因此，步骤3′适用且权重向量不变：

$$\boldsymbol{w}(4) = \boldsymbol{w}(3) = \begin{bmatrix} 2 \\ 2 \\ 0 \end{bmatrix}$$

对于 $k=4$，有 $\boldsymbol{x}(4)=[1\ \ 1\ \ 1]^{\mathrm{T}}\in c_2$ 和 $\boldsymbol{w}(4)=[2\ \ 2\ \ 0]^{\mathrm{T}}$。它们的内积为正（4），而应为负，所以步骤 2′ 适用：

$$w(5)=w(4)-\alpha x(4)=\begin{bmatrix}2\\2\\0\end{bmatrix}-(1)\begin{bmatrix}1\\1\\1\end{bmatrix}=\begin{bmatrix}1\\1\\-1\end{bmatrix}$$

至少进行了一次修正，所以我们再次循环通过训练模式。对于 $k=5$ 时，有 $\boldsymbol{x}(5)=[3\ \ 3\ \ 1]^{\mathrm{T}}\in c_1$，使用 $\boldsymbol{w}(5)$ 计算它们的内积，得到 5。这个结果为正，且它应为正，所以步骤 3′ 适用并令 $\boldsymbol{w}(6)=\boldsymbol{w}(5)=[1\ \ 1\ \ -1]^{\mathrm{T}}$。按照刚才讨论的这个过程，可以证明（见习题 12.13）算法收敛到解权重向量

$$w=w(12)=\begin{bmatrix}1\\1\\-3\end{bmatrix}$$

它给出决策边界

$$x_1+x_2-3=0$$

图 12.24(a)显示了由这个公式定义的边界。如看到的那样，它清楚地分隔了两个类的模式。根据前一节中使用的术语，感知机学习到的决策面是 $d(\boldsymbol{x})=d(x_1,x_2)=x_1+x_2-3$，这是一个平面。和前面一样，决策边界是满足 $d(\boldsymbol{x})=d(x_1,x_2)=0$ 点的轨迹，它是一条直线。另一种可视化这个边界的方法是，它是决策面（平面）与 x_1x_2 平面的交集，如图 12.24(b)所示。满足 $d(x_1,x_2)>0$ 的所有点 (x_1,x_2) 都在边界的正侧，而满足 $d(x_1,x_2)<0$ 的所有点 (x_1,x_2) 都在边界的负侧。

a b

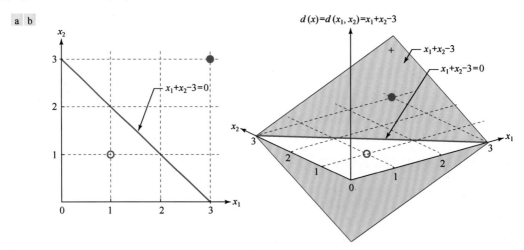

图 12.24　(a)感知机算法学习到的决策边界段；(b)部分决策面。决策边界是决策面与 x_1x_2 平面的交集　　■

例 12.8　使用感知机对两组鸢尾花的测量数据进行分类。

图 12.10 在两个方向上显示了简化后的一组鸢尾花数据库，并提到唯一可与其他类分离的类是山鸢尾花类。作为感知机的另一个说明，下面找到山鸢尾花类和变色鸢尾花类之间的全部决策边界。如我们在讨论图 12.10 时提到的那样，这些是四维数据集。令 $\alpha=0.5$，并从等于 0 的所有参数开始，感知机只经过 4 个训练代的训练就收敛到解权重向量 $w=[0.65,2.05,-2.60,-1.10,0.50]^{\mathrm{T}}$，其中最后一个元素是 w_{n+1}。　　■

在实际工作中，线性可分离模式类非常罕见，20 世纪 60 年代和 70 年代的大量研究工作为处理不可分离的模式类开发了许多技术。随着近期神经网络的进展，其中的许多技术因变得过时而成为历史，

因此这里并不详细讨论它们，但这里要简单地提及一种方法，因为它与下节中关于神经网络的讨论有关。这种方法使任何训练步骤中实际响应和期望响应之间的误差最小。

令 r 表示训练过程中我们希望感知机对任何模式的响应。感知机的输出要么是 1，要么是-1，所以它们是 r 具有的两个可能值。我们希望求出增广权重向量 $\boldsymbol{w}$，它会使得感知机的期望响应和实际响应之间的均方误差（MSE）最小。这个函数应该是可微的，并且只有一个唯一的最小值。为这一目的选择的函数是如下的二次函数：

> 1/2 用于抵消取该式的导数时得到的 2。还要记住 $\boldsymbol{w}^{\mathrm{T}}\boldsymbol{x}$ 是一个标量。

$$E(\boldsymbol{w}) = \frac{1}{2}\left(r - \boldsymbol{w}^{\mathrm{T}}\boldsymbol{x}\right)^2 \tag{12.47}$$

式中，E 是误差测度，$\boldsymbol{w}$ 是待求的权重向量，$\boldsymbol{x}$ 是来自训练集的任何模式，r 是这个模式的响应。$\boldsymbol{w}$ 和 $\boldsymbol{x}$ 都是增广向量。

我们使用迭代梯度下降算法来求 $E(\boldsymbol{w})$ 的最小值，这一算法的形式为

$$\boldsymbol{w}(k+1) = \boldsymbol{w}(k) - \alpha\left[\frac{\partial E(\boldsymbol{w})}{\partial \boldsymbol{w}}\right]_{\boldsymbol{w}=\boldsymbol{w}(k)} \tag{12.48}$$

式中，起始权重向量是任意的，且 $\alpha > 0$。

> 注意，这个公式的右边是 $E(\boldsymbol{w})$ 的梯度。

图 12.25(a)显示了 E 与（w 和 x 的）标量值 w 和 x 的关系曲线。我们希望逐步移动 w 使得 $E(w)$ 逼近最小值，这意味着 E 应停止变化或等效地有 $\partial E(w)/\partial w = 0$。式(12.48)完全就是这样做的。$\partial E(w)/\partial w > 0$ 时，从 $w(k)$ 中减去这个量的一部分（由学习增量 α 的值决定），创建一个更新后的权重值 $w(k+1)$。$\partial E(w)/\partial w < 0$ 时，情况与之相反。$\partial E(w)/\partial w = 0$ 时，权重不变，这意味着我们已经到达一个最小值，即我们正在求的解。α 的值决定权重值修正的相对大小。如图 12.25(a)说明的那样，α 太小时，步长的变化相应较小，权重缓慢地移向收敛方向。α 太大时，最小值的两侧会出现较大的振荡，有时甚至会变得不稳定，如图 12.25(b)所示。不存在选择 α 的常用规则。然而，一种合乎逻辑的方法是从较小的 α 开始，然后试验性地增大 α 来确定其对某组训练模式的影响。图 12.25(c)显示了两个变量的误差函数的形状。

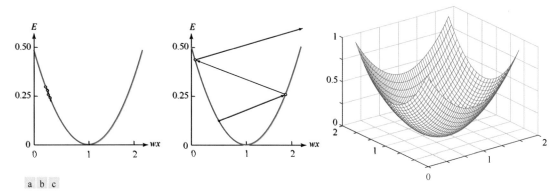

a b c

图 12.25　$r = 1$ 时 E 与 wx 的关系曲线：(a) α 值太小会降低收敛速度；(b) α 值太大可能会导致较大的振荡或发散；(c)二维情况下误差函数的形状

由于误差函数是以解析方式给出的，并且是可微的，所以我们能用一种无须在每步中显式地计算梯度的方式来表示式(12.48)。$E(\boldsymbol{w})$ 相对于 $\boldsymbol{w}$ 的偏导数是

$$\frac{\partial E(\boldsymbol{w})}{\partial \boldsymbol{w}} = -(r - \boldsymbol{w}^{\mathrm{T}}\boldsymbol{x})\boldsymbol{x} \tag{12.49}$$

将上式代入式(12.48)得

$$w(k+1) = w(k) + \alpha \left[r(k) - w^{\mathrm{T}}(k)x(k) \right] x(k) \tag{12.50}$$

它是由已知项或易于计算的项表示的。$w(1)$照例是任意的。

　　Widrow and Stearns[1985]已经证明，式(12.50)中算法收敛的必要但非充分条件是，α 的值域是 $0 < \alpha < 2$。α 的典型值域是 $0.1 < \alpha < 1.0$。尽管这里未给出证明，但这个算法会收敛到一个使训练集的整个均方误差最小的解。因此，这个算法通常称为最小均方误差（LMSE）算法。在实际应用中，当误差小于规定的阈值时，我们说这个算法已收敛。收敛时的解可能不是完全分割两个线性可分离类的超平面。也就是说，均方误差并不是感知机训练理论意义上的解。这种不确定性就是使用收敛性独立于模式类的线性可分离性的算法的代价。

> **例 12.9　使用 LMSE 算法。**
>
> 　　使用例 12.8 中相同的可分离鸢尾花数据来比较 LMSE 算法的性能是有意义的。图 12.26(a)是误差 [见式(12.47)]与训练代数量的关系曲线，共 50 个训练代，并使用式(12.50)（ $\alpha = 0.001$ ）得到权重（从 $w(1) = 0$ 开始）。每个训练代的训练包括：顺序更新权重，一次一个模式，并为每个权重和对应模式计算式(12.47)。在每个训练代的末尾，将误差相加并除以 100（模式的总数），得到均方误差（MSE），即图 12.26(a)所示曲线上的一个点。曲线首先开始上升，然后迅速下降，经过 20 个训练代的训练后，误差不再有明显的差异。例如，第 50 个训练代的训练结束时，误差为 0.02，而 1000 个训练代的训练结束时，误差是 0.0192。进一步降低 α 值可以得到更小的误差值，但会以降低误差的衰减速度为代价，如图 12.25 所示。记住，MSE 与正确的识别率并不直接成正比。

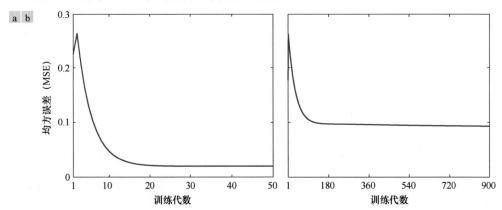

图 12.26　(a)MSE 与线性可分离鸢尾花类（花瓣和花萼）的关系曲线；(b)MSE 与线性不可分离鸢尾花类的关系曲线（变色鸢尾花和弗吉尼亚鸢尾花）

　　50 个训练代的训练结束时，权重向量为 $w = [0.098\ 0.357 - 0.548 - 0.255\ 0.075]^{\mathrm{T}}$。使用这个向量将所有模式正确地分类到各自的两个代表类。也就是说，尽管 MSE 未变成零，但得到的权重向量能够正确地分类所有的模式。记住，LMSE 算法并不总能 100%地正确识别线性可分离类。

　　如前所述，只有山鸢尾花样本与其他样本是线性可分离的，但变色鸢尾花和弗吉尼亚鸢尾花的样本不是线性可分离的。对于这些数据时，感知机算法不会收敛，但 LMSE 算法会收敛。图 12.26(b)是 MSE 与两个数据集的训练代数量的关系曲线，它是用图 12.26(a)中相同的 $w(1)$ 和 α 值得到的。这次 MSE 需要 900 个训练代的训练才稳定为 0.09，训练代的数量要比此前多得多。得到的权重向量是 $w = [0.534\ 0.584 - 0.878 - 1.028\ 0.651]^{\mathrm{T}}$。使用这个向量在 100 个模式中导致了 7 个错误的分类，识别率为 93%。　■

用于显示单个线性决策边界（和单个感知机单元）局限性的一个经典例子是异或（XOR）分类问题。图 12.27(a)中的表显示了针对两个变量的异或（XOR）运算符的定义。如看到的那样，当变量之一（但不是两者都）为真时，XOR 运算产生一个逻辑真值（1）；否则，运算结果为假（0）。XOR 两类模式分类问题是通过令每对值 A 和 B 都是二维空间中的一个点，并令真（1）XOR 值定义一个类，假（0）值定义另一个类来建立的。在这种情况下，我们将类 c_1 标记赋予模式$\{(0, 0), (1, 1)\}$，将类 c_2 标记赋予模式$\{(1, 0), (0, 1)\}$。能够求解异或问题的一个分类器必须在出现来自类 c_1 的输入模式时，用一个值（如 1）来响应，而在出现来自类 c_2 的输入模式时，用一个不同的值（如 0 或-1）来响应。观察图 12.27(b)会发现，单个线性决策边界（一条直线）无法正确地分开两个类。这意味着我们用单个感知机无法解决这个问题。最简单的线性边界由两条直线组成，如图 12.27(b)所示。求解这个问题的一个更复杂的非线性边界是一个二次函数，如图 12.27(c)所示。

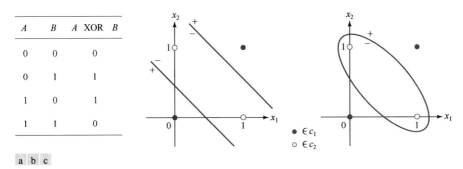

图 12.27　二维情况下的异或（XOR）分类问题：(a)异或（XOR）运算符的真值表定义；(b)将异或（XOR）真值（1）赋予一个模式类、将假值（0）赋予另一个模式类形成的二维模式类。两个类之间最简单的决策边界由两条直线组成；(c)分隔两个类的非线性（二次）边界

这时，我们不禁要问多个感知机能够解决异或问题吗？如果能，那么所需的最小单元数量是多少？我们知道单个感知机可以实现一条直线，而我们需要实现两条直线，因此显而易见的答案是：第一个问题的答案是能，第二个问题的答案是要有两个单元。图 12.28(a)显示了两个变量的解，它共需要 6 个系数，因为我们需要两条直线。解系数如下：对于来自类 c_1 的两个模式之一，一个输出是真（1），另一个输出是假（0）。对于来自类 c_2 的两个模式之一，情况刚好相反。这个解要求我们分析两个输出。如果我们想要实现真值表，即单个输出应给出与 XOR 函数相同的响应［图 12.27(a)中的第三列］，那么需要一个额外的感知机。图 12.28(b)显示了这个解的体系结构。这里，第一层中的一个感知机将来自一个类的任何输入模式映射为一个 1，而另一个感知机将来自另一个类的输入模式映射为一个 0。这就把 4 个可能的输入减少为 2 个输出，因此是一个两点问题。由图 12.24 可知，单个感知机就可求解这个问题。因此，我们需要 3 个感知机来实现异或（XOR）表，如图 12.28(b)所示。

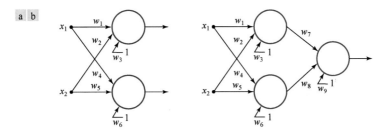

图 12.28　(a)二维情况下异或问题的最小感知机解；(b)实现图 12.27(a)中异或真值表的一个解

通过检查，我们就可求出实现图 12.28 中的任何一个解所需的系数。然而，这里不详细讨论这个问题，而是在下一节中详细介绍一个更一般的分层结构，XOR 解只是这个结构的一个特例。

12.5.3　多层前馈神经网络

本节首先讨论多层神经网络的结构和操作，推导用于训练多层神经网络的反向传播方程，然后给出说明神经网络性能的几个例子。

1. 人工神经元模型

神经网络是互连的类感知机计算元素，这些计算元素称为人工神经。神经元执行的计算与感知机的相同，但不同之处是后者处理计算结果的方式。如图 12.23 所示，感知机使用一个"硬"阈值处理函数（它输出两个值，如+1 和-1）来执行分类。假设在感知机网络中，在对感知机之一进行阈值处理之前，输出是一个大于零且无限小的值。阈值处理后，这个非常小的信号将变成+1。然而，符号相反的类似小信号会导致信号在 1 到-1 之间大幅波动。神经网络是由各层计算单元构成的，其中一个单元的输出会影响后续所有单元的特性。感知机对小信号符号的敏感性会在这些单元的互连系统中导致严重的稳定性问题，使得感知机不适合于分层的结构。

解决方法是将激活函数的特性从一个硬限制器变为一个平滑函数。图 12.29 中显示了使用如下激活函数的一个例子：

$$h(z) = \frac{1}{1 + e^{-z}} \tag{12.51}$$

式中，z 是神经元执行计算后的结果，如图 12.29 所示。除使用更复杂的表示法及使用平滑函数而非一个硬阈值外，这个模型执行积之和运算，这一运算与针对感知机的式(12.36)中的运算相同。注意，偏置项是用 b 而非 w_{n+1} 表示的，就像我们对感知机所做的那样。人们习惯于在神经网络中使用不同的表示法（通常是 b）来表示偏置项，因此我们也遵循这一约定。图 12.29 中所用的复杂表示法（后面很快会介绍）是必要的，因为我们将处理每层都有几个神经元的多层排列。我们使用符号"ℓ"来表示层。

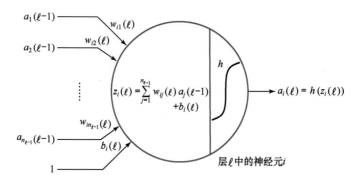

图 12.29　人工神经元模型，显示了它执行的所有运算。"ℓ"表示分层网络中的某个特定层

比较图 12.29 和图 12.23 可以看出，我们用变量 z 来表示神经元计算的积之和。单元的输出 a 是将 z 通过 h 得到的。我们称 h 为激活函数，并称其输出 $a = h(z)$ 为单元的激活值。注意，在图 12.29 中，神经元的输入是来自前一层中的神经元的激活值。图 12.30(a)显示了根据式(12.51)得到的 $h(z)$ 的曲线。由于这个函数具有 sigmoid（S 形）函数的形状，因此图 12.29 中的单元有时被称为人工 sigmoid 神经元，或简称为 sigmoid 神经元。它的导数有一个非常好的形式，可用 $h(z)$ 表示［见习题 12.16(a)］：

$$h'(z) = \frac{\partial h(z)}{\partial z} = h(z)\big[1 - h(z)\big] \tag{12.52}$$

图 12.30(b)和(c)显示了 $h(z)$ 的另外两种常用形式。双曲正切函数也具有 S 形函数的形状，但它相对于两个轴是对称的。这一性质有助于我们提高稍后讨论的反向传播算法的收敛性。图 12.30(c)中的函数称为整流函数，使用整流函数的单元称为线性整流单元（ ReLU ）。我们通常看到这个函数本身称为 ReLU 激活函数。实验结果表明，这个函数在深层神经网络中的性能优于其他两个函数。

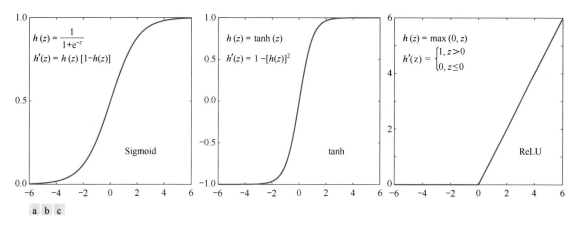

图 12.30　各个激活函数：(a)Sigmoid（ S 形 ）函数；(b)双曲正切函数（也有 S 形状，但在两个方向上的中心位置都是 0 ）；(c)线性整流单元（ReLU ）

2. 互连神经元形成全连接神经网络

图 12.31 是一个多层神经网络的通用框图。网络中的一层是网络中一列的一组节点（神经元）。如图 12.31 中放大的节点所示，网络中的所有节点都是图 12.29 所示形式的人工神经元，但输入层除外，输入层的节点是输入模式向量 x 的各个分量。因此，第一层的输出（激活值）是 x 的各个元素的值。所有其他节点的输出都是某个特定层中的神经元的激活值。网络中的每层可以有不同数量的节点，但每个节点只有一个输出。图 12.31 中神经元输出位置所示的多条线表明，每个节点的输出连接到了下一层中所有节点的输入，形成了一个全连接网络。我们还要求网络中不能出现环路。这种网络被称为前馈网络。全连接前馈神经网络是本节中讨论的唯一网络类型。

我们明显知道第一层中各个节点的值，并且可以观察输出神经元的值。所有的其他神经元都是隐藏神经元，包含隐藏神经元的层称为隐藏层或隐含层。一般来说，我们将含有单个隐藏层的神经网络称为浅层神经网络，将含有两个或多个隐藏层的神经网络称为深层神经网络。然而，这个术语并不通用，有时我们会用"浅"和"深"来主观地表示"少"层网络和"多"层网络。

我们使用式(12.37)中的表示法来标记感知机的所有输入和权重。在神经网络中，这种表示法更复杂，因为我们必须解释一层内和不同层之间的

> 记住，偏置是一个总是乘以 1 的权重。

神经元权重、输入和输出。我们暂时忽略层的表示法，而用 w_{ij} 表示与连接神经元 j 的输出和神经元 i 的输入相连接的权重。也就是说，第一个下标代表接收信号的神经元，第二个下标代表发送信号的神经元。因为 i 的字母顺序在 j 之前，因此让 i 发送而让 j 接收似乎更有意义。我们使用所述表示法的原因是，避免在描述信号通过网络传播的公式中出现矩阵转置。这种表示法是一个惯例，但它令人困惑，因此要特别注意保持表示法的一致性。

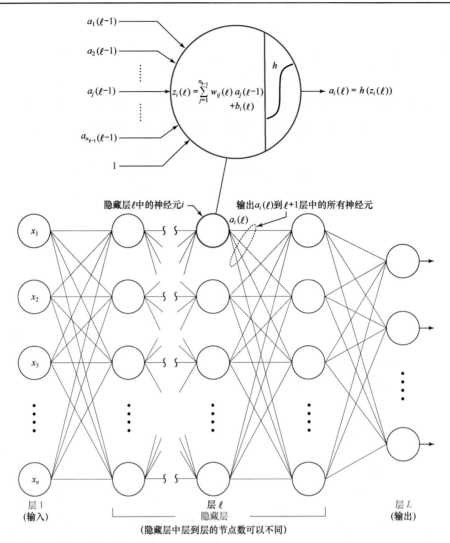

图 12.31 前馈全连通神经网络的通用模型。神经元与图 12.29 中的相同。注意每个神经元的输出到达下一层中所有神经元的输入的方式，因此将这类结构称为全连接网络

因为偏置只取决于包含它的神经元，因此把一个偏置与一个神经元相联系的单个下标就已足够。例如，我们使用 b_i 表示网络的某一层中与第 i 个神经元相关联的偏置。我们使用 b 而非 w_{n+1}（就像对感知机所做的那样）的原因是，遵循神经网络中所用符号的约定。权重、偏置和激活函数完全定义了一个神经网络。虽然神经网络中任何一个神经元的激活函数可能都与其他神经元的不同，但没有令人信服的证据表明这样做有何好处。在随后的所有讨论中，我们假设所有神经元都使用相同形式的激活函数。

设 ℓ 表示网络中的一层，$\ell = 1, 2, \cdots, L$。参考图 12.31 可知，$\ell = 1$ 表示输入层，$\ell = L$ 表示输出层，而 ℓ 的所有其他值表示隐藏层[①]。层 ℓ 中神经元的数量表示为 n_ℓ。在神经网络的参数中，包含层索引的方式有两种：可以将层索引作为上标，如 w_{ij}^ℓ 和 b_i^ℓ；也可以使用表示法 $w_{ij}(\ell)$ 和 $b_i(\ell)$。第一种方式常在关于神经网络的文献中使用。我们采用第二种方式，不仅因为它与书中描述迭代表达式的方式更一

---

① 有的中文文献中也称隐含层。

致，而且因为更容易理解。使用这种表示法时，层 ℓ 中神经元 k 的输出（激活值）表示为 $a_k(\ell)$。

记住，我们使用神经网络的目的和使用感知机的目的是一样的：确定未知输入模式的类成员。使用神经网络执行模式分类时，最常用的方法是为每个输出神经元赋予一个类标记。因此，有 n_L 个输出的神经网络可将一个未知模式分为 n_L 个类之一。如果输出神经元 k 有最大的激活值，那么网络将一个未知模式向量 $\boldsymbol{x}$ 赋予类 c_k；也就是说，$a_k(L) > a_j(L), j = 1, 2, \cdots, n_L; j \neq k$。[①]

在本节和下一节中，神经网络的输出的数量总是等于类的数量。但这不是一个要求。例如，一个用于分类两个模式类的网络，可用单个输出来构建（习题 12.17 说明了这种情况），因为这个任务需要的只是两个状态，而单个神经元就能够做到这一点。对于 3 个类和 4 个类，分别需要 3 个和 4 个状态，因此可用两个输出神经元来实现。当然，这种方法的问题是，需要额外的逻辑来解读输出组合。更实用的是，每个输出都有一个神经元，并由输出值最高的神经元决定输入的类。

12.5.4　正向传播前馈神经网络

正向传播神经网络将输入层（$\boldsymbol{x}$ 的值）映射到输出层。输出层中的值用于确定一个输入向量的类。本节给出的公式将解释前馈神经网络如何执行得到其输出的计算。在本节的讨论中，假设网络参数（权重和偏置）是已知的。本节的重要结果会在讨论结束时小结于表 12.2 中，这些内容对于下一节介绍神经网络的训练非常重要。

1. 正向传播方程

第 1 层的输出是输入向量 $\boldsymbol{x}$ 的各个分量：

$$a_j(1) = x_j, j = 1, 2, \cdots, n_1 \tag{12.53}$$

式中，$n_1 = n$ 是 $\boldsymbol{x}$ 的维数。如图 12.29 和图 12.31 所说明的那样，神经元 i 在层 ℓ 执行的计算为

$$z_i(\ell) = \sum_{j=1}^{n_{\ell-1}} w_{ij}(\ell) a_j(\ell-1) + b_j(\ell) \tag{12.54}$$

式中，$i = 1, 2, \cdots, n_\ell$，$\ell = 2, \cdots, L$。量 $z_i(\ell)$ 称为层 ℓ 中神经元 i 的净（或总）输入，有时也表示为 net_i。使用这一术语的原因是，$z_i(\ell)$ 是由来自层 $\ell - 1$ 的所有输出形成的。层 ℓ 中神经元 i 的输出（激活值）是

$$a_i(\ell) = h(z_i(\ell)), \quad i = 1, 2, \cdots, n_\ell \tag{12.55}$$

式中，h 是一个激活函数。网络输出节点 i 的值为

$$a_i(L) = h\big(z_i(L)\big), \quad i = 1, 2, \cdots, n_L \tag{12.56}$$

式(12.53)到式(12.56)描述了将一个全连接前馈网络的输入映射到其输出所需的全部操作。

> **例 12.10　正向传播全连接神经网络的说明。**

考虑一个简单的数值例子是有帮助的。图 12.32 显示了一个三层神经网络，它由输入层、隐藏层和输出层组成。网络接收三个输入，并有两个输出。因此，这个网络能够将三维模式分为两个类之一。

一个节点的每个输入箭头上方的数字，是该节点与来自前一层中的节点的输出相关联的权重。类似地，每个节点输出中所示的数字是该节点的激活值 a。如前所述，每个节点只有一个输出值，但它会发送到下一层中的每个节点的输入。与 1 相关联的输入是偏置值。

[①] 在最终的输出层中，有时会使用 softmax 函数而不使用 sigmoid 函数或类似的函数。原理与前面解释的相同，但 softmax 实现中的激活值是 $a_k(L) = \exp[z_k(L)] / \sum_k \exp[z_k(L)]$，其中求和是对所有输出进行的。在这个公式中，所有激活之和为 1，因此为输出给出了概率解释。

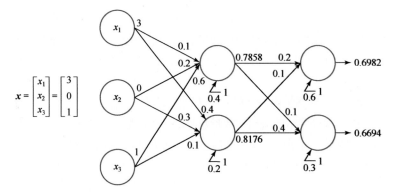

图 12.32　标记了权重、偏置和输出的一个小全连接前馈网络。激活函数为 sigmoid 函数

下面来看在每个节点处执行的计算，从层 2 中的第一个（顶部）节点开始。我们使用式(12.54)来计算该节点的净输入 $z_1(2)$：

$$z_1(2) = \sum_{j=1}^{3} w_{1j}(2)a_j(1) + b_1(2) = 0.1 \times 3 + 0.2 \times 0 + 0.6 \times 1 + 0.4 = 1.3$$

使用式(12.51)和式(12.55)得到这个节点的输出：

$$a_1(2) = h(z_1(2)) = \frac{1}{1 + e^{-1.3}} = 0.7858$$

采用类似的计算方式，得到层 2 中第二个节点的输出值：

$$z_2(2) = \sum_{j=1}^{3} w_{2j}(2)a_j(1) + b_2(2) = 0.4 \times 3 + 0.3 \times 0 + 0.1 \times 1 + 0.2 = 1.5$$

$$a_2(2) = h(z_2(2)) = \frac{1}{1 + e^{-1.5}} = 0.8176$$

使用层 2 中各个节点的输出，得到层 3 中各个神经元的净值：

$$z_1(3) = \sum_{j=1}^{2} w_{1j}(3)a_j(2) + b_1(3) = 0.2 \times 0.7858 + 0.1 \times 0.8176 + 0.6 = 0.8389$$

这个神经元的输出是

$$a_1(3) = h(z_1(3)) = \frac{1}{1 + e^{-0.8389}} = 0.6982$$

类似地，有

$$z_2(3) = \sum_{j=1}^{2} w_{2j}(3)a_j(2) + b_2(3) = 0.1 \times 0.7858 + 0.4 \times 0.8176 + 0.3 = 0.7056$$

$$a_2(3) = h(z_2(2)) = \frac{1}{1 + e^{-0.7056}} = 0.6694$$

若正用这个网络对输入进行分类，则可以说模式 x 属于类 c_1，因为此时有 $a_1(L) > a_2(L)$，其中 $L = 3$ 和 $n_L = 2$。　■

2. 矩阵公式

上例的细节表明，在通过一个神经网络的过程中，会涉及大量单独的计算。如果编写一个计算机程序来自动执行刚才讨论过的步骤，那么我们会发现代码的效率很低，因此都要求循环计算，而这需要大量的节点和层索引。使用矩阵运算可以开发出更简捷（计算速度更快）的实现。这意味着要把式(12.53)至式(12.55)重写如下。

首先，注意到层 1 的输出数量总与一个输入模式 $\boldsymbol{x}$ 的维数相同，因此其矩阵（向量）形式很简单：

$$\boldsymbol{a}(1) = \boldsymbol{x} \tag{12.57}$$

接下来，我们来看式(12.54)。我们知道，求和项只是两个向量的内积［见式(12.37)和式(12.38)］。然而，通过层 1 后，必须为每层中的所有节点计算这个公式。这意味着如果要逐个节点地执行计算，那么就需要一个循环。解决方案是形成一个矩阵 $\boldsymbol{W}(\ell)$ ，它包含层 ℓ 中的所有权重。这个矩阵的结构很简单——矩阵的每行都包含层 ℓ 中的一个节点的权重：

> 参考前面关于下标 i 和 j 的顺序的讨论，如果令 i 为发送节点， j 为接收节点，那么就要转置该矩阵。

$$\boldsymbol{W}(\ell) = \begin{bmatrix} w_{11}(\ell) & w_{12}(\ell) & \cdots & w_{1n_{\ell-1}}(\ell) \\ w_{21}(\ell) & w_{22}(\ell) & \cdots & w_{2n_{\ell-1}}(\ell) \\ \vdots & \vdots & \ddots & \vdots \\ w_{n_{\ell}1}(\ell) & w_{n_{\ell}2}(\ell) & \cdots & w_{n_{\ell}n_{\ell-1}}(\ell) \end{bmatrix} \tag{12.58}$$

然后，对层 ℓ 可以同时得到所有的积之和计算 $z_i(\ell)$ ：

$$\boldsymbol{z}(\ell) = \boldsymbol{W}(\ell)\boldsymbol{a}(\ell-1) + \boldsymbol{b}(\ell), \quad \ell = 2, 3, \cdots, L \tag{12.59}$$

式中， $\boldsymbol{a}(\ell-1)$ 是 $n_{\ell-1} \times 1$ 维列向量，它包含层 $\ell-1$ 的输出， $\boldsymbol{b}(\ell)$ 是 $n_{\ell} \times 1$ 维列向量，它包含层 ℓ 的所有神经元的偏置值， $\boldsymbol{z}(\ell)$ 是 $n_{\ell} \times 1$ 维列向量，它包含层 ℓ 中所有节点的净输入值 $z_i(\ell), i = 1, 2, \cdots, n_{\ell}$ 。很容易验证式(12.59)在维度上是正确的。

由于激活函数是单独应用到每个净输入的，因此网络在任何一层的输出都可用向量形式表示为

$$\boldsymbol{a}(\ell) = h\big[\boldsymbol{z}(\ell)\big] = \begin{bmatrix} h(z_1(\ell)) \\ h(z_2(\ell)) \\ \vdots \\ h(z_{n_{\ell}}(\ell)) \end{bmatrix} \tag{12.60}$$

实现式(12.57)到式(12.60)只需要一系列矩阵运算，而不需要循环。

例 12.11 使用矩阵运算重做例 12.10。

图 12.33 是与图 12.32 相同的神经网络，但其所有参数都以矩阵形式显示。如看到的那样，图 12.33 中的表示更紧凑。我们从下式开始：

$$\boldsymbol{a}(1) = \begin{bmatrix} 3 \\ 0 \\ 1 \end{bmatrix}$$

可以证明

$$\boldsymbol{z}(2) = \boldsymbol{W}(2)\boldsymbol{a}(1) + \boldsymbol{b}(2) = \begin{bmatrix} 0.1 & 0.2 & 0.6 \\ 0.4 & 0.3 & 0.1 \end{bmatrix} \begin{bmatrix} 3 \\ 0 \\ 1 \end{bmatrix} + \begin{bmatrix} 0.4 \\ 0.2 \end{bmatrix} = \begin{bmatrix} 1.3 \\ 1.5 \end{bmatrix}$$

于是有

$$\boldsymbol{a}(2) = h\big[\boldsymbol{z}(2)\big] = \begin{bmatrix} h(z_1(2)) \\ h(z_2(2)) \end{bmatrix} = \begin{bmatrix} h(1.3) \\ h(1.5) \end{bmatrix} = \begin{bmatrix} 0.7858 \\ 0.8176 \end{bmatrix}$$

用 $\boldsymbol{a}(2)$ 作为下一层的输入，得到

$$\boldsymbol{z}(3) = \boldsymbol{W}(3)\boldsymbol{a}(2) + \boldsymbol{b}(3) = \begin{bmatrix} 0.2 & 0.1 \\ 0.1 & 0.4 \end{bmatrix} \begin{bmatrix} 0.7858 \\ 0.8176 \end{bmatrix} + \begin{bmatrix} 0.6 \\ 0.3 \end{bmatrix} = \begin{bmatrix} 0.8389 \\ 0.7056 \end{bmatrix}$$

照例有

$$a(3) = h[z(3)] = \begin{bmatrix} h(z_1(3)) \\ h(z_2(3)) \end{bmatrix} = \begin{bmatrix} h(0.8389) \\ h(0.7056) \end{bmatrix} = \begin{bmatrix} 0.6982 \\ 0.6694 \end{bmatrix}$$

与例 12.10 中所用的索引表示法相比，矩阵公式明显要清晰一些。

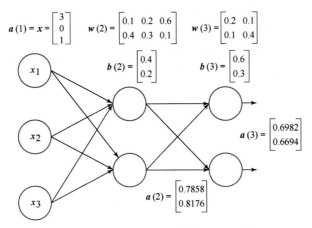

图 12.33　与图 12.32 相同，但使用了矩阵标记 ■

式(12.57)到式(12.60)是对逐节点计算的明显改进，但它们只适用于一个模式。要对多模式向量分类，就要对每个模式使用循环，并在每个循环迭代中使用相同的矩阵公式。我们想要的是一组矩阵公式，这组公式能够处理单次正向传播中的所有模式。将式(12.57)到式(12.60)扩展为更一般的公式很简单。首先将所有输入模式向量排列为一个矩阵 X，这个矩阵是 $n \times n_p$ 维的，其中 n 照例是向量的维数，n_p 是模式向量的数量。根据式(12.57)有

$$A(1) = X \tag{12.61}$$

式中，矩阵 $A(1)$ 的每列都包含一个模式的初始激活值（向量值）。这是式(12.57)的简单扩展，只是现在处理的是一个 $n \times n_p$ 矩阵，而不是一个 $n \times 1$ 向量。

网络的参数不变，因为我们正在处理多个模式向量，因此权重矩阵由式(12.58)给出。这个矩阵的大小为 $n_\ell \times n_{\ell-1}$。$\ell = 2$ 时，$W(2)$ 的大小为 $n_2 \times n$，因为 n_1 总等于 n。然后，用 $A(2)$ 代替 $a(2)$ 展开式(12.59)中的乘积项，得到矩阵乘积 $W(2)A(2)$，其大小为 $(n_2 \times n)(n \times n_p) = n_2 \times n_p$。为此，我们必须对层 2 加一个偏置向量，偏置向量的大小为 $n_2 \times 1$。显然，我们不能让一个大小为 $n_2 \times n_p$ 的矩阵和一个大小为 $n_2 \times 1$ 的向量相加。然而，如权重矩阵那样，偏置向量不变，因为我们正在处理多个模式向量。我们只需为每个输入向量考虑一个相同的偏置向量 $b(2)$。为了这样做，我们创建一个大小为 $n_2 \times n_p$ 的矩阵 $B(2)$，它是把列向量 $b(2)$ 水平地级联 n_p 次形成的。于是，式(12.59)就以矩阵形式写为 $Z(2) = W(2)A(1) + B(2)$。矩阵 $Z(2)$ 的大小是 $n_2 \times n_p$，它包含式(12.59)执行的计算，但针对的是所有输入模式。也就是说，$Z(2)$ 的每列完全是式(12.59)为每个输入模式执行的计算。

刚才讨论的概念适用于神经网络中从任何一层到下一层的过渡，只要我们为网络中的某个位置使用适当的权重和偏置。因此，式(12.59)的全矩阵形式是

$$Z(\ell) = W(\ell)A(\ell-1) + B(\ell) \tag{12.62}$$

式中，$W(\ell)$ 由式(12.58)给出，$B(\ell)$ 是一个 $n_\ell \times n_p$ 矩阵，它的各列是 $b(\ell)$ 的副本，$b(\ell)$ 是一个偏置向量，它包含层 ℓ 中各个神经元的偏置。

剩下的是层 ℓ 的输出的矩阵公式。如式(12.60)所示，激活函数是单独应用到向量 $z(\ell)$ 的每个元素

的。因为 $\boldsymbol{Z}(\ell)$ 的每列都是对某个输入向量应用式(12.60)，因此可以证明

$$\boldsymbol{A}(\ell) = h[\boldsymbol{Z}(\ell)] \tag{12.63}$$

式中，激活函数 h 被应用到矩阵 $\boldsymbol{Z}(\ell)$ 的每个元素。

小结矩阵公式中的维数有：$\boldsymbol{X}$ 和 $\boldsymbol{A}(1)$ 的大小为 $n \times n_p$，$\boldsymbol{Z}(\ell)$ 的大小为 $n_\ell \times n_p$，$\boldsymbol{W}(\ell)$ 的大小为 $n_\ell \times n_{\ell-1}$，$\boldsymbol{A}(\ell-1)$ 的大小为 $n_{\ell-1} \times n_p$，$\boldsymbol{B}(\ell)$ 的大小为 $n_\ell \times n_p$，$\boldsymbol{A}(\ell)$ 的大小为 $n_\ell \times n_p$。表 12.2 小结了所有模式向量正向传播一个全连接前馈神经网络的矩阵公式。在面向矩阵的语言如 MATLAB 中实现这些运算很简单。使用专用硬件［如一个或多个图形处理单元（GPU）］可以显著提高性能。

表 12.2 中的公式用于将一组模式中的每个模式分为 n_L 个模式类之一。输出矩阵 $\boldsymbol{A}(L)$ 的每列包含用于某个模式向量的 n_L 个输出神经元的激活值。这个模式的类成员由具有最高激活值的输出神经元的位置给出。当然，这假设我们知道网络的权重和偏置。这些公式是在使用反向传播的训练过程中得到的，详见下面的说明。

表 12.2　正向传播一个全连接前馈多层神经网络的矩阵计算步骤

步　　骤	描　　述	公　　式
步骤 1	输入模式	$\boldsymbol{A}(1) = \boldsymbol{X}$
步骤 2	前馈	对于 $\ell = 2,3,\cdots,L$，计算 $\boldsymbol{Z}(\ell) = \boldsymbol{W}(\ell)\boldsymbol{A}(\ell-1) + \boldsymbol{B}(\ell)$ 和 $\boldsymbol{A}(\ell) = h(\boldsymbol{Z}(\ell))$
步骤 3	输出	$\boldsymbol{A}(L) = h(\boldsymbol{Z}(L))$

12.5.5　使用反向传播训练深层神经网络

一个神经网络完全由其权重、偏置和激活函数定义。训练一个神经网络是指用一组或多组训练模式来估计这些参数。在训练过程中，我们知道多层神经网络的每个输出神经元的期望响应。然而，我们不知道隐藏神经元的输出值应是多少。本节推导反向传播方程，它是在多层网络中求解权重值和偏置值的工具。反向传播训练包括 4 个基本步骤：（1）输入模式向量；（2）正向传播网络，对训练集的所有模式进行分类并确定分类误差；（3）反向传播，向网络反馈输出误差，计算更新参数所需的变化；（4）更新网络中的权重和偏置。重复这些步骤，直到误差达到可接受的水平。在讨论结束时，我们将小结本节推导的主要结果（见表 12.3）。我们很快就会看到，推导反向传播方程所需的主要数学工具是基本微积分中的链式规则。

1. 反向传播方程

已知一组训练模式和一个多层前馈神经网络结构，下面讨论的方法是求使得误差（也称代价或目标）函数最小的网络参数。我们的兴趣是分类性能，因此将一个神经网络的误差函数定义为期望响应和实际响应之差的平均值。令 $\boldsymbol{r}$ 表示一个已知模式向量 $\boldsymbol{x}$ 的期望响应，$\boldsymbol{a}(L)$ 表示网络对这个输入的实际响应。例如，在 10 类识别应用中，$\boldsymbol{r}$ 和 $\boldsymbol{a}(L)$ 是 10 维列向量。$\boldsymbol{a}(L)$ 的 10 个分量是神经网络的 10 个输出，并且除对应于 $\boldsymbol{x}$ 的类的元素是 1 外，$\boldsymbol{r}$ 的其他分量是 0。例如，如果输入训练模式属于类 6，那么 $\boldsymbol{r}$ 的第 6 个元素为 1，其余元素为 0。

输出层中神经元 j 的激活值为 $a_j(L)$。我们将这个神经元的误差定义为

$$E_j = \frac{1}{2}\left(r_j - a_j(L)\right)^2 \tag{12.64}$$

式中，$j = 1,2,\cdots,n_L$，r_j 是已知模式 $\boldsymbol{x}$ 的输出神经元 $a_j(L)$ 的期望响应。相对于单个 $\boldsymbol{x}$ 的输出误差是所有输出神经元相对于该向量的误差之和：

$$E = \sum_{j=1}^{n_L} E_j = \frac{1}{2}\sum_{j=1}^{n_L}\left(r_j - a_j(L)\right)^2 = \frac{1}{2}\|\boldsymbol{r} - \boldsymbol{a}(L)\|^2 \tag{12.65}$$

式中，最后一步是根据欧氏向量范数的定义得到的。所有训练模式上的总网络输出误差定义为各个模式的误差之和。我们希望找到使得这个总误差最小的那些权重。如对 LMSE 感知机所做的那样，我们使用梯度下降法求解。然而，与感知机不同的是，我们无法计算隐藏节点中的权重的梯度。反向传播的优点是，通过把输出误差传回网络，我们可以得到一个等效的结果。

> 关于欧氏向量范数，见式(2.50)和式(2.51)。

关键目的是找到一种利用训练模式来调整网络中的所有权重的方案。要这样做，我们需要知道 E 相对于网络中的权重是如何变化的。

> 含义明确时，我们有时会在"权重"一词中包含偏置项。

权重包含在每个节点的净输入的表达式中[见式(12.54)]，所以我们想要的量是 $\partial E / \partial z_j(\ell)$，如式(12.54) 中定义的那样，其中 $z_j(\ell)$ 是层 ℓ 中节点 j 的净输入。为了简化后面的表示，我们用符号 $\delta_j(\ell)$ 来表示 $\partial E / \partial z_j(\ell)$。因为反向传播从输出开始并从那里反向工作，所以我们首先研究

> 我们通常用"j"来指网络中的任何节点。我们不关心节点输入或输出的时刻。

$$\delta_j(L) = \partial E / \partial z_j(L) \tag{12.66}$$

采用链式规则，可用输出 $a_j(L)$ 将上式表示为

$$\delta_j(L) = \frac{\partial E}{\partial z_j(L)} = \frac{\partial E}{\partial a_j(L)}\frac{\partial a_j(L)}{\partial z_j(L)} = \frac{\partial E}{\partial a_j(L)}\frac{\partial h(z_j(L))}{\partial z_j(L)} = \frac{\partial E}{\partial a_j(L)}h'(z_j(L)) \tag{12.67}$$

式中倒数第二个表达式是用式(12.56)得到的。这个公式使用可被观察或计算的量给出 $\delta_j(L)$ 的值。例如，如果使用式(12.64)作为误差测度，对 $h'(z_j(x))$ 使用式(12.52)，那么有

$$\delta_j(L) = h(z_j(L))\big[1 - h(z_j(L))\big]\big[a_j(L) - r_j\big] \tag{12.68}$$

式中交换了各项的顺序。$h(z_j(L))$ 是在正向传播中计算的，$a_j(L)$ 可在网络的输出中观察到，且 r_j 是在训练期间与 x 一起给出的。因此，我们可以计算 $\delta_j(L)$。

因为任何一层中任何神经元的净输入和输出之间的关系（除第一个外）相同，式(12.66)对任何隐藏层中的任何节点 j 都有效：

$$\delta_j(\ell) = \partial E / \partial z_j(\ell) \tag{12.69}$$

上式说明了网络中任何神经元的净输入变化时，E 是如何变化的。接下来要做的是用 $\delta_j(\ell+1)$ 来表示 $\delta_j(\ell)$。我们将在网络中反向行进，这意味着如果有这一关系，那么就可从 $\delta_j(L)$ 开始求 $\delta_j(L-1)$。然后使用结果求 $\delta_j(L-2)$，以此类推，直到到达层 2。使用链式规则得到期望的表达式（见习题 12.25）：

$$\begin{aligned}\delta_j(\ell) &= \frac{\partial E}{\partial z_j(\ell)} = \sum_i \frac{\partial E}{\partial z_i(\ell+1)}\frac{\partial z_i(\ell+1)}{\partial a_j(\ell)}\frac{\partial a_j(\ell)}{\partial z_j(\ell)} \\ &= \sum_i \delta_i(\ell+1)\frac{\partial z_i(\ell+1)}{\partial a_j(\ell)}h'(z_j(\ell)) \\ &= h'(z_j(\ell))\sum_i w_{ij}(\ell+1)\delta_i(\ell+1)\end{aligned} \tag{12.70}$$

式中，$\ell = L-1, L-2, \cdots, 2$，中间一行是用式(12.55)和式(12.69)得到的，最后一行是用式(12.54)加上一些整理后得到的。

前面的推导告诉我们如何由输出中的误差（可以计算）开始，得到误差变化与网络中每个节点的净输入的关系。这是实现最终目的的中间一步，即用 $\delta_j(\ell) = \partial E / z_j(\ell)$ 来得到 $\partial E / \partial w_{ij}(\ell)$ 和 $\partial E / \partial b_i(\ell)$ 的表达式。为此，我们再次使用链式规则：

$$\frac{\partial E}{\partial w_{ij}(\ell)} = \frac{\partial E}{\partial z_i(\ell)}\frac{\partial z_i(\ell)}{\partial w_{ij}(\ell)} = \delta_i(\ell)\frac{\partial z_i(\ell)}{\partial w_{ij}(\ell)} = a_j(\ell-1)\delta_i(\ell) \tag{12.71}$$

式中使用了式(12.54)和式(12.69)，并交换了结果的顺序，以便阐明后面的讨论中的矩阵公式。类似地（见习题 12.26），有

$$\partial E / \partial b_i(\ell) = \delta_i(\ell) \tag{12.72}$$

现在，我们有了 E 相对于网络权重和偏置的变化率，它是用可以计算的量表示的。最后一个步骤是根据梯度下降法，使用这些结果来更新网络参数：

$$w_{ij}(\ell) = w_{ij}(\ell) - \alpha \frac{\partial E(\ell)}{\partial w_{ij}(\ell)} = w_{ij}(\ell) - \alpha \delta_i(\ell) a_j(\ell-1) \tag{12.73}$$

$$b_i(\ell) = b_i(\ell) - \alpha \frac{\partial E}{\partial b_i(\ell)} = b_i(\ell) - \alpha \delta_i(\ell) \tag{12.74}$$

式中，$\ell = L-1, L-2, \cdots, 2$，$a$ 项是在正向传播中计算的，δ 项是在反向传播期间计算的。如同感知机那样，α 是在梯度下降法中使用的学习率常数。求最优学习率的方法很多，但最终这是一个涉及实验的依赖于问题的参数。一种合理的方法是从 α 的一个小值（如 0.01）开始，用来自训练集的向量进行实验，为给定的应用确定合适的值。记住，α 只在训练期间使用，它不影响训练后的操作性能。

2. 矩阵公式

如同描述正向传播神经网络的方程那样，前述讨论中开发的反向传播方程很好地描述了这种方法的基本工作原理，但要实现这些方程却很困难。本节采用正向传播中所用的类似过程，推导反向传播的矩阵公式。

我们照例把所有模式向量排列为矩阵 X 的各列，把层 ℓ 的各个权重封装为矩阵 $W(\ell)$。我们用 $D(\ell)$ 表示 $\delta(\ell)$ 的等效矩阵，它包含层 ℓ 中的各个误差。我们首先求 $D(L)$ 的表达式。我们从输出开始，并且照例反向行进。根据式(12.67)有

$$\delta(L) = \begin{bmatrix} \delta_1(L) \\ \delta_2(L) \\ \vdots \\ \delta_{n_L}(L) \end{bmatrix} = \begin{bmatrix} \dfrac{\partial E}{\partial a_1(L)} h'(z_1(L)) \\ \dfrac{\partial E}{\partial a_2(L)} h'(z_2(L)) \\ \vdots \\ \dfrac{\partial E}{\partial a_{n_L}(L)} h'(z_{n_L}(L)) \end{bmatrix} = \begin{bmatrix} \dfrac{\partial E}{\partial a_1(L)} \\ \dfrac{\partial E}{\partial a_2(L)} \\ \vdots \\ \dfrac{\partial E}{\partial a_{n_L}(L)} \end{bmatrix} \odot \begin{bmatrix} h'(z_1(L)) \\ h'(z_2(L)) \\ \vdots \\ h'(z_{n_L}(L)) \end{bmatrix} \tag{12.75}$$

式中，如 2.6 节中定义的那样，$\odot$ 表示对应元素相乘（此时是两个向量相乘）。我们可把这个符号左侧的向量写为 $\partial E / \partial a(L)$，把这个符号右侧的向量写为 $h'(z(L))$。于是，可将式(12.75)写为

$$\delta(L) = \frac{\partial E}{\partial a(L)} \odot h'(z(L)) \tag{12.76}$$

对于一个模式向量，这个 $n_L \times 1$ 列向量包含所有输出神经元的激活值。本章中使用的唯一误差函数是一个二次函数，它在式(12.65)中以向量形式给出。这个二次函数相对于 $a(L)$ 的偏导数是 $(a(L)-r)$，将它代入式(12.76)得

$$\delta(L) = (a(L) - r) \odot h'(z(L)) \tag{12.77}$$

列向量 $\delta(L)$ 对应于一个模式向量。为了同时描述所有 n_p 个模式，我们形成一个矩阵 $D(\ell)$，它的各列是来自式(12.77)的 $\delta(L)$，是为一个特定模式向量计算的。这相当于以矩阵形式将式(12.77)定义为

$$D(L) = (A(L) - R) \odot h'(z(L)) \tag{12.78}$$

$A(L)$ 的每列是一个模式的网络输出。类似地，R 的每列都是一个二值向量，这个向量在对应于一个特定模式向量的位置是 1，在其他位置是 0。$(A(L) - R)$ 的每列都包含 $\|a - r\|$ 的分量。因此，一列的元素

的平方相加后除以 2，与为一个模式计算式(12.65)中定义的误差测度相同。所有列的计算结果相加，就是所有模式的平均误差测度。类似地，矩阵 $h'(z(L))$ 的各列是所有输出神经元的净输入值，其中每列对应于一个模式向量。式(12.78)中的所有矩阵的大小都为 $n_L \times n_p$。

采用类似的推理，可用矩阵形式将式(12.70)表示为

$$D(\ell) = (W^T(\ell+1)D(\ell+1)) \odot h'(Z(\ell)) \tag{12.79}$$

通过维数分析，很容易确认矩阵 $D(\ell)$ 的大小为 $n_\ell \times n_p$（见习题 12.27）。注意，式(12.79)使用了转置后的权重矩阵。这表明层 ℓ 的输入来自层 $\ell+1$，因为在反向传播中移动的方向与正向传播相反。

下面用矩阵形式表示权重和偏置更新公式来完成矩阵公式。首先考虑权重矩阵，由式(12.70)和式(12.73)可知我们需要矩阵 $W(\ell)$，$D(\ell)$ 和 $A(\ell-1)$。我们已知 $W(\ell)$ 的大小是 $n_\ell \times n_{\ell-1}$，$D(\ell)$ 的大小是 $n_\ell \times n_p$。矩阵 $A(\ell-1)$ 的每一列是一个模式向量的层 $\ell-1$ 中各个神经元的输出集合。共有 n_p 个模式，因此 $A(\ell-1)$ 的大小为 $n_{\ell-1} \times n_p$。由式(12.73)推知 A 后乘 D，因此还需要 $A^T(\ell-1)$，其大小为 $n_p \times n_{\ell-1}$。最后，回顾可知我们在矩阵公式中构建了一个大小为 $n_\ell \times n_p$ 的矩阵 $B(\ell)$，它的各列是向量 $b(\ell)$ 的副本，$b(\ell)$ 中包含了层 ℓ 中的所有偏置。

接下来研究偏置的更新。由式(12.74)可知 $b(\ell)$ 的每个元素 $b_i(\ell)$ 被更新为 $b_i(\ell) = b_i(\ell) - \alpha\delta_i(\ell)$，$i = 1,2,\cdots,n_\ell$，因此有 $b(\ell) = b(\ell) - \alpha\delta(\ell)$。但这只针对一个模式，而 $D(\ell)$ 的各列是针对训练集中的所有模式的 $\delta(\ell)$ 项。这是在矩阵公式中使用 $D(\ell)$ 的各列的平均值（所有模式的平均误差）更新 $b(\ell)$ 来处理的。

组合这些结果，就可得到更新网络参数的如下两个公式：

$$W(\ell) = W(\ell) - \alpha D(\ell)A^T(\ell-1) \tag{12.80}$$

$$b(\ell) = b(\ell) - \alpha\sum_{k=1}^{n_p}\delta_k(\ell) \tag{12.81}$$

式中，$\delta_k(\ell)$ 是矩阵 $D(\ell)$ 的第 k 列。如前所述，在水平方向上将 $b(\ell)$ 级联 n_p 次，就形成了大小为 $n_\ell \times n_p$ 的矩阵 $B(\ell)$：

$$B(\ell) = \underset{n_p\text{次}}{级联}\{b(\ell)\} \tag{12.82}$$

如前所述，反向传播由 4 个主要步骤组成：（1）输入各个模式；（2）正向传播；（3）反向传播；（4）更新参数。这个过程首先将初始权重和偏置规定为（小）随机数。表 12.3 小结了这 4 个步骤的矩阵公式。在训练期间，为规定的训练代数重复这些步骤，直到预定义的误差测度足够小。

表 12.3　使用反向传播训练前馈全连接多层神经网络的矩阵公式。步骤 1～4 用于一个训练代的训练。X、R 和学习率参数 α 供网络训练使用。通过将权重 $W(1)$、偏置 $B(1)$ 规定为小随机数来初始化网络

步　骤	描　述	公　式
步骤 1	输入各个模式	$A(1) = X$
步骤 2	正向传播	对于 $\ell = 2,\cdots,L$，计算 $Z(\ell) = W(\ell)A(\ell-1) + B(\ell)$，$A(\ell) = h(Z(\ell))$，$h'(Z(\ell))$ 和 $D(L) = (A(L) - R) \odot h'(Z(L))$
步骤 3	反向传播	对于 $\ell = L-1, L-2, \cdots, 2$，计算 $D(\ell) = (W^T(\ell+1)D(\ell+1)) \odot h'(Z(\ell))$
步骤 4	更新权重和偏置	对于 $\ell = 2,\cdots,L$，令 $W(\ell) = W(\ell) - \alpha D(\ell)A^T(\ell-1)$，$b(\ell) = b(\ell) - \alpha\sum_{k=1}^{n_p}\delta_k(\ell)$ 和 $B(\ell) = \underset{n_p\text{次}}{级联}\{b(\ell)\}$，其中 $\delta_k(\ell)$ 是 $D(\ell)$ 的列

我们感兴趣的是两类误差。第一类误差是分类误差，它是通过统计被错误分类的模式的数量并除

以训练集中的总模式数量计算得到的。结果乘以 100，就得到错误分类模式的百分比。1 减去结果，再乘以 100，就得到正确的识别率。第二类误差是均方误差（MSE），它基于 E 的实际值。对于式(12.65)中定义的误差，这个值是取矩阵 $(A(L) - R)$ 中一列的元素的平方、相加并除以 2 得到的（见习题 12.28）。对所有的列重复这一运算，并将结果除以 X 中的模式的数量，就得到了整个训练集上的 MSE。

例 12.12 使用一个全连接神经网络求解异或问题。

图 12.34(a)是前面讨论过的异或分类问题（为便于索引，选择坐标时让各个模式位于中心，但空间关系与以前一样）。模式矩阵 X 和类成员矩阵 R 是

$$X = \begin{bmatrix} 1 & -1 & -1 & 1 \\ 1 & -1 & 1 & -1 \end{bmatrix}, \qquad R = \begin{bmatrix} 1 & 1 & 0 & 0 \\ 0 & 0 & 1 & 1 \end{bmatrix}$$

我们规定了一个具有三层的神经网络，每层都有两个节点（见图 12.35）。这是与图 12.31 所示结构一致的最小网络。将它与图 12.28(a)中的最小感知机排列比较，会发现这个神经网络具有相同的基本功能，因为它有两个输入和两个输出。

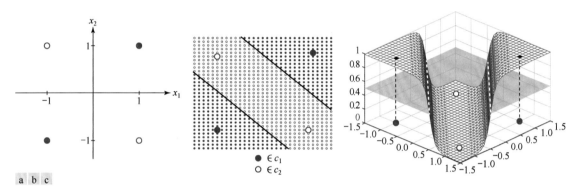

a b c

图 12.34 异或问题的神经网络解：(a)异或排列中的 4 个模式；(b)以增量 0.1 对区间−1.5 至 1.5 内的其他点分类的结果。所有的实心点都分类到类 c_1，所有的非实心点都分类为类 c_2。分隔这些区域的两条直线构成了决策边界［与图 12.27(b)比较］；(c)显示为网格的决策面。决定边界是两条虚线，白线是表面与垂直于纵轴的一个平面的交线，并在 0.5 处与轴线相交［为了看到所有 4 个模式，图(c)的显示视角不同于图(b)］

我们使用了 $\alpha = 1.0$、一个均值为 0、标准差为 0.5 的高斯随机权重值初始集及式(12.51)中的激活函数。然后对网络进行了 10000 个训练代的训练（使用了大量训练代来接近 R 中的值；下面讨论解时使用的训练代数量较少）。得到的权重和偏置如下：

$$W(2) = \begin{bmatrix} 4.792 & 4.792 \\ 4.486 & 4.486 \end{bmatrix}, \quad b(2) = \begin{bmatrix} 4.590 \\ -4.486 \end{bmatrix}, \quad W(3) = \begin{bmatrix} -9.180 & 9.429 \\ 9.178 & -9.427 \end{bmatrix}, \quad b(3) = \begin{bmatrix} 4.420 \\ -4.419 \end{bmatrix}$$

图 12.35 显示了基于这些值的神经网络。

训练完成后，与 4 个训练模式一起显示时，两个输出位置的结果应一直等于 R 中的值。相反，这些值是接近的：

$$A(3) = \begin{bmatrix} 0.987 & 0.990 & 0.010 & 0.010 \\ 0.013 & 0.010 & 0.990 & 0.990 \end{bmatrix}$$

这些权重和偏置与 sigmoid 激活函数一起，完全规定了训练后的神经网络。为了用非训练模式的值测试它的性能，我们创建了一组二维测试模式，方法是在两个方向以增量 0.1 从−1.5 到 1.5 细分模式空间，并用一个正向传播网络对得到的点分类。如果输出节点 1 的激活值大于输出节点 2 的激活值，那么将模式赋予类 c_1；否则，将模式赋予类 c_2。图 12.34(b)是结果的曲线图。实心点属于类 c_1，白色点属于类 c_2。两个区域之间

的边界（显示为黑实线）正好是图 12.27(b)中的边界。因此，我们的小神经元网络找到了两个类之间的最简单的边界，因此其作用与图 12.28(a)中的感知机排列相同。

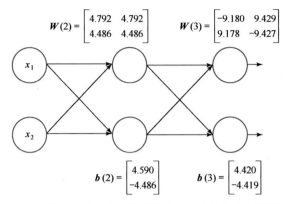

图 12.35　求解 XOR 问题的神经网络，显示了使用表 12.3 中的公式进行训练得到的权重和偏置

图 12.34(c)显示了决策面。这幅图类似于图 12.24(b)，但它与平面相交两次，因为各个模式不是线性可分离的。我们的决策边界是决策面与一个垂直于纵轴的平面的交点，并在 0.5 处与轴相交。这是因为输出节点中的值的范围是[0, 1]，并且我们为两个输出类中有最大值的类赋予一个模式。面以阴影形式显示在图中，决策边界显示为白色虚线。我们调整了图 12.34(c)的视角，以便能够看到所有的异或点。

因为这种情况下的分类基于选择最大的输出，所以不需要像上面说明的那样让输出太接近 1 和 0，只需它们对类 c_1 的模式更大而对类 c_2 的模式更小。这表明使用更少的训练代数量来训练网络就能实现正确的识别。例如，只用 150 个训练代学习的参数就可实现 XOR 模式的正确分类，图 12.36 中给出了原因。在第 1000 个训练代结束时，均方误差几乎已经降低到零，因此我们认为即使使用 10000 个训练代学习的参数，也不能将均方误差再降低多少。由前面的结果可知，使用 10000 个训练代学习的权重时，神经网络的运行非常完美。由于 1000 个训练代和 10000 个训练代的误差非常

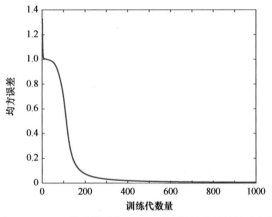

图 12.36　XOR 模式排列中，MSE 和训练代数量的关系曲线

接近，因此我们预计权重也非常接近。经过 150 个训练代的训练后，误差已从最大值下降了近 90%，因此权重工作良好的概率应非常高，在这种情况下的确如此。　■

例 12.13　使用神经网络分类多光谱图像数据。

本例比较 12.4 节中讨论的贝叶斯分类器和本节中讨论的多层神经网络的识别性能。这里的目的与例 12.6 的目的相同：将多光谱图像数据的像素分为三类：水体、市区和植被。图 12.37 显示了实验中使用的 4 幅多光谱图像，用于提取训练样本和测试样本的模板，以及用于产生 4 维模式向量的方法。

如在例 12.6 中那样，我们共提取了 1900 个训练模式向量和 1897 个测试模式向量（按类列出的向量见表 12.1）。使用训练数据初步运行后，发现均方误差随着训练代数量的增加而降低，因此决定使用有一个隐藏层（2 个节点）的神经网络，这个神经网络在 $\alpha = 0.001$ 和 1000 个训练代后学习变得稳定。保持这两个参数固定，改变内部层中的节点数，如表 12.4 所示。这些初步运行的目的是，确定能够提供最优识别率的最

小神经网络。由表中的结果可以看出，[4 3 3]显然是这种情况下选择的结构。图 12.38 显示了这个神经网络及训练期间学习的参数。

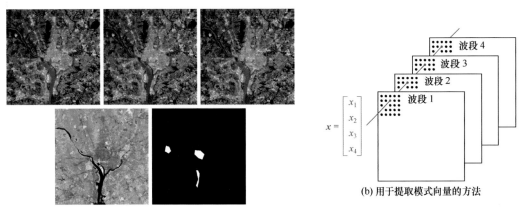

(a) 1-4光谱带中的图像和用于提取训练样本的二值模板

(b) 用于提取模式向量的方法

图 12.37 (a)从最左侧的图像开始：蓝光、绿光、红光、近红外和二值模板图像。在模板中，下方区域为水体，中心区域为市区，左侧区域为植被。所有图像的大小都为 512×512 像素；(b)由 4 幅多光谱图像 "堆叠" 生成四维模式向量的方法（多光谱图像由 NASA 提供）

表 12.4 识别率与神经网络结构的关系，$\alpha = 0.001$ 和 1000 个训练代。网络结构由括号内的数字定义。每个括号内的第一个数字和最后一个数字分别是输入节点的数量和输出节点的数量。内部各项是每个隐含层中的节点的数量

网络结构	[4 2 3]	[4 3 3]	[4 4 3]	[4 5 3]	[4 2 2 3]	[4 4 3 3]	[4 4 4 3]	[4 10 3 3]	[4 10 10 3]
识 别 率	95.8%	96.2%	95.9%	96.1%	74.6%	90.8%	87.1%	84.9%	89.7%

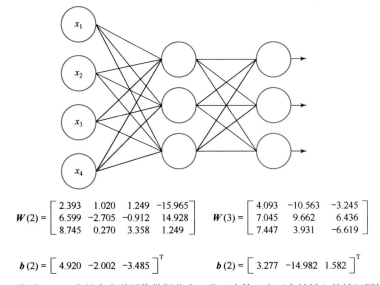

$$W(2) = \begin{bmatrix} 2.393 & 1.020 & 1.249 & -15.965 \\ 6.599 & -2.705 & -0.912 & 14.928 \\ 8.745 & 0.270 & 3.358 & 1.249 \end{bmatrix} \qquad W(3) = \begin{bmatrix} 4.093 & -10.563 & -3.245 \\ 7.045 & 9.662 & 6.436 \\ 7.447 & 3.931 & -6.619 \end{bmatrix}$$

$$b(2) = \begin{bmatrix} 4.920 & -2.002 & -3.485 \end{bmatrix}^{\mathrm{T}} \qquad b(2) = \begin{bmatrix} 3.277 & -14.982 & 1.582 \end{bmatrix}^{\mathrm{T}}$$

图 12.38 用于将图 12.37 中的多光谱图像数据分为三类（水体、市区和植被）的神经网络结构。所示参数是用 $\alpha = 0.001$ 和 50000 个训练代得到的

定义基本结构后，我们将学习率常数固定为 $\alpha = 0.001$，改变训练代数量，以便确定图 12.38 所示结构的最优识别率。表 12.5 显示了结果。如看到的那样，识别率随着训练代数量的增多而缓慢提高，经过 50000 人训练代后基本达到平稳状态。事实上，如图 12.39 所示，在 800 个训练代之前，MSE 迅速下降，而之后

则缓慢地下降，这就是正确识别率在约 2000 个训练代后几乎不变的原因。使用 $\alpha = 0.01$ 得到了类似的结果，但使用 $\alpha = 0.1$ 时，最优正确识别率下降到 49.1%。根据前面的结果，我们使用 $\alpha = 0.001$ 和 50000 个训练代来训练网络。

表 12.5　训练集识别性能与训练代数量的关系。所有情况下的学习率常数均为 $\alpha = 0.001$

训练代数量	1000	10000	20000	30000	40000	50000	60000	70000	80000
识别率	95.3%	96.6%	96.7%	96.8%	96.9%	97.0%	97.0%	97.0%	97.0%

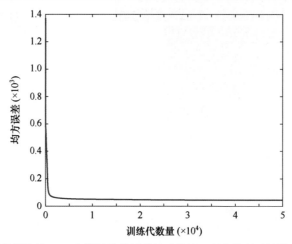

图 12.39　图 12.38 中网络结构的 MSE 与训练代数量的关系曲线。所有情况下的学习率参数均为 $\alpha = 0.001$

图 12.38 中的参数是训练后的结果。利用这些参数时，对训练数据的识别率为 97%，使用相同的参数，对测试数据集的识别率达到 95.6%。使用贝叶斯分类器时，对相同数据得到的识别率分别为 96.4%和 96.2%（见例 12.6），因此识别率统计上的差别微不足道。

使用神经网络得到的结果与使用贝叶斯分类器得到的结果差别不大并不令人惊讶。可以证明（Duda, Hart and Stork[2001]），使用误差平方和准则进行反向传播训练的一个三层神经网络，当训练样本数趋于无穷大时，在极限范围内可逼近贝叶斯决策函数。虽然我们的训练集很小，但数据表现得足以得到接近理论预测的结果。　　　　　　　　　　　　　　　　　　　　　　　　　　　　　　　　　　　■

12.6　深度卷积神经网络

迄今为止，我们都把模式特征组织为向量。一般来说，这要假设已经规定（由设计人员"设计"）了这些特征的形式，并在输入一个神经网络之前就已从图像中提取出来（例 12.13 就是这样的一个例子）。然而，神经网络的优点之一是，它能够直接由训练数据学习模式特征。我们要做的是将一组训练图像直接输入神经网络，让网络自身学习必要的特征。这样做的一种方法是，根据线性索引组织像素，直接将图像转换为向量（见图 12.1），然后令线性索引的每个元素（像素）是向量的一个元素。然而，这种方法没有使用图像中像素之间可能存在的任何空间关系，如角的像素排列、边缘线段的出现及有助于区分不同图像的其他特征。本节介绍深度卷积神经网络（简称 CNN 或 ConvNet），它的输入是图像，适合于自动学习和图像分类。为了区分 CNN 和 12.5 节中介绍的神经网络，我们将后者称为全连接神经网络。

12.6.1　一种基本的 CNN 结构

在接下来的讨论中，我们使用一个 LeNet 结构（见本章末尾的参考文献）来介绍卷积网络。这样做的原因有二：首先，LeNet 结构既简单又容易理解，因此非常适合用来介绍基本的 CNN 概念；其次，我们的兴趣是推导卷积网络的反向传播方程，而 LeNet 的直观性可简化这一任务。

图 12.40 中的 CNN 包含 LeNet 结构的所有基本元素，我们使用它时不会失去一般性。这个结构和前一节介绍的神经网络结构的关键区别是，CNN 的输入是二维阵列（图像），而全连接神经网络的输入是向量。然而，我们很快就会看到，两个网络执行的计算非常相似：（1）形成乘积之和；（2）与一个偏置值相加；（3）结果由一个激活函数传递；（4）激活值成为下一层的单个输入。

> 为简化 CNN 在图 12.40 中的解释，我们最初关注单幅图像输入。后面的讨论中在考虑多幅输入图像时就会很简单。

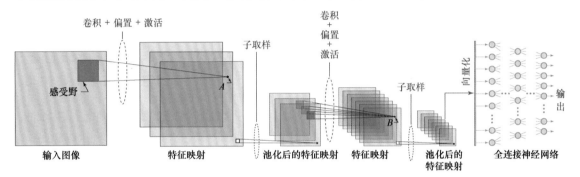

图 12.40　包含 LeNet 结构的所有基本元素的 CNN。点 A 和 B 是本章后面将要给出的规定值。最后一个池化的特征映射已被向量化，并用做一个全连接神经网络的输入。输入图像所属的类由具有最大值的输出神经元决定

尽管 CNN 和全连接神经网络执行的计算是相似的，除了输入分别是二维阵列和向量，两者之间还有一些基本区别。区别之一是，CNN 能够直接由原图像数据学习二维特征，详见前面的说明。由于不存在为复杂图像识别任务工程化综合特征集的工具，因此拥有一个自身能够由原图像数据学习图像特征的系统是 CNN 的一个关键优势。区别之二是，各层的连接方式。在一个全连接神经网络中，我们将一层中每个神经元的输出直接馈送到下一层中每个神经元的输入。而在 CNN 中，我们将单个值馈送一层的每个输入，这个值是上一层的输出中的一个空间邻域上的卷积（因此称为卷积神经网络）。因此，按照上一节中的定义，CNN 并不是全连接的。区别之三是，从一层到下一层的二维阵列被子取样，以降低对输入中平移变化的敏感度。当我们在下面的讨论中研究不同的 CNN 结构时，这些差异和它们的意义将会变得很清楚。

1. CNN 的操作基础

如上所述，CNN 中邻域处理的类型是空间卷积。图 3.21 中说明了空间卷积的原理，并在式(3.35)中以数学公式加以表示。如这个公式所示，卷积计算像素与一组核的权重之间的乘积之和。这一运算是在输入图像中的每个空间位置上执行的。在输入中，每个位置 (x, y) 的结果

> 下一小节将讨论 CNN 中神经计算的精确形式，并证明它们的形式等效于全连接神经网络中神经元执行的计算。

是一个标量值。我们可以把这个值想象为一个全连接神经网络的一层中的一个神经元的输出。如果将这个值与一个偏置相加，并通过一个激活函数来传递结果（见图 12.29），那么就能在 CNN 执行的基本计算和前面一节讨论的神经网络执行的基本计算之间进行类比。

图 12.40 中小结了这些说明，图中的最左侧部分是输入图像中一个位置的一个邻域。采用 CNN 术

语时，这些邻域称为感受野。感受野的作用是在输入图像中选择一个像素区域。如图所示，CNN 执行的第一个运算是卷积，卷积的值是在图像上移动感受野，并在每个位置求一组权重和感受野中包含的像素的乘积之和得到的。如第 3 章所述，以感受野形状排列的权重集是一个核。感受野移动时的空间增量的数量称为步幅。前几章中的空间卷积的步幅为 1，但这不是公式本身的一个要求。在 CNN 中，使用大于 1 的步幅的目的之一是减少数据。例如，将步幅从 1 变为 2 时，会使得每个空间维度上的图像分辨率减半，进而将每幅图像的数据量减少 3/4。目的之二是代替子取样（见下面的讨论），降低系统对空间平移的敏感度。

　　每个卷积值（乘积之和）加上一个偏置后，得到的结果通过一个激活函数传递，生成单个值。然后，这个值被馈送到下一层的输入中的对应位置 (x, y)。对输入图像中的所有位置重复这一过程，就能解释得到的一组二维值，这组二维值作为一个二维阵列存储在下一层中，称为特征映射，因为卷积的作用是从输入中提取特征，如边缘、点和块（记住，卷积是空间滤波的基础，第 3 章使用卷积执行了图像平滑、锐化和边缘计算等任务）。使用相同的权重和单个偏置，生成对应于输入图像中感受野的所有位置的卷积（特征映射）值。这样做是为了在图像的所有点处检测到相同的特征。为了这一目的使用相同的权重和偏置被称为权重（或参数）共享。

> 在第 3 章的术语中，特征映射是空间滤波后的图像。

　　图 12.40 显示了网络的第一层中的 3 个特征映射。另外两个特征映射是以刚才说明的方式生成的，对每个特征映射使用了不同的权重和偏置。因为每组权重和偏置不同，所以每个特征映射通常包含一组不同的特征，所有特征都从同一幅输入图像中提取。特征映射统称为卷积层。因此，图 12.40 中的 CNN 有两个卷积层。

> 邻接性并不是池化本身的要求。为简单起见，这里假设它是相邻的，因为这是一种频繁使用的方法。

　　卷积和激活后的处理是子取样（也称池化），它来自 Hubel and Wiesel[1959]提出的哺乳动物视觉皮层模型。他们的发现表明，部分视觉皮层由简单细胞和复杂细胞组成。简单细胞提取特征，复杂细胞则将这些特征合并（聚合）为一个更有意义的整体。在这个模型中，空间分辨率的降低看起来是实现平移不变性的原因。池化是模拟这个维度降低的一种方法。使用大型图像数据库训练 CNN 时，池化处理还具有减少处理数据量的优点。我们可将子取样视为生成池化特征映射。换句话说，池化特征映射是降低了空间分辨率的特征映射。池化的实现方式是，将特征映射细分为一组小区域（大小通常为 2×2，称为池化邻域），并将邻域中的所有元素替换为单个值。我们假设池化邻域是相邻的（它们不重叠）。计算池化值的方法有多种；总体而言，这些方法都称为池化方法。三种常见的池化方法是：（1）平均池化，此时每个邻域中的值被该邻域中的平均值替换；（2）最大池化，此时每个邻域中的值用其元素的最大值替换；（3）L_2 池化，此时池化值是邻域值的平方和的平方根。每个特征映射都有一个池化特征映射。池化特征映射统称为池化层。图 12.40 中使用了 2×2 池化，得到的每个池化映射的大小都是前一个特征映射 1/4。感受野、卷积、参数共享和池化的使用是 CNN 的独特特性。

　　由于特征映射是空间卷积的结果，因此由第 3 章可知它们是滤波图像。于是，可以证明池化特征映射是分辨率较低的滤波图像。如图 12.40 所示，第一层中的池化特征映射是网络中下一层的输入。此前，第一层的输入是单幅图像，而现在我们有多个池化特征映射（滤波图像），它们是第二层的输入。

　　为了了解第二层是如何处理多个输入的，我们先了解一个池化特征映射。为了在第二个卷积层中生成第一个特征映射的值，我们照例执行卷积运算、与一个偏置相加并使用一个激活函数。接着，改变核和偏置，但输入保持不变，为第二个特征映射重复这一过程，直到处理完第一层中的每个特征映射。然后，考虑下一个池化特征映射的输入，并使用另一组不同的核和偏置对第二层中的每个特征映射执行相同的过程（卷积、加偏置、激活）。完成这些处理后，就为每个特征映射中的相同位置生成了三个值，即三个输入中每个对应位置一个值。现在的问题是：如何将三个单独的值合并为一个值？由于卷积是一个线性过程，由此可知三个单独的值是通过叠加（把它们相加）合并为一个值的。

在第一层中，我们有 1 幅输入图像和 3 个特征映射，因此需要 3 个核来完成所有必需的卷积。在第二层中，我们有 3 个输入和 7 个特征映射，因此需要的核（和偏置）的总数为 3×7 = 21。每个特征映射都被池化，以生成一个对应的池化特征映射，进而生成 7 个池化特征映射。图 12.40 中只有两层，所以 7 个池化特征映射是最后一层的输出。

> 可将 7 幅输入图像的卷积解释为三维卷积，但只在空间（x 和 y）方向运动。得到的结果等于每幅图像的卷积之和，这里就是这样处理的。

由于最终目的照例是用特征进行分类，所以需要一个分类器。如图 12.40 所示，在 CNN 中，我们将最后一个池化层的值输入一个全连接神经网络来进行分类，详见 12.5 节。但是，CNN 的输出是二维阵列（分辨率降低的滤波图像），而全连接网络的输入是向量。因此，必须将最后一层中的二维池化特征映射向量化。我们使用线性索引来实现向量化（见图 12.1）。CNN 最后一层中的每个二维阵列都被转换为一个向量，然后将得到的向量级联为单个向量。如 12.5 节所述，这个向量通过神经网络传播。在任何给定的应用中，全连接网络中的输出数量等于正被分类的模式类的数量。具有最大值的输出照例确定输入的类。

> 下面很快讨论 CNN 训练过程中全连接神经网络学习的参数。

例 12.14　感受野、池化邻域和它们的对应特征映射。
图 12.41 的顶部显示了特征映射的相对大小，以及池化特征映射与感受野和池化邻域大小的关系。输入图像的大小为 28×28 像素，感受野的大小为 5×5。如果在卷积过程中要求图像中包含感受野，那么由 3.4 节可知得到的卷积阵列（特征映射）的大小为 24×24。如果使用大小为 2×2 的池化邻域，那么得到的池化特征映射的大小为 12×12，如图所示。如前所述，假设池化邻域不重叠。

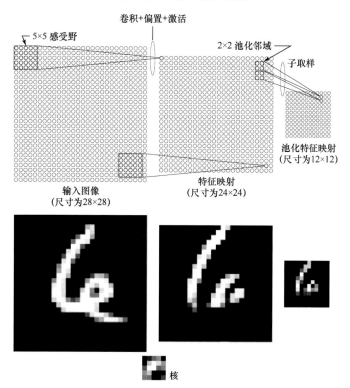

图 12.41　顶行：感受野和池化邻域大小对特征映射和池化特征映射大小的影响。底行：一个图像示例。
　　　　　例 12.17 中将详细解释这幅图（原图像由 NIST 提供）

作为与全连接神经网络的类比，可把图 12.41 顶部二维阵列中的每个元素视为一个神经元。输入中神经元的输出是像素值。第一层特征映射中神经元的输出值是由输入图像与（大小和形状与感受野相同的）一个核卷积生成的，其系数是在训练期间学习得到的。每个卷积值与一个偏置相加后，传递给一个激活函数，生成特征映射中对应神经元的输出值。池化特征映射中各个神经元的输出值是由池化特征映射中各个神经元的输出值生成的。

图 12.41 中的第二行直观地说明了特征映射和池化特征映射是如何基于图中所示的输入图像的。所示的核与前段中描述的相同，它的各个权重（显示为灰度值）是用例 12.17 中描述的 CNN 训练样本图像学习的。因此，学习特征的本质由学习核系数决定。注意，特征映射的内容是由卷积检测到的具体特征。例如，有些特征强调字符中的边缘。如前所述，池化特征是这种效果的低分辨率特征。■

例 12.15　CNN 各分量的作用的图形说明。

图 12.42 显示了图 12.41 中大小为 28×28 的图像，我们将它输入图 12.40 所示的扩展 CNN 结构。扩展 CNN（详细探讨见例 12.17）的第一层中有 6 个特征映射，第二层中有 12 个特征映射。它使用大小为 5×5 的感受野和大小为 2×2 的池化邻域。由于感受野的大小为 5×5，因此第一层中的特征映射的大小为 24×24，详见例 12.14 中的解释。每个特征映射都有自己的一组权重和偏置，因此在第一层中生成特征映射一共需要 (5×5)×6 + 6 = 156 个参数（6 个核，每个核有 25 个权重，6 个偏置）。图 12.43(a) 的顶行以图像方式显示了这些核及在 CNN 训练期间学习到的权重，图像的灰度与核的值成正比。

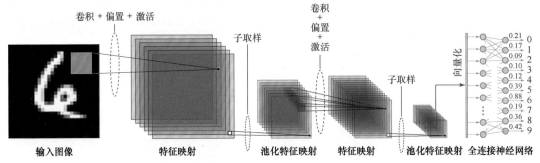

图 12.42　说明 CNN 各种功能的数值例子，包括输入图像的识别。整个过程中都使用 sigmoid 激活函数

因为使用了大小为 2×2 的池化邻域，因此在图 12.42 的第一层中，池化特征映射的大小为 12×12。如前所述，特征映射的数量和池化特征映射的数量相同，因此有 6 个大小为 12×12 的阵列作为第二层中 12 个特征映射的输入（特征映射的数量通常因层而异）。每个特征映射都有自己的一组权重和偏置，因此要在第二层中生成特征映射，共需要 6×(5×5)×12 + 12 = 1812 个参数（每组 6 个核，每个核有 25 个权重，加上 12 个偏置）。图 12.43 的底部以图像方式显示了这些核。由于正在使用大小为 5×5 的感受野，所以第二层中的特征映射的大小为 8×8。在第二层中，使用大小为 2×2 的池化邻域生成了大小为 4×4 的池化特征映射。

正前所述，最后一层中的池化特征映射必须向量化后，才能作为全连接神经网络的输入。每个池化特征映射生成一个大小为 16×1 的列向量。共有 12 个这样的向量，垂直级联它们得到单个大小为 192×1 的向量。因此，全连接神经网络有 192 个输入神经元。因为有 10 个数值类，所以有 10 个输出神经元。稍后将会看到，我们使用没有隐藏层的神经网络得到了优异的性能，因此完整的神经网络共有 192 个输入神经元和 10 个输出神经元。对于图 12.42 所示的输入字符，全连接神经网络的输出中，值最大的是第 7 个神经元，它对应于类 6。因此，输入被正确识别，图中以粗体显示。

图 12.44 以图形方式显示了输入图像通过 CNN 传播时的特征映射。考虑第一层中的特征映射。仔细查看每幅图形，会发现它们突出了输入的不同特性。例如，第一列顶部的图形突出了字符顶部的两个主边缘。

第二幅图突出了整个内部区域的边缘，第三幅图突出了数字的"斑状"性质。另外三幅图像显示了其他特征。尽管池化特征映射是原始特征映射的低分辨率形式，但它们仍然保留了后者中的特征的关键特性。观察第二层中的前两幅特征映射，并与第一层中的前两幅特征映射进行比较，会发现它们是字符顶部的更高层次的抽象，即它们显示的是相反灰度区域两侧的一个区域。视觉上分析这些抽象并不容易，但后面的例子中会讲到，它们可以非常有效的。最后一个池化层的向量化版本不言自明。全连接神经网络的输出将最小值显示为黑色，将最大值显示为白色，表明输入被正确地识别为数字 6。本节稍后将说明，图 12.42 中的简单 CNN 结构能够以近乎完美的精度正确地识别 7 万多个数字样本。

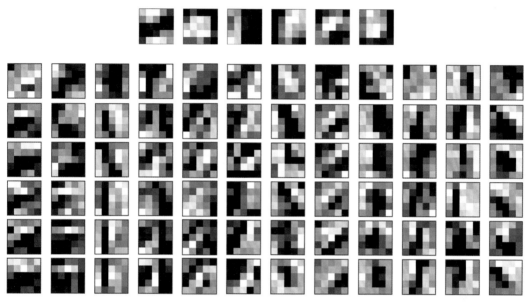

图 12.43　顶部：图 12.42 中 CNN 第一层的 6 个特征映射对应的权重（显示为 5×5 大小的图像）。底部：第二层中的 12 个特征映射对应的权重

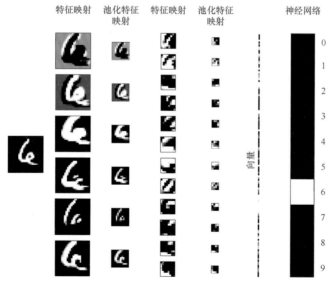

图 12.44　输入图像在图 12.42 所示 CNN 中传播的小结。所示图像是网络中两层卷积（特征映射）和池化（池化后的特征映射）的结果　　■

2. CNN 中的神经计算

回顾图 12.29 可知，人工神经元执行的基本计算是权重与前一层的值的乘积之和。对此，我们加上一个偏置，并将结果称为神经元的净（总）输入，净输入用 z_i 表示。如式(12.54)所示，生成 z_i 涉及的和是单个和。在 CNN 中，于一个特征映射中生成单个值的计算是二维卷积。回顾第 3 章可知，二维卷积是一个核的系数与这个核所覆盖图像阵列中的对应元素之间的乘积之和的 2 倍。参考图 12.40，令 w 表示一个核，它是根据结合图形讨论的感受野的形状排列权重得到的。为了与 12.5 节中的表示法保持一致，令 $a_{x,y}$ 表示依赖于该层的图像或池化特征值。输入中任意点 (x, y) 处的卷积值是

$$w \star a_{x,y} = \sum_l \sum_k w_{l,k} a_{x-l, y-k} \tag{12.83}$$

式中，l 和 k 跨越核的维度。假设 w 的大小为 3×3。于是可将这个公式展开为如下的乘积之和：

$$w \star a_{x,y} = \sum_l \sum_k w_{l,k} a_{x-l, y-k} = w_{1,1} a_{x-1, y-1} + w_{1,2} a_{x-1, y-2} + \cdots + w_{3,3} a_{x-3, y-3} \tag{12.84}$$

我们可以重新标记 w 和 a 的下标，写为

$$w \star a_{x,y} = w_1 a_1 + w_2 a_2 + \cdots + w_9 a_9 = \sum_{i=1}^9 w_i a_i \tag{12.85}$$

式(12.84)和式(12.85)的结果是相同的。如果后者与一个偏置相加，并将结果表示为 z，那么有

$$z = \sum_{j=1}^9 w_j a_j + b = w \star a_{x,y} + b \tag{12.86}$$

这个公式中的第一个等式与式(12.54)相同。因此得出结论，如果 CNN 在输入的任何固定位置 (x, y) 执行空间卷积运算后再加一个偏置，那么结果的表示形式与由全连接神经网络中的一个人工神经元执行的计算的表示形式相同。我们需要 x, y 只考虑我们正在二维情况下工作的事实。如果我们认为 z 是一个神经元的净输入，那么使用 12.5 节中讨论的神经元的类比是，将 z 传递给一个激活函数 h 来得到这神经元的输出：

$$a = h(z) \tag{12.87}$$

这正是计算一个特征映射中任何点（如图 12.40 中的 A 点）的值的方法。

现在考虑图中的点 B。如前所述，它的值由三个卷积公式相加给出：

$$w_{l,k}^{(1)} \star a_{x,y}^{(1)} + w_{l,k}^{(2)} \star a_{x,y}^{(2)} + w_{l,k}^{(3)} \star a_{x,y}^{(3)} = \sum_l \sum_k w_{l,k}^{(1)} a_{x-l, y-k}^{(1)} + \sum_l \sum_k w_{l,k}^{(2)} a_{x-l, y-k}^{(2)} + \sum_l \sum_k w_{l,k}^{(3)} a_{x-l, y-k}^{(3)} \tag{12.88}$$

式中，下标指的是图 12.40 中的三个池化特征映射。l, k, x 和 y 的值在三个公式中都相同，因为三个核的大小相同，并且它们是一致地移动的。我们可以展开这个公式，得到比图 12.40 中 A 点更长的乘积之和，但我们可以像此前那样，重新标记所有项，得到只包含一个求和的乘积之和。

前面的结果告诉我们，用于得到 CNN 中任何特征映射的元素值的公式，可以表示为人工神经元执行的计算的形式。这对任何特征映射都成立，而不管特征映射的元素的计算涉及多少卷积，这时我们只需处理更多卷积公式的和。言外之意是，我们可以使用式(12.86)和式(12.87)来描述如何得到 CNN 的任何特征映射中的一个元素的值。这意味着我们不必显式地考虑池化层中所用的不同池化特征映射的数量（及不同核的数量）。结果是明显简化了描述 CNN 中正向传播和反向传播的公式。

3. 多幅输入图像

刚才讨论的 $a_{x,y}$ 值是第一层中的像素值，但在第一层之后的各层中，$a_{x,y}$ 表示池化特征的值。然而，我们的公式并不根据这些变量实际代表什么来区分。例如，假设我们将图 12.40 的输入替换为 3 幅图像，如一幅 RGB 图像的 3 个分量。图中 A 点的值的公式现在具有 B 点的公式形式，只是权重

和偏置不同。因此，前面针对一幅输入图像讨论的结果适用于多幅输入图像。稍后的讨论中将给出一个有 3 幅输入图像的 CNN 的例子。

12.6.2　正向通过 CNN 的传递公式

前述讨论的结论是，我们可以将核 w 和值为 $a_{x,y}$ 的一个输入阵列的卷积表示为

> 如前所述，核是按照对应感受野的形状来组织权重得到的。还要记住，w 和 $a_{x,y}$ 代表一组输入图像或池化特征中的所有权重和对应值。

$$z_{x,y} = \sum_l \sum_k w_{l,k} a_{x-l,y-k} + b = w \star a_{x,y} + b \tag{12.89}$$

式中，l 和 k 的取值范围是核的大小，x 和 y 的取值范围是输入的大小，b 是一个偏置。对应的 $a_{x,y}$ 值是

$$a_{x,y} = h(z_{x,y}) \tag{12.90}$$

但是，这个 $a_{x,y}$ 与用于计算式(12.89)的不同，后者的 $a_{x,y}$ 表示来自上一层的值。因此需要使用额外的符号来区分不同的层。像在全连接神经网络中那样，我们为此使用 ℓ，并把式(12.89)和式(12.90)写为

$$z_{x,y}(\ell) = \sum_l \sum_k w_{l,k}(\ell) a_{x-l,y-k}(\ell-1) + b(\ell) = w(\ell) \star a_{x,y}(\ell-1) + b(\ell) \tag{12.91}$$

和

$$a_{x,y}(\ell) = h(z_{x,y}(\ell)) \tag{12.92}$$

式中，$\ell = 1, 2, \cdots, L_c$，其中 L_c 是卷积层的数量，$a_{x,y}(\ell)$ 表示卷积层 ℓ 中的池化特征的值。$\ell = 1$ 时，

$$a_{x,y}(0) = \{输入图像中的像素的值\} \tag{12.93}$$

$\ell = L_c$ 时，

$$a_{x,y}(L_c) = \{CNN最后一层中的池化特征的值\} \tag{12.94}$$

注意，如 12.5 节中所做的那样，ℓ 从 1 而非 2 开始。原因是我们正在为各层命名，如"卷积层 ℓ"，因此从卷积层 2 开始会导致混淆。最后，我们注意到池化不要求任何卷积。池化的唯一作用是减小特征映射的空间尺寸，因此这里不给出显式的池化公式。

式(12.91)到式(12.94)就是在 CNN 的正向通过卷积部分计算所有值的公式。如图 12.40 所示，最后一层的池化特征值被向量化，并输入一个全连接前馈神经网络，其正向传播已在式(12.54)和式(12.55)中解释，或以矩阵形式列于表 12.2 中。

12.6.3　用于训练 CNN 的反向传播方程

上一节中讲到，CNN 的前馈方程类似于全连接神经网络的前馈方程，只是乘法被卷积代替，且表示法表明 CNN 不是 12.5 节中定义的全连接。如我们在本节中看到的那样，反向传播方程在许多方面也与全连接神经网络中的方程相似。

像在 12.5 节中推导反向传播方程那样，我们首先定义 CNN 的输出误差相对于网络中每个神经元的变化。误差的形式与全连接神经网络的相同，但现在它是 x 和 y 而不是 j 的函数：

$$\delta_{x,y}(\ell) = \frac{\partial E}{\partial z_{x,y}(\ell)} \tag{12.95}$$

如 12.5 节中那样，我们希望将这个量与 $\delta_{xy}(\ell+1)$ 关联起来，因此我们再次使用链式规则：

$$\delta_{x,y}(\ell) = \frac{\partial E}{\partial z_{x,y}(\ell)} = \sum_u \sum_v \frac{\partial E}{\partial z_{u,v}(\ell+1)} \frac{\partial z_{u,v}(\ell+1)}{\partial z_{x,y}(\ell)} \tag{12.96}$$

式中，u 和 v 是在 z 的值域上任意两个求和的变量。如 12.5 节所述，这些求和源于链式规则的应用。

按照定义，式(12.96)中双重求和的第一项为 $\delta_{x,y}(\ell+1)$ ，因此可将这个公式写为

$$\delta_{x,y}(\ell) = \frac{\partial E}{\partial z_{x,y}(\ell)} = \sum_u \sum_v \delta_{u,v}(\ell+1) \frac{\partial z_{u,v}(\ell+1)}{\partial z_{x,y}(\ell)} \tag{12.97}$$

把式(12.92)代入式(12.91)，并将结果 $z_{u,v}$ 代入式(12.97)得

$$\delta_{x,y}(\ell) = \sum_u \sum_v \delta_{u,v}(\ell+1) \frac{\partial}{\partial z_{x,y}(\ell)} \left[\sum_l \sum_k w_{l,k}(\ell+1) h(z_{u-l,v-k}(\ell)) + b(\ell+1) \right] \tag{12.98}$$

括号内的表达式的导数为零，除非 $u-l=x$ 和 $v-k=y$ ，且由于 $b(\ell+1)$ 相对于 $z_{x,y}(\ell)$ 的导数为零。但是，若 $u-l=x$ 和 $v-k=y$ ，则 $l=u-x$ 和 $k=v-y$ 。因此，取括号内表达式的导数，可将式(12.98)写为

$$\delta_{x,y}(\ell) = \sum_u \sum_v \delta_{u,v}(\ell+1) \left[\sum_{u-x} \sum_{v-y} w_{u-x,v-y}(\ell+1) h'(z_{x,y}(\ell)) \right] \tag{12.99}$$

x, y, u 和 v 的值在方括号内的各项之外指定。固定这些变量的值后，方括号内的 $u-x$ 和 $v-y$ 就是两个常量。因此，双重求和计算得到 $w_{u-x,v-y}(\ell+1)h'(z_{x,y}(\ell))$ ，且可将式(12.99)写为

$$\delta_{x,y}(\ell) = \sum_u \sum_v \delta_{u,v}(\ell+1) w_{u-x,v-y}(\ell+1) h'(z_{x,y}(\ell)) = h'(z_{x,y}(\ell)) \sum_u \sum_v \delta_{u,v}(\ell+1) w_{u-x,v-y}(\ell+1) \tag{12.100}$$

最后一个等式中的双重求和表达式是卷积形式，但位移是式(12.91)中的负数，因此可将式(12.100)写为

$$\delta_{x,y}(\ell) = h'(z_{x,y}(\ell)) \left[\delta_{x,y}(\ell+1) \star w_{-x,-y}(\ell+1) \right] \tag{12.101}$$

下标中的负号指出 w 关于两个空间轴是反射的。这与把 w 旋转180°相同，详见关于式(3.35)的说明。利用这个事实，将式(12.101)等效地写为

> 一层中的每个二维核都旋转180°。

$$\delta_{x,y}(\ell) = h'(z_{x,y}(\ell)) \left[\delta_{x,y}(\ell+1) \star \mathrm{rot}180(w_{x,y}(\ell+1)) \right] \tag{12.102}$$

我们最终得到层 ℓ 中的误差表达式。但核并不依赖于 x 和 y ，所以可将上式写为

$$\delta_{x,y}(\ell) = h(z_{x,y}(\ell)) \left[\delta_{x,y}(\ell+1) \star \mathrm{rot}180(w(\ell+1)) \right] \tag{12.103}$$

如12.5节所述，我们的最终目的是计算 E 相对于权重和偏置的变化。采用类似的步骤，得到

$$\begin{aligned}
\frac{\partial E}{\partial w_{l,k}} &= \sum_x \sum_y \frac{\partial E}{\partial z_{x,y}(\ell)} \frac{\partial z_{x,y}(\ell)}{\partial w_{l,k}} = \sum_x \sum_y \delta_{x,y}(\ell) \frac{\partial z_{x,y}(\ell)}{\partial w_{l,k}} \\
&= \sum_x \sum_y \delta_{x,y}(\ell) \frac{\partial}{\partial w_{l,k}} \left[\sum_l \sum_k w_{l,k}(\ell) h(z_{x-l,y-k}(\ell-1)) + b(\ell) \right] \\
&= \sum_x \sum_y \delta_{x,y}(\ell) h(z_{x-l,y-k}(\ell-1)) \\
&= \sum_x \sum_y \delta_{x,y}(\ell) a_{x-l,y-k}(\ell-1)
\end{aligned} \tag{12.104}$$

式中，最后一行是由式(12.92)得到的。这一行是卷积形式，但将其与式(12.91)比较，我们发现求和变量和它们对应的下标之间存在符号反转。采用卷积形式，我们将式(12.104)的最后一行写为

$$\frac{\partial E}{\partial w_{l,k}} = \sum_x \sum_y \delta_{x,y}(\ell) a_{-(l-x),-(k-y)}(\ell-1) = \delta_{l,k}(\ell) \star a_{-l,-k}(\ell-1) = \delta_{l,k}(\ell) \star \mathrm{rot}180(a(\ell-1)) \tag{12.105}$$

类似地（见习题12.32），有

$$\frac{\partial E}{\partial b(\ell)} = \sum_x \sum_y \delta_{x,y}(\ell) \tag{12.106}$$

使用梯度下降公式中的前两个表达式（见 12.5 节），可以证明

$$w_{l,k}(\ell) = w_{l,k}(\ell) - \alpha \frac{\partial E}{\partial w_{l,k}} = w_{l,k}(\ell) - \alpha \delta_{l,k}(\ell) \star \text{rot} 180(a(\ell-1)) \tag{12.107}$$

和

$$b(\ell) = b(\ell) - \alpha \frac{\partial E}{\partial b(\ell)} = b(\ell) - \alpha \sum_x \sum_y \delta_{x,y}(\ell) \tag{12.108}$$

式(12.107)和式(12.108)更新 CNN 中每个卷积层的权重和偏置。如前所述，$w_{l,k}$ 表示一层的所有权重。变量 l 和 k 的取值范围是二维核的空间尺寸，它们的大小相同。

在正向传播中，我们从卷积层到池化层。在反向传播中，我们从池化层到卷积层。但是，池化特征映射要小于它们对应的特征映射（见图 12.40）。因此，反向传播时，我们要对每个池化特征映射进行上取样（复制像素），以与生成它的特征映射的大小匹配。每个池化特征映射都对应于一个唯一的特征映射，因此明确定义了反向传播的路径。

参考图 12.40，反向传播从全连接神经网络的输出开始。由 12.5 节我们可知如何更新这个网络的权重。当我们到达神经网络和 CNN 之间的"接口"时，就必须颠倒用于生成输入向量的向量化方法。也就是说，在我们使用式(12.107)和式(12.108)处理反向传播之前，必须由全连接神经网络传回的单个向量重新生成各个池化特征映射。

表 12.3 中小结了全连接神经网络的反向传播步骤。表 12.6 小结了在图 12.40 的 CNN 结构中执行反向传播的步骤。对于规定数量的训练代重复这个过程，直到神经网络的输出误差达到一个我们可以接受的值为止。误差的计算方式与 12.5 节中完全相同。它可以是均方误差，也可以是识别误差。记住，对于层 ℓ 中的每个特征映射，$w(\ell)$ 中的各个权重和偏置值 $b(\ell)$ 是不同的。

表 12.6　训练 CNN 的主要步骤。网络使用一组小随机权重和偏置初始化。在反向传播中，（从全连接网络）到达输出池化层的向量必须转换为二维阵列，阵列的大小与该层中的池化特征映射相同。每个池化特征映射都要进行上取样，以与其对应的特征映射的大小匹配。表中的步骤适用于 1 个训练代的训练

步　骤	描　述	公　式
步骤 1	输入图像	$a(0) = $ 层 1 的输入中的图像像素集
步骤 2	正向传播	对应于层 ℓ 内每个特征映射中的位置 (x, y) 的每个神经元，计算： $z_{x,y}(\ell) = w(\ell) \star a_{x,y}(\ell-1) + b(\ell)$ 和 $a_{x,y}(\ell) = h(z_{x,y}(\ell))$，$\ell = 1, 2, \cdots, L_c$
步骤 3	反向传播	对层 ℓ 内每个特征映射中的每个神经元，计算： $\delta_{x,y}(\ell) = h'(z_{x,y}(\ell))\left[\delta_{x,y}(\ell+1) \star \text{rot} 180(w(\ell+1))\right]$，$\ell = L_c - 1, L_c - 2, \cdots, 1$
步骤 4	更新参数	使用下式更新每个特征映射的权重和偏置：$w_{l,k}(\ell) = w_{l,k}(\ell) - \alpha \delta_{l,k}(\ell) \star \text{rot} 180(a(\ell-1))$ 和 $b(\ell) = b(\ell) - \alpha \sum_x \sum_y \delta_{x,y}(\ell)$，$\ell = 1, 2, \cdots, L_c$

例 12.16　训练 CNN 识别一些简单的图像。

下面通过训练图 12.45 的 CNN 识别图 12.46 中的 6×6 图像，来说明 CNN 的性能。在这幅图的左侧可以看到一个水平条带、一个居中的方形和一个垂直条带（其中每幅图像都有 3 个样本）。这些图像被用做训练集。右侧是这三类中图像的噪声样本。它们都被用做测试集。

如图 12.45 所示，系统的输入是各幅单独的图像。我们使用一个大小为 3×3 的感受野，得到了一个大小为 4×4 的特征映射。共有两个特征映射，这意味着我们需要两个大小为 3×3 的核和两个偏置。池化特征映

射是用大小为 2×2 的邻域中的平均池化生成的。得到了两个大小为 2×2 的池化特征映射，因为这些特征映射的大小都为 4×4。两个池化特征映射共包含 8 个元素，它们被组织为一个 8 维列向量，以便向量化最后一层的输出（使用了每幅图像的线性索引，然后将得到的两个四维向量级联为一个 8 维向量）。然后，将该向量送入右侧的全连接神经网络，这个神经网络包括一个输入层和三个神经元输出层，每类一个神经元。因为这个网络没有隐藏层，所以它实现了线性决策函数（见习题 12.18）。为了训练这个系统，我们使用了 $\alpha = 1.0$，且系统经过了 400 个训练代的训练。图 12.47 是 MSE 与训练代数量的关系曲线。尽管 MSE 相对较高，但经过约 100 个训练代的训练后，完美地识别了训练集。测试集的识别率也达到了 100%。系统学习的核和偏置值如下：

$$w_1 = \begin{bmatrix} 3.0132 & 1.1808 & -0.0945 \\ 0.9718 & 0.7087 & -0.9093 \\ 0.7193 & 0.0230 & -0.8833 \end{bmatrix}, b_1 = -0.2990 \quad w_2 = \begin{bmatrix} -0.7388 & 1.8832 & 4.1077 \\ -1.0027 & 0.3908 & 2.0357 \\ -1.2164 & -1.1853 & -0.1987 \end{bmatrix}, b_2 = -0.2834$$

注意，CNN 是从原始训练图像中自动地学习到这些参数的。未使用第 11 章中讨论的特征。

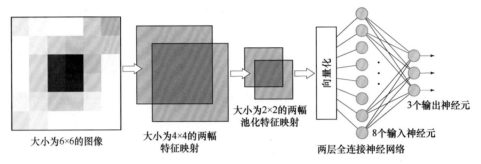

大小为 6×6 的图像　　大小为 4×4 的两幅特征映射　　大小为 2×2 的两幅池化特征映射　　两层全连接神经网络　　3 个输出神经元　　8 个输入神经元

图 12.45　一个 CNN，它有一个用来识别图 12.46 中的各幅图像的卷积层

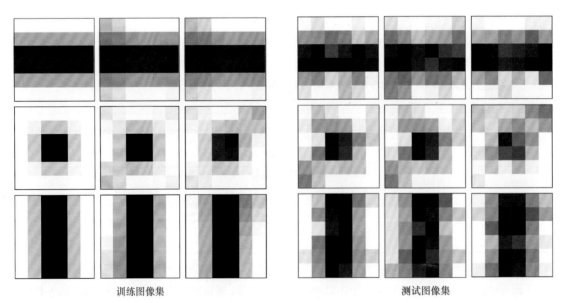

训练图像集　　测试图像集

图 12.46　左：训练图像。上面一行：黑色水平条带的样本。中间一行：黑色居中方形的样本。下面一行：黑色垂直条带的样本。右：左侧三类的噪声样本，它是对左侧的样本添加均值为 0、方差为 1 的高斯噪声得到的（所有图像都是 8 比特灰度图像）

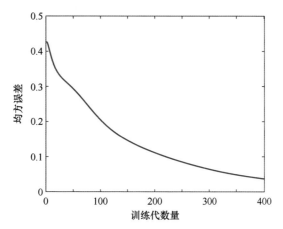

图 12.47　训练 MSE 与图 12.46 中图像的训练代数量的关系曲线。尽管 MSE 相对较高，但经过约 100 个训练代的训练后，完美地识别了训练集和测试集　　　■

例 12.17　使用一个大训练集训练 CNN 识别手写数字。

本例使用一个包含 60000 幅测试图像和 10000 个手写数字字符的数据库来说明更实际的应用。这个数据库（称为 MNIST 数据库）的内容类似于 NIST（美国国家标准和技术研究所）的数据库。前者是后者的"整理版"，即字符已居中并格式化为大小为 28×28 像素的灰度图像。这两个数据库都可在网上免费得到。图 12.48 显示了数据库中的几个典型数字字符。如看到的那样，字符的变化很明显——这只是可用于实验的 70000 个字符中的几个字符。

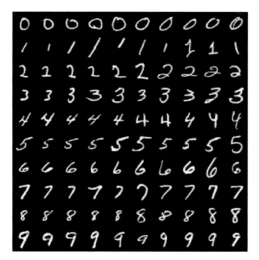

图 12.48　与 NIST 和 MNIST 数据库中的样本类似的几个样本。每个字符子图像的大小都为 28×28 像素（各幅图像由 NIST 提供）

图 12.49 是为识别 MNIST 数据库中的 10 位数字而训练的 CNN 结构。使用 $\alpha = 1.0$ 和 200 个训练代来训练系统。图 12.50 是训练 MSE 与 MNIST 数据库中 60000 幅训练图像的训练代数量的关系曲线。

训练是一次使用小批次 50 幅图像完成的，以便提高学习率（见 12.7 节中的讨论）。每个训练代的训练结束后，都对训练集和测试集的所有图像进行了分类。这样做的目的是了解系统学习数据特性的速度有多快。图 12.51 显示了结果。两个数据集都在相对较少的训练代数量后实现了较高水平的正确识别率，例如经过约 40 个训练代的训练后，实现了约 98% 的正确识别率。这与图 12.50 中的训练 MSE 是一致的，最初它快速下降，然后在约 40 个训练代的训练后开始缓慢下降。系统还需要 160 个训练代的训练才能达到 99.9%的识别率。对于这样一个小 CNN 来说，这些结果令人印象深刻。

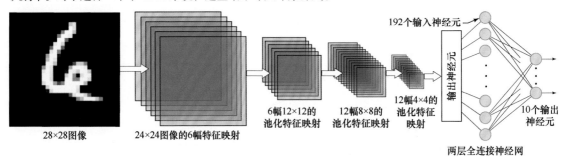

图 12.49　用于识别 MNIST 数据库中的 10 个数字的 CNN。系统是用 60000 幅数字字符图像训练的，这些图像的大小与左侧所示图像的大小相同。这个结构和图 12.42 中使用的结构相同（图像由 NIST 提供）

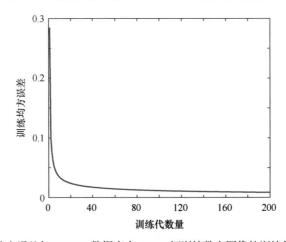

图 12.50　训练均方误差与 MNIST 数据库中 60000 幅训练数字图像的训练代数量的关系曲线

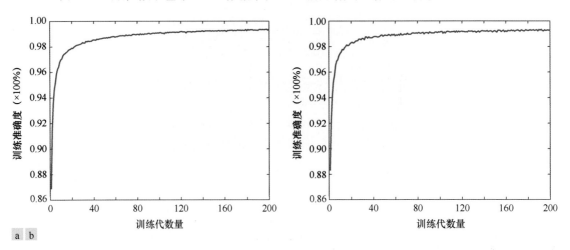

a b

图 12.51　(a)训练准确度（正确识别训练集的百分比）与 MNIST 数据库中 60000 幅训练图像的训练代数量的关系曲线。最大的正确识别率是 99.36%；(b)准确度与 MNIST 数据库中 10000 幅测试图像的训练代数量的关系曲线。最大的正确识别率是 99.13%

图 12.52 显示了训练集和测试集中每个数字类的识别性能。这两幅图最明显的特征是 CNN 处理两组数

据的表现都非常好，表明训练是成功的，并且能推广到此前未见过的数字。这是神经网络未"过拟合"训练集中的数据的一个例子。

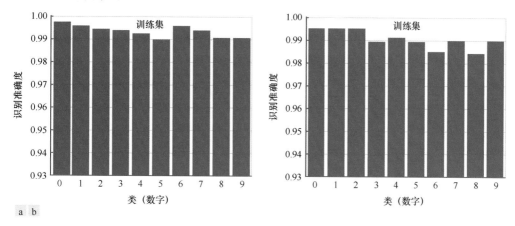

图 12.52　(a)训练集中图像类的识别准确度。每个直条显示 0 和 1 之间的一个数字。这些数字乘以 100%后就是正确的识别率；(b)测试集中每类的识别结果。在两幅图中，识别率都在 98%以上

图 12.53 以灰度形式显示了第一个特征映射的核的值。有 1 幅输入图像和 6 个特征映射，因此需要 6 个核来生成第一层的特征映射。核的大小与感受野的 5×5 的大小相同。因此，图 12.53 中左侧第一幅图像是一个大小为 5×5 的核，它对应于第一个特征映射。图 12.54 显示了第二层的各个核。这一层中有 6 个输入（第一层的池化映射）和 12 个特征映射，因此共需要 6×12 = 72 个核和偏置来生成第二层中的 12 个特征映射。图 12.54 的每列显示了对应第二层中的特征映射之一的 6 个 5×5 的核。我们在两层中都使用了大小为 2×2 的池化，使得特征映射的两个空间维度都减小了 50%。

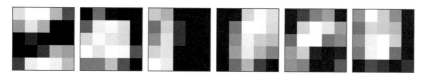

图 12.53　经过 200 个训练代的训练后，第一层的核，它们显示为图像

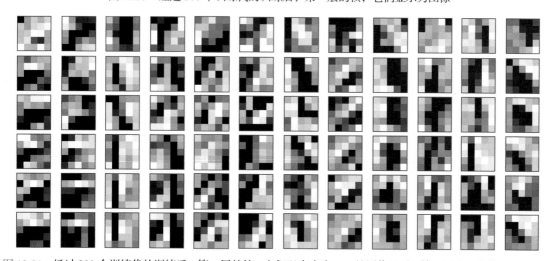

图 12.54　经过 200 个训练代的训练后，第二层的核，它们以大小为 5×5 的图像显示。第二层有 6 个输入（池化特征映射）。由于第二层中有 12 个特征映射，因此 CNN 学习了 6×12 = 72 个核的权重

最后，使用训练期间学到的核来想象输入图像是如何在网络中传播的很有趣。图 12.55 显示了来自测试集的一幅输入数字图像及 CNN 在每层执行的计算。我们照例将数值结果显示为灰度。

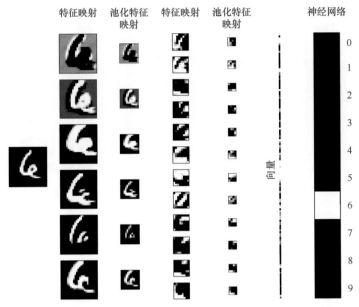

特征映射　池化特征映射　特征映射　池化特征映射　神经网络

图 12.55　一幅数字图像在图 12.49 所示经过训练的 CNN 中正向传播的结果。特征映射是用来自图 12.53 和图 12.54 的核生成的，随后进行了池化。神经网络是来自图 12.49 的两层神经网。大输出值（白色）表示 CNN 正确识别了输入（这幅图与图 12.44 相同）

考虑第一层的卷积结果。如果仔细查看生成的每个特征映射，就会发现它突出了输入的不同特性。例如，第一列顶部的特征映射突出了字符顶部的两条垂直边缘。第二个特征映射突出了整个内部区域的边缘，第三个特征映射突出了数字的"斑状"特征。另外三个特征映射显示了其他特征。如果现在查看第二层中的前两个特征映射，并将它们与第一层中的第一个特征映射进行比较，就会发现它们可被解释为字符顶部的更高级的抽象，即它们显示了两侧都是白色区域的一个黑色区域。尽管视觉分析这些抽象较为困难，但这个例子清楚地说明它们是非常有效的。要记住一个重要的事实是，我们的简单系统从 60000 幅训练图像中自动学习了这些特征。这种能力是使得卷积网络在图像模式分类方面如此强大的原因。下一个例子将考虑更复杂的图像，并给出简单 CNN 结构的一些局限性。■

例 12.18　使用一个大型图像数据库训练 CNN 识别自然图像。

本例训练的 CNN 结构与图 12.49 中的相同，但使用了图 12.56 中的 RGB 彩色图像。这些图像是 CIFAR-10 数据库中的代表性图像，其中 CIFAR-10 数据库是用来测试图像分类系统性能的一个常用数据库。我们的目的是测试图 12.49 中 CNN 结构的局限性，方法是用比例 12.17 中的 MNIST 图像更复杂的数据来训练它。处理 CIFAR-10 图像所需的结构与图 12.49 所示结构的唯一区别是，CIFAR-10 图像是 RGB 彩色图像，因此有三个通道。我们采用"多幅输入图像"小节中说明的方法来处理这些输入图像。

我们使用 CIFAR-10 数据库中的 50000 幅训练图像，对修正 CNN 进行了 500 个训练代的训练。图 12.57 是训练期间均方误差与训练代数量的关系曲线。观察到 MSE 最初处于值约为 0.25 的平稳状态。相比之下，图 12.50 中的 MSE 曲线为 MNIST 数据实现了一个更低的最终值。这并不令人意外，因为 CIFAR-10 图像在感兴趣目标及其背景中明显都更为复杂。训练集较低的预计识别性能被图 12.58(a) 中训练准确度与训练代数量的关系曲线所证实。训练数据的识别率约为 68%，测试数据的识别率约为 61%。尽管这些结果不如 MNIST 数据的结果，但它们与我们希望基本网络达到的结果是一致的。尽管对这个数据库能够实现 96% 以上的识别准确度（见 Graham[2015]），但需要更复杂的网络和不同的池化策略。

飞机
汽车
鸟
猫
鹿
狗
蛙
马
船
货车

图 12.56　大小为 32×32 像素的迷你图像，它们是 CIFAR-10 数据库中 50000 幅训练图像和 10000 幅测试图像中的
　　　　　代表性图像（10 代表 10 类）。类名显示在右侧（图像由 Pearson Education 提供）

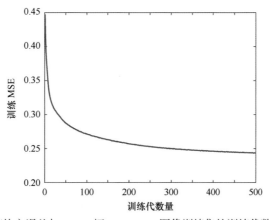

图 12.57　训练均方误差与 50000 幅 CIFAR-10 图像训练集的训练代数量的关系曲线

图 12.59 显示了训练图像集和测试图像集中每个类的识别准确度。除了一些例外，在训练集和测试集中，工程化目标的识别率最高，小动物的识别率最低。青蛙是一个例外，原因可能是与狗和鸟相比，青蛙的大小和形状更加一致。如图 12.59 所示，如果从列表中删除小动物，那么剩余图像的识别性能就会大大提高。

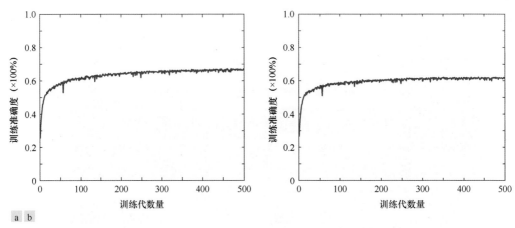

a b

图 12.58 (a)训练准确度（正确识别训练集的百分比）与 CIFAR-10 数据库中 50000 幅训练图像的训练代数量的关系曲线；(b)准确度与 10000 幅 CIFAR-10 测试图像的训练代数量的关系曲线

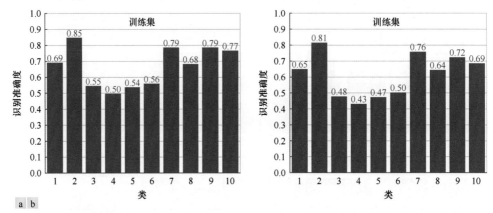

a b

图 12.59 (a)训练集中图像类的 CIFAR-10 识别率。每个直条显示 0 到 1 之间的一个数字。这些数字乘以 100%后，就是该类的正确识别百分比；(b)测试集中每类的识别结果

图 12.60 和图 12.61 显示了第一层和第二层的核。注意，图 12.60 中的每列都有 3 个 5×5 的核。这是因为在这个例子中，CNN 有三个输入通道。如果仔细查看图 12.60 中的各列，就可以发现系数排列和系数值的相似性。虽然核正在检测的内容不明显，但它们在每列中的显示是一致的，而且所有列彼此之间完全不同，这表明了检测输入图像中不同特征的能力。为保持完整性，我们只显示了图 12.61，因为我们几乎无法

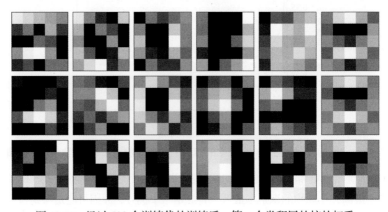

图 12.60 经过 500 个训练代的训练后，第一个卷积层的核的权重

推导网络的深度，尤其是在这个小尺度上，并且考虑到了训练集中图像的复杂性。最后，图 12.62 显示了使用图 12.60 和图 12.61 中的权重通过 CNN 的一个完整识别。输入显示了图 12.56 中第 1 行第 7 列的 RGB 图像的三个彩色通道。第一列中的特征映射显示了从输入中提取的各个特征，第二列显示了池化结果，为清晰起见，放大了这些特征映射。第三列和第四列显示了第二层中的结果，第五列显示了向量化后的输出。最后一列显示了识别结果，白色表示高输出，其他颜色表示小得多的值。输入图像被正确地识别为属于类 1。

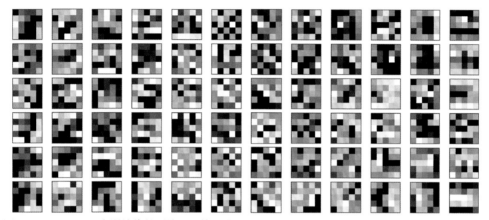

图 12.61　经过 500 个训练代的训练后，第二个卷积层核的权重。这些核的说明与图 12.54 中的相同

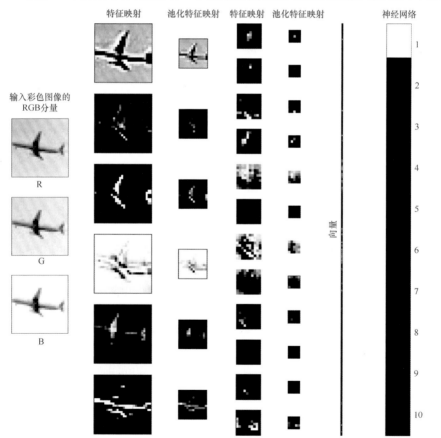

图 12.62　在训练后的 CNN 中正向传播的图形说明。目的是从图 12.56 所示的集合中识别一幅输入图像。如输出所示，该图像被正确地识别为属于（飞机）类 1（原图像由 Pearson Education 提供）

12.7 实现的一些附加细节

上一节中提到，神经（包括卷积）网络能够直接从训练数据中学习特征，因此减少了对"工程化"特征的需求。虽然这是一个明显的优点，但并不意味着神经网络的设计不需要人的介入。相反，设计复杂的神经网络需要大量的技巧和实验。

以下两节介绍神经网络的基本概念，重点是推导全连接神经网络和卷积神经网络的反向传播方程。反向传播方程是设计神经网络基础，但还有影响神经网络学习效果的其他重要因素，然后归纳此前没有见过的模式。本节简要讨论全连接神经网络和卷积神经网络设计中的一些重要问题。

设计神经网络结构的首要问题之一是为网络规定层数。理论上，普适逼近定理（Cybenco[1989]）告诉我们，在温和的条件下，任意复杂的决策函数可由具有单个隐藏层的连续前馈神经网络来近似。虽然这个定理未告诉我们如何计算单个隐藏层的参数，但它确实表明结构简单的神经网络非常强大。前两节的一些例子中已说明了这一点。实验结果表明，深度神经网络（有两个或多个隐藏层的网络）在学习抽象表示方面要优于单个隐含层的网络，而抽象表示通常是学习的重点。不存在确定神经网络所用的最优"层数"的算法。因此，通常结合经验和实验来确定隐藏层的数量。"从较小开始"是解决这个问题的一种逻辑方法。网络中的层数越多，反向传播遇到问题（如消失梯度，即梯度值小到不再有效的现象）的概率就越高。在卷积网络中，另一个问题是输入图像的大小随着图像在网络中的传播而减小，原因有二：第一个原因是卷积本身导致的自然尺寸减小，减小量与感受野的大小成正比。一种解决方案是在执行卷积运算之前使用填充，详见 3.4 节中的讨论。第二个（最重要的）原因是池化。最小池化邻域的大小为 2×2，它在每层中将特征映射的尺寸减小 3/4。一种解决方案是对输入图像上取样，但这样做时必须小心，因为感兴趣特征的相对尺寸会按比例增大，进而影响到为感受野选择的尺寸。

规定层数后，下一项任务是规定每层中的神经元的数量。我们总是知道第一层和最后一层需要多少个神经元，但内部各层的神经元数量是一个开放的问题，它没有理论上的"最好"答案。如果目的是使得层数尽可能少，那么增加每层中的神经元的数量可在一定程度上提升网络的性能。

规定神经网络结构的主要方面是通过规定激活函数来完成的。本章使用 sigmoid（S 形）函数来保持不同例子之间的一致性，但存在使用双曲正切和 ReLU 激活函数时训练性能更优的应用。

规定网络结构后，训练就是使得结构有用的核心。尽管本章中讨论的网络相对简单，但应用到其大规模问题的网络会有数百万个节点，并且需要大量的时间来训练。预训练网络的参数是进一步训练或验证识别性能的理想起点。训练神经网络的另一个中心主题是使用 GPU 来加速矩阵运算。

训练过程中经常遇到的一个问题是过拟合，其中对训练集的识别是可以接受的，但对训练中未用到的样本的识别率很低。也就是说，网络无法泛化它学到的内容，并用于以前从未见过的输入。没有额外的训练数据可用时，最常用的方法是使用几何变形和灰度变化等变换来人为地扩大训练集。变换是在保留变换模式的类成员的同时进行的。另一种主要方法是使用"丢弃"，即在训练过程中随机丢弃神经网络中的节点的一种技术，其基本思想是稍微改变结构，防止网络过适应一组固定的参数（见 Srivastava et al.[2014]）。

除计算速度外，训练的另一个重要方面是效率。在每个训练代的训练开始时调整输入模式，可以降低或消除"循环"（参数值的定期重复）的可能性。随机梯度下降法是另一个重要的训练改进，它不使用整个训练集，而是随机选择样本并输入网络。我们可将随机梯度下降法视为把训练集划分为多个最小的批次，然后从每个最小的批中选择单个样本。这种方法通常会在训练期间导致更快的收敛。

除上述主题外，LeCun et al.[2012]综述了前面讨论的各类因素。事实上，这些主题涵盖的范围足以成为一本书的内容（见 Montavon et al.[2012]）。我们讨论的神经网络结构在范围上必定是受限的。

阅读 Krizhevsky, Sutskever and Hinton[2012]的论文, 应能深入了解实现实际网络的需求, 其中小结了大规模深度卷积神经网络的设计和实现。在过去十年中实现了许多设计, 包括商用实现和免费实现。快速搜索互联网可得到许多有用的结构。

小结、参考文献和延伸读物

12.1 节至 12.4 节的背景内容摘自 Theodoridis and Koutroumbas[2006]、Duda, Hart and Stork[2001]和 Tou and Gonzalez[1974]。关于匹配形状数的额外读物, 见 Bribiesca and Guzman[1980]。关于串匹配, 见 Sze and Yang[1981]。本章的重点是神经网络, 这反映了神经网络 (尤其是卷积神经网络) 过去十多年来在求解图像模式分类问题方面取得的明显进步。像本书的其余部分那样, 对神经网络的介绍主要集中在基础知识方面, 但几乎涵盖了所有主题。本章的内容是我们在神经网络领域开展工作的坚实基础。如前所述, 关于神经网络的文献很多, 并且数量增长很快。Nielsen[2015]简要介绍了神经网络, 可作为我们学习神经网络的起点。内容稍深一些的书籍是 Goodfellow, Bengio and Courville[2016], 其中给出了神经网络的数学基础。两篇值得一读的经典论文见 Rumelhart, Hinton and Williams[1986]和 LeCun, Bengio and Haffner[1998]。12.6 节中讨论的 LeNet 结构来自后一篇文献, 这篇文献目前仍然是图像模式分类的基础。LeCun, Bengio and Hinton[2015]近期发表的一篇综述性文章对神经网络的适用范围提出了一个有趣的观点。Krizhevsky, Sutskever and Hinton[2012]发表的论文, 是促使人们关注卷积网络及其在图像模式分类中的适用性的催化剂之一。这篇论文还较好地综述了实现大规模卷积神经网络的细节和技术。有关本章中许多例子和项目的软件信息, 见 Gonzalez, Woods and Eddins[2009]。

习题

标有星号的习题的答案在 DIP4E Student Support Package 中 (查阅网站 www.ImageProcessingPlace.com)。

12.1 完成如下工作:

(a)*计算适用于图 12.10 中各个模式的最小距离分类器的决策函数。(仔细)观察可得到所需的均值向量。

(b) 画出(a)问中的决策函数实现的决策边界。

12.2* 证明式(12.3)和式(12.4)的作用与模式分类的相同。

12.3 证明式(12.8)给出的边界是连接 n 维点 $\boldsymbol{m}_i$ 和 $\boldsymbol{m}_j$ 的直线的垂直平分线。

12.4* 结合图 12.11 说明如何使用 N_c 个电阻器组 (N_c 是类的数量) 在每个电阻器组的结点求和 (电流求和) 来实现最小距离分类器, 为了确定给定输入的类成员, 它是能够选择最多 N_c 个决策函数的一个最大选择器。

12.5* 证明式(12.10)的相关系数的值域是[−1, 1]。(提示: 用向量形式表示 γ 。)

12.6 证明式(12.12)中的距离测度 $D(a, b)$ 满足式(12.13)中的性质。

12.7* 证明式(12.14)中的 $\beta = \max\left(|a|, |b|\right) - \alpha$ 是 0, 当且仅当 a 和 b 是相同的串。

12.8 手工计算例 12.5 中的平均向量和协方差矩阵。

12.9* 下列模式类具有高斯概率密度函数:

$$c_1 : \left\{(0,0)^{\mathrm{T}}, (2,0)^{\mathrm{T}}, (2,2)^{\mathrm{T}}, (0,2)^{\mathrm{T}}\right\}, \quad c_2 : \left\{(4,4)^{\mathrm{T}}, (6,4)^{\mathrm{T}}, (6,6)^{\mathrm{T}}, (4,6)^{\mathrm{T}}\right\}$$

(a) 假设 $P(c_1) = P(c_2) = 1/2$, 求这两个类之间的贝叶斯决策边界的公式。

(b) 画出边界。

12.10 重做习题 12.9, 但使用如下的模式类:

$$c_1 : \left\{(-1,0)^{\mathrm{T}}, (0,-1)^{\mathrm{T}}, (1,0)^{\mathrm{T}}, (0,1)^{\mathrm{T}}\right\}, \quad c_2 : \left\{(-2,0)^{\mathrm{T}}, (0,-2)^{\mathrm{T}}, (2,0)^{\mathrm{T}}, (0,2)^{\mathrm{T}}\right\}$$

注意，这些类不是线性可分离的。

12.11 参考表 12.1 中的结果，计算训练集中各个模式的总体正确识别率。针对测试集中的各个模式，重复上述计算。

12.12* 我们使用 0-1 损失函数推导了贝叶斯决策函数

$$d_j(\boldsymbol{x}) = p(\boldsymbol{x}/c_j)P(c_j), j=1,2,\cdots,N_c$$

证明这些决策函数使得误差概率最小。［提示：错误概率 $p(e) = 1 - p(c)$，其中 $p(c)$ 是正确的概率。对属于类 c_i 的一个模式向量 $\boldsymbol{x}$，有 $p(c/\boldsymbol{x}) = p(c_i/\boldsymbol{x})$。求 $p(c)$，并且证明当 $p(\boldsymbol{x}/c_i)P(c_i)$ 最大时，$p(c)$ 最大［$p(e)$ 最小］。

12.13 完成例 12.7 中开始的计算。

12.14* 式(12.44)到式(12.46)中给出的感知机算法可用更简捷的形式表示，方法是将类 c_2 的各个模式乘以-1，在这种情况下，若 $\boldsymbol{w}^\mathrm{T}(k)\boldsymbol{y}(k) > 0$ 且 $\boldsymbol{w}(k+1) = \boldsymbol{w}(k) + \alpha\boldsymbol{y}(k)$，则算法中的校正步骤为 $\boldsymbol{w}(k+1) = \boldsymbol{w}(k)$，否则使用 $\boldsymbol{y}$ 而非 $\boldsymbol{x}$ 来明确类 c_2 的各个模式乘以-1。这是几个感知机算法公式之一，它可由一般梯度下降公式推导出来：

$$\boldsymbol{w}(k+1) = \boldsymbol{w}(k) - \alpha\left[\frac{\partial J(\boldsymbol{w},\boldsymbol{y})}{\partial \boldsymbol{w}}\right]_{\boldsymbol{w}=\boldsymbol{w}(k)}$$

式中，$\alpha > 0$，$J(\boldsymbol{w},\boldsymbol{y})$ 是一个判别函数，偏导数是在 $\boldsymbol{w} = \boldsymbol{w}(k)$ 处计算的。证明使用如下判别函数可由这个广义梯度下降过程得到问题声明的感知机算法：

$$J(\boldsymbol{w},\boldsymbol{y}) = \frac{1}{2}\left(\left|\boldsymbol{w}^\mathrm{T}\boldsymbol{y}\right| - \boldsymbol{w}^\mathrm{T}\boldsymbol{y}\right)$$

（提示：$\boldsymbol{w}^\mathrm{T}\boldsymbol{y}$ 相对于 $\boldsymbol{w}$ 的偏导数是 $\boldsymbol{y}$。）

12.15* 证明：如果训练模式集是线性可分离的，那么式(12.44)到式(12.46)给出的感知机训练算法会在有限的步骤内收敛。［提示：将类 c_2 的各个模式乘以-1，并考虑一个非负的阈值 T_0，使得感知机训练算法（$\alpha = 1$）在 $\boldsymbol{w}^\mathrm{T}(k)\boldsymbol{y}(k) > T_0$ 时可以表示为 $\boldsymbol{w}(k+1) = \boldsymbol{w}(k)$，在其他情况下可以表示为 $\boldsymbol{w}(k+1) = \boldsymbol{w}(k) + \alpha\boldsymbol{y}(k)$。可能需要用到柯西-施瓦茨不等式 $\|\boldsymbol{a}\|^2 \|\boldsymbol{b}\|^2 \geq (\boldsymbol{a}^\mathrm{T}\boldsymbol{b})^2$。］

12.16 推导下列激活函数的导数公式：

(a) 图 12.30(a)中的 sigmoid（S 形）激活函数。

(b) 图 12.30(b)中的双曲正切激活函数。

(c)* 图 12.30(c)中的 ReLU 激活函数。

12.17* 规定一个最小神经网络的结构、权重和偏置，使其功能完全与 n 维空间中的两个模式类的最小距离分离器相同。可以假设这些类是紧密分组的，并且是线性可分离的。

12.18 有 n 个输入、1 个输出神经元但没有隐藏层的神经网络所实现的决策边界是什么？说明原因。

12.19 规定一个神经网络的结构、权重和偏置，使其功能与 n 维空间中的两个模式类的贝叶斯分类器完全相同。各个类是高斯的，具有不同的均值，但协方差矩阵相同。

12.20 回答下列问题：

(a)* 在什么条件下，习题 12.17 和习题 12.19 中的神经网络相同？

(b) 假设你规定了一个神经网络结构，它与习题 12.17 中的相同。如果使用足够多的样本进行训练，那么反向传播训练是否能够产生相同的权重和偏置？说明原因。

12.21 二维情况下的两个模式类的分布方式如下：类 c_1 的各个模式沿半径为 r_1 的圆随机分布，类 c_2 的各个模式沿半径为 r_2 的圆随机分布，$r_2 = 2r_1$。用最少的层数和节点数规定神经网络的结构，正确地对这两个类的各个模式分类。

12.22* 如果两个类是线性可分离的，那么可从零权值和零偏置开始训练一个感知机来得到一个解。反向传播来训练神经网络时，你能这样做吗？说明原因。

12.23 使用图 12.31 中介绍的通用表示法，标记如下神经网络中每个节点的输出、权重和偏置。

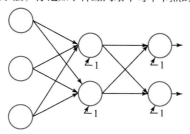

12.24 回答如下问题：

(a) 图 12.32 中输入向量的最后一个元素是 1，这个向量是广义向量吗？说明原因。

(b) 重做图 12.32 中的计算，但要使用其值是图中所用数值 100 倍的权重阵列。

(c)* 你能从(b)问的结果得出什么结论？

12.25 回答如下问题：

(a)* 式(12.70)中的链式规则显示了三项，但你可能更熟悉只有两项的链式规则公式。证明，若从表达式

$$\delta_j(\ell) = \frac{\partial E}{\partial z_j(\ell)} = \sum_i \frac{\partial E}{\partial z_i(\ell+1)} \frac{\partial z_i(\ell+1)}{\partial z_j(\ell)}$$

开始，那么可得到式(12.70)中的结果。

(b) 证明式(12.70)的第三行的中间项是由第二行的中间项得到的。

12.26 证明式(12.72)成立。（提示：使用链式规则。）

12.27* 证明式(12.79)中矩阵 $\boldsymbol{D}(\ell)$ 的维数是 $n_\ell \times n_p$。（提示：这个公式中的一些参数是在正向传播中计算的，因此它们的大小是已知的。）

12.28 参考式(12.82)下方的讨论，说明一个模式的误差是按如下方式得到的：取矩阵 $(\boldsymbol{A}(L) - \boldsymbol{R})$ 的一列的各个元素的平方，将它们相加，然后除以 2。

12.29* 表 12.3 中的矩阵公式对单个矩阵 $\boldsymbol{X}$ 各列的所有模式成立。在实现速度和经济性方面，这是理想的。使用小批进行训练时，它也非常合适。但在大量训练向量太大而不能存储到内存的应用中，使用向量公式对每个模式进行循环会更实用。使用各个模式 $\boldsymbol{x}$ 而非矩阵 $\boldsymbol{X}$ 构建一个类似于表 12.3 的表。

12.30 考虑一个 CNN，其输入是大小为 512×512 像素的多幅 RGB 彩色图像。网络有两个卷积层。使用这些信息回答如下问题。

(a)* 第一层中各个特征映射的空间尺寸都是 504×504，并且第一层中有 12 个特征映射。假设未使用填充，且所用的核是方形的和奇数大小的，问这些核的空间尺寸是多少？

(b) 如果用大小为 2×2 的邻域完成了下取样，那么第一层中池化特征映射的空间尺寸是多少？

(c) 第一层中池化特征映射的深度（数量）是多少？

(d) 第二层中卷积核的空间尺寸是 3×3。假设未填充，第二层中特征映射的大小是多少？

(e) 已知第二层中的特征映射数量是 6，池化邻域的大小还是 2×2。向量化 CNN 的最后一层得到的向量的维数是多少？假设向量化是用线性索引完成的。

12.31 假设一个 CNN 的输入图像被填充，以补偿由卷积和下取样（池化）导致的尺寸减小。令 P 表示填充边界的宽度，令 V 表示（方形）输入图像的宽度，令 S 表示步幅，令 F 表示（方形）感受野的宽度。

(a) 证明在得到的特征映射中，每一行的神经元的数量 N 为

$$N = \frac{V + 2P - F}{S} + 1$$

(b)* 如何使用不是整数的这个公式来解释结果？

12.32* 证明式(12.106)成立。

12.33 如右图所示，实验产生了多幅二值图像，图像中气泡的形状是近椭圆形。有三种大小的气泡，椭圆长轴和短轴的平均值为(1.3, 0.7)、(1.0, 0.5)和(0.75, 0.25)。这些轴的大小与平均值相差±10%。请开发一个图像处理系统，它拒绝不完整或重叠的椭圆，并将剩下的各个椭圆分为三个给定大小的类中的一个。以方框图来显示你的解决方案，给出每个块运算的细节。使用最小距离分类器求解分类问题，清楚地说明获取训练样本及使用这些样本来训练分类器的方式。

12.34 某家工厂为体育赛事生产美国的小国旗。质量保证小组发现在生产高峰期，有些印刷机会随机漏印 1 ~ 3 颗星和 1 ~ 2 个条带。除这些错误外，国旗的其他方面都很完美。尽管存在错误的国旗只占生产量的一小部分，但工厂经理仍然希望解决这个问题。深入研究后，他认为使用图像处理技术自动检测国旗是最经济的方法。基本规格如下：国旗的大小约为 7.5×12.5 厘米。它们以约 50 厘米/秒的速率沿生产线下移（方向变化范围在±15%内），相邻国旗之间的间隔约为 5 厘米。在所有情况下，"近似"平均为±5%。工厂经理聘请你为每条生产线设计图像处理系统。你被告知，成本和简单性是你确定方案时的重要参数。请在图 1.23 所示模型的基础上设计一个完整的系统。将你的解决方案（包括假设和规格）详细记录到一份简短（但明确）的书面报告中，并提交给工厂经理。可以使用本书中讨论的任何方法。

参考文献

Abidi, M. A. and Gonzalez, R. C. (eds.) [1992]. *Data Fusion in Robotics and Machine Intelligence*, Academic Press, New York.

Abramson, N. [1963]. *Information Theory and Coding*, McGraw-Hill, New York.

Achanta, R., et al. [2012]. "SLIC Superpixels Compared to State-of-the-Art Superpixel Methods," *IEEE Trans. Pattern Anal. Mach. Intell.* vol. 34, no. 11, pp. 2274–2281.

Ahmed, N., Natarajan, T., and Rao, K. R. [1974]. "Discrete Cosine Transforms," *IEEE Trans. Comp.*, vol. C-23, pp. 90–93.

Andrews, H. C. [1970]. *Computer Techniques in Image Processing*, Academic Press, New York.

Andrews, H. C. and Hunt, B. R. [1977]. *Digital Image Restoration*, Prentice Hall, Englewood Cliffs, NJ.

Antonini, M., Barlaud, M., Mathieu, P., and Daubechies, I. [1992]."Image Coding Using Wavelet Transform," *IEEE Trans. Image Process.*, vol. 1, no. 2, pp. 205–220.

Ascher, R.N. and Nagy, G. [1974]."A Means for Achieving a High Degree of Compaction on Scan-Digitized Printed Text," *IEEE Transactions on Comp.*, C-23, pp. 1174–1179.

Ballard, D. H. [1981]. "Generalizing the Hough Transform to Detect Arbitrary Shapes," *Pattern Recognition*, vol. 13, no. 2, pp. 111–122.

Ballard, D. H. and Brown, C. M. [1982]. *Computer Vision*, Prentice Hall, Englewood Cliffs, NJ.

Basart, J. P., Chacklackal, M. S., and Gonzalez, R. C. [1992]. "Introduction to Gray-Scale Morphology," in *Advances in Image Analysis*, Y. Mahdavieh and R. C. Gonzalez (eds.), SPIE Press, Bellingham,WA, pp. 306–354.

Basart, J. P. and Gonzalez, R. C. [1992]. "Binary Morphology," in *Advances in Image Analysis*, Y. Mahdavieh and R. C. Gonzalez (eds.), SPIE Press, Bellingham, WA, pp. 277–305.

Bell, E.T. [1965]. *Men of Mathematics*, Simon & Schuster, New York.

Berger, T. [1971]. *Rate Distortion Theory*, Prentice Hall, Englewood Cliffs, N.J.

Beucher, S. and Meyer, F. [1992]. "The Morphological Approach of Segmentation: The Watershed Transformation," in *Mathematical Morphology in Image Processing*, E. Dougherty (ed.), Marcel Dekker, New York.

Beyerer, J., Puente Leon, F. and Frese, C. [2016]. *Machine Vision—Automated Visual Inspection: Theory, Practice, and Applications*, Springer-Verlag, Berlin, GermaNew York.

Blahut, R. E. [1987]. *Principles and Practice of Information Theory*, Addison-Wesley, Reading, MA.

Bleau, A. and Leon, L. J. [2000]. "Watershed-Based Segmentation and Region Merging," *Computer Vision and Image Understanding*, vol. 77, no. 3, pp. 317–370.

Blum, H. [1967]. "A Transformation for Extracting New Descriptors of Shape," in *Models for the Perception of Speech and Visual Form*, Wathen-Dunn,W. (ed.), MIT Press, Cambridge, MA.

Born, M. and Wolf, E. [1999]. *Principles of Optics: Electromagnetic Theory of Propagation, Interference and Diffraction of Light*, 7th ed., Cambridge University Press,Cambridge, UK.

Bracewell, R. N. [1995]. *Two-Dimensional Imaging*, Prentice Hall, Upper Saddle River, NJ.

Bracewell, R. N. [2003]. *Fourier Analysis and Imaging*, Springer, New York.

Bribiesca, E. [1992]. "A Geometric Structure for Two-Dimensional Shapes and Three Dimensional Surfaces," *Pattern Recognition*, vol. 25, pp. 483–496.

Bribiesca, E. [2013]. "A Measure of Tortuosity Based on Chain Coding," *Pattern Recognition*, vol. 46, pp. 716–724.

Bribiesca, E. and Guzman, A. [1980]. "How to Describe Pure Form and How to Measure Differences in Shape Using Shape Numbers," *Pattern Recognition*, vol. 12, no. 2, pp. 101–112.

Brigham, E. O. [1988]. *The Fast Fourier Transform and its Applications*, Prentice Hall, Upper Saddle River, NJ.

Bronson, R. and Costa, G. B. [2009]. *Matrix Methods: Applied Linear Algebra*, 3rd ed., Academic Press/Elsevier, Burlington, MA.

Burrus, C. S., Gopinath, R. A., and Guo, H. [1998]. *Introduction to Wavelets and Wavelet Transforms*, Prentice Hall, Upper Saddle River, NJ, pp. 250–251.

Buzug, T. M. [2008]. *Computed Tomography: From Photon Statistics to Modern Cone-Beam CT*, Springer-Verlag, Berlin, Germany.

Cannon, T. M. [1974]. "Digital Image Deblurring by Non-Linear Homomorphic Filtering," Ph.D. thesis, University of Utah.

Canny, J. [1986]. "A Computational Approach for Edge Detection," *IEEE Trans. Pattern Anal. Machine Intell.*, vol. 8, no. 6, pp. 679–698.

Caselles, V., Kimmel, R., and Sapiro, G. [1997]. "Geodesic Active Contours," *Int'l J. Comp. Vision*, vol. 22, no. 1, pp. 61–79.

Castleman, K. R. [1996]. *Digital Image Processing*, 2nd ed., Prentice Hall, Upper Saddle River, NJ.

Chakrabarti, I., et al. [2015]. *Motion Estimation for Video Coding*, Springer Int'l Publishing, Cham, Switzerland.

Champeney, D. C. [1987]. *A Handbook of Fourier Theorems*, Cambridge University Press, London, UK.

Chan, T. F. and Vese, L. A. [2001]. "Active Contours Without Edges," *IEEE Trans. Image Process.*, vol. 10, no. 2, pp. 266–277.

Cheng, Y., Hu, X., Wang, J., Wang, Y., and Tamura, S. [2015]. "Accurate Vessel Segmentation with Constrained B-Snake," *IEEE Trans. Image Process.* vol. 24, no. 8, pp. 2440–2455.

Choromanska, A., et al. [2015]. "The Loss Surfaces of Multilayer Networks," *Proc. 18th Int'l Conference Artificial Intell. and Statistics* (AISTATS), vol. 38, pp. 192–204.

Clarke, R. J. [1985]. *Transform Coding of Images*, Academic Press, New York.

Cohen, A., Daubechies, I., and Feauveau, J.-C. [1992]. "Biorthogonal Bases of Compactly Supported Wavelets," *Commun. Pure and Appl. Math.*, vol. 45, pp. 485–560.

Coifman, R. R. and Wickerhauser, M. V. [1992]. "Entropy-Based Algorithms for Best Basis Selection," *IEEE Tran. Information Theory*, vol. 38, no. 2, pp. 713–718.

Coltuc, D., Bolon, P., and Chassery, J-M [2006]. "Exact Histogram Specification," *IEEE Trans. Image Process.*, vol. 15, no. 5, pp. 1143–1152.

Cornsweet, T. N. [1970]. *Visual Perception*, Academic Press, New York.

Cox, I., Kilian, J., Leighton, F., and Shamoon, T. [1997]. "Secure Spread Spectrum Watermarking for Multimedia," *IEEE Trans. Image Process.*, vol. 6, no. 12, pp. 1673–1687.

Cox, I., Miller, M., and Bloom, J. [2001]. *Digital Watermarking*, Morgan Kaufmann (Elsevier), New York.

Cybenco, G. [1989]. "Approximation by Superposition of a Sigmoidal Function," *Math. Control Signals Systems*, vol. 2, no. 4, pp. 303–314.

D. N. Joanes and C. A. Gill. [1998]. "Comparing Measures of Sample Skewness and Kurtosis". *The Statistician*, vol 47, no. 1, pp. 183–189.

Danielsson, P. E. and Seger, O. [1990]. "Generalized and Separable Sobel Operators," in *Machine Vision for Three-Dimensional Scenes*, Herbert Freeman (ed.), Academic Press, New York.

Daubechies, I. [1988]. "Orthonormal Bases of Compactly Supported Wavelets," *Commun. On Pure and Appl. Math.*, vol. 41, pp. 909–996.

Daubechies, I. [1990]. "The Wavelet Transform, Time-Frequency Localization and Signal Analysis," *IEEE Transactions on Information Theory*, vol. 36, no. 5, pp. 961–1005.

Daubechies, I. [1992]. *Ten Lectures on Wavelets*, Society for Industrial and Applied Mathematics, Philadelphia, PA.

Daubechies, I. [1993]. "Orthonormal Bases of Compactly Supported Wavelets II, Variations on a Theme," *SIAM J. Mathematical Analysis*, vol. 24, no. 2, pp. 499–519.

Daubechies, I. [1996]. "Where Do We Go from Here?—A Personal Point of View," *Proc. IEEE*, vol. 84, no. 4, pp. 510–513.

Delgado-Gonzalo, R., Uhlmann, V., and Unser, M. [2015]. "Snakes on a Plane: A Perfect Snap for Bioimage Analysis," *IEEE Signal Proc. Magazine*, vol. 32, no. 1, pp. 41–48.

de Moura, C. A. and Kubrusky, C. S. (eds.) [2013]. *The Courant-Friedrichs-Lewy (CLF) Condition*, Springer, New York.

Drew, M. S., Wei, J., and Li, Z.-N. [1999]. "Illumination Invariant Image Retrieval and Video Segmentation," *Pattern Recognition.*, vol. 32, no. 8, pp. 1369–1388.

Duda, R. O., Hart, P. E., and Stork, D. G. [2001]. *Pattern Classification*, John Wiley & Sons, New York.

Eng, H.-L. and Ma, K.-K. [2001]. "Noise Adaptive Soft-Switching Median Filter," *IEEE Trans. Image Process.*, vol. 10, no. 2, pp. 242–251.

Eng, H.-L. and Ma, K.-K. [2006]. "A Switching Median Filter With Boundary Discriminitative Noise Detection for Extremely Corrupted Images," *IEEE Trans. Image Process.*, vol. 15, no. 6, pp. 1506–1516.

Federal Bureau of Investigation [1993]. *WSQ Gray-Scale Fingerprint Image Compression Specification*, IAFIS-IC-0110v2, Washington, DC.

Feng, J., Cao, Z, and Pi, Y. [2013]. "Multiphase SAR Image Segmentation With Statistical-Model-Based Active Contours," *IEEE Trans. Geoscience and Remote Sensing*, vol. 51, no. 7, pp. 4190–4199.

Fisher, R. A. [1936]. "The Use of Multiple Measurements in Taxonomic Problems," *Ann. Eugenics*, vol. 7, Part 2, pp. 179–188. (Also in *Contributions to Mathematical Statistics*, John Wiley & Sons, New York, 1950.)

Flusser, J. [2000]. "On the Independence of Rotation Moment Invariants," *Pattern Recognition*, vol. 33, pp. 1405–1410.

Freeman, A. (translator) [1878]. *J. Fourier, The Analytical Theory of Heat*, Cambridge University Press, London, UK.

Freeman, H. [1961]. "On the Encoding of Arbitrary Geometric Configurations," *IEEE Trans. Elec. Computers*, vol. EC-10, pp. 260–268.

Freeman, H. [1974]. "Computer Processing of Line Drawings," *Comput. Surveys*, vol. 6, pp. 57–97.

Frendendall, G. L. and Behrend, W. L. [1960]. "Picture Quality—Procedures for Evaluating Subjective Effects of Interference," *Proc. IRE*, vol. 48, pp. 1030–1034.

Fukunaga, K. [1972]. *Introduction to Statistical Pattern Recognition*, Academic Press, New York.

Furht, B., Greenberg, J., and Westwater, R. [1997]. *Motion Estimation Algorithms for Video Compression*, Kluwer Academic Publishers, Boston.

Gaetano, R., Masi, G, Poggi, G., Verdoliva, L., and Scarpa, G. [2015]. "Marker-Controlled Watershed-Based Segmentation of Multiresolution Remote Sensing Images," *IEEE Trans. Geo Sci and Remote Sensing*, vol. 53, no. 6, pp. 2987–3004.

Gallager, R. and Voorhis, D.V. [1975]. "Optimal Source Codes for Geometrically Distributed Integer Alphabets," *IEEE Trans. Inform. Theory*, vol. IT-21, pp. 228–230.

Giardina, C. R. and Dougherty, E. R. [1988]. *Morphological Methods in Image and Signal Processing*, Prentice Hall, Upper Saddle River, NJ.

Golomb, S.W. [1966]. "Run-Length Encodings," *IEEE Trans. Inform.Theory*, vol. IT-12, pp. 399–401.

Gonzalez, R. C., Edwards, J. J., and Thomason, M. G. [1976]. "An Algorithm for the Inference of Tree Grammars," *Int. J. Comput. Info. Sci.*, vol. 5, no. 2, pp. 145–163.

Gonzalez, R. C., Woods, R. E., and Eddins, S. L. [2004]. *Digital Image Processing Using MATLAB*, Prentice Hall, Upper Saddle River, NJ.

Gonzalez, R. C., Woods, R. E., and Eddins, S. L. [2009]. *Digital Image Processing Using MATLAB*, 3rd ed., Gatesmark Publishing, Knoxville, TN.

Gonzalez, R. C. [1985]. "Industrial Computer Vision," in *Advances in Information Systems Science*, Tou, J. T. (ed.), Plenum, New York, pp. 345–385.

Gonzalez, R. C. [1986]. "Image Enhancement and Restoration," in *Handbook of Pattern Recognition and Image Processing*, Young, T. Y., and Fu, K. S. (eds.), Academic Press, New York, pp. 191–213.

Gonzalez, R. C. and Fittes, B. A. [1977]. "Gray-Level Transformations for Interactive Image Enhancement," *Mechanism and Machine Theory*, vol. 12, pp. 111–122.

Gonzalez, R. C. and Safabakhsh, R. [1982]."Computer Vision Techniques for Industrial Applications," *IEEE Computer*, vol. 15, no. 12, pp. 17–32.

Gonzalez, R. C. and Thomason, M. G. [1978]. *Syntactic Pattern Recognition: An Introduction*, Addison-Wesley, Reading, MA.

Gonzalez, R. C. and Woods, R. E. [1992]. *Digital Image Processing*, Addison-Wesley, Reading, MA.

Gonzalez, R. C. and Woods, R. E. [2002]. *Digital Image Processing*, 2nd ed., Prentice Hall, Upper Saddle River, NJ.

Gonzalez, R. C. and Woods, R. E. [2008]. *Digital Image Processing*, 3rd ed., Prentice Hall, Upper Saddle River, NJ.

Goodfellow, I., Bengio, Y., and Courville, A. [2016]. *Deep Learning*, MIT Press, Boston, MA.

Goutsias, J., Vincent, L., and Bloomberg, D. S. (eds) [2000]. *Mathematical Morphology and Its Applications to Image and Signal Processing*, Kluwer Academic Publishers, Boston, MA.

Graham, B. [2015]. "Fractional Max-Pooling," *arXiv:1412.6071v4 [cs.CV], 12May2015.*

Graham, R. E. [1958]. "Predictive Quantizing of Television Signals," *IRE Wescon Conv. Rec.*, vol. 2, pt. 2, pp. 147–157.

Gunturk, B. K. and Li, Xin (eds.) [2013]. *Image Restoration: Fundamentals and Advances*, CRC Press, Boca Raton, FL.

Haar, A. [1910]. "Zur Theorie der Orthogonalen Funktionensysteme," *Math. Annal.*,vol. 69, pp. 331–371.

Habibi, A. [1971]. "Comparison of Nth Order DPCM Encoder with Linear Transformations and Block Quantization Techniques," *IEEE Trans. Comm.Tech.*, vol. COM-19, no. 6, pp. 948–956.

Hadamard, J. [1893]. "Resolution d'une Question Relative aux Determinants," *Bull. Sci. Math.*, Ser. 2, vol. 17, part I, pp. 240–246.

Haralick, R. M. and Shapiro, L. G. [1992]. *Computer and Robot Vision*, vols 1 & 2, Addison-Wesley, Reading, MA.

Harris, C. and Stephens, M. [1988]. "A Combined Corner and Edge Detection," *Proc. 4th Alvey Vision Conference, pp.* 147-151.

Hebb, D. O. [1949]. *The Organization of Behavior: A Neuropsychological Theory*, John Wiley & Sons, New York.

Hensley, D. [2006]. *Continued Fractions*, World Scientific Publishing Co., River Edge,NJ.

Hespanha, J. P. [2009]. *Linear Systems Theory*, Princeton University Press, Princeton,NJ.

Hochbaum, D. [2010], "Polynomial Time Algorithms for Ratio Regions and a Variant of Normalized Cut" *IEEE Trans. Pattern Anal. and Machine Intell.* vol. 32, no. 5, pp. 889–898.

Hornik, K. [1991]. "Approximation Capabilities of Multilayer Feedforward Networks," *Neural Networks*, vol. 4, no. 2, pp. 251–257.

Hotelling, H. [1933]. "Analysis of a Complex of Statistical Variables into Principal Components," *J. Educ. Psychol.*, vol. 24, pp. 417–441, 498–520.

Hough, P. V. C. [1962]. "Methods and Means for Recognizing Complex Patterns," US Patent 3,069,654.

Hu, M. K. [1962]."Visual Pattern Recognition by Moment Invariants," *IRE Trans. Info. Theory,* vol. IT-8, pp. 179–187.

Huang, T. S. [1965]."PCM Picture Transmission," *IEEE Spectrum*, vol. 2, no. 12, pp. 57–63.

Huang, T. S. [1966]. "Digital Picture Coding," *Proc. Natl. Electron. Conf.*, pp. 793–797.

Hubbard, B. B. [1998]. *The World According to Wavelets—The Story of a Mathematical Technique in the Making*, 2nd ed., A. K. Peters, Ltd.,Wellesley, MA.

Hubel, D. H. and Wiesel, T. N. [1959]. "Receptive Fields of Single Neurons in the Cat's Stratiate Cortex," *J. of Physiology*, vol. 148, no. 3, pp. 574–591.

Huertas, A. and Medione, G. [1986]. "Detection of Intensity Changes with Subpixel Accuracy using Laplacian-Gaussian Masks," *IEEE Trans. Pattern. Anal. Machine Intell.*, vol. PAMI-8, no. 5, pp. 651–664.

Huffman, D. A. [1952]. "A Method for the Construction of Minimum Redundancy Codes," *Proc. IRE*, vol. 40, no. 10, pp. 1098–1101.

Hufnagel, R. E. and Stanley, N. R. [1964]. "Modulation Transfer Function Associated with Image Transmission through Turbulent Media," *J. Opt. Soc. Amer.*, vol. 54, pp. 52–61.

Hughes, J. F. and Andries, V. D. [2013]. *Computer Graphics: Principles and Practice*, 3rd ed., Pearson, Upper Saddle River, NJ.

Hunt, B. R. [1973]. "The Application of Constrained Least Squares Estimation to Image Restoration by Digital Computer," *IEEE Trans. Comput.*, vol. C-22, no. 9, pp. 805–812.

IEEE Trans. Comm. [1981]. Special issue on picture communication systems, vol. COM-29, no. 12.

IEEE Trans. Information Theory [1992]. Special issue on wavelet transforms and mulitresolution signal analysis, vol. 11, no. 2, Part II.

IEEE Trans. Image Process. [1994]. Special issue on image sequence compression, vol. 3, no. 5.

IEEE Trans. on Image Process. [1996]. Special issue on vector quantization, vol. 5, no. 2.

IEEE Trans. Pattern Analysis and Machine Intelligence [1989]. Special issue on multiresolution processing, vol. 11, no. 7.

IEEE Trans. Signal Processing [1993]. Special issue on wavelets and signal processing, vol. 41, no. 12.

IES Lighting Handbook, 10th ed. [2011]. Illuminating Engineering Society Press, New York.

ISO/IEC JTC 1/SC 29/WG 1 [2000]. ISO/IEC FCD 15444-1: *Information technology—JPEG 2000 image coding system: Core coding system.*

Jain, A. K. [1989]. *Fundamentals of Digital Image Processing*, Prentice Hall, Englwood Cliffs, NJ.

Jain, J. R. and Jain, A. K. [1981]. "Displacement Measurement and Its Application in Interframe Image Coding," *IEEE Trans. Comm.*, vol. COM-29, pp. 1799–1808.

Jain, R., Kasturi, R., and Schunk, B. [1995]. *Computer Vision*, McGraw-Hill, New York.

Jain, R. [1981]. "Dynamic Scene Analysis Using Pixel-Based Processes," *Computer*, vol. 14, no. 8, pp. 12–18.

Ji, L. and Yang, H. [2002]. "Robust Topology-Adaptive Snakes for Image Segmentation," *Image and Vision Computing*, vol. 20, no. 2, pp. 147–164.

Jones, R. and Svalbe, I. [1994]. "Algorithms for the Decomposition of Gray-Scale Morphological Operations," *IEEE Trans. Pattern Anal. Machine Intell.*, vol. 16, no. 6, pp. 581–588.

Kak, A. C. and Slaney, M. [2001]. *Principles of Computerized Tomographic Imaging*, Society for Industrial and Applied Mathematics, Philadelphia, PA.

Kass, M., Witkin, A., and Terzopoulos, D. [1988]. "Snakes: Active Contour Models," *Int'l J. Comp. Vision*, Kluwer Academic Publishers, Boston, MA, pp. 321–331.

Kaushik Roy, K., Bhattacharya, P., and Suen, C. Y. [2012]. "Iris Segmentation Using Game Theory," *Signal, Image and Video Processing*, vol. 6, no. 2, pp. 301–315.

Kerre, E. E. and Nachtegael, M., (eds.) [2000]. *Fuzzy Techniques in Image Processing*, Springer-Verlag, New York.

Kirsch, R. [1971]. "Computer Determination of the Constituent Structure of Biological Images," *Comput. Biomed. Res.*, vol. 4, pp. 315–328.

Klette, R. and Rosenfeld, A. [2004]. *Digital Geometry—Geometric Methods for Digital Picture Analysis*, Morgan Kaufmann, San Francisco, CA.

Kohler, R. J. and Howell, H. K. [1963]. "Photographic Image Enhancement by Superposition of Multiple Images," *Photogr. Sci. Eng.*, vol. 7, no. 4, pp. 241–245.

Kramer, H. P. and Mathews, M. V. [1956]. "A Linear Coding for Transmitting a Set of Correlated Signals," *IRE Trans. Info. Theory*, vol. IT-2, pp. 41–46.

Krizhevsky, A., Sutskever, I., and Hinton, G. E. [2012]. "ImageNet Classification with Deep Convolutional Neural Networks," *Advances in Neural Information Processing Systems 25*, NIPS 2012, pp. 1097–1105.

Langdon, G. C. and Rissanen, J. J. [1981]. "Compression of Black-White Images with Arithmetic Coding," *IEEE Trans. Comm.*, vol. COM-29, no. 6, pp. 858–867.

LeCun, Y., Bengio, Y., and Hinton, G. [2015]. "Deep Learning," *Nature*, vol. 521, pp. 436 – 444.

LeCun, Y., Boser, B., Dencker, J. S., Henderson, D., Howard, R. E., Hubbard, W., and Jacket, L. D. [1998]. "Backpropagation Applied to Handwritten Code Recognition," *Neural Computation*, vol. 1, no. 4, pp. 541–551.

LeCun, Y., Bottou, L., Bengio, Y., and Haffner, P. [1998]. "Gradient-Based Learning Applied to Document Recognition," *Proc. IEEE*, vol. 86. no. 11, pp. 2278–2324.

LeCun. Y. A., Bottou, L., Orr, G. B., and Muller, Klaus [2012]. "Efficient Backprop," in *Neural Networks: Tricks of the Trade*, G. Montavon et al. (eds.), Springer-Verlag, New York, pp. 9– 48.

Le Gall, D. and Tabatabai, A. [1988]. "Sub-Band Coding of Digital Images Using Symmetric Short Kernel Filters and Arithmetic Coding Techniques," *IEEE International Conference on Acoustics, Speech, and Signal Processing*, New York, pp. 761–765.

Li, C., Xu, C., Gui, C., and Fox, M. D. [2005]. "Level Set Evolution Without Re-initialization: A New Variational Formulation," *IEEE Computer Vision and Pattern Recognition Conference*, CVPR-2005, vol. 1, pp. 430 – 436.

Liangjia, Z., Yi, G., Yezzi, A., and Tannenbaum, A. [2013]. "Automatic Segmentation of the Left Atrium from MR Images via Variational Region Growing With a Moments-Based Shape Prior," *IEEE Trans. Image Process.*, vol. 22, no. 12, pp. 5111–5122.

Lindberg, T. [1994]. "Scale-Space Theory: A Basic Tool for Analyzing Structures at Different Scales," *J. Applied Statistics,* vol. 21, Issue 1–2, pp. 225–270.

Lloyd, S. P. [1982]. "Least Square Quantization in PCM," *IEEE Trans on Inform. Theory,* vol. 28, no. 2, pp.129–137.

Lowe, D. G. [1999]. "Object Recognition from Local Scale-Invariant Features," *Proc. 7th IEEE Int'l Conf. on Computer Vision,* 1150–1157.

Lowe, D. G. [2004]. "Distinctive Image Features from Scale-Invariant Keypoints," *Int'l J. Comp. Vision,* vol. 60, no. 2, pp. 91–110.

Malcolm, J., Rathi, Y., Yezzi, A., and Tannenbaum, A. [2008]. "Fast Approximate Surface Evolution in Arbitrary Dimension," *Proc. SPIE, vol. 6914, Medical Imaging 2008: Image Processing,* doi:10.1117/12.771080.

Mallat, S. [1987]. "A Compact Multiresolution Representation: The Wavelet Model," *Proc. IEEE Computer Society Workshop on Computer Vision,* IEEE Computer Society Press, Washington, DC, pp. 2–7.

Mallat, S. [1989a]. "A Theory for Multiresolution Signal Decomposition: The Wavelet Representation," *IEEE Trans. Pattern Anal. Mach. Intell.,* vol. PAMI-11, pp. 674–693.

Mallat, S. [1989b]. "Multiresolution Approximation and Wavelet Orthonormal Bases of L2," *Trans. American Mathematical Society,* vol. 315, pp. 69–87.

Mallat, S. [1989c]. "Multifrequency Channel Decomposition of Images and Wavelet Models," *IEEE Trans. Acoustics, Speech, and Signal Processing,* vol. 37, pp. 2091–2110.

Mallat, S. [1998]. *A Wavelet Tour of Signal Processing,* Academic Press, Boston, MA.

Mallat, S. [1999]. *A Wavelet Tour of Signal Processing,* 2nd ed., Academic Press, San Diego, CA.

Mamistvalov, A. [1998]. "*n*-Dimensional Moment Invariants and Conceptual Mathematical Theory of Recognition [of] *n*-Dimensional Solids," *IEEE Trans. Pattern Anal. Machine Intell.,* vol. 20, no. 8, pp. 819–831.

Marquina, A. and Osher, S. [2001]. "Explicit Algorithms for a New Time-Dependent Model Based on Level-Set Motion for Nonlinear Deblurring and Noise Removal," *SIAM J. Sci. Comput.,* vol.22, no. 2, pp. 387– 405.

Marr, D. [1982]. *Vision,* Freeman, San Francisco, CA.

Matas, J., Chum, O, Urban, M. and Pajdla, T. [2002]. "Robust Wide Baseline Stereo from Maximally Stable Extremal Regions," *Proc. 13th British Machine Vision Conf.,* pp. 384–396.

Maurer, C. R., Rensheng, Qi, R., and Raghavan, V. [2003]. "A Linear Time Algorithm for Computing Exact Euclidean Distance Transforms of Binary Images in Arbitrary Dimensions," *IEEE Trans. Pattern Anal. Machine Intell.,* vol. 25, no. 2, pp. 265–270.

Max, J. [1960]. "Quantizing for Minimum Distortion," *IRE Trans. Info.Theory,* vol. IT-6, pp. 7–12.

McCulloch, W. S. and Pitts,W. H. [1943]. "A Logical Calculus of the Ideas Imminent in Nervous Activity," *Bulletin of Mathematical Biophysics,* vol. 5, pp. 115–133.

McFarlane, M. D. [1972]. "Digital Pictures Fifty Years Ago," *Proc. IEEE,* vol. 60, no. 7, pp. 768–770.

Meyer, Y. (ed.) [1992a]. *Wavelets and Applications: Proceedings of the International Conference, Marseille, France,* Mason, Paris, and Springer-Verlag, Berlin.

Meyer, Y. (translated by D. H. Salinger) [1992b]. *Wavelets and Operators,* Cambridge University Press, Cambridge, UK.

Meyer, Y. (translated by R. D. Ryan) [1993].*Wavelets: Algorithms and Applications,* Society for Industrial and Applied Mathematics, Philadelphia.

Meyer, Y. [1987]."L'analyses par ondelettes," *Pour la Science,* Paris, France.

Meyer, Y. [1990]. *Ondelettes et opérateurs,* Hermann, Paris.

Minsky, M. and Papert, S. [1969]. *Perceptrons: An Introduction to Computational Geometry,* MIT Press, Cambridge, MA.

Mitchell, J., Pennebaker,W., Fogg, C., and LeGall, D. [1997]. *MPEG Video Compression Standard,* Chapman & Hall, New York.

Mohanty, S., et al. [1999]. "A Dual Watermarking Technique for Images," *Proc. 7th ACM International Multimedia Conference,* ACM-MM'99, Part 2, pp. 49–51.

Montavon, et al. [2012]. *Neural Networks: Tricks of the Trade,* Springer-Verlag, New York.

Montgomery, D. C. and Runger, G. C. [2011]. *Applied Statistics and Probability for Engineers,* 5th ed., Wiley, Hoboken, NJ.

Netravali, A. N. [1977]. "On Quantizers for DPCM Coding of Picture Signals," *IEEE Trans. Info. Theory,* vol. IT-23, no. 3, pp. 360–370.

Netravali, A. N. and Limb, J. O. [1980]. "Picture Coding: A Review," *Proc. IEEE,* vol. 68, no. 3, pp. 366–406.

Nie, Y. and Barner, K. E. [2006]. "The Fuzzy Transformation and Its Applications in Image Processing," *IEEE Trans. Image Process.,* vol. 15, no. 4, pp. 910–927.

Nielsen, M. A. [2015]. *Neural Networks and Deep Learning,* Determination Press.(Only available online at http://neuralnetworksanddeeplearning.com/index.html.)

Nilsson, N. J. [1965]. *Learning Machines: Foundations of Trainable Pattern-Classifying Systems,* McGraw-Hill, New York.

Nixon, M. and Aguado, A. [2012]. *Feature Extraction and Image Processing for Computer Vision,* 3rd ed., Academic Press, New York.

Noble, B. and Daniel, J. W. [1988]. *Applied Linear Algebra,* 3rd ed., Prentice Hall, Upper Saddle River, NJ.

Odegard, J. E., Gopinath, R. A., and Burrus, C. S. [1992]. "Optimal Wavelets for Signal Decomposition and the Existence of Scale-Limited Signals," *Proceedings of IEEE Int. Conf. On Signal Proc.,* ICASSP-92, San Francisco, CA, vol. IV, 597–600.

Oppenheim, A. V., Schafer, R.W., and Stockham, T. G., Jr. [1968]. "Nonlinear Filtering of Multiplied and Convolved

Signals," *Proc. IEEE*, vol. 56, no. 8, pp. 1264–1291.

Osher, S. and Sethian, J. A. [1988]. "Fronts Propagating with Curvature-Dependent Speed: Algorithms Based on Hamilton-Jacobi Formulations," *J. Comp. Phys.*, vol. 79, no. 1, pp. 12 – 49.

Otsu, N. [1979]. "A Threshold Selection Method from Gray-Level Histograms," *IEEE Trans. Systems, Man, and Cybernetics*, vol. 9, no. 1, pp. 62–66.

O'Neil, J. B. [1971]. "Entropy Coding in Speech and Television Differential PCM Systems," *IEEE Trans. Info. Theory*, vol. IT-17, pp. 758–761.

Padfield, D. [2011]. "The Magic Sigma," *Proc. of the IEEE Comp. Vision and Pattern Recog. Conf. (CVPR)*, 2011, pp. 129–136.

Paez, M. D. and Glisson, T. H. [1972]. "Minimum Mean-Square-Error Quantization in Speech PCM and DPCM Systems," *IEEE Trans. Comm.*, vol. COM-20, pp. 225–230.

Parhi, K. and Nishitani, T. [1999]. "Digital Signal Processing in Multimedia Systems," Chapter 18: *A Review of Watermarking Principles and Practices*, M. Miller, et al. (eds.), pp. 461–485, Marcel Dekker Inc., New York.

Pennebaker, W. B., Mitchell, J. L., Langdon, G. G., Jr., and Arps, R. B. [1988]. "An Overview of the Basic Principles of the Q-coder Adaptive Binary Arithmetic Coder," *IBM J. Res. Dev.*, vol. 32, no. 6, pp. 717–726.

Perez, A. and Gonzalez, R. C. [1987]. "An Iterative Thresholding Algorithm for Image Segmentation," *IEEE Trans. Pattern Anal. Machine Intell.*, vol. PAMI-9, no. 6, pp. 742–751.

Petrou, M. and Petrou, C. [2010]. *Image Processing: The Fundamentals*, John Wiley & Sons, New York.

Pitas, I. and Vanetsanopoulos, A. N. [1990]. *Nonlinear Digital Filters: Principles and Applications*, Kluwer Academic Publishers, Boston, MA.

Poynton, C. A. [1996]. *A Technical Introduction to Digital Video*, John Wiley & Sons, New York.

Pratt, W., Chen, W., and Welch, L. [1974]. "Slant Transform Image Coding," *IEEE Trans. on Comm.*, vol. COM-22, no. 8, pp. 1075–1093.

Pratt, W. K. [2001]. *Digital Image Processing*, 3rd ed., John Wiley & Sons, New York.

Pratt, W. K. [2014]. *Introduction to Digital Image Processing*, CRC Press, Boca Raton, FL.

Prewitt, J. M. S. [1970]. "Object Enhancement and Extraction," in *Picture Processing and Psychopictorics*, Lipkin, B. S., and Rosenfeld, A. (eds.), Academic Press, New York.

Prince, Simon J. D. [2012]. *Computer Vision: Models, Learning, and Inference*, Cambridge Univ. Press, Cambridge, UK.

Proc. IEEE [1980]. Special issue on the encoding of graphics, vol. 68, no. 7.

Proc. IEEE [1985]. Special issue on visual communication systems, vol. 73, no. 2.

Rabbani, M. and Jones, P.W. [1991]. *Digital Image Compression Techniques*, SPIE Press, Bellingham,WA.

Rajala, S. A., Riddle, A. N., and Snyder,W. E. [1983]. "Application of One-Dimensional Fourier Transform for Tracking Moving Objects in Noisy Environments," *Comp., Vision, Image Proc.*, vol. 21, pp. 280–293.

Ramachandran, G. N. and Lakshminarayanan, A. V. [1971]. "Three Dimensional Reconstructions from Radiographs and Electron Micrographs: Application of Convolution Instead of Fourier Transforms," *Proc. Nat. Acad. Sci.*, vol. 68, pp. 2236–2240.

Shapiro, L. G. and Stockman, G. C. [2001]. *Computer Vision*, Prentice Hall, Upper Saddle River, NJ.

Shepp, L. A. and Logan, B. F. [1974]. "The Fourier Reconstruction of a Head Section," *IEEE Trans. Nucl. Sci.*, vol. NS-21, pp. 21–43.

Shi, J. and Malik, J. [2000]. "Normalized Cuts and Image Segmentation," *IEEE Trans. Pattern Anal. and Machine Intell.*, vol. 22. no. 8, pp. 888–905.

Shi, J. and Tomasi, C. [1994]. "Good Features to Track," *9th IEEE Conf. Computer Vision and Pattern Recog.*, pp. 593–600.

Shi, Y. and Karl, W. C. [2008]. "A Real-Time Algorithm for the Approximation of Level-Set-Based Curve Evolution," *IEEE Trans. Image Process.*, vol. 17, no. 5, pp. 645–655.

Simon, J. C. [1986]. *Patterns and Operators: The Foundations of Data Representations,* McGraw-Hill, New York.

Sklansky, J., Chazin, R. L., and Hansen, B. J. [1972]. "Minimum-Perimeter Polygons of Digitized Silhouettes," *IEEE Trans. Comput.*, vol. C-21, no. 3, pp. 260–268.

Sloboda, F., Zatko, B., and Stoer, J. [1998]. "On Approximation of Planar One-Dimensional Continua," in *Advances in Digital and Computational Geometry*, R. Klette, A. Rosenfeld, and F. Sloboda (eds.), Springer, Singapore, pp. 113–160.

Smith, J.O., III [2003]. *Mathematics of the Discrete Fourier Transform*, W3K Publishing, CCRMA, Stanford, CA. (Also available online at http://ccrma.stanford.edu/~jos/mdft).

Snowden, R., Thompson, P, and Troscianko, T. [2012]. *Basic Vision: An Introduction to Visual Perception*, Oxford University Press, Oxford, UK.

Snyder, W. E. and Qi, Hairong [2004]. *Machine Vision*, Cambridge University Press, New York.

Sobel, I. E. [1970]. "Camera Models and Machine Perception," Ph.D. dissertation, Stanford University, Palo Alto, CA.

Soille, P. [2003]. *Morphological Image Analysis: Principles and Applications*, 2nd ed., Springer-Verlag, New York.

Sokic, E., & Konjicija, S. (2016). "Phase-Preserving Fourier Descriptor for Shape-Based Image Retrieval," *Signal Processing: Image Communication*, vol. 40, pp. 82–96.

Solari, S. [1997]. *Digital Video and Audio Compression*, McGraw-Hill, New York.

Srivastava, N. et al. [2014]. "Dropout: A Simple Way to Prevent Neural Networks from Overfitting," *J. Machine Learning Res.*, vol. 15, pp. 1929–1958.

Sussner, P. and Ritter, G. X. [1997]. "Decomposition of Gray-Scale Morphological Templates Using the Rank Method," *IEEE Trans. Pattern Anal. Machine Intell.*, vol. 19, no. 6, pp. 649–658.

Sze, T.W. and Yang, Y. H. [1981]. "A Simple Contour Matching Algorithm," *IEEE Trans. Pattern Anal. Mach. Intell.*, vol. 3, no. 6, pp. 676–678.

Theoridis, S. and Konstantinos, K. [2006]. *Pattern Recognition*, 3rd ed., Academic Press, New York.

Thurley, J. M. and Danell, V. [2012]. "Fast Morphological Image Processing Open-Source Extensions for GPU Processing With CUDA," *IEEE J. Selected Topics in Signal Processing*, vol. 6, no. 7, pp. 849–855.

Tizhoosh, H. R. [2000]. "Fuzzy Image Enhancement: An Overview," in *Fuzzy Techniques in Image Processing*, E. Kerre and M. Nachtegael (eds.), Springer-Verlag, New York.

Toro, J. and Funt, B. [2007]. "A Multilinear Constraint on Dichromatic Planes for Illumination Estimation," *IEEE Trans. Image Process.*, vol. 16, no. 1, pp. 92–97.

Tou, J. T. and Gonzalez, R. C. [1974]. *Pattern Recognition Principles*, Addison-Wesley, Reading, MA.

Trussell, H. J. and Vrhel, M. J. [2008]. *Fundamentals of Digital Imaging*, Cambridge University Press, Cambridge, UK.

Umbaugh, S. E. [2010]. *Digital Image Processing and Analysis*, 2nd ed., CRC Press, Boca Raton, FL.

Vetterli, M. and Kovacevic, J. [1995]. *Wavelets and Suband Coding*, Prentice Hall, Englewood Cliffs, NJ.

Vincent, L. [1993]. "Morphological Grayscale Reconstruction in Image Analysis: Applications and Efficient Algorithms," *IEEE Trans. Image Process.*, vol. 2. no. 2, pp. 176–201.

Walsh, J. L. [1923]. "A Closed Set of Normal Orthogonal Functions," *Am. J. Math.*, vol. 45, no. 1, pp. 5–24.

Wang, Ruye [2012]. *Introduction to Orthogonal Transforms*, Cambridge University Press, New York.

Weinberger, M. J., Seroussi, G., and Sapiro, G. [1996]. "The LOCO-I Lossless Image Compression Algorithm: Principles and Standardization into JPEG-LS," *IEEE Trans. Image Process.*, vol. 9, no. 8, pp. 1309–1324.

Welch, T.A. [1984]. "A Technique for High-Performance Data Compression," *IEEE Computer*, vol. 17, no. 6, pp. 8–19.

White, J. M. and Rohrer, G. D. [1983]. "Image Thresholding for Optical Character Recognition and Other Applications Requiring Character Image Extraction," *IBM J. Res. Devel.*, vol. 27, no. 4, pp. 400–411.

Whittaker, R. T. [1998]. "A Level-Set Approach to 3D Reconstruction from Range Data," *Int'l. J. Comp. Vision*, vol. 29, no. 3, pp. 203–231.

Widrow, B. and Stearns, S. D. [1985]. *Adaptive Signal Processing*, Prentice Hall, Englewood Cliffs, NJ.

Wiener, N. [1942]. *Extrapolation, Interpolation, and Smoothing of Stationary Time Series*, MIT Press, Cambridge, MA.

Witten, I. H., Neal, R. M., and Cleary, J. G. [1987]. "Arithmetic Coding for Data Compression," *Comm. ACM*, vol. 30, no. 6, pp. 520–540.

Wolberg, G. [1990]. *Digital Image Warping*, IEEE Computer Society Press, Los Alamitos, CA.

Woods, R. E. and Gonzalez, R. C. [1981]. "Real-Time Digital Image Enhancement," *Proc. IEEE*, vol. 69, no. 5, pp. 643–654.

Xiang, Z., Zou, Y., Zhou, X., and Huang, X. [2016]. "Robust Vehicle Logo Recognition Based on Locally Collaborative Representation with Principal Components," *Sixth Int'l Conference on Information Sci. and Tech.*, Dalian, China, pp. 487–491.

Xintao, D., Yonglong, L., Liping, S., and Fulong, C. [2014]. "Color Balloon Snakes for Face Segmentation," *Int'l J. for Light and Electron Optics*, vol. 126, no. 11, pp. 2538–2542.

Xu, C. and Prince, J, L. [1988]. "Snakes, Shapes, and Gradient Vector Flow," *IEEE Trans. Image Process.*, vol.7, no. 3, pp. 359–369.

Yu, H., Barriga, E.S., Agurto, C., Echegaray, S., Pattichis, M.S., Bauman, W., and Soliz, P. [2012]. "Fast Localization and Segmentation of Optic Disk in Retinal Images Using Directional Matched Filtering and Level Sets," *IEEE Trans. Information Tech and Biomedicine*, vol. 16, no. 4, pp. 644 – 657.

Zadeh, L. A. [1965]. "Fuzzy Sets," *Inform. and Control*, vol. 8, pp. 338–353.

Zadeh, L. A. [1973]. "Outline of New Approach to the Analysis of Complex Systems and Decision Processes," *IEEE Trans. Systems, Man, Cyb.*, vol. SMC-3, pp. 28–44.

Zadeh, L. A. [1976]. "A Fuzzy-Algorithmic Approach to the Definition of Complex or Imprecise Concepts," *Int. J. Man-Machine Studies*, vol. 8, pp. 249–291.

Zahn, C. T. and Roskies, R. Z. [1972]. "Fourier Descriptors for Plane Closed Curves," *IEEE Trans. Comput.*, vol. C-21, no. 3, pp. 269–281.

Zhang, Q. and Skjetne, R. [2015]. "Image Processing for Identification of Sea-Ice Floe Size Distribution," *IEEE Trans. Geoscience and Remote Sensing*, vol. 53, no. 5, pp. 2913–2924.

Ziv, J. and Lempel, A. [1977]. "A Universal Algorithm for Sequential Data Compression," *IEEE Trans. Info. Theory*, vol. IT-23, no. 3, pp. 337–343.

Ziv, J. and Lempel, A. [1978]. "Compression of Individual Sequences Via Variable-Rate Coding," *IEEE Trans. Info. Theory*, vol. IT-24, no. 5, pp. 530–536.

术语表

X 射线断层摄影术　tomography
修正阿尔法均值滤波器　alpha-trimmed mean filter
爱尔兰噪声　Erlang noise
暗视觉　scotopic vision
白噪声　white noise
半色调点　halftone dots
饱和度　saturation
保真度准则　fidelity criteria
贝叶斯分类器　Bayes classifier
贝叶斯决策函数　Bayes decision function
贝叶斯准则　Bayes' rule
背景　background
倍频程图像　octave image
比特分配　bit allocation
比特率　bit rate
比特平面编码　bit-plane coding
闭运算　closing
边界　boundary
边界描述子　boundary descriptors
边框，边界　border
边缘　edge
边缘单位法线　edge unit normal
边缘法线　edge normal
边缘模型　edge models
边缘图　edge map
边缘像素　edge pixels
编码　coding
编码器　encoder
变化率　rate of change
变换函数　transformation functions
变换矩阵　transformation matrix
变换域　transform domain
变长编码　variable-length code
标称动态范围　nominal dynamic range
标记　marker
标记图　signatures
标量　scalars
标量场　scalar field
标准差　standard deviation
波长　wavelength
补充码　makeup codes
补集，补色　complements
不连续性　discontinuity

不相交的　disjoint
彩色变换　color transformations
彩色环　color circle
彩色轮　color wheel
彩色模型　color model
彩色图像处理　color image processing
彩色像素　color pixel
彩色映射函数　color mapping functions
彩色域　color gamut
参考图像　reference image
参考帧　reference frame
参数方程　parametric equations
参数空间　parameter space
参数维纳滤波器　parametric Wiener filter
测地腐蚀　geodesic erosion
测地膨胀　geodesic dilation
测试集　test set
查找表　lookup table
差分编码　differential coding
差分脉冲编码调制　differential pulse code modulation
差分算子　difference operators
差值图像　difference image
超立方体　hypercube
超平面　hyperplanes
超球　hyperspheres
超体素　supervoxels
超像素　superpixels
城市街区距离　city-block distance
池化层　pooling layer
池化方法　pooling methods
池化邻域　pooling neighborhoods
尺度　scale
尺度变换（缩放）函数　scaling functions
尺度不变特征变换　scale-invariant feature transform
尺度参数　scale parameter
尺度变换函数系数　scaling function coefficients
尺度空间　scale space
尺度无关　scale independence
冲激串　impulse train
冲激响应　impulse response
冲激噪声　impulse noise
抽象向量空间　abstract vector space
垂直细节　vertical details

从投影重建图像　image reconstruction from projections
粗化　thickening
错视　optical illusions
代价函数　cost function
带宽　bandwidth
带通滤波器　band-pass filter
带限函数　band-limited function
带状模板　zonal mask
带阻滤波器　bandreject filter
单变量随机变量　univariate random variables
单点相关　single-point correlations
单色光　monochromatic light
单调函数　monotonic function
单位冲激　unit impulse
导出式量化　derived quantization
导数　derivative
倒数　reciprocal
德·摩根定律　DeMorgan's laws
等偏好曲线　isopreference curves
低通滤波器　lowpass filter
笛卡儿积　Cartesian product
底帽变换　bottom-hat transformation
点处理技术　point processing techniques
点积　dot product
点扩散函数　point spread function
电磁波谱　electromagnetic spectrum
电子束计算机断层成像
　electron beam computed tomography
叠加　superposition
顶点　vertex
顶帽变换　top-hat transformation
定长编码　fixed-length code
动态范围　dynamic range
独立帧（I帧）　independent frames
短轴　minor axis
断层照片　laminogram
对比度拉伸　contrast stretching
对称的　symmetric
对称小波　symlets
对角线细节　diagonal details
对偶变换矩阵　dual transformation matrix
对偶展开函数　dual expansion functions
对应点最小算子　point-wise minimum operator
对应元素乘积　elementwise product
对应元素运算　elementwise operation
钝化掩蔽　unsharp masking
多边形网络　polygonal networks
多分辨率分析　multiresolution analysis
多阈值处理　multiple thresholding
多元随机变量　multivariate random variables
二叉树　binary tree
二阶导数　second derivative

二项式系数　binomial coefficient
二元关系　binary relation
法线表示　normal representation
反比　inverse proportionality
反变换　inverse transform
反变换对　reversible transform pair
反变换核　inverse transformation kernel
反差比　contrast ratio
反对称的　antisymmetric
反混叠　anti-aliasing
反量化器　inverse quantizer
反射　reflection
反射率　reflectivity
反射式显微密度计　reflection microdensitometers
反谐波均值滤波器　contraharmonic mean filter
反投影　backprojection
反向差分　backward difference
反向传播　backpropagation
反向传播训练　training by backpropagation
反向预测　backward prediction
反映射　inverse mapping
反映射器　inverse mapper
反正切　arctangent
方差　variance
仿射变换　affine transformations
非归一化直方图　unnormalized histogram
非线性空间滤波器　nonlinear spatial filter
非线性算子　nonlinear operator
非自适应变换编码　nonadaptive transform coding
非最大抑制　nonmaxima suppression
分辨率　resolution
分割　segmentation
分割定理　partition theorem
分类　classification
分类误差　classification error
分量树　component tree
分配率　distributive laws
分水线　watershed lines
分析滤波器　analysis filter
分形　fractals
弗里曼链码　Freeman chain code
符号编码器　symbol coder
符号解码器　symbol decoder
符号距离函数　signed distance functions
幅度　magnitude
辐射　radiance
腐蚀　erosion
父尺度变换函数　father scaling function
负相关的　negatively correlated
复共轭　complex conjugate
复平面　complex plane
复数　complex numbers

复制填充　replicate padding
傅里叶变换　Fourier transform
傅里叶级数　Fourier series
傅里叶描述子　Fourier descriptors
傅里叶频谱　Fourier spectrum
傅里叶切片定理　Fourier-slice theorem
伽马编码　gamma encoding
伽马校正　gamma correction
概率乘积定律　product rule of probability
概率公理　axioms of probability
概率密度函数　probability density function
概率模型　probability models
概率质量函数　probability mass function
感受野　receptive fields
感兴趣区域　region of interest
感知机　perceptron
感知机收敛定理　perceptron convergence theorem
感知机训练算法　perceptron training algorithm
高频强调滤波器　high-frequency-emphasis filter
高斯差　difference of Gaussians
高斯拉普拉斯　Laplacian of a Gaussian
高斯随机变量　Gaussian random variable
高斯噪声　Gaussian noise
高提升滤波　highboost filtering
高通滤波　highpass filtering
高通滤波器　highpass filter
格雷码　Gray code
各向同性的　isotropic
根节点　root node
工程化特征　engineered features
功率谱　power spectrum
功能完备的　functionally complete
巩膜　sclera
共轭对称的　conjugate symmetric
共轭反对称的　conjugate antisymmetric
共生矩阵　co-occurrence matrix
孤立点　isolated point
骨架　skeletons
光子　photons
广义逼近定理　universality approximation theorem
广义特征值问题　generalized eigenvalue problem
归一化关联　normalized association
归一化切割　normalized cut
归一化直方图　normalized histogram
归一化中心矩　normalized central moments
过分割　over-segmentation
过拟合　over fitting
过取样　over-sampling
哈达玛乘积　Hadamard product
哈达玛矩阵　Hadamard matrix
哈达玛排序　Hadamard ordering
哈尔变换　Haar transform

哈尔函数　Haar functions
哈尔矩阵　Haar matrix
哈尔小波　Haar wavelets
哈里斯矩阵　Harris matrix
哈里斯-斯蒂芬斯角探测器
　　Harris-Stephens corner detector
哈特利变换　Hartley transform
海量存储　mass storage
汉明窗　Hamming window
海森堡测不准原理　Heisenberg uncertainty principle
海森堡-伽博不等式　Heisenberg-Gabor inequaltiy
海森矩阵　Hessian matrix
汉宁窗　Hann window
行程编码　run-length encoding
行程对　run-length pairs
合成滤波器　synthesis filters
合成滤波器组　synthesis filter bank
核　kernels
盒式核　box kernel
赫维赛德函数（阶跃函数）　Heaviside function
宏块　macroblock
互相关　cross-correlation
滑动内积　sliding inner product
灰度　intensity
灰度闭运算　grayscale closing
灰度变换　intensity transformations
灰度差　intensity differences
灰度方差　variance of intensity
灰度分辨率　Intensity resolution
灰度共生矩阵　intensity co-occurrence matrix
灰度级　gray level
灰度级　gray scale
灰度级　intensity scale
灰度级变换　gray-level transformation
灰度级腐蚀　grayscale erosion
灰度级开运算　grayscale opening
灰度级膨胀　grayscale dilation
灰度级切片　intensity-level slicing
灰度内插　intensity interpolation
灰度斜坡　intensity ramps
灰度映射　intensity mappings
灰度直方图　intensity histogram
汇聚终端节点　sink terminal nodes
汇水盆地　catchment basin
混叠　aliasing
混合邻接　mixed adjacency
混淆对　aliased pair
活动轮廓　active contours
霍夫变换　Hough transform
霍夫曼编码　Huffman coding
霍特林变换　Hotelling transform
击中-击不中变换　hit-or-miss transform

积分内积　integral inner product
基本矩形　basic rectangle
基函数　basis functions
基图像　basis images
基向量　basis vectors
基准标记　fiducial marks
激活函数　activation functions
级联算法　cascade algorithm
集合论　set theory
几何变换　geometric transformations
几何均值滤波器　geometric mean filter
计算机断层成像　computerized tomography
计算机视觉　computer vision
计算机轴向断层成像　computerized axial tomography
计算优势　computational advantage
记号　token
加窗　windowing
加权函数　weighting function
加权因子　weighting factors
加水印的数字图像　watermarking digital images
假彩色　false color
假负（判定为负的正样本）　false negative
假正（判定为正的负样本）　false positive
尖峰噪声　spike noise
剪切，错切　sheer
简单线性迭代聚类　simple linear iterative clustering
交叉点　crossover point
交叉调制的　cross-modulated
交叠误差　wraparound error
交换律　commutative laws
交替顺序滤波　alternating sequential filtering
椒盐噪声　salt-and-pepper noise
角膜　cornea
台阶边缘　step edges
结构光　structured light
结构元　structuring element
结合律　associative laws
睫状体　ciliary body
截止频率　cutoff frequency
解码　encoding
解码器　decoder
解释式量化　expounded quantization
紧致度　compactness
近似系数　approximation coefficient
晶状体　lens
镜像填充　mirror padding
局部极大　local maxima
局部极小　local minimum
矩不变　moment invariants
矩阵乘积　matrix product
矩阵协方差　matrix covariance
距离变换　distance transform

距离函数　distance function
聚类　clustering
卷积　convolution
卷积层　convolutional layer
卷积定理　convolution theorem
卷积核　convolution kernel
卷积积分　convolution integral
卷积滤波器　convolution filter
卷积模板　convolution mask
卷积神经网络　convolutional neural nets
决策边界　decision boundary
决策函数　decision function
决策面　decision surface
绝对畸变之和　sum of absolute distortions
均方根误差　root-mean-squared error
均方误差　mean square error
均匀性　uniformity
均匀噪声　uniform noise
均值滤波器　mean filters
开运算　opening
颗粒噪声　granular noise
可变形模型　deformable models
可变阈值处理　variable thresholding
可分离的　separable
可加性　additivity
可数无穷的　countably infinite
空集　empty set
空间变量　spatial variables
空间常数　space constant
空间分辨率　spatial resolution
空间混叠　spatial aliasing
空间卷积　spatial convolution
空间滤波　spatial filtering
空间滤波器　spatial filters
空间相关　spatial correlation
空间域　spatial domain
空间运算　spatial operations
空间坐标　spatial coordinates
控制点　control points
块变换编码　block transform coding
块匹配　block matching
块伪影　blocking artifact
快速傅里叶变换　fast Fourier transform
快速匹配　fast marching
快速小波变换　fast wavelet transform
拉普拉斯　Laplacian
莱布尼兹法则　Leibniz's rule
劳埃德-最大量化器　Lloyd-Max quantizer
雷登变换　Radon transform
类间方差　between-class variance
累积差值图像　accumulative difference image
累积分布函数　cumulative distribution function

频率域滤波 frequency domain filtering
频谱 frequency spectrum
频谱均衡滤波器 spectrum equalization filter
平行射线束 parallel-ray beam
平均灰度 mean of intensity
平均绝对失真 mean absolute distortion
平均熵 average entropy
平坦场校正 flat-field correction
平移 translation
期望值 expected value
奇数维 odd dimensions
棋盘距离 chessboard distance
前端子系统 front-end subsystem
前景 foreground
前馈网络 feedforward networks
前向差分 forward difference
前像素编码 previous pixel coding
浅层神经网络 shallow neural network
欠取样 under-sampling
切趾函数 apodizing function
区域 region
区域编码 zonal coding
区域分离 region splitting
区域聚合（合并） region merging
区域描述子 region descriptors
区域生长 region growing
曲折度（曲率） curvature
曲线 curve
取样定理 sampling theorem
取样率 sampling rate
取样（筛选）性质 sifting property
去卷积滤波器 deconvolution filter
去模糊 defuzzification
去噪 denoising
权重图 weighted graph
全概率定律 law of total probability
全集（全域） set universe
全局方差 global variance
全局阈值处理 global thresholding
人工神经元 artificial neurons
人工智能 artificial intelligence
人脸识别 face recognition
冗余 redundancy
冗余数据 redundant data
锐化 sharpening
瑞利噪声 Rayleigh noise
三色激励值 tristimulus values
三色系数 trichromatic coefficients
扫描电子显微镜 scanning electron microscope
色度图 chromaticity diagram
山农第一定理 Shannon's first theorem
熵 entropy

上取样 upsampling
上取整函数（天花板函数） ceiling function
上下文相关模型 context-dependent models
设备无关的 device independent
深度卷积神经网络 deep convolutional neural networks
深度神经网络 deep neural networks
深度学习 deep learning
神经计算机 neurocomputers
神经网络 neural networks
神经形态系统 neuromorphic systems
时间混叠 temporal aliasing
时间-频率平面 time-frequency Plane
实部 real part
实数 real numbers
事件 event
视觉 vision
视觉感知 visual perception
视频压缩标准 video compression standards
视网膜 retina
收缩 shrinking
输入图像 input image
数据丢失噪声 data-drop-out noise
数据压缩 data compression
数学形态学 mathematical morphology
数字暗室 digital darkroom
数字化仪 digitizer
数字路径 digital path
数字图像 digital image
数字图像处理 digital image processing
数字图像水印处理 digital image watermarking
数字信号处理 digital signal processing
双规范正交基 biorthonormal basis
双规范正交展开函数 biorthonormal expansion functions
双极冲激噪声 bipolar impulse noise
双三次内插 bicubic interpolation
双线性内插 bilinear interpolation
双向帧 bidirectional frame
双正交基 biorthogonal basis
水平集 level sets
水平细节 horizontal details
水印 watermarks
死区 dead zone
四叉树 quadtrees
四分区域 quadregions
四分图像 quadimages
四象限反正切 four-quadrant arctangent
四象限反正切函数 four-quadrant arctangent functions
算术编码 arithmetic coding
算术逻辑单元 arithmetic logic unit
算术平均滤波器 arithmetic mean filter
随机变量 random variable
随机试验 random experiment

随机梯度下降　stochastic gradient descent
缩放，尺度变换　scaling
索贝尔算子　Sobel operators
索贝尔梯度算子　Sobel gradient operators
泰勒级数　Taylor series
特征检测　feature detection
特征空间　feature space
特征描述　feature description
特征提取　feature extraction
特征图　feature map
特征向量　feature vector
特征值　eigenvalues
梯度图像　gradient image
梯度下降　gradient descent
体素　voxels
条件概率　conditional probability
条件膨胀　conditional dilation
条件平均风险　conditional average risk
条件损失　conditional loss
调制函数　modulation function
同时对比　simultaneous contrast
同态滤波器　homomorphic filter
同态系统　homomorphic systems
同质　homogeneity
瞳孔　pupil
统计矩　statistical moments
投影切片定理　projection-slice theorem
透射电子显微镜　transmission electron microscope
透射率　transmissivity
透射式显微密度计　transmission microdensitometers
凸壳　convex hull
凸缺　convex deficiency
图（表）　graph
图割　graph cuts
图像变换　image transforms
图像对比度　image contrast
图像分割　image segmentation
图像分析　image analysis
图像复原　image restoration
图像获取　image acquisition
图像理解　image understanding
图像量化　image quantization
图像模式分类　image pattern classification
图像配准　image registration
图像取样　image sampling
图像去卷积　image deconvolution
图像特征　image features
图像显示　image displays
图像增强　image enhancement
图像直方图　image histogram
椭圆率　eccentricity
拓扑　topology

外边界　outer boundary
外边框　outer border
外部标记　external markers
外部区域　extremal regions
外积　outer product
外接盒，外接矩形　bounding box
完美重建滤波器　perfect reconstruction filters
网格标记　reseau marks
网络输入　net input
微密度计　microdensitometers
韦伯比　Weber ratio
维恩图　Venn diagrams
伪彩色　Pseudocolor
伪轮廓　false contouring
位移　displacement
谓词逻辑　predicate
纹理　texture
稳定性准则　stability criterion
沃尔什-哈达玛变换　Walsh-Hadamard transform
沃尔什函数　Walsh functions
屋顶边缘　roof edges
无监督学习　unsupervised learning
无偏估计　unbiased estimate
无色的　achromatic
无色光　chromatic light
无损预测编码系统　lossless predictive coding system
无噪编码定理　noiseless coding theorem
误差函数　error function
吸收剖面　absorption profile
细胞复合体　cellular complex
细化　thinning
细化方程　refinement equation
细节系数　detail coefficient
下标索引　subscript indexing
下取样　downsampling
显微镜　microscopy
线对　line pairs
线性变换　linear transforms
线性可分离的　linearly separable
线性空间滤波　linear spatial filtering
线性空间滤波器　linear spatial filter
线性算子　linear operator
线性索引　linear indexing
线性系统　linear system
线性展开　linear expansion
线性整流单元　rectifier linear unit
陷波带通（陷通）滤波器　notch pass filter
陷波带阻（陷阻）滤波器　notch reject filter
陷波滤波器　notch filter
相对频率法　relative frequency approach
相对数据冗余　relative data redundancy
相关系数　correlation coefficient

相互独立的　mutually independent
相交　intersection
相似度　degree of similarity
相似性　similarity
相角　phase angle
相位谱　phase spectrum
向量空间　vector space
向量运算　vector operations
向下取整函数（地板函数）　floor function
像素复制　pixel replication
像素深度　pixel depth
橡皮膜变换　rubber-sheet transformations
橡皮膜变形　rubber-sheet distortions
消失矩　vanishing moments
消失梯度　vanishing gradient
小波　wavelets
小波包　wavelet packets
小波编码　wavelet coding
小波函数　wavelet functions
小波级数展开　wavelet series expansion
小批　mini-batches
校正增量　correction increment
协变的　covariant
协方差　covariance
协方差矩阵　covariance matrix
斜变换　slant transform
斜矩阵　slant matrix
斜率变化　slope changes
斜率过载　slope overload
斜率链码　slope chain codes
斜坡边缘　ramp edges
斜坡函数　ramp function
斜率密度函数　slope density function
谐波均值滤波器　harmonic mean filter
泄漏　leakage
谢普-洛根幻影　Shepp-Logan phantom
信息保持　information preserving
信息论　information theory
信源符号　source symbols
信噪比　signal-to-noise ratio
形态学　morphology
形态学分水岭　morphological watersheds
形态学腐蚀重建
　morphological reconstruction by erosion
形态学膨胀重建
　morphological reconstruction by dilation
形态学算法　morphological algorithms
形态学重建　morphological reconstruction
修剪　pruning
虚部　imaginary part
虚轴　imaginary axis
序对　ordered pairs
序贯基线系统　sequential baseline system

旋转　rotation
学习机　learning machines
学习率　learning rate
学习增量　learning increment
循环卷积　circular convolution
训练代　epoch
训练集　training set
压缩　compression
压缩率　compression ratio
亚像素精度　subpixel accuracy
严格排序　strict ordering
严格排序集合　strict-ordered set
掩蔽函数　masking function
模板式射线成像　mask mode radiography
眼底图像　fundus image
眼结构　eye structure
演化界面　evolving interfaces
演化前沿　evolving fronts
验证集　validation set
样本方差　sample variance
样本过量峰度　sample excess kurtosis
样本均值　sample mean
样本空间　sample space
样条　splines
遥感　remote sensing
一阶导数　first derivative
意大利面条效应　spaghetti effect
因果上下文　causal context
阴影校正　shading correction
隐藏层　hidden layers
隐藏神经元　hidden neurons
隐式函数的曲率　curvature of implicit functions
迎风导数　upwind derivatives
映射　mapping
映射器　mapper
硬拷贝　hardcopy
有监督学习　supervised learning
有限差分　finite differences
有限冲激响应　finite impulse response
有限记忆信源　finite memory source
酉变换　unitary transform
酉矩阵　unitary matrix
预测编码　predictive coding
预测残差　prediction residuals
预测误差　prediction errors
阈值编码　threshold coding
阈值处理　thresholding
阈值处理函数　thresholding function
阈值模板　threshold mask
鸢尾花数据　Iris data

元素　element
元组　tuple
原点　origin
原色　primary colors
原型匹配　prototype matching
圆度　circularity
圆对称的　circularly symmetric
源终端节点　source terminal nodes
运动补偿　motion compensation
运动估计　motion estimation
运动向量　motion vector
噪声　noise
噪声密度　noise density
增广模式　augmented pattern
增强　enhancement
长轴　major axis
帧缓冲器　frame buffers
整流函数　rectifier function
正变换　forward transform
正变换核　forward transformation kernel
正电子发射成像术　positron emission tomography
正交补集　orthogonal complement
正交基　orthogonal basis
正弦图　sinogram
正相关的　positively correlated
正向通过　forward pass
正向预测　forward prediction
正向映射　forward mapping
正则化　regularization
直方图　histogram
直方图处理　histogram processing
直方图规定化　histogram specification
直方图均衡化　histogram equalization
直方图匹配　histogram matching
直方图容器　histogram bins
直流分量　dc component
指数噪声　exponential noise
滞后阈值处理　hysteresis thresholding
中点滤波器　midpoint filter
中心差分　central difference
中心极限定理　central limit theorem
中心矩　central moment
中心射线　center ray
中央凹　fovea

中值滤波器　median filter
中轴　medial axis
中轴变换　medial axis transform
终结码　terminating codes
种子　seed
重建闭运算　closing by reconstruction
重建参数　reconstruction parameter
重建开运算　opening by reconstruction
重建滤波器　reconstruction filters
重取样　resampling
周期序列　periodic sequence
逐次加倍法　successive-doubling method
主分量变换　Principal components transform
主观亮度　subjective brightness
子带编码　subband coding
子集　subset
子空间分析树　subspace analysis tree
自反的　reflexive
自然排序　natural ordering
自适应变换编码　adaptive transform coding
自适应滤波器　adaptive filter
自适应网络　self-adaptive networks
自相关　autocorrelation
字典顺序　lexicographical ordering
总体方差　population variance
总体峰度　Population kurtosis
总体过剩峰度　population excess kurtosis
总体均值　population mean
总体偏斜度　Population skewness
总体中心矩　population central moment
最大流、最小割定理　Max-Flow, Min-Cut Theorem
最大滤波器　max filter
最大稳定极值区域　maximally stable extremal regions
最大相关　maximum correlation
最近邻分类器　nearest-neighbor classifier
最近邻内插　nearest neighbor interpolation
最小二乘误差滤波器　least square error filter
最小割　minimum cut
最小距离分类器　minimum-distance classifier
最小均方误差滤波器　minimum mean square error filter
最小滤波器　min filter
最小图割　minimum graph cut
最小周长多边形　minimum-perimeter polygons
最优均匀滤波器　optimum uniform quantizer